LEHRBUCH DER ORGANISCH-CHEMISCHEN METHODIK

VON

Dr. HANS MEYER

O. Ö. PROFESSOR DER CHEMIE
AN DER DEUTSCHEN UNIVERSITÄT ZU PRAG

ERSTER BAND

ANALYSE UND KONSTITUTIONS-ERMITTLUNG
ORGANISCHER VERBINDUNGEN

Springer-Verlag Berlin Heidelberg GmbH

1922

ANALYSE UND KONSTITUTIONSERMITTLUNG ORGANISCHER VERBINDUNGEN

VON

Dr. HANS MEYER

O. Ö. PROFESSOR DER CHEMIE
AN DER DEUTSCHEN UNIVERSITÄT ZU PRAG

VIERTE
VERMEHRTE UND UMGEARBEITETE AUFLAGE

MIT 360 FIGUREN IM TEXT

Springer-Verlag Berlin Heidelberg GmbH

1922

ISBN 978-3-662-37140-4   ISBN 978-3-662-37853-3 (eBook)
DOI 10.1007/978-3-662-37853-3

SEINEM VEREHRTEN LEHRER
UND FREUND

HERRN PROF. Dr. JOSEF HERZIG
IN WIEN

ZUGEEIGNET VOM VERFASSER

Vorwort zur ersten Auflage.

Die freundliche Aufnahme, welche meine „Anleitung zur quantitativen Bestimmung organischer Atomgruppen" gefunden hat[1]), gab mir den Mut, das vorliegende Buch zu schreiben.

Dasselbe ist inhaltlich in zwei Teile gegliedert, deren erster die Vorbereitung der Substanz zur Analyse, die Reinigungsmethoden, Kriterien der chemischen Reinheit und Identitätsproben, die Bestimmung der physikalischen Konstanten, ferner die Ermittlung der empirischen Formel durch Elementaranalyse und endlich die Molekulargewichtsbestimmung behandelt.

Der zweite Teil des Werkes beschäftigt sich mit der eigentlichen Konstitutionsbestimmung, es sind daher hier die qualitativen Reaktionen und quantitativen Bestimmungsmethoden der in organischen Substanzen vorkommenden Atomgruppen — also auch die aus kohlenstofffreien Elementen zusammengesetzten Radikale wie die Nitro- oder Amingruppe — angeführt.

Anschließend wird das Verhalten und die Bestimmung der doppelten und dreifachen Bindungen abgehandelt und schließlich das Wesentlichste über Substitutionsregelmäßigkeiten und die gegenseitige Beeinflussung der verschiedenen Substituenten innerhalb der Moleküle in bezug auf deren Reaktionsfähigkeit und chemisches Verhalten überhaupt besprochen.

Die Zeiten, als sich die im allgemeinen so überaus konservativen „organischen" Analytiker mit der bloßen Elementaranalyse neu hergestellter Derivate begnügen durften, sind unleugbar vorüber.

Mehr und mehr bricht sich die Erkenntnis Bahn, daß ein zuverlässiges Arbeiten auf diesem Gebiete nur unter steter Mitbenutzung der Atomgruppenbestimmungen möglich ist.

Diese Methoden gewähren uns ja nicht bloß einen Einblick in die nähere Zusammensetzung der zu untersuchenden Substanz, sie zeigen uns nicht nur an, ob eine von uns beabsichtigte Reaktion in gewünschter Weise vor sich gegangen ist — ob z. B. die Einwirkung von Acetylchlorid wirklich zur Bildung des erwarteten Essigsäureesters geführt hat —, sondern sie machen uns auch von der Notwendigkeit einer absoluten Reinigung der Substanzen unabhängig, welche ja zum Gelingen der Elementaranalyse unerläßlich, bei vielen Substanzen labiler Natur aber gar nicht oder nur mit großen Zeit- und Materialverlusten zu erreichen ist.

---

[1]) Inzwischen ist von der deutschen Ausgabe dieses Büchleins die zweite, von der englischen Übersetzung die dritte und außerdem eine italienische Auflage erschienen; eine russische Ausgabe ist in Vorbereitung.

Freilich ist selbst diese verfeinerte Art des Analysierens nicht immer imstande, die gewünschten Resultate zu gewähren, wie das folgende Beispiel zeigt.

Die von Edinger gefundenen Molekulargewichte für das Digitogenin (528 bzw. 503) im Zusammenhange mit fünf gut untereinander übereinstimmenden Elementaranalysen von Kiliani und Windaus[1]) — welche im Durchschnitte $C = 71.22\%$ und $H = 10.06\%$ ergaben — berechtigen in gleicher Weise zur Aufstellung der drei Formeln:

$C_{30}H_{48}O_6$	M. G. = 504.5	C = 71.36	H = 9.61
$C_{30}H_{50}O_6$	,, 506.5	,, 71.08	,, 9.97
$C_{31}H_{52}O_6$	,, 520.5	,, 71.47	,, 10.09.

Wie die Berechnung der Prozentzahlen ergibt, läßt sich aber auch dann zwischen diesen drei Formeln keine Entscheidung treffen, wenn man:

eine OH-Gruppe durch	1 Cl,
zwei OH-Gruppen ,,	2 Cl,
zwei Wasserstoffe ,,	$2\,C_6H_5SO_2$,
einen Sauerstoff ,,	1 NOH,
zwei Wasserstoffe ,,	$2\,C_2H_3O$

ersetzt.

Hydroxylamin und Benzolsulfochlorid treten übrigens überhaupt nicht in Reaktion mit Digitogenin.

Unter diesen Verhältnissen muß die Formel dieser Substanz als vorläufig noch unbestimmbar angesehen werden.

„Welcher Zwerg" — schreiben Kiliani und Windaus — „ist aber das Digitogeninmolekül gegenüber einem Eiweißmolekül, und doch glaubt man auch bei letzterem schon zur Aufstellung von Formeln schreiten zu dürfen! Voraussichtlich wird noch ein gutes Stück Arbeit zu leisten sein, bis auf solchen schwierigen Gebieten von wirklicher Sicherheit der Schlußfolgerungen betreffs der Formeln gesprochen werden kann, und höchstwahrscheinlich müssen nach dieser Richtung noch ganz neue Methoden gefunden werden, um das gewünschte Ziel zu erreichen."

Was indessen bis jetzt an derartigen analytischen Behelfen und verallgemeinbaren Einzelbeobachtungen, oft zerstreut oder an schwer auffindbarer Stelle versteckt, in der bereits vorhandenen Literatur gesammelt werden konnte, ist in dem vorliegenden Werke vereinigt und in tunlichst konziser Form wiedergegeben.

Möglichst vollständige Literaturangaben, welche sich nicht bloß auf die eigentlichen Fachzeitschriften, sondern auch auf Patentbeschreibungen, Dissertationen, Schulprogramme und andere Gelegenheitspublikationen, soweit sie irgend zugänglich waren, beziehen, ermöglichen überall ein Zurückgehen auf die Originalarbeiten, doch wird man auch stets direkt nach den mitgeteilten Vorschriften arbeiten können.

Daß ich vor allem auf die Bedürfnisse des im Laboratorium tätigen Chemikers Rücksicht genommen habe und daher theoretischen Spekulationen nur wenig Raum gewährte, auch die physikalisch-chemischen Grundlagen der behandelten Themen nur mittels Literaturhinweisen gestreift habe, ist durchaus nicht als eine Geringschätzung der Theorie aufzufassen. Es sind aber die

---

[1]) B. **32**, 2201 (1899).

einschlägigen Fragen, soweit sie gelöst erscheinen, in mustergültigen Kompendien des öfteren klargelegt worden, während andererseits weite Gebiete der organischen Analyse noch der dynamischen Behandlung harren.

Vorläufig wird man sich hier mit empirisch ermittelten Rezepten behelfen und mit Regeln, statt mit Gesetzen, vorliebnehmen müssen.

Wenn andererseits die eine oder andere Methode vielleicht ganz übersehen, oder ein Reaktiönchen nicht nach seinem vollen Werte gewürdigt worden ist, oder wenn sich Ungenauigkeiten eingeschlichen haben, so darf dafür wohl ein Wort Goethes als Rechtfertigung angeführt werden:

„Jeder, der ein Lehrbuch schreibt, das sich auf eine Erfahrungswissenschaft bezieht, ist im Falle, ebensooft Irrtümer als Wahrheiten aufzuzeichnen, denn er kann viele Versuche nicht selbst machen, er muß sich auf anderer Treu und Glauben verlassen und oft das Wahrscheinliche statt des Wahren aufnehmen.“

Herrn Dr. Otto Hönigschmid, der mich beim Lesen der Korrekturen aufs allerbeste unterstützte, sage ich hierfür herzlichst Dank.

Prag, im April 1903.

Hans Meyer.

Vorwort zur zweiten Auflage.

Die vorliegende zweite Auflage ist von Grund auf umgearbeitet, dem jetzigen Stand der Wissenschaft entsprechend vermehrt und auch sonst, wie ich hoffe, verbessert worden.

Neu hinzugekommen ist vor allem der „Ermittlung der Stammsubstanz“ überschriebene zweite Teil des Buches, welcher im wesentlichen die Oxydations- und Reduktionsmethoden, einschließlich natürlich der Alkalischmelze, enthält.

Im dritten Teile sind neben zahlreichen neuen Verfahren und Reaktionen die schwefelhaltigen Atomgruppen in einem eigenen Kapitel behandelt worden.

Manche Methode, deren Besprechung in der ersten Auflage breiteren Raum eingenommen hatte, konnte jetzt mit kurzen Worten abgetan oder ganz ausgeschieden werden, vieles, seither als irrig Erkannte, mußte entfallen; einiges aber, was früher als weniger wichtig erschienen war, hat neuerdings erhöhte Bedeutung gewonnen und mußte dementsprechend eingehender berücksichtigt werden: So ist denn, trotz aller Bemühungen, den Umfang des Buches nicht allzusehr wachsen zu lassen, die Seitenzahl von 700 auf 1003 gestiegen. —

Der zweckentsprechenden Anordnung des Sachregisters wurde, was vielleicht noch hervorgehoben werden darf, erhöhte Aufmerksamkeit gewidmet.

Für freundliche Winke und Vorschläge bin ich vielen Fachgenossen verpflichtet; auch eine Anzahl von Privatmitteilungen konnte in das Buch aufgenommen werden.

Besonderen Dank schulde ich hierfür den Herren Dennstedt (Hamburg), Goldschmiedt (Prag), Hantzsch (Leipzig), Herzig (Wien), Kaufler (Zürich), Skraup (Wien) und Wegscheider (Wien).

Beim Lesen der Korrekturen hat mich Herr Dr. Richard Turnau aufs beste unterstützt.

Prag, im Dezember 1908.

Hans Meyer.

Vorwort zur dritten Auflage.

Durch Anwendung gedrängteren Satzes und Vergrößerung des Formats ist es möglich geworden, den Umfang der dritten Auflage nur um ein geringes — etwa fünzig Seiten — anschwellen zu lassen, obwohl die Vermehrung des Inhalts reichlich ein Viertel beträgt.

Die bewährte Anordnung des Stoffs blieb im wesentlichen unverändert; von dem neu Hinzugekommenen seien nur besonders Fritz Pregls mikrochemische Methoden hervorgehoben, die sicherlich in nicht zu ferner Zeit die alten Formen der Elementaranalyse überall verdrängen werden, wie sie schon jetzt in den österreichischen und vielen reichsdeutschen Hochschullaboratorien mit bestem Erfolg eingeführt sind[1]).

Bis der Autor dieser ausgezeichneten Verfahren selbst Zeit gefunden haben wird, eine Mitteilung über sein Werk zu veröffentlichen, wird man nach den im vorliegenden Buche enthaltenen Angaben imstande sein, ohne Schwierigkeiten zu arbeiten. —

Daß im zweiten Jahre des Weltkriegs das Bedürfnis nach einer Neuauflage dieses Lehrbuchs sich fühlbar machen konnte, daß andererseits die Verlagsbuchhandlung Drucklegung und Ausstattung desselben so rasch und in jeder Beziehung vorzüglich durchführen konnte, wie im tiefsten Frieden, darf wohl mit als ein Beweis dafür angesehen werden, daß weder der Wille zur wissenschaftlichen Arbeit noch die Möglichkeiten zu seiner Betätigung bei den Mittelmächten eine Einbuße erlitten haben.

Möge nach dem Kriege dieses Buch, das über die einschlägige Weltliteratur bis Ende 1915 vollständig und in einzelnen Ergänzungen noch darüber hinaus unterrichtet, einen kleinen Baustein der Brücke bilden, die dann wieder die Wissenschaft von Volk zu Volk zu spannen haben wird!

Mehreren Freunden und Fachgenossen bin ich für unveröffentlichte Mitteilungen sowie der Verlagsbuchhandlung Julius Springer für ihr Entgegenkommen außerordentlich verbunden.

Ganz besonders dankbar aber muß ich die großen Verdienste anerkennen, die sich mein Assistent, Fräulein Dr. Alice Hofmann, durch Mitlesen der Korrekturen und, während ich unter den Waffen stand, durch längere Zeit selbständige Leitung der Drucklegung um das Zustandekommen dieses Werkes erworben hat.

Prag, im März 1916.

Hans Meyer.

---

[1]) Der Altmeister der Mikrochemie Emich schreibt [Ch. Ztg. **39**, 839 (1915)] u. a. über die Preglschen Verfahren: „Vielleicht ist eine Bemerkung über die wirtschaftliche Seite der Methoden am Platz. Nach einer ganz beiläufigen Schätzung wurden im Jahre 1913 in den deutschen Zeitschriften rund 6000 Elementaranalysen veröffentlicht. Rechnet man für die nichtdeutschen Zeitschriften ebensoviel und nimmt man weiter an, daß von den in den Instituten ausgeführten Analysen etwa die Hälfte publiziert wird, so ergibt sich eine Zahl von mehr als 20 000 Elementanalysen, in welchen jährlich mehrere Kilogramm kostbarsten Analysenmaterials verbrannt werden. Diese Menge könnte durch eine allgemeine Einführung der Preglschen Methoden auf nahezu den hundertsten Teil herabgesetzt werden!" Und Windaus und Hermanns heben [B. **48**, 981 (1915)] mit Recht hervor: „Der Wert der Mikroanalyse liegt ... nicht nur darin, daß die Kleinheit der verfügbaren Substanzmenge kein Hindernis mehr bildet, sondern auch darin, daß man sich bei der kurzen Zeitdauer einer mikroanalytischen Bestimmung leichter entschließt eine größere Anzahl von Analysen auszuführen."

Vorwort zur vierten Auflage.

Mehrfach geäußerten Wünschen entsprechend habe ich einen größeren Abschnitt „Qualitative und quantitative Bestimmung der wichtigsten Abbauprodukte" eingefügt, der über eine Anzahl von Verbindungen Rechenschaft gibt, die beim Zurückführen komplizierterer Moleküle auf die Stammsubstanz erhalten werden.

Auch sonst mußten verschiedene Umarbeitungen vorgenommen werden, die den Umfang des Buches wesentlich vergrößern und so seiner Handlichkeit Eintrag tun konnten, zumal ja die Registrierung aller neugewonnenen Erkenntnisse — darunter eine größere Anzahl unveröffentlicher Beobachtungen aus dem Chemischen Laboratorium der Prager Deutschen Universität — viel Raum beanspruchte.

Durch knappere Fassung des Textes und mancherlei Kürzungen, vor allem aber durch kleineren Druck der Formeln und gedrängtere Anordnung der Anmerkungen konnte indes diesem unerwünschten Zustande entgegengearbeitet werden, so daß trotz der gewaltigen Vermehrung des Inhalts doch der Umfang des Buches um nicht mehr als etwa 130 Seiten zugenommen hat.

Wieder kann ich vielen Fachgenossen aus aller Herren Ländern für Privatmitteilungen und Zusendung von Separatabdrücken danken, die, soweit das möglich war, berücksichtigt wurden.

Auch meine treue Mitarbeiterin, jetzt meine liebe Frau, Dr. Alice Hofmann-Meyer, hat wieder eifrigst beim Lesen der Korrekturen geholfen.

Die Verlagsbuchhandlung Julius Springer hat in der gewohnten musterhaften Weise für Druck und Ausstattung des Werkes gesorgt.

Eine französische Ausgabe ist im Werden.

Prag, September 1922.

Hans Meyer.

Inhaltsverzeichnis.

Erster Teil.

Reinigungsmethoden für organische Substanzen und Kriterien der chemischen Reinheit. — Elementaranalyse. — Ermittlung der Molekulargröße.

Erstes Kapitel.
Vorbereitung der Substanz zur Analyse. Reinigungsmethoden für organische Substanzen.

Zweites Kapitel.

Kriterien der chemischen Reinheit und Identitätsproben. Bestimmung der physikalischen Konstanten.

Seite

Drittes Kapitel.

Elementaranalyse.

Inhaltsverzeichnis. XV

Viertes Kapitel.

Ermittlung der Molekulargröße.

Zweiter Teil.

Ermittlung der Stammsubstanz.

Erstes Kapitel.
Abbau durch Oxydation.

Zweites Kapitel
Alkalischmelze.

Drittes Kapitel.

Reduktionsmethoden.

Dritter Teil.

Qualitative und quantitative Bestimmung der wichtigsten Abbauprodukte.

Vierter Teil.

Qualitative und quantitative Bestimmung der organischen Atomgruppen.

Erstes Kapitel.

Nachweis und Bestimmung der Hydroxylgruppe.

Zweites Kapitel.

Nachweis und Bestimmung der Carboxylgruppe.

Drittes Kapitel.

Nachweis und Bestimmung der Carbonylgruppe.

Viertes Kapitel.
Methoxylgruppe und Äthoxylgruppe. — Höhere Alkoxyle. — Methylenoxydgruppe. — Brückensauerstoff.

Fünftes Kapitel.

Primäre, sekundäre und tertiäre Amingruppen. — Ammoniumbasen. — Nitrilgruppe. — Isonitrilgruppe. — An den Stickstoff gebundenes Alkyl. — Betaingruppe. — Säureamide. — Säureimide.

Sechstes Kapitel.

Diazogruppe. — Azogruppe. — Hydrazingruppe. — Hydrazogruppe.

Siebentes Kapitel.

Nitroso- und Isonitrosogruppe. — Nitrogruppe. — Jodo- und Jodosogruppe. — Peroxyde und Persäuren.

Achtes Kapitel.
Schwefelhaltige Atomgruppen.

Neuntes Kapitel.
Doppelte und dreifache Bindungen. — Gesetzmäßigkeiten bei Substitutionen.

Abkürzungen.

Am. = American Chemical Journal.
Am. soc. = Journal of the American Chemical Society.
A. = Liebigs Annalen der Chemie.
A. chim. phys. = Annales de chimie et de physique.
Arch. = Archiv der Pharmazie.
Atti Linc. = Atti della Reale Accademia dei Lincei, Rendiconti.
B. = Berichte der Deutschen Chemischen Gesellschaft.
Bioch. J. = Biochemical Journal.
Bioch. = Biochemische Zeitschrift.
Bull. = Bulletin de la Société Chimique de Paris.
C. = Chemisches Zentralblatt.
C. r. = Comptes rendus de l'Académie des Sciences, Paris.
Ch. News = Chemical News
Ch. Rev. = Chemische Revue.
Ch. Umsch. = Chemische Umschau a. d. Geb. d. Fette usw.
Ch. W. = Chemisch Weekblad.
Ch. Ztg. = Chemiker-Zeitung, Köthen.
Chem. Ind. = Chemische Industrie.
DPA. = Deutsche Patent-Anmeldung.
DRP. = Deutsches Reichs-Patent.
Dingl. = Dinglers polytechnisches Journal.
Diss. = Dissertation.
Friedl. = Fortschritte der Teerfarbenfabrikation, von Friedländer.
G. = Gazzetta chimica italiana.
Hab. = Habilitationsschrift.
J. pr. = Journal für praktische Chemie.
Hel. = Helvetica chimica acta.
J. Biol. = Journal of Biological Chemistry.
Jb. = Jahresbericht über die Fortschritte der Chemie.
Landw. V.-St. = Landwirtschaftliche Versuchsstationen.
M. = Monatshefte für Chemie.
M. u. J. = Lehrbuch der organischen Chemie von V. Meyer und P. Jacobson.
Mon. sc. = Moniteur scientifique.
Nat. = Die Naturwissenschaften.
Öst. Ch. Ztg. = Chemiker-Zeitung, Österreichische.
Pflüg. = Pflügers Archiv für die gesamte Physiologie.
Ph. C.-H. = Pharmazeutische Zentralhalle.
Ph. W. = Pharmaceutisch Weekblad.
Phil. Mag. = Philosophical Magazine.
Pogg. = Poggendorffs Annalen der Physik und Chemie.
Proc. = Proceedings of the Chemical Society, London.
Prog. = Programmarbeit.
R. = Referat.
Rec. = Recueil des travaux chimiques des Pays-Bas.
Russ. = Journal der russischen Physikal.-Chemischen Gesellschaft.
Soc. = Journal of the Chemical Society of London.
Soc. ind. = Journal of the Society of Chemical Industry.
Spl. = Supplementband zu Liebigs Annalen.
Wied. = Wiedemanns Annalen der Physik.
Z. = Zeitschrift für Chemie.
Z. an. = Zeitschrift für anorganische Chemie.
Z. anal. = Zeitschrift für analytische Chemie.
Z. ang. = Zeitschrift für angewandte Chemie.
Z. Biol. = Zeitschrift für Biologie.
Z. El. = Zeitschrift für Elektrochemie.
Z. Farb. = Zeitschrift für Farbenindustrie.
Z. öff. = Zeitschrift für öffentliche Chemie.
Z. Koll. = Zeitschrift für Chemie und Industrie der Kolloide.
Z. phys. = Zeitschrift für physikalische Chemie.
Z. physiol. = Zeitschrift für physiologische Chemie.
Z. Zuck. = Zeitschrift für Zuckerindustrie in Böhmen.

Vierter Teil

Qualitative und quantitative Bestimmung der organischen Atomgruppen

Erstes Kapitel.

Nachweis und Bestimmung der Hydroxylgruppe.

Erster Abschnitt.

Qualitativer Nachweis der Hydroxylgruppe.

Außer den im nachfolgenden beschriebenen, allgemein anwendbaren Methoden zur quantitativen Hydroxylbestimmung, die natürlich auch zum qualitativen Nachweis dieser Atomgruppe dienen können, gibt es noch für die einzelnen Bindungsformen der OH-Gruppe charakteristische Spezialreaktionen.

$$\text{1. Reaktionen der primären Alkohole: } R-\underset{\underset{H}{|}}{\overset{\overset{H}{|}}{C}}-OH.$$

A. Nitrolsäureprobe von V. Meyer und Locher[1]).

Man verwandelt den zu untersuchenden Alkohol durch Jod und amorphen Phosphor[2]) in sein Jodid. Die bequemere Jodierungsmethode mit Jodwasserstoffsäure ist unstatthaft, weil sie eventuell zu Umlagerungen Anlaß geben kann.

Von den kohlenstoffärmeren Jodiden (der Methyl- bis zur Propylreihe), bei welchen die Umwandlung in Nitrokörper sehr glatt geht, genügen zu der folgenden Operation 0.3 g; von den kohlenstoffreicheren, bei denen neben der Bildung des Nitrokörpers stets Abspaltung von Alkylen statthat, nimmt man 0.5—1.0 g.

Diese Jodidmenge bringt man in ein Destillierkölbchen von wenigen Kubikzentimetern Inhalt, mit seitlich angeblasenem, etwa 20 cm langem Rohr, in das vorher eine kleine Menge trocknes Silbernitrit (das Doppelte vom Gewicht des Jodids), das mit seinem gleichen Volumen feinem, trocknem, weißem Sand innig verrieben ist, eingefüllt wurde.

Man wartet einige Augenblicke, bis die unter Wärmeentwicklung erfolgende Reaktion:

$$RCH_2J + AgNO_2 = RCH_2NO_2 + AgJ$$

eingetreten ist und destilliert nun über freier Flamme ohne Kühler ab. Das aus wenigen Tropfen bestehende Destillat wird mit dem dreifachen Volum einer Auflösung von Kaliumnitrit in konzentrierter Kalilauge geschüttelt, die

---

[1]) B. **7**, 1510 (1874); **9**, 539 (1876). — A. **180**, 139 (1875). — Siehe auch Demjanow, B. **40**, 4394 (1907) und **5**, 1077.   [2]) Beilstein, A. **126**, 250 (1863).

Flüssigkeit mit etwas Wasser verdünnt und durch tropfenweisen Zusatz von verdünnter Schwefelsäure angesäuert.

Die vordem farblose Lösung färbt sich, falls ein primärer Alkohol vorlag, orangerot bis (in den niedrigeren Reihen) intensiv dunkelrot (Bildung von erythronitrolsaurem Salz). Siehe Hantzsch und Graul, B. **31**, 2854 (1898).

Durch abwechselnden Zusatz von Säure und Alkali kann man diese Färbung beliebig oft aufheben und wiederherstellen; falls das Destillat in wäßriger Kalilauge schwer löslich ist, kann man auch alkoholische Lauge verwenden.

Nach Gutknecht[1]) liefert diese Reaktion noch in der Octylreihe gute Resultate. Versuche des Verfassers zeigten, daß auch noch das Cetyljodid $C_{16}H_{33}J$ deutlich reagiert. — Aromatische Alkohole (Benzylalkohol) geben die Reaktion nicht.

B. Nach Stephan[2]) reagiert Phthalsäureanhydrid unter Zusatz eines geeigneten Verdünnungsmittels auf dem Wasserbad bei einstündigem Erwärmen quantitativ mit primären Alkoholen unter Bildung saurer Ester, während sekundäre Alkohole bei gleicher Behandlungsweise nur schwer und in geringer Menge, tertiäre durchaus nicht reagieren. Erhitzt man aber die Komponenten ohne Verdünnungsmittel[3]) auf 110—120°, so reagieren auch sekundäre Alkohole recht leicht. Pickard und Littlebury, Soc. **91**, 1978 (1907). — Pickard und Kenyon, Soc. **91**, 2059 (1907).

Der Alkohol wird mit dem gleichen Gewicht fein gepulvertem Phthalsäureanhydrid und dem gleichen Volum Benzol ca. 2 Stunden gekocht, der gebildete saure Ester durch Schütteln mit Sodalösung an Alkali gebunden, stark mit Wasser (bis zur klaren Lösung) verdünnt, mit Äther erschöpft (zur Entfernung der Verunreinigungen), mit wäßriger oder alkoholischer Lauge verseift und der regenerierte Alkohol mit Dampf übergetrieben. Die Phthalestersäuren lassen sich oftmals auch durch Umkrystallisieren aus hochsiedendem Petroläther reinigen.

Sie geben öfters charakteristische Silbersalze. So läßt sich das Silbersalz des d-Citronellolderivats aus Benzol und Methylalkohol umkrystallisieren und schmilzt bei 125°[4]). Das phytolphthalestersaure Silber ist in Äther und Benzol leicht löslich und schmilzt bei 119°[5]).

Ebenso können die Strychninsalze der Phthalestersäuren Verwendung finden[6]).

Manche Phthalestersäuren sind leicht durch Hitze zersetzlich, wobei Phthalsäure und ungesättigter Alkohol entstehen. (Phytadien aus Phytol, Phyten aus Dihydrophytol.) Man nimmt in solchen Fällen die 4fache Menge Benzol und erhitzt auf dem Wasserbad (nicht direkt) bis 5 Stunden lang.

---

[1]) B. **12**, 620 (1879).

[2]) J. pr. (2) **60**, 248 (1899); **62**, 523 (1900). — Semmler und Barthelt, B. **40**, 1365 (1907). Diese Methode ist namentlich in der Terpenreihe erprobt worden. — Schimmel & Co., B. **1899**, II, 17, 41; **1900**, 1, 44; **1900**, II, 45. — Roure - Bertrand Fils, B. I, **3**, 35, 38 (1901); B. I, **9**, 21 (1904). — Hesse, B. **36**, 1466 (1903). — Über eine etwas andere Arbeitsmethode siehe Charabot, Bull. (3) **23**, 926 (1900). — Roure-Bertrand Fils, B. I, **4**, 15 (1904). — Fr. P. 374405 (1907). — Enklaar, B. **41**, 2086 (1908). — Schimmel & Co., B. **1910**, I, 107. — Elze, Ch. Ztg. **34**, 538, 857 (1910). — Semmler und Feldstein, B. **47**, 2687 (1914).

[3]) Oder in Benzollösung bei Gegenwart von Natrium: Helferich und Lecher, B. **54**, 932 (1921).

[4]) Schimmel & Co., B. **1909**, I, 98. — Siehe auch Erdmann und Huth, J. pr. (2) **56**, 40 (1897). — Mayer und Neuberg, Bioch. **71**, 178 (1915).

[5]) Willstätter, Mayer und Hüni, A. **378**, 87 (1910).

[6]) Paolini und Rebora, Atti Linc. (5) **25**, II, 377 (1916).

Um die Estersäuren zu reinigen, kann man sie in Form eines ätherlöslichen Salzes von Phthalsäure, mittels eines wasserlöslichen von Anhydrid und Alkohol trennen.

Nach Henderson und Heilbron[1]) bewährt sich die Phthalsäureestermethode auch in Fällen, wo Benzoylierung und Acetylierung nicht zu befriedigenden Resultaten führen. Sie versagt nach unveröffentlichten Beobachtungen von Hans Meyer und Swoboda bei den hochmolekularen Fettalkoholen (Ceryl- und Cetylalkohol).

Das Verfahren kann auch zu quantitativen Bestimmungen verwertet werden. Schimmel & Co. gehen z. B.[2]) zur Analyse des Citronellöls folgendermaßen vor.

In einem Kolben mit eingeschliffenem Rückflußkühler werden 2 g Öl mit 2 g Phthalsäureanhydrid und 2 g Benzol 2 Stunden im Wasserbad erhitzt. Nach dem Abkühlen wird der Kolbeninhalt mit 60 ccm $^n/_2$-Kalilauge 10 Minuten durchgeschüttelt. Während dieser Zeit bleibt der Kolben verschlossen. Das Anhydrid ist dann in neutrales Kaliumphthalat und die Geraniolestersäure in ihr Kaliumsalz verwandelt. Der Überschuß an Kalilauge wird mit $^n/_2$-Schwefelsäure zurücktitriert. Die Zahl der verbrauchten Kubikzentimeter multipliziert mit 0.028 gibt die noch vorhandene Menge Alkali an.

Das Geraniol kann hier nicht durch Acetylierung bestimmt werden, weil das anwesende Citronellal dabei in Isopulegolacetat übergeführt würde.

Die Natriumsalze der Phthalestersäuren reagieren mit p - Nitrobenzylbromid unter Bildung oftmals charakteristischer Ester. Man kann dabei die Trennung des Alkohols mit seiner Identifizierung verbinden, ferner einen primären Alkohol in Gegenwart von sekundärem und tertiärem, einen sekundären in Gegenwart von tertiärem identifizieren. Die Anwendbarkeit ist indessen beschränkt, da viele der in Betracht kommenden Derivate flüssig sind; gut verwendbar ist das Verfahren für die niederen Alkohole, besonders Methylalkohol, der so leicht neben Äthylalkohol nachgewiesen werden kann. Methylalkohol reagiert mit Phthalsäureanhydrid schon bei Zimmertemperatur[3]).

Über die Umwandlung auch von tertiären Alkoholen (Linalool) in Phthalestersäuren mittels trockner Natriumalkoholate siehe: Tiemann und Krüger, B. **29**, 902 (1896).

In analoger Weise liefern die primären Alkohole auch mit den Anhydriden schwer flüchtiger einbasischer Säuren unter geeigneten Bedingungen entsprechende Ester[4]).

Über saure Bernsteinsäureester siehe: Pickard und Littlebury Soc. **101**, 109 (1912).

Spaltung racemischer Phthalate durch Brucin: Pickard und Littlebury Proc. **24**, 217 (1909).

C. Namentlich für primäre Alkohole von höherem Molekulargewicht ist die Reaktion von Hell[5]) verwertbar. Beim Erhitzen mit Natronkalk werden nämlich die primären Alkohole nach der Gleichung[6]):

$$R \cdot CH_2OH + KOH = R \cdot COOK + 2 H_2$$

---

1) Soc. **93**, 293 (1908).   2) B. f. **1899**, II, 17.
3) Reid, Am. soc. **39**, 1249 (1917).
4) Fr. P. 374 405 (1907). — DRP. 209 382 (1909).
5) A. **223**, 269, 274, 295 (1884). — Schwalb, A. **235**, 106 (1886). — Mangold, Ch. Ztg. **15**, 799 (1891).
6) Dumas und Stas, A. **35**, 129 (1841). — Brodie, A. **67**, 202 (1848); **71**, 149 (1849). — Nef, A. **318**, 173 (1901). — Siehe auch S. 504.

unter Entwicklung von 2 Molekülen Wasserstoff in die zugehörigen Säuren verwandelt. Die weitergehende Zersetzung der Säure:

$$R \cdot COOK + KOH = R \cdot H + K_2CO_3$$

erfolgt bei nicht viel höherer Temperatur. Es wäre daher bei den niedrigeren Alkoholen auf eine entsprechende Reinigung des Wasserstoffs von gasförmigen Kohlenwasserstoffen Rücksicht zu nehmen. Bei den höheren Alkoholen dagegen übt die Bildung dieser Nebenprodukte, da sie nicht flüchtig sind, keinen Einfluß auf das Resultat.

Das Volum des bei der Reaktion entwickelten Gases ist ein Maß für die Molekulargröße des untersuchten Alkohols. Ebenso kann natürlich die Methode von Hell zur qualitativen und quantitativen Bestimmung eines primären Alkohols von bestimmtem Molekulargewicht dienen.

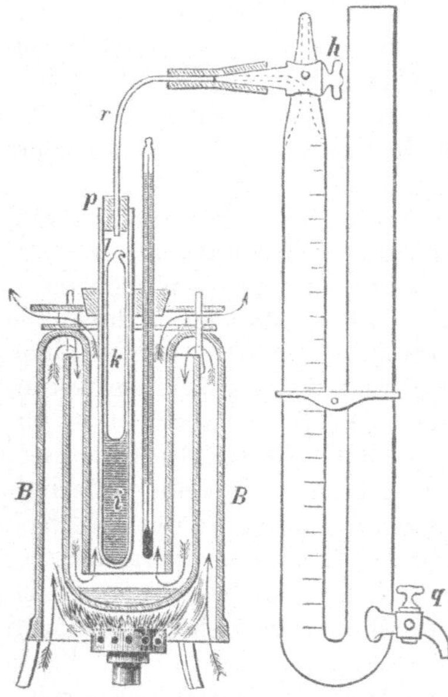

Fig. 289. Apparat von Hell.

Ausführung der Bestimmung. In einem nach dem Prinzip von Lothar Meyer[1]) konstruïerten Luftbad[2]) B (Fig. 289), in das mit Kork das Rohr i und ein Thermometer eingesetzt sind, wird die Substanz erhitzt. Hell verwendet die fein gepulverte Probe direkt mit Natronkalk innig gemischt. Seither haben A. und P. Buisine[3]) konstatiert, daß man noch zuverlässigere Resultate erhält, wenn man den flüssigen oder geschmolzenen Alkohol zuerst mit dem gleichen Gewicht ($1/2$—1 g) fein gepulvertem Ätzkali in der Wärme verreibt. Die nach dem Erkalten harte Masse wird pulverisiert und mit 3 Teilen Kalikalk (auf 1 Teil Alkohol) innig gemischt. — Die Mischung wird in i gebracht, noch mit etwas Natron- oder Kalikalk bedeckt und dann, um das Luftvolumen möglichst zu verringern, eine an beiden Enden zugeschmolzene Röhre k, die das Rohr nahezu ausfüllt, eingeschoben. Durch das in den Kautschukstopfen p eingepaßte enge Röhrchen r wird dann luftdichte Verbindung mit einer vollständig mit Quecksilber gefüllten und mit einem Dreiweghahn h versehenen Hofmannschen Gasbürette hergestellt.

Um die durch das Einschieben von r in p veranlaßte Druckdifferenz auszugleichen, wird zuerst durch Drehen des Dreiweghahns die Kommunikation von i mit der atmosphärischen Luft hergestellt.

Man beobachtet Barometerstand und Temperatur und bringt durch Drehen von h die Bürette mit i in Verbindung. Durch Ablassen von Quecksilber bei q wird jetzt ein Vakuum erzeugt und untersucht, ob der Apparat luftdicht schließt, der Quecksilberstand in der Bürette sich also nach einiger Zeit nicht ändert.

Nun wird langsam angewärmt und dann so lange auf 300—310° erhitzt, bis das Niveau der Quecksilbersäule konstant bleibt. Man läßt dann den

[1]) B. **16**, 1087 (1883).
[2]) Oder einfacher einem Sand- oder Graphitbad. Kuhn, Diss. München (1909), 15.
[3]) Monit. scient. **1890**, 1127. — Bull. (3) **3**, 567 (1890).

Apparat wieder auf die Anfangstemperatur erkalten, stellt den ursprünglichen Druck durch Zugießen von Quecksilber her, liest das Gasvolumen ab und reduziert auf 0° und 760 mm Druck.

Will man das Gas trocken messen, so wählt man i länger und bringt oberhalb k noch eine Schicht stark ausgeglühten Natronkalk an.

Anderenfalls hat man die Tension des Wasserdampfes w zu berücksichtigen.

Aus dem abgelesenen Volumen v findet man das korrigierte Volumen:

$$V = \frac{v \cdot (b—w)}{760 \, (1 + 0.0003\,665\,t)}$$

und das Gewicht des Wasserstoffs in Milligrammen:

$$G = 0.0896 \cdot V.$$

Zur Analyse der Alkohole der Wachsarten haben A. und P. Buisine den Apparat modifiziert. Als Bad dient das mit Quecksilber gefüllte eiserne Gefäß A (Fig. 290), das ein Steigrohr K zur Kondensation der Quecksilberdämpfe trägt.

Bemerkungen zur Hellschen Methode. Wenn man nicht einen reinen Alkohol untersucht, sondern etwa in Naturprodukten (Wachs od. dgl.) qualitativ und quantitativ auf das Vorhandensein von primären Alkoholen prüft, kann man oftmals die gefundene Wasserstoffzahl nicht verwerten, weil auch andere Substanzen (Harze usw.) beim Erhitzen mit Natronkalk Gase (Wasserstoff und Kohlenwasserstoffe) entwickeln. Die Ausbeute an Säure aus komplizierteren Alkoholen ist natürlich durchaus nicht quantitativ. So erhielten [1]) Willstätter, Mayer und Hüni aus dem Dihydrophytol nur ca. 50% Phytansäure; die Oxydation mit Chromsäure[2]) liefert hier bessere Resultate.

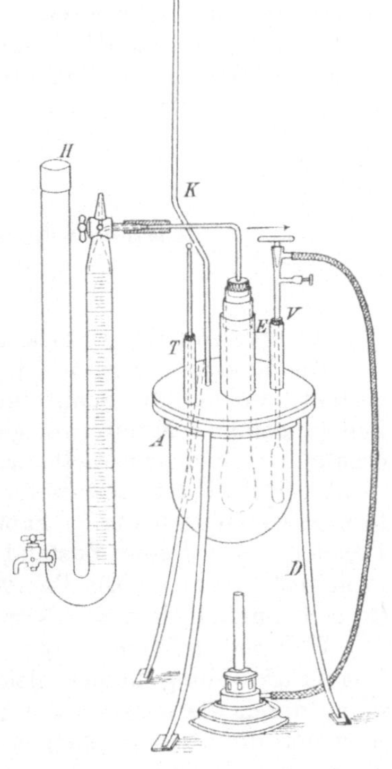

Fig. 290.
Apparat von A. und P. Buisine.

Enthält das Wachs ein Lacton, so wird letzteres durch den Natronkalk in die Oxysäure verwandelt, was zu Täuschungen Veranlassung geben kann[3]).

Über das Verhalten der primären, sekundären und tertiären Alkohole gegen Ätzkali siehe S. 514.

D. Reaktion von Jaroschenko[4]). Aus primären Alkoholen entsteht mit Phosphortrichlorid nach der Gleichung:

$$R \cdot CH_2 \cdot OH + PCl_3 = RCH_2 \cdot OPCl_2 + HCl$$

ein alkylphosphorsaures Chloranhydrid, das unzersetzt destillabel ist.

Man läßt den Alkohol unter sorgfältiger Kühlung in das Phosphortrichlorid eintropfen. Nach Beendigung der ziemlich stürmischen Reaktion wird noch einige Zeit auf dem Wasserbad erwärmt und dann rektifiziert.

---

[1]) A. **378**, 103 (1910).
[2]) Siehe S. 471.   [3]) Siehe dazu Hans Meyer und Soyka, M. **34**, 1171 (1913).
[4]) Russ. **29**, 223 (1897). — Menschutkin, A. **139**, 343 (1866). — Kowalewsky, Russ. **29**, 217 (1897).

E. Natürlich kann man für die Diagnose von primären Alkoholen auch ihre **Überführbarkeit in Aldehyd und Säure** vom gleichen Kohlenstoffgehalt verwerten, nur sind diese Oxydationen nicht immer leicht und glatt ausführbar. — Siehe hierzu S. 471.

F. Über Messung der **Esterifizierungsgeschwindigkeit** primärer Alkohole siehe S. 611.

G. Nur primäre Alkohole liefern **Alkylschwefelsäuren**.

H. Mit **Brom**[1])[6]) reagieren die primären Alkohole, im Gegensatz zu den sekundären, nur sehr wenig energisch.

I. Primäre Alkohole können[2]) nicht durch wäßrige Salzsäure in Halogenalkyle übergeführt werden, wohl aber durch kochende **Bromwasserstoffsäure** (1.49) oder **Jodwasserstoffsäure** (1.7).

$$2.\ \text{Reaktionen der sekundären Alkohole:}\ R - \underset{\underset{H}{|}}{\overset{\overset{C}{|}}{C}} - OH.$$

A. **Pseudonitrolreaktion von V. Meyer und Locher**[3]).

Die Reaktion wird wie in der primären Reihe die Nitrolsäureprobe angestellt, nur muß das Schütteln mit der Kaliumnitrit-Kalilösung etwas längere Zeit (ungefähr 1 Minute) fortgesetzt werden. Nach Zusatz von Schwefelsäure erhält man dann eine tiefblaue bis blaugrüne Färbung, die auf Alkalizusatz nicht verschwindet, aber unter Entfärbung der wäßrigen Lösung durch Chloroform ausgeschüttelt werden kann. Manchmal scheidet sich auch das entstandene Pseudonitrol in festem Zustand ab und kann dann mit blauer Farbe in Chloroform gelöst werden. Die Pseudonitrole besitzen scharfen, zu Tränen reizenden Geruch, ähnlich dem des Nitrobenzols.

Während in **Mischungen primärer und sekundärer Alkohole** die Nitrolsäurebildung immer gleich gut gelingt, wird die Pseudonitrolreaktion schon durch die Anwesenheit geringer Mengen primären Jodids merklich gestört und durch große Mengen ganz verwischt. Das primäre Jodid bleibt also in Mischungen immer leicht nachweisbar, das sekundäre mit Sicherheit nur dann, wenn seine Menge wesentlich vorwiegt[4]). Die Reaktion gelingt in der aliphatischen Reihe nur bis einschließlich der Amylalkohole[5]).

B. Sekundäre Alkohole reagieren mit **Brom** schon bei gewöhnlicher Temperatur in explosionsartig heftiger Weise, ohne daß sich primär Bromwasserstoff entwickelt[6]).

C. Während im allgemeinen die sekundären Alkohole ebenso wie die primären durch **Chlorwasserstoffsäure** gar nicht oder nur schwer und dann in sekundäre Halogenkohlenwasserstoffe verwandelt werden, geben Alkohole —CH—CHOH (auch ungesättigte) der Terpenreihe hierbei tertiäre Haloge-
    |
   R

---

[1]) Etard, C. r. **114**, 753 (1892). — Lobry de Bruyn, B. **26**, 272 (1893). — Ipatjew, J. pr. (2), **53**, 257 (1896). — Ipatjew und Grawe, **33**, 18/10 (1901). — Bugarsky, Z. phys. **38**, 561 (1901); **42**, 545 (1903).

[2]) Norris, Am. **38**, 627 (1907).   [3]) Literatur siehe S. 601, Anm. 1.

[4]) V. Meyer und Forster, B. **9**, 539, Anm. (1876). — Demjanow, B. **40**, 4394 (1907).

[5]) Gutknecht, B. **12**, 624 (1879).

[6]) Henry, Bull. Ac. roy. Belg. **1906**, 424. — Rec. **26**, 118 (1907).

nide[1]); ungesättigte sekundäre Alkohole der Fettreihe dagegen die sekundären Chloride[2]).

D. Bromwasserstoffsäure (1.49) führt beim Kochen[1]) quantitativ in Bromide über, ungesättigte Alkohole können dabei unter Bromwasserstoffabspaltung in Diäthylenkohlenwasserstoffe übergehen, während die entsprechenden Chlorderivate stabil sind[3]).

E. Reaktion von Chancel[4]). Während bei der Einwirkung von Salpetersäure auf primäre Alkohole nur neutrale Verbindungen (Ester der Salpetersäure und salpetrigen Säure) entstehen, bilden die sekundären (und wahrscheinlich auch die höheren tertiären, was nicht untersucht ist) unter Spaltung des Alkohols sauer reagierende Nitroalkyle, die charakteristische Kalium- und Silbersalze liefern.

Man übergießt in einer Eprouvette 1 ccm des zu untersuchenden Alkohols mit dem gleichen Volumen Salpetersäure (1.35), erwärmt und verdünnt, wenn die Reaktion vorüber ist, mit Wasser und schüttelt mit Äther aus. Die Ätherschicht wird abpipettiert, in einem kleinen Schälchen verdampft und der Rückstand in wenigen Tropfen Alkohol gelöst. Auf Zusatz von etwas alkoholischer Kalilauge bleibt die Lösung klar, falls ein primärer Alkohol vorlag. Sekundäre Alkohole liefern hingegen nach kurzer Zeit eine Krystallisation von gelben Prismen des Nitroalkylsalzes.

Die Reaktion gelingt auch in den höheren Reihen, nicht aber beim Isopropylalkohol.

F. Beim Behandeln mit Phosphortrichlorid (siehe Reaktion D der primären Alkohole) erhält man ca. 80% ungesättigte Kohlenwasserstoffe.

G. Bei der Oxydation geben die sekundären Alkohole Ketone, unter Umständen indes auch Ketonsäuren[5]) mit der gleichen Anzahl von Kohlenstoffatomen.

H. Esterifizierungsgeschwindigkeit mit Essigsäure siehe S. 611.

$$ \textbf{3. Reaktionen der tertiären Alkohole } \text{R} - \overset{\displaystyle \text{C}}{\underset{\displaystyle \text{C}}{\text{C}}} - \text{OH} . $$

A. Beim Behandeln der Jodide nach V. Meyer und Locher tritt keine Färbung ein.

B. Tertiäre Alkohole reagieren mit Brom, auch im Sonnenlicht, erst in der Wärme. Am stärksten werden Alkohole angegriffen, die neben der $\equiv$C—OH-Gruppe eine $=$CH-Gruppe, schwächer, die eine CH_2-Gruppe und ganz schwach, die eine CH_3-Gruppe benachbart haben[6]). — Siehe auch unter K.

C. Mit Phthalsäureanhydrid tritt keine Reaktion ein[7]).

D. Reaktion von Chancel: Siehe sekundäre Alkohole (E).

E. Mit Phosphortrichlorid bilden sich die entsprechenden Alkylchloride nahezu quantitativ.

---

[1]) Kondakow, B. **28**, 1618 (1895). — Kondakow und Lutschinin, J. pr. (2), **60**, 257 (1899); **62**, 1 (1900).   [2]) Abelmann, B. **43**, 1579 (1910).
[3]) Abelmann, B. **43**, 1577 (1910).   [4]) C. r. **100**, 604 (1885).
[5]) Glücksmann, M. **10**, 770 (1889). — Siehe auch S. 473f.
[6]) Henry, Bull. Ac. roy. Belg. **1906**, 424. — Rec. **26**, 118 (1907).
[7]) Siehe übrigens S. 603.

F. Reaktion von Denigès[1]. Die Äthylenkohlenwasserstoffe verbinden sich mit Quecksilbersulfat zu charakteristischen Verbindungen vom Typus:

$$R'' \left(\begin{array}{c}\rangle\end{array} O \begin{array}{c}\langle\end{array} \begin{array}{c} Hg \\ Hg \end{array} \begin{array}{c}\rangle\end{array} SO_4 \right)_3 .$$

Da nun die tertiären Alkohole im allgemeinen unter Bildung derartiger Kohlenwasserstoffe zu zerfallen vermögen, reagieren sie auch leicht mit dem Reagens von Denigès.

Zur Darstellung des letzteren vermischt man 50 g Quecksilberoxyd, 200 ccm Schwefelsäure und 1000 ccm Wasser.

Zur Ausführung der Reaktion erhitzt man 1—2 Tropfen des zu untersuchenden Alkohols mit einigen Kubikzentimetern Quecksilberlösung. Nach kurzer Zeit bildet sich dann, falls der Alkohol tertiär ist, ein gelber, manchmal auch rötlicher Niederschlag. Das Kochen soll höchstens 2—3 Minuten andauern.

Alkohole, denen die Fähigkeit zur Bildung von Äthylenkohlenwasserstoffen abgeht, wie Triphenylcarbinol, Citronensäure usw., reagieren nicht, ebensowenig wie die primären und sekundären Alkohole. Nur Isopropylalkohol, der relativ leicht in Propylen übergeht, reagiert beim andauernden Kochen, jedoch viel langsamer als die tertiären Verbindungen.

G. Beim Erhitzen mit Essigsäureanhydrid auf 155° spalten die acyclischen tertiären Alkohole in der Regel Wasser ab und bilden Alkylene.

H. Bei der Oxydation[2] zerfallen sie gewöhnlich in Ketone und Carbonsäuren von geringerer Kohlenstoffanzahl. Gelegentlich tritt indessen (als Nebenreaktion) infolge intermediärer Alkylenbildung und Wasseranlagerung Umwandlung in primären Alkohol ein, der dann zur Carbonsäure mit gleicher C-Zahl oxydiert wird; z. B.[3]):

$$\begin{array}{c} CH_3 \\ CH_3 \end{array}\!\!\begin{array}{c}\rangle\end{array}\!C\!\begin{array}{c}\langle\end{array}\!\!\begin{array}{c} CH_3 \\ OH \end{array} \rightarrow \begin{array}{c} CH_3 \\ CH_3 \end{array}\!\!\begin{array}{c}\rangle\end{array}\!C = CH_2 \rightarrow \begin{array}{c} CH_3 \\ CH_3 \end{array}\!\!\begin{array}{c}\rangle\end{array}\!C\!\begin{array}{c}\langle\end{array}\!\!\begin{array}{c} CH_2\!-\!OH \\ H \end{array} \rightarrow$$

$$\begin{array}{c} CH_3 \\ CH_3 \end{array}\!\!\begin{array}{c}\rangle\end{array}\!C\!\begin{array}{c}\langle\end{array}\!\!\begin{array}{c} COOH \\ H \end{array} .$$

I. Im Gegensatz zu den primären und sekundären liefern die tertiären Alkohole mit Bariumoxyd keine Alkoholate[4].

K. Reaktion von Hell und Urech[5].

Brom wirkt auf tertiäre Alkohole nach dem Schema:

$$\begin{array}{c} C\ C\ C \\ \diagdown | \diagup \\ C \\ | \\ OH \end{array} + Br_2 = \begin{array}{c} C\ C\ C \\ \diagdown | \diagup \\ C \\ | \\ Br \end{array} + HBr + O .$$

Wenn man die Reaktion in Gegenwart von Schwefelkohlenstoff vor sich gehen läßt, bildet der nascierende Sauerstoff mit letzterem Schwefelsäure.

Zur Ausführung des Versuchs wird der wasserfreie, reine Alkohol mit trocknem Brom und reinem Schwefelkohlenstoff mehrere Stunden in einem gut verschlossenen Gefäß bei Zimmertemperatur sich selbst überlassen. Dann

---

[1]) C. r. **126**, 1043, 1277 (1898).
[2]) Wagner, J. pr. (2), **44**, 308 (1891) und M. u. J., 2. Aufl., **1**, 218 (1906).
[3]) Butlerow, Z. **1871**, 484. — A. **189**, 73 (1877). — Eine etwas andere Erklärung gibt Nevole, B. **9**, 448 (1876). — Wagner, B. **21**, 1232 (1888).
[4]) Menschutkin, A. **197**, 204 (1879).   [5]) B. **15**, 1249 (1882).

gießt man in Wasser und prüft nach sofortigem Durchschütteln mit Bariumnitrat. Tertiäre Alkohole geben reichliche Fällung von Bariumsulfat, während primäre und sekundäre wasserfreie Alkohole keinen Niederschlag erzeugen.

L. Nach Semmler[1]) werden tertiäre Alkohole, im Gegensatz zu den primären und sekundären, durch Reduktion mit Natrium und Alkohol, noch besser durch Zinkstaub, ihres Sauerstoffs beraubt.

Man schließt den Alkohol mit seinem doppelten Gewicht Zinkstaub in eine Einschmelzröhre ein und erhitzt $^1/_2$—4 Stunden auf 220—230°. Die Röhren enthalten häufig Druck von teilweise abgespaltenem Wasserstoff. Das Reaktionsprodukt wird durch Destillieren mit Wasserdampf gereinigt oder der Röhreninhalt ausgeäthert und der Rückstand nach Entfernung des Äthers im Fraktionierkolben destilliert.

M. Tertiäre Alkohole — namentlich leicht die aromatischen Carbinole — werden durch Salzsäure, Acetylchlorid oder Thionylchlorid (Hans Meyer) in halogensubstituierte Kohlenwasserstoffe verwandelt[2]).

Wenn der Alkohol außer Kohlenwasserstoffresten in Nachbarstellung zum Hydroxyl noch andere Gruppen (wie CH_2Cl, $COOH$, $COOC_2H_5$, CN) enthält, wird er gegen Salzsäure resistenter und gibt mit Acetylchlorid Acetat.

N. Primäre und sekundäre alkoholische Hydroxyle reduzieren Neßlers Reagens. Verbindungen mit tertiärem alkoholischem Hydroxyl reduzieren nicht[3]).

O. Sekundäre Alkohole verdrängen die tertiären aus ihren Alkoholaten[4]). Die primären Alkoholate kondensieren sich mit sekundären Alkoholen auf Kosten der OH-Gruppe des primären Alkohols unter Verkettung an dem der OH-Gruppe vizinalen C-Atom zu einem sekundären Alkohol[5]).

P. Nach Wienhaus[6]) geben nur die tertiären Alkohole mit Chromsäure beständige Ester. Behält die mit Chromtrioxyd versetzte Lösung der Substanz in Tetrachlorkohlenstoff oder Petroläther längere Zeit, wenigstens im Dunkeln, rein rote oder gelbrote Farbe, so liegt ein tertiärer Alkohol vor. Baldige Verfärbung beweist dagegen nicht die Abwesenheit eines solchen, da auch tertiäre Alkohole oft rasch oxydiert werden.

Das Verfahren ist besonders geeignet zur Charakterisierung von Derivaten der Terpenreihe. Die Phenylgruppe scheint der Beständigkeit der Alkohole Eintrag zu tun.

4. Weitere Reaktionen der einwertigen Alkohole.

A. Primäre, sekundäre und tertiäre einwertige Alkohole, nicht aber mehrwertige Alkohole, Phenole und Säuren, zeigen nach v. Bittó[7]) eine charakteristische Farbenreaktion mit Methylviolett.

---

[1]) B. **27**, 2520 (1894); **33**, 776 (1900). — Gandurin, B. **41**, 4361 (1908). — Siehe S. 524.

[2]) Butlerow, A. **144**, 5 (1867). — Michael, J. pr. (2), **60**, 424, Anm. (1899). — Straus und Caspari, B. **35**, 2401 (1902); **36**, 3925 (1903). — Henry, Bull. Ac. roy. Belg. **1905**, 537. — Kauffmann und Grombach, B. **38**, 2702 (1905). — Semmler, Die ätherischen Öle **1**, 125 (1905). — Michael, B. **39**, 2790 (1906). — Henry, C. r. **142**, 129 (1906). — Rec. **25**, 138 (1906). — Bull. Soc. Chim. Belg. **20**, 152 (1906). — Bull. Ac. roy. Belg. **1906**, 424. — Gleditsch, Bull. (3), **35**, 1094 (1906). — Delacre, Bull. Ac. roy. Belg. **1906**, 134. — Henry, Rec. **26**, 89 (1907); **28**, 448 (1909).

[3]) Rosenthaler, Arch. **244**, 373 (1906). — Süddeutsche Apoth. Ztg. **1907**, 412. — Z. ang. **20**, 412 (1907).

[4]) Tschugaeff, Russ. **36**, 1253 (1904). — Tschugaeff und Gasteff, B. **42**, 4632, (1909). — Fomin und Sochanski, B. **46**, 245 (1913).

[5]) Guerbet, C. r. **154**, 1357 (1912).   [6]) B. **47**, 324 (1914).

[7]) Ch. Ztg. **17**, 611 (1893).

Einige Kubikzentimeter der zu untersuchenden Flüssigkeit werden mit 1—2 ccm einer Lösung von 0.5 g Methylviolett in 1 l Wasser versetzt und dann $^1/_2$—1 ccm Alkalipolysulfidlösung hinzugefügt. Ist ein einwertiger Alkohol vorhanden, so färbt sich die Flüssigkeit kirschrot bis violettrot und bleibt klar; im anderen Fall entsteht grünlichblaue Färbung und es scheiden sich bald darauf aus der gelb gewordenen Flüssigkeit rötlichviolette Flocken aus.

B. **Xanthogensäurereaktion**[1]). Die primären und sekundären Natrium(Kalium)alkoholate gehen mit Schwefelkohlenstoff und hierauf mit Methyljodid versetzt in Xanthogensäureester über, die namentlich in der Terpenreihe charakteristische Derivate bilden.

Tertiäre Alkohole liefern bei gleicher Behandlung die entsprechenden ungesättigten Kohlenwasserstoffe, da ihre Xanthogensäureester unbeständig sind.

Aus diesen Estern lassen sich durch Verseifen mit Lauge die Alkohole regenerieren.

Auch die nach der Gleichung:

$$ROK + CS_2 = CS\begin{smallmatrix}\diagup OR\\ \diagdown SK\end{smallmatrix}$$

erhältlichen Alkalisalze[2]) werden zum Isolieren und Charakterisieren hochmolekularer Alkohole dargestellt. Die daraus mit Säuren gewonnenen freien Xanthogensäuren zerfallen meist schon beim Erwärmen mit Wasser.

C. **Verhalten der Alkohole bei der Esterifikation mit Essigsäure**[3]).

Die Esterifizierungsgeschwindigkeiten der Alkohole sind nach **Menschutkin** durch die Struktur der Kohlenstoffkette bedingt. Je verzweigter die Kette ist und je näher die Seitenkette (bzw. Seitenketten) an das Hydroxyl tritt, desto kleiner wird die Esterifizierungsgeschwindigkeit.

Darum werden im allgemeinen die tertiären Alkohole am langsamsten, die primären am raschesten verestert, es hat aber auch der primäre Amylalkohol:

$$\begin{array}{c}CH_3\\ |\\ CH_3-C-CH_2OH\\ |\\ CH_3\end{array}$$

kleinere Esterifizierungsgeschwindigkeit als der sekundäre:

$$\begin{array}{c}CH_3-CH_2-CHOH\\ |\\ CH_3\end{array}$$

---

[1]) Tschugaeff, B. **32**, 3332 (1899); **33**, 735, 3118 (1900); **34**, 2276 (1901); **35**, 2473 (1902); **37**, 1481 (1904). — Russ. **35**, 1116 (1904); **36**, 988 (1904); **39**, 1324, 1334 (1907). — Tschugaeff und Gasteff, B. **42**, 4632 (1909). — Kimura, B. pharm. Ges. **19**, 369 (1909). — Richter, Arch. **247**, 391 (1909). — Tschugaeff und Fomin, C. r. **151**, 1058 (1910). — A. **375**, 288 (1910). — B. **45**, 1293 (1912). — Tschugaeff und Budrick, A. **388**, 280 (1912). — Fomin und Sochanski, B. **46**, 245 (1913). — Buchner und Weigand, B. **46**, 2113 (1913). — Bruhnke, Diss. Breslau (1915), 31. — Dubsky, J. pr. (2) **103**, 110, 128 (1921).   [2]) Bamberger und Lodter, B. **23**, 211, 213 (1890).

[3]) N. Menschutkin, A. **195**, 334 (1879); **197**, 193 (1879). — Russ. **13**, 564 (1881). — Willstätter und Hocheder, A. **354**, 249 (1907). — Gandurin, B. **41**, 4360 (1908). — Michael und Wolgast, B. **42**, 3157 (1909). — B. N. Menschutkin, B. **42**, 4020 (1909). — Michael, B. **43**, 464 (1910). — Willstätter, Mayer und Hüni, A. 378, 98 (1910). — Wolff, Ch. Umsch. **29**, 2 (1922).

Übrigens besitzen die tertiären Butyl- und Amylalkohole größere Geschwindigkeitskonstanten als die sekundären, trotzdem in ersteren die Ketten verzweigter sind und dem Hydroxyl näherstehen.

Namentlich durch die Arbeiten von Michael ist, wie Willstätter, Mayer und Hüni betonen, der Wert dieser Methode zweifelhaft geworden, und die Folgerungen hinsichtlich der wahren Geschwindigkeit der Reaktion sind strittig; immerhin sind die Zahlen für Anfangsgeschwindigkeit und Grenze der Esterbildung nach der ursprünglichen Arbeitsmethode von Menschutkin für die Beschreibung und den Vergleich der höheren aliphatischen Alkohole sehr nützlich.

Nennt man die Prozentzahl an Ester, die sich nach einstündiger Einwirkung äquimolekularer Mengen von Alkohol und Essigsäure (bei 155°) ergibt, den Wert der Anfangsgeschwindigkeit, den nach 120 Stunden erzielten Umsatz den Grenzwert, so findet man:

Für die primären Alkohole der Formel:

	Anfangsgeschwindigkeit:	Grenzwert:
$CH_3(CH_2)_nCH_2OH$	46.7	66.6
R_2CHCH_2OH	44.4	67.4
$C_nH_{2n-1}OH$	35.7	59.4
$C_nH_{2n-3}OH$	20.5	—
$C_nH_{2n-7}OH$	38.6	60.8

Für die sekundären Alkohole der Formel:

	Anfangsgeschwindigkeit:	Grenzwert:
$C_nH_{2n+1}OH$	16.9—26.5	58.7—63.1
$C_nH_{2n-1}OH$	15.1	52.0—61.5
$C_nH_{2n-3}OH$	10.6	50.1
$C_nH_{2n-7}OH$	18.9	—
$C_nH_{2n-15}OH$	22.0	—

Für die tertiären Alkohole der Formel:

	Anfangsgeschwindigkeit:	Grenzwert:
$C_nH_{2n+1}OH$	0.9—2.2	0.8—6.6
$C_nH_{2n-1}OH$	3.1	0.5—7.3
$C_nH_{2n-3}OH$	—	3.1—5.4
$C_nH_{2n-7}OH$ (Phenole)	0.6—1.5	8.6—9.6
$C_nH_{2n-13}OH$	—	6.2

Ausführung der Bestimmungen. Zu jeder Bestimmung werden ca. 2 g Alkohol und die äquimolekulare Menge reine, wasserfreie Essigsäure benutzt. Die Erhitzung des Gemisches wird in zugeschmolzenen, dünnwandigen Glasröhren von etwa 5 mm innerem Durchmesser vorgenommen (Fig. 291). —

Um die Flüssigkeit einzuführen, wird die ausgezogene Spitze des gewogenen Röhrchens in das Gemisch von Säure und Alkohol getaucht und mittels Kautschukschlauchs so viel eingesogen, daß das Röhrchen, dessen Kapazität etwa 1 ccm beträgt, halb gefüllt ist. Dann schmilzt man bei C zu, dreht das Röhrchen um, entfernt durch leichtes Klopfen die Flüssigkeit aus c und schmilzt wieder etwa in der Hälfte der Capillare ab. Nun werden wieder alle Teile des Röhrchens gewogen und aus der Gewichtszunahme die Menge der in Untersuchung genommenen Mischung bestimmt. Auf dieselbe Art füllt man noch 3—4 Röhrchen, bei hochmolekularen Alkoholen von etwas größeren Dimensionen. Feste Alkohole werden in dem unausgezogenen tarierten Röhrchen gewogen, dann dieses justiert und die Essigsäure eingesogen.

Die Röhrchen werden mittels ihres einen hakenartigen Endes in das durch einen Thermoregulator auf 155° gehaltene Bad (Glycerin oder Paraffin) gebracht (Fig. 292), in dem sie vollständig eingetaucht sein müssen.

39*

Durch einen blinden Versuch konstatiert man, ob und wieviel Essigsäure durch das Glas neutralisiert wird und zieht evtl. diese Differenz in Rechnung.

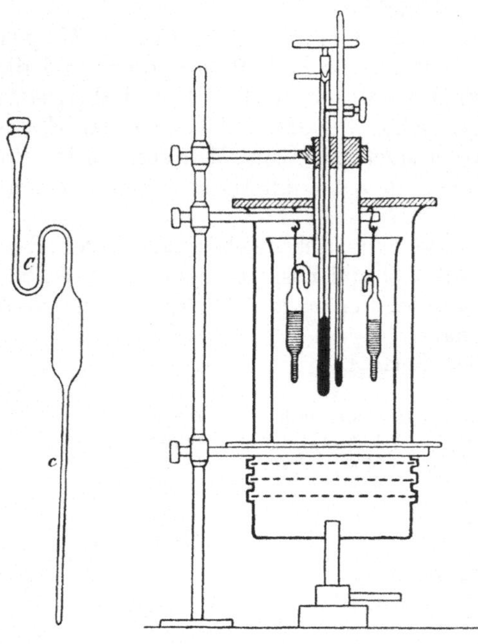

Fig. 291.　　　　　Fig. 292.

Bestimmung der Esterifizierungsgeschwindigkeit nach Menschutkin.

Nach einer Stunde wird das erste Röhrchen, evtl. ein zweites zur Kontrolle, herausgenommen, gereinigt und in eine starkwandige Flasche mit gut schließendem Stopfen gebracht, durch Schütteln zertrümmert, 50 ccm neutralisierter Alkohol und etwas Phenolphthaleinlösung (besser als, nach Menschutkin, Rosolsäure) zugefügt und mit $^{n}/_{10}$-Barythydratlösung titriert (Anfangsgeschwindigkeit).

Die Titerstellung erfolgt rasch und genau durch Eindampfen einer gemessenen Menge Barythydrat mit Schwefelsäure im Platintiegel, Glühen und Wägen des Bariumsulfats.

Der Grenzwert dürfte stets nach 120 Stunden erreicht sein.

Genauer, wenn auch weniger expeditiv, ist es, die Esterifizierung bei gewöhnlicher Temperatur sich vollziehen zu lassen. So wurden Geraniol und Linalool mit 6 Molekülen Essigsäure gemischt und bei konstanter (Zimmer-)Temperatur sich selbst überlassen. Verestert waren nach:

	24 Stunden	10 Tagen	24 Tagen	5 Monaten	12 Monaten
von Geraniol	5.5	29.2	45.0	85.6	90.0%
von Linalool	0.4	0.6	1.1	3.9	5.3%

Sonach ist Linalool als tertiärer Alkohol anzusprechen[1]).

D. Kryoskopisches Verhalten der Alkohole [Biltz[2])]. Hydroxylhaltige Substanzen zeigen in Benzollösung bei größeren Konzentrationen infolge Assoziation scheinbar steigendes Molekulargewicht (Beckmann, Auwers). Bei Ketonen dagegen ändert sich mit steigender Konzentration die Größe für das Molekulargewicht nur sehr wenig.

Die kryoskopische Kurve ist für die einzelnen Gruppen von Alkoholen verschieden, und zwar zeigen die primären Alkohole die am stärksten, die tertiären die am wenigsten steigende Kurve, die sekundären Alkohole stehen in der Mitte. Die Kurve steigt um so rascher, je niedriger das wirkliche Molekulargewicht des Alkohols ist.

E. Nach Tschugaeff[3]) werden die Magnesiumverbindungen vom Typus RMgJ wie durch Wasser, so auch durch viele Hydroxylverbindungen (Alkohole, Phenole, Oxime) nach folgender Gleichung zersetzt:

$$RMgJ + R_1OH = RH + R_1OMgJ.$$

[1]) Roure-Bertrand Fils, B. (2), 5, 3 (1907).
[2]) Z. phys. 27, 529 (1899); 29, 249 (1899).
[3]) Ch. Ztg. 26, 1043 (1902). — B. 35, 3912 (1902).

Die auf den Gehalt an Hydroxyl zu prüfende Substanz (0.1—0.15 g) wird nach sorgfältigem Trocknen mit dem im Überschuß genommenen Methylderivat, CH_3MgJ, in Reaktion gebracht. Hierbei bildet sich Methan, wenn die Substanz Hydroxyl enthielt. Substanzen, die kein Hydroxyl[1]) enthalten, scheiden auch kein Gas aus. Auf diese Weise läßt sich im allgemeinen das Vorhandensein von Hydroxylgruppen qualitativ feststellen.

Außerdem läßt sich die angeführte Eigenschaft der magnesiumorganischen Verbindungen auch zur Trennung hydroxylhaltiger Substanzen von solchen benutzen, die kein Hydroxyl enthalten, insbesondere zur Trennung von Alkoholen und Kohlenwasserstoffen. Die Probe wird zu der im Überschuß genommenen Lösung der Verbindung CH_3MgJ gegeben. Hierbei entsteht Methan, und der Alkohol ROH geht in die nicht flüchtige Verbindung $ROMgJ$ über, während der Kohlenwasserstoff frei bleibt und unter vermindertem Druck, nach dem Verjagen des Äthers, abdestilliert werden kann. Dem Rückstand entzieht man den Alkohol mit Wasser.

Über die Ausbildung dieser Reaktion zu einer quantitativen Bestimmungsmethode für hydroxylhaltige Substanzen siehe S. 708ff.

F. Über die Säurechloridreaktion siehe S. 646.

G. Auch die Fähigkeit vieler Alkohole, sich mit Chlorcalcium zu verbinden[2]), wird gelegentlich als Hydroxylreaktion verwertet[3]).

H. Bei der Dampfdichtebestimmung nach V. und C. Meyer zeigen die überhitzten Dämpfe der drei Klassen von Alkoholen ebenfalls verschiedenes Verhalten[4]).

Primäre Alkohole sind noch bei der Siedetemperatur des Anthracens (360°) beständig, sekundäre zerfallen bei dieser Temperatur in Wasser und ungesättigte Kohlenwasserstoffe, ertragen aber noch die Siedetemperatur des Naphthalins (218°), während tertiäre Alkohole sich bereits bei dieser Temperatur spalten.

Gibt daher ein Alkohol z. B. im Naphthalindampf noch normale Zahlen, im Anthracendampf aber nur mehr den halben theoretischen Wert seiner Dampfdichte, so ist er als sekundär anzusprechen.

Isopropylalkohol und tertiärer Butylalkohol zeigen abnorme Beständigkeit; im übrigen ist die Reaktion für primäre Alkohole der Fettreihe bis C_7, für sekundäre bis C_9, für tertiäre bis C_{12} anwendbar.

I. Reaktion von Sabatier und Senderens[5]). Beim Überleiten über reduziertes, auf 300° erhitztes Kupfer werden die primären Alkohole in Aldehyd und Wasserstoff, die sekundären in Keton und Wasserstoff, die tertiären endlich in Wasser und ungesättigten Kohlenwasserstoff zerlegt.

Man behandelt das Reaktionsprodukt mit Caroschem Reagens, wodurch der evtl. entstandene Aldehyd resp. der primäre Alkohol erkannt wird, hierauf mit Semicarbazid, wodurch das Keton resp. der sekundäre Alkohol nachgewiesen wird, endlich mit Brom, das augenblicklich entfärbt wird, wenn

---

[1]) Respektive andere Gruppen mit aktivem Wasserstoff, siehe S. 712.

[2]) Siehe S. 112.

[3]) Jacobsen, A. **157**, 234 (1871). — Bertram und Gildemeister, J. pr. (2), **49**, 188 (1894). — Hoffmann und Gildemeister, Ätherische Öle **1899**, 195. — Thoms und Beckström, B. **35**, 3191 (1902). — Jones und Getman, Am. **32**, 338 (1904). — Schimmel & Co., B. **1910**, II, 52, 89.

[4]) Kling und Viard, C. r. **138**, 1172 (1904). — Kling, Bull. (3), **35**, 460 (1906).

[5]) Bull. (3), **33**, 263 (1905). — Mailhe, Ch. Ztg. **32**, 229 (1908). — Neave, Analyst **34**, 346 (1909).

aus der Zersetzung eines tertiären Alkohols ein ungesättigter Kohlenwasserstoff hervorgegangen war.

Darstellung von Caroschem Reagens[1]).

20 g Ammoniumpersulfat werden mit 11 ccm konzentrierter Schwefelsäure verrieben. Nach einstündigem Stehen im Eisschrank nimmt man die Mischung mit 50 g Eis auf und neutralisiert sie unter guter Kühlung mit konzentriertem Ammoniak oder besser Ammoniakgas, das durch eine als Kühler dienende Röhre eingeleitet wird. Man muß sorgfältig darauf achten, daß die Flüssigkeit auch nicht vorübergehend ammoniakalisch wird.

K. Bouveault[2]) charakterisiert die primären und sekundären Alkohole durch die Semicarbazone ihrer Brenztraubensäureester, die man nach Simon[3]) durch Erhitzen der Komponenten auf 110—120° oder auch mehrstündiges Digerieren auf dem Wasserbad (Wienhaus) erhält. Die Brenztraubensäure muß frisch im Vakuum destilliert sein.

L. Reaktion von Bacovesco[4]). Man löst 15 g Molybdänsäure in 85 g konzentrierter, auf ca. 85° erwärmter Schwefelsäure. Man unterschichtet die mit etwas Wasser verdünnte hydroxylhaltige Substanz mit dem gleichen Volumen Reagens. An der Berührungsstelle entsteht sofort ein blauvioletter Ring.

M. Nach Henry[5]) unterscheiden sich die Acetate der tertiären Alkohole sehr wesentlich von denen der primären und sekundären, indem sie durch rauchende Salzsäure bei Zimmertemperatur rasch nach der Gleichung:

$$R_1R_2R_3 : C—OOC_2H_3 + HCl = R_1R_2R_3CCl + CH_3COOH$$

zerfallen.

Analog wirken Salzsäure und Acetylchlorid auf die tertiären Alkohole (siehe S. 609).

5. Reaktionen der mehrwertigen Alkohole.

A. Esterifizierungsgeschwindigkeit[6]).

Für die Esterifizierungsgeschwindigkeit der Glykole mit Essigsäure fand Menschutkin folgende Werte:

	Anfangsgeschwindigkeit:	Grenzwert:
Primäre Glykole	43—49	54—60
Primär-sekundäre Glykole	36.4	50.8
Sekundäre Glykole	17.8	32.8
Tertiäre Glykole	2.6	5.9
(Zweiwertige Phenole	0	7)

B. Verhalten gegen organische Säurechloride[7]).

Bei der Einwirkung organischer Säurechloride wird die eine Hydroxylgruppe acyliert und an die Stelle der zweiten Chlor eingeführt (Halogenhydrine).

C. Verhalten gegen Jodwasserstoffsäure.

1.2-Diole sind nicht nach der Zeiselschen Methode[8]) bestimmbar, ein Teil des Glykols wird dabei zum entsprechenden Kohlenwasserstoff reduziert[9]).

---

[1]) Willstätter und Hauenstein, B. **42**, 1842 (1909).

[2]) C. r. **138**, 984 (1904). — Masson, C. r. **149**, 630 (1909). — Willstätter, Mayer und Hüni, A. **378**, 97 (1910). — Wienhaus, B. **53**, 1662 (1920).

[3]) Bull. (3), **13**, 477 (1895).   [4]) Ph. C.-H., **45**, 574 (1904). — Z. anal. **44**, 437 (1905).

[5]) Rec. **26**, 449 (1907).

[6]) Menschutkin, B. **13**, 1812 (1880). Siehe auch S. 611. — Verhalten der α-Glykole gegen Essigsäureanhydrid: Prileshajew, Russ. **39**, 759 (1907).

[7]) Lourenço, A. Chim. (3), **67**, 259 (1863).   [8]) Siehe S. 892.

[9]) Meisenheimer, B. **41**, 1015 (1908). — Grün und Bockisch, B. **41**, 3477 (1908).

Glycerin kann dagegen sowohl als solches [1]) als auch in seinen Äthern[2]), auch direkt in Fetten[3]), nach diesem Verfahren bestimmt werden. (Siehe hierzu S. 904.)

D. **Einwirkung verdünnter Säuren**[4]).

1.2-Diole werden unter dem Einfluß verdünnter Säuren (und ebenso durch Chlorzink, Phosphorpentoxyd oder Wasser allein bei hoher Temperatur) ausnahmslos in Aldehyde oder Ketone oder in beide zugleich übergeführt. Der Hergang vollzieht sich so, als ob ein an C neben Hydroxyl gebundenes H resp. Alkyl (Pinakone) mit einem an das Nachbar-C gebundenen OH Platz wechseln würde, wobei unter Wasseraustritt eine CO-Gruppe entsteht.

1.3-Diole liefern je nach ihrer Konstitution Aldehyde und Ketone, wenn das in Stelle (2) befindliche C [von der einen OH-Gruppe als (1) an gerechnet] mit mindestens einem Wasserstoffatom verbunden ist; wenn dies nicht der Fall, aber das an Stelle (4) befindliche C an Wasserstoff gebunden ist — wodurch Abspaltung von H aus (4) mit OH aus (3) möglich wird —, entsteht ein 1.4-Oxyd. Ist auch dies nicht der Fall, so treten andere Umlagerungen ein. In jedem Fall aber treten nebenher Doppeloxyde auf, die aus zwei Molekülen Glykol unter zweimaligem Wasseraustritt entstehen. Diese Doppeloxyde scheinen für die 1.3-Diole charakteristisch zu sein.

1.4- bis 1.10-Diole liefern alle beim Erhitzen mit verdünnten Säuren ringförmige 1.4- und 1.5-Oxyde.

E. Nach Klein und Jehn verwandeln mehrwertige Alkohole die alkalische Reaktion von Boraxlösungen gegen Indicatoren in saure[5]).

$$\begin{array}{c} =C \\ | \\ \textbf{6. Reaktionen des phenolischen Hydroxyls: } C=C-OH \,. \end{array}$$

A. **Eisenchloridreaktion**[6]). Die überwiegende Mehrzahl der Phenole und der von ihnen ableitbaren Verbindungen gibt in wäßriger Lösung auf Zusatz von Eisenchlorid eine charakteristische Farbenreaktion.

Worin das Wesen der Reaktion besteht, ist indes nur in wenigen Fällen aufgeklärt. Die Prozesse verlaufen auch nicht immer gleichartig. In gewissen Fällen ist die Bildung von Chinhydronen oder anderen Chinonfarbstoffen als Ursache der Färbung anzusehen. Bei den Naphtholen bewirkt das Eisenchlorid durch Aboxydation von Wasserstoff Verkettung der Kerne. Nach Raschig[7]) ist die Eisenreaktion der Phenole allgemein die Folge einer Ferrisalzbildung[8]), nach Weinland einer Komplexsalzbildung[9]). Die stärker sauren Phenole

---

[1]) Zeisel und Fanto, Z. Landw. Vers. Öst. **4**, 977 (1901); **5**, 729 (1902).

[2]) Grün und Bockisch, B. **41**, 3472, 3473, 3474 (1908).

[3]) Willstätter und Madinaveitia, B. **45**, 2826 (1912).

[4]) Lieben, M. **23**, 60 (1902). — Kondakow, J. pr. (2), **60**, 264 (1899). — Ch. Ztg. **26**, 469 (1902). — Jegorow, Russ. **22**, 389 (1890). — Franke und F. Lieben, M. **35**, 1431 (1914).

[5]) Klein, C. r. **86**, 826 (1878); **99**, 144 (1884). — Z. ang. **9**, 551 (1896); **10**, 5 (1897). — Jehn, Arch. (3), **25**, 250 (1887). — Z. anal. **27**, 395 (1888). — Lambert, C. r. **108**, 1016 (1889).

[6]) Siehe auch die Broschüre von E. Nickel, Farbenreaktionen der Kohlenstoffverbindungen, 2. Aufl., 1890, S. 67ff.

[7]) Z. ang. **20**, 2066 (1907).

[8]) Über farbige organische Ferriverbindungen überhaupt siehe: Hantzsch und Desch, A. **323**, 1 (1902). — Hopfgartner, M. **29**, 689 (1908).

[9]) Weinland und Binder, B. **45**, 148, 1113, 2498 (1912). — Weinland und Herz, A. **400**, 219 (1913). — Weinland und Nef, Arch. **252**, 600 (1914). — Weinland und Zimmermann, Arch. **255**, 204 (1917). — Weinland, Komplex-Verbindungen. Enke (1919), 131, 197, 257, 356.

(Phenolsulfosäuren) bilden dementsprechend stabilere Salze und zeigen (in saurer Lösung) beständigere und intensivere Färbung („Tintenbildung").

Allgemeine Regeln für die Nuance der Färbung oder für die Fälle, wo die Reaktion ganz ausbleibt, lassen sich zur Zeit noch wenige geben. Sicher ist nur, daß zum Zustandekommen der Reaktion die Hydroxylgruppe frei (unverestert usw.) sein muß. Die entgegengesetzte alte Beobachtung von Biechele[1]), wonach der p-Chlor-m-Kresolmethyläther mit Eisenchlorid grüne Färbung gibt, ist ungenau (Hans Meyer).

Das Phenol selbst gibt nur in nicht sehr verdünnter Lösung (bis 1 : 3000) violette Färbung. Alkohol und Säuren bringen ebenso wie Überschuß von Eisenchlorid die Farbe zum Verschwinden, was durch Zurückdrängung der Ionisation des $FeCl_3$ oder Komplexsalzbildung erklärt wird (Bruchhausen).

Auch sonst ist natürlich eine gewisse Konzentration der Lösung zum Zustandekommen der Reaktion notwendig.

Sehr schwer in Wasser lösliche Phenole, wie Thymol, Carvacrol, Eugenol, zeigen daher die Reaktion nicht. Verwandelt man aber diese Substanzen in ihre leicht löslichen Sulfosäuren, so geben sie die Farbenreaktion[2]).

Die drei Phenol monosulfosäuren geben violette, die Disulfosäuren rote Färbung[3]).

Während die übrigen Salicylsäurederivate mit unsubstituiertem Hydroxyl alle mit Eisenchlorid reagieren[4]), bleibt die äußerst schwer in Wasser lösliche Salicyloanthranilsäure nach Hans Meyer[5]) ungefärbt. Dijod-p-oxybenzoesäure gibt erst beim Erwärmen Rotfärbung[6]).

Derivate der Orthoreihe zeigen fast durchgehends intensive Reaktion.

Es färben sich mit Eisenchlorid:

    o-Kresol blau,
    α-Naphthol violett (Flocken, in Äther mit blauer Farbe löslich),
    Brenzcatechin smaragdgrün, auf Zusatz von Bicarbonat violettrot,
    Guajacol (in Alkohollösung) smaragdgrün,
    p-Chlorguajacol (in Alkohollösung) grün,
    Pyrogallol braun, auf Sodazusatz rotviolett,
    Oxyhydrochinon bläulichgrün, mit Soda dunkelblau bis weinrot,
    o-Oxybenzaldehyd violett,
    o-Oxybenzaldehyd-m-Carbonsäure violett,
    Salicylsäure violett,
    Salicylsäureamid violett,
    3.3-Dioxybiphenyl-4.4-Dicarbonsäure (in Alkohollösung) violett[7]).
    Sämtliche Nitrosalicylsäuren blutrot,
    Oxyterephthalsäure violettrot,

---

[1]) A. **151**, 214 (1869).
[2]) Rosenthaler, Vhdlg. Ges. Naturf. f. 1906, S. 211. — Siehe übrigens auch die Erklärungsweise hierfür von Raschig.
[3]) Städeler, A. **144**, 299 (1867). — Barth und Senhofer, B. **9**, 969 (1876). — Obermiller, B. **40**, 3631 (1907).
[4]) Über Substanzen, die den Eintritt der Reaktion verhindern resp. die anwesenden Fe$\cdots$-Ionen binden: Melzer, Apoth.-Ztg. **26**, 1033 (1911). — Langkopf, Apoth.-Ztg. **26**, 1057 (1911). — Linke, Apoth.-Ztg. **26**, 1083 (1911). — Bruchhausen, Apoth.-Ztg. **27**, 9 (1912).
[5]) Festschrift für Adolf Lieben (1906), 479. — A. **351**, 279 (1907).
[6]) Wheeler und Clapp, Am. **42**, 441 (1909).
[7]) Mudrovčič, M. **34**, 1424 (1913).

Oxynaphthoesäure -1.2 blaugrün,
,, 2.1 blau,
,, 2.3 blau,
,, 8.1 violett (Niederschlag),
Dioxybenzoesäure - 3.4 blaugrün, mit Soda dunkelrot,
,, 2.6 violett, dann blau,
,, 2.5 tiefblau,
,, 2.3 tiefblau, mit Soda violettrot,
Trioxybenzoesäure- 2.3.4 blauschwarz,
,, 2.4.6 blau, dann schmutzigbraun,
,, 3.4.5 violett,
α-Homoprotocatechusäure grasgrün,
Hydrokaffeesäure graugrün,
Homobrenzcatechin grün,
Protocatechualdehyd grün,
1.2-Xylenol (3) blauviolett,
1.3-Xylenol (4) blau,
Oxyterephthalsäuredimethylester violett,
Oxyterephthalsäure-β-Monomethylester violett[1]).

Es färben sich also die Derivate des Brenzcatechins grünlich, die Derivate der Salicylsäure violett bis blau, die Nitrosalicylsäuren rot.

Keine Färbung zeigen 1.4-Xylenol-(2), Mesitol, Pseudocumenol, Thymol[2]) und Pikrinsäure.

Derivate der Metareihe haben im allgemeinen keine große Tendenz zu Färbungen.

Es zeigen mit Eisenchlorid:
m-Kresol blaue Färbung,
Resorcin dunkelviolette Färbung,
1-n-Propyl-2 · 4-Dioxybenzol rotviolette Färbung[3]),
β-Naphthol schwachgrüne Färbung,
m-Oxybenzaldehyd keine Färbung,
Oxyterephthalsäure-α-Methylester rotgelbe Färbung,
m-Oxybenzoesäure keine Färbung,
Isovanillinsäure keine Färbung,
o-Homo-m-Oxybenzoesäure keine Färbung,
m-Homo-m-Oxybenzoesäure braunen Niederschlag,
p-Homo-m-Oxybenzoesäure hellbraunen Niederschlag,
Phloroglucin violblaue Färbung,
1.3-Xylenol-(5) keine Färbung,
1.2-Xylenol-(4) keine Färbung,
Dioxybenzoesäure-(3.5) keine Färbung,
3.5-Dioxyorthoxylol rote Färbung.

Derivate der Parareihe. Wird in das Phenolmolekül die Methylgruppe oder die Aldehydgruppe in p-Stellung eingeführt, so tritt Farbenreaktion ein. Die Carboxylgruppe verhindert die Reaktion oder gibt höchstens zu gelben bis roten Färbungen bzw. Fällungen Veranlassung.

---

[1]) Konstitutionsbestimmung mittels der Eisenreaktion: Wegscheider und Bittner, M. **21**, 650 (1900). — Mudrovčič, M. **34**, 1438 (1913). — Dimroth und Goldschmidt, A. **399**, 67 (1913).　　[2]) Siehe dazu S. 616.
[3]) In alkoholischer Lösung grüngelb. Sonn, B. **54**, 773 (1921).

Es zeigen mit Eisenchlorid:

p-Kresol blaue Färbung,
Hydrochinon blaue Färbung, dann Chinonbildung,
p-Oxybenzaldehyd violette Färbung,
p-Oxybenzoesäure gelbe Fällung,
3.5-Dijod-p-Oxybenzoesäure keine Färbung[1]),
o-Homo-p-Oxybenzoesäure keine Färbung,
m-Homo-p-Oxybenzoesäure keine Färbung,
Saligenin-p-Carbonsäure keine Färbung,
Vanillinsäure keine Färbung[2]),
o-Aldehydo-p-Oxybenzoesäure rote Färbung,
α-Oxyisophthalsäure rote Färbung,
Tyrosinsulfosäure violette Färbung,
1.4-Oxynaphthoesäure schmutzigvioletten Niederschlag.

Derivate der Pyridinreihe zeigen ebenfalls zumeist Eisenchlorid-reaktion.

Es geben mit Eisenchlorid:

α-Oxypyridin rote Färbung,
Dichlor-α-Oxypyridin keine Färbung,
β-Oxypyridin rote Färbung,
Dibrom-β-Oxypyridin violette Färbung,
γ-Oxypyridin gelbe Färbung,
Pyrokomenaminsäure violette Färbung,
$\beta\beta'$-Dioxypyridin braunrote Färbung,
Glutazin tiefrote Färbung (wird beim Erwärmen dunkelgrün),
Pyromekazonsäure indigoblaue Färbung,
Brompyromekazonsäure tiefblaue Färbung,
Nitropyromekazonsäure blutrote Färbung,
1.3.5-Trioxypyridin tiefrote Färbung (beim Erwärmen gelb),
Tetraoxypyridin schmutzig violette Färbung,
(sog. α-)Oxypicolinsäure rötlichgelbe Färbung,
Chlor-β-Oxypicolinsäure gelbrote Färbung,
Komenaminsäure violette Färbung,
Monoacetylkomenaminsäureäthylester keine Färbung,
Trioxypicolinsäure indigoblaue Färbung,
Bromtrioxypicolinsäure tiefblaugrüne Färbung,
α'-Oxynicotinsäure gelbe Färbung,
α'-Oxychinolinsäure tiefrote Färbung,
Chelidamsäure rote Färbung,
Dichlorchelidamsäure purpurrote Färbung,
Dibromchelidamsäure fuchsinrote Färbung,
Kynurin schwach carminrote Färbung,
B-1-Oxy-2-Chinolinbenzcarbonsäure violett-tiefbraune Färbung,
B-1-Oxy-3-　　　　　　　　,,　　　　rotbraune Färbung,
B-1-Oxy-4-　　　　　　　　,,　　　　grüne Färbung,
B-3-Oxy-　　　　　　　　　,,　　　　blutrote Färbung,
(sog. α-)Oxycinchoninsäure grüne Färbung,

---

[1]) In der Wärme Rotfärbung.
[2]) In der Wärme rotbraun: E. Fischer und Freudenberg, A. **372**, 48 (1910).

Carbostyril-β-Carbonsäure braunrote Färbung[1]),
N-Methyldioxychinolincarbonsäure blaue Färbung,
B-1-Oxychinaldincarbonsäure kirschrote Färbung,
Py-γ-Oxychinaldin-β-Carbonsäure rote Färbung,
B-1-Oxytetrahydrochinolin dunkelrotbraune Färbung,
B-1-Oxy-N-äthyltetrahydrochinolin dunkelbraune Färbung,
B-2-Oxytetrahydrochinolin lichtgelbe bis braunrote Färbung,
B-4-Oxytetrahydrochinolin tiefdunkelrote Färbung.

Es sei übrigens hervorgehoben, daß auch das Thallin (B-3-Methoxytetrahydrochinolin), das keine freie Hydroxylgruppe besitzt, mit Eisenchlorid (und anderen Oxydationsmitteln) ebenfalls eine — intensiv smaragdgrüne — Färbung liefert.

Andererseits geben fast alle α-Oxy- und Carboxy - Derivate des Pyridins und Chinolins mit Eisenvitriol gelbrote bis blutrote Färbungen [Skraup[2])].

Wolff empfiehlt, da die Reaktion durch gleichzeitige Anwesenheit von Oxydsalz wesentlich abgeschwächt werden kann, an Stelle des Vitriols das stabilere Mohrsche Salz zu verwenden.

Trimethylchinolinsäure zeigt die Reaktion nicht[3]).

Bemerkenswert ist, daß auch die Pyrrolcarbonsäuren, nicht aber ihre Ester, intensive Eisenchloridreaktionen zeigen[4]).

B. Liebermannsche Reaktion[5]). Mit salpetriger Säure und wasserentziehenden Mitteln bilden die einwertigen Phenole mit nicht substituierter Parastellung und die mehrwertigen Phenole der Metareihe[6]) infolge Bildung von Paranitrosophenolen, die sich mit unverändertem Phenol unter Wasseraustritt verbinden, schöne Farbstoffe von wahrscheinlich folgender Struktur:

$$\text{OH}\!\!-\!\!\bigcirc\!\!<^{\text{O—C}_6\text{H}_5}_{\text{O}_6\text{—CH}_5} \quad \text{respektive} \quad \text{OH}\!\!-\!\!\bigcirc\!\!-\!\!\text{OH}\;<^{\text{O(1)—C}_6\text{H}_4\text{—OH(3)}}_{\text{O(1)—C}_6\text{H}_4\text{—OH(3)}} \quad \text{und} \quad \text{OH}\!\!-\!\!\bigcirc\!\!-\!\!\text{OH}\;<^{\text{O(1)}}_{\text{O(3)}}\!\!>\!\text{C}_6\text{H}_4 \;,$$

$$\underbrace{\qquad\qquad\qquad\qquad\qquad\qquad}_{\alpha} \qquad\qquad\qquad \beta$$

von denen man die ersteren nach Brunner und Chuit als α-, die letzteren als β-Dichroine bezeichnet, wegen ihrer prächtigen Fluorescenz und ihres Dichroismus.

Nach Liebermanns Vorschrift verwendet man als Reagens konzentrierte Schwefelsäure, in verschließbarer Flasche mit 5—6% Kaliumnitrit versetzt. Durch Schütteln bewirkt man Absorption der Dämpfe.

Die Substanz wird unter Kühlung in möglichst konzentrierter wäßriger oder schwefelsaurer Lösung mit dem vierfachen Volum Reagens versetzt. Unter Erwärmung tritt die Farbstoffbildung ein. Durch vorsichtiges Eingießen

---

[1]) Friedländer und Göhring, B. **17**, 459 (1884). — Nach meinen Beobachtungen tritt mit der reinen Substanz keine Färbung ein. H. M.
[2]) M. **7**, 212 (1886).   [3]) Wolff, A. **322**, 372, Anm. (1902).
[4]) E. Fischer und v. Slyke, B. **44**, 3166 (1911). — Benary und Silbermann, B. **46**, 1363 (1913).   [5]) B. **7**, 248, 806, 1098 (1874). — Krämer, B. **17**, 1875 (1884).
[6]) Liebermann und Kostanecki, B. **17**, 885, Anm. (1884). — Brunner und Chuit, B. **21**, 249 (1888). — Siehe übrigens Nietzki, Farbstoffe, 4. Aufl., S. 211, und Decker und Solonina, B. **35**, 3217 (1902).

in Wasser (Kühlen!) kann man den betreffenden Farbstoff fällen, der dann in schwach essigsaurer, verdünnt alkoholischer Lösung Seide schön anzufärben pflegt.

Eijkman[1]) verwendet Äthylnitrit, in Form des Spiritus aetheris nitrosi, der zu der mit dem gleichen Volum konzentrierter Schwefelsäure versetzten Phenolprobe zugetropft wird. Man bereitet das Reagens, indem man salpetrigsaures Kalium mit Alkohol und etwas überschüssiger verdünnter Schwefelsäure übergießt und dekantiert. Ebensogut wird man auch Amylnitrit verwenden können[2]).

Die Reaktion ist übrigens nicht auf Phenole beschränkt, da nach Liebermann[3]) auch Thiophen und seine Derivate zur Bildung blauer bis grüner Färbungen Anlaß geben.

Über andere Farbenreaktionen der Phenole siehe:

Alvarez, Ch. News **91**, 125 (1905) (Natriumsuperoxyd).
Aloy und Laprade, B. **33**, 860 (1900) (Uranylnitrat).
Stobbe und Werdermann, A. **326**, 373 (1903).

C. Durch Halogene, namentlich Brom und Jod, werden die Phenole leicht substituiert. Auf dieses Verhalten sind Methoden zur quantitativen Bestimmung der Phenole gegründet worden. Es wird genügen, für diese, hauptsächlich technischen Zwecken dienenden Verfahren die Literaturstellen anzuführen.

Titrationen mit Brom:

Koppeschaar, Z. anal. **15**, 242 (1876). — J. pr. (2), **17**, 390 (1879).
Benedikt, A. **199**, 128 (1877).
Degener, J. pr. (2), **20**, 322 (1879).
Seubert, B. **14**, 1581 (1881).
Kleinert, Z. anal. **23**, 1 (1884).
Endemann, D.-Am.-Ap.-Ztg. **5**, 365 (1884).
Weinreb und Bondy, M. **6**, 506 (1885).
Beckurts, Arch. (3) **24**, 562 (1886). — Z. anal. **26**, 391 (1887).
Toth, Z. anal. **25**, 160 (1886).
Werner, Bull. (2) **46**, 275 (1886).
Keppler, Arch. f. Hyg. **18**, 51 (1893).
Stockmeier und Thurnauer, Ch. Ztg. **17**, 119, 131 (1893).
Vaubel, Ch. Ztg. **17**, 245, 414 (1893). — Z. ang. **11**, 1031 (1898). — J. pr.
    (2) **48**, 74 (1893); (2) **67**, 476 (1903).
Zimmermann, Soc. **46**, 259 (1894).
Freyer, Ch. Ztg. **20**, 820 (1896).
Dietz und Clauser, Ch. Ztg. **22**, 732 (1898).
Wagner, Diss. Marburg (1899).
Clauser, Öst. Ch. Ztg. **2**, 585 (1899).
Ditz, Z. ang. **12**, 1155 (1899).
Ditz und Cedivoda, Z. anal. **37**, 873 (1899); **38**, 897 (1900).
Fresenius und Grünhut, Z. anal. **38**, 298 (1900).
Lloyd, Am. soc. **27**, 16 (1905).

---

[1]) New Remedies **11**, 340. — Ref. Z. anal. **22**, 576 (1883).
[2]) Vgl. Claisen und Manasse, B. **20**, 2197, Anm. (1887).
[3]) B. **16**, 1473 (1883); **20**, 3231 (1887).

Riedel, Z. phys. **56**, 243 (1906).
Seidell, Am. soc. **29**, 1091 (1907) (Amine).
Olivier, Rec. **28**, 354 (1909).
Siegfried und Zimmermann, Bioch. **29**, 369 (1910).
Peirce, Ch. Ztg. **35**, 1016 (1911).
Ditz und Bardach, Bioch. **42**, 347 (1912).
Smith und Frey, Am. soc. **34**, 1040 (1912).
Seidell, Am. **47**, 508 (1912).
Redman und Rhodes, J. Ind. Eng. Chem. **4**, 655 (1912).

Titrationen mit Jod:
Ostermayer, J. pr. (2) **37**, 213 (1888).
Kehrmann, J. pr. (2) **37**, 9, 134 (1888); **38**, 392 (1888).
Messinger und Vortmann, B. **22**, 2312 (1889); **23**, 2753 (1890).
Messinger und Pickersgill, B. **23**, 2761 (1890).
Kossler und Penny, Z. physiol. **17**, 121 (1892).
Frerichs, Apoth. Ztg. **11**, 415 (1896).
Neuberg, Z. physiol. **27**, 123 (1899).
Vaubel, Ch. Ztg. **23**, 82 (1899); **24**, 1059 (1900).
Bougault, C. r. **146**, 1403 (1908).
Gardner und Hodgson, Soc. **95**, 1819 (1909).
Wilkie, Soc. Ind. **30**, 398 (1911).
Redman, Weith und Brock, J. Ind. Eng. Chem. **5**, 831 (1913).

Titration (mehrfach) nitrierter Phenole:
Schwarz, M. **19**, 139 (1898).

D. Natriumamid wird durch Phenole nach der Gleichung:

$$R \cdot OH + NaNH_2 = RONa + NH_3$$

zersetzt.

Schryver[1]) benutzt diese Reaktion zur quantitativen Bestimmung des phenolischen Hydroxyls („Hydroxylzahl").

Ungefähr 1 g feingepulvertes Natriumamid[2]) wird ein paarmal mit kleinen Quantitäten thiophenfreiem Benzol gewaschen und dann in ein Kölbchen A (Fig. 293) von 200 ccm Inhalt gebracht, dessen doppelt durchbohrter Kork einen Scheidetrichter B und einen Rückflußkühler trägt. Letzterer ist wieder mit einem Absorptionsgefäß für Ammoniak C und einem Aspirator verbunden.

In das Kölbchen werden 50—60 ccm Benzol (Toluol, Xylol) gebracht und 10 Minuten lang auf dem Wasserbad gekocht, während ein Strom kohlendioxydfreier trockner Luft durchgesaugt wird, um durch evtl. Wassergehalt des Benzols gebildetes Ammoniak zu entfernen. Nun werden in den Absorptionsapparat 20 ccm Normalschwefelsäure gebracht und die Lösung des Phenols in reinem Benzol, die durch längeres Stehen über geschmolzenem Natriumacetat vollständig getrocknet sein muß, durch den Scheidetrichter eingesaugt und unter Durchsaugen von Luft weiter gekocht. Nach $1^1/_2$ Stunden ist der Versuch als beendet anzusehen. Schließlich wird das Ammoniak unter Verwendung von Methylorange als Indicator titriert.

---

[1]) Ch. Ind. **18**, 533 (1899). — Bericht von Schimmel & Co., 1899, 60. — Haller, C. r. **138**, 1139 (1904). — Marpmann, Ztschr. Riech- u. Geschmackst. 1909, 20.
[2]) Von der Gold- und Silberscheideanstalt vorm. Rössler, Frankfurt a. M. und von Kahlbaum, Berlin.

Alkohole und Amine[1]) wirken in gleicher Weise auf Natriumamid. Das Natriumamid reagiert ferner auch mit Ketonen, worauf entsprechend Rücksicht zu nehmen ist[2]).

Die Methode ist auf $\pm\,2\%$ genau.

E. **Mit Diazokörpern** geben Phenole, in denen die Parastellung oder eine der beiden Orthostellungen unbesetzt ist[3]), Oxyazokörper von meist intensiv roter oder rotgelber Farbe. Ungesättigte Seitenketten oder Azogruppen erschweren die Kupplungsfähigkeit der Phenole, am meisten, wenn die Seitenkette die Metastellung innehat[4]). Als **Diazokomponente** verwendet man zweckmäßig entweder **diazotierte Sulfanilsäure**[5]) oder **Diazoparanitroanilin**[6]).

Letzteres Reagens verwendet **Bader**[7]), um Phenole quantitativ als Azofarbstoffe zu fällen. Das Verfahren kann auch in der Anthrachinonreihe mit gutem Erfolg verwendet werden[8]).

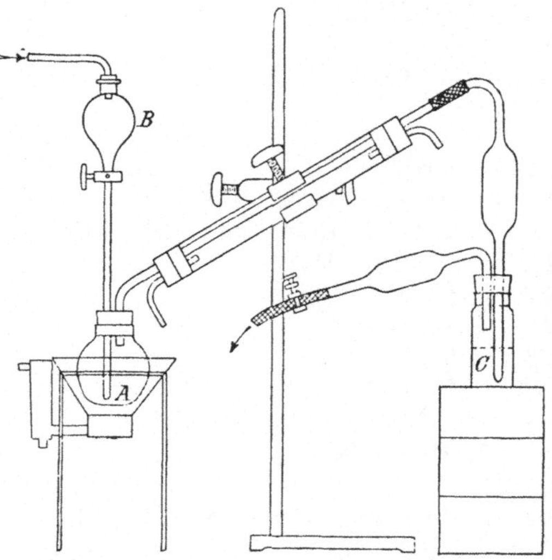

Fig. 293. Bestimmung der Hydroxylzahl.

Die Reaktion verläuft nach der Gleichung:

$$C_6H_4NO_2N : NCl + C_6H_5OH + 2\,NaOH = C_6H_4NO_2N : NC_6H_4ONa + NaCl + 2\,H_2O.$$

50 ccm einer wäßrigen Lösung des Phenols, die nicht mehr als 0.1 g davon enthalten darf, werden mit 1 ccm 5 proz. Sodalösung versetzt, 20 ccm Diazolösung zugefügt und unter Kühlen und starkem Umschütteln tropfenweise 1 : 5 verdünnte Schwefelsäure zugesetzt, bis Entfärbung der Lösung und vollständige Abscheidung des Farbstoffs eingetreten ist. Die Lösung muß stark sauer reagieren. Man läßt einige Stunden stehen, filtriert durch ein bei 100° getrocknetes, gewogenes Filterröhrchen, wäscht bis zum Verschwinden der Schwefelsäurereaktion und wägt nach dem Trocknen bei 100°. Die Phenollösung darf weder Ammoniak noch Ammoniumsalze oder Amine enthalten.

---

[1]) S. 985.

[2]) Mon. sc. 1900, 34. — Roure-Bertrand Fils, B. (1), **1**, 60 (1900).

[3]) Nölting und Kohn, B. **17**, 358, Anm. (1884). Paraoxybenzoesäure liefert hierbei (in ätzalkalischer Lösung) Phenoldisazobenzol und etwas Phenoltrisazobenzol; in Sodalösung Phenoldisazobenzol und ein wenig Benzolazo-p-oxybenzoesäure. Limpricht und Fitze, A. **263**, 236 (1884). — Über die Verdrängung von Azoresten durch Diazokörper: Nölting und Grandmougin, B. **24**, 1602 (1891). — Grandmougin, Guisan und Freimann, B. **40**, 3453 (1907). — Lwoff, B. **41**, 1096 (1908). — Grandmougin, B. **41**, 1403 (1908). — Siehe auch Scharwin und Kaljanow, B. **41**, 2056 (1908).

[4]) Borsche und Streitberger, B. **37**, 4116 (1904).

[5]) Ehrlich, Z. f. klin. Med. **5**, 285 (1885). — Sabalitschka und Schrader, Z. ang. **34**, 45 (1921).

[6]) Buletin. societ. de Stiinte din Bucuresti **8**, 51 (1899).

[7]) Tschirch und Edner, Arch. **245**, 150 (1907). — Oesterle und Tisza, Arch. **246**, 157 (1908). — Tisza, Diss. Bonn (1908), 54.

[8]) Diazoxylol: Bader, B. **22**, 997 (1889).

Statt den **Farbstoff** zu wägen, wie dies **Bader** vorgeschlagen hat, kann man auch das verbrauchte **Nitrit** messen.

Bucherer[1]) hat diese Methode, die vorher an kleinen Fehlern krankte[2]), zu einer einwandfreien gemacht. Im folgenden ist hierüber das Wesentliche, zusammen mit ergänzenden Bemerkungen von **Schwalbe**[3]), wiedergegeben.

Man stellt sich das Diazoniumchlorid:

$$O_2N \cdot C_6H_4 \cdot N \equiv N,$$
$$Cl$$

entweder aus dem p-Nitroanilin selbst oder noch zweckmäßiger aus der in der Technik mit dem wohl nicht ganz zutreffenden Namen „Nitrosaminrot" belegten Paste des Isodiazotats, $O_2N \cdot C_6H_4 \cdot N : N \cdot O \cdot Na + H_2O$, dar. Dieses Natriumsalz ist in gesättigter Kochsalzlösung fast unlöslich und läßt sich daher durch Auswaschen mit solcher völlig von dem in der Regel noch vorhandenen Nitrit befreien. Dieses würde nämlich in solchen Fällen störend wirken, in denen die Kombination zum Farbstoff in (mineral- oder essig-) saurer Lösung erfolgt. Unter solchen Bedingungen würde salpetrige Säure frei werden, die auf Amine unter Bildung von Diazoverbindungen und auf Phenole, Naphthole usw. unter Bildung von Nitrosoverbindungen einwirkt.

Der sehr einfache Prozeß des Auswaschens von Nitrosaminrotpaste mit gesättigter Kochsalzlösung kann ohne Beachtung gewisser Vorsichtsmaßregeln zu einem Mißerfolg führen. Hat man technische Nitrosaminrotpaste des Handels (**Badische Anilin- und Sodafabrik**) zur Verfügung, so muß man das Produkt möglichst sorgfältig absaugen, besser noch abpressen, den Saug- oder Preßkuchen mit gesättigter Kochsalzlösung anreiben, wiederum absaugen oder abpressen und nach abermaligem Anreiben mit Kochsalzlösung bei **mäßiger Wärme (20—30°) einige Tage stehen lassen, besser noch 24 Stunden rühren.** Die Paste erstarrt nämlich häufig zu einem harten Kuchen, dessen Verteilung in Teigform Schwierigkeiten macht; jedenfalls tut man gut, die Einstellung der Paste erst vorzunehmen, nachdem dieser anscheinende Hydratationsvorgang beendet ist.

Hat man Nitrosaminrotpaste nicht zur Verfügung, so kann man sich das Isodiazotat leicht durch Eingießen von p-Nitrodiazoniumchlorid in Natronlauge, die man mit Kochsalzlösung verdünnt hat, bereiten. Es ist vorteilhaft, recht stark zu kühlen, denn man kommt dann mit einem geringen Überschuß an Natronlauge aus, kann also auch das Auswaschen des Niederschlags abkürzen und diesen leichter natronlaugefrei erhalten. Das bei starker Kühlung bereitete Isodiazotat fällt in einer sehr leicht filtrierbaren Form als grobkrystallinisches, sandiges, braunrotes Pulver nieder, doch läßt es sich kaum zur gleichmäßigen Paste anrühren, da sich der schwere Niederschlag sehr rasch in der Kochsalzlösung am Gefäßboden absetzt. Rührt man jedoch die **braunrote Modifikation** einige Zeit mit lauwarmer Kochsalzlösung, so entsteht bald die bekannte **gelbe Modifikation,** die sehr lange als gleichmäßige Paste aufbewahrt werden kann. Die Nitrosaminrotpaste ist in der Regel 25 proz., d. h. sie enthält in 100 g etwa 25 g der Verbindung $O_2N \cdot C_6H_4 \cdot N_2 \cdot O \cdot Na + H_2O$ vom Molekulargewicht 207.

---

[1]) Z. ang. **20,** 877 (1907).
[2]) Siehe 1. Auflage dieses Buches, S. 307, 531, und **Lunge,** Chem. Techn. Unters., 4. Aufl., **3,** 778 (1900). — Die Erklärung hierfür siehe S. 626.
[3]) Z. ang. **20,** 1098 (1907).

Um z. B. 1 l $^n/_{10}$ - Diazolösung herzustellen, verfährt man folgendermaßen:

$$\frac{4 \times 207}{10} = 82.8 \text{ g}$$

Paste werden mit ca. 200 ccm Wasser zu einem dünnen Brei angerührt, den man mit 30—40 ccm konzentrierter Salzsäure versetzt.

Die angegebenen Volumverhältnisse sind genau zu beachten. Vermehrung des Wasservolumens verlängert die Zeit der Umsetzung ganz bedeutend, jedoch nur bei der nitritfreien Paste, während die nitrithaltige Paste auch bei größeren Wassermengen fast momentan umgesetzt wird. Die Temperatur wird zwischen 10 und 20° gehalten; unterhalb 10° geht die Umsetzung sehr langsam vor sich. Bei der nitritfreien Paste kann man fast mit der theoretischen Menge Salzsäure (2 Mol.) auskommen, wenn man die Konzentration noch weiter erhöht. Es ist also die Bereitung von Diazolösungen mit sehr wenig freier Salzsäure möglich.

Nach Zusatz der Salzsäure wartet man mit dem Abfiltrieren mindestens eine Stunde. Man hat dann den Vorteil, daß die abfiltrierte Diazolösung bei Aufbewahrung in Eis und im Dunkeln eine Woche lang konstanten Titer zeigt. Es hat sich nämlich herausgestellt, daß innerhalb der ersten Stunde nach erfolgter Umsetzung der Titer der Lösung zunächst etwas abnimmt. Vermutlich kuppelt anfangs gelöste Diazoaminoverbindung mit β-Naphthol. Hat sich aber die Diazoaminoverbindung erst einmal völlig abgeschieden — und dies ist nach etwa einer Stunde der Fall —, so beeinflußt sie den Titer nicht mehr.

Will man sich die Diazolösung unmittelbar aus p-Nitroanilin darstellen, so benutzt man am besten die Vorschrift[1] der Höchster Farbwerke: 14 g p-Nitroanilin werden in 60 ccm kochendem Wasser und 22 ccm Salzsäure (35 proz.) gelöst, unter gutem Rühren — am besten durch Schütteln unter einem Wasserstrahl — abgekühlt, 100—150 g Eis in fein zerklopftem Zustand eingetragen und 26 ccm Nitritlösung von 290 g im Liter auf einmal unter heftigem Umschütteln hinzugegeben. Fast noch sicherer ist es, das gepulverte Nitrit auf einmal in fester Form einzutragen. Wesentlich ist die Bildung eines feinen, gleichmäßig verteilten Breis von p-Nitroanilinchlorhydrat durch heftiges Schütteln und rasches Kühlen, ferner die unverzügliche Zugabe von Eis und Nitrit. Wartet man auch nur einige Minuten, so wird der Brei so grobkrystallinisch, daß die Diazotierung mißlingen kann. Alle Ingredienzien sind also vorher abzuwägen.

Derartige Diazolösungen sind jedoch nicht völlig frei von salpetriger Säure. Die im Vakuum bereiteten Präparate Azophorrot PN (Höchster Farbwerke) und Nitrazol C (Cassella) u. a. m. sind daher vorzuziehen, da man aus ihnen durch bloßes Lösen eine, allerdings verhältnismäßig salzreiche, Diazolösung erhält. In der Haltbarkeit ist aber die Nitrosaminrotpaste den genannten Präparaten überlegen, sofern sie in gut geschlossenen Gefäßen und vor Licht geschützt aufbewahrt wird.

Als Ursubstanz, die zur Einstellung der Diazolösung sehr wohl geeignet ist, benutzt man in der Technik β-Naphthol, das in vollkommen reiner Form leicht zu haben ist. Zur Kontrolle führt man eine Bestimmung des Schmelzpunkts aus, der bei 112° liegen muß. Handelt es sich um weniger genaue Bestimmungen, so kann man auch andere bequemer zu titrierende Zwischen-

---

[1] Kurzer Ratgeber, S. 142.

produkte von bekanntem Gehalt, z. B. 2.6-Naphtholmonosulfosäure oder R-Salz, der Titration zugrunde legen. Doch ist zu beachten, daß derartige salzhaltige Substanzen nicht die nämliche Gewähr der gleichmäßigen und (mit Rücksicht auf den veränderlichen Wassergehalt der umgebenden Atmosphäre) konstanten Beschaffenheit bieten wie schmelzpunktreines β-Naphthol, und daß sie außerdem auch im Lauf der Zeit Veränderungen unterliegen können.

Einstellung der Diazolösung mit β-Naphthol nach Schwalbe[1]).

In einem Dreilitergefäß (Becherglas oder besser Batterieglas, „Stutzen") werden 1.44 g sublimiertes β-Naphthol[2]) mit 2 ccm konzentrierter Natronlauge von 30—35% Gehalt versetzt, 10—20 ccm warmes Wasser zugefügt und bis zur völligen Lösung umgerührt. Nunmehr wird mit warmem Wasser (ca. 25—30°) auf 2—2$\frac{1}{2}$ l verdünnt, mit Essigsäure bis zur sauren Reaktion (auf Lackmus) angesäuert und ca. 50 g krystallisiertes Natriumacetat dazugegeben. Bei diesem Verdünnungsgrad fällt das β-Naphthol aus der sauren Lösung nicht mehr aus. Aus einer Bürette läßt man dann die zu titrierende Diazolösung unter tüchtigem Umrühren hinzufließen. Der Farbstoff fällt fast augenblicklich aus. Nähert man sich mit dem Zusatz der Diazolösung dem mutmaßlichen Ende der Kupplung, so beginnt man mit Tüpfelproben. Ein Tropfen Farbstoffbrühe wird auf Filtrierpapier gebracht und der farblose Auslaufrand mit Diazolösung betupft.

Tritt noch momentane Rotfärbung ein, so ist weiterer Zusatz von Diazolösung in Mengen von 0.5 ccm nötig. Ist aber die Rotfärbung undeutlich oder gar verschwunden, so filtriert man eine Probe (3—4 ccm) der Farbstoffbrühe ab, teilt das Filtrat in zwei Hälften, fügt zur einen 1 Tropfen Diazolösung, zur zweiten 1 Tropfen β-Naphthollösung. Auf weißer Unterlage kann man mit aller Schärfe, sogar bei künstlicher Beleuchtung, die Rot- oder Rosafärbung beobachten. Man macht etwa 4—6 derartige Proben. Wird das Filtrat auch durch β-Naphthol rot, so ist das Ende der Reaktion erreicht, das angewendete β-Naphthol ist völlig verbraucht, und die richtige Zahl von Kubikzentimetern Diazolösung liegt zwischen den zwei zuletzt gemachten Ablesungen. Man kann 0.1 ccm Diazolösung noch deutlich wahrnehmen.

Der Verlust von etwa 20 ccm bei der Probeentnahme macht bei 2 l keinen merkbaren Fehler; man kann auch bei Rotfärbung der Diazolösung die zweite Hälfte der Filtratprobe sparen, kommt also mit noch kleineren Flüssigkeitsmengen aus. Bei einem Verbrauch von 100 ccm Diazolösung kann man bis etwa 99 ccm mit der Tüpfelprobe auskommen. Erst dann muß man Filtratproben entnehmen. In 2 l Flüssigkeit sind dann aber nur noch 0.0144 g β-Naphthol, in 20 ccm Flüssigkeit 0.000 144 g β-Naphthol = 0.01%! Analog entsprechen den Ablesungen 99.9 und 100.1 Abweichungen von nur 0.1%. Da 0.1 ccm bequem abgelesen und an dem Grad der Rotfärbung unterschieden werden kann, geht die Genauigkeit bis etwa 0.05%.

Was nun die Bestimmung der hydroxyl- oder aminhaltigen Substanz anbelangt, so ist in allen Fällen zu empfehlen:

1. Arbeiten in möglichst saurer Lösung und

2. Aussalzen des Monoazofarbstoffs unmittelbar nach seiner Entstehung, um ihn der Einwirkung der Diazoverbindung zu entziehen.

Im übrigen lassen sich bei der Azofarbstoffbildung noch folgende Abstufungen der Reaktionsbedingungen unterscheiden:

---

[1]) B. **38**, 3072 (1905).   [2]) Von Merck, Darmstadt.

1. schwach mineralsauer,
2. schwach essigsauer,
3. schwach essigsauer + wenig Natriumacetat (was annähernd neutraler Reaktion entspricht, da Natriumacetat für sich allein bekanntlich schwach alkalisch auf Lackmus reagiert),
4. neutrale Reaktion des Natriumbicarbonats, die auch bei Zugabe von Mineralsäuren ihre Konstanz bewahrt — das Vorhandensein genügender Mengen Bicarbonat vorausgesetzt,
5. schwach essigsauer + viel Acetat (= schwach alkalisch),
6. sodaalkalisch und ammoniakalisch,
7. ätzalkalisch.

Mehr oder minder stark (mineral- oder essig-) sauer arbeitet man, wenn die Gefahr der Disazofarbstoffbildung vorliegt, schwach sauer soll die Reaktion bei den gewöhnlichen Aminen sein. Kuppeln diese etwas schwerer, oder handelt es sich um normale Monooxyverbindungen, so fügt man je nach Bedarf Natriumacetat hinzu oder kuppelt in Bicarbonatlösung.

Die Diazolösung aus p-Nitroanilin ist außerordentlich reaktionsfähig gegenüber Alkalien und selbst gegenüber den Alkalicarbonaten, durch die sie Umwandlung in das Isodiazotat erfährt.

Daraus ergibt sich die Notwendigkeit, bei allen Titrationen, bei denen p-Nitrobenzoldiazoniumchlorid benutzt wird, sorgfältig soda- oder ätzalkalische Reaktion zu vermeiden[1]). Ist daher zur Bereitung der zu untersuchenden Lösungen die Anwendung von Alkali erforderlich, so muß vor Beginn der Titration durch Zusatz von Essig- oder Mineralsäure das überschüssige Alkali fortgenommen werden. Das ist besonders auch bei solchen Titrationen, die in Gegenwart von Bicarbonat ausgeführt werden sollen, zu beachten. Denn da aus Ätzalkali und Bicarbonat nur Soda erzeugt wird, so kann selbst durch noch so große Mengen Bicarbonat die Gefahr einer Isomerisierung nicht ausgeschlossen werden.

Die 20 oder 25 ccm der alkalischen $^n/_{10}$-β-Naphthollösung werden demgemäß in einem starkwandigen Becherglas mit ca. $^1/_4$ l Wasser von etwa 20° verdünnt und alsdann mit Essig- oder Salzsäure ganz schwach angesäuert. Nun fügt man etwa 10 g Natriumacetat oder Bicarbonat hinzu und läßt von der Diazolösung so lange hinzufließen, bis die Tüpfelprobe undeutlich wird, worauf man die Titration in der bereits angedeuteten Weise mit Hilfe von Filtrationsproben zu Ende führt.

Chapin[2]) empfiehlt folgende Arbeitsweise: 20 ccm der ca. $^n/_{10}$-Lösung des Phenols werden im 250-ccm-Becherglas nach Verdünnen mit 50 ccm 10 proz. Natriumacetatlösung mit Essigsäure gegen Lackmus neutral gestellt, 10 ccm 30 proz. basischer Bleiacetatlösung zugegeben und mit frisch bereiteter Diazolösung titriert. Nach Zusatz von 10 ccm Diazolösung wird jedesmal wieder 10 ccm Bleilösung zugegeben. Gegen den Endpunkt muß kräftig gerührt werden. Endpunkt wie folgt feststellen: Zwei Vertiefungen einer Porzellantüpfelplatte mit etwas Filtrat füllen, zur einen gibt man 1 Tropfen Diazolösung, zur anderen 1 Tropfen Phenollösung. Ausbleiben der Farbreaktion in beiden zeigt den Endpunkt der Reaktion an. Die Färbung kann durch Zugabe von 1 Tropfen 25 proz. Natronlauge verstärkt werden. Vorbedingung zu brauchbaren Resultaten ist schnelles Arbeiten; die Titration muß in 20 Minuten beendet sein.

---

[1]) Siehe auch Bülow und Sproesser, B. **41**, 1687 (1908).
[2]) J. Ind. Eng. Ch. **12**, 568 (1920).

Die quantitative Bestimmung der gewöhnlichen Naphthylamin-
mono- und disulfosäuren, die man, wie bereits erwähnt, unter Zusatz
von Acetat ausführt, bietet keine Schwierigkeiten, ebensowenig die Titration
der Naphtholmono- und -disulfosäuren, bei denen entweder Acetat
oder Bicarbonat als Neutralisationsmittel Verwendung finden kann. Gewisse
Schwierigkeiten verursacht die 2.6.8-Naphtholdisulfosäure (G-Säure),
die einerseits mit p-Nitrobenzoldiazoniumchlorid einen sehr schwer aussalz-
baren Azofarbstoff bildet, andererseits sogar dieser so energischen Diazokomponente gegenüber ziemlich langsam kuppelt. Diese Erscheinung ist bekanntlich
auf die in 8-Stellung befindliche Sulfogruppe zurückzuführen, die den Eintritt
der Azogruppe in die 1-Stellung erschwert, derart, daß die 2.8-Naphthyl-
aminmono- und die 2.6.8-Naphthylamindisulfosäure überhaupt keinen
normalen Azofarbstoff mehr zu bilden vermögen. Diese Säuren sind daher,
ebenso wie die 1.2.4-Naphthylamindisulfosäure oder die 1.2.4.7-Naph-
thylamintrisulfosäure, die gleichfalls kupplungsunfähig sind, mit Nitrit
auf ihren Gehalt zu prüfen. Bei den technisch wichtigen Aminonaphtholsulfosäuren, z. B. 1.8.4-, läßt sich die Bildung von Disazofarbstoffen
mit Sicherheit vermeiden, falls man bei mineralsaurer Reaktion titriert. Die
2.8.6-Aminonaphtholsulfosäure (γ-Säure) kuppelt jedoch unter diesen
Umständen ziemlich langsam und ist, selbst wenn man die Lösung ein wenig
erwärmt, zudem so schwer löslich, daß es sich empfiehlt, sie ebenso wie die
1.8.3.6-Aminonaphtholdisulfosäure (H-Säure) in essigsaurer Lösung
zu titrieren. Das Verhältnis zwischen Acetat und freier Essigsäure ist derart
zu bemessen, daß einerseits keine Ausscheidung der freien Aminonaphtholsulfosäuren stattfindet, andererseits aber die Kupplung nicht zu sehr erschwert
und doch die Disazofarbstoffbildung verhindert wird (Näheres s. u.). Bei der
H-Säure darf man, entsprechend ihrer größeren Neigung zur Disazofarbstoffbildung und ihrer größeren Löslichkeit in Wasser, das Verhältnis von Essigsäure zu Acetat etwas mehr zugunsten der Essigsäure verschieben.

Bezüglich der Ausführung der Titration und ihrer Berechnung
sei noch folgendes bemerkt.

Man wende für jede Analyse im allgemeinen so viel Substanz an, daß
jedesmal etwa 20—25 ccm Diazolösung verbraucht werden, also eine Bürette
von 50 ccm für zwei Titrationen ausreicht. Handelt es sich z. B. um die Titration der γ-Säure und vermutet man einen Gehalt derselben an freier Säure,
der zwischen 80 und 100% liegt, so verfährt man etwa in folgender Weise: Für

$$C_{10}H_5\diagup\!\!\!\begin{matrix}OH\\-NH_2\\SO_3H\end{matrix}$$

berechnet sich das Molekulargewicht 239. Es entsprechen also 239 g γ-Säure
(100proz.) einem Molekül Diazoverbindung = 1 l Diazolösung von normalem
Gehalt oder 20 l $n/_{20}$-Diazolösung oder 0.239 g = 20 ccm $n/_{20}$-Diazolösung.
Wäre die γ-Säure tatsächlich z. B. 75proz., so wären die 0.239 g = 18 ccm
$n/_{20}$-Diazolösung. Man wägt, um evtl. Material für vier Titrationen zu haben,
viermal ca. 0.3 g, also etwa 1.2 g, γ-Säure ab, löst sie in Natronlauge, stellt
auf 100 ccm ein und pipettiert für jede Titration 25 ccm ab. Die Rechnung
gestaltet sich dann folgendermaßen: Angenommen, es seien für die Titration 0.297 g γ-Säure verbraucht; diese erforderten 23.6 ccm einer $n/_{20\cdot7}$-
Diazolösung. Dann entsprechen 0.297 g γ-Säure $\dfrac{23.6}{20.7}$ ccm n-Diazolösung

oder umgekehrt: $\frac{23.6}{20.7}$ ccm n-Diazolösung $= 0.297$ g γ-Säure, also 1 l n-Diazolösung =

$$\frac{0.297 \times 20.7 \times 1000}{23.6}$$

$= 260.46$ g γ-Säure. Der Titer der sonach bestimmten Säure wäre demgemäß $M = 260.46$

Beispiele:

1. **Naphthionat (1.4-Naphthylaminsulfosäure).**

Angewendet 1.532 g Substanz, gelöst in 100 ccm Wasser. Zur Titration verbraucht je 25 ccm. Dieselben wurden mit etwa 25 ccm Natriumacetatlösung (enthaltend 1 Molekül in $^1/_2$ l) und während der Titration nach Bedarf mit festem Kochsalz versetzt. Verbraucht $^n/_{20.5}$-Diazolösung im Mittel 24.7 ccm. Also 1.532/4 g Naphthionat $= 24.7/20.5$ ccm n-Diazolösung. 1 l n-Diazolösung $= 1.532/4 \times 20.5/24.7 \cdot 1000$ oder $M = 317.8$.

2. **2.6-Naphtholsulfosäure (Schäffersches Salz).**

Angewendet 1.314 g Substanz gelöst in 100 ccm Wasser. Zur Titration verbraucht je 25 ccm. Diese wurden mit 5 g Bicarbonat und 50 ccm Kochsalzlösung versetzt. Der Farbstoff nimmt anfänglich leicht gallertartige Beschaffenheit an, die aber durch die Anwesenheit von Kochsalz bald in feinkrystallinische Form übergeht. Verbraucht $^n/_{20.5}$-Diazolösung im Mittel 23.45 ccm; also

$$\frac{1.314}{4} \text{ g Schäffersches Salz} = \frac{23.45}{20.5} \text{ ccm n-Diazolösung.}$$

Daraus berechnet sich 1 l n-Diazolösung

$$= \frac{1.314}{4} \times \frac{20.5}{23.45} \cdot 1000 \text{ g}$$

oder $M = 287.4$.

3. **2.6.8-Naphtholdisulfosäure (G - Salz).**

Abgewogen 1.794 g G-Salz. Es wurde in 100 ccm Wasser gelöst. Von dieser Lösung wurden für die Titration je 25 ccm verwendet. Nach der Zugabe von 5 g Bicarbonat wurden zunächst 15 ccm Diazolösung zufließen gelassen und solche Mengen festes Kochsalz zugesetzt, daß ein kleiner Teil ungelöst blieb, während gleichzeitig der Farbstoff fast völlig ausgesalzen wurde, so daß beim Tüpfeln ein breiter farbloser Rand entstand, der bei der weiteren Zugabe von Diazolösung sichere Erkennung des jeweils überschüssigen Komponenten gestattete. Verbraucht wurden von der $^n/_{21.4}$-Diazolösung im Mittel 22.7 ccm. Daraus berechnet sich auf die oben angegebene Weise $M = 422.9$.

F. Verhalten der Phenole bei der Ätherifikation.

Im allgemeinen lassen sich Phenoläther durch „saure Ätherifikation" nicht gewinnen, wodurch man meist phenolisches Hydroxyl von Carboxyl zu unterscheiden imstande ist. Wenn aber die OH-Gruppe durch Häufung von sauren Gruppen stärker negativ wird, kann sie auch durch Säuren ätherifizierbar werden.

So liefert **Phloroglucin** nach Will[1]) einen Dimethyläther, wenn man es mit Salzsäure und Alkohol behandelt: ja bei energischer Durchführung dieser

---

[1]) B. **17**, 2106 (1884); **21**, 603 (1888). — Bamberger und Althausse, B. **21**, 1900 (1888).

Methode kann man sogar teilweise Überführung in Trimethylphloroglucin erzwingen [Herzig und Kaserer[1])]. α- und β-Anthrol[2]), 1.5-Anthradiol
[Rufol[2])] und 1.8-Anthradiol[3]) (Chrysazol), sowie α- und β-Naphthol
geben gleichfalls mit Salzsäure und Alkoholen Alkyläther [Liebermann und
Hagen[4])], und mit Schwefelsäure als Katalysator kann man sowohl die Naphthole[5]) als auch Dioxynaphthaline[6]) und sogar das p-Bromphenol und
das Phenol selbst ätherifizieren[7]). Die α-Verbindungen entstehen weniger
leicht als die β-Verbindungen, was sich aus sterischer Beeinflussung erklären
läßt.

In der Terpenreihe findet sich auch öfters dieses Verhalten, so beim
Isoborneol, Linalool und Geraniol [Bertram und Walbaum[8])]. Auch
das 1-Methyldihydroresorcin

$$
\begin{array}{c}
\text{H} \qquad \text{CH}_3 \\
\diagdown / \\
\text{H}_2\text{C} \diagup \diagdown \text{CH} \\
\qquad \text{C} \diagdown \diagup \text{COH} \\
\text{HO} \diagup \quad \text{CH}
\end{array}
$$

läßt sich durch Schwefelsäure und Alkohol, und zwar in zwei isomere (cis-
trans-) Äther:

$$
\begin{array}{c}
\text{H} \qquad \text{CH}_3 \\
\diagdown / \\
\text{H}_2\text{C} \diagup \diagdown \text{CH}_2 \\
\qquad \text{C} \diagdown \diagup \text{CO} \\
\text{C}_2\text{H}_5\text{—O} \diagup \quad \text{CH}
\end{array}
$$

verwandeln[9]).

Paraoxybenzaldehyd gibt nach Hans Meyer[10]) mit Alkohol und
Schwefelsäure kleine Mengen Anisaldehyd

Sehr interessant ist ferner die Bildung von Tetrabrommorinäther bei
der Bromierung von Morin in alkoholischer Lösung[11]), und analog ist wahrscheinlich die Bildung von Spriteosin beim Erhitzen von Fluorescein mit
Alkohol und Brom unter Druck zu erklären.

Derartig reaktives Hydroxyl besitzt aber trotzdem keine „sauren" Eigenschaften: ja es sind vereinzelte Fälle bekannt, wo sich sogar „alkoholisches"
Hydroxyl — allerdings in Verbindung mit lauter negativen Gruppen — durch
alkoholische Salzsäure ätherifizierbar erwies, z. B. in der von Geisenheimer
und Anschütz[12]) studierten Substanz:

$$
\begin{array}{ccc}
\begin{array}{c}
\text{COO Alk} \\
|\\
\text{HO—C—NH}\\
|\\
\text{CO}\\
|\\
\text{HO—C—NH}\\
|\\
\text{COO Alk}
\end{array}
& \text{, welche leicht den Diäthyläther} &
\begin{array}{c}
\text{COO Alk} \\
\text{C}_2\text{H}_5\text{O}\diagdown |\\
\text{C—NH}\\
|\\
\text{CO}\\
|\\
\text{C—NH}\\
\text{C}_2\text{H}_5\text{O}\diagup \\
\text{COO Alk}
\end{array}
\end{array}
$$

---

[1]) M. **21**, 875 (1900). [2]) Dienel, B. **38**, 2864 (1905).
[3]) Lampe, B. **42**, 1413 (1909).
[4]) B. **15**, 1427 (1882). — A. **212**, 49, 56 (1882). — Dienel, Diss. Berlin (1907), 38.
[5]) Henriques und Gattermann, A. **244**, 72 (1887). — Davis, Soc. **77**, 33 (1900).
— Elbs, J. pr. (2), **47**, 69, 74 (1893). [6]) DRP. 173730 (1906).
[7]) Armstrong und Panisset, Soc. **77**, 44 (1900). [8]) J. pr. (2), **49**, 9 (1894).
[9]) Gilling, Soc. **103**, 2032 (1913). [10]) M. **24**, 235 (1903).
[11]) Benedikt und Hazura, M. **5**, 667 (1884). — Herzig, M. **18**, 706 (1897).
[12]) A. **306**, 41, 54 (1899).

liefert. Die Ätherifizierbarkeit dieser Glyoxalonglykole wird erschwert, wenn eins der Stickstoffatome alkyliert ist, und wird vollständig aufgehoben, wenn beide alkyliert sind[1]). Ganz allgemein lassen sich die aromatischen Carbinole auf diese Art leicht ätherifizieren[2]).

Die Hydroxylgruppe der Allokaffursäure:

$$CH_3—NH—CO \quad CH_3$$
$$HO—C—N—CO$$
$$CO——NCH_3$$

und der Kaffursäure ist durch die Nachbarschaft der beiden Carbonylgruppen so stark acidifiziert, daß sie sich leicht mit Alkohol und Salzsäure verestern läßt[3]).

Die Äther des Coeroxonols[4]) entstehen schon durch bloßes Aufkochen mit Alkoholen. Sie sind sehr leicht zerlegbar und werden durch Kochen mit anderen Alkoholen leicht umgeestert[5]).

Die allgemein übliche Ätherifizierungsart für Phenole ist das Behandeln ihrer Metallverbindungen, namentlich der Silber-[6]), Natrium- und Kaliumphenolate mit Jod- oder Bromalkyl in alkoholischer oder wäßrig-alkoholischer Lösung[7]). Diesem altbewährten Verfahren schließen sich einige neuere, außerordentlich wertvolle Methoden an[8]).

Die Methylierung mittels Diazomethan hat v. Pechmann[9]) eingeführt. Sie wird bei der Besprechung der Esterifikation von Carbonsäuren erörtert werden, siehe S. 754.

Anschließend hieran sei der Inhalt eines Patents wiedergegeben[10]), wonach mit nascierendem Diazomethan gearbeitet wird.

Das Verfahren besteht darin, daß Kohlenwasserstoffe der aromatischen Reihe mit einer oder mehreren Hydroxylgruppen in Gegenwart alkalischer Mittel der Einwirkung von Nitrosoderivaten des Alkylharnstoffs ausgesetzt werden. Bei Substanzen mit mehreren Phenolhydroxylen lassen sich die mono-, di- und trialkylierten Äther gewinnen.

Beispielsweise löst man 15 Teile β-Naphthol in 100 Teilen Normalkalilauge und versetzt langsam mit 7 Teilen Nitrosodiäthylharnstoff, wobei man für Kühlung Sorge trägt. Der Äthyläther des β-Naphthols scheidet sich ab. Oder man löst 55 Teile Brenzcatechin in 2000 Teilen Äthylalkohol und alkyliert mittels 55 Teilen Nitrosomonomethylharnstoff, indem man bei 0° 20 Teile Ätznatron, in wenig Wasser gelöst, unter Umrühren zufließen läßt. Nach der Filtration destilliert man den Alkohol ab und reinigt das Guajacol durch fraktionierte Destillation unter vermindertem Druck.

---

[1]) Biltz, A. **368**, 167 (1909).

[2]) Siehe S. 39, 120 und Massini, Diss. Zürich (1909), 37.

[3]) Biltz, B. **43**, 1611, 1628 (1910).

[4]) Decker und v. Fellenberg, A. **356**, 317, 318 (1907).

[5]) Unter „Umestern" verstehen Stritar und Fanto, M. **28**, 383, Anm. (1907), eine Alkoholyse, die zur Verwandlung eines Esters in einen anderen führt.

[6]) Torrey und Hunter erhielten aus Tribromphenolsilber mit Äthyl(Methyl)jodid ohne Verdünnungsmittel einen alkoxylfreien amorphen Körper; in Alkohollösung verlief die Reaktion normal. B. **40**, 4335 (1907).

[7]) Siehe auch S. 753.

[8]) Weitere Ätherifizierungsarten Krafft und Roos, DRP. 76 574 (1894) und Moureu, Bull. (3), **19**, 403 (1898).

[9]) B. **28**, 856 (1895); **31**, 64, 501 (1898). — Ch. Ztg. **22**, 142 (1898).

[10]) Fr. P. 374 378 (1907). — Faltis, M. **33**, 889 (1912). — DRP. 189 843 (1907); 224 388 (1910). — Siehe auch S. 756.

Um Morphin zu alkylieren, suspendiert man 15 Teile in 100 Teilen Alkohol unter Zugabe von 2 Teilen Natriumhydroxyd und wenig Wasser und trägt bei 0° 6 Teile Nitrosomonomethylharnstoff ein. Nach beendeter Reaktion wird der Alkohol abdestilliert und das Kodein nach Zusatz von Natronlauge mit Benzol extrahiert. Ähnlich wird die Alkylierung des Guajacols mit Nitrosodimethylharnstoff (Smp. 96°) und die Darstellung des Triäthyläthers des Pyrogallols vorgenommen. In analoger Weise lassen sich auch Dioxynaphthaline, Anthrol, Naphthole alkylieren, auch wenn man statt Natronlauge Kalk, Ammoniak, Monomethylamin usw. anwendet.

Dimethylsulfat als Alkylierungsmittel bei Phenolen[1]) anzuwenden, haben Ullmann und Wenner[2]) gelehrt.

Die Alkylierung wird gewöhnlich durch kurzes[3]) Schütteln der alkalischen[4]) Phenollösung mit der berechneten Menge Dimethylsulfat nahezu quantitativ durchgeführt. Es empfiehlt sich oftmals, bei Gegenwart von überschüssigem Bariumhydroxyd (Pringsheim) oder Bicarbonat[5]) zu arbeiten.

Manchmal bewährt sich die Verwendung wäßrig-alkoholischer[6]) oder rein alkoholischer[7]) Lösungen.

Mit möglichst wenig Wasser arbeitet Funk[8]), in kochender Lösung Sulser[9]) und Cohen[10]). Auch Kostanecki und Lampe haben möglichst stürmischen Reaktionsverlauf, unter Benutzung siedenden Dimethylsulfats und siedender alkalischer Substanzlösung sehr vorteilhaft gefunden[11]).

Ein Hindernis mechanischer Natur bei der Methylierung des Vanillins ist die Schwerlöslichkeit seines Natriumsalzes[12]). Dieser Umstand kommt zwar nicht in Betracht, wenn man das Kaliumsalz verwendet, aber auch so kann durch die weitere Einwirkung des Kalis auf den Aldehyd oder auf ähnliche empfindliche Körper die Darstellung eines reinen Reaktionsprodukts in Frage gestellt werden. Decker und Koch[13]) haben deshalb folgende Versuchsanordnung angegeben.

Man löst 1 Mol. Vanillin in 10% weniger als der theoretischen Menge Dimethylsulfat auf dem Wasserbad und trägt nun tropfenweise in die heiße Flüssigkeit eine Lösung von einem Molekül Kaliumhydroxyd in dem doppelten Gewicht Wasser unter gutem Umschütteln ein. Die Reaktion ist sehr lebhaft, es muß daher ein Rückflußkühler benutzt werden. Nachdem alles eingetragen ist, setzt man noch etwas Lauge bis zur bleibenden Alkalinität hinzu und läßt abkühlen.

Es haben sich zwei Schichten gebildet; die obere ist reiner Veratrylaldehyd. Man setzt nun Äther zu und schüttelt zwei- bis dreimal aus: dabei scheidet

---

[1]) Methylierung aliphatischer Verbindungen mit Dimethylsulfat: Grandmougin, Havas und Guyot, Ch. Ztg. **37**, 812 (1913). — Siehe auch Anm. 5 und folgende Seite (Oxindole). — Zucker: Haworth, Soc. **107**, 8 (1915). — Pringsheim, B. **48**, 1159 (1915). — Morphin: Pschorr und Dickhäuser, B. **44**, 2633 (1911). — Mannich, Arch. **254**, 352 (1916).

[2]) B. **33**, 2476 (1900). — DRP. 122 851 (1900). — Graebe und Aders, A. **318**, 365, 370 (1901). — B. **38**, 152 (1905). — A. **349**, 201 (1906). — Colombano, G. **37**, II, 471 (1907). — Smith und Mitchell, Soc. **93**, 844 (1908). — Pschorr und Dickhäuser, B. **44**, 2633 (1911); **45**, 1567 (1912), alkoholisches Hydroxyl der Kodeine.

[3]) Gelegentlich kann die Ausbeute durch Verlängerung der Reaktionsdauer recht wesentlich erhöht werden. Biltz und Robl, B. **54**, 2449 (1921).

[4]) Verschiedenes Verhalten von Kali- und Natronlauge: Klemenc, M. **38**, 553 (1917).

[5]) Backer, Rec. **31**, 172 (1912).

[6]) Perkin und Hummel, Soc. **85**, 1466 (1905). — Widmer, Diss. Bern (1907), 30.

[7]) Kulka, Ch. Ztg. **27**, 407 (1903). — Funk, Diss. Bern (1904), 25. — B. **37**, 774 (1904).   [8]) Diss. Bern (1904), 26.   [9]) Diss. Bern (1905), 25, 29.

[10]) Diss. Bern (1905), 29, 30.   [11]) B. **35**, 1669 (1902); **41**, 1331 (1908).

[12]) Perkin und Robinson, Soc. **91**, 1079 (1907).   [13]) B. **40**, 4794 (1907).

sich gewöhnlich festes Vanillinkalium ab. Die ätherischen Auszüge hinterlassen reinen, farblosen Aldehyd, der nach dem Einimpfen krystallisiert. Die Ausbeute entspricht, auf Dimethylsulfat berechnet, 97% der Theorie. Die 5—10% unausgenutztes Vanillin können aus der alkalischen Flüssigkeit wiedergewonnen werden. Nimmt man mehr Dimethylsulfat und Alkali, so kann man leicht diesen Rest von Vanillin umsetzen, dann ist aber eine Verunreinigung des empfindlichen Veratrals mit Dimethylsulfat oder Veratrylalkohol nicht zu vermeiden.

Die geschilderte Anordnung hat vor den meistgeübten Vorschriften den Vorteil, daß man den Gang der Reaktion durch die Regulierung der Zugabe des Alkalis vollkommen in der Hand hat.

Die Beobachtung der Geschwindigkeit, mit der die alkalische Reaktion nach Zugabe eines Tropfens Lauge verschwindet, dient als Kontrolle für den Verlauf des Prozesses.

Die Alkylierung der Oxyanthrachinone, deren α-Stellungen namentlich schwer alkylierbar zu sein pflegen[1]), wird nach Graebe[2]) ebenso wie die der Nitrophenole (Ullmann und Wenner) und der Carbon- und Sulfosäuren am besten unter Benutzung der trocknen Salze, eventuell noch unter Zusatz von weiteren Mengen fein gepulverten trocknen Ätzkalis[3]) vorgenommen.

Man erhitzt mit überschüssigem Dimethylsulfat, eventuell bis zum Kochen.

Dioxindole mit tertiärem Hydroxyl fixieren bei der Einwirkung von Dimethylsulfat und Lauge auch am alkoholischen Hydroxyl eine Methylgruppe[4]):

$$\text{Dioxindol-R-C-OH, CO, NH} \rightarrow \text{R-C-OCH}_3\text{, CO, NCH}_3$$

Weiteres über die Anwendung dieses Alkylierungsmittels siehe S. 752ff.

Den bereits angeführten Alkylierungsmethoden ist noch die speziell auch für alkoholisches Hydroxyl und für Oxysäuren verwertbare Methode von Purdie und Lander[5]) anzureihen: die zu alkylierende Substanz wird mit trocknem Silberoxyd und Jodalkyl mehrere Stunden lang, eventuell im Einschmelzrohr, erhitzt[6]).

Das Verreiben der Substanz mit dem trocknen Silberoxyd muß vorsichtig und in glatten Gefäßen geschehen, weil sonst Verpuffung eintreten kann[7]).

In manchen Fällen kann dabei auch Oxydation eintreten. So wird z. B. bei der Alkylierung von Benzoin ein Teil zu Benzaldehyd und Benzoesäure oxydiert und letztere dann esterifiziert.

---

[1]) Sieh dazu Eder, Arch. **253**, 29 (1915). — Schürmann, Diss. Marburg (1914), 15, 43.   [2]) A. **340**, 244 (1905); **349**, 201, 224 (1906).

[3]) Fischer und Ziegler, J. pr. (2), **86**, 300 (1912).

[4]) Kohn und Ostersetzer, M. **32**, 905 (1911); **34**, 787 (1913).

[5]) Purdie und Pitkeathly, Soc. **75**, 157 (1899). — Purdie und Irvine, Soc. **75**, 485 (1899); **79**, 975 (1901). — Mc Kenzie, Soc. **75**, 754 (1899). — Lander, Proc. **16**, 6, 90 (1900). — Soc. **77**, 729 (1900); **79**, 690 (1901); **81**, 591 (1902); **83**, 414 (1903). — Landau, Diss. Berlin (1900), 100. — Liebermann und Landau, B. **34**, 2154 (1901). — Liebermann und Lindenbaum, B. **35**, 2913 (1902). — Purdie und Young, Soc. **89**, 1194, 1578 (1906). — Irvine und Moodie, Proc. **23**, 303 (1907). — Soc. **89**, 1578 (1906); **93**, 95 (1908). — C. und H. Liebermann, B. **42**, 1923 (1909). — Hudson und Brauns, Am. soc. **38**, 1216 (1916). Nur mittels dieses Verfahrens gelang die vollständige Alkylierung der Chinasäure. Herzig und Ortony, Arch. **258**, 91 (1920).

[6]) Zur Darstellung von Trimethylinulin mußte wochenlang gekocht werden. Karrer und Lang, Hel. **4**, 249 (1921).

[7]) C. und H. Liebermann, B. **42**, 1927, Anm. (1909).

Diese Methode ist auch besonders zur Alkylierung von Zuckerarten und Glucosiden[1]) geeignet[2])[3]), sie dient übrigens auch zur Methylierung von Oximen[3]).

Nach den Untersuchungen von Herzig und Zeisel[4]) vermögen alle 1.3-Dioxybenzole bei der Ätherifizierung mit Kali und Jodalkyl[5]) Alkylgruppen am Kohlenstoff zu fixieren, falls keine anderen Gruppen hinderlich sind[6]).

In der Phloroglucinreihe werden hierbei ausschließlich bisekundäre und gänzlich sekundäre Verbindungen gewonnen[7]). — Ein Einfluß der schon vorhandenen Methylgruppen macht sich dabei insofern geltend, als das symmetrische Trimethylphloroglucin ausschließlich das gleichfalls symmetrisch konstituierte Hexamethylphloroglucin, das Dimethylphloroglucin, in dem die Methylgruppen an zwei verschiedenen C-Atomen haften, Tetra- und Hexamethylphloroglucin liefert, während das Monomethylphloroglucin, analog dem Phloroglucin selbst, alle drei Ketoformen nebeneinander bildet.

Bei der Alkylierung der echten Dialkyläther entstehen die wahren Trialkyläther[8]), in den Monoalkyläthern hingegen bleibt wohl die Alkyloxydgruppe erhalten, die neu eintretenden Alkyle dagegen gehen an den Kohlenstoff[9]).

Bei den Phloroglucincarbonsäurederivaten[10]) zeigt sich die bei den Phloroglucinhomologen konstatierte Herabsetzung der Alkylierungsfähigkeit in noch weit höherem Maß, indem weder mit Salzsäure und Alkohol noch mit Natrium und Jodalkyl Alkylierung (auch nicht der Methyläthersäuren) stattfindet.

Diese gelingt indessen leicht mit Diazomethan.

Auch bei der Acetylierung macht sich hier eine Abnahme der Reaktionsfähigkeit bemerkbar.

Zur Theorie dieser Vorgänge siehe Herzig und Zeisel a. a. O. und ferner Henrich, M. 20, 540 (1899). — Kaufler, M. 21, 1002 (1900).

---

[1]) Irvine, Bioch. 22, 357 (1909). — Irvine und Steele, Soc. 117, 1474 (1920).

[2]) Purdie und Irvine, Soc. 83, 1021 (1903). — Irvine und Cameron, Soc. 85, 1071 (1904). — Purdie und Mc Laren Paul, Soc. 85, 1074 (1904). — Proc. 23, 33 (1907).

[3]) Irvine und Moodie, Proc. 23, 303 (1907). — Soc. 89, 1578 (1906); 93, 95 (1908). — Pringsheim und Persch, B. 54, 3164 (1921).

[4]) M. 9, 217, 882 (1888); 10, 144, 435 (1889); 11, 291, 311, 413 (1890); 14, 376 (1893). — A. W. Hofmann, B. 11, 800 (1878). — Margulies, M. 9, 1045 (1888); 10, 459 (1889). — Spitzer, M. 11, 104, 287 (1890). — Kraus, M. 12, 191, 368 (1891). — Ulrich, M. 13, 245 (1892). — Ciamician und Silber, G. 22 (2), 56 (1892). — Hostmann, Diss. Rostock (1895), 30. — Pollak, M. 18, 745 (1897). — Reisch, M. 20, 488 (1899). — Henrich, M. 20, 540 (1899). — Březina, M. 22, 346, 590 (1901). — Hirschel, M. 23, 181 (1902).

[5]) Über die Alkylierung alkoholischen Hydroxyls (der Kodeine, des Morphins usw.) in wäßrig-alkalischer Lösung oder Suspension mit Jodmethyl bei gelinder Temperatur: Pschorr und Dickhäuser, B. 44, 2633 (1911); 45, 1567 (1912).

[6]) Zur Entfernung des Jods, das sich bei diesen Alkylierungen auszuscheiden pflegt, setzt man Kupfersulfat zu und leitet Schwefeldioxyd ein, worauf das ausgeschiedene Kupferjodür abfiltriert wird. Gentsch, B. 43, 2019 (1910).

[7]) Soweit Methyl- und Äthylgruppen in Frage kommen. Über die Einwirkung höherer homologer Alkyle: Kaufler, M. 21, 993 (1900).

[8]) Will und Albrecht, B. 17, 2107 (1884). — Will, B. 21, 603 (1888). — Herzig und Theuer, M. 21, 852 (1900).

[9]) Pollak, M. 18, 745 (1897). — Weidel, M. 19, 223 (1898). — Weidel und Wenzel, M. 19, 236, 249 (1898). — Reisch, M. 20, 488 (1899). — Herzig und Hauser, M. 21, 866 (1900). — Herzig und Kaserer, M. 21, 875 (1900).

[10]) Herzig und Wenzel, B. 32, 3541 (1899). — M. 22, 215 (1901); 23, 81 (1902).

Hydroxyl, das sich zu einem Carbonylsauerstoff, wie im Chalkon-[1]), Xanthon-, Flavon- oder Anthrachinonkern:

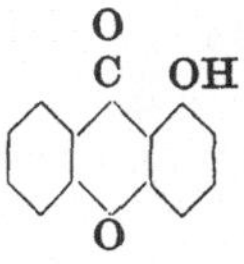

$$\text{1-Oxyxanthon} \qquad \text{Alizarin}$$

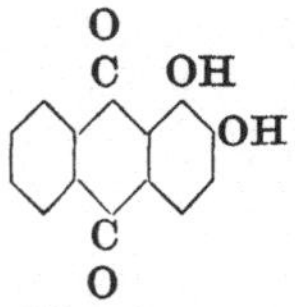

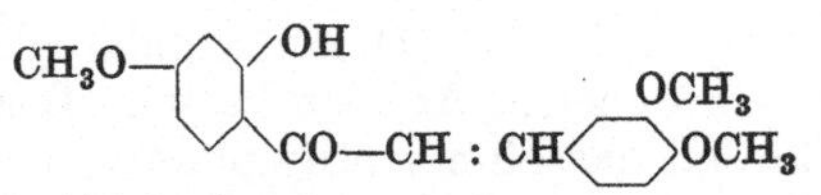

$$\text{2'-Oxy-4'.3.4-trimethoxychalkon} \qquad \text{1-Oxy-Flavon}$$

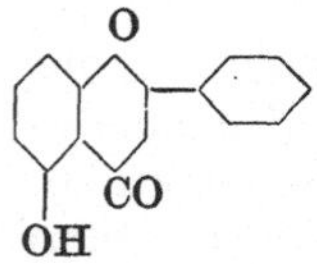

in Orthostellung befindet, ist nach den Erfahrungen von Herzig[2]), Graebe[3]), Schunk und Marchlewski[4]), Kostanecki[5]) und Perkin[6]) zwar leicht durch Acylierung, nur schwer[7]) aber [und manchmal nur mit Dimethylsulfat oder bei Verwendung eines großen Überschusses an Jodalkyl[8])] durch direkte Alkylierung nachweisbar. — Die unvollständig alkylierten (acylierten) Produkte sind ebenso farbig (gelb) wie die Stammsubstanzen.

Die in der Xanthon-, Flavon- und Flavonolreihe gegen das weitere Methylieren mehr oder weniger widerstandsfähige, zum Carbonylrest orthoständige Hydroxylgruppe erlangt diese Resistenz erst durch die Substitution der anderen Hydroxylgruppen. Geht man von den alkylfreien Produkten aus, so kann es bei einzelnen Verbindungen sogar vorkommen, daß gerade die zum Carbonyl orthoständige Hydroxylgruppe (beim Alkylieren mit Diazomethan) zuerst in Reaktion tritt, so daß dann die vollkommene Methylierung ohne jede Schwierigkeit vor sich geht[9]).

Auch orthoständige Nitrogruppen erschweren oft die Alkylierbarkeit.

---

[1]) Auch das orthoständige Hydroxyl im 2.4-Dioxydesoxybenzoin:

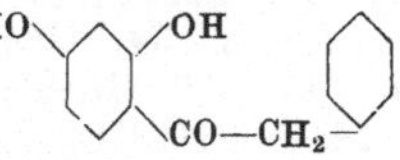

ist nicht alkylierbar. Rosicki, Diss. Bern (1906), 36.

[2]) M. **5**, 72 (1884); **9**, 541 (1888); **12**, 163 (1891).

[3]) B. **38**, 152 (1905). — Siehe auch S. 632.   [4]) Soc. **65**, 185 (1894).

[5]) M. **12**, 318 (1891). — Dreher und Kostanecki, B. **26**, 71, 2901 (1893). — Dreher, Diss. Bern (1893), 32. — Kostanecki und Tambor, M. **16**, 920 (1895). — Tambor, B. **41**, 789 (1908).

[6]) Soc. **67**, 995 (1895); **69**, 801 (1896); **71**, 812 (1897).

[7]) Siehe auch Graebe und Ebrard, B. **15**, 1678 (1882). — Liebermann und Jelline, B. **21**, 1164 (1888). — Gregor, M. **15**, 437 (1894). — Wechsler, M. **15**, 239 (1894). — Czajkowski, Kostanecki und Tambor, B. **33**, 1988 (1900). — Kostanecki und Webel, B. **34**, 1455 (1901). — Böck, M. **23**, 1008 (1902). — DRP. 139 424 (1902); 155 633 (1904). — Waliaschko, Arch. **242**, 242 (1904). — Graebe und Thode, A. **349**, 201 (1906). — Perkin, Soc. **91**, 2067 (1907). — Herzig und Hofmann, B. **42**, 155 (1909). — M. **30**, 536 (1909). — B. **42**, 726 (1909). — Herzig und Klimosch, M. **30**, 527 (1909). — Tambor, B. **43**, 1882 (1910). — Mudrovčič, M. **34**, 1431 (1913).

[8]) Perkin, Soc. **81**, 206 (1902). — Proc. **28**, 329 (1912). — Soc. **103**, 654, 1632 (1913). — Bei Phloroglucinderivaten tritt nebenher teilweise Kernmethylierung ein. Perkin, Soc. **77**, 1310, 1316 (1900); **103**, 1635 (1913).

[9]) Herzig, M. **33**, 683 (1912). — Herzig und Stanger, M. **35**, 47 (1914).

So ist ein von Meldola und Hay[1]) untersuchtes Phenol:

$$\begin{array}{c} OH \\ | \quad \diagup NO_2 \\ NO_2 - \bigcirc - N(CH_3)_2 \\ | \\ NHCOCH_3 \end{array}$$

anscheinend nicht alkylierbar und ebensowenig das Dinitropropylphenol[2]):

$$\begin{array}{c} CH_2 \cdot CH_2 \cdot CH_3 \\ \diagup \\ O_2N \diagdown \bigcirc - NO_2 \\ OH \end{array}$$

Katalytische Alkylierung[3]).

Man leitet das Gemisch von Phenol und überschüssigem Alkohol über auf 390—420 ⁰ erhitztes Thordioxyd; aus dem Destillat wird die Mittelfraktion mit Lauge behandelt und der ungelöst bleibende Äther gleich recht rein erhalten. Methylalkohol gibt die besten Resultate. Als Nebenprodukte erhält man kleine Mengen Diphenyläther und Biphenylenoxyd. —

Die Phenoläther[4]) sind im Gegensatz zu den Säureestern meist sehr schwer, und zwar nur durch Säuren[5]) bei höherer Temperatur[6]) [Jodwasserstoffsäure bei 127°, Salzsäure bei 150°[7]), kochende Schwefelsäure], oder durch wasserfreies Aluminiumchlorid[8]) in Schwefelkohlenstoff- oder Antimontrichloridlösung[9]) oder Phosphorpentachlorid verseifbar, während sie von Alkalien[10]) noch viel schwerer angegriffen werden[11]).

Es gibt indessen auch Ausnahmen von dieser Regel.

---

[1]) Soc. **95**, 1033 (1909).

[2]) Thoms und Drauzburg, B. **44**, 2131 (1911).

[3]) Sabatier und Mailhe, C. r. **151**, 359 (1910). — Sabatier, Die Katalyse usw. 1914, S. 193.

[4]) Siehe auch S. 910.

[5]) Verseifung durch Salpetersäure: Thoms und Drauzburg, B. **44**, 2127 (1911).

[6]) Relativ leicht erfolgt Entalkylierung durch Kochen mit einem Gemisch von 48 proz. Bromwasserstoffsäure (1.49) und Eisessig. Jacobs, Diss. Berlin (1907), 18. — Störmer, B. **41**, 322 (1908). — C. und H. Liebermann, B. **42**, 1928 (1909). (Bromwasserstoffsäure 1.9.) — Guillaumin, Thèse Paris (1909). — Schimmel & Co., B. **1909**, I, 137. — Pauly und Lockemann, B. **43**, 1813 (1910). — Seer und Scholl, A. **398**, 86 (1913). — Mosimann und Tambor, B. **49**, 1703 (1916).

[7]) Entmethylierung von Phenoläthern (Säureestern) mit Hilfe der Chlorhydrate aromatischer Basen. Man vermengt 1 Mol Substanz mit 2—3 Molen Anilinchlorhydrat (oder Homologen) und erhitzt in einem Ölbad bis zur Schmelze, welche zwischen 180—230° eintritt. Der Beginn der Reaktion ist leicht daran zu erkennen, daß eine dem oberen Ende des Steigrohres genäherte Bunsenflamme durch das Chlormethyl grün gefärbt wird. Nach ¹/₂—1 Stunde ist die Reaktion meist zu Ende. Man gießt die noch heiße Schmelze in starke Salzsäure. Anisol läßt sich auf diese Weise nicht entmethylieren. Klemenc, B. **49**, 1703 (1916).

[8]) Hartmann und Gattermann, B. **25**, 3531 (1892). — DRP. 70 718 (1892); 94 852 (1897). — Auwers, B. **36**, 3893 (1903). — Österle, Arch. **243**, 441 (1905). — Auwers und Rietz, B. **40**, 3515 (1907). — Auf diese Art kann man sogar alkylierte aromatische Oxyaldehyde verseifen, ohne daß die Aldehydgruppe angegriffen wird. DRP. 193 958 (1908). — Ullmann und Brittner, B. **42**, 2545 (1909). — Siehe S. 910.

[9]) Aikelin, Diss. München (1908). — Bayer, A. **372**, 101, 103, 148 (1910).

[10]) DRP. 78 910 (1894).

[11]) Im Tierkörper werden die Phenoläther leicht verseift: Dohrn, Bioch. **43**, 243 (1912).

So zerfällt Methylpikrat schon beim Kochen mit starker Kalilauge in Methylalkohol und Kaliumpikrat [Cahours[1]), Salkowsky[2])], die Dinitro- und Trinitroderivate des Phenyl- und p-Kresylbenzyläthers werden durch alkoholisches Kali verseift[3]), Alizarin-α-Methyläther durch kochendes Barytwasser[4]).

Nitroopiansäure verliert beim Kochen mit alkoholischer Kalilauge das der Carboxylgruppe benachbarte Methyl[5]), und analog wird Methylanthrol[6]) durch alkoholisches Kali zersetzt.

Beim 15stündigen Erhitzen mit der doppelten Menge Kali und der vierfachen Menge Alkohol auf 180—200° werden übrigens selbst Veratrol[7]), Anisol, Anethol und Phenetol entalkyliert[8]).

Verseifung mit amylalkoholischer Lauge: Abel, Diss. Rostock (1909), 63. Bei der Entalkylierung mit alkoholischem Kali kann gleichzeitig Reduktion stattfinden[9]).

Verseifung von Äthern durch quaternäre Basen: Decker und Dunart, A. **358**, 293 (1908). Durch Natriumalkyle: Schorigin, B. **43**, 193 (1910).

Die Methoxy- und Äthoxyleukobasen des Malachitgrüns verlieren schon beim Erwärmen mit konzentrierter Salzsäure auf 100° ihr Alkyl[10]).

Von den Äthern der Oxyazoverbindungen sind die vom Typus:

$$R \cdot O \cdot C_{10}H_6 \cdot N = N \cdot C_6H_4OH$$

schon durch kurzes Kochen mit verdünnten Säuren verseifbar[11]), während die isomeren Äther:

$$H \cdot O \cdot C_6H_7 \cdot N : N \cdot C_6H_4OR$$

nur durch Aluminiumchlorid verseift werden können[12]).

Über leicht verseifbare, stark negativ substituierte Phenylbenzyläther siehe noch Auwers und Rietz, A. **356**, 152 (1907) und Auwers, A. **357**, 85 (1907).

Außerordentlich leicht verseifbar sind meist die Enoläther.

So wird der Oxycholestenonäther schon durch Erwärmen mit Essigsäure verseift[13]), der Vinyläthyläther und seine Derivate werden ebenfalls sehr leicht durch verdünnte Säuren gespalten[14]).

Phenyläthoxytriazol ist dagegen sehr resistent[15]).

Über das Verhalten von Alkyläthern der Oxymethylenverbindungen siehe auch noch Knorr, B. **36**, 3077 (1903); **39**, 1410 (1906) und Gärtner, Diss., Kiel (1906).

---

[1]) A. **69**, 237 (1849).   [2]) A. **174**, 259 (1874).
[3]) Kumpf, A. **224**, 96 (1884). — Frische, A. **224**, 137 (1884).
[4]) Perkin, Soc. **91**, 2069 (1907).
[5]) Liebermann und Kleemann, B. **19**, 2277 (1886).
[6]) Liebermann und Hagen, B. **15**, 1427 (1882).
[7]) Bouveault, Bull. (3), **19**, 75 (1898).
[8]) Störmer und Kahlert, B. **34**, 1812 (1901). — Kahlert, Diss. Rostock (1902), 74. — Störmer und Kippe, B. **36**, 3995 (1903). — Kostanecki und Tambor, B. **42**, 825 (1909). — Siehe auch S. 514.
[9]) Kippe, Diss. Rostock (1904), 17. — Hildebrand, Diss. Rostock (1906), 8. — Voigt, Diss. Rostock (1908), 30.
[10]) Votoček und Köhler, B. **46**, 1764 (1913).
[11]) Charrier und Pellegrini, G. **43**, II, 227 (1913).
[12]) Charrier und Pellegrini, G. **43**, II, 563 (1913). Über die Alkylierung der o-Oxyazoverbindungen siehe Oddo und Puxeddu, G. **35**, I, 55 (1905); **36**, II, 1 (1906). — Auwers, B. **41**, 413 (1908). — Charrier, G. **46**, I, 404 (1916).
[13]) Windaus, B. **39**, 2253 (1906).
[14]) Eltekow, B. **10**, 706 (1877). — Wislicenus, A. **192**, 106 (1878). — Denaro, G. **14**, 117 (1884). — Faworsky, J. pr. (2), **37**, 532 (1888); **44**, 215 (1891). — Zimmermann, Diss. Jena (1907), 18.   [15]) Dimroth, A. **335**, 79 (1904).

Aromatische Oxyketone mit zum Carbonyl orthoständigem Hydroxyl liefern mit Zinntetrachlorid in benzolischer Lösung bei Wasserbadtemperatur Substitutionsprodukte, während solche mit anderen als orthoständigen Hydroxylen unter den gleichen Umständen nur Additionsprodukte bilden. Auch diese Substitutionsprodukte sind wenig stabil und werden durch kochendes Wasser zerlegt[1]).

G. Benzylierung der Phenole.

Um Phenole zu benzylieren, erhitzt man sie in alkoholischer Lösung mit der berechneten Menge Natriumalkoholat und Benzylchlorid mehrere Stunden unter Rückflußkühlung auf dem Wasserbad und filtriert dann noch heiß vom ausgeschiedenen Kochsalz[2]) oder gießt in Wasser und krystallisiert um.

Gomberg und Buchler[3]) erhitzen die wäßrigen Lösungen der Natriumphenolate mit Benzylchlorid unter starkem Rühren. Als Nebenprodukte werden Benzylphenole erhalten.

Die Silberphenolate reagieren besser als mit Benzylchlorid mit dem auch sonst[4]) zu Benzylierungen empfohlenen Benzyljodid[5]). Das Silbersalz wird mit einer benzolischen Lösung der äquivalenten Menge Benzyljodid auf dem Wasserbad unter Rückfluß gekocht, bis die stechenden Dämpfe des Jodids verschwunden sind. Man filtriert, dampft zur Trockne und krystallisiert (etwa aus Ligroin) um.

Darstellung von Benzyljodid.

Reines Benzylchlorid wird mit etwas mehr als der berechneten Menge Jodkalium und reinem Alkohol 20—30 Minuten am Rückflußkühler gekocht, unter häufigem tüchtigen Umschütteln, das Zusammenballen des gepulverten Jodkaliums verhindert. Nach dem Erkalten gießt man in kaltes Wasser und trennt im Scheidetrichter das als dickflüssiges Öl abgeschiedene rohe Benzyljodid ab. Man bringt in einer Kältemischung zum Erstarren, saugt ab und krystallisiert nochmals aus Alkohol um. Weiße Nadeln, Smp. 24°[6]).

Auch mit Nitrobenzylchlorid kann man benzylieren.

Noch geeigneter ist Nitrobenzylbromid[7]), da es mit Alkaliphenolaten leicht und quantitativ in alkoholischer Lösung reagiert. Die meisten Äther krystallisieren gut aus verdünntem Alkohol und haben scharfe Schmelzpunkte.

, Einführung des Restes CH_3OCH_2- (Bildung von Methoxymethyläthern) Mannich, Arch. **254**, 351, 358 (1916).

Über die Verwendung von Dimethylphenylbenzylammoniumchlorid (Leukotrop) als wasserlösliches Benzylierungsmittel siehe E. v. Meyer, Abh. Sächs. Ges. Wiss. **31**, 179 (1908) und Tschugaeff und Chlopin, B. **47**, 1273 (1914).

[1]) Pfeiffer, B. **44**, 2653 (1911). — A. **398**, 137 (1913). **412**; 331, 339 (1916). — Herzig, M. **33**, 683 (1912).

[2]) Haller und Guyot, C. r. **116**, 43 (1893). — DRP. 91 813 (1897). — Mathilde Gerhardt, Diss. Göttingen (1914), 73, 76.   [3]) Am. soc. **42**, 2059 (1920).

[4]) M. u. J. **2**, 126. — Wedekind, B. **36**, 379, 1. Anm. (1903).

[5]) V. Meyer, B. **10**, 311 (1877). — Kumpf, A. **224**, 126 (1884). — Auwers und Walker, B. **31**, 3040 (1898). — Anton, Diss. Heidelberg (1915), 36, 39.

[6]) Es gelingt nicht immer, das Benzyljodid zum Erstarren zu bringen; man verwendet in solchen Fällen einen Überschuß des Öls.

[7]) Reid, Am. soc. **39**, 304 (1917); **42**, 617 (1920). — Das Reagens besitzt sehr aggressive Eigenschaften.

H. In verdünnter Kali- (Natron-) Lauge pflegen im allgemeinen Substanzen mit phenolischem Hydroxyl löslich zu sein [1]), doch hat auch diese Regel zahlreiche Ausnahmen [2]). So ist das orthohydroxylierte Hexamethyltriaminotriphenylmethan in wäßriger Lauge selbst in der Hitze ganz unlöslich [3]), und ebenso verhält sich Naphthyloldinaphthoxanthen [4]) und 2-Äthoxybenzalresacetophenonmonoäthyläther [5]), sowie die Phenylhydrazone der aromatischen o-Oxyaldehyde und -Ketone [6]).

Auwers [7]) hat eine große Anzahl derartiger Phenole aufgefunden, die er nach dem Vorschlag Jacobsons als „Kryptophenole" bezeichnet; doch soll der Ausdruck eigentlich Substanzen mit maskierten Phenoleigenschaften überhaupt (z. B. Indifferenz gegen Ammoniak) bedeuten. Es gibt auch keine scharfe Grenze zwischen Kryptophenolen und echten Phenolen. So sind viele Kryptophenole kalilöslich, wie Salicylsäureester, Orthooxyacetophenon usw.

Über die Acidität der Phenole siehe noch Pellizari, G. 14, 262 (1884). — Raikow, Ch. Ztg. 27, 781, 1125 (1903). — Hantzsch, B. 40, 3801 (1907). — Hans Meyer, M. 28, 1381 (1907).

Hesse [8]) hat ein auf der Unlöslichkeit der Phenolate in Äther beruhendes Verfahren zur quantitativen Bestimmung derselben (und der Oxysäureester) angegeben.

Die zu analysierende Substanz,, z. B. ein ätherisches Öl, wird in 3 Teilen wasserfreiem Äther gelöst und normales alkoholisches Kali zufügt. Bei Abwesenheit von Phenolen entsteht dann kein Niederschlag, wenn aber das Öl Phenole oder Salicylsäureester enthält, so fallen die Kaliumsalze der Phenole meist in schönen Krystallen, manchmal allerdings auch ölig, aus. Man sammelt die Abscheidung und wäscht sie mit absolutem Äther. Zur Phenolbestimmung genügt es dann, sie durch eine Säure, am besten Kohlensäure, zu zerlegen, oder das Alkali zu titrieren. In letzterem Fall empfiehlt es sich, keinen allzu großen Überschuß an Kali zu verwenden. Diese elegante Methode wird in vielen Fällen mit Vorteil verwendbar sein [9]).

Vielfach wird die Ansicht ausgesprochen [10]), daß die Phenole im Gegensatz zu den Carbonsäuren aus ihren alkalischen Lösungen durch Einleiten von Kohlendioxyd ausgefällt werden können. Dieses Moment kann aber durchaus nicht als unterscheidendes Merkmal der beiden Körperklassen dienen, denn

---

[1]) Manche Phenole, namentlich auch Phenolcarbonsäureester, brauchen zur Lösung großen Überschuß wäßriger Lauge. Solche Phenole können einer ätherischen Lösung durch Ausschütteln mit Alkali nur äußerst schwer entzogen werden. Claisen und Eisleb, A. 401, 71 (1913).   [2]) Siehe auch S. 996.

[3]) Haller und Guyot, Bull. (3) 25, 752 (1901).

[4]) Fosse, Bull. (3) 27, 534 (1902). — C. r. 132, 789 (1901); 137, 858 (1903); 138, 2820 (1904); 140, 1538 (1905).

[5]) Siehe ferner: Michael, Am. 5, 92 (1883). — Herzig, M. 12, 101 (1891). — Dreher und Kostanecki, B. 26, 71 (1893). — Kostanecki, B. 27, 1989 (1894). — Cornelson und Kostanecki, B. 29, 242 (1896). — Kostanecki und Salis, B. 32, 1031 (1899). — Rogow, B. 33, 3535 (1900). — Graebe und Aders, A. 318, 365 (1901). — Anselmino, B. 35, 4099 (1902). — Bull. (3) 29, 1 (1903). — Scholz und Huber, B. 37, 395 (1904). — J. pr. (2) 72, 315 (1905). — Herzig und Klimosch, B. 41, 3894 (1908).

[6]) Torrey und Kipper, Am. soc. 29, 77 (1907); 30, 836 (1908). — Torrey und Brewster, Am. soc. 31, 1322 (1909). — Torrey und Adams, B. 43, 3227 (1910). — Torrey, Ch. Ztg. 34, 299 (1910). — Torrey und Brewster, Am. soc. 35, 426 (1913) Naphthole.   [7]) B. 39, 3167 (1906).

[8]) Ch. Ztschr. 2, 434 (1903). — B. 36, 1466 (1903). Siehe übrigens S. 66.

[9]) Roure-Bertrand Fils, I, 9, 72 (1904).

[10]) Z. B. Mohr, Vhdl. Ges. Nat. f. 1907, 97. — Schrötter und Flooh, M. 28, 1099 (1907). — Siehe auch Mohr, J. pr. (2) 79, 289 (1909).

bei genügend langem Einleiten des Gases werden sehr viele Säuren gleichfalls in freier Form oder als saure Salze niedergeschlagen; wird doch selbst Natrium chlorid hierbei partiell unter Salzsäureentwicklung zersetzt[1]. „Von theoretischen Gesichtspunkten aus muß die Ausfällbarkeit auch ganz stark saurer Verbindungen durch Kohlensäure unter gewissen Bedingungen nicht nur zugegeben, sondern direkt gefordert werden[2]." — Von den beiden stereoisomeren Anisylzimtsäuren wird die α-Säure durch Kohlensäure sofort aus der wäßrigen Lösung ihres Natriumsalzes ausgeschieden. Die β-Säure fällt als solche nicht aus[3].

Übrigens sei bemerkt, daß gewisse Phenole (Guajacol und seine Derivate) durch Kohlensäure nicht in freier Form, sondern als Phenolate gefällt werden (Hans Meyer).

Über „komplexe" Salze von Phenolen siehe DRP. 247 410 (1912). — DPA. C 23 089 (1913).

I. Kryoskopisches Verhalten der Phenole[4].

Auwers hat für das kryoskopische Verhalten der Phenole in Naphthalinlösung folgende Sätze aufgestellt:

Orthosubstituierte Phenole verhalten sich kryoskopisch normal, parasubstituierte zeigen starke Assoziation bei zunehmender Konzentration der Lösungen, Metaderivate stehen in der Mitte, nähern sich jedoch meist den Paraderivaten. Beliebige Substituenten in Orthostellung üben „normalisierenden", dieselben in Parastellung „anormalisierenden" Einfluß aus, während Metasubstituenten schwächer anormalisierend wirken.

Die Wirkung der Substituenten ist ceteris paribus stärker aus der Ortho- als aus der Meta- und Parastellung. Parasubstituenten, die stark anormalisierend wirken, besitzen in Orthostellung ebenfalls starken normalisierenden Einfluß, und Analoges gilt für die schwach wirkenden Substituenten. Die angeführten Regeln geben einen Anhaltspunkt dafür, welcher Einfluß bei der Konkurrenz verschiedener Substituenten in mehrfach substituierten Phenolen siegreich bleibt.

Die Reihenfolge der Substituenten, nach abnehmender Stärke geordnet, ist folgende:

Aldehydgruppe.
Carboxalkyl,
Nitrogruppe,
Halogene,
Alkyle.

Weiteres über das kryoskopische Verhalten der Phenole: Auwers, B. **28**, 2878 (1895). — Z. phys. **30**, 300 (1899). — Orton, Z. phys. **21**, 341 (1896).

K. Über die Einwirkung von Phenylhydrazin auf Phenole siehe: Baeyer und Kochendörfer, B. **22**, 2189 (1889). — E. Fischer und Passmore, B. **22**, 2735 (1889). — Seyewetz, C. r. **113**, 264 (1892). — Z. anal. **31**, 329 (1892). — Ciusa und Bernardi, Atti Linc. (5) **18**, I, 690 (1909).

---

[1] Müller, B. **3**, 40 (1870). — Schulz, Pflüg. Arch. **27**, 454 (1882). — DRP. 74 937 (1893).

[2] Herzig und Pollak, M. **25**, 880 (1904). — Siehe hierzu auch Mohr, A. **185**, 286 (1877). — Hans Meyer, M. **28**, 1381 (1907). — E. Mohr, J. pr. (2), **80**, 29 (1909). — Birnie, Ch. Ztg. **35**, 523 (1911).

[3] Friderici, Diss. Rostock (1908), 59. — Stoermer und Friderici, B. **41**, 337 (1908).   [4] Auwers, Z. phys. **18**, 595 (1895).

7. Reaktionen der zweiwertigen Phenole[1].

A. Reaktionen der Orthoverbindungen (Reihe des Brenzcatechins).

    a) Eisenchloridreaktion siehe S. 616.

    b) Verhalten gegen Antimonsalze[2].

Brenzcatechin und andere Polyphenole, welche die Hydroxylgruppen in Orthostellung enthalten, vermögen zwei typische Wasserstoffatome gegen zwei Valenzen des dreiwertigen Antimons auszutauschen. Die Verbindung

$$R\diamondsuit_{O}^{O}Sb{-}OH$$

spielt die Rolle einer Base und ihre Derivate:

$$R\diamondsuit_{O}^{O}Sb{-}X \quad (X = Cl, Br, J, F, usw.)$$

sind denen des Antimonyls O$=$Sb$-$X analog. Phenole, die der Metareihe angehören, liefern höchstens in konzentrierter Lösung mit Antimontrichlorid flockige, leicht zersetzliche Verbindungen und reagieren mit Antimonfluorür gar nicht. Derivate der p-Reihe geben überhaupt keine Fällungen.

Die Darstellung der Fluorüre gelingt leicht durch Mischen der wäßrigen Lösung des Phenols mit wäßriger Fluorantimonlösung. — Ähnliche Fällungen gibt Bleizucker[3].

    c) Heteroringbildungen.

Die Phenole der Orthoreihe bilden mit den anorganischen Säurechloriden, ferner mit o-Diaminen, o-Aminophenolen usw. cyclische Ester:

    So mit:

Thionylchlorid	$R\diamondsuit_{O}^{O}SO$	Sulfite,
Phosphortrichlorid	$R\diamondsuit_{O}^{O}PCl$	Chlorphosphine,
Phosphoroxychlorid	$R\diamondsuit_{O}^{O}POCl$	Oxychlorphosphine,
Phosgen	$R\diamondsuit_{O}^{O}CO$	Carbonate,
ferner mit $R_1\diamondsuit_{NH_2}^{NH_2}$	$R\diamondsuit_{N}^{N}R_1$	Azine,
mit $R_1\diamondsuit_{OH}^{NH_2}$	$R\diamondsuit_{O}^{NH}R_1$	Oxazine
und mit $Br(CH_2)_2Br$	$R\diamondsuit_{O-CH_2}^{O-CH_2}$	Äthylenäther usw.

Ebenso verhalten sich die orthohydroxylierten Pyridinderivate[4].

    d) Unter den Orthohydroxylderivaten, die ausschließlich Hydroxylgruppen enthalten, sind nur diejenigen gute, d. h. technisch brauchbare Beizen-

---

[1] Verhalten gegen Ammoniummolybdat: Stahl, B. **25**, 1600 (1892).

[2] Causse, Bull. (3), **7**, 245 (1892). — A. Chim. Phys. (7), **14**, 526 (1898).

[3] Degener, J. pr. (2), **20**, 320 (1879).   [4] Ris, B. **19**, 2206 (1886).

farbstoffe[1]), bei denen sich die Hydroxylgruppen in der Orthostellung zu einer Carbonylgruppe befinden [Regel von Liebermann und Kostanecki[2])]. Als Beizen dienen hierbei Eisenoxyd und Tonerde[3]).

An Stelle der einen Hydroxylgruppe können auch Carboxyl (Munjistin), die NH_2-Gruppe[4]) oder die Nitroso- und Isonitrosogruppe[5]) oder überhaupt gewisse chromophore Gruppen (evtl. auch in Parastellung) treten[6]).

Diese ursprünglich an Oxyanthrachinonen exemplifizierte Regel, die auch für Konstitutionsbestimmungen in anderen Körperklassen: Oxychinone[7]), Oxychinoline[8]), Orthochinondioxime, Orthodioxyphenole verwendet wurde, hat wesentlich an Bedeutung verloren, seitdem v. Georgievics gezeigt hat[9]), daß auch die in 2.3, 1.4 und 1.3 hydroxylierten Dioxyanthrachinone deutlich ausgesprochenes Beizenfärbevermögen besitzen.

Unter Umständen kann übrigens sogar der Eintritt weiterer Hydroxylgruppen wieder auslöschend auf das Färbevermögen wirken [1.4.5.8-Tetraoxyanthrachinon[10])].

v. Georgievics gibt hierfür[11]), im Anschluß an Betrachtungen von Hantzsch[12]), eine sehr ansprechende Erklärung, die auf der Annahme einer chinoiden Formel für die beizenfärbenden Oxyanthrachinone basiert.

B. Reaktionen der Metaverbindungen (Resorcinreihe).

a) Eisenchloridreaktion siehe S. 617.

b) Fluoresceinreaktion[13]). Metadioxybenzole werden durch Erhitzen mit Phthalsäureanhydrid in Phthaleine übergeführt, die in alkalischer Lösung intensiv (grün) fluorescieren. Das Eintreten der Fluoresceinreaktion wird indes durch Substitution in der Metastellung zu den beiden Hydroxylen verhindert[14]).

Wie die Metadioxybenzole reagieren auch die $\alpha\,\alpha'$-hydroxylierten Pyridinderivate[15]).

c) Phenole der Metareihe werden schon durch Kochen im offenen Gefäß mit Lösungen von Alkalibicarbonaten in Oxycarbonsäuren verwandelt[16]), eine Reaktion, die in den anderen Reihen nur unter Druck resp. über 130°[17]) erfolgt.

---

[1]) Zur Theorie der Beizenfarbstoffe: Werner, Ch. Ztg. **32**, 302 (1908). — B. **41**, 1062 (1908). — Liebermann, B. **41**, 1436 (1908).

[2]) B. **18**, 2145 (1885). — A. **240**, 245 (1887). — Buntrock, Rev. gén. mat. color. **5**, 99 (1901) — B. **34**, 2344 (1901). — Liebermann, B. **26**, 1574 (1893); **34**, 1026, 1031, 1562, 2299 (1901); **35**, 1490, 1778, 2301 (1902); **36**, 2913 (1903); **37**, 1171 (1904). — Buntrock und v. Georgievics, Z. f. Farb. u. Text. **1**, 351 (1902). — Möhlau und Steimmig, Z. f. Farb. u. Text. **3**, 358 (1904). — Sachs und Thonet, B. **37**, 3327 (1904). — Prudhomme, Z. f. Farb. u. Text. **4**, 49 (1905). — Sachs und Craveri, B. **38**, 3685 (1905). — Zaar, Diss. Berlin (1907).

[3]) Liebermann, B. **34**, 1563 (1901); **35**, 1491 (1902). — V. Intern. Kongreß f. ang. Ch., Sekt. IV B, **2**, 881 (1903).   [4]) Noelting, Ch. Ztg. **34**, 977 (1910).

[5]) Kostanecki, B. **20**, 3146 (1887). — Tschugaeff, J. pr. (2), **76**, 92 (1907).

[6]) Möhlau und Steimmig, a. a. O.   [7]) Kostanecki, B. **22**, 1351 (1889).

[8]) Nölting und Trautmann, B. **23**, 3660 (1890).

[9]) Z. f. Farb. u. Text. **1**, 523 (1902).

[10]) v. Georgievics, Z. f. Farb. u. Text. **4**, 187 (1905). — Siehe übrigens Möhlau, Ch. Ztg. **31**, 940 (1907).

[11]) Lotos (1907), 97. — Siehe auch Georgievics, Farbe und Konstitution, Zürich, Schulthess & Co., 1921, 91. — Farbenchemie 5. Aufl. 1922, 231 ff.

[12]) B. **39**, 3072 (1906).   [13]) Baeyer, A. **183**, 1 (1876).

[14]) Knecht, B. **15**, 298, 1070 (1882). — A. **215**, 83 (1882).

[15]) Ruhemann, B. **26**, 1559 (1893).

[16]) Kostanecki, B. **18**, 3203 (1885).

[17]) In Glycerinlösung: Brunner, A. **351**, 313 (1907).

d) Verhalten bei der Alkylierung.

Beim Ätherifizieren der Metadioxybenzole entstehen nach Herzig und Zeisel neben den wahren Äthern zum Teil auch C-alkylierte Verbindungen, die sich von einer Mono- oder Diketoform ableiten lassen. Siehe S. 633f.

Die m-Dioxybenzole geben indessen mit Hydroxylamin keine Oxime[1]).

e) Reaktion von Scholl und Bertsch[2]).

Phenole, die metaständige Hydroxyle und eine freie Parastelle haben, werden von Monochlorformaldoxim schon bei 0° und darunter in der Weise angegriffen, daß die Chlorhydrate von Aldoximen entstehen:

$$\text{(Schema)}$$

Suspendiert man Knallquecksilber in einer absolut ätherischen Lösung des Phenols und leitet unter Kühlung Chlorwasserstoff ein, so verschwindet das Knallquecksilber allmählich und an seiner Stelle scheidet sich das salzsaure Salz des Aldoxims in Krystallen aus. Durch Einwirkung von heißer verdünnter Schwefelsäure können daraus leicht die Aldehyde gewonnen werden.

Synthese von Phenolaldiminen aus mehrwertigen Phenolen mit m-Hydroxylen, Blausäure und Chlorwasserstoff in ätherischer Lösung: Gattermann und Köbner, B. **32**, 278 (1899).

f) Einwirkung von salpetriger Säure[3]).

In zweiwertige m-Phenole können nur dann zwei Isonitrosogruppen eintreten, wenn außer der Parastellung zu dem einen Hydroxylrest auch die Stelle zwischen den beiden OH-Gruppen unbesetzt ist, während, wenn die Parastelle und die Stelle zwischen den Hydroxylen besetzt ist, nur ein Mononitrosoderivat entstehen kann (Kostanecki).

g) Chrysoidingesetz[4]) (Witt).

Bei der Einwirkung von Diazoverbindungen auf Dioxybenzole reagieren nur die Derivate der Metareihe unter Bildung von Azokörpern (Grießsche Regel).

Man läßt gekühlte Diazobenzolchloridlösung langsam in die alkalische Lösung des Phenols einfließen. Nach einigem Stehen wird die Ausscheidung des Farbstoffs durch Kochsalzzusatz oder Ansäuern bewirkt.

Das Chrysoidingesetz hat für die Naphthalinreihe keine Gültigkeit, indem sowohl das β-Naphthohydrochinon[5]):

$$\text{(Schema)}$$

als auch dessen Sulfosäure:

[1]) Baeyer, B. **19**, 163 (1886).　　[2]) B. **34**, 1442 (1901).

[3]) Fitz, B. **8**, 631 (1875). — Stenhouse und Groves, A. **188**, 358 (1877); **203**, 294 (1880). — Aronheim, B. **12**, 30 (1879). — Kraemer, B. **17**, 1875 (1884). — H. Goldschmidt, B. **17**, 1883 (1884). — Kostanecki, B. **19**, 2322 (1886); **20**, 3133 (1887). — Goldschmidt und Strauß, B. **20**, 1608 (1887). — Nietzki und Maekler, B. **23**, 723 (1890). — Kraus, M. **12**, 373 (1891). — Kehrmann und Hertz, B. **29**, 1415 (1896). — Henrich, M. **18**, 142 (1897). — B. **29**, 989 (1896); **32**, 3419 (1899). — M. **22**, 232 (1901). — Kietaibl, M. **19**, 536 (1898). — Hantzsch und Farmer, B. **32**, 3108 (1899). — Pollak, M. **22**, 998, 1002 (1901).　　[4]) Siehe auch unter den Reaktionen der Metadiamine, S. 972.

[5]) DRP. 49 872 (1889); 49 979 (1889).

$$\text{HO}_3\text{S}\overset{\text{OH}}{\underset{}{\diagup}}\text{OH}$$

mit Diazoverbindungen Azofarbstoffe geben[1]).

Übrigens haben Witt und Mayer sowie Witt und Johnson gezeigt, daß unter besonderen Umständen auch Brenzcatechin[2]) und Hydrochinon[3]) (Monobenzoat) Azofarbstoffe geben.

C. Reaktionen der Parareihe (Reihe des Hydrochinons).

a) Eisenchloridreaktion siehe S. 617.

b) Überführung in Chinone.

Die p-Dioxybenzole gehen leicht durch Oxydationsmittel (Eisenchlorid, Mangansuperoxyd, Chromsäure usw.) in Chinone über, an deren Reaktionen sie erkannt werden.

Ebenso verhalten sich para-hydroxylierte Pyridinderivate[4]).

Als Zwischenprodukte entstehen [z. B. bei der Oxydation durch Elektrolyse[5]) oder mit Jodsäure[6])] die schön farbigen (grünlich), metallisch glänzenden Chinhydrone.

c) Mit Hydroxylamin geben die Hydrochinone die Dioxime der zugehörigen Chinone[7]).

d) Bei der Alkylierung entstehen nur echte Äther.

8. Reaktionen der dreiwertigen Phenole.

A. Verhalten der vizinalen Verbindungen (Pyrogallolreihe).

a) Eisenchloridreaktion: siehe S. 616.

b) Mit Bleiacetat entstehen schwerlösliche krystallinische Fällungen.

c) In wäßriger oder alkoholischer Lösung werden die vizinalen Trioxybenzole durch eine Spur Jod purpurrot gefärbt.

d) Von alkalischen Lösungen wird Sauerstoff äußerst energisch absorbiert[8]).

e) Verhalten beim Alkylieren[9]).

Mit Bromalkyl und Kali erhält man ein Gemisch von wahren und Pseudoäthern, daneben scheint auch partielle Reduktion zu alkylierten Brenzcatechinäthern stattzufinden.

B. Verhalten der asymmetrischen Verbindungen
(Oxyhydrochinone).

a) Eisenchloridreaktion: siehe S. 616.

b) Verhalten bei der Alkylierung[10])

---

[1]) Über die Regeln, nach denen hier der Kupplungsprozeß verläuft, siehe v. Georgievics, Farbenchemie, 3. Aufl. (1907), 53.

[2]) B. **26**, 1672 (1893). — Siehe Orton und Everatt, Soc. **93**, 1010 (1908).

[3]) B. **26**, 1908 (1893).

[4]) Kudernatsch, M. **18**, 624 (1897). — Es ist übrigens nicht ausgeschlossen, daß in diesem Fall ein Orthochinon vorliegt.   [5]) Liebmann, Z. El. **2**, 497 (1896).

[6]) Causse, A. Chim. Phys. (7) **14**, 526 (1898).

[7]) Nietzki und Benckiser, B. **19**, 305 (1886). — Nietzki und Kehrmann, B. **20**, 613 (1887). — E. v. Meyer, J. pr. (2), **29**, 494 (1889). — Jeanrenaud, B. **22**, 1283 (1889).

[8]) Weyl und Zeitler, A. **205**, 255 (1880). — Weyl und Goth, B. **14**, 2659 (1881).

[9]) A. W. Hoffmann, B. **11**, 800 (1878). — Herzig und Zeisel, M. **10**, 150 (1889). — Hirschel, M. **23**, 181 (1902).

[10]) Herzig und Zeisel, M. **10**, 149 (1889). — Březina, M. **22**, 346, 590 (1901).

Bei der Ätherifizierung mit Kalilauge und Brom-(Jod-)Alkyl verhält sich das Oxyhydrochinon im Gegensatz zum Brenzcatechin und Hydrochinon, die nach Herzig und Zeisel nur echte Äther liefern, und zum Phloroglucin, bei dem nur Pseudoäther nachgewiesen werden konnten, wie Resorcin, symmetrisches Orcin, Diresorcin und Pyrogallol, indem es sowohl echte als auch Pseudoäther liefert.

Über eine bequeme Darstellungsmethode für Oxyhydrochinone: Thiele, A. **311**, 341 (1899).

Oxyhydrochinon zeigt mit Aldehyden (Benzaldehyd, Acetaldehyd und Oxyaldehyden) die Fluoronreaktion[1]); siehe unter „Phloroglucinreihe".

C. Verhalten von symmetrischen Verbindungen (Phloroglucinreihe).

a) **Eisenchloridreaktion:** siehe S. 617.

b) **Fichtenspanreaktion.** Alle Homologen des Phloroglucins sowie das Phloroglucin selbst färben in wäßriger Lösung einen mit konzentrierter Salzsäure befeuchteten Fichtenspan rot- bis blauviolett, solange noch am Benzolkern ein nicht substituiertes Wasserstoffatom vorhanden ist[2]).

c) **Verhalten beim Alkylieren** siehe S. 633.

d) **Fluoronbildung**[3]).

Während sich das Phloroglucin mit o-Aminobenzaldehyd in der Ketoform[4]), mit Vanillin in der Enolform[5]) kondensiert, reagiert nach Weidel und Wenzel ein Molekül Phloroglucin mit einem Molekül Salicylaldehyd nach der Gleichung:

gleichzeitig in der Hydroxyl- und in der Ketoform unter Bildung des farbigen Fluorons.

Weit besser als Phloroglucin reagieren Methyl- und Dimethylphloroglucin und Methylphloroglucincarbonsäure, während Trimethylphloroglucin sich nicht kondensieren läßt.

Noch geeigneter für die Fluoronreaktion ist nach Sachs und Appenzeller[6]) Tetramethyldiaminobenzaldehyd.

e) **Einwirkung von salpetriger Säure**[7]).

Dabei entstehen Oxime von Ortho- und Parachinonen; es scheint jedoch auch gelegentlich die Bildung wahrer Nitrosokörper stattzufinden, wenigstens reagiert das Nitrosoderivat des Methylphloroglucindimethyläthers beim Alkylieren in der Nitrosoform[8]).

---

[1]) Liebermann und Lindenbaum, B. **37**, 1171, 2728 (1904).

[2]) Weidel und Wenzel, M. **19**, 295 (1898). — Weißweiler, M. **21**, 48 (1900).

[3]) Weidel und Wenzel, M. **21**, 62 (1900). — Schreier und Wenzel, M. **25**, 311 (1904). — Liebschütz und Wenzel, M. **25**, 319 (1904). — Liebermann und Lindenbaum, B. **37**, 2730 (1904).   [4]) Eliasberg und Friedländer, B. **25**, 1758 (1892).

[5]) Etti, M. **3**, 640 (1882).   [6]) B. **41**, 92 (1908).

[7]) Benedikt, B. **11**, 1375 (1878). — Moldauer, M. **17**, 462 (1896). — Weidel und Pollak, M. **18**, 347 (1897); **21**, 15, 50 (1900). — Brunnmayr, M. **21**, 3 (1900). — Bosse, M. **21**, 1021 (1900). — Konya, M. **21**, 422 (1900). — Pollak, M. **22**, 999, 1002 (1901).

[8]) Pollak, M. **22**, 1004 (1901). — Vgl. Weidel und Pollak, M. **17**, 593 (1896).

Mikrochemischer Nachweis und Trennung der Phenole: Behrens, Z. anal. **42**, 143 (1903).

9. Reaktionen der Oxymethylengruppe: $C = \overset{\overset{\textstyle H}{|}}{C} - OH$.

Nach Erlenmeyer[1]) sollte der in offenen Ketten enthaltene Komplex $> C = CHOH$ unbeständig sein und alsogleich nach seiner Bildung in die Aldehydform $> CH—CH = O$ übergehen.

Durch die Arbeiten von Claisen[2]), v. Pechmann u. a. wissen wir nunmehr, daß, wenn im Acetaldehyd und seinen Homologen:

$$R \cdot CH_2—CH = O$$

ein Wasserstoffatom der Methyl-(Methylen-)Gruppe durch ein Säureradikal ersetzt ist, oder zwei Wasserstoffe durch den schwächer sauren Phenylrest vertreten werden, dadurch eine Umlagerung der Aldehydform in die Vinylalkoholform:

$$R—CH = CH—OH$$

bedingt wird.

Außer diesen eigentlichen Oxymethylenverbindungen, die ausschließlich Alkoholform besitzen, können auch die meisten β-Ketoverbindungen, wie der Acetessigester, der Formylphenylessigester, Mesityloxydoxalsäureester, Benzylidenbisacetessigester, Diacetylbernsteinsäureester usw., wenigstens vorübergehend in „Enol"-Formen auftreten. Die Neigung zur Bildung der Hydroxylform tritt bei derartigen Substanzen um so mehr hervor, je negativer[3]) oder je zahlreicher die mit dem Methan-(Methyl-)Kohlenstoff verbundenen Acylreste sind (Claisen).

Von den chemischen Kriterien für das Vorliegen einer Enolform in solchen allelotropen[4]) Verbindungen haben nur diejenigen sicheren diagnostischen Wert, die rasch und ohne Temperaturerhöhung verlaufenden Reaktionen entsprechen, denn wo es nicht gelingt, Umwandlung auszuschließen, entstehen bei chemischen Reaktionen aus Enol- und Ketoform identische Produkte.

Ein, wenigstens vielfach, brauchbares Reagens ist das zuerst von Goldschmidt und Meißler[5]) empfohlene Phenylisocyanat. Nach W. Wislicenus[6]) ist es auch wirklich für „tautomere" Substanzen brauchbar, nur ist auf die Versuchsbedingungen noch weit größere Sorgfalt zu verwenden, als sie Goldschmidt beachtete.

Man muß das Phenylisocyanat

1. ohne Lösungsmittel,
2. bei gewöhnlicher Temperatur[7]) einwirken lassen.

Daß durch letzteren Umstand in manchen Fällen allzu lange Reaktionsdauer notwendig wird, kann die Sicherheit der Reaktion gefährden. Namentlich bei flüssigen Keto-Enolgemischen, die vielleicht ursprünglich nur spuren-

---

[1]) B. **13**, 309 (1880); **14**, 320 (1881). — Vgl. auch v. Baeyer, B. **16**, 2188 (1883).

[2]) Literatur und ausführliche Mitteilungen A. **281**, 306 (1894).

[3]) Siehe dazu K. H. Meyer und Wertheimer, B. **47**, 2379 (1914). — K. H. Meyer und Gottlieb-Billroth, B. **54**, 575 (1921).

[4]) Knorr, A. **306**, 336 (1899).   [5]) B. **23**, 257 (1890).

[6]) A. **291**, 198 (1896). — Knorr, A. **303**, 141 (1898). — Siehe auch Hantzsch, B. **32**, 585 (1899).

[7]) Michael, J. pr. (2) **42**, 19 (1890). — B. **38**, 22 (1905). — Dieckmann, B. **37**, 4627 (1904). — H. Goldschmidt, B. **38**, 1096 (1905).

weise Enolform besaßen, wird die durch das Verschwinden des mit Phenylisocyanat verbundenen Enolanteils erfolgte Gleichgewichtsstörung immer wieder auf Kosten der Aldo-(Keto-)Form behoben und so bei genügend langer Reaktionsdauer schließlich alles enolisiert werden. Über die Notwendigkeit, Übertragungskatalyse (durch Spuren von Alkali) auszuschließen, siehe die in Anm. 7, S. 645 angeführten Autoren und S. 705.

In bestimmten Fällen, wo das Phenylisocyanat versagt[1]), ist die Säurechloridreaktion[2]) erfolgreicher. Phosphorchloride, aber auch Acetylchlorid, geben durch Erwärmen und Salzsäureentwicklung beim Zusammenbringen mit der in trocknem Benzol gelösten Substanz das Vorhandensein einer Hydroxylgruppe zu erkennen:

$$R \cdot OH + PCl_5 = R \cdot Cl + HCl + POCl_3.$$

Für einige Klassen von Pseudosäuren, vor allem für Nitroparaffine (Mono- und Dinitroäthan), kann die Ammoniakreaktion[3]), d. i. die Indifferenz dieser Pseudosäuren gegen Ammoniak, als Kriterium dienen; doch sind der allgemeinen Anwendbarkeit dieser Reaktion ziemlich enge Grenzen gezogen, da auch nicht wenige Pseudosäuren mit Ammoniak fast momentan, d. h. mit nicht meßbarer Geschwindigkeit, oder ebenso rasch, wie echte Säuren, reagieren (Hantzsch).

Ein weiteres, viel bequemer anwendbares und nahezu vollkommen zuverlässiges Reagens auf die Oxymethylengruppe ist Eisenchlorid[4]). Während bei den Phenolen, die ja auch zumeist eine Eisenreaktion geben, diese fast nur in wäßriger Lösung auftritt, auf Alkoholzusatz usw. aber zumeist schwächer wird oder ganz verschwindet[5]), zeigt sich die Reaktion bei den acyclischen Oxymethylenverbindungen besonders deutlich, wenn sie in organischen Lösungsmitteln untersucht werden.

Bei besonders labilen Substanzen kann übrigens schon durch gewisse Lösungsmittel (namentlich Methyl- und Äthylalkohol) Umlagerung erfolgen, während die „energiearmen" Lösungsmittel (Aceton, Chloroform, Benzol, Äther) indifferent sind.

Die Eisenchloridreaktion ist also von der Art des Lösungsmittels abhängig, und zwar scheint es, daß sich in bezug auf umlagernde Wirkung die Lösungsmittel nach ihrer dissoziierenden Kraft ordnen[6]). W. Wislicenus gibt für den Fall des Formylphenylessigesters die Reihenfolge:

> Methylalkohol,
> Äthylalkohol,

---

[1]) Manche hydroxylhaltigen Verbindungen reagieren nicht mit Phenylisocyanat: Gumpert, J. pr. (2) **31**, 119 (1885); **32**, 278 (1885). — Knoevenagel, A. **297**, 141 (1897). — Hantzsch und Hornbostel, B. **30**, 3004 (1897). — Rabe, B. **36**, 228 (1903). — Dimroth, A. **335**, 76 (1904). — Kaufler und Suchannek, B. **40**, 521 (1907).

[2]) Hantzsch, B. **32**, 586 (1899). — Kurt H. Meyer, B. **44**, 2725 (1911). — Knorr und Schubert, B. **44**, 2772 (1911).

[3]) Tertiäre Amine zur Unterscheidung stabiler Enol- und Ketoderivate: Michael und Smith, A. **363**, 36 (1908).

[4]) Claisen, A. **281**, 340 (1894). — W. Wislicenus, B. **28**, 769 (1895). — A. **291**, 173 (1896). — B. **32**, 2837 (1899). — Traube, B. **29**, 1717 (1896). — Knorr, A. **306**, 376 (1899). — Rabe, A. **313**, 180 (1900); **332**, 27 (1904). — Moureu und Lazennec, C. r. **144**, 806 (1907). — Knorr, B. **44**, 2772 (1911). — Michael, A. **391**, 290 (1912). Siehe dazu K. H. Meyer, B. **44**, 2725 (1911). — Hieber, B. **54**, 903 (1921).

[5]) Siehe S. 616. — Das Verhalten der Phenole gegen alkoholisches Eisenchlorid wäre übrigens genaueres Studium wert.

[6]) Literaturzusammenstellung und weitere Angaben bei Stobbe, A. **326**, 357 (1903). — Siehe ferner Rügheimer, B. **49**, 590, 594, 596 (1916). — Wislicenus, A. **413**, 226 (1917).

Äther,
Schwefelkohlenstoff,
Methylal,
Aceton,
Chloroform,
Benzol.

Die nicht oder schwach dissoziierenden Lösungsmittel begünstigen bzw. erhalten hier die Enolform in höherem Grad als die Alkohole. In manchen Fällen (Oxytriazolcarbonsäureester) liegen allerdings die Verhältnisse gerade umgekehrt[1]). — Nach Michael und Hibbert besteht zwischen Dissoziationsvermögen und Isomerisierungsgeschwindigkeit überhaupt keine einfache Beziehung[2]).

Nach Kurt H. Meyer stehen die Gleichgewichte, welche verschiedene Desmotrope in verschiedenen Lösungsmitteln geben, in bestimmter, gesetzmäßiger Beziehung zueinander. Siehe B. 45, 2847 (1912); 47, 826 (1914); 54, 578 (1921).

Die Färbung, die man bei der Enolreaktion erhält, ist gewöhnlich rot, violett bis dunkelblau oder grün. Beim Stehen pflegt sie sich zu vertiefen[3]). Oftmals wird sie in ihrer Nuance durch Zusatz von Natriumacetat oder Überschuß an Ester modifiziert, was auf das Vorliegen verschiedener Ferriverbindungen: FeR_3, FeR_2Cl, $FeRCl_2$ hindeutet. In den Eisenverbindungen — deren eine Anzahl bereits isoliert und analysiert wurde[4]) — ist augenscheinlich das Eisen an Sauerstoff gebunden.

Leider ist übrigens auch die Eisenchloridreaktion kein absolut sicherer Beweis für das Vorliegen einer Enolgruppe, denn es geben einzelne Substanzen [Dicarboxyglutaconsäureester, Wislicenus[5]), Monoalkylacetessigester, Camphocarbonsäureester, Brühl[6])], die hydroxylfrei sind, die Reaktion.

Dimroth hat[7]) langsam ketisierbare Enolester von genügender Stärke nach der Methode von Gröger[8]) neben Ketoester titrieren können.

Die Substanz (ca. 0.5 g) wird in einem geeigneten Lösungsmittel (für den Phenyloxytriazolcarbonsäureester Wasser oder Alkohol) in der Kälte gelöst oder suspendiert, 20 ccm Jodkaliumlösung, die 32 g im Liter enthält, und 20 ccm 0.5 proz. Kaliumjodatlösung zugefügt und nach 5 Minuten das ausgeschiedene Jod mit $^n/_{10}$-Natriumthiosulfatlösung zurücktitriert. Als Indicator dient Stärke.

Bei den stabilen, eigentlichen Oxymethylenverbindungen können die üblichen Hydroxylreaktionen (Acylierung, Alkylierung, Säurechloridreaktion usw.) unbedenklich in Anwendung kommen. Bei den β-Ketoverbindungen erhält man, wie selbstverständlich, sowohl aus der Enol- wie aus der Aldo-(Keto-)Form je nach dem angewendeten Reagens das gleiche Hydroxyl- resp. Carbonylderivat[9]).

Titration der Enole nach Hieber: B. 54, 902 (1921). Siehe dazu Dieckmann, B. 54, 2251 (1921).

---

[1]) Dimroth, A. 335, 1 (1904); 338, 143 (1904). — Siehe auch Stobbe, A. 352, 132 (1907).   [2]) B. 41, 1080 (1908).   [3]) Z. B. Dieckmann, B. 45, 2687 (1912).
[4]) Literatur siehe Rabe, a. a. O. — Siehe ferner Hantzsch und Desch, A. 323 (1902).
[5]) A. 291, 174, Anm. (1896).   [6]) Z. phys. 34, 53 (1900). — B. 38, 1872 (1905),
[7]) A. 335, 1 (1904).   [8]) Siehe S. 743.
[9]) Sehr hübsch legt dies namentlich Brühl, Z. phys. 30, 55 (1899), dar. — Siehe auch B. 38, 1872 (1905).

Titration der Enolverbindungen nach Kurt H. Meyer.

Die bisher erwähnten Methoden gründen sich darauf, daß das Enol eine saure Hydroxylgruppe enthält und mit dieser Reaktionen eingehen kann. Das Enol enthält aber auch eine Doppelbindung, die es zu den typischen Reaktionen der Doppelbindung befähigen muß. Von dieser Überlegung ausgehend, hat Kurt H. Meyer[1]) das Verhalten von Enolen und Ketonen gegen ein typisches Reagens auf Doppelbindung geprüft, gegen Brom. Es stellte sich heraus, daß alle Enole mit Brom momentan reagieren, alle unzweifelhaften (gesättigten) Ketone nicht, und daß dieser Unterschied in alkoholischer Lösung am schärfsten ist.

In anderen Lösungsmitteln ist der Unterschied zwischen Enolen und Ketonen nicht so scharf; die Enolform des Acetyldibenzoylmethans reagiert z. B. in Chloroform und Benzol nur äußerst träge mit Brom, während umgekehrt viele Ketone zwar zuerst sehr langsam, dann aber sehr rasch von Brom angegriffen werden. Dies liegt daran, daß der anfangs gebildete Bromwasserstoff in Mitteln wie Benzol, Schwefelkohlenstoff usw. die Enolisierung enorm beschleunigt, während er in Alkohol nur geringe katalytische Wirkung hat. Alkohol ist also für diesen Zweck das souveräne Lösungsmittel[2]). Zweifellos entstehen bei der Reaktion der Enole mit Brom zunächst Dibromide, die jedoch bis jetzt in keinem Fall gefaßt worden sind, wenn auch zahlreiche Beobachtungen auf ihre Existenz hinweisen. So hat z. B. schon Lippmann[3]) beobachtet, daß Acetessigester Brom aufnimmt, ohne sofort Bromwasserstoff abzuspalten. Erwin Mayer hat ähnliche Versuche mit verschiedenen Ketonen publiziert[4]). Die Dibromide spalten offenbar sehr rasch Bromwasserstoff ab und verwandeln sich in Halogenketone, nicht in Halogenenole. So entsteht z. B. nach Aschan aus dem Oxymethylencampher der folgende Aldehyd:

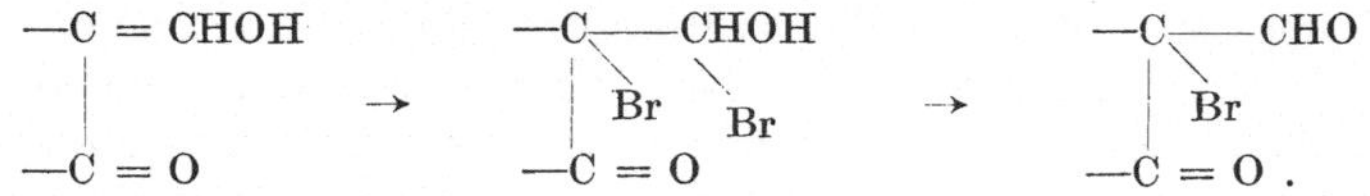

$$
\begin{array}{ccccc}
-\text{C} = \text{CHOH} & & -\text{C}\!-\!\!-\text{CHOH} & & -\text{C}\!-\!\!-\text{CHO} \\
| & & |\ \ \text{Br}\ \ \text{Br} & & |\ \ \text{Br} \\
| & \rightarrow & | & \rightarrow & | \\
-\text{C} = \text{O} & & -\text{C} = \text{O} & & -\text{C} = \text{O} .
\end{array}
$$

Ebenso entsteht aus Anthranol durch Bromieren Bromanthron. Diese Bromketone können sich natürlich sekundär zu Bromenolen isomerisieren; z. B. kann man Bromanthron weiter in Bromanthranol verwandeln:

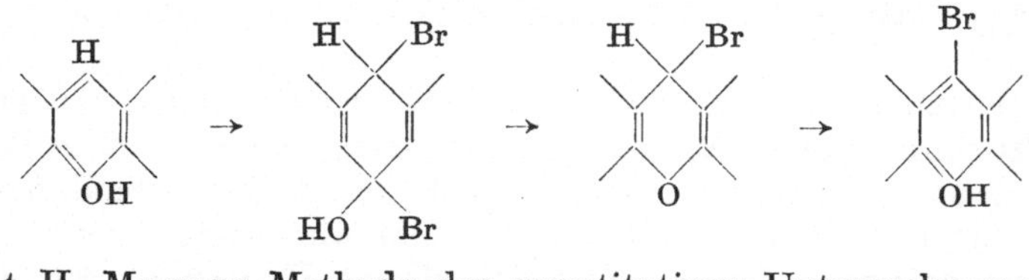

Kurt H. Meyers Methode der quantitativen Untersuchung von Keto-Enol-Tautomeren kann entweder direkt oder indirekt angewendet werden.

Erstes Verfahren: Man titriert das fragliche Keto-Enolgemenge mit alkoholischer Bromlösung, bis die Farbe des Broms eben bestehen bleibt. Die verbrauchte Brommenge gibt direkt die Menge des Enols an. Der Umschlag

[1]) A. **380**, 212 (1911). — B. **45**, 2843 (1912); **47**, 835 (1914); **54**, 577 (1921). — Carrière, C. r. **158**, 1429 (1914). — Bedforss, B. **49**, 2804 (1916). — Dieckmann, B. **53**, 1778 (1920). — Kritik der Methode: Hieber, B. **54**, 902 (1921). — Auwers und Jacobsen, Ann. **426**, 162 (1922).

[2]) Siehe dazu Dimroth, B. **54**, 3042 (1921).

[3]) Z. **5**, 29 (1869). — Siehe auch Linnemann, A. **125**, 307 (1863).

[4]) Diss. Zürich (1910). — Willstätter, Mayer und Hüni, A. **378**, 122 (1910).

ist sehr gut bei Tageslicht zu sehen; bereits 2 Tropfen einer $^{n}/_{10}$-Bromlösung färben 50 ccm Alkohol deutlich gelb. So lassen sich künstliche Keto-Enolgemenge quantitativ bestimmen.

Die Methode hat den Nachteil, daß die alkoholische Bromlösung den Titer rasch ändert und man ihn daher jedesmal neu bestimmen muß. Diese Unbequemlichkeit läßt sich nun umgehen, indem man (zweites Verfahren) mit alkoholischer Bromlösung von unbekanntem Gehalt titriert und dann das gebildete Bromketon quantitativ bestimmt.

Bromketone werden in alkoholischer Lösung durch Jodwasserstoff bei gelinder Wärme quantitativ zu Ketonen reduziert; das dabei ausgeschiedene Jod läßt sich mit Thiosulfatlösung titrieren. Die Ketone werden in Alkohol gelöst, etwas Jodkaliumlösung und konzentrierte Salzsäure hinzugegeben, erwärmt und ohne Stärkezusatz bis zur bleibenden Entfärbung mit Thiosulfat zurücktitriert; der Umschlag von gelb in farblos ist bei Tageslicht meist scharf zu sehen.

Nach Kurt H. Meyers Ansicht lagert sich bei dieser eigentümlichen Reaktion Jodwasserstoff an das Keton an, während sich das Brom gegen Jod austauscht, so daß ein Dijodid entsteht. Solche Dijodide spalten nach Finkelstein[1]) freiwillig ihr Jod ab:

$$
\begin{array}{ccccc}
\mathrm{C=O} & & \mathrm{C-OH} & & \mathrm{C-OH} \\
| & \rightarrow & |\ \mathrm{J} & \rightarrow & \|\quad + \mathrm{J_2}. \\
\mathrm{C-Br} & & \mathrm{C-J} & & \mathrm{C}
\end{array}
$$

Man titriert nun das Keto-Enolgemenge, indem man zu der alkoholischen Lösung alkoholische Bromlösung von unbekanntem Gehalt bis zum Umschlag, dann Jodkalium gibt und mit Thiosulfat zurücktitriert. Die Resultate sind hierbei die gleichen wie bei der direkten Titration mit gestellter Bromlösung. — Siehe dazu Hantzch, B. **48**, 777 (1915).

Zusatz von Tetrachlorkohlenstoff oder Chloroform macht den Umschlag etwas undeutlicher, beeinflußt aber das Resultat der Titration nicht. Es muß jedoch jedenfalls ein großer Alkoholüberschuß vorhanden sein. Man titriert deshalb die alkoholische Lösung besser nicht mit Brom in Chloroformlösung, obwohl diese ja beständiger und daher bequemer wäre.

Die alkoholische Bromlösung wird am besten jedesmal frisch bereitet, da alte Bromlösungen das Resultat beeinflussen; sie enthalten vermutlich Bromacetaldehyd, der aus Jodwasserstoff Jod frei macht.

Die bis zum Umschlag mit Brom versetzten Lösungen geben keine Eisenchloridreaktion mehr, enthalten also kein Enol. Ja, man kann sogar das Verschwinden der Eisenenolatfarbe direkt als Titerumschlag benutzen. Acetessigester z. B. wurde in Alkohol gelöst, etwas Eisenchlorid hinzugefügt und bis zum Verschwinden der roten Farbe mit Brom titriert. Die Bestimmung ergab denselben Wert, der auch durch einfaches Titrieren ohne Eisenchlorid erhalten wird.

In der Regel wird die alkoholische Lösung des Keto-Enolgemisches mit frischer, auf — 5—0° gekühlter, alkoholischer Bromlösung bis zum Umschlag titriert, dann Jodkaliumlösung hinzugefügt, erwärmt und zurücktitriert.

Da die Titration sehr rasch, etwa in 20—25 Sekunden, zu beendigen ist, ist die Menge, die sich während der Titration enolisiert, sehr gering. Der hierdurch entstehende Titrationsfehler wird bestimmt, indem man nach dem Umschlag weitere 25 Sekunden wartet und die Menge Bromlösung mißt, die dann von

---

[1]) B. **43**, 1528 (1910).

neuem absorbiert wird. Sie betrug bei — 7° etwa 0,2 cm für 1 g Acetessig-ester. Demnach ist anzunehmen, daß bei der Titration etwa ebensoviel Bromlösung zuviel zugesetzt worden war. Man umgeht den Fehler, der durch die Langsamkeit der Titration und evtl. die Schwierigkeit, den Farbenumschlag zu erkennen, bedingt ist, indem man überschüssiges Brom zusetzt und den Überschuß sofort durch eine alkoholische β-Naphthollösung oder einen anderen Stoff bindet, der rasch mit Brom, aber gar nicht mit Jod reagiert und dessen Bromderivat nicht durch Jodwasserstoff verändert wird[1]). Bei Substanzen, die zu langsam mit Brom reagieren (Acetyldibenzoylmethan) oder die auch bei — 7° zu rasch reagieren (Dimethylcyclohexandion, Succinilobernsteinsäure-ester), oder endlich einen unscharfen Farbenumschlag geben (Diacetylaceton), wird die Methode ungenau.

Titration der Formylphenylessigester nach Dieckmann[2]). Als bestes Verfahren erwies sich Eintragen in die gut gekühlte überschüssige alkoholische Bromlösung und Entfärbung des Bromüberschusses mit α-Naphthol oder Anilinchlorhydrat, das hier wie in anderen Fällen das α-Naphthol zu ersetzen vermag. Nach Zusatz von überschüssiger Jodkaliumlösung erfolgt die Abscheidung des Jods beim Erwärmen langsam (innerhalb etwa 10—15 Minuten) aber quantitativ, wenn die Temperatur nicht über 40—45° gesteigert wird, während bei höherer Temperatur das abgeschiedene Jod allmählich teilweise verbraucht wird.

Bestimmung der Konstitution von Enolverbindungen mit Ozon[3]).

Mit der Erkennung der Enolnatur eines Stoffes und selbst mit der Kenntnis des Enolisationsgrades ist noch nicht alles getan. Denn nunmehr erhebt sich die Frage nach der Struktur des vorliegenden Enols.

Eine allgemein brauchbare Methode zur Strukturbestimmung bei Enolen gibt es aber bisher nicht.

Die erste allgemeine Regel über die Beteiligung verschiedener Acyle an einer stattfindenden Enolisation stammt von Claisen[4]). Sie lautete dahin, daß das „negativste" bevorzugt würde. Weil nun alle Acetyl und ein anderes Acyl enthaltenden Methane mit Alkalien stets dieses Acetyl abspalten, galt es als das negativste und bei der Enolisation meist begünstigte. Man formulierte demnach z. B. acetyl-benzoylsubstituierte Methane gemäß I und nicht nach II[5]):

$$
\begin{array}{cc}
\text{I.} & \text{II.} \\
-C\underset{\textstyle COC_6H_5}{\overset{\textstyle C(OH)CH_3}{<}} & -C\underset{\textstyle C(OH)C_6H_5.}{\overset{\textstyle COCH_3}{<}}
\end{array}
$$

Als schwächstes aller Acyle wurde das Carbäthoxyl angesehen[6]), für das daher auch keine Enolisation angenommen wurde.

Die leichte Abspaltbarkeit von Acetyl, z. B. vor Benzoyl und besonders vor Carbäthoxyl, konnte auch Bülow[7]) feststellen, als er das Verhalten acyl-substituierter β-Ketonsäureester gegen Diazoniumlösungen untersuchte.

Die Spaltungsbefunde von Claisen und von Bülow sind indes für die Aufklärung der Konstitution von Enolen nur bedingt brauchbar, weil sie in

---

[1]) Kurt Meyer und Kappelmeier, B. **44**, 2720 (1911).
[2]) B. **50**, 1382 (1917).
[3]) Scheiber und Herold, B. **46**, 1105 (1913); **53**, 701 (1920). — A. **405**, 295 (1914). — Herold, Diss. Leipzig (1915). — Kritik der Methode: Hieber, B. **54**, 905 (1921).
[4]) A. **277**, 206 (1893); **291**, 37 (1896).
[5]) Für die acide Form des p-brombenzoylierten Benzoylacetons wurde die Frage offen gelassen, ob die Enolisation im Acetyl oder p-Brombenzoyl erfolgt sei. Claisen, A. **291**, 90 (1896).   [6]) Claisen, B. **25**, 1763 (1892).   [7]) B. **35**, 915 (1902).

Gegenwart von Alkali gewonnen worden sind, was Umlagerungen nicht ausschließt.

Kurt H. Meyer hat [1]) mit Hilfe seiner Enoltitrationsmethode die „Enolisierungstendenzen" verschiedener Acyle ermittelt. Für die nachstehenden Komplexe hat sich dabei die folgende Reihe ergeben:

$$-COOC_2H_5 \qquad < -COCH_3 \qquad < -COC_6H_5 \qquad < -COCOOC_2H_5.$$

Danach kommt also dem Benzoyl eine größere Enolisierungstendenz zu als dem Acetyl. Aus diesem Grund formuliert K. H. Meyer das Benzoylaceton[2]) als β-Oxybenzalaceton, $C_6H_5C(OH) = CHCOCH_3$; er widerspricht hierin also der Ansicht von Claisen. Hinsichtlich der Carbäthoxylgruppe bestätigen allerdings auch die Enoltitrationen deren Nichtenolisation [Malonester[3])] oder höchstens spurenhafte Umwandlung [Methantricarbonsäureester[4])].

Wenn es wirklich den Tatsachen entspräche, daß Enolisierungstendenz und Enolisationsleichtigkeit eines Acyls praktisch das gleiche bedeuten, dann wäre die Enoltitration gegebenenfalls das einfachste Mittel, um über die Struktur eines enolisierten Produkts Aufschluß zu erlangen. Ein Zusammenhang zwischen Enolisierungstendenz und einer bestimmten Enolisierungsart ist ja von vornherein sehr wahrscheinlich. Wie weit aber diese Beziehungen gehen mögen, ist bis jetzt unbekannt.

Weder die Enoltitrationen selbst noch andere bekannte Verfahren sind in der Lage, hierüber Auskunft zu geben.

Für das schwach wirkende Carbäthoxyl könnte allerdings mit hoher Wahrscheinlichkeit praktisch stets Nichtenolisation angenommen werden. β-Ketonsäureester mögen deshalb so gut wie ausschließlich gemäß $RC(OH) = CH$ $\cdot COOC_2H_5$ enolisiert sein. Bei komplizierteren Verbindungen dieser Art [Diacetbernsteinsäureester[6]), Alkylidenbisacetessigester[5])] bedeutet die Zulässigkeit solcher Annahme eine willkommene Beschränkung der bei praktischer Untersuchung in Betracht kommenden Isomeren.

Die Verhältnisse komplizieren sich indes, wenn Acyle mit stärkerer Enolisierungstendenz miteinander konkurrieren. So fragt es sich, ob z. B. Benzoylaceton in Lösung lediglich den Komplex I darstellt und nicht auch noch II und III (evtl. neben Keton) in mehr als nur spurenhafter Weise ausbildet:

I.   II.

$C_6H_5C(OH) = CHCOCH_3,$ $C_6H_5COCH = C(OH)CH_3,$

III.

$C_6H_5C(OH) = C = C(OH)CH_3.$

Selbst bei symmetrischen Diacylmethanen, z. B. Acetylaceton, gestatten die bekannten Verfahren keine Entscheidung darüber, ob neben dem Diketon (IV) nur Halbenol (V) oder auch Dienol (VI) vorhanden ist:

IV.   V.

$CH_3COCH_2COCH_3,$ $CH_3C(OH) = CHCOCH_3,$

VI.

$CH_3C(OH) = C = C(OH)CH_3.$

Noch weitere Komplikationen würde die Berücksichtigung des Auftretens

---

[1]) B. **45**, 2849 (1912). — Siehe S. 648.
[2]) A. a. O. S. 2859; Benzoylacetessigester hingegen wird (S. 2855) als $CH_3C(OH)$ $= C(COC_6H_5)COOC_2H_5$ formuliert.   [3]) A. a. O. S. 2865.   [4]) A. a. O. S. 2866.
[5]) Vgl. Knorr, A. **306**, 332 (1899).   [6]) Rabe, A. **313**, 159 (1900).

stereoisomerer [cis-trans[1]) und optisch-aktiver] Formen mit sich bringen. Von diesen ist aber im folgenden abgesehen worden.

Eine Methode, die über Strukturfragen, wie sie eben angedeutet sind, Auskunft zu geben verhieß, haben Scheiber und Herold[2]) ausgearbeitet, indem sie die Harriessche Ozonspaltung ungesättigter Verbindungen auf die Enole anwendeten.

Hierbei konnte folgendes festgestellt werden:

1. Enole lagern Ozon bei — 20° im allgemeinen leicht an, d. h. also unter Bedingungen, die eine Umlagerung primär vorhandener Komplexe in andere, reaktionsfähigere ausschließen oder wenigstens unwahrscheinlich machen. Die gebildeten Ozonide lassen sich unschwierig isolieren und zerfallen schnell in Berührung mit kaltem Wasser. Aus der Art der Spaltstücke läßt sich die Struktur des Enols ableiten.

2. Desmotrope Ketoformen, z. B. β-Dibenzoylacetylmethan, β-Diacetbernsteinsäureester, reagieren nicht mit Ozon. Die zugehörigen Enole addieren ohne weiteres.

3. Katalytische Beeinflussung der Umwandlung Keton → Enol (Dienol) findet nicht statt, denn nur partiell enolisierte Stoffe (Acetessigester, Benzoylessigester u. a.) können trotz langer Einwirkung überschüssigen Ozons auch nur teilweise in Ozonid übergeführt werden.

Quantitative Versuche hierüber stehen zwar noch aus, doch kann bereits jetzt gesagt werden, daß der ozonisierte Anteil schätzungsweise ungefähr dem Enolbetrage entsprechen wird.

Jedenfalls darf behauptet werden, daß mit Hilfe der Ozonaddition sämtliche in einer Untersuchungslösung vorhandenen, strukturverschiedenen[3]) Enoltypen (Halbenole, Dienol) nebeneinander erkannt werden können. Und zwar unter Bedingungen, welche die primäre Existenz dieser Komplexe sehr wahrscheinlich machen.

Zur Untersuchung kamen zunächst eine Reihe von Di- und Triacylmethanen, wobei festgestellt werden sollte, welche unter den verschiedenen Enolisationsmöglichkeiten praktisch in Betracht kommen, da ja, wie angedeutet, hierüber noch keineswegs die wünschenswerte Sicherheit herrscht. Geprüft wurden die Kombinationen mit —$COOC_2H_5$, —$COCH_3$, —COC_6H_5 und —$COCOOC_2H_5$ an Malonester, Acetessigester, Benzoylessigester, Oxalessigester, Acetylaceton, Benzoylaceton, Oxalaceton, Oxalacetophenon und Dibenzoylmethan, sowie an Diacetylbenzoylmethan, α- und β-Dibenzoylacetylmethan und Benzoylacetessigester.

Die genannten Stoffe wurden (1—2 g) in absolutem Chloroform oder Tetrachlorkohlenstoff[4]) (15—20 ccm) bei Zimmertemperatur gelöst und dann

---

[1]) Zur Erkenntnis cis-trans-Isomerer in Mischung ist vielleicht die Absorptionsmethode berufen. Siehe die aus dem Laboratorium von Hantzsch stammende Dissertation von Meinke, Leipzig (1914), 24.

[2]) Anm. 3, S. 650 und Scheiber und Hopfer, B. **47**, 2704 (1914). — Lublin, Ch. Ztg. **39**, 433 (1915).

[3]) Strukturgleiche (cis-trans- und optisch-isomere) Enole lassen natürlich gleichartige Spaltstücke voraussehen; vgl. Harries und Frank, A. **374**, 356 (1910); Harries und Evers, A. **390**, 239 (1912).

[4]) Chloroform ist ein Lösungsmittel von sehr geringer tautomerisierender Wirkung, siehe Stobbe, A. **326**, 360 (1903); K. H. Meyer, B. **45**, 2862 (1912). Für Tetrachlorkohlenstoff dürfte ähnliches gelten [Michael und Fuller, A. **391**, 276, 277, 282, 299 (1912)]. Über das Verhalten beider Stoffe gegenüber starkem Ozon siehe Harries, A. **343**, 340 (1905); **374**, 307 (1910).

bei —20° unter Feuchtigkeitsausschluß mit Ozon von 6—8% behandelt, bis andauernder Geruch nach Ozon auftrat. Hierzu waren in manchen Fällen schon wenige Augenblicke ausreichend, bei weitgehend enolisierten Stoffen genügten meist 2—3 Stunden. Weniger als etwa eine Stunde wurde auch dann nicht ozonisiert, wenn die Addition des Ozons sehr schnell aufhörte.

Die Spaltungsergebnisse gelten also unter diesen Voraussetzungen.

Ermittelt ist folgendes:

1. Carbäthoxyl zeigt keine oder nur sehr geringe Neigung zum Übergang in die Enolform. Dies steht mit den Enoltitrationen K. H. Meyers im Einklang. Deutliche Enolisation zeigt das Carbäthoxyl des Oxalessigesters. Ein Acyl mit hoher Enolisierungstendenz vermag also andere Acyle zu erregen.

2. Die Acetylgruppe scheint sich stets an der Enolisation zu beteiligen, selbst in Fällen, wo mehrere Acyle, darunter Benzoyl, um nur ein Wasserstoffatom konkurrieren. Allerdings waren die betreffenden Spaltstücke nicht immer sicher nachweisbar, was in den besonderen Schwierigkeiten des betreffenden Einzelfalls begründet sein mag.

3. Benzoyl beteiligt sich an der Enolisation sehr weitgehend. Die von K. H. Meyer gefolgerte Beziehung zwischen der Enolisierungstendenz und der Enolisation selbst besteht für diese Gruppe also weitgehend tatsächlich zu Recht. Über den Grad der Enolisation geben deshalb Enoltitrationen in manchen Fällen praktisch zureichende Auskunft (siehe indes weiter unten).

Im Benzoylessigester enolisiert lediglich die Benzoylgruppe. Im Benzoylaceton ist aber Enolisation des Acetyls bereits deutlich wahrnehmbar. Im Dibenzoylmethan sollte die Enolisation noch weiter gehen, desgleichen beim Oxalacetophenon. Da aber Benzoylaceton schon fast 100% titrierbares Enol aufweist[1]), sollten die beiden anderen genannten Diketone der weitgehenden Dienolisation fähig sein.

4. Oxalyl zeigt die bei weitem ausgeprägteste Tendenz zum Übergang in die Enolform, was wiederum mit den Schlußfolgerungen K. H. Meyers harmoniert, der gerade für dieses Acyl die größte Enolisierungstendenz abgeleitet hat. Oxalyl erregt auch andere Acyle sehr stark, so nicht nur bereits Carbäthoxyl merklich, sondern namentlich Acetyl. Beim Benzoyl sollte das noch stärker der Fall sein, wofür die Spaltstücke des Oxalacetophenons auch tatsächlich einen Anhalt geben.

Titrimetrisch sind für Oxalessigester schon fast 90% Enol nachweisbar[2]). Für Oxalaceton resultieren gar Werte, die weit über 100% liegen, also Dienol anzeigen[3]). Gleiches sollte auch für Dibenzoylmethan und Oxalacetophenon zutreffen. Das erstere dieser beiden ergab aber nur etwa 100% Enol[4]), das andere gegen 110%[5]).

Es fragt sich indes, ob die Bromanlagerung an kumulierte Doppelbindungen, selbst wenn diese durch OH „aktiviert" sind[6]), immer genügend prompt erfolgt. Wenn die durch den Ausfall der Titration nachgewiesene Halbabsättigung (entsprechend 100% Enol) stattgefunden hat, würde aus Dibenzoylmethan die Verbindung I, aus Oxalacetophenon ein Gemisch von II und III gebildet sein:

---

[1]) K. H. Meyer, B. **45**, 2859 (1912).   [2]) K. H. Meyer, a. a. O., 2860.

[3]) Scheiber und Herold, A. **405**, 320 (1914).

[4]) K. H. Meyer, a. a. O. S. 2859. — A. **380**, 242 (1913).

[5]) Scheiber und Herold, a. a. O., 321.   [6]) K. H. Meyer, A. **398**, 66f. (1911).

$$\underset{Br}{\overset{C_6H_5CO}{>}}C = C\underset{C_6H_5}{\overset{OH}{<}} \qquad\qquad \underset{Br}{\overset{C_6H_5CO}{>}}C = C\underset{OH}{\overset{COOC_2H_5}{<}}$$

I. II.

$$\underset{OH}{\overset{C_6H_5}{>}}C = C\underset{Br}{\overset{COCOOC_2H_5}{<}} .$$

III.

Für alle diese Systeme ist eine erschwerte Bromaufnahme wahrscheinlich wegen Häufung negativer Radikale, vielleicht auch aus sterischen Gründen[1]). Ob die Aktivierung der Doppelbindung durch OH gegen eine solche Annahme geltend gemacht werden kann, erscheint fraglich. Ist doch z. B. bereits beim Benzoylaceton[2]) und besonders beim Acetyldibenzoylmethan[2]) ein gewisser Widerstand gegen die Bromaufnahme zu beobachten.

Hinsichtlich der Natur des Dibenzoylmethans wie des Oxalacetophenons hat aber auch die Spaltung mittels Ozons nicht so ganz einwandfreie Aufklärung zu erbringen vermocht, weil nämlich diese beiden Stoffe das Ozon überraschenderweise nur sehr schwer addierten und fast ganz oder zum größeren Teil unverändert zurückgewonnen wurden. Dies Verhalten spricht ganz entschieden gegen Enole vom Typus RC(OH) = CHCOR', denn diese addieren sämtlich. Da außerdem z. B. Benzalacetophenon, d. h. also das Dibenzoylmethanhalbenol, ähnliches Verhalten zeigt, besonders auch wegen Besitzes einer „aktivierten" Doppelbindung. Nimmt doch selbst das a-Dibenzoylacetylmethan, $C_6H_5C(OH)$ $= C(COCH_3)COC_6H_5$, ziemlich leicht Ozon auf. Es ist indes möglich, daß die Ozonaddition an kumulierte Doppelbindungen u. U. ähnlichen Schwierigkeiten begegnet, wie sie für Brom gegebenenfalls sicher vorhanden sind. Im diskutierten Fall kann die relative Beständigkeit der beiden Diketone gegen Ozon im Hinblick auf ihre zweifellos vorhandene weitgehende Enolisation am besten durch Annahme der Dienolstruktur erklärt werden.

Für das Auftreten von Dienolen haben sich denn auch bei einer ganzen Reihe von Diacylmethanen direkte experimentelle Anhaltspunkte gewinnen lassen.

Das nachstehende Schema läßt erkennen, daß bei der Ozonspaltung von Verbindungen mit kumulierten Doppelbindungen Kohlendioxyd auftreten wird:

$$>C = C = C< \quad\xrightarrow[2H_2O]{2O_2}\quad 2>CO + CO_2 + 2\,H_2O_2.$$

Konnte also unter den Spaltprodukten der Diacylmethanozonide Kohlendioxyd nachgewiesen werden, so war dies ein Hinweis auf die Anwesenheit von Systemen mit kumulierten Doppelbindungen, d. h. in diesem Fall von Dienolen. Dies war tatsächlich möglich.

Oxydation mit Kaliumpermanganat[3]).

Formylphenylessigester wird in neutraler oder alkalischer Lösung von Permanganat nach der Gleichung

$$\underset{\overset{\|}{CHON}}{C_6H_5\,C - COOR} + O_2 = \underset{HCOON}{CH_3{-}COCOOR +}$$

an der Stelle der Doppelbindung gespalten.

Auch die Oxydation anderer 1.3-Dicarbonylverbindungen mit Kaliumpermanganat verläuft analog. So wurden aus Acetylaceton Brenztraubensäure, aus Benzoylaceton Phenylglyoxylsäure, aus den Hydroresorcinen α-Ketoadipinsäuren gewonnen. Der Verlauf der Oxydation scheint geeignet, Auf-

---

[1]) Siehe S. 1102.   [2]) K. H. Meyer, B. 44, 2721 (1911).
[3]) Dieckmann, B. 50, 1381 (1917).

schluß über die Lage der Enoldoppelbindung zu geben. So führt die Bildung von Phenylglyoxylsäure zu der auch durch andere Beobachtungen gestützten Annahme, daß dem Natriumsalz des Benzoylacetons die Konstitution $C_6H_5 \cdot CO \cdot CH : C(ONa) \cdot CH_3$ zukommt, während das freie Benzoylaceton nach dem Ergebnis der Ozonoxydation die Konstitution $C_6H_5 \cdot C(OH) : CH \cdot CO \cdot CH_3$ besitzt. Vgl. Scheiber und Herold, A. 405, 295 (1913).

Physikalische Untersuchungsmethoden [1]).

Es wird hier genügen, die wichtigsten derartigen Methoden kurz zu skizzieren.

A. Nach Drude [2]) zeigen hydroxylhaltige Substanzen die Erscheinung der „anomalen Absorption" für schnelle elektrische Schwingungen, während hydroxylfreie Substanzen im allgemeinen diese Erscheinung nicht bieten. Die Reaktion ist für feste Stoffe nicht verläßlich [3]).

B. Die Molekularrefraktion bietet nach den Untersuchungen von Brühl [4]) ein Mittel, zwischen Enol- und Ketoform zu unterscheiden, da die Doppelbindung der Alkoholform sich durch das Auftreten des für Äthylenbindung charakteristischen Refraktionsinkrements verrät. Diese Methode ist also kein direkter Nachweis der Hydroxylgruppe, sondern nur ein Beweis für das Vorliegen eines ungesättigten Komplexes. Siehe Müller, Bull. (3) 27, 1019 (1902).

C. Die elektromagnetische Drehung der Polarisationsebene ist nach Perkin [5]) ebenfalls ein Mittel, zwischen den beiden isomeren Formen zu unterscheiden, da die Molekularrotation gesättigter und ungesättigter Verbindungen beträchtliche Unterschiede zeigt.

D. Auch das molekulare Lösungsvolumen hat Traube [6]) für derartige Untersuchungen als Kriterium angegeben.

E. Die innere Reibung als Hilfsmittel zum Nachweis desmotroper Formen benutzen Müller [7]) und Sander [8]). Das Enol hat größere Zähigkeit.

F. Absorption im Ultraviolett: Hantzsch, B. 43, 3049 (1910); 44, 1771 (1911); 48, 1407 (1915). — Meinke, Diss. Leipzig (1914), 24. — Müller, B. 54, 1466 (1921). — Siehe S. 652, Anm. 1.

Um die Anwesenheit eines an ein asymmetrisches Kohlenstoffatom gebundenen Hydroxyls zu erweisen, prüft man auf die optische Aktivität der Verbindung unter Zusatz von alkalischer Uranylnitratlösung, die sowohl in wäßriger als auch alkoholischer Lösung erhebliche Steigerung der Drehung hervorruft: Walden, B. 30, 2889 (1897). — Lutz, B. 35, 2460 (1902).

---

[1]) Über Vermeidung katalytischer Störungen bei solchen Versuchen: Kurt H. Meyer und Willson, B. 47, 838 (1914).

[2]) B. 30, 940 (1897). —. Wied. 58, 1 (1898). — Z. phys. 28, 673, 684 (1899).

[3]) Wislicenus, A. 312, 36, Anm. (1900).

[4]) B. 20, 2297 (1887). — Z. phys. 34, 31 (1900). — Smedley, Soc. 97, 1475, 1484 (1910). — Knorr, Rothe und Averbeck, B. 44, 1144 (1911). — Auwers, B. 44, 3514, 3525 (1911). — Eisenlohr, Spektrochemie (1912), 179. — Kurt H. Meyer und Willson, B. 47, 838 (1914).

[5]) Soc. 61, 800 (1892). — A. 291, 185 (1896).

[6]) A. 290, 43 (1895).

[7]) Diss. Leipzig (1906). — Siehe ferner Dunstan und Stubbs, Z. phys. 66, 153 (1909).

[8]) Diss. Leipzig (1908).

Zweiter Abschnitt.

Quantitative Bestimmung der Hydroxylgruppe.

Zur quantitativen Bestimmung der Hydroxylgruppe in organischen Substanzen gewinnt man Derivate derselben nach folgenden Methoden:

Durch Acylierung,

wobei namentlich die Radikale der
> Essigsäure, Chloressigsäure,
> Benzoesäure und deren Substitutionsprodukte,
> Benzolsulfosäure,

ferner seltener die Reste anderer Säuren, wie z. B. der
> Propionsäure, Isobuttersäure, Stearinsäure,
> Phenylessigsäure oder
> Opiansäure

in das Molekül der hydroxylhaltigen Substanz eingeführt werden,
> durch Darstellung der Carbamate,
> durch Alkylierung oder
> Benzylierung,
> durch Darstellung der Phenylcarbaminsäureester usw.

In der Regel wird man sich mit Acetyl- und Benzoylderivaten der zu untersuchenden Substanzen bescheiden, wobei wieder die Acetylierungsmethode von Liebermann und Hörmann[1]) und die Benzoylierungsarten nach Lossen resp. Schotten und Baumann[2]) zumeist gebräuchlich sind, doch müssen manchmal auch die anderen Bestimmungsmethoden der Hydroxylgruppe zur Konstitutionsermittlung versucht werden.

Daß bei stickstoffhaltigen Verbindungen auf Imid- und Aminwasserstoff zu achten ist, ist selbstverständlich.

Ebenso ist der Wasserstoff der SH-Gruppe der Acylierung usw. zugänglich[3]).

In gewissen Fällen kann übrigens auch Acylierung stattfinden, wo keine Hydroxylgruppen vorliegen[4]).

Chinoide und andere leicht reduzierbare Substanzen, so z. B. einige Farbstoffe (Methylenblau, Neumethylenblau GG, Capriblau, Nilblau A, Indigo, Indanthren), geben bei erzwungener Acylierung O-acylierte Reduktionsprodukte[5]).

Benzochinon liefert nach Sarauw[6]) und Buchka[7]) mit Essigsäureanhydrid und Natriumacetat Diacetylhydrochinon; Chloranil nach Graebe[8]) mit Acetylchlorid Diacetyltetrachlorhydrochinon.

Viele cyclische Ketone, und zwar nicht nur Triketone (wie Phloroglucin) und Diketone (wie Dihydroresorcin), sondern auch Monoketone (Cyclohexanone), Menthon, Cyclopentanon, Suberon), werden durch energische Einwirkung von

---

[1]) S. 663.   [2]) S. 684.

[3]) Siehe z. B. Glahn, Diss. Marburg (1908), 32, 34. — Zincke und Jörg, B. **42**, 3368 (1909).

[4]) Über das Acetat der Lävulinsäure siehe v. Baeyer, B. **15**, 2101 (1882). — Bredt, A. **236**, 228 (1886); **256**, 314 (1889). — Siehe auch unter „Ketonsäuren", S. 869.

[5]) Heller, B. **36**, 2762 (1903). — Scholl, Steinkopf und Kabacznik, B. **40**, 398, 399 (1907).   [6]) B. **12**, 680 (1879). — Scharwin, B. **38**, 1270 (1905).

[7]) B. **14**, 1327 (1881).   [8]) A. **146**, 13 (1868).

Essigsäure-, Propionsäure-, Buttersäure- oder Benzoesäureanhydrid in die Ester der Enolform übergeführt [1] [2]).

Ebenso verhalten sich die Aldehyde [2] [3]), welche ganz allgemein durch Essigsäureanhydrid bei Gegenwart von Katalysatoren (Schwefelsäure, Chlorzink) in Diacetate übergehen:

$$R \cdot C{<}_H^O + \frac{CH_3CO}{CH_3CO}{>}O = R \cdot C{<}_{OCOCH_3}^{OCOCH_3} \cdot H$$

Beim Erhitzen mit Essigsäureanhydrid (ohne oder mit Katalysatoren) kann bei dazu geeigneten Aldehyden auch Enolisierung und Bildung von Enolestern stattfinden:

$$R \cdot CH_2 \cdot C{<}_O^H \rightarrow R \cdot CH = CHOH \rightarrow R \cdot CH = CH{-}O \cdot CHCO_3 \,.$$

Diese Enolacetate [4]) lassen sich (mit Ozon oder Permanganat in Acetonlösung) zu Aldehyden und Säuren bzw. Ketonen oxydieren.

Aus der Bildung eines Aldehyds resp. einer Säure ist auf das ursprüngliche Vorhandensein der Gruppe $R \cdot CH_2 \cdot CHO$, aus der Bildung eines Ketons auf die Gruppe:

$$\frac{R}{R_1}{>}CH{-}CHO$$

zu schließen (Semmler).

Nach Wohl und Maag ist es übrigens wahrscheinlich, daß die Enolacetate durch Essigsäureabspaltung aus den Diacetaten gebildet werden, da die Aldehyde mit beweglichem α-Wasserstoff, die bei höheren Temperaturen unter sonst gleichen Umständen in Monoacetate übergehen, bei gelinder Temperatur ausschließlich Diacetate bilden.

Bemerkenswert ist, daß ein Überschuß an Anhydrid hier nicht fördernd, sondern hemmend auf die Reaktion wirkt und daß Spuren von Wasser die Reaktion katalysieren.

Auch die offenen und ringförmigen Anhydride mehrwertiger Alkohole, darunter die Polysaccharide, können durch Acetolyse unter Acylierung aufgespalten werden.

Endlich werden auch ätherartige Oxyde, z. B. der Äthyläther, wenn auch meist in geringem Maß und nur bei Benutzung besonderer Katalysatoren (Eisenchlorid) gespalten [5]).

Immer muß man sich davon zu überzeugen trachten, daß das acylierte Produkt wieder durch Verseifung in die ursprüngliche Substanz überführbar ist, oder wenigstens davon, daß das Reaktionsprodukt wirklich den Säurerest aufgenommen hat, den man einführen wollte.

Durch acylierende Reagenzien tritt nämlich öfters Kernacetylierung [6]), Isomerisation oder Polymerisation ein, oder wird Anhydridbildung verursacht usw.

---

[1]) Mannich, B. **39**, 1594 (1906). — Mannich und Hâncu, B. **41**, 564 (1908). — Hâncu, B. **42**, 1052 (1909). — Schimmel & Co., B. **1910**, I, 157.

[2]) Knoevenagel, A. **402**, 113 (1913).

[3]) Wegscheider und Späth, M. **30**, 825 (1909). Hier Literaturzusammenstellung.— Späth, M. **31**, 191 (1910). — Wohl und Maag, B. **43**, 3291 (1910). — Siehe auch Gutmann, Diss. Kiel (1907), 47. — Hohenemser, Diss. Kiel (1908), 29. Anwendung von Chlorzink.

[4]) Semmler, B. **42**, 584, 963, 1161, 2014 (1909); **43**, 1724, 1890 (1910). — Semmler und Zaar, B. **43**, 1890 (1910). — Wohl und Berthold, B. **43**, 2178 (1910). — Mylo, B. **45**, 646 (1912).

[5]) Knoevenagel, A. **402**, 134 (1913).   [6]) Siehe S. 665.

Meyer, Analyse. 4. Aufl.   42

So entsteht nach Benedikt und Ehrlich[1]) aus Orthozimtcarbonsäure durch Behandeln mit Essigsäureanhydrid und Natriumacetat das isomere Benzhydrylessigcarbonsäureanhydrid, aus α-Truxillsäure das Anhydrid der γ-Truxillsäure [Liebermann[2])], aus Cantharsäure nach Anderlini und Ghiro[3]) beim Erhitzen mit Acetylchlorid im Rohr Isocantharidin[4]). Ganz allgemein werden tertiäre Alkohole durch Acetylchlorid in Chloride übergeführt.

2-Oxy-3-methoxyphenylessigsäure gibt beim Versuch der Acetylierung in Pyridin-Eisessig Isocumaranon[5]):

$$\underset{\text{CH}_2\,\text{COOH}}{\overset{\text{OCH}_3}{\bigcirc\!\!-\text{OH}}} \;\rightarrow\; \underset{\text{CH}_2}{\overset{\text{OCH}_3}{\bigcirc\!\!-\text{O}}}\!\!\diagdown\!\text{CO}\cdot$$

Über Wanderung von Acetylgruppen aus der p- in die m-Stellung bei der Verseifung von acylierten Orthophenolcarbonsäuren: E. Fischer, Bergmann und Lipschütz, B. **51**, 45 (1918). Bei der Herausnahme des Halogens aus acylierten Jodhydrinen: Bergmann und Dangschat, B. **53**, 373 (1920).

Ersatz einer Äthoxylgruppe durch Wasserstoff beim Kochen mit Essigsäureanhydrid, Eisessig oder Acetylchlorid: Bistrzycki und Herbst, B. **35**, 3135 (1902).

Endlich ist hier an die interessante Beobachtung von Askenasy und Viktor Meyer[6]) zu erinnern, daß sich auch schwache Carbonsäuren mit Essigsäureanhydrid verbinden (Jodosobenzoesäure, Paradimethylaminobenzoesäure). Das gemischte Anhydrid der Essigsäure und Camphorylidenessigsäure entsteht bei der Einwirkung von Zink und Essigsäure auf Camphorylidenessigsäurechlorid[7]). Diese Verbindungen (gemischte Anhydride der Form R · COO · COCH₃) werden schon durch kochendes Wasser zerlegt.

Siaresinolsaures Natrium gibt mit Acetylchlorid ein gemischtes Anhydrid[8]).

Nach dem DRP. 117 267 (1901) entstehen solche gemischte Anhydride ganz allgemein beim Zusammenbringen von Säuren und Säurechloriden in Pyridin- (Chinolin-) Lösung[9]).

Auch bei der Benzoylierung gewisser Säuren in sodaalkalischer Lösung treten solche gemischte Anhydride auf, so von der m-Aminozimtsäure, p-Aminozimtsäure und Benzoyl-p-aminobenzoesäure[10]).

1. Acetylierungsmethoden.

A. Die Verfahren zur Acetylierung.

Zur Darstellung von Acetylderivaten aus hydroxylhaltigen Substanzen dienen folgende Essigsäurederivate:

---

[1]) M. **9**, 529 (1888).   [2]) B. **22**, 126 (1889).   [3]) B. **24**, 1998 (1891).

[4]) Weitere hierhergehörige Fälle: Pinner, B. **27**, 1057, 2861 (1894); **28**, 457 (1895). — Liebermann und Lindenbaum, B. **35**, 2910 (1902). — Bistrzycki und Herbst, B. **35**, 3136 (1902). — Scharwin, B. **38**, 1270 (1905). — Posner, B. **39**, 3528 (1906). — Piloty, Wilke und Blömer, A. **407**, 1 (1914).

[5]) Mosimann und Tambor, B. **49**, 1259 (1916).

[6]) B. **26**, 1365 (1893). — Willstätter und Fritzsche, Pyrroporphyrin, A. **371**, 34, 104 (1910). — Piloty, Wilke und Blömer, a. a. O.

[7]) Rupe, Werder und Takagi, Hel. **1**, 309 (1918).

[8]) Zinke und Lieb, M. **39**, 636 (1919).

[9]) Benzoylsalicylsäurebenzoesäureanhydrid und Cinnamoylsalicylsäurebenzoesäureanhydrid: Einhorn und Seuffert, B. **43**, 2988 (1910).

[10]) Heller, B. **46**, 3974 (1913).

1. Acetylchlorid,
2. Essigsäureanhydrid, Natriumacetat (Kaliumacetat),
3. Eisessig,
4. Chloracetylchlorid,
5. Thioessigsäure.

Acetylierung mit Acetylchlorid [1]).

Manche Hydroxylderivate reagieren mit Acetylchlorid schon beim Vermischen oder Digerieren auf dem Wasserbad, so die primären und sekundären Alkohole der Fettreihe [2]).

Zweckmäßig arbeitet man in Benzollösung, indem man äquimolekulare Mengen Substanz und Säurechlorid am Rückflußkühler kocht, bis die Salzsäureentwicklung beendet ist.

Wenn keine Gefahr vorhanden ist, daß durch die frei werdende Säure sekundäre Reaktionen (Verseifung) eintreten könnten [3]), schließt man auch gelegentlich die unverdünnte Substanz mit dem Säurechlorid im Rohr ein.

Empfindliche, leichtreagierende Stoffe werden dagegen unter Eiskühlung zur Reaktion gebracht [4]).

Gelegentlich ist es auch geraten, längere Zeit (8 Tage) in der Kälte stehen zu lassen [5]).

Zur Einleitung der Reaktion setzt Aschan einen Tropfen Wasser zu [6]).

Houben [7]) und Henry [8]) verwandeln schwer acylierbare (zersetzliche), namentlich auch tertiäre Alkohole in ihre Halogenmagnesiumverbindungen und lassen auf diese Acetylchlorid (oder Anhydrid) einwirken.

Bei einigen zweibasischen Oxysäuren der Fettreihe, die, wie z. B. Schleimsäure, der Einwirkung von siedendem Acetylchlorid widerstehen, wird Zusatz von Chlorzink empfohlen [9]).

Acetylchlorid und Phosphoroxychlorid [10]) führt Cochenillesäure in das sonderbare Produkt $C_{10}H_6O_6 + C_2H_4O_2$ (Essigsäureverbindung des Cochenillesäureanhydrids) über, das bei 115° die Essigsäure verliert.

Acetylchlorid wirkt überhaupt nur leicht auf Alkohole und Phenole ein, kann aber andererseits bei mehratomigen Säuren zur Anhydridbildung führen. In derartigen Fällen läßt man das Reagens auf den Ester einwirken. Man erhält so ein Säurederivat des Esters, das viel leichter destillierbar ist als die freie Säure [Wislicenus [11])].

Läßt man Lävoglucosan mit Acetylchlorid stehen, so bildet sich unter Ringöffnung β-Acetochlorglucose [12]).

Auch die aromatischen Carbinole [Triphenylcarbinol [13])], Dicinnamenylchlorcarbinole [14]) werden durch Acetylchlorid in Chlormethane verwandelt, die

---

[1]) Das käufliche Acetylchlorid enthält meist eine große Menge Salzsäure, von der es durch Destillieren über Dimethylanilin befreit werden kann.

[2]) Tissier, A. Chim. Phys. (6) **29**, 364 (1893). — Henry, Rec. **26**, 89 (1907).

[3]) Über einen derartigen interessanten Fall, der wahrscheinlich auf Verseifung beruht, Herzig und Schiff, B. **30**, 380 (1897). — Vgl. auch Bamberger und Landsiedl, M. **18**, 507 (1897).   [4]) Anschütz und Bertram, B. **37**, 3972 (1904).

[5]) Schulze und Liebner, Arch. **254**, 572 (1916).

[6]) A. **271**, 283 (1892).   [7]) B. **39**, 1736 (1906).

[8]) Bull. Ac. roy. Belg. **1907**, 285. — Rec. **26**, 440 (1907).

[9]) Weit besser wirkt in solchen Fällen übrigens Anhydrid mit Schwefelsäure, siehe S. 664.   [10]) Liebermann und Voßwinckel, B. **37**, 3346 (1904).

[11]) A. **129**, 17 (1864).   [12]) Pictet und Cramer, Hel. **3**, 640 (1920).

[13]) Gomberg und Davis, B. **36**, 3924 (1903). — Am. soc. **25**, 1269 (1904).

[14]) Straus und Caspari, B. **40**, 2692 (1907).

ihrerseits unter Feuchtigkeitsabschluß mit Silberacetat in Acetylderivate verwandelt werden können[1]). Noch bequemer ist das oben angeführte Verfahren von Houben.

Adam[2]) hat vorgeschlagen, die beim Acetylieren nach der Gleichung:

$$R \cdot OH + CH_3COCl = RO \cdot COCH_3 + HCl$$

entstehende Salzsäure[3]) zu titrieren und so diese Reaktion zur quantitativen Bestimmung von Glycerin im Wein und von Fuselöl im Branntwein zu verwerten.

Vorteilhafter als die geschilderte sog. „saure" Acetylierung ist das von Claisen[4]) angegebene Verfahren, namentlich weil dabei die schädlichen Wirkungen der bei der Reaktion gebildeten Salzsäure aufgehoben werden.

Das Verfahren hat sich auch zur O-Acetylierung (Benzoylierung) von Oxymethylenverbindungen bewährt[5]).

Die in Äther oder Benzol gelöste Substanz wird mit der äquivalenten Menge Acetylchlorid und trocknem Alkalicarbonat digeriert und die Menge des letzteren so bemessen, daß nach der Gleichung:

$$R\!-\!OH + ClCOCH_3 + K_2CO_3 = R\!-\!OCOCH_3 + KCl + KHCO_3$$

saures Alkalicarbonat entsteht.

In gleicher Weise wird Bariumcarbonat verwendet[6]).

Konschegg[7]) geht, um die Wirkung der Salzsäure zu annullieren, folgendermaßen vor:

Die Substanz wird in Äther gelöst und mit festem, nicht entwässertem Natriumacetat und wenig überschüssigem Acetylchlorid geschüttelt. Nach Zusatz von Wasser wird der Äther abgeschieden und mit schwacher Lauge bis zur neutralen Reaktion geschüttelt, endlich mit entwässertem Natriumsulfat getrocknet und abdestilliert.

Jacobs und Heidelberger[8]) lösen in einer Mischung von je 5 Teilen Eisessig und gesättigter Natriumacetatlösung und setzen das Säurechlorid ($1^1/_2$ Mol.) unter Schütteln und Kühlen in kleinen Anteilen zu.

Zur Darstellung von Cellulosetetraacetat[9]) werden molekulare Mengen Cellulose und Magnesium- oder Zinkacetat mit zwei Molekülen Acetylchlorid (evtl. unter Zusatz von Essigsäureanhydrid) erhitzt. Als passendes Verdünnungsmittel wendet man Nitrobenzol und seine Homologen an[10]), oder auch Chloroform. Zuerst läßt man die Reaktion in der nicht verdünnten Acetylierungsmischung eintreten und setzt dann erst die erwähnten Lösungsmittel zu, und zwar zuerst sehr wenig und, je nach dem Fortgang der Reaktion in größerer Menge, derart, daß der letzte und größte Anteil ungefähr dann zugesetzt wird, wenn die reagierende Mischung die höchste Temperatur erreicht hat.

Auch Acetylieren mit Acetylchlorid und wäßriger Lauge wird, allerdings selten (siehe S. 687), vorgenommen.

---

[1]) Butlerow, A. 144, 7 (1867). — Friedel, C. r. 76, 229 (1873). — Gomberg, B. 36, 3926 (1903). — Henry, Rec. 26, 438 (1907).

[2]) Öst. Ch. Ztg. 2, 241 (1899).   [3]) Siehe Anm. 1, S. 659.   [4]) B. 27, 3182 (1894).

[5]) Nef, A. 276, 201 (1893). — Claisen, A. 291, 65 (1896); 297, 2 (1897). — Claisen und Haase, B. 33, 1242 (1900). — Siehe auch S. 687.

[6]) Syniewski, B. 31, 1791 (1898).

[7]) M. 27, 248 (1906). — Über eine ähnliche Verwertung von krystallisiertem Barythydrat siehe Etard und Vila, C. r. 135, 699 (1902).

[8]) Am. Soc. 39, 1440 (1917). — Das Verfahren wird namentlich für Chloracetylierungen empfohlen.

[9]) DRP. 85 329 (1895) und 86 368 (1895).   [10]) DRP. 105 347 (1898).

Manchmal empfiehlt es sich auch, die zu acetylierende Substanz in **Pyridin**, **Chinolin** oder **Diäthylanilin**[1]) zu lösen und dann das Säurechlorid, das selbst durch Chloroform verdünnt werden kann[2]), einwirken zu lassen [**Denninger**[3])].

Die Alkohole und Phenole werden hierzu in der 5—10fachen Menge Pyridin (reines aus dem Zinksalz) gelöst und das Säurechlorid unter Abkühlen allmählich hinzugefügt. Dabei findet gewöhnlich Rötung der Flüssigkeit und Abscheidung von Pyridinchlorhydrat statt. — Nach mindestens 6 Stunden tropft man in kalte, verdünnte Schwefelsäure ein, wobei die Acetylprodukte entweder als bald erstarrende Öle oder direkt in festem Zustand auszufallen pflegen [**Einhorn** und **Hollandt**[4])].

Die Pyridinmethode bildet[5]) bei den Oxybenzylarylaminen $C_6H_4\begin{smallmatrix}OH\\CH_2NHAr\end{smallmatrix}$ und Phenylhydrazonen der aromatischen Oxyaldehyde $C_6H_4\begin{smallmatrix}OH\\CH:NNAHC_6H_5\end{smallmatrix}$ ein spezifisches Mittel zur Erzeugung von O-Acylverbindungen, während man mit Acetylchlorid allein oder Anhydrid die entsprechenden N-Derivate erhält.

Man kann auch in **saurer Lösung** arbeiten, indem man die betreffende hydroxylhaltige Substanz in Eisessig, der Pyridin enthält, löst und dann Acetylchlorid zutropft. Nach diesem Verfahren kann man sogar mit **Benzoylchlorid** acetylieren.

Feist erzielte Acylierung des Diacetylacetons nur dadurch, daß er auf das **Bariumsalz** der Substanz Acetylchlorid in der Kälte einwirken ließ[6]).

Statt fertigen Säurechlorids kann man auch Phosphortrichlorid oder besser Phosphoroxychlorid oder auch Chlorkohlenoxyd oder Thionylchlorid auf ein äquivalentes Gemisch von Essigsäure und Substanz einwirken lassen[7]).

Man versetzt z. B. äquivalente Mengen von Essigsäure und Phenol in einem mit Tropftrichter versehenen, auf 80° erwärmten Kolben allmählich mit $^1/_3$ Molekül Phosphoroxychlorid, gießt nach beendigter Salzsäureentwicklung in kalte, verdünnte Sodalösung, wäscht das ausgeschiedene Öl mit sehr verdünnter Natronlauge und Wasser, trocknet mit Chlorcalcium und rektifiziert.

Acetylierung mit Essigsäureanhydrid.

Reinigung des Essigsäureanhydrids S. 30.

Erkennung von Essigsäureanhydrid: Man kocht die Probe mit einem Krystall Selendioxyd oder etwas Natriumselenit. Anhydrid gibt rotes amorphes Selen, mit Eisessig bleibt die Lösung klar[8]).

Beim Kochen von Essigsäureanhydrid mit Schwefelsäure entsteht das bei 132—133° schmelzende **Dimethylpyron**, worauf gelegentlich zur Vermeidung von Irrtümern geachtet werden muß[9]).

---

[1]) **Ullmann** und **Nadai**, B. **41**, 1870 (1908).

[2]) **Heß** und **Meßmer**, B. **54**, 500 (1921). — Empfindliche Substanzen (Zuckerarten) läßt man bei — 15° reagieren.

[3]) B. **28**, 1322 (1895); vgl. **Minunni**, G. **22**, II, 213 (1892). — **Behrend** und **Roth**, A. **331**, 362 (1904). — **Auwers**, B. **37**, 3899 (1904). — **Michael** und **Eckstein**, B. **38**, 50 (1905).

[4]) A. **301**, 95 (1898). — Näheres über diese Methode siehe S. 687ff.

[5]) **Auwers**, B. **37**, 3899, 3905 (1904).   [6]) B. **28**, 1824 (1895).

[7]) **Rasiński**, J. pr. (2), **26**, 62 (1882). — **Bischoff** und **von Hederström**, B. **35**, 3431 (1902).

[8]) **Klein**, J. Ind. Eng. Ch. **2**, 389 (1910).

[9]) **Skraup** und **Priglinger**, M. **31**, 363 (1910). — **Philippi** und **Seka**, B. **54**, 1089 (1921).

Um mit Essigsäureanhydrid zu acetylieren, kocht man in der Regel die Substanz mit der 5—10fachen Menge [1]) Anhydrid oder erhitzt evtl. mehrere Stunden im Einschlußrohr.

Manchmal darf indes die Einwirkung nur kurze Zeit bei mäßiger [2]) Temperatur andauern. So konnte Beberin [3]) nur durch kurzes Digerieren bei 40 bis 50° acetyliert werden, bei längerer Einwirkung des Anhydrids wurde ein amorpher, nicht einheitlicher Körper gebildet.

Acetylierung von Oxyanthrachinonen: Dimroth, Friedemann und Kämmerer, B. **53**, 481 (1920).

Empfindliche Alkohole (auch tertiäre) der Terpenreihe verdünnt Boulez vor Zusatz des Anhydrids mit indifferenten Lösungsmitteln, z. B. Terpentinöl [4]).

Nach seinem Verfahren vermischt man 5 g ätherisches Öl oder auch reines Linalool mit 25 g Terpentinöl, fügt 40 g Essigsäureanhydrid und 4 g geschmolzenes Natriumacetat hinzu und erhitzt am Rückflußkühler 3 Stunden bis zum gelinden Sieden. Hierauf erwärmt man den Kolbeninhalt $1/_2$ Stunde mit destilliertem Wasser auf dem Wasserbad und führt die Operation dann in gewohnter Weise zu Ende. Auf Grund einer besonderen Bestimmung ermittelt man gleichzeitig den Verseifungskoeffizienten des Terpentinöls und bringt die so gewonnene Zahl bei der Berechnung des Resultats in Ansatz.

Diese Versuche sind im Laboratorium von Schimmel & Co. [5]) einer Nachprüfung unterzogen worden; hierbei wurde gefunden, daß die Resultate keine ganz quantitativen sind, daß man aber das Maximum der überhaupt erzielbaren Genauigkeit erreicht, wenn man die Dauer der Acetylierung beim Linalool auf 7 Stunden und beim Terpineol auf 5 Stunden ausdehnt. Beim Linalool wurden dann 91% und beim Terpineol 99.8% der angewendeten Alkoholmenge wiedergefunden. Die Versuche wurden in der Weise durchgeführt, daß man mit 20% Terpentinöl, Toluol oder auch Xylol verdünnte.

Auch Simmons hat nach diesem Verfahren günstige Resultate erzielt [6]).

Dieses Verdünnen des zu acetylierenden Alkohols empfiehlt sich aber ganz allgemein, worauf in neuerer Zeit wiederholt aufmerksam gemacht wurde [7]).

Als Lösungsmittel kommen hauptsächlich Äther, Aceton, Ligroin, Benzol, Toluol, Xylol und Nitrobenzol in Betracht. Smith und Orton erklären dagegen [8]) Benzol und Aceton für ungeeignete Verdünnungsmittel, empfehlen dafür Eisessig [9]) und vor allem Chloroform.

---

[1]) Einen enormen Überschuß (für 3 g Substanz 1 kg Anhydrid) verwenden gelegentlich Scholl und Berblinger, B. **37**, 4183, 4184 (1904).

[2]) Siehe dazu auch Diels und Schleich, B. **49**, 1712 (1916).

[3]) Scholtz, B. **29**, 2057 (1896).

[4]) Les Corps Gras industriels **33**, 178 (1907). — Bull. (4) **1**, 117 (1907). — Jeancard und Satie, Am. Druggist **56**, 42 (1910). — Fernández und Luengo, A. soc. españ. Fis. Quim. (2) **18**, 158 (1921).

[5]) Geschäftsbericht **1907**, I, 121, 128; **1910**, I, 103 (Xylol); **1910**, II, 154. — Siehe auch Berichte von Roure-Bertrand Fils, Grasse (2) **6**, 73 (1907); (2) **7**, 35 (1908).

[6]) The Chemist and Druggist **70**, 496 (1907).

[7]) Franzen, B. **42**, 2465 (1909). — Kaufmann, B. **42**, 3480 (1909). — Siehe auch R. Meyer und Friedland, B. **32**, 2123 (1899). — Fernández und Luengo, a. a. O. — Beim Formylieren scheint der Zusatz von Lösungsmitteln der Reaktion entgegenzuwirken. Woodbridge, Am. soc. **31**, 1071 (1909).

[8]) Soc. **95**, 1060 (1909).

[9]) Siehe auch S. 921 und Witt und Truttwin, B. **47**, 2793 (1914).

Acetylieren mit Essigsäureanhydrid in Benzol in der Kälte: Maron und Kontorowitsch, B. 47, 1348, 1349, 1352 (1914).

Es ist dabei in Vergessenheit geraten, daß schon Menschutkin[1]) auf den enormen Einfluß, den die „indifferenten" Lösungsmittel auf die Geschwindigkeit der Acetylierung ausüben, aufmerksam gemacht und z. B. gezeigt hat, daß sich die Geschwindigkeitskonstanten für Isobutylalkohol in Benzol-, Xylol- und Hexanlösung wie 1 : 1.37 : 2.18 verhalten.

Zur Theorie dieser Erscheinung: Michael und Wolgast B. 42, 3171, Anm. (1909).

Essigsäureanhydrid vermag sich ohne Zersetzung in Wasser aufzulösen und bewahrt diese Eigenschaft bei seiner Verwendung zum Acetylieren. Die Hydratation setzt zwar schnell ein, die Geschwindigkeit dieses Vorgangs nimmt indessen um so rascher ab, je kleiner der Anteil an Anhydrid ist. Mit absolutem Alkohol reagiert das Anhydrid sehr langsam, wenn man Erwärmung vermeidet[2]).

Man kann dementsprechend auch mit Essigsäureanhydrid und wäßriger Lauge acetylieren, wie dies z. B. Pschorr und Sumuleanu[3]) für die Darstellung von Acetylvanillin empfehlen; doch ist im allgemeinen dieses Verfahren für hydroxylhaltige Substanzen wenig gebräuchlich. (Siehe unter Acetylierung von Aminen, S. 919.)

Mehrfach sind mit ungereinigtem Anhydrid schlechte Resultate erhalten worden[4]); zur Reinigung empfiehlt Korndörfer Destillation über Calciumcarbonat.

In der Regel setzt man nach dem Vorschlag von Liebermann und Hörmann[5]) dem Essigsäureanhydrid, das in 3—4facher Menge angewendet wird, gleiche Teile frisch geschmolzenes essigsaures Natrium und Substanz zu und kocht kurze Zeit — bei geringen Substanzmengen nur 2—3 Minuten — am Rückflußkühler. Seltener ist es notwendig, im Einschmelzrohr auf 150° zu erhitzen[6]).

Die Wirksamkeit des Zusatzes von Natriumacetat[7]) soll nach Liebermann darauf beruhen, daß zuerst das Natriumsalz der zu acetylierenden Substanz entsteht und dieses dann mit Essigsäureanhydrid reagiert.

Wahrscheinlicher aber[8]) bildet sich ein Additionsprodukt von Natriumacetat und Essigsäureanhydrid:

---

[1]) Z. phys. 1, 629 (1887).

[2]) Menschutkin, Z. phys. 1, 611 (1887). — Menschutkin und Wasilieff, Russ. 21, 188 (1889). — Lumière und Barbier, Bull. (3) 33, 783 (1905); (3) 35, 625 (1906). — Siehe Menschutkin, Russ. 21, 192 (1889). — Hinsberg, B. 23, 2962 (1890). — Reverdin und Bucky, B. 39, 2689 (1906). — Benrath, Z. phys. 67, 501 (1909). — Rivett und Sidgwick, Soc. 97, 732 (1910). — Orton und Jones, Soc. 101, 1708 (1912).

[3]) B. 32, 3405 (1899). — Siehe auch Bistrzycki und Herbst, B. 36, 3567 (1903). — Pisovschi, B. 43, 2139 (1910).

[4]) Korndörfer, Arch. 241, 450 (1903). — Fischer, B. 30, 2483 (1897). — Hinsberg, B. 38, 2801, Anm. (1905). — Spuren von Alkali können O-Ester von Oxymethylenverbindungen umlagern. Dieckmann und Stein, B. 37, 3370 (1904). — Siehe S. 920.

[5]) B. 11, 1619 (1878). — Pyridin statt Natriumacetat: S. 667. — Kaliumacetat wirkt manchmal noch besser. Siehe dazu Hans Meyer und Beer, M. 34, 651 (1913).

[6]) Tiemann und de Laire, B. 26, 2013 (1893). — Kunz - Krause und Schelle, Arch. 242, 262 (1904).

[7]) Über eine zweite wasserfreie Form des Natriumacetats, die etwas energischer reagiert, Vorländer und Nolte, B. 46, 3207 (1913). — Diese Form wird durch Entwässern des Hydrats bei 120—160° erhalten.

[8]) Higley, Am. 37, 305 (1907).

$$CH_3-CO\diagdown O + \overset{CH_3}{\underset{\parallel}{\underset{O}{C}}}-ONa = \overset{CH_3-CO\diagdown O}{\underset{CH_3-CO\diagup O}{C}}\overset{CH_3}{\underset{ONa}{}}$$

das in Berührung mit hydroxylhaltigen Substanzen leicht unter Bildung von Essigsäure, Natriumacetat und Acetylprodukt zerfällt.

Von allen Acetylierungsmethoden liefert diese die zuverlässigsten Resultate und führt fast ausnahmslos zu vollständig acylierten Verbindungen. Resistent hat sich indessen nach Diamant[1]) das Hydroxyl der α-Oxychinoline (Pyridine) erwiesen, das aber der Benzoylierung zugänglich ist.

Daß der Zusatz von Natriumacetat übrigens auch gelegentlich schädlich sein kann, haben Herzig[2]), sowie Biltz und Heyn[3]) beobachtet.

Über die Spaltung von Alkaloiden durch Kochen mit Essigsäureanhydrid siehe: Knorr, B. **22**, 1113 (1889). — Freund und Göbel, B. **30**, 1363 (1897). — Knorr, B. **36**, 3074 (1903). — Knorr und Pschorr, B. **38**, 3177 (1905).

Man kann zur Acetylierung auch ein Gemisch von Anhydrid und Acetylchlorid verwenden[4]) oder dem Anhydrid zur Einleitung der Reaktion einen Tropfen konzentrierter Schwefelsäure zusetzen [Franchimont[5]), Grönewold[6]), Merck[7])].

Letztere Methode haben Skraup[8]) und Freyss[9]) sehr warm empfohlen.

So gibt nach Skraup Schleimsäure sehr leicht die krystallisierte Tetraacetylverbindung, während man mit Acetylchlorid oder mit Anhydrid und geschmolzenem Natriumacetat nur amorphe Produkte erhält. Es sind dabei nur wenige Zehntausendstel Prozente Schwefelsäure zur Einleitung der Reaktion erforderlich.

Die meisten Acetylierungen, die unter den gewöhnlichen Versuchsbedingungen Zusatz von geschmolzenem Natriumacetat zum Essigsäureanhydrid und längeres Kochen oder Erhitzen auf hohe Temperatur unter Druck erfordern, verlaufen nach Zugabe einiger Tropfen konzentrierter Schwefelsäure zu der kalten Mischung des Essigsäureanhydrids mit der zu acetylierenden Verbindung vollständig quantitativ, meistens ohne Zufuhr von äußerer Wärme. Bei nicht substituierten Phenolen ist die Reaktion nach Zugabe der konzentrierten Schwefelsäure fast momentan, die Flüssigkeit erhitzt sich sofort bis zur Siedehitze, und das Phenol wird dann durch Zusatz von etwas Calciumcarbonat gebunden, die Flüssigkeit filtriert und der Destillation unterworfen.

Sind in den Phenolen negativierende Gruppen vorhanden, wie im Orthonitrophenol, o-Chlorphenol, Dinitroresorcin, so genügt für den quantitativen Reak-

---

[1]) M. **16**, 770 (1895); vgl. La Coste und Valeur, B. **20**, 1822 (1887). — Kudernatsch, M. **18**, 620 (1897). Der $\alpha\alpha'$-Dioxy-$\beta\beta'$-Pyridincarbonsäureester gibt übrigens ein Diacetylderivat. Guthzeit, B. **26**, 2795 (1893). — Siehe ferner S. 668.

[2]) M. **18**, 709 (1897).   [3]) B. **47**, 463 (1914).

[4]) Bamberger, B. **28**, 851 (1895). — Horrmann, B. **43**, 1905 (1910).

[5]) C. r. **89**, 711 (1879).

[6]) Arch. **228**, 124 (1890). — Rosinger, M. **22**, 558 (1901).

[7]) DRP. 103 581 (1899). — Vgl. DRP. 124 408 (1901).

[8]) M. **19**, 458 (1898); vgl. Thiele, B. **31**, 1249 (1898). — Schmalzhofer, M. **21**, 677 (1900). — Thiele und Winter, A. **311**, 341 (1900). — Rogow, B. **34**, 3883 (1901); **35**, 1962 (1902). — Auwers und Bondy, B. **37**, 3915 (1904). — Gorter, A. **359**, 225 (1908). — Bauer, Diss. Leipzig (1908), 18. — R. Meyer und Desamari, B. **42**, 2817 (1909). — Blanksma, Ch. W. **6**, 717 (1909). — Faltis, M. **31**, 577 (1910). — Mannich und Hahn, B. **44**, 1548 (1911). — Mosimann und Tambor, B. **49**, 1260 (1916). — Dimroth, B. **53**, 478 (1920). — Schroeter, A. **426**, 67 (1922).

[9]) Ch. Ztg. **22**, 1048 (1898).

tionsverlauf längeres Stehen der anfangs erhitzten Flüssigkeit bei gewöhnlicher Temperatur oder kurzes Erwärmen auf dem Wasserbad. Dasselbe gilt auch für die Diacetylierung der aromatischen und aliphatischen Aldehyde. Bei Oxyaldehyden kann, je nach der angewendeten Menge Essigsäureanhydrid, der Versuch so geleitet werden, daß nur die Acetylierung der Hydroxylgruppen oder daneben vollständige Acetylierung der Aldehydgruppen eintritt.

Nach Stillich[1]) ist die katalysierende Wirkung der Schwefelsäure durch die intermediäre Bildung von Acetylschwefelsäure zu erklären; da diese Substanz bei 40—50° rasch in Sulfoessigsäure übergeht, wäre die günstigste Temperatur für die Ausführung von Acetylierungen die angegebene[2]). Manchmal ist aber die Reaktion so energisch oder sind die Substanzen so empfindlich, daß Eiskühlung erforderlich ist[3]).

Der Zusatz von Schwefelsäure oder anderen stark wirkenden Kondensationsmitteln [Eisenchlorid[4])] kann aber unter Umständen zu Nebenreaktionen führen. So kann bei Polyosen Hydrolyse[5]) eintreten[6]) und bei Verbindungen, welche die Gruppierung $CO \cdot C = C \cdot CO$ besitzen, wie Benzochinon und Dibenzoylstyrol, tritt eine Acetylgruppe in Kohlenstoffbindung[7]). Ebenso erfolgt

---

[1]) B. **36**, 3115 (1903); **38**, 1241 (1905). — Thiele und Winter, **311**, 341 (1900), und Hans Meyer, M. **24**, 840 (1903). — Knorr, Hörlein und Staubach, B. **42**, 3511 (1909). — Smith und Orton, Soc. **95**, 1061 (1909). — Siehe auch Bergmann und Radt, B. **54**, 1652 (1921). — Peski, Rec. **40**, 103 (1921).

[2]) Siehe z. B. Dimroth, A. **399**, 26 (1913).

[3]) R. Meyer und Desamari, B. **42**, 2823 (1909).

[4]) Knoevenagel, A. **402**, 128 (1913).

[5]) Skraup bezeichnet M. **26**, 1415 (1905) die Spaltung der Polysaccharide durch Essigsäureanhydrid als „Acetolyse". — Solche abbauende Reaktionen bei Acetylierungen hat auch Knoevenagel [Ch. Ztg. **33**, 104 (1909)] öfters beobachtet. Aus Cineol entsteht z. B. mit Essigsäureanhydrid in Gegenwart von Schwefelsäure, Eisenchlorid, Chlorzink oder Benzolsulfinsäure, Terpindiacetat bzw. Terpineolacetat.

$$\text{Cineol} \; + \; (CH_3 \cdot CO)_2O \; = \; \text{Terpindiacetat} \quad \text{bzw.} \quad \text{Terpineolacetat} \; + \; CH_3COOH$$

Cineol. — Terpindiacetat — Terpineolacetat

Auch aufbauende Reaktionen wurden beobachtet. So entsteht nach den Untersuchungen von Knoevenagel, Jung und Rümschin aus Benzalaceton mit Essigsäureanhydrid und einer geringen Menge Eisenchlorid ein Pentenderivat nach folgender Gleichung:

$$\begin{matrix} C_6H_5-CH=CH-CO-CH_3 \\ C_6H_5-CH=CH-CO-CH_3 \end{matrix} + (CH_3CO)_2O = CH_3 \cdot COOH + \begin{matrix} C_6H_5 \cdot CH-CH-O-CO \cdot CH_3 \\ \quad\quad | \quad\; \backslash C \cdot CH_3 \\ C_6H_5 \cdot CH-C-CO-CH_3 \end{matrix}$$

[6]) Franchimont, B. **12**, 1938 (1879). — C. r. **89**, 711 (1879). — Tanret, C. r. **120**, 194 (1895). — Hamburger, B. **32**, 2413 (1899). — Skraup und König, M. **22**, 1011 (1901). — Pregl, M. **22**, 1049 (1901). — Schwalbe, Z. ang. **23**, 433 (1910).

[7]) Thiele, B. **31**, 1247 (1898). — DRP. 101 607 (1899). — Thiele und Winter, A. **311**, 341 (1900). — Dimroth, A. **399**, 39, 42 (1913).

eine solche Kernacetylierung leicht bei mehrwertigen Phenolen[1]). Sie kann aber auch ohne Anwendung von Katalysatoren durch Addition von Essigsäureanhydrid an sehr reaktionsfähige C : C — Bindungen erfolgen[2]). Tertiäre aliphatische Alkohole werden (auch durch Chlorzinkzusatz) meist in Alkylene verwandelt[3]).

Oxycholestenon mit Anhydrid und Schwefelsäure erhitzt addiert Schwefelsäure [Windaus[4])].

Übrigens ist es nicht einmal immer erforderlich, konzentrierte Säure[5]) als Kondensationsmittel anzuwenden, man kann vielmehr nach einer Patentvorschrift an Stelle von konzentrierter Schwefelsäure auch wäßrige Salzsäure, Salpetersäure oder Phosphorsäure verwerten[6]) und ebenso vorteilhaft kann der Zusatz von Phenol- oder Naphtholsulfosäure[7]), Camphersulfosäure[8]), Benzolsulfinsäure[9]) oder Dimethylsulfat[10]) sein. Auch Eisenvitriol, Eisenchlorid, Kaliumpyrosulfat, Überchlorsäure[11]), Dimethylaminchlorhydrat, 1 bis 2 proz. Hydrazin- oder Hydroxylaminsulfat[12]), saure Sulfate primärer aromatischer Amine[13]) werden angewendet[14]) und ebenso Mono-, Di- und Trichloressigsäure[15]).

Wo Gelegenheit zum Entstehen von Isomeren vorhanden ist, können auch die einzelnen Zusätze verschieden wirken[16]).

So erhält man mit Natriumacetat resp. Schwefelsäure verschiedene Celluloseacetate.

Siehe über die Wirkung der Katalysatoren in Abhängigkeit vom Anhydrid und von der Art der zu acylierenden Substanz: Böeseken, v. d. Berg und Kerstjens, Rec. 35, 320 (1916).

Einfluß von Katalysatoren auf die Beständigkeit der Acetylopiansäure: Wegscheider und Späth, M. 37, 281 (1916).

Über Acylierungen bei Gegenwart von Kupfervitriol siehe: Bogojawlenski und Narbutt, B. 38, 3344 (1905). — Habermann und Brezina, J. pr. (2), 80, 349 (1909). — Clemmensen und Heitman, Am. 42, 319 (1909). — Aromatische Sulfosäuren: DPA. Kl. 12 o. f. 41 428 (1920).

Zusatz von Zinntetrachlorid hat Michael[17]) empfohlen, Kaliumbisulfat wurde von Wallach und Wüsten[18]) und Böttinger[19]), Phosphorpentoxyd von Bischoff und Hederström[20]), Phosphoroxychlorid von Watte[21]) verwendet.

---

[1]) Siehe hierzu Knorr, Hörlein und Staubach, B. 42, 3513 (1909).
[2]) Wieland und Weil, B. 46, 3318 (1913).
[3]) Masson, C. r. 132, 484 (1901). — Henry, C. r. 144, 552 (1907).
[4]) B. 39, 2259 (1906).
[5]) Die konzentrierte Säure der Laboratorien ist übrigens nur ca. 92 prozentig.
[6]) DRP. 107 508 (1900); 124 408 (1901). — Fr. P. 373 994 (1907).
[7]) Am. P. 709 922 (1902). — Fr. P. 324 862 (1902). — DRP. 180 666 (1907). — Schwalbe, Z. ang. 23, 433 (1910).
[8]) Reychler, Bull. Soc. Chim. Belge 21, 428 (1907). — Tutin, Soc. 95, 665 (1909).
[9]) DRP. 180 667 (1905).   [10]) E. P. 9998 (1905).
[11]) Smith und Orton, Soc. 95, 1060 (1909).
[12]) DPA. C 21 388 (1912).   [13]) Am. P. 987 692 (1911).
[14]) Fr. P. 373 994 (1907). — Knoevenagel, A. 402, 116 (1913).
[15]) Fr. P. 368 738 (1906).
[16]) Erwig und Königs, B. 22, 1457 (1889). — Siehe auch Tanret, C. r. 120, 194 (1895). — Bull. (3) 31, 854 (1904).
[17]) Ch. Ztg. 21, 658 (1897).   [18]) B. 16, 151 (1883).
[19]) B. 27, 2686 (1894).   [20]) B. 35, 3431 (1902).   [21]) E. P. 10 243 (1886).

Unter Umständen gibt Chlorzink[1]) die besten Resultate[2]), kann aber auch zu gechlorten Produkten führen[3]) oder Kernsubstitution hervorrufen[4]) und Isomerisation bewirken[5]). Cross, Bevan und Briggs[6]), sowie Law[7]) empfehlen eine Mischung von 100 g Eisessig, 100 g Essigsäureanhydrid und 30 g Zinkchlorid. Manchmal genügt es, eine Spur Chlorzink zuzusetzen[8]).

Mit Essigsäureanhydrid und Pyridin kann man nach Verley und Bölsing[9]) leicht quantitative Esterifikation von Alkoholen und Phenolen erzielen:

$$R \cdot OH + (CH_3CO)_2O + Pyridin = R \cdot O \cdot COCH_3 + CH_3COOH, \ Pyridin.$$

Das freiwerdende Halbmolekül Anhydrid kombiniert sich sofort mit dem Pyridin zu neutralem Salz, wodurch jede Möglichkeit einer Wiederverseifung ausgeschlossen ist. Die Methode liefert namentlich bei der Untersuchung der ätherischen Öle gute Dienste.

Man stellt zunächst durch Vermischen von ca. 120 g Essigsäureanhydrid mit ca. 880 g Pyridin eine Anhydridlösung („Mischung") her, die bei Verwendung wasserfreier Materialien gänzlich ohne gegenseitige Einwirkung bleibt. Versetzt man diese Mischung mit Wasser, so wird das Anhydrid sofort unter Bildung von Pyridinacetat verseift, das seinerseits durch Alkalien in Alkaliacetat und Pyridin zerfällt, beides Stoffe, die gegen Phenolphthalein neutral reagieren.

In einem Kölbchen von 200 ccm Inhalt wägt man 1—2 g des Alkohols (Phenols) ab, fügt 25 ccm Mischung hinzu und erwärmt ohne Kühler $^1/_4$ Stunde im Wasserbad; nach dem Erkalten versetzt man mit 25 ccm Wasser und titriert unter Benutzung von Phenolphthalein als Indicator die nicht gebundene Essigsäure mit $^n/_2$-Lauge zurück.

25 ccm Mischung entsprechen ca. 120 ccm $^n/_2$-Lauge.

Es ist wichtig, Mischung und Lauge vor Beginn des Versuchs genau auf die Temperatur zu bringen, bei der ihr gegenseitiger Wirkungswert ermittelt wurde.

Die Methode versagt in einigen Fällen, wo sich, wie bei Vanillin oder Salicylaldehyd, das Acetat schon während des Titrierens zersetzt.

Manche Substanzen erfordern auch zur quantitativen Umsetzung großen Überschuß (bis zu 50%) an Anhydrid, z. B. Menthol. Linalool und Terpineol gaben ungenügende Resultate. — Siehe dazu Schimmel & Co., Ber. 1922, 119.

---

[1]) Franchimont, B. **12**, 2058 (1879). — Eykman, Rec. **5**, 134 (1886). — Maquenne, Bull. (2) **48**, 54, 719 (1887). — Bülow und Sautermeister, B. **37**, 4720 (1904). — Fr. P. 373 994 (1907). — Zellner, M. **31**, 625 (1910). — Knoevenagel, A. **402**, 116 (1913).
[2]) Erwig und Königs, B. **22**, 1458, 1464 (1889). — Cross und Bevan, Soc. **57**, 2 (1890). — Miller und Rhode, B. **30**, 1761 (1897). — v. Arlt, M. **22**, 146 (1901). — Diels und Stein, B. **40**, 1663 (1907). — Müller, B. **40**, 1824 (1907).
[3]) Thiele, B. **31**, 1249 (1898).
[4]) Liebermann, B. **14**, 1843 (1881). — Auwers, B. **48**, 91 (1915). — Siehe Anm. 7, S. 665.   [5]) Jungius, Z. phys. **52**, 97 (1905).
[6]) J. Soc. Dyers and Col. **23**, 250 (1907).
[7]) Ch. Ztg. **32**, 365 (1908). — Siehe auch S. 749.
[8]) Bertram, Bull. (3) **33**, 166 (1905).
[9]) B. **34**, 3354, 3359 (1901). — Carfield, Ph. C. H. **38**, 631 (1897). — Perkin, Soc. **93**, 1191, Anm. (1908). — Behrend und Roth, A. **331**, 361 (1904). Zuckerarten. — E. Fischer und Nouri, B. **50**, 611 (1917). Hydroxylhaltige Säureamide. Nach E. Fischer und Bergmann ist dies die mildeste Form der Acetylierung von Hydroxylgruppen. B. **50**, 1048 (1917); **51**, 1797 (1918). Glucoside. — Perkin und Uyeda, Soc. **121**, 69 (1922). — Siehe übrigens van Urk, Ph. W. **58**, 1265 (1921).

Acetylierung durch Eisessig.

Durch Erhitzen der zu acetylierenden Substanz mit Eisessig, evtl. unter Druck, läßt sich öfters Acetylierung, namentlich von alkoholischem Hydroxyl erzielen.

Auch hier ist Zusatz von Natriumacetat von Vorteil.

Manchmal führt ausschließlich dieses Verfahren zum Ziel.

So gibt Campherpinakonanol bei kurzem Erwärmen mit Essigsäure das stabile und beim 24stündigen Stehen mit kaltem Eisessig das labile Acetylderivat, während Anhydrid auch beim Kochen nicht einwirkt und Acetylchlorid zur Chloridbildung führt [Beckmann [1])].

Zusatz von Salzsäure empfehlen Bougault und Bourdier, J. Pharm. Chim. (6) **30**, 10 (1909).

Acetylierung durch Chloracetylchlorid [2]).

Chloracetylchlorid hat zuerst Klobukowsky [3]) zu Acetylierungen versucht. Später haben Bohn und Graebe [4]), um zu entscheiden, ob das Galloflavin vier oder sechs Acetylgruppen aufzunehmen imstande sei, 15 Stunden mit überschüssigem Chloracetylchlorid auf 100—115° erwärmt. Die Chlorbestimmung zeigte, daß das Reaktionsprodukt vier CH_2ClCO-Gruppen enthielt.

Dieses Verfahren empfiehlt sich auch in Fällen, wo keine Verseifung und somit keine direkte Bestimmung der Acetylgruppe möglich ist.

Nach Feuerstein und Brass [5]) arbeitet man am besten nach dem Schotten-Baumannschen Verfahren (siehe S. 684).

Nicht acetylierbare Hydroxyle.

Es ist schon erwähnt worden, daß das a-Hydroxyl der Oxypyridinderivate gegen Acetylierungsmittel resistent ist [6]). Man kennt außerdem noch einige Fälle, in denen es nicht gelang, durch Acetylierung das Vorliegen einer OH-Gruppe nachzuweisen.

So ist nach Beckmann Amylenhydrat und Campherpinakon [7]), nach Hans Meyer Cantharidinmethylester [8]), nach W. Wislicenus a-Oxybenzalacetophenon [9]) nicht acetylierbar [10]). — Tertiäre Alkohole zeigen ganz allgemein wenig Tendenz zur Acetylierbarkeit [11]).

Von den vier Oxyaldehyden:

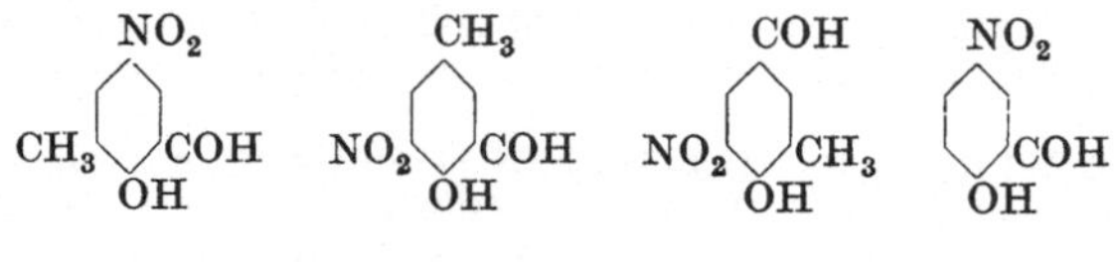

[1]) A. **292**, 17 (1896).

[2]) Siehe auch Finck, Diss. Marburg (1908), 22. — Fries und Finck, B. **41**, 4276 (1908). — Fries und Frellstedt, B. **54**, 717 (1921).

[3]) B. **10**, 881 (1877). — Dzezrgowski, Bull. (3) **12**, 911 (1894).

[4]) B. **20**, 2330 (1887).

[5]) B. **37**, 817, 820 (1904). — Bauer, Diss. Erlangen (1915), 17, 41. — Hammerschmidt, Diss. Erlangen (1916), 14. — O. Fischer und Hammerschmidt, J. pr. (2) **94**, 25 (1916).   [6]) Siehe S. 664.   [7]) A. **292**, 1 (1896).

[8]) M. **18**, 401 (1897).   [9]) A. **308**, 232 (1899).

[10]) Siehe ferner Knoevenagel und Reinecke, B. **32**, 418 (1899). — Japp und Findlay, Soc. **75**, 1018 (1899). — Penfold, Perfumery Ess. Oil Rec. **12**, 336 (1921). Leptospermol.   [11]) Schmidt und Weilinger, B. **39**, 654 (1906).

ist nur der erstaufgeführte nicht acetylierbar [1]). Auch das Trinitrophenol:

$$\text{OH} \quad \text{NO}_2 \quad \text{NO}_2 \quad \text{O}_2\text{N}$$

läßt sich nach **Meldola** und **Hay**[2]) nicht acetylieren. Nicht oder nur sehr schwer acetylierbar sind auch die aliphatischen, ungesättigten tertiären Alkohole $C_nH_{2n-5}\cdot OH$[3]).

Auch Fälle, daß von mehreren Hydroxylgruppen nicht alle acetylierbar sind — wobei zum Teil sterische Behinderungen ins Spiel kommen mögen[4]) —, sind beobachtet worden: so beim Resacetophenon, Gallacetophenon[5]), p-Oxytriphenylcarbinol[6]) und Hexamethylhexamethylen-s-Triol[7]).

Man darf aber nicht außer acht lassen, daß manche Acetylderivate so leicht zersetzlich sind (siehe S. 671), daß sie der Beobachtung entgehen können, oder besondere Vorsicht bei der Bereitung erheischen. Hierher gehört z. B. das Acetyltriphenylcarbinol [**Gomberg**[8])].

Hier mag auch die Beobachtung von **Willstätter**[9]) angeführt werden, daß Tropinpinakon keine Benzoylverbindung liefert.

Verdrängung der Äthoxylgruppe durch den Acetylrest: Gomberg, B. **36**, 3926 (1903); **der Isobutylgruppe:** Brauchbar und Kohn, M. **19**, 27 (1898).

Verdrängung der Benzoylgruppe durch den Acetylrest: Cohen, Soc. **59**, 71 (1891). — Cohen und Scharvin, B. **30**, 2863 (1897). — Bamberger und Böck, M. **18**, 298 (1897). — Freundler, C. r. **137**, 713 (1903). — Heller und Jacobsohn, B. **54**, 1110 (1921). Indazolderivate.

Verdrängung der Acetylgruppe durch den Benzoylrest: Tingle und Williams, Am. **37**, 51 (1907).

B. Isolierung der Acetylprodukte.

Um die Acetylprodukte zu isolieren, gießt man in Wasser oder entfernt die überschüssige Essigsäure resp. das Anhydrid, durch Kochen mit Methylalkohol[10]) und Abdestillieren des entstandenen Esters, oder man saugt das Anhydrid im Vakuum ab[11]), oder erhitzt andauernd auf dem Wasserbad[12]).

Wasserlösliche Acetylprodukte werden oft durch Zusatz von Natriumcarbonat oder Kochsalz ausgefällt, oder können durch Ausschütteln mit Chloroform oder Benzol aus der wäßrigen Lösung zurückerhalten werden.

---

[1]) Auwers und Bondy, B. **37**, 3905 (1904).   [2]) Soc. **95**, 1383 (1909).

[3]) Reformatzky, B. **41**, 4088, 4097, 4099 (1908).

[4]) Weiler, B. **32**, 1909 (1899). — Paal und Härtel, B. **32**, 2057 (1899). — Siehe hierzu auch Dimroth, Friedemann und Kämmerer, B. **53**, 481 (1920). Oxyanthrachinone.

[5]) Crépieux, Bull. (3) **6**, 161 (1891).

[6]) Bistrzycki und Herbst, B. **35**, 3133 (1902).

[7]) Brauchbar und Kohn, M. **19**, 22 (1898).

[8]) B. **36**, 3926 (1903).   [9]) B. **31**, 1674 (1898).

[10]) Oder Äthylalkohol, Schmidt und Spoun, B. **43**, 1805 (1910).

[11]) Z. B. Paal und Hörnstein, B. **39**, 1363, 2824 (1906). — Ach und Steinbock, B. **40**, 4284 (1907). — Mohr und Stroschein, B. **42**, 2523 (1909). (Bei 15 mm und 60°.) — Horrmann, B. **43**, 1905 (1910). — Horrmann und Wächter, B. **49**, 1559 (1916). — H. Fischer, B. **54**, 777 (1921).

[12]) Wunderlich, Diss. Marburg (1908), 29.

Als gute Krystallisationsmittel sind Benzol[1]), Essigsäure, Essigsäureanhydrid[2]), verdünntes Pyridin[3]) und Essigester zur Reinigung zu empfehlen.

Bamberger krystallisiert leicht verseifbare Acetylderivate aus essigsäureanhydridhaltigem Eisessig oder Toluol um[4]).

Manche Acetylderivate sind gegen Wasser sehr empfindlich (siehe unter „Verseifung durch Wasser") und können nur aus sorgfältig getrockneten Lösungsmitteln umkrystallisiert werden[5]), oder werden durch Alkohol angegriffen[6]).

Oftmals erhält man die Acetylprodukte rasch und gut krystallisiert, wenn man in die abgekühlte Reaktionsflüssigkeit erst etwas Eisessig und dann vorsichtig Wasser einträgt und die jedesmalige Reaktion, die oft erst nach einiger Zeit und dann stürmisch eintritt, abwartet. Bei einer gewissen Verdünnung pflegt dann die Ausscheidung von Krystallen zu beginnen.

C. Qualitativer Nachweis des Acetyls.

Man geht in der Regel so vor, daß man die durch Verseifung gebildete Essigsäure mit Wasserdampf übertreibt und entweder als Silbersalz fällt und mit konzentrierter Schwefelsäure und Alkohol in den charakteristisch riechenden Ester verwandelt, oder mit Kalilauge zur Trockne dampft und nach Zusatz von Arsenigsäureanhydrid glüht, wobei sich der widerliche Kakodylgeruch bemerkbar macht.

Eisenchlorid bewirkt in einer neutralen Kaliumacetatlösung blutrote Färbung.

D. Quantitative Bestimmung der Acetylgruppen.

Nur in wenigen Fällen ist es möglich, durch Elementaranalyse mit Bestimmtheit zu entscheiden, wie viele Acetylgruppen in eine Substanz eingetreten sind, da die Acetylderivate in ihrer prozentischen Zusammensetzung wenig zu differieren pflegen.

So haben z. B. die Mono-, Di- und Tri-Acetyltrioxybenzole gleiche prozentuelle Zusammensetzung.

Man ist daher in der Regel gezwungen, den Acetylrest abzuspalten und die gebildete Essigsäure entweder direkt oder indirekt zu bestimmen.

In Chloracetylderivaten begnügt man sich mit einer Halogenbestimmung.

Verseifungsmethoden.

Zum Verseifen von Acetylderivaten werden folgende Reagenzien verwendet:

     Wasser, Alkohol,

     Kalilauge, Natronlauge, Kaliumacetat, Natriumacetat,

     Ammoniak, Piperidin, Anilin,

     Kalk, Baryt, Magnesia,

     Eisessig, Salzsäure, Schwefelsäure, Jodwasserstoffsäure, Benzolsulfosäure, Naphthalinsulfosäuren.

---

[1]) Auwers und Bondy, B. **37**, 3908 (1904). — Gorter, A. **359**, 225 (1908).
[2]) Perkin und Nierenstein, Soc. **87**, 1416 (1905). — Perkin, **89**, 252 (1906).
[3]) Tisza, Diss. Bern (1908), 26.
[4]) B. **28**, 851 (1895).
[5]) Gomberg, B. **36**, 3926 (1903).
[6]) Kudernatsch, M. **18**, 619 (1897). — Werner und Detscheff, B. **38**, 77 (1905). — Kostanecki und v. Lampe, B. **39**, 4020 (1906).

Verseifung durch Wasser.

Manche Acetylderivate lassen sich schon durch Erhitzen mit Wasser im Rohr verseifen.

So haben Lieben und Zeisel[1] Butenyltriacetin:

$$C_4H_7(C_2H_3O_2)_3$$

durch 30stündiges Erhitzen mit der 40fachen Menge Wasser auf 160° im zugeschmolzenen Rohr verseift. Die freigewordene Essigsäure wurde durch Titration bestimmt.

Diacetylmorphin spaltet schon beim Kochen mit Wasser eine Acetylgruppe ab[2], ebenso Acetylglykol[3], und noch empfindlicher ist Acetyldioxypyridin[4], das schon durch Umkrystallisieren aus feuchtem Essigäther und durch Alkohol, sowie durch Auflösen in Wasser verseift wird, ebenso wie Acetyltriphenylcarbinol[5] und Acetylterebinsäureester, die schon durch feuchte Luft zersetzt werden.

Analog werden auch die Acetylderivate von Oximen durch Alkohol zersetzt[6].

Verseifung mit Kali- oder Natronlauge[7].

Die Verseifung wird entweder mit wäßriger oder mit alkoholischer Lauge oder mit wäßriger Lauge und Aceton[8][9] vorgenommen, und zwar mit n- bis $^n/_{10}$-Lauge. Wäßrige Lauge, die die meisten Acetylkörper nicht leicht benetzt, wird seltener verwendet und erfordert fast immer andauerndes Erhitzen am Rückflußkühler.

Häufig wird man nach Benedikt und Ulzer[10] verfahren, welche diese Methode speziell für die Analyse der Fette verwertet haben.

Die Substanz wird in einem Kölbchen[11] von 100—150 ccm Inhalt mit titrierter alkoholischer Kalilauge (25, eventuell 50 ccm ca. $^n/_2$-Lauge) $^1/_2$ bis 1 Stunde auf dem Wasserbad zum schwachen Sieden erhitzt, wobei der Kolben einen Rückflußkühler trägt.

Nach beendeter Verseifung fügt man Phenolphthaleïnlösung[12] hinzu und titriert mit $^n/_2$-Salzsäure zurück.

Diese Methode kann auch zur Molekulargewichtsbestimmung von Alkoholen benutzt werden.

Bedeutet V die Anzahl Milligramme Kaliumhydroxyd, die zur Verseifung von 1 g der acetylierten Substanz verbraucht wurde, so ist das Molekulargewicht des betreffenden Alkohols:

$$M = \frac{56100}{V} - 42.$$

---

[1] M. **1**, 835 (1880). — Debus, A. **110**, 318 (1859).

[2] Wright und Beckett, Soc. **28**, 315 (1875). — Danckworth, Arch. **226**, 57 (1888).

[3] Erlenmeyer, A. **192**, 149 (1878).   [4] Kudernatsch, M. **18**, 619 (1897).

[5] Gomberg, B. **36**, 3926 (1903).

[6] Werner und Detscheff, B. **38**, 77 (1905). — Siehe S. 1070.

[7] Schiff, A. **154**, 10, 339 (1870); **156**, 3 (1870). — Sestini, B. **7**, 1461 (1874). — Schiff, B. **12**, 1532 (1879).

[8] Lipp und Miller, J. pr. (2), **88**, 380 (1913).   [9] B. **52**, 844, 848, 851 (1919).

[10] M. **8**, 41 (1887). — Lewkowitsch, Soc. Ind. **9**, 982 (1890). — R. und H. Meyer, B. **28**, 2965 (1895). — R. Meyer und Hartmann, B. **38**, 3956 (1905). — Siegfeld, Ch. Ztg. **32**, 63 (1908). — Mastbaum, Ch. Ztg. **32**, 378 (1908). — Sieburg, Arch. **251**, 163 (1913). — Über Fehlerquellen bei der Acetylzahlbestimmung: Grün, Öl- u. Fettind. **1**, 339 (1919).

[11] Am besten Silberkolben. Siehe S. 676, Anm. 2, und Rosinger, M. **22**, 558 (1901).

[12] Falls das entacetylierte Produkt farbig ist oder mit Alkali eine Färbung gibt, ist manchmal der Zusatz eines Indicators unnötig. Tisza, Diss. Bern (1908), 59.

Substanzen, die leicht durch den Sauerstoff der Luft verändert werden, verseift man im Wasserstoffstrom[1]).

Wenn der ursprüngliche Stoff in verdünnter Salzsäure unlöslich ist, so kocht man mit wäßriger Kalilauge, säuert an und bringt das abgeschiedene Produkt zur Wägung.

Verseifen mit propylalkoholischer Lauge empfiehlt Winkler[2]). Wäßriger Propylalkohol ist ein gutes Lösungsmittel für die meisten Ester, sein Siedepunkt ist auch höher als der des Äthylalkohols. n - Butylalkohol wenden Pardee und Reid[3]) an, weil hier die Gefahr einer partiellen Veresterung auch durch die alkoholische Lauge nicht besteht. Während der Verseifung (Dauer eine Stunde) setzt man nach einer halben Stunde 0.5 ccm Wasser zu[4]).

Amylalkoholische Lauge: Einhorn, Z. anal. **39**, 640 (1900). — Radcliffe, Soc. Ind. **25**, 158 (1906). — Benzylalkoholische Lauge: Slack, Ber. von Schimmel & Co, 1916, 94; 1920, 95.

Verseifen mit Glycerin und Kalilauge: Leffmann und Beam, Analyst **1891**, 153. — Siegfeld, Ch. Ztg. **32**, 1128 (1908). 150 ccm Kalilauge (1 : 1), nicht Natronlauge, werden mit 850 ccm Glycerin von 30 Bé (spez. Gew. 1.25) gemischt. — Campbell, Ch. Ztg. **35**, 167 (1911). — Kreis, Ch. Ztg. **35**, 1054 (1911) nimmt 1 Vol.-Teil Kalilauge 1 : 1 und 2 Vol.-Teile Glycerin. —Mielck, Ch. Ztg. **35**, 668 (1911). —Zoul, J. Ind. Eng. Ch. **3**, 114 (1912).—Verseifen mit alkoholischer Lauge und Lösungsmitteln (Benzol, Xylol): Marcusson, Ch. Rev. **15**, 193 (1908). — Berg, Ch. Ztg. **33**, 886 (1909). — Hans Meyer und Brod, **M. 34**, 1146 (1913).

Verseifung mit schmelzendem Kali: Auwers und Bondy, B. **37**, 3908 (1904). Siehe S. 514.

Kalte Verseifung[5]).

1—2 g Substanz werden bei Zimmertemperatur[6]) in 25 ccm Petroläther vom Siedepunkt 100—150° in einem Kolben gelöst, mit 25 ccm Normalalkali versetzt und nach dem Umschwenken 24 Stunden lang verschlossen aufbewahrt, dann zurücktitriert.

Die Verseifungslauge muß alkoholisch (Kali- oder Natronlauge, Alkohol von mindestens 96%) und kohlensäurefrei sein.

Königs und Knorr[7]) verseifen mit methylalkoholischer Lauge in der Kälte.

Zur Darstellung[8]) einer farblos bleibenden alkoholischen

---

[1]) Klobukowski, B. **10**, 883 (1877). — Dimroth und Kämmerer, B. **53**, 477 (1920).	[2]) Z. ang. **24**, 636 (1911). — Schulek, Ph. C.-H. **62**, 391 (1921).

[3]) J. Ind. Eng. Ch. **12**, 129 (1920).

[4]) Pardee, Hasche und Reid, J. Ind. Eng. Ch. **12**, 481 (1920). Siehe dazu Schimmel & Co., Ber. 1920 (April—Okt.), 95. — Pépin-Leballeur, Ch. Ztg. **46**, 23 (1922).

[5]) Henriques, Z. ang. **8**, 271 (1895); **9**, 221, 423 (1896); **10**, 398, 766 (1897). — Schmitt, Z. anal. **35**, 381 (1896). — Ch. Rev. **1**, Nr. 10 (1897). — Z. f. öffentl. Ch. **4**, 416 (1898). — Herbig, Z. f. öffentl. Ch. **4**, 227, 257 (1898).

[6]) Verseifen bei 0°: Hudson und Brauns, Am. soc. **38**, 1284, 2740 (1916).

[7]) B. **34**, 4348 (1901). — Darstellung methylalkoholischer Lauge: Mc Callum, J. Ind. Eng. Ch. **13**, 943 (1921).

[8]) Es seien hierzu auch die noch sehr richtigen Ausführungen Mastbaums (a. a. O.) wiedergegeben: „Die Klagen über die Schwierigkeit der Herstellung und die geringe Haltbarkeit der alkoholischen Kalilauge sind in der Tat alt und zahlreich. Daß noch jemand das Ätzkali pulvert und mit dem Alkohol am Rückflußkühler kocht, dürfte wohl nur vereinzelt vorkommen. Ganz allgemein löst man 30 g Ätzkali in 20—25 ccm Wasser, spült sie mit dem vorher über Natron oder Kali destillierten 95/96 proz. Alkohol in die Literflasche, läßt nach dem Auffüllen ein oder mehrere Tage stehen und gießt die vollkommen klare, farblose Lösung von der Fällung ab. Irgendwelche Schwierigkeit wird bei dieser Herstellung der Flüssigkeit niemand finden.

Kalilauge löst **Haupt**[1]) 35 g Kali caust. fus. alcoh. dep. Kahlbaum in 100 ccm **absolutem** Alkohol durch längeres Umschütteln in einem verschlossenen Standzylinder, filtriert durch ein trocknes Filter vom unlöslichen Carbonat ab und verdünnt mit Alkohol beliebiger Konzentration zu einem Liter. Man erhält so eine ungefähr $^1/_2$ normale haltbare Lauge.

Thiele und **Marc**[2]) mischen 34.5 g reinstes Kaliumsulfat mit 110—120 g Barythydrat in einer Schale gut durch, übergießen mit 100 ccm Wasser, wägen die Schale, kochen unter beständigem Rühren 10—15 Minuten und ergänzen nach dem Abkühlen das verdampfte Wasser. Nach Zugabe von 800 ccm Alkohol gießt man in eine Flasche, spült mit 100 ccm Wasser nach, schüttelt und fügt nach der Klärung noch 3—4 ccm konzentrierte Kaliumsulfatlösung zu, um den Baryt völlig abzuscheiden, schüttelt gut um und läßt absitzen.

Mit Schwefelsäure überzeugt man sich von der völligen Abscheidung des Baryts. Die klare Lösung wird abgehebert. Sie hält sich monatelang unverändert klar und farblos.

Der **Alkohol**, der zur Bereitung der Kalilösung dienen soll, muß von Verunreinigungen befreit sein. Von den Methoden[3]), die hierfür vorgeschlagen sind, ist zur Darstellung **absoluten** Alkohols die **Winkler**sche allein verwertbar.

Durch Eingießen von Silbernitratlösung in überschüssige Lauge gewonnenes Silberoxyd wird gewaschen, bei gewöhnlicher Temperatur getrocknet, mit Alkohol fein verrieben und in Mengen von einigen Gramm je einem Liter absoluten Alkohols zugesetzt. Man fügt noch 1—2 g gepulvertes Ätzkali zu und läßt unter öfterem Schütteln stehen, bis eine Probe, etwa 10 ccm, mit dem gleichen Volum Wasser verdünnt und mit ammoniakalischer Silberlösung versetzt, nach mehrstündigem Stehen im Dunkeln farblos bleibt. Man dekantiert und destilliert, eventuell noch über einigen Grammen Calciumspänen. (Siehe hierzu S. 111.)

Dunlop löst 1.5 g Silbernitrat in ca. 3 ccm Wasser oder in heißem Alkohol und vermischt in einem mit Glasstopfen versehenen Zylinder mit 1 l 95 proz. Alkohol. Dann werden 3 g reines Ätzkali in 10—15 ccm warmem Alkohol gelöst und nach dem Abkühlen langsam in die alkoholische Silbernitratlösung gegossen, ohne daß umgeschüttelt wird. Das in feiner Verteilung ausfallende Silberoxyd vermischt sich von selbst langsam mit dem Zylinderinhalt. Nach dem

---

Um die so häufig beobachtete Gelb- und Braunfärbung der Lauge zu verhindern, die man gewöhnlich der Einwirkung des Ätzkalis auf die Nebenbestandteile des Alkohols unter dem Einflusse besonders des Lichtes zuschreibt, sind eine Anzahl Verfahren zur Reinigung des Alkohols angegeben worden, und es ist außerdem üblich, die alkoholische Kalilösung in gelben oder braunen Flaschen möglichst unter Abschluß des Lichtes aufzubewahren. Ich habe gefunden, daß man sich auf eine einfache Destillation des alkalisch gemachten Alkohols beschränken kann, wenn man die fertige Lösung nicht in dunklen, sondern in farblosen Flaschen ohne irgendwelchen Ausschluß des Lichtes aufhebt. Man kann sogar gelb gewordene Lösung dadurch, daß man sie dem vollen Sonnenlicht aussetzt, vollständig und in kurzer Zeit mindestens so weit, daß sie wieder gut brauchbar wird, entfärben." — Siehe auch Halla, Ch. Ztg. **32**, 890 (1908). — Plücker, Z. Unt. Nahr.-Gen. **17**, 454 (1909). — Van Raalte, Ch. W.**6**, 252 (1909). — Rupp und Lehmann, Apoth. Ztg. **24**, 972 (1909). — Malfatti, Z. anal. **50**, 692 (1911).

[1]) Ph. C.-H. **46**, 569 (1905).

[2]) Z. f. öffentl. Ch. **10**, 386 (1904). — Davidsohn und Weber, Seifens. Ztg. **33**, 770 (1906). — Zetzsche, Ch. Ztg. **32**, 222 (1908).

[3]) Waller, Am, soc. **11**, 124 (1889). — Bell, Soc. Ind. **12**, 236 (1893). — Kitt, Ch. Rev. **11**, 173 (1904). — Winkler, B. **38**, 3612 (1905). — Dunlop, Am. soc. **28**, 395 (1906). — Scholl, Z. Unt. Nahr.-Gen. **15**, 343 (1908). — Mastbaum, Ch. Ztg. **32**, 379 (1908). — Rusting, Ph. W. **45**, 433 (1908). — Rabe, Z. Unt. Nahr.-Gen. **15**, 730 (1908).

völligen Absetzen des Silberoxyds wird dekantiert und destilliert. Das gesamte Destillat ist brauchbar.

Für **Methylalkohol** ist diese Methode nicht anwendbar; man kann ihn nur durch Kochen mit Ätzkali und fraktionierte Destillation reinigen, wobei man die Anteile, die sich mit Lauge gelb färben, verwirft.

Chace[1]) läßt den von Aldehyd zu befreienden Alkohol mehrere Tage in Berührung mit Ätzkali, destilliert dann ab und läßt das Produkt mehrere Stunden hindurch am aufsteigenden Kühler über m-Phenylendiaminchlorhydrat (25 g Salz pro Liter) sieden. Hierauf destilliert man den so gereinigten Alkohol und bringt ihn durch Verdünnen auf die gewünschte Konzentration.

Beim längeren Kochen mit Alkali wird der Alkohol etwas oxydiert. So fanden R. **Meyer** und **Hartmann**, daß sich beim Kochen von 5 g Ätznatron mit 150 ccm Äthylalkohol nach 4 Stunden 0.0129 g Essigsäure gebildet hatten. Dieser Fehler wird durch Verwenden von Methylalkohol auf die Hälfte heruntergebracht[2]).

Duchemin und **Dourlen** empfehlen, um den Einfluß des Luftsauerstoffs auf die alkoholische Lauge auszuschließen, im Vakuum zu verseifen[3]).

Wasserlösliche Acetylprodukte können natürlich ohne Alkoholzusatz verseift werden. Eine derartige Substanz wird nach E. **Fischer**, **Bergmann** und **Lipschitz**[4]) mit 20 ccm n-Natronlauge 1 Stunde bei 20° im Wasserstoffstrom aufbewahrt, dann überschüssige Phosphorsäure zugegeben und die Lösung aus einem Ölbad bis fast zur Trockne abdestilliert. Diese Operation wurde noch zwei- bis dreimal nach Zugabe von 20 ccm Wasser wiederholt. Das stark saure Destillat wurde unter Anwendung von Phenolphthalein mit $n/_{10}$-Natronlauge titriert.

Für die **Bestimmung der Acetylgruppen** haben E. **Fischer** und **Bergmann**[5]) das folgende Verfahren angewandt, das nach ihren Erfahrungen für **acetylierte Tannine** empfohlen werden kann.

0.4431 g wurden in 50 ccm reinem Aceton gelöst und im Wasserstoffstrom unter Umschütteln bei 20° erst mit 25 ccm n-Natronlauge und nach einigen Minuten mit 60 ccm Wasser versetzt. Zum Schluß war eine klare gelbrote Lösung entstanden. Sie wurde noch 1 Stunde bei Zimmertemperatur aufbewahrt, dann mit Phosphorsäure stark angesäuert und nun die wäßrige Flüssigkeit in einem rasch wirkenden Extraktionsapparat erschöpfend mit reinem Äther extrahiert. Die ätherische Flüssigkeit wurde unter Zusatz von 200 ccm Wasser aus einem Bade, das zum Schluß auf 140° erhitzt war, destilliert und diese Operation noch 2—3mal nach Zugabe von 150 ccm Wasser wiederholt, bis keine Säure mehr überging. Selbstverständlich muß man sich überzeugen, daß das verwendete Aceton und der Äther unter denselben Bedingungen kein saures Destillat geben.

Natriumalkoholat.

Um das freie Dibrom-p-oxy-p-xylylnitromethan aus seinem Acetat zu gewinnen, verrieb es **Auwers**[6]) unter Kühlung mit einer 9proz. methylalkoholischen Lösung von Natriummethylat, bis sich nahezu alles gelöst hatte, verdünnte dann mit viel Wasser und filtrierte in gekühlte verdünnte Essig-

---

[1]) Am. soc. **28**, 1473 (1906).   [2]) B. **38**, 3956 (1905).
[3]) Bull. Assoc. Chim. Sucr. et Dist. **23**, 109 (1905).   [4]) B. **51**, 57 (1918).
[5]) B. **51**, 1768 (1918).
[6]) B. **34**, 4269 (1901).

säure oder Salzsäure. Der weiße Niederschlag wird abgesaugt und auf Ton getrocknet.

Auch zur Verseifung von empfindlichen Benzoylderivaten der Zuckerreihe hat sich dieses Verfahren bewährt [1]).

Verseifung mit Kalium(Natrium)acetat[2]).

Gewisse Acetylderivate von „gelben Farbstoffen", wie das Diacetyl-jacarandin, werden nach Perkin und Briggs[2]) durch Kochen mit überschüssiger alkoholischer Kaliumacetatlösung verseift.

Seelig[3]) gelang die Verseifung des Acetylglykols durch Erhitzen mit Natriumacetat und absolutem Alkohol auf 160°.

Daß wäßriges Kaliumacetat verseifend auf Ester wirken kann, hat schon vor längerer Zeit Claisen[4]) gezeigt.

Die Verwendung einer wäßrig-acetonischen Lösung von Natrium- oder Kaliumacetat bei etwa 70° dürfte bei den acylierten Phenolen allgemein dort Vorteil bieten, wo die Produkte gegen freies Alkali oder Ammoniak empfindlich sind.

Die Ablösung des Acetyls von einer Phenolgruppe geht überhaupt ebenso leicht vonstatten wie die Entfernung der Carbomethoxygruppe[5]).

Verseifung durch Ammoniak.

Das diacetylierte Benzoingelb wird beim Kochen mit Natronlauge nur teilweise zersetzt, aber glatt in die Stammsubstanz verwandelt, wenn man es in kochendem Alkohol löst und dann einige Zeit mit etwas Ammoniak kocht[6]).

Verseifen acetylierter Glucoside usw. mit methyl- oder äthylalkoholischem Ammoniak: E. Fischer und Helferich, B. 47, 218 (1914). — Schneider, Clibbens, Hüllweck und Steibelt, B. 47, 1267 (1914). — E. Fischer, B. 47, 1377, 1381 (1914). — Schneider und Clibbens, B. 47, 2221 (1914). — E. Fischer und Bergmann, B. 50, 1057 (1917).

Verseifen durch flüssiges Ammoniak: E. Fischer, B. 47, 1379 (1914).

Verseifung durch Piperidin.

Auwers, A. 332, 214 (1904). — Auwers und Eckardt, A. 359, 357, 363 (1908).

Verseifung durch Anilin.

Gorter, A. 359, 232 (1908). — Klemenc, M. 33, 377 (1912). — B. 49, 1371 (1916).

Verseifung mit Baryt, Kalk oder Magnesia.

Auch Barythydrat[7]) läßt sich in manchen Fällen verwenden, wo Kalilauge zerstörend einwirkt.

So wird nach Erdmann und Schultz[8]) das Hämatoxylin beim Kochen auch mit sehr verdünnter Lauge unter Bildung von Ameisensäure[9]) zersetzt,

---

[1]) Baisch, Z. physiol. 19, 342 (1894).
[2]) Soc. 81, 218 (1902).
[3]) J. pr. (2), 39, 166 (1889).   [4]) B. 24, 123, 127 (1891).
[5]) E. Fischer, Bergmann und Lipschitz, B. 51, 46 (1918).
[6]) Graebe, B. 31, 2976 (1898).
[7]) Verseifen mit Barythydrat in der Kälte: E. Fischer und Delbrück, B. 42, 2783 (1909).   [8]) A. 216, 234 (1882).
[9]) Siehe auch Schulze und Liebner, Arch. 254, 581 (1916).

während die Zerlegung des Acetylderivats bei Verwendung von Barythydrat glatt verläuft.

Zur Verseifung mit diesem Mittel kocht Herzig[1]) 5—6 Stunden am Rückflußkühler. Der entstandene Niederschlag wird filtriert und im Filtrat das überschüssige Barythydrat mit Kohlensäure ausgefällt. Das Filtrat wird abgedampft, mit Wasser wieder aufgenommen, filtriert, gut gewaschen und im Filtrat das Barium als Sulfat bestimmt.

Da die Barytlösung in Glasgefäßen aufbewahrt wird und die Verseifung in einem Glaskolben vor sich geht, muß wegen des in Lösung gehenden Alkalis, das einen Teil der Essigsäure neutralisiert, eine Korrektur angebracht werden.

Zu diesem Behuf wird das Filtrat vom schwefelsauren Barium in einer Platinschale eingedampft, die überschüssige Schwefelsäure weggeraucht und der Rückstand mit reinem kohlensaurem Ammonium bis zur Gewichtskonstanz behandelt. Man löst in Wasser, filtriert von der Kieselsäure, wäscht und fällt im Filtrat die Schwefelsäure mit Chlorbarium; das ausfallende schwefelsaure Barium ist zu dem erstgefundenen hinzuzurechnen[2]).

Barth und Goldschmidt[3]) empfehlen, Substanzen, die in trocknem Zustand von Barythydrat nur schwer benetzt werden, vorerst mit ein paar Tropfen Alkohol zu befeuchten.

Müller[4]) arbeitet direkt mit wäßrig-alkoholischen Lösungen.

Barythydrat in wäßrig-alkoholischer Lösung verseift acetylierte Glucoside quantitativ schon in der Kälte. Siehe E. Fischer und Raske, B. 42, 1465 (1909). — Schneider, Clibbens, Hüllweck und Steibelt, B. 47, 1262, 1266 (1914). — E. Fischer und Curme, B. 47, 2050, 2054 (1914). — E. Fischer und v. Fodor, B. 47, 2059, 2061 (1914). — Schneider und Clibbens, B. 47, 2220 (1914).

Substanzen von Farbstoffcharakter bilden öfters mit Barythydrat beständige Lacke und können darum so nicht vollständig entacetyliert werden [Genvresse[5])].

Ebenso wie mit Baryt kann man mit gesättigtem Kalkwasser verseifen[6]).

Verseifung durch Calciumcarbonat (Kreide) haben Friedländer und Neudörfer ausgeführt[7]).

Während alkoholische Laugen bei Gegenwart von Aldehydgruppen nicht anwendbar sind, kann man in solchen Fällen nach Barbet und Gaudrier[8]) Zuckerkalk anwenden.

Zur Herstellung der Lösung werden auf 1 Teil Kalk 5 Teile Zucker und so viel Zuckerwasser verwendet, daß die Flüssigkeit ca. $^1/_{10}$ normal wird. Man kocht die Substanz in alkoholischer Lösung mit der Zuckerkalklösung zwei Stunden am Rückflußkühler und titriert dann zurück.

Acetylbestimmung mit Magnesia nach Schiff[9]):

Man darf sich weder der käuflichen gebrannten Magnesia noch des Hydrocarbonats (Magnesia alba) bedienen, die nur sehr schwer entfernbare Alkalicarbonate enthalten.

---

[1]) M. 5, 86 (1884).

[2]) Diese Korrektur entfällt, wenn man, wie Lieben und Zeisel, M. 4, 42 (1883); 7, 69 (1886), im Silberkolben arbeiten kann.   [3]) B. 12, 1242 (1879).

[4]) B. 40, 1825 (1907).   [5]) Bull. (3), 17, 599 (1897).

[6]) Brauchbar und Kohn, M. 19, 42 (1898).   [7]) B. 30, 1081 (1897).

[8]) A. chim. anal. appl. 1, 367 (1896).

[9]) B. 12, 1531 (1879). — A. 154, 11 (1870); 163, 211 (1872). — Horrmann, B. 43, 1906 (1910).

Man fällt vielmehr die Magnesia aus eisenfreier Magnesiumsulfat- oder Chloridlösung mit nicht überschüssigem kaustischem Alkali, wäscht lange und gut aus und bewahrt das Produkt unter Wasser als Paste auf. Etwa 5 g davon werden mit 1—5 g des sehr fein gepulverten Acetylderivats und wenig Wasser zu einem dünnen Brei verrieben und mit weiteren 100 ccm Wasser in einem Kölbchen aus resistentem Glas 4—6 Stunden am Rückflußkühler gekocht. Gewöhnlich ist übrigens die Zersetzung schon nach 2—3 Stunden beendet.

Man dampft im Kölbchen auf etwa ein Drittel ab, filtriert nach dem Erkalten an der Saugpumpe und wäscht mit wenig Wasser. Im Filtrat fällt man nach Zusatz von Salmiak und Ammoniak durch eine stark ammoniakalische Lösung von Ammoniumphosphat.

Der nach 12 Stunden abfiltrierte Niederschlag wird nochmals in verdünnter Salzsäure gelöst und wieder durch Ammoniak ausgefällt.

Die Zersetzung mit Magnesia ist bei fein gepulverter Substanz und bei genügend lange (eventuell bis zu 12 Stunden) fortgesetztem Kochen auch bei nicht löslichen Substanzen vollständig.

Die Löslichkeit der Magnesia in sehr verdünntem Magnesiumacetat ist geringer, als daß sie eine Korrektur notwendig machen würde.

Die Magnesiamethode dient mit Vorteil namentlich in solchen Fällen, wo Alkalien sonst verändernd wirken oder gefärbte Produkte erzeugen, welche die Titration unsicher machen.

Verseifen mit Magnesia und 50proz. Alkohol: Wunderlich, Diss. Marburg (1908), 73.

1 Gewichtsteil Magnesiumpyrophosphat $Mg_2P_2O_7$ entspricht 0.774 648 Gewichtsteilen C_2H_3O.

Verseifung durch Säuren.

Andere als die starken Mineralsäuren werden zur Verseifung von Acetylderivaten im allgemeinen nicht benutzt.

Heller[1]) hat acetylierte Enolverbindungen durch Kochen mit Eisessig verseift.

Versuche mit Benzolsulfosäure, sowie α- und β-Naphthalinsulfosäure beschreiben Sudborough und Thomas[2]); nach ihnen sind diese starken Säuren der Schwefel- und Phosphorsäure vorzuziehen.

Das Acetylderivat wird mit einer 10proz. Lösung von Benzolsulfosäure, an deren Stelle auch α- oder β-Naphthalinsulfosäure treten kann, der Dampfdestillation unterworfen und in dem Destillat die übergegangene Säure durch Titration bestimmt.

Da die Benzolsulfosäure meist mit flüchtigen Säuren verunreinigt ist, muß man sie vorher dadurch reinigen, daß man die wäßrige Lösung ihres Bariumsalzes so lange der Wasserdampfdestillation unterwirft, bis das Destillat neutral ist, das Bariumsalz aus der zurückbleibenden Lösung auskrystallisieren läßt und mit der berechneten Menge Schwefelsäure zersetzt.

Mit Salzsäure wird selten[3]) in der Kälte entacetyliert, meist am Rückflußkühler gekocht[4]). Gelegentlich benutzt man auch alkoholische Salzsäure[5]). Über die Verwendung von Äther-Salzsäure siehe S. 992.

---

[1]) Diss. Marburg (1904), 21.
[2]) Proc. **21**, 88 (1905). — Soc. **87**, 1752 (1905). — Busch, Diss. Berlin (1907), 26.
[3]) Franchimont, Rec. **11**, 107 (1892).　　[4]) Erwig und Königs, B. **22**, 1464 (1889).　　[5]) Wunderlich, Diss. Marburg (1908), 71.

Wirkt freie Salzsäure (Schwefelsäure) auf das Hydroxylderivat nicht ein, so erhitzt man die Acetylverbindung mit einer abgemessenen Menge Normalsäure im Einschmelzrohr (Druckfläschchen) auf 120—150° und titriert die freigemachte Essigsäure [1]) oder wägt das entstandene Produkt, wenn es unlöslich ist [2]).

Die Verseifung mit stärker konzentrierter Schwefelsäure empfiehlt sich namentlich dann, wenn die ursprüngliche Substanz in der verdünnten Säure unlöslich ist.

Man benutzt nitrosefreie, verdünnte Schwefelsäure, am besten aus 75 Teilen konzentrierter Säure mit 32 Teilen Wasser gemischt, mit der man die in einem Kölbchen genau abgewogene Substanz — etwa 1 g und 10 ccm der Säuremischung — übergießt.

Um die Substanz leichter benetzbar zu machen, kann man sie vor dem Zusatz der Schwefelsäure mit 3—4 Tropfen Alkohol befeuchten oder, nach Perkin [3]), in Eisessig lösen.

Man erwärmt $^1/_2$ Stunde auf dem nicht ganz siedenden Wasserbad, verdünnt mit dem 8fachen Volumen Wasser, kocht 2—3 Stunden im Wasserbad und läßt 24 Stunden stehen. Dann sammelt man das abgeschiedene Hydroxylprodukt auf dem Filter [4]). (Liebermannsche Restmethode.)

Stülcken [5]) mußte mit 50 proz. Schwefelsäure zum Kochen erhitzen.

Hudson und Brauns arbeiten in Quarzgefäßen.

Gelegentlich ist auch die Verwendung von unverdünnter Schwefelsäure angezeigt [6]), die evtl. kurze Zeit auf 100° erhitzt wird [7]). Das entacetylierte Produkt kann dann direkt durch Ausfällen mit Wasser gewonnen werden.

Falls das Hydroxylderivat in der sauren Flüssigkeit nicht ganz unlöslich ist, muß man durch einen Parallelversuch der gelöst gebliebenen Menge Rechnung tragen [8]).

In vielen Fällen tritt durch konzentrierte Schwefelsäure schon beim 24 stündigen Stehen in der Kälte Verseifung ein, ja es ist diese Methode oftmals anwendbar, wo die Verseifung mit Alkalien nicht angängig ist [Franchimont [9])].

Man fügt nach einigem Stehen vorsichtig Wasser zu, bis die Lösung etwa 1 proz. ist und destilliert die gebildete Essigsäure mit Wasserdampf ab. Dieses von Franchimont stammende, von Skraup [10]) modifizierte Verfahren hat Wenzel [11]) zu einer recht allgemein anwendbaren Bestimmungsmethode ausgearbeitet. Speziell bei den mehrwertigen Phenolen, die gegen Alkali sehr empfindlich sind, leistet sie treffliche Dienste.

Methode von Wenzel.

Bei der Einwirkung von konzentrierter Schwefelsäure auf leicht oxydable Substanzen bei höherer Temperatur tritt außer flüchtigen organischen Säuren

[1]) Schützenberger und Naudin, A. **84**, 74 (1869). — Herzfeld, B. **13**, 266 (1880). — Schmoeger, B. **25**, 1453 (1892). — Volpert, Z. Ver. D. Zuck. (1916), 673.

[2]) Perkin, Soc. **75**, 448 (1899). — Waliaschko, Arch. **242**, 235 (1904). — Perkin und Hummel, Soc. **85**, 1464 (1904). — Siehe S. 521.   [3]) Soc. **69**, 210 (1896).

[4]) Liebermann, B. **17**, 1682 (1884). — Herzig, M. **6**, 867, 890 (1885). — Ciamician und Silber, B. **28**, 1395 (1895). — Wunderlich, Diss. Marburg (1908), 30, 60.

[5]) Diss. Kiel (1906), 28.   [6]) Schrobsdorff, B. **35**, 2931 (1902).

[7]) Meldola und Hay, Soc. **95**, 1381 (1909). Trinitroacetylaminophenol.

[8]) Ciamician und Silber, B. **28**, 1395 (1895).

[9]) B. **12**, 1940 (1879). — Perkin, Soc. **73**, 1034 (1898).

[10]) M. **14**, 478 (1893). — Siehe auch Ost, Z. ang. **19**, 1995 (1906).

[11]) M. **18**, 659 (1897). — Heuser, Ch. Ztg. **39**, 57 (1915). — Landsteiner und Prášek, Bioch. **74**, 388 (1916). — Krause, B. **51**, 141 (1918).

stets schweflige Säure auf. Die Abwesenheit der letzteren kann man daher als Kriterium dafür betrachten, daß der nach Abspaltung der Essigsäure verbleibende Körper von der Schwefelsäure nicht angegriffen wurde, die Verseifung demgemäß glatt vonstatten gegangen ist. Es wird daher in allen Fällen die Menge der schwefligen Säure quantitativ bestimmt und, falls diese Null war, ergibt sich auch stets eine brauchbare Acetylzahl.

In weitaus den meisten Fällen läßt sich zur Verseifung 2 : 1 verdünnte Schwefelsäure anwenden.

Ein einziger Körper, das Acetyltribromphenol, erwies sich gegen Schwefelsäure 2 : 1 resistent, da er sich hierin nicht löste; hier trat erst bei Verwendung von konzentrierter Schwefelsäure Lösung und Verseifung ein.

Des öfteren ist jedoch die Säure 2 : 1 zu konzentriert. In diesen Fällen wird die Säure noch mit dem gleichen Volumen Wasser verdünnt, so daß sie die Konzentration 1 : 2 hat; nun gelingt es durch vorsichtiges Erwärmen auf 50—60°, bei vollständiger Verseifung die Bildung der schwefligen Säure gänzlich zu vermeiden oder doch auf einen ganz minimalen Betrag zu reduzieren.

Um Fehlbestimmungen zu vermeiden, ist es zweckmäßig, mit einer geringen Menge Substanz in der Eprouvette jene Konzentration der Schwefelsäure zu ermitteln, bei der sich das Acetylprodukt eben löst, ohne sich beim Erwärmen stark zu verfärben, harzige Produkte abzuscheiden oder schweflige Säure zu entwickeln.

Auch bei Substanzen, die eine Amingruppe enthalten, ist die Schwefelsäure 2 : 1 noch zu verdünnen, weil mit der konzentrierten Säure, wie die Versuche gezeigt haben, die Verseifung unvollständig bleibt.

Enthält eine Verbindung Schwefel, so kann bei der Einwirkung der Schwefelsäure Schwefelwasserstoff abgespalten werden. Dieser kann unschädlich gemacht werden, indem man vor der Zugabe der Schwefelsäure in den Verseifungskolben die entsprechende Menge festes Cadmiumsulfat bringt.

Ebenso läßt sich bei halogenhaltigen Substanzen etwa auftretende Halogenwasserstoffsäure durch Silbersulfat binden.

Was die Dauer der Bestimmung betrifft, so ist Verseifung meist schon eingetreten, sobald die Substanz gelöst ist, und es genügt bei Sauerstoffverbindungen erfahrungsgemäß, eine halbe Stunde auf 100—120° zu erwärmen, während es bei Stickstoffverbindungen notwendig ist, bei Verwendung der Säure 1 : 2 zur Sicherheit 3 Stunden auf diese Temperatur zu erhitzen, obwohl längst Lösung eingetreten ist.

Ist die Verseifung beendet, so wird erkalten gelassen und eine Lösung von primärem, phosphorsaurem Natrium zugesetzt, das die Schwefelsäure in nichtflüchtiges saures Natriumsulfat verwandelt. Die Verwendung des primären Natriumphosphats hat ihren Grund in der leichteren Löslichkeit und dadurch bedingten geringeren Wassermenge, die damit hineingebracht wird. Die Essigsäure wird endlich im Vakuum abdestilliert und durch Titration bestimmt.

Man hat auch die Möglichkeit, sich zu überzeugen, ob das Acetylprodukt wirklich vollständig verseift war. Nachdem die Essigsäure abdestilliert und titriert ist, bringt man in den Verseifungskolben, der den Rest der Substanz, saures Natriumsulfat und Phosphorsäure enthält, die gleiche Menge Schwefelsäure wie bei der ersten Verseifung und erhitzt 3 Stunden auf 120°.

War alles verseift, so geht beim nachherigen Versetzen mit Natriumphosphat und Abdestillieren keine Essigsäure mehr über.

Der Apparat ist in Fig. 294 dargestellt.

Der größere Rundkolben von etwa 300 ccm Inhalt dient zur Verseifung. In seinen Hals ist mittels doppelt durchbohrten Kautschukstöpsels eine starkwandige Capillare für die Vakuumdestillation und ein Tropftrichter eingesetzt, dessen ausgezogenes Ende etwa 2 cm unter die Anschmelzstelle des seitlichen Rohrs am Kolbenhals reicht. Dieses letztere ist schief aufwärts gerichtet und dient, mit einem etwa 10 cm langen Kühlmantel umgeben, als Rückflußkühler. Im weiteren Verlauf ist es nach abwärts gebogen und endet etwa in der Mitte der Kugel des kleineren Kölbchens.

Dieses hat 50—70 ccm Inhalt, ist mit Glasperlen gefüllt und dient als Dampfwäscher.

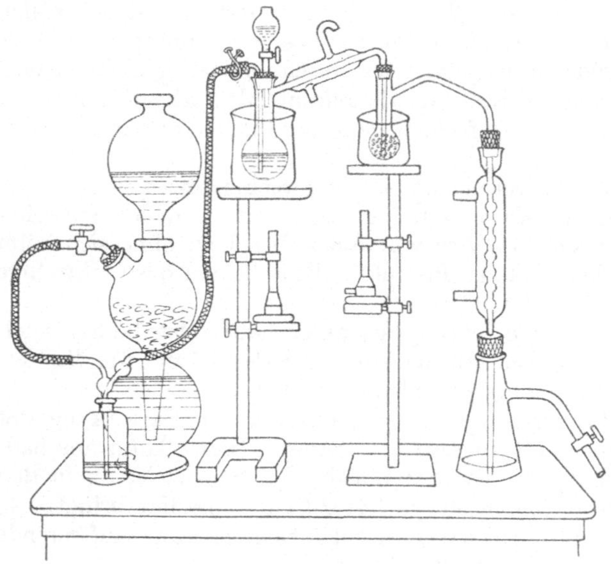

Fig. 294. Acetylbestimmung nach Wenzel.

Von hier gelangen die Dämpfe in einen vertikal gestellten Kugelkühler, der mittels Kautschukstöpsels in eine Druckflasche von $^1/_4$ l Inhalt so eingesetzt ist, daß die verlängerte Kühlröhre bis zum Boden der Flasche reicht. Diese dient zur Aufnahme der vorgelegten Kalilauge und wird durch einen Glashahn mit der Pumpe verbunden. Für die Verbindungen zwischen den einzelnen Teilen muß man guten Kautschuk verwenden. Der Glashahn am Tropftrichter muß sehr gut schließen, weil sonst die ins Vakuum eingesaugte, oft saure Laboratoriumsluft Fehler bedingen würde.

Zur Ausführung der Bestimmung bringt man erst etwas mehr als die berechnete Menge titrierter Kalilauge in die Druckflasche und setzt den Kugelkühler an. Dann gibt man die Substanz, 0.2—0.4 g, je nach der Anzahl der Acetylgruppen, in den größeren Kolben, läßt 3 ccm Schwefelsäure 2 : 1, eventuell noch 3 ccm Wasser zufließen, fügt den Apparat zusammen und erwärmt, nachdem die beiden Kühler in Tätigkeit gesetzt sind, das Wasserbad, in dem der größere Kolben sich befindet, bis die Verseifung vollendet ist. Nun ersetzt man das heiße Wasser durch kaltes, erhitzt wieder und heizt auch das Becherglas unter dem kleinen Kolben an, läßt durch den Tropftrichter 20 ccm einer Lösung, die im Liter 100 g Metaphosphorsäure und 450 g krystallisiertes primäres Natriumphosphat enthält, zufließen, verbindet die Capillare mit dem Wasserstoffapparat, die Druckflasche mit der Pumpe und destilliert im Vakuum zur Trockne, indem man den Kolben, wenn keine Flüssigkeit mehr übergeht, noch etwa 10 Minuten im kochenden Wasserbad läßt, bis die trockne Salzmasse vom Glas abzuspringen beginnt. Man schließt den Hahn, der zur Pumpe führt, entfernt das heiße Wasserbad unter dem größeren Kolben, läßt durch den Tropftrichter 20 ccm ausgekochtes Wasser nachfließen, ohne daß dabei Luft eindringt, und destilliert abermals im Vakuum. Ist dies geschehen, so schließt man den Hahn, der die Verbindung mit der Pumpe herstellt, öffnet vorsichtig den Quetschhahn an der Capillare und füllt den Apparat mit Wasserstoff. Nunmehr lüftet man den Kautschukstöpsel oben am Kühler, entfernt diesen mit der Druckflasche, spritzt die Kühlröhre innen und außen ab und titriert.

Man benutzt $n/_{10}$-Lösungen und als Indicator Lackmus oder Phenolphthalein. Im ersteren Fall kann man die Essigsäure in der Druckflasche selbst bestimmen und dann sogleich die evtl. gebildete schweflige Säure nach dem Ansäuern und Versetzen mit Stärkekleister mit $n/_{10}$-Jodlösung titrieren. Phenolphthalein dagegen addiert selbst Jod, man muß daher bei Benutzung dieses Indicators das Filtrat teilen.

Wenn sich bei der Verseifung leicht flüchtige Phenole bilden, so ist natürlich der Jodverbrauch kein Beweis für die Anwesenheit von schwefliger Säure. In solchen Fällen wird ein Teil des Destillats mit Bromwasser oxydiert, angesäuert, evtl. filtriert und mit Chlorbarium versetzt.

Über einen Fall, wo die Methode durch mitgebildete Isobuttersäure unanwendbar wurde, berichten Brauchbar und Kohn[1]; in einem anderen Fall störte mit übergehende Kohlensäure[2]), in einem dritten mit überdestilliertes Phthalein[3]).

Modifikation der Methode durch Orndorff und Brewer: Am. **26**, 121 (1901). — Orndorff und Black, Am. **41**, 373 (1909).

Landsteiner und Prášek (a. a. O.) erhitzen 0.4 g Substanz mit 5 ccm 84 proz. Phosphorsäure und 5 ccm Wasser 12 Stunden auf 100° und arbeiten dann weiter ohne Phosphatzusatz.

Auch mit Jodwasserstoffsäure hat Ciamician[4]) Verseifung von Acetylprodukten vorgenommen.

Additionsmethode[5]).

Dieses Verfahren bildet gewissermaßen eine Umkehrung der von Liebermann angegebenen, auf S. 678 angeführten sogenannten Restmethode.

Ist das Acetylprodukt in kaltem Wasser unlöslich und kann man sich davon überzeugen, daß der Reaktionsverlauf quantitativ war, so kann man durch Kontrolle der Ausbeute des aus einer gewogenen Menge hydroxylhaltiger Substanz erhaltenen Acetylprodukts die Anzahl der eingeführten Acetyle ermitteln[6]).

Auf diese Art hat z. B. Schiff[7]) die aus Gerbsäure dargestellten Acetylprodukte untersucht.

Wägung des Kaliumacetats[8]).

Ist das Kaliumsalz des Verseifungsproduktes in absolutem Alkohol unlöslich, so kann man folgendes Verfahren anwenden:

1—2 g des Acetylderivats werden mit verdünnter Lauge in geringem Überschuß bis zur vollständigen Verseifung unter Ersatz des Wassers am Rückflußkühler gekocht, das freie Kali mit Kohlensäure neutralisiert, die Flüssigkeit

[1]) M. **19**, 22 (1898).   [2]) Doht, M. **25**, 960 (1904).   [3]) R. Meyer, B. **40**, 1445 (1907).
[4]) B. **27**, 421, 1630 (1894). — Reigrodski und Tambor, B. **43**, 1966 (1910).
[5]) Siehe dazu Hesse, J. pr. (2) **94**, 241 (1917).
[6]) Wislicenus, A. **129**, 181 (1864). — Goldschmiedt und Hemmelmayr, M. **15**, 321 (1894).   [7]) Ch. Ztg. **20**, 865 (1897).
[8]) Wislicenus, A. **129**, 175 (1864). — Skraup, M. **14**, 477 (1893).

im Wasserbad möglichst zur Trockne gebracht und der Rückstand vollständig mit absolutem Alkohol erschöpft. Die alkoholische Lösung wird wieder zur Trockne verdampft und noch einmal in absolutem Alkohol gelöst. Von einem geringen Rückstand durch Filtration und genaues Auswaschen mit absolutem Alkohol getrennt, bleibt nach dem Verdunsten in einem gewogenen Platinschälchen reines Kaliumacetat zurück, das vorsichtig geschmolzen und, nach dem Erkalten über Schwefelsäure, rasch gewogen wird.

Destillation mit Phosphorsäure.

Die schon von Fresenius[1]) angegebene Methode, Essigsäure in Acetaten durch Destillation der mit Phosphorsäure angesäuerten Lösung ohne oder mit[2]) Zuhilfenahme von Wasserdampf zu isolieren und zu bestimmen, haben zuerst weniger glücklich (Anwendung von Schwefelsäure statt Phosphorsäure) Erdmann und Schultz[3]), dann ebenso Buchka und Erk[4]) und Schall[5]) für die Bestimmung der aus Acetylderivaten durch Verseifung abgespaltenen Essigsäure benutzt[6]).

Herzig hat[7]) bald nach dem Erscheinen der Arbeit von Erdmann und Schultz Phosphorsäure zur Bestimmung der Essigsäure verwendet. Daher wird dieses Verfahren öfter irrtümlicherweise als „Herzigsche Methode" bezeichnet[8]).

Das Acetylprodukt wird mit Lauge oder Barythydrat verseift, in der Kälte mit Phosphorsäure angesäuert, filtriert und gut gewaschen. Das Filtrat wird in eine Retorte umgefüllt und dann die Essigsäure unter öfterer Erneuerung des Wassers so lange abdestilliert, bis das Destillat absolut keine saure Reaktion mehr zeigt.

Anfangs destilliert man über freiem Feuer, dann im Ölbad, wobei die Temperatur auf 140—150° gesteigert werden kann, oder im Vakuum auf dem kochenden Wasserbad[9]). Beim Apparat sind Korke zu vermeiden, um das Aufsaugen von Essigsäure zu verhindern, alle Verbindungen und Verschlüsse sind mit Kautschuk zu bewerkstelligen.

Phosphorsäure und Kali müssen frei von salpetriger und Salpetersäure sein. Ein Gehalt des Kalis an Chlorid ist nicht schädlich, da die wäßrige Phosphorsäure keine Salzsäure daraus freimacht; aus diesem Grund hingegen, unter anderen, ist die Anwendung von Schwefelsäure zu vermeiden.

Das Destillat wird in einer Platinschale unter Zusatz von Barythydrat konzentriert, das überschüssige Barium mit Kohlensäure ausgefällt, das Filtrat vom kohlensauren Barium ganz abgedampft, mit Wasser wieder aufgenommen, filtriert, gut gewaschen und dann schließlich das Barium mit Schwefelsäure gefällt und quantitativ bestimmt.

1 Gewichtsteil Bariumsulfat entspricht

0.5064 Gewichtsteilen $C_2H_3O_2$ oder
0.5070   ,,   Essigsäure.

---

[1]) Z. anal. **5**, 315 (1866). — Gschwendner, Diss. Leipzig (1906), 45.
[2]) Fresenius, Z. anal. **14**, 172 (1875).   [3]) A. **216**, 232 (1882).
[4]) B. **18**, 1142 (1885).   [5]) B. **22**, 1561 (1889).
[6]) Siehe auch Ost, Z. ang. **19**, 995 (1906). — Heller, B. **42**, 2739 (1909). — Beck, Diss. Leipzig (1912), 33. — Dimroth, A. **399**, 26 (1913). — Dimroth und Scheurer, A. **399**, 53 (1913).   [7]) M. **5**, 90 (1884).
[8]) Michael, B. **27**, 2686 (1894). — Ciamician, B. **28**, 1395 (1895).
[9]) Eventuell im Wenzelschen Apparat (S. 680). — Dieser Vorschlag stammt von Michaël, B. **27**, 2686 (1894).

Zur Bestimmung der Acetylgruppen in acetylierten Gallussäuren verseift Sisley[1]) 3—4 g, nach Zugabe von 5 ccm reinem Alkohol und 2—3 g Ätznatron, das in ca. 15 ccm Wasser gelöst war. Nach beendeter Verseifung verdampft man den Alkohol. Die Essigsäure wird aus der mit Phosphorsäure angesäuerten Lösung mit Wasserdampf übergetrieben[2]) und das Destillat unter Benutzung von Phenolphthalein als Indicator mit Natronlauge titriert.

Da die aus dem Ätznatron stammende und die bei der Verseifung häufig mitgebildete Kohlensäure zum Teil mit den Wasserdämpfen übergeht, so wird sie auch mit titriert. Den dadurch entstehenden Fehler korrigiert Sisley in der Weise, daß er das neutralisierte Destillat zum Kochen erhitzt, mit einer geringen Menge Normalsäure ansäuert, wiederum kocht, neutralisiert, evtl. diese Operationen wiederholt, bis die neutralisierte Flüssigkeit beim weiteren Kochen nicht mehr röter wird. Nunmehr ist auch alle Kohlensäure entfernt, ohne daß Verlust an Essigsäure stattgefunden hätte.

Zweckmäßiger wird man nach Dobriner[3]) nach vollzogener Verseifung und Vertreibung des Alkohols der alkalischen Lösung die nötige Menge Phosphorsäure zufügen und zunächst am Rückflußkühler so lange kochen, bis sicher alle Kohlensäure entfernt ist. Dann kann die Bestimmung wie gewöhnlich vollzogen werden.

Bemerkenswert sind auch die Erfahrungen von Goldschmidt, Jahoda und Hemmelmayr mit dieser Methode[4]).

Eine ausführliche Beschreibung einer Acetylbestimmung nach diesem Verfahren gibt Zölffel[5]).

Methode von Perkin[6]).

Auf einer anderen Basis, als die im vorstehenden beschriebenen Verfahren, beruht die Methode von Perkin.

0.5 g Substanz werden in 30 ccm Alkohol gelöst, 2 ccm Schwefelsäure zugefügt und unter zeitweisem Zusatz von Alkohol destilliert.

Der übergegangene Essigsäureester wird mit titrierter Lauge verseift.

In einzelnen Fällen kann man statt Schwefelsäure Kaliumacetat verwenden (siehe S. 675).

Bestimmung der Essigsäure als Silbersalz: Müller und Herrdegen, J. pr. (2) **102**, 132 (1921). — Das Salz enthält 64.6% Silber.

Bestimmung der Essigsäure in Acetaten durch Destillieren mit Xylol: Pickett, Ph. W. **58**, 101 (1921).

2. Benzoylierungsmethoden.

A. Verfahren zur Benzoylierung.

Um den Rest der Benzoesäure usw. in hydroxylhaltige Substanzen einzuführen, verwendet man nachfolgende Reagenzien:

---

[1]) Bull. (3), **11** 562 (1894). — Z. anal. **34**, 466 (1895).

[2]) Am besten in einer Wasserstoffatmosphäre. E. Fischer, Bergmann und Lipschitz, B. **51**, 57, 58 (1918).

[3]) Z. anal. **34**, 466, Anm. (1895). — Siehe hierzu Dekker, B. **39**, 2500 (1906). — Gorter, A. **359**, 220 (1908).

[4]) M. **13**, 53 (1892); **14**, 214 (1893); **15**, 319 (1894).   [5]) Arch. **229**, 149 (1891).

[6]) Proc. **20**, 171 (1904). — Soc. **85**, 1462 (1904); **87**, 107 (1905). — Pyman, Soc. **91**, 1230 (1907). — Perkin und Uyeda, Soc. **121**, 69 (1922).

Benzoylchlorid, Benzoylbromid,
Benzoesäureanhydrid, Natriumbenzoat, Benzoesäure.
p-Chlorbenzoylchlorid,
o-Brombenzoylchlorid, p-Brombenzoylchlorid, p-Brombenzoesäureanhydrid,
o-, m- und p-Nitrobenzoylchlorid, Dinitrobenzoylchlorid, ferner noch
Anisoylchlorid, Veratroylchlorid und Benzol(Toluol-)sulfosäurechlorid.

Benzoylieren mit Benzoylchlorid.

Zur „sauren Benzoylierung" mit Benzoylchlorid erhitzt man mehrere Stunden am Rückflußkühler auf 180°.

Im Einschmelzrohr zu arbeiten empfiehlt sich nur dann, wenn man sicher sein kann, daß die entstehende Salzsäure zu keinerlei sekundären Reaktionen Veranlassung geben kann, oder wenn sie, bei stickstoffhaltigen Verbindungen, unter Chlorhydratbildung unwirksam gemacht wird[1]). In solchen Fällen werden die berechneten Mengen der Ingredienzien etwa 4 Stunden auf 100—110° erhitzt.

Leichter benzoylierbare Körper werden auf dem Wasserbad erhitzt oder einfach, etwa in ätherischer Lösung, mit durch Äther verdünntem Benzoylchlorid stehengelassen[2]).

Zur Benzoylierung des Tetrabrombiresorcins mußten R. Meyer und Desamari mit dem Doppelten der berechneten Menge Benzoylchlorid und etwas Chlorzink auf 150° erhitzen[3]).

Anwendung von Schwefelsäure: Reverdin, Hel. 1, 205 (1918); 2, 729 (1919)[4]).

Auf α- und γ-Oxychinoline wirkt Benzoylchlorid in der Siedehitze so ein, daß das Hydroxyl des Oxychinolins durch Chlor ersetzt wird[5]).

Über reduzierende Benzoylierung siehe S. 523.

Beim Dicyanmethyl und Dicyanäthyl wird nach Burns[6]) durch Erhitzen der Substanz mit Benzoylchlorid der direkt am Kohlenstoff befindliche Wasserstoff durch Benzoyl substituiert.

Während diese Art des Benzoylierens nur relativ selten angewendet wird[7]), ist die Methode des Acylierens in wäßrig-alkalischer Lösung[8]) eine sehr häufig und fast immer mit Erfolg geübte Reaktion. Diese von Lossen aufgefundene[9]), von Schotten und Baumann[10]) verallgemeinerte Methode ist unter dem Namen der Schotten-Baumannschen bekannt. Die Substanz wird im allgemeinen mit überschüssiger 10proz. Natronlauge und Benzoylchlorid geschüttelt, bis der Geruch nach Benzoylchlorid verschwunden ist (Baumann). Soll die Benzoylierung möglichst vollständig sein, so muß man in-

---

[1]) Danckworth, Arch. **228**, 581 (1890).
[2]) Knorr, A. **301**, 7 (1898).   [3]) B. **42**, 2818 (1909).
[4]) Siehe dazu Bergmann und Radt, B. **54**, 1652 (1921).
[5]) Ellinger und Riesser, B. **42**, 3336 (1909).   [6]) J. pr. (2) **44**, 568 (1891).
[7]) In manchen Fällen, wo die alkalische Benzoylierung versagt, führt aber gerade die saure Benzoylierung zum Ziel. — Lassar-Cohn und Löwenstein, B. **41**, 3360 (1908). — Lipp und Scheller, B. **42**, 1972 (1909).
[8]) Benzoylieren in aceton-wäßrig-alkalischer Lösung: Kinscher, Diss. Erlangen (1909), 14, 39.
[9]) A. **161**, 348 (1872); **175**, 274, 319 (1875); **205**, 282 (1880); **217**, 16 (1883); **265**, 148, Anm. (1891).
[10]) Schotten, B. **17**, 2445 (1884). — Baumann, B. **19**, 3218 (1886).

dessen nach Panormow [1]) etwas stärkere Lauge verwenden. Man schüttelt z. B. die Substanz mit 50 Teilen 20 proz. Natronlauge und 6 Teilen Benzoylchlorid in geschlossenem Kolben, bis der heftige Geruch des Säurechlorids verschwunden ist. Die Temperatur soll nicht über 25° steigen [v. Pechmann [2])].

Skraup [3]) empfiehlt, die Mengenverhältnisse so zu wählen, daß auf ein Hydroxyl immer sieben Moleküle Natronlauge und fünf Moleküle Benzoylchlorid in Anwendung kommen. Das Ätznatron wird in der 8—10fachen Menge Wasser gelöst. Man schüttelt unter mäßiger Kühlung 10—15 Minuten.

Beim Pyrogallol war es nötig, die Schüttelflasche mit Leuchtgas [4]) zu füllen. Bei derartigen, gegen Alkali empfindlichen Stoffen kann man auch in Sodalösung [5]) oder nach Bamberger [6]) unter Verwendung von Alkalibicarbonat [7])[8]) oder Natriumacetat arbeiten; oft genügt es übrigens, die Lauge stark zu verdünnen [9]).

Die Benzoylprodukte bilden gewöhnlich weiße, halbfeste Massen, die bei längerem Stehen mit Wasser hart und krystallinisch werden, aber häufig hartnäckig Benzoylchlorid oder Benzoesäure resp. Benzoesäureanhydrid zurückhalten.

Zur Reinigung des Traubenzuckerderivats löst Skraup [10]) das Reaktionsprodukt in Äther, destilliert ab und nimmt den Rückstand mit Alkohol auf, wodurch anhaftende Reste von Benzoylchlorid zerstört werden, die selbst andauerndes Schütteln der ätherischen Lösung mit konzentrierter Lauge nicht hatte entfernen können. Die alkoholische Lösung wird mit etwas überschüssiger Soda vermischt, mit Wasser ausgefällt, Alkohol und Äthylbenzoat mit Wasserdampf verjagt und der Rückstand durch oftmaliges Umkrystallisieren aus Alkohol, dann Eisessig, gereinigt. In Äther ist die reine Substanz nicht löslich, während das Rohprodukt sich in der Regel schon in wenig Äther vollständig löst.

Anhaftende Benzoesäure kann man evtl. im Vakuum absublimieren, oder mit Wasserdampf abtreiben, oder, wenn angängig, durch Auskochen mit Schwefelkohlenstoff [11]), mit Ligroin [12]) oder kaltem Benzol [13]) entfernen. Ein Gramm Benzoesäure löst sich in ca. 7.8 ccm siedendem Ligroin [14]).

Das Auskochen erfolgt (einfacher als im Soxhletschen Apparat) folgendermaßen: Das Rohprodukt, in Filterpapier gewickelt, befindet sich in einem 60 cm langen, 4 cm breiten Glasrohr, oberhalb einer Porzellansaugplatte, die durch Verjüngen des Rohrs an einem Ende eingepaßt werden kann. Das Rohr wird mittels Gummistopfens auf einen mit Ligroin beschickten Kolben gesetzt,

---

[1]) B. **24**, R. 971 (1891). — Baisch, Z. physiol. **18**, 200 (1894). — Schunck und Marchlewski, Soc. **65**, 187 (1894).   [2]) B. **25**, 1045 (1892).   [3]) M. **10**, 390 (1891).

[4]) Besser Wasserstoff. Eder, Arch. **254**, 1 (1916).

[5]) Lossen, A. **265**, 148 (1891). — Simon, Arch. **244**, 460 (1906). — Die öfters in großer Menge zugesetzte Soda wirkt auch aussalzend auf das Reaktionsprodukt, was unter Umständen von Wert sein kann. Siehe Kauffmann und Fritz, B. **43**, 1216 (1910).

[6]) M. u. J. **2**, 546 .— E. Fischer, B. **32**, 2454 (1899). — Siehe auch S. 924.

[7]) Siehe auch B. **38**, 1659 (1905); **39**, 539 (1906). — Wieland und Bauer, B. **40**, 1687 (1907). (Dioxyguanidin). — Pauly und Weir, B. **43**, 667 (1910).

[8]) Das löslichere Kaliumbicarbonat ist wieder dem Natriumbicarbonat vorzuziehen: Mohr, J. pr. (2) **81**, 57 (1910).

[9]) Cebrian, B. **31**, 1598 (1898).   [10]) M. **10**, 395 (1889).

[11]) Barth und Schreder, M. **3**, 800 (1882).

[12]) E. Fischer, B. **34**, 2900 (1901). — Baum, B. **37**, 2950 (1904). — Pauly und Weir, B. **43**, 667 (1910). — Mohr, J. pr. (2), **81**, 57 (1910).

[13]) Ehrlich, B. **37**, 1828 (1904). — Kyriacou, Diss. Heidelberg (1908), 32.

[14]) Weir, Diss. Würzburg (1909), 20.

sein oberes Ende trägt einen Rückflußkühler. Auf die Porzellansaugplatte gibt man noch etwas entfettete Baumwolle.

Ist das Benzoylprodukt in Äther löslich, so führt gewöhnlich schon wiederholtes Ausschütteln mit Lauge zum Ziel, kann aber partielle Verseifung bewirken. Auch Waschen des Rohproduktes mit verdünntem Ammoniak kann am Platze sein.

Als bestes Krystallisationsmittel hat Kueny[1]) Essigsäureanhydrid empfohlen. So wird z. B. Pentabenzoyltraubenzucker mit überschüssigem Anhydrid im Einschlußrohr 6 Stunden im Chlorcalciumbad auf 112° erwärmt. Beim Erkalten krystallisiert die Substanz in schönen Nadeln aus. — Diese Methode schließt indes immer die Gefahr einer Verdrängung von Benzoyl- durch Acetylgruppen in sich.

Dioxymethylenkreatinin kann nur auf folgende Weise in ein reines und einheitliches Dibenzoylderivat übergeführt werden[2]).

Die mit einem kleinen Überschuß von Lauge und Benzoylchlorid versetzte Lösung wird nur so lange geschüttelt, bis die erste krystallinische Ausscheidung bei noch vorhandener, evtl. wiederhergestellter, alkalischer Reaktion erfolgt. Der Überschuß des Benzoylchlorids und etwa vorhandenes Benzoesäureanhydrid wird nun mit Äther entfernt, filtriert und der Filterrückstand nach dem Waschen mit Wasser aus Alkohol umkrystallisiert. Aus dem Filtrat können in analoger Weise weitere Mengen Benzoylprodukt gewonnen werden.

Während die freien aromatischen Oxysäuren und Phenolsulfosäuren sich nur schwer benzoylieren lassen, gelingt die Benzoylierung leicht mit den Estern[3]).

Da Benzoylchlorid sich in der Kälte mit Alkohol nur langsam umsetzt, kann man auch in alkoholischer Lösung arbeiten und benutzt dann an Stelle der wäßrigen Lauge Natriumalkoholat [Methode von Claisen[4])]. Im allgemeinen wird man hier unter Eiskühlung zu arbeiten haben[5]).

Feist[6]) konnte nur auf folgende Art Benzoylierung des Diacetylacetons erreichen: Ein Gemenge von einem Molekül Diacetylaceton, zwei Molekülen Benzoylchlorid und zwei Molekülen bei 200° getrocknetem Natriumäthylat[7]) wurde 6 Stunden am Rückflußkühler erhitzt, nach dem Erkalten die Lösung vom Chlornatrium abgesaugt und von Benzol befreit. Zur Reinigung wurde die ätherische Lösung mit verdünnter Sodalösung geschüttelt.

Sehr bewährt hat sich nach Brühl[8]) auch Aceton als Lösungsmittel. 5.25 g ($^1/_{40}$ Molekül) Camphocarbonsäureester wurden in 50 ccm Aceton gelöst und unter Eiskühlung und Turbinieren gleichzeitig 17.5 g ($^5/_{40}$ Molekül) Benzoylchlorid und 100 ccm dreifach normale Natronlauge ($^{12}/_{40}$ Molekül) langsam eintropfen lassen. Allmählich werden auch noch weitere Mengen Aceton zugefügt, so daß alles in Lösung bleibt. Sobald der Geruch nach Benzoylchlorid verschwunden war, wurde in Wasser gegossen und ausgeäthert.

Auch Xylol[9]), Ligroin[10]), Chloroform[11]) und Benzoesäureester[12]) werden als Verdünnungsmittel empfohlen.

---

[1]) Z. physiol. **14**, 337 (1890).　　　[2]) Jaffé, B. **35**, 2899 (1902).
[3]) Lassar-Cohn und Löwenstein, B. **41**, 3360 (1908).　　　[4]) B. **27**, 3183 (1894).
[5]) Claisen, A. **291**, 53 (1896). — Wislicenus und Densch, B. **35**, 763 (1902).
[6]) B. **28**, 1824 (1895).　　　[7]) Von E. Merck, Darmstadt, zu beziehen.
[8]) B. **36**, 4273 (1903).
[9]) Bischoff, B. **24**, 1046 (1891). — Brühl, B. **24**, 3378 (1891).
[10]) Lassar-Cohn und Löwenstein, B. **41**, 3360 (1908).
[11]) E. Fischer und Freudenberg, B. **45**, 2725 (1912). — E. Fischer und Oetker, B. **46**, 4029 (1913).　　　[12]) Brühl, B. **25**, 1873 (1892).

Ähnlich konnte Dimroth den Phenylbenzoyloxytriazolcarbonsäureester nur durch mehrtägiges Erhitzen des trocknen Natriumsalzes mit absolutem Äther und Benzoylchlorid auf 100° erhalten [1]).

In manchen Fällen sind die Kaliumsalze verwendbarer als die Natriumsalze [2]). Noch energischer reagieren Silbersalze [3]).

Besser als auf die trocknen Alkaliverbindungen Benzoylchlorid einwirken zu lassen — was Claisen [4]) gelegentlich versucht hat —, ist das obenerwähnte Verfahren, Natriumalkoholat in alkoholischer Lösung zu benutzen oder die Benzoylierung in ätherischer oder Benzollösung bei Gegenwart von trocknem Alkalicarbonat vorzunehmen (Claisen), oder endlich nach Brühl [5]) die in Petroläther gelöste Substanz mit in demselben Medium suspendiertem Natriumstaub und gleichermaßen verdünntem Benzoylchlorid zu kochen.

Nach Viktor Meyer [6]) und Goldschmiedt [7]) enthält das Benzoylchlorid des Handels oft Chlorbenzoylchlorid. Da die gechlorten Benzoylverbindungen schwerer löslich sind als die entsprechenden Derivate der Benzoesäure, lassen sich die erhaltenen Benzoylderivate durch Umkrystallisieren nicht gut von Chlor befreien.

Übrigens führt auch reines Benzoylchlorid gelegentlich zur Bildung chlorhaltiger Produkte [8]).

War das Benzoylchlorid aus Benzotrichlorid und Bleioxyd oder Zinkoxyd dargestellt, so wird aus etwa beigemischtem Benzalchlorid durch die Behandlung mit den Metalloxyden Benzaldehyd entstehen, der zu Störungen Anlaß geben kann [9]).

Lactone geben alkalilösliche benzoylierte Säuren. Man säuert an und destilliert aus dem Gemisch des Produkts mit Benzoesäure letztere mit Wasserdampf ab [10]).

Die Schotten-Baumannsche Methode ist auch analog für Acetylierungen verwendbar, hat hier indessen wegen der leichteren Zersetzlichkeit des Acetylchlorids weniger Bedeutung.

Benzoylieren in Pyridinlösung [11]).

Tertiäre Basen, wie Pyridin, Picolin, Chinolin oder Dimethylanilin, wirken als Überträger der Benzoylgruppe, indem sie erst Benzoylchlorid addieren und dann das Benzoylradikal unter Übergang in Chlorhydrat wieder abspalten:

---

[1]) A. **335**, 77 (1904).

[2]) Löwenstein, Diss. Königsberg (1908). — Lassar-Cohn und Löwenstein, B. **41**, 3362 (1908).

[3]) Dimroth und Dienstbach, B. **41**, 4063, 4064, 4067 (1908). Auch für Acetylierung und Einführung des m-Nitrobenzoylrestes.   [4]) A. **291**, 53 (1896).

[5]) B. **36**, 4273 (1903).   [6]) B. **24**, 4251 (1891).   [7]) M. **13**, 55, Anm. (1892).

[8]) Scholtz, B. **29**, 2057 (1896). — Siehe auch S. 684.

[9]) Hoffmann und V. Meyer, B. **25**, 209 (1892).

[10]) Bistrzycki und Flatau, B. **30**, 127 (1897).

[11]) Dennstedt und Zimmermann, B. **19**, **75** (1886). — Minunni, G. **22**, II, 213 (1892). — Deninger, J. pr. (2) **50**, 479 (1894). — Claisen, A. **291**, 106 (1896); **297**, 64 (1897). — Wislicenus, A. **291**, 195 (1896). — Léger, C. r. **125**, 187 (1897). — Erdmann und Huth, J. pr. (2) **56**, 4, 36 (1897). — Erdmann, B. **31**, 356 (1898). — Claisen, B. **31**, 1023 (1898). — Einhorn und Hollandt, A. **301**, 95 (1898). — Wedekind, B. **34**, 2070 (1901). — Bouveault, Bull. (3) **25**, 439 (1901). — Tschitschibabin, Bull. (3), **30**, 70, 500 (1903). — Dieckmann, B. **37**, 3370, 3384 (1904). — Auwers, B. **37**, 3899, 3905 (1904). — Freundler, Bull. (3) **31**, 616 (1904).

$$\text{Pyridin} + \text{R–OH} = \text{Pyridin} + \text{ROOCC}_6\text{H}_5.$$

Es ist notwendig [1]), zu den Versuchen reine Basen (Pyridin aus dem Zinksalz oder Pyridin „Kahlbaum") zu verwenden Manchmal muß auch das Pyridin sorgfältig getrocknet sein [2]). Die Ausführung der Benzoylierung erfolgt, wie S. 661 beschrieben.

Als Nebenprodukt [3]) entsteht immer das bei 42° schmelzende Benzoesäureanhydrid.

Man braucht auch nicht überschüssiges Pyridin zu nehmen und kann die Reaktion fast immer in der Kälte zu Ende führen, ja manchmal ist sogar gute Kühlung notwendig [4]). Als Verdünnungsmittel empfiehlt sich Äther [5]).

Chinolin [6]), das man vorteilhaft mit Chloroform verdünnt [7]), wirkt ebenso, nur weniger energisch, bietet dafür aber die Möglichkeit, falls es notwendig ist, höher zu erhitzen; das gleiche gilt vom Dimethylanilin [8]) oder Diäthylanilin [9]).

Bei mehrwertigen Phenolen und Alkoholen ist nach diesem Verfahren meist keine erschöpfende Acylierung zu erzielen.

Über Bildung gemischter Säureanhydride nach diesem Verfahren siehe S. 658.

Eine eigentümliche Beobachtung machten E. Fischer und Bergmann [10]) bei der Benzoylierung des α-Diaceton-dulcits. Bei der Einwirkung von Benzoylchlorid und Chinolin entsteht ein Dibenzoylderivat, das bei 185—186° schmilzt und in Alkohol ziemlich schwer löslich ist. Verwendet man aber Pyridin an Stelle des Chinolins, so entsteht ein isomerer Körper (β-Dibenzoyl-diaceton-dulcit). Die gleiche Isomerie wurde bei dem Dianisoyl-diaceton-dulcit beobachtet; auch hier entstehen verschiedene Körper, je nachdem man den α-Diaceton-dulcit mit Anisoylchlorid bei Gegenwart von Chinolin oder Pyridin behandelt.

Benzoylbromid.

Nach Brühl [11]) ist Benzoylbromid dem Benzoylchlorid an Reaktionsfähigkeit beträchtlich überlegen. Er benzoylierte mit diesem Reagens den Camphocarbonsäureester nach der Schotten-Baumannschen Methode bei — 5°.

Benzoesäure

hat Wedekind [12]) zum Benzoylieren von Oxyanthrachinonen benutzt, wobei unter Zusatz von Schwefelsäure oder auch ohne Katalysator beim Siedepunkt der Benzoesäure gearbeitet wird.

[1]) Lockemann und Liesche, A. **342**, 40 (1905).
[2]) Lockemann, B. **43**, 2224 (1910).
[3]) Siehe hierzu auch Schenkel, B. **43**, 2598 (1910).
[4]) Rupe, Luksch und Steinbach, B. **42**, 2517 (1909).
[5]) Einhorn, Rothlauf und Seuffert, B. **44**, 3318 (1911).
[6]) Scholl und Berblinger, B. **40**, 395 (1907).
[7]) E. Fischer und Freudenberg, B. **45**, 2725 (1912). — E. Fischer und Oetker, B. **46**, 4029 (1913).   [8]) Nölting und Wortmann, B. **39**, 638 (1906).
[9]) Ullmann und Nádai, B. **41**, 1870 (1908).   [10]) B. **49**, 289 (1916).
[11]) B. **36**, 4274 (1903).   [12]) DPA. Kl. 12, W 46 334 (1917).

Benzoylieren mit Benzoesäureanhydrid.

Mit Benzoesäureanhydrid erhitzt man die hydroxylhaltige Substanz im offenen Kölbchen 1—2 Stunden auf 150° [Liebermann[1])] oder 160 bis 170°[2]), gelegentlich auch 22—25 Stunden auf 50—60°[3]).

Seltener wird es notwendig sein, im Einschlußrohr stundenlang auf 190 bis 200° zu erhitzen[4]).

Mit Benzoesäureanhydrid und Wasser gelingt die Überführung des Ecgonins in Cocain besonders gut[5]).

Ein Molekül Ecgonin wird in der halben Menge heißen Wassers gelöst und bei Wasserbadhitze mit etwas mehr als einem Molekül Benzoesäureanhydrid, das man allmählich zusetzt, eine Stunde digeriert. Nach dem Abkühlen werden überschüssiges Anhydrid und Benzoesäure durch Ausschütteln mit Äther entfernt. Der ausgeätherte Rückstand wird durch Waschen mit Wasser gereinigt, oder man kocht mit Soda und treibt unveränderten Alkohol (Phenol) mit Wasserdampf über.

In ähnlicher Weise benzoyliert Knick[6]) das p-Nitrophenyl-α-, γ-lutidyl-alkin. Die stark verdünnte salzsaure Lösung der Substanz wird mehrere Stunden mit Benzoesäureanhydrid auf dem Wasserbad erwärmt, aus der wäßrigen Lösung durch Schütteln mit Äther die Benzoesäure entfernt und der Ester mit Natronlauge gefällt.

Nach Goldschmiedt und Hemmelmayr[7]) ist vollständige Benzoylierung manchmal noch besser als nach Schotten - Baumann bei Anwendung von Benzoesäureanhydrid und Natriumbenzoat zu erzielen.

2 g Scoparin, 10 g Benzoesäureanhydrid und 1 g trocknes benzoesaures Natrium wurden 6 Stunden im Ölbad auf 190° erhitzt, hierauf die Masse mit 2 proz. Natronlauge übergossen und über Nacht in der Kälte stehen gelassen. Das ausgeschiedene Hexabenzoylderivat wurde aus Alkohol gereinigt.

Reychler empfiehlt, als katalysierendes Agens statt der sonst verwendeten[8]) Schwefelsäure oder statt Chlorzink Sulfosäuren, speziell Camphersulfosäure, zu verwenden[9]).

Auch mit Benzoesäureanhydrid allein sind Erfolge erzielt worden, die nach den anderen Verfahren nicht erreicht werden konnten [Gorter[10]), Emmerling[11])].

Gascard[12]) benutzt die Benzoylierung mit Benzoesäureanhydrid zur Bestimmung des Molekulargewichts von Alkoholen und Phenolen.

Das in Äther gelöste Gemisch von Ester, Anhydrid und Säure gibt nämlich seine Säure an wäßrige Kalilauge ab, ohne daß der Ester und das Anhydrid merklich zersetzt werden. Die Benzoesäureester der tertiären Alkohole liefern jedoch zu niedrige Werte, da sie bei der Titration mehr oder weniger verseift werden. In einen langhalsigen Kolben bringt man eine bestimmte Menge des zuvor getrockneten Alkohols oder Phenols und einen Überschuß von Benzoe-

---

[1]) A. **169**, 237 (1873). — Windaus und Hauth, B. **39**, 4378 (1906).

[2]) E. Müller, Diss. Leipzig (1908), 22.

[3]) Lifschütz, Z. physiol. **96**, 342 (1916).

[4]) Romburgh, Rec. **1**, 50 (1882). — Likiernik, Z. phys. **15**, 418 (1894).

[5]) Liebermann und Giesel, B. **21**, 3196 (1888). — DRP. 47 602 (1889).

[6]) B. **35**, 2791 (1902).

[7]) M. **15**, 327 (1894). — Siehe auch Thoms und Drauzburg, B. **44**, 2130 (1911). — Kueny, Arch. **252**, 370 (1914).

[8]) Wegscheider, M. **30**, 859 (1909). Aldehyde.

[9]) Bull. Soc. Chim. Belg. **21**, 428 (1907).   [10]) Arch. **235**, 313 (1897).

[11]) B. **41**, 1375 (1908).   [12]) J. Pharm. Chim. (6) **24**, 97 (1906).

säureanhydrid (das 2—3fache der Theorie), schmilzt den Kolben zu und erhitzt ihn längere Zeit (bis 24 Stunden) im Wasser- oder Ölbad. Der Kolben soll untertauchen. In den meisten Fällen wird siedende, in der Kälte gesättigte Chlorcalciumlösung als Bad genügen. Nach beendigtem Erhitzen öffnet man den Kolben, läßt 10—20 ccm Äther einfließen, setzt nach eingetretener Lösung 5 ccm Wasser und 2 Tropfen Phenolphthaleinlösung zu und titriert mit normaler Kalilauge. Das Molekulargewicht M ergibt sich aus der Formel:

$$M = \frac{p \cdot 1000}{N-n},$$

wo p das Gewicht des Alkohols oder Phenols, N die Anzahl verbrauchter Kubikzentimeter normaler Kalilauge und n die bei einem blinden Versuch mit der gleichen Menge Anhydrid, Äther und Phenolphthalein verbrauchte Anzahl Kubikzentimeter Kalilauge bedeutet.

Handelt es sich um einen mehrwertigen Alkohol, so ist das Resultat mit der Anzahl der vorhandenen Hydroxylgruppen zu multiplizieren.

In den Fällen, wo der Benzoesäureester in Äther schwerlöslich oder unlöslich ist, muß Benzol oder Chloroform als Lösungsmittel verwendet werden.

Benzoylieren mit substituierten Benzoesäurederivaten und Acylierung durch Benzol-(Toluol-)sulfosäurechlorid.

Jackson und Rolfe[1]) benzoylieren mit p - Brombenzoylchlorid oder p - Brombenzoesäureanhydrid und bestimmen aus dem Bromgehalt der so gewonnenen Derivate die Zahl der ursprünglich vorhandenen Hydroxylgruppen.

Authenrieth empfiehlt[2]) dieses Reagens zum Nachweis des Methylalkohols (siehe S. 587).

Ebenso eignen sich o - Brombenzoylchlorid[3]), p - Chlorbenzoylchlorid[4]), o - Nitrobenzoylchlorid[5])[6]), m - Nitrobenzoylchlorid[6])[7]) und p-Nitrobenzoylchlorid[6])[8]) zur Bestimmung von Hydroxylgruppen.

Speziell die mit m - Nitrobenzoylchlorid erhältlichen Derivate zeichnen sich durch Schwerlöslichkeit und eminentes Krystallisationsvermögen aus [V. Meyer und Altschul[9])].

Das schwer lösliche p - Nitrobenzoylchlorid wird meist in Äther, Aceton oder Benzol gelöst. Es dient[10]) u. a. zur Identifizierung des Äthylalkohols und für die Charakterisierung von Enolen[11]).

Die zu prüfende Flüssigkeit wird mit dem gleichen Gewicht p-Nitrobenzoyl-

---

[1]) Am. **9**, 82 (1887). — Scholl, B. **43**, 351 (1910). — Potschiwauscheg, B. **43**, 1744, 1749 (1910).   [2]) Arch. **258**, 1 (1920).   [3]) Schotten, B. **21**, 2250 (1888).

[4]) Stolz, B. **37**, 4151 (1904). — Lockemann, B. **43**, 2224, 2228, 2229 (1910).

[5]) DRP. 170 587 (1906). — Die Substanz explodiert bei der Vakuumdestillation selbst bei bloß 5 mm Druck. Schaarschmidt und Herzenberg, B. **53**, 1393 (1920).

[6]) Hänggi, Hel. **4**, 23 (1921).

[7]) Claisen und Thompson, B. **12**, 1943 (1879). — Schotten, B. **21**, 2244 (1888). — Soc. **67**, 591 (1895). — W. Wislicenus, A. **312**, 48 (1900). — Frankland und Harger, Soc. **85**, 1571 (1904). — Siehe auch DRP. 170 587 (1906). — Wohl, B. **40**, 4694 (1907). — Frenzen, B. **42**, 2466 (1909). — Lockemann, B. **43**, 2224, 2228 (1910).

[8]) Wislicenus, A. **316**, 37, 333 (1901). — Buchner und Meisenheimer, B. **38**, 624 (1905). — Emmerling, B. **41**, 1376 (1908). — Lockemann, B. **43**, 2226 (1910). — Forster und Kunz, Soc. **105**, 1718 (1914). — Henderson und Sutherland, Soc. **105**, 1710 (1914).

[9]) B. **26**, 2756 (1893).

[10]) Buchner und Meisenheimer, B. **38**, 624 (1905). — E. Fischer, B. **47**, 456 (1914).

[11]) Rügheimer, B. **49**, 591 (1916).

chlorid versetzt und kurze Zeit erwärmt, wobei Salzsäure entweicht. Beim Erkalten scheidet sich eine Krystallmasse ab, die mit verdünnter Sodalösung verrieben, dann abgesaugt und mit Wasser gewaschen wird. Durch Umkrystallisieren aus heißem Ligroin wird der Schmelzpunkt des reinen p-Nitrobenzoesäureäthylesters (57—58°) leicht erreicht.

Zur Identifizierung von aliphatischen Alkoholen überhaupt empfehlen Berend und Heymann [1] sowie Mulliken [2] die Darstellung der 3.5-Dinitrobenzoylderivate. — Methylalkohol: Kremers, a. a. O.

Zur Spaltung der p-Nitrobenzoylderivate (namentlich auch der Basen) hat sich Kochen mit (etwa 15 proz.) Bromwasserstoffsäure bewährt [3].

Gelegentlich kann es von Wert sein, Versuche statt mit halogensubstituierten Benzoylchloriden, mit Anisoylchlorid [4] oder Veratroylchlorid zu unternehmen, wodurch die Bestimmung der Hydroxylgruppen vermittels der Methoxylzahl ermöglicht wird.

Die Umsetzungen der Säurechloride sind auf primäre Additionen an die Carbonylgruppe zurückzuführen [5]. Säurechloride mit ungesättigter Carbonylgruppe sollten deshalb besonders reaktionsfähig sein. Von Staudinger und Con [1] wurde gezeigt, daß eine paraständige Methoxygruppe oder eine Dimethylaminogruppe die Reaktionsfähigkeit des Carbonyls im Benzaldehyd resp. Benzophenon stark erhöht. Entsprechend ist auch Anissäurechlorid, noch mehr aber p-Dimethylamino-benzoylchlorid reaktionsfähiger als Benzoylchlorid [6]. — Siehe auch S. 693.

Auch die von Hinsberg [7] angegebene Verwendung von

Benzolsulfosäurechlorid [8] [10]

sei hier angeführt.

Es wird nach der Schotten-Baumannschen Methode zur Einwirkung gebracht, oder man setzt der Mischung von Phenol und Benzolsulfochlorid, Zinkstaub oder Chlorzink zu und erwärmt [9].

Alkoholische Lösungen sind möglichst zu vermeiden, da der Alkohol bei Gegenwart von Alkali das Benzolsulfochlorid zu heftig angreift, das dann vor Vollendung der gewünschten Reaktion verbraucht wird. Zur Reinigung werden die Niederschläge mit etwas Alkali angerührt, um sie von einem Rest Benzolsulfochlorid zu befreien, und aus Alkohol umkrystallisiert.

Diese Ester pflegen in heißem Alkohol, Benzol, Chloroform und Schwefelkohlenstoff leicht, in Äther schwer löslich zu sein [11]. Sie besitzen oftmals besonderes Krystallisationsvermögen [12].

---

[1] J. pr. (2) **69**, 455 (1904). — Kremers, J. Am. pharm. Ass. **10**, 252 (1921).

[2] A method for the identification of pure organic compounds **1**, 168 (1904).

[3] Jacobs, Diss. Berlin (1907), 18.

[4] Hierfür Beispiele: Werner und Subak, B. **29**, 1156 (1896). — Braun und Steindorf, B. **38**, 3098 (1905). — Rud. Schulze, Diss. Kiel (1906), 110. — Auwers und Eckardt, A. **359**, 367 (1908). — Scheiber und Brandt, J. pr. (2), **78**, 93 (1908). — Frenzen, B. **42**, 2467, 2468 (1909). — Gabriel, B. **42**, 4062 (1909). — DRP. 264 654 (1913). — E. Fischer und Bergmann, B. **49**, 289 (1916). — Rügheimer, B. **49**, 592 (1916). [5] Werner, Stereochemie, S. 411. [6] A. **384**, 62 (1911).

[7] Staudinger und Endle, B. **50**, 1046 (1917).

[8] B. **23**, 2962 (1890).

[9] Schotten und Schlömann, B. **24**, 3689 (1891). — DRP. 117 587 (1901). — Grandmougin und Bodmer, B. **41**, 610 (1908).

[10] Schiaparelli, G. **11**, 65 (1881). — Krafft und Roos, B. **26**, 2823 (1893). — Heffter, B. **28**, 2261 (1895).

[11] Georgescu, B. **24**, 416 (1891). [12] Manasse, B. **30**, 669 (1897).

Ebenso verwertbar ist

p - Toluolsulfochlorid.

Das käufliche Präparat ist oft nicht rein. Man löst es in einem Teil Aceton und läßt unter Rühren in Eiswasser eintropfen. Dabei scheidet sich die Substanz sofort in Krystallen ab[1]). Man arbeitet nach Schotten-Baumann unter Benutzung von Soda[2]) oder Ätznatron, zweckmäßig mit Benzol als Verdünnungsmittel[3]), oder nach Einhorn mit Diäthylanilin[4]).

Die Verseifung derartiger Ester läßt sich mit kalter konzentrierter Schwefelsäure ausführen[5]).

Polynitrophenole (Naphthole) mit zur Hydroxylgruppe orthoständigen NO_2-Gruppen tauschen beim Behandeln mit Arylsulfochloriden bei Gegenwart tertiärer Basen ihr Hydroxyl gegen Chlor aus[6]). Die Ausbeuten sind aber oft sehr schlecht.

Darstellung der substituierten Benzoesäurederivate und des Benzolsulfosäurechlorids.

Parabrombenzoylchlorid. Parabrombenzoesäure wird mit der äquivalenten Menge Phosphorpentachlorid zusammengerieben, das Gemisch erwärmt und nach Austreibung des größten Teils des dabei entwickelten Chlorwasserstoffs im Vakuum fraktioniert. Smp. 42°, Sdp. 174° bei 102 mm. Leicht löslich in Benzol und Ligroin.

Parabrombenzoesäureanhydrid entsteht bei einstündigem Erhitzen von 3 Teilen p-brombenzoesaurem Natrium mit 2 Teilen p-Brombenzoylchlorid auf 200°. Smp. 212°. Fast unlöslich in Äther, Schwefelkohlenstoff und Eisessig, wenig löslich in Benzol, etwas leichter in Chloroform, woraus es gereinigt wird.

Orthobrombenzoylchlorid[7]), analog seinem Isomeren dargestellt, läßt sich bei Atmosphärendruck unzersetzt destillieren. Flüssig, Sdp. 241—243°.

Metabrombenzoylchlorid[8]). 15 g geschmolzene und nach dem Erkalten im Exsiccator gepulverte Metabrombenzoesäure und 17 g Phosphorpentachlorid werden vermischt und die Reaktion durch gelindes Erwärmen unterstützt. Das Chlorid wird dann bei 30—35 mm destilliert; Sdp. 130 bis 135°.

Metabrombenzoesäureanhydrid[8]). Man erhitzt ein Gemisch von 17 g brombenzoesaurem Natrium, bei 110° getrocknet und gepulvert, mit 13 g Brombenzoylchlorid $2\,^1/_2$ Stunden auf 150—200°. — Das entstandene Anhydrid wird bei 140—180° heraussublimiert und bildet dann bei 148—149° schmelzende lange Nadeln, löslich in Benzol und Chloroform, schwer löslich in Äther und Ligroin.

Metanitrobenzoylchlorid erhält man nach Claisen und Thomp-

[1]) Knoop und Landmann, Z. physiol. **89**, 159 (1914).
[2]) Ullmann und Loewenthal, A. **332**, 62 (1904).
[3]) Ullmann und Brittner, B. **42**, 2546 (1909).
[4]) Ullmann und Nádai, B. **41**, 1872 (1908).
[5]) Ullmann und Brittner, a. a. O., 2547 (1909).
[6]) DRP. 199 318 (1908). — Ullmann und Sané, B. **44**, 3731 (1911). — Borsche und Fiedler, B. **46**, 2122 (1913).
[7]) Schotten, B. **21**, 2244 (1888). — Sudborough, Soc. **67**, 591 (1895.)
[8]) Danaila, Bull. (4) **7**, 287 (1910).

son [1]) durch Mischen von Nitrobenzoesäure mit der allmählich zuzusetzenden äquivalenten Menge Phosphorpentachlorid, Abdestillieren des gebildeten Phosphoroxychlorids und Fraktionieren des Rückstands im Vakuum. Smp. 34°; Sdp. 183—184° bei 50—55 mm.

Zur Darstellung von Benzolsulfosäurechlorid [2]) werden äquivalente Mengen benzolsulfosaures Natrium und Phosphorpentachlorid zusammen erwärmt und nach Beendigung der Reaktion in Wasser gegossen. Das abgeschiedene Öl wäscht man mit Wasser und entfärbt es in ätherischer Lösung mit Tierkohle. Smp. 14°; Sdp. 120° bei 10 mm.

Nach dem Verfahren von Hans Meyer [3]) — Darstellung der Säurechloride mit Thionylchlorid [4]) — sind alle diese Derivate viel leichter zugänglich geworden. Man ist damit in die Lage gesetzt, sich rasch und bequem die verschiedensten Säurechloride rein darzustellen.

Das Dimethylamino - benzoylchlorid z. B. wurde früher aus Dimethylanilin und Phosgen gewonnen, ist aber nicht in reinem Zustand hergestellt worden. Man erhält es durch ca. 8 stündiges Erhitzen von Dimethylaminobenzoesäure mit Thionylchlorid. Durch Umkrystallisieren aus Schwefelkohlenstoff wird es in weißen Blättchen vom Smp. 145—147° erhalten.

Das Chlorid ist sehr reaktionsfähig und gegen Luftfeuchtigkeit empfindlicher als Anissäurechlorid und hauptsächlich als Benzoylchlorid [5]).

B. Analyse der Benzoylderivate [6]).

In manchen Benzoylprodukten kann man schon durch Elementaranalyse die genaue Zusammensetzung ermitteln; in substituierten Derivaten bestimmt man Halogen resp. Stickstoff, Schwefel oder Methoxyl.

Zur direkten Bestimmung der Benzoesäure hat Pum [7]) ein Verfahren ausgearbeitet.

Die Substanz, etwa 0.5 g, wird durch zweistündiges Erhitzen im geschlossenen Rohr mit der zehnfachen Menge konzentrierter, mit Benzoesäure in der Kälte gesättigter Salzsäure verseift. Die Digestion wird im kochenden Wasserbad vorgenommen.

Nach 1—2 stündigem Stehen wird der Rohrinhalt vor der Pumpe filtriert, zunächst mit der benzoesäurehaltigen Salzsäure, dann mit einer gesättigten wäßrigen Benzoesäurelösung vollständig gewaschen.

Der Filterrückstand wird in überschüssiger $n/_{10}$-Natronlauge gelöst, dann die Benzoesäure durch Übersättigen mit Säure und Zurücktitrieren mit Lauge bestimmt. Als Indicator wird Phenolphthalein verwendet. Die Normallösungen werden auf reine Benzoesäure gestellt.

Beim Mischen der beiden Waschflüssigkeiten fällt etwas Benzoesäure aus, und daher wird immer ca. 1% zuviel gefunden. Man kann diesen konstanten Fehler entweder in Rechnung ziehen oder dadurch eliminieren, daß man in einem blinden Versuch, unter Benutzung einer gleichen Menge Waschflüssigkeit wie beim Hauptversuch, die Menge der ausgefällten Benzoesäure bestimmt.

---

[1]) B. **12**, 1943 (1879).
[2]) Otto, Z. **1866**, 106. — Siehe dazu Knoevenagel, B. **41**, 3325, Anm. (1908).
[3]) M. **22**, 109, 415, 777 (1901). — Siehe auch S. 720, 750.
[4]) Zur Reinigung des Thionylchlorids destilliert man es langsam über Bienenwachs. Hans Meyer und Schlegl, M. **34**, 569 (1913).
[5]) Staudinger und Endle, B. **50**, 1046 (1917).
[6]) Über Verseifen empfindlicher Benzoylverbindungen siehe auch Wohl, B. **36**, 4144 (1903).
[7]) M. **12**, 438 (1891).

Allgemeiner anwendbar ist das Verfahren, in der verseiften Substanz, analog der Destillationsmethode bei Acetylbestimmungen, die mit Wasserdampf übergetriebene Benzoesäure zu titrieren [R. und H. Meyer[1])].

Ca. 0.5 g Substanz werden mit 30—50 ccm Alkohol (am besten Methylalkohol: siehe S. 674) und überschüssigem Ätzkali unter Rückflußkühlung verseift, nach dem Erkalten mit konzentrierter Phosphorsäurelösung oder glasiger Phosphorsäure angesäuert und hierauf mit Wasserdampf destilliert.

Im Anfang läßt man die Destillation langsam gehen und evtl. noch durch einen Tropftrichter Alkohol zufließen, damit das Verseifungsprodukt sich allmählich und krystallinisch ausscheide und keine harzigen Produkte entstehen, die Benzoesäure einhüllen und ihre Übertreibung erschweren können.

Sobald 1—1$\frac{1}{2}$ l Wasser übergegangen sind, werden 150 ccm des nun folgenden Destillats gesondert aufgefangen, durch Titration auf Benzoesäure geprüft, und sobald diese nicht mehr nachweisbar ist, die Destillation abgebrochen.

Wenn sich die Substanz nicht durch alkoholische Lauge verseifen läßt, führt oft Erhitzen mit (bis 80 proz.) Schwefelsäure zum Ziel. Man destilliert dann nach Zusatz von primärem Natriumphosphat[2]).

Die vereinigten Destillate werden mit einer gemessenen Menge Lauge alkalisch gemacht und in einer Platin-, Silber- oder Nickelschale auf 100 bis 150 ccm konzentriert, dann kochend zurücktitriert.

Als Indicator dient Aurin oder Rosolsäure. Erst wenn sich der Farbstoff nach 10 Minuten langem Kochen nicht mehr rot färbt, ist alle Kohlensäure vertrieben und die Titration beendet.

Die zum Titrieren benutzte $^n/_{10}$-Lauge stellt man auf sublimierte, frisch geschmolzene Benzoesäure.

Das Eindampfen hat auf einer Spiritus- oder Benzinkochlampe zu erfolgen, damit keine schweflige oder Schwefelsäure in die Flüssigkeit gelange.

Scharf[3]) zieht es vor, das mit Natronlauge alkalisch gemachte Destillat einzuengen, die überschüssige Natronlauge durch Einleiten von Kohlendioxyd in Carbonat zu verwandeln und zur Trockne einzudampfen. Aus dem Rückstand erhält man durch Extraktion mit Alkohol das benzoesaure Natrium, das nach dem Abdestillieren des Alkohols bei 110° getrocknet und gewogen wird.

Durch Verseifung und direkte Titration hat Vongerichten[4]) das Benzoylmorphin untersucht.

Die Substanz wurde in Methylalkohol gelöst, mit wenig Wasser und 10 ccm Normallauge am Rückflußkühler 2—3 Stunden gekocht, bis eine Probe beim Verdünnen mit Wasser keine Trübung mehr zeigte. Titration mit n-Salzsäure unter Benutzung von Phenolphthalein als Indicator ergab das Vorliegen des Monobenzoylprodukts.

Auf dieselbe Art wurde Dibenzoylpseudomorphin und Tribenzoylmethylpseudomorphin analysiert.

Wenn das entacylierte Produkt in Lauge unlöslich ist, kann es abfiltriert, getrocknet und gewogen werden. Das alkalische Filtrat wird angesäuert, erschöpfend mit Äther extrahiert und die Benzoesäure im Rückstand gewogen[5]), evtl. nachdem der Ätherrückstand im Trockenschrank auf 115—120°

---

[1]) B. **28**, 2965 (1895). — R. Meyer und Hartmann, B. **38**, 3956 (1905).
[2]) Heller, B. **42**, 2740 (1909).   [3]) Diss. Leipzig (1903), 29.
[4]) A. **294**, 215 (1896). — Lockemann und Liesche, A. **342**, 42 (1905).
[5]) Scholl, Steinkopf und Kabacznik, B. **40**, 392 (1907). — Scholl und Holdermann, B. **41**, 2320 (1908). — Wunderlich, Diss. Marburg (1908), 62. — Sieburg, Arch. **251**, 161 (1913).

(zum Wegsublimieren der Benzoesäure) erhitzt worden war, eine Kontrollwägung ausgeführt [1]).

Spaltung von Benzoylprodukten durch Natriumäthylatlösung in der Kälte: Kueny, Z. physiol. **14**, 341 (1890) — beim Kochen am Rückflußkühler: Kiliani und Sautermeister, B. **40**, 4296 (1907) — mit Natriummethylatlösung: Baisch, Z. physiol. **19**, 342 (1895) — mit Piperidin: Auwers und Eckardt, A. **359**, 257 (1908). — Siehe auch S. 675.

3. Acylierung durch andere Säurereste.

Da öfters die höheren Homologen der Fettsäuren, proportional dem steigenden Kohlenstoffgehalt, infolge höheren Siedepunkts leichter in das hydroxylhaltende Molekül eintreten oder besser krystallisierende Derivate geben, werden gelegentlich

Propionsäureanhydrid, Propionylchlorid, Valeriansäurechlorid [2]), Buttersäurechlorid [3]),

Buttersäureanhydrid [4]) [5]), Isobuttersäureanhydrid, Isovaleriansäureanhydrid [5]), Isovaleriansäurechlorid [5]) [6]), Capronsäurechlorid [5]), sowie Stearinsäureanhydrid, Stearinsäurechlorid [5]) [7]), Palmitinsäurechlorid [5]), Palmitin-, Stearin- und Salicylsäureester [8]), Laurinsäurechlorid, Ölsäurechlorid [5]) [6]), Brenzschleimsäurechlorid, andererseits aber auch

Opiansäure- und Phenylessigsäurechlorid, Hippursäurechlorid [5]), Zimtsäurechlorid [8]) [9]), endlich Chlorkohlensäureester

zu Acylierungen benutzt.

Um zu propionylieren [10]), erhitzt man die Substanz mit überschüssigem Propionsäureanhydrid 2 Stunden in der Druckflasche auf 100° oder einfach am Rückflußkühler [11]).

Man kann auch in offenen Gefäßen arbeiten [12]), setzt dann aber gewöhnlich zur Einleitung der Reaktion einen Tropfen konzentrierte Schwefelsäure zu [13]).

Mit Propionylchlorid haben Fortner und Skraup [14]), indem sie mit äquimolekularen Mengen arbeiteten, den Schleimsäurediäthylester durch 2 stündiges Erhitzen unter Rückfluß auf dem Wasserbad und 24 stündiges Stehenlassen bei Zimmertemperatur in das Tetrapropionylderivat verwandelt [5]).

Die Propionylbestimmung wurde nach zwei Methoden durchgeführt.

1. Titration mit Kalilauge. Der Ester wurde mit der zehnfachen Menge absolutem Alkohol übergossen, auf dem Wasserbad unter Rückfluß-

---

[1]) v. d. Haar, Arch. **252**, 205 (1914).

[2]) Erdmann, B. **31**, 357 (1898). — Brühl, B. **35**, 4037 (1902). — DRP. 182 627 (1907). — Wilke, Diss. Halle (1909), 30.   [3]) Palomaa, B. **42**, 3875 (1909).

[4]) Stütz, A. **218**, 250 (1883). — Hemmelmayr, M. **23**, 162 (1902). — Cohen, Arch. **246**, 512 (1908). — Reychler, Bull. Soc. Chim. Belg. **21**, 428 (1907), setzt noch Camphersulfosäure als Katalysator zu.

[5]) Zuckerarten: Hess und Meßmer, B. **54**, 499 (1921). Man arbeitet bei —10 bis —15°, höchstens bei Zimmertemperatur.

[6]) DRP. 182 627 (1906). — Zemplén und Lázló, B. **48**, 917 (1915).

[7]) Siehe S. 696, Anm. 4.   [8]) Gloth, Diss. München (1910), 47.

[9]) Romburgh, B. **37**, 3470 (1904). — Windaus und Welsch, Arch. **246**, 507 (1908). — Cohen, Rec. **28**, 371, 392, 394 (1909). — E. Fischer und Oetker, B. **46**, 4029 (1913). — Röhmann, Bioch. **77**, 326 (1916).

[10]) Anwendung der Pyridinmethode: Palomaa, B. **42**, 3875 (1909). — Hess und Meßmer, a. a. O.

[11]) Windaus und Schneckenburger, B. **46**, 2631 (1913).

[12]) Windaus und Hauth, B. **39**, 4378 (1906). — Woodbridge, Am. soc. **31**, 1067 (1909).   [13]) Groenewold, Arch. **228**, 177 (1890).   [14]) M. **15**, 200 (1894).

kühlung erwärmt und allmählich etwas mehr als die berechnete Menge $n/_{10}$-Kalilauge zufließen gelassen. Nach $1^1/_2$ stündigem Kochen wurde mit $n/_{10}$-Salzsäure angesäuert und zurücktitriert.

2. Wägung des Kaliumpropionats. Der titrierte Kolbeninhalt wurde zur Trockne gebracht, viermal mit absolutem Alkohol extrahiert, der Extrakt eingedunstet, bei 130° getrocknet und gewogen.

Hess und Meßmer verseifen mit $n/_5$-Schwefelsäure und titrieren dann mit Natronlauge.

Die Derivate der Buttersäure und der höheren Fettsäuren müssen mit Lauge verseift und durch eine Parallelprobe mit dem unacylierten Zucker der Mehrverbrauch an Lauge, der durch die Bildung von sauren Umwandlungsprodukten bedingt ist, als Abzugsposten bestimmt werden.

Derivate der Isobuttersäure können in ähnlicher Weise erhalten werden.

Zur Darstellung von Isobutyrylostruthin erhitzte beispielsweise Jassoy[1]) je 3 g Ostruthin mit 10 g Isobuttersäureanhydrid 2 Stunden im zugeschmolzenen Rohr auf 150°.

Man gießt das Reaktionsprodukt in Wasser, läßt die anfangs ölartige Masse erstarren, wäscht mit warmem Wasser bis zur neutralen Reaktion aus, preßt ab und trocknet zwischen Fließpapier. Dann reinigt man durch Umkrystallisieren aus Alkohol.

Stearinsäureanhydrid[2]), Stearinsäurechlorid, Laurinsäurechlorid[3])[4]), sowie Palmitinsäurechlorid[5])[6]) werden auch öfters zum Acylieren verwendet.

Mischt man aus 44 Teilen Stearinsäure dargestelltes Chlorid mit 35 Teilen Santalol, so tritt Erwärmung und starke Salzsäureentwicklung ein. Die Reaktion wird auf dem Wasserbad zu Ende geführt, das Reaktionsprodukt mehrere Male aus heißem, 85 proz. Alkohol umgeschieden und das beim Erkalten ausfallende Öl auf dem Wasserbad getrocknet und filtriert[7]).

Quantitative Bestimmung flüchtiger Alkohole nach Grün und Wirth[8]).

Ungefähr 0.5—1 g Substanz werden in ein Kölbchen von etwa 100 ccm Fassungsraum eingewogen, wobei man natürlich Benetzen der Kolbenwand vermeidet. Substanzen, die Methyl-, Äthyl- oder Propylalkohol enthalten, wägt man in geschlossenen Gläschen. Man übergießt die Einwage mit einigen — höchstens 5—10 — Kubikzentimetern Laurinsäurechlorid[9]), verschließt das Kölbchen mit einem Wattebausch und läßt $1/_2$—3 Stunden[10]) auf dem Luftbad bei etwa 60° stehen. Hierauf versetzt man mit 50 ccm Wasser,

---

[1]) Arch. **228**, 551 (1890).   [2]) Beckmann und Pleißner, A. **262**, 5 (1891).

[3]) Auwers und Bergs, A. **332**, 201, 203 (1904). — Zemplén und László, B. **48**, 917, 920 (1915).

[4]) Grün und Wirth, D. Öl- und Fett-Ind. **1921**, 145.

[5]) Erdmann, B. **31**, 356 (1898). — Bergs, Diss. Greifswald (1903), 24.

[6]) Sobbe, J. pr. (2) **77**, 510 (1908). — Zemplén und László, B. **48**, 919 (1915).

[7]) DRP. 182 627 (1906).   [8]) D. Öl- und Fett-Ind. **1921**, 145.

[9]) Es ist übrigens gar nicht nötig, eine einheitliche Verbindung zu verwenden; es genügt auch ein Gemenge, wie z. B. von Laurin- und Myristinsäurechlorid, das man aus einer entsprechenden Fettsäurenfraktion durch Behandlung mit Thionylchlorid erhält.

[10]) Bei der Analyse primärer Alkohole genügt gewöhnlich halbstündige Einwirkung; in einigen Fällen, bei komplizierter gebauten, wie Geraniol, namentlich aber bei den sekundären Alkoholen, muß man bis zu 3 Stunden einwirken lassen. Versuche, in solchen Fällen, wie auch bei der Veresterung tertiärer Alkohole, durch Zusatz von Pyridin nachzuhelfen, ergaben keine günstigen Resultate.

schüttelt um und kocht bei aufgesetztem kurzen Steigrohr eine Minute auf. Nach dem Erkalten füllt man den Kolbeninhalt in einen $^3/_4$-l-Scheidetrichter um, spült das Kölbchen dreimal mit je 10 ccm Äther, die man erst durch das Steigrohr laufen ließ, aus und gibt die Ätheranteile ebenfalls in den Scheidetrichter. Die wäßrige Schicht wird abgelassen, die ätherische Lösung noch einmal mit Wasser gewaschen und dann in den Titrierkolben abgefüllt. Der Scheidetrichter wird dreimal mit je 10 ccm Alkohol in den Titrierkolben ausgespült, wodurch die Substanz gleich im nötigen Ausmaß verdünnt wird. Man neutralisiert mit alkoholischer Kalilauge, setzt hierauf noch 25 ccm halbnormale alkoholische Lauge zu und verfährt weiter wie bei der Bestimmung der Verseifungszahl.

Der Opiansäure-ψ-ester ist das einzige krystallisierbare Säurederivat des Rhodinols[1]).

Eine allgemein anwendbare Methode, um Säurereste in hydroxylhaltige Substanzen einzuführen, haben Einhorn und Hollandt[2]) angegeben. Ihre Methode fußt auf der Beobachtung von Kempf[3]), daß durch Einwirkung von Phosgen auf Essigsäure Acetylchlorid entsteht. Diese Reaktion vollzieht sich unter Vermittlung von Pyridin schon in der Kälte und läßt sich verallgemeinern. Es entstehen dabei die Säurechloridadditionsprodukte des Pyridins, die in Gegenwart von Phenolen usw. Acylderivate liefern. Man löst die hydroxylhaltige Verbindung in Pyridin auf, das die berechnete Menge der Säure enthält, deren Alkylverbindung man darstellen will, und fügt zu der kalt gehaltenen Flüssigkeit die berechnete Menge gasförmiges oder in Toluol gelöstes Phosgen. Beim Eintropfen in Wasser scheidet sich das Acylierungsprodukt dann entweder direkt ab oder es bleibt im Toluol gelöst.

Auf diese Art wurden Propionyl-, i-Butyryl- und i-Valeryl-β-Naphthol dargestellt. — Natürlich kann man auch die fertigen Säurechloride in Pyridinlösung reagieren lassen[4]). (Siehe S. 688.)

Auch mit Chlorkohlensäureester kann man nach diesem Verfahren oder nach Schotten-Baumann acylieren[5]). Namentlich Phenolcarbonsäuren, Phenolsulfosäuren[6]), Amine[7]), Oxyaldehyde, aliphatische Aminocarbon- und -sulfosäuren werden schon beim Schütteln der wäßrigen oder acetonischen[8]) Lösungen ihrer Alkalisalze mit Chlorkohlensäureester acyliert.

Wenn man etwas größere Mengen der Carbomethoxyderivate darstellen will oder auf die Alkaliempfindlichkeit der Substanz Rücksicht zu nehmen hat, wird man nach folgendem Beispiel vorgehen[9]):

Darstellung der Tricarbomethoxygallussäure. In die Woulfsche Flasche (Fig. 295), die 80 g Gallussäure enthält, läßt man bei *b* einen ziemlich

---

[1]) Erdmann, B. **31**, 358 (1898).

[2]) A. **301**, 100 (1898). — Einhorn und Mettler, B. **35**, 3639 (1902).

[3]) J. pr. (2) **1**, 414 (1870).

[4]) Syniewski, B. **28**, 1875 (1895). — Erdmann, J. pr. (2) **56**, 43 (1897). — Weidel, M. **19**, 229 (1898). — Rosauer, M. **19**, 557 (1898). — Kaufler, M. **21**, 994 (1900).

[5]) Claisen, B. **27**, 3182 (1894). — E. Fischer, B. **41**, 2875 (1908); **42**, 215, 1015 (1909). — Houben, B. **42**, 3191 (1909). — Herzog und Krohn, Arch. **247**, 553 (1909). — Thoms und Drauzburg, B. **44**, 2131 (1911). — Nierenstein, B. **43**, 628, 1269 (1910). — E. Fischer und Hoesch, A. **391**, 347, 352 (1912). — E. Fischer und Freudenberg, B. **45**, 927 (1912). — E. Fischer und Pfeffer, A. **389**, 198 (1912). — E. und H. Fischer, B. **46**, 1138 (1913). — E. Fischer und Rapaport, Sitz. Akad. Berlin **1913**, 493. — E. und H. Fischer, Sitz. Akad. Berlin **1913**, 507. — DRP. 264 654 (1913).

[6]) Dereser, Diss. Marburg (1915), 6, 17.   [7]) Smith, Diss. Kiel (1914), 25.

[8]) Hoesch, B. **46**, 887 (1913).   [9]) E. Fischer, B. **41**, 2882 (1908).

starken Wasserstoffstrom eintreten, der bei *a* wieder austritt; durch den Trichter *c* läßt man 400—500 ccm kaltes Wasser und nach dem Aufschlämmen der Säure durch Schütteln 2 Mol. Natriumhydroxyd in 2n-Lösung einfließen, worauf man durch Rühren mit der Turbine bald klare Lösung erhält. Unter Kühlung mit einer Kältemischung und starkem Rühren gibt man nun durch *d* allmählich $1\,^1/_{10}$ Mol. Chlorkohlensäuremethylester, hierauf noch 1 Mol. Natriumhydroxyd und wieder die gleiche Menge Chlorkohlensäureester hinzu, worauf die Operation noch zweimal wiederholt wird. Die ganze Reaktion dauert 15—20 Minuten. Schließlich wird mit 5n-Salzsäure gefällt.

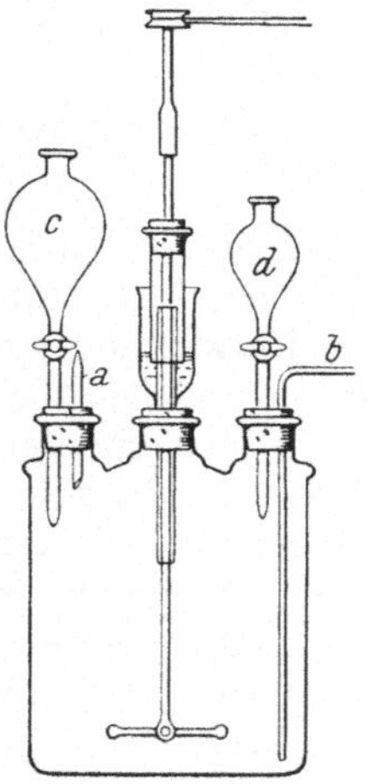

Die aliphatischen Oxysäuren lassen sich nach diesem Verfahren ebensowenig wie gewisse orthosubstituierte Phenolcarbonsäuren (Gentisinsäure, β-Resorcylsäure) carbomethoxylieren, wohl aber nach der zuerst bei der Salicylsäure[1]) angewendeten Methode: Einwirkenlassen von Chlorkohlensäuremethylester in wasserfreien Lösungsmitteln (Chloroform, Benzol, Aceton) bei Gegenwart tertiärer Basen (Dimethylanilin).

Bei der Carbomethoxylierung von Oxysäuren können gemischte Anhydride der Oxysäure und der Methylkohlensäure entstehen[2]).

Zu ihrer Zerlegung löst man in Aceton und schüttelt mit kaltgesättigter Kaliumbicarbonatlösung bis zum Aufhören der Kohlensäureentwicklung, säuert an und äthert aus.

Zur Darstellung der Tricarbomethoxyphloroglucincarbonsäure gehen z. B. E. Fischer und Strauß[3]) folgendermaßen vor:

Fig. 295.
Darstellung von
Carbomethoxyderivaten.

10 g Säure werden in einer dickwandigen Flasche mit 50 ccm trocknem, reinem Benzol übergossen und dann allmählich unter Schütteln mit 48 g ($7\,^1/_2$ Mol.) trocknem Dimethylanilin versetzt. Durch das Schütteln wird vermieden, daß das entstandene Salz zusammenbackt. Man kühlt mit Eis-Kochsalz, fügt 35 g (7 Mol.) Chlorkohlensäureester zu und schüttelt unter zeitweisem Eiszusatz. Es tritt Lösung und Schichtenbildung ein. Von Zeit zu Zeit wird der entstandene Druck durch Lüften des Stopfens aufgehoben. Nach ca. 2 Stunden fügt man 100—150 ccm Chloroform zu, das die evtl. erfolgte Ausscheidung von Krystallen löst, schüttelt mit 10proz. Schwefelsäure aus, wäscht, filtriert und verdampft das Chloroform unter Minderdruck. Der krystalline Rückstand besteht aus dem gemischten Anhydrid der carbomethoxylierten Säure und der Methylkohlensäure. Man löst in 180 ccm Aceton, fügt 4.5 ccm 25proz. Kaliumbicarbonatlösung und ca. 90 ccm Wasser zu, verdünnt nach einstündigem Stehen mit viel Wasser, übersättigt mit Salzsäure und schüttelt zweimal mit Essigäther aus, der nach dem Abdunsten im Vakuum das krystallisierende Reaktionsprodukt fast rein hinterläßt. Man löst wieder in Essigäther und fällt mit Ligroin.

Kohlensäureester kann man übrigens[4]) auch durch Erhitzen der in Benzol gelösten Substanz mit Chlorkohlensäureester in Gegenwart von Calciumcarbo-

---

[1]) Am. P. 1 639 174 (1899). — E. Fischer, B. **46**, 3256 (1913).

[2]) E. Fischer und Straus, B. **47**, 319 (1914). — E. Fischer und H. Fischer, B. **47**, 768 (1914). — Vgl. DRP. 117 267 (1899) und Einhorn und Seuffert, B. **43**, 2988 (1910). [3]) B. **47**, 318 (1914).

[4]) Syniewski, B. **28**, 1875 (1895). — Weidel, M. **19**, 229 (1898). — Rosauer, M. **19**, 557 (1898). — Kaufler, M. **21**, 994 (1900).

nat[1]) darstellen. In diesen Derivaten macht man dann eine Methoxylbestimmung.

Daniel und Nierenstein haben[2]) die Carbalkyloxyderivate für die quantitative Bestimmung von Hydroxylen verwertet.

Die Methode hat speziell für die Gerbstoffchemie Bedeutung. Das Verfahren beruht auf der Verseifung von Carbalkyloxyderivaten:

$$R \cdot O \cdot COOR_1 + H_2O = R \cdot OH + CO_2 + R_1 \cdot OH$$

und bietet den Vorteil, daß Verschiebungen und Aufspaltungen des Moleküls, wie sie bei der Darstellung anderer Gerbstoffderivate[3]) vorkommen, dem Anschein nach nicht zu befürchten sind. Das Prinzip dieser Methode beruht auf dem Wägen des bei der Verseifung entwickelten Kohlendioxyds.

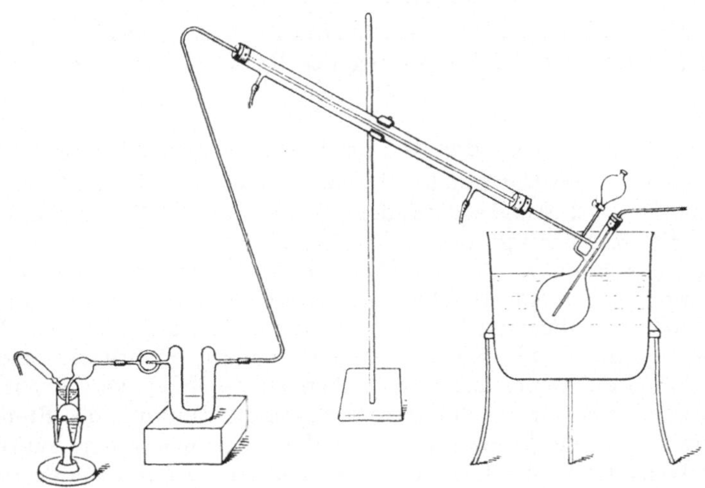

Fig. 296. Analyse der Carbomethoxyverbindungen.

Die Hydroxylbestimmung wird im vorstehenden Apparat (Fig. 296), dessen Anordnung aus der Zeichnung leicht zu entnehmen ist, ausgeführt. Wie eine Reihe von Versuchen ergeben hat, eignet sich 50 proz. Pyridinlösung für die Verseifung der Derivate am besten. Man beschickt daher das U-Rohr mit einem Gemisch von 2 Teilen Calciumchlorid und 1 Teil Oxalsäure, so daß (was selten der Fall ist) evtl. übergehende Pyridindämpfe zurückgehalten werden können.

Für die Bestimmung löst man 0.3—0.5 g Substanz in 20—30 ccm Alkohol und bringt das Ölbad unter Einleiten von kohlendioxydfreier Luft auf 115—120°. Hierauf läßt man unter Vorwärmen des Tropftrichters mit der Hand in drei Portionen 50 ccm Pyridinlösung hinzufließen und setzt das Erwärmen (120° ist die Maximaltemperatur) und Einleiten von Luft während $^3/_4$—1 Stunde fort. Im ganzen dauert die Bestimmung $1^1/_2$—2 Stunden.

Über Carbonate und Formylderivate der Phenole siehe die Literatur[4]).

---

[1]) Weniger gut ist Alkalicarbonat, das auf die Ester verseifend wirken kann.
[2]) B. **44**, 701 (1911).
[3]) Nierenstein, Chemie der Gerbstoffe. Stuttgart (1910), 34.
[4]) Hinsberg, B. **23**, 2962 (1890). — Erdmann, B. **31**, 356 (1898).

Mit
Phenylessigsäurechlorid

arbeitet man nach Art der Schotten-Baumannschen Reaktion, indem man die in verdünnter Kalilauge gelöste Substanz mit überschüssigem Phenylacetylchlorid schüttelt.

Die Darstellung erfolgt am besten mit Thionylchlorid[1]).

Phenylchloressigsäurechlorid.

Darstellung: Staudinger und Bereza B. 49, 536 (1911).

Man acyliert nach der auf S. 660 beschriebenen Methode von Jacobs und Heidelberger.

Brenzschleimsäurechlorid

hat Baum[2]) empfohlen, namentlich für die Acylierung mehrwertiger Phenole.

Baum bezeichnet die Einführung des Restes der Brenzschleimsäure als Furoylierung.

Darstellung des Brenzschleimsäurechlorids.

Man erwärmt ein Gewichtsteil Brenzschleimsäure mit der 5fachen Menge Thionylchlorid 1—2 Stunden auf dem Wasserbad am Rückflußkühler. Man destilliert die Hauptmenge des Thionylchlorids auf dem Wasserbad und sodann mit freier Flamme ab; das Thermometer steigt rasch von 73° an und nachdem wenige Kubikzentimeter einer Zwischenfraktion übergegangen sind, die sich durch einmaliges Fraktionieren zerlegen läßt, destilliert bei 173° reines Brenzschleimsäurechlorid. Die Ausbeute ist nahezu quantitativ, ebenso wird vom Thionylchlorid wenig mehr als die berechnete Menge verbraucht.

Hervorzuheben wäre noch die stark aggressive Wirkung des Brenzschleimsäurechlorids. Es wirkt namentlich auf die Schleimhaut der Augen in weit heftigerer Weise als Benzoylchlorid, so daß man damit nur unter einem gut wirkenden Abzug arbeiten kann.

Beispiel: Difuroylresorcin.

Um Verharzung durch Alkali zu vermeiden, wird die Furoylierung in Pyridinlösung vorgenommen. 1 Teil Resorcin wird in der 5fachen Menge Pyridin gelöst und die berechnete Menge Säurechlorid tropfenweise unter guter Kühlung zugegeben.

Beim Eingießen der Pyridinlösung in Wasser scheidet sich die Substanz als Öl aus, das bald krystallinisch erstarrt. Die Ausbeute an Rohprodukt ist quantitativ. Aus heißem Alkohol umkrystallisiert bildet es farblose, rechteckige, perlmutterglänzende Tafeln vom Schmelzpunkt 128—129°. Es ist unlöslich in Wasser, schwer löslich in kaltem Alkohol, leicht löslich in Äther. Durch 2stündiges Erhitzen mit Barytwasser wird es, allerdings unter schwacher Braunfärbung, in die Komponenten gespalten.

Die Spaltung der Furoylderivate gelingt überhaupt immer durch Kochen mit Barytwasser[3]).

In der Regel wird die Furoylierung (wo keine Schädigung des Hydroxylderivats durch Alkali zu befürchten ist) nach Schotten-Baumann durchgeführt.

---

[1]) Hans Meyer, M. 22, 427 (1901).
[2]) Diss. Berlin (1903). — B. 37, 2949 (1904).
[3]) Jaffé und Cohn, B. 20, 2312 (1887).

4. Darstellung von Urethanen mit Harnstoffchlorid.

Mit Harnstoffchlorid reagieren nach Gattermann[1]) hydroxylhaltige Verbindungen nach der Gleichung:

$$NH_2COCl + ROH = HCl + NH_2COOR$$

unter Bildung der schön krystallisierenden Urethane[2]).

Man läßt am besten molekulare Mengen der Komponenten in ätherischer Lösung aufeinander einwirken. Die Reaktion verläuft meist schon beim Stehen bei Zimmertemperatur quantitativ, nur bei mehrwertigen Phenolen ist schwaches Erwärmen nötig.

In dem Reaktionsprodukt wird der Stickstoff, am besten als Ammoniak, bestimmt.

Größerer Überschuß an Säurechlorid ist zu vermeiden, weil er zur Bildung von Allophansäureestern:

$$NH_2CONHCOOR$$

führen könnte.

Darstellung von Harnstoffchlorid[3]).

30 g Salmiak werden in einem 4 cm weiten, 60 cm langen Glasrohr im Luftbad auf etwa 400° erhitzt und ein kräftiger Strom durch Schwefelsäure getrocknetes Phosgen darübergeleitet. Das Harnstoffchlorid destilliert dann als farblose Flüssigkeit von sehr stechendem Geruch über, die zuweilen zu zolllangen, breiten Nadeln vom Schmelzpunkt 50° erstarrt. Das Chlorid verflüchtigt sich schon bei 61—62° und polymerisiert sich bei längerem Stehen unter Abspaltung von Salzsäure zu Cyamelid, weshalb es sich empfiehlt, es nach seiner Darstellung unmittelbar weiter zu verarbeiten. An feuchter Luft, sowie mit Wasser setzt es sich zu Kohlensäure und Salmiak um. Direktes Sonnenlicht ist bei der Darstellung auszuschließen.

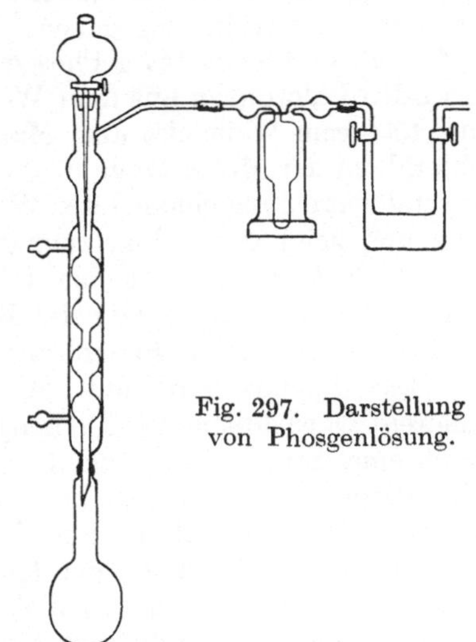

Fig. 297. Darstellung von Phosgenlösung.

Nach Kauffmann[4]) braucht man das höchst lästige Phosgen nicht zu isolieren, man leitet vielmehr das rohe, nach Erdmann[5]) bereitete Gas durch mehrere mit konzentrierter Schwefelsäure beschickte Waschflaschen, die das mitgebildete Sulfurylchlorid und Schwefelsäureanhydrid zurückhalten, dann direkt über den Salmiak.

Darstellung der Phosgenlösung nach Erdmann.

100 ccm Tetrachlorkohlenstoff werden in einem Rundkolben von 300 ccm Inhalt im kochenden Wasserbad zum lebhaften Sieden erhitzt und aus einem Tropftrichter mit zur Spitze ausgezogenem Hals 120 ccm 80 proz. Oleum in

---

[1]) A. **244**, 38 (1888). — Siehe auch Erdmann, B. **35**, 1860 (1902).

[2]) Beziehungen zwischen der Konstitution der Alkohole und der Geschwindigkeit der Urethanbildung: Agathe Lewandowsky, Diss. Berlin (1915).

[3]) Gattermann und Schmidt, B. **20**, 858 (1887). — Gattermann, A. **244**, 30 (1888). [4]) A. **344**, 70 (1905). [5]) B. **26**, 1993 (1893).

der durch die Zeichnung (Fig. 297) erläuterten Weise so zugegeben, daß jeder Tropfen Anhydrid zuerst in dem senkrecht stehenden Kugelkühler mit den aufsteigenden Dämpfen des Tetrachlorids in innige Berührung gelangt und dann erst in das Siedegefäß herabfällt. Das in regelmäßigem Strom entwickelte Phosgen wird in ganz aus Glas geblasenen Waschflaschen mit wenig konzentrierter Schwefelsäure gewaschen.

Auch substituierte Harnstoffchloride haben in vielen Fällen gute Dienste geleistet. So ist nach Erdmann und Huth[1]) das Diphenylharnstoff-chlorid:

$$\begin{array}{l} C_6H_5 \\ C_6H_5 \end{array}\!\!\!>\!NCOCl$$

speziell für Rhodinol- (Geraniol-)Bestimmungen sehr geeignet. Ebenso bewährt es sich für die Charakterisierung des Furalkohols [Erdmann[2])]. Man erhitzt 5 g Furalkohol mit 11.5 g Diphenylharnstoffchlorid und 6.5 g Pyridin eine Stunde im kochenden Wasserbad, trägt in heißes Wasser ein und läßt erkalten. Die ausgeschiedene Krystallmasse wird aus Alkohol und Ligroin gereinigt. — Nerol wird gleichfalls als Diphenylcarbaminsäure-ester charakterisiert[3]).

Darstellung des Diphenylharnstoffchlorids.

250 g Diphenylamin werden in 700 ccm Chloroform gelöst und 120 ccm wasserfreies Pyridin zugegeben. Diese Mischung kühlt man in einem Kolben auf 0° ab und leitet 147 g Phosgen ein. Nach 5—6stündigem Stehen destilliert man das Chloroform aus dem Wasserbad ab und krystallisiert den Rückstand aus 1500 ccm Weingeist um. Man erhält 300 g krystallisiertes Carbaminsäure-chlorid, in der Mutterlauge bleibt salzsaures Pyridin. Nach nochmaligem Um-krystallisieren aus einem Liter Weingeist ist das Diphenylcarbaminsäurechlorid rein und zeigt den Schmelzpunkt 84°.

Nach Herzog[4]) ist das Diphenylharnstoffchlorid übrigens ganz allgemein ein ausgezeichnetes Reagens für Phenole und deren Derivate, mit Ausnahme der freien Phenolcarbonsäuren[5]).

Das Phenol wird mit der vierfachen Menge Pyridin und der mole-kularen Gewichtsmenge Diphenylharnstoffchlorid im Kölbchen mit Steig-rohr eine Stunde in siedendem Wasser erhitzt, darauf die Lösung unter Umrühren in Wasser gegossen, wobei sich ein rötlicher, mehr oder weniger verschmierter Krystallbrei ausscheidet. Nach dem Abgießen des Wassers und oberflächlichem Trocknen der Krystallmasse wird aus Ligroin, bei hochmole-kularen Substanzen aus Alkohol, umkrystallisiert.

Löst man Diphenylharnstoffchlorid ohne Phenolzusatz in Pyridin, so bildet sich, namentlich rasch bei Belichtung, ein Additionsprodukt, Diphenylharn-stoffchloridpyridin, das sich unter lebhafter Rotfärbung der ganzen Masse in Krystallen ausscheidet, und das aus wasserfreiem Alkohol-Äther in anfangs farblosen, bei 105—110° schmelzenden Nadeln erhalten werden kann, die sich leicht wieder röten. Dieses Zwischenprodukt gibt mit Phenolen die ent-

---

[1]) J. pr. (2) **53**, 45 (1896); (2) **56**, 7 (1897).
[2]) B. **35**, 1851 (1902). — Caryophyllin: Herzog, B. d. pharm. Ges. **1905**, 121. — Zimtaldehyd: Schimmel & Co., B. **1910**, I, 174.
[3]) Hesse und Zeitschel, J. pr. (2) **66**, 502 (1902). — Soden und Treff, B. **39**, 906 (1906).
[4]) B. **40**, 1831 (1907). — Basen: Dehn und Platt, Am. soc. **37**, 2122 (1915).
[5]) Herzog und Hâncu, B. **41**, 637 (1908). — Arch. **246**, 411 (1908). — Thoms und Drauzburg, B. **44**, 2131 (1911). — Thoms und Baetcke, B. **45**, 3712 (1912).

sprechenden Urethane in besserer Ausbeute und reiner als Diphenylharnstoffchlorid selbst, doch wird seine Isolierung im allgemeinen nicht notwendig sein.

Zur Verseifung der Urethane erhitzt man in einer Druckflasche zwei Stunden im kochenden Wasserbad mit alkoholischer Kalilauge, treibt das Diphenylamin mit Wasserdampf über, übersättigt mit Säure und erhält so das reine Phenol, das dann auch wieder durch Destillation mit Wasserdampf oder Ausschütteln isoliert wird.

Zur Identifizierung von Phenolen genügen Zehntelgramme Substanz, da die Ausbeute vorzüglich zu sein pflegt.

Mit Säuren liefert Diphenylharnstoffchlorid diphenylierte Säureamide (Herzog und Hâncu, a. a. O.) resp. gemischte Säureanhydride

$$O{<}^{CO-N(C_6H_5)_2}_{\ OCR\ ^1)}.$$

Die Analyse der Diphenylurethane gibt namentlich bei hochmolekularen Phenolen keinen sicheren Aufschluß über die Zusammensetzung der Substanzen, so zeigen z. B. Resorcin- und Phloroglucin-Diphenylurethan im Kohlenstoff-, Wasserstoff- und Stickstoffgehalt nur um Zehntelprozente differierende Werte.

Nach Herzog und Hâncu[2]) kann man aber auf die Tatsache, daß Diphenylamin in Wasser vollkommen unlöslich ist, eine quantitative Spaltungsmethode dieser Substanzen aufbauen. Etwa ein Gramm Urethan und 8 ccm Alkohol werden mit überschüssiger Kalilauge, wie weiter oben angegeben, verseift, darauf das Produkt in einen Destillationskolben gegossen und die Druckflasche zweimal mit je 2 ccm Alkohol nachgespült.

Die nun folgende Wasserdampfdestillation wird so langsam ausgeführt, daß die milchige, mit Diphenylamin beladene Flüssigkeit nur tropfenweise übergeht. Sobald das Destillat klar abläuft, wird zum Hinübertreiben der schon im Kühler erstarrten Substanz durch heiße Wasserdämpfe das Kühlwasser abgestellt.

Nach ein bis höchstens zwei Tagen hat sich das Diphenylamin vollkommen klar abgesetzt und wird auf einem bei 30° getrockneten und gewogenen Filter gesammelt, wieder bei 30° getrocknet und gewogen.

Die erhaltene Menge Diphenylamin, durch den Faktor 9.94 dividiert, gibt das entsprechende Gewicht an Hydroxyl.

Man erhält in der Regel etwas zuviel, bis etwa 1% des Hydroxylwerts, manchmal aber auch um den entsprechenden Betrag zu wenig.

5. Bestimmung der Hydroxylgruppe durch Phenylisocyanat[3]).

Durch Einwirkung molekularer Mengen Phenylisocyanat auf Hydroxylderivate entstehen Phenylcarbaminsäureester[4]) nach der Gleichung:

$$ROH + CO \cdot N \cdot C_6H_5 = ROCONHC_6H_5.$$

Oft findet die Reaktion schon bei gewöhnlicher Temperatur statt, in der Regel aber erhitzt man die berechneten Mengen der Komponenten im Kölb-

---

[1]) Herzog, B. D. pharm. Ges. **19**, 394 (1910).

[2]) B. **41**, 638 (1908).   [3]) Siehe auch S. 645.

[4]) Hofmann, A. **74**, 3 (1850). — B. **18**, 518 (1885). — Snape, B. **18**, 2428 (1885). — W. Wislicenus, A. **308**, 233 (1890). — Knorr, A. **303**, 141 (1898). — Sack und Tollens, B. **37**, 4108 (1904). — Dieckmann, Hoppe und Stein, B. **37**, 4627 (1904). — Michael, B. **38**, 23 (1905). — Heinr. Goldschmidt, B. **38**, 1096 (1905). — Dieckmann und Breest, B. **39**, 3052 (1906).

chen auf vorgewärmtem Sandbad rasch zum Sieden. Die eingetretene Reaktion wird unter Schütteln und geringem Erwärmen zu Ende geführt [1]), evtl. noch 1—2 Stunden auf dem Wasserbad erhitzt [2]).

Mehrwertige Phenole werden 10—16 Stunden im Einschlußrohr erhitzt [Snape [3])]. Verbindungen, die bei dieser Temperatur Wasser abspalten, zersetzen das Phenylisocyanat in Kohlendioxyd und Carbanilid [4]).

Auch beim Kochen im offenen Kölbchen ist, zur Vermeidung der Bildung größerer Mengen von Diphenylharnstoff, die Dauer des Erhitzens tunlichst abzukürzen. Aus der zu einem weißen Brei erstarrten Masse entfernt man durch wenig absoluten Äther — gewöhnlich noch besser durch Benzol — etwas unangegriffenes Phenylisocyanat, wäscht nach dem Verjagen des Äthers oder Benzols mit kaltem Wasser und krystallisiert aus Alkohol, Petroläther, Essigester oder Äther-Petroläther um, wobei der schwerlösliche Diphenylharnstoff zurückbleibt.

Man kann auch das überschüssige Phenylisocyanat im Vakuum abdestillieren [5]).

Manche Urethane vertragen weder Erhitzen noch Umkrystallisieren aus hydroxylhaltigen Medien. So wird das von Knorr beschriebene Urethan:

$$CH_3-C = CH-C = C\langle^{CH_3}_{OCONHC_6H_5}$$
$$O\text{------}CO$$

sowohl beim Schmelzen als auch beim Kochen mit Alkohol gespalten, wird aber unverändert aus siedendem Benzol oder Äther zurückerhalten [6]).

Treten elektronegative Gruppen substituierend in den Hydroxylträger ein, so nimmt die Reaktionsfähigkeit ab oder erlischt ganz.

So gibt Pikrinsäure selbst bei 180° unter Druck keinen Carbaminsäure-ester [7]) und ebensowenig reagiert Triphenylcarbinol [8]).

Klages benutzt als Lösungsmittel Ligroin [9]); Weehuizen [10]) stellt die Urethane durch Erhitzen der Komponenten in einer hauptsächlich aus Decan und Undecan bestehenden Petroleumfraktion vom Sdp. 170—200° dar. Die Anwendung des Lösungsmittels bietet ihm zufolge folgende Vorteile:

1. Die Gegenwart von Wasser ist ausgeschlossen, so daß die Bildung von Diphenylharnstoff nicht zu befürchten ist;

2. sowohl die Terpenalkohole und Phenole wie auch Phenylisocyanat sind in der Petroleumfraktion löslich;

3. die Urethane sind darin schwer löslich, so daß sie sich daraus beim Abkühlen in schönen Krystallen absetzen.

Weehuizen löst 1 g des Terpenalkohols oder Phenols in etwa 6—10 ccm der Petroleumfraktion, fügt die nötige Menge Phenylisocyanat zu und läßt das Gemisch $^1/_2$—1 Stunden kochen; zuweilen ist längeres Erhitzen notwendig. Einige der Phenylurethane sind auch in der siedenden Petroleumfraktion schwer löslich; man setzt in diesem Fall 10—20% des Volumens an absolutem Alkohol zu. In der Kälte scheiden sich die Urethane aus; zum Umkrystallisieren verwendet Weehuizen dieselbe Petroleumfraktion. Beim

[1]) Tesmer, B. **18**, 969 (1885).   [2]) E. Müller, Diss. Leipzig (1908), 21.
[3]) B. **18**, 2428 (1885).   [4]) Beckmann, A. **292**, 16 (1896).
[5]) Ciamician und Silber, B. **43**, 1348 (1910).   [6]) A. **303**, 141 (1899).
[7]) Gumpert, J. pr. (2) **31**, 119 (1885); (2) **32**, 278 (1885).
[8]) Knoevenagel, A. **297**, 141 (1897).   [9]) B. **35**, 2263 (1902).
[10]) Rec. **37**, 266, 355 (1918). — Ph. W. **56**, 299 (1918). — Schimmel & Co., B. **1919**, II, 140.

Eugenol empfiehlt es sich, die Reaktion in Benzin vom Sdp. 80—100° in der Kälte vorzunehmen und das Gemisch einige Tage im geschlossenen Gefäß stehen zu lassen; es scheiden sich dann die Krystalle des Eugenolphenylurethans aus. Man kann mit Hilfe von Phenylisocyanat auch Campher und Borneol trennen; beide Körper sind leicht löslich in der Petroleumfraktion; beim Kochen mit Phenylisocyanat bildet sich Bornylphenylurethan, das in der Kälte auskrystallisiert, während Campher nicht reagiert und bei Verwendung von genügend Lösungsmittel in Lösung bleibt. Mit Linalool und Geraniol wurden keine guten Ergebnisse erzielt; besonders bei Linalool bildete sich stets viel Diphenylharnstoff.

Klobb arbeitet in Benzollösung [1]), Maquenne [2]) in Pyridinlösung. Die auf diese Art dargestellten Urethane der Zuckerarten können zur quantitativen Bestimmung der letzteren durch Wägung des Derivats dienen [3]). Auch für die Reindarstellung von Alkoholen sind die Phenylurethane geeignet [4]).

Phenylisocyanat und Mercaptane: Goldschmidt und Meißler, B. **23**, 272 (1890).

Über einen Fall von anormaler Wirkung: Eckart, Arch. **229**, 369 (1891).

Über „Aktivierung" des Phenylisocyanats mit einer Spur Alkali (Natriumacetat) siehe Dieckmann, Hoppe und Stein, B. **37**, 3370, 4627 (1904). — Vallée [5]) empfiehlt als Katalysator metallisches Natrium. Zur Darstellung der Urethane werden die Komponenten in Benzollösung mit $1/_2$—1% Natrium kurze Zeit (15—30) Minuten auf dem Wasserbad erwärmt oder auch längere Zeit bei gewöhnlicher Temperatur stehen gelassen, dann das Lösungsmittel im Vakuum abgedunstet und der Rückstand bis zum Festwerden über Paraffin unter Feuchtigkeitsabschluß aufbewahrt, auf Ton abgepreßt und umkrystallisiert [6]).

Darstellung von Phenylisocyanat [7]).

Je 15 g käufliches Phenylurethan werden in kleinen Retorten mit dem doppelten Gewicht Phosphorpentoxyd gemengt. Die Mischung wird mit der leuchtenden Flamme des Bunsenbrenners erhitzt und das Destillat mehrerer Portionen in einem Fraktionierkolben gesammelt. Einmaliges Destillieren genügt, um ein reines Präparat zu erzielen. (Sdp. 162—163°.)

Die Ausbeute beträgt 52—53 %.

Michael [8]) destilliert je 50 g Phenylurethan mit 30 g Phosphorpentoxyd bei 100 mm (140—170°) aus einem Metallbad.

Nach einem patentierten Verfahren [9]) kann man zweckmäßig auch folgendermaßen vorgehen: 13 Teile trocknes Anilinchlorhydrat werden mit 11 Teilen Phosgen, die in 40 Teilen Benzol gelöst sind, unter Druck auf 120° erhitzt. Man bläst die nach der Gleichung:

$$C_6H_5NH_2 \cdot HCl + COCl_2 = C_6H_5NCO + 3\,HCl$$

entstandene Salzsäure ab und destilliert dann.

---

[1]) Bull. (3) **35**, 741 (1906).   [2]) Bull. (3) **31**, 854 (1904).
[3]) Maquenne und Goodwin, Bull. (3) **31**, 430, 433 (1904).
[4]) Bloch, Bull. (3) **31**, 49 (1904).
[5]) Bull. (4) **3**, 185 (1908). — Thèse, Paris (1908), 81. — Tschugaeff und Glebko, B. **46**, 2752 (1913). — Ebenda Angaben über die Verwendung von Menthyl- und Fenchylisocyanat.
[6]) Manchmal nützen auch diese „Aktivierungsmittel" nichts: Abelmann, B. **43**, 1577 (1910).   [7]) Goldschmidt, B. **25**, 2578, Anm. (1892).
[8]) B. **38**, 22 (1905).   [9]) DRP. 133 760 (1902).

Zunächst geht das Benzol mit noch viel Salzsäure und überschüssigem Phosgen über, dann steigt das Thermometer rasch, worauf bei 166° Phenylisocyanat überdestilliert. Durch nochmalige Destillation wird es vollkommen rein gewonnen. Aus salzsaurem p-Phenetidin und Phosgen erhält man auf ähnliche Weise p - Äthoxyphenylisocyanat $C_2H_5O \cdot C_6H_4 \cdot NCO$.

Gleich dem Phenylisocyanat liefert auch das, wie später [1]) ausgeführt wird, für die Abscheidung von Aminokörpern wichtige

6. α-Naphthylisocyanat

mit den Alkoholen Verbindungen, die in gewissen Fällen zu ihrer Identifizierung dienen können [2]). Die Methode ist namentlich dann zu empfehlen, wenn die Derivate des Phenylisocyanats nicht krystallisiert erhalten werden können.

Namentlich für die Abscheidung kleiner Mengen aliphatischer Alkohole, die relativ wenige krystallisierte Derivate geben, ist dieses Reagens sehr geeignet. Durch sein großes Molekulargewicht erhöht es die Menge der abzuscheidenden Substanz und verleiht der Verbindung gutes Krystallisationsvermögen.

Die Derivate entstehen nach der Gleichung:

$$C_{10}H_7N : CO + HO \cdot R = C_{10}H_7NHCOOR$$

bei primären Alkoholen oft schon bei gelindem Erwärmen. Bei den sekundären und tertiären Alkoholen sind die Ausbeuten meist schlechter.

Stets muß für völligen Ausschluß von Wasser Sorge getragen werden.

Meist genügt Erwärmen, höchstens bis zum beginnenden Sieden am Steigrohr, worauf die Reaktion unter Wärmeentwicklung von selbst weiter verläuft.

Das Urethan fällt meist nach kurzem Stehen, manchmal erst nach Stunden, wobei Reiben mit dem Glasstab gute Wirkung tut, krystallinisch aus.

Man kocht mit Ligroin aus und filtriert von etwas unlöslichem Dinaphthylharnstoff. Das entsprechend konzentrierte Filtrat pflegt dann die Naphthylisocyanatverbindung in schönen Krystallen auszuscheiden.

Zur Darstellung [3]) der Naphthylurethane der Terpenreihe läßt man das Gemisch der Komponenten entweder einige Tage lang stehen oder erhitzt einige Stunden auf dem Wasserbad. Die Derivate pflegen erst nach einiger Zeit zu krystallisieren und können dann aus verdünntem Methyl- oder Äthylalkohol umkrystallisiert werden. Das Gemisch von Isocyanat und Terpineol war selbst nach 6 Tagen noch nicht fest geworden; man unterwarf deshalb die ölige Masse der Einwirkung eines Dampfstroms und behandelte den festen Rückstand mit siedendem Petroläther. Schließlich wurde aus verdünntem Alkohol umkrystallisiert.

Naphthylisocyanat haben Willstätter und Hocheder [4]) auch zur Charakterisierung des Phytols benutzt.

Als Nebenprodukt entstand bei 281—282° schmelzender Dinaphthylharnstoff.

Die Naphthylderivate machen gelegentlich bei der Elementaranalyse Schwierigkeiten und liefern wesentlich zu niedrige Kohlenstoffwerte [5]). Siehe übrigens Neuberg und Kansky, Bioch. **20**, 447, 449 (1909).

---

[1]) Siehe S. 932.
[2]) Neuberg und Kansky, Bioch. **20**, 445 (1909). — Elze, Ch. Ztg. **34**, 538 (1910). — Neuberg und Hirschberg, Bioch. **27**, 339 (1910).
[3]) Bericht von Schimmel & Co., **1906**, II, 38.
[4]) A. **354**, 253 (1907). — Hämopyrrolidin: Willstätter und Asahina, B. **44**, 3707 (1911).   [5]) Roure-Bertrand Fils, B. (2) **5**, 49 (1907).

7. Carboxäthylisocyanat $OC : NCO_2C_2H_5$ [1].

Darstellung von Carboxäthylisocyanat. 60 g Urethan werden in
1 l absolutem Äther gelöst und 29 g Natriumdraht hinzugefügt. Zur Einleitung
der Reaktion wird die Mischung, die mit einem gut wirkenden, mit Chlorcalciumrohr verschlossenen Rückflußkühler versehen ist, in ein Gefäß mit
warmem Wasser gestellt. Nach kurzer Zeit beginnt die Wasserstoffentwicklung und die Umwandlung des Natriums vollzieht sich sehr energisch. Nach
etwa 2—3 Stunden hat sich ein großer Teil des Metalls gelöst und in eine weiße,
gequollene Masse verwandelt. Zu dieser läßt man 140 g Chlorkohlensäureester langsam und sehr vorsichtig hinzufließen, wobei der Niederschlag unter
starker Erwärmung pulvrige Beschaffenheit annimmt und das noch unangegriffene Metall aufgelöst wird. Nachdem der Ester eingetragen ist, überläßt
man das Gemisch noch einige Stunden sich selbst, filtriert dann, laugt den
Niederschlag mit Äther aus und destilliert letzteren ab.

Das zurückbleibende Öl, 127 g, wird im Vakuum fraktioniert, wobei unter
12 mm Druck nach einem Vorlauf von ca. 16 g, der hauptsächlich aus unverändertem Urethan besteht, zwischen 143—147° die Hauptmenge übergeht.
Bei nochmaligem Fraktionieren unter 12 mm erhält man 100 g bei 146—147°
siedenden Stickstofftricarbonsäureester.

50 g desselben werden mit etwa der doppelten Menge Phosphorpentoxyd
gut gemischt und in einem geräumigen Fraktionierkolben in einem Bad auf
ca. 120° erhitzt. Bei dieser Temperatur tritt unter lebhafter Gasentwicklung
Reaktion ein und das entstehende Isocyanat destilliert als farblose Flüssigkeit
in die durch eine Kältemischung gut gekühlte und vor Luftfeuchtigkeit gut
geschützte Vorlage. Sobald kein Äthylen mehr entweicht, was man leicht
durch Anzünden des Gases während der Reaktion erkennen kann, unterbricht
man den Versuch und reinigt das in der Vorlage befindliche Reaktionsprodukt
durch eine zweite Destillation, wobei nahezu die ganze Menge konstant bei
115—116° übergeht. Die Ausbeute an diesem analysenreinen Produkt beträgt 8 g.

Das Carboxäthylisocyanat ist eine wasserhelle, ziemlich bewegliche Flüssigkeit von charakteristischem, sehr stechendem Geruch.

Gegen Wasser ist es äußerst empfindlich. Schon kurzes Stehen an feuchter
Luft genügt, um es unter Abscheidung eines krystallinischen Produkts zu zersetzen. Dieses ist identisch mit dem bei 107° schmelzenden Carbonyldiurethan.
Nachdem das Isocyanat (1 Molekül) zuerst 1 Molekül Wasser unter Bildung
von Urethan aufgenommen hat, addiert dieses ein zweites Molekül Carboxäthylisocyanat.

Etwas weniger heftig, aber meist sehr glatt reagiert Carboxäthylisocyanat
mit Alkoholen und Phenolen.

Die Substanz wird meist in einem indifferenten Lösungsmittel aufgelöst und mit dem Carboxäthylisocyanat, von dem zur Erzielung besserer
Ausbeuten ein kleiner Überschuß angewendet wird, zusammengebracht. Man
überläßt das Gemisch sich selbst oder führt die Reaktion durch schwaches
Erwärmen auf dem Wasserbad zu Ende. Die Beendigung der Umsetzung
wird durch das völlige Verschwinden des charakteristischen, stechenden Geruchs
angezeigt. Das Additionsprodukt fällt dann von selbst aus, oder es wird durch
Abdunsten des Lösungsmittels isoliert.

---

[1] Diels, B. **36**, 740 (1903). — Diels und Wolf, B. **39**, 686 (1906). — Jacoby,
Diss. Berlin (1907). — Diels und Jacoby, B. **41**, 2397 (1908).

Bei dieser Reaktion entstehen mit Alkoholen und Phenolen die zum Teil sehr schön krystallisierenden gemischten Ester der Iminodicarbonsäure:

$$NH\big\langle{}^{CO_2R}_{CO_2C_2H_5}\cdot$$

Diese Derivate können mittels der Äthoxylbestimmungsmethode bequem analysiert werden. Siehe S. 901.

Nachweis von Alkoholen (auch tertiären) in Form von Allophanaten: Béhal, C. r. **168**, 945 (1919). — Schimmel & Co., Ber. 1920 (April-Oktober), 136.

8. Alkylierung der Hydroxylgruppe [1].

Der Hydroxylwasserstoff der Phenole und vieler Alkohole läßt sich alkylieren, und in den so entstehenden Äthern kann man nach Zeisel die Zahl der eingetretenen Alkylgruppen ermitteln.   (Siehe S. 892.)

Da die Phenoläther sich in der Regel nicht durch Alkalien verseifen lassen, ist dadurch meist auch die Möglichkeit gegeben, in Oxysäuren Carboxyl- und Hydroxylgruppe zu unterscheiden.

9. Benzylierung der Hydroxylgruppe [2].

Siehe hierüber S. 637.

Das dargestellte Produkt wird der Elementaranalyse unterworfen bzw. bei Nitrobenzylderivaten eine Stickstoff- oder Nitrobestimmung vorgenommen.

10. Einwirkung von Natriumamid siehe S. 621.

11. Darstellung von Dinitrophenyläthern [3].

Die leichte Beweglichkeit des Chlors im 1-Chlor-2.4-Dinitrobenzol ermöglicht die Bildung der verschiedensten Dinitrophenyläther. Man löst das Chlordinitrobenzol in dem Alkohol auf, setzt auf je 1 g 0.25 g Ätzkali (in dem gleichen Alkohol gelöst) zu und erwärmt, falls notwendig, zur Beendigung der Reaktion. Die Kalilösung bereitet man so, daß man das Ätzkali zuerst in Wasser löst und dann mit der gleichen Alkoholmenge versetzt.

Phenole löst Landau [4]) in Natronlauge, gibt etwas mehr als die berechnete Menge Chlordinitrobenzol zu und schüttelt.

12. Quantitative Bestimmung von Hydroxylgruppen mit Hilfe magnesiumorganischer Verbindungen nach Tschugaeff und Zerewitinoff [5].

Nachdem schon Hibbert und Sudborough [6]) die Tschugaeffsche Reaktion [7]) zu einer quantitativen auszugestalten versucht hatten, ist von Zerewitinoff [8]) ein recht allgemein anwendbares Verfahren ausgearbeitet worden.

---

[1]) Siehe S. 628. — Über Phenoläther aus Kohlensäureestern: Einhorn, B. **42**, 2237, 2772 (1909). — DRP. 224 160 (1910).

[2]) Siehe auch Haase und Wolffenstein, B. **37**, 3231 (1904).

[3]) Willgerodt, B. **12**, 762 (1879); siehe auch Vongerichten, A. **294**, 215 (1896). — DRP. 75 071 (1894); 76 504 (1894). — Werner, B. **29**, 1151, 1156 (1896).

[4]) Diss. Zürich (1905), 24.

[5]) Anwendung zur Wasserbestimmung: Zerewitinoff, Z. anal. **50**, 680 (1911).

[6]) B. **35**, 3912 (1902). — Proc. **19**, 285 (1904). — Soc. **95**, 477 (1909).

[7]) Siehe S. 612.

[8]) B. **40**, 2023 (1907); **41**, 2223 (1908); **43**, 3590 (1910); **47**, 1659 (1914). — Windaus, B. **41**, 618 (1908). — Oddo, B. **44** 2040 (1911). — Herrmann und Wächter, B. **49**, 1663—1667 (1916). — Herrmann, Arch. **258**, 203, 205 (1920). — Herzig.

Als Lösungsmittel für die magnesiumorganische Verbindung und für die
zu untersuchende Substanz kann man Äthyläther nicht gebrauchen, da seine
Dampfspannung sich selbst bei unbedeutenden Temperaturschwankungen
merklich ändert, was natürlich auch die Resultate der Bestimmungen stark
beeinträchtigt. Aus diesem Grund wird, dem Vor-
schlag Hibberts und Sudboroughs folgend, der
hochsiedende Amyläther, dessen Dampfspannung bei gewöhnlicher Temperatur vernachlässigt
werden kann, als Lösungsmittel benutzt.

Man bekommt hierbei befriedigende Resultate, aber es löst sich nur eine relativ kleine Zahl
der in Frage kommenden Substanzen in diesem
Medium auf.

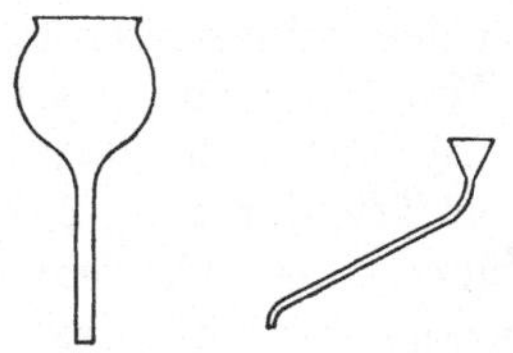

Fig. 298.   Fig. 299.

Weit allgemeiner anwendbar erwies sich das
Pyridin[1]).

Das käufliche Präparat wird mit Bariumoxyd
7—10 Tage stehen gelassen, unter Feuchtigkeitsabschluß destilliert und in gut verschlossenen,
hohen[2]) Flaschen über Bariumoxyd aufgehoben.

Es bildet mit magnesiumorganischen Verbindungen Komplexe, etwa von der Zusammensetzung:

$$(C_5H_5N)_2 \cdot JMgCH_3 \cdot O(C_5H_{11})_2 \,,$$

die beim Zusammentreffen mit hydroxylhaltigen
Substanzen ganz ebenso wie das freie $CH_3 \cdot MgJ$
reagieren. — Nur bei längerem Stehen oder Erhitzen
reagiert auch das Pyridin unter Gasentwicklung mit.

Zur Herstellung von Methylmagnesiumjodid[3]) werden 100 g ganz trockner, über Natrium
destillierter Amyläther oder Pyridin[4]), 9.6 g Ma-
gnesiumband und 35.5 g trocknes Methyljodid in
Arbeit genommen und einige Jodkrystalle hinzugefügt. Die Reaktion beginnt von selbst; sollte
sie aber nach einiger Zeit noch nicht eintreten, so
wird die Mischung schwach erhitzt. Nach Beendigung der Reaktion erhitzt man die Ingredienzien
noch 1—2 Stunden unter Rückfluß auf einem
stark siedenden Wasserbad und darauf noch einige
Zeit mit absteigendem Kühler, um das nicht in
Reaktion getretene Methyljodid zu entfernen; dies
ist wegen der beträchtlichen Dampfspannung des
Methyljodids und weil das Pyridinjodmethat

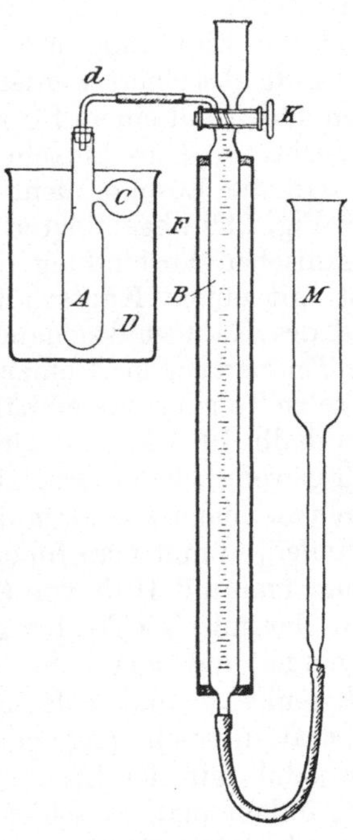

Fig. 300.

Bestimmung von Hydroxyl-
gruppen nach Tschugaeff
und Zerewitinoff.

unter Äthanbildung reagiert, von Wichtigkeit. Die gewonnene magnesiumorganische Verbindung kann in einer gut verkorkten, mit Paraffin überzogenen
Flasche längere Zeit (3—4 Wochen) ohne Veränderung aufbewahrt werden.

[1]) Zerewitinoff, B. 47, 2417 (1914). — Es wird auch gelegentlich Anisol, Phenetol,
Xylol und Mesitylen benutzt, aber ohne sonderliche Vorteile. Dagegen haben sich
Mischungen von Pyridin mit Anisol oder Xylol bewährt. Krellwitz, Diss. Freiburg i.
Br. (1914), 30, 31, 32. — Über die Anwendung von Äthyläther siehe Hess, B. 48,
1970, 1972 (1915).

[2]) Damit beim Ausgießen des Pyridins kein Bariumhydroxyd mit herausgelangt,
was sorgfältig vermieden werden muß.   [3]) Oddo benutzt Äthylmagnesiumjodid.

[4]) Käufliches Produkt von Kahlbaum (Pyridin I).

Die Bestimmung [1]) selbst wird in einem Apparat (Fig. 300) ausgeführt, der im wesentlichen aus 2 Teilen besteht: 1. aus einem Gefäß A, in dem sich die Reaktion abspielt, und 2. aus einem Apparat, der nach dem Typus des Lunge schen Nitrometers hergestellt ist.

Damit richtige Resultate erhalten werden, müssen Apparat und Reagenzien vollkommen trocken sein. A wird dadurch getrocknet, daß man etwa 15 Minuten einen trockenen Luftstrom hindurchleitet.

A wird in der Klammer des Stativs in vertikaler Lage befestigt und durch einen Trichter (Fig. 298) die Substanz aus einem kleinen Reagensgläschen eingeführt. Das Gewicht der Substanz beträgt in der Regel (je nach dem Molekulargewicht des Körpers und nach der Hydroxylzahl) 0.03—0.2 g. Durch denselben Trichter wird das Lösungsmittel (ca. 15 ccm) eingebracht und durch einen Überschuß des letzteren die am Trichter haften gebliebene Substanz in A hineingespült. Wird hierbei Pyridin genommen, so muß die Einfüllung möglichst rasch erfolgen, da sonst Feuchtigkeit aus der Luft absorbiert werden könnte. Nachdem man den Trichter herausgenommen und A mit einem Pfropfen geschlossen hat, bringt man die Substanz durch vorsichtiges Umschütteln in Lösung. Danach stellt man A schräg auf, so daß die Lösung nicht in die Kugel C hineinkommen kann. Mit Hilfe des Fig. 299 abgebildeten Trichters werden in C etwa 5 ccm der magnesiumorganischen Verbindung (in Lösung) eingegossen. Darauf verschließt man A fest mit einem Kautschukpfropfen, der mit Hilfe des Gasableitungsrohrs d und des Kautschukschlauchs mit dem Meßapparat in Verbindung steht. Um die Temperatur in A einzustellen, benutzt man das Wasserbad D, in dem man dieselbe Temperatur einhält wie in der ebenfalls mit Wasser gefüllten Hülse F; innerhalb 10 Minuten wird die Temperatur konstant. Während dieser Zeit fällt gewöhnlich der Druck in A, wohl infolge einer geringen Sauerstoffabsorption durch die magnesiumorganische Verbindung. Um wieder Atmosphärendruck herzustellen, nimmt man für einen Augenblick den Zweiweghahn K heraus. Darauf bringt man mit Hilfe von K die Röhre B mit der Außenluft in Verbindung, hebt dann den mit Quecksilber gefüllten Trichter M, bis letzteres alle Luft aus B verdrängt hat und bis es dicht an die Öffnung des Hahns steigt, dreht dann diesen um $90°$, senkt M und befestigt den Trichter in einer Stativkammer. Wenn der Apparat in solche Lage gebracht ist, vermischt man sofort das Methylmagnesiumjodid mit der Lösung. Dazu nimmt man A mit der linken Hand und läßt, indem man es schief hält, die magnesiumorganische Verbindung aus C nach A hinüberfließen: zugleich dreht man mit der rechten Hand K so um, daß A mit B in Verbindung tritt. Bei starkem Schütteln von A erfolgt lebhafte Gasausscheidung, und das Quecksilber in B sinkt in raschem Tempo. Sobald das Quecksilber langsam zu fallen beginnt und das Gasvolumen aufhört sich zu vergrößern, setzt man A wieder in das Wasserbad zur Erzielung der ursprünglichen Temperatur, wozu etwa 5—7 Minuten erforderlich sind. Hierbei sinkt die Temperatur und es findet infolgedessen Volumkontraktion statt. Wird hierbei Pyridin als Lösungsmittel verwendet, so muß man diese Kontraktion sorgfältig verfolgen und, sobald sie aufhört, sofort die Ablesung des Volumens vornehmen, da sonst in der Regel stetiges, wenn auch langsames Ansteigen des Gasvolumens erfolgt. Man soll deshalb immer das Minimum des Gasvolumens notieren und es der weiteren Berechnung zugrunde legen. Falls Amyläther angewendet wird, erfolgt keine Volumvergrößerung und das

---

[1]) Gewichtsanalytische Bestimmung: Oddo, B. **44**, 2048 (1911).

Gasvolumen ändert sich nicht mehr, wenn die Temperatur einmal konstant geworden ist.

Gleichzeitig mit der Volumbestimmung werden auch die Temperatur des Gases und der Barometerstand notiert. Wird Pyridin gebraucht, so ziehe man vom beobachteten Barometerstand 16 mm ab, die der Dampfspannung des Pyridins bei 18° entsprechen.

Der Prozentgehalt an Hydroxylgruppen wird nach der Formel:

$$x = (\% \text{ OH}) = \frac{0.000719 \cdot V \cdot 17 \cdot 100}{16 \cdot S} = 0.0764 \frac{V}{S}$$

berechnet, in der 0.000 719 das Gewicht von 1 ccm Methan bei 0° und 760 mm bedeutet; 16 ist das Molekulargewicht von CH_4, 17 das von OH; V das Volumen des Methans auf 0° und 760 mm reduziert und in Kubikzentimetern ausgedrückt; S das Gewicht der Substanz in Grammen.

Bei krystallwasserhaltigen Substanzen reagieren beide Wasserstoffatome des Wassers und müssen entsprechend in Rechnung gestellt werden. Die Formel lautet in diesem Fall:

$$x = (\% \text{ H}) = \frac{V \cdot 0.000719 \cdot 100}{16 \cdot S} = 0.00449 \frac{V}{S} \ .$$

Wenn man die Bestimmung in einem indifferenten Gas ausführen will, was aber kaum jemals notwendig sein wird, so wird A (Fig. 300) mit einem seitlich angebrachten Rohr versehen, das beinahe bis zum Boden reicht und durch das der Apparat mit sorgfältig getrocknetem Gas gefüllt wird. Methan ist hierbei dem Stickstoff vorzuziehen, da letzterer verhältnismäßig schwieriger in absolut reinem Zustand, ohne Beimengung von Stickoxyden, zu erhalten ist.

Recht bequem erscheint die Anwendung der Methode zur Bestimmung der Hydroxyle in Säuren. Kombiniert man nämlich die Resultate der Hydroxylbestimmung mit den Ergebnissen der Titration, so erhält man sofort alle Daten zur Berechnung der Basizität (Carboxylzahl) und der Atomigkeit (Carboxyl- + Alkoholhydroxylzahl) der betreffenden Säure.

Zu den Vorzügen der Methode gehört auch der Umstand, daß sich die Reaktion zwischen magnesiumorganischen Verbindungen und hydroxylhaltigen Substanzen bei gewöhnlicher Temperatur und in Abwesenheit von stark wirkenden Reagenzien abspielt, ein Vorzug, welcher z. B. der Acetylierungsmethode nicht zukommt. Aus diesem Grund ist die Möglichkeit sekundärer Prozesse (z. B. der Anhydrisierung der Hydroxylverbindungen), die sonst die Genauigkeit der Analysenresultate beeinträchtigen könnten, so gut wie ausgeschlossen.

Das Verfahren hat auch in der Flavongruppe vorzügliche Resultate geliefert.

Es erlaubt, Hydroxylgruppen nachzuweisen, die sonst auf keinerlei Art zu konstatieren sind.

So ist das Reaktionsprodukt des Hexamethylphloroglucins mit dem Grignard schen Reagens:

gegen Essigsäureanhydrid, Diazomethan, Phenylisocyanat, Dimethylsulfat und Benzoylchlorid vollkommen resistent[1]); nach der Methode von Zerewitinoff werden aber alle drei Hydroxylwasserstoffe quantitativ in Reaktion gebracht[2]).

Schließlich sei bemerkt, daß der zur Hydroxylbestimmung benutzte Amyläther[3]) aus den Rückständen leicht regeneriert werden kann. Man behandelt zu diesem Zweck die angesammelten Rückstände zur Entfernung von Pyridin mit verdünnter Salzsäure, scheidet die obere Ätherschicht ab und behandelt sie noch mehrmals in ganz ähnlicher Weise. Schließlich wäscht man mit Wasser, trocknet über Calciumchlorid und destilliert über Natrium.

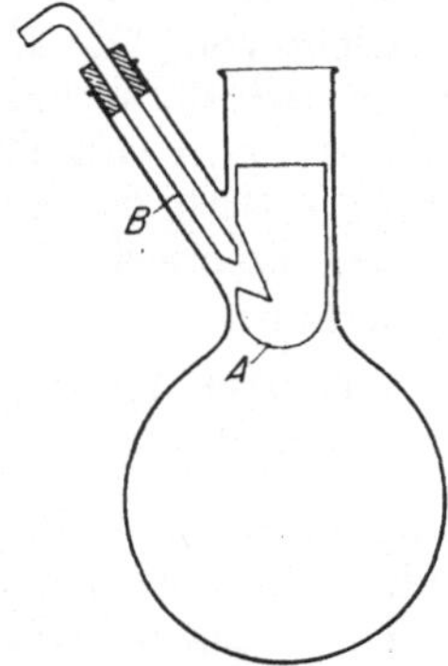

Fig. 301. Apparat von Nierenstein und Spiers.

Nach dieser Methode können auch Sulfhydrylgruppen (S. 1094), Imid- und Amingruppen[4]) bestimmt werden, und überhaupt alle „aktiven" Wasserstoffatome[5]).

Nierenstein und Spiers[6]) haben den Apparat in der durch Fig. 301 erkennbaren Weise modifiziert. Die Grignardlösung befindet sich in dem Gefäß A, das durch Einschieben des Glasstabs B gegen seine Wandung zertrümmert wird. Die Manipulation wird dadurch sehr vereinfacht.

---

[1]) Herzig und Erthal, M. **32**, 505 (1911).   [2]) Herzig, M. **35**, 74 (1914).

[3]) Darstellungsmethode für Amyläther: Schroeter und Sondag, B. **41**, 1922 (1908). — DRP. 200 150 (1908).

[4]) Ostromisslensky, B. **41**, 3025 (1908). — Sudborough und Hibbert, Soc. **95**, 477 (1909). — Hibbert, Proc. **28**, 15 (1912). — Soc. **101**, 328 (1912). — Hibbert und Wise, Soc. **101**, 344 (1912). — Liebermann, A. **404**, 295 (1914).

[5]) Zerewitinoff, B. **41**, 2233 (1908); **42**, 4806 (1909); **43**, 3590 (1910).

[6]) B. **46**, 3152 (1913).

Zweites Kapitel.

Nachweis und Bestimmung der Carboxylgruppe[1].

Erster Abschnitt.

Qualitative Reaktionen der Carboxylgruppe.

1. Nachweis des Vorhandenseins einer Carboxylgruppe.

Der qualitative Nachweis einer freien Carboxylgruppe ist nicht immer leicht zu führen. Charakterisiert ist diese Gruppe vor allem durch das leicht bewegliche, ionisierbare Wasserstoffatom, das leicht durch positive Reste vertreten werden kann (Salzbildung, Esterbildung), sowie durch die Fähigkeit des Hydroxyls, durch negative Substituenten (Chlorid-, Anhydrid-, Amidbildung) verdrängt zu werden.

Die Beweglichkeit des Wasserstoffatoms in der Carboxylgruppe hängt nun nicht allein von dem Vorhandensein des Hydroxyls oder der Carbonylgruppe ab, sondern von einer bestimmten Kombination beider Gruppen (Vorländer). Schematisch kann man beispielsweise die Ameisensäure:

$$H{-}C{-}O{-}H$$
$$\overset{\|}{O}$$

schreiben. Für den Säurecharakter dieser Substanz ist nur die Gruppierung

$$H{-}C{-}R{-}H$$
$$\overset{\|}{(3)}\,(2)\,(1)$$
$$(R_1R_2)\,(4)$$

von negativen Resten (RR_1R_2) in den zum Wasserstoff relativen Stellungen

$$2,\ 3\ \text{und}\ 4$$

bestimmend.

Daher sind auch nach Claisen[2] die Oxymethylenverbindungen vom Typus des Oxymethylenacetessigesters:

$$H{-}C{-}OH$$
$$\overset{\|}{C}$$
$$CO\ \ CO$$
$$CH_3\ \ OC_2H_5$$

Säuren, von der Stärke der Essigsäure.

---

[1] Über die Konstitution der Carboxylgruppe: Oddo, Atti Linc. (5) **15** II, 500 (1906). — Smedley Proc. **25**, 16 (1909). — Soc. **95**, 231 (1909). — Redgrove, Ch. News **99**, 109 (1909). — Hantzsch, B. **50**, 1422 (1917).

[2] A. **297**, 14 (1897). — Vgl. Knorr, A. **293**, 70 (1896).

Ist in (4) nur **ein** negativer Rest vorhanden, so sind die betreffenden Substanzen zwar auch noch Säuren, aber viel schwächere; am schwächsten sind sie dann, wenn sie neben dem einen negativen Rest das stark positive Alkoholradikal enthalten.

Daß auch der **Sauerstoff** der Hydroxylgruppen durch andere negative Elemente oder Atomgruppen vertreten werden kann, ohne daß der Säurecharakter der Substanz verschwindet, geht aus dem Verhalten der Thiosäuren:

$$\text{R---C---S---H}$$
$$\overset{\|}{\underset{O}{}}$$

und der **Methenylverbindungen**:

$$\cdot\text{H---C---[CX}_2]\text{---H,}$$
$$\overset{\|}{\underset{CX_2}{}}$$

z. B. des **Dicarboxyglutaconsäureesters**:

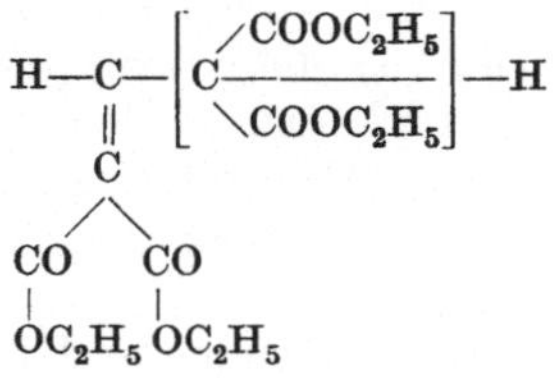

$$\text{H---C---}\left[\text{C}\Big\langle{}^{COOC_2H_5}_{COOC_2H_5}\right]\text{---H}$$

mit den Gruppen C, CO---CO, $\text{OC}_2\text{H}_5\ \text{OC}_2\text{H}_5$

hervor.

Analog besitzt die **Nitrobarbitursäure**:

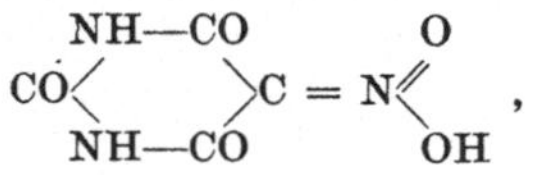

$$\text{CO}\Big\langle{}^{NH---CO}_{NH---CO}\Big\rangle\text{C}=\text{N}\Big\langle{}^{O}_{OH},$$

wie **Claisen** hervorhebt, nach **Hollemans** Untersuchungen etwa die Stärke der Salzsäure, was leicht verständlich erscheint, wenn man sie als Derivat der Salpetersäure:

$$\text{O}=\text{N}\Big\langle{}^{O}_{OH}$$

auffaßt.

Andere Substanzen von Säurecharakter[1] sind die **Hydroresorcine**[2]:

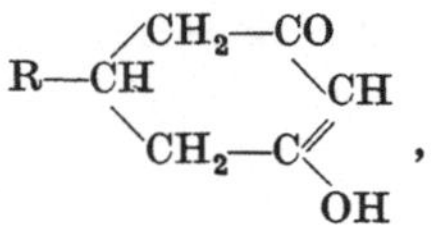

$$\text{R---CH}\Big\langle{}^{CH_2---CO}_{CH_2---C}\Big\rangle\text{CH},\ \ \text{OH}$$

bei denen überdies noch eine Steigerung der sauren Eigenschaften durch den Ringschluß, gegenüber den acyclischen β-Diketonen usw., zu konstatieren ist.

Während Hydroresorcin und seine Homologen etwas schwächer sind als Essigsäure, repräsentieren die Ester und Nitrile der Hydroresorcylsäuren, z. B. **Dimethylhydroresorcylsäuremethylester**:

---

[1] Über Heterohydroxylsäuren siehe S. 737.
[2] **Vorländer**, A. **294**, 253 (1896); **308**, 184 (1899). — B. **34**, 1633 (1901).

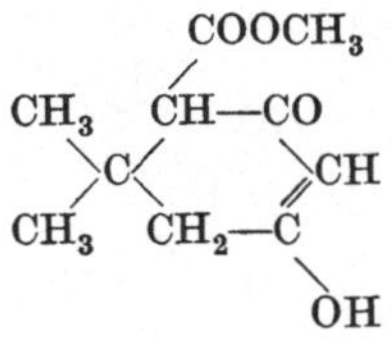

$$\begin{array}{c} \text{COOCH}_3 \\ \nearrow \\ \text{CH}_3 \quad \text{CH--CO} \\ \quad\diagdown\text{C}\diagup\quad\quad\diagdown\text{CH} \\ \text{CH}_3 \quad \text{CH}_2\text{--C} \\ \quad\quad\quad\diagdown \\ \quad\quad\quad\text{OH} \end{array}$$

und das Nitril der Phenylhydroresorcylsäure:

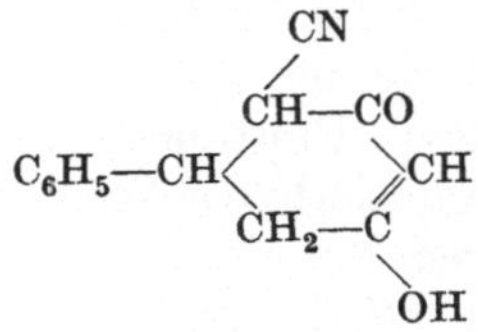

$$\begin{array}{c} \text{CN} \\ \nearrow \\ \text{CH--CO} \\ \text{C}_6\text{H}_5\text{--CH}\diagdown\quad\quad\diagdown\text{CH} \\ \quad\quad\text{CH}_2\text{--C} \\ \quad\quad\quad\diagdown \\ \quad\quad\quad\text{OH} \end{array}$$

sehr starke Säuren.

Ferner sind auch die Oxylactone[1]) als „Säuren" aufzufassen, so z. B.

Vulpinsäure:

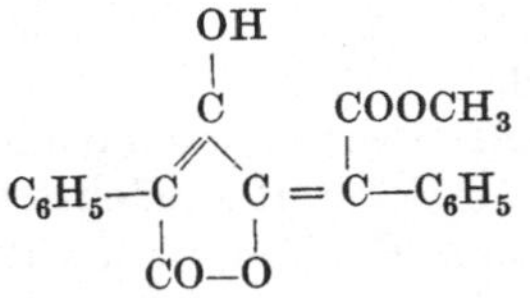

$$\begin{array}{c} \text{OH} \\ | \\ \text{C} \quad\quad \text{COOCH}_3 \\ \diagup\!\!\diagdown \quad\quad | \\ \text{C}_6\text{H}_5\text{--C} \quad \text{C} = \text{C--C}_6\text{H}_5 \\ | \quad\quad | \\ \text{CO--O} \end{array}$$

Tetrinsäure:

$$\begin{array}{c} \text{OH} \\ | \\ \text{C} \\ \diagup\!\!\diagdown \\ \text{CH}_3\text{C} \quad \text{CH}_2 \\ | \quad\quad | \\ \text{CO--O} \end{array}$$

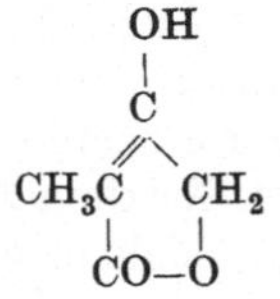

und besonders deren Stammsubstanz,

Tetronsäure[2]):

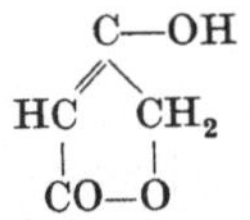

$$\begin{array}{c} \text{C--OH} \\ \diagup\!\!\diagdown \\ \text{HC} \quad \text{CH}_2 \\ | \quad\quad | \\ \text{CO--O} \end{array}$$

sowie Thiotetronsäure[3]):

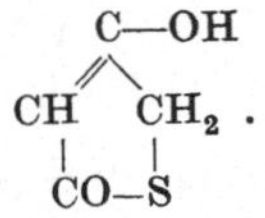

$$\begin{array}{c} \text{C--OH} \\ \diagup\!\!\diagdown \\ \text{CH} \quad \text{CH}_2 \;. \\ | \quad\quad | \\ \text{CO--S} \end{array}$$

Schließlich sind hier noch die in den Orthostellungen negativ substituierten Phenole anzuführen, welche, wie:

Pikrinsäure: oo - Dibromphenol: 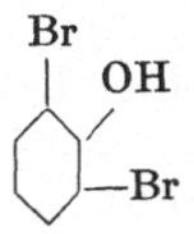   Chloranilsäure:

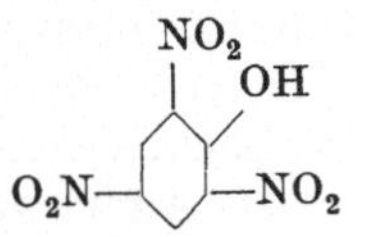

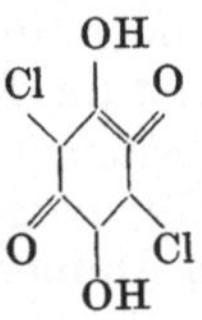

---

[1]) Möller und Strecker, A. **113**, 56 (1860). — Spiegel, A. **219**, 1 (1883). — Hantzsch, B. **20**, 2792 (1887). — Moscheles und Cornelius, B. **21**, 2603 (1888). — Bredt, A. **256**, 318 (1890). — Wolff, A. **288**, 1 (1895); **291**, 226 (1896). — Wislicenus und Beckhann, A. **295**, 348 (1897). — Hoene, Diss. Kiel (1904), 37.

[2]) Auch das Anilid, Semicarbazon, Oxim und Hydrazon der α-Acetyltetronsäure sind sauer und lösen sich in Soda und Ammoniak: Benary, B. **42**, 3912 (1909); **43**, 1065 (1910).

[3]) Benary, B. **46**, 2107 (1913).

Tetraoxychinon[1]):

$$\begin{array}{c} OH \\ HO \quad | \quad O \\ \diagdown \quad \diagup \\ \diagup \quad \diagdown \\ O \quad | \quad OH \\ OH \end{array}$$

sich in vielen Stücken wie echte starke Säuren verhalten.

Inwieweit die angeführten Gruppen säureähnlicher Körper die typischen Carboxylreaktionen zu zeigen befähigt sind, wird bei der Besprechung der einzelnen Reaktionen erörtert werden.

Während also unter gewissen Umständen auch andere als carboxylhaltige Substanzen ein bewegliches, ionisierbares Wasserstoffatom aufweisen, gibt es andererseits echte Carbonsäuren, deren acider Charakter mehr oder weniger maskiert ist. Es sind dies namentlich verschiedene Arten von Aminosäuren, für deren Verhalten sich nach Hans Meyer[2]) folgende Regeln aufstellen lassen:

Die Größe der Acidität der verschiedenen Gruppen von Aminosäuren, gemessen an der Menge Alkali, die ein Äquivalent der Säure zu ihrer Neutralisation bedarf, schwankt zwischen 0 und 1; alkalisch reagierende Aminosäuren sind nicht mit Sicherheit bekannt. Ihre Existenz ist auch aus theoretischen Gründen unwahrscheinlich.

Das Verhalten der einzelnen Säuren wird ausschließlich durch den elektrochemischen Charakter der dem Aminostickstoff zunächst befindlichen Gruppen bedingt. Gruppen, die sich in größerer Entfernung als (2) vom Stickstoff befinden, üben nur mehr sehr geringen Einfluß auf die Stärke der Aminosäure aus.

$$\begin{array}{c} (1) \quad (2)\ (3) \\ \diagdown \quad | \quad | \\ N\!-\!C\!-\!C\!-\!(3)\ldots \\ \diagup \quad (1)\ (2) \\ (1) \quad | \quad | \\ (2)\ (3) \end{array}$$

Aminosäuren, die in (1) und (2) ausschließlich positive Gruppen enthalten, sind durchweg neutral oder äußerst schwach sauer (primäre und alkylsubstituierte Aminosäuren der Fettreihe, Piperidin- und Pyrrolidincarbonsäuren, Betaine). Aminosäuren, die in einer der (1)-Stellungen einen sauren Substituenten tragen, sind unbedingt echte Säuren, die ein volles Äquivalent Base zu neutralisieren vermögen. In diese Gruppe gehören: die am Stickstoff durch einen Säurerest oder Methylen substituierten Aminofettsäuren, die aromatischen Aminosäuren und die Pyridin- (Chinolin-, Isochinolin-) Derivate[3]). Der Säurecharakter der beiden letzteren Klassen wird durch die negativierende Natur der doppelten Bindungen bedingt. Substitution des einen Aminowasserstoffs in aromatischen Aminosäuren durch Alkyle übt einen kleinen, aber merklichen, die Acidität herabsetzenden Einfluß aus.

[1]) Nietzki und Benckiser, B. 18, 1837 (1885). — Siehe auch S. 737.

[2]) M. 21, 913 (1900); 23, 942 (1902). — Müller, Diss. Halle (1905), 26, 30. — Über die Affinitätskonstanten der Aminosäuren siehe noch Winkelblech, Z. phys. 36, 546 (1901) und Veley, Proc. 22, 313 (1906). — Soc. 91, 153 (1907). — Hier auch Angaben über das Verhalten von Aminosulfosäuren.

[3]) Mit Ausnahme der γ-Aminopyridincarbonsäuren. Siehe Hans Meyer, M. 21, 913 (1900); 23, 942 (1902). — Kirpal, M. 29, 229 (1908). — Kirpal und Reimann, M. 38, 254 (1917). — Aminotetralolcarbonsäure: Schroeter, A. 426, 151 (1922).

Substitution durch einen negativen Rest in einer (2)-Stellung führt entweder zur Bildung einer „vollkommenen" Säure (Substituent: C_6H_5) oder, falls der Substituent nur sehr schwach sauer ist (Substituent: $CONH_2$), zu Substanzen, die nur einen Bruchteil eines Äquivalents Alkali zu neutralisieren vermögen (a-Phenylglycin, Asparagine).

Um in derartigen Substanzen den Einfluß der basischen Gruppen zu eliminieren, benutzt man nach Schiff[1]) Formaldehyd, der mit den Aminosäuren Methylenverbindungen bildet, die sich glatt titrieren lassen.

Die Reaktion[2]) verläuft z. B. für Glykokoll in folgender Weise:

$$CH_2\!\!\begin{array}{l} NH_2 \\ \\ COOH \end{array} + H \cdot CHO = CH_2\!\!\begin{array}{l} N : CH_2 \\ \\ CO \cdot OH \end{array} + H_2O\,.$$

(neutral)   (sauer)

Die Schwierigkeiten, die sich aber auch dann noch beim Titrieren ergeben, fassen König und Großfeld[3]) wie folgt zusammen: Das Verfahren ist zunächst nur anwendbar für neutrale Aminosäuren; viele Aminosäuren reagieren aber nicht ganz neutral, sondern gegen Phenolphthalein sauer. Andererseits sind die Methylenverbindungen offenbar schwächere Säuren als Phenolphthalein, denn bei der Titrierung mit diesem Endanzeiger tritt der Umschlag zu früh ein[4]), man muß folglich weiter als bis zur beginnenden Rötung titrieren[5]). Ferner verhalten sich Ammoniumsalze wie die Aminosäuren, weil das Ammoniumion durch Formaldehyd in Hexamethylentetramin verwandelt wird, der entsprechende Säurerest also in freie Säure übergeht. Schließlich wirken schwache anorganische Säuren, wie Kohlensäure und Phosphorsäure, störend beim Titrieren. Die Wirkung der letzteren wird durch Zugabe von Bariumhydroxyd und Bariumchlorid ausgeschaltet.

König und Großfeld empfehlen folgende Arbeitsweise: 50 ccm der zu untersuchenden Flüssigkeit werden in einem 100-ccm-Meßkolben mit 1 ccm Phenolphthaleinlösung (0.5 g in 100 ccm 50 proz. Alkohol) und 10 ccm 20 proz. Bariumchloridlösung versetzt. Hierauf wird gesättigte Barytlauge bis zur Rotfärbung und dann noch ein Überschuß von etwa 5 ccm hinzugefügt. Nach dem Auffüllen auf 100 ccm läßt man 15 Minuten stehen; dann filtriert man durch ein trocknes Filter.

50 ccm des rot gefärbten Filtrats neutralisiert man möglichst genau gegen Lackmuspapier bis zur violetten Farbe. Der Umschlag ist nicht sehr scharf; die Endergebnisse sind dennoch ausreichend genau. Man gibt 20 ccm 30- bis 40 proz. Formalinlösung hinzu, die bis zur schwachen Phenolphthalein-Rosafärbung neutralisiert ist; dann titriert man die Flüssigkeit mit carbonatfreier

---

[1]) A. **310**, 25 (1900); **319**, 59, 287 (1901); **325**, 348 (1902). — H. und A. Euler, Ark. f. Kemi **1**, 347 (1904). — Sörensen, Bioch. **7**, 45, 407 (1908). — Frey und Gigon, Bioch. **22**, 309 (1909). — Henriques, Z. physiol. **60**, 1 (1909). — Henriques und Sörensen, Z. physiol. **63**, 27 (1909); **64**, 120 (1909). — Yoshida, Bioch. **23**, 239 (1910). — Henriques und Gjaldbak, Z. physiol. **75**, 363 (1911). — Jodidi, Iowa Agr. Expt. Sta. Res. Bull. **1**, 3 (1911). — Am. soc. **33**, 1226 (1911); **34**, 94 (1912). — Fellmer, Diss. Heidelberg (1912). — Benedict und Murlin, J. Biol. Ch. **16**, 385 (1913). — Micko, Z. Unt. Nahr. Gen. **27**, 493 (1914). — Abderhalden, Z. physiol. **96**, 8 (1915). — Shoule und Mitchell, Am. Soc. **42**, 1265 (1920). — Mestrézat, J. pharm. chim. (7) **23**, 137 (1921).

[2]) Siehe dazu Grünhut, Z. anal. **56**, 116 (1917).

[3]) Z. Unt. Nahr. Gen. **27**, 508 (1914).

[4]) Böttger, Stand und Wege der analytischen Chemie. Stuttgart (1911), 32.

[5]) Siehe dazu auch Jodidi, Am. soc. **40**, 1031 (1918).

$n/_5$-Natronlauge bis zur Farbenstärke einer Vergleichslösung. Letztere wird in folgender Weise bereitet: 50 ccm ausgekochtes Wasser werden mit 20 ccm Formalinlösung und 5 ccm $n/_5$-Natronlauge, sowie 1 oder 2 ccm der Phenolphthaleinlösung versetzt und mit $n/_5$-Salzsäure auf schwach rosa titriert; dann werden noch 3 Tropfen $n/_5$-Barytlauge zugegeben, so daß starke Rotfärbung eintritt. Ist beim Titrieren der Formol-Aminosäurelösung dieselbe Farbe erreicht, so gibt man noch einige Kubikzentimeter Lauge zu und wieder so viel Salzsäure, daß die Farbe schwächer als die der Vergleichslösung erscheint. Schließlich wird abermals Lauge zugefügt, bis die Farbe wieder erreicht ist. Die Differenz der insgesamt verbrauchten Kubikzentimeter Lauge und Säure entspricht dem „Formolstickstoff" (1 ccm = 0.0028 g). Ist Ammoniak vorhanden, so muß es nach einem der bekannten Verfahren (z. B. Destillieren mit Magnesia) bestimmt und sein Stickstoffgehalt vom gefundenen Formolstickstoff abgezogen werden; die Differenz entspricht dem Aminosäurestickstoff.

Titration von Iminosäuren: Clementi, Atti Linc. (5) **24**, I, 352 (1915). — Mikrotitration: Atti Linc. (5) **24**, II, 51, 102 (1915).

Titration der Aminosäuren in alkoholischer Lösung S. 968.

Bestimmung des Formaldehyds[1].

Die Methylengruppe in den Methylenaminosäuren läßt sich durch Kochen mit verdünnten Säuren quantitativ als Formaldehyd abspalten und dann nach der Methode von Romijn[2] titrieren.

Eine bestimmte Menge der Methylenaminosäure — 0.1—0.3 g — wird in einem Kjeldahlkolben mit 50 ccm Wasser und 10—20 ccm 50 proz. Phosphorsäure übergossen und so lange Wasserdampf durchgeleitet, bis ein Tropfen des Destillats sich mit fuchsinschwefliger Säure nicht mehr rot färbt. Durch eine kleine Flamme wird verhindert, daß sich die Flüssigkeitsmenge in dem Kolben vergrößert. Aller Formaldehyd ist abgetrieben, wenn ungefähr 1 l Destillat übergegangen ist.

2. Reaktionen der Carboxylgruppe, die durch die Beweglichkeit des Wasserstoffs bedingt sind.

A. Salzbildung. Die meisten Carbonsäuren bilden. mit den stärkeren Basen neutral reagierende, nicht hydrolytisch gespaltene Salze. In der Regel erfolgt daher auch die quantitative Bildung der Alkalisalze (Bariumsalze) schon bei Zusatz der theoretischen Menge der betreffenden Base zur wäßrigen oder alkoholischen Säurelösung. (Siehe S. 734.)

Da die Carbonsäuren lösliche Alkalisalze zu geben pflegen und stärker sind als Kohlensäure, lösen sie sich meist in verdünnter wäßriger Soda unter Aufbrausen[3] und werden andererseits aus Lösungen ihrer Alkalisalze durch Kohlensäure nicht sofort gefällt. Durch dieses Verhalten unterscheiden sie sich im allgemeinen von den Phenolen[4].

---

[1] Franzen und Fellmer, J. pr. (2) **95**, 301 (1917).   [2] Siehe S. 878.
[3] Manche Säuren (z. B. Benzoylbenzoesäure) lösen sich, unter Bildung von Bicarbonat, ohne Aufbrausen.
[4] Stearinsäure löst sich — offenbar weil sie nicht benetzt wird — in Sodalösung nicht auf, dagegen aber werden viele Lactone, z. B. Phthalid, von kohlensaurem Natrium reichlich aufgenommen. Fulda, M. **20**, 715 (1899). — Siehe übrigens S. 43, 638 und 775. Ferner van der Haar, B. **54**, 3143 (1921).

Es verhalten sich aber die Oxymethylenverbindungen, Oxylactone, Oxybetaine, Hydroresorcine und orthosubstituierten Phenole bei der Salzbildung ganz ebenso wie die Säuren.

Carbomethoxyvanilloyl-p-oxybenzoyl-p-oxybenzoesäure wird von verdünnten Alkalien sehr schwer gelöst, etwas leichter, aber auch noch schwer, von verdünntem Ammoniak; fügt man jedoch zu letzterem ganz wenig Pyridin, so tritt schnell Lösung ein[1]).

B. Esterbildung. Über die einzelnen Methoden der Esterifikation siehe S. 628 und 743. Im allgemeinen sind die Carbonsäuren sowohl durch Mineralsäuren und Alkohol als auch durch Einwirkung von Halogenalkyl, Diazomethan, Dimethylsulfat usw. esterifizierbar.

Gewöhnlich wird man Methylester, als die am leichtesten zugänglichen und höchstschmelzenden darstellen. Reich empfiehlt die meist sehr charakteristischen p-Nitrobenzylester[2]). p-Nitrobenzylbromid, erhalten durch Erwärmen von p-Nitrotoluol mit Brom im geschlossenen Rohr auf 125—130° (Brom wird in 2 Teilen zugesetzt) in Form rein weißer Nadeln vom Schmelzpunkt 99°, gibt, mit den Alkalisalzen der Säuren in 63 proz. Alkohol gekocht, die Ester, die durch Umkrystallisation aus mehr oder weniger verdünntem Alkohol gereinigt werden.

Aminosäuren lassen sich nur durch „saure" Reagenzien verestern, während man aus den Salzen die stickstoffalkylierten Säuren[3]) erhält. Ähnlich verhalten sich die Pyridincarbonsäuren, die mit Alkali und Jodalkyl Betaine liefern, außer wenn der Pyridinstickstoff durch Substituenten in Orthostellung die Fähigkeit, fünfwertig aufzutreten, verloren hat (Dipicolinsäure). Andererseits zeigt sich bei den aromatischen Säuren nach den Untersuchungen von V. Meyer und seinen Schülern bei vorhandener Orthosubstitution sterische Behinderung der Esterifizierbarkeit durch Säure und Alkohol.

Näheres hierüber siehe S. 747.

Auch in bezug auf Esterbildung unterscheiden sich die Carbonsäuren in nichts von den anderen Substanzen mit stark acidem Charakter.

C. Kryoskopisches Verhalten. Die Carbonsäuren zeigen bei der Molekulargewichtsbestimmung in indifferenten Lösungsmitteln (Benzol, Naphthalin) starke Assoziation, wodurch sie sich von den Oxylactonen und Hydroresorcinen[4]) unterscheiden lassen. Über das kryoskopische Verhalten der Phenole siehe S. 639.

D. Über Leitfähigkeitsbestimmung siehe S. 757.

Über Unterscheidung von Carboxyl- und Enolgruppe in der Tetronsäurereihe siehe Wolff, A. 315, 149 (1901).

3. Reaktionen der Carboxylgruppe, die auf dem Ersatz der Hydroxylgruppe beruhen.

A. Säurechloridbildung. Die Darstellung der so überaus reaktionsfähigen Chloride der Carbonsäuren, die das Ausgangsmaterial für die Bildung zahlreicher anderer charakteristischer Derivate (Amide, Anilide, Ester, Anhydride usw.) bilden, ist nach dem von Hans Meyer ausgearbeiteten Thionyl-

---

[1]) E. Fischer und Freudenberg, A. 372, 55 (1910).
[2]) Am. Soc. 39, 124 (1917).
[3]) Hans Meyer, M. 21, 913 (1900). — Siehe auch S. 754.
[4]) Vorländer, A. 294, 257 (1896).

chloridverfahren mit minimalen Substanzmengen ausführbar. Siehe hierzu S. 693.

Die Anwendbarkeit des Thionylchlorids ist eine ganz allgemeine, nur sind folgende Punkte zu beachten:

Dicarbonsäuren, die eine normale Kohlenstoffkette von 4 oder 5 Gliedern enthalten, deren Enden die Carboxyle bilden, geben Säureanhydride; fumaroide Formen werden aber nicht umgelagert, sondern in die Chloride verwandelt.

Thionylchlorid reagiert weder mit der Aldehyd- noch mit der Keton- oder Alkoxylgruppe; man kann daher mittels desselben auch Aldehyd- und Ketonsäuren[1]) sowie Estersäuren in die Säurechloride verwandeln.

Säuren mit konjugierten Doppelbindungen, an deren einem Ende sich die Carboxylgruppe, an deren anderem Ende sich Hydroxyl oder Carboxyl befinden (z. B. Muconsäure, Paraoxybenzoesäure), reagieren nur dann, wenn sich in der Stellung (3) vom Carboxyl eine negativierende Gruppe befindet, z. B.:

α'-Oxynicotinsäure.   m-Brom-p-Oxybenzoesäure.

Oxyterephthalsäure.   Dichlormuconsäure.

$$HOOC-CH-CCl-CCl-CH-COOH$$
$$\quad\ (3)\quad\ (2)\quad\ (1)$$

B. Säureamidbildung. Die Darstellung der Säureamide ist eine der wichtigsten Umwandlungsreaktionen der Carbonsäuren, weil der Abbau der Amide zu Nitril und Amin so ziemlich den sichersten Beweis für das Vorliegen der COOH-Gruppe bietet.

Auf diese Weise ist z. B. das Vorhandensein einer Carboxylgruppe in den Naphthensäuren bewiesen worden[2]).

Über den Abbau der Säureamide siehe S. 1013.

Darstellung der Säureamide.

Die bequemste Methode besteht im Eintropfen oder Eintragen von Säurechlorid in gut gekühltes, wäßriges Ammoniak. Das sofort oder (bei festen Chloriden) nach kurzem Aufkochen gebildete Amid fällt aus oder kann durch passende Extraktionsmittel von mitgebildetem Salmiak getrennt werden.

In vielen Fällen ist das Isolieren des Säurechlorids nicht notwendig, man gießt einfach das bei der Einwirkung von Thionylchlorid [Hans Meyer[3])], Phosphorpentachlorid [Krafft und Stauffer[4])] oder Phosphortrichlorid [Aschan[5])] erhaltene Rohprodukt, das man höchstens durch Abdestillieren eines Teils der Nebenprodukte oder durch Ausfrieren gereinigt hat, auf das gekühlte Ammoniak oder löst es in Äther und leitet Ammoniakgas ein.

---

[1]) Aromatische α - Ketonsäuren (Phthalonsäure, Benzoylameisensäure) gehen indessen dabei in Derivate der um ein C-Atom ärmeren Säuren (Phthalsäure, Benzoesäure) über, und die Brenztraubensäure und deren aliphatische Derivate werden von Thionylchlorid überhaupt nicht angegriffen (Hans Meyer). — Tetrahydropiperinsäure und Thionylchlorid: Eberlein, Diss. Göttingen (1914), 56.

[2]) Kozicki und Pilat, Petroleum **11**, 310 (1916).

[3]) M. **22**, 415 (1901). — Ein Beispiel auch Schimmel & Co., B. **1909**, I, 99.

[4]) B. **15**, 1728 (1882).   [5]) B. **31**, 2344 (1898).

Eine zweite Methode, die sich namentlich dann empfiehlt, wenn die Trennung der Amide vom Salmiak Schwierigkeiten verursacht (Pyridinderivate), beruht auf der Einwirkung von wäßrigem oder alkoholischem Ammoniak auf die Ester. Auch hier ist es im allgemeinen am zweckmäßigsten, die Reaktion bei gewöhnlicher Temperatur vor sich gehen zu lassen. Der Ester, und zwar am besten der Methylester (Hans Meyer), wird in einer verschließbaren Flasche mit konzentriertem oder wäßrig-alkoholischem Ammoniak unter häufigem Umschütteln bis zur Beendigung der Reaktion stehen gelassen[1]).

Die Umsetzung erfolgt oftmals erst im Verlauf mehrerer Tage, selbst Wochen, aber man erhält dabei sehr reine Produkte. Indessen reagieren manche Ester nur beim Erhitzen unter Druck und einzelne überhaupt nicht mit wäßrigem oder alkoholischem oder selbst flüssigem Ammoniak oder werden zum Ammoniumsalz verseift[2]).

Die einschlägigen Verhältnisse lassen sich nach Hans Meyer[3]) folgendermaßen charakterisieren:

Während im allgemeinen die Ester der Carbonsäuren durch wäßriges Ammoniak glatt in Säureamide verwandelt werden, verhalten sich Verbindungen vom Typus:

$$\overset{\displaystyle |||\;\;|||\;\;|||}{C\;\;C\;\;C}$$
$$\overset{\displaystyle \diagdown\,|\,\diagup}{C}$$
$$COOCH_3,$$

in welchen das die Carboxylgruppe tragende Kohlenstoffatom mit drei Kohlenwasserstoffresten verbunden ist, einerlei ob der betreffende Alkylrest der Fettreihe oder der aromatischen Reihe angehört, völlig indifferent.

Ist eine dieser Valenzen durch —CO—CH_3 gesättigt (disubstituierte Acetessigester), so ergibt sich eine überraschende Abhängigkeit der Reaktionsfähigkeit sowohl von der Art der Substituenten im Kern als auch der Carboxylgruppe. So reagieren die Verbindungen:

$$\begin{cases} CH_3 \\ CH_3 \\ COCH_3 \\ COOCH_3 \end{cases} \quad \begin{cases} CH_3 \\ C_2H_5 \\ COCH_3 \\ COOCH_3 \end{cases} \quad \begin{cases} CH_3 \\ CH_2C_6H_5 \\ COCH_3 \\ COOCH_3 \end{cases} \quad \begin{cases} CH_3 \\ CH_3 \\ COCH_3 \\ COOC_2H_5 \end{cases} \quad \begin{cases} CH_3 \\ C_2H_5 \\ COCH_3 \\ COOC_2H_5, \end{cases}$$

während die Verbindungen:

$$\begin{cases} C_2H_5 \\ C_2H_5 \\ COCH_3 \\ COOCH_3 \end{cases} \quad \text{und} \quad \begin{cases} C_2H_5 \\ C_2H_5 \\ COCH_3 \\ COOC_2H_5 \end{cases}$$

absolut indifferent sind.

In der Malonsäurereihe werden:

$$\begin{matrix} CH_3 \\ CH_3 \end{matrix}\!>\!C\!<\!\begin{matrix} COOCH_3 \\ COOCH_3 \end{matrix} \qquad \begin{matrix} CH_3 \\ C_2H_5 \end{matrix}\!>\!C\!<\!\begin{matrix} COOCH_3 \\ COOCH_3 \end{matrix} \qquad \begin{matrix} CH_3 \\ C_3H_7 \end{matrix}\!>\!C\!<\!\begin{matrix} COOCH_3 \\ COOCH_3 \end{matrix}$$

quantitativ in Amide verwandelt, während:

---

[1]) Siehe auch Bockmühl, Diss. Heidelberg (1909), 33.
[2]) E. Fischer und Dilthey, B. **35**, 844 (1902). — Hans Meyer, B. **39**, 198 (1906). — M. **27**, 31 (1906); **28**, 1 (1907). — Buchner und Schottenhammer, B. **53**, 866 (1920).
[3]) Verh. Ges. Naturf. f. 1906, S. 145.

$$\begin{matrix} CH_3 \\ CH_3 \end{matrix}\!\!>\!\!C\!<\!\!\begin{matrix} COOC_2H_5 \\ COOC_2H_5 \end{matrix} \qquad \text{und} \qquad \begin{matrix} C_2H_5 \\ C_2H_5 \end{matrix}\!\!>\!\!C\!<\!\!\begin{matrix} COOCH_3 \\ COOCH_3 \end{matrix}$$

ganz unangegriffen bleiben[1]).

Diese Versuche zeigen, daß man bei der Untersuchung auf sterische Behinderungen mehr als bisher auf die Natur der anwesenden Alkylreste Bedacht nehmen muß und namentlich nicht Methyl- und Äthylreste als in ihrer Wirkung gleichwertig betrachten darf: Siehe hierzu noch Hans Meyer, M. **28**, 33 (1907). — Preiswerk, Hel. **2**, 647 (1919).

Über die Umkehrbarkeit der Reaktion Säureester + Ammoniak = Säureamid + Alkohol und über Arbeiten mit alkoholischer Ammoniaklösung siehe Hofmann, B. **4**, 268 (1871). — Cahours, C. r. **76**, 1387 (1873). — Bonz, Z. phys. **2**, 865 (1888). — Kirpal, M. **21**, 959 (1900). — Acree, Am. **41**, 457 (1909). — Reid, Am. **41**, 483 (1909); **45**, 38 (1911).

In einzelnen Fällen bedient man sich auch noch des alten Hofmannschen Verfahrens und erhitzt die Ammoniumsalze andauernd im Einschmelzrohr auf 230° resp. auf die Optimumtemperatur, bei der die Wasserabspaltung bereits stattfindet, die Dissoziation aber noch gering ist[2]).

C. **Säureanilide**[3]) und **Toluide**[4]) sowie

D. **Säurehydrazide** werden auch gelegentlich zur Charakterisierung von Carbonsäuren verwendet. Sie werden ebenfalls aus den Chloriden oder Estern erhalten[5]), die Anilide oft schon durch Kochen der Säure mit Anilin, evtl. unter Zusatz von konzentrierter Salzsäure[6]).

4. Abspaltung der Carboxylgruppe.

Viele Säuren gehen durch Erhitzen, entweder für sich oder in wäßriger Lösung, meist erst im Einschlußrohr bei höherer Temperatur, namentlich bei Gegenwart nicht flüchtiger Säuren (Schwefelsäure, Phosphorsäure) oder auch schon beim Kochen mit indifferenten Lösungsmitteln (Wasser, Eisessig, Chinolin) unter Verlust von CO_2 in die carboxylfreien Stammsubstanzen über. Es sind dies namentlich Säuren, die in der Nachbarschaft der COOH-Gruppe stark negativierende Reste besitzen, so z. B. die α-Carbonsäuren des Pyridins, β-Naphthol-α-carbonsäure, Trinitrobenzoesäure usw. Die leichte Abspaltbarkeit der Carboxylgruppe kann daher zur Entscheidung von Stellungsfragen herangezogen werden, wie noch näher ausgeführt werden wird.

Einteilung der Säuren.

Man kann die Carbonsäuren ähnlich wie die Alkohole als:

primäre $R\!-\!CH_2\!-\!COOH$,

sekundäre $\begin{matrix} R_1 \\ R_2 \end{matrix}\!\!>\!\!CH\!-\!COOH$

und tertiäre $\begin{matrix} R_1 \\ R_2 \\ R_3 \end{matrix}\!\!>\!\!C\!-\!COOH$

---

[1]) Der Äthanhexacarbonsäureäthylester läßt sich weder durch alkoholisches Ammoniak bei 150° noch durch verflüssigtes Ammoniak amidieren. Methantricarbonsäureester wird in Malonamid und Urethan gespalten. Philippi, Hanusch und Wacek, B. **54**, 897 (1921).

[2]) Decker, A. **395**, 282 (1912).

[3]) Farbenreaktionen der Anilide: S. 1048.

[4]) Scudder, Am. **29**, 511 (1903). — Anilinsalze: Liebermann, B. **30**, 695 (1897). — DRP. 169 992 (1906). — Rupe und Bürgin, B. **43**, 1229 (1910). — Staudinger und Becker, B. **50**, 1023 (1917).   [5]) Über den Abbau der Säurehydrazide siehe S. 538.

[6]) Über Anilide von Aldehyd- und Ketonsäuren: Hans Meyer, M. **28**, 1211 (1907).

unterscheiden. Die „Stärke“ und das Verhalten der Carboxylgruppe wird in erster Linie durch die Natur der Reste R_1, R_2, R_3 beeinflußt.

A. Verhalten der primären Säuren. $R—CH_2—COOH$.

Die primären Säuren, in denen R ein positives Radikal ist, besitzen den Charakter der Fettsäuren. Infolge des positiven die Carboxylgruppe tragenden C-Atoms ist in ihnen die COOH-Gruppe fest gebunden (schwer abspaltbar), dagegen sind sie in Lösung schwach ionisiert. Ihre Ester sind leicht verseifbar, da der schwach negative Säurerest für das positive Alkyl nicht genügende Affinität besitzt.

Ist R ein stark negatives Radikal, so wird dadurch die Festigkeit, mit der die COOH-Gruppe gebunden ist, entsprechend gelockert. Bisdiazoessigsäure verliert alles Kohlendioxyd schon weit unterhalb des Schmelzpunktes. Malonsäure HOOC—CH_2—COOH zerfällt bei 130°, in Eisessiglösung schon bei Wasserbadtemperatur [1]); Acetessigsäure:

$$CH_3—CO—CH_2—COOH$$

spaltet schon unter 100° stürmisch CO_2 ab und Nitroessigsäure:

$$NO_2—CH_2—COOH$$

ist sogar überhaupt nicht in freier Form beständig, zerfällt vielmehr sofort unter CO_2-Abspaltung, sobald sie aus ihren Salzen oder Estern freigemacht wird. Dagegen sind derartige Substanzen in Lösung stark ionisiert und bilden sehr beständige Ester.

Säuren mit schwach negativem Radikal R nehmen eine Mittelstellung ein. So zerfällt Phenylessigsäure:

$$C_6H_5—CH_2—COOH$$

schon unter 300° in Toluol und Kohlendioxyd, während Essigsäure:

$$H—CH_2—COOH$$

nach Engler und Löw [2]) noch bei 400° beständig ist.

Bei der Destillation von Pyrrolcarbonsäuren kann Wanderung von Seitenketten eintreten, z. B.:

$$
\begin{array}{ccc}
CH_3C—C—CH_2—CH_2—COOH & & CH_3C—CH \\
\underset{CH_3C\quad CH}{\overset{\|\quad\|}{}} & \rightarrow & \underset{CH_3C\quad C—C_2H_5}{\overset{\|\quad\|}{}} \; . \\
\underset{NH}{\diagdown\diagup} & & \underset{NH}{\diagdown\diagup}
\end{array}
$$

Piloty, B. **45**, 1919 (1912). — Oder es kann die ganze Seitenkette abgespalten werden oder ein Bruchstück (Essigsäure): Hans Fischer und Röse, Z. physiol. **91**, 184 (1914).

B. Sekundäre Säuren: $\dfrac{R_1}{R_2}{>}CH—COOH$.

Für diese gelten analoge Betrachtungen. Zwei positive Reste verleihen Fettsäurecharakter, Eintritt eines oder zweier negativer Radikale verstärkt die Säure, lockert aber die Bindung der Carboxylgruppe. So zerfällt Zimtsäure:

$$C_6H_5CH = CH—COOH$$

schon bei ihrem Siedepunkt in Styrol und Kohlendioxyd, während Diazoessigsäure:

---

[1]) Pomeranz und Lindner, M. **28**, 1041 (1907).   [2]) B. **26**, 1436 (1893).

$$\begin{array}{c} N \\ \| \\ N \end{array}\!\!\!\Big\rangle CH\!-\!COOH$$

in freiem Zustand überhaupt nicht beständig ist, dagegen sehr stabile Ester bildet.

Die hexahydroaromatischen Säuren werden bei allen Versuchen, ihr Carboxyl abzuspalten, weitgehend verändert: Zelinsky und Gutt, B. **41**, 2074 (1908).

Sehr interessant ist das Verhalten der Diphenylenessigsäure, die in alkalischer Lösung durch den Luftsauerstoff nach der Gleichung:

$$\begin{array}{c} C_6H_4 \\ | \\ C_6H_4 \end{array}\!\!\!\Big\rangle CHCOONa + NaOH + O = \begin{array}{c} C_6H_4 \\ | \\ C_6H_4 \end{array}\!\!\!\Big\rangle CO + Na_2CO_3 + H_2O$$

zerfällt, während sie in der Siedehitze Fluoren liefert [1]).

$$\text{C. Tertiäre Säuren.} \quad \begin{array}{c} R_1 \\ R_2 \\ R_3 \end{array}\!\!\!\Big\rangle C\!-\!COOH \, .$$

Für die Säuren mit offener Kette gelten die gleichen Erörterungen wie für die primären und sekundären Säuren. So zerfällt Phenylpropiolsäure:

$$C_6H_5\!-\!C \equiv C\!-\!COOH$$

beim Erhitzen mit Wasser auf 120°, die stärker saure Nitrophenylpropiolsäure bei 100°. — 4.1²-Dinitrozimtsäure:

$$C_6H_4NO_2\!-\!CH = \underset{\underset{NO_2}{|}}{C}\!-\!COOH$$

spaltet schon unter 0° Kohlendioxyd ab [2]).

Die cyclischen Verbindungen, insbesondere die Benzolcarbonsäuren, sind weit beständiger, zeigen aber ebenfalls mit zunehmender Negativität des dem Carboxyl benachbarten C-Atoms abnehmende Festigkeit der COOH-Bindung [3]). So ist Benzoesäure:

bei 400° noch beständig, Salicylsäure:

zerfällt beim Erhitzen (mit Wasser) auf 220—230°, β-Naphthol-α-carbonsäure:

bei 120° und auch schon beim andauernden Kochen mit Wasser, ebenso Paraorsellinsäure [4]):

---

[1]) Wislicenus und Ruthing, B. **46**, 2771 (1913).

[2]) Engler und Löw, B. **26**, 1436 (1893).

[3]) Einfluß eintretender Nitrogruppen auf die Beständigkeit der Trimethylgallussäure: Thoms und Siebeling, B. **44**, 2119, 2121 (1911).

[4]) Senhofer und Brunner, M. **1**, 237 (1880). — Sie zerfällt auch beim Kochen mit Lauge: Lipp und Scheller, B. **42**, 1970 (1909).

$$\text{HO}-\hexagon\left(\begin{array}{c}-\text{CH}_3\\[2pt]\end{array}\right)$$

während **Orsellinsäure**:

schon beim Kochen mit Methylalkohol in Orcin und Kohlendioxyd zerfällt [1]. **s - Trinitrobenzoesäure** wird ebenfalls bei 100° zerlegt, **Thiodiazoldicarbonsäure**:

$$\begin{array}{c}\text{HOOC}-\text{C}\diagup^{\;\;\text{S}}\diagdown\text{N}\\ \quad\;\;\big|\!\big|\quad\;\;\big|\big|\\ \text{HOOC}-\text{C}\qquad\text{N}\end{array}$$

spaltet bei 75—80° oder, bei Verwendung wäßriger Lösungen, bei 60—70° das α-ständige Carboxyl ab [2]), und **Phloroglucindicarbonsäure** ist in freier Form nicht mehr beständig [3].

Sehr instruktiv ist der Vergleich von **Diphenyldihydropyridazincarbonsäure**:

$$\begin{array}{c}\text{C}_6\text{H}_5\cdot\text{C}\cdot\text{CH}_2\cdot\text{CH}\cdot\text{COOH},\\ \quad\big|\big|\qquad\qquad\big|\\ \text{N}-\text{N}=\text{C}\cdot\text{C}_6\text{H}_5\end{array}$$

die (auch mit Salzsäure) unverändert über 200° erhitzt werden kann, und **Diphenylpyridazincarbonsäure**:

$$\begin{array}{c}\text{C}_6\text{H}_5\cdot\text{C}-\text{CH}=\text{C}-\text{COOH},\\ \quad\big|\big|\qquad\qquad\big|\\ \text{N}-\text{N}=\text{C}\cdot\text{C}_6\text{H}_5\end{array}$$

die beim Schmelzen glatt in Kohlendioxyd und Pyridazin zerfällt [4].

Sehr interessant ist auch, daß, während die **Nitrosalicylsäure**:

$$\hexagon\begin{array}{c}-\text{OH}\\-\text{COOH}\\ \text{NO}_2\end{array}$$

überhaupt nicht beständig ist, ihre Isomeren, bei denen also keine o-o-Substitution des Carboxyls statthat, sehr stabil sind [5].

Aus der **p - Stellung** wirkt ein negativer Substituent auch noch, aber schwächer, und noch schwächer aus der m-Stellung. So zerfällt **p - Oxybenzoesäure** bei 300°, während **m - Oxybenzoesäure** unzersetzt destilliert.

Nach **Hoogewerff** und **van Dorp** [6]) werden übrigens auch die aromatischen Säuren mit zwei zum Carboxyl orthoständigen **Methylgruppen** durch Schwefelsäure glatt in CO_2 und den entsprechenden Kohlenwasserstoff gespalten.

In der **Pyridinreihe** sind alle α -**Carbonsäuren** durch ihren leichten Zerfall ausgezeichnet.

Dimethylphloroglucincarbonsäure verliert beim Kochen in alkalischer Lösung ihr Carboxyl.

---

[1]) **Hesse**, J. pr. (2) **57**, 268 (1898). — Ihr Bariumsalz zerfällt beim Kochen mit Wasser.
[2]) **Wolff**, A. **333**, 9 (1904).   [3]) **Herzig** und **Wenzel**, M. **22**, 221 (1901).
[4]) **Paal** und **Kühn**, B. **40**, 4604 (1907).   [5]) **Seidel** und **Bittner**, M. **23**, 427 (1902).
[6]) Akad. van Wetenschappen te Amsterdam (1901), 173.

Durch Erhitzen mit Anilin oder anderen Basen, wie Dimethylanilin, Diäthylanilin und Chinolin [1]), werden die aromatischen Oxysäuren viel leichter unter Kohlendioxydabspaltung in Phenol übergeführt als durch Wasser. Je mehr Hydroxyle vorhanden sind, um so leichter erfolgt der Zerfall. Auch Haloidsubstitutionsprodukte sind weniger beständig als die Stammsubstanzen. Am leichtesten zerfallen o-, dann p-, endlich m-Derivate. Äthersäuren sind viel beständiger als die zugehörigen Oxysäuren.

Die Abspaltung der Carboxylgruppe aus 1 - Oxy - 4 - Chlor - 2 - Naphthoesäure gelingt am besten in der Weise, daß man die Säure in Naphthalin oder Nitrobenzol suspendiert und nach Zugabe einer kleinen Menge Anilin auf 170—180° erhitzt [2]).

Nach Staudinger [3]) verlieren die Chinolin- und Pyridinsalze weit leichter als die Säuren selbst Kohlendioxyd. Benzalmalonsaures Chinolin und Pyridin gehen schon bei Zimmertemperatur in zimtsaures Salz über.

Quantitative Kohlendioxydabspaltung [4]).

Wenn man das bei der Abspaltung der Carboxylgruppe entstehende Kohlendioxyd quantitativ bestimmen will, kann man es entweder in ammoniakalischer Barytlösung auffangen und als Bariumcarbonat wägen [5]) oder gemessene Barytlauge benutzen und zurücktitrieren [6]). Man leitet es wie bei der Elementaranalyse in gewogene Kalilauge. So gelingt nach Lefèvre [7]) die quantitative Zersetzung der Glucuronsäure mit Salzsäure folgendermaßen:

Auf den Destillationskolben A (Fig. 302) wird ein Liebigscher Rückflußkühler mit innerem Mehrkugelrohr aufgesetzt, der Wasserdampf und Salzsäuregas sofort wieder verdichtet und so das fortgesetzte Hinzubringen von neuen Mengen Salzsäure erübrigt. An den Kühler werden hintereinander zwei mit etwas Wasser beschickte Peligoröhren geschlossen, die die Aufgabe haben, Spuren übergegangener Salzsäure festzuhalten; hieran schließt sich ein Chlorcalciumrohr und der Kaliapparat, der an seinem anderen Ende unter Einschaltung eines Chlorcalciumrohrs mit der Pumpe [6]) verbunden ist. Der Destillationskolben wird ferner durch ein bis auf den Boden gehendes Rohr mit einem Kohlensäureabsorptionsapparat C verbunden. Dieser Apparat [8]) verdient nähere Besprechung:

Er besteht aus einem ca. 30 cm hohen starken Zylinder, in dessen eingeschliffenen Glasstopfen zwei Röhren eingeschmolzen sind, von denen die

---

[1]) Kupferberg, J. pr. (2) **16**, 441 (1877). — Lauth, Bull. (3) **9**, 971 (1893). — Cazeneuve, Bull. (3) **7**, 550 (1892); **15**, 73 (1896). — Tingle, Am. **25**, 144 (1901). — Hemmelmayr, M. **34**, 388 (1913); **36**, 290 (1915). — Claisen, A. **418**, 76 (1919).

[2]) Reissert, B. **44**, 866, 867 (1911). — Siehe hierzu Fajans, Z. phys. **73**, 35 (1910).

[3]) B. **39**, 3067 (1906).

[4]) Über die Abspaltung von CO_2 durch decarboxylierende Bakterien siehe Ackermann, Z. physiol. **65**, 504 (1910); **69**, 273 (1910). — DRP. 252 872 (1912); 256 116 (1913). — Willstätter und Fischer, A. **400**, 183 (1913). — Über Carboxylase, ein carboxylabspaltendes Ferment: Neuberg und Mitarbeiter, Bioch. **31**, 170 (1911); **36**, 68 (1911); **47**, 413 (1912); **61**, 184 (1914); **67**, 32 (1914); **71**, 57 (1915). — Rosenthal, Diss. Berlin (1914). — Neuberg und Färber, Bioch. **79**, 376 (1917). — Neuberg, Bioch. **88**, 145 (1918).

[5]) Kunz-Krause, Arch. **236**, 561 (1897). — Mann, Diss. Göttingen (1901).

[6]) Nach v. d. Haar besser als mit dem in der Zeichnung angegebenen Aspirator.

[7]) Diss. Göttingen (1907), 32. — Staudinger und Kon, A. **384**, 80 (1911). — Verbesserungen am Apparat von Lefèvre: v. d. Haar, Monosaccharide und Aldehydsäuren (1920), 72. — Hier auch eine sehr detaillierte Beschreibung des Verfahrens.

[8]) Von Hugershoff, Leipzig.

eine direkt an der inneren Öffnung endet, während die andere bis fast auf den Boden geführt ist; von diesem Rohr zweigt dicht über seinem inneren Ende ein anderes ab, das sich, spiralförmig um das Hauptrohr gewunden, oben dicht unter dem Deckel öffnet. Der Apparat wird zu einem Drittel mit Kalilauge (2:3) oder Barytwasser gefüllt; wird an dem kurzen Rohr gesaugt, so muß die durch das andere Rohr einströmende Luft während des Passierens der Spirale in inniger Berührung mit der Kalilauge oder dem Baryt bleiben, es tritt also aus dem kurzen Rohr nur kohlensäurefreie Luft aus.

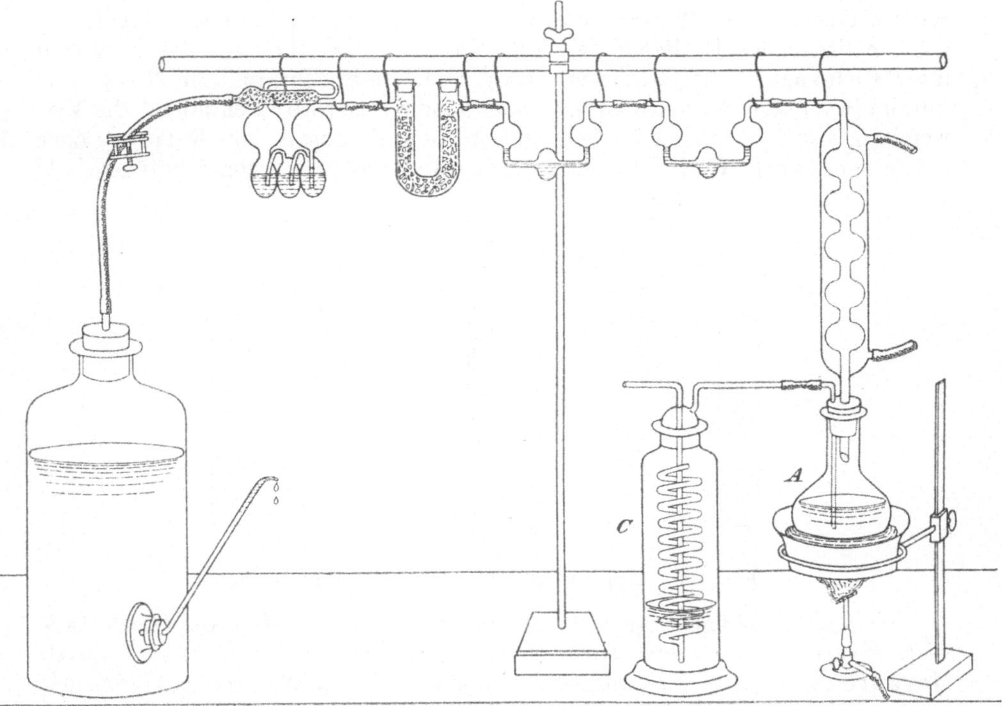

Fig. 302. Bestimmung der Carboxylgruppe durch CO_2-Abspaltung.

Soll das Kohlendioxyd beim trocknen Erhitzen der Säure abgespalten werden, so benutzt man an Stelle von A als Zersetzungsgefäß ein weites Probierglas, das nebst einem Thermometer in ein mit konzentrierter Schwefelsäure gefülltes Becherglas taucht und mit einem doppelt durchbohrten Kork versehen ist, der das Zu- und Ableitungsrohr für die anzusaugende Luft trägt [1]).

Staudinger und Kon[2]) benutzen den in Fig. 303 skizzierten Apparat, der es gestattet, bei bestimmter Temperatur zu arbeiten.

Die Substanz wird durch ein Einsatzrohr in das Reagensrohr gebracht, das z. B. durch den Dampf von siedendem Äthylenbromid auf konstante Temperatur (131°) erhitzt wird. Das entwickelte Kohlensäuredioxyd wird, nachdem der Apparat schon in der Kälte mit Wasserstoff gefüllt war, mit einem Wasserstoffstrom durch eine Waschflasche in die Absorptionsgefäße fortgeführt, zwei hintereinander geschaltete Spiralwaschflaschen[3]) mit ab-

---

[1]) Kunz-Krause, Arch. **231**, 632 (1893); **236**, 560 (1898); **242**, 271 (1904).
[2]) a. a. O.   [3]) In der Figur ist nur die erste gezeichnet.

gemessenen Mengen $^n/_{10}$-Barytwasser, von denen die erste — je nach der Reaktionsfähigkeit der reagierenden Verbindung — mit etwa 20—50 ccm, die zweite, die nur als Sicherheitsflasche dienen soll, mit 10—20 ccm beschickt wird. Die Kohlensäure wird durch Zurücktitrieren mit $^n/_{10}$-Bernsteinsäure bestimmt.

Die zwei Ansätze am Apparat machen es möglich, durch einfaches Umstellen der Hähne das Kohlendioxyd abwechselnd in verschiedene Gefäße zu leiten, und zwar werden nach je einer Stunde die Vorlagen gewechselt. Die in der Waschflasche befindliche geringe Kohlensäuremenge wird durch einen seitlich eingeleiteten Wasserstoffstrom in die Absorptionsflasche übergeführt.

An Stelle des Erhitzens der freien Säure [1]) wird auch oft das Zersetzen ihrer **Calcium**- oder **Bariumsalze**, evtl. unter Zusatz von **Natriummethylat**[2]) oder **Natronkalk**[3]), angewendet. **Einhorn** empfiehlt die Verwendung von **Chlorzink**[4]). Sehr gut wirkt auch Zusatz von **Kupfer**- oder **Silberpulver**[5]). Evtl. kann man noch etwas Calciumcarbonat zufügen.

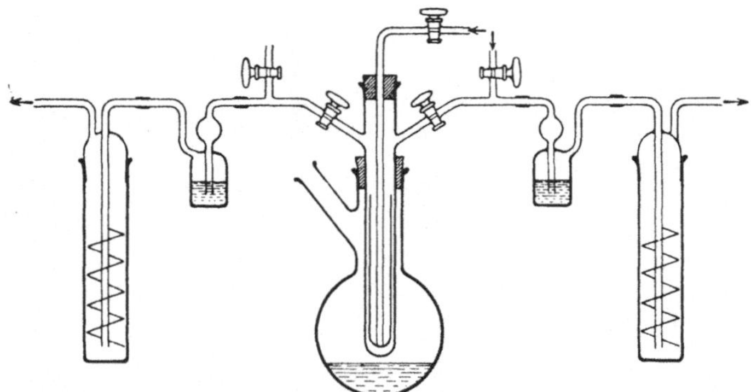

Fig. 303. Apparat von **Staudinger** und **Kon**.

Weit zweckmäßiger, namentlich dann, wenn außer dem Carboxyl noch stark saure Hydroxyle vorhanden sind, ist das **Erhitzen der Silbersalze**[6]), evtl. **Mercurosalze** [Nitrocumarilsäure[7])], namentlich im **Wasserstoffstrom**[8]) **oder noch besser Kohlendioxydstrom**[9]).

Die aliphatischen flüchtigen Carbonsäuren werden hierbei ungefähr nach dem Schema:

$$2\,n\,(AgC_nH_{2n-1}O_2) = 2\,(n{-}1)\,(C_nH_{2n}O_2) + (n{-}1)\,C + CO_2 + 2\,n\,Ag$$

zersetzt[10]). Phenylessigsäure, Cuminsäure und Benzoesäure destillieren dagegen nahezu unzersetzt; letztere liefert auch etwas Benzol.

---

[1]) Z. B. **Marckwald**, B. **27**, 1320 (1894).   [2]) **Mai**, B. **22**, 2133 (1889).

[3]) Neuerdings von **Willstätter** und **Fischer** mit bestem Erfolg zur Decarboxylierung von Chlorophyllderivaten verwendet. Man erhitzt kleine Mengen Säure mit der fünffachen Menge reinem Natronkalk im Reagensrohr, vorsichtig, aber rasch und unter ständigem Bewegen, und kühlt nach Eintritt der Reaktion durch Eintauchen in eine Schale mit Metallpulver (oder Quecksilber) ab. A. **400**, 186 (1913).

[4]) A. **300**, 179 (1898). — **Zelinsky** und **Gutt**, B. **41**, 2074 (1908).

[5]) **Willstätter**, B. **37**, 3745 (1904). — **Neukam**, Diss. Würzburg (1908), 76.

[6]) **Gerhardt** und **Cahours**, A. **38**, 80 (1841). — **Königs** und **Körner**, B. **16**, 2153 (1883). — **Königs**, B. **24**, 3589 (1901). — **Lux**, M. **29**, 774 (1908).

[7]) **Struss**, Diss. Rostock (1907), 44.

[8]) **Wegscheider**, M. **16**, 37 (1895). — **Lux**, M. **29**, 774 (1908).

[9]) **Kaufmann** und **Alberti**, B. **42**, 3789 (1909).

[10]) **Iwig** und **Hecht**, B. **19**, 238 (1886). — **Kachler**, M. **12**, 338 (1891).

Über einen weiteren Typus der Zersetzung von Silbersalzen (5-Nitro-2-aldehydobenzoesäure) siehe Wegscheider und Kuśy von Dúbrav, M. 24, 808 (1903). — Phenanthrencarbonsäuren: Klee, Arch. 252, 255 (1914).

Einwirkung von Jod auf Silbersalze: Birnbaum, A. 152, 111 (1869). — Birnbaum und Gaier, B. 13, 1270 (1880). — Birnbaum und Reinherz, B. 15, 456 (1882). — Simonini, M. 13, 320 (1892); 14, 81 (1893). — Herzog und Leiser, M. 22, 357 (1901). — Fichter, Hel. 1, 146 (1918). — Windaus und Klänhardt, B. 54, 581 (1921).

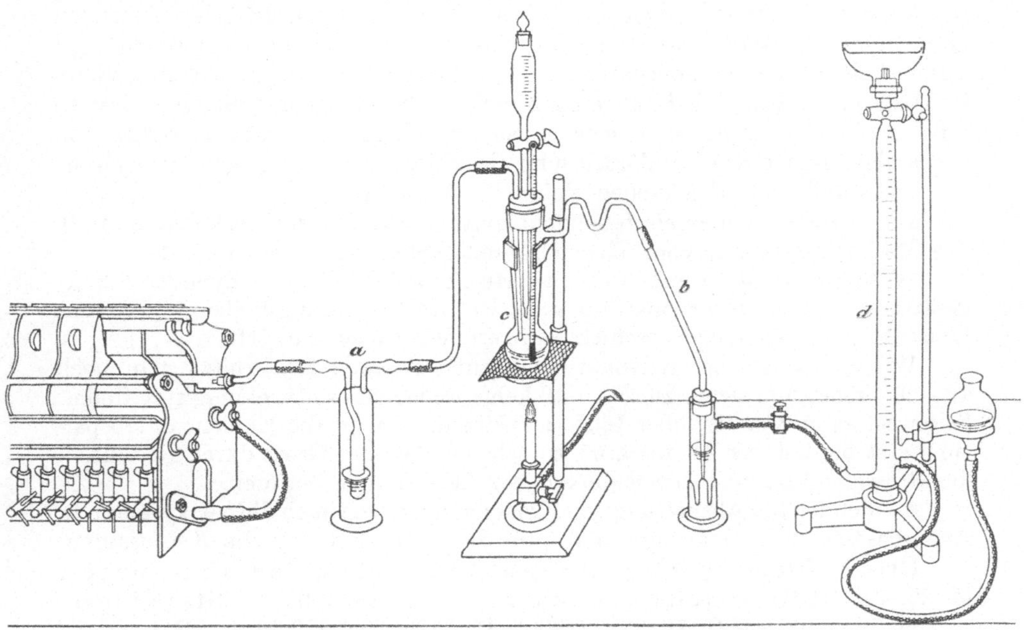

Fig. 304. Abspaltung von Kohlenoxyd aus Carbonsäuren.

Abspaltung von Kohlenoxyd[1].

Tertiäre Säuren mit offener Kette, also nicht die aromatischen Carbonsäuren, spalten in Berührung mit konzentrierter (ca. 94 proz.) Schwefelsäure sehr leicht, oft schon bei gewöhnlicher Temperatur und in vielen Fällen quantitativ, Kohlenoxyd ab.

[1] Walter, A. Chim. Phys. (2) 74, 38 (1840); (3), 9, 177 (1843). — Klinger und Standtke, B. 22, 1214 (1889). — Königs und Hoerlin, B. 26, 812 (1893). — Klinger und Lonnes, B. 29, 734 (1896). — Nowakowski, Diss. Freiburg (1899), 45. — Bistrzycki und Nowakowski, B. 34, 3064 (1901). — Bistrzycki und Herbst, B. 34, 3074 (1901). — Auwers und Schröter, B. 36, 3237 (1903). — Bistrzycki und Zurbriggen, B. 36, 3558 (1903). — Bistrzycki und Schick, B. 37, 656 (1904). — Bistrzycki und Gyr, B. 37, 662 (1904); 38, 1822 (1905). — Bistrzycki und Reintke, B. 38, 839 (1905). — Bistrzycki und Mauron, Ch. Ztg. 29, 7 (1905). — B. 40, 4062, 4370 (1907); 43, 2883 (1910). — Bistrzycki und Siemiradzki, B. 39, 51 (1906). — Mitt. Naturf. Ges. Freiburg 3, 23 (1907). — Siemiradzki, Diss. Freiburg (1908). — Bodmann, Diss. Freiburg (1908), 21, 38. — Wohlleben, Diss. Freiburg (1909), 76. — Schmidlin und Massini, B. 42, 2381 (1909). — Blaser, Diss. Freiburg (1909), 21, 29, 37, 44, 52. — Massini, Diss. Zürich (1909), 42. — Bistrzycki und Mauron, B. 43, 1137 (1910). — Bistrzycki und Weber, B. 43, 2504 (1910). — Czechowski, Diss. Freiburg (1913), 37. — Bistrzycki und Ryncki, Mem. Soc. frib. Sc. nat. Série Chimie 3 169 (1913). — Bistrzycki und Brenken, Hel. 5, 22 (1922).

Sekundäre Säuren reagieren sehr viel schwerer, primäre noch schwerer oder gar nicht[1]).

Zur Untersuchung auf Kohlenoxydabspaltung geht man nach Bistrzycki und Siemiradski folgendermaßen vor:

Die Substanz (0.2—0.3 g) wird mit 30—40 ccm reiner 94 proz. Schwefelsäure in einem Kölbchen, aus dem die Luft vorher durch einen während der ganzen Operation in Gang gehaltenen Strom von getrocknetem Kohlendioxyd verdrängt worden war, langsam erwärmt. Das Kohlendioxyd wird nach S. 229 aus Natriumbicarbonat entwickelt. Die aus dem Zersetzungskölbchen tretenden Gase werden zunächst zur Absorption von evtl. mitgebildetem Schwefeldioxyd durch kalt gehaltene konzentrierte Natriumbicarbonatlösung geleitet, dann im Azotometer von Schiff über konzentrierter Kalilauge aufgefangen. Das so erhaltene Kohlenoxyd ist immer etwas lufthaltig. Man läßt es daher von ammoniakalischer Kupferchlorürlösung absorbieren und bringt den nicht absorbierten Anteil vom abgelesenen Volum in Abzug[2]).

Die Autoren wenden ein besonders konstruiertes Zersetzungskölbchen an[3]), das Mitgerissenwerden von Schwefelsäuredämpfen verhindert (Fig. 304).

Waschflasche a enthält konzentrierte Schwefelsäure, der Zylinder b kaltgesättigte Natriumbicarbonatlösung. c ist der Zersetzungskolben, d ein mit konzentrierter Kalilauge beschicktes Azotometer nach Schiff.

Wenn das Kohlenoxydvolum konstant geworden ist, erhitzt man noch 10—20° höher, um sicher zu sein, daß keine weitere Gasentwicklung stattfindet. Selten ist es notwendig, über 160° zu erhitzen. Erfolgt die Kohlenoxydabspaltung erst bei höherer Temperatur, so geht ein Teil des Gases durch Reduktion der Schwefelsäure zu Schwefeldioxyd der Bestimmung verloren.

Ähnlich leichte Abspaltung von Kohlenoxyd zeigen auch die α-Oxysäuren[4]), Ameisensäure und Oxalsäure und ihre Derivate und manche Ketonsäuren.

Über Kohlenoxydabspaltung aus Säurechloriden: Hans Meyer, M. **22**, 792 (1901). — Joist und Löb, Z. El. **11**, 938 (1905). — Staudinger, A. **356**, 72 (1907). — B. **41**, 3558 (1908); **42**, 3486, 3967 (1909). — Bistrzycki und Landtwing, B. **41**, 686 (1908). — Schmidlin und Massini, B. **42**, 2381 (1909).

5. Unterscheidung der primären, sekundären und tertiären Säuren.

A. Ermittlung der Esterifizierungsgeschwindigkeit.

Ganz analog der Konstitutionsbestimmung der Alkohole durch Ermittlung ihrer Esterifizierungsgeschwindigkeit mit einer bestimmten Säure (Essigsäure) kann man bei der Untersuchung der Säuren verfahren, die man mit einem und demselben Alkohol (Isobutylalkohol) reagieren läßt.

Während aber bei der Konstitutionsbestimmung der Alkohole nicht nur die Anfangsgeschwindigkeit, sondern auch der Grenzwert gleichermaßen charakteristische Unterschiede zwischen den einzelnen Gruppen erkennen lassen, ist bei der Untersuchung der Säuren das Hauptaugenmerk auf die Bestimmung der Anfangsgeschwindigkeit zu richten, während die Grenzwerte sich für alle drei Gruppen von Säuren nicht sonderlich unterscheiden.

---

[1]) Bistrzycki und Siemiradzki, B. **41**, 1665 (1908).
[2]) Cl. Winkler, Lehrb. d. techn. Gasanalyse, II. Aufl. (1892), 75.
[3]) Zu beziehen von Dr. Bender und Dr. Hobein, Zürich.
[4]) Siehe S. 771. — Thiobenzilsäure: Becker und Bistrzycki, B. **47**, 3151 (1914).

Die Beschreibung der Methode ist S. 611 gegeben. Zur Erreichung des Grenzwerts ist bei tertiären Säuren 480stündiges, bei den anderen Säuren 200stündiges Erhitzen auf 155° erforderlich.

Nachfolgend Menschutkins Daten [1]).

		Anfangs-geschwindigkeit:	Grenzwert:
Primäre Säuren:	$C_nH_{2n}O$	30.86—44.36	67.4—70.9
	$C_nH_{2n-2}O_2$	43.0	70.8
	$C_nH_{2n-8}O_2$	40.3—48.8	72.0—73.9
Sekundäre Säuren:	$C_nH_{2n}O_2$	21.5—29.0	69.5—73.7
	$C_nH_{2n-2}O_2$	12.1	72.1
	$C_nH_{2n-10}O_2$	11.6	74.6
Tertiäre Säuren:	$C_nH_{2n}O_2$	3.5—8.3	72.7—74.2
	$C_nH_{2n-2}O_2$	3.0	69.3
	$C_nH_{2n-4}O_2$	8.0	74.7
	$C_nH_{2n-8}O_2$	6.8—8.6	72.6—76.5

Meist wird man nur die Anfangsgeschwindigkeit bestimmen; doch ist Erhitzen auf 155° unbequem und fast stets unnötig. Man benutzt statt höherer Temperatur 3proz. methylalkoholische Salzsäure als Katalysator und erhitzt entweder eine Stunde auf dem kochenden Wasserbad [2]) oder im Thermostaten bei 15° [3]).

Über die Unanwendbarkeit dieser Methode bei Dicarbonsäuren: Schwab, Rec. 2, 64 (1883). — Reicher, ebenda 308.

B. Unterscheidung primärer und sekundärer Säuren von den tertiären mit Brom [Auwers und Bernhardi[4])].

Bei der Bromierung nach der Hell-Volhard-Zelinskyschen Methode nehmen aliphatische Mono- und Dicarbonsäuren so viele Bromatome auf, als sie Carboxylgruppen besitzen, vorausgesetzt, daß sich neben jeder Carboxylgruppe mindestens ein α-Wasserstoffatom befindet.

Bernsteinsäure und ihre Alkylderivate nehmen nur ein Atom Brom auf. Tertiäre Säuren reagieren nicht mit Brom und Phosphor.

Bromierung[5]) nach Hell[6]) - Volhard[7]) - Zelinsky[8]).

In ein starkwandiges Reagensglas (Fig. 305) von etwa 3 cm Durchmesser und 10 cm Höhe ist ein Helm eingeschliffen, der in ein etwa 50 cm langes Kühlrohr endigt. In den Helm ist ferner ein kleiner Tropftrichter eingeschmolzen, dem man die Form einer graduierten Pipette gibt. Man vermeidet dadurch das lästige Ab-

Fig. 305.
Bromierung
nach Hell-
Volhard-
Zelinsky.

---

[1]) A. **195**, 334 (1879); **197**, 193 (1879). — B. **14**, 2630 (1881).

[2]) Sudborough und Lloyd, Soc. **73**, 81 (1898).

[3]) Sudborough und Roberts, Soc. **87**, 1841 (1905). — Proc. **23**, 146 (1907). — Sudborough und Thomas, Soc. **91**, 1033 (1907).

[4]) B. **24**, 2210 (1891); vgl. auch V. Meyer und Auwers, B. **23**, 294 (1890). — Reformatzky, B. **23**, 1594 (1890). — Auwers und Jackson, B. **23**, 1601, 1609 (1890). — Gabriel, B. **40**, 2647 (1907). — Fichter und Gisiger, B. **42**, 4709 (1909).

[5]) Über den Mechanismus dieser Reaktion: Aschan, B. **45**, 1913 (1912). — Smith und Lewcock, B. **45**, 2358 (1912). — K. H. Meyer, B. **45**, 2868 (1912). — Aschan, B. **46**, 2162 (1913). — Kronstein, B. **54**, 1 (1921).

[6]) B. **14**, 891 (1881). — Hell und Twerdomedoff, B. **22**, 1745 (1889). — Hell und Jordanoff, B. **24**, 938 (1891). — Hell und Sadomsky, B. **24**, 938, 2390 (1891).

[7]) A. **242**, 141 (1887). [8]) B. **20**, 2026 (1887). — Bauer, Diss. Leipzig (1908), 33.

wägen des Broms und kennt überdies in jedem Augenblick die Menge des bereits zugesetzten Halogens.

Die Ausführung der Bromierung gestaltet sich folgendermaßen:

Amorpher Phosphor wird mit der flüssigen Säure übergossen oder mit der festen Säure innig gemengt und darauf langsam Brom zugetropft. Durch richtige Regulierung des Bromzuflusses, nötigenfalls durch Kühlung des Kolbens, wird die Reaktion so geleitet, daß die Dämpfe im Kühlrohr gelb, nur ausnahmsweise und für kurze Zeit rot gefärbt erscheinen, um den Bromverlust möglichst zu beschränken. Sobald die berechnete Menge Brom hinzugefügt ist, oder die Bromwasserstoffentwicklung sich verlangsamt, wird das Reaktionsgemisch allmählich auf 90—100° erwärmt. — Siehe auch S. 540.

Die Berechnung der Mengenverhältnisse der zur Reaktion gelangenden Substanzen erfolgt nach den Gleichungen:

I. $3 \, C_nH_{2n+1} \cdot CO_2H + P + 11 \, Br = 3 \, C_nH_{2n}Br \cdot COBr + HPO_3 + 5 \, HBr.$

II. $3 \, C_nH_{2n} \cdot (CO_2H)_2 + 2 \, P + 22 \, Br = 3 \, C_nH_{2n-2}Br_2 \cdot (COBr)_2 + 2 \, HPO_3 + 10 \, HBr.$

Da auch bei vorsichtigem Arbeiten stets mehr oder weniger Brom ungenutzt entweicht, so muß in jedem Fall nach Verbrauch der theoretischen Menge weiteres Brom in kleinen Portionen zugefügt werden. Im allgemeinen wird mit diesem Zusatz fortgefahren, bis die Bromwasserstoffentwicklung völlig aufgehört hat und das Kühlrohr auch nach halbstündiger Digestion noch von roten Dämpfen erfüllt ist. Dieser Zeitpunkt tritt bei den einbasischen Säuren ziemlich rasch ein, d. h. in wenigen Stunden bei Verarbeitung von 10 bis 20 g Säure. Die Überführung der Dicarbonsäuren in ihre Bromderivate dauert dagegen in der Regel beträchtlich länger, meist währt es 10—15 Stunden, bis die Reaktion als beendet angesehen werden darf. Die Verlangsamung der Reaktion tritt dann ein, wenn ungefähr die zur Bildung des Monosubstitutionsprodukts nötige Menge Brom verbraucht ist.

Nach Beendigung des Versuchs wird das noch vorhandene Brom abdestilliert und darauf das gelb bis dunkelrotbraune, ölige Reaktionsprodukt auf Säure oder auf Ester verarbeitet.

In letzterem Fall läßt man das Öl direkt in das Zwei- bis Dreifache der theoretisch erforderlichen Menge absoluten Alkohols einlaufen, wobei sehr heftige Umsetzung erfolgt. Der bromierte Ester wird darauf durch Zusatz von viel Wasser abgeschieden, mit Wasser und verdünnter Schwefelsäure gewaschen, über Chlorcalcium oder besser über entwässertem Glaubersalz getrocknet, durch trockne Filter gegossen und schließlich unter gewöhnlichem Druck oder im Vakuum rektifiziert.

Die Verarbeitung des Rohprodukts auf bromierte Säuren sowie die Reindarstellung derselben geschieht in verschiedener Weise, da die Löslichkeitsverhältnisse dieser Säuren und speziell ihr Verhalten gegen Wasser von Fall zu Fall wechseln.

Verwertbarkeit der bromierten Säuren zu näheren Konstitutionsbestimmungen: Crossley und Le Sueur, Proc. **14**, 218 (1899). — Soc. **75**, 161 (1899). — Proc. **15**, 225 (1900). — Soc. **77**, 83 (1900). — Mossler, M. **29**, 69 (1908). — Siehe auch S. 541.

Einwirkung von Salpetersäure auf sekundäre Säuren: Bredt, B. **14**, 1780 (1881); **15**, 2318 (1882). — Bredt und Kershaw, B. **32**, 3661 (1899).

Über die Skraupsche Reaktion der Pyridin-α-carbonsäuren siehe S. 619.

Zur
Ermittlung der Stellung der Carboxylgruppen in aliphatischen Dicarbonsäuren[1]
dampft man mit Essigsäureanhydrid ein und erhitzt im Ölbad auf 260—280°. Glatter Übergang in ein Keton weist auf eine Pimelin- oder Adipinsäure; glatter Übergang in Anhydrid auf eine Glutar- oder Bernsteinsäure. In diesem Fall erhitzt man das Silbersalz mit Jod unter Zusatz von Sand vorsichtig bis gegen 150°, extrahiert mit Äther, schüttelt mit konz. Kaliumcarbonat und etwas schwefligsaurem Natrium, trocknet und verdampft den Äther. Das zurückbleibende Lacton wird durch Destillation gereinigt (Glutarsäureaktion).

Zweiter Abschnitt.

Quantitative Bestimmung der Carboxylgruppe.

Zur quantitativen Bestimmung der Basizität organischer Säuren dienen folgende Methoden:

1. Analyse der Metallsalze der Säure;
2. Titration;
3. Die indirekten Methoden, und zwar:
   - A. Die Carbonatmethode,
   - B. Die Ammoniakmethode,
   - C. Die Schwefelwasserstoffmethode,
   - D. Die Jod-Sauerstoffmethode;
4. Untersuchung der Ester;
5. Bestimmung der elektrischen Leitfähigkeit des neutralen Natriumsalzes der Säure.

1. Bestimmung der Carboxylgruppe durch Analyse der Metallsalze der Säure.

In vielen Fällen läßt sich die Zahl der Carboxylgruppen durch Analyse der neutralen Salze ermitteln.

Namentlich sind Silbersalze für diesen Zweck verwendbar, weil sie fast immer wasserfrei und neutral erhalten werden.

Immerhin sind Ausnahmen bekannt. So krystallisiert das cantharidinsaure Silber mit einem[2]), das dimethylviolansaure Silber mit zwei[3]), das Silbersalz der Camphoglucuronsäure mit drei[4]), das metachinaldinacrylsaure Silber mit vier[5]) Molekülen Krystallwasser, das hydroxonsaure Silber bald mit drei[6]) Molekülen, bald mit einem[7]).

Auch saure Silbersalze sind, wenngleich selten, beobachtet worden[8]) und Oxysäuren, die stark mit negativen Gruppen beladen sind, wie o.o-Dibrompara-

---

[1]) Windaus und Klänhardt, B. **54**, 584 (1921).
[2]) Homolka, B. **19**, 1083 (1886).
[3]) Die Dimethylviolansäure ist freilich keine Carbonsäure. — Lifschitz, B. **46**, 3248 (1913).   [4]) Schmiedeberg und Meyer, Z. physiol. **3**, 433 (1879).
[5]) Eckhardt, B. **22**, 276 (1889).   [6]) Ponomarew, Russ. **11**, 47 (1879).
[7]) Biltz und Giesler, B. **46**, 3419 (1913).
[8]) Thate, J. pr. (2) **29**, 157 (1884). — Kohlstock, B. **18**, 1849 (1885). — Schmidt, Arch. **2**, 521 (1886). — Jeanrenaud, B. **22**, 1281 (1889). — Feist, B. **23**, 3733 (1890). — Stoermer und Fincke, B. **42**, 3129 (1909). — Weitere anormale Silbersalze: Theobald, Diss. Rostock (1892), 44. — Fussenegger, Diss. Kiel (1901), 42. — R. Schulze, Diss. Kiel (1906), 65.

oxybenzoesäure, 3.5-Dinitrohydrocumarsäure, 1.5-Dinitroparaoxybenzoesäure und 2.6-Dinitro-5-oxy-3.4-dimethylbenzoesäure, nehmen 2 Atome Silber auf.

Viele Silbersalze sind licht- oder luftempfindlich, manche auch explosiv, wie das Silberoxalat, das Salz der Lutidoncarbonsäure [1]), der Apophyllensäure [2]) und der Chinolintricarbonsäure [3]), welch letzteres außerdem sehr hygroskopisch ist [4]).

Über die Analyse solcher Salze siehe S. 371.

Über Silbersalze von Polypeptiden der Glutaminsäure und Asparaginsäure: E. Fischer, B. 40, 3712 (1907).

Kupfersalze sind namentlich in der Pyridin- und Chinolinreihe sowie für die Charakterisierung aliphatischer Aminosäuren [5]), Zinksalze in der Fettreihe und zur Isolierung von aromatischen Sulfosäuren mit Vorteil angewendet worden. Die Aminosäuren pflegen auch charakteristische Nickelsalze zu geben.

Auch Natrium-, Kalium-, Calcium-, Barium- [6]) und Magnesiumsalze [7]), sowie Ammonium- [8]), Cadmium- [9]), Thallium- [10]) und Bleisalze [6]), sogar Rubidiumsalze [11]) sind zur Basizitätsbestimmung von organischen Säuren herangezogen worden [12]).

Dabei sei erwähnt, daß sich oftmals gerade die sauren Salze [13]) von Polycarbonsäuren durch besondere Beständigkeit oder Schwerlöslichkeit auszeichnen. So läßt sich das saure chinolinsaure Kupfer aus Salpetersäure [14]), das saure dipicolinsaure Kalium aus Salzsäure [15]) unverändert umkrystallisieren (s. auch S. 44).

Da übrigens von vielen Säuren gut definierte, neutrale Salze überhaupt nicht darstellbar sind, andererseits auch andere Atomgruppen Metall zu fixieren vermögen, hat diese Methode nur beschränkte Anwendbarkeit.

2. Titration der Säuren.

Ist das Molekulargewicht einer carboxylhaltigen Substanz bekannt, so kann ihre Basizität oftmals durch Titration bestimmt werden.

Bedeutet S das Gewicht der Substanz in Milligrammen,

       a die Anzahl der verbrauchten Kubikzentimeter $^n/_{10}$ - Lauge,
       x die Basizität der Säure und
       M das Molekulargewicht,

so ist:

$$M = \frac{10\,S \cdot x}{a}, \quad x = \frac{a \cdot M}{10\,S}.$$

Man kann mit wäßriger oder alkoholischer $^n/_{10}$ - Kali- oder Natronlauge oder mit wäßriger $^n/_{10}$ - Barythydratlösung arbeiten.

---

[1]) Sedgwick und Collie, Soc. 67, 407 (1895).
[2]) Roser, A. 234, 118 (1886).   [3]) Bernthsen und Bender, B. 16, 1809 (1883).
[4]) Perkin, Soc. 75, 176 (1899).
[5]) E. Fischer, Unters. üb. Aminosäuren (1906), 17.
[6]) Z. B. Krauz, B. 43, 485 (1910).   [7]) Kiliani, B. 43, 3569 (1910).
[8]) Knorr und Hörlein, B. 42, 3501 (1909).
[9]) Neuberg, Scott und Lachmann, Bioch. 24, 156 (1910).
[10]) Freudenberg, B. 53, 1729 (1920). Chebulinsäure.
[11]) Windaus, B. 41, 613, 2560 (1908).
[12]) Über Strontiumsalze: Holmberg, B. 47, 169, 171 (1914).
[13]) Zur Kenntnis der sauren Salze der Carbonsäuren siehe auch Pfeiffer, B. 47, 1580 (1914). — Weinland und Denzel, B. 47, 2246 (1914).
[14]) Boeseken, Rec. 12, 253 (1893).   [15]) Pinner, B. 33, 1229 (1900).

Titration mit $n/_2$ - Ammoniak haben Haitinger und Lieben[1]) sowie Kehrer und Hofacker[2]) vorgenommen.

Substanzen, die sehr schwer lösliche Kalium-(Natrium-)Salze geben, lassen sich manchmal vorteilhaft mit Lithiumhydroxydlösung titrieren[3]).

Diels und Abderhalden fanden[4]), daß die bei der Oxydation des Cholesterins entstehende Säure $C_{27}H_{44}O_4$ mit Kalilauge glatt als zweibasische Säure titrierbar ist, während $n/_{10}$ - Natronlauge ein so schwer lösliches saures Natriumsalz liefert, daß damit nur eine Carboxylgruppe nachweisbar ist.

Man kann auch den Störungen, die bei Verwendung von Wasser als Lösungsmittel entstehen, Hydrolyse usw., durch geeignete Wahl des Mediums begegnen[5]).

So lassen sich die hochmolekularen Fettsäuren nur in starkem (mindestens 40 proz.) Alkohol titrieren. Als Endreaktion gilt der erste bleibende rosa Schein[6]).

Manche Substanzen (Oxymethylene) müssen mit Natriumalkoholat in absolut alkoholischer Lösung (Indicator Phenolphthalein) titriert werden[7]). Bedingt saure Carbonsäuren; Vorländer. —Aminosäuren: S.968.

Anschütz und Schmidt[8]) titrieren in Pyridinlösung mit Natronlauge und Phenolphthalein.

Hans und Astrid Euler lösen Harzsäuren in Amylalkohol und titrieren mit Barytlösung[9]).

Von Säuren werden in der Regel Salzsäure oder Schwefelsäure verwendet.

Letztere kann beim Arbeiten in alkoholischer Lösung nicht so gut gebraucht werden, weil die ausfallenden unlöslichen Sulfate das Erkennen der Endreaktion stören.

Die zum Auflösen der Substanz benutzten Flüssigkeiten (Alkohol, Äther usw.) müssen säurefrei sein oder vorher mit $n/_{10}$-Lauge genau neutralisiert werden.

Als Indicatoren werden Phenolphthalein[10]), Methylorange, Lacmoid, seltener Rosolsäure, Curcuma oder Lackmus verwendet. Auf Kohlensäure ist immer entsprechend Rücksicht zu nehmen. Bei dunkel gefärbten Flüssigkeiten ist oft Alkaliblau[11]) mit Vorteil anwendbar.

Bei Verwendung von Methylorange ist für gelb gefärbte Flüssigkeiten Zusatz von indigosulfosaurem Natrium zu empfehlen[12]).

Fast noch wichtiger scheint nach Luther der Indigozusatz bei der genauen Titration farbloser Lösungen mit Methyl- bzw. Äthylorange zu sein.

---

[1]) M. **6**, 292 (1895).   [2]) A. **294**, 171 (1896).

[3]) Hans Meyer, Festschr. f. Ad. Lieben (1906), 469. — A. **351**, 269 (1907).

[4]) B. **37**, 3096 (1904).

[5]) Vesterberg, Arkiv för Kemi etc. **2**, Nr. 37, 1 (1907).

[6]) Hirsch, B. **35**, 2874 (1902). — Schmatolla, B. **35**, 3905 (1902). — Kanitz, B. **36**, 400 (1903). — Schwarz, Ztschr. f. öff. Ch. **11**, 1 (1905). — Holde und Schwarz, B. **40**, 88 (1907).

[7]) Rabe, A. **332**, 32 (1904). — Vorländer, A. **341**, 71 (1905). — B. **52**, 311 (1919).

[8]) B. **35**, 3467 (1902).   [9]) B. **40**, 4763 (1907).

[10]) Noch besser soll Phenoltetrachlorphthalein sein: Delbridge, Am. **41**, 401 (1909). — Thiel, Sitzb. Med. Nat. Münster, 19. Juli 1913. — Thiel und Strohecker, B. **47**, 948 (1914).

[11]) Marke II OLA der Höchster Farbwerke; siehe Freundlich, Öst. Ch. Ztg. **4**, 441 (1901).

[12]) Hällström, B. **38**, 2288 (1905). — Kirschnick, Ch. Ztg. **31**, 960 (1907). — Luther, Ch. Ztg. **31**, 1172 (1907).

Um bei der Titration mit carbonathaltigen Laugen deutliche Endpunkte zu erhalten, verfährt man nach dem Vorschlag von Küster[1]) derart, daß man sich durch Sättigen einer Methylorangelösung mit Kohlendioxyd eine „Normalfarbe" herstellt, auf die titriert wird. Da die Farbübergänge rot-orange-gelb besonders bei verdünnten Lösungen sehr allmählich sind, so kann man leicht über den Endpunkt im Unsicheren sein. Hier hilft indigschwefelsaures Natrium sehr gut, denn die Farbe seiner Lösung ist nahezu komplementär zur „Normalfarbe". Durch Mischungsverhältnisse, die durch Probieren schnell zu finden sind, kann man es leicht erreichen, daß das Farbstoffgemenge durch Kohlensäure ein fast neutrales Grau erhält. Genügend verdünnte Lösungen erscheinen dann nahezu farblos. Der Umschlag von violett über farblos nach grün, den ein derartiges Gemenge von Methylorange und indigschwefelsaurem Natrium beim Titrieren gibt, ist sehr ausgesprochen und erleichtert das Titrieren — besonders bei verdünnten Lösungen — ganz ungemein. Man titriert auf farblos (grau). Da Indigschwefelsäure durch überschüssiges Alkali gelb gefärbt wird, so ist die ganze Farbenskala, die etwa bei der Titration eines Alkalis mit Säure durchlaufen wird, folgende: gelb, grün, farblos (grau), violett. Diese Mannigfaltigkeit hat den Vorzug, daß man auf die Annäherung an den Endpunkt vorbereitet wird. Übertitrieren ist daher auch bei rascher Arbeit leicht zu vermeiden.

Rupp und Loose empfehlen Methylrot[2]), Hewitt[3]) p-Nitrobenzolazo-α-naphthol ($NO_2 \cdot C_6H_4 \cdot N : N \cdot C_{10}H_6 \cdot OH$ bzw. $KNO_2 : C_6H_4 : N \cdot N : C_{10}H_6O$), das in neutraler Lösung gelbbraun ist und durch Alkali violett wird, und ganz besonders auch Nitrosulfobenzolazo-α-Naphthol ($NO_2 \cdot SO_3H \cdot C_6H_3 \cdot N : N \cdot C_{10}H_6OH$). Das letztere, in neutraler Lösung schwach gelb, wird durch Alkali intensiv purpurrot. Mit beiden Indicatoren erhält man ebenso scharfe Resultate wie mit Phenolphthalein.

Als Kuriosa seien auch die Versuche von Richards[4]) und Kastle[5]) erwähnt, den Neutralisationspunkt durch den Geschmacksinn oder [Sacher[6])] durch den Geruchsinn (Isovaleriansäure, Phenol, Ammoniak, Essigsäure) zu bestimmen.

Elektrometrische Titration: Whitney, Z. phys. 20, 40 (1896); Miolatti, Z. an. 22, 445 (1900). — Küster, Grüters und Geibel, Z. an. 35, 454 (1903); 42, 225 (1904). — Thiel, Schumacher und Roemer, B. 38, 3860 (1905). — Michaelis, Bioch. 79, 1 (1917).

Nicht nur Carbonsäuren, sondern auch gewisse Phenole, wie Pikrinsäure[7]), Nitrotetrasalicylsäure[8]), Dibrom-p-Kresol[9]), Salicylamid[10]), Salicylsäurehydrazid[10]), Oxymethylenverbindungen[11]), wie z. B. Acetyldiben-

<hr>

[1]) Z. an. 13, 134 (1897). Die theoretischen Ausführungen daselbst S. 144 sind übrigens nach Luther nicht richtig.

[2]) B. 41, 3905 (1908). Siehe auch S. 244 und 737.   [3]) Analyst 33, 85 (1908).

[4]) Am. 20, 125 (1898).   [5]) Am. 20, 466 (1898). — Siehe S. 180.

[6]) Ch. Ztg. 37, 1222 (1913).

[7]) Küster, B. 27, 1102 (1894). — Küster hat die Titrierbarkeit der Pikrinsäure zu einer quantitativen Bestimmungsmethode für die Additionsprodukte derselben mit Kohlenwasserstoffen, Phenolen usw. ausgearbeitet. Siehe S. 46 und 957.

[8]) Schroeter, B. 52, 2232 (1919). Die Phenolgruppe ist hier vollständig austitrierbar, während sie in der 5-Nitrosalicylsäure gar keine Säurewirkung zeigt (a. a. O. S. 2231).

[9]) Dimroth und Goldschmidt, A. 399, 86 (1913). — Dibromphenoltricarbonsäure reagiert dementsprechend vierbasisch, Nitroresorcylsäure dreibasisch: Hemmelmayr, M. 25, 21 (1904), Dioxyhemimellithsäure fünfbasisch: Dean und Nierenstein, B. 46, 3872 (1913)   [10]) Hans Meyer, M. 28, 1382 (1907).

[11]) Siehe auch Diels und Stern, B. 40, 1622 (1907).

zoylmethan[1]), Oxymethylenacetessigester[2]), Oxymethylenacetylaceton[3]), Oxylactone wie Tetrinsäure[1]) und Tetronsäure[4]), Naphthooxycumarin[5])-Hydroresorcine[6]), 1-Phenyl-3-methyl-5-pyrazolon[1]), Oxybe, taine[7]), 4-Hydroxy-6-Alkyl-2.3-triazo-7.0-dihydropyridazine (Heterohydroxylsäuren[8]) und manche Hydrazone[9]) und endlich Saccharin[10]) lassen sich glatt in wäßriger oder alkoholischer Lösung titrieren.

Ebenso reagieren manche Aldehyde, wie Glyoxal[11]), Salicylaldehyd, p-Oxybenzaldehyd und Vanillin, die Dioxybenzaldehyde[12]), ferner substituierte Ketone, wie Monochloraceton und Bromacetophenon, mit Phenolphthalein als Indicator wie einbasische Säuren[13]).

Andererseits zeigen, wie schon S. 716 erwähnt, gewisse Aminosäuren in wäßriger Lösung eine Abschwächung des sauren Charakters, die bis zur vollständigen Neutralität gehen kann. Siehe S. 968.

Bei Dicarbonsäuren ist auch öfters die zweite Carboxylgruppe nicht austitrierbar, so bei der Triazol-2.5-dimethylpyrroldicarbonsäure[14]):

$$
\begin{array}{c}
\quad\ \ CH_3 \\
\quad\ \ | \\
N=CH\diagdownC=C\!-\!COOH \\
\ \ N\!-\!N| \\
N=CH\diagupC=C\!-\!COOH \\
\quad\ \ | \\
\quad\ \ CH_3
\end{array}
$$

Für die Titration vieler aromatischer Oxysäuren ist Phenolphthalein nicht zu gebrauchen, weil das Phenolhydroxyl bis zu einem gewissen Betrag mittitriert wird. Man verwendet in solchen Fällen Methylrot oder Lackmus[15]).

Über Titration der Säureimide und Lactone sowie über verzögerte Neutralisation (Pseudosäuren) siehe S. 777 und 1018[16]).

3. Indirekte Methoden.

Die indirekten Methoden zur Basizitätsbestimmung organischer Säuren lassen sich nach der Art der durch die Säure verdrängten Substanz unterscheiden als:

A. Carbonatmethode,
B. Ammoniakmethode,
C. Schwefelwasserstoffmethode,
D. Jod-Sauerstoffmethode.

---

[1]) Knorr, A. **293**, 70 (1896).   [2]) Claisen, A. **297**, 14 (1897).
[3]) Claisen, A. **297**, 6, 59 (1897).
[4]) Wolff, A. **291**, 226 (1896).   [5]) Runkel, Diss. Bonn. (1902), **31**.
[6]) Schilling und Vorländer, A. **308**, 184 (1899).
[7]) Hans Meyer, M. **26**, 1311 (1905). — Kirpal, M. **29**, 472 (1908).
[8]) Bülow, B. **42**, 2596 (1909).   [9]) Bülow, B. **42**, 3313 (1909).
[10]) Hans Meyer, M. **21**, 945 (1900). — Glücksmann, Pharm. Post. **34**, 234 (1901).
[11]) Siehe auch Harries und Temme, B. **40**, 165 (1907).
[12]) Pauly, Schübel und Lockemann, A. **383**, 288 (1911).
[13]) Welmans, Pharm. Ztg. **1898**, 634. — Astruc und Murco, C. r. **131**, 943 (1901). — Hans Meyer, M. **24**, 833 (1903). — Die Angabe von Astruc und Murco, daß auch das Piperonal sich titrieren lasse, ist irrtümlich; es reagiert vielmehr gegen Phenolphthalein vollkommen neutral.
[14]) Bülow, B. **42**, 2487 (1909).   [15]) Claisen und Eisleb, A. **401**, 87 (1913).
[16]) Über die Acidimetrie organischer Säuren siehe auch noch Degener, Festschrift der Herzogl. Techn. Hochschule in Braunschweig, Friedr. Vieweg & S. (1897), 451ff. — Imbert und Astruc, C. r. **130**, 35 (1900). — Astruc, C. r. **130**, 253 (1900). — Wegscheider, M. **21**, 626 (1900). — Wagner und Hildebrandt, B. **36**, 4129 (1903).

A. Carbonatmethode [Goldschmiedt und Hemmelmayr[1])].

Eine gewogene Menge Substanz (0.5—1 g) wird in Lösung in ein Kölbchen mit dreifach durchbohrtem Stopfen gebracht. Durch eine Bohrung geht ein bis knapp unter den Stopfen reichendes, aufsteigendes Kugelrohr, durch die zweite ein bis an den Boden des Kölbchens reichendes, ausgezogenes und am unteren Ende hakenförmig nach aufwärts gebogenes Glasrohr; die dritte Bohrung trägt einen kleinen Tropftrichter mit Hahn, dessen unteres Ende ebenfalls ausgezogen und hakenförmig aufgebogen ist und unter das Niveau der Flüssigkeit taucht.

Durch diesen kleinen Trichter läßt man in siedendem Wasser aufgeschwemmtes kohlensaures Barium zur schwach kochenden Lösung sukzessive hinzutreten.

Das entbundene Kohlendioxyd wird durch einen langsamen Strom kohlensäurefreier Luft durch zwei Chlorcalciumröhrchen in einen gewogenen Absorptionsapparat übergeführt.

Man läßt erkalten, kocht nochmals auf und wägt das Absorptionsrohr nach dem Erkalten im Luftstrom[2]).

B. Ammoniakmethode [Mc Jlhiney[3])].

Die Säure (ca. 1 g) wird in überschüssiger alkoholischer Kalilauge gelöst (der Alkoholgehalt der Lösung soll gegen 93% betragen) und auf 250 ccm gebracht. Man leitet eine Stunde Kohlendioxyd durch die Flüssigkeit, bis alles freie Alkali als Carbonat und Bicarbonat gefällt ist, filtriert, wäscht mit 50 ccm 93 proz. Alkohol, destilliert das Lösungsmittel ab und versetzt den Rückstand mit 100 ccm 10 proz. Salmiaklösung.

Das Kaliumsalz der Säure zersetzt das Chlorammonium unter Entwicklung der äquivalenten Menge Ammoniak, das abdestilliert und in gewöhnlicher Weise titriert wird.

Da 100 ccm 93 proz. Alkohol so viel Alkalicarbonat lösen, als 0.34 ccm Normalsäure entspricht, muß bei der Berechnung eine entsprechende Korrektur angebracht werden.

Auch muß man durch eine blinde Probe, bei der man 100 ccm Salmiaklösung ebenso lange kochen läßt wie bei dem Versuch (etwa 1—2 Stunden), konstatieren, wieviel Ammoniak durch Dissoziation des Salmiaks mit den Wasserdämpfen flüchtig ist, und dies in Rechnung ziehen.

Die Methode gibt bei den schwächeren Fettsäuren gute Resultate und wird namentlich bei dunkel gefärbten Lösungen, die keine Titration gestatten, mit Vorteil angewendet.

Jean[4]) bestimmt in ähnlicher Weise die Acidität bzw. Alkalinität gefärbter Substanzen. Bei alkalischer Reaktion wird eine bekannte Menge Substanzlösung mit überschüssigem Ammoniumsulfat destilliert und das übergehende Ammoniak mit Salzsäure titriert. Säuren werden mit gemessener überschüssiger Kalilauge versetzt, Ammoniumsulfat zugesetzt und das bei der Destillation übergehende Ammoniak in Rechnung gestellt.

---

[1]) M. **14**, 210 (1893).
[2]) Über ein auf der Zersetzung von Natriumbicarbonat beruhendes Verfahren siehe Vohl, B. **10**, 1807 (1877) und Jehn, B. **10**, 2108 (1877).
[3]) Am. **16**, 408 (1894).
[4]) A. chim. anal. appl. **1897**, II, 445.

C. Schwefelwasserstoffmethode [Fuchs [1])].

Bringt man einen carboxylhaltigen Körper mit in Schwefelwasserstoffatmosphäre befindlicher Sulfhydratlösung zusammen, so entwickelt er nach der Gleichung:

$$NaSH + RCOOH = RCOONa + H_2S$$

für jedes Volum durch Metall ersetzbaren Wasserstoff zwei Volumina Schwefelwasserstoff.

Phenolisches und alkoholisches Hydroxyl, sowie Hydroxyl der Oxysäuren reagieren nicht mit den Sulfhydraten.

Lactone (Phthalid, Phenolphthalein) sind im allgemeinen ohne Einwirkung. Alkalilösliche Lactonsäuren (Cantharsäure) können aber partiell aufgespalten werden [Hans Meyer und Krczmař [2])].

Bereitung der Lösung.

Die Lauge darf nicht konzentriert sein, weil die meisten Alkalisalze in konzentrierter Sulfhydratlösung schwer löslich sind und so die vollständige und schnelle Einwirkung verhindert würde.

Man benutzt daher höchstens 10-proz. Kalilauge, die vor Anstellung des Versuchs zur Entfernung von Kohlensäure mit Barytwasser aufgekocht wird. Man läßt das Bariumcarbonat in geschlossener Flasche absitzen und gießt die erkaltete, klare Lösung in das Kölbchen, das zum Versuch dienen soll. Nun leitet man Schwefelwasserstoff im Überschuß ein, wodurch auch das in Lösung befindliche Barythydrat in Hydrosulfid verwandelt wird und daher auf den Gang der Analyse keinen Einfluß ausübt.

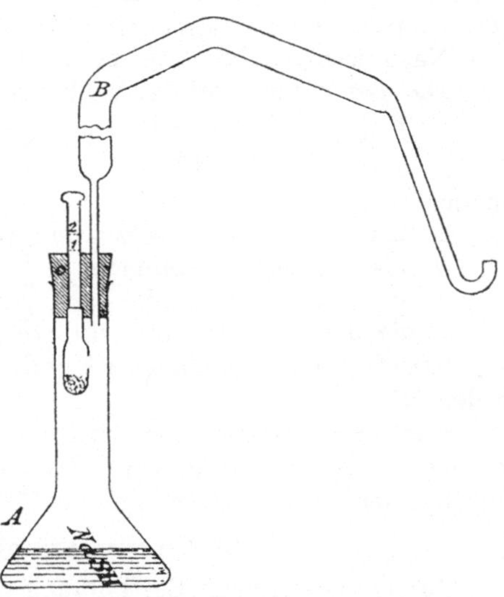

Fig. 306. Apparat zur volumetrischen Bestimmung des Carboxyls nach Fuchs.

Ausführung der Analyse.

Die Bestimmung des entwickelten Schwefelwasserstoffs kann

    a) volumetrisch,
    b) titrimetrisch

erfolgen. Bequemer und daher in den meisten Fällen empfehlenswerter ist die erstere Methode.

a) Volumetrische Bestimmung.

Die Analyse erfolgt nach dem Prinzip der Viktor Meyerschen Dampfdichtebestimmung.

Der Apparat (Fig. 306) besteht aus einem langhalsigen Kölbchen A aus dickwandigem Glas und dem erweiterten Gasentwicklungsrohr B. Die Ver-

---

[1]) M. **9**, 1132, 1143 (1888).　　[2]) M. **19**, 715 (1898).

bindung ist durch den Kautschukstopfen c hergestellt, dessen eine Bohrung B aufnimmt. In der zweiten befindet sich das Röhrchen mit der Substanz und darüber ein gleichkalibriger Glasstab. Vor Beginn des Versuchs ist das Kölbchen zum größten Teil mit Schwefelwasserstoffgas gefüllt, im oberen Teil des Halses befindet sich etwas Luft.

B ist mit trockner Luft gefüllt. Geht die Schwefelwasserstoffentwicklung vor sich, so verdrängt das entbundene Gas ein gleiches Volumen Luft, das über Wasser in einer kubizierten Röhre aufgefangen wird.

Man wägt die feinzerriebene, getrocknete Substanz (ca. 0.5 g) in dem Röhrchen ab, schiebt von oben den Glasstab bis zur Marke 1, die in Form eines Feilstrichs an letzterem angebracht ist, ein und drückt von unten das Substanzröhrchen so weit in die Öffnung, bis es den Glasstab berührt.

Nun wird der Kolben gasdicht mit dem Gasentwicklungsrohr verbunden.

Man läßt einige Minuten stehen, damit die durch das Anfassen etwas erwärmten Stellen sich wieder abkühlen, bringt dann das Capillarrohr unter die gefüllte Meßröhre und drückt den Glasstab bis zur Marke 2 herab, wobei man den Stöpsel und nicht das Glas festhält.

Nach wenigen Minuten ist die Gasentwicklung beendet.

Die Berechnung erfolgt nach der Formel:

$$G = \frac{^{1}/_{2}\,V\,(b-w)}{760\,(1+0.00367\,t)} \cdot 0.0000896 = \frac{V \cdot (b-w) \cdot 0.00000005895}{1+0.00367\,t},$$

in der

G das Gewicht an ersetzbarem Wasserstoff,

V das abgelesene Volumen,

b den Barometerstand,

w die der Temperatur t entsprechende Tension des Wasserdampfs,

0.0000896 das Gewicht eines Kubikzentimeters Wasserstoff bei 0° und 760 mm

bedeutet.

Für einen zweiten oder dritten Versuch kann dieselbe Lösung benutzt werden, es ist nur nötig, vor jedem neuen Versuch das Gasentwicklungsrohr mit frischer, getrockneter Luft zu füllen.

b) Titrimetrische Bestimmung.

Zur jodometrischen Bestimmung des Schwefelwasserstoffs wird man einen kurzhalsigen Kolben und ein kurzes Gasentwicklungsrohr benutzen, um den Apparat leicht mit Schwefelwasserstoff füllen zu können (Fig. 307).

Wenn die Substanz in den Stopfen justiert ist, wirft man in das Kölbchen ein Stückchen Weinsäure oder Oxalsäure — ca. $^{1}/_{4}$ g — und verschließt mit dem Kautschukstopfen. Der entwickelte reine Schwefelwasserstoff verdrängt die Luft vollkommen aus dem Apparat.

Nach beendigter Gasentwicklung legt man ein kleines Becherglas vor, das mit konzentrierter Kalilauge gefüllt ist. Da die Lauge den Schwefelwasserstoff stark absorbiert, so steigt sie im Entwicklungsrohr etwas empor; es ist dies jedoch ein Fehler, der sich im Verlauf des Versuchs von selbst korrigiert.

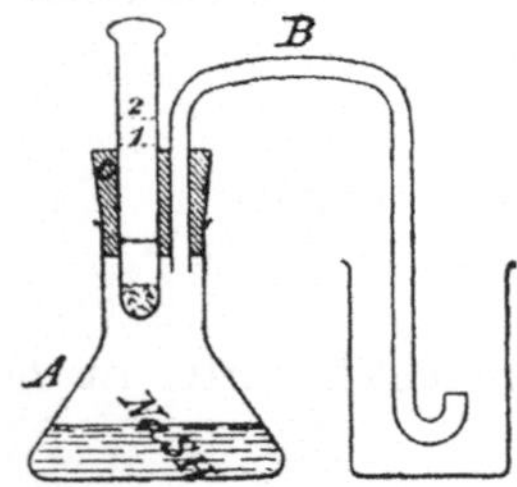
Fig. 307. Titrimetrische Bestimmung der Carboxylgruppe nach Fuchs.

Man läßt nun die Substanz in die Sulfhydratlösung fallen und den entwickelten Schwefelwasserstoff von der Lauge absorbieren.

Nach Beendigung der Gasentwicklung (1—5 Minuten) senkt man langsam das Becherglas mit der Lauge, um das Gas wieder unter den ursprünglichen Druck zu stellen. Man spült die Lauge in einen geräumigen Kolben, spült auch das aus dem Apparat gezogene Entwicklungsrohr ab, verdünnt mit Wasser auf ca. $^1/_2$ l, neutralisiert mit Essigsäure und titriert nach Zusatz von etwas Stärke mit Jodlösung.

Es entspricht:

$$1 \text{ H} = 1 \text{ H}_2\text{S} = 2 \text{ J.}$$

Man hat bloß das Gewicht des verbrauchten Jods durch 2×126.5 zu dividieren, um das Gewicht des ersetzbaren Wasserstoffs zu erhalten.

Der Fehler, der durch das Hinabdrücken des Glasstabs entsteht, kann durch eine blinde Probe bestimmt werden, ist aber so klein, daß er meistens vernachlässigt werden darf.

Hunter und Edwards[1]) haben den Apparat folgendermaßen modifiziert (Fig. 308). Durch C kann Schwefelwasserstoff zur Füllung des Apparats eingeleitet werden. D ist der Reaktionsraum, durch B kann die Probe eingeführt werden, A ist ein Dreiweghahn zur Herstellung der Verbindung mit E bzw. der Luft. E ist ein 360 mm langes und 37 mm weites Rohr, das in der Mitte einen Glaswollpfropfen J trägt. E steht durch F mit der Luft und durch H mit der Bürette in Verbindung. Bei Verwendung einer Probe von 0.1800 g (b = 760 mm und t = 22.5°) kann der Prozentgehalt an COOH direkt an der Bürette abgelesen werden.

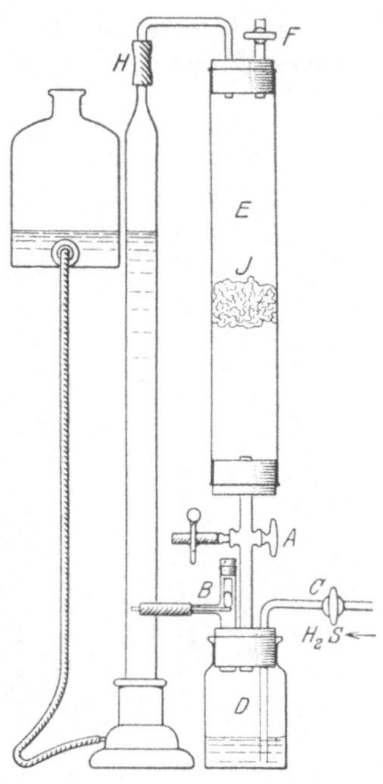

Fig. 308. Apparat von Hunter und Edwards.

Nach einer zweiten Mitteilung von Fuchs[2]) über das Verhalten der substituierten Phenole usw. gegen Alkalisulfhydrat lassen sich folgende Regeln aufstellen:

1. Einatomige, halogensubstituierte Phenole wirken gar nicht, zweiatomige mit einem Hydroxyl auf die Sulfhydratlösung.

2. Beim Eintritt einer Nitrogruppe in ein Phenol ermöglicht nur die Besetzung der Parastellung zum Hydroxyl eine Einwirkung.

3. Unter gewissen Umständen kann auch durch den Eintritt von Carbonylgruppen der Phenolhydroxylwasserstoff Säurecharakter erlangen (Methylphloroglucine).

Von diesen Fällen abgesehen, gibt die Methode ein Mittel an die Hand, Phenol- resp. Alkohol-Hydroxyl von Carboxyl zu unterscheiden, was durch die beiden vorhergenannten Methoden nicht mit Bestimmtheit erreicht wird.

D. Jod-Sauerstoffmethode [Baumann und Kux][3]).

Diese Methode beruht auf der Ausscheidung von Jod aus Jodkalium und jodsaurem Kalium durch selbst ganz schwache[4]) organische Säuren nach der Gleichung:

---

[1]) Am. soc. **35**, 452 (1913).　　[2]) M. **11**, 363 (1890).　　[3]) Z. anal. **32**, 129 (1893). Nierenstein, Soc. **121**, 25 (1922). Gallussäure und Pyrogallolcarbonsäure gaben keine befriedigenden Zahlen.

[4]) Siehe übrigens Dimroth, A. **335**, 4 (1904).

$$6 \, RCOOH + 5 \, JK + JO_3K = 6 \, RCOOK + 6 \, J + 3 \, H_2O.$$

Das ausgeschiedene Jod wird mit alkalischer Wasserstoffsuperoxydlösung gemischt und der entwickelte Sauerstoff gemessen:

$$J_2 + K_2O = JOK + JK$$
$$JOK + H_2O_2 = JK + H_2O + O_2.$$

Man benutzt zu den gasvolumetrischen Bestimmungen ein etwas modifiziertes Wagner - Knopsches Azotometer [1]) (Fig. 309).

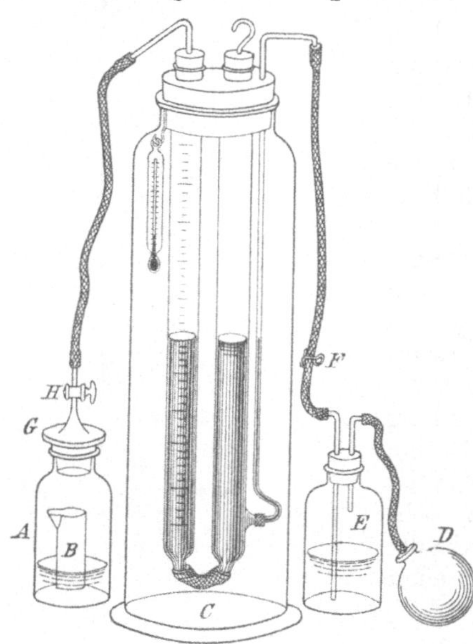

Fig. 309.
Azotometer nach Baumann und Kux.

Der Apparat besteht aus einem Zersetzungsgefäß A, auf dessen Boden in der Mitte ein kleiner, ca. 20 ccm fassender Glaszylinder B aufgeschmolzen ist und einem großen, mit Wasser gefüllten Glaszylinder C, in dessen Deckel zwei kommunizierende Büretten befestigt sind. Außer den letzteren befindet sich in dem großen Zylinder noch ein Thermometer. Die Füllung der Büretten mit Wasser geschieht durch Luftdruck, den man durch Kompression eines Kautschukballs D erzeugt und auf ein mit Wasser gefülltes, durch einen Schlauch mit den Büretten in Verbindung stehendes Gefäß E einwirken läßt. Der Gummischlauch ist mit einem Quetschhahn F versehen, den man beim Füllen und Ablassen des Wassers öffnet. Das Zersetzungsgefäß ist mit einem Kautschukstopfen oder gut eingeriebenen Glasstopfen G mit Hahn H verschließbar, durch dessen Mitte eine Glasröhre geht, die durch einen Gummischlauch mit der graduierten Bürette in Verbindung steht. Durch Lüften von H, der gut eingefettet sein muß, sorgt man vor Beginn des Versuchs für Druckausgleich.

Vor und nach der Bestimmung wird das Zersetzungsgefäß in einen Behälter mit Wasser gestellt, das dieselbe Temperatur haben muß wie das Wasser in dem großen Glaszylinder.

Als Reagenzien dienen:

1. Jodkalium, welches ebenso wie das
2. jodsaure Kalium absolut säurefrei sein muß,
3. Wasserstoffsuperoxyd in 2—3 proz. Lösung,
4. Kalilauge, aus gleichen Teilen Kaliumhydroxyd und Wasser bereitet,
5. frisch ausgekochtes (kohlensäurefreies) destilliertes Wasser.

Ausführung des Versuchs.

Zirka 0.2 g feingepulvertes Kaliumjodat und 2 g Jodkalium werden mit etwa 0.1—0.2 g Säure und 40 ccm Wasser in ein gut schließendes Stöpselglas gebracht und entweder 12 Stunden in der Kälte oder $^1/_2$ Stunde bei 70 bis 80° stehengelassen, bis das Jod vollständig ausgeschieden ist. Hierauf spült

---

[1]) Z. anal. **13**, 389 (1874).

man den Inhalt des Stöpselglases mit höchstens 10 ccm Wasser in den äußeren Raum des Entwicklungsgefäßes.

Dann stellt man eine Mischung von 2 ccm Wasserstoffsuperoxydlösung und 4 ccm Kalilauge her, wobei schwache Erwärmung eintritt, die man durch Einstellen des Gefäßes in kaltes Wasser beseitigt.

Das Wasserstoffsuperoxyd darf erst kurz vor der Analyse alkalisch gemacht werden, da sich alkalisches Wasserstoffsuperoxyd bei längerem Stehen unter Sauerstoffentwicklung zersetzt. Die alkalische Lösung wird mittels eines Glastrichters in den kleinen Glaszylinder des Entwicklungsgefäßes gegossen, dieser fest mit dem Kautschukstopfen verschlossen und in das Kühlwasser gehängt, das dieselbe Temperatur besitzt wie das Wasser des Gasmeßapparats.

Nach etwa 10 Minuten, während welcher Zeit H gelüftet war, drückt man ihn fest und beobachtet nach weiteren 5 Minuten, ob sich der Flüssigkeitsspiegel in den Büretten, die vorher auf 0 eingestellt wurden, verändert.

Eventuell wäre H nochmals 5 Minuten offen zu halten.

Nach Ausgleich der Temperatur läßt man durch Öffnen von F ungefähr 30—40 ccm Wasser aus den Büretten abfließen, nimmt das Entwicklungsgefäß aus dem Wasser, faßt es mit einem kleinen Handtuch am oberen Rand, ohne die Wandungen mit der Hand zu berühren, und bringt die Flüssigkeit in eine drehende Bewegung, ohne jedoch Wasserstoffsuperoxyd aus dem Glaszylinder treten zu lassen.

Nun mischt man, ohne die drehende Bewegung zu unterbrechen, plötzlich die beiden Flüssigkeiten miteinander, schüttelt noch einige Male kräftig durch und setzt das Gefäß in das Kühlwasser zurück.

Die Entwicklung des Sauerstoffs findet sofort statt und ist in wenigen Sekunden beendet. Nachdem das Gefäß etwa 10 Minuten in dem Kühlwasser gestanden, bringt man den Flüssigkeitsstand in den beiden Büretten auf gleiche Höhe und liest ab.

Die Anzahl der gefundenen Kubikzentimeter multipliziert man mit der betreffenden Zahl der Baumannschen [1]) Tabelle (siehe S. 744 und 745) und erhält so direkt das Gewicht des Carboxylwasserstoffs.

Eine jodometrische Methode zur Bestimmung von Säuren hat auch **Gröger** ausgearbeitet [2]).

Mit diesem Verfahren konnte **Dimroth** [3]) langsam ketisierbare Enolester titrieren.

4. Bestimmung der Carboxylgruppen durch Esterifikation.

In sehr vielen Fällen kann man die Unterscheidung von Phenol- und Carboxylwasserstoff durch **Esterifikation** der Substanz mit **Salzsäure** oder **Schwefelsäure und Alkohol** bewirken.

Es empfiehlt sich stets, die **Methylester** darzustellen, die fast immer leichter krystallisieren, höheren Schmelzpunkt besitzen [4]) und sich leichter bilden [5]).

---

[1]) Z. ang. **4**, 328 (1891).
[2]) Z. ang. **3**, 353, 385 (1890). — Furry, Am. **6**, 341 (1885). — Fessel, Z. an. **23**, 67 (1900).
[3]) Siehe S. 647. — Ferner: Feder, Ztschr. Unters. Nahr. Gen. **12**, 216 (1906). (Titration der Pikrinsäure.)   [4]) Siehe S. 140.
[5]) Siehe hierzu die interessanten Angaben von W. Küster, Z. physiol. **54**, 501 (1908). — Ferner: Brunner, M. **34**, 928 (1913).

Gewicht eines Kubikzentimeters Wasserstoff in Milli-

(Werte von

Nach Anton

Man bringe — zur Reduktion der Quecksilbersäule auf 0° — von dem Barometerstand für

Barometer- stand mm	10°	11°	12°	13°	14°	15°	16°	17°
700	0.07851	0.07816	0.07781	0.07746	0.07711	0.07675	0.07639	0.07603
702	0.07874	0.07839	0.07804	0.07769	0.07733	0.07697	0.07661	0.07625
704	0.07896	0.07861	0.07826	0.07791	0.07756	0.07720	0.07684	0.07647
706	0.07919	0.07884	0.07848	0.07813	0.07778	0.07742	0.07706	0.07670
708	0.07942	0.07907	0.07871	0.07836	0.07800	0.07774	0.07729	0.07692
710	0.07964	0.07929	0.07893	0.07858	0.07823	0.07787	0.07750	0.07714
712	0.07987	0.07952	0.07917	0.07881	0.07845	0.07809	0.07772	0.07736
714	0.08009	0.07975	0.07939	0.07903	0.07868	0.07832	0.07795	0.07759
716	0.08032	0.07997	0.07961	0.07924	0.07890	0.07854	0.07817	0.07781
718	0.08055	0.08019	0.07984	0.07948	0.07912	0.07876	0.07840	0.07803
720	0.08078	0.08043	0.08007	0.07971	0.07935	0.07899	0.07862	0.07825
722	0.08101	0.08065	0.08029	0.07993	0.07957	0.07921	0.07884	0.07847
724	0.08123	0.08087	0.08052	0.08016	0.07979	0.07943	0.07907	0.07869
726	0.08146	0.08110	0.08074	0.08038	0.08002	0.07965	0.07929	0.07891
728	0.08169	0.08133	0.08097	0.08061	0.08024	0.07987	0.07951	0.07913
730	0.08191	0.08156	0.08120	0.08083	0.08047	0.08010	0.07973	0.07936
732	0.08215	0.08179	0.08142	0.08106	0.08069	0.08032	0.07995	0.07958
734	0.08237	0.08201	0.08164	0.08129	0.08091	0.08055	0.08018	0.07980
736	0.08259	0.08224	0.08187	0.08151	0.08114	0.08077	0.08040	0.08002
738	0.08282	0.08246	0.08209	0.08173	0.08136	0.08099	0.08062	0.08024
740	0.08305	0.08269	0.08233	0.08196	0.08158	0.08122	0.08084	0.08047
742	0.08328	0.08291	0.08255	0.08218	0.08181	0.08144	0.08106	0.08069
744	0.08351	0.08314	0.08277	0.08240	0.08203	0.08166	0.08129	0.08091
746	0.08373	0.08337	0.08300	0.08263	0.08226	0.08189	0.08151	0.08113
748	0.08396	0.08360	0.08322	0.08285	0.08248	0.08211	0.08173	0.08135
750	0.08419	0.08382	0.08344	0.08308	0.08270	0.08234	0.08195	0.08158
752	0.08441	0.08404	0.08368	0.08331	0.08293	0.08256	0.08218	0.08180
754	0.08464	0.08428	0.08390	0.08353	0.08315	0.08278	0.08240	0.08202
756	0.08487	0.08450	0.08413	0.08376	0.08338	0.08301	0.08262	0.08224
758	0.08510	0.08472	0.08435	0.08398	0.08360	0.08323	0.08285	0.08246
760	0.08533	0.08496	0.08458	0.08420	0.08382	0.08345	0.08307	0.08269
762	0.08555	0.08518	0.08481	0.08443	0.08405	0.08367	0.08329	0.08291
764	0.08578	0.08541	0.08503	0.08465	0.08428	0.08389	0.08352	0.08313
766	0.08601	0.08563	0.08525	0.08487	0.08450	0.08412	0.08374	0.08335
768	0.08624	0.08586	0.08549	0.08511	0.08473	0.08434	0.08396	0.08357
770	0.08646	0.08608	0.08571	0.08533	0.08495	0.08456	0.08418	0.08380

grammen für 700—770 mm Barometerstand und für 10—25°.

$$\left.\frac{(b—w)\ 0.089\ 523}{760\ (1 + 0.00366\ t)}\right).$$

Baumann.

T = 10—12° C 1 mm, für T = 13—19° C 2 mm, für T = 20—25° C 3 mm in Abzug.

18°	19°	20°	21°	22°	23°	24°	25°	Barometer-stand mm
0.07567	0.07529	0.07493	0.07455	0.07417	0.07380	0.07340	0.07300	700
0.07588	0.07552	0.07515	0.07477	0.07439	0.07401	0.07362	0.07322	702
0.07610	0.07574	0.07537	0.07499	0.07461	0.07422	0.07383	0.07344	704
0.07633	0.07595	0.07559	0.07521	0.07483	0.07444	0.07405	0.07366	706
0.07655	0.07618	0.07581	0.07543	0.07505	0.07466	0.07427	0.07387	708
0.07677	0.07640	0.07603	0.07565	0.07527	0.07487	0.07449	0.07409	710
0.07699	0.07662	0.07625	0.07587	0.07548	0.07509	0.07470	0.07431	712
0.07722	0.07684	0.07646	0.07608	0.07570	0.07531	0.07492	0.07452	714
0.07743	0.07706	0.07668	0.07630	0.07592	0.07553	0.07513	0.07473	716
0.07765	0.07728	0.07690	0.07652	0.07614	0.07574	0.07535	0.07495	718
0.07788	0.07749	0.07712	0.07674	0.07635	0.07596	0.07557	0.07516	720
0.07809	0.07772	0.07734	0.07696	0.07657	0.07618	0.07579	0.07538	722
0.07831	0.07794	0.07756	0.07718	0.07679	0.07640	0.07600	0.07560	724
0.07854	0.07816	0.07778	0.07740	0.07701	0.07661	0.07621	0.07582	726
0.07876	0.07838	0.07800	0.07762	0.07723	0.07683	0.07643	0.07604	728
0.07898	0.07860	0.07822	0.07784	0.07744	0.07705	0.07665	0.07624	730
0.07920	0.07882	0.07844	0.07805	0.07766	0.07727	0.07687	0.07646	732
0.07942	0.07904	0.07866	0.07827	0.07788	0.07748	0.07708	0.07668	734
0.07964	0.07926	0.07888	0.07849	0.07810	0.07770	0.07730	0.07689	736
0.07986	0.07948	0.07910	0.07871	0.07831	0.07792	0.07752	0.07711	738
0.08009	0.07970	0.07932	0.07893	0.07853	0.07813	0.07774	0.07732	740
0.08030	0.07992	0.07954	0.07915	0.07875	0.07835	0.07795	0.07754	742
0.08053	0.08014	0.07976	0.07937	0.07897	0.07857	0.07817	0.07776	744
0.08075	0.08036	0.07998	0.07959	0.07919	0.07879	0.07838	0.07797	746
0.08097	0.08058	0.08020	0.07981	0.07940	0.07900	0.07860	0.07819	748
0.08119	0.08080	0.08042	0.08002	0.07962	0.07922	0.07881	0.07840	750
0.08141	0.08102	0.08063	0.08024	0.07984	0.07944	0.07903	0.07862	752
0.08163	0.08124	0.08085	0.08046	0.08006	0.07966	0.07925	0.07883	754
0.08185	0.08146	0.08107	0.08068	0.08028	0.07987	0.07947	0.07905	756
0.08207	0.08168	0.08129	0.08090	0.08050	0.08009	0.07968	0.07927	758
0.08229	0.08190	0.08151	0.08112	0.08071	0.08031	0.07990	0.07949	760
0.08251	0.08212	0.08173	0.08134	0.08093	0.08052	0.08012	0.07970	762
0.08273	0.08234	0.08195	0.08155	0.08115	0.08074	0.08033	0.07992	764
0.08295	0.08256	0.08217	0.08177	0.08137	0.08096	0.08055	0.08013	766
0.08318	0.08278	0.08239	0.08199	0.08158	0.08118	0.08076	0.08034	768
0.08341	0.08301	0.08261	0.08221	0.08180	0.08139	0.08098	0.08056	770

Es ist auch nicht immer gleichgültig, ob man Salzsäure oder Schwefelsäure verwendet.

Bei ungesättigten Säuren der Fettreihe (Crotonsäure, Linolensäure) kann[1]) Salzsäure addiert werden, so daß auf diese Weise überhaupt kein reiner Ester erhältlich ist. Schwefelsäure führt aber hier zum Ziel[2]).

Kocht man Jodpropiorsäure mit 1 proz. alkoholischer Salzsäure, so entsteht Chlorpropionsäureester. Dagegen wird reiner Jodpropionsäureester erhalten, wenn an Stelle von Salzsäure Schwefelsäure genommen wird[3]).

Über das verschiedene Verhalten von Stereoisomeren gegen methylalkoholische Schwefelsäure siehe Windaus, Z. physiol. 117, 147 (1921).

Zur Esterifizierung mit Salzsäure oder Schwefelsäure[4]) und Alkohol empfiehlt sich in vielen Fällen, namentlich auch für ungesättigte Säuren[5]), die Vorschrift von E. Fischer und Speier[6]), wonach die zu veresternde Säure mit der zwei- bis sechsfachen Menge absolutem Alkohol, der einige Prozente (1—5) Salzsäuregas[7]) oder vielfach noch besser Schwefelsäure enthält, etwa 4 Stunden am Rückflußkühler gekocht wird. In manchen Fällen ist auch die 1 proz. Salzsäure noch zu stark. So darf zur Veresterung der Säure:

$$\begin{array}{c} \text{HC : C(CH}_3\text{)—CHCH}_3 \cdot \text{COOH} \\ | \qquad\qquad\quad | \\ \text{CO————————O} \end{array}$$

nur mit 0.5 proz. Salzsäure und Alkohol und nur höchstens 2 Stunden gekocht werden, weil sonst, statt des erwarteten, der Ester der β-Methyllävulinsäure entsteht, neben durch Aufspaltung des Lactonringes gebildetem Ester der zweibasischen Oxysäure[8]).

Diacetylvaleriansäure wird schon in der Kälte durch 3 proz. methylalkoholische Salzsäure anhydrisiert[9]). Guvacin-Hydrochlorid ist wegen seiner Schwerlöslichkeit in starker methylalkoholischer Salzsäure nicht esterifizierbar, aber leicht in verdünnter[10]).

Schwerlösliche Säuren, die beim Kochen stoßen, erhitzt man im Einschlußrohr auf 100°.

In manchen Fällen empfiehlt es sich auch, die Säure in warmer Schwefelsäure zu lösen und diese Lösung in Alkohol zu gießen [Schleimsäure[11])]. Dieses

---

[1]) Fumarsäure: Purdie, Soc. 39, 346 (1881). Cinensäure: Rupe, B. 33, 1136 (1900). — Rupe und Altenburg, B. 41, 3952 (1908).   o-Nitrophenylpropiolsäure: Pfeiffer, A. 411, 98 (1916).

[2]) Purdie, a. a. O. — Bedford, Diss. Halle (1906), 39. — Erdmann und Bedford, B. 42, 1327 (1909).

[3]) Fittig und Wolff, A. 216, 128 (1882). — Otto, B. 21, 97 (1888). — Flürscheim, J. pr. (2), 68, 345 (1903).

[4]) Esterifizieren mit Salpetersäure: Wolffenstein, B. 25, 2780 (1892). — DRP. 80711 (1895). — Fischer, Diss. Leipzig (1908),13. — Mit Kaliumbisulfat: DRP. 23775 (1882). — Benzol-(Naphthalin-) Sulfosäure: Krafft, B. 26, 2829 (1893). — DRP. 69115 (1894); 76574 (1894). — Mit Sulfosäureestern: Ullmann und Wenner, A. 327, 109 (1903). — Földi, B. 53, 1839 (1920). — Siehe auch unter Dimethylsulfat.

[5]) Z. B. Heider, Diss. Breslau (1916), 24.

[6]) B. 28, 1150, 3252 (1895). — Vgl. Markownikoff, B. 6, 1177 (1873). — Anschütz, B. 30, 2650 (1897).

[7]) Zur Darstellung des salzsäurehaltigen Alkohols leitet man in eine mit absolutem Alkohol beschickte Stöpselflasche, deren Tara- und Bruttogewicht man kennt, einige Zeitlang trocknes Salzsäuregas ein und bestimmt durch nochmalige Wägung die Menge der aufgenommenen Salzsäure. Durch Verdünnung kann man dann leicht Alkohol vom gewünschten Salzsäuregehalt darstellen.

[8]) Pauly, Gilmour und Will, A. 403, 126 (1914).

[9]) Harries und Adam, B. 49, 1034 (1916).

[10]) Freudenberg, B. 51, 979 (1918).

[11]) Malaguti, A. Chim. Phys. (2), 63, 86 (1836).

Verfahren bewährt sich namentlich auch dann, wenn die Säure selbst mit konzentrierter Schwefelsäure gewonnen wird; man gießt dann das Reaktionsgemisch direkt unter Kühlung in den Alkohol und erhitzt noch kurze Zeit auf dem Wasserbad [Acetondicarbonsäure [1]), Cumalinsäure].

Auch läßt man die Mineralsäure auf ein in Alkohol suspendiertes Salz der Carbonsäure einwirken [2]).

Die Pyridincarbonsäuren geben beim Einleiten von Salzsäure in ihre alkoholische Lösung zuerst eine Ausscheidung der unlöslichen Chlorhydrate, die sich erst beim andauernden Einleiten von Salzsäuregas in die kochende Flüssigkeit unter Esterbildung lösen.

Auch andere Säuren [Salicylsäuren [3])] erfordern zur vollständigen Esterifizierung andauerndes Kochen unter Einleiten von Salzsäuregas.

Nach Salkowski [4]) gehen dagegen aromatische Aminosäuren, deren Carboxyl sich in einer aliphatischen Seitenkette befindet, in Form ihrer mineralsauren Salze (auch Nitrate) beim Kochen mit Alkohol in die Ester über.

Andere Säuren wiederum vertragen keinen Zusatz von Mineralsäure, wie die Brenztraubensäure, deren Ester am besten durch mehrstündiges Kochen äquimolekularer Mengen der Komponenten entsteht [5]), und die Furalbrenztraubensäure [6]).

Orsellinsäure wird durch Erhitzen mit Alkohol auf 150° esterifiziert [7]).

Auch die Menge des zugesetzten Alkohols ist nicht immer gleichgültig [8]).

Über die kombinierte Wirkung von Schwefelsäure und Salzsäure siehe Einhorn [9]).

Nach Viktor Meyer [10]) bilden Säuren, welche die Gruppierung:

$$\begin{array}{c} \text{COOH} \\ | \\ \text{C}_t \\ \diagup \diagdown \\ \text{C}_t \quad \text{C}_t \end{array}$$

enthalten, mit Alkohol und Salzsäure keinen Ester, wenn sich an den tertiären äußeren Kohlenstoffatomen die Gruppen:

$$\text{COOH, Cl, NO}_2, \text{ Br oder J}$$

befinden, während die Gruppen mit kleinerem Molekulargewicht:

$$\text{NH}_2, \text{ CH}_3, \text{ OH, Fl}$$

die Esterifikation stark verzögern und erschweren.

Diese These, als die Regel der „sterischen Hinderungen" bekannt, ist nach neueren Forschungen nicht mehr aufrechtzuerhalten. Nachdem schon früher einige Ausnahmen von der Esterregel aufgefunden worden waren, die nur unzureichend erklärt werden konnten [11]), zeigte Hans Meyer, daß

---

[1]) DRP. 32 245 (1884). — Pechmann, A. **261**, 155 (1891).

[2]) Melsens, A. **52**, 283 (1844). — Hlasiwetz und Habermann, A. **155**, 127 (1870). — Pierre und Puchot, A. **163**, 272 (1872). — Conrad, A. **204**, 126 (1880); **218**, 131 (1883). — Tiemann, B. **27**, 127 (1894).

[3]) V. Meyer und Sudborough, B. **27**, 1581 (1894).

[4]) B. **28**, 1922 (1895). — J. pr. (2), **68**, 347 (1903).   [5]) Simon, Thèse Paris (1895).

[6]) Römer, B. **31**, 281 (1898). — Siehe auch Berthelot, A. ch. ph. (3) **56**, 51 (1858). — Erlenmeyer, N. Rep. Pharm. **23**, 624 (1874) und ferner S. 22 und 40.

[7]) Zopf, A. **336**, 47 (1904).

[8]) E. Müller, Diss. Berlin (1908), 33. — Rosanoff und Prager, a. a. O.

[9]) A. **311**, 43 (1900). — DRP. 97 333 (1898). — Fortner, M. **22**, 939 (1901).

[10]) Literatur: M. u. J. **2**, 543, Anm.

[11]) Graebe, A. **238**, 327 (1887). — V. Meyer, B. **28**, 182 (1895). — Graebe, B. **33** (1900). — Marckwald und McKenzie, B. **34**, 486 (1901).

für die als unesterifizierbar geltende Mellithsäure bei höheren Temperaturen (von etwa 100° an) die „sterische Hinderung" nicht mehr existiert [1]. Rosanoff und Prager[2]) kamen dann zum Schluß, daß sich die aromatischen Säuren, bei denen eine oder beide der der Carboxylgruppe benachbarten Stellungen durch substituierende Gruppen besetzt sind, mit Alkoholen langsamer, aber nicht in geringerem Grad als anders konstituierte Säuren vereinigen[3]).

Praktisch lassen sich natürlich trotzdem auf Grund der Unterschiede im Verhalten der „sterisch behinderten" und der nicht behinderten Säuren Trennungen[4]) und Konstitutionsbestimmungen ausführen, wie das ja schon wiederholt mit Erfolg geschehen ist[5]).

Auch die von Sudborough und Zillins[6]) bestimmte geringe Esterifizierungsgeschwindigkeit der $\alpha\beta$-ungesättigten Säuren wird sich zu ihrer Erkennung und Isolierung anwenden lassen.

Die Esterifizierung mit Schwefelsäure und Alkohol kann nach drei verschiedenen Methoden erfolgen: erstens nach der bisher beschriebenen, bei welcher der Alkohol das Lösungsmittel bildet und die Mineralsäure als Katalysator dient, zweitens in der Form, in der die Acetylierungen und Acylierungen überhaupt vorgenommen werden, wobei die Carbonsäure (resp. ein Derivat derselben) das Medium bildet, in dessen Schoß sich die Esterifikation abspielt, und endlich drittens nach folgendem von Hans Meyer[7]) beschriebenen Verfahren.

Wenn sich auch viele Säuren in Schwefelsäure „unverändert" lösen mögen, so wird doch im allgemeinen Bildung von gemischten Anhydriden erfolgen und namentlich dann, wenn diese Lösung erst beim Erwärmen oder längerem Stehen zu erzielen ist. Man beobachtet dann, daß die ursprünglich schwer lösliche oder unlösliche organische Säure nicht mehr durch Abkühlen oder Impfen mit festen Partikeln der Säure zur Wiederabscheidung gebracht werden kann.

Die so entstandenen Acylschwefelsäuren[8]):

$$R \cdot CO \cdot SO_4H$$

reagieren nun ebenso glatt und rasch auf zugefügten Alkohol nach der Gleichung:

$$R \cdot CO \cdot SO_4H + HOR_2 = R \cdot COOR_1 + H_2SO_4$$

wie die analog konstituierten Säurechloride. Es folgt daraus, daß dieses Verfahren vor der sonst üblichen Esterifizierungsmethode den Vorteil besitzt, außerordentlich rasch ausführbar zu sein. Weiter kann man, falls die Besonderheiten des Falles es erfordern[9]), im offenen Gefäß bei Temperaturen arbeiten, die den Siedepunkt des Alkohols weit übersteigen (bis 140°), und endlich lassen sich viele Carbonsäuren, die z. B. wegen ihrer Schwerlöslichkeit in alkoholischer Lösung nur schwer reagieren, auf die geschilderte Weise rasch und glatt verestern. Das Verfahren ist namentlich für aromatische Aminosäuren und Pyridincarbonsäuren vorteilhaft.

---

[1]) M. **25**, 1210 (1904).

[2]) Am. soc. **30**, 1895 (1909). — Z. phys. **66**, 275, 292 (1909). — Prager, Am. soc. **30**, 1908 (1909).

[3]) Siehe auch Michael, B. **42**, 310 (1909). — Michael und Oechslin, B. **42**, 317 (1909). — Montagne, Ch. W, **6**, 272 (1909).

[4]) Siehe S. 22, Anm. 2.

[5]) Z. B. Schaarschmidt und Herzenberg, B. **53**, 1398 (1920).

[6]) Soc. **95**, 315 (1909).

[7]) M. **24**, 840 (1903); **25**, 1201 (1904). — Feibelmann, Diss. München (1907), 26, 57.

[8]) Siehe S. 665.

[9]) Beim Erhitzen auf ca. 100° wird so die Mellithsäure in den Neutralester verwandelt.

Natürlich verbietet sich dagegen die Anwendung der konzentrierten Mineralsäure, wenn sie zerstörend oder verändernd einwirkt; indessen sind derartige Fälle nicht so sehr häufig, als man wohl gewöhnlich glaubt; auch intensive Färbungen, die sich oftmals, namentlich beim Erwärmen, zeigen, beruhen zumeist nur auf unschuldiger „Halochromie".

Die Versuche werden meist folgendermaßen ausgeführt. Die fein gepulverte, aber nicht besonders sorgfältig getrocknete Substanz wird mit dem 5- bis 10fachen Gewicht reiner konzentrierter Schwefelsäure bis zur Lösung erwärmt und beobachtet, ob die Flüssigkeit nach dem Wiedererkalten klar bleibt. Im entgegenstehenden Fall wird wieder (über freier Flamme) erwärmt, bis sich nach nochmaligem Erkalten nichts mehr ausscheidet.

Nunmehr wird die der organischen Säure äquivalente Menge Methylalkohol oder ein kleiner Überschuß davon ohne besondere Vorsicht zugegossen, die auftretende energische Reaktion durch Schütteln oder Rühren mit einem Glasstab unterstützt und wieder erkalten gelassen. Die schwefelsaure Lösung wird nunmehr auf gepulverte krystallisierte Soda gegossen, wobei ohne die geringste Wärmeentwicklung Neutralisation erfolgt.

Der entstandene Ester wird mit Äther oder Chloroform aufgenommen, welche Lösungsmittel man bereits der Krystallsoda zugemischt hat. Man kann auch den Alkohol, statt ihn direkt in die Acylschwefelsäurelösung zu gießen, vorerst in ein wenig Schwefelsäure eintragen und die erkaltete Lösung zusetzen.

In diesem Fall muß man zur Vollendung der Reaktion einige Zeit erwärmen oder längere Zeit in der Kälte stehenlassen.

Man kann übrigens sogar die Lösung des Esters in der konzentrierten Schwefelsäure (falls keine salzbildende Substanz vorliegt) direkt mit Chloroform ausschütteln. Das Chloroform pflegt sich dann im Scheidetrichter unterhalb der Schwefelsäure zu sammeln, doch wurde auch der umgekehrte Fall beobachtet.

Um die Ester zu isolieren, destilliert man die Hauptmenge des Alkohols, am besten im Kohlendioxydstrom — wenn notwendig im Vakuum — ab, versetzt mit verdünnter Sodalösung und schüttelt mit Äther, Chloroform oder Benzol. Viele Ester fallen schon auf Wasserzusatz in fester Form aus. Wasserlösliche Ester (der Glykolsäure, Lävulinsäure, Weinsäure) werden nach E. Fischer und Speier am besten so isoliert, daß die Reaktionsflüssigkeit direkt durch längeres Schütteln mit gepulvertem kohlensaurem Kalium neutralisiert, die gelösten Kaliumsalze durch Zusatz von Äther gefällt, das Filtrat auf dem Wasserbad vorsichtig eingedampft und der Rückstand im Vakuum fraktioniert wird [1]).

Die ebenfalls wasserlöslichen, leicht verseifbaren Ester der Pyridincarbonsäuren gewinnt man nach Hans Meyer [2]) am besten durch Lösen ihrer Chlorhydrate in Chloroform und Waschen mit sehr verdünnter Sodalösung.

Über den Zusatz weiterer Kondensationsmittel bei Esterifizierungen siehe S. 666 und J. K. und M. A. Phelps, Ch. News 97, 112 (1908); Chlorzink. — Senderens und Aboulenc, C. r. 153, 821 (1911); Aluminiumsulfat und saures Kaliumsulfat. — DPA. E. 21 984 (1920); Chlorcalcium.

Über Esterbildung mit schwachen Säuren als Katalysatoren: Goldschmidt, Z. phys. 70, 627 (1910); Goldschmidt und Thuesen,

---

[1]) Isolieren von Aminosäureestern: Curtius, J. pr. (2), 37, 150 (1888). — E. Fischer, B. 34, 433 (1901).   [2]) M. 22, 112, Anm. (1901).

Z. phys. **81**, 30 (1913); **Piloty** und **Dormann**, B. **46**, 1003, 1005 (1913); **Piloty**, **Stock** und **Dormann**, A. **406**, 372 (1914); Pikrinsäure. Mit wäßrig-alkoholischen Lösungen organischer und Mineralsäuren als Katalysatoren: **Bodroux**, C. r. **157**, 938, 1428 (1913). — Mit Esterase: **Willstätter** und **Stoll**, Unters. üb. Chlorophyll, 1914, S. 172. — Siehe auch S. 22. Durch ultraviolettes Licht: **Stoermer** und **Ladewig**, B. **47**, 1803 (1914).

Darstellung der Ester aus den Säurechloriden.

Da nach der bereits beschriebenen[1]) Methode der Chloridbildung mit Thionylchlorid die Säurechloride nunmehr leicht in reinem Zustand zugänglich sind, empfiehlt sich die Esterifikation mittels derselben in sehr vielen Fällen, da sie ermöglicht, mit einigen Zentigrammen sofort den reinen Ester zu gewinnen, was namentlich bei kostbaren Substanzen von Wichtigkeit ist.

Dabei ist es übrigens nicht immer nötig, das Säurechlorid zu isolieren. So erhitzt man z. B. ein Gemisch von 276 Teilen Salicylsäure und 188 Teilen Phenol 1—2 Stunden mit 236 Teilen Thionylchlorid auf 100—110°. Nach Beendigung der Gasentwicklung wird das Phenylsalicylat aus Alkohol umkrystallisiert[2]).

Es sei im übrigen betont, daß o - Aldehyd -[3]) und Ketonsäuren beim Behandeln mit Thionylchlorid meist Derivate liefern, die den, durch die übrigen Esterifikationsmethoden erhältlichen, isomere Ester ergeben. Und zwar pflegen die mit diesem Reagens erhaltenen Säurechloride die echten Aldehydsäureester und die Pseudoester der Ketonsäuren zu liefern [**Hans Meyer**[4])].

Speziell für die Ketonsäureester hat sich folgendes ergeben[5]):

$$\underset{\text{Pseudoester}}{\left[\text{Benzolring}\ \begin{array}{c} \text{C}\diagdown{}^{\text{R}}\!-\text{OCH}_3 \\ \text{O} \\ \text{CO} \end{array}\right]} \qquad \underset{\text{Normaler Ester}}{\left[\text{Benzolring}\ \begin{array}{c} \text{C}\diagup{}^{\text{R}}\!=\text{O} \\ \text{COOCH}_3 \end{array}\right]}$$

Mit Thionylchlorid entsteht ausnahmslos das Chlorid der Pseudoform, bzw. wird immer primär der Pseudoester gebildet. Dieser an sich stabile Ester kann nun aber bei Gegenwart von Mineralsäure mit dem Alkohol weiter reagieren und nach dem Schema:

$$\left[\begin{array}{c}\text{C}^{\text{R}}\!-\text{OCH}_3 \\ \text{O} \\ \text{CO} \\ \text{(HCl)}\end{array}\right] + \text{CH}_3\text{OH} = \left[\begin{array}{c}\text{C}^{\text{R}}\!-\text{OCH}_3 \\ \text{O} \\ \text{C}\!-\text{OH} \\ \mid \\ \text{OCH}_3\end{array}\right] = \left[\begin{array}{c}\text{C}^{\text{R}}\!-\text{OCH}_3 \\ \text{OH} \\ \text{C}=\text{O} \\ \text{OCH}_3\end{array}\right]$$

zunächst ein labiles Zwischenprodukt und durch Wiederabspaltung von Alkohol:

---

[1]) S. 693. — Reaktionserleichterung durch Pyridin: **Oesterle** und **Haugseth**, Arch. **253**, 331 (1915).   [2]) Fr. P. 223188 (1890).

[3]) **Wegscheider** und **Späth**, M. **37**, 277 (1916).

[4]) M. **22**, 787 (1901); **25**, 475, 491, 1177 (1904); **28**, 1231 (1907). — **Goldschmiedt** und **Lipschitz**, B. **36**, 4034 (1903). — M. **25**, 1164 (1904). — **Lang**, M. **26**, 971 (1905). — **Rainer**, M. **29**, 434 (1908). — **Pérard**, C. r. **146**, 934 (1908). — **Alice Hofmann**, M. **36**, 810 (1915). — **Hantzsch** und **Schwiete**, B. **49**, 213 (1916); **52**, 1572 (1919). — **Schulenburg**, B. **53**, 1452 (1920).

[5]) **Grete Egerer** und **Hans Meyer**, M. **34**, 69 (1913). — Ganz ähnlich verhält sich die o-Thenoylbenzoesäure: **Steinkopf**, A. **407**, 101 (1914).

$$\underset{\underset{C\,=\,O}{\overset{\overset{\diagup R}{C-OCH_3}}{\Big\langle\,{\overset{OH}{OCH_3}}}}}{\bigcirc} = \underset{\underset{COOCH_3}{\overset{\overset{\diagup R}{C}}{\Big\langle\,\diagdown O}}}{\bigcirc} + CH_3OH$$

den normalen Ester erzeugen. Je nach der Art der verwendeten Säure erfolgt diese zweite Reaktion rascher oder langsamer. Während man also bei manchen Säuren so gut wie immer den ψ-Ester erhält, muß man bei anderen Säuren und auch Alkoholen dafür sorgen, daß der Ester möglichst rasch der weiteren Einwirkung des Alkohols und der durch die Reaktion entstandenen Salzsäure entzogen wird. Mit Sicherheit wird dies erreicht, wenn man nach dem Eintragen des (nicht weiter gereinigten) Chlorids in den Alkohol sofort Sodalösung zufügt.

Läßt man dagegen die saure alkoholische Lösung längere Zeit stehen oder erhitzt man sie, so verliert der Ester infolge einer mehr oder weniger großen Beimengung des Isomeren seine Krystallisationsfähigkeit oder geht evtl. ganz in den normalen evtl. homologen über.

Die beiden Reihen von Estern sind im übrigen außerordentlich beständig; weder durch Erhitzen auf über 300°, noch durch Impfen, noch auf irgendeine andere Art ist es bis jetzt gelungen, sie direkt ineinander überzuführen.

In allen Fällen ist der ψ-Ester durch konzentrierte Schwefelsäure leichter angreifbar und zeigt daher momentan die Farbenreaktion, die der durch Verseifung resultierenden freien Säure zukommt, während der normale Ester sich farblos oder mit Eigenfarbe löst und erst nach und nach die Färbung zeigt, die der nicht alkylierten Substanz zukommt.

Diese Regel gilt auch für die Äthylester.

Die Schmelzpunkte der ψ-Ester sind oftmals höher als die der normalen Derivate, aber manchmal ist auch das Umgekehrte der Fall. und in einzelnen Fällen ist der Schmelzpunkt für beide Isomere gleich hoch. Immer aber gibt ein Gemisch solcher Ester beträchtliche Depression des Mischungsschmelzpunkts, wie man auch immer durch die Schwefelsäurereaktion die beiden Formen voneinander unterscheiden kann, falls überhaupt Färbung eintritt. —

Im allgemeinen erfolgt die Umsetzung der Chloride mit Alkohol momentan und unter Wärmeentwicklung; feste Chloride bringt man durch kurzes Kochen zur Reaktion. Gewisse diorthosubstituierte aromatische Säurechloride indessen, wie das der symmetrischen Trichlorbenzoesäure[1]), lassen sich nur sehr schwer oder — wie das Chlorid der 2.3.4.6-Tetrabrombenzoesäure[2]) — überhaupt nicht durch Kochen mit Alkohol in den Ester verwandeln. Weitere Beispiele für schwer in ihr Chlorid überführbare Säuren sind Trinitrobenzoesäure[3]), Triphenylessigsäure[4]), Dinaphthylessigsäure[5]), Tritolylessigsäure[6]) und 4-Methoxy 4'-4''-Dimethyltriphenylessigsäure[6]).

Mittels schwefliger Säure und Alkohol ist zuerst der ψ-Ester der Opiansäure gewonnen worden[7]).

Esterifizierungen mit äthylschwefelsaurem Kalium haben in der Pyridinreihe gute Dienste geleistet[8]).

<hr>

[1]) Sudborough, B. **27**, 3155, Anm. (1894). — Soc. **65**, 1030 (1894).
[2]) Sudborough, Soc. **67**, 599 (1895).   [3]) V. Meyer, B. **27**, 3154 (1894).
[4]) Schmidlin und Hodgson, B. **41**, 438 (1908).
[5]) Schmidlin und Massini, B. **42**, 2381 (1909).
[6]) Blaser, Diss. Freiburg (1909), 28, 35.
[7]) Wöhler, A. **50**, 1 (1844). — Anderson, A. **86**, 194 (1853).
[8]) Hans Meyer, M. **15**, 164 (1894). — Methylschwefelsaures Kalium: Graebe, A. **340**, 244 (1905).

Weit aussichtsvoller ist noch die Anwendung des Dimethylsulfats[1]), das indessen wegen seiner großen Giftigkeit[2]) mit aller Vorsicht zu verwenden ist.

Mit demselben haben schon im Jahre 1835 Dumas und Peligot[3]) Benzoesäureester erhalten. Es erlaubt infolge seines hohen Siedepunkts (188°) stets das Arbeiten in offenen Gefäßen und reagiert weit energischer als Halogenalkyl, nicht nur mit Hydroxyl-[4]) und Amin[5])-Gruppen, sondern unter Umständen auch mit Lactonen, die aufgespalten werden[6]).

Die Umsetzung erfolgt nach der Gleichung:

$$SO_2{\diagdown^{OCH_3}_{OCH_3}} + R \cdot COOK = SO_2{\diagdown^{OK}_{OCH_3}} + RCOOCH_3$$

unter Bildung von methylschwefelsaurem Salz.

Auch Polycarbonsäuren können nach diesem Verfahren in Neutralester verwandelt werden[7])[8]).

Um beispielsweise neutralen Camphersäuremethylester zu erhalten, trägt man 2 Gewichtsteile Rechtscamphersäure unter Rühren in 3.7 Gewichtsteile Kalilauge (1.34) ein, wobei in kurzer Zeit unter starker Selbsterwärmung Lösung erfolgt. Nach dem Abkühlen auf Zimmertemperatur läßt man im Rührwerk oder in der Schüttelmaschine 2.75 Gewichtsteile Dimethylsulfat einfließen. Die Temperatur des Gemisches steigt von selbst auf etwa 60° und genügt, um die Reaktion fast bis zu Ende zu führen. Wenn die Temperatur zu fallen beginnt, werden noch 0.33 Gewichtsteile Kalilauge zugegeben, 0.25 Gewichtsteile Dimethylsulfat einfließen gelassen und durch Erwärmen die Temperatur noch einige Zeit bei etwa 60° gehalten, bis die alkalische Reaktion verschwunden ist. Nach dem Erkalten wird der als farbloses Öl obenauf schwimmende neutrale Camphersäuremethylester von der wäßrigen Schicht abgetrennt, zur Entfernung geringer Mengen sauren Esters mit verdünnter Sodalösung gewaschen und über Chlorcalcium sorgfältig getrocknet. Durch Destillation unter vermindertem Druck wird der neutrale Methylester vollends gereinigt. Er siedet unter 760 mm bei 260—263°.

Als Beispiel für gleichzeitige Äther- und Esterbildung sei die Darstellung von Methyläthersalicylsäureester angeführt[9]).

Zu 144 g salicylsaurem Natrium gibt man 150 ccm Natronlauge (1.36) und 282 g Dimethylsulfat und erwärmt. Bei 90° tritt stürmische Reaktion ein. Man dreht die Flamme aus. Die Reaktion ist so exotherm, daß die Flüssigkeit im Sieden bleibt. Nach dem Erkalten wird ausgeäthert. Die ätherische

---

[1]) Ullmann und Wenner, B. **33**, 2476 (1900). — Wegscheider, M. **23**, 383 (1902). — Liebig, B. **37**, 4036 (1904). — Hans Meyer, B. **37**, 4144 (1904). — M. **25**, 476, 1190 (1904). — B. **40**, 2430 (1907). — Werner und Seybold, B. **37**, 3658 (1904). — Feuerlein, Diss. Zürich (1907). — Tingle und Bates, Am. soc. **32**, 1499 (1910). — Siehe auch S. 631.

[2]) Ch. Ind. **23**, 559 (1900). — Weber, A. Path. **47**, 113 (1901). — Waliaschko, **242**, 242 (1904). — Wenner, Diss. Basel (1902), 37. — Graebe, A. **340**, 206 (1905).

[3]) J. pr. (4) **7**, 369 (1835).

[4]) Nef, A. **309**, 186 (1899). — Baeyer und Villiger, B. **33**, 3388 (1900).

[5]) Claesson und Lundvall, B. **13**, 1700 (1880). — DRP. 102 634 (1898). — Siehe auch Kaufler und Pomeranz, M. **22**, 494 (1901).

[6]) Fr. P. 291 690 (1899). — E. P. 16 068 (1899), Alkylierung von Dialkylrhodaminen. — H. v. Liebig, B. **37**, 4036 (1904). — Herzig und Tscherne, A. **351**, 24 (1907). — Epstein, M. **29**, 288, Anm. (1908).

[7]) DRP. 189 840 (1906); 196 152 (1907).

[8]) Wegscheider, M. **20**, 692 (1899). — Hans Meyer, B. **37**, 4144 (1904). — Feibelmann, Diss. München (1907), 66.

[9]) Herold, Diss. Zürich (1907), 27.

Lösung schüttelt man mit verdünnter Schwefelsäure und hierauf mit verdünnter Natronlauge kräftig durch, trocknet und fraktioniert. Bei 252° geht der Methylsalicylsäureester als wasserhelles Öl über. Die Ausbeute variiert zwischen 85 und 90%.

Als Verdünnungsmittel für Dimethylsulfat dient für niedrigere Temperaturen Alkohol oder Aceton [1]), für höhere Eisessig [2]) und Nitrobenzol [3]); auch wird in wäßriger Suspension erwärmt [4]).

Diäthylsulfat eignet sich im Gegensatz zu seinem niedrigeren Homologen weniger gut für Alkylierungen [5]), ist aber doch manchmal recht brauchbar [6]). Öfters empfiehlt sich hier andauerndes Kochen am Rückflußkühler [7]).

Überschüssiges Dimethylsulfat läßt sich im sog. absoluten Vakuum wegdampfen [8]).

Esterifizierungen mit Halogenalkyl.

Zumeist wird Jodalkyl, seltener Bromalkyl auf die Silber-, Blei- oder Alkalisalze einwirken gelassen. Als Verdünnungsmittel empfehlen sich Benzol [9]), Ligroin [10]), Chloroform [11]), Äther [12]), Aceton [13]), nicht aber die Alkohole [14]). Die Ester der Phloroglucincarbonsäure können nur durch Einwirkenlassen von Jodalkyl ohne Verdünnungsmittel auf phloroglucincarbonsaures Silber erhalten werden [Herzig und Wenzel [15])], und das Silbersalz der Dimethylnitrobarbitursäure (die freilich keine Carbonsäure ist) reagiert nur mit Jodmethyl und Acetonitril [16]), welch letzteres Verdünnungsmittel (ebenso wie andere Nitrile) auch sonst gelegentlich angewendet wird [17]).

Die Reaktion erfolgt oft schon von selbst, manchmal mit außerordentlicher Heftigkeit (Feuererscheinung), so daß man eine Kältemischung anwenden muß [18]), sonst beim Kochen unter Rückflußkühlung, besser unter Druck bei 100°, auch bei noch höherer Temperatur.

Meist ist absolute Trockenheit des Silbersalzes notwendig [19]).

---

[1]) Witt und Truttwin, B. **47**, 2791 (1914).

[2]) Houben und Brassert, B. **39**, 3234 (1906).

[3]) Böck, M. **23**, 1009 (1902). — Ullmann, B. **35**, 322 (1902). — DRP. 125 576 (1901); 142 565 (1903). — Kehrmann und Stépanoff, B. **41**, 4137 (1908). — Kehrmann und Berg, B. **46**, 3021 (1913).   [4]) Houben und Brassert, B. **39**, 3236 (1906).

[5]) Z. B. Auwers und Dereser, B. **52**, 1351 (1919). — Auwers und Schmellenkamp, B. **54**, 626 (1921).

[6]) Henstock, Diss. Zürich (1906), 45. — DRP. 189 840 (1906); 196 152 (1907). — Hans Meyer, B. **40**, 2430 (1907). — Sachs und Brigl, B. **44**, 2097 (1911). — Bauer, Diss. Erlangen (1915), 26.   [7]) Voigt, Diss. Rostock (1908), 49.

[8]) Willstätter und Fritzsche, A. **371**, 71 (1910).

[9]) Haller und Guyot, C. r. **129**, 1214 (1899).

[10]) Weir, Diss. Würzburg (1909), 28.

[11]) Marckwald und Chwolles, B. **31**, 787 (1898). — Rohde und Schwab, B. **38**, 318, 319 (1905). — Braun, B. **49**, 984 (1916). Basen.

[12]) Dimroth, A. **335**, 78 (1904). — Steinle, Diss. Heidelberg (1909), 29. — Pauly und Weir, B. **43**, 669 (1910). — Zinke und Lieb, M. **39**, 634 (1918).

[13]) Busse und Kraut, A. **177**, 272 (1875). — Stohmann, J. pr. (2) **40**, 352 (1889). — Gordin, Am. soc. **30**, 270 (1908).

[14]) Siehe erste Auflage dieses Buches S. 386 (1903). — Hans Meyer, M. **28**, 36 (1907). — Wegscheider und Frankl, M. **28**, 79 (1907). — Siehe auch Reychler, Bull. Soc. Chim. Belg. **21**, 71 (1907).

[15]) B. **32**, 3541 (1899). — M. **22**, 215 (1901). — Siehe aber S. 630, Anm. 6.

[16]) Salway, Diss. Leipzig (1906), 68. — Siehe Michael, Am. **25**, 419 (1901) und Brunner und Rapin, Schweiz. Wochenschr. f. Ch. u. Pharm. **46**, 457 (1908).

[17]) Hantzsch, B. **42**, 77—81 (1909). — Donnan und Potts, Soc. **97**, 1889 (1910)

[18]) Wislicenus und Fischer, B. **43**, 2237 (1910).

[19]) Mechtersheimer, Diss. Heidelberg (1909), 37.

Auch das Jodmethyl muß ganz rein sein. Manche Handelsprodukte reagieren überhaupt nicht[1]).

Zur Reinigung der Ester löst man in Äther oder Chloroform und wäscht zuerst mit verdünnter Sodalösung, der man etwas Bisulfit zugefügt hat, dann mit reinem Wasser, trocknet mit Pottasche oder Natriumsulfat und destilliert die Lösungsmittel ab.

Die Methode ist bei Aminosäuren und Pyridincarbonsäuren im allgemeinen nicht verwertbar[2]) und führt auch sonst (bei Oxysäuren usw.) öfters zu zweideutigen Resultaten; man kann sich indes gewöhnlich durch Verseifung des gebildeten Produkts oder Behandeln desselben mit Ammoniak davon überzeugen, ob die alkylierte Gruppe ein Carboxyl war. Nach Hans Meyer[3]) gehen alle Pyridincarbonsäuren, die nicht in beiden α-Stellungen zum Stickstoff substituiert sind, glatt und ausschließlich in die zugehörigen Betaine bzw. Jodalkylate über, wenn man sie längere Zeit mit überschüssiger, wäßriger Sodalösung und Jodalkyl auf den Siedepunkt des letzteren erwärmt oder andauernd bei Zimmertemperatur schüttelt.

$\alpha\alpha'$-substituierte Pyridincarbonsäuren dagegen werden unter diesen Umständen nicht angegriffen, läßt man aber ihre trocknen Kalium- oder Silbersalze längere Zeit mit Jodmethyl in Berührung, so werden sie quantitativ in Methylester verwandelt.

Über Alkylierung mit Jodmethyl und trocknem Silberoxyd siehe S. 632.

Bei der Einwirkung von Jodalkyl auf die Silbersalze mancher Säuren (Phloroglucincarbonsäure, β-Resorcylsäure, Malonsäure) findet zum Teil Kernmethylierung statt[4]).

Esterifizierung mit Diazomethan [v. Pechmann[5])].

Von den gebräuchlicheren Methoden der Methylierung unterscheidet sich diese Reaktion dadurch, daß sie in Abwesenheit dritter Körper, bei gewöhnlicher Temperatur und in der Regel quantitativ vor sich geht.

Praktische Bedeutung hat sie in solchen Fällen, wo andere Methoden versagen oder wo es sich um Operationen im kleinsten Maßstab handelt.

Diazomethan ist ungemein giftig.

Auch auf manche Alkohole[6]) und auf die meisten Aldehyde[7]) und Aldehydsäuren[8]) wirkt Diazomethan ein. Aus den Aldehyden entstehen dabei im wesentlichen die zugehörigen Methylketone[9]).

Verdrängung von Acetylgruppen durch Diazomethan: Herzig und Tichatschek, B. **39**, 268, 1557 (1906).

<hr>

1) Hantzsch, B. **54**, 1242 (1921).
2) Siehe S. 719.   3) B. **36**, 616 (1903).
4) Altmann, M. **22**, 217 (1901). — Graetz, M. **23**, 106 (1902). — Batscha, M. **24** 114 (1903). — Kurzweil, M. **24**, 881 (1903). — Herzig und Wenzel, M. **27**, 781 (1906)
5) B. **27**, 1888 (1894); **28**, 856, 1624 (1895); **31**, 501 (1898). — Ch. Ztg. **22**, 142 (1898) — DRP. 92 789 (1897).
6) Hans Meyer und Hönigschmid, M. **26**, 387, 389 (1905).
7) Hans Meyer, M. **26**, 1300 (1905). — B. **40**, 847 (1907). — Schlotterbeck, B. **40**, 479 (1907); **42**, 2559 (1909). — Mauthner, J. pr. (2) **82**, 275 (1910).
8) Hans Meyer, M. **26**, 1295 (1905).
9) Bei der Einwirkung von Diazomethan auf Chlorhydrate von Di- und Triphenylmethanfarbstoffen u. dgl. wird Chlormethyl gebildet. Krystallviolett wird dabei zur Leukobase reduziert. — Küster, Z. physiol. **109**, 108 (1920).

Darstellung der Diazomethanlösung.

I. Nach v. Pechmann.

Käufliches Methylurethan wird mit dem gleichen Volum trocknem Äther verdünnt und die aus Arsenik und Salpetersäure entwickelten roten Dämpfe durchgeleitet — wobei sehr gut gekühlt werden muß —, bis die Flüssigkeit schmutzig-graue Farbe angenommen hat. Dann wird mit Wasser und Soda gewaschen und mit Natriumsulfat getrocknet[1].

1—5 ccm Nitrosomethylurethan werden hierauf in einem mit absteigendem Kühler verbundenen Kölbchen mit 30—50 ccm Äther und 1.2 Raumteilen 25 proz. reiner, farbloser methylalkoholischer[2] Kalilösung auf dem Wasserbad erwärmt. Alsbald färbt sich die Flüssigkeit gelb, und Kölbchen und Kühler füllen sich mit gelben Dämpfen, während ebenfalls gelb gefärbter Äther überzugehen beginnt. Man destilliert, bis der Destillationsrückstand und der abtropfende Äther wieder farblos sind. 1 ccm Nitrosomethylurethan liefert 0.18—0.2 g Diazomethan.

II. Methode von Staudinger und Kupfer[3].

In einem Bromierungskolben, der mit einem Kugelkühler verbunden ist, wird zur heißen Lösung von 50 g Ätzkali (4 Mol.) in 150 ccm absolutem Alkohol nach Zusatz von 10 g Hydrazin (1 Mol.) in 50 ccm absolutem Alkohol eine Lösung von 30 g Chloroform ($1^1/_4$ Mol.) in 50 ccm absolutem Alkohol durch einen Tropftrichter so langsam zulaufen gelassen, daß die stürmisch einsetzende Reaktion nicht zu heftig verläuft. Man läßt das Ende des Tropftrichters unter die Flüssigkeitsoberfläche tauchen, um Verdampfen des Chloroforms zu verhindern. Während des Versuchs wird ein schwacher Stickstoffstrom durch den Apparat geleitet. Durch den Kühler werden die Alkoholdämpfe zurückgehalten, während das Diazomethan mit dem Stickstoffstrom weitergeführt und in gut gekühlten Vorlagen, die mit Äther beschickt sind, aufgefangen wird. Die Ausbeute an Diazomethan beträgt ca. 25%. Die so erhaltenen ätherischen Lösungen können direkt zur Methylierung Verwendung finden.

III. Methode von Bamberger und Renauld: B. 28, 1682 (1895).

Gehaltsbestimmung von Diazomethanlösungen[4].

20 ccm Diazomethanlösung werden unter Kühlung in überschüssige ätherische $^n/_{10}$-Benzoesäure eingetragen. Die unveresterte Benzoesäure wird nach dem Verdünnen mit Wasser mit $^n/_{10}$-Barytwasser und Phenolphthalein zurücktitriert.

Wertbestimmung der Lösung mit Jod siehe v. Pechmann, B. 27, 1888 (1894) und S. 1022.

---

[1] Nitrosomethylurethan wird jetzt auch in genügender Reinheit in den Handel gebracht. — Es ist, wie Diazomethan, außerordentlich giftig.

[2] Nach Hantzsch und Lehmann, B. 35, 901 (1902), ist indessen die Anwendung des Alkohols zu vermeiden. Sie empfehlen vielmehr die ätherische Nitrosomethylurethanlösung mit bei 0⁰ konzentrierter wäßriger Kalilauge zu versetzen und durch tropfenweisen Wasserzusatz im Kältegemisch das entstandene methylazosaure Kalium zu zersetzen, wodurch man sofort eine fast quantitative Ausbeute an ätherischer Diazomethanlösung erhält. Es liefert aber das bequemere Pechmannsche Verfahren auch sehr gute Resultate.

[3] B. 45, 505 (1912).

[4] Marshall und Acree, B. 43, 2323 (1910). — Über die ähnliche, aber nicht so genaue Methode von Hans Meyer siehe die 2. Aufl. dieses Buchs S. 593 und M. 26, 1296 (1905).

48*

Zur Ausführung der Alkylierung wird man etwa nach Herzig und Wenzel[1]) verfahren. 5 g Carbonsäure werden fein zerrieben und getrocknet, in 100 ccm trocknem Äther verteilt, eine verdünnte ätherische Lösung von Diazomethan (1 g in 100 ccm) allmählich zugefügt, solange bei weiterer Zugabe noch stürmische Stickstoffentwicklung erfolgt, und schließlich ein etwaiger kleiner Überschuß von Diazomethan durch Zugabe von etwas Carbonsäure beseitigt. Aus der ätherischen Lösung werden dann kleine Quantitäten unveresterter Säure durch Ausschütteln mit Bicarbonat[2]) entfernt.

Man kann übrigens ebensogut in alkoholischer[3]), amylalkoholischer[4]), wäßrig-alkoholischer[5]), Methylal-[6]), Methylacetat-[7]) oder Chloroformlösung[8]) arbeiten. Besonders empfiehlt sich Amyläther als Lösungsmittel[9]).

Beschleunigung der Einwirkung des Diazomethans durch amorphes Bor: Herzig und Schönbach, M. **33**, 673 (1912).

Manchmal dauert die Reaktion sehr lange (wochenlang), und es ist notwendig, die Substanz einer mehrfachen Behandlung mit neuen überschüssigen Mengen von Diazomethan zu unterziehen. (Dies gilt freilich nicht von carboxylhaltigen Substanzen, die stets sehr energisch reagieren.)

Zu Carbonyl orthoständige Hydroxylgruppen behindern die Alkylierbarkeit[10]).

Oft arbeitet man vorteilhaft mit nascierendem Diazomethan[11]).

So werden z. B. 285 g Morphin und 132 g Nitrosomethylurethan in 1 l Methylalkohol gelöst und unter Umrühren langsam eine Lösung von 50 g Ätzkali in 800 g Methylalkohol einfließen gelassen. Das entstandene Kodein wird aus der eingedampften Lösung durch Extraktion mit Benzol gewonnen.

3 g Cephaelinchlorhydrat werden in 35 ccm Methylalkohol gelöst, die Flüssigkeit in Eiswasser abgekühlt, hierauf 3 ccm Nitrosomethylurethan und dann tropfenweise unter Umschütteln 20 ccm 5 proz. methylalkoholischer Kalilauge zugefügt. Nach zweistündigem Stehen in Eiswasser gibt man abermals 3 ccm Nitrosomethylurethan hinzu und wieder 20 ccm der methylalkoholischen Natronlauge. Dieses Gemisch wird bei gewöhnlicher Temperatur bis zum nächsten Morgen stehengelassen, hierauf der größte Teil des Methylalkohols auf dem Wasserbad abgedunstet, der Rückstand mit kaltem Wasser angerieben und die alkalische Flüssigkeit ausgeäthert[12]).

Über Diazopropan und Diazobutan siehe Nirdlinger und Acree, Am. **43**, 358 (1910).

Esterifizieren durch Chlorkohlensäureester: R. und W. Otto, B. **21**, 1516 (1888). — DRP. 117 267 (1901). — Herzog, B. **42**, 2557 (1909). — Einhorn, B. **42**, 2772 (1909).

Gegenseitige Verdrängung von Alkylen in Estern[13]) (Umesterung, Alkoholyse): Berthelot, A. Chim. Phys. (3) **41**, 311 (1853). — Friedel und

---

[1]) M. **22**, 229 (1901).
[2]) Besser als Soda, wie es a. a. O. heißt. (Privatmitteilung von Herzig.)
[3]) DRP. 92 789 (1897). — Herzig und Schönbach, M. **33**, 673 (1912).
[4]) Pschorr, Jaeckel und Fecht, B. **35**, 4387 (1902). — Über Amyläther siehe Anm. 9.
[5]) Hans Meyer, M. **25**, 1194 (1904). — Biltz und Paetzold, B. **55**, 1069 (1922).
[6]) O. Fischer und König, B. **47**, 1081 (1914).
[7]) E. Fischer und Brauns, B. **47**, 3183 (1914).
[8]) E. Fischer und Freudenberg, B. **46**, 1123 (1913).
[9]) Gadamer, Arch. **249**, 661 (1911). — Klee, Arch. **252**, 244, 246 (1914). Phenolbasen.   [10]) Herzig, M. **33**, 683 (1912). — Siehe auch S. 634.
[11]) DRP. 95 644 (1897). — Siehe auch S. 630.
[12]) Karrer, B. **49**, 2074 (1916).
[13]) Siehe auch unter Ketonsäureester, S. 750.

Crafts, A. 130, 198 (1864); 133, 207 (1865). — Bertoni, G. 12, 435 (1882).
— Bertoni und Truffi, G. 14, 23 (1884). — Purdie, Soc. 47, 862 (1885);
51, 628 (1887). — B. 20, 1555 (1887). — Claison und Lowman, B. 20, 651
(1887). — Purdie und Marshall, Soc. 53, 391 (1888). — Bruni und Contardi,
Atti Linc. (5), 15, I, 637 (1906). — Haller und Youssouffian, C. r. 143, 803
(1906). — Haller, C. r. 143, 657 (1906); 144, 462 (1907); 146, 259 (1908). —
Pfannl, M. 31, 301 (1910); 32, 509 (1911). — Reid, Am. 45, 479 (1911). —
Komnenos, M. 32, 77 (1911). — Dambergis und Komnenos, Ber. d.
pharm. Ges. 22, 417 (1912). — Willstätter und Stoll, Unters. ü. Chlorophyll
1913, S. 280. — Grete Egerer und Hans Meyer, M. 34, 69 (1913). —
Béhal, Bull. (4) 15, 565 (1914). — Schimmel & Co., Ber. 1915, I, 71. —
Kolhatkar, Soc. 107, 921 (1915). — E. Fischer und Bergmann, B. 52,
830 (1919). — E. Fischer, B. 53, 1634 (1920). — Reimer und Downes,
Am. soc. 43, 945 (1921).

Katalytische Esterifizierung: Mit Titansäureanhydrid: Sabatier und Mailhe, C. r. 152, 494 (1911). — Mit Thoriumoxyd oder Zirkonoxyd: Mailhe und Godon, Bull. (4) 29, 101 (1921).

Esterifizierung von Fettsäuren mit Chloraceton.

Die Semicarbazone, die man aus den Ketonsäureestern erhalten kann,
welche die verschiedenen Säuren mit Acetol oder Oxyaceton $CH_3 \cdot CO \cdot CH_2OH$
liefern, krystallisieren leicht, lassen sich leicht reinigen und besitzen sehr scharfe
Schmelzpunkte.

Locquin[1]) benutzt zu ihrer Darstellung das Monochloraceton $CH_3 \cdot CO$
$\cdot CH_2Cl$. Ein Molekül der durch ihr Semicarbazon zu charakterisierenden Säure
wird in wasserfreiem Äther gelöst und mit der theoretischen Menge drahtförmigem Natrium versetzt. Wenn die Reaktion beendet ist, gibt man ein
Molekül reines Monochloraceton hinzu und erhitzt auf dem Wasserbad zur
Verjagung des Äthers. Indem man das Gemisch aus Natriumsalz und Monochloraceton etwa 4 Stunden im Ölbad auf 120—130° hält, erzielt man Umwandlung in Natriumchlorid und Acetolester gemäß der Gleichung:

$$CH_3 \cdot CO \cdot CH_2Cl + R \cdot CO_2Na = CH_3 \cdot CO \cdot CH_2 \cdot CO_2 \cdot R + NaCl.$$

Nach dem Erkalten nimmt man die Masse mit Wasser und Äther auf; die
ätherische Lösung wird mit Natriumcarbonat und Wasser gewaschen, sodann
nach Beseitigung des Äthers im Vakuum rektifiziert. Die den verwendeten
Säuren entsprechenden Acetolester destillieren im Vakuum ohne nennenswerte
Zersetzung und besitzen um einige Grade höheren Siedepunkt als die zugrunde
liegende Säure. Die entsprechenden Semicarbazone erhält man, indem man
den Ketonsäureester mit Semicarbacid in essigsaurer Lösung behandelt. Ebenso
leicht erfolgt die Wiedergewinnung der reinen Säuren aus diesen Semicarbazonen, wenn man letztere mit alkoholischem Kali kocht.

Über die Bestimmung der Alkylgruppen siehe unter Methoxylbestimmung.

5. Bestimmung der Basizität der Säuren aus der elektrischen Leitfähigkeit ihrer Natriumsalze.

Nach Ostwald[2]) ist die Messung der Leitfähigkeit des Natriumsalzes
ein sicheres Mittel, um über die Basizität einer Säure zu entscheiden.

---

[1]) Ch. Ztg. 28, 564 (1904); siehe S. 814.
[2]) Z. phys. 2, 901 (1888); vgl. Z. phys. 1, 74 (1887). — Valden, Z. phys. 1, 529 (1887);
2, 49 (1888).

Da die meisten Natriumsalze in Wasser löslich sind, auch wenn den freien Säuren diese Eigenschaft abgeht, so ist diese Methode sehr allgemein. Sie versagt nur in dem Fall, daß die Säure zu schwach ist, um ein neutral reagierendes, durch Wasser nicht erheblich spaltbares Salz zu liefern.

Zur Ausführung der Messungen bedarf man der folgenden Behelfe:

1. Eines kleinen Induktionsapparats, wie sie zu medizinischen Zwecken fabriziert werden, zu dessen Betrieb ein oder zwei galvanische Elemente auch auf lange Zeit ausreichen.

Man muß dafür sorgen, daß die Feder des Unterbrechers recht schnelle Schwingungen macht. Dadurch entstehen im Telephon hohe Töne, die besser als tiefe beobachtet werden können.

2. Einer Meßbrücke. Sie besteht aus einem 100 cm langen, über einen in Millimeter geteilten Maßstab ausgespannten Platin- oder Neusilber-(Nickelin-) Draht, über den ein Schlittenkontakt geführt werden kann [1].

Zum Kalibrieren des Rheochords bedient man sich der Methode von Strouhal und Barus [2].

3. Eines Rheostaten als Vergleichswiderstands.

4. Eines Widerstandsgefäßes für den Elektrolyten, für besser leitende Flüssigkeiten in der von Kohlrausch angegebenen Form (Fig. 310),

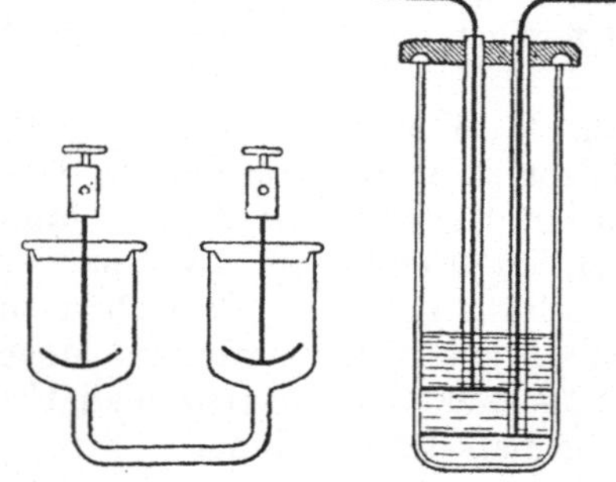

für große Widerstände, wie sie stark verdünnte Lösungen bilden, am besten in der Arrheniusschen Form (Fig. 311). Die Elektroden müssen platiniert sein.

Ausgezeichnete Tonminima erhält man nach Kohlrausch, wenn man die Platinierung mit der Lummer-Kurlbaumschen Lösung vornimmt.

Diese besteht aus 1 Teil Platinchlorid und 0.008 Teilen Bleiacetat in 30 Teilen Wasser. Man elektrolysiert unter häufigem Polwechsel mit einer Stromdichte von 0.03 Am.-/qcm so lange, bis jede Elektrode eine gute Viertelstunde Kathode gewesen ist.

Fig. 310.   Fig. 311. Apparat
Widerstandsgefäß.   von Arrhenius.

Nach dem Platinieren müssen die Elektroden lange und gut ausgewaschen werden, da die Platinierungsflüssigkeit hartnäckig an dem Überzug haften bleibt.

5. Eines Telephons. Nach Ostwald sind die empfindlichsten Instrumente die von Ericsson in Stockholm. Für gewöhnlich genügt ein Bellsches Telephon vollständig. Um nicht durch das Geräusch der Umgebung gestört zu werden, verstopft man das freie Ohr mit Watte oder einem Antiphon.

6. Eines Wasserbades mit Rührer und Thermometer, oder eines Thermostaten [3].

---

[1] Noch bequemer ist die Kohlrauschsche Walzenbrücke. Zu beziehen von Fritz Köhler, Leipzig. — Siehe hierzu Wilson und Sidgwick, Soc. **103**, 1959 (1913).

[2] Wied. **10**, 326 (1881).

[3] Ostwald, Z. phys. **2**, 564 (1888), wo auch über alle anderen Apparate ausführliche Angaben zu finden sind. — Siehe vor allem auch Kohlrausch, Wied. **1897**, 315: „Über platinierte Elektroden und Widerstandsbestimmung", ferner Cohen, Z. phys. **25**, 15 (1898).

Die Anordnung der Apparate geschieht nach der Kirchhoffschen Modifikation der Wheatstoneschen Brücke. Die Verbindungen der Apparate bestehen aus starkem Kupferdraht (siehe Fig. 312).

Das Induktorium stellt man in ein vollständig auswattiertes Kästchen oder bringt es ins Nebenzimmer auf eine Filzplatte.

An Stelle von Telephon und Induktorium kann man auch nach Cahart und Patterson („Electrical Measurements", S. 109) einen Doppelkommutator und ein Galvanometer benutzen.

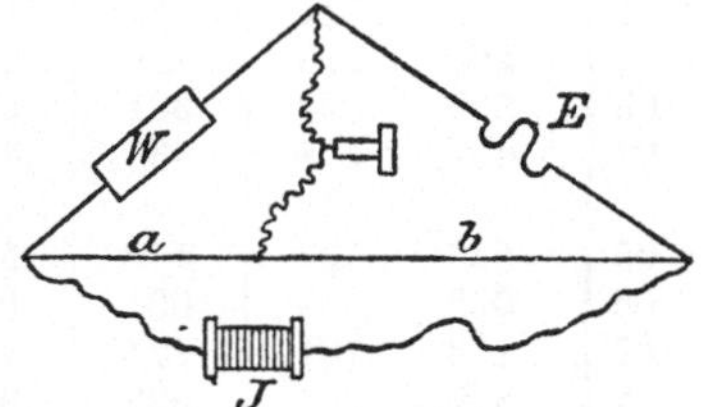

Fig. 312. Wheatstonesche Brücke.

Der kommutierende Apparat, ein sog. Secohmmeter, ist so eingerichtet, daß ein Kommutator in den Batteriestromkreis, der andere in den Galvanometerstromkreis eingeschaltet ist. Der Strom wechselt seine Richtung in der Flüssigkeit so oft, daß die Polarisation annulliert wird.

Über Thermostaten: Kurt Arndt, Ztschr. f. App.-Kunde 1, 255 (1906) und F. Köhler, Katalog „Thermostaten". Siehe auch S. 159.

Ausführung der Messung.

Wenn es sich um die Untersuchung desselben Stoffs in wechselnden Verdünnungen handelt, so stellt man letztere am einfachsten in dem Widerstandsgefäß selbst her, indem man genau bekannte Mengen der Lösung herauspipettiert und durch Wasser, das im Thermostaten auf die Versuchstemperatur vorgewärmt worden ist, ersetzt.

Das Telephon zeigt gewöhlich kein absolut scharfes Minimum an einem bestimmten Punkt, wohl aber kann man sehr leicht zwei nahe (0.5—2 mm) beisammen liegende Punkte ermitteln, an welchen der Ton gleich deutlich anzusteigen beginnt. Die Mitte zwischen diesen Punkten ist der gesuchte Ort.

Bei einiger Übung läßt sich so die Leitfähigkeit auf 0.1% genau bestimmen.

Sollte einmal das Minimum undeutlicher werden, so sind die Elektroden neu zu platinieren.

Die Berechnung der Messungen geschieht nach der Formel:

$$\mu = k \cdot \frac{v \cdot a}{w \cdot b}.$$

Hierin ist:

μ die molekulare Leitfähigkeit, d. h. das Produkt aus der spezifischen Leitfähigkeit $\varkappa$ und der Verdünnung v. Die erstere wird jetzt allgemein in reziproken Ohm eines Zentimeterwürfels ausgedrückt, die Verdünnung durch die in 1 ccm enthaltene Anzahl Mol. [1].

v das Volum der Lösung, das ein Grammolekulargewicht des Elektrolyten enthält, in Litern,

w der eingeschaltete Vergleichswiderstand,

a die linke,

b die rechte Drahtlänge der Meßbrücke bis zur Kontaktschneide,

k die Widerstandskapazität des Meßgefäßes.

---

[1] Die älteren Messungen (vor 1898) sind in Quecksilbereinheiten angegeben. Der Wert der molekularen Leitfähigkeit ist dann um 6.6% kleiner als in der jetzt üblichen Einheit.

Tabelle der Werte von $\dfrac{a}{1000-a}$ für $a = 1$ bis $a = 999$.

a	0	1	2	3	4	5	6	7	8	9
00	0.0000	010	020	030	040	050	060	071	081	091
01	101	111	122	132	142	152	163	173	183	194
02	204	215	225	235	246	256	267	278	288	299
03	309	320	331	341	352	363	373	384	395	406
04	417	428	438	449	460	471	482	493	504	515
05	526	537	549	560	571	582	593	605	616	627
06	638	650	661	672	684	695	707	718	730	741
07	753	764	776	788	799	811	823	834	846	858
08	870	881	893	905	917	929	941	953	965	977
09	989	*001	*013	*025	*038	*050	*062	*074	*087	*099
10	0.1111	124	136	148	161	173	186	198	211	223
11	236	249	261	274	287	299	312	325	338	351
12	364	377	390	403	416	429	442	455	468	481
13	494	508	521	534	547	561	574	588	601	614
14	628	641	655	669	682	696	710	723	737	751
15	765	779	793	806	820	834	848	862	877	891
16	905	919	933	947	962	976	990	*005	*019	*034
17	0.2048	083	077	092	107	121	136	151	166	180
18	195	210	225	240	255	270	285	300	315	331
19	346	361	376	392	407	422	438	453	469	484
20	0.2500	516	531	547	563	579	595	610	626	642
21	658	674	690	707	723	739	755	771	788	804
22	821	837	854	870	887	903	920	937	953	970
23	987	*004	*021	*038	*055	*072	*089	*106	*123	*141
24	0.3158	175	193	210	228	245	263	280	298	316
25	333	351	369	387	405	423	441	459	477	495
26	514	532	550	569	587	605	624	643	661	680
27	699	717	736	755	774	793	812	831	850	870
28	889	908	928	947	967	986	*006	*025	*045	*065
29	0.4085	104	124	144	164	184	205	225	245	265
30	286	306	327	347	368	389	409	430	451	472
31	493	514	535	556	577	599	620	641	663	684
32	706	728	749	771	793	815	837	859	881	903
33	925	948	970	993	*015	*038	*060	*083	*106	*129
34	0.5152	175	198	221	244	267	291	314	337	361
35	385	408	432	456	480	504	528	552	576	601
36	625	650	674	699	723	748	773	798	823	848
37	873	898	924	949	974	*000	*026	*051	*077	*103
38	0.6129	155	181	208	234	260	287	313	340	367
39	393	420	447	475	502	529	556	584	611	639
40	667	695	722	750	779	807	835	863	892	921
41	949	978	*007	*036	*065	*094	*123	*153	*182	*212
42	0.7241	271	301	331	361	391	422	452	483	513
43	544	575	606	637	668	699	731	762	794	825
44	857	889	921	953	986	*018	*051	*083	*116	*149
45	0.8182	215	248	282	315	349	382	416	450	484
46	519	553	587	622	657	692	727	762	797	832
47	868	904	939	975	*011	*048	*084	*121	*157	*194
48	0.9231	268	305	342	380	418	455	493	531	570
49	608	646	685	724	763	802	841	881	920	960

Nach Obach.

a	0	1	2	3	4	5	6	7	8	9
50	1.000	004	008	012	016	020	024	028	033	037
51	041	045	049	053	058	062	066	070	075	079
52	083	088	092	096	101	105	110	114	119	123
53	128	132	137	141	146	151	155	160	165	169
54	174	179	183	188	193	198	203	208	212	217
55	222	227	232	237	242	247	252	257	262	268
56	273	278	283	288	294	299	304	309	315	320
57	326	331	336	342	347	353	358	364	370	375
58	381	387	392	398	404	410	415	421	427	433
59	439	445	451	457	463	469	475	481	488	494
60	1.500	506	513	519	525	532	538	545	551	558
61	564	571	577	584	591	597	604	611	618	625
62	632	639	646	653	660	667	674	681	688	695
63	703	710	717	725	732	740	747	755	762	770
64	778	786	793	801	809	817	825	833	841	849
65	857	865	874	882	890	899	907	915	924	933
66	941	950	959	967	976	985	994	*003	*012	*021
67	2.030	040	049	058	067	077	086	096	106	115
68	125	135	145	155	165	175	185	195	205	215
69	226	236	247	257	268	279	289	300	311	322
70	333	344	356	367	378	390	401	413	425	436
71	448	460	472	484	497	509	521	534	546	559
72	571	584	597	610	623	636	650	663	676	690
73	704	717	731	745	759	774	788	802	817	831
74	846	861	876	891	906	922	937	953	968	984
75	3.000	016	032	049	065	082	098	115	132	149
76	167	184	202	219	237	255	274	292	310	329
77	348	367	386	405	425	444	464	484	505	525
78	545	566	587	608	630	651	673	695	717	739
79	762	785	808	831	854	878	902	926	950	975
80	4.000	025	051	076	102	128	155	181	208	236
81	263	291	319	348	376	405	435	465	495	525
82	556	587	618	650	682	714	747	780	814	848
83	882	917	952	988	*024	*061	*098	*135	*173	*211
84	5.250	289	329	369	410	452	494	536	579	623
85	667	711	757	803	849	897	944	993	*042	*092
86	6.143	194	246	299	353	407	463	519	576	634
87	692	752	813	874	937	*000	*065	*130	*197	*264
88	7.333	403	475	547	621	696	772	850	929	*009
89	8.091	174	259	346	434	524	615	709	804	901
90	9.000	101	204	309	417	526	638	753	870	989
91	10.11	10.33	10.36	10.49	10.63	10.77	10.90	11.05	11.20	11.35
92	11.50	11.66	11.82	11.99	12.16	12.33	12.51	12.70	12.89	13.08
93	13.29	13.49	13.71	13.93	14.15	14.38	14.63	14.87	15.13	15.39
94	15.67	15.95	16.24	16.54	16.86	17.18	17.52	17.87	18.23	18.61
95	19.00	19.41	19.83	20.28	20.74	21.22	21.73	22.26	22.81	23.39
96	24.00	24.64	25.32	26.03	26.78	27.57	28.41	29.30	30.25	31.26
97	32.33	33.48	34.71	36.04	37.46	39.00	40.67	42.48	44.45	46.62
98	49.00	51.6	54.6	57.8	61.5	65.7	70.4	75.9	82.3	89.9
99	99.0	110	124	142	166	199	249	332	499	999

Um k zu bestimmen, benutzt man[1]) eine $^n/_{50}$-Chlorkaliumlösung, die nach Kohlrausch die molekulare Leitfähigkeit

$$\mu = 120.0 \text{ bei } 18°$$

und

$$138.4 \text{ bei } 25°$$

besitzt.

Die Verhältniszahlen $\dfrac{a}{b}$ für einen Draht von 1000 mm hat Obach berechnet; eine abgekürzte Tabelle ist auf S. 760 und 761 mitgeteilt.

Die Leitfähigkeit des benutzten Wassers bestimmt man in gleicher Weise wie die der Lösung und berechnet nach der Formel den Wert, den sie für jedes v der Lösungen annimmt. Die so erhaltenen Korrektionszahlen müssen von dem unmittelbar gefundenen μ der Lösungen subtrahiert werden.

Der Unterschied $\varDelta$ der beiden Leitfähigkeiten beträgt dann im Mittel:

für einbasische Säuren	$\varDelta = 10.4 = 1 \times 10.4$
„ zweibasische „	$19.0 = 2 \times 9.5$
„ dreibasische „	$30.2 = 3 \times 10.1$
„ vierbasische „	$41.1 = 4 \times 10.3$
„ fünfbasische „	$50.1 = 5 \times 10.0$

Über eine Methode der Basizitätsbestimmungen von Säuren auf Grund der Änderung ihrer Leitfähigkeit durch Alkalizusatz siehe Daniel Berthelot, C. r. 112, 287 (1890). — Schmidt, Am. 40, 305 (1908).

Darstellung von Leitfähigkeitswasser.

Hartley, Campbell und Poole[2]) empfehlen hierzu nachfolgende Vorrichtung (Fig. 313, $^1/_9$ natürl. Größe).

In dem aus Kupfer oder verzinntem Eisen bestehenden, 10 l fassenden Kessel A wird gewöhnliches destilliertes Wasser[3]) erhitzt. Der Dampf geht durch das Rohr W, das Glaswolle enthält, und B. Kondensiertes Wasser fließt von hier durch D ab.

In dem aus bestem verzinnten Eisen gemachten Kondenskasten C ist das aus Blockzinn verfertigte Kondensrohr T, das im Innern durch strömendes Wasser gekühlt wird, im Deckel eingelötet.

P ist eine Zwischenwand, die verhindern soll, daß mit übergespritzte Wassertröpfchen an das Kondensrohr gelangen. Dem gleichen Zweck dient ein kleines Zinndach Z. R ist ein zweiter Wasserablauf.

Es gelangt somit nur der an T kondensierte Dampf durch den Zinntrichter E nach G, einem ausgedämpften Dreiliterkolben aus Jenenser Glas. E ist mittels Kautschukschlauchs luftdicht an ein Einführungsrohr, ebenfalls aus Jenenser Glas, angefügt. Der dreifach gebohrte Kautschukstopfen, der G verschließt, enthält noch den Heber H und die Verbindung mit der Außenluft, deren Kohlendioxyd durch die Natronkalkröhre S und den mit angefeuchteter Glaswolle gefüllten Kolben K zurückgehalten wird.

Man destilliert zuerst eine halbe Stunde, ohne das Wasser in G aufzufangen. Dann wird G angesetzt.

---

[1]) Über andere brauchbare Flüssigkeiten von bekannter Leitfähigkeit siehe Wiedemann - Ebert, Physik. Praktikum, S. 389.

[2]) Soc. 93, 428 (1908). — Der Apparat wurde von Thole, Soc. 101, 207 (1912), etwas vereinfacht, liefert dann aber kein so reines Wasser. — Weitere Apparate zur Herstellung von Leitfähigkeitswasser: Bourdillon, Z. anal. 57, 455 (1918). — Clevenger, J. Ind. Eng. Ch. 11, 964 (1919).   [3]) Siehe hierzu S. 763.

Das in den nächsten 2 Stunden übergehende Wasser dient zum Auswaschen des Apparats. Nachdem ca. 2 l übergegangen sind, läßt man dieses Wasser durch H abfließen und sammelt jetzt die beste Partie des Wassers — während ca. 3 Stunden $2^1/_2$ l — vom $K_{18} = 0.75 \cdot 10^{-6}$ (Rez. Ohms).

Man nimmt G ab und verschließt rasch mit einem Kautschukstopfen. Der nächst überdestillierende Liter hat noch ca. $K_{18} = 1.10^{-6}$ Rez. Ohms.

Einen anderen Apparat[1]) hat Paul[2]) beschrieben und gleichzeitig wichtige Bemerkungen über die Grundsätze, die bei der Herstellung von reinem Wasser zu befolgen sind, und über die Aufbewahrung des Wassers gemacht.

Grundsätze, die bei der Herstellung von reinem Wasser zu befolgen sind.

1. Als Ausgangsmaterial soll tunlichst von organischen Stoffen freies Grund- oderWasserleitungswasser benutzt werden, das noch nicht mit der Laboratoriumsluft und mit Laboratoriumsgeräten in Berührung kam. Aus diesem Grund ist hierzu niemals „gewöhnliches destilliertes" Wasser zu verwenden, wie dies meist geschieht.

2. Die Herstellung muß in möglichst großem Maßstab erfolgen. Diese Beobachtung kann man bei vielen Stoffen machen, die durch fraktionierte Destillation gereinigt werden sollen. Je kleiner die Versuchsmenge ist, um so größer sind die Verunreinigungen. Auch im vorliegenden Fall handelt es sich um eine fraktionierte Destillation. Der Befolgung dieses Grundsatzes hatten es in erster Linie Hantzsch und Barth[3]) zu verdanken, daß sie bei einer

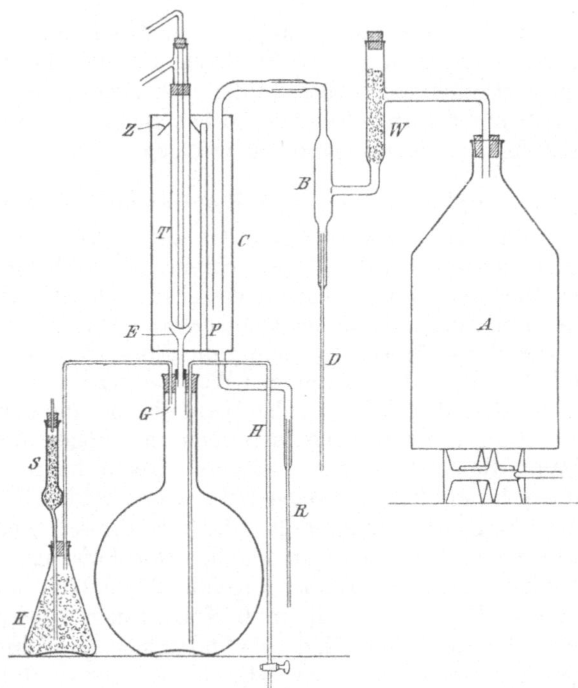

Fig. 313.
Apparat von Hartley, Campbell und Poole.

---

[1]) Zu beziehen von Wilh. Bitter in Bielefeld.   [2]) Z. El. **20**, 179 (1914).

[3]) Hantzsch und Barth zeigten, B. **35**, 214 (1902), daß sehr reines Wasser auf folgende Weise erhalten werden kann. Sie destillierten gewöhnliches destilliertes Wasser, das jedoch den Einflüssen der Laboratoriumsluft noch nicht ausgesetzt war, nochmals in einer kupfernen Destillierblase von 45—50 l Inhalt mit Zinnkühler. Die Leitfähigkeit des Destillats wurde von Zeit zu Zeit bestimmt und, wenn es das gewünschte Minimum erreicht hatte (höchstens $0.7 \cdot 10^{-6}$), wurde es direkt unter Luftabschluß in einer Vorratsflasche aufgefangen. Je nach der Güte des ursprünglichen Wassers wurden aus etwa 45 l Wasser 1—8 l Leitfähigkeitswasser von $0.6 \cdot 10^{-6}$ erhalten. „Beim Aufbewahren nahm seine Leitfähigkeit selbst in schon lange in Gebrauch befindlichen Gefäßen und beim sorgfältigen Abschluß der Atmosphäre stetig zu; meist war es schon nach einigen Tagen unbrauchbar geworden. Es muß daher möglichst rasch nach seiner Herstellung verwendet werden."

einfachen Destillation ohne Zusatz von Chemikalien ein so vorzügliches Wasser erhielten. Es hat sich überhaupt als sehr zweckmäßig erwiesen, alle Versuche, bei denen reines Wasser benutzt wird, mit nicht zu kleinen Mengen auszuführen, damit sich die Verunreinigungen, die von den Gefäßwandungen, Elektroden, Stopfen usw. und beim Umgießen vom Gefäßrand oder aus der Luft nachträglich in das Wasser gelangen, auf eine möglichst große Wassermenge verteilen und auf diese Weise unschädlich gemacht werden.

3. Die Destillationen aus saurer und alkalischer Lösung[1] sollen kontinuierlich und so vorgenommen werden, daß neue Verunreinigungen nicht stattfinden können.

4. Da sich die Aufnahme von Kohlensäure aus der Luft bei größeren Wasse.mengen schon im Hinblick auf die ständige Entnahme von Destillat zur fortlaufenden Kontrolle der elektrischen Leitfähigkeit während der Destillation nicht vermeiden läßt, so hat später eine Befreiung des Wassers von der absorbierten Kohlensäure zu erfolgen.

Aufbewahren und Entnehmen des Wassers nach Paul.

Das große Vorratsgefäß, das am besten auf ein an der Wand befestigtes Brett gestellt wird, ist mit einem gut schließenden, dreifach durchbohrten Stopfen aus bestem Gummi versehen. Durch die eine Bohrung geht das am äußeren Ende mit einem Quetschhahn verschlossene Heberrohr a bis auf den Boden des Gefäßes. Es dient zum Füllen des Vorratsgefäßes aus dem Sammelgefäß und zur Entnahme des Wassers bei jeweiligem Bedarf. Die zweite Bohrung trägt die Röhre b, die ebenfalls bis auf den Boden des Kolbens reicht. Sie ist am unteren Ende nach oben umgebogen und zu einer Spitze ausgezogen, damit die austretenden Luftblasen recht klein werden. Sie dient zum Einleiten der kohlensäurefreien Luft. Diese beiden Röhren sind aus Jenaer Geräte- oder Fiolaxglas hergestellt. In der dritten Bohrung ist ein Schenkel des S-förmigen Teils des Natronkalkohrs c befestigt. Der zur Aufnahme des Natronkalks dienende Teil ist ungefähr 25 cm lang und hat $2^1/_2$ cm inneren Durchmesser. Der Natronkalk muß Korn von mittlerer Größe haben und staubfrei sein. An den beiden Enden befinden sich 4—5 cm dicke Polster von Glaswolle, um das Fortführen von Natronkalkteilchen durch den Luftstrom zu verhüten.

Die Luft, die zur Entfernung der Kohlensäure aus dem Wasser dienen soll, wird mit Hilfe eines Bleirohrs d, dessen eines Ende durch ein Loch im Fensterrahmen ins Freie geführt und mit einem Wattepfropfen versehen ist, der freien Atmosphäre entnommen. Zur Entfernung der Kohlensäure wird sie mit sehr mäßiger Geschwindigkeit der Reihe nach durch zwei Waschflaschen, von denen die eine mit verdünnter, die zweite mit konzentrierter Schwefelsäure gefüllt

---

[1] Jones und Mackay, Z. phys. **22**, 237 (1897), benutzen Glasgefäße zur Destillation, dagegen einen Kühler aus reinem Zinn. Sie erhitzen das mit Kaliumpermanganat und Schwefelsäure versetzte gewöhnliche destillierte Wasser in einem Rundkolben zum Sieden und leiten die Dämpfe in eine Retorte, die eine verdünnte Lösung von Kaliumpermanganat und Natronlauge enthält. Von da aus gehen die Dämpfe durch einen im Retortenhals befindlichen Pfropf von Glaswolle und werden in einem Rohr von Blockzinn kondensiert. In diesem Apparat können täglich 4—5 l Wasser hergestellt werden. Das Wasser hat eine spezifische Leitfähigkeit von 1.5 bis $2.6 \cdot 10^{-6}$. Walker, Soc. **77**, 5 (1900), destilliert das Wasser unter Anwendung eines Zinnkühlers nach Zusatz von alkalischem Permanganat und wiederholt die Destillation nach dem Hinzufügen von Phosphorsäure und schließlich ohne jeden Zusatz. Er legt besonderen Wert auf das Auffangen des Destillats, damit die Kohlensäure der Luft möglichst ferngehalten werde. Das von ihm hergestellte Wasser hatte die Leitfähigkeit 0.65 bis $7 \cdot 10^{-6}$.

ist, durch vier Natronkalkröhren und durch zwei Waschflaschen mit Wasser geleitet. Die Schenkel der Natronkalkröhren sind etwa 30 cm lang, haben etwa 4 cm innere Weite und sind mit gut passenden, paraffinierten Korkstopfen geschlossen. Zwischen den Korkstopfen und dem Natronkalk befindet sich eine etwa 4 cm starke Schicht von Glaswolle, um das Mitreißen von Natronkalkstaub in das Vorratsgefäß zu verhindern. Zu gleichem Zweck dienen auch die beiden Flaschen, in denen sich Wasser als Waschflüssigkeit befindet. Auch dieser Natronkalk muß mittelkörnig und möglichst staubfrei sein. In den mit verdünnter und konzentrierter Schwefelsäure beschickten zwei Waschflaschen soll das in der atmosphärischen Luft etwa vorhandene Ammoniak oder sonstige basisch reagierende Stoffe zurückgehalten werden. Die konzentrierte Schwefelsäure verhindert ferner, daß der Natronkalk feucht wird. Die Zuleitungsröhren der vier Waschflaschen sind mit geräumigen Kugeln versehen, die die Flüssigkeit aufnehmen können, wenn aus irgendeinem Grund Überdruck in dem Röhrensystem auftritt. Die U-Röhren werden am besten in einen Holzkasten mit Sand eingebettet. Dieser Kasten sowie die vier Waschflaschen stehen auf einem mit Randleiste versehenen Tischchen von ungefähr 30 cm Höhe. Die auf diese Weise von Kohlensäure befreite Luft wird mit Hilfe eines Bleirohrs d zum Glasrohr b geführt. Durch den Hahn h kann diese Zuleitung abgesperrt werden.

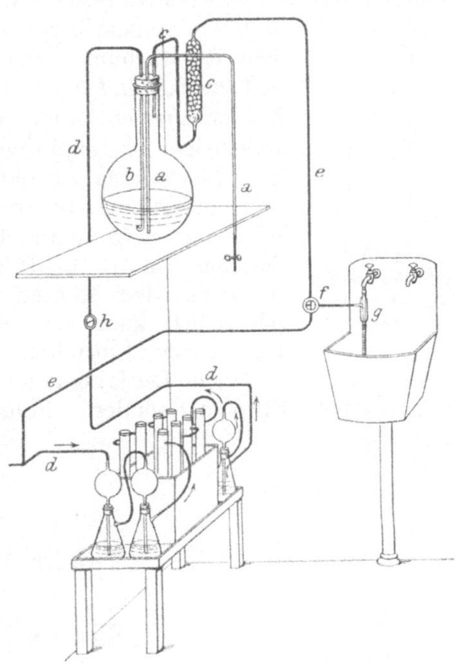
Fig. 314. Apparat von Paul.

Von dem Rohr, das die Luft aus dem Freien zu den Natronkalkröhren leitet, ist das Rohr e abgezweigt, das bei f einen Dreiweghahn trägt und nach dem Natronkalkrohr c führt. An diesem Dreiweghahn ist ein Bleirohr angeschlossen, das zur Wasserstrahlluftpumpe g führt. Durch passendes Öffnen und Schließen der beiden Hähne h und f kann die Luft im Vorratsgefäß verdünnt werden, so daß man imstande ist, mit Hilfe des U-förmigen Heberrohrs a das im Sammelgefäß befindliche destillierte Wasser in das Vorratsgefäß überzuführen. Andererseits kann man auf diese Weise auch die in den vier Natronkalkröhren gereinigte, atmosphärische Luft mit Hilfe von b durch das Wasser des Vorratsgefäßes hindurchleiten, bis es von Kohlensäure befreit ist. Für gewöhnlich ist, wie in der Fig. 314 angegeben, h geschlossen und f so gestellt, daß c direkt mit der atmosphärischen Außenluft in Verbindung steht, so daß bei der jeweiligen Entnahme von reinem Wasser nur reine, in diesem Natronkalkrohr von Kohlendioxyd befreite, atmosphärische Luft in das Vorratsgefäß nachströmt. Es sei noch hinzugefügt, daß alle Verbindungsröhren soweit als möglich aus Blei hergestellt werden sollen. Wo dies nicht angängig ist, muß dickwandiger Gummischlauch verwendet werden, der das Kohlendioxyd nicht leicht diffundieren läßt.

Nach 24 stündigem, langsamem Durchleiten von kohlendioxydfreier Luft ist die Kohlensäure aus 10 l Wasser genügend entfernt.

Sollte die Leitfähigkeit des Wassers nach längerer Zeit erheblich zugenommen haben, so prüft man es in folgender Weise auf Kohlensäure, die unter Umständen durch Undichtwerden der Schlauchverbindungen in das Vorratsgefäß eingedrungen sein kann.

In einem Erlenmeyerkölbchen, das auf einer weißen Papierunterlage steht, werden 200 ccm Wasser nach dem Hinzufügen von etwas Phenolphthaleinlösung mit einem Tropfen $n/_{10}$-Barytwasser versetzt. Es muß deutliche Rosafärbung auftreten, die 10—15 Minuten anhält. Hierzu sei bemerkt, daß 200 ccm gewöhnliches, destilliertes Wasser so viel Kohlensäure enthalten, daß nach Versetzen mit 3 Tropfen einprozentiger Phenolphthaleinlösung durchschnittlich 0.9—1.3 ccm $n/_{10}$ - Barytwasser zur dauernden Rosafärbung nötig sind.

Für große Laboratorien, in denen sehr viel reines Wasser gebraucht wird, empfiehlt es sich, gleichzeitig zwei Vorratsflaschen von je 10—15 l Inhalt aufzustellen, die in geeigneter Weise mit dem Röhrensystem verbunden sind. Wenn die eine geleert ist, kann sie gefüllt werden, während der Inhalt der anderen zur Entnahme zur Verfügung steht.

Fig. 315.
Gefäßkappe für Leitfähigkeitswasser.

Gefäße, aus denen Leitfähigkeitswasser entnommen wird, sollen keine eingeriebenen Stopfen, sondern aufgeschliffene Verschlußkappen haben[1]) (Fig. 315).

Dritter Abschnitt.

Säureanhydride.

Bei den Säureanhydriden muß man ebenso wie bei den Äthern acyclische, aus zwei Molekülen Säure hervorgegangene:

$$R_1—CO—O—CO—R_2$$

und cyclische, aus Orthodicarbonsäuren abgeleitete:

$$\left\{ \begin{matrix} —CO \\ —CO \end{matrix} \right\rangle O$$

unterscheiden.

Anhydride von je einer Carboxylgruppe aus zwei Molekülen Orthodicarbonsäure etwa von der Form:

$$\begin{matrix} COOH \\ | \\ CO \\ CO \end{matrix} \Big\rangle O \\ | \\ COOH$$

sind auch denkbar, aber noch nicht mit Sicherheit beobachtet, dagegen sind die entsprechenden Ester:

---

[1]) Hartley, Thomas und Applebey, Soc. **93**, 539 (1908).

$$\begin{array}{c} COOC_2H_5 \\ | \\ CO \\ CO \end{array}\!\!> O$$
$$\begin{array}{c} | \\ COOC_2H_5 \end{array}$$

dargestellt worden [1]).

Primär zeigen diese beiden Gruppen dieselben Additionsreaktionen. Sekundär können bei den cyclischen Säureanhydriden durch Abspaltung von Wasser, Alkohol usw. Kondensationen eintreten, die den acyclischen Anhydriden nicht eigentümlich sind. Auch sind, wenn der Brückensauerstoff der Ringsprengung widerstrebt, Substitutionen sowohl eines Keton- als auch des Brückensauerstoffs möglich.

1. Additionsreaktionen der Säureanhydride.

Mit Alkoholen[2]) reagieren die Säureanhydride derart, daß ein Molekül Alkohol addiert und sonach entweder ein saurer Ester oder gleiche Mengen freier Monocarbonsäure und Ester gebildet werden:

$$\text{I.} \quad R\!\!<\!\!\begin{array}{c} CO \\ CO \end{array}\!\!> O + \begin{array}{c} H \\ | \\ OCH_3 \end{array} = R\!\!<\!\!\begin{array}{c} COOH \\ COOCH_3 \end{array};$$

$$\text{II.} \quad \begin{array}{c} R_1\!-\!CO \\ R_2\!-\!CO \end{array}\!\!> O + \begin{array}{c} H \\ | \\ OCH_3 \end{array} = \begin{array}{c} R_1COOH \\ R_2COOCH_3 \end{array}.$$

Bei Gegenwart von überschüssigem Alkohol bildet sich im ersteren Fall stets etwas Neutralester. Die Reaktion tritt meist schon sofort beim Auflösen des Anhydrids in dem Alkohol ein: indes lassen sich resistentere Anhydride unverändert aus kochendem Alkohol umkrystallisieren[3]). Andauerndes Kochen führt aber in allen Fällen, wo nicht durch besondere Verhältnisse übergroße Stabilität des Rings vorhanden ist (Pyrocinchonsäureanhydrid), zum Ziel.

Bei unsymmetrischen Säuren wird dabei vorwiegend das stärkere[4]) Carboxyl esterifiziert[5]), in geringerer Menge kann der isomere saure Ester entstehen.

Über die Geschwindigkeit der Esterbildung aus Anhydriden: Sprinkmeier, Diss. Münster (1906). — Geschwindigkeit der Hydratbildung: Wilsdon und Sidgwick, Soc. 103, 1959 (1913). — Verkade, Rec. 40, 199 (1921).

Mit Natriumalkoholat bei Gegenwart von Alkohol oder Benzol erhält man ebenfalls glatte Aufspaltung der Anhydride[5])[6]), bei unsymmetrischen Säuren indes in der Regel ein Gemisch der beiden möglichen sauren Ester (Wegscheider).

---

[1]) Bouveault, Bull. (3) 23, 509 (1900). — Mol, Rec. 26, 373 (1907).

[2]) Walker, Soc. 61, 1089 (1892). — B. 26, 285 (1893). — Brühl, J. pr. (2) 47, 299 (1893). — B. 26, 285 (1893). — Cazeneuve, C. r. 116, 148 (1893). — Wegscheider und Lipschitz, M. 21, 805 (1900); 23, 359 (1902). — Wegscheider, M. 23, 401 (1902). — Wegscheider und Piesen, 23, 401 (1902). — Siehe auch Anm. 5.

[3]) Diphenylessigsäureanhydrid: Staudinger, B. 38, 1738 (1905). — Dibenzylessigsäureanhydrid: Leuchs, Wutke und Gieseler, B. 46, 2208 (1913).

[4]) Nach Kahn das sterisch behinderte Carboxyl, B. 35, 3875 (1902).

[5]) Hoogewerff und Van Dorp, Rec. 12, 23 (1893); 15, 329 (1896); 16, 329 (1897). — Wegscheider, M. 16, 144 (1895); 18, 418 (1897); 20, 692 (1899); 23, 360 (1902). — Graebe und Leonhard, A. 290, 225 (1896). — Neelmeier, Diss. Halle (1902). — Kahn, B. 35, 3857 (1902). — Siehe auch Kahn, B. 36, 2535 (1903).

[6]) Wislicenus und Zelinsky, B. 20, 1010 (1887). — Brühl und Braunschweig, B. 26, 286 (1893).

Mit **Ammoniak** und **Aminen** bilden sich Säureamide und Amidosäuren. Letztere können unter Ringschluß in Säureimide (Anile usw.) übergehen.

Quantitative Bestimmung acyclischer Säureanhydride nach Menschutkin und Wasilijew[1]).

Das Anhydrid wird nach dem Verdünnen mit einem indifferenten Lösungsmittel mit einer gewogenen Anilinmenge versetzt. Es werden genau 50% des Anhydrids in Anilid verwandelt:

$$\begin{array}{c} RCO \\ RCO \end{array}\!\!>\!\!O + 2\,C_6H_5NH_2 = \begin{array}{l} RCOOHNH_2C_6H_5 \\ RCONHC_6H_5 \end{array}.$$

In dem nebenbei gebildeten Anilinsalz läßt sich die Säure mit Barythydrat titrieren. Man kann auf diese Art z. B. Essigsäureanhydrid neben freier Essigsäure bestimmen.

Bestimmung kleiner Mengen Anhydrid in Eisessig: Edwards und Orton, Soc. 99, 1181 (1911). — Orton und Jones, Soc. 101, 1720 (1912). Eine weitere Methode: Wolgast, Svensk kem. Tidskr. 32, 110 (1920).

Natürlich kann man auch mit titrierter Barythydratlösung verseifen, oder — oftmals — auch durch Stehenlassen und Erwärmen mit Wasser[2]), aber bei Gegenwart freier Säure sind diese Methoden nicht sehr genau.

2. Verhalten gegen Zinkäthyl[3]).

Säureanhydride reagieren mit Zinkäthyl nach der Gleichung:

$$\begin{array}{c} R{-}CO \\ R{-}CO \end{array}\!\!>\!\!O + Zn\!\!<\!\!\begin{array}{c} C_2H_5 \\ C_2H_5 \end{array} = \begin{array}{c} R{-}C{-}OZnC_2H_5 \\ \;\;\;|\;\;\;\;\;C_2H_5 \\ \;\;\;O \\ \;\;\;| \\ R{-}CO \end{array}$$

Beim Zersetzen mit Wasser zerfällt dieses Additionsprodukt in gleiche Teile Äthylketon und Säure:

$$\begin{array}{c} R{-}C\!\!<\!\!\begin{array}{l} OZnC_2H_5 \\ C_2H_5 \end{array} \\ \;\;|\; \\ \;\;O \\ \;\;| \\ R{-}CO \end{array} + 2\,H_2O = \begin{array}{c} R{-}C\!\!<\!\!\begin{array}{l} O \\ C_2H_5 \end{array} \\ \\ R{-}COOH \end{array} + Zn(OH)_2 + C_2H_6,$$

das daneben entstehende Äthan kann aufgefangen und gemessen werden.

3. Einwirkung von Hydroxylamin.

Bei der Einwirkung von Säureanhydriden der Fettreihe auf salzsaures Hydroxylamin entstehen Hydroxamsäuren[4]).

Wenn man ein Molekül fein gepulvertes und trocknes, salzsaures Hydroxylamin mit ungefähr zwei Molekülen Säureanhydrid am Rückflußkühler kocht, so löst es sich allmählich auf, während Salzsäure in großer Menge entweicht. Hat die Gasentwicklung aufgehört (was nach ungefähr einer halben Stunde eintritt), so verdünnt man die erkaltete Lösung mit Wasser, neutralisiert mit Alkalicarbonat und versetzt mit überschüssigem Kupferacetat. Das basische

---

[1]) Russ. 21, 192 (1889).
[2]) Radcliffe und Medofski, Soc. Ind. 36, 628 (1917). — Verhalten der hochmolekularen acyclischen Säureanhydride gegen alkoholische Lauge und Sodalösung: Holde und Smelkus, B. 53, 1891 (1920). — Holde und Tacke, B. 53, 1901 (1920).
[3]) Saytzeff, Z. 1870, 107. — Granichstädten und Werner, M. 22, 316 (1901).
[4]) Miolatti, B. 25, 699 (1892). — Errera, G. 25, (2) 25 (1895).

Kupfersalz der Hydroxamsäure fällt in reichlicher Menge als grasgrünes Pulver aus. Das trockne Kupfersalz wird in absolutem Alkohol suspendiert und mit Schwefelwasserstoff zersetzt; aus dem alkoholischen Filtrat bekommt man beim Eindampfen die freie Hydroxamsäure [1]).

Auch in der aromatischen Reihe wirkt Hydroxylamin in derselben Weise ein, wenn man das Anhydrid in sehr konzentrierter alkoholischer Lösung mit salzsaurem Hydroxylamin erwärmt [Lach[2])].

4. Einwirkung von Hydrazinhydrat

führt zur Bildung von Hydraziden[3]), und analog wirkt Phenylhydrazin, und zwar erhält man in der Fettreihe vorwiegend oder ausschließlich die durch Benzaldehyd leicht spaltbaren α-Hydrazide:

$$\begin{cases} CO \diagdown O \\ C \diagup \diagdown NNH_2 \end{cases} \quad \text{und} \quad \begin{cases} CO \diagdown O \\ C \diagup \diagdown NNHC_6H_5 \end{cases},$$

während in der aromatischen Reihe ausschließlich die stabilen β-Hydrazide:

$$\begin{cases} CO-NH \\ CO-NH \end{cases} \quad \text{und} \quad \begin{cases} CO-NC_6H_5 \\ | \\ CO-NH \end{cases}$$

gebildet werden.

5. Phthaleinreaktion.

Die Anhydride von Dicarbonsäuren geben beim Erhitzen mit Resorcin[4]) Fluoresceine, gelbe, rote oder braune Substanzen, die sich in Alkalien mit intensiver grüner oder blauer Fluorescenz lösen.

Um die Reaktion anzustellen, schmilzt man ein wenig Anhydrid mit der mehrfachen Menge Resorcin zusammen und nimmt das Reaktionsprodukt in verdünnter Lauge auf. Die Reaktion gelingt besonders leicht, wenn man dem Resorcin ein Körnchen Chlorzink zusetzt.

Diese Reaktion ist indessen nicht sehr verläßlich, denn wie wiederholt, u. a. von Damm und Schreiner[5]), beobachtet wurde, zeigen auch andere Substanzen, wie Citronensäure, Weinsäure, Glycerin, Oxamid, Dextrin, Traubenzucker, Rohrzucker usw., das gleiche Verhalten. Ja, das Resorcin selbst wird durch Erhitzen mit Chlorzink auf 140° in einen in Alkalien mit intensiv grüner Fluorescenz und orangeroter Farbe löslichen Stoff verwandelt.

Vierter Abschnitt.

Oxysäuren.

Die Oxysäuren zeigen, abgesehen von den durch die Eigentümlichkeiten der OH- und COOH-Gruppen bedingten Hydroxyl- und Carboxylreaktionen überhaupt, je nach der relativen Stellung dieser beiden Reste innerhalb des Moleküls, verschiedenes Verhalten.

---

[1]) Über Hydroxamsäuren siehe ferner S. 833 ff.   [2]) B. **16**, 1781 (1883).
[3]) Hötte, J. pr. (2) **35**, 265 (1887). — Försterling, J. pr. (2) **51**, 371 (1895). — Davidis, J. pr. (2) **54**, 66 (1896).
[4]) Noch schöner ist die Reaktion mit 2.6-Dioxypyridin: Gattermann und Skita, B. **49**, 496 (1916).
[5]) B. **15**, 556 (1882).

1. Reaktionen der aliphatischen Oxysäuren.

A. α-Oxysäuren $R \cdot CHOH \cdot COOH$.

α) Beim Erhitzen zerfallen die primären und sekundären α-Oxysäuren in Wasser und Lactide, das sind Anhydride der Form:

$$R \cdot CH {<} {\begin{matrix} O{-}CO \\ CO{-}O \end{matrix}} {>} CH \cdot R, \quad \text{respektive:} \quad {\begin{matrix} R_1 \\ R_2 \end{matrix}} {>} C {<} {\begin{matrix} O{-}CO \\ CO{-}O \end{matrix}} {>} C {<} {\begin{matrix} R_1 \\ R_2 \end{matrix}} ,$$

während die tertiären Säuren, wie z. B. Oxyisobuttersäure:

$$\begin{matrix} CH_3 \\ CH_3 \end{matrix} {>} C {<} \begin{matrix} OH \\ COOH \end{matrix} ,$$

unzersetzt sublimieren[1]).

β) Beim Kochen mit Bleisuperoxyd (oder Braunstein) und ebenso mit Wasserstoffsuperoxyd[2]) oder Mercurisalzen[3]) werden die meisten α-Oxysäuren zu dem um ein C ärmeren Aldehyd (evtl. der Säure) respektive Keton und Kohlendioxyd oxydiert[4]). Eine Ausnahme bildet α-Oxy-as-dimethyl-bernsteinsäure, die von diesem Reagens kaum angegriffen wird.

Bei der Oxydation[5]) bildet sich, im Verhältnis wie Bleioxyd entsteht, ein Bleisalz der Säure, das gewöhnlich unlöslich ist und nicht mehr recht vom Bleisuperoxyd angegriffen wird. Man muß daher eine andere stärkere Säure hinzusetzen. Hierfür ist Phosphorsäure besonders geeignet.

So wurden z. B. 60 g dioxysebacinsaures Barium mit 98 g Bleisuperoxyd ($2^1/_2$ Mol.) und der zur Bindung von Blei und Barium nötigen Menge 25 proz. Phosphorsäure gemischt und Wasserdampf hindurchgeleitet. Es findet starke Kohlendioxydentwicklung statt und das übergehende Wasser scheidet mit salzsaurem Hydroxylamin sofort die schwerlöslichen Krystalle des entstandenen Dioxims aus.

Verhalten gegen Manganioxydhydrat.

Manganioxydhydrat wird durch Vermischen von lauwarmen Lösungen von 50 g krystallisiertem Mangansulfat und 20 g Permanganat dargestellt. Der Niederschlag wird nach dem Auswaschen in Wasser suspendiert. Die wäßrige Lösung der Säure wird kurze Zeit mit der Manganisuspension geschüttelt.

Alle in Wasser leichtlöslichen α-Oxysäuren liefern beim Schütteln mit der Manganisuspension eine stark braune Lösung, die sich nach einiger Zeit (sehr rasch und unter Gasentwicklung in der Siedehitze) entfärben. Die in Wasser unlöslichen oder wasserlöslichen α-Oxysäuren zeigen dieselbe Reaktion, wenn sie als Alkalisalzlösungen bei Gegenwart von überschüssigem Alkali angewandt werden. Andere Säuren zeigen die Reaktion nicht[6]).

---

[1]) Markownikow, A. **153**, 232 (1870). — Le Sueur, Soc. **85**, 827 (1904); **87**, 1888 (1905); **91**, 1365 (1907); **93**, 716 (1908).

[2]) Dakin, J. Biol. Chem. **4**, 91 (1908).

[3]) Guerbet, Bull. (3) **27**, 803 (1902); (4) **3**, 427 (1908). — C. r. **146**, 132 (1908). — J. Pharm. Chim. (6) **27**, 273 (1908).

[4]) Liebig, A. **113**, 15 (1860). — Baeyer, B. **29**, 1909, 2782 (1896); **30**, 1962 (1897). — Baeyer und Liebig, B. **31**, 2106 (1898). — Willstätter, B. **31**, 2507 (1898). — Semmler, B. **33**, 1465 (1900); **35**, 2046 (1902). — Henderson und Heilbron, Soc. **93**, 291 (1908). — Wallach, A. **359**, 265 (1908).

[5]) Über Oxydation der α-Oxysäuren siehe auch S. 538.

[6]) Boeseken und Verkade, Ch. W. **14**, 34 (1916).

Die

Einwirkung von Natriumhypochlorit auf Oxysäureamide

bildet ein bequemes Mittel zum Nachweis von α-Oxygruppen: Beim Versetzen der Reaktionsflüssigkeit mit Hydrazinsulfat und Benzaldehyd und Behandeln des Niederschlages mit Äther bleibt in Gegenwart einer α-Oxysäure Benzalsemicarbazon zurück. Vermeidet man überschüssiges Natriumhypochlorit, so kann man noch leichter das gebildete Natriumisocyanat nachweisen (im Falle einer α-Oxysäure bildet sich Hydrazodicarbonamid). Die Reaktion kann mit 0.2 bis 0.3 g Amid durchgeführt werden und findet (bei Zimmertemperatur) auch dann statt, wenn der gebildete Aldehyd nicht isoliert werden kann [1]).

γ) Beim Kochen mit konzentrierter Salzsäure, Thionylchlorid [2]) oder verdünnter Schwefelsäure zerfallen die Oxysäuren mehr oder weniger leicht in Ameisensäure und Aldehyde (Ketone), während nur evtl. wenig α-Halogensäure sich bildet [3]). Noch sicherer wirkt Erwärmen mit konzentrierter Schwefelsäure [4]), nur entstehen dabei an Stelle der Ameisensäure Kohlenoxyd und Wasser.

Homologe Milchsäuren verhalten sich anormal, indem sie neben Ameisensäure statt Aldehyden Ketone liefern [5]).

δ) Zusatz von Borsäure zu einer Lösung der Säuren in wäßrigem Alkohol erhöht deren elektrische Leitfähigkeit [6]).

ε) Chloralidreaktion von Wallach [7]).

Beim mehrstündigen Erhitzen von α-Oxysäuren oder deren Estern mit überschüssigem wasserfreiem Chloral (etwa 3 Mol.) auf 100—160° im Einschmelzrohr werden nach der Gleichung:

$$\begin{matrix} R_1 \\ R_2 \end{matrix}\!\!>\!\!C\!\!<\!\!\begin{matrix} OH \\ COOH \end{matrix} + C\!\!<\!\!\begin{matrix} \overset{\displaystyle CCl_3}{\overset{|}{}} H \\ O \end{matrix} = \begin{matrix} R_1 \\ R_2 \end{matrix}\!\!>\!\!C\!\!<\!\!\begin{matrix} O\!-\!CHCCl_3 \\ | \\ CO \end{matrix}\!\!\!>\!\!O + H_2O$$

Chloralide erhalten, die durch Umkrystallisieren (aus Chloroform oder Benzol) oder durch Destillation (evtl. mit Wasserdampf) gereinigt werden können.

ζ) Charakteristisch für α-Oxysäuren ist auch die Schwerlöslichkeit ihrer Natriumsalze [8]).

η) Beim Erhitzen der α-Oxysäuren mit Natronkalk entstehen nicht, wie man erwarten könnte, nach der Gleichung:

$$R \cdot CHOHCOONa + NaOH = R \cdot CH_2OH + Na_2CO_3$$

Alkohole, sondern unter Oxydation und Wasserabspaltung Oxyde und Ketone, z. B. aus Milchsäure Aceton und Mesityloxyd [9]).

---

[1]) Weerman, Réc. **37**, 16 (1917).
[2]) Hans Meyer, M. **22**, 698 (1901). — Lux, M. **29**, 771 (1908).
[3]) Erlenmeyer, B. **10**, 635 (1877); **14**, 1319 (1881). — McKenzie und Barrow, Soc. **99**, 1910 (1911).
[4]) Döbereiner, Schweigers J. f. Ch. u. Ph. **26**, 276 (1819). — Gilberts A. d. Ph. **72**, 201 (1822). — Robiquet, A. Chim. Phys. (1) **30**, 229 (1839). — Dumas und Piria, A. Chim. Phys. (2) **5**, 353 (1842). — Pelouze, A. **53**, 121 (1845). — Bouchardat, Bull. (2) **34**, 495 (1880). — Vangel, B. **13**, 356 (1880); **17**, 2542 (1884). — DRP. 32 245 (1884). — Klinger und Standke, B. **22**, 1214 (1889). — Pechmann, A. **261**, 155 (1891); **264**, 262 (1891). — Störmer und Biesenbach, B. **38**, 1958 (1905). — Bistrzycki und Siemiradzki, B. **39**, 52 (1906); siehe auch S. 730.
[5]) Glücksmann, M. **12**, 358 (1891). — Schindler, M. **13**, 647 (1892). — Braun und Kittel, M. **27**, 803 (1906).   [6]) Magnanini, G. **22** (1), 541 (1892).
[7]) B. **9**, 546 (1876). — Hausen, Diss. Bonn (1877). — Wallach, A. **193**, 35 (1878). — Schiff, B. **31**, 1305 (1898). .   [8]) Wallach, A. **356**, 228 (1907).
[9]) Carpenter, Ch. News **109**, 5 (1914).

B. β-Oxysäuren $R \cdot CHOH \cdot CH_2COOH$.

α) Die primären und sekundären Säuren destillieren zum größten Teil unzersetzt, ein kleiner Teil zerfällt bei der Destillation in Wasser und $\alpha\beta$-ungesättigte Säure, auch etwas $\beta\gamma$-ungesättigte Säure wird gebildet; tertiäre Säuren zerfallen in Aldehyd und Säure, z. B.:

$$CH_3CHOHC(C_2H_5)_2COOH \ = \ CH_3{<}^H_O + (C_2H_5)_2CHCOOH[1]).$$

β) Beim Kochen mit konzentrierter Salzsäure usw. tritt Zerfall in Wasser und ungesättigte Säuren ein[2]), die sich dann mit der Salzsäure zu Halogensäuren verbinden, wobei das Chlor der Hauptsache nach in die β-Stellung, in manchen Fällen zum kleineren Teil in die α-Stellung geht[3]). Tertiäre Säuren werden hierbei (durch rauchende Brom- oder Jodwasserstoffsäure schon in der Kälte (im Sinn der unter α) angeführten Gleichung gespalten.

γ) Beim Kochen mit 10 proz. Natronlauge entstehen $\alpha\beta$- und $\beta\gamma$-ungesättigte Säuren in nahezu gleicher Menge[4]).

C. γ-Oxysäuren $R \cdot CHOHCH_2CH_2COOH$.

Diese Säuren sind in freiem Zustand sehr unbeständig und gehen schon in der Kälte sehr leicht unter Wasserabspaltung in γ-Lactone über. Sie liefern krystallisierbare, sehr beständige Silbersalze[5]).

D. δ-Oxysäuren $R \cdot CHOH(CH_2)_3COOH$ sind nur wenig beständiger als die γ-Oxysäuren[6]).

Bestimmung der Oxysäuren in Fetten nach Zerewitinoff[7]).

Zu einer bestimmten Menge Fettsäuren, die aus dem Fett ausgeschieden und in Pyridin gelöst sind, wird eine Lösung von Magnesiumjodmethyl in Amyläther gefügt und das entwickelte Methan nach dem auf S. 708 beschriebenen Verfahren bestimmt.

Die Carboxylhydroxyle werden durch Titration mit Lauge bestimmt und in Abzug gebracht.

Die Differenz wird als „Alkoholhydroxylzahl" bezeichnet.

Der Prozentgehalt an Hydroxylgruppen[8]) ist:

$$x = \frac{0.000719 \cdot V \cdot 17 \cdot 100}{16 \cdot S} = \frac{0.0764\,V}{S},$$

worin 0.000 719 das Gewicht von 1 ccm Methan bei 0° und 760 mm,

17 das Molgewicht der Hydroxylgruppe,

16 das des Methans,

V das Volumen des Methans (0°, 760 mm) in Kubikzentimetern und

S das Gewicht der Substanz in Grammen bedeutet.

2. Reaktionen der aromatischen Oxysäuren.

A. o-Oxysäuren.

α) Die Orthooxysäuren sind leicht mit Wasserdämpfen flüchtig,

---

[1]) Ebenso bei der Einwirkung von Phosgen in Pyridinlösung: Einhorn und Mettler, B. **35**, 3639 (1902).

[2]) Schnapp, A. **201**, 65 (1880). — Burton, Am. **3**, 395 (1881).

[3]) Erlenmeyer, B. **14**, 1318 (1881).

[4]) Fittig, A. **208**, 116 (1881). — B. **26**, 40 (1893).

[5]) Fittig, A. **283**, 60 (1894).

[6]) Fittig und Wolff, A. **216**, 127 (1882). — Fittig und Christ, A. **268**, 111 (1891).

[7]) Z. anal. **52**, 729 (1913).

[8]) Die in der Originalarbeit gegebene Formel ist unrichtig.

leicht löslich in kaltem Chloroform[1]) und zeigen intensive (meist violettrote bis blaue) Eisenchloridreaktion[2]).

β) Die Chloralidreaktion (S. 771) läßt sich, wenn auch nicht so leicht wie bei den aliphatischen α-Oxysäuren, ebenfalls ausführen.

γ) Mit Phosphorpentachlorid[3]) reagieren diese Säuren unter Bildung eines Esters des Orthophosphorsäurechlorids nach den Gleichungen:

$$\text{C}_6\text{H}_4\!\!\begin{array}{l}\diagup\text{COOH}\\\diagdown\text{OH}\end{array}+ \text{PCl}_5 = \text{C}_6\text{H}_4\!\!\begin{array}{l}\diagup\text{COCl}\\\diagdown\text{OH}\end{array}+ \text{HCl} + \text{POCl}_3 = \text{C}_6\text{H}_4\!\!\begin{array}{l}\diagup\text{COCl}\\\diagdown\text{OPOCl}_2\end{array}+ 2\,\text{HCl}\,.$$

Jene Salicylsäuren indessen, bei denen auch die zweite Orthostellung zur Hydroxylgruppe substituiert ist (selbst durch Methyl), geben in normaler Weise Carbonsäurechloride:

$$\text{C}_6\text{H}_3\!\!\begin{array}{l}\diagup\text{COCl}\\-\text{OH}\\\diagdown\text{R}\end{array}.$$

δ) Bei der Reduktion mit Natrium und Alkohol (Methode von Ladenburg) liefern die Orthooxysäuren zweibasische Säuren der Pimelinsäurereihe[4]), indem zuerst entstehende Tetrahydrosäure sich in 1.3-Ketonsäure umlagert:

$$\begin{array}{c}\text{CH}_2\\\text{CH}_2\diagup\diagdown\text{C}-\text{COOH}\\\text{CH}_2\diagdown\diagup\text{C}-\text{OH}\\\text{CH}_2\end{array}=\begin{array}{c}\text{CH}_2\\\text{CH}_2\diagup\diagdown\text{CHCOOH}\\\text{CH}_2\diagdown\diagup\text{CO}\\\text{CH}_2\end{array},$$

die dann analog der „Säurespaltung" des Acetessigesters hydrolytisch aufgespalten wird[5]):

$$\begin{array}{c}\text{CH}_2\\\text{CH}_2\diagup\diagdown\text{CHCOOH}\\\text{CH}_2\diagdown\diagup\text{CO}\\\text{CH}_2\end{array}+ \text{H}_2\text{O} =\begin{array}{c}\text{CH}_2\\\text{CH}_2\diagup\diagdown\text{CH}_2-\text{COOH}\\\text{CH}_2\diagdown\diagup\text{COOH}\\\text{CH}_2\end{array}.$$

ε) Bei der Einwirkung von Phosgen (weniger gut Phosphoroxychlorid) in Pyridinlösung entstehen neben amorphen Reaktionsprodukten krystallisierte, dimolekulare, cyclische Anhydride. Diese sind in Soda und kalter Lauge unlöslich und gehen erst beim Erwärmen mit ätzenden Laugen in die zugehörigen Säuren über. Bei der Einwirkung von Phosphoroxychlorid in Toluol- oder Xylollösung[6]) erhält man höher molekulare Anhydride, von denen das in Chloroform lösliche und mit Krystallchloroform ausfallende Tetrasalicylid von Interesse ist[7]).

ζ) Nur die Orthooxybenzoesäureester liefern mit Hydroxylamin in wäßriger Lösung Hydroxamsäuren [Jeanrenaud[8])]. Übrigens versagt diese Reaktion auch bei der β-Naphthol-β-carbonsäure, während andererseits in alkoholischer Lösung auch der m-Oxybenzoesäureester Hydroxamsäure liefert[9]).

---

[1]) Wegscheider und Bittner, M. 21, 650 (1900).   [2]) Siehe S. 616.

[3]) Anschütz, A. 228, 308 (1885); 239, 314, 333 (1887). — B. 30, 221 (1897). — Über die Einwirkung von Thionylchlorid siehe Kopetschni und Karczag, B. 47, 235 (1914).   [4]) Einhorn, A. 286, 257 (1895); 295, 173 (1897).

[5]) Einhorn und Pfeiffer, B. 34, 2951 (1901). — Einhorn und Mettler, B. 35, 3644 (1902).

[6]) Schiff, A. 163, 220 (1872). — Goldschmiedt, M. 4, 121 (1883). — Anschütz, A. 273, 73, 94 (1893). — DRP. 68 960 (1893); 69 708 (1893). — Schroeter, A. 273, 97 (1893). — B. 26, R. 651, 912 (1893). — Einhorn und Pfeiffer, B. 34, 2951 (1901).

[7]) Siehe S. 14.   [8]) B. 22, 1273 (1889).

[9]) Angeli und Castellana, Atti Linc. (5) 18, I, 376 (1909).

η) **Reaktion von Nölting**[1]. Während die m- und p-Oxysäureanilide mit Dimethylanilin und Phosphoroxychlorid Auramine, resp. durch Verseifung der letzteren Dimethylaminobenzophenone liefern[2]), werden die o-Oxysäureanilide nach dem Schema:

$$\text{I.} \quad 3\,C{\underset{NHC_6H_5}{\overset{C_6H_4OH}{\Big\langle}}}O \; + \; 6\,C_6H_5N(CH_3)_2 + 2\,POCl_3 \; =$$

$$3\,C{\underset{NHC_6H_5}{\overset{C_6H_4OH}{\Big\langle}}}[C_6H_4N(CH_3)_2]_2 + P_2O_5 + 6\,HCl,$$

$$\text{II.} \quad C{\underset{NHC_6H_5}{\overset{C_6H_4OH}{\Big\langle}}}[C_6H_4N(CH_3)_2]_2 + 2\,HCl \; = \; C{\underset{C_6H_4\,=\,N(CH_3)_2Cl}{\overset{C_6H_4OH}{\Big\langle}}}C_6H_4N(CH_3)_2 + C_6H_5NH_2HCl,$$

in Farbstoffe der Malachitgrünreihe verwandelt.

Z. B. werden gleiche Gewichtsmengen o-Oxynaphthoesäureanilid, Dimethylanilin und Phosphoroxychlorid 4 Stunden im Wasserbad erhitzt. Der entstandene grüne Farbstoff wird durch Sulfurieren mit rauchender Schwefelsäure löslich gemacht. Er färbt Seide, Wolle und tannierte Baumwolle gelbstichig grün.

B. m - O x y s ä u r e n.

α) Während o- und p-Oxysäuren beim Erhitzen für sich oder mit Säuren oder Basen relativ leicht unter CO_2-Abspaltung in Phenole übergehen[3]), werden m-Oxysäuren durch konzentrierte Schwefelsäure nach dem Schema:

$$\underset{COOH}{\overset{OH}{\bigodot}} \; + \; \underset{OH}{\overset{HOOC}{\bigodot}} \; = \; \underset{CO}{\overset{OH}{\bigodot}}\underset{OH}{\overset{CO}{\bigodot}} \; + \; 2\,H_2O$$

in Oxyanthrachinone übergeführt [**Liebermann** und **Kostanecki**[4])].

Über eine analoge **Kondensation mit Chloral** siehe **Fritsch** A. **296**, 344 (1897).

β) Bei der **Reduktion nach Ladenburg** werden glatt Oxyhexamethylencarbonsäuren gebildet[5]).

Reduktion in saurer Lösung: Velden, J. pr. (2) **15**, 165 (1876).

γ) Über die **Eisenchloridreaktion** siehe S. 617.

C. p - O x y s ä u r e n.

α) In **Chloroform** sind die p-Oxysäuren vollkommen unlöslich und auch mit Wasserdämpfen nicht flüchtig.

β) **Eisenchloridreaktion** siehe S. 618.

γ) Gegen **Thionylchlorid** verhalten sich Paraoxysäuren, die nicht in Orthostellung zum Hydroxyl einen negativen Substituenten tragen, vollkommen indifferent[6]).

Neutralisationswärme der Oxysäuren: Berthelot und Werner, A. Chim. Phys. (6) **7**, 146 (1886). — Leitfähigkeit und Acidität: Ostwald, J. pr. (2) **32**, 344 (1885). — Z. phys. **3**, 247 (1889). — Koral, J. pr. (2) **34**, 109 (1886). — Engel, A. Chim. Phys. (6) **8**, 573 (1886).

---

[1]) B. **30**, 2589 (1897).   [2]) DRP. 41 751 (1887).
[3]) Graebe, A. **139**, 143 (1866). — Limpricht, B. **22**, 2907 (1889). — Graebe und Eichengrün, A. **269**, 325 (1892). — Cazeneuve, Bull. (3) **15**, 75 (1896). — Vaubel, J. pr. (2) **53**, 556 (1896); siehe auch S. 725.
[4]) B. **18**, 2142 (1885). — Heller, B. **28**, 313 (1895).
[5]) Einhorn, A. **291**, 297 (1896).   [6]) Hans Meyer, M. **22**, 415 (1901).

Fünfter Abschnitt.

Verhalten der Lactongruppe: $\begin{matrix} C-CO \\ | \\ C-O \end{matrix}$.

Die Lactone[1]) sind innere (cyclische) Ester von Oxysäuren; sie zeigen dementsprechend zwei Gruppen von Reaktionen:
1. Umwandlungen, die von Ringsprengung begleitet sind,
2. Substitutionen im Lactonring.

1. Verhalten gegen Alkalien.

Je nach der Festigkeit der Bindung des Brückensauerstoffs werden die Lactone mehr oder weniger leicht zu Oxysäuren verseift. Die Tendenz, in Oxysäuren überzugehen, ist von verschiedenen Faktoren abhängig, und zwar hauptsächlich von der Spannung im Ring[2]): (δ-Lactone öffnen sich im allgemeinen leichter als γ-Lactone), ferner von der Stärke der Carboxylgruppe und dem Charakter des Hydroxyls der Oxysäure. ε-Oxysäuren sind die letzten, die (bei der Destillation) ein normales Lacton liefern; ζ-Lactone existieren nicht.

Bei der evtl. (durch Kochen mit 50 proz. Schwefelsäure) erzwungenen Wasserabspaltung tritt Verminderung der Ringglieder ein. So entsteht aus n-Octanolsäure γ-n-Butylbutyrolacton, aus Nonanolsäure γ-n-Amylbutyrolacton[3]).

Die Lactone der Fettreihe, die den Fettsäureestern an die Seite zu stellen sind, zeigen ganz entsprechendes Verhalten: sie werden leicht und vollständig durch Alkalien verseift[4]) und schon langsam beim Stehen mit Wasser gespalten[5]). Auch hierin zeigt sich der Parallelismus mit den Fettsäureestern, indem die Neigung zur Wasseraufnahme mit der Löslichkeit in Wasser zunimmt.

Die aromatischen Lactone sind weit stabiler, gemäß dem stärker ausgeprägten Säurecharakter[6]) der Stammsubstanzen: während man die Fettsäurelactone durch Verseifen mit überschüssigem Alkali und Zurücktitrieren quantitativ bestimmen kann[5]), ist dies bei den aromatischen Lactonen in der Regel nicht möglich. Während man aus dem Silbersalz der γ-Oxybuttersäure mit Jodmethyl den Ester erhält[7]), entsteht aus dem (Kalium-) Salz der Benzylalkohol-o-carbonsäure bei analoger Behandlung ausschließlich Phthalid[8]):

$$\underset{\text{COOK}}{\overset{\text{CH}_2\text{—OH}}{\bighexagon}} + JC_2H_5 = \underset{\text{CO}}{\overset{\text{CH}_2}{\bighexagon}}O + JK + C_2H_5OH.$$

---

[1]) Über Dilactone: Fittig, A. **314**, 1 (1901); **353**, 1 (1907).

[2]) β-Lactone zersetzen sich im allgemeinen beim Erhitzen leicht unter Kohlendioxydabspaltung: Erlenmeyer, B. **13**, 305 (1880). — Einhorn, B. **16**, 2211 (1883). — Staudinger, B. **41**, 1358 (1908). — Über ein stabiles β-Lacton: Baeyer und Villiger, B. **30**, 1954 (1897). — Fichter und Hirsch, B. **33**, 3270 (1900). — Komppa, B. **35**, 534 (1902). — Siehe ferner Hjelt, „Über die Lactone", Stuttgart, Enke (1903). — Ott, „Neuere Untersuchungen über Lactone", Stuttgart, Enke (1920).

[3]) Blaise und Koehler, C. r. **148**, 1772 (1909).

[4]) Benedikt, M. **11**, 71 (1890).   [5]) Fittig und Christ, A. **268**, 110 (1892).

[6]) In Bicarbonatlösung sind die Lactone meist, aber nicht ausnahmslos, unlöslich. — Siehe S. 718, Anm. 4.

[7]) Neugebauer, A. **227**, 102 (1885).   [8]) Hjelt, B. **25**, 524 (1892).

Untersuchungen über die Schnelligkeit der Lactonbildung aus den Oxysäuren: Hjelt, B. **24**, 1236 (1891); **25**, 3174 (1892). — Henry, Z. physiol. **10**, 96 (1892). — B. **27**, 3331 (1894). — Ch. Ztg. **18**, 3 (1894). — B. **29**, 1855, 1861 (1896).

Das Hauptergebnis dieser Arbeiten ist, daß alle Momente, die überhaupt dem Ringschluß günstig sind, die Stabilität der Lactone erhöhen [1]), namentlich daß zunehmende Größe oder Anzahl der Kohlenwasserstoffreste in der durch Sauerstoff sich schließenden Kohlenstoffverkettung die intramolekulare Wasserabspaltung bei den Oxysäuren begünstigen.

Es müssen auch für die Lactone, als innere Ester, dieselben Betrachtungen Geltung haben, die E. Fischer [2]) im Verein mit Van't Hoff über den Einfluß der Salzbildung auf die Verseifung von Amiden und Estern durch Alkalien angestellt hat.

Ein hydroxylhaltiges Lacton wird in seiner alkalischen Lösung in die Ionen:

$$R \begin{cases} \quad -O- \\ C \\ CO \end{cases}\!\!\!\!>\!O \quad \text{und} \quad K$$

zerfallen, von denen das erstere elektronegativen, das letztere elektropositiven Charakter besitzt. Es ist klar, daß dann zwischen diesem negativen Rest und dem gleichfalls negativen Hydroxyl der zugesetzten Kalilauge elektrische Abstoßung statthat, welche die chemische Wechselwirkung zu erschweren geeignet ist [3]).

Andererseits hat auch Hjelt gelegentlich seiner Untersuchungen über die relative Geschwindigkeit der Lactonbildung bei zweibasischen γ-Oxysäuren darauf hingewiesen [4]), daß bei diesen Säuren die Lactonbildung viel schneller vonstatten geht als bei den einbasischen Oxysäuren: „Eintritt von Carboxyl in das Molekül begünstigt somit die innere Wasserabspaltung."

Dementsprechend liefern Lactonsäuren beim Titrieren in der Kälte den der freien Carboxylgruppe entsprechenden Wert, bei Siedehitze wird die Lactongruppe partiell aufgespalten [5]).

Während die Lactone der Fettreihe durch Kochen mit Sodalösung zu Salzen der Oxysäuren aufgespalten werden, die gegen kochendes Wasser beständig sind, werden die Derivate des Phthalids nur durch freies Ätzkali, gewöhnlich sogar nur durch alkoholisches Kali in die entsprechenden Salze übergeführt, die indessen so wenig beständig sind, daß bei ihnen sowohl beim längeren Stehen in alkalischer Lösung bei gewöhnlicher Temperatur [6]), als auch rasch beim Kochen [7]), sowie beim Einleiten von Kohlendioxyd [8]) unter Abscheidung freien Alkalis Lactonisierung eintritt.

Methylalkoholisches Kali kann zu Esterbildung führen [9]).

---

[1]) Siehe auch Bischoff, B. **23**, 620 (1890).

[2]) B. **31**, 3277 (1898).   [3]) Hans Meyer, M. **20**, 338 (1899).

[4]) B. **25**, 3174 (1892). — Fittig, A. **353**, 32 (1907).

[5]) v. Baeyer und Villiger, B. **30**, 1958 (1897). — Hans Meyer, M. **19**, 712 (1898). — Siehe auch Fittig, A. **330**, 316 (1903).

[6]) Haller und Guyot, C. r. **116**, 481 (1893). — Herzog und Hâncu, Arch. **246**, 408 (1908).   [7]) Guyot, Bull. (3) **17**, 971 (1897).

[8]) Herzig und Hans Meyer, M. **17**, 429 (1896).

[9]) Staudinger und Endle, A. **401**, 266, 289 (1913).

β-Lactone zerfallen **beim Erhitzen** unter CO_2-Abspaltung und Bildung von Äthylenderivaten, oder in Carbonylverbindungen und Ketone[1] (S. 775). Ähnlich verhalten sich gewisse ungesättigte δ-Lactone[2].

2. Lactone als Pseudosäuren[3].

Manche Lactone bieten die Kriterien der von Hantzsch als Pseudosäuren bezeichneten Substanzen.

Sie reagieren, in alkoholischer oder wäßrig-alkoholischer Lösung, gegen Phenolphthalein, Lackmus und Helianthin vollkommen neutral; versetzt man aber ihre Lösungen mit Kalilauge, so verschwindet nach einiger Zeit die anfangs alkalische Reaktion, erscheint von neuem auf wiederholten Kalizusatz, verschwindet wieder beim Stehen der Lösung usf., bis endlich, wenn die einem Molekül KOH entsprechende Kalimenge zugesetzt ist, auch nach vielen Stunden die alkalische Reaktion selbst beim Erhitzen nicht mehr verschwindet. (Langsames oder zeitliches Neutralisationsphänomen.) Dabei gehen die farblosen Lactone in die gelben Salze ungesättigter Säuren über. (Änderung der Konstitution bei der Salzbildung. Farbenänderung.)

Fulda[4] beschreibt als solche Pseudosäuren das Phthaliddimethylketon, Mekonindimethylketon, Phthalidmethylphenylketon und Mekoninmethylphenylketon.

Die gelben Salze der ungesättigten Säuren zeigen bei Säurezusatz „abnorme Neutralisationsphänomene", indem jede zugesetzte Säuremenge ($^n/_{10}$-HCl) erst nach längerem Stehen verschwindet — wobei ein entsprechender Teil der farblosen Pseudosäure ausfällt —, bis endlich, nach Zusatz von einem Molekül Salzsäure, selbst nach Tagen die saure Reaktion bestehen bleibt, während die Flüssigkeit sich vollständig entfärbt hat. Der Vorgang entspricht z. B. beim Phthaliddimethylketon dem Schema:

$$CH\!-\!CH_2\!-\!CO\!-\!CO_3\ (+\ KOH) = \qquad\qquad CH = CH\!-\!CO\!-\!CH_3$$

$$\underset{(+\ KCl)}{\overset{\displaystyle\bigcirc\!\!\bigcirc\!\!O}{CO}} \qquad \overset{\longrightarrow}{\underset{\longleftarrow}{= (HCl +)}} \qquad \underset{(+\ H_2O).}{\overset{\displaystyle\bigcirc\!\!\bigcirc}{COOK}}$$

3. Verhalten der Lactone gegen Ammoniak.
[Hans Meyer[5]).]

Bei der Einwirkung von Ammoniak in wäßriger oder alkoholischer Lösung findet entweder:

1. überhaupt keine Einwirkung auf das Lacton statt,
2. oder es entsteht ein Oxysäureamid[6]), das leicht das Lacton regeneriert, oder

---

[1] Staudinger und Bereza, A. **380**, 253 (1911). — B. **44**, 525 (1911).

[2] Staudinger und Endle, A. **401**, 277 (1913).

[3] Über Pseudosäuren überhaupt siehe S. 646.   [4] M. **20**, 702 (1899).

[5] M. **20**, 717 (1899). — Luksch, M. **25**, 1062 (1904). — Kühling und Falk, B. **38**, 1215 (1905). — Weber, Diss. Berlin (1905), 15. — Köhler, Diss. Heidelberg (1907), 17. — Mohr, J. pr. (2) **80**, 527, 528 (1909); **81**, 53 (1910). — Siehe dazu Mohr und Strochein, J. pr. (2) **81**, 473 (1910).

[6] Die Konstitution dieser Oxysäureamide, für die früher die Formeln:

$$\begin{cases}C\!-\!OH\\CONH_2\end{cases}\text{(Fittig)} \quad \text{und} \quad \begin{cases}C\diagdown O\\C\!\!\diagup\!\!-OH\\ \quad \diagdown\!\!NH\end{cases}\text{(Anschütz)}$$

diskutiert wurden, ist von Cramer, B. **31**, 2813 (1898), als der ersteren Formel entsprechend erwiesen worden. — Siehe auch Paulus, Diss. Freiburg (1909), 33. — Störmer, A. **313**, 86 (1900).

3. das primär entstandene Oxysäureamid geht mehr oder weniger leicht durch bloßes Umkrystallisieren, Erwärmen oder Digerieren mit Alkalien oder Säuren unter Wasserabspaltung in ein Imid (Lactam) über.

Das Verhalten der einzelnen Lactone gegen Ammoniak ist einzig und allein vom Charakter des die Hydroxylgruppe in der zugehörigen Oxysäure tragenden Kohlenstoffatoms abhängig, und zwar tritt Imidinbildung mit wäßrigem oder alkoholischem oder sonstwie gelöstem Ammoniak ein (und zwar bei β-, γ- und δ-Lactonen):

1. Wenn das Hydroxyl tertiär ist:

$$-\mathrm{C}-\mathrm{C}\Big\langle{}^{\mathrm{C}}_{\mathrm{C}} \quad \text{oder} \quad \mathrm{C}=\mathrm{C}\Big\langle{}^{\mathrm{C}}_{\mathrm{OH}}.$$
$$\overset{|}{\mathrm{OH}}$$

2. Wenn es sekundär und ungesättigt ist:

$$\mathrm{C}=\mathrm{C}\Big\langle{}^{\mathrm{H}}_{\mathrm{OH}}.$$

Die Reaktion führt hingegen bloß zu einem mehr oder weniger labilen Oxysäureamid oder bleibt ganz aus, wenn

3. das Hydroxyl einem primären Alkoholrest angehört:

$$-\mathrm{CH}_2-\mathrm{OH},$$

4. oder einem gesättigten sekundären Alkohol:

$$\mathrm{C}-\overset{|}{\underset{\underset{\mathrm{C}}{|}}{\mathrm{C}}}\overset{\diagup\mathrm{H}}{-\mathrm{OH}},$$

oder endlich

5. Phenolcharakter besitzt.

Wenn sich in Orthostellung zum Phenolhydroxyl eine Nitrogruppe befindet, so kann ebenfalls Reaktion erzwungen werden, analog wie im Orthonitrophenol[1]) schon bei verhältnismäßig niedriger Temperatur direkte Substitution des Hydroxyls durch den Ammoniakrest stattfindet.

Läßt man bei Abwesenheit von Wasser Ammoniak auf hoch (300°) erhitzte aromatische Lactone einwirken, so tritt direkt Ersatz des einen Sauerstoffatoms durch die NH-Gruppe ein[2]).

4. Verhalten der Lactone gegen Phenylhydrazin und Hydrazinhydrat.

Analoge Regelmäßigkeiten, wie bei der Einwirkung von Ammoniak, zeigen sich auch hier.

Es tritt sonach: 1. Kondensation unter Wasserabspaltung ein, wenn das Hydroxyl der zugehörigen Oxysäure tertiär ist:

I. Schema: $-\mathrm{C}-\mathrm{C}\Big\langle{}^{\mathrm{C}}_{\mathrm{C}}$ Fluoran[3]), Diphenylphthalid[3]), Phenolphthalein[4]), Fluorescein[4]);
$$\overset{|}{\mathrm{OH}}$$

II. Schema: $-\mathrm{C}\overset{\diagup\mathrm{C}}{}$ Benzalphthalid[5]).
$$\overset{|}{\mathrm{OH}}$$

---

[1]) Merz und Ris, B. **19**, 1751 (1886).   [2]) Graebe, B. **17**, 2598 (1884).
[3]) R. Meyer und Saul, B. **26**, 1273 (1893).
[4]) Gattermann und Ganzert, B. **32**, 1133 (1899).
[5]) Ephraim, B. **26**, 1376 (1893).

2. Es tritt Aufspaltung des Lactonrings und Addition der Base unter Bildung eines Oxysäurehydrazids ein, wenn das Hydroxyl einem primären Alkoholrest angehört:

III. Schema: —CH$_2$—OH: Valerolacton [1]), Phthalid [2]) [3]);
oder einem gesättigten sekundären Alkohol:

IV. Schema: C—C$<^H_{HO}$ Saccharin [4]);

oder endlich Phenolcharakter besitzt:

V. Schema: o-Oxydiphenylessigsäurelacton [5]).

Die von Wedel [5]) studierten Derivate des nicht substituierten Hydrazins werden — ebenso wie die Phenylhydrazide — von Alkalien leicht verseift. Salpetrige Säure ist ohne Wirkung, und Essigsäureanhydrid regeneriert das Lacton. Mit Aldehyden (Benzaldehyd, Phthalaldehydsäure) geben diese Substanzen Kondensationsprodukte [Reaktion von Curtius und Struve [6])].

5. Einwirkung aliphatischer und aromatischer Amine:
Cramer, B. **31**, 2814 (1898).

6. Einwirkung von Kaliumsulfhydrat auf Lactone:
Hans Meyer und Krczmař, M. **19**, 715 (1898), siehe auch S. 739.

7. Einwirkung von Hydroxylamin:
Im allgemeinen wirkt Hydroxylamin auf Lactone nicht ein [7]). Vgl. indessen Hans Meyer, M. **18**, 407 (1897). — R. Meyer und Spengler, B. **36**, 2953 (1903). — Francesconi und Cusmano, G. **39**, I, 189 (1909).

8. Einwirkung von Chlor- und Bromwasserstoffsäure auf Lactone:
Roser, A. **220**, 255 (1883).
Fittig und Morris, B. **17**, 202 (1884).
Bredt, B. **19**, 514 (1886).
Salomonson, Rec. **6**, 11, 14 (1887).
Swarts, Bull. Ac. roy. Belg. **24**,[44] (1889).
Cramer, B. **31**, 2813 (1898).

9. Reduktion durch nascierenden Wasserstoff:
Kiliani, B. **20**, 2715 (1887). — E. Fischer, B. **22**, 2204 (1889). — Helferich und Speidel, B. **54**, 2634 (1921).

---

[1]) Wislicenus, B. **20**, 401 (1887).
[2]) R. Meyer und Saul, B. **26**, 1273 (1893).
[3]) Wedel, Diss. Freiburg (1900), 63. — B. **33**, 766 (1900). — Blaise und Luttringer, C. r. **140**, 790 (1905). — Bull. (3) **33**, 1095 (1905). — Paulus, Diss. Freiburg (1909), 37.   [4]) E. Fischer und Paßmore, B. **22**, 2733 (1889).
[5]) Wedel, Diss. Freiburg (1900), 63. — B. **33**, 766 (1900). — Blaise und Luttringer, C. r. **140**, 790 (1905). — Bull. (3) **33**, 1095 (1905).
[6]) J. pr. (2), **50**, 301 (1893).   [7]) Lach, B. **16**, 1782 (1883).

10. Einwirkung von Thionylchlorid.

Durch Thionylchlorid (in Benzollösung) werden die aliphatischen γ-Lactone in die Chloride der entsprechenden Oxysäuren verwandelt. In Lactonsäuren wird dagegen der Lactonring nicht gesprengt[1]).

11. Unterscheidung $\alpha\beta$- und $\beta\gamma$-ungesättigter γ-Lactone.

$\beta\gamma$-ungesättigte γ-Lactone lassen sich in Gegenwart von Anilin zu Benzalverbindungen kondensieren, $\alpha\beta$-ungesättigte nur unter dem Einfluß von Piperidin[2]). In Wirklichkeit kondensieren sich also nur die $\beta\gamma$-ungesättigten Lactone, die sich durch Umlagerung unter dem Einfluß des Piperidins bilden, weil nur sie eine von zwei „reaktiven" Gruppen eingefaßte Methylengruppe enthalten:

$$
\begin{array}{ccc}
\mathrm{HC:CH\!-\!CH} & \mathrm{H_2C\!-\!CH:C} & \mathrm{C_6H_5CH:C\!-\!CH:C} \\
\mathrm{CO\!-\!\!-\!\!-O} & \mathrm{CO\!-\!\!-\!\!-O} & \mathrm{CO\!-\!\!-\!\!-O} \\
\alpha\beta\text{-Lacton} \quad \text{(Piperidin)} & \beta\gamma\text{-Lacton} \quad \text{(Benzaldehyd)} & \text{Benzallacton.}
\end{array}
$$

In Lactonsäuren können dementsprechend zwei Benzylidenreste eintreten[3]):

$$
\begin{array}{cc}
\mathrm{HC:C(CH_3)\!-\!CH\cdot CH_2\!-\!COOH} & \mathrm{H_2C\!-\!C(CH_3):C\!-\!CH_2\!-\!COOH} \\
\mathrm{CO\!-\!\!-\!\!-O} & \mathrm{CO\!-\!\!-\!\!-O}
\end{array} \rightarrow
$$

$$
\mathrm{CH_3\!-\!CH:C\!-\!C(CH_3):C\!-\!\overset{\underset{\|}{CHC_6H_5}}{C}\!-\!COOH.}
$$
$$
\mathrm{CO\!-\!\!-\!\!-O}
$$

Ob die Doppelbindung im Lactonring befindlich ist oder nicht, ist daran zu erkennen, daß im ersteren Fall die Verbindung momentan ammoniakalische Silberlösung reduziert und sich mit alkoholischem Kali intensiv gelb bis rotbraun färbt.

---

[1]) Barbier und Locquin, Bull. (4) **13**, 223, 229 (1913).
[2]) Thiele, A. **319**, 144 (1901).
[3]) Pauly, Gilmour und Will, A. **403**, 132 (1914).

Drittes Kapitel.

Nachweis und Bestimmung der Carbonylgruppe.

Erster Abschnitt.

Qualitativer Nachweis der Carbonylgruppe.

Die Carbonylgruppe bildet den charakteristischen Bestandteil zweier Gruppen von Substanzen, der Aldehyde, in denen die $C:O$-Gruppe einerseits an Wasserstoff gebunden ist:

$$R—\overset{\overset{\displaystyle H}{|}}{C} = O$$

und der Ketone, in denen beide Kohlenstoffvalenzen an organische Reste gebunden sind:

$$R_2—\overset{\overset{\displaystyle R_1}{|}}{C} = O.$$

Die Reaktionen der Carbonylgruppe sind hauptsächlich durch ihren ungesättigten Charakter bedingt; die Aldehyde und Ketone addieren dementsprechend verschiedene Arten von Substanzen, die man von den durch die Hydratform der Aldehyde und Ketone gebildeten Glykolen:

$$>\!C\!<^{OH}_{OH}$$

ableiten kann [1]).

Diese Glykole sind als solche nur dann beständig, wenn mit der CO-Gruppe mindestens ein sehr saurer Rest verbunden ist (Chloralhydrat, Mesoxalsäure).

Der Charakter der mit der CO-Gruppe verbundenen Radikale bestimmt überhaupt das Verhalten der ersteren gegen Reagenzien. Man kann daher die carbonylhaltigen Substanzen einteilen in solche, die zwei elektropositive Reste besitzen:

$$—H_2C—\overset{\overset{\displaystyle H}{|}}{C} = O \qquad —H_2C—\overset{\overset{\displaystyle CH_3}{|}}{C} = O$$

Aldehyde und Ketone der Fettreihe,

solche, die einen positiven und einen negativen Rest tragen:

$$(Bz)—\overset{\overset{\displaystyle H}{|}}{C} = O \qquad (Bz)—\overset{\overset{\displaystyle CH_3}{|}}{C} = O \qquad R—\overset{\overset{\displaystyle O}{\|}}{C}—\overset{\overset{\displaystyle CH_3}{|}}{C} = O$$

Aromatische Aldehyde   Fett-aromatische Ketone   α-Diketone,

---

[1]) In manchen Fällen auch von vierwertigem Sauerstoff.

und endlich solche, die nur mit sauren Resten verbunden sind:

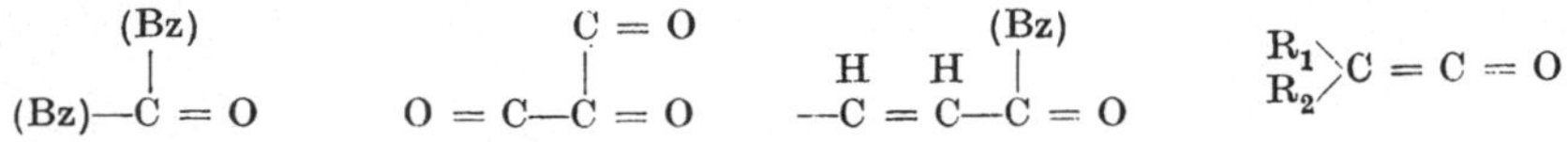

$$\underset{\text{Aromatische Ketone}}{(Bz)-\overset{\overset{\displaystyle (Bz)}{|}}{C}=O} \qquad \underset{\text{Triketone}}{O=\overset{\overset{\displaystyle C=O}{|}}{C}-C=O} \qquad \underset{\text{Ungesättigte Ketone}}{\overset{H\quad H}{--C}=\overset{\overset{\displaystyle (Bz)}{|}}{C}-C=O} \qquad \underset{\text{Ketene.}}{\overset{R_1}{\underset{R_2}{>}}C=C=O}$$

Soweit die Reaktionen dieser Substanzen durch das elektrochemische Verhalten der Komponenten bestimmt sind, zeigen sich infolgedessen Unterschiede innerhalb der einzelnen Gruppen, und man kann daher spezifische **Aldehydreaktionen** usw. beobachten.

1. Reaktionen, welche der C:O-Gruppe überhaupt eigentümlich sind.

a) Acetalbildung.

Während, wie schon erwähnt, Glykole, die beide Hydroxylgruppen am selben C-Atom enthalten, nur dann beständig sind, wenn sich neben letzteren noch eine stark negative Gruppe befindet:

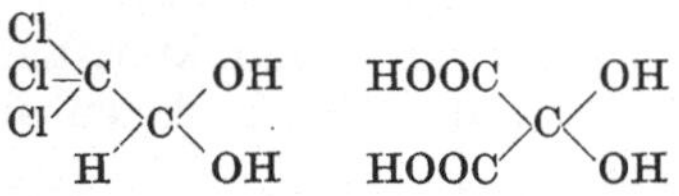

$$\underset{\text{Chloralhydrat}}{\overset{\displaystyle Cl}{\underset{\displaystyle Cl}{Cl-C}}\diagdown\overset{OH}{\underset{OH}{C}}\diagup\overset{}{\underset{H}{}}} \qquad \underset{\text{Mesoxalsäure}}{\overset{HOOC}{\underset{HOOC}{}}\diagdown C\diagup\overset{OH}{\underset{OH}{}}}$$

sind die entsprechenden Alkyläther (Acetale) sehr stabile Substanzen[1]).

Als halbseitiges Acetal ist das Chloralalkoholat:

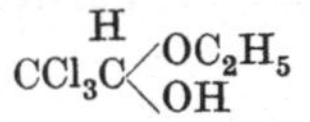

$$CCl_3C\underset{OH}{\overset{\overset{\displaystyle H}{}}{<}}\overset{OC_2H_5}{}$$

aufzufassen.

Derartige Substanzen können nach Zeisel (S. 892) analysiert werden[2]).

Die Acetalisierung von Aldehyden kann nach E. Fischer und Giebe durch Digerieren mit Alkohol bei Gegenwart von wenig Chlorwasserstoff erfolgen:

$$R \cdot C\overset{H}{\underset{O}{<}} + 2\,HOC_2H_5 = R \cdot C\overset{H}{\underset{OC_2H_5}{<}}OC_2H_5 + 2\,H_2O\,.$$

Haworth und Lapworth katalysieren mit Salmiak oder Natriumäthylat[3]).

Nach Claisen kann die Acetalisierung der Aldehyde und Ketone auf zweierlei Art bewirkt werden: erstens durch Behandlung mit freiem und zweitens mit nascierendem Orthoameisensäureester, d. h. mit einer Mischung von Alkohol und salzsaurem Formiminoester.

Letztere Methode[4]), als die bequemere, sei an Beispielen erläutert.

Vorher sind aber einige Bemerkungen von Wichtigkeit.

[1]) Claisen, B. **26**, 2731 (1893); **29**, 1005, 2931 (1896); **31**, 1010, 1019, 1022 (1898); **33**, 3778 (1900); **36**, 3664, 3670 (1903); **40**, 3903 (1907). — A. **281**, 312 (1894); **291**, 43 (1896); **297**, 3, 28 (1897). — E. Fischer und Giebe, B. **30**, 3053 (1897); **31**, 545 (1898). — E. Fischer und Haffa, B. **31**, 1989 (1898). — Harries, B. **33**, 857 (1900); **34**, 2987 (1901). — Stollé, B. **34**, 1344 (1901). — Hütz, Diss. Jena (1901), 18. — Sachs und Herold, B. **40**, 2727 (1907). — Reitter und Hess, B. **40**, 3020 (1907). — Arbusow, B. **40**, 3301 (1907). — Reitter und Weindel, B. **40**, 3358 (1907. = Arbussow, Russ. **40**, 637 (1908). — E. Fischer, B. **41**, 1021 (1908). — Gerhardt, Diss. Bonn (1910), — Treusch von Buttlar-Brandenfels, Diss. Würzburg (1910).
[2]) Schmidinger, M. **21**, 36 (1900).   [2]) Soc. **121**, 76 (1922). — Siehe auch S. 116.
[4]) Über die Verwendung der Iminoester anderer Säuren siehe DRP. 197 804 (1908).

Die Acetalisierung mittels des freien Orthoameisensäureesters erfordert die Anwendung eines Katalysators, da reiner Ester ganz ohne Einwirkung ist. Ferner ist die Anwendung von Alkohol bei der Reaktion von großem Vorteil.

Die besten Bedingungen sind also, daß man den Aldehyd oder das Keton in 3 Molekülen Alkohol, evtl. auch mehr, auflöst, $1^{1}/_{10}$ Molekül Orthoameisensäureester zufügt, dann den Katalysator zusetzt und nun kurze Zeit erwärmt oder längere Zeit bei gewöhnlicher Temperatur stehen läßt. Die Ausbeuten sind oft nahezu theoretisch.

Als Katalysatoren dienen am besten geringe Mengen Mineralsäuren, Salmiak, Eisenchlorid, Monokaliumsulfat. Noch stärker wirken salzsaures Pyridin, Ammoniumsulfat und -nitrat, doch arbeitet man zweckmäßig mit den mittelstarken Katalysatoren.

Um das Maximum an Ausbeute zu erzielen, muß man durch Vorversuche Quantität des Katalysators und Zeitdauer der Einwirkung ermitteln, da die Reaktion sonst rückläufig wird, etwa im Sinn der Gleichung:

$$R \cdot CH(OC_2H_5)_2 = R \cdot CHO + (C_2H_5)_2O \; .$$

Beispiele:

I. Acetalisierung von Aldehyden.

Benzaldehyd. Eine Mischung von 37.5 g Benzaldehyd, 57 g Orthoameisensäureester und 49 g Alkohol wird nach Zusatz von 0.75 g feingepulvertem Salmiak 10 Minuten lang unter Rückfluß gekocht. Die Aufarbeitung ist folgende: Abdestillieren des Alkohols und entstandenen Ameisensäureesters bis 82° unter Benutzung eines guten Fraktionieraufsatzes, Erkaltenlassen, Zugabe von etwas Wasser, Ausäthern, Trocknen des Auszuges über Kaliumcarbonat, Abdestillieren des Äthers und Fraktionieren. Benzaldehyd ist nicht mehr vorhanden, alles destilliert bis auf einen minimalen Rest bei 217 bis 223°. Ausbeute 97% der Theorie. Wird Salzsäure (0.15 ccm $=$ 0.06 g HCl) benutzt, so steigt die Temperatur von selbst sofort auf 48°. Nach ganz kurzem Aufkochen auf dem Wasserbad wird rasch abgekühlt und, um die weitere Einwirkung der Salzsäure abzuschneiden, mit ein paar Tropfen alkoholischem Kali eben alkalisch gemacht. Die weitere Verarbeitung erfolgt wie weiter oben angegeben: Ausbeute 99%.

In dieser Weise, mit Neutralisation der Säure vor dem Abdestillieren des Alkohols, wird in allen Fällen verfahren, wo stark wirkende saure Katalysatoren zur Anwendung kommen. Namentlich bei den so äußerst leicht zersetzlichen Ketonacetaten ist dies notwendig.

II. Acetalisierung von Ketonen.

Aceton[1]). Angewendet 11.6 g Aceton (aus der Bisulfitverbindung), 32.6 g Orthoester, 27.6 g Alkohol und 1 g Salmiak. Damit von dem letzteren sich möglichst viel löse, wird zunächst der Alkohol allein einige Zeit mit dem sehr fein gepulverten Salmiak gekocht; nach dem Erkalten werden dann die anderen Bestandteile zugesetzt. Nach achttägigem Stehen wird ziemlich viel Äther und so viel Eiswasser (letzteres mit ein paar Tropfen Ammoniak alkalisch gemacht) zugegeben, als zur Auflösung des Salmiaks erforderlich ist. Aus der abgehobenen und getrockneten ätherischen Schicht resultieren bei vorsichtiger Destillation (anfangs mit langem Hempelrohr) 21 g rohes und $17^{1}/_{2}$ g reines Acetonacetal, entsprechend 80 bzw. 66% der Theorie.

---

[1]) Siehe hierzu noch Claisen, B. **47**, 317 (1914).

III. Ketonsäureester und 1.3-Diketone.

1. **Acetonoxalester.** 16 g Ester und 16.3 g Orthoester werden in 23 g Alkohol (5 Moleküle) gelöst und nach Zusatz von 1 g Salmiak eine Woche lang unter gelegentlichem Durchschütteln stehengelassen. Nach Ablauf dieser Zeit wird mit Äther verdünnt, vom Salmiak abgesaugt, mit Wasser gewaschen und schließlich so oft mit 10 proz. Sodalösung ausgeschüttelt, bis die durch etwas unverändert gebliebenen Acetonoxalester verursachte Eisenchloridreaktion nicht mehr zu bemerken ist. Die getrocknete und von Äther und Alkohol befreite Flüssigkeit geht bei der Destillation im Vakuum (11 mm Druck) fast ohne Vor- und Nachlauf bei 127—129° über.

2. **Benzoylaceton.** Angewendet 65 g Diketon, 62 g Orthoester, 60 g Alkohol und 2 g Eisenchlorid. Das Kochen darf nur ganz kurze Zeit (5—10 Minuten) fortgesetzt werden; anderenfalls wird ein großer Teil des anfangs entstandenen o-Äthylderivats zu Acetophenon (und Essigester?) gespalten. Nach raschem Abkühlen wird, wie oben, aufgearbeitet, nur wird statt mit Sodalösung mit Natronlauge extrahiert. Erhalten werden 45 g O-Äthylbenzoylaceton.

In allen Fällen wird der benutzte Alkohol vor den Versuchen durch Destillation mit etwas Natrium von jeder Spur Säure befreit.

b) Darstellung von Phenylhydrazonen [1]).

Carbonylhaltige Substanzen verbinden sich mit Phenylhydrazin unter Wasseraustritt [2]) zu Hydrazonen der Formel:

$$C_6H_5NHN = CR_1R_2.$$

Indessen sind nicht alle carbonylhaltigen Substanzen dieser Kondensation fähig: solche der Formel $R \cdot CO \cdot CN$ reagieren vielmehr [3]) nach der Gleichung:

$$C_6H_5NHNH_2 + R \cdot CO \cdot CN = R \cdot CO \cdot NH \cdot NHC_6H_5 + HCN.$$

Nach E. Fischers ursprünglicher Vorschrift wird die Substanz in Wasser oder Alkohol gelöst, resp. suspendiert und mit überschüssigem salzsaurem Phenylhydrazin versetzt, das mit der anderthalbfachen Menge krystallisiertem essigsaurem Natrium in 8—10 Teilen Wasser gelöst wurde, oder man benutzt eine Mischung aus gleichen Raumteilen Base und 50 proz. Essigsäure, verdünnt mit etwa der dreifachen Menge Wasser. Die Lösung wird für jeden Versuch frisch bereitet.

Da jetzt die reine Base leicht zugänglich ist, wird man im allgemeinen diese benutzen. Bei kleineren Proben fügt man zu der zu prüfenden Flüssigkeit einfach die gleiche Anzahl Tropfen Base und 50 proz. Essigsäure. Die Reaktion erfolgt nämlich in der Regel am leichtesten in (schwach) essigsaurer Lösung, oft schon in der Kälte, fast immer in kurzer Zeit beim

---

[1]) E. Fischer, A. **190**, 136 (1878). — B. **16**, 661, Anm., 2241 (1883); **17**, 572 (1884); **22**, 90, Anm. (1889); **30**, 1240 (1897).

[2]) Über Additionsprodukte (Phenylhydrazonhydrate?) siehe Baeyer und Kochendörfer, B. **22**, 2190 (1889). — Wislicenus und Scheidt, B. **24**, 3006, 4210 (1891). — Nef, A. **270**, 289, 300, 319 (1892). — Sachs und Kemp, B. **35**, 1231 (1902). — Biltz, Maué und Sieden, B. **35**, 2000 (1902). — Auwers und Bondy, B. **37**, 3916 (1904).

[3]) Pechmann und Wehsarg, B. **21**, 2999 (1888). — Hausknecht, B. **22**, 329 (1889). — Wislicenus und Elvert, B. **41**, 4132 (1908). — Wislicenus und Schäfer, B. **41**, 4171 (1908).

Erhitzen auf Wasserbadtemperatur, oft auch am besten beim Stehen mit konzentrierter Essigsäure in der Kälte [Overton[1])].

In letzterem Fall kann aber als Nebenprodukt Acetylphenylhydrazin gebildet werden.

Auch überschüssige verdünnte Essigsäure kann durch Bildung von Acetylphenylhydrazin zu Irrtümern Anlaß geben[2]). Nach Milrath[3]) bildet es sich schon beim dreistündigen Erhitzen von 7proz. Essigsäure auf dem Wasserbad mit der äquivalenten Menge Phenylhydrazin.

Das Acetylphenylhydrazin schmilzt bei 126—128°.

Speziell für die Darstellung der Osazone empfiehlt E. Fischer[4]), das oben angegebene Gemisch von zwei Teilen salzsaurem Phenylhydrazin und drei Teilen wasserhaltigem Natriumacetat anzuwenden.

Das salzsaure Phenylhydrazin muß unbedingt rein sein: gefärbte Präparate müssen daher so lange aus heißem Alkohol umkrystallisiert werden, bis sie ganz farblos geworden sind. Arbeitet man mit freier Base in verdünnt-essig-saurer Lösung, so ist es angezeigt, der Lösung Kochsalz zuzufügen.

Freie Mineralsäuren, welche die Reaktion verzögern oder ganz verhindern können, müssen vorher durch Natronlauge oder Soda neutralisiert werden.

Besonders schädlich ist die Anwesenheit von salpetriger Säure, die mit dem Hydrazin Diazobenzolimid und andere ölige Produkte erzeugt[5]). Sie muß durch Harnstoff zerstört werden. — Siehe auch S. 1046.

Böeseken empfiehlt[6]) die Verwendung einer 10proz. Lösung von Phenylhydrazin in schwefliger Säure. Man bereitet die Lösung, indem man in ein Gemisch der Base mit der zehnfachen Menge Wasser gewaschenes Schwefeldioxyd einleitet. Es bilden sich Krystallblättchen, die sich aber nach einiger Zeit wieder auflösen.

Darstellung von Hydrazonen aus den Bisulfitverbindungen: Engelberg, Diss. Berlin (1914), 37.

Reinigen des Phenylhydrazins[7]). Man löst die Base in ungefähr dem gleichen Volum reinem Äther, kühlt auf ca. —10° ab, saugt stark ab und wiederholt das Umkrystallisieren. Das so erhaltene Präparat darf nur ganz schwach gelb gefärbt sein und muß sich in der zehnfachen Menge eines Gemischs von einem Teil 50proz. Essigsäure und 9 Teilen Wasser völlig klar lösen.

Durch Destillation bei 10—20 mm Druck kann das Phenylhydrazin ebenfalls bequem gereinigt werden[8]).

Es ist ratsam, die Base wegen ihrer Luftempfindlichkeit in zugeschmolzenen Glasgefäßen aufzuheben.

---

[1]) B. **26**, 20 (1893). Die günstige Wirkung des Eisessigs beruht jedenfalls auf seiner Wasserentziehung und der Schwerlöslichkeit der Hydrazone darin.

[2]) Jaffé, Z. physiol. **22**, 536 (1896). — Anderlini, B. **24**, 1993, Anm. (1901). — Meisenheimer, B. **41**, 1010, Anm. (1908). — Siehe Milrath, M. **29**, 339 (1908).

[3]) Öst. Ch. Ztg. **11**, 84 (1908). — Z. physiol. **56**, 132 (1908).

[4]) B. **41**, 77 (1908).

[5]) Einwirkung von salpetriger Säure auf Hydrazone: Busch und Kunder, B. **49**, 317 (1916).

[6]) Ch. W. **7**, 934 (1910). — Siehe auch Pellizzari und Cantoni, G. **41**, I, 21 (1911). — Kolthoff, Ch. W. **13**, 887 (1916).

[7]) Overton, B. **26**, 19 (1893). — E. Fischer, B. **41**, 74 (1908). — Siehe dazu Milrath, M. **29**, 343 (1908).

[8]) Zum Nachweis des Phenylhydrazins ist das in Alkohol und Wasser schwerlösliche Oxalat geeignet. — Bamberger, B. **45**, 2752 (1912).

Um Phenylhydrazinlösungen haltbar zu machen, setzt man ihnen eine kleine Menge Alkalibisulfit zu [1]).

Aldehyde und α-Diketone [2]), sowie Ketonsäuren und Lutidon, nicht aber die einfachen Ketone [3]) reagieren auch mit salzsaurem Phenylhydrazin.

Besonders empfindliche Hydrazone werden schon durch überschüssiges Phenylhydrazin angegriffen [4]).

Manche Hydrazone müssen auch, vor Licht geschützt, in offenen Gefäßen aufgehoben werden, weil sie sonst der Selbstzersetzung anheimfallen [5]).

Das bei Lichtabschluß dargestellte farblose, gutkrystallisierte Hydrazon der Ketonsäure $C_7H_{12}O_4$ z. B. färbt sich im Tageslicht bald gelb und zerfließt zu einem schmierigen Brei [6]).

Nach einigem Stehen oder nach dem Abkühlen der Lösung pflegt sich das Kondensationsprodukt ölig oder krystallinisch abzuscheiden. In letzterem Fall wird es aus Wasser, Alkohol oder Benzol gereinigt. Für viele Fälle empfiehlt es sich, die Hydrazone (Osazone) zu ihrer Reinigung in Pyridin resp. Alkohol und Pyridin zu lösen und evtl. durch Benzol, Ligroin oder Äther, manchmal auch Wasser zu fällen [Neuberg [7])]. Zur Extraktion von Hydrazonen aus komplexen Mischungen ist Essigester sehr empfehlenswert [Tanret [8])].

Manchmal empfiehlt es sich, mit Phenylhydrazinbase ohne Verdünnungsmittel zu erhitzen [9]), selbst unter Druck [10]), wenn keine Gefahr der Hydrazidbildung vorliegt. Dazu ist aber zu bemerken, daß die aromatischen Hydrazine alle beim Erhitzen einer Autoreduktion unterliegen. Phenylhydrazin zerfällt bei 12 stündigem Kochen quantitativ nach der Gleichung:

$$2\,C_6H_5NHNH_2 = C_6H_5NH_2 + NH_3 + N_2 + C_6H_6.$$

Tolylhydrazine und besonders p-Bromphenylhydrazin zerfallen noch leichter [11]).

Man gießt nach Beendigung der Reaktion in Wasser und preßt das ausgeschiedene Hydrazon ab, wäscht mit verdünnter Salzsäure, um das überschüssige Phenylhydrazin zu entfernen, und krystallisiert um.

Oder man wäscht das Reaktionsprodukt mit Glycerin und verdrängt das letztere mit Wasser [12]).

Die Ketone der Fettreihe reagieren auch leicht in ätherischer Lösung. Das gebildete Wasser entfernt man durch frisch geglühte Pottasche.

In Ketophenolen und Ketoalkoholen empfiehlt es sich, die Hydroxylgruppen zu acetylieren, Säuren gelangen als Ester oder nach Bamberger [13])

---

[1]) Denigès, Bull. trav. soc. Bordeaux **52**, 513 (1910).

[2]) Petrenko - Kritschenko und Eltschaninoff, B. **34**, 1699 (1901).

[3]) Die Reaktionsgeschwindigkeit des Acetons wird durch kleine Mengen Salzsäure oder Essigsäure stark herabgedrückt, in reiner Essigsäure verläuft aber diese Reaktion schneller als in Wasser. — Die Reaktionsgeschwindigkeit des Lutidons wird durch Salzsäure erhöht. Schöttle, Russ. **43**, 1190 (1911).

[4]) Knick, B. **35**, 1166 (1902).   [5]) Meister, B. **40**, 3443 (1907).

[6]) Fittig, A. **353**, 29 (1907).

[7]) B. **32**, 3384 (1899). — Wohlgemuth, Berl. klin. Wochenschr. (1900). — Bertrand, C. r. **130**, 1332 (1900). — Mayer, Z. physiol. **32**, 538 (1901). — Salkowski, Z. physiol. **34**, 172 (1901). — Fürth, Hofmeisters Beitr. z. ch. Physiol. (1901). — Z. physiol. **35**, 571 (1902). — Bial, Verh. d. Kongr. f. inn. Med. (1902). — Mayer, Diss. Göttingen (1907), 26.

[8]) Bull. (3) **27**, 392 (1902).

[9]) Ciamician und Silber, B. **24**, 2985 (1891). — Baeyer, B. **27**, 813 (1894).

[10]) Hemmelmayr, M. **14**, 395 (1893).

[11]) Chattaway und Aldridge, Soc. **99**, 404 (1911). — Siehe auch S. 1042.

[12]) Thoms, B. **29**, 2988 (1896).

[13]) B. **19**, 1430 (1886). — Phthalaldehydsäure: Miller und Sen, Soc. **115**, 1145 (1919).

als Natriumsalze zur Verwendung, lassen sich auch öfters unter Zusatz von Mineralsäuren kondensieren [Elbers[1])].

Über die Darstellung von Hydrazonen aus Oximen siehe S. 1074.

Hydrazonbildung nur durch Anilinverdrängung aus Anilen. Walther, B. **35**, 1656 (1902). — Eibner und Hofmann, B. **37**, 3018 (1904). — Reddelien, B. **46**, 2714 (1913); **54**, 3124 (1921). — Hydrazonbildung durch Verdrängung des Isoxazolrests: Meyer, Bull. (4) **13**, 1000, 1106 (1913); — Thèse Paris (1913), 17, 18, 110. — Dains und Griffin, Am. soc. **35**, 959 (1913).

Auch das Carbonyl mancher Lactone und Säureanhydride vermag mit Phenylhydrazin unter Wasserabspaltung zu reagieren[2]), ein Verhalten, das diese Verbindungen gegen Hydroxylamin nicht zeigen[3]).

Dagegen[4]) sind manche Chinone teils indifferent gegen Phenylhydrazin, wie das Anthrachinon, oder reagieren nur mit einem Molekül wie die Naphthochinone und das Phenanthrenchinon, oder sie wirken oxydierend auf das Reagens unter Bildung von Kohlenwasserstoff [Benzochinon, Toluchinon, amphi-Naphthochinon[5]) usw.]. Auch ortho-disubstituierte Ketone reagieren oft nicht mit Phenylhydrazin [Kehrmann[6]), Baum[7]), V. Meyer[8])].

Manchmal gelingt aber auch hier die Hydrazonbildung auf einem Umweg — ähnlich wie die Oximbildung aus Thioderivaten möglich ist[9]). — Siehe auch S. 862.

Tetramethyldiaminobenzaldehyd gibt weder mit Phenylhydrazin noch mit Hydroxylamin ein Kondensationsprodukt, liefert aber ein Semicarbazon[10]).

Durch einen eigentümlichen Oxydationsvorgang, wobei aus einem Teil des verwendeten Phenylhydrazins Ammoniak und Anilin entstehen, werden aus den Oxyketonen und Oxyaldehyden der Fettreihe Osazone gebildet [E. Fischer und Tafel[11])].

Auch bei der Einwirkung von Phenylhydrazin auf halogenhaltige Aldehyde und Ketone kann das Halogen (evtl. unter Osazonbildung) eliminiert werden[12]).

Die Hydrazone ungesättigter Carbonylverbindungen mit α-ständiger Doppelbindung lagern sich leicht in Pyrazoline um, manchmal spontan, öfters erst beim Erhitzen[13]), namentlich mit Eisessig[14]).

Über die Schmelzpunktsbestimmung von Hydrazonen und Osazonen siehe S. 122.

Die Stickstoffbestimmung nach Kjeldahl läßt sich in diesen Substanzen ausführen, wenn man mit größeren Mengen reinem Zinkpulver und

---

[1]) A. **227**, 353 (1885).
[2]) Hemmelmayr, M. **13**, 667 (1892). — R. Meyer und Saul, B. **26**, 1271 (1893). — Ephraim, B. **26**, 1376 (1893).
[3]) V. Meyer und Münchmeyer, B. **19**, 1706 (1886). — Hötte, J. pr. (2) **33**, 99 (1886).
[4]) Siehe S. 862.   [5]) Willstätter und Parnas, B. **40**, 3971 (1907).
[6]) B. **21**, 3315 (1888); **41**, 4357 (1908). — Siehe auch R. Meyer und Desamari, B. **42**, 2815 (1909).   [7]) B. **28**, 3209 (1895).   [8]) B. **29**, 830, 836 (1896).
[9]) S. 807. — Hydrazone aus Azinen: Knöpfer, M. **30**, 29 (1909).
[10]) Sachs und Appenzeller, B. **41**, 99 (1908).   [11]) B. **20**, 3386 (1887).
[12]) Hess, A. **232**, 234 (1886). — Nastvogel, A. **248**, 85 (1888). — R. Meyer und Marx, B. **41**, 2470 (1908).
[13]) Knorr und Blank, B. **18**, 931 (1885). — Knorr, A. **238**, 137 (1887). — E. Fischer und Knoevenagel, A. **239**, 194 (1887).
[14]) Auwers und Müller, B. **41**, 4230 (1908). — Kohler, Am. **42**, 375 (1909). — Auwers und Voss, B. **42**, 4411 (1909). — Auwers und Lämmerhirt, B. **54**, 1000 (1921).

starker Schwefelsäure in der Wärme reduziert und schließlich neben einem Tropfen Quecksilber auch etwas Kaliumpersulfat zusetzt[1]).

Schwer verbrennliche Dihydrazone: Harries und Tank, B. 41, 1701 (1908).

Wenig krystallisationsfähige Hydrazone führt man in ihre Pikrate über, indem man die Hydrazonbildung bei Gegenwart von etwas überschüssiger Pikrinsäure vor sich gehen läßt. Die Hydrazonbildung erfolgt dann rascher, und die Hydrazonpikrate pflegen schwer löslich und (z. B. aus Eisessig) krystallisierbar zu sein[2]).

Reduktion der Phenylhydrazone von Ketonsäuren mit Aluminiumamalgam zu Aminosäuren: E. Fischer und Groh, A. 383, 363 (1911).

Zersetzung von Hydrazonen durch Erhitzen: Arbusow und Frühauf, Russ. 45, 694 (1913). — Arbusow und Wagner, Russ. 45, 697 (1913). — Arbusow und Chrutzki, Russ. 45, 699 (1913). — Siehe auch S. 533.

Phenylhydrazinparasulfosäure[2])

bildet mit aromatischen Aldehyden und Ketonen fast ausschließlich Additionsprodukte. Aliphatische Diketone dagegen reagieren unter Pyrazolbildung[3]).

Über Farbstoffbildung mit Phenylhydrazinsulfosäure und Aldehyden (Kohlenhydraten): Wacker, B. 41, 266 (1908). — Kitching, Ch. News 122, 46 (1921).

c) Darstellung substituierter Phenylhydrazone.

In vielen Fällen sind substituierte Hydrazine, die besonders gut krystallisierende Derivate liefern, zum Nachweis der CO-Gruppe empfehlenswert. Es kommen hier hauptsächlich die folgenden Substanzen in Betracht:

Ortho-, Meta- und Paratolylhydrazin,

Parabromphenylhydrazin,
Ortho-, Meta- und Paranitrophenylhydrazin,
2.4-Dinitrophenylhydrazin,
Methylphenylhydrazin,
Benzylphenylhydrazin,
Diphenylhydrazin,
β-Naphthylhydrazin.

o-, m- und p-Tolylhydrazin

sind von van der Haar für die Charakterisierung einiger Monosaccharide benutzt worden.

Gleiche Teile Zucker und Hydrazin werden mit 20 Teilen 96 proz. Alkohol im Wasserbad bis zur Lösung und dann noch eine Viertelstunde erhitzt. Nach 24 stündigem Stehen wird das Hydrazon aus 96 proz. Alkohol umkrystallisiert.

Das o-Tolylhydrazin[4]) ist ein spezifisches Reagens auf d-Galaktose. Das Hydrazon schmilzt bei 176°.

---

[1]) Milbauer, Böhm. Ztschr. f. Zuckerind. 28, 339 (1904).
[2]) Kaufmann, B. 46, 1829 (1913).
[3]) Claisen und Roosen, A. 278, 296 (1893). — Über die relative Beständigkeit der Phenylhydrazinsulfosäureadditionsprodukte an Aldehyde und Ketone in Rücksicht auf die Anwesenheit acidifizierender Gruppen in der Carbonylverbindung: Biltz, Maué und Sieden, B. 35, 2000 (1902). — Biltz, B. 35, 2008 (1902). — Siehe Sachs und Kempf, B. 35, 1231 (1902). — Auwers, B. 50, 1593 (1917).
[4]) Rec. 37, 108, 251 (1917). — Monosaccharide usw. (1920), 206.

m-Tolylhydrazin[1]) ist ebenfalls zum Nachweis der Galaktose, ferner auch für l-Arabinose, Rhamnose und Fucose geeignet.

p-Tolylhydrazin[2]) gibt vor allem mit Mannose ein schwerlösliches Hydrazon (Temp. 190—191°), gibt aber auch brauchbare Resultate mit Arabinose, Rhamnose, Fucose und Galaktose sowie Glucuronsäure.

Parabromphenylhydrazin.

Dieses Reagens ist namentlich zur Erkennung einzelner Zuckerarten (Ribose, Arabinose) sehr geeignet [E. Fischer[3])].

Von Tiemann und Krüger[4]) ist es speziell zur Darstellung des Ionon- und Ironhydrazons benutzt worden.

Das p-Bromphenylhydrazin wird meist in essigsaurer Lösung zur Einwirkung gebracht, wobei Temperaturerhöhung durch Kochen zu vermeiden ist, zur Hintanhaltung der Bildung von Acet-p-Bromphenylhydrazid[5]). Auch in methyl-[6]) oder äthylalkoholischer[7]) Lösung kann es verwendet werden, man kann dann die Lösung am Rückflußkühler kochen. Alkohol und Eisessig verwenden Rupe, Luksch und Steinbach[8]).

Zum Umkrystallisieren der Hydrazone wird schwach verdünnter Methylalkohol, weniger gut Ligroin (bei Luftabschluß) verwendet. Die anderen Lösungsmittel verändern die Hydrazone unter Rotfärbung.

Neuberg[9]) empfiehlt, die ursprüngliche Fischersche Vorschrift der Hydrazonbereitung anzuwenden. Eine p-Bromphenylhydrazinverbindung der Glucuronsäure (Bromphenylosazonglucuronat?) erhielt er folgendermaßen[10]):

Fügt man zu 250 ccm wäßriger Glucuronsäurelösung eine zuvor zum Sieden erhitzte Lösung von 5 g salzsaurem p-Bromphenylhydrazin und 6 g Natriumacetat, so trübt sich die Flüssigkeit, wird aber beim Erwärmen im Wasserbad wieder klar. Nach 5—10 Minuten beginnt die Ausscheidung hellgelber Nadeln. Man entfernt vom Wasserbad und erhält beim Abkühlen reichliche Krystallisation. Man saugt ab, erhitzt das klare Filtrat von neuem im Wasserbad bis zur Krystallabscheidung, läßt erkalten, saugt ab usw. Durch 4—5 malige Wiederholung dieser Operation gelingt es in 2—3 Stunden, fast die gesamte Glucuronsäuremenge als Hydrazinverbindung zu fällen.

Die verschiedenen, auf einem Filter gesammelten Niederschläge der Hydrazinverbindung wäscht man an der Saugpumpe (am besten auf einer Porzellannutsche mit großer Oberfläche) gründlich mit warmem Wasser und dann mit absolutem Alkohol, bis dieser ganz schwach gelb gefärbt abläuft. Hierdurch entfernt man eine anhaftende dunkle Substanz und erhält die Verbindung als leuchtend hellgelbe Krystallmasse[11]).

---

1) Rec. **39**, 191 (1920).
2) Rec. **36**, 346 (1917). — Monosaccharide usw. (1920), 205.
3) B. **24**, 4221. Anm. (1891). — La Forge, J. Biol. Chem. **28**, 511 (1917).
4) B. **28**, 1755 (1895).   5) Michaelis, B. **26**, 2190 (1893).
6) Liebermann und Lindenbaum, B. **41**, 1615 (1908).
7) Weil, M. **29**, 903 (1908). — Winzheimer, Arch. **246**, 352 (1908).
8) B. **42**, 2519 (1909).
9) B. **32**, 2395 (1899). — Siehe auch Mayer und Neuberg, Z. physiol. **29**, 256 (1900).
10) Siehe dazu Goldschmiedt und Zerner, M. **33**, 1217 (1912).
11) Andere p-Bromphenylhydrazone: Tiemann, B. **28**, 2191, 2491 (1895). — Giemsa, B. **33**, 2998 (1900). — Mayer und Neuberg, B. **33**, 3229 (1900). — Brunner, Z. physiol. **29**, 260 (1900). — Hanuš, Z. Unt. Nahr. Gen. **3**, 535 (1900). — Levene und Jacobs, B. **43**, 3147 (1910). — Morgan und Vining, Soc. **119**, 178 (1921) usw.

Darstellung von Parabromphenylhydrazin[1]) [Michaelis[2])].

20 g Phenylhydrazin werden in 200 g Salzsäure 1.19 eingegossen und das abgeschiedene Salz in der Flüssigkeit gleichmäßig verteilt.

Man kühlt auf 0° ab und läßt unter starkem Schütteln in 10—15 Minuten 22.5 g Brom eintropfen. Nach 24 stündigem Stehen saugt man ab, wäscht mit wenig kalter Salzsäure, löst in Wasser und zersetzt mit Natronlauge.

Die Base scheidet sich in festen, krystallinischen Flocken ab, die mit Äther wiederholt extrahiert und nach dem Verdampfen des letzteren aus siedendem Wasser umkrystallisiert werden. Die salzsaure Mutterlauge enthält Bromdiazobenzolchlorid, zu dessen Reduktion man 60 g Zinnchlorür einträgt. Den Niederschlag versetzt man — nach dem Absaugen und Waschen mit starker Säure — mit Wasser und überschüssigem Alkali und reinigt die Base, wie oben angegeben. Ausbeute 80%.

p-Bromphenylhydrazin ist möglichst vor Licht und Luft geschützt, also in gut schließenden, gefärbten Flaschen, aus denen man die Luft durch Kohlendioxyd oder Leuchtgas verdrängt hat, aufzubewahren.

Gut krystallisierte und ausreichend trockne Präparate halten sich jahrelang unverändert. Verfärbte Präparate lassen sich durch Umkrystallisieren aus Wasser unschwer reinigen. Es empfiehlt sich, der erkaltenden Flüssigkeit einige Tropfen Sodalösung zuzusetzen.

Reines p-Bromphenylhydrazin schmilzt bei 107—109°.

Acet-p-Bromphenylhydrazid schmilzt bei 167°.

Zur Spaltung von p-Bromphenylhydrazonen erhitzen Liebermann und Lindenbaum[3]) mit an Salzsäure gesättigtem Eisessig auf 125 bis 130°.

Metanitrophenylhydrazin[4]).

Darstellung: 10 g m-Nitroanilin werden durch Erwärmen in 100 g konzentrierter Salzsäure gelöst; beim Erkalten scheidet sich das salzsaure Nitroanilin teilweise aus. Diese Lösung wird bei niederer Temperatur mit 5 g Natriumnitrit — gelöst in 35 g Wasser — diazotiert. Die braune Flüssigkeit läßt man unter zeitweiligem Umrühren so lange ohne Kühlung stehen, bis das auskrystallisierte salzsaure Nitroanilin verschwindet. Zu der Diazolösung werden 32 g Zinnchlorür, im gleichen Gewicht konzentrierter Salzsäure gelöst, tropfenweise gegeben; die Temperatur soll dabei nicht über 0° steigen, da sich sonst der Diazokörper unter Stickstoffentwicklung zersetzt. Jeder Tropfen Zinnchlorürlösung bringt eine rötliche Ausscheidung hervor.

Nach beendigter Reduktion wird der Niederschlag abgesaugt, mit gesättigter Kochsalzlösung[5]) ausgewaschen, in viel heißem Wasser gelöst und durch die warme, braune Flüssigkeit Schwefelwasserstoff geleitet. Die vom Schwefelzinn abfiltrierte, hellgelbe Lösung scheidet beim Erkalten das salzsaure m-Nitrophenylhydrazin in kurzen, durchsichtigen, gelben Tafeln aus[6]).

[1]) B. **26**, 2190 (1893). — Stiegler, Diss. Rostock (1907), 31.

[2]) Darstellung aus p-Bromanilin: Neufeld, A. **248**, 94 (1888).

[3]) B. **40**, 3571 (1907).

[4]) Bischler und Brodsky, B. **22**, 2809 (1889). — Behn, B. **33**, 2595 (1890). — Ekenstein und Blanksma, Rec. **24**, 33 (1905).

[5]) V. d. Haar, Ch. W. **14**, 147 (1917).

[6]) Graff, Diss. Rostock (1908), 21 erhielt niemals dieses Zinndoppelsalz, sondern sofort das Chlorhydrat der Base, das in Wasser leicht löslich ist und sich beim Kochen teilweise zersetzt. Auf Zusatz von Natriumacetat aus der wäßrigen Lösung fiel direkt die freie Base als rote voluminöse Masse aus.

Die freie Base gewinnt man mit Natriumacetat Man wäscht mit konzentrierter Kochsalzlösung. Aus Benzol mit Petroläther gefällt, bildet sie orangegelbe Nadeln vom Schmelzpunkt 93°.

Zur Darstellung von Hydrazonen erwärmt man einige Zeit in alkoholischer Lösung.

Wichtiger als dieses, nur gelegentlich [1]) verwendete Produkt, ist das namentlich von Bamberger empfohlene

Paranitrophenylhydrazin.

Darstellung[2]): 10 g p-Nitroanilin werden mit Wasser befeuchtet, mit 21 g Salzsäure (37%), etwas Eis und 6 g Natriumnitrit in 10 g Wasser diazotiert; die evtl. filtrierte Lösung wird, nachdem sie mit gesättigter Sodalösung abgestumpft und auf 100 ccm verdünnt ist, langsam und unter Rühren in die auf 0° abgekühlte Sulfitlauge (50 ccm), zu der vorher noch 10 g festes Kaliumcarbonat hinzugefügt werden, einlaufen gelassen. Die Flüssigkeit ist alsbald in einen Krystallbrei des Salzes $NO_2 \cdot C_6H_4NSO_3KNHSO_3K$ verwandelt. Es wird scharf abgenutscht, mit wenig kaltem Wasser gewaschen, filterfeucht in einer Schale mit 40 ccm Salzsäure (37%) + 40 ccm Wasser übergossen und etwa 5 Minuten auf dem Wasserbad erwärmt. Das nach dem Abkühlen ausgeschiedene Gemenge von Chlorkalium und salzsaurem Nitrophenylhydrazin wird abgesaugt und in konzentrierter wäßriger Lösung zuerst unter Kühlung mit gesättigter Sodalösung, zum Schluß mit Natriumacetat versetzt; die ausgeschiedene Hydrazinbase ist ohne weiters rein. Aus der Mutterlauge erhält man durch Neutralisieren noch weitere Mengen Hydrazin.

Zum Nachweis von Aldehyden und Ketonen[3]) mischt man in der Regel die wäßrige Lösung des Chlorhydrats mit der wenn möglich ebenfalls wäßrigen Lösung des Untersuchungsobjekts; ist dieses Verfahren nicht angängig, so kommt die freie Base in alkoholischer oder essigsaurer Lösung zur Anwendung.

Man löst[4]) die carbonylhaltige Substanz in wenig Wasser, Eisessig[5]) oder Alkohol und fügt eine kalte, filtrierte Lösung von p-Nitrophenylhydrazin in 30 Teilen 40proz. Essigsäure oder in Eisessig hinzu.

Das Paranitrophenylhydrazin liefert Derivate, die sich nicht nur durch große Beständigkeit und außerordentliches Krystallisationsvermögen, sondern auch durch bequeme Löslichkeitsverhältnisse auszeichnen. Zur Reinigung

---

[1]) Bischler und Brodsky, B. 22, 2809 (1889). — Behn, B. 33, 2595 (1890). — Ekenstein und Blanksma, Rec. 24, 33 (1905).

[2]) Bamberger und Kraus, B. 29, 1834 (1896). — Borsche und Reclaire, B. 40, 3806 (1907).

[3]) Bamberger und Sternitzki, B. 26, 1306 (1893). — Bamberger, B. 32, 1804 (1899). — Hyde, B. 32, 1810 (1899). — Feist, B. 33, 2098 (1900). — Wohl und Neuberg, B. 33, 3095 (1900). — Bamberger und Grob, B. 34, 546, Anm. (1901). — Ekenstein und Blanksma, Rec. 22, 434 (1903). — Medwedew, B. 38, 1646 (1905). — Schoorl und Van Kalmthout, B. 39, 280 (1906). — Braun, B. 40, 3945, 3948 (1907). — Auwers und Hessenland, B. 41, 1826 (1908). — Kyriacou, Diss. Heidelberg (1908), 43. — Schmidt, Retzlaff und Haid, A. 390, 227, 233 (1912). — v. Braun und Kruber, B. 45, 400, 401 (1912). — Feinberg, Am. 49, 87 (1913). — Smith, Diss. Kiel (1914), 24, 27. — Scheibler und Schmidt, B. 54, 139 (1921).

[4]) Dakin, J. Biol. Chem. 4, 235 (1908). — Auwers, B. 49, 2407 (1916); 50, 1178 (1917).

[5]) Schmitt und Widmann, B. 42, 1884 (1909).

empfiehlt sich Umkrystallisieren aus Alkohol[1]), Petroläther [2]); oder Lösen in Pyridin und Ausfällen mit Äther[3]), Wasser oder Toluol[4]).

Die **Schmelzpunkte** der p-Nitrophenylhydrazone sind aber oft wenig charakteristisch und hängen zum Teil von Nebenumständen ab[5]).

Es ist auch als **mikrochemisches Reagens** sehr geeignet[6]).

Manche p-Nitrophenylhydrazone sind so stark sauer, daß sie sich in wäßrigen Ätzlaugen auflösen; derartige Salzlösungen sind immer gefärbt (tiefrot oder tiefblau). Die Färbung tritt namentlich bei Alkoholzusatz hervor[7]).

Dagegen sind die **Phenylhydrazone** vieler **Oxyaldehyde** in Kalilauge unlöslich[8]).

Verhalten gegen Chinonoxime siehe S. 863.

Verhalten gegen Cumaranone: **Auwers** und **Müller**, B. **50**, 1149 (1917). — **Auwers**, B. **50**, 1585 (1917).

p-Nitrophenylhydrazin und Formaldehyd: **Zerner**, M. **34**, 957 (1913).

Orthonitrophenylhydrazin

haben **Ekenstein** und **Blanksma**[9]) auch für die Diagnose von Zuckerarten empfohlen; ebenso **Borsche**[10]) für die Überführung von Chinonen in Hydrazone (Oxyazoverbindungen); **Busch** und **Weiß**[11]) haben das

p - Dinitrodibenzylhydrazin

auf seine Verwendbarkeit geprüft. Es hat vor den Nitrophenylhydrazinen keine Vorzüge.

2 · 4 - Dinitrophenylhydrazin[12]).

6.5 g Hydrazinsulfat werden mit 25 ccm 20proz. Kalilauge bis zur beendeten Umsetzung zum Sieden erhitzt, nach dem Erkalten mit 50 ccm Alkohol versetzt und nach einiger Zeit vom abgeschiedenen Kaliumsulfat abgesaugt. Das Filtrat wird mit einer Lösung von 5 g Dinitrobenzol auf dem Wasserbad erhitzt. Dabei färbt es sich zunächst rot, dann beginnt das Dinitrophenylhydrazin auszukrystallisieren. Seine Menge beträgt nach halbstündigem Erhitzen 3.2 g. Etwa dieselbe Quantität läßt sich aus den Mutterlaugen gewinnen, wenn sie noch einmal etwas längere Zeit mit 4 g Dinitrobenzol und 3.5 g krystallisiertem Natriumacetat als salzsäurebindendem Mittel erwärmt werden. Ausbeute ca. 65%.

---

[1]) **Dakin**, J. Biol. Ch. **4**, 235 (1908). — **Auwers**, B. **49**, 2407 (1916); **50**, 1178 (1917).

[2]) **Neuberg, Scott** und **Lachmann**, Bioch. **24**, 165 (1910).

[3]) **Neuberg**, B. **32**, 3385, Anm. (1899).

[4]) **Neuberg**, B. **41**, 962 (1908). — **Neuberg, Scott** und **Lachmann**, Bioch. **24**, 159 (1910).

[5]) **Auwers** und **Thies**, B. **53**, 2285 (1920). — Siehe auch B. **50**, 1585 (1917); **52**, 99 (1919).   [6]) **Behrens**, Ch. Ztg. **27**, 1105 (1903).

[7]) **Bamberger**, B. **32**, 1806 (1899). — **Bamberger** und **Djierdjian**, B. **33**, 536 (1900). — **Blumenthal** und **Neuberg**, Dtsche. med. Woch. **1901**, Nr. 1. — **Meister**, B. **40**, 3445 (1907). — **Zerner**, M. **34**, 960 (1913).

[8]) **Anselmino**, B. **35**, 4099 (1902). — Siehe **Torrey** und **Adams**, B. **43**, 3227 (1910). — Siehe auch S. 638.

[9]) **Rec. 24**, 33 (1905). — Phenylcarbaminsäure-o-nitrophenylhydrazid: **Borsche** und **Reclaire**, B. **40**, 3812 (1907). — Zuckerarten: **Reclaire**, B. **42**, 1424 (1909).

[10]) A. **357**, 175 (1907).   [11]) Rec. **22**, 439 (1903).

[12]) Siehe **Purgotti**, G. **24**, 555 (1899). — **Borsche**, A. **357**, 180 (1907). — Chinone.

Beispiel der Einwirkung auf ein Benzochinon.

1 g Dinitrophenylhydrazin wird mit etwa der berechneten Menge Salzsäure zusammengebracht und in 60 ccm siedendem Alkohol gelöst, 0.5 g Chinon hinzugefügt und dann mit Wasser auf Zimmertemperatur abgekühlt. Das Eintreten der Reaktion macht sich durch deutlichen Farbenumschlag nach Dunkelrot bemerkbar. Man verdünnt mit Wasser bis zur bleibenden Trübung. Nunmehr krystallisieren feine, braune Nadeln in großer Menge aus, die, noch einmal in derselben Weise umkrystallisiert, bei 185—186° schmelzen. Spielend leicht löslich in absolutem Alkohol. Sie werden auch von Alkalien leicht mit prachtvoller, blaustichigroter Farbe aufgenommen.

as - Methylphenylhydrazin.

Für die Erkennung und Isolierung der Ketosen, die sonst mangels charakteristischer Reaktionen mit Schwierigkeiten verknüpft ist, sollen die sekundären asymmetrischen Hydrazine vom Typus:

$$\begin{array}{c} C_6H_5 \\ R \end{array} \!\!\! \diagdown N \cdot NH_2,$$

speziell das Methylphenylhydrazin nach den Angaben von Neuberg [1]), vorzüglich geeignet sein; es gäben nur die Ketozucker mit dieser Hydrazinbase ein Methylphenylosazon, während die Aldosen und Aminozucker vom Typus des Chitosamins dazu nicht befähigt seien; die beiden letzteren lieferten damit ausschließlich farblose Hydrazone, die in allen Fällen leicht von dem intensiv gefärbten Osazon getrennt bzw. unterschieden werden könnten.

Die Osazonbildung, die nach E. Fischer auf einer intermediären Osonbildung beruht, kann nach diesen Beobachtungen nur bei Ketoalkoholen — $CO \cdot CH_2OH$, nicht aber bei Aldehydalkoholen $CHOH \cdot CH : O$ stattfinden. Nach Ofner [2]) liefern aber auch Aldosen Methylphenylosazone. Dies ist wahrscheinlich durch eine vorausgehende, durch das Hydrazin bewirkte, Umlagerung des Zuckers zu erklären.

Bei den Zuckern nimmt die Beständigkeit der Osazone mit der Größe des neben der Phenylgruppe im Hydrazin vorhandenen Radikals ab, während nach Lobry de Bruyn und Ekenstein [3]) die Schwerlöslichkeit der Hydrazone mit der Größe des Substituenten zu steigen pflegt.

Man wird daher zur Darstellung der Osazone das Methyl-, für Hydrazone das Benzyl- und Diphenylhydrazin vorziehen.

Beispielsweise werden zur Darstellung des d-Fructosemethylphenylosazons 1.8 g Lävulose in 10 ccm Wasser gelöst, 4 g Methylphenylhydrazin und so viel Alkohol zugesetzt, daß klare Lösung entsteht. Nach Zusatz von 4 ccm Essigsäure von 50% färbt sich die Flüssigkeit schnell gelb. Man erwärmt noch 5—10 Minuten auf dem Wasserbad und läßt dann das Osazon auskrystallisieren. Zur Reinigung benutzt man 10 proz. Alkohol und dann ein Gemisch von Chloroform und Petroläther.

Unter Umständen kann sich die Darstellung von Methylphenylhydrazonen ohne Lösungsmittel und nur unter schwachem Erwärmen (nicht über 40°) empfehlen [Rhodeose, Rhamnose [4])].

<hr>

[1]) B. **35**, 959, 2626 (1902). — E. Fischer, B. **22**, 91 (1889); **35**, 959, 2626 (1902). — Neuberg und Strauß, Z. physiol. **36**, 233 (1902). — Neuberg, B. **37**, 4616 (1904). — Pieraerts, Bull. Ass. Chim. Sucr. et Dist. **26**, 47 (1908). — Ter Meer, Diss. Berlin (1909), 26.

[2]) B. **37**, 3362, 3848, 3854, 4399 (1904). — M. **25**, 592, 1153 (1904); **26**, 1165 (1905); **27**, 75 (1906). — Ost, Z. ang. **18**, 30 (1905).   [3]) Rec. **15**, 225 (1896).

[4]) Votoček, B. **43**, 478, 480 (1910).

Methylphenylhydrazon des Triacetotriketohexamethylens: Göschke und Tambor, B. **45**, 1238 (1912).

Bestimmung von Raffinose mit as-Methylphenylhydrazin: Ofner, Böhm. Ztschr. f. Zuckerind. **31**, 326 (1907). — Pieraerts a. a. O.

Das Methylphenylhydrazon der Galaktose krystallisiert mit einem Molekül Krystallwasser [1]).

Darstellung des Methylphenylhydrazins [2]).

Ein Gemisch von 5 Teilen käuflichem Methylphenylnitrosamin und 10 Teilen Eisessig wird in kleinen Portionen unter fortwährendem Umrühren in ein Gemenge von 35 Teilen Wasser und 20 Teilen Zinkstaub eingetragen, wobei man die Temperatur der Flüssigkeit durch sukzessiven Zusatz von 45 Teilen Eis auf 10—20° hält. Nachdem das Gemisch unter öfterem Umrühren noch einige Stunden bei gewöhnlicher Temperatur gestanden, wird bis nahe zum Sieden erhitzt, nach einiger Zeit heiß filtriert und der zurückbleibende Zinkstaub mehrmals mit warmer, stark verdünnter Salzsäure ausgezogen.

Die Base wird am besten in der Wärme durch einen großen Überschuß sehr konzentrierter Natronlauge abgeschieden und in Äther aufgenommen. Das so erhaltene Rohöl wird mit der berechneten Menge 40proz. Schwefelsäure versetzt, auf 0° abgekühlt und mit dem gleichen Volumen absoluten Alkohols verdünnt. Die ausgeschiedene Krystallmasse wird mit Alkohol gewaschen, abgepreßt und aus siedendem, absolutem Alkohol umkrystallisiert. Das so gereinigte Sulfat wird durch konzentrierte Lauge zerlegt und die in Freiheit gesetzte Base, am besten im Vakuum, destilliert.

Siedepunkt bei 35 mm 131° (korr.), bei Atmosphärendruck 227°.

Äthylphenylhydrazin: Willgerodt und Harter, J. pr. (2) **71**, 411 (1905). — Ofner, M. **27**, 75 (1906). — Amylphenylhydrazin: Neuberg und Federer, B. **38**, 868 (1905).

Benzylphenylhydrazin $\dfrac{C_6H_5CH_2}{C_6H_5}\!\!>\!\!N \cdot NH_2$.

Dieses Reagens [3]) [4]) ist namentlich für die Isolierung von Zuckern wertvoll, da es sehr schwer lösliche Hydrazone bildet.

Darstellung [5]): 2 Moleküle Phenylhydrazin und 1 Molekül Benzylchlorid werden ohne Kühlung gemischt und einige Zeit bei Zimmertemperatur sich selbst überlassen. Dabei erhitzt sich die Masse sehr stark. Nach dem Abkühlen wärmt man wieder auf dem Wasserbad an und setzt Wasser zu. Salzsaures Phenylhydrazin geht in Lösung, während α-Benzylphenylhydrazin als schweres Öl völlig ungelöst zurückbleibt. Zur Reinigung nimmt man mit Äther auf, trennt die wäßrige Schicht ab, wäscht den Äther mit destilliertem Wasser und schüttelt dann mit verdünnter Salzsäure, in der das Chlorhydrat des Benzylphenylhydrazins sich löst, während die Verunreinigungen im Äther bleiben. Die Lösung des Chlorhydrats wird auf dem Wasserbad eingedampft und das Salz durch konzentrierte Salzsäure in Form weißer Nadeln gefällt. Smp. 166—167°.

---

[1]) Votocek, Bull. (4) **29**, 408 (1921).

[2]) E. Fischer, A. **190**, 153 (1877); **236**, 198 (1886).

[3]) Minunni, G. **22**, (2), 219 (1892). — Giemsa, B. **33**, 2997 (1900). — Ruff, B. d. d. pharm. Ges. **1900**, 43. — Ofner, B. **37**, 2623 (1904). — M. **25**, 593, 1153 (1904). — Tisza, Diss. Bern (1908), 32. — Levene und Jacobs, B. **43**, 3144 (1910).

[4]) Lobry de Bruyn und van Ekenstein, Rec. **15**, 97, 227 (1896). — Ruff und Ollendorf, B. **32**, 3235 (1899). — Neuberg, B. **35**, 962 (1902). — Hilger und Rothenfußer, B. **35**, 1843 (1902).   [5]) Milrath, Privatmitteilung.

Die freie Base, durch Ätzkali abgeschieden, bildet ein schweres, schwach bräunlich gefärbtes Öl, das sich, nach dem Trocknen in ätherischer Lösung mit Kaliumcarbonat, bei 38 mm Druck zwischen 216 und 218° unzersetzt destillieren läßt. Die reine Base ist in verdünnter Salzsäure vollkommen löslich.

Beim Stehen geht[1]) Benzylphenylhydrazin partiell in Benzalbenzylphenylhydrazin (Smp. 111°) über, das in Alkohol schwer löslich ist und zu Täuschungen[2]) Veranlassung geben kann.

Zur Darstellung von Hydrazonen arbeitet man am besten in neutraler alkoholischer Lösung.

So krystallisiert z. B. 1-Xylosebenzylphenylhydrazon aus, wenn man 3 g Xylose, in 5 ccm Wasser gelöst, mit der Lösung von 4 g Benzylphenylhydrazin in 20 ccm absolutem Alkohol mischt und, nach gelindem Erwärmen, mit Wasser bis zur starken Trübung versetzt. Nach einigen Stunden ist die ganze Masse zu einem Brei seidenglänzender weißer Nadeln erstarrt.

Man spaltet die Benzylphenylhydrazone mit Formaldehyd[3]).

$$\text{Diphenylhydrazin} \quad \begin{matrix} C_6H_5 \\ C_6H_5 \end{matrix}\!\!>\!\!N\cdot NH_2$$

ist hauptsächlich in der Zuckerreihe verwendet worden[4]), kann aber auch mit Vorteil bei Aldehyden benutzt werden[5]).

Im Gegensatz zum Phenylhydrazin verbindet sich das weniger basische Diphenylhydrazin in der Kälte erst nach längerem Stehen mit den gewöhnlichen Zuckerarten, liefert dann aber beständige, in Wasser schwer lösliche und schön krystallisierende Hydrazone. Rascher erfolgt die Reaktion beim Erwärmen. Da die Base sowohl in Wasser als auch in verdünnter Essigsäure sehr schwer löslich ist, benutzt man alkoholische Lösungen.

Darstellung[6]): Zu einer gut gekühlten Lösung von 40 Teilen käuflichem Diphenylamin in 200 Teilen Alkohol und 30 Teilen Salzsäure (spez. Gewicht 1.19) werden allmählich 35 Teile salpetrigsaures Natrium (28% N_2O_3 enthaltend) in konzentrierter, wäßriger Lösung (2 : 3) unter gutem Umschütteln eingetragen. Die Flüssigkeit färbt sich anfangs dunkelgrün, gegen Ende der Operation meist dunkelbraun und scheidet neben Chlornatrium reichliche Mengen Nitrosamin in blättrigen Krystallen ab. Durch starkes Abkühlen und vorsichtigen Zusatz von wenig Wasser wird auch der Rest des letzteren ziemlich vollständig ausgefällt, während die dunkelgefärbten öligen, vorzüglich von Verunreinigungen des Diphenylamins herstammenden Nebenprodukte größtenteils in Lösung bleiben. Durch Abfiltrieren und Auswaschen mit kleinen Mengen Alkohol erhält man eine hellgelbe Krystallmasse, die nach Entfernung

---

[1]) Ofner, M. **25**, 593 (1904). — Goldschmiedt, B. **41**, 1862 (1908).

[2]) Minunni, G. **27** (2), 242 (1897). — Michaelis, B. **41**, 1427 (1908). — Siehe Goldschmiedt, a. a. O. und Milrath, B. **41**, 1865 (1908).

[3]) Winterstein und Hiestand, Z. physiol. **54**, 312 (1908).

[4]) Miller, Plöchl und Rohde, B. **25**, 2063 (1892). — Neuberg, B. **33**, 2245 (1900); **37**, 4618 (1904). — Ztschr. Ver. Zuck. **1902**, 247. — Müther und Tollens, B. **37**, 311 (1904). — Tollens und Maurenbrecher, B. **38**, 500 (1905). — Graaff, Ph. W. **42**, 685 (1905). — Ch. Ztg. **29**, 991 (1905).

[5]) Maurenbrecher, Ztschr. f. Zuckerind. **56**, 1046 (1906). — B. **39**, 3583 (1906). — Graziani und Bovini, Atti Linc. (5) **22**, I, 793 (1913). — Hier auch Ditoluylhydrazone. Vgl. Lehne, B. **13**, 1546 (1880).

[6]) E. Fischer, A. **190**, 174 (1878). — Stahel, A. **258**, 242 (1891). — Overton, B. **26**, 19 (1893).

von beigemengtem Kochsalz durch Waschen mit Wasser aus fast reinem Nitrosamin besteht.

Zur vollständigen Reinigung des Rohprodukts genügt einmaliges Umkrystallisieren aus heißem Ligroin (Sdp. 70—100°), worin es in der Wärme außerordentlich leicht, in der Kälte sehr schwer löslich ist. Zur Umwandlung in die Hydrazinbase wird die Lösung des Nitrosamins in der fünffachen Menge Alkohol mit überschüssigem Zinkstaub versetzt und allmählich Eisessig in kleinen Mengen zugegeben, wobei gut gekühlt werden muß. Die Reaktion ist beendet, wenn eine abfiltrierte Probe auf Zusatz von konzentrierter Salzsäure nicht mehr die dem Nitrosamin eigentümliche grünblaue Färbung zeigt. Die heiß vom Zinkstaub abfiltrierte Lösung wird auf $^1/_4$ ihres Volums eingedampft und unter Abkühlen und Umrühren allmählich mit einem großen Überschuß rauchender Salzsäure versetzt. Das beim Erkalten ausgeschiedene Chlorhydrat wird zur Trennung von zurückbleibendem Diphenylamin dreimal in Wasser gelöst, mit konzentrierter Salzsäure gefällt und schließlich aus heißem Alkohol umkrystallisiert, worauf es vollkommen farblose, feine Nadeln bildet. Die mit Natronlauge abgeschiedene Base erstarrt nach mehrtägigem Stehen in der Kälte oder wird durch Vakuumdestillation in krystallisierbare Form gebracht (Sdp. gegen 220° bei 40—50 mm). Die schwach violett gefärbten Krystalle werden mit etwas Ligroin gewaschen und dann aus diesem Lösungsmittel umkrystallisiert. Farblose Tafeln, Smp. 34—35°.

Das käufliche Diphenylhydrazin-Chlorhydrat (Kahlbaum) muß durch Schütteln mit Äther und Natronlauge, Abdestillieren der mit Natriumsulfat entwässerten Ätherschicht und Destillation des Rückstandes im Vakuum unter 8—10 mm bei 198—199° (ca. 220° bei 40—50 mm, siehe oben) gereinigt werden. Man läßt das Destillat erstarren, saugt ab und wäscht mit etwas Ligroin [1]).

Biphenylenhydrazin $\dfrac{C_6H_5}{C_6H_5}{>}N-NH_2$.

Blom [2]) hat die Beobachtung gemacht, daß das Biphenylenhydrazin im allgemeinen höher schmelzende Hydrazone gibt als das Diphenylhydrazin. Die Kondensationsprodukte sind zum Teil sehr schwer löslich und zeigen großes Krystallisiervermögen. Das as-Biphenylhydrazin bietet den weiteren Vorteil, daß es leicht völlig rein hergestellt werden kann.

Zur Darstellung der Hydrazone müssen die Komponenten meist in absolutem Alkohol, unter Zusatz von etwas konzentrierter Schwefelsäure oder Eisessig, durch Erwärmen zur Reaktion gebracht werden. Auch unter diesen Bedingungen konnte von einigen Ketonen das Hydrazon nicht erhalten werden. Die Hydrazone der o-substituierten Aldehyde sind sehr schwer, die übrigen leicht löslich.

Darstellung des Biphenylenhydrazins [3]).

17 g Carbazol werden in siedendem Eisessig (250—300 ccm) gelöst und dann rasch abgekühlt. Während des Kühlens und ehe wieder Carbazol auskrystallisiert, setzt man unter Schütteln zu der noch warmen Lösung nach und nach die gesättigte wäßrige Lösung von 12 g Natriumnitrit, dabei die Kühlung möglichst verstärkend. Hierauf spritzt man die noch klare Lösung mit Wasser aus und gewinnt so das Nitrosamin in schönen gelben Nadeln. Die Ausbeute ist quantitativ.

<hr>

[1]) Tollens und Maurenbrecher, B. **38**, 500 (1905).
[2]) J. pr. (2) **94**, 77 (1916).   [3]) Wieland und Süsser, A. **392**, 179 (1912).

20 g des Nitrosamins werden in 250 ccm feuchten Äthers gelöst, mit 50 ccm Eisessig versetzt und, am besten in einer Glasstöpselflasche, unter starker Kühlung im Kältegemisch nach und nach durch Eintragen von Zinkstaub (80 g) reduziert. Die Temperatur soll nicht über 10° steigen, nach Zugabe des Zinkstaubes muß jeweils tüchtig geschüttelt werden. Die Reaktion ist beendet, wenn die Farbe der Lösung hellgelb geworden ist und wenn eine Probe, auf einem Uhrglas verdunstet, nichts mehr von den charakteristischen langen Nadeln des Nitrosamins hinterläßt. Auch darf eine Probe mit ätherischer Salzsäure nur eine ganz schwache Färbung geben. Man saugt vom Zinkstaub ab, wäscht mit Äther gut nach, schüttelt aus den vereinigten Ätherlösungen den Eisessig mit Soda aus, trocknet mit Stangenchlorcalcium und fällt das Hydrazin aus der trocknen Ätherlösung mit ätherischem Chlorwasserstoff aus. Zur Isolierung der Base wird die heißgesättigte alkoholische Lösung des Salzes mit der berechneten Menge Ammoniak zersetzt, worauf beim Erkalten das Hydrazin auskrystallisiert. Schöne, farblose, breite Nadeln. Schmelzpunkt nach wiederholtem Umkrystallisieren aus Alkohol 157° unter Zersetzung.

$$\beta\text{ - Naphthylhydrazin } \overset{H}{\underset{C_{10}H_7}{>}}N \cdot NH_2.$$

Darstellung[1]): 50 g β-Naphthylamin werden mit der gleichen Menge starker Salzsäure sehr fein verrieben, dann mit 400 g Salzsäure (spez. Gewicht 1.1) in eine Flasche gespült, gut abgekühlt und langsam unter energischem Schütteln mit der berechneten Menge Natriumnitrit versetzt. Die filtrierte Flüssigkeit wird nun sofort unter lebhaftem Rühren in eine kalte salzsaure Lösung von 250 g krystallisiertem Zinnchlorür eingetragen. Man erwärmt auf dem Wasserbad, bis der Niederschlag größtenteils gelöst und die Flüssigkeit fast farblos geworden ist.

Aus der abgekühlten Lösung scheidet sich das salzsaure Hydrazin nahezu vollständig als schwach gefärbter Krystallbrei ab. Man krystallisiert aus möglichst wenig Wasser um und fällt die freie Base aus der heißen Lösung mit Natriumcarbonat oder Bicarbonat, unter Vermeidung großen Überschusses[2]). Aus Wasser erhält man dann das Hydrazin in farblosen glänzenden Blättchen vom Schmelzpunkt 124—125°. Naphthylhydrazin, ebenso wie seine Derivate, ist lichtempfindlich, namentlich in feuchtem Zustand[2]). An der Luft oxydiert es sich langsam unter Rotfärbung. Beständiger sind das Chlorhydrat und das Oxalat. Verunreinigte Präparate des Chlorhydrats (wie jedes Handelsprodukt) wäscht man auf der Saugpumpe mit Äther.

Die β - Naphthylhydrazone der Zuckerarten[3])[4]) zeichnen sich durch große Krystallisationsfähigkeit und Schwerlöslichkeit aus, doch ist zu bemerken, daß man je nach der Darstellungsweise (verdünnt essigsaure oder schwach alkalisch-alkoholische Lösung) verschiedene Produkte erhalten kann. Wahrscheinlich entstehen Stereoisomere nach den Formeln:

$$C_5H_{11}O_5-CH \qquad\qquad C_5H_{11}O_5-CH$$
$$\| \qquad\qquad \text{und} \qquad\qquad \| \quad .$$
$$N \cdot NHC_{10}H_7 \qquad\qquad C_{10}H_7NH \cdot N$$

Im allgemeinen entstehen in schwach saurer Lösung die Naphthylhydrazone

---

[1]) E. Fischer, A. **232**, 242 (1886). — Hanuš, Z. Unters. Nahr. Gen. **3**, 351 (1900).
[2]) Rothenfußer, Arch. **245**, 369 (1907).
[3]) Hilger und Rothenfußer, B. **35**, 1841, Anm. 4444 (1902).
[4]) Van Ekenstein und Lobry de Bruyn, Rec. **15**, 97, 225 (1896). — B. **35**, 3082 (1902).

der labileren Form (größere Löslichkeit, niedrigerer Schmelzpunkt, leichtere Zersetzlichkeit durch Licht und höhere Temperatur). Es empfiehlt sich daher gewöhnlich, statt vom salzsauren Salz auszugehen, das mit der äquivalenten Menge Natriumacetat versetzt, mit der konzentrierten wäßrigen Lösung des Zuckers zur Reaktion gebracht wird (Ekenstein und Lobry de Bruyn), etwa nach dem folgenden, für die Darstellung von Galaktose-, Dextrose- und Arabinose-β-Naphthylhydrazon ausgearbeiteten Verfahren vorzugehen[1]):

1 g Zucker wird in 1 ccm Wasser unter Erwärmung gelöst und andererseits 1 g freies β-Naphthylhydrazin in 20—40 ccm Alkohol von 96%. Beide Lösungen werden warm zusammengegossen, filtriert und in verschlossener Flasche unter zeitweisem Umschütteln bis zur Abscheidung des Hydrazons stehengelassen. Das Hydrazon wird mit Äther gewaschen und aus Alkohol umkrystallisiert.

Auch für die Darstellung von Kondensationsprodukten mit Aldehyden[2]) und Ketonen ist Arbeiten in alkoholischer Lösung von Vorteil.

Beispiel: Citralnaphthylhydrazon. 16 g salzsaures Naphthylhydrazin und 13 g trocknes Natriumacetat werden auf dem Wasserbad in 160 g 96proz. Alkohol gelöst. Man filtriert vom ausgeschiedenen Chlornatrium, versetzt mit Soda in geringem Überschuß und saugt die noch heiße Flüssigkeit wieder ab. Dann fügt man 10 g Citral oder entsprechende Mengen einer citralhaltigen Flüssigkeit, z. B. Lemongrasöl, hinzu und erwärmt noch kurze Zeit. Beim Abkühlen tritt Krystallisation ein. Nach 12 Stunden wird abgesaugt, mit etwas Petroläther nachgewaschen und aus 96proz. Alkohol wiederholt umkrystallisiert. Beim Absaugen ist immer darauf zu achten, daß nicht unnütz lange Luft durchgesaugt wird, wodurch Verschmierung eintreten würde. Das Kondensationsprodukt ist farblos, färbt sich aber an der Luft nach und nach gelb bis rot, ebenso am Licht[3]).

Zur Analyse der Naphthylhydrazone dient ihre Spaltbarkeit durch Formaldehyd oder Benzaldehyd.

Man erwärmt z. B. mit Benzaldehyd und Salzsäure und wägt das gebildete Benzaldehydnaphthylhydrazon.

β - Naphthylhydrazinsulfosäure.

Über die Verwendung dieser Substanz, sowie der Phenylhydrazin-m-sulfosäure, der m-Hydrazinbenzoesäure u. dgl. schreiben Willstätter, Schuppli und Mayer[4]):

Wenn man Ketone oder Aldehyde mittels der Oxime, Semicarbazone oder Arylhydrazone zu isolieren oder reinigen sucht, so hängt der Erfolg vom Krystallisationsvermögen der Verbindungen ab. Indessen auch gut krystallisierende Derivate von Carbonylverbindungen scheiden sich aus Gemischen mit indifferenten Produkten schwierig aus. Es ist deshalb nützlich, den gebräuchlichen Substitutionsprodukten und Analogen des Phenylhydrazins noch Reagenzien anzureihen, die außer der kondensationsfähigen Gruppe noch eine saure enthalten. Das Hydrazon läßt sich dann infolge der Löslichkeit seiner Alkalisalze in Wasser von indifferenten Substanzen quantitativ trennen und durch Ansäuern der wäßrigen Lösung isolieren, auch wenn nur wenig und verdünnte Carbonylverbindung vorlag. Am geeignetsten erwies sich Naphthylhydrazin-4-sulfosäure. Die freie Säure kondensiert sich zum

---

[1]) Hilger und Rothenfußer, B. **35**, 1841, Anm. 4444 (1902).
[2]) Reich und Turkus, Bull. (4) **22**, 107 (1917).
[3]) Rothenfußer, Arch. **245**, 370 (1907).   [4]) A. **418**, 126 (1919).

Unterschied von Hydrazinbenzoesäure schwierig, dagegen leicht ihre Alkalisalze. Daher wird dieses Reagens als Kaliumsalz in konzentrierter wäßriger Lösung angewandt, das Keton z. B. mit Holzgeist verdünnt. Das Kaliumsalz des Kondensationsproduktes fällt entweder krystallinisch aus und wird nach dem Abfiltrieren mit Methyl- oder Äthylalkohol und Äther gewaschen, oder es ist in Wasser leicht löslich und wird durch Ausäthern von Begleitstoffen befreit. Die ausgeätherte Lösung oder besser das isolierte Alkalisalz der Hydrazonsulfosäure hydrolysiert man durch Kochen mit etwa 17 proz. Schwefelsäure oder oft besser nach der Methode von E. Fischer[1]) mit Hilfe von Brenztraubensäure.

Brenztraubensäurenaphthylhydrazon-4-sulfosäure.

Bei der Hydrolyse der Ketonnaphthylhydrazonsulfosäuren mit Hilfe der Brenztraubensäure tritt ihr Hydrazon als primäres Kaliumsalz in gelben Blättchen auf. Es ist in kaltem Wasser ziemlich schwer, in heißem leicht löslich, in Alkohol auch heiß sehr schwer. Es verliert sein Krystallwasser bei 100—110° und schmilzt unter Zersetzung bei 203—204°.

Reinigung des Ketons $C_{17}H_{34}O$ mit Naphthylhydrazinsulfosäure.

Das Keton wurde in 25 ccm Holzgeist gelöst, das Kaliumsalz der Sulfosäure (13.3 g) in 20 ccm heißem Wasser. Beim Vermischen beider Lösungen fällt das Keton aus, aber die Ölschicht verschwindet beim Erwärmen rasch, und in höchstens einer halben Stunde ist die Reaktion beendet. Beim Erkalten erstarrt die Flüssigkeit zu einem krystallinischen Brei, der mit gekühltem Methylalkohol und schließlich mit Äther gewaschen wird. Das ausgeschiedene Kaliumsalz (15 g, d. i. 82% d. Th.) nimmt man in 25 ccm Wasser auf und erhitzt mit überschüssiger, frisch destillierter Brenztraubensäure (2.4 g) 1 Stunde unter Rückfluß. Um die Ausscheidung des Brenztraubensäurehydrazons zu vermeiden, verdünnt man mit 100 ccm Wasser und äthert das abgeschiedene Keton aus, dessen ätherische Lösung mit Soda gewaschen wurde.

Derivate der m - Hydrazinbenzoesäure[2]).

Die Säure ist in Alkohol äußerst schwer löslich. Man erkennt daher Eintreten und Ende der Kondensation an ihrer Auflösung, wenn man molekulare Mengen von Hydrazinbenzoesäure und einem Keton mit Alkohol am Rückflußkühler erwärmt. Beim Verdunsten im Vakuum hinterbleiben manche Verbindungen krystallisiert, in anderen Fällen stellt man die gut krystallisierenden Ammoniumsalze dar.

Darstellung der m - Hydrazinbenzoesäure[3]).

100 g m-Aminobenzoesäure werden in 400 g Wasser und 190 g konzentrierter Salzsäure ($2^1/_2$ Mol.) suspendiert und unter Abkühlung die berechnete Menge Natriumnitrit zugesetzt; dabei geht die Aminobenzoesäure als Diazoverbindung in Lösung. Die letztere gießt man sofort in eine möglichst kalt gehaltene Lösung von Natriumsulfit, die auf 1 Mol. der Aminobenzoesäure 4 Mol. des Salzes enthält, das man aus der käuflichen 40 proz. Lösung von Natriumdisulfit durch Neutralisieren mit Natronlauge und Abkühlen in Eiswasser erhält.

---

[1]) Siehe S. 802.   [2]) Willstätter, Schuppli und Mayer, A. **418**, 127 (1919).
[3]) Roder, A. **236**, 164 (1886).

Die Flüssigkeit enthält jetzt das hydrazinsulfonsaure Salz; zur Zerlegung desselben fügt man ohne zu erwärmen, konzentrierte Salzsäure, wobei sofort die Abscheidung der salzsauren m-Hydrazinbenzoesäure erfolgt. Ist die Operation richtig verlaufen, so besitzt das Produkt nur ganz schwache gelbe Farbe; es ist in der Regel durch Kochsalz verunreinigt, von dem man es durch einmalige Krystallisation aus Wasser trennen kann.

Aus der Lösung des Hydrochlorats der Hydrazinbenzoesäure wird durch Natriumacetat die freie Säure abgeschieden.

Diphenylmethandimethyldihydrazin[1])

$$\text{CH}_2 \left\langle \begin{array}{l} \bigcirc\!-\!\text{N}\!-\!\text{NH}_2 \\ \quad\ \ |\ \ \ \ \text{CH}_3 \\ \bigcirc\!-\!\text{N}\!-\!\text{NH}_2 \\ \quad\ \ |\ \ \ \ \text{CH}_3 \end{array} \right.$$

wird von v. Braun speziell als Aldehydreagens, sowie für die Charakterisierung gewisser Zuckerarten empfohlen. Auf cyclische Ketone, welche die Gruppierung —CH$_2$—CO—CH$_2$— enthalten (Hexanone), wirkt es unter Bildung tetrahydrierter Dicarbazole der Diphenylmethanreihe, während Verbindungen, in denen eine Methylengruppe substituiert ist, nicht reagieren. Cyclopentanone reagieren in analoger Weise, aber langsamer.

Über das Verhalten des Reagens gegen Zuckerarten sagt v. Braun[2]): Damit eine Aldose mit Diphenylmethandimethyldihydrazin reagiert, müssen von den drei der Aldehydgruppe folgenden CH·OH-Komplexen mindestens zwei zueinander benachbarte dieselbe Konfiguration aufweisen. Demzufolge ist z. B. zu erwarten, daß sich die Gulose und Talose als reaktionsfähig erweisen werden, während sich die Idose der Glucose anschließen dürfte. Es ist außerordentlich bemerkenswert, ein wie empfindliches Konfigurationsreagens das Diphenylmethandimethyldihydrazin darstellt; es erinnert schon stark an das Verhalten mancher Enzyme.

Darstellung von Diphenylmethandimethyldihydrazin:

85.6 g Methylanilin, 12 g Formaldehyd und die 58.4 g Chlorwasserstoff entsprechende Menge wäßriger, nicht zu konzentrierter Salzsäure werden in der Kälte vermischt, 10 Stunden auf dem Wasserbad erhitzt, alkalisch gemacht und in Äther aufgenommen. Man trocknet, fraktioniert und fängt die bei 10 mm zwischen 230—280° übergehende Flüssigkeit (Dimethyldiamino-diphenylmethan) auf. Beim Abkühlen erstarrt das Produkt und kann durch nochmalige Destillation (Sdp. bei 10 mm um 250°) vollkommen gereinigt werden (Smp. 56°). Auf Zusatz von Natriumnitrit zur salzsauren Lösung der Base scheidet sich die Nitrosoverbindung in fester Form ab. Nach dem Umkrystallisieren aus möglichst wenig Alkohol hellgelbe Krystalle (Smp. 97—98°). Man kann zur Nitrosierung auch das bei 230—280° siedende Rohprodukt benutzen.

Je 30 g Nitrosoverbindung werden sehr fein gerieben, in einem Gemisch von je 75 ccm Wasser, Alkohol und Eisessig suspendiert und unter Eiskühlung

---

[1]) v. Braun, B. 41, 2169, 2604 (1908); 43, 1495 (1910); 46, 3949 (1913). — v. Braun und Danziger, B. 46, 108 (1913). — Aron, Monatsh. f. Kinderheilk. 8 (1913). — Zerner, M. 34, 961 (1913). — Rinkes und Hasselt, Ch. W. 14, 888 (1917). — Votoček, B. 50, 40 (1917).   [2]) B 50, 42 (1917).

innerhalb einer Stunde 90 g Zinkstaub eingetragen. Die Temperatur soll dabei nicht über 20° steigen.

Die farblose, essigsaure Lösung wird abfiltriert und der Zinkschlamm zweimal mit verdünnter Essigsäure extrahiert. Zur weiteren Verarbeitung werden mehrere Portionen vereinigt.

Man erwärmt die Lösung bis fast zum Sieden und setzt ebenso vorgewärmte überschüssige Natronlauge zu. Das Hydrazin sammelt sich als Öl an der Oberfläche und erstarrt beim ruhigen Erkalten zu einem Krystallkuchen, von dem die Lauge abgegossen wird. Man löst in der etwa fünffachen Menge siedendem Alkohol, filtriert durch einen Heißwassertrichter, wäscht mit etwas Alkohol und läßt auf 0° erkalten.

Die auskrystallisierende Masse (50% des Rohprodukts) ist reines Diphenylmethandimethyldihydrazin.

Die Lauge wird mit verdünnter Salzsäure versetzt und Natriumnitrit zugegeben, worauf wieder Dinitrosoverbindung ausfällt, aus der weitere Mengen Hydrazin erhalten werden können.

Das Diphenylmethandimethyldihydrazin schmilzt bei 102°, ist in heißem Alkohol ziemlich leicht, in Äther schwer löslich, unlöslich in Ligroin. Von verdünnten Säuren wird es, wenn es rein ist, klar aufgenommen. Smp. des Chlorhydrats 190° unter Zersetzung.

Zersetzte Präparate werden zur Reinigung in verdünnter Salzsäure gelöst, wiederholt ausgeäthert, filtriert und in der oben angegebenen Weise mit Lauge gefällt.

Über Isomerie bei Hydrazonen: Skraup, M. 10, 406 (1889). — Fehrlin, B. 23, 1574 (1890). — Krause, B. 23, 3617 (1890). — Hantzsch, B. 24, 3511 (1891). — Hantzsch und Kraft, B. 24, 3525 (1891); 26, 9 (1893). — Overton, B. 26, 18 (1893). — Smith und Ransom, Am. 16, 107 (1894). — Anschütz und Pauly, B. 28, 64 (1895). — Ingle und Mann, Proc. 11, 111 (1895) [Osazone]. — E. Fischer, B. 29, 793 (1896); 30, 1240 (1897). — Thiele und Pickard, B. 31, 1249 (1898). — Bamberger und Schmidt, B. 34, 2001 (1901). — Busch, B. 34, 1119 (1901); J. pr. (2) 84, 293 (1911). — Simon, C. r. 135, 630 (1902). — Lockemann und Liesche, A. 342, 14 (1905). — Forster und Zimmerli, Soc. 97, 2156 (1910). — Ciusa und Vecchiotti, Atti Linc. (5) 20, I, 803 (1911). — Laws und Sidgwick, Soc. 99, 2085 (1911). — Lockemann und Lucius, B. 46, 1013 (1913). — Busch, Achterfeldt und Seufert, J. pr. (2) 92, 1 (1915).

Phototropie bei Hydrazonen: Graziani und Bovini, Atti Linc. (5) 22, I, 793 (1913); 22, II, 32 (1913).

Über Dichlor-Dibromphenylhydrazin, symm. Tribromphenylhydrazin, Tetrabromphenylhydrazin, p-Chlor- und p-Jod-, sowie m-Dijodphenylhydrazin und ihre Derivate siehe Neufeld, A. 248, 93 (1888). — Chattaway und Ellington, Soc. 109, 582—587 (1916).

Piperylhydrazone: Weinhagen, Soc. 113, 585 (1918).

Benzoyldihydromethylketolhydrazin für Galaktose: v. Braun, B. 49, 1266 (1916).

Über Pikrylhydrazone: Purgotti[1]), G. 24 (I), 554 (1894). — Borsche, B. 54, 1287 (1921), Chinone.

Als Lösungsmittel für schwer lösliche Hydrazone und Osazone[2]) haben

---

[1]) Siehe ferner: Willstätter, Mayer und Hüni, A. 378, 125 (1910).
[2]) Neuberg, B. 32, 3384 (1899). — Hilger und Rothenfußer, B. 35, 4444 (1902).

sich neben Eisessig und Ligroin hauptsächlich Pyridin und Toluol, ferner Mischungen von Methyl- (Amyl-) Alkohol mit Chloroform und Benzol bewährt.

Über den Nachweis einer Ketongruppe auf Grund von Rotfärbung mit Phenylhydrazin: Skraup, M. 21, 561 (1900). — Pfannl und Wölfel, M. 34, 972 (1913).

Diese Rotfärbungen dürften auf Oxydation der Hydrazone unter dem Einfluß des Lichts zurückzuführen sein. Siehe Baly und Tuck, Soc. 89, 988 (1906). — Stobbe und Nowak, B. 46, 2887 (1913). — Busch und Dietz, B. 47, 3277 (1914). — Kunder, Diss. Erlangen (1915). — Busch und Kunder, B. 49, 2345 (1916).

Über Spaltung der Hydrazone und Osazone:

Mit Salzsäure: E. Fischer, B. 22, 3218 (1889).

„   Schwefelsäure: Charrier, G. 46, I, 360 (1916). — Willstätter, Schuppli und Mayer, A. 412, 131 (1919).

„   Salpetersäure: Charrier, G. 45, I, 502 (1915).

„   Brenztraubensäure: E. Fischer, A. 253, 69 (1889). — Willstätter, Schuppli und Mayer a. a. O.

„   Natriumäthylat: Hess und Eichel, B. 50, 1197 (1917). — Hess und Fink, B. 53, 797 (1920).

„   Benzaldehyd: Herzfeld, B. 28, 442 (1895). — E. Fischer, A. 288, 144 (1895). — B. 35, 2000 (1902). — Siehe S. 590 u. 874.

„   Formaldehyd: Ruff und Ollendorf, B. 32, 3234 (1899). — Neuberg, B. 33, 2245 (1900). — Browne, Diss. Göttingen (1901). — B. 35, 1457 (1902). — Hilger und Rothenfußer, B. 35, 1941 (1902). — Siehe auch S. 590.

„   2.4-Dinitrobenzaldehyd: Kaufmann und Vallette, B. 46, 51 (1913).

Gegenseitige Verdrängung[1]) von Hydrazinresten in Hydrazonen und Osazonen: Votoček und Vondráček, B. 37, 3848, 3854 (1904).

Gegenseitige Verdrängung von Zuckergruppen in Hydrazonen: Votoček und Vondráček, B. 38, 1093 (1905).

d) Darstellung von Oximen.

Zur Bildung von Oximen wird das Hydroxylamin entweder als:

Freie Base, oder als

Chlorhydrat, als

Hydroxylaminmonosulfosaures Kalium oder als

Zinkchloridbihydroxylamin

verwendet.

Zur Darstellung von Aldoximen läßt man auf die Aldehyde (1 Mol.) eine wäßrige Lösung von salzsaurem Hydroxylamin (1 Mol.) und Natriumcarbonat ($^1/_2$ Mol.) oder Bicarbonat[2]) in der Kälte einwirken.

Manchmal erweist es sich auch als zweckmäßig, von dem betreffenden Aldehydammoniak auszugehen. So stellt man nach Dunstan und Dymond[3]) Acetaldoxim dar, indem man die der Gleichung:

$$CH_3 \cdot CHO, \; NH_3 + NH_2OH, \; HCl = NH_4Cl + H_2O + CH_3 \cdot CH : NOH$$

entsprechenden Mengen der Materialien trocken zusammen verreibt. Dabei

---

[1]) Siehe auch Pinkus, B. 31, 35 (1898). — Neuberg, B. 32, 3387 (1899). — Ofner, B. 37, 2624, 3362 (1904).

[2]) Beckmann, A. 250, 330 (1889). — E. Müller, Diss. Leipzig (1908), 14, 27, 45.

[3]) Soc. 61, 473 (1892); 65, 209 (1894).

verflüssigt sich die Masse zum Teil. Man extrahiert das entstandene Oxim mit Äther, trocknet und fraktioniert. Das Destillat erstarrt in der Kälte zu langen, bei 46.5° schmelzenden Nadeln.

Auch aus der **Bisulfitverbindung** kann man Oxime, ohne den Aldehyd isolieren zu müssen, gewinnen. Man vermischt mit Hydroxylaminchlorhydrat, löst in Wasser und fügt unter Eiskühlung Kalilauge hinzu[1]).

Bei in **Wasser unlöslichen Aldehyden** arbeitet man in wäßrig-alkoholischer oder in methylalkoholischer Lösung.

Man läßt 12 Stunden, evtl. länger (bis zu 8 Tagen) stehen, schüttelt mit Äther aus, trocknet mit Chlorcalcium und rektifiziert.

Schmitt und **Söll** kochen die zusammen mit salzsaurem Hydroxylamin in Alkohol gelöste Substanz bei Gegenwart von festem **Bariumcarbonat** am Rückflußkühler[2]).

Leicht oxydable Aldehyde (Benzaldehyd) oximiert man in einer mit Kohlendioxyd gefüllten Flasche[3]).

Bei **Darstellung der Oxime der Zuckerarten**, die in Wasser so leicht löslich sind, daß sie bei Verwendung von salzsaurem Hydroxylamin und Soda oder Ätznatron nicht von den anorganischen Salzen getrennt werden können, wird die Substanz in der berechneten Menge alkoholischer Hydroxylaminlösung aufgelöst. Nach mehrtägigem Stehen krystallisiert das Aldoxim aus[4]).

Die **alkoholische Hydroxylaminlösung** bereitet man nach **Volhard**[5]), indem man die berechneten Mengen salzsaures Hydroxylamin und Kaliumhydroxyd einzeln mit wenig Wasser anrührt und mit absolutem Alkohol übergießt, vermischt und dann vom ausgeschiedenen Kaliumchlorid abfiltriert. Die so erhaltene Hydroxylaminlösung färbt sich stets ein wenig gelb, was sich nach **Tiemann** vermeiden läßt, wenn man statt mit Kalilauge mit Natriumalkoholat arbeitet[6]).

Da sich das salzsaure Hydroxylamin in Methylalkohol löst, kann man so eine nahezu kochsalzfreie Lösung erhalten, die aber noch durch geringe Mengen von basisch salzsaurem Hydroxylamin verunreinigt ist, was bei der Darstellung empfindlicher Oxime stören kann. Durch Schütteln mit Bleioxyd wird diesem Übelstand abgeholfen [**Wohl**[7])].

Darstellung von Hydroxylamin aus dem Sulfat: **Baudisch** und **Jenner**, B. **49**, 1182 (1916).

Durch Abkühlen einer äthylalkoholischen 5—10proz. Hydroxylaminlösung auf —18° erhält man vollkommen reines, **festes Hydroxylamin** in Form feiner Nadeln oder Blättchen, die mit Alkohol von —18° gewaschen und über Schwefelsäure im Vakuum getrocknet werden können [**Ehler** und **Schott**[8])].

Mit freiem Hydroxylamin kann man auch in **alkoholisch-ätherischer** Lösung arbeiten.

In derartiger Lösung unter Kochen am Rückflußkühler wird nach **Beckmann** und **Pleißner**[9]) das Pulegonoxim gewonnen, ebenso das Dioxyacetoxim[10]).

---

[1]) **Houben** und **Doescher**, B. **40**, 4579 (1907).
[2]) B. **40**, 2455 (1907).   [3]) **Petraczek**, B. **15**, 2783 (1882).
[4]) **Wohl** und **List**, B. **30**, 3103 (1897). — Siehe auch **Winterstein**, B. **29**, 1393 (1896). — **Schröter**, B. **31**, 2191 (1898).   [5]) A. **253**, 206 (1889).
[6]) B. **24**, 994 (1891). — Siehe auch S. 834.   [7]) B. **33**, 3105 (1900).
[8]) Ch. Ztg. **31**, 742 (1907).   [9]) A. **262**, 6 (1891).
[10]) **Piloty** und **Ruff**, B. **30**, 1663 (1897). — Siehe auch **Haars**, Arch. **243**, 172 (1905).

Über die Anwendung von destilliertem [1]) Hydroxylamin: Posner, B. 42, 2527 (1909).

Ketoxime bilden sich gewöhnlich nicht so leicht wie Aldoxime.

Man kann zu ihrer Darstellung die Substanz in wäßriger oder alkoholischer Lösung mit der berechneten Menge Natriumacetat und Hydroxylaminchlorhydrat 1—2 Stunden auf dem Wasserbad erwärmen, schließt auch gelegentlich die in Alkohol gelöste Substanz mit salzsaurem Hydroxylamin im Rohr ein und erhitzt 8—10 Stunden auf 160—180°[2]).

Dabei kann man aber statt der Oxime deren Umlagerungsprodukte (Amide) erhalten[3]). Es ist daher besser, bei Zimmertemperatur stehen zu lassen: allerdings kann dann die Beendigung der Umsetzung wochenlang auf sich warten lassen[4]).

Leicht der Oximierung zugänglich sind die α-Diketone, die ja überhaupt in ihrem Verhalten den Aldehyden nahestehen. Die Monoxime dieser Verbindungen werden als Isonitrosoketone, die Dioxime als Glyoxime bezeichnet. Letztere gehen manchmal beim Behandeln mit Alkalien oder mit Wasser unter Druck[5]) in innere Anhydride (Furazane) über.

Die Glyoxime bilden mit Nickel, Kobalt, Eisen, Kupfer und Platin farbige Komplexverbindungen von großer Beständigkeit[6]).

Über Oximbildung bei β-Diketonen siehe S. 860.

In vielen Fällen ist es von wesentlichem Vorteil, das Hydroxylamin in stark alkalischer Lösung auf die Carbonylverbindung einwirken zu lassen [Auwers[7])].

Besonders empfiehlt es sich, die Verhältnisse so zu wählen, daß auf 1 Molekül der in Alkohol gelösten Substanz $1^1/_2$—2 Moleküle salzsaure Base und $4^1/_2$—6 Moleküle Ätzkali zur Anwendung kommen. Die Reaktion pflegt dann bei gewöhnlicher, höchstens Wasserbadtemperatur, in wenigen Stunden beendigt zu sein.

Statt durch Soda oder Ätzkali kann man die Neutralisation der Salzsäure auch durch andere Basen bewirken; so mischt Schiff[8]) äquivalente Mengen Acetessigester und Anilin mit einer konzentrierten wäßrigen Lösung der berechneten Menge Hydroxylaminchlorhydrat. Nach Beendigung der Reaktion wird das entstandene Oxim mit Äther vom Anilinchlorhydrat getrennt. Senderens empfiehlt[9]) Natriumaluminat (und 85proz. Alkohol).

Unanwendbar ist die Methode von Auwers bei der Darstellung von Dioximen, die unter dem Einfluß von Alkali leicht in ihre Anhydride übergehen, oder wenn die Ketone, von denen man ausgeht, von Alkali angegriffen werden.

In solchen Fällen kann saure Oximierung[10]) am Platz sein.

Chinon z. B. wird von alkalischer Hydroxylaminlösung lediglich zu Hydrochinon reduziert, gibt aber in wäßriger Lösung mit Hydroxylaminchlorhydrat und Salzsäure das Dioxim [Nietzki und Kehrmann[11])].

---

[1]) Uhlenhuth, A. **311**, 117 (1900).
[2]) Homolka, B. **19**, 1084 (1886). — Schunck und Marchlewski, B. **27**, 3464 (1894).
[3]) Auwers und Meyenburg, B. **24**, 2386, 2388 (1891). — Smith, B. **24**, 4051 (1891). — Thorp, B. **26**, 1261 (1893).
[4]) Harries und Osa, B. **36**, 2998 (1903).   [5]) Wolff, B. **28**, 69 (1895).
[6]) Tschugaeff, B. **39**, 2692, 3382 (1906). — Siehe auch S. 857.
[7]) B. **22**, 604 (1889).   [8]) B. **28**, 2731 (1885).   [9]) C. r. **150**, 1336 (1910).
[10]) Siehe auch Harries, A. **330**, 191 (1903). — Harries und Majima, B. **41**, 2521 (1908).
[11]) B. **20**, 614 (1887). — Schunck und Marchlewski, B. **27**, 3464 (1904).

Phenylglyoxylsäure hingegen ist sowohl in alkalischer als auch neutraler und saurer Lösung der Oximierung zugänglich.

Zur Darstellung von Ketoximsäuren setzt Bamberger[1]) zur neutralen Alkalisalzlösung der Ketonsäure salzsaures Hydroxylamin; die Ausscheidung der freien Ketoximsäure beginnt meist nach wenigen Augenblicken, namentlich beim Erwärmen. Ist die Ketonsäure in Wasser unlöslich, so fügt man noch ein weiteres Molekül Lauge hinzu, um das lösliche Alkalisalz zu erhalten [Mylius[2])].

Garelli[3]) empfiehlt dagegen (unter Vermeidung eines Überschusses von salzsaurem Hydroxylamin, wegen evtl. Nitrilbildung) statt der freien Säuren deren Methylester zu oximieren.

Aldoximsäuren (resp. deren Anhydride) können sehr labil sein; so geht das Bromopianoximsäureanhydrid

$$(CH_3O)_2C_6HBr\Big\langle {\overset{\textstyle CO-O}{\underset{\textstyle CH=N}{\big|}}}$$

schon durch Kochen mit Alkohol und salzsaurem Hydroxylamin in Bromhemipinimid

$$(CH_3O)_2C_6HBr\Big\langle {\overset{\textstyle CO}{\underset{\textstyle C}{}}}\!\!\Big\rangle_{NH}^{O}$$

über[4]). Ebenso verhält sich Opiansäure[5]) und ähnlich Phthalaldehydsäure[6]).

Nach Lapworth[7]) beschleunigt sowohl Alkali- als auch Säurezusatz die Oximbildung; da hier aber ein reversibler Prozeß vorliegt, wird die Wahl der geeigneten Form des Verfahrens von der Stabilität des Oxims abhängen.

Bei der sauren Oximierung erhält man übrigens öfters an Stelle der primär entstandenen Oxime Nitrile oder Imide.

Einwirkung von Hydroxylamin auf Safranone liefert nicht Oxime, sondern Aminosafranone[8]), falls nicht die Reaktion überhaupt sterisch behindert ist[9]).

Manchmal (Phenanthrenchinon) ist die Verwendung völlig salmiakfreien Hydroxylaminchlorhydrats zur Vermeidung von Chinonimidbildung[10]) notwendig.

Beim Stehen in geschlossenen Gefäßen erleiden die Oxime oftmals Selbstzersetzung[11]), und zwar um so leichter, je reiner sie sind. Dabei entstehen nitrose Gase und salpetrige Säure. Man hebe die gereinigten Oxime daher stets in gut evakuierten Exsiccatoren auf[12]).

Reinigung und Krystallisation eines Oxims über das Natriumsalz: Eppelsheim, B. 36, 3589 (1903). — Durch das Benzoat: Braun, B. 40, 3947 (1907). — Mit Essigester: Diels und Abderhalden, B. 37, 3101 (1904). —

---

[1]) B. 19, 1430 (1886). — Schimmel & Co., B. 1909, I, 153.   [2]) B. 19, 2007 (1886).
[3]) G. 21 (2), 173 (1891).   [4]) Tust, B. 25, 1998 (1892).
[5]) Liebermann, B. 19, 2278 (1886).   [6]) Racine, A. 239, 85 (1887).
[7]) Soc. 91, 1138 (1907). — Acree und Johnson, Am. 38, 258 (1907). — Banett und Lapworth, Soc. 93, 85 (1908). — Acree, Am. 39, 300 (1908).
[8]) Kehrmann und Gottran, B. 38, 2574 (1905). — Fischer und Hepp, B. 38, 3435 (1905); 39, 3807 (1906). — Kehrmann und Prager, B. 40, 1234 (1907).
[9]) Fischer und Römer, B. 40, 3406 (1907).
[10]) Schmitt und Söll, B. 40, 2455 (1907).
[11]) Holleman, Rec. 13, 429 (1895). — Konowalow und Müller, Russ. 37, 1125 (1906).   [12]) Angeli und Alessandri, Atti Linc. (5) 22, I, 735 (1913).

Flüssige Oxime können krystallisierbare Chlorhydrate geben: Beckmann, A. 250, 340 (1889). — E. Müller, Diss. Leipzig (1908), 36. — Ebenso Pikrate: Hess, B. 52, 985, 992 (1919).

Zerlegen von Oximen durch Oxalsäure: Rosenbach, Diss. Göttingen (1908), 41. Durch Formaldehyd: Perkin, Soc. 101, 232 (1912). — Braun, B. 46, 3041 (1913). — Durch schweflige Säure: Gluud, B. 48, 421 (1915).

Zersetzliche Oxime krystallisiert man bei Gegenwart von überschüssigem Hydroxylaminchlorhydrat aus verdünnter Salzsäure um[1]).

Mit hydroxylaminsulfosaurem Kalium, dem „Reduziersalz" der Badischen Anilin- und Sodafabrik, hat Kostanecki[2]) Oximierung in wäßrig-alkalischer Lösung durchgeführt.

Dieses Salz spaltet nämlich bei Gegenwart von überschüssigem Alkali freies Hydroxylamin ab, das gleichsam im Status nascens zur Einwirkung gelangt[3]). Es besitzt übrigens den Vorteil großer Wohlfeilheit.

Von Crismer[4]) wird das Zinkchloridbihydroxylamin ($ZnCl_2 2\,NH_2\,OH$) namentlich auch zur Darstellung von Ketoximen empfohlen, da es, wasserfreies Chlorzink und Hydroxylamin enthaltend, die Wasserabspaltung erleichtert.

Zur Darstellung dieser Verbindung[5]) wird in eine kochende, alkoholische Lösung von Hydroxylaminchlorhydrat (10 Teile) Zinkoxyd (5 Teile) eingetragen und die Lösung unter Anwendung eines Rückflußkühlers einige Minuten im Kochen erhalten.

Beim Erkalten scheidet sich das Doppelsalz als krystallinisches Pulver aus. Es ist wenig löslich in reinem Wasser und Alkohol, leicht in Flüssigkeiten, die salzsaures Hydroxylamin enthalten.

An Stelle des Crismerschen Salzes kann man auch ein Gemisch von salzsaurem Hydroxylamin und Zinkoxyd (in alkoholischer Lösung) verwenden[6]).

Nach Kehrmann[7]), sowie Herzig und Zeisel[8]) wird unter Umständen durch mehrfache Substitution der Orthowasserstoffe durch Halogen oder Alkyl die Ersetzbarkeit des Carbonylwasserstoffs durch den Hydroxylaminrest aufgehoben oder erschwert, und zwar nicht bloß bei o- und p-Chinonen[9]), sondern auch bei m-Diketonen.

Aromatische Ketone der Form:

$$CH_3-C\overset{\overset{\textstyle CO-R}{|}}{-}C-C-CH_3$$

in welchen R ein Alkoholradikal oder Phenyl bedeutet, sind nach V. Meyer[10]) und Petrenko-Kritschenko und Rosenzweig[11]) der Oximierung nicht zugänglich und wo dennoch eine Reaktion erzwungen wird, erhält man an Stelle der Oxime die Produkte der Beckmannschen Umlagerung[12]).

[1]) Fecht, B. 40, 3899 (1907). — Siehe aber S. 805.
[2]) B. 22, 1344 (1889).   [3]) Raschig, A. 241, 187 (1887).
[4]) Bull. (3) 3, 114 (1890). — Haller und Bauer, C. r. 148, 70, 1643 (1909). — Zerner, M. 32, 681 (1911). — Die nach Crismer dargestellten Oxime enthalten öfters schwer entfernbare Asche.   [5]) Crismer, Bull. (3) 3, 114 (1890).
[6]) Bouveault und Locquin, Bull. (3) 35, 656 (1906).   [7]) B. 21, 3315 (1888).
[8]) B. 21, 3494 (1888).   [9]) Vgl. dagegen Kostanecki, B. 22, 1344 (1889).
[10]) Feit und Davies, B. 24, 3546 (1891). — Dittrich und V. Meyer, A. 264, 166 (1891). — Claus, J. pr. (2) 45, 383 (1892). — Biginelli, G. 24 (1), 437 (1894). — Baum, B. 28, 3209 (1895). — V. Meyer, B. 29, 830, 836, 2564 (1896). — Harries und Hübner, A. 296, 301 (1897).   [11]) B. 32, 1744 (1899).
[12]) Smith, B. 24, 4058 (1891). — Auwers und Meyenburg B. 24, 2370 (1891). — Davies und Feith, B. 24, 2388 (1891). — Thorp, B. 26, 1261 (1893).

Über einen anderen merkwürdigen Fall sterischer Behinderung der Oximbildung siehe Börnstein, B. **34**, 4349 (1901). — Siehe ferner: Rattner, B. **21**, 1317 (1888). — Goldschmiedt und Knöpfer, M. **20**, 751 (1899). — Bouveault und Locquin, Bull. (3) **35**, 656 (1906). — Mayerhofer, M. **28**, 597 (1907). — Forster und Thornley, Soc. **95**, 942 (1909). — Keller, B. **43**, 1253 (1910). — Auwers und Borsche, B. **48**, 1703 (1915).

Gibt es sonach Carbonylgruppen, die durch Oximierung nicht nachweisbar sind, so können andererseits gelegentlich Säuren [1]), Säureamide [2]) oder Ester [3]) infolge Bildung von Hydroxamsäuren zu Irrtümern Anlaß geben. Ebenso kann unter Umständen Oxyd- und Lactonsauerstoff reagieren [4]). Auf Pyrrole [5]) wirkt Hydroxylamin so ein, daß unter NH_3-Abspaltung Dioxime von γ-Diketonen entstehen, z. B.:

$$\begin{array}{c}CH=CH\\ | \qquad\quad \\ CH=CH\end{array}\!\!\!>\!NH + 2\,NH_2OH = \begin{array}{c}CH_2-CH\\ |\qquad\quad \diagdown NOH\\ CH_2-CH\\ \qquad\quad \diagdown NOH\end{array} + NH_3.$$

Eintritt von negativen Radikalen erhöht die Widerstandsfähigkeit des Pyrrolrings.

Bilirubin und Hämin ließen sich nicht aufspalten, Porphyrinogen wurde zu Mesoporphyrin oxydiert [6]).

Oxime aus Thioverbindungen.

Manche Ketone, die nicht oder schwer direkt mit Hydroxylamin in Reaktion zu bringen sind, liefern leicht Oxime, wenn man sie vorher in ihre Thioverbindungen verwandelt.

So gelangte Tiemann [7]) mit Hilfe des Thiocumarins zum Cumaroxim.

Während Rosindon selbst nicht reagiert, kann man nach dieser Methode [8]) leicht zum Rosindonoxim gelangen.

Graebe und Röder [9]) erhielten ebenfalls das Oxim (und das Phenylhydrazon) des Xanthons im Umweg über das Xanthion.

Dagegen läßt dieses Verfahren bei den N-Alkylpyridonen [10]) im Stich.

Ketonreaktionen des γ-Lutidons: Petrenko - Kritschenko, J. pr. (2) **64**, 496 (1902).

Einwirkung der Wärme auf Oxime [11]).

Beim Erhitzen (evtl. in Paraffinlösung unter Zusatz von Kupferoxyd: Acetophenonoxim) auf ca. 180° werden die Oxime allgemein nach der Gleichung:

$$3\,{\textstyle{R_1\atop R_2}}\!\!>\!C:NOH = 3\,{\textstyle{R_1\atop R_2}}\!\!>\!CO + NH_3 + N_2$$

zersetzt.

---

[1]) Nef, A. **258**, 282 (1890). [2]) Hoffmann, B. **22**, 2854 (1889).
[3]) Jeanrenaud, B. **22**, 1273 (1889). — Tingle, Am. **24**, 52 (1900).
[4]) Posner, B. **42**, 2524 (1909), Cumarin. — Siehe auch Francesconi und Cusmano, Atti Linc. (5) **18**, II, 183 (1909). — G. **39**, I, 189 (1909).
[5]) Ciamician und Zanetti, B. **22**, 1918 (1889); **23**, 1787 (1890).
[6]) H. Fischer und Zimmermann, Z. physiol. **89**, 164 (1914).
[7]) B. **19**, 1662 (1886). — Substituierte Thiocumarine: Clayton und Godden, Soc. **101**, 210 (1912). [8]) Dilthey, Diss. Erlangen (1900). [9]) B. **32**, 1688 (1899).
[10]) Gutbier, B. **33**, 3358 (1900).
[11]) Angeli und Alessandri, Atti Linc. (5) **21**, I, 83 (1912); (5) **22**, I, 735 (1913). — Wunstorf, Diss. Göttingen (1913). — Kötz und Wunstorf, J. pr. (2) **88**, 519 (1913).

Bei höheren Temperaturen oder als Nebenreaktion erfolgt, z. B. nach der Gleichung:

$$C_6H_5C : NOH—CH_2C_6H_5 = C_6H_5CN + C_6H_5CH_2OH,$$

Nitrilspaltung.

Acetoxim und Cyclohexanonoxim destillieren unzersetzt bei gewöhnlichem Druck.

In sehr gutem Vakuum sieden fast alle Ketoxime unzersetzt.

Doppelverbindungen der Ketoxime.

Viele Ketoxime besitzen die Fähigkeit, sich mit den verschiedenartigsten organischen und anorganischen Verbindungen zu vereinigen. Oft lassen sich für die Zusammensetzung derartiger Doppelverbindungen gar keine rationellen Formeln finden, so daß man annehmen muß, daß je nach Temperatur und Konzentration verschiedene Körper (nach Art der Hydrate) entstehen, die dann in Mischung vorliegen.

Als solche Substanzen, die Verbindungen mit Ketoximen eingehen, sind zu erwähnen: Wasser [Wallach[1]), Goldschmidt[2]), Knoop und Landmann[3])], Blausäure [Miller[4])], Phenylisocyanat [Goldschmidt[5])], Jodnatrium [Goldschmidt[2])], Alkohol, Benzol [V. Meyer und Auwers[6]), Petrenko - Kritschenko und Rosenzweig[7])[8])[9])], Glycerin[7])[8]), Äthylenglykol[7])[8]), Tetrachlorkohlenstoff[7]), Chinolin[7]), Malonsäureester[8]), Acetessigester[8]), Äthyläther[7]), Amylalkohol[7]), Valeriansäure[7]), Äthylenbromid[7]), Nitrobenzol[7]), Essigsäure[7])[8]), Anilin[7]), Pyridin[7])[8]), Aceton[7])[8]), Methylalkohol[7]), Chloroform[7]).

Namentlich die Oxime der Tetrahydropyronverbindungen zeigen diese Eigentümlichkeit.

Die Doppelverbindungen der Oxime mit hoch siedenden organischen Lösungsmitteln schmelzen niedriger als die entsprechenden Oxime, die anderen zeigen den Schmelzpunkt der reinen Oxime[8]).

Verhalten ungesättigter Carbonylverbindungen gegen Hydroxylamin.

$a \beta$-ungesättigte Verbindungen vom Typus:

$$\begin{array}{ccc} C—C = C & & C—C = O \\ | & \text{oder} & | \\ C—C = C— & & CH = C— \end{array}$$

reagieren mit Hydroxylamin derart, daß sich die Base zunächst an die doppelte Bindung addiert:

$$\begin{array}{ccc} C—C = O & & C—C = O \\ | & & | \\ C—CH—C— & \text{oder} & CH_2—C— \\ | & & | \\ NHOH & & NHOH \end{array}$$

---

[1]) A. **279**, 386 (1894).

[2]) B. **23**, 2748 (1890); **24**, 2808, 2814 (1891); **25**, 2573 (1892).

[3]) Z. physiol. **89**, 158 (1914).   [4]) B. **26**, 1545 (1893).

[5]) B. **22**, 3101 (1889); **23**, 2163 (1890).   [6]) B. **22**, 540, 710 (1889).

[7]) Petrenko - Kritschenko, B. **33**, 744 (1900).

[8]) Petrenko - Kritschenko und Kasanezky, B. **33**, 854 (1900).

[9]) Petrenko - Kritschenko und Rosenzweig, B. **32**, 1744 (1899).

und erst überschüssiges Hydroxylamin greift auch die Carbonylgruppe unter Bildung der sog. Oxaminoxime an [1] [2]). Die primär gebildeten Additionsprodukte geben dann oft noch weiter unter Ringschluß cyclische Anhydride [Isoxazole [1])].

Terpenketone, die eine $\alpha\beta$-Doppelbindung in der Seitenkette enthalten, lagern nur 1 Mol. Hydroxylamin an, unter Bildung von Oxaminoketonen. Die aliphatischen $\Delta\,\alpha\beta$-Ketone (Propenyl- und Vinylketone) bilden mit alkalifreiem Hydroxylamin Oxaminoxime, während die $\Delta\,\beta\gamma$-Ketone (Allylketone) nur Monoxime liefern [3]). Dieses Verhalten kann zur Erkennung $\alpha\beta$-ungesättigter Verbindungen dienen [4]).

Bei der Oxydation einer wäßrigen Lösung von Oxaminoketonen und Oxaminoximen durch Kochen mit gelbem Quecksilberoxyd liefern Substanzen, bei denen sich die Hydroxylamingruppe an ein sekundäres Kohlenstoffatom angelagert hat, farblose Dioxime, während jene, bei welchen Anlagerung an ein tertiäres Kohlenstoffatom eingetreten war, dunkelblaue Lösung liefern [Bildung eines wahren Nitrosokörpers [5])].

An dreifache Bindungen findet Addition des Hydroxylamins ganz analog statt, wie bei der Bildung von Amidoximen:

$$R \cdot \underset{\displaystyle \text{NOH}}{\text{CNH}_2}$$

aus Nitrilen:

$$RC = N$$

durch Hydroxylamin [6]).

Verhalten der Xanthon- und Flavonderivate gegen Hydroxylamin.

Weder das Xanthon:

$$C_6H_4 \underset{\displaystyle \text{CO}}{\overset{\displaystyle O}{\diagup\diagdown}} C_6H_4$$

noch das Euxanthon reagieren mit Hydroxylamin [und Phenylhydrazin [7])], und ebenso verhalten sich die Flavonderivate [8]):

Während es nun Graebe gelungen ist, das Xanthon im Umweg über

---

[1]) Tingle, Am. **19**, 408 (1897).

[2]) Wallach, A. **277**, 125 (1893). — Tiemann, B. **30**, 251 (1897). — Harries und Lehmann, B. **30**, 231, 2726 (1897). — Minunni, G. **27**, II, 263 (1897). — Harries und Jablonski, B. **31**, 1371 (1898). — Harries und Gley, B. **31**, 1808 (1898). — Harries und Röder, B. **31**, 1809 (1898). — Bredt und Rübel, A. **299**, 160 (1898). — Knoevenagel und Goldsmith, B. **31**, 2465 (1898). — Harries, B. **31**, 2896 (1898); **32**, 1315 (1899). — Knoevenagel, A. **303**, 224 (1899). — Harries und Mattfus, B. **32**, 1340 (1899). — Tiemann und Tigges, B. **33**, 2960 (1900). — Harries, A. **330**, 191 (1903). — Harries und Gollnitz, A. **330**, 229 (1903). — B. **37**, 1341, 3102 (1904). — Semmler, B. **37**, 950 (1904). — Minunni und Ciusa, G. **34**, II, 373 (1905). — Atti Linc. (5) **14**, II, 420 (1905); (5) **15**, II, 455 (1906). — Harries und Majima, B. **41**, 2521 (1908). — Ciusa und Terni, Atti Linc. (5) **17**, I, 724 (1908). — Ciusa und Bernardis, Atti Linc. (5) **22**, I, 708 (1913).

[3]) Blaise, C. r. **138**, 1106 (1904). — Blaise und Maire, C. r. **142**, 215 (1906).

[4]) Harries und Röder, B. **32**, 3357 (1899). — Diels und Abderhalden, B. **37**, 3095 (1904).

[5]) Harries, A. **330**, 207 (1903). — Schimmel & Co., B. **1910**, II, 81.

[6]) Oliveri-Mandalà, Atti Linc. (5) **18**, II, 141 (1909).

[7]) V. Meyer und Spiegler, B. **17**, 808 (1884). — Fosse, C. r. **143**, 749 (1906).

[8]) Kostanecki, B. **33**, 1483 (1900).

das Xanthion zu oximieren[1]), konnte Kostanecki[2]) zeigen, daß diese merkwürdige Passivität des γ-Pyronrings aufgehoben wird, sobald der Pyronring in einen Dihydro-γ-Pyronring übergeht, wie ihn die von Kostanecki, Levi und Tambor[2]) und von Kostanecki und Oderfeld[3]) dargestellten Flavanone:

$$\begin{array}{c} \diagup \text{O} \diagdown \\ \text{CH} - \\ \text{CH}_2 \\ \diagdown \text{CO} \diagup \end{array}$$

enthalten. Schon beim Kochen der alkoholischen Lösung der Flavanone mit salzsaurem Hydroxylamin geht die Oximbildung langsam vonstatten, setzt man noch die molekulare Menge Natriumcarbonat hinzu, so werden die Flavanone bereits nach kurzem Erhitzen quantitativ in ihre Oxime übergeführt; kocht man diese Oxime in alkoholischer Lösung mit konzentrierter Salzsäure, so regenerieren sie die Flavanone[4]).

Auch Xanthydrol reagiert leicht mit Hydroxylamin und Semicarbazid[5]), dagegen reagieren die Thioflavanone nicht[6]).

e) Darstellung von Semicarbazonen[7]).

Die Darstellung der gut krystallisierenden Semicarbazidderivate leistet namentlich in der Terpenreihe gute Dienste, wo die Phenylhydrazone meist schlecht krystallisieren und leicht zersetzlich sind und auch die Oxime oft nicht in festem Zustand erhalten werden können.

Darstellung der Semicarbazidsalze[8]).

1. **Semicarbazid - Chlorhydrat** $NH_2 \cdot CO \cdot NH \cdot NH_2 \cdot HCl$.

a) Aus Hydrazinsulfat.

Zu einer 50—60° warmen Lösung von 130 g Hydrazinsulfat und 54 g wasserfreiem Natriumcarbonat in 500 ccm Wasser wird eine Lösung von 86 g Kaliumcyanat in 500 ccm Wasser gegeben. Am nächsten Tage werden einige Gramme Hydrazodicarbonamid abfiltriert, das Filtrat mit 120 g Aceton versetzt und 24 Stunden unter öfterem Schütteln stehen gelassen. Das abgeschiedene Reaktionsprodukt wird abgesaugt, das Filtrat auf dem Wasserbad unter Umrühren zur Trockne gedampft und die gesamte Salzmasse im Soxhletschen oder sonst einem automatischen Extraktionsapparat mit Alkohol, in dem sich Acetonsemicarbazon leichter löst als in Aceton, völlig ausgezogen; dem Alkohol werden einige Kubikzentimeter Aceton beigemischt. Das Acetonsemicarbazon krystallisiert im Siedekolben des Extraktionsapparats aus, wird abfiltriert und schmilzt nach dem Auswaschen mit etwas Alkohol und Äther bei 186—187°; der Rest krystallisiert aus der eingeengten alkoholischen Mutterlauge auf Zusatz von etwas Äther aus. Die Ausbeute beträgt 80% der berechneten.

Die Überführung des Acetonsemicarbazons in das chlorwasserstoffsaure Semicarbazid gelingt quantitativ nach folgender Vorschrift:

---

[1]) Siehe S. 807.   [2]) B. **32**, 330 (1899).   [3]) B. **32**, 1928 (1899).
[4]) Herzig und Pollak, B. **36**, 232 (1903).
[5]) Fosse, Bull. (3) **35**, 1005 (1906).
[6]) Auwers und Arndt, B. **42**, 2709 (1909).
[7]) Baeyer und Thiele, B. **27**, 1918 (1894).
[8]) Thiele und Stange, B. **27**, 32 (1894). — A. **283**, 19 (1894). — Biltz und Arnd, A. **339**, 250, Anm. (1905).

Je 11.5 g Acetonsemicarbazon werden mit 10 g konzentrierter Chlorwasserstoffsäure schwach erwärmt, bis eben Lösung eingetreten ist. Beim Erkalten erstarrt die Lösung zu einem dicken Brei farbloser, gut ausgebildeter Nädelchen. Diese werden abgesaugt und mit einer Spur Alkohol und mit Äther gewaschen. Smp. 173° unter Zersetzung.

Aus der Mutterlauge krystallisiert der Rest nach Zusatz des doppelten Volums Alkohol beim Versetzen mit Äther.

b) Aus Nitroharnstoff [Thiele und Heuser[1])].

225 g roher Nitroharnstoff werden mit 1700 ccm konzentrierter Salzsäure und etwas Eis angerührt. Man trägt das Gemisch in kleinen Portionen (namentlich anfangs) unter gutem Rühren in einen Brei von Eis mit überschüssigem Zinkstaub ein, indem man darauf achtet, daß die Temperatur stets auf ca. 0° gehalten wird.

Die Reduktion wird am besten in einem emaillierten Blechtopf vorgenommen, der durch eine Kältemischung gekühlt wird.

Wenn aller Nitroharnstoff eingetragen ist, läßt man noch kurze Zeit stehen, saugt ab, sättigt das Filtrat mit Kochsalz und 200 g essigsaurem Natrium und gibt schließlich 100 g Aceton zu. Nach mehrstündigem Stehen in Eis oder besser einer Kältemischung scheidet sich das Acetonsemicarbazon-Chlorzink als krystallinischer Niederschlag ab, der mit Kochsalzlösung, dann mit wenig Wasser gewaschen wird. Ausbeute 40—55%.

Je 200 g Zinkverbindung werden mit 350 ccm konzentrierter Ammoniaklösung digeriert und nach einigem Stehen das Zink abfiltriert.

Der Rückstand ist Acetonsemicarbazon, das nach der oben gegebenen Vorschrift auf Semicarbazidsalze zu verarbeiten ist.

Das käufliche Semicarbazid enthält häufig salzsaures Hydrazin[2]), das zur Bildung flüssiger Hydrazone Veranlassung gibt, die das Hauptprodukt verunreinigen und am Krystallisieren hindern. Manche Ketone setzen sich übrigens auch mit reinem Semicarbazid-Chlorhydrat wenig glatt um oder geben chlorhaltige Reaktionsprodukte.

In solchen Fällen verwendet man das Sulfat oder noch zweckmäßiger freies Semicarbazid resp. dessen Acetat.

2. Darstellung des schwefelsauren Semicarbazids [Tiemann und Krüger[3])].

Das nach Thiele dargestellte Filtrat vom Hydrazodicarbonamid wird vorsichtig alkalisch gemacht, mit Aceton geschüttelt, das auskrystallisierende Acetonsemicarbazon in alkoholischer Lösung mit der berechneten Menge Schwefelsäure versetzt und das dabei ausfallende schwefelsaure Semicarbazid mit Alkohol gewaschen.

Darstellung von freiem Semicarbazid.

a) Nach Curtius und Heidenreich[4]).

Zur Darstellung des Semicarbazids erhitzt man molekulare Mengen Harnstoff und Hydrazinhydrat während 20 Stunden im Rohr auf 100°. Die Röhren zeigen beim Öffnen sehr geringen Druck und enthalten eine Krystallmasse, die dem Harnstoff sehr ähnlich sieht; man spült das Reaktionsprodukt mit

---

[1]) A. **288**, 312 (1895).
[2]) Über einen Fall, wo Semicarbazid ausschließlich wie Hydrazin (unter Hydrazonbildung) einwirkte, siehe Liebermann und Lindenbaum, B. **40**, 3575 (1907).
[3]) B. **28**, 1754 (1895).   [4]) B. **27**, 55 (1894). — J. pr. (2) **52**, 465 (1895).

Wasser in eine Porzellanschale und verdampft die Flüssigkeit auf dem Wasserbad. Den zähflüssigen Rückstand bringt man in einen Exsiccator über Schwefelsäure, wo er bald zu einer weißen Krystallmasse erstarrt; diese wird zur Entfernung des noch anhaftenden Hydrazinhydrats auf einen Tonteller gebracht und, nachdem sie vollkommen trocken geworden ist, aus absolutem Alkohol umkrystallisiert; hierbei bleiben kleine Mengen Hydrazodicarbonamid ungelöst. Aus der alkoholischen Lösung krystallisiert das Semicarbazid in farblosen sechsseitigen Prismen, die bei 96° schmelzen.

     b) Nach Alexander und Wilhelm Herzfeld[1]).

Zur Darstellung des freien Semicarbazids wird gebrannter Marmor zu einem dicken Kalkbrei gelöscht und in geringen Mengen mit der berechneten Menge Semicarbazidsulfat in einer Reibschale so verrührt, daß das letztere anfangs immer im Überschuß zugegen ist, die Paste in einem Kolben längere Zeit mit starkem Alkohol geschüttelt, dann vom Gips abfiltriert und der Alkohol abgedampft[2]).

     c) Nach Michael und Wohlgast[3]).

Man versetzt das Chlorhydrat mit überschüssiger konzentrierter Lauge, verdampft das Wasser im Vakuumexsiccator, extrahiert den Rückstand mit absolutem Alkohol und krystallisiert aus diesem Lösungsmittel um.

     d) Nach Bouveault und Locquin[4]).

In einem Kolben werden 130 g (1 Mol.) Hydrazinsulfat in 500 g siedendem Wasser suspendiert, auf das kochende Wasserbad gebracht und in kleinen Portionen 69 g ($^1/_2$ Mol.) trocknes, reines, pulverisiertes Kaliumcarbonat eingetragen. Kohlendioxyd entweicht, und das Hydrazinsulfat geht in Lösung. Man läßt erkalten und fügt hierauf 81 g (1 Mol.) Kaliumcyanat in mehreren Portionen unter Vermeidung von Temperatursteigerungen zu und läßt 12—15 Stunden stehen. Dann wird durch Zusatz von ca. 300 ccm Alkohol fast die Gesamtmenge des entstandenen Kaliumsulfats gefällt, abgesaugt, der Krystallkuchen mit etwas 80proz. Alkohol gewaschen und die vereinigten Filtrate auf dem Wasserbad im Vakuum zur Trockne gedampft. Man kocht mit absolutem Alkohol aus, am besten in einem Soxhletschen Extraktionsapparat. Beim Erkalten scheidet sich das Semicarbazid vollkommen rein ab; die Mutterlauge, eingedampft und noch einmal mit absolutem Alkohol behandelt, liefert weitere Mengen davon. Gesamtausbeute ca. 80%. Es empfiehlt sich, möglichst rasch zu arbeiten.

Vor Feuchtigkeit sorgfältig bewahrt, hält sich das Semicarbazid sehr lange unverändert; am besten wird es in kleinen Gefäßen eingeschmolzen aufgehoben.

Darstellung der Semicarbazone[5]).

Das salzsaure Semicarbazid wird in wenig Wasser gelöst, mit alkoholischem Kaliumacetat[6]) in entsprechender Menge und dem betreffenden Alde-

---

[1]) Z. Ver. Rübenz.-Ind. **1895**, 853.

[2]) Andere Methoden sind von Bräuer, B. **31**, 2199 (1898) und Thiele und Stange, A. **283**, 37 (1894) angegeben worden.   [3]) B. **42**, 3176 (1909).

[4]) Bull. (3) **33**, 162 (1905).

[5]) Marchlewski, B. **29**, 1034 (1896). — Bromberger, B. **30**, 132 (1897). — Biltz, A. **339**, 243 (1905). — Michael, B. **39**, 2146 (1906). — Michael und Hartmann, B. **40**, 144 (1907).

[6]) Senderens verwendet Natriumaluminat und 85proz. Alkohol. C. r. **150**, 1336 (1910).

hyd oder Keton versetzt und dann acetonfreier Alkohol und Wasser bis zur völligen Lösung hinzugesetzt [1]).

Die Dauer der Reaktion ist sehr verschieden und schwankt, wie beim Hydroxylamin, zwischen einigen Minuten und 4—5 Tagen (Baeyer), ja bis zu mehreren Wochen [2]).

Zelinski [3]) empfiehlt (zur Untersuchung cyclischer Ketone) eine Lösung von 1 Teil Semicarbazidchlorhydrat und 1 Teil Kaliumacetat in 3 Teilen Wasser. Dieses Reagens wird in geringem Überschuß angewendet. Beim Schütteln mit dem Keton beginnt alsbald in der Kälte Fällung der in Wasser schwer löslichen Semicarbazone, evtl. leitet man die Abscheidung durch Zufügen einiger Tropfen acetonfreien Methylalkohols ein. — Die erhaltenen Verbindungen werden meist aus Methylalkohol umkrystallisiert.

d-Camphersemicarbazon wird dargestellt [4]), indem man 12 g Semicarbazidchlorhydrat und 15 g Natriumacetat in 20 ccm Wasser löst und damit die Auflösung von 15 g d-Campher in 20 ccm Eisessig vermischt. Eventuell eintretende Trübung wird durch gelindes Erwärmen oder Zusatz von einigen Tropfen Eisessig beseitigt. Das Semicarbazon wird mit Wasser gefällt.

Aldehyde [5]) können auch direkt in Eisessiglösung mit Semicarbazid-Chlorhydrat zur Reaktion gebracht werden; Chinone werden mit in wenig Wasser gelöstem Chlorhydrat erwärmt [6]).

Bei Cyclohexanonen und deren Estern tritt Semicarbazonbildung leicht ein, wenn ein Alkyl oder Carboxäthyl am Ring sitzt, oder beide Gruppen am selben C-Atom, oder an den beiden dem Carbonyl benachbarten Kohlenstoffatomen: die Reaktion ist erschwert, wenn sich ein Alkyl und zwei Carboxäthyle neben dem Carbonyl befinden, und bleibt ganz aus, wenn Methyl und Isopropyl in Orthostellung zur CO-Gruppe stehen, einerlei, ob sich noch ein Carboxäthyl an demselben C-Atom befindet oder nicht [7]).

Iononsemicarbazon kann nur mit schwefelsaurem Semicarbazid erhalten werden [8]).

Man trägt zu seiner Darstellung gepulvertes Semicarbazidsulfat in Eisessig ein, der die äquivalente Menge Natriumacetat gelöst enthält.

Man läßt das Gemisch 24 Stunden bei Zimmertemperatur stehen, damit schwefelsaures Semicarbazid und Natriumacetat sich völlig zu Natriumsulfat und essigsaurem Semicarbazid umsetzen, fügt sodann die iononhaltige Flüssigkeit hinzu und läßt 3 Tage stehen.

Das mit viel Wasser versetzte Reaktionsgemisch wird dann ausgeäthert und die Ätherschicht durch Schütteln mit Sodalösung von Essigsäure befreit.

Den Ätherrückstand behandelt man mit Ligroin, um Verunreinigungen zu entfernen, und krystallisiert das so gereinigte Iononsemicarbazon aus Benzol unter Zusatz von Ligroin um.

In manchen Fällen ist auch Erwärmen auf dem Wasserbad nötig, so

---

[1]) Beim langen Stehenlassen von Semicarbazid-Chlorhydrat und Kaliumacetat in wäßrig-alkoholischer Lösung scheidet sich auch das bei 165° schmelzende Acetylsemicarbazid ab. Siehe Rupe und Hinterlach, B. **40**, 4770 (1907). — Ebenso kann sich Hydrazodicarbonamid $NH_2CONHNHCONH_2$, Smp. 255°, bilden. — Auwers und Keil, B. **35**, 4215 (1902). — Lipp und Padberg, B. **54**, 1327 (1921).

[2]) Semmler und Hoffmann, B. **40**, 3525 (1907).

[3]) B. **30**, 1541 (1897). — Curtius und Franzen, A. **404**, 126 (1914).

[4]) Tiemann, B. **28**, 2192 (1895).   [5]) Biltz und Stepf, B. **37**, 4025, 4028 (1904).

[6]) Thiele, A. **302**, 329 (1898).   [7]) Kötz und Michels, A. **350**, 204 (1906).

[8]) Tiemann und Krüger, B. **28**, 1754 (1895).

namentlich bei den Zuckerarten[1]) und Chinonen[2]). In diesen Fällen wird meist eine alkoholische Lösung von freiem Semicarbazid benutzt.

Mit freiem Semicarbazid ohne Lösungsmittel haben übrigens auch Curtius und Heidenreich[3]) und A. und W. Herzfeld[4]) gearbeitet.

Man kann auch, ohne den Aldehyd isolieren zu müssen, Bisulfitverbindungen durch Erhitzen mit Wasser und salzsaurem Semicarbazid in Carbazone verwandeln[5]).

Semicarbazid und chlorierte Aldehyde: Kling, C. r. 148, 568 (1909). — Bull. (4) 5, 412 (1909).

Semicarbaziddinatriumphosphat benutzt Michael[6]).

Zur Darstellung von Semicarbazonen nach Bouveault und Locquin mischt man entweder die essigsauren[7]) Lösungen von Semicarbazid und Aldehyd (Keton), oder man löst das Reagens in möglichst wenig Wasser, säuert mit ein wenig Essigsäure an und versetzt mit einer alkoholischen Lösung oder Suspension der zu kondensierenden Substanz. Die fast immer unter Selbsterwärmung eintretende Reaktion wird durch kurzes Erhitzen auf dem Wasserbad beendet.

Fällt das Semicarbazon nicht nach dem Erkalten oder auf Wasserzusatz aus, was in der Regel der Fall ist, so dampft man im Vakuum zur Trockne und extrahiert mit einem geeigneten Lösungsmittel.

Die Semicarbazone der Zuckerarten[8]) und der Cumaranone[9]) pflegen Krystallwasser zu enthalten und unscharf zu schmelzen. Ketosen scheinen überhaupt nicht mit Semicarbazid zu reagieren[10]).

Leicht zersetzliche Semicarbazone krystallisiert Fecht[11]) bei Gegenwart von überschüssigem Semicarbazid aus verdünnter Salzsäure um.

Sterische Behinderung der Semicarbazonbildung: Bouveault und Locquin, Bull. (3) 35, 655 (1906). — Kötz, A. 350, 208 (1906). — Michels, Diss. Göttingen (1906), 22. — Siehe auch Mannich, B. 40, 158 (1907). — Auwers und Hessenland, B. 41, 1792 (1908). — Kárpáti, Diss. Göttingen (1910), 43.

Stereoisomerie bei Semicarbazonen: Forster und Zimmerli, Soc. 97, 2156 (1910). — Heilbronn und Wilson, Soc. 101, 1482 (1912).

Über Charakterisierung von Alkoholen und Säuren durch Überführung in die Semicarbazone ihrer Brenztraubensäureester: Bouveault, C. r. 138, 984 (1904). — Von Säuren durch Überführen in die Semicarbazone ihrer Ester mit Oxyaceten CH_3COCO_2OH: Locquin, C. r. 138, 1274 (1904); siehe S. 757.

Semicarbazone aus Oximen durch Verdrängung des Hydroxylaminrests: Biltz, B. 41, 1884 (1908). — Rupe und Keßler, B. 42, 4717 (1909). — Semicarbazid und Hydroxamsäuren: Rupe und Fiedler, J. pr. (2) 84, 809 (1911). — Fiedler, Diss. Basel (1912). — Semicarbazone und Phenylhydrazin: Knöpfer, M. 31, 87 (1910).

---

[1]) Herzfeld, Z. Ver. Rübenz.-Ind. 1897, 604. — Bräuer, B. 31, 2199 (1898). — Glucuronsäure: Giemsa, B. 33, 2997 (1900).
[2]) Thiele und Barlow A. 302, 329 (1898).   [3]) J. pr. (2) 52, 465 (1895).
[4]) Z. Ver. Rübenz.-Ind. 1895, 853.
[5]) Houben und Doescher, B. 40, 4579 (1907). — Engelberg, Diss. Berlin (1914), 38.
[6]) B. 39, 2146 (1906). — Siehe S. 816.
[7]) Fest gebundene Krystall-Essigsäure: Biltz und Stepf, B. 37, 4025 (1904).
[8]) Maquenne und Godwin, Bull. (3) 31, 1075 (1904).
[9]) Auwers, B. 50, 1595 (1917).
[10]) Kahl, Z. Ver. Rübenz.-Ind. 1904, 1091.   [11]) B. 40, 3899 (1907).

Beim Kochen mit Anilin gehen die Semicarbazone in Phenylcarbaminsäurehydrazone über. Man wird durch diese Reaktion öfters schlecht krystallisierende Semicarbazone in die schwerer löslichen und leichter krystallisierenden Phenylsemicarbazone verwandeln können [1]).

Phenylsemicarbazid selbst wird auch [2]) verwendet. — Diphenylsemicarbazid: Toschi und Angiolani, G. 45, I, 205 (1915). — Busch, J. pr. (2) 93, 25 (1916).

p-Bromphenylsemicarbazid, p-Nitrophenylsemicarbazid: Wheeler und Edwards, Am. soc. 38, 391 (1916).

Spalten kann man die Semicarbazone mit Benzaldehyd (Herzfeld), verdünnter [3]) Schwefelsäure [4]), Phthalsäureanhydrid [5]) oder wäßriger konzentrierter Oxalsäurelösung [6]).

Bei der Spaltung mit Phthalsäureanhydrid können gelegentlich Zersetzungen eintreten [7]), durch Schwefelsäure können Umlagerungen erfolgen [8]) oder fein suspendiertes Hydrazinsulfat Störungen verursachen [9]).

Durch Natriumamalgam lassen sich viele Semicarbazone zu Semicarbaziden reduzieren [10]).

Semicarbazid und ungesättigte Ketone: Harries und Kaiser, B. 32, 1338 (1899). — Harries, A. 330, 208 (1903). — Rupe und Lotz, B. 36, 2802 (1903). — Rupe und Schlochoff, B. 36, 4377 (1903). — Wallach, A. 331, 326 (1904). — Rupe und Hinterlach, B. 40, 4764 (1907). — Ch. Ztg. 32, 892 (1908). — Keßler, Diss. Basel (1909), 83. — Rupe und Keßler, B. 42, 4503, 4715 (1909). — Steinle, Diss. Heidelberg (1909), 21. — Mazurewitsch, Russ. 45, 1925 (1913). — Auwers, A. 421, 1 (1920). — B. 54, 987 (1921).

Semicarbazid und p-Chinone: Borsche, A. 334, 143 (1904); 340, 85 (1905). — Heilbron und Henderson, Soc. 103, 1404 (1913).

Chinonimidderivate: Auwers, Borsche und Weller, B. 54, 1297, (1921).

Hinterlach [11]) stellt folgende Regeln auf:

1. Semicarbazid wirkt bei aliphatischen ungesättigten α-, β-Ketonen mit zwei Molekülen unter Wasserabscheidung ein. Es bilden sich Semicarbazid-Semicarbazone.

---

[1]) Borsche, B. 34, 4299 (1901). — Borsche und Merkwitz, B. 37, 3177 (1904).

[2]) Braun und Steindorff, B. 38, 3097 (1905). — Gerhardt, Diss. Göttingen (1914), 31, 55. — Wheeler und Edwards, Am. soc. 38, 390 (1916). — Busch, J. pr. (2) 93, 339, 352 (1916).   [3]) 30proz.: Auwers und Schütte, B. 52, 86 (1919).

[4]) Semmler, B. 35, 2047 (1902). — Wallach, A. 331, 323 (1904). — Bouveault und Locquin, Bull. (3) 33, 165 (1905). — Michael und Hartmann, B. 40, 144 (1907). — Billard, Bull. (4) 29, 441 (1921). — Ozékhoff und Tiffeneau, Bull. (4) 29, 457 (1921).

[5]) Tiemann und Schmidt, B. 33, 3721 (1900). — Harries, A. 330, 209 (1903); 336, 45 (1904). — Monosson, Diss. Berlin (1907), 21. — Semmler und Bartelt, B. 40, 1370 (1907). — Semmler, B. 41, 869 (1908). — Ciamician und Silber, B. 43, 1345 (1910). — Semmler und Feldstein, B. 47, 2688 (1914).

[6]) Wallach, A. 353, 293 (1907); 359, 270, 278, 310 (1908). — Rupe, Luksch und Steinbach, B. 42, 2518 (1909).

[7]) Semmler und Hoffmann, B. 40, 3523 (1907). — E. Müller, Diss. Leipzig (1908), 34. — Als Nebenprodukt der Reaktion entsteht immer Phthalsäurehydrazidcarbonamid: Bromberg, Diss. Berlin (1903), 32.

[8]) Wallach, A. 359, 270 (1908). — Semmler und Jakubowicz, B. 47, 1147 (1914).

[9]) Willstätter, Schuppli und Mayer, A. 418, 135 (1919).

[10]) Keßler und Rupe, B. 45, 26 (1912). — Rupe und Oestreicher, B. 45, 30 (1912).

[11]) Diss. Basel (1907), 60.

2. Semicarbazid bildet gleichfalls Semicarbazid-Semicarbazone bei aliphatischen Estern, die eine Ketogruppe in α-, β-Stellung zu einer Doppelbindung haben.

3. Semicarbazid wirkt auf aliphatische ungesättigte α-, β-Ester unter Verseifung des Esters und Anlagerung von je einem Molekül Semicarbazid an die Doppelbindung und an das Carbonyl.

4. Dagegen wirkt auch bei den aromatischen Estern der Phenylrest ebenso störend wie bei den aromatischen Ketonen[1]). Er verhindert auch hier eine Anlagerung und demgemäß auch die Verseifung.

Trennung und Bestimmung von Carbonylverbindungen nach der Michaelschen Semicarbazidmethode[2]).

Die neutralen Lösungen des Semicarbazids in Säuren verschiedener Acidität sind nicht nur als vortreffliches Reagens zur qualitativen Unterscheidung von Aldehyden und Ketonen geeignet, sondern können auch bei passender Wahl der Säuren als ziemlich genau quantitativ wirkende Bestimmungsmittel derselben in Isomerengemischen dienen.

Zum Zweck der Bestimmung z. B. von Hexanon-2 in Gegenwart von Hexanon-3 wurde die Tatsache benutzt, daß ersteres Keton mit saurem Semicarbazidphosphat ein Semicarbazon bildet, was beim Hexanon-3 nicht der Fall ist.

Die Semicarbazidlösung wurde durch Auflösen von 5 g Na_2HPO_4 + 12 H_2O, 2.5 g Phosphorsäure von 89% und 3.6 g Semicarbazidchlorhydrat und Verdünnen des Gemischs bis zu 30 g Gewicht hergestellt. Das Ketongemisch wurde nun 2 Tage mit der Reagenslösung unter häufigem Schütteln stehengelassen, dann der Niederschlag abgesaugt und gewaschen, schließlich im Vakuum getrocknet.

Die Analyse der Semicarbazide und Semicarbazone führt Rimini[3]) im Schultze-Tiemannschen Apparat auf gasometrischem Weg aus. Kocht man nämlich ein Hydrazinsalz mit Sublimatlösung, bis alle Luft aus dem Apparat vertrieben ist, und fügt dann etwas konzentriertes Alkali zu, so zersetzt sich das Hydrazin unter Abgabe seines ganzen Stickstoffs, dessen Menge bestimmt werden kann:

$$N_2H_4H_2SO_4 + 6\,KOH + 2\,HgCl_2 = K_2SO_4 + 4\,KCl + 2\,Hg + N_2 + 6\,H_2O.$$

f) Darstellung der Thiosemicarbazone [4]).

Die Verbindungen des Thiosemicarbazids mit Aldehyden und Ketonen $RR_1C : NNHCSNH_2$ besitzen die wertvolle Eigenschaft, mit einer Reihe von

---

[1]) Nach Auwers gilt dies nur von Ketonen der Formel
$$C_6H_5 \cdot CH : CH \cdot CO\ Alph,$$
während solche der Formel
$$C_6H_5 \cdot CO \cdot CH : CH\ Alph$$
an die Doppelbindung addieren. A. **421**, 1 (1920). — B. **54**, 988 (1921).

[2]) J. pr. (2) **60**, 350 (1899); **72**, 543, Anm. (1905). — B. **34**, 4038 (1901); **39**, 2144 (1906); **40**, 144 (1907). — Siehe auch Michael, Am. soc. **41**, 393 (1919).

[3]) Atti Linc. (5) **12**, II, 376 (1903). — Über die Bestimmung von Semicarbazid und Semioxamazid siehe auch Maselli, G. **35**, I, 267 (1905). — Datta und Chondhury, Am. soc. **38**, 2736 (1916).

[4]) Schander, Diss. Berlin (1894), 38. — Freund und Hempel, B. **28**, 74, 948 (1895). — Freund und Irmgart, B. **28**, 306 (1895). — Neuberg, B. **33**, 3318 (1900). — Neuberg und Neimann, B. **35**, 2049 (1902). — Freund und Schander, B. **35**, 2602 (1902). — Neuberg und Blumenthal, Beiträge zur chem. Physiol. und Pathol. **2**, Heft 5 (1902). — Kling, Anzeig. Akad. d. Wiss. Krakau **1907**, 448. — Tingle und Bates, Am. soc. **32**, 1499 (1910). — Lugner, M. **36**, 166 (1915). — Neuberg und Liebermann, Bioch. **121**, 323 (1921).

Schwermetallen unlösliche Salze zu bilden. Man braucht daher die Thiosemicarbazone selbst — sie mögen fest oder flüssig sein — nicht zu isolieren, sondern fällt sie aus ihren Lösungen mit Silbernitrat, Kupferacetat oder Mercuriacetat.

Die Quecksilbersalze sind meist krystallinisch und in heißem Wasser löslich, daher auch umkrystallisierbar; die Kupfer- und Silbersalze dagegen sind amorph und in Wasser, Alkohol und Äther gänzlich unlöslich.

Besonders empfehlenswert ist die Abscheidung der Thiosemicarbazone als Silberverbindungen: $RR_1C : N \cdot N : C(SAg)NH_2$ oder $RR_1C : N \cdot (NAg)$ $CSNH_2$.

Da das Thiosemicarbazid selbst mit Schwermetallen Doppelverbindungen eingeht, muß ein Überschuß dieser Substanz vor der Fällung entfernt werden. Dies gelingt leicht, da das Reagens in Alkohol schwer und in anderen organischen Lösungsmitteln nicht löslich ist, während die Thiosemicarbazone von diesen Solvenzien meist leicht aufgenommen werden. Je nach der Löslichkeit der Thiosemicarbazone in Wasser oder organischen Lösungsmitteln ist wäßriges oder alkoholisches Silbernitrat zu verwenden.

Die Silbersalze sind weiße, oft käsige Niederschläge, die sich, möglichst vor Licht geschützt, über konzentrierter Schwefelsäure unzersetzt trocknen lassen.

Die Silberbestimmung kann entweder durch energisches Glühen und Schmelzen [1]) oder durch Titration nach Volhard erfolgen; in letzterem Fall muß die Substanz im Erlenmeyerkölbchen mit etwas rauchender Salpetersäure bis zur Lösung erhitzt werden. Entfernen von etwa ungelöstem Schwefel ist überflüssig.

Die Abscheidung der Thiosemicarbazone führt man aus, indem man das Silbersalz in wäßriger, alkoholischer oder ätherischer Suspension (je nach der Löslichkeit des freien Thiosemicarbazons) mit Schwefelwasserstoff zerlegt oder mit einer nach der Volhardschen Titration berechneten Menge Salzsäure schüttelt und das Filtrat eindampft.

Die Rückverwandlung in Aldehyde resp. Ketone erfolgt durch Spaltung der Thiosemicarbazone oder direkt ihrer Silbersalze mit Mineralsäuren. Bei mit Wasserdampf flüchtigen Substanzen verwendet man Phthalsäureanhydrid zur Zerlegung [2]).

Die Silbersalzmethode ist allgemeinster Anwendung fähig, nur die Zuckerarten geben keine schwerlöslichen Salze, bilden aber dafür oftmals sehr schön krystallisierende Thiosemicarbazone.

Darstellung des Thiosemicarbazids [3]).

50 g käufliches Hydrazinsulfat $NH_2 \cdot NH_2 \cdot H_2SO_4$ (1 Mol.) werden mit 200 ccm Wasser übergossen, erwärmt und dazu 27 g ($^1/_2$ Mol.) festes calciniertes Kaliumcarbonat gegeben. Unter Entweichen von Kohlendioxyd entsteht das in Wasser leicht lösliche neutrale Hydrazinsulfat $(N_2H_4)_2 \cdot H_2SO_4$ und schwefelsaures Kalium. Man fügt jetzt 40 g (1 Mol.) Rhodankalium zu, kocht einige Minuten, setzt zur vollständigen Abscheidung des bereits in reichlicher Menge auskrystallisierten Kaliumsulfats 200—300 ccm heißen Alkohol zu und saugt scharf ab. Das Filtrat, welches das rhodanwasserstoffsaure Hydrazin enthält, wird erst durch Erhitzen von Alkohol befreit und dann in offener Schale über freiem Feuer unter beständigem Rühren

---

[1]) Siehe S. 372.   [2]) Siehe S. 815.
[3]) Freund und Schander, B. **29**, 2500 (1896). — Schander, Diss. Berlin (1896), 17.

sehr stark eingekocht, bis die sirupöse Masse lebhaft Blasen zu werfen beginnt. Sollte die Zersetzung zu heftig werden, so kann man die Reaktion durch Zusatz von kaltem Wasser mäßigen. Beim Erkalten erstarrt die eingekochte Masse zu einem Brei von Krystallen des Thiosemicarbazids. Nachdem man etwas Wasser zugefügt hat, wird abgesaugt und das Filtrat, in dem noch reichliche Mengen nicht umgesetzten Rhodanats vorhanden sind, wiederum zum Sirup eingekocht. Durch 5—6malige Wiederholung der Operation und jedesmalige Verarbeitung des Filtrats gelingt es, ca. 25 g rohes Thiosemicarbazid, d. h. 70% der theoretischen Ausbeute, zu erhalten.

Nach einmaligem Umkrystallisieren aus Wasser ist die Base vollkommen rein. Smp. 183°.

Beispiel der Darstellung eines Thiosemicarbazons.

3 g Valeraldehyd werden in 20 ccm absolutem Alkohol gelöst und mit einer konzentrierten, wäßrigen Lösung von 3.3 g Thiosemicarbazid versetzt. Engt man nach 24 stündigem Stehen auf dem Wasserbad ein, so scheidet sich das gesuchte Produkt in dem Maß, wie der Alkohol verdampft, krystallinisch ab. Es wird aus 50 proz. Alkohol oder aus Äther umkrystallisiert.

Das Silbersalz wird dann aus der alkoholischen Lösung des Thiosemicarbazons mit alkoholischem Silbernitrat gefällt; beim Umrühren setzt es sich leicht in weißen Flocken ab, die, abgesaugt, mit Alkohol und Äther gewaschen und im Vakuumexsiccator getrocknet, den erwarteten Silbergehalt zeigen.

g) Darstellung von Aminoguanidinderivaten [1]).

Salzsaures Aminoguanidin wird mit wenig Wasser und einer Spur Salzsäure in Lösung gebracht, das Keton und dann die zur Lösung notwendige Menge Alkohol zugefügt.

Nach kurzem Kochen ist die Reaktion beendet.

Man setzt nun Wasser und Natronlauge zu und extrahiert die flüssige Base mit Äther. Das nach dem Verjagen des Äthers hinterbliebene Öl wird in heißem Wasser suspendiert und mit wäßriger Pikrinsäurelösung versetzt, die das Pikrat als körnig-krystallinischen Niederschlag abscheidet.

Dieser wird je nach seiner Löslichkeit aus konzentriertem oder verdünntem Alkohol umkrystallisiert.

Auch die Nitrate der Aminoguanidinverbindungen sind meist schwerlöslich und gut krystallisiert [2]).

Über Verbindungen von Aminoguanidin mit Zuckerarten siehe Wolff und Herzfeld [3]) und Wolff [4]); mit Chinonen siehe Thiele [5]).

Darstellung von Aminoguanidinsalzen [Thiele [6])].

208 g Nitroguanidin (1 Mol.) werden mit 700 g Zinkstaub und so viel Wasser und Eis vermischt, daß ein dicker Brei entsteht.

In diesen trägt man unter Umrühren 124 g käuflichen Eisessig, der zuvor mit etwa seinem gleichen Volumen Wasser verdünnt wurde, ein und sorgt durch reichliches Zugeben von Eis, daß die Temperatur währenddessen 0° nicht überschreitet.

[1]) Mannich berichtet über einen Fall, wo weder Oxim noch Semicarbazon darstellbar war, aber ein schön krystallisierendes Pikrat der Aminoguanidinverbindung. B. **40**, 158 (1907).
[2]) Baeyer, B. **27**, 1919 (1894). — Thiele und Bihan, A. **302**, 302 (1898).
[3]) Z. f. Rübenz.-Ind. **1895**, 743.   [4]) B. **27**, 971 (1894); **28**, 2613 (1895).
[5]) A. **302**, 312 (1898).   [6]) A. **270**, 23 (1892); **302**, 332 (1898).

Wenn alle Essigsäure eingetragen ist, was in 2—3 Minuten geschehen sein kann, läßt man die Temperatur freiwillig langsam auf 70° steigen.

Die Flüssigkeit wird dabei dick und nimmt gelbe Farbe an, die von einem Zwischenprodukt herrührt.

Man erhält bei 40—45°, bis eine filtrierte Probe mit Eisenoxydulsalz und Natronlauge keine Rotfärbung mehr zeigt. Zum Schluß tritt gewöhnlich Gasentwicklung ein und großblasiger Schaum steigt an die Oberfläche.

Man filtriert ab, versetzt das mit den Waschwässern vereinigte Filtrat mit hinreichend Salzsäure, um die Essigsäure auszutreiben, und dampft auf dem Wasserbad auf $^1/_2$ l ein.

In die schwach essigsaure Flüssigkeit bringt man nach dem Erkalten eine konzentrierte Bicarbonatlösung, der man etwas Chlorammonium zugesetzt hat.

Man läßt 24 Stunden stehen und wäscht das ausgeschiedene Aminoguanidincarbonat $CN_4H_6 \cdot H_2CO_3$ mit kaltem Wasser.

Aus diesem Salz sind leicht alle anderen darzustellen.

Schmelzpunkt des Bicarbonats: 172° unter Zersetzung, Smp. des Chlorhydrats: 163°.

h) Benzhydrazid und seine Derivate.

Diese, von Curtius und seinen Schülern[1] dargestellten Verbindungen geben mit Aldehyden und (etwas weniger leicht) mit Ketonen gut krystallisierende, schwer lösliche Kondensationsprodukte, die sich namentlich zur Abscheidung der Aldehyde (Ketone) aus großen Flüssigkeitsmengen eignen. Sie leisten auch in der Zuckergruppe gute Dienste[2] und können nach Kahl als Reagens auf Aldehydzucker verwendet werden[3].

Darstellung von Benzhydrazid[4].

Benzamid wird mit der äquimolekularen Menge Hydrazinhydrat und 3 Teilen Wasser am Rückflußkühler gekocht, bis kein Ammoniak mehr entweicht. Die nach dem Abkühlen erstarrte Masse wird in einer Reibschale sorgfältig zerkleinert, abgesaugt und mit wenig Alkohol und Äther gewaschen, dann aus siedendem Wasser umkrystallisiert, wobei etwas Dibenzoylhydrazin zurückbleibt. Silberglänzende, farblose Tafeln. Smp. 112.5°.

o-, m- und p-Nitrobenzhydrazid

werden aus den entsprechenden Nitrobenzoesäuremethylestern erhalten[5], indem man zu den Estern etwas mehr als die berechnete Menge Hydrazinhydrat fügt und die Mischung am Rückflußkühler 2—3 Stunden auf dem Wasserbad erhitzt. Nach dem Erkalten wird der ausgeschiedene Krystallbrei auf Tontellern getrocknet und aus Wasser umkrystallisiert.

Orthonitrobenzhydrazid Smp. 123°. — Metanitrobenzhydrazid[6] Smp. 152°. — Paranitrobenzhydrazid Smp. 210°.

Benzhydrazid und die Nitrobenzhydrazide verbinden sich mit Aldehyden schon beim Schütteln der wäßrigen oder alkoholischen Lösungen in der Kälte. Ketone[7] reagieren meist erst in der Wärme, manchmal (Diketone) erst unter

---

[1] J. pr. (2) **50**, 275 (1894); **51**, 165, 353 (1895). — B. **28**, 522 (1895).

[2] Radenhausen, Z. Ver. f. Rübenz.-Ind. **1894**, 768. — Wolff, B. **28**, 161 (1895). — Kendall und Sherman, Am. soc. **30**, 1451 (1908).

[3] Z. Ver. f. Rübenz.-Ind. **1904**, 1091.

[4] Struve, Diss. Kiel (1891). — J. pr. (2) **50**, 295 (1894).

[5] Trachmann, Diss. Kiel (1893). — J. pr. (2) **51**, 165 (1895).

[6] Kyriačou, Diss. Heidelberg (1908), 43.

[7] Siehe auch Wheeler und Edwards, Am. soc. **38**, 392 (1916).

Druck. Am besten arbeitet man in Eisessiglösung. α - Ketonsäuren reagieren sehr energisch, während die Resultate mit β- und γ-Ketonsäuren nicht befriedigend sind.

Ketosen und Biosen reagieren überhaupt nicht. (Kahl.)

Weitere Benzhydrazide.

p - Brombenzhydrazid: 10 g Brombenzoesäureäthylester werden mit 8.2 g 50 proz. wäßriger Hydrazinlösung und 12 ccm 90 proz. Alkohol 4 Stunden am Rückflußkühler erhitzt. Smp. 164°. Das analog dargestellte p - Chlorbenzhydrazid schmilzt bei 163°.

β - Naphthylhydrazid. Smp. 137—139°. Aus Naphthalinsulfochlorid und 50 proz. Hydrazinlösung mit wäßrigem Alkali. Liefert sehr schwer lösliche Derivate, die besonders zur Charakterisierung der Aldehydzucker empfohlen werden.

Über quantitative Fällung von Vanillin mit m-Nitrobenzhydrazid: Hanuš, Ztschr. Unters. Nahr. Gen. 10, 585 (1906).

Die Verbindungen mit Benzhydraziden werden durch Kochen mit Benzaldehyd in wäßriger Lösung gespalten

i) Semioxamazid $NH_2 — CO — CO — NH — NH_2$

wird von Kerp und Unger[1] für Identifizierungen — namentlich von Aldehyden — empfohlen, wo infolge der Bildung stereoisomerer Semicarbazone[2] Unsicherheit eintreten könnte.

Mit den Aldehyden reagiert das Semioxamazid unter den gleichen Bedingungen und mit der gleichen Leichtigkeit wie das Semicarbazid. Die entstehenden Kondensationsprodukte sind in Wasser meist unlöslich[3] und werden bereitet, indem man die Aldehyde zu einer etwa 30° warmen, gesättigten Lösung des Hydrazids in äquimolekularer Menge fügt und schüttelt. Der Aldehyd verschwindet binnen weniger Minuten, und das Reaktionsprodukt scheidet sich sofort als voluminöse Masse aus. Prins erhitzt die Komponenten in 50 proz. Alkohol.

Über Verwendung des Semioxamazids zur Pentosanbestimmung siehe S. 883.

Quantitative Fällung von Zimtaldehyd: Hanuš, Ztschr. Unters. Nahr. Gen. 6, 817 (1903).

Darstellung des Semioxamazids.

Man bereitet sich zunächst eine wäßrig - alkoholische Hydrazinlösung, indem man zu 9 g Ätzkali und 100 g Wasser 10 g feingepulvertes Hydrazinsulfat und nach dessen Auflösung etwa das gleiche Volumen Alkohol fügt. Das Filtrat vom Kaliumsulfat wird mit 9 g Oxamäthan versetzt und so lange auf dem Wasserbad erwärmt, bis das Oxamäthan in Lösung gegangen ist (ca. 1 Stunde). Man läßt dann erkalten und krystallisiert das Azid aus siedendem Wasser um. Smp. 220—221° unter Zersetzung. Leicht löslich in heißem, schwer in kaltem Wasser, unlöslich in Alkohol und Äther, leicht in Säuren und Alkalien.

---

[1] B. 30, 585 (1897). — Schäfer, Diss. Halle (1909). — Erdmann, B. 43, 2393, 2396 (1910). — Erdmann und Schäfer, B. 43, 2402, 2404 (1910). — Philips, Pharm. Journ. (4) 39, 129 (1914). — Prius, Ch. W. 14, 692 (1917).

[2] Wallach, B. 28, 1955 (1895).

[3] Das Oxymethylfurfurol gibt ein aus heißem Wasser krystallisierbares Semioxamazon.

k) Paraaminodimethylanilin [1])

haben Calm[2]), Nuth[3]) und Naar[4]) mit Aldehyden kondensiert.

Um die Reaktion auszuführen, mischt man Aldehyd und Aminobase entweder für sich oder in alkoholischer Lösung.

Das Gemenge erwärmt sich alsbald ziemlich beträchtlich, und das Kondensationsprodukt scheidet sich meist deutlich krystallinisch aus.

Diese Kondensationsprodukte mit aromatischen Aldehyden geben mit einem Molekül Salzsäure intensiv rote, mit zwei Molekülen Salzsäure schwach gelbe Salze, die heller sind als die freie Base[5]).

Vogtherr[6]) hat diese Reaktion bei Ketonen studiert und auch hier Kondensationen ausführen können. Indessen findet hier nur Einwirkung statt, wenn man der Mischung molekularer Mengen Base und Keton einige Tropfen Kalilauge zufügt, oder wenn man die Komponenten zusammenschmilzt und längere Zeit über freier Flamme zum beginnenden Sieden erhitzt.

l) p-Nitrobenzylmercaptale und -mercaptole.

$$R \cdot C = (S \cdot CH_2 \cdot C_6H_4 \cdot NO_2)_2.$$

p-Nitrobenzylmercaptan eignet sich nach Schaeffer[7]) als qualitatives Reagens auf Aldehyde und Ketone und zur Abscheidung dieser Stoffe namentlich auch zur Abscheidung und Identifizierung von hydroaromatischen Ketonen.

Das Reagens selbst hat nur schwachen Geruch, ist beständig, krystallisiert und liefert gut krystallisierende Mercaptale und Mercaptole.

Im allgemeinen wird man nicht das freie Mercaptan, sondern p-Nitrobenzylzinkmercaptid verwenden, das man in mit Salzsäure gesättigtem Alkohol löst, dem man die berechnete Menge der Substanz zusetzt. Das Reaktionsprodukt scheidet sich meist sofort, sonst nach einigem Stehen im Eisschrank ab.

Zur Reinigung krystallisiert man 2—3 mal aus absolutem Alkohol um.

Da Furfurol Salzsäure nicht verträgt, mußte zu dessen Kondensation freies Nitrobenzylmercaptan verwendet werden, das aus dem Zinkmercaptid durch Zersetzen mit konzentrierter Salzsäure und Umkrystallisieren aus absolutem Alkohol in glänzenden Blättchen vom Smp. 52—53° erhalten werden kann[6]).

Das Furfurylidenmercaptal wird daraus durch einstündiges Kochen der Komponenten in absolut alkoholischer Lösung am Rückflußkühler erhalten.

Darstellung von p-Nitrobenzylzinkmercaptid [8]).

In die konzentrierte Lösung von p-Nitrobenzylrhodanid in 96 proz. Alkohol wird unter Eiskühlung Salzsäure bis zur Sättigung eingeleitet.

Man läßt die Lösung 8 Tage bei niedriger Temperatur, am besten im Eisschrank stehen, gießt dann in viel Eiswasser und krystallisiert den ausfallenden Nitrobenzylthiolcarbaminsäureester bis zur Konstanz des Schmelzpunkts (142—143°) um.

---

[1]) Darstellung der freien Base aus dem Chlorhydrat, Haars, Anm. 6.

[2]) B. **17**, 2938 (1884).   [3]) B. **18**, 573 (1885).   [4]) B. **25**, 635 (1892).

[5]) Moore und Gale, Am. soc. **30**, 394 (1908).

[6]) B. **24**, 244 (1891). — Dehydrocorydalin reagiert dagegen schon ohne Zusätze in ätherischer Lösung. Haars, Arch. **243**, 173 (1905).

[7]) Diss. München (1896). — Schaeffer und Murúa, B. **40**, 2007 (1907).

[8]) Waters, Diss. München (1905), 20, 29, 32.

Die alkoholische Lösung des Esters wird etwa eine Stunde mit Zink-acetat auf dem Wasserbad am Rückflußkühler zum Sieden erhitzt. Nach dem Erkalten wird in viel Wasser gegossen, der Niederschlag abgesaugt, zunächst mit warmem Wasser, dann mit Alkohol und endlich mit wenig Äther gewaschen.

Das so erhaltene p-Nitrobenzylzinkmercaptid bildet ein gelblichweißes, geruchloses Pulver.

m) Aminoazobenzol [1])

gibt ebenfalls mit aromatischen Aldehyden gut krystallisierende Kondensations-produkte. Zu einer heiß gesättigten Lösung von reinem Aminoazobenzol fügt man die nach der Gleichung:

$$R \cdot CHO + H_2N \cdot C_6H_4N : NC_6H_5 = R \cdot CH : NC_6H_4 \cdot N : NC_6H_5 + H_2O$$

berechnete Menge Aldehyd. Beim Abkühlen scheiden sich dann Krystalle ab, die nur abgesaugt und aus Alkohol umkrystallisiert zu werden brauchen, um rein zu sein.

n) Farbenreaktionen der Carbonylverbindungen.

1. Nitroprussidnatrium (Reagens von Legal).

Fügt man zu einer Aldehyd- oder Ketonlösung 0.5—1 ccm frisch bereitete 0.3—0.5 proz. Nitroprussidnatriumlösung und macht dann mit wenig Kalilauge vom spez. Gew. 1.14 schwach alkalisch, so nimmt die Lösung intensive Färbung an, die aber beim längeren Stehen oder Ansäuern schwächer wird und schließlich verschwindet, besser gesagt vergilbt [2]).

Die auftretenden Färbungen sind bei den Ketonen gewöhnlich charakteristischer und lebhafter als bei den Aldehyden; sie werden beim Ansäuern mit den starken Mineralsäuren schwächer, bis sie schließlich verschwinden, während beim Ansäuern mit organischen, zur Fett- oder aromatischen Reihe gehörigen Säuren, oder mit Metaphosphorsäure Farbenumschlag, z. B. von intensivem Rot in Indigoblau oder von Blauviolett in Blaugrün usf., eintritt.

Auch Ketonsäuren und deren Abkömmlinge geben die Reaktion, jedoch bei weitem nicht so deutlich wie die Ketone.

Als Lösungsmittel benutzt man, wo es nur irgend angeht, destilliertes Wasser, sonst aber absoluten Alkohol oder Äther. Es ist wohl zu bemerken, daß man letztere vor dem Gebrauch reinigen muß, da sie in dem Zustand, wie sie im Handel zu bekommen sind, gewöhnlich schon Aldehyd als Verunreinigung enthalten.

Benutzt man Äther als Lösungsmittel, so beschränkt sich die Färbung gewöhnlich auf die zugefügte wäßrige Lösung der Reagenzien; die ätherische Lösung bleibt ungefärbt. Da man aber nach der Vorschrift nicht mehr als $^1/_2$—1 ccm Nitroprussidnatriumlösung zu nehmen hat, so ist es gut, noch so viel destilliertes Wasser hinzuzufügen, daß die ganze wäßrige Schicht 3—4 ccm beträgt, um dadurch die Reaktion deutlicher zu machen.

Die Reaktion [3]) tritt bei der Fettreihe angehörigen Aldehyden und Ketonen immer ein, wenn die Aldehyd- oder Ketongruppe unmittelbar wenigstens mit einer nur aus C und H bestehenden Gruppe verbunden ist. Diese kann ihrerseits, ohne daß dies Eintrag tun würde, wieder an ein substituiertes Kohlenwasserstoffradikal gebunden sein.

---

[1]) Motto und Pelletier, Bull. de l'Ass. des anciens élèves de l'école de Chimie de Lyon 1902. — Roure-Bertrand Fils, Ber. I, 6, 52 (1902). — Lugner, M. 36, 164 (1915).

[2]) v. Bittó, A. 267, 372 (1892); 269, 377 (1892). — Denigès, Bull. (3) 15, 1058 (1896); (3) 17, 381 (1897). — Fuchs und Eisner, B. 53, 896 (1920).

[3]) Siehe auch Giral y Pereira und López, Ch. Ztg. 33, 872 (1909).

Ist mit aromatischen Radikalen keine andere Gruppe als CHO oder CO verbunden, so tritt keine Reaktion ein. Wenn aber auch noch andere, der Fettreihe angehörige Kohlenwasserstoffradikale vorhanden sind, so fällt die Reaktion positiv aus (z. B. $C_3H_7C_6H_4COH$). Orthoaldehydsäuren [Opiansäure[1])] zeigen dagegen keine Färbung. Diese tritt aber ein, wenn mit dem aromatischen Radikal eine längere, die CHO- oder CO-Gruppe enthaltende Seitenkette verbunden ist (z. B.: C_6H_5—CH = CH—CHO), wobei Substitution in der mit CHO oder CO unmittelbar verbundenen Kohlenwasserstoffgruppe bezüglich des Ausfalls der Reaktion dieselbe Rolle spielt wie bei den einfachen, der Fettreihe angehörigen Substanzen[2]).

In manchen Fällen läßt sich das Ätzkali bei der Bittóschen Reaktion durch Dimethylamin[3]), Diäthylamin[4]) oder überhaupt sekundäre aliphatische Amine oder durch Piperidin[5]) ersetzen.

2. Reaktion mit Metadiaminen[6]).

Man stellt sich eine am besten 0.5—1.0proz. wäßrige oder alkoholische Lösung eines beliebigen salzsauren Metadiamins her und gießt einige Kubikzentimeter dieser Lösung zur alkoholischen resp. wäßrigen Lösung der zu prüfenden Substanz.

In einigen Minuten tritt die mit intensiver, grünlicher Fluorescenz verbundene Reaktion ein und erreicht in höchstens 2 Stunden den Höhepunkt ihrer Intensität. Bei allen Verbindungen, die sich in Wasser lösen, gebrauche man wäßrige Lösungen, ja sogar bei den in Wasser nicht löslichen Aldehyden und Ketonen ist es besser, eine solche zu benutzen, was keine Schwierigkeiten bietet, da diese geringe Menge Wasser nie ausreicht, um etwa die Aldehyde oder Ketone aus der alkoholischen Lösung auszuscheiden. Die Farbenreaktion erlischt beim Alkalisieren und die Flüssigkeit wird farblos. Durch Zufügen von Säuren tritt indes die Reaktion abermals auf. Zusatz von starken Mineralsäuren schwächt die Farbenreaktion ab, während Metaphosphorsäure sie nicht beeinflußt.

Die Reaktion tritt mit den Salzen der Metadiamine immer ein, wenn die Formyl- resp. Carbonylgruppe nicht mit einer vollständig substituierten Alkylgruppe verbunden ist. Partielle Substitution beeinflußt, wie es scheint, die Reaktion überhaupt nicht; die Reaktionsfähigkeit des Formaldehyds und Glyoxals beweist hingegen, daß die Formylgruppe nicht unbedingt an ein Alkyl.gebunden sein muß.

Bei den aromatischen Aldehyden tritt die Reaktion — ohne Rücksicht darauf, ob die Formylgruppe unmittelbar oder durch Vermittlung eines Alphyls an einen Benzolrest gebunden ist — immer ein. Die gemischten Ketone und Ketonsäuren reagieren hingegen überhaupt nicht.

Dem salzsauren Metaphenylendiamin ähnlich verhalten sich das salzsaure Metatoluylendiamin sowie andere Diamine analoger Konstitution.

---

[1]) Wegscheider, M. 17, 111 (1896).

[2]) Auch andere Nitrokörper (m-Dinitrobenzol, m-Dinitrotoluol, α- und β-Dinitronaphthalin) zeigen ähnliche, aber weniger charakteristische Reaktionen. — Andererseits geben auch andere Verbindungen, welche die Gruppe CO—CH_2 enthalten (Hydantoin, Thiohydantoin, Methylhydantoin, Kreatinin), mit Nitroprussidnatrium ähnliche Färbung. Weyl, B. 11, 2155 (1878). — Guareschi, Annali di Chimica (5) 4, 1887 (1892). — Über die Indolreaktion: v. Bittó, A. 269, 382 (1892). — Z. anal. 36, 369 (1897).

[3]) Rimini, Annali Farmacoterap. e. Chim. 1898, 249. — Simon, C. r. 125, 1105 (1897).   [4]) Neuberg und Kerb, Bioch. 47, 409, 415, 420 (1912).

[5]) Lewin, B. 32, 3388 (1899).

[6]) Windisch, Z. anal. 27, 514 (1888). — v. Bittó, Z. anal. 36, 370 (1897).

Hingegen tritt bei Anwendung von o- oder p-Diaminen bloß Färbung ein, ohne Fluorescenz.

3. Bildung von Bromnitrosokörpern[1].

Um die Bildung der Bromnitrosoverbindung als Reaktion auf Ketone zu verwenden, versetzt man die zu prüfende Lösung, die möglichst neutral sein soll, im Reagensglas mit je einem Tropfen ca. 10 proz. Hydroxylaminchlorhydratlösung und ca. 5 proz. Natronlauge. Nach Zugabe eines größeren Tropfens Pyridin und Überlagerung einer dünnen Ätherschicht wird langsam unter Umschütteln so lange Bromwasser zugegeben, bis sich der Äther deutlich gelb bzw. grün gefärbt hat. Man fügt nunmehr 1 ccm Wasserstoffsuperoxydlösung hinzu, die beim Schütteln die gelben Brom-Pyridinverbindungen sofort zerstört, die Nitrosokörper aber in keiner Weise beeinflußt. Bleibende Blaufärbung des Äthers zeigt also an, daß Bildung einer Bromnitrosoverbindung stattgefunden hat und daß die geprüfte Lösung ein Keton oder eine andere, die Ketongruppe enthaltende Verbindung enthielt.

Acetessigester und Oxalessigester geben die Reaktion, während sie bei Acetophenon und Campher ausbleibt.

Über den Einfluß von Kernsubstitution auf die Reaktionsfähigkeit aromatischer Aldehyde und Ketone: Posner, B. **35**, 2343 (1912).

Über die Reaktion mit fuchsinschwefliger Säure siehe S. 825.

Unterscheidung aliphatischer und aromatischer Aldehyde mit Acenaphthen und Schwefelsäure: Fazi, G. **46**, I, 334 (1916).

2. Reaktionen, die speziell den Aldehyden eigentümlich sind.

I. Reduktionswirkungen.

Die Aldehyde sind sehr leicht oxydable Substanzen und üben daher verschiedene Reduktionswirkungen aus, durch die sie charakterisiert werden können.

a) Über Sauerstoffaktivierung durch Aldehyde[2] siehe Radziszewski, B. **10**, 321 (1887). — Ludwig, B. **29**, 1454 (1896).

b) Silberspiegelreaktion[3]. Darstellung des Reagens[4]. Man löst 3 g salpetersaures Silber in 30 g Wasser und andererseits 3 g Ätznatron in 30 g Wasser. Diese Lösungen hebt man gesondert auf, die Silberlösung in einer Glasstöpselflasche und im Dunkeln. Zum Gebrauch mischt man gleiche Volumina der Flüssigkeiten in einer sorgfältig gereinigten Eprouvette und tropft langsam Ammoniak vom spez. Gew. 0.923 hinzu, bis das Silberoxyd eben gelöst ist.

Es ist dringend davor zu warnen, Silberlösung, Natronlauge und Ammoniak ad libitum zu mischen, oder das Reagens eindunsten zu lassen, weil sonst infolge von Knallsilberbildung ohne äußere Veranlassung Explosionen eintreten können, wie dies mehrfach beobachtet wurde[5].

---

[1] Stock, Diss. Berlin (1899). — Blumenthal und Neuberg, Deutsche med. Woch. **1901**, Nr. 1. — Piloty, B. **35**, 3099 (1902). — Fuchs und Eisner, B. **53**, 896 (1920).

[2] Über Autoxydation der Aldehyde: Bach, Mon. sc. **1897**, 485. — Engler und Weißberg, Kritische Studien über die Vorgänge der Autoxydation. Braunschweig (1904), 89. — Speithel, Diss. Karlsruhe (1911). — Hene, Diplomarbeit Karlsruhe (1911). — Prodrom, Diss. Zürich (1913). — Wieland, B. **46**, 3327 (1913). — Staudinger, B. **46**, 3530 (1913).   [3] Liebig, A. **98**, 132 (1856). — Dingl. **140**, 199 (1856).

[4] Tollens, B. **14**, 1950 (1881); **15**, 1635, 1828 (1882). — Eine andere Vorschrift: Einhorn, B. **26**, 454 (1893).

[5] Salkowski, B. **15**, 1738 (1882). — Matignon, Ch. Ztg. **32**, 607 (1908). — Bull. (4) **3**, 618 (1908). — Witzemann, J. Ind. Eng. Ch. **11**, 893 (1919).

Setzt man zu mäßig verdünnten Aldehydlösungen einige Tropfen des Tollensschen Reagens, so entsteht ein mehr oder weniger schöner Silberspiegel, dessen Bildung man durch sehr gelindes Erwärmen beschleunigen kann[1]). Besser ist es aber, die Silberabscheidung allmählich in der Kälte vor sich gehen zu lassen. Wesentlich für das gute Gelingen der Reaktion ist die vollständige Sauberkeit der benutzten Eprouvetten.

Übrigens geben nicht nur Aldehyde die Silberspiegelreaktion, sondern auch manche aromatische Amine, Alkaloide und mehrwertige Phenole[2]), α-Diketone[3]), Cyclohexenone[4]), Trioxypicolin[5]), Phenylaminomalonsäureester[6]) usw., siehe auch S. 913 (Alkylenoxyde).

Wenn man die Reaktion dazu benutzen will, die Oxydation der Aldehyde zu Säuren auszuführen, gibt man[7]) direkt in die wäßrige, evtl. wäßrig-alkoholische oder rein-alkoholische Lösung des Aldehyds Silbernitrat und trägt in die Flüssigkeit unter ständigem Rühren innerhalb zweier Stunden in Zwischenräumen von 5—10 Minuten in gleichen Mengen so viel $n/_3$-Alkali — am besten Bariumhydroxyd — ein, daß nicht nur das Silberoxyd freigemacht, sondern auch die Säure neutralisiert wird. Nach 12 stündigem Stehen wird aufgearbeitet:

$$2\ RCHO + 3\ Ag_2O = 2\ RCOOAg + 4\ Ag + H_2O$$
$$RCOOAg + RCHO + 2\ NaOH = 2\ RCOONa + Ag + H_2O + H.$$

Überschuß von Silbernitrat verzögert die Zersetzung des organischen Silbersalzes.

c) **Reduktion der Fehlingschen Lösung.** Die Aldehyde der Fettreihe, nicht aber die aromatischen Aldehyde[8]) reduzieren alkalische Kupferlösungen sehr lebhaft.

II. Farbenreaktionen.

a) **Verhalten gegen fuchsinschweflige Säure[9]).**

Eine durch schweflige Säure entfärbte Lösung von reinem Rosanilin wird durch Aldehyde intensiv rot bis rotviolett gefärbt[10]).

Nach Schiff bereitet man sich das Reagens durch Einleiten von Schwefeldioxyd in eine 0.025 proz. Lösung eines Rosanilinsalzes, bis die Flüssigkeit nur noch schwach gelb gefärbt ist. In verschlossenen Flaschen läßt es sich lange unverändert aufbewahren. Es ist um so empfindlicher, je geringer der Überschuß an schwefliger Säure ist.

Guyon[11]) gibt das folgende Rezept für ein sehr empfindliches Reagens:

---

[1]) Immerhin läuft man beim Erwärmen Gefahr, eine durch Zersetzung der Lösung etwa entstandene Trübung als Reaktion aufzufassen.

[2]) Tombeck, A. Chim. Phys. (7) **21**, 383 (1900). — Morgan und Micklethwait, Soc. Ind. **21**, 1373 (1902). — Kauffmann und Pay, B. **39**, 324 (1906).

[3]) Locquin, Bull. (3) **31**, 1173 (1904).

[4]) Blumann und Zeitschel, B. **46**, 1179 (1913).

[5]) Lapworth und Collie, Soc. **71**, 845 (1897).

[6]) Curtius, Am. **19**, 694 (1897).

[7]) Delépine und Bonnet, C. r. **149**, 39 (1909). — Bull. (4) **5**, 879 (1909). — Masson, C. r. **149**, 795 (1909). — Tieffenau und Orékhoff, Bull. (4) **29**, 429 (1921).

[8]) Tollens, B. **15**, 1950 (1882).

[9]) Über die Reaktion, die aromatische Äthylenoxyde mit fuchsinschwefliger Säure zeigen, siehe S. 910.

[10]) Schiff, A. **140**, 131 (1866). — C. r. **64**, 482 (1867). — Caro und V. Meyer, B. **13**, 2343, Anm. (1880). — Schmidt, B. **14**, 1848 (1881). — Müller, Z. ang. **3**, 634 (1890). — Villiers und Fayolle, C. r. **119**, 75 (1894). — Bull. (3) **11**, 691 (1894). — Urbain, Bull. (3) **15**, 455 (1896). — Cazeneuve, Bull. (3) **15**, 723 (1896); (3) **17**, 196 (1897). — Lefèvre, Bull. (3) **15**, 1169 (1896); **17**, 535 (1897). — Paul, Z. anal. **35**, 647 (1896). — Hantzsch und Oßwald, B. **33**, 278 (1900). — McKayChace, Am. **28**, 1472 (1906). — DRP. 105862 (1907). — Wieland und Scheuing, B. **54**, 3527 (1921). — Siehe auch S. 583.   [11]) C. r. **105**, 1182 (1887).

20 ccm Natriumbisulfitlösung von 30° Bé werden in einen Liter $^1/_{10}$ proz. Fuchsinlösung gegossen und nach einer Stunde, wenn die Entfärbung nahezu vollendet ist, 10 ccm konzentrierte Salzsäure zugefügt. Man läßt die Lösung vor dem Gebrauch einige Tage in verschlossener Flasche stehen, wobei die Empfindlichkeit noch zunimmt.

Wenige Tropfen Aldehyd werden mit 1—2 ccm dieser Lösung in verschlossener Eprouvette geschüttelt, feste Substanzen fein gepulvert damit übergossen[1]. Die Reaktion tritt in kurzer Zeit ein[2].

Über Ausnahmen siehe Meyer, B. **13**, 2343 Anm. (1880). — Perkin, Soc. **51**, 808 (1887). — Bittó, Z. anal. **36**, 375 (1897).

Ob reine Ketone nicht auch die Reaktion zeigen können, erscheint nicht ganz sichergestellt.

Nach Villiers und Fayolle[3] reagiert reines Aceton ebensowenig wie die anderen Ketone (vgl. dagegen Bitto, a. a. O., wonach Aceton, Methylpropylketon, Methylhexylketon und Methylnonylketon reagieren).

Nach Harries[4] reagieren namentlich auch ungesättigte Ketone, wie Mesityloxyd und Carvon sehr bald. Die Ursache scheint hier in geringen Spuren von Peroxyden zu liegen, die durch Autoxydation entstehen. Ganz sorgfältig im Vakuum rektifizierte Ketone reagieren meistens nicht.

Nach Faktor[5] kann die Reaktion auch mit einer durch Magnesium entfärbten Fuchsinlösung ausgeführt werden.

Es ist auch mit Erfolg[6] versucht worden, diese Reaktion zu quantitativen Bestimmungen zu verwerten.

Mc Kay Chace[7] geht z. B. zur Citralbestimmung folgendermaßen vor, wobei er annimmt, daß die Intensität der Färbung der Aldehydmenge direkt proportional sei.

Man löst 0.5 g Fuchsin in 100 ccm Wasser, fügt eine Lösung schwefliger Säure hinzu, die 16 g SO_2 enthält, läßt das Gemisch bis zur Entfärbung stehen und verdünnt es dann mit Wasser auf einen Liter. Eine solche Lösung kann nur 2 oder 3 Tage unverändert aufbewahrt werden.

Ferner stellt man sich 95 proz., völlig aldehydfreien Alkohol her.

Schließlich bereitet man sich noch eine 0.1 proz. Lösung von Citral in 50 grädigem Alkohol.

Diese verschiedenen Lösungen werden sämtlich bei 15° hergestellt und auch alle Bestimmungen unter genau gleichen Bedingungen durchgeführt. Ferner empfiehlt es sich besonders, auch während der Versuche irgendwie erhebliches Ansteigenlassen der Temperatur zu vermeiden.

Für die Ausführung der Bestimmung verdünnt man 2 g des zu untersuchenden ätherischen Öls mit dem gereinigten Alkohol auf 100 ccm. Dann bringt man 4 ccm einer jeden Lösung in Gefäße von gleicher Beschaffenheit, fügt 20 ccm aldehydfreien Alkohol sowie 20 ccm fuchsinschweflige Säure hinzu und füllt schließlich mit Alkohol auf 50 ccm auf. Nach gutem Durchmischen bringt man die Lösungen für 10 Minuten in ein 15° warmes Wasserbad und vergleicht die Intensität ihrer Färbungen entweder direkt oder mit Hilfe eines Colorimeters.

---

[1] E. Fischer und Penzoldt, B. **16**, 657 (1883). — Neuberg, B. **32**, 2397 (1899).

[2] γ-Oxyaldehyde mit tertiärem Hydroxyl reagieren nur langsam. Helferich und Gehrke, B. **54**, 2640 (1921).

[3] C. r. **119**, 75 (1894). — Bull. (3) **11**, 691 (1894).

[4] A. **330**, 190, 218 (1903).   [5] Pharm. Post. **38**, 153 (1905).

[6] Siehe übrigens Schimmel & Co., Bericht **1907**, 123. — Berichte von Roure-Bertrand Fils, Grasse **1907**, 85.   [7] Am. soc. **28**, 1472 (1906).

b) Verhalten gegen Diazobenzolsulfosäure [E. Fischer und Penzoldt[1])].

Man löst reine, krystallisierte Diazobenzolsulfosäure in etwa 60 Teilen kalten Wassers und wenig Natronlauge, fügt die mit verdünntem Alkali vermischte Substanz und einige Körnchen Natriumamalgam zu und läßt die Lösung ruhig stehen. Bei Anwesenheit eines Aldehyds zeigt sich nach 10—20 Minuten rotviolette, der reinen Fuchsins ähnliche Färbung. Beim Bittermandelöl ist sie noch in der Verdünnung 1 : 3000 mit voller Sicherheit zu erkennen.

Die Probe ist viel empfindlicher als die Reaktion mit fuchsinschwefliger Säure.

Sie trifft bei allen Aldehyden, die in alkalischen Lösungen beständig sind, ein.

Aceton und Acetessigester liefern unter den gleichen Bedingungen dunkelrote Färbung, ohne den charakteristischen violetten Ton.

Dasselbe gilt für Phenol, Resorcin und Brenzcatechin, wenn man dafür sorgt, daß sie nur bei Gegenwart von überschüssigem Alkali mit der Diazoverbindung zusammentreffen und dadurch verhindert werden, Azofarbstoffe zu bilden.

Bemerkenswert ist die Fähigkeit des Traubenzuckers, die beschriebene Aldehydreaktion in besonders schöner Weise zu geben, während er gegen Fuchsinschwefligsäure indifferent ist.

c) Alkoholische Pyrrollösung ist nach Ihl[2]) bei Gegenwart von Salzsäure ein empfindliches Reagens auf Aldehyde, die meist schon in der Kälte, sicher beim Erwärmen, intensive Rotfärbung liefern.

III. Additionsreaktionen der Aldehyde.

1. Verhalten gegen Sulfite[3]).

Mit sauren schwefligsauren Alkalien und alkalischen Erden vereinigen sich die Aldehyde nach der Gleichung:

$$\frac{R}{(R')H}\!\!>\!\!C = O + SO\!\!<\!\!\frac{OH}{ONa} = \frac{R}{(R')H}\!\!>\!\!C\!\!<\!\!\frac{OH}{O\cdot SO\cdot ONA}$$

zu krystallinischen Salzen von sauren Schwefligsäure-O-Estern der zweiwertigen Alkohole:

$$\frac{R}{(R')H}\!\!>\!\!C\!\!<\!\!\frac{OH}{OH}\ ^{4})$$

die namentlich in überschüssiger Bisulfitlösung schwer löslich sind und sich dadurch zur Erkennung, Abscheidung[5]) und Reinigung der Aldehyde eignen. Durch verdünnte Säuren und Soda, besser Baryt, werden die Bisulfitverbindungen leicht wieder gespalten[6]).

Hochmolekulare Aldehyde reagieren nur langsam und erfordern großen Überschuß an Bisulfitlösung[7]).

---

[1]) B. **16**, 657 (1883). — Petri, Z. physiol. **8**, 291 (1884). — Mann, Diss. Gießen (1907), 26. — H. Fischer und Bartholomäus, B. **45**, 466 (1912). — Die Reaktion versagt bei vielen Oxyaldehyden: Trensch von Buttlar-Brandenfels, Diss. Würzburg (1910), 14.

[2]) Ch. Ztg. **14**, 1571 (1890). — Mann, Diss. Gießen (1907), 27.

[3]) Siehe auch Bucherer und Schwalbe, B. **39**, 2814 (1906).

[4]) Knoevenagel, B. **37**, 4039, 4060 (1904).

[5]) Aldehydbestimmung durch Wägung der Bisulfitverbindung: Rosenmund und Zetzsche, B. **54**, 432 (1921).

[6]) Redtenbacher, A. **65**, 40 (1848). — Bertagnini, A. **85**, 179, 268 (1853). — Grimm, A. **157**, 262 (1871). — Bunte, A. **170**, 311 (1873). — Spaltung durch Natriumnitrit: Freundler und Bunel, C. r. **132**, 1338 (1901).

[7]) Berg, Diss. Heidelberg (1905), 14.

Phenyldimethylacetaldehyd, Diphenylmethyl- und Diphenyläthylacetaldehyd verbinden sich nicht mit Bisulfit [1]), ebensowenig p-Thymotinaldehyd [2]) und p-Carvakrotinaldehyd [3]).

In gleicher Weise addieren Aldehyde die Bisulfite von Ammonium, primären Basen und Aminosäuren.

Andererseits zeigen auch Methylketone diese Additionsfähigkeit [4]).

Diese Eigenschaft ist namentlich auch bei den α-Diketonen [5]), beim Alloxan [6]) und bei einzelnen cyclischen Ketonen [7]) konstatiert worden, ebenso bei ungesättigten Ketonen [8]), die aber an die Doppelbindung addieren. — Das Pulegon zeigt normale Ketonreaktion [9]).

Auch manche andere Substanzen, die überhaupt keine Aldehydeigenschaften besitzen, können sich mit Alkalibisulfit vereinigen, so namentlich ungesättigte Verbindungen, doch sind die so entstehenden Hydrosulfosäuren nur zum Teil wieder so leicht spaltbar wie die entsprechenden Additionsprodukte der Aldehyde [10]). Auch Indol gibt eine Natriumbisulfitverbindung [11]) und ebenso viele Azoverbindungen. Siehe S. 1040.

Über die Bisulfitreaktion aromatischer Äthylenoxyde siehe S. 910.

Zur Ausführung der Reaktion wird die betreffende Carbonylverbindung entweder direkt oder in wenig Alkohol gelöst, mit konzentrierter Bisulfitlösung (spez. Gew. 1.33) geschüttelt [12]), wobei gewöhnlich Erwärmung eintritt. Bei Ketonen muß das Schütteln manchmal mehrere Stunden fortgesetzt werden [Pulegon, 1-Methyl-3-cyclohexanon, Menthon, Isomenthon [13])]. Zur Vervollständigung der Fällung kann sich Alkoholzusatz empfehlen [14]). Die Bisulfitlösung soll möglichst wenig freie schweflige Säure enthalten, in der sich die meisten Bisulfitverbindungen leicht lösen [15]).

Vielfach noch geeigneter als Bisulfit- sind neutrale Natriumsulfitlösungen [16]).

Verhalten der ungesättigten Aldehyde gegen Bisulfit und neutrales Sulfit: Müller, B. 6, 1442 (1873). — Haubner, M. 12, 546 (1891). — Heusler, B. 24, 1805 (1891). — Tiemann und Semmler, B. 26, 2710 (1893). — Tie-

---

[1]) Tiffeneau und Dorlencourt, A. chim. phys. (8) 16, 237 (1909).
[2]) Kobek, B. 16, 2097 (1883).
[3]) Nordmann, B. 17, 2634 (1884). — Lustig, B. 19, 15 (1886).
[4]) Bei den Ketonen ist diese Fähigkeit indessen nicht allgemein. Siehe Limpricht, A. 94, 246 (1856). — Grimm, A. 157, 262 (1871). — Popoff, A. 186, 286 (1877). — Schramm, B. 16, 1683 (1883). — Stewart, Proc. 21, 13, 78, 84 (1905). — Soc. 87, 185 (1905). — Jolles, B. 39, 1306 (1906).   [5]) Locquin, Bull. (3) 31, 1173 (1904).
[6]) Pellizari, A. 248, 147 (1888). — Piloty und Finkh, A. 333, 97 (1904).
[7]) Petrenko-Kritschenko und Kestner, Russ. 35, 406 (1903). — Petrenko-Kritschenko, A. 341, 163 (1905). — Scholl und Schwarzer, B. 55, 325 (1922).
[8]) Pinner, B. 15, 592 (1882). — Kerp, A. 290, 123 (1896). — Knoevenagel, A. 297, 142 (1897). — Harries, B. 32, 1326 (1899). — A. 330, 188 (1903). — Labbé, Bull. (3) 23, 280 (1900). — Ciamician und Silber, B. 41, 1932 (1908).
[9]) Baeyer und Henrich, B. 28, 652 (1895).
[10]) Credener, Diss. Tübingen (1869). — Valet, A. 154, 63 (1870). — Messel, A. 157, 15 (1871). — Wieland, A. 157, 34 (1871). — Müller, B. 6, 1442 (1873). — Hofmann, A. 201, 81 (1880). — Pinner, B. 15, 592 (1882). — Looft, B. 15, 1538 (1882). — Rosenthal, A. 233, 37 (1886). — Haymann, M. 9, 1055 (1888). — Haubner, M. 12, 1053 (1891). — Looft, A. 271, 377 (1892). — Marckwald und Frahne, B. 31, 1864 (1898). — Tiemann, B. 31, 842, 851, 3297 (1898). — Labbé, Bull. (3) 21, 756 (1899).
[11]) Hesse, B. 32, 2612 (1899). — Weisgerber, B. 43, 3527 (1910).
[12]) Limpricht, A. 93, 238 (1856).   [13]) Schimmel & Co., B. 1919, II, 39.
[14]) Ziegler, B. 54, 740 (1921). — Scholl und Schwarzer, B. 55, 325 (1922).
[15]) Coppock, Ch. News 96, 225 (1907).
[16]) Siehe „Methode von Tiemann", S. 830.

mann, B. **31**, 3304 (1898); **32**, 816 (1899). — Sommelet, A. chim. phys. (8) **9**, 566 (1906).

Natriumbisulfit und ungesättigte Ketone: Pinner, B. **15**, 592 (1882). — Harries, B. **32**, 1326 (1899). — Labbé, Bull. (3) **23**, 250 (1900). — Tiemann, B. **33**, 561 (1900). — Knoevenagel, B. **37**, 4038 (1904).

Über den Nachweis von Aldehyden (und Ketonen) auf Grund der Beschleunigung, welche die Entwicklung des Bilds einer belichteten photographischen Platte nach Zusatz der Carbonylverbindung zu dem aus wäßriger Bisulfit-Pyrogallol-(Hydrochinon-)Lösung bestehenden Entwickler erfährt, siehe Lumière und Seyewetz, Bull. (3) **19**, 134 (1898).

Über das Isolieren von aromatischen Aldehyden mit freier schwefliger Säure siehe DRP. 154 499 (1904).

Quantitative Bestimmung der Aldehyde nach Ripper[1]).

Auf das Verhalten der Aldehyde gegen Alkalibisulfit hat Ripper eine Methode zu ihrer maßanalytischen Bestimmung gegründet.

Versetzt man eine wäßrige Aldehydlösung mit überschüssiger Alkalibisulfitlösung, so wird nach kurzer Zeit aller Aldehyd an das Alkalibisulfit gebunden sein.

Dieses angelagerte saure, schwefligsaure Alkali ist durch Jod nicht oxydierbar. Bestimmt man die nicht gebundene schweflige Säure, so hat man in der Differenz zwischen der gesamten und der gebundenen schwefligen Säure ein Maß für die Menge des Aldehyds.

Von der Aldehydlösung wird eine ungefähr halbprozentige, womöglich wäßrige Lösung hergestellt. Zu 25 ccm davon werden in einem ca. 150 ccm fassenden Kölbchen 50 ccm der Lösung des sauren, schwefligsauren Kaliums, die 12 g $KHSO_3$ im Liter enthält, fließen gelassen. Das Kölbchen stellt man dann für ca. $^1/_4$ Stunde gut verkorkt beiseite. Während dieser Zeit wird der Jodwert von 50 ccm der Alkalibisulfitlösung mit Hilfe einer $^n/_{10}$-Jodlösung bestimmt. Dann titriert man mit derselben $^n/_{10}$-Jodlösung die Menge der nicht gebundenen schwefligen Säure in der Aldehydlösung zurück.

Der Berechnung der Aldehydmenge A sind zugrunde zu legen: M = das Molekulargewicht des Aldehyds und J = die Menge Jod, welche der gebundenen schwefligen Säure entspricht nach der Formel:

$$A = \frac{J \times \frac{M}{2}}{126.53} = \frac{J \times M}{253.06}.$$

Konzentrierte Lösungen vom Kaliumbisulfit auf Aldehydlösungen einwirken zu lassen, empfiehlt sich nicht, weil die in größerer Menge gebildete Jodwasserstoffsäure bei der Titration mit Jod störend wirkt.

Diese Methode wird in allen Fällen brauchbare Resultate liefern, wo die Aldehyde entweder wasserlöslich sind oder aber mit Hilfe von wenig Alkohol in Lösung gebracht werden können. Hierbei ist zu berücksichtigen, daß schon in einer relativ schwachen alkoholischen Lösung (z. B. von mehr als 5 %) die Jodstärkereaktion ausbleibt. Da jedoch nur sehr verdünnte Lösungen, wie schon erwähnt, nicht über $^1/_2$ % Aldehyd enthaltend, zur Anwendung gelangen

---

[1]) M. **21**, 1079 (1900). — Petrenko-Kritschenko, A. **341**, 163 (1905). — Jerusalem, Bioch. **12**, 368 (1908). — Rosario, Philippine J. Sci. **5**, 29 (1910). — In gleicher Weise kann man Aceton bestimmen: Sy, Am. soc. **29**, 786 (1907).

dürfen, wird man in den meisten Fällen mit einem sehr geringen Alkoholzusatz auskommen.

Die Einstellung der Jodlösung wird mit Kaliumbijodat vorgenommen. In der Jodlösung werden auf 12 g Jod rund 35 g Jodkalium pro Liter verwendet. Ein ganz ähnliches Verfahren gibt Rocques[1] an.

Methode von Tiemann[2].

Viele Aldehyde lassen sich quantitativ durch Titration nach der Gleichung:

$$2\,Na_2SO_3 + 2\,R \cdot CHO + H_2SO_4 = 2\,(NaHSO_3 + R \cdot CHO) + Na_2SO_4$$

bestimmen. Als Indicator kann Phenolphthalein oder Rosolsäure, evtl. auch Lackmus dienen.

2. Bildung von Aldehydammoniak[3].

Wenn man Aldehyde der Fettreihe, deren COH-Gruppe an ein primäres Alkoholradikal gebunden ist, in ätherischer Lösung mit gasförmigem Ammoniak behandelt oder in konzentriertes wäßriges Ammoniak einträgt, so bilden sich nach der Gleichung:

$$R—C\diagdown_H^O + NH_3 = R—C\diagdown_H^{OH}\!\!-NH_2$$

Aminoalkohole.

Dagegen bilden die sekundären und ungesättigten Aldehyde komplizierte, aus mehreren Molekülen Aldehyd unter Wasseraustritt entstehende, stickstoffhaltige Kondensationsprodukte.

Bei den aromatischen Aldehyden bilden sich aus 2 Molekülen NH_3 mit 3 Molekülen Aldehyd unter Austritt von 3 Molekülen Wasser die Hydramide.

Ammoniak und Ketone: Sokoloff und Latschinoff, B. 7, 1384 (1874). — E. Fischer, B. 17, 1788 (1884). — Tomae, Arch. 243, 291, 294, 393, 395 (1905); 244, 641, 643 (1906); 246, 373 (1908). — Tomae und Lehr, Arch. 244, 653, 664 (1906). — Traube, B. 41, 777 (1908); 42, 246, 666, 3298 (1909).

Abscheidung von Aldehyden in Form der schwerlöslichen Verbindungen mit naphthionsaurem Natrium oder Barium: Erdmann, A. 247, 325 (1888). — DRP. 124 229 (1901).

3. Aldolkondensation[4].

Nach Lieben kann man die Aldehyde in drei Gruppen teilen:

---

[1] J. Pharm. Chim. (6) 8, 9 (1900). — Ch. News 79, 119 (1900). — Siehe auch Kerp, Arb. Kais. Gesundh. 21, 180 (1904). — Mathieu, Rev. intern. falsif. 17, 43 (1904). — Stewart, Proc. 21, 13 (1905). — Bucherer und Schwalbe, B. 39, 2814 (1906).

[2] B. 31, 3315 (1898); 32, 412 (1899). — Kleber, Pharm. Review. 22, 94 (1904). — Burgers, Analyst 29, 78 (1904). — Sadtler, Am. J. Pharm. 76, 84 (1904). — Soc. Ind. 23, 303 (1904). — Roure-Bertrand Fils, B. (1) 10, 68 (1904); (2) 1, 70 (1905). — Seyewetz und Gibello, Bull. (3) 31, 691 (1905). — Seyewetz und Bardin, Bull. (3) 33, 1000 (1905). — Rothmund, M. 26, 1548 (1905). — Berg und Sherman, Am. soc. 27, 132 (1905). — Berté, Ch. Ztg. 29, 805 (1905). — Schimmel & Co., Ber. f. 1905, 51.

[3] Liebig, A. 14, 133 (1835). — Strecker, A. 130, 218 (1864). — Wurtz, C. r. 74, 1361 (1872). — Erlenmeyer und Siegel, A. 176, 343 (1875). — Lipp, A. 205, 1 (1880); 211, 357 (1882). — Waage, M. 4, 709 (1883).

[4] Wurtz, C. r. 74, 1361 (1872); 76, 1165 (1873); 83, 255 (1876); 92, 1438 (1881); 97, 1169 (1883). — Lieben, M. 4, 11 (1883); 22, 289 (1901). — Franke und Kohn, M. 19, 354 (1898). — Franke, M. 21, 1122 (1900). — Nef, A. 318, 160 (1901). — Rosinger, M. 22, 545 (1901). — A. 322, 131 (1902). — Euler, B. 38, 2551 (1905). — Neustädter, M. 27, 879 (1906). — A. 351, 294 (1907). — Mc Leod, Am. 37, 20 (1907). — Hammarsten, A. 420, 262 (1920); 421, 293 (1920).

1. Solche, in denen die $C\diagdown_H^{\diagup O}$ -Gruppe an einen primären Rest gebunden ist:

$$CH_3—C = O \atop \diagdown H \quad \text{und} \quad R—CH_2—C = O \atop \diagdown H.$$

2. Sekundäre Aldehyde:

$$\left. R_1 \atop R_2 \right\rangle CH—C\diagdown_H^{\diagup O} \;.$$

3. Aldehyde, welche die COH-Gruppe entweder an tertiären Kohlenstoff, oder an C und OH, oder an Wasserstoff gebunden enthalten:

Die Aldehyde der ersten Gruppe geben Aldole (mit Aldehyden aller Gruppen) und bei energischerer Einwirkung des Kondensationsmittels meist ungesättigte Aldehyde:

$$R—CH_2—C\diagdown_H^{\diagup O} + CH_3—C\diagdown_H^{\diagup O} = CH_3—\underset{(3)}{C}\underset{(2)}{C}\underset{(1)}{C}\diagdown_H^{\diagup O} ,$$

indem sich das in (2) befindliche H mit dem in (3) befindlichen OH als Wasser abspaltet.

Damit diese Reaktion möglich ist, muß das Aldol also in (2) ein H-Atom tragen: Die Aldole aus Aldehyden der ersten Gruppe mit solchen derselben oder der dritten Gruppe genügen diesen Bedingungen stets, die Aldole, die mit Aldehyden der zweiten Gruppe entstehen, nur selten (Propion- mit Isobutyraldehyd) und geben daher meist keine ungesättigten Aldehyde.

Die Aldehyde der zweiten Gruppe besitzen in (2) nur einen Wasserstoff; sie können untereinander wohl Aldole, aber keine ungesättigten Aldehyde bilden.

Die Aldehyde der dritten Gruppe können untereinander weder Aldole noch ungesättigte Aldehyde bilden, wohl aber mit Aldehyden der beiden anderen Gruppen Aldole und mit Aldehyden der ersten Gruppe auch ungesättigte Aldehyde, wobei sie stets nur mit ihrem Aldehydsauerstoff an der Kondensation beteiligt sind (Perkinsche Reaktion).

Für diese Gruppe charakteristisch ist die Reaktion von Cannizzaro[1] (siehe weiter unten).

Die Bildung der Aldole erfolgt in der Weise, daß ein Wasserstoff, welcher an das der COH-Gruppe benachbarte C-Atom des einen Aldehydmoleküls gebunden war, an den Aldehydsauerstoff des zweiten Aldehydmoleküls geht, während sich gleichzeitig die freiwerdenden C-Valenzen der beiden Aldehyde gegenseitig absättigen.

Als kondensierendes Agens für die Aldolbildung (bei 8—15°) verwendet man Kaliumcarbonatlösung; für die Bildung der ungesättigten Aldehyde entweder auch Kaliumcarbonat, das bei gewöhnlicher oder mäßig erhöhter Temperatur dauernd einwirkt, oder Natriumacetatlösung (bei 90 bis 150°), ferner Kalilauge, verdünnte Säuren oder saure Salze. Auch einfaches

---

[1] Nach Lieben, M. **22**, 398, Anm. (1901), sind übrigens wahrscheinlich unter geeigneten Reaktionsbedingungen auch die anderen Gruppen von Aldehyden der Reaktion von Cannizzaro zugänglich.

Erhitzen der Aldole führt zur Wasserabspaltung. Kaliumverbindungen wirken energischer und rascher als die entsprechenden Natriumverbindungen[1]).

Reaktion von Cannizzaro[2]). Aldehyde, die in direkter Bindung keinen wasserstoffhaltigen Kohlenstoff besitzen (Gruppe 3 nach Lieben), werden durch Alkalien derart angegriffen, daß gleiche Mengen Alkohol und Säure gebildet werden.

Aromatische Aldehyde schüttelt man mit einer Lösung von 3 Teilen Kaliumhydroxyd in 2 Teilen Wasser und läßt diese Emulsion mehrere Stunden stehen. Das Kaliumsalz der entstandenen Säure krystallisiert aus, der Alkohol wird ausgeäthert oder mit Wasserdampf übergetrieben und von anhaftendem Aldehyd mit Bisulfitlösung[3]) befreit.

Bei den Aldehyden der Fettreihe usw. ist im allgemeinen [Formaldehyd, Furaldehyd[4]) und Bromisobutyraldehyd[5]), Formisobutyraldol[6]) usw.] der Reaktionsverlauf der gleiche. Einzelne Aldehyde indes [Isobutyraldehyd[7])] liefern neben der entsprechenden Säure den Alkohol des zugehörigen Aldols, also ein Glykol[8]). — Zur Erklärung dieser Reaktionen siehe Claisen, B. **20**, 646 (1887). — Kohn, M. **19**, 16 (1898). — Franke, M. **21**, 1122 (1900). — Lieben, M. **22**, 298 (1901). — Raikow und Raschtanow, Öst. Ch. Ztg. **5**, 169 (1902).

Über die Einwirkung von Aluminiumalkoholaten auf aliphatische Aldehyde siehe Tischtschenko, Russ. **38**, 355, 482 (1906).

<h3 style="text-align:center">4. Verhalten gegen Zinkalkyl[9])[10]).</h3>

Mit Zinkmethyl und Zinkäthyl reagieren alle Aldehyde derart, daß 1 Molekül Zinkalkyl addiert wird. Auf Zusatz von Wasser entstehen daraus sekundäre Alkohole:

$$\mathrm{R-C}{\overset{O}{\underset{H}{\Big\langle}}} + \underset{(CH_3)_2}{\overset{Zn}{\|}} \rightarrow \mathrm{R-C}{\overset{CH_3}{\underset{H}{\Big\langle}}}\!\!-OZnCH_3 \rightarrow \mathrm{R-C}{\overset{CH_3}{\underset{H}{\Big\langle}}}\!\!-OH + Zn(OH)_2 + CH_4 .$$
$$(+\ 2\ H_2O)$$

Die höheren Zinkalkyle bewirken Reduktion der Aldehyde zu den entsprechenden Alkoholen[10]). Bei den chlorierten Aldehyden erfolgt diese Reduktion schon durch Zinkäthyl[11]).

---

[1]) Michael und Kopp, Am. **5**, 182 (1884). — Hans Meyer und Beer, M. **34**, 649 (1913).

[2]) Wöhler und Liebig, A. **3**, 249 (1832); **22**, 1 (1837). — Cannizzaro, A. **88**, 129 (1853). — Kraut, A. **92**, 67 (1854). — R. Meyer, B. **14**, 2394 (1881). — Claisen, B. **20**, 646 (1887). — Franke, M. **21**, 1122 (1900). — Lieben, M. **22**, 302, 308 (1901). — Auerbach, B. **38**, 2833 (1905). — H. und A. Euler, B. **38**, 2551 (1905); **39**, 36 (1906). — Neustädter, A. **351**, 295 (1907). — Tischtschenko, Woelz und Rabzewitsch-Lubkowsky, Russ. **44**, 138 (1912). — J. pr. (2) **86**, 322 (1912).

[3]) Siehe hierzu Meisenheimer, B. **41**, 1420 (1908).

[4]) Wessely, M. **21**, 216 (1900); **22**, 66 (1901).

[5]) Schiff, A. **239**, 374 (1887); **261**, 254 (1891). — Wissel und Tollens, A. **272**, 291 (1893).   [6]) Franke, M. **21**, 1122 (1900).

[7]) Übrigens gibt nach Lederer, M. **22**, 536 (1901) der Isobutyraldehyd beim Erwärmen mit wäßriger Barytlösung unter Druck quantitativ die Cannizzarosche Reaktion. Andererseits zeigen die drei Oxybenzaldehyde die Reaktion nicht, und bei den Nitrobenzaldehyden ist der Reaktionsverlauf ein anormaler. Maier, B. **34**, 4132 (1901). — Raikow und Raschtanow, Öst. Ch. Ztg. **5**, 169 (1902).

[8]) Fossek, M. **4**, 663 (1883).

[9]) Wagner, A. **181**, 261 (1876). — B. **10**, 714 (1877); **14**, 2556 (1881).

[10]) Wagner, Russ. **16**, 283 (1884).

[11]) Garzarolli-Thurnlackh, A. **210**, 63 (1881). — B. **14**, 2759 (1881); **15**, 2619 (1882). — A. **213**, 369 (1882); **223**, 149, 166 (1883).

Das Verhalten zu den Zinkalkylen ist ganz besonders charakteristisch, denn es ist eine für alle Aldehyde ganz allgemeine, eigentümliche Reaktion, die weder den isomeren Oxyden der zweiwertigen Radikale [1]) noch den Ketonen zukommt (Wagner).

Die Reaktion verläuft bei gewöhnlicher Temperatur sehr langsam, im Verlauf von Tagen, selbst Wochen, so daß man gut tut, den Vorgang durch geeignetes Anwärmen zu beschleunigen.

Zur Ausführung der Reaktion kann man nach Granichstädten und Werner [2]) folgendermaßen verfahren:

Ein weithalsiger Kolben ist einerseits mit einem Kühler verbunden, dessen Fortsetzung ein absteigendes Rohr zum Auffangen des Gases in einer pneumatischen Wanne bildet. Ferner führt ein Rohr in den Kolben, um den Apparat mit Kohlendioxyd, das vorher mit Phosphorpentoxyd getrocknet wird, zu füllen. Zur Eintragung des Zinkäthyls, das in Röhrchen eingeschmolzen gewogen wird, dient ein Vorstoß, in den das Röhrchen mittels eines Korks luftdicht eingesetzt wird. Die vorher angefeilte Rohrspitze reicht in eine Drahtschlinge, die durch einen seitlichen Rohransatz geführt wird. Durch Anziehen des herausragenden Drahtendes gelingt es, die Spitze abzubrechen und so das Zinkäthyl in den geschlossenen und mit Kohlendioxyd gefüllten Apparat einzuführen. Der Kork mit der entleerten Röhre wird rasch durch einen anderen mit gebogenem Tropftrichter ersetzt, durch den man zuerst die in Reaktion zu bringende Flüssigkeit und später das zur Zersetzung des additionellen Zwischenprodukts notwendige Wasser eintropfen läßt.

Das Ende der Reaktion wird gewöhnlich daran erkannt, daß beim Einblasen von Luft in den Kolben keine Nebel mehr bemerkt werden, doch ist es besser, den Kolben noch einige Zeit nach dem Eintreten dieses Moments stehen zu lassen und dann erst die Zersetzung vorzunehmen. Zu dem durch kaltes Wasser abzukühlenden Reaktionsprodukt muß entweder viel Wasser mit einemmal zugesetzt werden, oder das Reaktionsprodukt muß allmählich in kaltes Wasser gegossen werden. Letzteres ist zu empfehlen, wenn das Reaktionsprodukt nicht ganz dickflüssig ist.

5. Reaktion von Angeli und Rimini [3]). (Nitroxylreaktion.)

Die Salze der Nitrohydroxylaminsäure zerfallen leicht in salpetrige Säure und den Rest: NOH [Nitroxyl[4])]:

$$\begin{matrix} \text{NOOH} \\ \parallel \\ \text{NOH} \end{matrix} = \text{NOOH} + \text{:NOH} ,$$

---

[1]) Siehe S. 914.   [2]) M. **22**, 316 (1901).

[3]) Angeli, G. **26**, II, 17 (1896). — Ch. Ztg. **20**, 176 (1896). — Atti Linc.[3](5), **5**, 120 (1896). — B. **29**, 1884 (1896). — G. **27**, II, 357 (1897). — Angeli und Angelico, G. **30**, I, 593 (1900). — Atti Linc. (5) **9**, II, 44 (1900); **10**, I, 164 (1901). — Angelico und Fanara, G. **31**, II, 15 (1901). — Rimini, G. **31**, II, 84 (1901). — Angeli, Angelico und Scurti, Atti Linc. (5) **11**, I, 555 (1902). — Angeli und Angelico, G. **33**, II, 239 (1903). — Velardi, Soc. chim. di Roma 24. April (1904). — G. **34**, 2, 66 (1904). — Angeli, Mem. Acc. Linc. **5**, 107 (1905). — Ciamician und Silber, B. **40**, 2422 (1907). — Ciusa, Atti Linc. (5) **16**, II, 199 (1907). — Paolini, G. **37**, II, 87 (1907). — Ciamician, B. **41**, 1073 (1908). — Ciamician und Silber, B. **41**, 1930, 1932 (1908); **43**, 1342 (1910). — Baudisch, B. **44**, 1009 (1911). — Baudisch und Coert, B. **45**, 1775 (1912). — Rimini, R. J. Lomb. Rend. **47**, 110 (1914).

[4]) NOH kann als Anhydrid des Dioxyammoniaks betrachtet werden.

der von Aldehyden und Dialdehyden [Glyoxal [1])] unter Bildung einer Hydroxamsäure addiert wird (Angeli):

$$R \cdot C\underset{H}{\overset{O}{\diagdown}} + :NOH = R \cdot C\underset{NOH}{\overset{OH}{\diagup}} \, .$$

Die Reaktion verläuft quantitativ und die Hydroxamsäuren sind leicht mit der Eisenreaktion nachzuweisen, aber die gleichzeitig entstehende salpetrige Säure wirkt in saurer Lösung zerstörend auf die Reaktionsprodukte.

Man verwendet daher zur Ausführung der Nitroxylreaktion die von Piloty[2]) entdeckte **Benzsulfhydroxamsäure**, die in derselben Weise auf Aldehyde einwirkt, indem sie nach der Gleichung:

$$C_6H_5SO_2 - NHOH = C_6H_5SO_2H + :NOH$$

in Nitroxyl und Benzolsulfinsäure zerfällt (Rimini).

Darstellung der Benzsulfhydroxamsäure.

Man bereitet sich eine Hydroxylaminlösung, nach der Vorschrift von Wohl[3]), indem man 130 g Hydroxylaminchlorhydrat in 45 ccm heißem Wasser löst und dazu eine noch warme Lösung von 42.5 g Natrium in 600 ccm absolutem Alkohol in so langsamem Strom einfließen läßt, daß kein Aufkochen eintritt und nach dem Erkalten vom ausgeschiedenen Chlornatrium filtriert. Diese Lösung verdünnt man mit weiteren 600 ccm Alkohol und trägt allmählich unter Umschütteln 100 g Benzolsulfochlorid ein, wobei geringe Gasentwicklung und ziemlich starke Erwärmung auftritt. Ohne Rücksicht auf etwa ausgeschiedenes Hydroxylaminchlorhydrat wird der Alkohol auf dem Wasserbad verjagt. Außer salzsaurem Salz enthält der Rückstand hauptsächlich benzolsulfosaures Hydroxylamin und Benzsulfhydroxamsäure. Zur Isolierung der letzteren wird der weiße Krystallbrei dreimal mit je 200 ccm absolutem Äther durchgerührt und filtriert. Nach dem Verjagen des Äthers bleibt eine farblose, blättrig-krystallinische Masse zurück, der meist ein scharfer Geruch anhaftet. Diesen verdankt die Substanz geringen Mengen einer Verunreinigung, von der sie leicht durch Waschen mit Chloroform auf dem Tonteller befreit werden kann. Einmal aus Wasser umkrystallisiert ist das Produkt völlig rein. Die Ausbeute beträgt auf Benzolsulfochlorid bezogen ca. 75% der Theorie.

Die Säure krystallisiert aus Wasser in dicken dreieckigen Tafeln, deren Ecken abgestumpft sind, oder in kompakten prismatischen Krystallen mit scharf ausgebildeten Endpyramiden. Beim Stehen der wässerigen Lösung tritt unter Entwicklung von salpetriger Säure und Bildung von Dibenzsulfhydroxamsäure Zersetzung ein, während die trockne Substanz völlig haltbar ist. Sie löst sich leicht in Alkohol, Äther, Essigester, Aceton, leicht auch in warmem, schwerer in kaltem Wasser, sehr schwer in Toluol, Benzol, Chloroform usw. Ihr Geruch ist recht schwach und erinnert an den der aromatischen Mercaptane. Sie schmilzt nicht scharf gegen 126° und zersetzt sich bei wenig höherer Temperatur unter lebhafter Gasentwicklung.

---

[1]) Mit Nitrosoprodukten entstehen Nitrosohydroxylamine, mit sekundären Aminen Tetrazone. Angeli und Angelico, G. **33**, (II), 239 (1903).
[2]) B. **29**, 1559 (1896).   [3]) B. **26**, 730 (1893). — Siehe auch S. 803.

Ausführung der Reaktion[1]).

Man löst in einem Kochkölbchen 1 Molekül Aldehyd in wenig reinem Alkohol, fügt 2 Moleküle Kalilauge (doppelt normal) hinzu und trägt unter Schütteln 1 Molekül Pilotysche Säure ein. Es darf dabei keine Gasentwicklung stattfinden. Wenn klare Lösung eingetreten ist, fügt man noch 1 Molekül Kalilauge hinzu. Man läßt $^1/_2$ Stunde stehen, destilliert den Alkohol ab, läßt erkalten und neutralisiert mit verdünnter Essigsäure, filtriert und fällt die gebildete Hydroxamsäure mit Kupferacetat.

$$\text{Das blaue oder grüne Kupfersalz}\quad R{-}C{\overset{N\cdot O}{\underset{O}{\diagup\diagdown}}}Cu \quad \text{wird gut mit Wasser und}$$

Aceton oder Äther gewaschen, in wenig Wasser suspendiert und mit verdünnter Salzsäure versetzt, bis es fast vollständig zersetzt (gelöst) ist. Dann filtriert man und schüttelt wiederholt mit Äther aus. Die nach dem Abdunsten des Lösungsmittels zurückbleibende Hydroxamsäure wird am besten durch Lösen in Aceton und Schütteln mit Tierkohle gereinigt.

In vielen Fällen kann man die Hydroxamsäure, ohne das Kupfersalz abscheiden zu müssen, aus dem Reaktionsprodukt durch Übersättigen mit verdünnter Schwefelsäure (Indicator: Methylorange) nahezu rein ausfällen.

Die Hydroxamsäuren werden in saurer und neutraler Lösung durch Eisenchlorid intensiv rot gefärbt.

Kocht man die Hydroxamsäuren mehrere Stunden mit 20proz. Schwefelsäure, so werden sie hydrolysiert und man erhält die dem Aldehyd entsprechende Säure[2]).

Orthonitrobenzaldehyd und Orthonitropiperonal zeigen die Nitroxylreaktion nicht[3]), ebensowenig Salicylaldehyd, Helicin, Aminovalerianaldehyd, Formylacetophenon, Lävulinaldehyd, Glucoson, p-Dimethylaminobenzaldehyd, Glucose, Lactose, Opiansäure und Pyrrol-, Indol- und Methylindolaldehyd[4]).

Die Angelische Reaktion hat sich in vielen Fällen, wesentlich auch zum Isolieren und Bestimmen von Aldehyden neben Ketonen sehr bewährt.

Zur quantitativen Bestimmung des Aldehyds wird das gut gewaschene Kupfersalz der Hydroxamsäure gewogen. Ciamician, B. 41, 1079 (1908).

Unter Umständen zeigen allerdings auch gewisse Ketone[5]) die Reaktion[6]). In solchen Fällen ist Überschuß von Alkali zu vermeiden und die Reaktion am besten mit dem Natriumsalz der Pilotyschen Säure auszuführen[7]).

Die Flüssigkeit soll deutlich, aber nicht stark alkalisch sein.

Nach Lebedew[8]) versagt die Reaktion bei Gegenwart von Ammoniak.

---

[1]) Siehe auch Ciamician und Silber, B. 40, 2422 (1907).

[2]) Angeli, Mem. Acc. Linc. 5, 107 (1905). — Ciamician, B. 41, 1075 (1908).

[3]) Angeli, Privatmitteilung an Ciamician und Silber, B. 35, 1996 (1902). — Plancher und Ponti, Atti Linc. (5) 16, I, 130 (1907). — Angeli und Marchetti, Atti Linc. (5) 17, II, 360 (1908).

[4]) Angeli und Angelico, G. 33, II, 245 (1903). — Ciusa, G. 37, II, 538 (1907).

[5]) Die durch überschüssiges Alkali leicht Benzaldehyd od. dgl. geben, z. B. Benzoin oder Benzil.

[6]) Balbiano, Atti Linc. (5) 20, II, 245 (1911); (5) 22, I, 575 (1913).

[7]) Angeli, Atti Linc. (5) 20, II, 445 (1911); 21, I, 622, 851 (1912).

[8]) B. 47, 672 (1914).

IV. Kondensationsreaktionen.

a) Die Doebnersche Reaktion[1]).

Wenn irgendein Aldehyd (1 Mol.) mit Benztraubensäure (1 Mol.) und
β-Naphthylamin (1 Mol.) in alkoholischer oder ätherischer Lösung zusammentrifft, so findet Bildung von α-Alkyl-β-naphthocinchoninsäure statt, entsprechend der Gleichung:

$$R \cdot CHO + CH_3 \cdot CO \cdot COOH + C_{10}H_7NH_2 = C_{10}H_6 \begin{array}{l} N:CR \\ \quad | \\ C:CH \\ \quad | \\ COOH \end{array} + 2\,H_2O + H_2.$$

Die Reaktion geht, besonders in ätherischer Lösung, schon in der Kälte
vor sich, wird aber durch Wärmezufuhr beschleunigt. Es ist zweckmäßig,
folgende Vorschrift zu befolgen:

Brenztraubensäure und der Aldehyd (je 1 Mol.) mit einem geringen Überschuß des letzteren — bzw. eine hinreichende Menge des auf Aldehyd zu
prüfenden Öls — werden in mindestens 90 proz. Alkohol[2]) gelöst, zu der
Mischung wird β-Naphthylamin (1 Mol.), ebenfalls in absolutem Alkohol gelöst,
hinzugegeben und die Mischung etwa 3 Stunden am Rückflußkühler im
Wasserbad erhitzt.

Nach dem Erkalten scheidet sich die α-Alkyl-β-naphthocinchoninsäure,
die das in dem Aldehyd $R \cdot CHO$ vorhandene Radikal enthält, in krystalli-
nischem Zustand aus und wird durch Auswaschen mit Äther gereinigt. Nur
in wenigen Fällen erwies es sich als erforderlich, die Säure durch Lösen in
Ammoniak von indifferenten Nebenprodukten zu trennen und aus der filtrierten
ammoniakalischen Lösung wieder durch Neutralisieren mit einer Säure abzuscheiden.

Die α-Alkyl-β-naphthocinchoninsäuren sind in Wasser, absolutem
Alkohol und Äther sehr schwer löslich, leichter in heißem Weingeist, und
lassen sich daraus leicht umkrystallisieren. Besonders gut krystallisieren sie
aus einer heißen Mischung von Alkohol und konzentrierter Salzsäure als salzsaure Salze aus; letztere besitzen meist citronengelbe bis organgegelbe Farbe
und geben beim Kochen mit Wasser und auch beim Erhitzen auf etwa 120°
ihre Salzsäure ab.

Die Schmelzpunkte der α-Alkyl-β-naphthocinchoninsäuren liegen meist
zwischen 200 und 300° und sind für die einzelnen Aldehyde charakteristisch.
Ein weiteres Kennzeichen bilden die Schmelzpunkte der aus den Säuren durch
Erhitzen unter Abspaltung von Kohlendioxyd entstehenden α-Alkyl-β-naphtho-
chinoline:

$$C_{10}H_6 \begin{array}{l} N:C \cdot R \\ \qquad \searrow \\ CH:CH \end{array},$$

die größtenteils gut krystallisieren und durch die Bildung gelbroter Bichromate
als Chinolinbasen kenntlich sind. Nur wenige der Basen besitzen ölige Beschaffenheit.

---

[1]) B. **27**, 352 (1894). — Borsche, B. **41**, 3884 (1908). — v. Buttlar-Brandenfels, Diss. Würzburg (1910), 12. — Über den Mechanismus dieser Reaktion siehe
Simon und Mauguin, C. r. **144**, 1275 (1907). — Ciusa, Atti Linc. (5) **23**, II, 262 (1914).
— Ciusa und Zerbini, G. **50** (II), 317 (1920). Als Nebenprodukte entstehen Tetrahydronaphthocinchoninsäuren und andere Substanzen.

[2]) Methylalkohol verbessert die Ausbeute: Boehm u. Bournot, B. **48**, 1571 (1915).

Bei Ausführung der erwähnten Reaktion ist zu berücksichtigen, daß bei Abwesenheit von Aldehyden die Brenztraubensäure allein unter partieller Spaltung in Acetaldehyd und Kohlendioxyd mit dem β-Naphthylamin unter Bildung der α-Methyl-β-naphthocinchoninsäure:

$$2\,CH_3 \cdot CO \cdot COOH + C_{10}H_7NH_2 = C_{10}H_6 \underset{COOH}{\overset{\displaystyle N:C\cdot CH_3}{\underset{\displaystyle C:CH}{|}}} + CO_2 + 2\,H_2O + H_2$$

reagieren kann.

Letztere Säure krystallisiert mit 1 Mol. Krystallwasser [1]), das schon bei längerem Stehen im Exsiccator abgegeben wird, in farblosen Nadeln vom Schmelzpunkt 310° und geht beim Erhitzen in β-Naphthochinaldin:

$$C_{10}H_6 \overset{\displaystyle N:C\cdot CH_3}{\underset{\displaystyle CH:CH}{\diagdown}}\;,$$

Smp. 82°, über.

Sind aber andere Aldehyde als Acetaldehyd in hinreichender Menge zugegen, so findet die Bildung der Methyl-β-naphthocinchoninsäure nicht statt, vielmehr entstehen dann nur die Säuren, welche das in dem betreffenden Aldehyd vorhandene Alkoholradikal in α-Stellung enthalten.

Die genannte Reaktion ist ausschließlich den Aldehyden eigentümlich und tritt nicht bei den anderen Körperklassen, die ebenfalls die Carbonylgruppe enthalten — den Ketonen, Lactonen und den Aldehyden zweibasischer Säuren —, ein. Wird z. B. ein Keton mit Brenztraubensäure und β-Naphthylamin in Reaktion gebracht, so wirken allein die beiden letzteren Reagenzien unter Bildung der α-Methyl-β-naphthocinchoninsäure aufeinander [1])[2]). — Es reagieren auch manche Aldehyde (Pyrrolaldehyd, o-Nitrobenzaldehyd), welche die Reaktion von Angeli nicht zeigen[3]).

b) Die Reaktion von Einhorn[4]).

Brenzcatechinkohlensäurehydrazid:

$$\bigcirc \genfrac{}{}{0pt}{}{-O\cdot CO\cdot NH\cdot NH_2,}{-OH}$$

Smp. 164—165°, **Resorcinkohlensäurehydrazid:**

$$\bigcirc \genfrac{}{}{0pt}{}{-OH}{-O\cdot CO\cdot NH\cdot NH_2,}$$

Smp. 160°, und **Hydrochinonkohlensäurehydrazid:**

$$\overset{\displaystyle OH}{\underset{\displaystyle -O\cdot CO\cdot NH\cdot NH_2,}{\bigcirc}}$$

Smp. 174°, sind nach Einhorn spezifische Aldehydreagenzien, die gegenüber ähnlichen Verbindungen die wertvolle Eigenschaft besitzen, sich in Alkalien zu lösen und mit Säuren wieder unzersetzt auszufallen.

---

[1]) Wegscheider, M. **17**, 114 (1896).
[2]) Andererseits kann es vorkommen, daß eine sehr reaktive Aldehydsäure direkt und ausschließlich mit dem β-Naphthylamin reagiert: Liebermann, B. **29**, 174 (1896).
[3]) Ciusi, Atti Linc. (5) **16**, II, 199 (1907).
[4]) A. **300**, 135 (1898); **317**, 190 (1901).

Darstellung der Kohlensäurehydrazide.

α) **Brenzcatechinkohlensäurehydrazid.** Man schüttelt eine gut gekühlte, wäßrige Lösung von 73.8 g Brenzcatechin und 53.3 g Ätznatron mit einer 66 g Phosgen enthaltenden, etwa 20proz. Phosgen-Toluollösung durch, wobei sich sofort etwa 47 g Brenzcatechincarbonat abscheiden, die man abfiltriert, während beim Destillieren der Toluollösung noch weitere 25 g gewonnen werden.

Zu einer alkoholischen Lösung von je 5 g Carbonat fügt man die 1.9 g Base entsprechende Menge der nach Curtius und Schultz[1]) erhältlichen, bei 105—117° destillierenden wäßrigen Hydrazinlösung, nach dem Versetzen mit Alkohol, unter Kühlen in einer Kältemischung. Dabei erwärmt sich die Flüssigkeit und erstarrt schließlich zu einem Krystallbrei, den man absaugt und mit absolutem Alkohol auskocht.

Es hinterbleibt dann reines Hydrazid, das aus sehr verdünntem Alkohol in weißen Nadeln krystallisiert. Smp. 165°.

β) **Resorcinkohlensäurehydrazid.** In eine mit Eis gekühlte Lösung von 30 g Resorcin und 250 g Pyridin trägt man unter häufigem Umschütteln 25 g gelöstes Phosgen ein, wobei sich eine gelatinöse gelb-rötliche Masse abscheidet, die man nach etwa ½ Stunde in Wasser schüttet. So erhält man das Resorcincarbonat als amorphes, feines, weißes Pulver, das man abfiltriert, mit verdünnter Salzsäure und Wasser wäscht und dann auf Ton trocknet.

10 Teile gut getrocknetes und gepulvertes Carbonat suspendiert man in absolutem Alkohol und fügt unter Eiskühlung eine konzentrierte alkoholische Lösung von 4 Teilen Hydrazinhydrat hinzu. Die anfangs heftige Reaktion wird auf dem Wasserbad zu Ende geführt und die Masse, sobald vollständige Lösung erfolgt ist, schnell unter Eiskühlung zur Krystallisation gebracht. Durch Einengen der alkoholischen Mutterlauge erhält man weitere Mengen Hydrazid. Weiße Nadeln (aus verdünntem Alkohol), Smp. 160°.

γ) **Hydrochinonkohlensäurehydrazid.** Das Carbonat wird, genau so, wie beim Resorcin angegeben, bereitet, als unlösliches rot-gelbes Pulver erhalten. Je 5 g werden mit Benzol durchtränkt, mit einer alkoholischen Lösung von 2 g Hydrazin versetzt und einige Minuten auf dem Wasserbad erwärmt. Dann kocht man die Reaktionsmasse mit viel Alkohol aus, der unangegriffenes Carbonat ungelöst läßt, und erhält so das Hydrazid als krystallinisches, weißes Pulver vom Smp. 168°.

Darstellung der Kondensationsprodukte mit Aldehyden.

Diese werden leicht erhalten, wenn man zu der verdünnten alkoholischen Hydrazidlösung die molekulare Menge Aldehyd gibt und unter Umschütteln auf dem Wasserbad erwärmt, dann nach dem Erkalten mit Wasser verdünnt, oder, falls keine Fällung eintritt, stark eindampft.

Unter gleichen Versuchsbedingungen reagieren Ketone durchaus nicht mit den Kohlensäurehydraziden, wendet man indessen Kondensationsmittel (Eisessig, Chlorzink) an, so läßt sich mit gewissen Arylmethylketonen Reaktion erzwingen.

---

[1]) J. pr. (2) **42**, 522 (1890).

c) Kondensation der Aldehyde mit Dimethylhydroresorcin.

Bei dieser von Vorländer[1]) aufgefundenen Reaktion verbindet sich 1 Mol. Aldehyd mit 2 Mol. Dimethylhydroresorcin unter Austritt eines Moleküls Wasser:

$$
2 \;
\begin{array}{c}
O \\
\| \\
C \\
H_2C \diagup \; \diagdown CH_2 \\
| \qquad | \\
(CH_3)_2C \qquad CO \\
\diagdown C \diagup \\
H_2
\end{array}
\; + R \cdot C \overset{H}{=} O
$$

$$
= \;
\begin{array}{c}
R \\
\cdot \\
CH \\
O \diagup \diagdown O \\
\| \qquad \| \\
H_2C-C \quad CH \quad C-C-CH_2 \\
| \qquad | \qquad \| \qquad | \\
(CH_3)_2C \quad CO \; HOC \quad C(CH_3)_2 \\
\diagdown C \diagup \qquad \diagdown C \diagup \\
H_2 \qquad\qquad H_2
\end{array}
\; + H_2O
$$

Die Reaktion verläuft ohne Anwendung eines Kondensationsmittels in der wäßrigen oder alkoholischen Lösung schon bei Zimmertemperatur außerordentlich glatt. Gelindes Erwärmen beschleunigt im allgemeinen die Abscheidung des Kondensationsproduktes. Es entstehen gut krystallisierende Verbindungen aus aliphatischen und aromatischen Aldehyden, die Alkylidenbisdimethylhydroresorcine.

Von den Hydroresorcinen eignet sich das Dimethylhydroresorcin besonders als Aldehydreagens, weil es leicht und in guter Ausbeute aus Mesityloxyd und Malonsäurerester dargestellt werden kann und, im Gegensatz zum Hydroresorcin selbst, auch bei langem Aufbewahren vollständig unverändert bleibt. Es ist ferner im Gegensatz zu den übrigen Hydroresorcinen gegen Säuren und Alkalien beständig, eine Eigenschaft, die sich auch den Alkylidenderivaten mitteilt.

Die Alkylidenbisdimethylhydroresorcine sind Säuren; sie kennzeichnen sich durch ihre Löslichkeit in Soda und durch die Färbungen, die ihre alkoholischen Lösungen als Ketoenole mit Eisenchlorid hervorrufen. Ihre Schmelzpunkte sind oft nicht ganz scharf, da die Verbindungen beim Erhitzen teilweise in Anhydride übergehen.

Diese Umwandlung in Anhydride vollzieht sich mit verschiedener Leichtigkeit bei Behandlung der Säuren mit wasserentziehenden Mitteln. Während einige Kondensationsprodukte schon bei fortgesetztem Kochen mit Alkohol oder Schwefelsäure und Alkohol anhydrisiert werden, wie die Acet-, Propion- und Benzaldehydverbindungen, erfolgt bei anderen dieser Übergang erst durch Erhitzen mit Eisessig oder Essigsäureanhydrid. Auch durch Einwirkung von Dimethylhydroresorcin auf den Aldehyd bei Gegenwart von Eisessig oder auch von verdünnten Mineralsäuren gelangt man direkt zu dem Anhydrid.

Salicylaldehyd und o-Chlorbenzaldehyd geben direkt Anhydride.

Die Anhydrisierung erfolgt am Enol-Hydroxyl:

---

[1]) A. **294**, 252 (1897). — Kalkow, Diss. Halle (1897). — B. **30**, 1801 (1897). — Strauß, Diss. Halle (1899). — Volkholz, Diss. Halle (1902). — Neumann, Diss. Leipzig (1906).

$$\text{(Strukturformeln) } \longrightarrow$$

Von den Säureverbindungen unterscheiden sich die Anhydride durch ihre Unlöslichkeit in Soda und ihr indifferentes Verhalten gegen Eisenchlorid. Ihre Schmelzpunkte liegen teils höher, teils tiefer als die der Säureverbindungen.

Vor den meisten anderen Aldehydreagenzien hat das Dimethylhydroresorcin den Vorzug, daß es mit Ketonen im allgemeinen keine Kondensationsprodukte liefert.

Diacetyl und Isatin geben indessen ebenfalls Kondensationsprodukte, wenn man die Komponenten unter Eisessigzusatz erhitzt[1]).

Darstellung von Dimethylhydroresorcin[2]).

Man löst 23 g metallisches Natrium in 375 ccm absolutem Alkohol, gibt zu der Lösung 170 g Malonsäureester und 100 g rektifiziertes Mesityloxyd und kocht 2 Stunden unter Rückfluß. Das Gemenge versetzt man sodann mit 700 g 18proz. Kalilauge (spez. Gew. 1.157) und kocht weitere 6 Stunden.

Zu der noch warmen Masse fügt man verdünnte Salzsäure (spez. Gew. 1.055) bis zur Reaktion auf Lackmus und destilliert den Alkohol ab, wobei sich zuweilen unter Kohlendioxydentwicklung etwas Harz abscheidet, besonders wenn das Mesityloxyd nicht frisch destilliert ist. Die dunkelbraune, jetzt wieder alkalisch reagierende Flüssigkeit wird sodann zur Entfärbung mit Tierkohle geschüttelt. Setzt man nun, unter weiterem Erhitzen, wiederum verdünnte Salzsäure bis zur sauren Reaktion auf Methylorange hinzu, so fällt Dimethylhydroresorcin aus. Man läßt bis zum völligen Erkalten stehen. Beim Aufkochen des Filtrats scheidet sich noch ein Teil des Reaktionsprodukts ab. Ausbeute etwa 120 g.

d) Weitere Aldehydreaktionen.

Einwirkung von Phosphortrichlorid (Bildung von Oxyphosphinsäuren) siehe Fossek, B. 17, 204 (1884). — M. 5, 627 (1884); 7, 20 (1886).

Reaktion mit Resorcin [Michael und Ryder[3])]. Einige Tropfen der flüssigen Substanz oder eine konzentrierte alkoholische Lösung werden mit einer alkoholischen Resorcinlösung und einer Spur Salzsäure versetzt und eine Minute gekocht.

[1]) Neumann, Diss. Leipzig (1906). 53.
[2]) Volkholz, Diss. Halle (1902), 12.
[3]) Am. 9, 134 (1887). — Vgl. Baeyer, B. 5, 338 (1872); 19, 1389 (1881). — Michael, Am. 5, 338 (1883). — Michael und Comey, Am. 5, 349 (1883).

Wenn man nun das Produkt in Wasser gießt und ein Niederschlag entsteht, so enthält die untersuchte Substanz die Aldehydgruppe.

Die Resorcinlösung soll aus 1 Teil Resorcin und 2 Teilen absolutem Alkohol bestehen, denen man 2 Tropfen konzentrierte Salzsäure zufügt.

Oftmals tritt die Reaktion schon beim Stehen in der Kälte ein und es scheidet sich auch ohne Wasserzusatz ein Harz aus.

Bei der Opiansäure[1]) versagt die Reaktion.

Reaktion mit Dithiocarbazinsäureestern (Thiobiazolbildung): Busch, J. pr. (2) 60, 25 (1899).

Spektroskopische Unterscheidung von Aldehyden und Ketonen auf Grund der Reaktion mit Hämoglobin: Bruylants, Bull. Ac. roy. Belg. 1907, 217.

Zweiter Abschnitt.

Quantitative Bestimmung der Carbonylgruppe.

1. Methode von Strache[2]).

Diese Methode beruht auf der Einwirkung von überschüssigem Phenylhydrazin auf Aldehyde und Ketone und der quantitativen Ermittlung des Überschusses der Base durch Oxydation des Hydrazins mit siedender Fehlingscher Lösung, die allen Stickstoff, auch aus etwa mit gebildeten Hydraziden, freimacht, das entstandene Hydrazon aber nicht angreift:

$$C_6H_5NHNH_2 + O = C_6H_6 + N_2 + H_2O.$$

Die Fehlingsche Lösung wird durch Mischen gleicher Volumina einer Kupfervitriollösung, die 70 g krystallisiertes Kupfersulfat im Liter enthält, mit alkalischer Seignettesalzlösung (350 g Seignettesalz und 260 g Kaliumhydroxyd im Liter) hergestellt.

Man hält außerdem eine 10 proz. Lösung von essigsaurem Natrium und eine ca. 5 proz. Lösung von salzsaurem Phenylhydrazin vorrätig.

Ausführung der Carbonylbestimmung.

Die Substanz (0.1—0.5 g) wird in einem mit Marke versehenen 100-ccm-Kolben mit einer genau gemessenen Hydrazinlösung und deren $1^1/_2$ facher Menge essigsaurem Natrium und Wasser auf etwa 50 ccm gebracht und $^1/_4$—$^1/_2$ Stunde[3]) auf dem Wasserbade erwärmt.

Nach dem Erkalten füllt man bis zur Marke, schüttelt um, hebt 50 ccm heraus und bringt sie in den Hahntrichter des weiter unten beschriebenen Apparats.

Die Menge des Hydrazinsalzes, das man in einer Bürette abmißt, ist womöglich so zu wählen, daß 15—30 ccm Stickstoff entwickelt werden.

200 ccm Fehlingsche Lösung werden in einem etwa $^3/_4$—1 l fassenden Kolben A (Fig. 316) zum Sieden erhitzt und aus dem Kolben B ein heftiger Strom Wasserdampf eingeleitet, um das durch die Ausscheidung des Kupferoxyduls bedingte, lästige Stoßen zu vermeiden.

---

[1]) Wegscheider, M. 17, 113 (1896).
[2]) M. 12, 524 (1891); 13, 299 (1892). — Jolles, Öst. Apoth.-Ztg. 30, 198 (1892). — Benedikt und Strache, M. 14, 270 (1893). — Kitt, Ch. Ztg. 22, 338 (1898).
[3]) Erforderlichenfalls auch länger (2 Stunden): Fuchs und Eisner, B. 53, 894 (1920).

Sobald dem Rohr R ein starker Dampfstrom entweicht, wird es unter Wasser in die Wanne W gebracht. Das umgebogene Ende E ist mit einem Kautschukschlauch überzogen.

Man setzt das Kochen fort, bis alle Luft aus dem Apparat durch Wasserdampf verdrängt ist.

Damit dies rasch geschehe, sollen die Rohre D und R nicht weiter als bis zum Rand in die Pfropfen eingesteckt sein. Trotzdem bleibt es aber unmöglich, in absehbarer Zeit die Luft vollkommen zu verdrängen; wenn daher in einer aufgesetzten Meßröhre die aufsteigenden Blasen bis auf einen verschwindend kleinen Rest kondensiert werden, ermittelt man den Wirkungswert der Phenylhydrazinlösung für den Apparat und legt den so gefundenen Wert statt des theoretischen der Rechnung zugrunde.

Titerstellung der Phenylhydrazinlösung.

Da 1 g salzsaures Phenylhydrazin rund 155 ccm Stickstoff entwickelt, benutzt man hierzu 10 ccm der 5 proz. Lösung, die auf 10 ccm mit Wasser verdünnt, mit Natriumacetatlösung versetzt werden usw., wie weiter oben für die Darstellung des Hydrazons angegeben wurde.

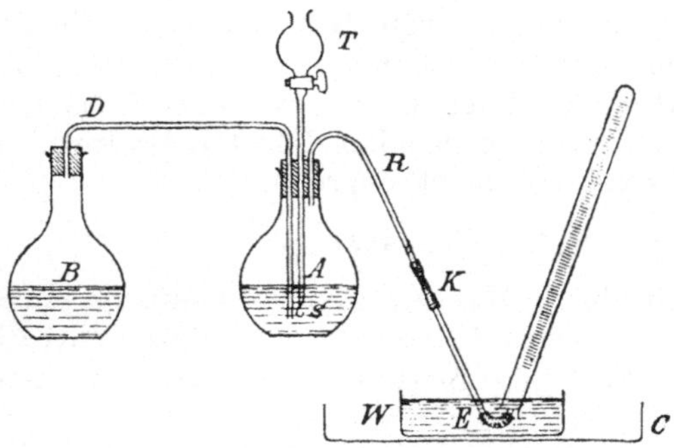

Nach dem Aufsetzen des Meßrohrs kann die Phenylhydrazinlösung durch den Tropftrichter T, dessen Rohr vor der Zusammenstellung des Apparats mit Wasser gefüllt worden ist, eingelassen werden.

Das Trichterrohr ist am unteren Ende S ausgezogen und hakenförmig gekrümmt, um das Aufsteigen von Gasblasen zu vermeiden.

Fig. 316. Apparat von Strache.

War die einfließende Lösung kalt, so darf sie nicht zu rasch eingelassen werden, da sonst das Sperrwasser durch die plötzliche Abkühlung zurücksteigen könnte.

Der Trichter wird zweimal mit heißem Wasser ausgespült.

Bei genügend starkem Kochen erfolgt die Abspaltung und Verdrängung des Stickstoffs, bis auf die wieder nicht zum Verschwinden zu bringenden kleinen Bläschen, so rasch, daß die ganze Operation nur 2—3 Minuten beansprucht.

Das Meßrohr wird nun in kaltes Wasser gebracht. Um es bequem aus der Wanne, die sich durch den Dampf beträchtlich erhitzt hat, nehmen zu können, verdrängt man den Inhalt der Wanne nach dem Herausheben von R durch kaltes Wasser. Die flache Tasse C nimmt das Überlaufende auf.

Ausführung des Versuchs.

Nach der Titerstellung wird sofort der eigentliche Versuch, evtl. noch ein zweiter und dritter, durchgeführt.

200 ccm Fehlingscher Lösung reichen vollständig aus, um 150 ccm Stickstoff freizumachen, also bequem für drei bis vier Carbonylbestimmungen.

In dem Meßrohr, auf dessen Wassersäule ein Tröpfchen des durch die Reaktion gebildeten Benzols schwimmt, läßt man nun noch mit einer unten umgebogenen Pipette einige Tropfen Benzol aufsteigen und liest nach einiger Zeit ab.

Die Reduktion des Volumens auf 0° und 760 mm geschieht dann unter Berücksichtigung der Tension des Benzoldampfs, vermehrt um die Tension des Wasserdampfs, entsprechend folgender Tabelle:

Temperatur C°	Tension Benzol + Wasser mm	Temperatur C°	Tension Benzol + Wasser mm
15	72.7	21	98.8
16	76.8	22	103.9
17	80.9	23	109.1
18	85.2	24	114.3
19	89.3	25	119.7
20	93.7		

Wegen der hohen Tension des Benzoldampfs und der immerhin nicht absoluten Genauigkeit obiger zum Teil durch Interpolation aus den Regnault-schen Zahlen erhaltenen Tabelle empfiehlt es sich nach Benedikt und Strache [1]), das Benzol vor der Messung zu eliminieren. Man bringt zu diesem Zweck in einen engen, ganz mit Wasser gefüllten Zylinder (siehe Fig. 317), der nahezu die Höhe des Meßrohrs hat, zunächst ein aus einem etwa 5 mm weiten Glasrohr gebogenes U-Rohr, dessen kürzerer Schenkel zu einer Spitze ausgezogen ist, deren Mündung sich, wenn der Bug des U-Rohrs auf dem Boden aufsteht, einige Zentimeter unter der Oberfläche des Wassers befindet. Der längere, oben offene Schenkel ragt etwa 40 cm über die Wasseroberfläche hervor und ist durch ein Stückchen dickwandigen Kautschukschlauch mit einem Hahntrichter verbunden. Das U-Rohr wird durch den Trichter mit Wasser gefüllt, die Meßröhre, die den Stickstoff enthält, über die Mündung des kürzeren Schenkels geschoben und dann in das Wasser eingesenkt. Man läßt nun etwa 200 ccm Alkohol aus dem Trichter in das U-Rohr fließen, wobei die Flüssigkeit aus der Spitze des kürzeren Schenkels in kräftigem Strahl herausspritzt, die Benzoldämpfe aufnimmt und die über dem Wasser stehende Benzolschicht aus dem Meßrohr verdrängt; dann wäscht man in gleicher Weise mit mindestens 400 ccm Wasser und hebt das Meßrohr aus dem engen Zylinder in einen weiteren, ebenfalls mit Wasser gefüllten, in dem dann die Ablesung erfolgt.

Aus dem auf 0° und 760 mm reduzierten Volumen V_0 berechnet sich der Gehalt an Carbonylsauerstoff nach der Gleichung:

$$O = (g \cdot V - 2\,V_0) \cdot 0.0012562 \cdot \frac{16}{28.02} \cdot \frac{100}{s}\,\%$$

$$O = (g \cdot V - 2\,V_0) \cdot \frac{0.0718}{s}\,\%,$$

wenn

    g das Gewicht des Hydrazinsalzes,

    V das Volum des von 1 g dieses Salzes entwickelten Stickstoffs (theoretisch 154.63 ccm) und

    s das Gewicht der Substanz bedeutet.

---

[1]) M. **14**, 273 (1893).

Wenn das Hydrazon in Wasser oder verdünntem Alkohol unlöslich ist, muß man, wo Gefahr vorliegt, daß sich ein Teil des Phenylhydrazins als Hydrazid usw. ausgeschieden hat, das beim Pipettieren der Flüssigkeit zurückbleiben würde, die Digestion in alkoholischer Lösung vornehmen.

Da der Druck der Flüssigkeitssäule im Tropftrichter nicht genügend stark ist, um die Lösung in den Kolben gelangen zu lassen, setzt man auf die Öffnung des Trichters mittels eines durchbohrten Kautschukstopfens ein gebogenes Glasröhrchen auf, das einen Schlauch mit Quetschhahn trägt, und bläst, während man den Glashahn vorsichtig öffnet, ein wenig Flüssigkeit in den Kolben. Da der nun plötzlich entstehende Alkoholdampf zum Zurücksteigen der Flüssigkeit in den ersten Kolben, evtl. selbst zu einer Explosion Anlaß geben kann, wenn man das Zufließenlassen der Lösung nicht sehr langsam bewirkt, andererseits namentlich Ketone bei der Siedetemperatur des Alkohols nicht immer quantitativ mit der Base reagieren, empfiehlt es sich, den Versuch mit reinem, frisch ausgekochtem Amylalkohol vorzunehmen, der ein ausgezeichnetes Lösungsmittel von genügend hohem Siedepunkt bildet [Hans Meyer[1])].

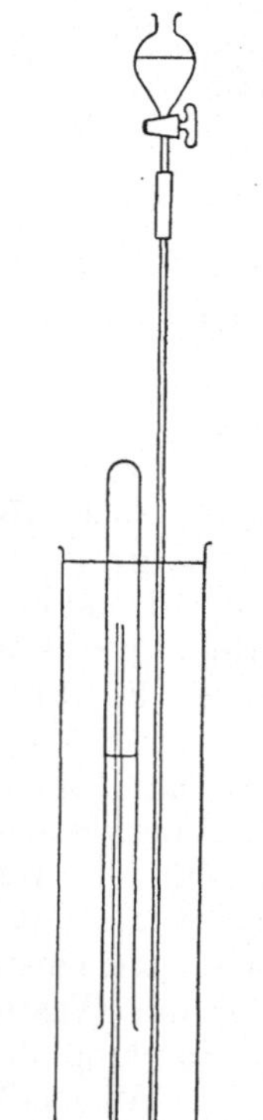

Fig. 317. Apparat nach Benedikt und Strache.

Der mit übergehende Amylalkohol ist dann natürlich, wie oben angegeben, mit Äthylalkohol und Wasser zu entfernen.

Nach Riegler[2]) kann man bei Zimmertemperatur arbeiten, wenn man an Stelle der Fehling schen Lösung ein Gemisch gleicher Teile 15 proz. Kupfersulfatlösung und 15 proz. Natronlauge verwendet.

Man nimmt alsdann die Bestimmung im Knop-Wagner schen Azotometer[3]) vor.

Modifikation des Stracheschen Verfahrens durch Kaufler und Smith[4]).

Die wesentlichen Abänderungen der Strache schen Vorschrift bei diesem Verfahren beziehen sich auf das Auffangen und die Messung des Stickstoffs. Sie bestehen in folgendem:

1. An Stelle von Dampf wird ein Kohlendioxydstrom zum Austreiben des Stickstoffs benutzt. Um zu verhüten, daß das Kohlendioxyd von der Fehling schen Lösung absorbiert wird, ist eine Zwischenschicht von Paraffinöl vorgesehen, die auf der Reaktionsflüssigkeit schwimmt.

2. Das bei der Reaktion gebildete Benzol wird durch Salpeterschwefelsäure absorbiert, so daß die Berücksichtigung seiner Dampfspannung unnötig wird.

3. Der Stickstoff wird in einem Schiff schen Azotometer aufgefangen.

Ausführung der Bestimmung.

Ein gut gewaschener Kohlendioxydstrom wird aus dem Kipp schen Apparat in die Flasche B, welche 750—1000 ccm faßt, geleitet. In B befinden sich

---

[1]) Siehe S. 1052.   [2]) Z. anal. **40**, 94 (1901).   [3]) Siehe S. 742.
[4]) Ch. News **93**, 83 (1906).

200 ccm Fehlingsche Lösung, auf der eine dünne Schicht Paraffinöl schwimmt. Das Einleitungsrohr für das Kohlendioxyd darf nicht in die Flüssigkeit eintauchen.

B wird erhitzt und so lange Kohlendioxyd durchgeleitet, bis die im Schiffschen Apparat aufsteigenden Bläschen so gut wie vollständig absorbiert werden.

Nunmehr wird ein blinder Versuch mit 5 proz. Phenylhydrazinlösung gemacht, um den individuellen Wirkungswert des Apparats zu ermitteln.

Hierzu werden 10 ccm genau abgemessene Phenylhydrazinlösung mit 15 ccm Natriumacetatlösung gemischt und auf 100 ccm verdünnt. 50 ccm Mischung werden in den Tropftrichter *C*, dessen capillar ausgezogenes Ende sich unterhalb der Flüssigkeit befindet und aufwärts gebogen ist, hineinpipettiert. Der Stiel des Tropftrichters ist natürlich schon vor Beginn des Versuchs mit Wasser gefüllt worden.

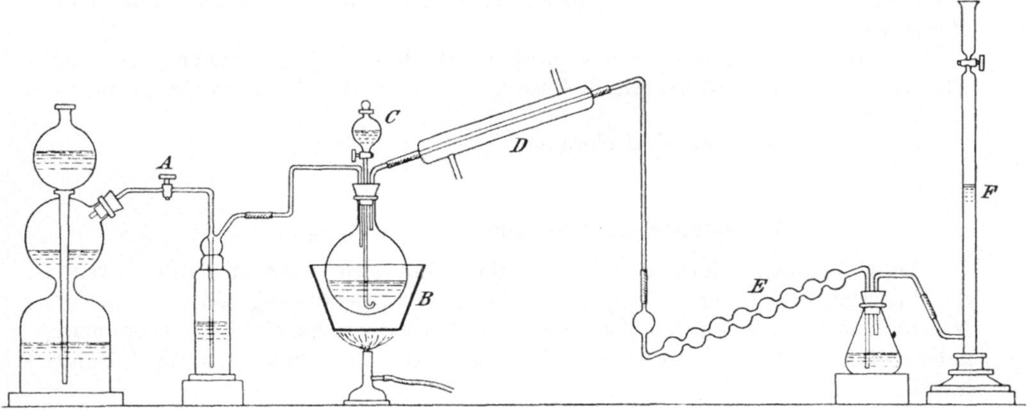

Fig. 318. Verfahren nach Kaufler und Smith.

Man läßt nun den Inhalt des Tropftrichters einfließen und spült zweimal mit heißem Wasser nach.

Der Rückflußkühler *D* verhindert das Überdestillieren irgendwelcher Flüssigkeiten, nur der Stickstoff und der Benzoldampf werden vom Kohlendioxyd in den Absorptionsapparat *E* getrieben. Hier wird alles Benzol durch ein Gemisch gleicher Moleküle Schwefelsäure und konz. Salpetersäure zurückgehalten[1]) und in einer folgenden Flasche der Stickstoff nochmals mit Wasser gewaschen.

Dann erfolgt Auffangen und Messen des Gases in der beim Verfahren nach Dumas üblichen Weise. Sofort nach dieser Titerstellung des Phenylhydrazins folgt die eigentliche Bestimmung.

Beispiel für die Berechnung.

1 ccm Phenylhydrazinlösung entwickelte 12.08 ccm Stickstoff bei 760 mm und 0°.

0.2686 g Substanz (Oxybenzaldehyd) wurden mit 10 ccm Phenylhydrazinlösung und 15 ccm Natriumacetatlösung erwärmt und auf 100 ccm aufgefüllt.

50 ccm der Mischung, entsprechend 0.1343 g Substanz, entwickelten 39.46 ccm Stickstoff (0°, 760 mm).

---

[1]) Siehe dazu auch S. 1042.

(5 × 12.08) = 60.40 — 39.46 ccm = 20.94 ccm Stickstoff werden demnach durch den Aldehyd verbraucht.

1 ccm N ist 0.001252 g CO äquivalent.

20.94 ccm N entsprechen 0.02622 g CO, oder in Prozenten:

$$CO = \frac{0.02622 \times 100}{0.1343} = 19.52.$$

2. Methode von Petrenko-Kritschenko und Lordkipanidze[1]).

Diese Methode gestattet, auf Grund der Beobachtung, daß die Oxime in verdünnten Lösungen sich nicht mit Säuren verbinden, den bei der Oximierung zurückbleibenden Überschuß von Hydroxylamin zu titrieren.

Der alkoholischen Lösung der carbonylhaltigen Substanz wird eine frisch bereitete Lösung von schwefelsaurem Hydroxylamin mit einem Äquivalent Baryt zugesetzt.

Die Bestimmungen werden so ausgeführt, daß beim Zusammengießen der Flüssigkeiten etwa 50 proz. Alkohollösung von ungefähr $^1/_{100}$ normaler Konzentration erhalten wird.

Als Indicator dient Methylorange.

3. Jodometrische Methode von E. v. Meyer[2]).

Diese bequeme Methode (siehe S. 1051) läßt sich nicht anwenden, wenn die Hydrazone nach der meist geübten Weise unter Benutzung von essigsaurem Natrium dargestellt wurden [Strache[3])], ist aber gut ausführbar, wenn man neben dem Hydrazon nur freies oder salzsaures Phenylhydrazin in Lösung hat[4]).

Rother[5]) geht bei dieser Bestimmung folgendermaßen vor: Etwas mehr als 5 g Phenylhydrazin werden abgewogen und in ungefähr 250 ccm warmem Wasser gelöst. Diese Lösung filtriert man behufs Entfernung von Verunreinigungen in ein 500-ccm-Kölbchen und füllt dann mit destilliertem, zuvor durch Kochen luftfrei gemachtem Wasser bis zum Eichstrich auf. Aber auch das so gewonnene Reagens ist nicht sehr haltbar und muß deshalb in gut verschlossenem Gefäß und vor Zutritt des Lichts geschützt aufbewahrt werden. Den Titer der Lösung ermittelt man in folgender Weise: In einen Literkolben bringt man 300 ccm Wasser und gibt dann genau 40 ccm $^n/_{10}$-Jodlösung hinzu; andererseits läßt man mit Hilfe einer Bürette 10 ccm Phenylhydrazinlösung in ein kleines Kölbchen einfließen, das ungefähr 50 ccm Wasser enthält. Dann schüttet man letztere Lösung in kleinen Anteilen in den Literkolben, den man

---

[1]) B. **34**, 1702 (1901). — Walther, Ph. C.-H. **41**, 613 (1900). — Roure-Bertrand Fils, B. (1) **3**, 60 (1901). — Grimaldi, Staz. sperim. agrar. ital. **35**, 738 (1902). — Über quantitative Bestimmung der Oximbildung siehe auch Hans Meyer, M. **20**, 354 (1899). — Stewart, Proc. **21**, 84 (1905). — Soc. **87**, 410 (1905). — Petrenko-Kritschenko und Kantschew, Russ. **38**, 773 (1906). — B. **39**, 1452 (1906). — Grassi, G. **38**, II, 32 (1908). — Acree, Am. **39**, 300 (1908). — Bennett, Analyst **34**, 14 (1909).
[2]) J. pr. (2) **36**, 115 (1887).   [3]) M. **12**, 526 (1891).
[4]) Petrenko-Kritschenko und Eltschaninoff, B. **34**, 1699 (1901). — Petrenko-Kritschenko und Dolgopolow, Russ. **35**, 146, 406, (1903); **36**, 1505 (1904). — Konschin, Russ. **35**, 404 (1903). — Kediaschwili, Russ. **35**, 515 (1903). — Petrenko-Kritschenko, A. **341**, 15, 150 (1905).
[5]) Diss. Dresden (1907). — Roure-Bertrand Fils, B. (2) **7**, 48 (1908).

hierbei in lebhafter rotierender Bewegung erhält. Nach ungefähr einer Minute kann man das unverbrauchte Jod mit $^n/_{10}$-Natriumhyposulfitlösung zurück-messen: 0.1 g Phenylhydrazin entsprechen 37 ccm $^n/_{10}$-Jodlösung.

Für die nun folgende eigentliche Aldehyd- bzw. Ketonbestimmung wägt man 0.5—1 g Substanz ab und fügt sofort einige Kubikzentimeter Alkohol hinzu, damit jegliche Oxydation verhütet wird. Die Lösung wird in ein 250-ccm-Kölbchen gegossen und dann das Gefäß, in dem die Wägung vorgenommen wurde, mit 30 ccm Alkohol nachgewaschen. Hierauf gibt man titrierte Phenyl-hydrazinlösung in solcher Menge hinzu, daß man sicher ist, auf 1 Mol. Aldehyd oder Keton mindestens 1 Mol. Hydrazin in der Lösung zu haben; dann schüttelt man energisch und überläßt das vor Licht geschützte Gemisch etwa 15 Stunden sich selbst, wobei man jedoch für wiederholtes Durchschütteln Sorge trägt. Schließlich verdünnt man mit Wasser und filtriert unter rotierender Be-wegung des Kolbens; sollte die Flüssigkeit trüb sein, so gibt man etwas Gips hinzu.

Das Filtrat fängt man in einem Literkolben auf, der ungefähr 500 ccm Wasser und — je nach der Menge des angewendeten Phenylhydrazins — 10 bis 20 ccm Jodlösung enthält; das Filtrat wäscht man mit Wasser nach und titriert mit Hyposulfitlösung zurück, unter Benutzung von Stärke als Indicator.

Ist n die Zahl der dem Hydrazon entsprechenden Kubikzentimeter Jod-lösung, M das Molekulargewicht der Substanz und G das angewendete Gewicht derselben, so ist der gefundene Prozentgehalt an Aldehyd (Keton):

$$P = \frac{n \cdot M}{100\,G}\,.$$

4. Verfahren von Hanuš[1]).

Dieses Verfahren, das speziell für die Bestimmung von Vanillin ausgearbeitet wurde, beruht auf der quantitativen Fällung der carbonylhaltigen Substanz mit β - Naphthylhydrazin oder p - Bromphenylhydrazin.

Auf 1 Teil Substanz werden 2—3 Teile Hydrazin genommen, die Fällung bei etwa 50° ausgeführt, nach 4—5 Stunden auf einen Goochtiegel filtriert, mit heißem Wasser gewaschen und bei 90—100° getrocknet.

Für derartige quantitative Fällungen eignen sich auch m - Nitrobenz-hydrazid[2]) und Semioxamazid[3]).

Über Titration von Aldehyden durch Oxydation mit Wasserstoffsuperoxyd siehe Blank und Finkenbeiner, B. **31**, 2979 (1898).

Über weitere Bestimmungsmethoden von Oximen und Hydrazonen siehe S. 846.

---

[1]) Z. Unters. Nahr. Gen. **3**, 531 (1900). — Schimmel & Co., B. **1916**, 100.

[2]) Curtius und Reinke, B. d. d. botan. Ges. **15**, 201 (1897). — Hanuš, Z. Unters. Nahr. Gen. **10**, 585 (1906).

[3]) Hanuš, Z. Unters. Nahr. Gen. **6**, 817 (1903). — Roure - Bertrand Fils, B. (1) **10**, 68 (1904). — Schimmel & Co., B. **1916**, 100.

Dritter Abschnitt.

Nachweis von der Carbonylgruppe benachbarten Methylen-(Methyl-)Gruppen [1].

Verbindungen der Formeln [2] $-CH_2-CO-CH_2-$
$$R \cdot CO-CH_2-$$
$$R \cdot CO-CH_3 \ .$$

1. Reaktion mit Benzaldehyd [3].

Bei der Kondensation von Ketonen mit Benzaldehyd (mit verdünnter Lauge, Natriumäthylat oder Salzsäure) können nur in solche Methyl- und Methylengruppen, die mit dem Carbonyl direkt verbunden sind, Aldehydreste eintreten; die Anzahl der in ein Keton einführbaren Aldehydradikale entspricht daher der Zahl der an Carbonyl gebundenen CH_3- und CH_2-Gruppen. Diese Regel gilt sowohl für Ketone mit offener Kette als auch für cyclische Ketone und für ungesättigte Verbindungen.

Die Reaktionsprodukte sind entweder reine Benzylidenderivate bzw. Dibenzylidenverbindungen, oder es tritt Ringschluß zu Hydropyronen ein. Es können auch beiderlei Produkte nebeneinander entstehen.

Bei diesen Kondensationen können sich sterische Hinderungen geltend machen; so verläuft die Reaktion beim Dipropylketon sehr träge [4].

---

[1] Sowie „saurer" Methylengruppen überhaupt. — Ebenso verhalten sich auch die Verbindungen:

$$C_6H_5-CH_2-CN \quad \text{und} \quad C_6H_4{\Large\langle}{{CH_2-CN}\atop{CH_2-CN}}.$$

V. Meyer, A. **250**, 125 (1889). — Hinsberg, B. **43**, 1360 (1910). — Nitrophenylessigester: Borsche, B. **42**, 3596 (1909). — Cyclopentadien, Inden, Fluoren: Marckwald, B. **28**, 1501 (1895). — Thiele, B. **33**, 666, 851, 3395 (1900). — Wislicenus, B. **33**, 771 (1900). — Wislicenus und Deusch, B. **35**, 759 (1902). — Thiele und Bühner, A. **347**, 249 (1906). — Thiele und Henle, A. **347**, 290 (1906). — Wislicenus und Waldmüller, B. **41**, 3334 (1908); **42**, 785 (1909). — Wislicenus und Russ, B. **43**, 2719 (1910). — 2.3-Oxynaphthoesäureester: Friedl, M. **31**, 917 (1910). — Roslav, M. **34**, 1503 (1913). — Rebek, M. **34**, 1519 (1913). — Weishut, M. **34**, 1547 (1913). — Lammer, M. **35**, 171 (1914). — Über die Reaktionsfähigkeit α- und γ-ständigen Methyls in Pyridin- und Chinolinderivaten siehe S. 1141.

[2] Oxoniumverbindungen mit reaktivem Methylen: Borsche und Geyer, A. **393**, 29 (1912). — Borsche und Wunder, A. **411**, 38 (1916).

[3] Claisen, B. **14**, 345, 2468 (1881). — Claisen und Claparède, B. **14**, 349, 2460, 2472 (1881). — Schmidt, B. **14**, 1460 (1881). — Baeyer und Drewson, B. **15**, 2856 (1882). — Claisen, A. **218**, 121, 129, 145, 170 (1883); **223**, 137 (1884). — Japp und Klingemann, B. **21**, 2934 (1888). — Miller und Rohde, B. **23**, 1070 (1890). — Rügheimer, B. **24**, 2186 (1891). — Haller, C. r. **113**, 22 (1891). — B. **25**, 2421 (1892). — Knoevenagel und Weißgerber, B. **26**, 436, 441 (1893). — Klages und Knoevenagel, B. **26**, 447 (1893). — A. **280**, 36 (1894). — Rügheimer und Kronthal, B. **28**, 1321 (1895). — Scholtz, B. **28**, 1730 (1895). — Petrenko-Kritschenko und Stanischewsky, B. **29**, 994 (1896). — Kostanecki und Roßbach, B. **29**, 1488, 1495, 1893 (1896). — Vorländer und Hobohm, B. **29**, 1836 (1896). — Petrenko-Kritschenko und Arzibascheff, B. **29**, 2051 (1896). — Wallach, B. **29**, 1600, 2955 (1896). — Willstätter, B. **30**, 731, 2681 (1897). — Vorländer, B. **30**, 2261 (1897). — Petrenko-Kritschenko und Plotnikoff, B. **30**, 2801 (1897). — Hobohm, Diss. Halle (1897). — Sorge, B. **35**, 1065 (1902). — Klages und Tetzner, B. **35**, 3970 (1902). — Knorr und Hörlein, B. **40**, 335 (1907). — Winzheimer, Arch. **246**, 352 (1908).— Hess, B. **50**, 380 (1917). — Siehe auch Anm. 2 auf S. 849.   [4] Hobohm, Diss. Halle (1897), 9, 11.

Auch die cyclischen Ketone der hydroaromatischen Reihe lassen sich mit 1 oder 2 Mol. Aldehyd (am besten Zimtaldehyd) kondensieren[1]). Zur Carbonylgruppe orthoständiges Methyl, Hydroxyl und Methoxyl verhindert die Kondensierbarkeit.

In Ketonen der Formel $R—CH_2—CO—CH_3$ ist bei der Kondensation mit Kalilauge die CH_3-Gruppe reaktionsfähiger als die Methylengruppe und addiert daher das erste zur Reaktion kommende Benzaldehydmolekül; wenn dann die CH_3-Gruppe substituiert ist, wird auch die CH_2-Gruppe der Umsetzung mit Aldehyd fähig[2]).

Bei der Kondensation mit gasförmiger Salzsäure liegen die Verhältnisse gerade umgekehrt: es reagiert zuerst die dem Carbonyl benachbarte Methylengruppe. Doch scheint alsdann der Eintritt eines weiteren Benzylidenrestes (in die Methylgruppe) nicht mehr ausführbar[3]).

2. Reaktion mit Furol[4]).

Diese erfolgt nach denselben Regeln, wie für die Kondensation mit Benzaldehyd angegeben. Als wasserentziehendes Mittel wird am besten Natriumäthylat verwendet, die Reaktion gelingt aber auch öfters mit 50 proz. wäßriger Lauge.

Willstätter überschichtet 4.9 g alkoholfreies Natriumäthylat (2 Moleküle) mit 50 ccm wasserfreiem Äther und fügt unter sorgfältigem Kühlen und Umschütteln langsam die Lösung von 5 g Tropinon (1 Molekül) und 7 g Furol (2 Moleküle) in 50 ccm Äther zu. Alsbald findet Einwirkung statt; am Boden der anfänglich rötlich, dann braun und schließlich grün gefärbten Flüssigkeit setzt sich ein dunkles, krystallinisches Reaktionsprodukt ab. Zur Isolierung fügt man Wasser zu und hebt die braungelbe, ätherische Schicht ab, die einen kleinen Teil des Difuraltropinons gelöst enthält. Die Hauptmenge befindet sich ungelöst in der tiefvioletten, wäßrig-alkalischen Flüssigkeit. Ausbeute 7.5 g.

3. Reaktion mit Oxalsäureester[5]).

Die Natriumalkylat-Additionsprodukte von Säureestern wirken nur auf Ketone der Formel: $R \cdot CO \cdot CH_3$ und $R \cdot CO \cdot CH_2R$ und niemals auf solche der Formel:

$$R \cdot CO \cdot CH{\Large\langle}^{R}_{R}$$

[1]) Wallach, Terpene und Campher (1908), 103. — Kötz, Blendermann, Rosenbusch und Sirringhaus, A. **400**, 60 (1913).

[2]) Goldschmiedt und Knöpfer, M. **18**, 437 (1897); **19**, 406 (1898); **20**, 734 (1899). — Willstätter, B. **31**, 1588 (1898). — Goldschmiedt und Krzmař, M. **22**, 659 (1901). — Harries und Müller, B. **35**, 966 (1902). — Harries und Bromberger, B. **35**, 3088 (1902). — Goldschmiedt und Spitzauer, M. **24**, 720 (1903). — Albrecht, M. **35**, 1493 (1914). — Scholtz, Arch. **254**, 551 (1916).

[3]) Hertzka, M. **26**, 227 (1905). — Beim Phenoxyaceton verläuft die Reaktion sowohl beim Kondensieren mit Alkalien als auch mit Säuren unter Bildung der Verbindung
$$C_6H_5O \cdot C \ (\ :\ CHC_6H_5) \cdot CO \cdot CH_3.$$
Stoermer und Wehle, B. **35**, 3549 (1902).

[4]) Claisen und Ponder, A. **223**, 136 (1884). — Vorländer und Hobohm, B. **29**, 1836 (1896). — Willstätter, B. **30**, 2785 (1897).

[5]) Claisen und Stylos, B. **20**, 2188 (1887); **21**, 114 (1888). — Tingle, Diss. München (1889). — Claisen, B. **24**, 111 (1891). — Claisen und Ewan, B. **27**, 1353 (1894). — A. **284**, 245 (1895). — Willstätter, B. **30**, 2684 (1897). — Thiele, B. **33**, 66 (1900). —

ein. In eine Methyl- (Methylen-) Gruppe tritt nur je ein Säureradikal. Unerläßlich zum guten Gelingen der Kondensation ist vollständige Trockenheit der Reagenzien. Die Einführung des zweiten Oxalsäurerests in ein Keton mit zwei CH_2-Gruppen erfolgt weit schwieriger als die erstmalige Kondensation.

Einwirkung von Oxalsäureester auf Pyrazolone: Wislicenus, Elvert und Kurtz, B. **46**, 3395 (1913).

Negativ substituierte CH_3-Gruppen in aromatischen Verbindungen (Nitrotoluol, Nitrokresoläther, Nitroxylol) lassen sich auch mit Oxalester kondensieren: Reissert, B. **30**, 1030 (1897). — Reissert und Schenk, B. **31**, 388, 397 (1898).

4. Ameisensäureester

tritt mit Ketonen der Formel R—CO—CH_2—R, auch Ringketonen, zu Formylketonen:

$$R \cdot CO—CH—R$$
$$\diagdown$$
$$OH$$

zusammen[1]).

Die so erhaltenen Formylketone sind durch die charakteristische Färbung, die sie mit Eisenchlorid geben, leicht nachzuweisen.

Wenige Tropfen des Ketons werden in 2—3 ccm Äther gelöst und mit etwas Ameisensäureester (am besten Amylformiat) und einigen feingeschnittenen Natriumschnitzeln zusammengebracht. Unter öfterem Schütteln, damit die entstehende Rinde sich vom Natrium ablöst, läßt man $^1/_2$—1 Stunde stehen, erwärmt schließlich gelinde und zerstört dann noch etwa vorhandenes Natrium durch Zusatz von ein paar Tropfen Alkohol.

Hierauf säuert man mit Eisessig an, fügt Wasser zu und trennt die ätherische Schicht von der wäßrigen; die erstere verdünnt man mit Alkohol und prüft, ob durch Eisenchlorid Färbung (dunkelgelbrot, blutrot oder violettrot, seltener blauviolett) bewirkt wird.

Über Formylierung mit Orthoameisensäureester: Claisen, A. **297**, 1 (1897). — Bellemont, Bull. (3) **25**, 18 (1901).

5. Einwirkung von salpetriger Säure[2])

führt zur Bildung von Isonitroso- bzw. Diisonitrosoverbindungen:

$$—C—CO—R \qquad und \qquad —C—CO—C—$$
$$\|\ \|\ \ \ \ \ \ \ \ \ \|$$
$$NOH \qquad \qquad \qquad NOH \quad NOH$$

Diese Oxime pflegen leicht krystallisierende Benzoylderivate zu geben.

Wislicenus, B. **33**, 771 (1900). — Bieber, Diss. Göttingen (1905), 40. — Kötz und Schüler, A. **342**, 314 (1905); **348**, 91, 111 (1906); **350**, 212 (1906); **357**, 192 (1907). — Kárpáti, Diss. Göttingen (1910), 53. — Ruhemann, Soc. **101**, 1729 (1912). — Sirringhaus, Diss. Göttingen (1912), 41. — Kötz, A. **400**, 61 (1913). — J. pr. (2) **88**, 257, 261 (1913). — Auwers, B. **49**, 2397 (1916). — Hess, B. **50**, 371, 378 (1917).

[1]) Claisen, A. **281**, 306 (1894). — Wallach, Terpene und Campher (1908), 107. — Kötz, A. **400**, 60 (1913). — Iselin, Diss. Basel (1916). — Burckhardt, Diss. Basel (1916), 30.

[2]) Pechmann und Wehsarg, B. **19**, 2465 (1886); **21**, 2990 (1888). — Claisen und Manasse, B. **20**, 656, 2194 (1887); **22**, 526 (1889). — A. **274**, 71 (1893). — Willstätter, B. **30**, 2701 (1897). — Ponzio, G. **29**, I, 276 (1897). — Ponzio und de Gaspari, J. pr. (2) **58**, 392 (1898). — Über die Einwirkung von Amylnitrit auf negativ substituierte Methylgruppen aromatischer Verbindungen: DRP. 107 095 (1900).

Am besten erhält man im allgemeinen die Isonitrosoverbindungen, indem man das Keton mit Amylnitrit (und Eisessig) vermischt und gasförmige Salzsäure, Natriumalkoholat oder trocknes Natriumäthylat einwirken läßt.

So gehen z. B. Knorr und Hörlein[1]) folgendermaßen vor:

Zur Emulsion von 3 g Pseudokodeinon in einem Gemisch von 5 ccm Eisessig und 5 ccm Amylnitrit wurden unter guter Kühlung 20 ccm eiskalt gesättigter Eisessig-Chlorwasserstoff gegeben. Das Pseudokodeinon ging beim Umschütteln in Lösung. Beim Stehen über Nacht war das Keton völlig in das Isonitrosoderivat verwandelt worden, denn nach dem Verdünnen der Reaktionsmasse mit Wasser und Eingießen in verdünnte Natronlauge zeigte es sich, daß alles alkaliløslich geworden war. Nach dem Ausschütteln überschüssigen Amylnitrits mit Äther wurde die Isonitrosoverbindung durch Einleiten von Kohlendioxyd in Form gelber Flocken ausgefällt. Die mit Wasser gut ausgewaschene Substanz wurde nach dem Trocknen in Chloroform gelöst, filtriert und der Chloroformrückstand mit Äther angerieben. Es resultierte ein gelbes Pulver, das sich allmählich von ca. 200° an unter Schwarzfärbung zersetzte.

6. Einwirkung aromatischer Nitrosoverbindungen
[Reaktion von Ehrlich und Sachs[2])].

Mit Nitrosodimethylanilin und ähnlichen Substanzen (auch den Monoalphylanilinen) geben Substanzen mit saurer Methylengruppe Azomethine:

$$(\text{Alph})_2 : N \cdot C_6H_4 \cdot NO + R_1 \cdot CH_2 \cdot R_2 = (\text{Alph})_2 : N \cdot C_6H_4 \cdot N : CR_1R_2 + H_2O,$$

wobei R_1 und R_2 verschiedene oder gleiche, negative Radikale bedeuten.

Zu der heißen alkoholischen Lösung der Komponenten wird eine möglichst konzentrierte Lösung (einige Kubikzentimeter) von Soda, Trinatriumphosphat, Cyankalium oder Pyridin gegeben und kurze Zeit erhitzt. Sind R_1 und R_2 stark negativierende Gruppen, so tritt auch ohne Zusatz eines alkalisch reagierenden Salzes Reaktion ein. Die Reihenfolge der Stärke der Radikale ist:

Cyan- und Nitrogruppe (am stärksten),
Acetyl-, Benzoyl- und —C : C— Gruppe,
Phenyl-, Carboxalkyl-, Carbamidrest.

Durch Kochen mit verdünnten Mineralsäuren werden die Azomethine in Keton und Dialphylphenylendiamin gespalten:

$$(\text{Alph})_2 : N \cdot C_6H_4 \cdot N : CR_1R_2 + H_2O = (\text{Alph})_2 : N \cdot C_6H_4NH_2 + R_1 \cdot CO \cdot R_2.$$

Mit Hydroxylaminchlorhydrat entsteht beim Kochen in verdünnt-alkoholischer Lösung neben Dialphylphenylendiamin das Oxim des Ketons.

In ähnlicher Weise wie die genannten Methylenverbindungen reagiert[3]) Anthranol:

CO
CH_2

ebenso Substanzen mit stark sauren Methylgruppen [2 · 4-Dinitrotoluol[4]) und Nitromethan].

---

[1]) B. **40**, 3353 (1907).

[2]) B. **32**, 2341 (1899). — Sachs, B. **33**, 959 (1900). — Sachs und Bry, B. **34**, 118 (1901). — Sachs, B. **34**, 494 (1901). — Sachs und Barschall, B. **34**, 3047 (1901); **35**, 1437 (1902). — Sachs und Appenzeller, B. **41**, 112 (1908). — Houben, Brassert und Ettinger, B. **42**, 2745 (1909). — Widman und Virgin, B. **42**, 2797 (1909). — Fuchs und Eisner, B. **53**, 897 (1920).

[3]) Suchannek, Diss. Zürich (1907), 11. — Kaufler und Suchannek, B. **40**, 519 (1907).   [4]) Sachs und Kempf, B. **35**, 1224 (1902).

7. Kondensationen mit 1.2-Naphthochinon-4-sulfosäure [1]).

Nach Ehrlich und Herter kondensiert sich das naphthochinonsulfosaure Natrium [Kalium[2])], wie mit anderen Substanzen[3]), auch mit solchen, die eine saure Methylen- oder Methylgruppe tragen, unter Abspaltung des Schwefelsäurerests und Eintritt des organischen Radikals an dessen Stelle in den Naphthalinkern, wobei aus je einem Molekül des Reagens, der Methylenverbindung und einem Molekül Alkali glatt je ein Molekül Natriumsulfit und intensiv gefärbtes Kondensationsprodukt gebildet werden:

$$R \cdot CH_2 \cdot R' + \underset{SO_3Na}{\overset{O}{\bigodot}} = O + NaOH = Na_2SO_3 + \underset{R \cdot C \cdot R'}{\overset{O}{\bigodot}} - OH + H_2O.$$

Zum Beispiel werden 2.6 g naphthochinonsulfosaures Natrium in 50 ccm Wasser gelöst und mit einer Lösung von 1.2 g Benzylcyanid in 50 ccm Alkohol in der Hitze vermischt. Der letzteren Lösung hat man kurz zuvor ein Molekül Natronlauge zugesetzt.

Beim Umschütteln entsteht rasch dunkelviolette Färbung. Man läßt abkühlen und versetzt mit einem Molekül verdünnter Schwefelsäure, wodurch sofort ein hellgelber Niederschlag entsteht, während sich der Geruch von Schwefeldioxyd bemerkbar macht.

Durch Umkrystallisieren aus Alkohol oder Eisessig erhält man gelbe Nadeln, die bei 201° schmelzen und sich auch in Äther, Essigsäureester und Benzol in der Wärme leicht lösen, in Aceton und Chloroform aber schon in der Kälte. Die Ausbeute beträgt 2.4 g. Das Produkt gibt in Alkohol mit Natronlauge schöne rote Färbung, die Lösung in konzentrierter Schwefelsäure ist dunkelviolett.

8. Reaktion mit Benzoldiazoniumchlorid.

Bamberger, B. 27, 147 (1894).

Willstätter, B. 30, 2688 (1897), woselbst auch weitere Literaturangaben. — M. u. J. 2, 328 ff.

Schneider, Diss. Jena (1906). — Knorr und Hörlein, B. 40, 3353 (1907). Burckhardt, Diss. Basel 1916, 24, 25.

Nach Bülow[4]) zeigt das Methylen in der Atomgruppierung:

$$\underset{CH_2 \cdot COOR}{\overset{R' \cdot C = N \cdot NHCOR''}{|}}$$

gegen Diazoniumchlorid dieselbe Reaktionsfähigkeit wie in aliphatischen 1.3-Ketonsäureestern oder 1.3-dialkylsubstituierten Pyrazolonen.

9. Reaktion von Traube [5]).

Wie Traube gefunden hat, vermögen Substanzen mit reaktionsfähigen Methyl-, Methylen- oder Methingruppen bei Gegenwart von Natriumalkoholat überaus energisch mit Stickoxyd zu stickstoffhaltigen Verbindungen mit sauren

---

[1]) Ehrlich und Herter, Z. physiol. 41, 379 (1904). — Herter, J. of experim. Medecine 7, 1 (1905). — Sachs und Craveri, B. 38, 3685 (1905). — Craveri, Diss. Berlin (1906). — Zaar, Diss. Berlin (1907). — Berthold, Diss. Berlin (1907). — Sachs, Z. f. Farb. 1907, H. 5, 6, 8. — Sachs und Öholm, B. 47, 955 (1914).

[2]) Zu beziehen von Dr. Th. Schuchardt, Görlitz.   [3]) Siehe S. 933.

[4]) B. 40, 3787 (1907).   [5]) A. 300, 81 (1898).

Eigenschaften zu reagieren. In erster Linie wurde diese Reaktion bei Ketonen studiert, die je nach dem Vorliegen einer in Nachbarstellung zur Carbonylgruppe befindlichen Methyl-Methylen- oder Methingruppe unter Aufnahme von 2 oder 4 Molekülen Stickoxyd reagieren und die sog. Isonitramine oder Diisonitramine liefern. So geben Aceton, Methyläthylketon, α-Methylacetessigester mit 4 bzw. 2 Molekülen Stickoxyd[1]) die Umsetzungsprodukte A, B und C.

Für die Konstitution der Gruppe N_2O_2H hat Traube die Anordnung als Nitrosohydroxylamin, $-N\!\!\begin{array}{c}NO\\OH\end{array}$, wahrscheinlich gemacht.

An mannigfachen Beispielen hat es sich ergeben, daß in einfachen Ketonen eine dem Carbonyl benachbarte Methylengruppe leichter mit Stickoxyd reagiert als eine Methylgruppe. Die primären Additionsprodukte von Stickoxyd an Ketone oder Ketonsäureester zeigen wichtige Spaltungsreaktionen. So werden die Isonitramine des Acetons, Methyläthylketons und des α-Methylacetessigesters in folgender Weise hydrolysiert:

$$
\text{A.}\quad
\begin{array}{c}
CH_3\\ \cdot\\ CO\\ \cdot\\ CH\!\!\begin{array}{l}N_2O_2Na\\N_2O_2Na\end{array}
\end{array}
\quad\xrightarrow{\;H_2O\;}\quad
\begin{array}{c}
CH_3\\ |\\ COOH\\ +\\ CH_2\!\!\begin{array}{l}N_2O_2Na\\N_2O_2Na\end{array}
\end{array}
$$

$$
\text{B.}\quad
\begin{array}{c}
CH\\ |\\ CO\\ |\\ C\!\!\begin{array}{l}N_2O_2Na\\N_2O_2Na\end{array}\\ |\\ CH_3
\end{array}
\quad\xrightarrow{\;H_2O\;}\quad
\begin{array}{c}
CH_3\\ |\\ COOH\\ +\\ CH\!\!\begin{array}{l}N_2O_2Na\\N_2O_2Na\end{array}\\ |\\ CH_3
\end{array}
$$

$$
\text{C.}\quad
\begin{array}{c}
CH_3\\ \cdot\\ CO\\ \cdot\\ H_3C\cdot C\cdot N_2O_2Na\\ COOC_2H_5
\end{array}
\quad\xrightarrow{\;H_2O\;}\quad
\begin{array}{c}
CH_3\\ |\\ COOH\\ +\\ CH_3\cdot CH\cdot N_2O_2Na\\ COOC_2H_5\; .
\end{array}
$$

Durch diese Spaltungsreaktionen, die nach den Beobachtungen Traubes glatt verlaufen, ist nun nach Hess und Fink[2]) eine wichtige Möglichkeit zur Erkennung der Konstitution von Ketonen gegeben. Während durch die Bildung von Isonitrosoketonen mit Hilfe der salpetrigen Säure, z. B. in Form von Amylnitrit, nur entschieden werden kann, ob eine oder zwei reaktionsfähige Methyl- oder Methylengruppen in Nachbarstellung zu einer Carbonylgruppe stehen, wobei die Entscheidung, ob es sich um eine Methyl- oder Methylengruppe handelt, ausgeschlossen ist, ermöglicht die Traubesche Reaktion zu entscheiden, ob eine Methyl-, Methylen- oder Methingruppe von der in Frage stehenden Art vorliegt. Dabei reagieren Methylgruppen der Ketone unter Aufnahme von 4 Molekülen Stickoxyd und nach Hydrolyse unter Bildung des einfachsten Gliedes der Reihe, des leicht charakterisierbaren Methylendiisonitramins,

---

[1]) A. **300**, 81 (1898).

[2]) Dabei ist nicht gesagt, daß die eine Methylengruppe enthaltenden Ketone oder Ketonsäureester unter allen Umständen die beim Methyläthylketon beobachtete Reaktion mit Stickoxyd geben. Beim Acetessigester beobachtete Traube z. B. — wie bei dessen α-Methylderivat — die Addition von nur 2 Molekülen Stickoxyd. Durch weitere Spaltungen ist aber auch in diesen Fällen die Möglichkeit gegeben, zu entscheiden, ob eine Methin- oder Methylengruppe vorhanden ist.   [2]) B. **53**, 784 (1920).

Methylengruppen unter Bildung von dessen ebenfalls charakteristischen höheren Homologen, während Methingruppen sich durch die Aufnahme von nur 2 Molekülen Stickoxyd unter Bildung der einfachen Isonitramine zu erkennen geben. Allerdings erwähnt Traube keinen Fall, nach dem in derselben Verbindung zwei vorhandene reaktionsfähige Gruppen gleichzeitig reagiert haben.

Beispiel:

30 g Cuskhygrin wurden in einer Auflösung von 9.5 g Natrium (3 Moleküle) in 400 ccm absolutem Alkohol (über Calcium gekocht) mit Stickoxyd behandelt. Dieses wurde im Kippschen Apparat aus Salpetersäure mit Kupfer entwickelt, durch Waschflaschen mit Kalilauge von Stickstoffdioxyd befreit und durch eine lange Schicht festen Ätzkalis sorgfältig getrocknet. Vor der Behandlung mit Stickoxyd wurde aus der gesamten Apparatur die Luft vollständig durch Wasserstoff verdrängt. Die Absorption erfolgte in dem Apparat von Traube. Die Aufnahme des Stickoxyds erfolgte bei kräftigem Umschütteln mit sehr großer Geschwindigkeit und unter deutlicher Erwärmung. Bei sehr kräftigem Umschütteln gelang es, bis zu einem Liter in der Minute zur Absorption zu bringen. Die Temperatur der Flüssigkeit wurde durch zeitweilige Kühlung auf etwa 10—15° gehalten. Gegen Ende der Reaktion trat eine Verlangsamung der Absorptionsgeschwindigkeit ein. Dabei wurde die Lösung allmählich dickflüssiger und gelatinierte zuletzt vollends. Während der Absorption färbte sich die Lösung nur schwach gelb. Beim Eintritt der vollkommenen Gelatinierung waren 20 g Stickoxyd aufgenommen, was unter Berücksichtigung einer während des Aufarbeitens wiedergewonnenen Menge von 4.3 g Cuskhygrin einer Aufnahme von 5.8 Molekülen Stickoxyd entspricht. Dieses Verhältnis wurde bei mehreren Versuchen wieder gefunden. Weder bei Anwendung von bis zu 5 Molekülen Natriumäthylat, noch durch Erwärmen, noch durch Arbeiten mit verdünnteren Lösungen gelang es, eine größere Menge als etwa 6 Moleküle Stickoxyd zur Absorption zu bringen, auch konnte man dadurch nicht erreichen, daß alles Cuskhygrin in Reaktion gesetzt wurde. Nach der Reaktion wurde alles Stickoxyd sorgfältig durch trocknen Wasserstoff verdrängt.

Zu dem Kolbeninhalt wurden 30—40 ccm Wasser gegeben, wobei sich ein brauner, zum Teil krystallinischer Niederschlag ausschied, während sich die Lösung dunkelbraun verfärbte. Der Niederschlag wurde möglichst schnell abgesaugt, wobei er an der Oberfläche zerfloß. Nach möglichst scharfem Abpressen wurde der Niederschlag, der immer noch reichliche Mengen Alkohol enthielt, mit wenig Wasser in ein Becherglas gespült, wobei Trennung in zwei Schichten erfolgte, von denen die schwerere, wäßrig-alkalische, dunkelbraun gefärbte von der heller gefärbten, alkoholischen durch Dekantieren und Auswaschen mit Alkohol unter gelindem Erwärmen getrennt wurde. Die wäßrig-alkalische Lösung enthält die Natriumverbindung des Methylendiisonitramins und trotz des Auswaschens mit Alkohol etwas Natriumsalz der α-Pyrrolidylessigsäure bzw. das ihrer Bildung zugrunde liegende Nonoisonitramin.

Aus der wäßrig-alkalischen Lösung wurde das Methylendiisonitramin durch Verdünnen mit Wasser auf das Zwei- bis Dreifache des ursprünglichen Volumens, Ansäuern mit 50proz. Essigsäure und Zugabe von Bleiacetatlösung als Bleisalz ausgefällt. Erhalten wurden 33.2 g, das sind 85% der Theorie.

Zur Aufnahme der Lösungen dient eine enghalsige Flasche von etwa zwei Litern Rauminhalt, die durch einen doppelt durchbohrten Gummistopfen geschlossen ist. Durch die eine Bohrung geht ein Rohr, das bis fast auf den Boden des Gefäßes reicht und der Zuführung des Stickoxyds dient, durch die andere ist ein rechtwinklig gebogenes Ableitungsrohr geführt. Das Gefäß wird zuerst mit Stickoxyd gefüllt und dann die Flüssigkeit hineingegeben. Diese besteht aus 6- bis 8 proz., absolut alkoholischen Lösungen der Verbindungen, zu denen dann noch die Lösung des notwendigen Natriumäthylates gefügt wird.

Das Ableitungsrohr wird durch Gummischlauch und Quetschhahn verschlossen und der Hahn des Stickoxydentwicklers völlig geöffnet. Die Flüssigkeit steht dann unter dem im Kippschen Apparate herrschenden geringen Überdruck, und es kann nur so viel Gas in das Absorptionsgefäß hineingelangen, als von der Flüssigkeit aufgenommen wird. Das dem Kipp entströmende Gas geht zuerst durch eine mit Wasser gefüllte Waschflasche und darauf durch einen mit Natronkalk beschickten Trockenapparat. An der Stärke des die Waschflasche passierenden Gasstromes kann man die Lebhaftigkeit der Aufnahme des Stickoxyds beobachten.

Ist die Flüssigkeit im Absorptionsgefäß in Ruhe, so ist der Gasstrom verhältnismäßig nicht sehr stark; schüttelt man dasselbe jedoch andauernd um, so wird die Geschwindigkeit der Absorption ungemein gesteigert, was sogleich durch die Verstärkung des die Waschflasche passierenden Gasstromes kenntlich wird. Die Absorption ist dann stets von lebhafter Wärmeentwicklung begleitet.

Um andauerndes Schütteln des Absorptionsgefäßes zu bewirken, kann man sich eines durch einen Motor betriebenen Schüttelapparates bedienen.

Es ist zu beachten, daß das Kupfer aus der Salpetersäure nicht unbeträchtliche Mengen Stickoxydul entwickelt, die nicht aufgenommen werden, sich deshalb im Reaktionsgefäß ansammeln und die Absorption des Stickoxyds beeinträchtigen. Von Zeit zu Zeit muß man daher den Quetschhahn öffnen und einen lebhaften Strom frischen Stickoxydgases durch den ganzen Apparat streichen lassen zur Austreibung des Stickoxyduls.

Das Ende der Reaktion kennzeichnet sich dadurch, daß auch nach dem Durchleiten frischen Stickoxydgases keine oder doch nur mehr sehr langsame Aufnahme stattfindet.

Vierter Abschnitt.

Verhalten der Diketone.

Die Diketone zeigen in vielen Fällen verschiedene Reaktionen, je nach der relativen Lage der beiden CO-Gruppen und je nachdem, ob die Carbonylgruppen einer offenen Kette oder einem Ring angehören.

1. Verhalten der α-Diketone oder 1.2-Diketone.

Reinigung und Abscheidung der α-Diketone durch Benzamidinchlorhydrat: Diels und Schleich, B. 49, 1711 (1916).

Die α-Diketone nehmen eine Zwischenstellung zwischen Aldehyden und Monoketonen ein, welch letzteren sie an Reaktionsfähigkeit sehr überlegen sind[1]).

---

[1]) Petrenko-Kritschenko und Eltschaninoff, B. **34**, 1699 (1901). — Siehe auch S. 781.

a) Chinoxalinbildung.

Die α-Diketone verbinden sich mit o-Phenylendiaminen (o-Naphthylendiaminen) nach der Gleichung:

$$\begin{array}{c}
\begin{array}{c}\text{NH}_2 \\ \\ \text{NH}_2\end{array} + \begin{array}{c}\text{O} = \text{C} - \text{R} \\ | \\ \text{O} = \text{C} - \text{R}\end{array} = \begin{array}{c}\text{N} = \text{C} - \text{R} \\ | \\ \text{N} = \text{C} - \text{R}\end{array} + 2\,\text{H}_2\text{O}
\end{array}$$

zu Chinoxalinen [Hinsberg[1])].

Man verwendet als Reagens am besten das leicht zugängliche m-p-Diaminotoluol. Die Chinoxalinbasen sind meist schwer löslich und haben sehr charakteristische Eigenschaften: Bildung gelber bis roter Salze, Sublimierbarkeit usw.

Die Reaktion erfolgt in (wäßriger, alkoholischer oder essigsaurer) Lösung unter 100°, sehr oft schon bei Zimmertemperatur.

Darstellung des m-p-Toluylendiamins.

100 g Paraacettoluid werden in Portionen von 1—1.5 g in 400 g Salpetersäure (1.45) eingetragen, wobei man die Temperatur durch Kühlen auf 30—40° hält. Die rotbraune Lösung wird nach einigen Minuten in kaltes Wasser gegossen, das in Form gelber Flocken ausgeschiedene m-Nitro-p-Acettoluid einmal aus Wasser umkrystallisiert (Smp. 94—95°), in möglichst wenig Alkohol gelöst und siedend mit etwas mehr als der theoretischen Menge Kalilauge versetzt. Die Verseifung vollzieht sich unter starker Erwärmung, und man erhält das Nitrotoluidin sofort rein in hellroten Nadeln, Smp. 116°[2]).

Das fein gepulverte Nitrotoluidin wird mit konzentrierter Salzsäure übergossen und nach und nach die doppelte Menge Zinnspäne zugesetzt. Die durch Schwefelwasserstoff entzinnte, verdünnte Lösung wird zur Trockne verdunstet, der Rückstand mit pulverisiertem Ätzkalk innig gemengt und im Verbrennungsrohr erhitzt. Man erwärmt zunächst nur schwach, um das meiste Wasser auszutreiben, und dann stärker, so daß die Base überdestilliert. Das Toluylendiamin bildet weiße Schuppen, Smp. 88.5°, Sdp. 265°. Die völlig trockne Base ist recht beständig.

Bildung von Phenanthrazinen mit Phenanthrenchinon: Schroeter, A. **426**, 75, 77 (1922).

b) Glyoxalinbildung[3]).

Mit Aldehyden und Ammoniak und ähnlich[4]) mit primären Aminen der Formel $R \cdot CH_2 \cdot NH_2$ lassen sich 1.2-Diketone zu Glyoxalinen (Lophinen) kondensieren.

c) Einwirkung von Hydroxylamin.

Mit Hydroxylamin werden sowohl Monoxime (Isonitrosoketone) als auch Dioxime (Glyoxime) erhalten.

---

[1]) A. **237**, 327 (1887). — Körner, B. **17**, R. 519 (1884). — M. u. J. I, 859, 956, 966, II, 330. — Orthochinon: Willstätter und Pfannenstiel, B. **37**, 4744 (1904). — Triketone: Sachs und Herold, B. **40**, 2721 (1907).
[2]) Gattermann, B. **18**, 1483 (1885).
[3]) Radziszewski, B. **15**, 2706 (1882). — Pechmann, B. **21**, 1415 (1888).
[4]) Japp und Davidson, Soc. **67**, 32 (1895).

Während die α-Diketone der Fettreihe gelbe Flüssigkeiten sind, bilden die Isonitrosoketone farblose Krystalle, die sich in Alkali mit gelber Farbe lösen (Pseudosäuren). Die Glyoxime dagegen, die ebenfalls farblos sind, geben auch farblose Alkalisalze[1]).

Über Salze der Glyoxime mit Schwermetallen siehe Tschugaeff, Z. an. 46, 144 (1905). — B. 39, 3382 (1906). — Untersuchungen über Komplexverbindungen, Moskau 1906, S. 67ff. — B. 41, 1678, 2226 (1908). — Tschugaeff und Spiro, B. 41, 2219 (1908). — Ponzio, G. 51, II, 213 (1921). Siehe auch S. 1073.

Reduktion der Isonitrosoketone: Treadwell, B. 14, 1461 (1881). — Braune, B. 22, 559 (1889).

Spaltung der Isonitrosoketone in Diketone und Hydroxylamin.

α) Durch Kochen mit 15proz. Schwefelsäure:
>   v. Pechmann, B. 20, 3213 (1887).
>   Otte und v. Pechmann, B. 22, 2115 (1889).

β) Durch Erwärmen mit Amylnitrit:
>   Manasse, B. 21, 2176 (1888).

γ) Durch Einwirkung von Natriumbisulfit und Kochen der so gebildeten Iminosulfosäuren mit verdünnten Säuren:
>   v. Pechmann, B. 20, 3163 (1887).

Spektroskopisches Verhalten: Baly, Tuck, Marsden und Gazdar, Proc. 23, 194 (1907). — Soc. 91, 1572 (1907).

d) Einwirkung von Phenylhydrazin.

Während salzsaures Phenylhydrazin nur mit Aldehyden, nicht mit Monoketonen reagiert, liefern die α-Diketone damit leicht Mono- und Dihydrazone.

Die Dihydrazone der α-Diketone werden als Osazone bezeichnet.

Nach v. Pechmann[2]) verfährt man zum Nachweis eines α-Diketons mittels der „Osazonreaktion" folgendermaßen. Das zu prüfende Material wird mit einem Tropfen Alkohol benetzt und mit etwas Eisenchlorid gelinde erwärmt; schüttelt man nach dem Erkalten mit Äther, so nimmt er bei Gegenwart eines Osazons rote bis braunrote Färbung an (Osotetrazonbildung). Siehe S. 1049.

Nur die von rein aliphatischen oder fettaromatischen Diketonen abgeleiteten Osazone geben die Reaktion. Dagegen versagt sie beim Benzilosazon, beim Tartrazin, bei der Osazonacetylglyoxylsäure und der Osazondioxyweinsäure. Ist demnach die Reaktion auch keiner allgemeinen Anwendung fähig, so wird doch immer dann, wenn sie überhaupt eintritt, auf die Anwesenheit eines Osazons geschlossen werden dürfen.

Phenanthrenchinone werden durch freies oder essigsaures Phenylhydrazin zu Hydrochinonen reduziert, geben aber mit salzsaurem Phenylhydrazin Monohydrazone[3]).

e) Verhalten gegen Semicarbazid:

Thiele, A. 283, 37 (1894). — Posner, B. 34, 3973 (1901). — Biltz und Arnd, B. 35, 344 (1902). — Diels, B. 35, 347 (1902). — Biltz, A. 339, 243 (1905). — Schmidt, Schairer und Glatz, B. 44, 276 (1911).

---

[1]) Schramm, B. 16, 150 (1883). — Scholl, B. 23, 3498 (1890).

[2]) B. 21, 2752 (1888). — Wislicenus und Schwanhäuser, A. 297, 110 (1897). — Mann, Diss. Gießen (1907), 25. — Halberkann, Diss. Rostock (1908), 69. — Diels und Farkaš, B. 43, 1962 (1910).

[3]) Schmidt und Kämpf, B. 35, 3123 (1902).

f) Verhalten gegen Aminoguanidin:

Thiele und Bihan, A. **302**, 299 (1898). — Glatz, Diss. Stuttgart (1912), 15, 40.

g) Verhalten gegen Bisulfit:

Bouveault und Locquin, Bull. (3) **35**, 650 (1906).

h) Einwirkung von Alkalien

auf α-Diketone, die mit der Diketongruppe verbundene Methylengruppen enthalten (Chinonbildung):

v. Pechmann, B. **21**, 1417 (1888); **22**, 1522, 2115 (1889).

v. Pechmann und Wedekind, B. **28**, 1845 (1895).

Einwirkung auf aromatische o-Diketone. Nach Bamberger[1]) zeigen die aromatischen Orthodiketone mit Kalilauge eine charakteristische Farbenreaktion. Man löst eine Spur der Substanz in Alkohol und fügt zu der heißen Lösung einen Tropfen Lauge, indem man Luftzutritt möglichst zu hindern sucht; es tritt dunkelrote bis violettschwarze Färbung auf, die bei den Ringketonen (Phenanthrenchinon, Retenchinon, Dibromretenchinon, Chrysochinon usw.) beim Schütteln mit Luft verschwindet, beim Erwärmen nach Zusatz frischen Alkalis wieder erscheint.

Die für das Benzil selbst schon von Laurent[2]) aufgefundene Reaktion beruht wahrscheinlich auf Bildung von Benzilaldol[3]).

Sicherer gelingt die Reaktion, wenn man entweder dem betreffenden Diketon von Anfang an eine Spur Benzoin zufügt oder nach Liebermann und Homeyer[4]) in überschüssigem absolutem Alkohol löst, $1/_4$ der Substanz an Stangenkali zusetzt und einkocht.

Ein negatives Resultat ist nicht immer als Beweis gegen die Orthostellung der beiden CO-Gruppen zu betrachten, da die Substanz möglicherweise durch die Einwirkung alkoholischen Kalis spontan unter Sprengung der Orthobindung der Carbonyle zersetzt werden kann [Bamberger[5])].

Durch weitere Einwirkung des Alkalis gehen die o-Diketone in substituierte Glykolsäuren über[6]), nach dem Schema:

$$\text{(Schema)}$$

Weitere Erklärungsversuche dieser Reaktion: Nef, A. **298**, 372 (1897). — Montagne, Rec. **21**, 9 (1902).

i) Einwirkung von Wasserstoffsuperoxyd.

Nach Holleman[7]) spaltet Wasserstoffsuperoxyd α-Diketone und 1.2-Chinone nach dem Schema:

$$R \cdot CO \cdot CO \cdot R_1 + H_2O_2 = R \cdot COOH + R_1 COOH.$$

---

[1]) B. **18**, 865 (1885). — Scholl, B. **32**, 1809 (1899).
[2]) A. **17**, 91 (1836).   [3]) Hantzsch, B. **40**, 1519 (1907).
[4]) B. **12**, 1975 (1879). — Bamberger, B. **17**, 455 (1884). — Graebe und Jouillard, B. **21**, 2003 (1888).   [5]) B. **18**, 866 (1885).
[6]) Liebig, A. **25**, 25 (1838). — Liebermann und Homeyer, B. **12**, 1975 (1879). — Boesler, B. **14**, 327 (1881). — Bredt und Jagelki, Richter-Anschütz, **2**, 345. — Graebe und Jouillard, B. **21**, 2000 (1888). — A. **247**, 214 (1888). — Hoogewerff und van Dorp, Rec. **9**, 225 (1890). — Klimont, Diss. Heidelberg (1891). — Marx, A. **263**, 255 (1891).   [7]) Rec. **23**, 170 (1904). — Böeseken, Rec. **30**, 142 (1911).

2. Verhalten der β-Diketone oder 1.3-Diketone [1].

a) Bildung von Metallverbindungen[2][3].

Durch die Nachbarschaft der beiden CO-Gruppen erlangt die entocarbonyle Methylengruppe gesättigter 1.3-Diketone die Fähigkeit, Metallverbindungen zu bilden, unter denen besonders die schwerlöslichen Kupfersalze charakteristisch sind und sich namentlich auch durch ihre konstanten Schmelzpunkte (die mit steigendem Molekulargewicht immer niedriger werden) auszeichnen.

Diese Salze werden durch Umkrystallisieren aus Alkohol gereinigt.

Wenn die entocarbonyle Methylengruppe durch einen Alkylrest substituiert ist, zeigt sich die Säurenatur so weit herabgesetzt, daß die Substanzen nicht mehr imstande sind, Kupferacetat zu zersetzen, doch geben sie gewöhnlich noch mit ammoniakalischem Kupferoxyd eine Fällung[3].

Eintritt von Schwefel in die Methylengruppe läßt die Vertretbarkeit des zweiten Wasserstoffatoms durch Metalle fortbestehen [Vaillant[4]].

Ringförmige β - Diketone (hydrierte Resorcine): Vorländer, A. **294**, 253 (1897). — Leitfähigkeit von Acetylaceton: Schilling und Vorländer, A. **308**, 199 (1899).

b) Verhalten gegen Semicarbazid[5].

Beim Vermischen kalter alkoholischer Lösungen der β-Diketone mit einer konzentrierten wäßrigen Lösung von einem Molekül Semicarbazidchlorhydrat und der berechneten Menge Natriumacetat bilden sich Kondensationsprodukte vom Typus:

$$\begin{array}{c} \text{CH-C---R} \\ \| \quad \| \\ \text{R---C} \quad \text{N} \\ \diagdown\diagup \\ \text{N} \\ | \\ \text{CONH}_2 \end{array}$$

Diese Produkte geben, in siedendem Wasser gelöst und mit ammoniakalischer Silbernitratlösung versetzt, nach der Gleichung:

$$\begin{array}{c} \text{CH---C---R} \\ \| \quad \| \\ \text{RC} \quad \text{N} \\ \diagdown\diagup \\ \text{N} \\ | \\ \text{CONH}_2 \end{array} + \text{AgNO}_3 + \text{H}_2\text{O} = \begin{array}{c} \text{CH---C---R} \\ \| \quad \| \\ \text{RC} \quad \text{N} \\ \diagdown\diagup \\ \text{N} \\ | \\ \text{Ag} \end{array} + \text{CO}_2 + \text{NH}_4\text{NO}_3$$

die Silbersalze durch Abspaltung der CONH_2-Gruppe entstandener Pyrazole.

Fettaromatische und aromatische β-Diketone reagieren mit Semicarbazid erst in der Wärme. Aus Benzoylacetophenon entsteht dabei direkt das entsprechende Pyrazol.

---

[1] Siehe auch S. 848 ff.

[2] Combes, C. r. **105**, 868 (1887); **108**, 405 (1889). — A. chim. (6) **12**, 199 (1887). — Bull. (2) **48**, 474 (1887); **50**, 145 (1888). — C. r. **119**, 1221 (1894). — Fette, Diss. München (1894). — Urbain, Bull. (3) **15**, 349 (1896). — Urbain und Debierne, C. r. **129**, 302 (1899). — Gach, M. **21**, 99 (1900).

[3] Claisen und Ehrhardt, B. **22**, 1015 (1889). — Claisen, A. **277**, 170 (1893).

[4] Bull. (3) **15**, 514 (1896); **19**, 246 (1898).   [5] Posner, B. **34**, 3975 (1901).

c) Verhalten gegen Hydroxylamin[1]).

Die gesättigten β-Diketone liefern mit einem Molekül Hydroxylamin Oximanhydride (Isoxazole), nach dem Schema:

$$\begin{array}{cc} CH_2-CO-R & CH-C-R \\ | & \| \quad \| \\ R-CO \; + \; NH_2 \; = \; R-C \quad N \; + \; 2\,H_2O\,. \\ \diagup & \diagdown\diagup \\ HO & O \end{array}$$

Nur von den cyclischen β-Diketonen sind sowohl Mono- als auch Dioxime erhältlich[2]).

d) Verhalten gegen Phenylhydrazin[3]).

Mit diesem Reagens erfolgt Ringschluß zu Pyrazolen:

$$\begin{array}{cc} CH_2-CO-R & CH-C-R \\ | & \| \quad \| \\ R-CO \; + \; NH_2 \; = \; R-C \quad N \; + \; 2\,H_2O, \\ \diagup & \diagdown\diagup \\ NH & N \\ | & | \\ C_6H_5 & C_6H_5 \end{array}$$

wenn man die Komponenten miteinander erwärmt. Da diese Phenylpyrazole leicht in Pyrazoline verwandelbar sind:

$$\begin{array}{cc} C_6H_5-N-N & C_6H_5-N-N \\ \diagup \quad \diagdown & \diagup \quad \diagdown \\ CH \qquad CH + 2\,H = CH_2 \qquad CH, \\ \diagdown CH \diagup & \diagdown CH_2 \diagup \end{array}$$

hat man in der Einwirkung von Phenylhydrazin auf 1.3-Diketone ein bequemes Mittel zu ihrer Erkennung.

Ausführung der Pyrazolinreaktion[4]).

Ein Pröbchen der Pyrazolbase wird im Reagensglas in Alkohol gelöst und in die siedende Lösung ein Stückchen Natrium geworfen. Nach der Auflösung des Metalls verdünnt man mit Wasser, verjagt den Alkohol, sammelt die Pyrazolinbase durch Ausäthern und verdunstet den Äther. Eine Spur[5]) der Base wird in ziemlich viel starker Schwefelsäure aufgelöst und zu dieser Lösung ein Tropfen Natriumnitrit- oder Pyrochromatlösung zugefügt, worauf fuchsinrote bis blaue Färbung auftritt.

Über das Verhalten der β-Diketone gegen Benzaldehyd, Oxalessigester, Diazobenzol usw. siehe S. 848ff. und Vorländer, A. **294**, 192 (1897); gegen Diphenylmethandimethyldihydrazin: S. 800.

Kondensation mit Phenolen zu Benzopyranolderivaten: Bülow und Wagner, B. **34**, 1189 (1901). — Bülow und Deseniss, B. **39**, 3664 (1906).

---

[1]) Zedel, B. **21**, 2178 (1888). — Combes, Bull. (2) **50**, 145 (1888). — Claisen, B. **24**, 3900 (1891). — Dunstan und Dymond, Soc. **59**, 428 (1891).

[2]) Vorländer, A. **294**, 192 (1897).

[3]) Knorr, B. **18**, 311, 2259 (1885); **20**, 1104 (1887). — A. **238**, 37 (1887). — Combes, Bull. **50**, 145 (1888). — Kohlrausch, A. **253**, 15 (1889). — Posner, B. **34**, 3973 (1901).

[4]) Knorr, B. **26**, 101 (1893). — Trener, M. **21**, 1120 (1900). — Gläsel, Diss. Jena (1909). — Auwers und Voss, B. **42**, 4417 (1909).

[5]) Oxydiert man die Pyrazoline in konzentrierteren Lösungen, so erhält man meist Niederschläge von schmutzigem Aussehen.

Einwirkung von nitrosen Gasen: Wieland und Bloch, B. **37**, 1524 (1904).

Einwirkung von Acylierungsmitteln: Claisen und Haase, B. **36**, 3674 (1903).

3. Verhalten der γ-Diketone oder 1.4-Diketone.

Die 1.4-Diketone sind durch die Leichtigkeit, mit der sie in Derivate des Furans, Pyrrols[1]) und Thiophens[2]) übergehen, charakterisiert[3]).

Am einfachsten gestaltet sich der Nachweis von 1.4-Diketonen auf folgende Weise[4]):

Man löst eine kleine Probe in Eisessig, fügt eine Lösung von Ammoniak in überschüssiger Essigsäure zu und kocht etwa $^{1}/_{2}$ Minute, fügt dann verdünnte Schwefelsäure zu und kocht nochmals auf, während man einen Fichtenspan einführt. Intensive Rötung des Spans zeigt die Anwesenheit eines 1.4-Diketons in der Lösung an[5]). (Pyrrolreaktion.)

Verhalten der 1.4-Diketone gegen Phenylhydrazin: Combes, Bull. (2) **50**, 145 (1888). — Dunstan und Dymond, Soc. **59**, 428 (1891). — Posner, B. **34**, 3973 (1901). — Gray, Soc. **79**, 682 (1901). — Smith und McCoy, B. **35**, 2102 (1902).

Ungesättigte γ-Diketone: Paal und Schulze, B. **33**, 3796 (1900). — Japp und Wood, Proc. **21**, 154 (1905). — Soc. **87**, 107 (1905).

Isatinreaktion: V. Meyer, B. **16**, 2974 (1883).

4. Verhalten der 1.4-Chinone[6]).

Die cyclischen 1.4-Diketone der Benzolreihe (Parachinone) zeigen in einigen Punkten gegenüber den gesättigten 1.4-Diketonen der Fettreihe usf. abweichendes Verhalten.

a) Verhalten gegen Hydroxylamin.

In alkalischer Lösung reduziert Hydroxylamin die Chinone glatt zu Hydrochinonen[7]), während mit salzsaurem Hydroxylamin Monoxime[7]) erhalten werden, die durch weiteres Oximieren in saurer Lösung in Dioxime[8]) übergeführt werden können.

Gegen alkalische Hydroxylaminlösung reagieren die Parachinonmonoxime als wahre Nitrosophenole, die nach dem Schema:

---

[1]) Zum Mechanismus der Reaktion: Knorr und Rabe, B. **33**, 3801 (1900). — Siehe ferner: Borsche und Fels, B. **39**, 3877 (1906). — Schmidt und Schall, B. **40**, 3002 (1907).

[2]) Holleman, Rec. **6**, 73 (1887).

[3]) Knorr, B. **17**, 2756 (1884); **18**, 300, 1558 (1885). — Lederer und Paal, B. **18**, 2591 (1885). — Paal, B. **18**, 58, 367, 994, 2251 (1885); **19**, 551 (1886). — Paal und Schneider, B. **19**, 558 (1886). — Kapf und Paal, B. **21**, 1486, 3055 (1888).

[4]) Knorr, B. **18**, 299 (1885); **19**, 46 (1886). — A. **236**, 295 (1886).

[5]) Über die Pyrrolreaktion siehe ferner: Neuberg, Festschrift für Salkowski, 71 (1904). — Über Pyrrol- (und Indol-) Nachweis mit Nitroprussidnatrium: Herzfeld, Bioch. **56**, 82 (1913).

[6]) Über die Konstitution der Chinone: Haakh, J. pr. (2) **82**, 546 (1910).

[7]) H. Goldschmidt, B. **17**, 213 (1884). — H. Goldschmidt und Schmid, B. **17**, 2060 (1884); **18**, 568 (1885). — Kehrmann, B. **22**, 3266 (1889). — Bridge, A. **277**, 90, 95 (1893).

[8]) Nietzki und Kehrmann, B. **20**, 613 (1887). — Nietzki und Guiterman, B. **21**, 428 (1888). — O. Fischer und Hepp, B. **21**, 685 (1888).

$$\underset{\underset{\text{Diazophenol}}{\text{OH}}}{\overset{\text{NO}}{\bigcirc}} + H_2NOH = \underset{\text{OH}}{\overset{N=NOH}{\bigcirc}} + H_2O\,, \qquad \underset{\text{OH}}{\overset{N=NOH}{\bigcirc}} + 2\,H_2NOH = \underset{\underset{\text{hypoth. Hydrodiazophenol}}{\text{OH}}}{\overset{\overset{\text{H \ H}}{N—N—OH}}{\bigcirc}} + N_2 + 2\,H_2O\,,$$

$$\underset{\text{OH}}{\overset{\text{NH—NHOH H}}{\bigcirc}} = \underset{\text{OH}}{\bigcirc} + N_2 + H_2O\,,$$

in der Hauptsache Phenole und Stickstoff liefern[1]).

Die **Chinondioxime** werden in alkalischer Lösung durch Ferricyankalium zu p-Dinitrosokörpern[2]) oxydiert, ebenso durch Salpetersäure, die indes oft auch bis zu p-Dinitrokörpern[3]) führt. Letztere lassen sich durch Kochen mit wäßrigem Hydroxylaminchlorhydrat wieder zu Chinondioximen reduzieren.

Sterische Behinderung der Oximierung von Chinonen[4]). Chinone der Formeln:

$$\underset{O}{\overset{O}{R\bigcirc R}} \quad \text{und} \quad \overset{O}{R\bigcirc\underset{R}{R}}$$

geben nur Monoxime:

$$\underset{\text{NOH}}{\overset{O}{R\bigcirc R}} \quad \text{bzw.} \quad \underset{\text{NOH}}{\overset{O}{R\bigcirc\underset{R}{R}}}\,,$$

aber keine Dioxime; tetrasubstituierte Chinone reagieren überhaupt nicht mit Hydroxylamin.

b) Verhalten gegen Phenylhydrazin[5]).

Die p-Chinone der Benzolreihe wirken oxydierend auf Phenylhydrazin, das in Benzol verwandelt wird[6]), dagegen geben die Naphthochinone Monophenylhydrazone[7]), während Anthrachinon sich gegen Phenylhydrazin indifferent verhält (sterische Behinderung). Auf dem Umweg über das Anthron (Anthranol):

oder das Mesodibromanthron

läßt sich aber auch das Anthrachinonmonophenylhydrazon gewinnen[8]).

---

[1]) Kehrmann und Messinger, B. **23**, 2820 (1890).

[2]) Ilinski, B. **19**, 349 (1886). — Nietzki und Kehrmann, B. **20**, 615 (1887). — Mehne, B. **21**, 734 (1888).   [3]) Kehrmann, B. **21**, 3319 (1888).

[4]) Kehrmann, B. **21**, 3315 (1888); **23**, 3557 (1890). — J. pr. (2) **39**, 319, 592 (1889); **40**, 457 (1889); **42**, 134 (1890). — B. **27**, 217 (1894). — Nietzki und Schneider, B. **27**, 1431 (1894).

[5]) Auffassung der Chinonoxime als Pseudosäuren: Farmer und Hantzsch, B. **32**, 3101 (1899). Auffassung der Chinonhydrazone als Pseudosäuren: Farmer und Hantzsch, B. **32**, 3089 (1899).

[6]) Zincke, B. **18**, 786, Anm. (1885). — Sekundäre aromatische Hydrazine werden zu Tetrazonen oxydiert. Mc Pherson, B. **28**, 2415 (1895). — Siehe ferner: Mc Pherson, Am. **22**, 364 (1899). — Mc Pherson und Gote, Am. **25**, 485 (1901). — Mc Pherson und Dubois, Am. soc. **30**, 816 (1908). — Siehe S. 863.

[7]) Zincke und Bindewald, B. **17**, 3026 (1884).

[8]) Suchannek, Diss. Zürich (1907), 18.

Darstellung: 1. Aus Anthranol. 4.7 g Anilinchlorhydrat in ca. 100 ccm Wasser werden mit 6 ccm konzentrierter Salzsäure und etwa 3 g Natriumnitrit diazotiert und die Lösung mit Wasser von 0° auf ca. 600 ccm verdünnt.

8 g Anthranol werden in heißem Alkohol gelöst, 6 g reines Ätzkali in konzentrierter, wäßriger Lösung zugegeben und das Ganze erwärmt, bis das teilweise ausgeschiedene gelbe Kaliumsalz des Anthranols mit braungelber Farbe fast gänzlich in Lösung geht. Man gießt nun die heiße Lösung auf gewaschenes, zerkleinertes Eis, wobei ein Teil des Anthranolkaliums sich in feinen, hellgelben Flocken ausscheidet.

Nun gießt man die verdünnte, kalte Diazolösung allmählich und unter beständigem Rühren zu und sorgt dafür, daß das Reaktionsgemisch sich nicht erwärmt und stets Alkali im Überschuß vorhanden ist. Im ersten Augenblick tritt grüne Färbung auf, der jedoch sofort sattes Gelb folgt, während sich gelbe Flocken abscheiden. Diese Farbe behält das Reaktionsgemisch längere Zeit bei.

Nach einigen Stunden geht der Niederschlag in einen intensiv roten Farbstoff über.

Nun wird abgesaugt, mit Wasser, verdünnter Essigsäure und nochmals mit Wasser gewaschen, auf Ton gestrichen und das nahezu trockne Produkt im Dampftrockenschrank völlig von Wasser befreit. — Ausbeute 11.4 g Rohprodukt, d. i. 93% der Theorie. Man reinigt durch Umkrystallisieren aus Alkohol.

2. Aus Mesodibromanthron. Goldmann[1]) und Suchannek erhielten aus 5 g Anthranol in 300—400 ccm Schwefelkohlenstoff und 9 g Brom nach völligem Abdunsten des Lösungsmittels ziemlich große gelbe Krystalle, die, fein verrieben, in den Vakuumexsiccator gestellt wurden und nun 6.5 g eines fast weißen, schweren Pulvers bildeten.

4 g Mesodibromanthron wurden in 80—100 ccm kaltem Benzol gelöst und dazu unter Rühren 4 g reine Phenylhydrazinbase (= theoretische Menge + 2 Mol., um die frei werdende Bromwasserstoffsäure zu binden, + kleinem Überschuß), mit etwas Benzol verdünnt, gegeben. Das Reaktionsgemisch färbte sich gelb, orange und schließlich rot. Man ließ über Nacht stehen, worauf man den dicken, hellen Niederschlag (von Phenylhydrazinbromhydrat und Anthrachinon) abfiltrierte, mit Benzol wusch und das Filtrat im Vakuum über Paraffin eindunsten ließ. Der Rückstand wurde wiederholt mit Äther digeriert, um Phenylhydrazin zu entfernen und dann auf Ton gepreßt. Gewicht 1 g.

Durch wiederholtes Ausziehen des Produkts mit warmem Alkohol ließ sich die Hauptmenge des Kondensationsprodukts in Lösung bringen, während der größte Teil des Anthrachinons zurückblieb. Aus den roten, alkoholischen Filtraten fielen nach einigem Stehen 0.25 g nadelige, rote Krystalle aus, die bei 164° schmolzen. Mehrmaliges Umkrystallisieren aus Alkohol steigerte den Schmelzpunkt auf 173—175°.

Acetyl- und Benzoyl-phenylhydrazin reagieren mit den p-Chinonen der Benzolreihe unter Bildung von Monohydrazonen[2]) und ebenso mit den Chinonoximen[3]). Letztere lassen sich auch, namentlich in Form ihrer Benzoylverbindungen, aber auch in freier Form, mit o- und p-Nitrophenylhydrazin zu Hydrazonen, wie z. B.:

---

[1]) B. **20**, 2436 (1887).
[2]) McPherson, B. **28**, 2414 (1895). — Am. **22**, 364 (1899). — Am. soc. **22**, 141 (1900). **30**, 816 (1908).   [3]) Kühl, Diss. Göttingen (1904).

$$\text{C}_6\text{H}_5\text{—CO}\cdot\text{O}\cdot\text{N} = \langle\ \rangle = \text{N}\cdot\text{NHC}_6\text{H}_4\text{NO}_2$$

kondensieren, noch leichter mit 2.4-Dinitrophenylhydrazin, nicht aber mit m-Nitrophenylhydrazin und 2.4.6-Trinitrophenylhydrazin[1]).

c) Verhalten gegen Alkohole und Chlorzink:

Knoevenagel und Bückel, B. **34**, 3993 (1901).

d) Verhalten gegen Aminoguanidin und Semicarbazid[2]).

Durch diese Reagenzien werden sowohl Mono- als auch Diderivate erhalten. α-Naphthochinon gibt indes nur schwierig das Bisaminoguanidinderivat und verbindet sich nur mit 1 Mol. Semicarbazid.

e) Verhalten gegen Benzolsulfinsäure[3]).

Benzolsulfinsäure wirkt auf Substanzen von parachinoider Struktur nach dem Schema:

$$\underset{\text{O}}{\overset{\text{O}}{\bigcirc}} + \text{C}_6\text{H}_5\text{SO}_2\text{H} = \underset{\text{OH}}{\overset{\text{OH}}{\bigcirc}}\text{—SO}_2\text{C}_6\text{H}_5,$$

d. h. es findet Reduktion statt, und gleichzeitig tritt die Gruppe $\text{C}_6\text{H}_5\text{SO}_2$ in den aromatischen Kern. Die Reaktion ist allgemein und läßt sich auf alle Benzochinone, deren Wasserstoff nicht ganz substituiert ist, anwenden.

Die entstehenden Dioxydiphenylsulfone geben gut krystallisierende Benzoylderivate.

f) Quantitative Bestimmung des Chinonsauerstoffs.

Siehe hierüber S. 1090.

Über die Konstitution der Chinhydrone siehe Jackson und Oenslager, B. **28**, 1614 (1895).—Valeur, Thèse, Paris 1900; A. chim. phys. (7) **21**, 546 (1900). —Posner, A. **336**, 85 (1904).—Torrey und Hardenbergh, Am. **33**, 167 (1905). — Urban, M. **28**, 299 (1907). — Parnas, Diss. München (1907), S. 38. — Willstätter und Piccard, B. **41**, 1463 (1908). — Kehrmann, B. **41**, 2340 (1908). — Richter, B. **43**, 3603 (1910).

5. Verhalten der 1.5-Diketone[4]).

Über die Reaktionen dieser Körperklasse siehe namentlich die zitierten Arbeiten von Knoevenagel, Stobbe und Rabe. Nach dem Verhalten der 1.5-Diketone gegen Hydroxylamin kann man vier Typen unterscheiden:

---

[1]) Reclaire, Diss. Göttingen (1907). — Borsche, A. **343**, 176 (1905); **357**, 171 (1907).
[2]) Thiele und Barlow, A. **303**, 311 (1898).
[3]) Hinsberg, B. **27**, 3259 (1894); **28**, 1315 (1895). — Hinsberg und Himmelschein, B. **29**, 2019 (1896).
[4]) Zinin, Z. **1871**, 127. — Buchner und Curtius, B. **18**, 2371 (1885). — Hantzsch, B. **18**, 2579 (1885). — Engelmann, A. **231**, 67 (1885). — Paal und Knes, B. **19**, 3144 (1886). — Japp und Klingemann, B. **21**, 2934 (1888). — Knoevenagel und Weißgerber, B. **21**, 1357 (1888); **26**, 437 (1893). — Paal und Hoermann, B. **22**, 3225 (1889). — Klingemann, B. **26**, 818 (1893). — A. **275**, 50 (1893). — Knoevenagel, B. **26**, 440, 1085 (1893). — A. **281**, 25 (1894); **288**, 321 (1895); **297**, 113 (1897); **303**, 223 (1898). — Stobbe, B. **35**, 1445 (1902). — Rabe, A. **323**, 83 (1902); **332**, 1 (1904); **360**, 265 (1908).

a) Ein Molekül Hydroxylamin wirkt auf ein Molekül Keton unter Austritt von drei Molekülen Wasser und Bildung von Pyridinderivaten (Typus des Benzamarons):

$$C_6H_5-CH \Big\langle \begin{matrix} C_6H_5-CH-CO-C_6H_5 \\[4pt] C_6H_5-CH-CO-C_6H_5 \end{matrix} \quad + NH_2OH \ =$$

$$= \ C_6H_5-C \Big\langle \begin{matrix} C_6H_5-C \quad C-C_6H_5 \\[2pt] N \\[2pt] C_6H_5-C \quad C-C_6H_5 \end{matrix} \Big\rangle \ + 3\,H_2O;$$

b) Ein Molekül Hydroxylamin wirkt auf ein Molekül Keton unter Austritt von zwei Molekülen Wasser und Ringschluß (Typus: Desoxybenzoinbenzalacetessigester):

$$C_6H_5-CH \Big\langle \begin{matrix} C_2H_5O-CO-CH-CO-CH_3 \\[4pt] C_6H_5-CH-CO-C_6H_5 \end{matrix} \quad + NH_2OH \ =$$

$$= \ C_6H_5-CH \Big\langle \begin{matrix} C_2H_5O-CO-CH-C=NOH \\[4pt] C_6H_5-CH-C-C_6H_5 \end{matrix} \Big\rangle CH \ + 2\,H_2O \ .$$

Diese Reaktion tritt bei jenen 1.5-Diketonen ein, die an sechster Stelle dem einen CO gegenüber eine CH_3-Gruppe besitzen. Ebenso reagieren Äthyliden-Valeryliden-, Önanthyliden-, Cuminyliden-, Methylsalicyliden-, Piperonyliden- und Furfurylidenbisacetessigester.

c) Ein Molekül Hydroxylamin wirkt auf ein Molekül Keton unter Austritt von einem Molekül Wasser und Bildung eines normalen Oxims (m- und p-Nitrobenzylidenbisacetessigester):

$$NO_2-C_6H_4-CH \Big\langle \begin{matrix} C_2H_5O-CO-CH-CO-CH_3 \\[4pt] C_2H_5O-CO-CH-CO-CH_3 \end{matrix} \quad + NH_2OH \ =$$

$$= \ NO_2-C_6H_4-CH \Big\langle \begin{matrix} C_2H_5O-CO-CH \overset{\displaystyle /\!\!/NOH}{-------C} \\[6pt] \hspace{3em} \diagdown CH_3 \\[4pt] C_2H_5O-CO-CH-CO-CH_3 \end{matrix} \ + H_2O;$$

d) Zwei Moleküle Hydroxylamin wirken auf ein Molekül Keton unter Austritt von zwei Molekülen Wasser und unter Bildung ringförmiger Gebilde, die einerseits die Isonitrosogruppe, andererseits die Gruppe NHOH enthalten (Benzyliden- und Anisylidenbisacetessigester).

Zum Beispiel erhält das Produkt aus Benzylidenbisacetessigester die Formel:

$$CH_5-CH \Big\langle \begin{matrix} C_2H_5OCO-CH-\overset{\displaystyle /NHOH}{C}-CH_3 \\[4pt] C_2H_5OCO-CH-C=NOH \end{matrix} \Big\rangle CH_2$$

Umlagerung von 1.5-Diketonen in 1.5-Cyclohexanolone: Rabe, A. **360**, 266 (1908).

6. 1.6- und 1.7-Diketone.

Kipping und Perkin, Soc. **55**, 330 (1889); **57**, 13, 29 (1890); **59**, 214 (1891).
Marshall und Perkin, Soc. **57**, 241 (1890).
Kipping und Mackenzie, Soc. **59**, 587 (1891).
Kipping, Soc. **63**, 111 (1893).

Fünfter Abschnitt.

Reaktionen der Ketonsäuren.

Die relative Lage der Carbonyl- und der Carboxylgruppe in den Ketonsäuren bedingt verschiedenartiges Verhalten der einzelnen Klassen dieser Verbindungen.

1. α-Ketonsäuren R · CO · COOH .

a) Die α-Ketonsäuren sind in freiem Zustand ziemlich beständige, nahezu unzersetzt siedende Substanzen, die leicht verseifbare Ester liefern. Beim Erhitzen mit verdünnten Mineralsäuren auf 150° werden sie in Aldehyd und Kohlendioxyd gespalten [1]):

$$R · CO · COOH = R · COH + CO_2,$$

während sie beim Erhitzen mit konzentrierter Schwefelsäure (auf 80—130°) Kohlenoxyd abspalten und die um ein C-Atom ärmere Säure liefern [2]).

b) Ebenso verhalten sie sich bei der Perkinschen Reaktion wie Aldehyde, indem sie beim Erhitzen mit Natriumacetat und Essigsäureanhydrid in die um ein Kohlenstoffatom reichere $\alpha\beta$-ungesättigte Säure übergehen [3]):

$$R · COCOOH + CH_3COOH = CO_2 + H_2O + RCH = CHCOOH.$$

c) Die Semicarbazone der α-Ketonsäuren spalten schon in der Kälte bei der Oxydation mit Jodjodkalium in Sodalösung Kohlendioxyd ab und gehen in die Semicarbazide der um ein C-Atom ärmeren Säuren über [4]):

$$\text{z. B.: } C_6H_5CH_2C(COOH) : N · NHCONH_2 + O = C_6H_5CH_2CONHNHCONH_2 + CO_2 .$$

d) Mit Dimethylanilin und Chlorzink tritt infolge von Aldehydbildung Kondensation zu Leukobasen der Malachitgrünreihe ein [5]) [6]).

Erwärmt man z. B. Phenylglyoxylsäure mit Dimethylanilin und Chlorzink unter Zusatz von etwas Wasser, so entsteht Tetramethyldiaminotriphenylmethan, und analog wird aus Thienylglyoxylsäure Thiophengrün erhalten. Diese Reaktion (Bildung eines grünen Farbstoffs mit Chlorzink und Dimethylanilin) ist indessen auch vielen Anhydriden, Lactonen und Dicarbonsäuren mit orthoständigen Carboxylgruppen eigentümlich [7]).

Erwärmt man Phenylglyoxylsäure mit Phenol und Schwefelsäure auf 120°, so tritt unter Rotfärbung der Masse stürmische Kohlendioxydentwicklung ein. Durch Wasser wird aus der erkalteten Masse Benzaurin gefällt.

Ganz analog verhalten sich Brenztraubensäure und Isatin.

---

[1]) Beilstein und Wiegand, B. **17**, 841 (1884). — Auch abgesehen von den Reaktionen, bei denen die α-Ketonsäuren Aldehyd abspalten, verhalten sie sich den Aldehyden ähnlich, sowohl was ihre leichte Polymerisierbarkeit [Wolff, A. **305**, 154 (1899); **317**, 15 (1901)], Kondensationsfähigkeit mit aromatischen Kohlenwasserstoffen [Böttinger, B. **14**, 1595 (1881)] und Phenolen [Böttinger, B. **16**, 2071 (1883)] als auch was die Bildung von Schiffschen Basen [Simon, Bull. (3) **13**, 334 (1895)] anbelangt. — Siehe dazu Staudinger und Bereza, B. **42**, 4910 (1909).

[2]) z. B. Dimroth und Goldschmidt, A. **399**, 87 (1913).

[3]) Homolka, B. **18**, 987 (1885); **19**, 1089 (1886).

[4]) Bougault, C. r. **163**, 237 (1916). — Bull. (4) **21**, 180 (1917).

[5]) Homolka, B. **18**, 987 (1885); **19**, 1089 (1886).

[6]) Peter, B. **18**, 539 (1885).

[7]) Bamberger und Philip, B. **19**, 1998 (1886). — Hans Meyer, M. **18**, 401 (1897).

e) Gegen Thionylchlorid verhalten sich Brenztraubensäure und ihre aliphatischen Derivate (Di- und Tribrom- sowie Trimethylbrenztraubensäure) vollkommen indifferent, während Benzoylameisensäure in Benzoylchlorid und Phthalonsäure in Phthalsäureanhydrid verwandelt werden (Hans Meyer).

f) Mit Phenylmercaptan[1]) wie mit Mercaptanen überhaupt[2]) entstehen unter starker Erwärmung Additionsprodukte:

$$\begin{array}{c} C_6H_5S \\ HO \end{array}\!\!>\!\!C\!\!<\!\!\begin{array}{c} R \\ COOH \end{array},$$

die leicht zersetzlich sind und durch Einwirkung von trockner Salzsäure[3]) oder auch durch mehrstündiges Erhitzen in die gegen verdünnte Säuren und Alkalien sehr beständigen α - Dithiophenylpropionsäuren:

$$\begin{array}{c} C_6H_5S \\ C_6H_5S \end{array}\!\!>\!\!C\!\!<\!\!\begin{array}{c} R \\ COOH \end{array}$$

übergehen.

g) Wasserstoffsuperoxyd[4]) oxydiert nahezu quantitativ nach der Gleichung:

$$R \cdot CO \cdot COOH + H_2O_2 = R \cdot COOH + CO_2 + H_2O.$$

h) Die Lösung der aromatischen Säure oder des Esters in thiophenhaltigem Benzol gibt mit konzentrierter Schwefelsäure nach einigem Stehen dunkelrote Färbung[5]), die beim Verdünnen mit Wasser in die Benzolschicht übergeht.

2. β-Ketonsäuren $R \cdot CO \cdot CH_2COOH$.

a) Diese sind in freiem Zustand[6]) äußerst unbeständig, bilden aber sehr stabile Ester.

Die β-Ketonsäureester werden durch Säuren und Alkalien nach zwei verschiedenen Richtungen gespalten[7]):

1. Säurespaltung:

$$R \cdot CO \cdot CH_2COOCH_3 + 2\,KOH = R \cdot COOK + CH_3COOK + CH_3OH.$$

2. Ketonspaltung:

$$R \cdot CO \cdot CH_2 \cdot COOCH_3 + H_2O = R \cdot COCH_3 + CO_2 + CH_3OH.$$

Beide Reaktionen verlaufen gewöhnlich nebeneinander. Bei Verwendung von sehr verdünnter Kalilauge oder Barytwasser und beim Kochen mit Schwefelsäure oder Salzsäure (1 Teil Säure mit 2 Teilen Wasser) findet im wesentlichen Ketonspaltung statt, während durch sehr konzentrierte alkoholische Lauge hauptsächlich Säurespaltung bewirkt wird.

Über Ketonspaltung durch Wasser bei 200—250°: Meerwein, A. **398**, 242 (1913).

Oxalessigester und seine Homologen und übrigen Derivate sind noch einer dritten Spaltung, der Kohlenoxydspaltung, fähig[8]). Bei einer 200° noch nicht erreichenden Temperatur spalten diese Derivate Kohlenoxyd ab und gehen in Malonsäureester über:

---

[1]) Escales und Baumann, B. **19**, 1787 (1886).   [2]) Baumann, B. **18**, 262 (188).
[3]) Baumann, B. **18**, 883 (1885).   [4]) Holleman, Rec. **23**, 169 (1904).
[5]) Claisen, B. **12**, 1505 (1879). — Feyerabend, Diss. Kiel (1906), 42. — Wislicenus und Elvert, B. **41**, 4133 (1908).
[6]) Eine im Ring befindliche β - Ketongruppe scheint größere Stabilität des Carboxyls zu bedingen: Komppa, B. **44**, 1536 (1911). — Houben und Willfroth, B. **46**, 2287 (1913). — Aschan, A. **410**, 243 (1915).
[7]) Wislicenus, A. **190**, 257 (1877); **246**, 326 (1888).
[8]) Wislicenus, B. **27**, 792, 1091 (1894); **28**, 811 (1895); **31**, 194 (1898); **35**, 906 (1902). — A. **297**, 111 (1897).

$$\overset{\text{R}}{\underset{|}{\text{COOC}_2\text{H}_5 \cdot \text{COCHCOOC}_2\text{H}_5}} = \text{CO} + \overset{\text{R}}{\underset{|}{\text{COOC}_2\text{H}_5\text{CHCOOC}_2\text{H}_5}}.$$

Wenn auch das zweite Wasserstoffatom der Methylengruppe substituiert ist, bleibt die Reaktion aus.

In den meisten Fällen ist die CO-Abspaltung quantitativ, so daß man diese Reaktion zur Analyse der manchmal schwer zu reinigenden Ester verwerten kann. Die Substanz wird im Kohlendioxydstrom auf 200° erhitzt und ein Azotometer, mit Kalilauge beschickt, vorgelegt. Das Kohlenoxyd wird von ammoniakalischer Kupferchlorürlösung absorbiert und durch Erwärmen wieder aus letzterer entwickelt. Siehe S. 730.

Aus dem geschilderten Verhalten des Oxalessigesters geht hervor, daß man zu seiner Destillation ein derartiges Vakuum verwenden muß, daß der Siedepunkt stark unter 200° herabgedrückt wird.

b) Die β-Ketonsäureester sind in verdünnten Alkalien löslich und geben Metallverbindungen, unter denen die **Kupferverbindungen**:

$$\begin{array}{lcl}
\text{CH}_3\text{OOC}-\text{CO}-\text{CH}-\text{COOCH}_3 & & \text{CH}_3\text{OOC}-\text{C} = \text{CH}-\text{COOCH}_3 \\
\qquad\qquad\qquad | & & \qquad\qquad\qquad\quad\backslash \\
\qquad\qquad\quad \text{Cu} & & \qquad\qquad\qquad\qquad\text{O} \\
\qquad\qquad\qquad | & \text{oder} & \qquad\qquad\qquad\qquad\quad\backslash\text{Cu} \\
\text{CH}_3\text{OOC}-\text{CO}-\text{CH}-\text{COOCH}_3 & & \qquad\qquad\qquad\qquad\text{O} \\
& & \qquad\qquad\qquad\quad/ \\
& & \text{CH}_3\text{OOC}-\text{C} = \text{CH}-\text{COOH}_3
\end{array}$$

die wichtigsten sind.

Diese Kupfersalze pflegen aus organischen Lösungsmitteln (Benzol usw.) gut zu krystallisieren. Über Analyse derselben siehe S. 341.

c) Über die Reaktionen der Methylengruppe der β-Ketonsäuren siehe S. 848 ff.

d) **Mit Phenylmercaptan entstehen[1] keine Additionsprodukte.**

Mischt man einen β-Ketonsäureester mit 2 Molekülen Phenylmercaptan und leitet trockne Salzsäure ein, so entsteht unter Wasseraustritt ein β-**Dithiophenylbuttersäureester**, der gegen Säuren beständig ist, von Alkalien aber leicht unter Abspaltung eines Mercaptanmoleküls zerlegt wird.

e) Über die **Pyrazolinreaktion** siehe S. 860.

3. γ-Ketonsäuren $\text{R} \cdot \text{CO} \cdot \text{CH}_2\text{CH}_2\text{COOH}$.

a) Die γ-Ketonsäuren sind im freien Zustand beständig und unzersetzt destillierbar. Ihre Ester sind in Wasser löslich. Längere Zeit zum Sieden erhitzt gehen sie unter Wasserabspaltung in ungesättigte Lactone über[2]:

$$\text{CH}_3 \cdot \text{COCH}_2\text{CH}_2\text{COOH} = \text{CH}_2 : \text{COHCH}_2\text{CH}_2\text{COOH} = \text{H}_2\text{O} + \underset{\underset{\text{O}\underline{\qquad\qquad}\text{CO}}{|\qquad\qquad|}}{\text{CH}_2 : \text{C} \cdot \text{CH}_2 \cdot \text{CH}_2}$$

und:

$$\text{CH}_3 \cdot \text{COCH}_2\text{CH}_2\text{COOH} = \text{CH}_3\text{COH} : \text{CHCH}_2\text{COOH} = \text{H}_2\text{O} + \underset{\underset{\text{O}\underline{\qquad\qquad}\text{CO}}{|\qquad\qquad|}}{\text{CH}_3 \cdot \text{C} : \text{CH} \cdot \text{CH}_2}$$

[1] Escales und Baumann, B. **19**, 1787 (1886). — Bongartz, Diss. Erlangen (1887). — B. **21**, 478 (1888).

[2] Wolff, A. **229**, 249 (1885). — Thorne, B. **18**, 2263 (1885). — Bischoff, B. **23**, 621 (1890). — Die gleiche Reaktion erfolgt durch Essigsäureanhydrid und konzentrierte Schwefelsäure: Thiele, A. **319**, 205 (1901).

b) **Durch Essigsäureanhydrid** werden die γ-Ketonsäuren in gut krystallisierende Acetylderivate übergeführt, denen wahrscheinlich die Konstitution:

$$CH_3COO \quad CH_2{-}CH_2$$

von Oxylactonderivaten zukommt[1]).

Mit Essigsäureanhydrid und konz. Schwefelsäure bilden sich $\beta\gamma$-ungesättigte Lactone[2]).

Mit **Acetylchlorid** entstehen die Chloride:

c) Gegen **Phenylmercaptan** verhalten sie sich ähnlich wie die β-Ketonsäuren; die Mercaptolverbindungen sind indessen gegen Alkalien beständig, während sie durch Säuren in ihre Komponenten gespalten werden können[3]).

d) Über die **Pyrrolreaktion** siehe S. 861.

e) Mit **Essigsäureanhydrid** und **aromatischen Aldehyden** reagieren sie[4]) (am besten als Na-Salze) nach der Gleichung:

mit **Phthalsäureanhydrid**[5]) nach dem Schema:

in der Enolform.

4. Über δ-Ketonsäuren

siehe **Guareschi**, Atti Accad. di Torino **41**, 1315 (1906).

5. Aromatische o-Ketonsäuren:

a) Die aromatischen o-Ketonsäuren verhalten sich wie ungesättigte γ-Ketonsäuren, indem sie vielfach als Oxylactone reagieren. So liefern sie mit Säureanhydriden Acylderivate, denen die Formel:

zugeschrieben wird[6]).

---

[1]) **Bredt**, A. **236**, 225 (1886); **256**, 314 (1890). — **Authenrieth**, B. **20**, 3191 (1887). — **Magnanini**, B. **21**, 1523 (1888).

[2]) **Thiele**, A. **319**, 205 (1901). — Siehe übrigens **Engelberg**, Diss. Berlin (1914), 23.

[3]) **Escales** und **Baumann**, B. **19**, 1796 (1886).

[4]) **Borsche**, B. **47**, 1108 (1914).   [5]) **Borsche**, B. **47**, 2709 (1914).

[6]) **Guyot**, Bull. (2) **17**, 939 (1872). — **Pechmann**, B. **14**, 1865 (1881). — **Gabriel**, B. **14**, 921 (1881); **29**, 1437 (1896). — **Anschütz**, A. **254**, 152 (1889). — **Haller** und **Guyot**, C. r. **119**, 139 (1894). — **Hans Meyer**, M. **20**, 346 (1899).

b) Mit der Oxylactonformel steht in Übereinstimmung, daß sie sich, wenn überhaupt, nur in alkalischer Lösung oximieren lassen[1].

An Stelle der Oxime werden Oximanhydride[2], an Stelle der Hydrazone[3] Phenyllactazame:

$$\text{C}\underset{\text{CO}}{\overset{\nearrow \text{R}}{\underset{}{\diagdown \text{N}}}}\text{NC}_6\text{H}_5$$

erhalten.

Die Fluorenonmethylsäure (1):

$$\text{CO} \quad \text{COOH}$$

bildet indes[4] ein normales Oxim und Hydrazon, und zwar ersteres auch in saurer Lösung. Offenbar ist hierfür sterische Behinderung der Ringbildung ausschlaggebend.

c) Über Esterbildung mittels Thionylchlorid siehe S. 750.

Sechster Abschnitt.

Reaktionen der Zuckerarten und Kohlenhydrate.

1. Allgemeine Reaktionen.

a) Verhalten gegen polarisiertes Licht.

E. Fischer, B. **23**, 371 (1890).
Brown, Morris und Millar, Soc. **71**, 84 (1897).
Landolt, Opt. Drehvermögen, 2. Aufl. 229ff. (1898).
Lowry, Soc. **75**, 212 (1899).

b) Verhalten gegen verdünnte Säuren[5].

Bei andauerndem Kochen mit verdünnter Schwefel- oder Salzsäure (1.1) werden die Zuckerarten und Kohlenhydrate (mit Ausnahme von Inosit, Isosaccharin, Methylenitan und Carminzucker) unter Bildung von Lävulinsäure zersetzt. Dieser Zersetzung geht bei Polyosen eine Hydrolyse zu Monosen voran.

In der Thymonucleinsäure kann der Kohlenhydratrest nur durch Überführen in Lävulinsäure und durch die Farbenreaktion mit Orcin nachgewiesen werden[6].

Die Prüfung auf Lävulinsäure hat nach Wehmer und Tollens[7] folgendermaßen zu erfolgen.

---

[1] Thorp, B. **26**, 1261 (1893). — Hantzsch und Miolatti, Z. phys. **11**, 747 (1893). — Hans Meyer, M. **20**, 353 (1899).

[2] Hantzsch und Miolatti, Z. phys. **11**, 747 (1893). — Thorp, B. **26**, 1795 (1893).

[3] Roser, B. **18**, 802 (1885).   [4] Goldschmiedt, M. **23**, 890 (1902).

[5] Wehmer und Tollens, A. **243**, 333 (1888). — Berthelot und André, A. chim. phys. (7) **11**, 150 (1897). Siehe auch S. 875.   [6] Levene und Mandel, B. **41**, 1906 (1908).   [7] A. **243**, 314 (1888).

Die Substanz wird mit der 3—4fachen Menge 20proz. Salzsäure (1.1) 20 Stunden am Rückflußkühler im Wasserbad erhitzt (Kauschukstopfen!) und das Filtrat von Huminsubstanzen mit dem gleichen Volum Äther ausgeschüttelt. Der Äther wird durch ein trocknes Filter gegossen und abgedampft, der Rückstand $^1/_2$—1 Stunde bei mäßiger Wärme stehengelassen, so daß er nicht mehr stark sauer riecht und in einer Probe die Jodoformreaktion[1]) gemacht.

Beim positiven Ausfall der letzteren löst man die Hauptmenge in Wasser, filtriert und digeriert einige Stunden in mäßiger Wärme mit etwas überschüssigem Zinkoxyd.

Man filtriert, schüttelt das Filtrat mit Tierkohle und dampft ab, wobei das Zinksalz der Lävulinsäure auskrystallisiert. Es wird mit etwas Ätheralkohol zerrieben, abgepreßt und in konzentrierter wäßriger Lösung mit Silbernitrat umgesetzt. Das lävulinsaure Silber wird aus Wasser und etwas Ammoniak unter Tierkohlezusatz umkrystallisiert. Man filtriert, preßt ab und trocknet über Schwefelsäure. Das Salz enthält 48.4% Silber.

c) Verhalten gegen konzentrierte Salpetersäure.

Bildung von Salpetersäureestern beim Behandeln der Zucker mit Nitriersäure bei 0°:

Will und Lenze, B. **31**, 68 (1898).

Im allgemeinen werden beim Übergießen von 1 Teil Zucker mit 4 Teilen roher Salpetersäure[2]) entweder Zuckersäure oder Schleimsäure gebildet. Im ersteren Fall bleibt die Flüssigkeit klar, während die schwerlösliche, bei 216° schmelzende Schleimsäure sich als sandiges Pulver abscheidet. Auf jeden Fall impfe man mit einer Spur Schleimsäure[3]). Es geben:

Schleimsäure:

Milchzucker	Dulcit	Gummi arabicum
r- und l-Galaktose	Melitose	Pflanzenschleim
Rhamnohexonsäure	Querzit	α-Galakturonsäure

Zuckersäure:

Milchzucker	Glucuronsäure	Dextrin
Rohrzucker	Raffinose	Stärke
Glucose	Trehalose	Cellulose

Milchzucker liefert beide Säuren.

Zur quantitativen Bestimmung der Schleimsäure[4]) dampft man 5 g Zucker mit 60 ccm Salpetersäure (1.15) auf dem Wasserbad auf ein Drittel des Volums ein, rührt den Rückstand mit 10 ccm Wasser an, läßt 24 Stunden stehen, filtriert auf ein gewogenes Filter und wäscht mit 25 ccm Wasser nach.

Die Zuckersäure[5]) wird als saures zuckersaures Kalium[6]) oder als neu-

---

[1]) Siehe S. 474.
[2]) Kent, Diss. Göttingen (1884), 20. — Tollens, A. **227**, 221 (1886); **232**, 186 (1886). — Gans, Diss. Göttingen (1888). — Gans, Stone und Tollens, B. **21**, 2148 (1888). — Sohst, Gans und Tollens, A. **245**, 1 (1888); **249**, 215 (1889). — Tollens, Kurzes Handbuch der Kohlenhydrate **2**, 52. — Votoček, Z. Zuck. Böhm. **24**, 248 (1901). — Tollens, B. **39**, 2192 (1906). — v. d. Haar, Monosaccharide usw. (1920), 100, 103.
[3]) Winterstein und Hiestand, Z. physiol. **54**, 290 (1908).
[4]) Meigen und Spreng, Z. physiol. **55**, 66 (1908). — Siehe auch Jolles, M. **32**, 628 (1911).   [5]) Siehe auch v. d. Haar, Monosaccharide usw. (1920), 100.
[6]) Kiliani bestimmt das Kalium im sauren zuckersauren Salz als K_2PtCl_6. Arch. **254**, 295 (1916).

trales Silbersalz gewogen. Das Silbersalz enthält 50.9% Silber[1]). Es muß über Schwefelsäure im Dunkeln getrocknet werden.

d) Verhalten gegen wasserfreie Salzsäure.

Willstätter und Zechmeister, B. **46**, 2401 (1913).

e) Verhalten gegen Fehlingsche Lösung.

Eine große Anzahl von Zuckerarten vermag Fehlingsche Lösung unter Abscheidung von Kupferoxydul zu reduzieren, und man kann die Monosaccharide auf Grund konventioneller Bestimmungsmethoden mit Zuhilfenahme dieser Reaktion annähernd quantitativ bestimmen.

Nähere Angaben über diese Reaktion siehe Vaubel, Quantitative Bestimmung organischer Verbindungen, **2**, 422ff. (1902) und Lippmann, Chemie der Zuckerarten, 2. Aufl. 583 (1904). — Willcke, Diss., München (1900). — Munson und Walker, Am. soc. **28**, 663 (1906). — Kinoshita, Bioch. **9**, 208 (1908). — Walker, Am. soc. **29**, 541 (1907). — Zerban und Naquin, Am. soc. **30**, 1456 (1908). — Peters, Am. soc. **34**, 928 (1912) usf.

Van der Haar empfiehlt[2]) zur quantitativen Bestimmung von l-Arabinose, d-Fructose, d-Galaktose, d-Glucose, d-Mannose, Rhamnose und Xylose die Methode von Schoorl[3]).

Falls das Saccharid gebunden (als Glucosid usw.) vorliegt, muß es zunächst in Freiheit gesetzt werden.

Je nach den Umständen wird mit 1—5 proz. wäßriger oder alkoholischer Schwefelsäure, wenn nötig im Autoklaven bei 130—150° hydrolysiert oder eine enzymatische Spaltung[4]) vorgenommen.

Die filtrierte Flüssigkeit wird mit etwas überschüssigem Bariumcarbonat zur Trockne gedampft, mit 90 proz. Alkohol erschöpft, filtriert und das Filtrat zum Sirup eingedampft.

Zur Analyse werden höchstens 90 mg verwendet. 10 ccm Kupfersulfatlösung[5]) und 10 ccm Seignettesalzlösung[6]) werden in einen 300-ccm-Erlenmeyerkolben pipettiert, das Saccharid zugefügt und mit Wasser auf 50 ccm aufgefüllt. Auf einem Drahtnetz, das ein Stück Asbestpapier mit kreisförmigem Ausschnitt (d = 6 cm) trägt, wird in 3 Minuten zum Sieden erhitzt und genau 2 Minuten gekocht. Dann mit kaltem Wasser rasch auf 25° abgekühlt, 3 g Jodkalium in 10 ccm Wasser und hierauf 10 ccm 25 proz. Schwefelsäure zugegeben, gemischt und sofort mit $n/10$-Thiosulfat bis zur schwach braungelben Färbung titriert, Stärke zugesetzt und unter ruhigem Umschwenken nicht zu schnell zu Ende (Rahmfarbe) titriert. Die Bestimmung wird in duplo ausgeführt und eine blinde Probe gemacht.

Zur Titerstellung des Thiosulfates wird reines Kaliumbromat[7]) benutzt; man nimmt 25 ccm $n/10$-Bromat mit 5 ccm 20 proz. Jodkalium und 5 ccm $n/10$-Schwefelsäure versetzt.

---

[1]) Siehe auch Fernau, Z. physiol. **60**, 284 (1909).
[2]) Monosaccharide usw. (1920), 120.
[3]) Nederl. Pharm. **11**, 209 (1899). — Ch. W. **12**, 481 (1915). — Ch. Jaarboekje **1915** bis **1916**, 124.   [4]) S. 884.   [5]) 69.28 g im Liter.
[6]) 364 g Salz $+$ 100 g Ätznatron im Liter.   [7]) 27.852 g im Liter.

Tabelle nach Schoorl.

Anzahl ccm $n/10$ Thiosulfat	mg Glucose $C_6H_{12}O_6$	mg Fructose $C_6H_{12}O_6$	mg Galaktose $C_6H_{12}O_6$	mg Mannose $C_6H_{12}O_6$	mg Arabinose $C_5H_{10}O_5$	mg Xylose $C_5H_{10}O_5$	mg Rhamnose $C_6H_{12}O_5$
1	3.2	3.2	3.3	3.1	3.0	3.1	3.2
2	6.3	6.4	7.0	6.3	6.0	6.3	6.5
3	9.4	9.7	10.4	9.5	9.2	9.5	9.9
4	12.6	13.0	14.0	12.8	12.3	12.8	13.3
5	15.9	16.4	17.5	16.1	15.5	16.1	16.8
6	19.2	20.0	21.1	19.4	18.6	19.4	20.2
7	22.4	23.7	24.7	22.8	21.9	22.8	23.7
8	25.6	27.4	28.3	26.2	25.2	26.2	27.2
9	28.9	31.1	32.0	29.6	28.6	29.6	30.8
10	32.3	34.9	35.7	33.0	32.0	33.0	34.4
11	35.7	38.7	39.4	36.5	35.4	36.5	38.0
12	39.0	42.4	43.1	40.0	38.8	40.0	41.6
13	42.4	46.2	46.8	43.5	42.2	43.5	45.2
14	45.8	50.0	50.5	47.0	45.6	47.0	48.8
15	49.3	53.7	54.3	50.6	49.0	50.6	52.4
16	52.8	57.5	58.1	54.2	52.4	54.2	56.0
17	56.3	61.2	61.9	57.9	55.8	57.9	59.8
18	59.8	65.0	65.7	62.6	59.3	62.6	63.5
19	63.3	68.7	69.6	65.3	62.9	65.3	67.3
20	66.9	72.4	73.4	69.2	66.5	69.2	71.0
21	70.7	76.2	77.2	73.1	70.2	73.1	74.8
22	74.5	80.1	81.2	77.0	74.0	77.0	78.6
23	78.5	84.0	85.1	81.0	77.9	81.0	82.4
24	82.6	87.8	89.0	85.0	81.8	85.0	86.2
25	86.6	91.7	93.0	89.0	85.7	89.0	90.0
26	90.7						
27	94.8						

f) Reaktionen der Aldehyd-(Keton-)Gruppe in den Zuckerarten.

α) **Verhalten gegen Phenylhydrazin**[1]).

Das Hauptsächlichste über Hydrazon- und Osazonbildung ist schon S. 784ff. gesagt worden.

Der Hauptwert der Osazone liegt in ihrer Schwerlöslichkeit, welche die Isolierung des Zuckers aus komplexen Gemischen möglich macht[2]).

Zur Darstellung der Osazone in kleinstem Maßstab mischt de Graaff[3]) einen Tropfen Phenylhydrazin mit zwei Tropfen Eisessig und einigen Milligrammen Zucker und kocht 2 Minuten. Man fällt durch tropfenweisen Zusatz von Wasser und beobachtet unter dem Mikroskop.

Um die Osazone wieder in Zuckerarten zurückzuverwandeln, führt man die Derivate der Monosaccharide durch ganz kurzes, gelindes Erwärmen mit rauchender Salzsäure in Osone[4]) — hydroxylierte Ketoaldehyde — über:

---

[1]) E. Fischer, B. **17**, 579 (1884); **20**, 833 (1887). — Laves, Arch. **231**, 366 (1893). — Jaffé, Z. physiol. **22**, 532 (1896). — Lintner und Kröber, Z. ges. Brauwesen **18**, 153 (1896). — Neumann, Arch. Anat. Phys. Physiol. Abt. Suppl. **1899**, 549. — Bourquelot und Hérissey, C. r. **129**, 339 (1899). — Neuberg, Z. physiol. **29**, 274 (1900). — Salkowski, Arb. a. d. Pathol. Inst. Berlin 1906. — Hofmann und Behrend, A. **366**, 277 (1909). — Reclaire, B. **41**, 3605 (1908); **42**, 1424 (1909).

[2]) Über den Identifizierungswert der Osazone siehe auch v. d. Haar, Monosaccharide usw. (1920), 209. [3]) Ph. W. **2**, 346 (1905).

[4]) E. Fischer, B. **21**, 2631 (1888); **22**, 87 (1889); B. **23**, 2119 (1890).

$$\ldots \overset{\displaystyle C}{\underset{\displaystyle \substack{\| \\ N \\ | \\ NHC_6H_5}}{}}\!\!\!\!\!\!\!\!-\!\!-\!\!-\!\!-\!\!-\!\!\overset{\displaystyle CH}{\underset{\displaystyle \substack{\| \\ N \\ | \\ N\,HC_6H_5}}{}} \quad + 2\,HCl + 2\,H_2O$$

$$= \ldots \overset{\displaystyle C\!-\!CH}{\underset{\displaystyle \substack{\| \;\; \| \\ O \;\; O}}{}} \quad + 2\,C_6H_5NH.NH_2 \cdot HCl\;.$$

(Oson)

Die Osone können als Bleiverbindungen isoliert werden und liefern bei der
Reduktion mit Zinkstaub und Essigsäure Ketosen, die also auch dann erhalten werden, wenn der ursprüngliche Zucker eine Aldose war.

Mit den aromatischen Orthodiaminen vereinigen sich die Osone zu schön
krystallisierenden Chinoxalinderivaten[1]).

Die Osazone der Disaccharide werden weit besser mit Benzaldehyd
gespalten[2]), der sich ja auch zur Spaltung der Hydrazone[3]) besonders bewährt hat.

Beispielsweise wird 1 Teil Phenylmaltosazon in 80—100 Teilen kochendem
Wasser gelöst und mit 0.8 Teilen reinem Benzaldehyd versetzt, wobei man durch
kräftiges Schütteln, bei größeren Substanzmengen durch einen Rührer, für
Emulsionierung sorgt. Je nach dem Grad der Verteilung dauert die Operation
bei Quantitäten bis zu 20 g Osazon 20—30 Minuten. Nach dem Erkalten wird
das Benzaldehydphenylhydrazon, dessen Menge nahezu der Theorie entspricht,
abfiltriert und die Mutterlauge zur Entfernung des Benzaldehyds mehrmals
ausgeäthert, mit Tierkohle entfärbt und im Vakuum zur Sirupdicke eingedampft.

Die Methode ist auch bei in Wasser oder wäßrigem Alkohol löslichen Osazonen von Monosen (Arabinose, Xylose usw.) anwendbar.

Umwandlung der Osazone in Osamine und Überführung der
letzteren in Ketone:

E Fischer, B. **19**, 1920 (1886); **23**, 2120 (1890).

E. Fischer und Tafel, B. **20**, 2566 (1887).

Maquenne[4]) hat zur Charakterisierung der wichtigsten Zuckerarten vorgeschlagen, die Osazonbildung unter ganz bestimmten Bedingungen vorzunehmmen. Man erhält alsdann — wenn man 1 g Zucker eine Stunde mit 100 ccm
Wasser und 5 ccm einer Lösung, die 40 g Phenylhydrazin und 40 g Eisessig
in 100 ccm enthält, auf 100° erhitzt — an bei 110° getrocknetem Osazon:

			Bemerkungen:
Aus	Sorbose	0.82 g	Nach 12 Minuten Trübung.
„	Lävulose	0.70 „	Niederschlag nach 5 Minuten.
„	Xylose	0.40 „	„ „ 13 „
„	Glucose (wasserfrei)	0.30 „	„ „ 8 „
„	Arabinose	0.27 „	Trübung „ 30 „
„	Galaktose	0.23 „	Niederschlag „ 30 „
„	Rhamnose	0.15 „	„ „ 25 „
„	Lactose	0.11 „	Fällt erst nach dem Erkalten.
„	Maltose	0.11 „	„ „ „ „ „ „

Zur Untersuchung der Polysaccharide vergleicht man das Gewicht der
Osazone, die aus den Spaltungsprodukten der Polyose resultieren, mit dem
Gewicht der Osazone aus den Monosen. So liefert z. B. 1 g Saccharose nach

---

[1]) E. Fischer, B. **23**, 2121 (1890). — Siehe S. 856.
[2]) E. Fischer und Armstrong, B. **35**, 3141 (1902).
[3]) Herzfeld, B. **28**, 442 (1895). — E. Fischer, A. **288**, 144 (1895). — Siehe S. 490.
[4]) C. r. **112**, 799 (1891).

der Inversion 0.71g und andererseits ein Gemisch der entsprechenden Mengen (0.526 g) Glucose und Lävulose 0.73 g Osazone.

Über die Osazonreaktion von Pechmann siehe S. 857.

Bromphenylosazone von Pentosen: Rewald B. **42**, 3135 (1909).

β) Die Ketohexosen geben mit Bromwasserstoffgas in trocknem Äther innerhalb höchstens einer Stunde intensive Purpurfärbung, die von der Bildung von ω-Brommethyl-Furol herrührt.

Aldohexosen geben erst bei längerem Stehen eine (weit weniger intensive) Rotfärbung [1]).

γ) Brom oxydiert Aldosen in kurzer Zeit zu Oxysäuren, die das intakte Kohlenstoffskelett der Substanz besitzen. Ketosen werden sehr viel langsamer und dann unter völliger Zertrümmerung des Moleküls angegriffen [Kiliani[2])].

Beispielsweise wird eine Lösung von 1 Teil Zucker aus m-Saccharinsäure in 5 Teilen Wasser mit 2 Teilen Brom versetzt und andauernd umgeschwenkt. In 16—20 Minuten ist das flüssige Brom verschwunden, wobei fühlbare Erwärmung auftritt.

Nach Beseitigung des Broms durch Silbercarbonat — besser als durch Silberoxyd, weil durch das entweichende Kohlendioxyd die Austreibung des Broms ohne Erwärmen wesentlich befördert wird — wird die filtrierte Lösung zum Sirup verdampft, evtl. wieder Bromwasserstoff als Bromsilber beseitigt und 1 Teil absoluten Alkohols und 0.8 Teile Phenylhydrazin zugefügt. Nach 36 Stunden wird die massenhaft abgeschiedene Krystallisation abgesaugt und gereinigt. Die Krystalle erweisen sich als Pentantriolsäure-phenylhydrazid. — Auch sonst [z. B. Digitoxonsäure[3])] sind die Phenylhydrazide zur Charakterisierung der so entstehenden Säuren sehr geeignet.

Über die Einwirkung von Brom auf Aldosen und Ketosen siehe auch Berg, Bull. (3) **31**, 1216 (1904). — Kiliani, Arch. **234**, 451 (1896); **252**, 30 (1914).

Nach Nef[4]) läßt sich ein Gemisch von Aldosen und Ketosen scharf durch siebentägiges Stehenlassen in kalter, 12proz. wäßriger Lösung mit Brom trennen; die Aldosen werden hierbei, in Form von Methylenenolen, bis zu 85% glatt zu den Aldonsäuren oxydiert, die dann weiter, mittels Alkaloiden usw. voneinander getrennt werden können. Die Ketosen werden höchstens spurenweise angegriffen Eine zweite Behandlung mit Brom entfernt den Rest der Aldosen.

δ) Nach Kiliani[5]) werden die meisten Aldosen (sowie die zugehörigen Oxysäuren) von verdünnter Salpetersäure bei gewöhnlicher Temperatur zu Aldonsäuren oxydiert, die Ketone dagegen nicht angegriffen.

Demnach kann man in einem Gemenge von Aldosen und Ketosen die ersteren mittels 32proz. Salpetersäure (1.2) bei gewöhnlicher Temperatur zu einer Säure oxydieren, diese als Bariumsalz durch Alkohol abscheiden und aus der alkoholischen Lösung die unverändert gebliebene Ketose gewinnen.

Wesentlich ist, daß während der ganzen Operationsdauer die Zimmertemperatur unverändert beibehalten wird. Dies läßt sich leicht erreichen durch

---

[1]) Fenton und Gostling, Soc. **73**, 556 (1898); **75**, 423 (1899).
[2]) A. **205**, 180 (1880). — B. **17**, 1298 (1884); **19**, 3029 (1886). — Will und Peters, B. **21**, 1813 (1888). — Rayman, B. **21**, 2048 (1888). — Kiliani, B. **38**, 4041 (1905); **41**, 122 (1908). — Kiliani und Schnelle, A. **271**, 74 (1892). — E. Fischer und Hirschberger, B. **23**, 370 (1890). — E. Fischer und Meyer, B. **22**, 361, 1941 (1889). — Bertrand, C. r. **149**, 225 (1909). — Votoček und Němeček, Z. Zuck. Böhm. **34**, 237, 399 (1910). — Kiliani, B. **55**, 81 (1922).
[3]) Kiliani, B. **41**, 656 (1908). — Siehe auch Kiliani, Arch. **254**, 291 (1916).
[4]) A. **403**, 209 (1914).   [5]) B. **54**, 456 (1921); **55**, 75 (1922).

Einstellen der Gefäße in ein genügend großes Volumen Wasser von gewöhnlicher Temperatur. In den Kolbenhals gibt man Glaswolle, zum Luftabschluß.

Beispiele:

1. l-Arabinose: 35.6 g Zucker + 0.75 Vol.-Tle.[1]) Salpetersäure (1.2) in konischem Kolben, dieser in 300 ccm Kühlwasser. Reaktion nach 48 Std. anscheinend beendigt. Nach insgesamt 4 Tagen mit 4 × 35.6 ccm Wasser verdünnt, nach annähernder Neutralisation mit Calciumcarbonat noch $^1/_2$ Std. gekocht, die heiß filtrierte Lösung verdampft bis 3 × 35.6 = ca. 105 g; Impfung mit l-arabonsaurem Calcium reagiert sofort, Ausbeute an abgesaugtem, mit 30—50 —95 proz. Alkohol gewaschenem krystallisiertem und rein weißem lufttrocknem Salz 37.2% der Theorie.

Die Mutterlauge lieferte durch Fällung mit Alkohol noch weitere 22% des gleichen Calciumsalzes (durch einmaliges Umkrystallisieren leicht zu reinigen).

2. l-Xylose: 1.578 g Zucker + 0.75 Vol.-Tle. Salpetersäure (1.2 = 32%) im Kolben (mit Kühlwasser), nach 5 Tagen Probe auf Oxalsäure negativ, mit Wasser verdünnt, gekocht mit Cadmiumcarbonat, filtrierte Lösung + 1 Mol. Bromcadmium auf je 2 Mol. Xylose, etwas verdampft, dann zur freiwilligen Verdunstung, die hierbei entstandene Krystallkruste abgesaugt, mit wenig Wasser gewaschen, lufttrocken etwas über 1 g.

3. Rhamnose (schwerer angreifbar!): 10.06 g feinstzerriebener Zucker + 0.6 Vol.-Tle. 40 proz. Salpetersäure (1.25) im Kolben, Kühlwasser 150 ccm, nach 16 Std. noch keine Reaktion, sie beginnt aber bald nach Zusatz von 1 ccm rauchender Säure (1.54). Nach 10 Tagen verdünnt auf 150 ccm, mit Calciumcarbonat gekocht, ziemlich weit verdampft; das organische Calciumsalz, durch Alkohol gefällt, mit letzterem gewaschen, erwies sich als nicht krystallisierbar.

Zerlegung desselben durch Oxalsäure, Verdampfen der Säurelösung zum Sirup und Impfung mit Rhamnonsäurelacton führte aber zu guter Ausbeute an letzterem.

4. d-Galaktose (ebenfalls nicht rasch reagierend und namentlich im Vergleich mit Arabinose usw. schwer löslich!): 5.456 g Zucker + 2 Vol.-Tle. Salpetersäure (1.2) im Kolben mit 120 ccm Kühlwasser, nach 32 Std. noch keine Reaktion und unvollständige Auflösung trotz zeitweisen Umrührens; dann Kühlwasser entfernt, jetzt plötzlich über Nacht klare Lösung und NO_2 sichtbar, bei zufälligem Stehenlassen (14 Tage) allmählich Kruste von Schleimsäure, diese abgetrennt, mit Wasser gewaschen, exsiccatortrocken 0.5152 g oder 8.1% der Theorie, Smp. 205°.

Die Mutterlauge der Schleimsäure mit Calciumcarbonat gekocht, filtriert, entsprechend konzentriert, mit 50% Alkohol vermischt; der Niederschlag, mit Alkohol gewaschen und getrocknet, ist im kalten Wasser schwer, in heißem leicht löslich, die konz. Lösung reagiert sofort auf Impfung mit d-galaktonsaurem Calcium: reichliche Krystallisation.

Mit d-Glucose verlief die Reaktion abnormal (Bildung von Glucuronsäure?).

ε) Reaktion von Seliwanoff[2]).

---

[1]) D. h. auf 35.6 g Zucker wurden 35.6 × 0.75 ccm Säuren verwendet und analog in allen anderen Fällen.

[2]) B. **20**, 181 (1887). — Tollens, Landw. V.-St. **39**, 421 (1891). — Conrady, Apoth.-Ztg. **9**, 984 (1894). — Lobry de Bruyn und van Ekenstein, Rec. **14**, 205 (1895). — Miura, Z. Biol. **32**, 262 (1895). — Neuberg, Z. physiol. **31**, 565 (1901); **36**, 228 (1902). — Rosin, Z. physiol. **38**, 555 (1903). — R. und O. Adler, Pflüg. **106**, 323 (1905). — Schoorl und van Kalmthout, B. **39**, 283 (1905). — Pinoff, B. **38**, 3308 (1905). — Borchardt, Z. physiol. **55**, 241 (1908). — Malfatti, Z. physiol. **58**, 544 (1909). —

Ketosen und Zuckerarten, die Ketosen abzuspalten vermögen, geben beim Erwärmen mit der halben Gewichtsmenge Resorcin, etwas Wasser und konzentrierter Salzsäure tiefrote Färbung; weiter Fällung eines braunroten Farbstoffs, der sich in Alkohol wieder mit tiefroter Farbe löst.

Zur Ausführung der Reaktion löst man nach Ofner[1]) eine kleine Menge der Substanz mit wenig Resorcin in 3—4 ccm 12 proz. Salzsäure und kocht nicht länger als 20 Sekunden. Bei Gegenwart von Ketose tritt sofort tiefrote Färbung und starke Trübung ein.

Wenn man länger erhitzt oder die Konzentration der Salzsäure überschreitet, stellt sich auch bei Aldosen die Reaktion in intensiver Weise ein.

Weehuizen[2]) hat die Reaktion sehr verbessert, indem er folgendermaßen verfährt: Der krystalline Zucker oder die zum Sirup eingedampfte Lösung wird mit bei 0° gesättigter absolut alkoholischer Salzsäure (3—4 ccm) und 50 mg Resorcin versetzt. Bei Anwesenheit von Ketosen tritt bei Zimmertemperatur binnen 3 Minuten kirschrote Färbung auf.

ζ) Reaktion von Molisch[3]).

Wird eine Zucker-, Kohlenhydrat- oder Glucosidlösung ($^1/_2$—1 ccm) mit 2 Tropfen alkoholischer, 15—20 proz. α-Naphthollösung versetzt und hierauf konzentrierte Schwefelsäure im Überschuß zugefügt, so entsteht beim Schütteln entweder sofort oder (bei Polyosen) nach kurzem Erwärmen tiefviolette Färbung[4]), beim nachherigen Zufügen von Wasser ein blauvioletter Niederschlag, der sich in Alkalien, Alkohol und Äther mit gelber Farbe auflöst. Es ist zu beachten, daß manche Substanzen (Eugenol, Anethol, Wintergreenöl) mit Schwefelsäure allein ähnliche Färbung zeigen.

Verwendet man an Stelle von α-Naphthol Thymol, so entsteht zinnoberrubin-carminrote Färbung und bei darauffolgender Verdünnung mit Wasser ein carminroter, flockiger Niederschlag.

Neitzel[5]) empfiehlt, an Stelle des α-Naphthols Campher zu verwenden, der den Vorteil hat, gegen kleine Nitritmengen unempfindlich zu sein. Leuken[6]) hat an Stelle von Thymol mit Vorteil Menthol verwendet.

Neuberg[7]) hat die Vorschrift von Molisch für die Untersuchung von Monosacchariden und Biosen etwas modifiziert.

$^1/_2$ ccm der verdünnten wäßrigen Kohlenhydratlösung wird mit einem Tropfen kalt gesättigter alkoholischer α-Naphthollösung versetzt und vorsichtig mit 1 ccm konzentrierter Schwefelsäure unterschichtet; an der Berührungstelle tritt alsbald ein violetter Ring auf. Sind Spuren von salpetriger Säure zugegen, so entsteht gleichzeitig ein hellgrüner Saum. Mischt man die Schichten durch Schütteln unter Kühlung, so nimmt die Flüssigkeit roten bis blauvioletten Farbenton an und zeigt vor dem Spektroskop Totalabsorption des blauen und violetten Teils sowie einen schmalen Streifen zwischen den Fraunhoferschen Linien D und E, der sehr bald verschwindet.

Zu mikrochemischen Untersuchungen, speziell zur Unterscheidung von in Pflanzenteilen fertig gebildetem Zucker von anderen Kohlenhydraten,

Pieraerts, Bull. Ass. Chim. Sucr. et Dist. 26, 560 (1909). — Bull. (4) 5, 248 (1909). — van Ekenstein und Blanksma, Ch. W. 6, 217 (1909). — Koenigsfeld, Bioch. 38, 310 (1912). — Jolles, Bioch. 41, 331 (1912). — Middendorp, Diss. Leiden (1917). — v. d. Haar, Monosaccharide usw. (1920), 95.   [1]) M. 25, 614 (1904).
[2]) Ph. W. 55, 77, 831 (1918). — v. d. Haar, Monosaccharide usw. (1920), 96.
[3]) M. 7, 198 (1886). — Udránsky, Z. physiol. 12, 358 (1888).
[4]) Spuren von salpetriger Säure beeinträchtigen die Reaktion.
[5]) Deutsche Zuckerindustrie 17, 441 (1895).
[6]) Apoth.-Ztg. 1, 246 (1886).   [7]) Z. physiol. 31, 565 (1901).

bringt Molisch auf das Präparat 1 Tropfen der alkoholischen α-Naphthol- resp. Thymollösung und dann 2—3 Tropfen konzentrierte Schwefelsäure. Unter diesen Umständen treten nur bei Anwesenheit fertig gebildeten Zuckers (resp. des Inulins) die Reaktionen sogleich ein, da die Inversion der anderen Kohlenhydrate sich nur langsam vollzieht. Wenn Zucker neben in Wasser un- löslichen Kohlenhydraten vorhanden ist, läßt sich eine Unterscheidung in der Weise bewirken, daß man ein Präparat direkt und eines nach dem Behandeln mit Wasser mit den Reagenzien zusammenbringt.

Weitere Beiträge zur Kenntnis dieser Reaktion siehe:

Molisch, Dingl. **261**, 135 (1886).

Seegen, Centralbl. f. med. Wissensch. **1886**, 785, 801. — Ch. Ztg. **10**, Rep. 257 (1886).

Eitner und Meerkatz, Der Gerber **22**, 243 (1887).

Molisch, Centralbl. f. d. med. Wissensch. **1887**, 34, 49.

Fresenius, Z. anal. **26**, 258, 369, 402 (1887).

Ihl, Ch. Ztg. **11**, 19 (1887).

Tollens, Ch. Ztg. **11**, 78 (1887).

Nickel, Diss. Jena (1888).

Udránsky und Baumann, B. **21**, 2744 (1888).

Reinbold, Pflüg. **103**, 581 (1904).

Pinnow, B. **38**, 3308 (1905).

Schorl und Van Kalmthout, B. **39**, 280 (1906).

Fleig, J. Pharm. Chim. (6) **28**, 285 (1908).

v. d. Haar, Monosaccharide usw. (1920), 91.

Zum Nachweis von Aldosen oder Aldose liefernden Zucker- arten versetzt man nach E. Fischer und Jennings[1] 2 ccm der verdünnten wäßrigen Lösung mit 0.2 g Resorcin und leitet unter Kühlung Salzsäuregas bis zur Sättigung ein. Nach 12 Stunden verdünnt man mit Wasser, übersättigt mit Natronlauge und erwärmt mit einigen Tropfen Fehlingscher Lösung, wobei charakteristische rotviolette Färbung auftritt.

Nach van Ekenstein und Blanksma[2] beruht eine Anzahl der Farb- reaktionen der Zuckerarten, und zwar namentlich auch die Seliwanoffsche, die von Molisch-Udránsky sowie eine Anzahl weniger wichtiger Reaktionen[3] auf der Bildung von Oxymethylfurfurol aus den Hexosen durch Säuren.

Da die Ketohexosen viel leichter und schneller Oxymethylfurol bilden als die Aldosen, tritt z. B. die Seliwanoffsche Reaktion mit ersteren viel rascher und stärker auf.

η) Quantitative Bestimmung von Aldosen nach Romijn[4].

Diese Methode basiert auf der von demselben Autor gemachten Beobach- tung[5], daß die Oxydation mit Jod in alkoholischer Lösung zur quantitativen Bestimmung mancher Aldehyde verwendet werden kann.

Unter bestimmten Bedingungen verläuft die Oxydation der Aldosen nach der Gleichung:

$$R \cdot CHO + 2\,J + 3\,NaOH = R \cdot COONa + 2\,NaJ + 2\,H_2O.$$

An Stelle von freiem Alkali verwendet man indessen besser ein basisch reagierendes Salz, am besten Borax.

---

[1]) B. **27**, 1360 (1894).   [2]) B. **43**, 2355 (1910).

[3]) Baudouinsche Sesamölprobe, Z. f. d. ch. Großgew. (1878), 771; Reaktion von Fritsch, Z. anal. **49**, 94 (1910); Liebermannsche Reaktion, Cohnheim, Ch. d. Eiweißk., 2. Aufl., **5** (1904); Reaktion von Ihl und Pechmann, Ch. Ztg. **9**, 451 (1885); Jolles, B. d. Pharm. Ges. **19**, 484 (1909); Rasmussen, B. d. Pharm. Ges. **23**, 379 (1913) usw.

[4]) Z. anal. **36**, 349 (1897).   [5]) Z. anal. **36**, 19 (1897).

Darstellung der Boraxjodlösung.

Diese soll so stark sein, daß in 25 ccm 1 g Borax und so viel Jod enthalten ist, daß nach dem Ansäuern 30—33 ccm $n/_{10}$-Thiosulfat zur Entfärbung benötigt werden. Man löst zuerst den Borax in einem Teil des Wassers unter Erwärmen auf und fügt nach dem Erkalten die entsprechende Menge konzentrierter Jod-Jodkaliumlösung zu, um schließlich das Ganze mit Wasser zu dem bestimmten Volumen aufzufüllen.

Ausführung des Versuchs.

Ca. 0.15 g Aldose in 75 ccm Wasser gelöst werden mit 25 ccm Boraxjodlösung in eine enghalsige Flasche, die einen hohen Glasstopfen und umgelegten, nach innen geneigten Rand besitzt, hineinpipettiert. Der Stopfen wird mit Kupferdrähten fest aufgedrückt, in die Rinne zwecks besseren Verschlusses Wasser gebracht und das Ganze 18 Stunden im Thermostaten auf 25° erhalten. Dann wird die Flasche herausgenommen und nach Zusatz von 1.5 ccm Salzsäure (1.126) der Rest des Jods bestimmt.

Für jeden Kubikzentimeter Jodlösung, der nach dem Versuch weniger gefunden wird, hat man 9 mg Glucose in Rechnung zu bringen.

Ketosen erleiden unter gleichen Bedingungen nur sehr geringe Oxydation (2—5%). Man kann daher auch in Mischungen von Aldosen und Ketosen die ersteren bestimmen.

ϑ) Nach Willstätter und Schudel[1]) kann man ohne Boraxjodlösung auskommen und sogar noch genauer arbeiten, wenn man folgendermaßen vorgeht:

Die Glucoselösung wird mit ungefähr dem Doppelten (mit dem $1^1/_2$—4fachen) der erforderlichen Menge Jod versetzt; man läßt bei Zimmertemperatur unter gutem Umschütteln das Anderthalbfache von $n/_{10}$-Natronlauge (aus alkoholfreiem Natriumhydroxyd) zutropfen und 12—15 Minuten, bei sehr geringer Zuckermenge besser 20 Minuten, stehen. Dann säuert man mit verdünnter Schwefelsäure schwach an und titriert mit Thiosulfat bei Gegenwart von Stärke zurück.

Bei der Konzentration von 1% Glucose und Mengen von beispielsweise 100 mg war der größte Fehler 0.1 mg, der durchschnittliche betrug einige Hundertstel Prozent der Substanz. Bei 0.1 proz. Glucose und Mengen von 10 mg blieb der Fehler in den einzelnen Bestimmungen unter $1^1/_2$%.

Unter den angegebenen Verhältnissen verbraucht Rohrzucker gar kein Hypojodit, während er nach Romijn durch Boraxjodlösung stark oxydiert wird. Ebenso wird unter diesen Versuchsbedingungen Fructose, die auch gegen Boraxjod nahezu beständig ist, nicht angegriffen.

Das Verfahren ist nach Baker und Hulton[2]) auch für Galaktose, Maltose und Lactose brauchbar. Es ist wesentlich, die Reagenzien in der Reihenfolge: Zucker, Jod, Alkali zu mischen.

2. Qualitative Reaktionen auf Pentosen, Pentosane und gepaarte Glucuronsäuren.

a) Phloroglucinprobe[3]). Zu einigen Kubikzentimetern rauchender Salzsäure fügt man so viel verdünnte, wäßrige Zuckerlösung, daß der Salz-

<hr>

[1]) B. **51**, 780 (1918). — Freudenberg, B. **52**, 180 (1919).

[2]) Bioch. J. **14**, 754 (1920).

[3]) Tollens und seine Schüler, B. **22**, 1046 (1889); **29**, 1202 (1896). — A. **254**, 329 (1889); **260**, 304 (1890). — Salkowski, Centralbl. f. d. med. Wissensch. **1892**, Nr. 32. — Neuberg, Z. physiol. **31**, 565 (1901). — Pinnow, B. **38**, 766 (1905). — Steenbergen, Ch. W. **15**, 803 (1918). — v. d. Haar, a. a. O. 39.

säuregehalt der Flüssigkeit ungefähr gleich dem einer 18 proz. Säure ist, und setzt so viel Phloroglücin zu, daß in der Wärme etwas ungelöst bleibt. Beim Erhitzen tritt bald kirschrote Färbung auf, und allmählich scheidet sich ein dunkler Farbstoff ab. Nach dem Erkalten schüttelt man diesen am besten mit Amylalkohol aus; die rote amylalkoholische Lösung zeigt vor dem Spektroskop einen Absorptionsstreifen in der Mitte zwischen D und E.

b) Orcinprobe von Tollens[1]). Beim Erwärmen der Zuckerlösung mit etwas Orcin[2]) und so viel Salzsäure, daß ihr Gehalt in der Flüssigkeit ungefähr 18% beträgt, treten nacheinander erst Rot-, dann Violett- und schließlich Blaugrünfärbung auf, und bald beginnt die Abscheidung blaugrüner Flocken, die sich in Amylalkohol zu einer blaugrünen Flüssigkeit lösen, die einen Absorptionsstreifen zwischen C und D zeigt, derart, daß ein Teil des Gelb noch sichtbar bleibt. Ketosen stören die Reaktion.

Über das Verhalten der gepaarten Glucuronsäuren des Harns bei der Orcin- und Phloroglucinprobe siehe: Salkowski, Z. physiol. **27**, 514, 517 (1899). — Blumenthal, Z. klin. Med. **37**, Heft 5 und 7 (1899). — Mayer, Berl. klin. Wochenschr. **1900**, Nr. 1. — Mayer und Neuberg, Z. physiol. **29**, 265 (1900).

c) Naphthoresorcinprobe[3]). Viele Zucker reagieren auch mit Naphthoresorcin und Salzsäure und geben hierbei in Wasser unlösliche, in Alkohol lösliche Niederschläge. Arabinose und Xylose: Alkoholische Lösung des Bodensatzes rotbraun, stark grün fluorescierend, schwaches Band bei 12—13 im Grün; auf Ammoniakzusatz gelbbraun, ockergelbe Fluorescenz, scharfe Linie bei 11, schwächere dicht nebenan, gegen Blau zu (analog wirkt Ammoniak bei allen Zuckern). Rhamnose und Fucose: Alkoholische Lösung des Niederschlags violettblau, starke, schön grüne Fluorescenz, Band bei D und im Grün. Glucose und Mannose: Schwache Rotfärbung, alkoholische Lösung des Bodensatzes rötlich, schwach grüne Fluorescenz, unscharfes Band bei 12—13 im Grün. Galaktose, nur bei 2—3 Minuten Kochen mit Wasser, und mit weniger als 1 Teil Naphthoresorcin: Alkoholische Lösung des Niederschlags lila, schwaches Band bei 12—13 und bei D; Fructose wirkt hindernd und muß durch Kochen mit Salzsäure zerstört werden. Fructose und Sorbinose: Schon bei schwachem Erwärmen sehr schöne violett-

---

[1]) A. **260**, 395 (1890). — Allen, Diss. Göttingen (1890). — Neuberg, Z. physiol. **31**, 566 (1901). — Bial, Med. Woch. **28**, 253 (1902). — Levene und Mandel, B. **41**, 1907, Anm. (1908). — Pieraerts, Bull. Ass. Chim. Sucr. **26**, 47 (1908). — Bull. (4) **3**, 1157 (1908). — Middendorp, Diss. Leiden (1917), 146. — Freudenberg, B. **52**, 179 (1919). — v. d. Haar, Monosaccharide und Aldehydsäuren, Bornträger, Berlin (1920), 35.

[2]) 1 g Orcin wird in 500 ccm 25 proz. Salzsäure gelöst und 1.5 Teile 10 proz. Eisenchloridlösung zugefügt.

[3]) B. Tollens und Rorive, B. **41**, 1783 (1908). — B. Tollens, B. **41**, 1788 (1978). — Z. Zuck.-Ind. **58**, 521 (1908). — Ch.-Ztg. Rep. **32**, 318 (1908). — C. Tollens, Z. physiol. **56**, 115 (1908); **61**, 109 (1909). — Tschirch und Gauchmann, Arch. **246**, 551 (1908). — Mandel und Neuberg, Bioch. **13**, 148 (1908). — Gauchmann, Diss. Bern (1909), 32. — Neuberg, Scott und Lachmann, Bioch. **24**, 159 (1910). — Neuberg, Bioch. **24**, 436 (1910). — Neuberg und Saneyoshi, Bioch. **36**, 56 (1911). — Votoček, B. **50**, 38 (1913). — v. d. Haar, Bioch. **88**, 209 (1918). — Nach Neuberg ist die Reaktion eine solche der Carbonylsäuren, d. h. von Substanzen, welche die Atomgruppierungen

$$\begin{array}{ccc} \overset{|}{COH} & & \overset{|}{CO} \\ \vdots & \text{oder} & \vdots \\ COOH & & COOH \end{array}$$

enthalten und in einfacher Weise aus den Zuckern, aber auch anderen wichtigen Naturstoffen hervorgehen.

bis purpurrote Färbung; alkoholische Lösung des Bodensatzes gelbbraun, schwache, grüne Fluorescenz, schwaches Band bei 13. Analog wirken alle entsprechenden Polysaccharide.

Glucuronsäure (und ihre Derivate) geben bläulich-rötliche Färbung, die alkoholische Lösung des Niederschlags ist sehr schön blau, schwach rötlich fluorescierend und zeigt ein Band ganz nahe der D-Linie, gegen Grün zu. Der blaue Farbstoff ist in Äther löslich und dies ermöglicht sichere Erkennung von Glucuronsäure neben Pentosen: In ein 16—20 mm weites Reagensglas bringt man ein Körnchen Substanz, 5—6 ccm Wasser, 0.5—1 ccm 1proz. alkoholische Naphthoresorcinlösung und dann 1 Volum Salzsäure (1.19), kocht sehr vorsichtig 1 Minute, läßt 4 Minuten stehen, kühlt unter Wasser völlig ab, schüttelt mit 1 Volum Äther, läßt absitzen (evtl. unter Zugabe von mehr Äther oder einigen Tropfen Alkohol) und beobachtet den oberen Teil des Gläschens vor dem Spektralapparat. Noch 3—5 mg Glucuronsäure in 5 ccm Wasser geben ein sehr starkes Band und in Gegenwart von Arabinose, Glucose, Harn usw. immer noch ein starkes.

3. Quantitative Bestimmung der Pentosen und Pentosane [1] [2].

Pentosen und Pentosane, ebenso Glucuronsäure, Euxanthinsäure usw. können durch Destillation mit Salzsäure in Furol übergeführt werden [3], das durch Phenylhydrazin [4], Pyrogallol, Phloroglucin, Semioxamazid, Barbitur- oder Thiobarbitursäure gebunden oder jodometrisch bestimmt wird.

Methylpentosane [5] liefern in gleicher Weise Methylfurol [6].

Übrigens scheinen auch Hexosane und Hexosen bei der Destillation mit 12proz. Salzsäure kleine Mengen Furol zu liefern [2].

Zur Unterscheidung von Methylpentosen und Hexosen mittels Chromsäure: Windaus, Z. physiol. 100, 167 (1917). Nachweis von Methylpentosen neben Pentosen: Rosenthaler, Z. anal. 48, 165 (1909). — Siehe auch Anm. 6.

[1] Allen und Tollens, A. 260, 289 (1890). — B. 23, 137 (1890). — Stone, Am. 13, 74 (1891). — B. 24, 3019 (1891). — Günther, Chalmot und Tollens, B. 24, 3577 (1891). — Z. anal. 30, 520 (1891). — Flint und Tollens, Landw. V.-St. 42, 381 (1893). — B. 25, 2912 (1892). — Krug, Journ. anal. appl. chemistry 7, 68 (1893). — Hotter, Ch. Ztg. 17, 1743 (1893); 18, 1098 (1894). — De Chalmot, Am. 15, 21 (1893); 16, 218, 589 (1894). — Councler, Ch. Ztg. 18, 966 (1894); 21, 1 (1897). — Welbel und Zeisel, M. 16, 283 (1895). — Tollens und Krüger, Z. an. 9, 40 (1896). — Tollens und Mann, Z. an. 9, 34, 93 (1896). — Stift, Öst.-ung. Ztschr. f. Zuckerind. 27, 20 (1898). — Salkowski, Z. physiol. 27, 514 (1899). — Kröber, J. Landw. 48, 357 (1900). — Grünhut, Z. anal. 40, 542 (1901). — Grund, Z. physiol. 35, 113 (1902). — Neuberg und Brahm, Bioch. 5, 438 (1907). — Mayer und Tollens, Z. Ver. Zuck.-Ind. 1907, 620. — Böddener und Tollens, J. Landw. 58, 232 (1910). — Wichers und Tollens, J. Landw. 58, 238 (1910). — Haarst und Olivier, Ch. W. 11, 918 (1914). — Cunningham und Dorée, Bioch. J. 8, 438 (1914).   [2] Über Furide: Kunz, Bioch. 74, 312 (1916).

[3] Apiose (β-Oxymethylerythrose) liefert kein Furol und gibt auch nicht die Phloroglucinreaktion. Vongerichten, A. 321, 71 (1902). — Siehe auch Tisza, Diss. Bern (1908), 31.

[4] Siehe hierzu Ling und Nanji, Bioch. J. 15, 466 (1921). — p-Nitrophenylhydrazin: Neuberg, Bioch. 20, 526 (1909).

[5] Votoček, B. 32, 1195 (1899). — Z. Zuck. Böhm. 23, 229 (1899). — Widtsoe und Tollens, B. 33, 132, 143 (1900). — Waliaschko, Arch. 242, 245 (1904). — Ellett, Diss. Göttingen (1904). — J. Landw. 1905, 16. — W. Mayer, Diss. Göttingen (1907), 52.

[6] Das Kondensationsprodukt von Phloroglucin und Methylfurol ist orange bis zinnoberrot und in wäßrigem Alkali sowie in Alkohol [Ellett udd Tollens, B. 38, 493 (1905), Votoček, B. 30, 1195 (1897)] löslich, das Produkt aus Furol schwarz und unlöslich. — Winterstein und Hiestand, Z. physiol. 54, 304 (1908). — Willstätter und Zollinger, A. 412, 174 (1916). Zur Trennung der Phloroglucide des Furols und Methylfurols: Ishida und Tollens, J. Landw. 59, 59 (1911). — v. d. Haar, Monosaccharide usw. (1920), 68.

Die bewährteste Vorschrift (von Flint und Tollens) für die Furol-
darstellung ist folgende: In einen Kolben von 250—350 ccm Inhalt bringt man
meist 5 g Substanz, bei an Pentosen sehr reichen Substanzen entsprechend
weniger. Man übergießt[1]) mit 100 g 12proz. Salzsäure (1.06) und erhitzt auf
einem Dreifuß, in einem emaillierten eisernen Schälchen, in einem Bad aus
Roses Metall. Der Kolben trägt einen Gummistöpsel, durch den eine Hahnpipette bis etwas unter den Hals des Kolbens und das Destillationsrohr bis
eben unter den Stöpsel reichen. Das nicht zu enge Destillationsrohr ist unterhalb der Biegung zu einer Kugel erweitert und trägt einen Liebigschen
Kühler[2]).

Das zuweilen störende Stoßen läßt sich durch Einlegen einiger Kupfer-[3])
oder Cadmiumstücke[4]) oder einfach von Tonstückchen (W. Mayer, a. a. O).
mäßigen.

Man erhitzt das Metallbad so, daß in 10—15 Minuten 30 ccm überdestillieren, was der Fall ist, wenn es etwa 160° warm ist. Das Destillat wird in kleinen
Zylindern mit Marke bei 30 ccm aufgefangen. Sobald der Zylinder bis zur Marke
gefüllt ist, wird er in ein Becherglas mit Marke bei 400 ccm entleert, durch die
Hahnpipette 30 ccm frische Salzsäure in den Kolben gebracht und weiter destilliert, bis ein Tropfen des Destillats, das man auf mit einem Tropfen einer Lösung
von Anilin in wenig 50proz. Essigsäure befeuchtetes Papier fallen läßt, keine
Rotfärbung mehr gibt. Den im Becherglas vereinigten Destillaten setzt man
die doppelte Menge des erwarteten Furols an diresorcinfreiem Phloroglucin
zu, das man zuvor in etwas Salzsäure (1.06) gelöst hat. Dann gibt man so viel
Salzsäure zu, bis das Volumen 400 ccm beträgt, rührt gut um und läßt bis
zum folgenden Tag stehen, filtriert durch ein gewogenes Filter, wäscht mit
150 ccm Wasser nach, trocknet 4 Stunden im Wassertrockenschrank und wägt
im Filterwägeglas[5]).

Die Berechnung des Phloroglucids auf Furol geschieht mittels Division
durch einen empirisch ermittelten Divisor, dessen Höhe mit der Phloroglucid-
menge wechselt.

| Erhaltenes Phloroglucid: | 0.2 | 0.22 | 0.24 | 0.26 | 0.28 | 0.30 | 0.32 | 0.34 |
| Divisor: | 1.820 | 1.839 | 1.856 | 1.871 | 1.884 | 1.895 | 1.904 | 1.911 |

| | 0.36 | 0.38 | 0.40 | 0.45 | 0.50 | 0.60 und mehr | |
| | 1.916 | 1.919 | 1.920 | 1.927 | 1.930 | 1.931 | |

Die so ermittelte Furolmenge ist noch auf die entsprechende Pentosanmenge umzurechnen. Weiß man, um welche Zuckerart es sich handelt, so berechnet man auf Arabinose oder Xylose bzw. auf deren Muttersubstanzen,
Araban und Xylan. Sonst führt man die Berechnung mit einem mittleren
Faktor aus und gibt das Resultat als „Pentose" bzw. „Pentosan" an. Die
Pentosenmenge verhält sich zur Pentosanmenge wie 1:0.88, entsprechend
den Formeln $C_5H_{10}O_5$ bzw. $C_5H_8O_4$.

$$\text{Furol} \times 1.64 = \text{Xylan,}$$
$$\text{Furol} \times 2.02 = \text{Araban,}$$
$$\text{Furol} \times 1.84 = \text{Pentosan.}$$

---

[1]) Menaul und Dowell empfehlen die Anwendung von Schwefelsäure. J. Ind. Eng.
Ch. **11**, 1024 (1919).   [2]) Destillieraufsatz: Tischtschenko, C. 1910, I, 471.

[3]) Lefèvre und Tollens, B. **40**, 4515 (1907).

[4]) Winkler, Z. ang. **33**, 299 (1920).

[5]) Über Fällen in der Wärme und ein darauf aufgebautes Verfahren der Furol-
bestimmung: Böddener, Diss. Göttingen (1910), 61. — Böddener und Tollens, J.
Landw. **58**, 232 (1910). — Bei Gegenwart von Methylpentosan ist Fällen in der Kälte besser.

Der Umstand [1]), daß das Kondensationsprodukt von Phloroglucin und Furol — eine schwarze, harzige Masse [2]) — weder einladende äußere Eigenschaften besitzt, noch völlig unlöslich ist, weshalb die oben angeführten empirisch ermittelten Korrekturen angebracht werden müssen, läßt die Auffindung eines geeigneteren Fällungsmittels für das Furol wünschenswert erscheinen.

Als solches dürfte sich das Semioxamazid empfehlen, das Kerp und Unger [3]) für diesen Zweck in Vorschlag gebracht haben.

Zur Fällung des Furols aus seiner wäßrigen Lösung wendet man eine 30—40° warme, frisch bereitete Azidlösung an und läßt das Reaktionsgemisch zur völligen Abscheidung des Kondensationsprodukts einige Stunden stehen; die Substanz wird auf ein Filter gebracht, mit kaltem Wasser, Alkohol und Äther gewaschen und bis zur Gewichtskonstanz bei 110° getrocknet. Die alkoholischen und ätherischen Filtrate werden für sich in einer gewogenen Platinschale zur Trockne eingedunstet, der Rückstand ebenso wie die auf dem Filter befindliche Hauptmenge bis zur Gewichtskonstanz (etwa 20 Minuten) bei 110° getrocknet [4]) und alles zusammen gewogen.

Ebenso ist auch für diesen Zweck das von Conrad und Reinbach [5]) dargestellte Kondensationsprodukt von Furol und Barbitursäure:

$$C_4H_3O \cdot CH : C\underset{CO \cdot NH}{\overset{CO \cdot NH}{<}}>CO,$$

ein helles, gegen alle Lösungsmittel sehr widerstandsfähiges Pulver, besonders geeignet [Unger und Jäger [6])].

Man benutzt als Reagens eine, eventuell filtrierte, Lösung von 2 g Barbitursäure in 100 ccm 12proz. Salzsäure [7]).

Die Menge der Barbitursäure muß das 6—8fache der zu erwartenden Furolmenge betragen. Ferner ist es angezeigt, die Reaktionsflüssigkeit besonders in den ersten Stunden nach dem Zusatz der Säure fleißig umzurühren und sie erst nach 24stündigem Stehen zu filtrieren. Letztere Operation wird im Gooch tiegel vorgenommen, dann wird gewaschen und bei 105° getrocknet.

Man setzt die Destillation so lange fort, als noch Furolreaktion wahrnehmbar ist, und berücksichtigt bei der Berechnung den Löslichkeitskoeffizienten von 1.22 mg für 100 ccm 12proz. Salzsäure.

Der Umrechnungsfaktor von Furolbarbitursäure auf Furol beträgt:

$$F = 0.4659; \lg F = 66\,827.$$

Der Prozentgehalt des Niederschlags entspricht daher:

$$\lg F + \lg N + (1 - \lg S)$$

N = Niederschlag, S = Substanz.

Substanzen, die neben Pentosen Hexosane enthalten, sind von letzteren durch kurzes Aufkochen mit 1proz. Salzsäure zu befreien.

Nach Dox und Plaisance [8]) ist noch geeigneter die Thiobarbitursäure.

---

[1]) Siehe auch Fraps, Am. **25**, 201 (1901).

[2]) Über diese Kondensationsprodukte siehe Votoček und Krauz, Z. Zuck. Böhm. **3**, 20 (1909). — Wenzel und Lazar, M. **34**, 1915 (1913).   [3]) Siehe S. 820.

[4]) Zu langes Trocknen ist zu vermeiden, da die Substanz schon bei der angegebenen Temperatur zu sublimieren beginnt.   [5]) B. **34**, 1339 (1901).

[6]) B. **35**, 4443 (1902); **36**, 1222 (1903). — Fromherz, Z. physiol. **50**, 24 (1907). — Fallada, Stein und Ravnikar, Oest. Ztschr. f. Zuck. **43**, 425 (1914).

[7]) In der Originalarbeit von Unger und Jäger, B. **36**, 1223 (1903); Z. 4 v. u. ist, offenbar infolge eines Schreibfehlers, eine Lösung in 12proz. Alkohol vorgeschrieben. Darstellung von Barbitursäure: Biltz und Wittek, B. **54**, 1036 (1921).

[8]) Am. soc. **38**, 2156 (1916).

Die Ausfällung wird in Gegenwart von 12 proz. Salzsäure vorgenommen. Der Niederschlag ist voluminös, er läßt sich leicht filtrieren.

Thiobarbitursäure ist Phloroglucin bei weitem überlegen, mit Barbitursäure ist die Bestimmung ziemlich quantitativ, aber nur bei Verwendung eines sehr großen Überschusses. Mit Thiobarbitursäure können noch Mengen von 12 mg Furol nachgewiesen werden. Überschuß an Reagens ist nicht nötig. Erwärmen ist zu vermeiden, da bei höherer Temperatur zu niedrige Resultate erhalten werden. Das Kondensationsprodukt ist Furolmalonylthioharnstoff:

$$\begin{array}{c}
\text{CH}{-}\text{CH} \\
\text{CH}{-}\text{C}{-}\text{CH} = \text{C} \\
\text{O}
\end{array}
\begin{array}{c}
\text{CO}{-}\text{NH} \\
\quad\quad\quad \text{CS} \\
\text{CO}{-}\text{NH}
\end{array}$$

Es besteht aus einem citronengelben, äußerst flockigen Niederschlag. Unlöslich in kalten verdünnten Mineralsäuren, auch in der Wärme nur wenig löslich. Unlöslich auch in Alkohol, Äther und Petroläther.

Jolles[1]) titriert das überdestillierte Furol nach dem Behandeln mit Bisulfit mit Jod.

Die **Bariumverbindungen der Pentosen** sind, im Gegensatz zu jenen der Methylpentosen, in Alkohol unlöslich[2]). Jolles hat diese Beobachtung zu einer quantitativen Trennung von Pentosen und Methylpentosen ausgearbeitet. A. **351**, 41 (1907).

Cormack[3]) bestimmt das Furol, indem er es mit ammoniakalischer Silberlösung in Brenzschleimsäure überführt:

$$C_5H_4O_2 + Ag_2O = C_5H_4O_3 + 2\,Ag.$$

Das abgeschiedene Silber wird durch Titration bestimmt.

Flohil bestimmt das durch Furol aus Fehlingscher Lösung abgeschiedene Kupferoxydul oder das noch vorhandene Cuprisalz jodometrisch[4]).

Biochemische Bestimmung (Vergärung) der Hexosen.

Bestimmung von Glucose, Fructose und Mannose im Apparat von Lohnstein: v. d. Haar, Monosaccharide usw. (1920), 106. — Bestimmung von Galaktose: Kluyver, Diss. Delft (1914), 49. — v. d. Haar, a. a. O. 113.

Biochemische Spaltung von Polysacchariden und Glucosiden.

Die Hefe enthält im allgemeinen zwei Enzyme: Invertin (Saccharase) und Maltase (Glucase).

Die Maltase wird durch Säuren zerstört, es ist daher leicht möglich, maltasefreie Invertinlösungen darzustellen, während fast alle Maltaselösungen auch Invertin enthalten.

Für die meisten Zwecke wird einfach ein Hefeauszug dargestellt.

a) Nachweis des Rohrzuckers in den Pflanzen mit Hilfe von Invertin[5]) (Saccharase).

Durch Invertin werden von allen Polysacchariden nur Rohrzucker, Raffinose, Gentianose und Stachyose hydrolytisch gespalten; durch die Unter-

[1]) B. **39**, 96 (1906). — M. **27**, 81 (1906).

[2]) Bergell und Suleiman Bey, Z. f. kl. Med. **39**, Heft 3 und 4 (1900). — Bergell und Blumenthal, Arch. Anat. Phys. **1900**, 155.   [3]) Z. anal. **43**, 256 (1904).

[4]) Ch. W. **7**, 1057 (1910). — Siehe dazu Eynon und Lane, Analyst. **37**, 41 (1912).

[5]) Bourquelot, J. Pharm. Chim. (6) **14**, 481 (1901); (6) **23**, 369 (1906); (7) **2**, 241 (1910). — Bourquelot und Hérissey, C. r. **134**, 1441 (1902); **144**, 575 (1907). —

suchung der optischen Eigenschaften kann zwischen dem Rohrzucker und den anderen in Betracht kommenden Stoffen mit Sicherheit unterschieden werden.

Darstellung des Invertins. Frische, käufliche Oberhefe (Bäckerhefe) wird mit wenig sterilisiertem Wasser angeteigt, rasch abgesogen und mit dem 8—10fachen Gewicht Alkohol von 95% angerührt. Man läßt das Gemisch 12—15 Stunden absitzen, saugt dann ab, wäscht zuerst mit 95proz. Alkohol, dann mit Äther und trocknet schließlich bei 30—35°. — Das getrocknete Produkt hält sich, vor Feuchtigkeit in einer gut verschlossenen Flasche bewahrt, lange Zeit.

Nach E. Fischer und Mechel wird die Hefe mehrmals mit Wasser sorgfältig gewaschen, dann abgesaugt, 12 Stunden auf porösem Ton an der Luft und dann einige Stunden im Hochvakuum über Phosphorpentoxyd getrocknet, sorgfältig zerrieben und nochmals ins Hochvakuum gebracht.

1 g des Präparats wird mit 100 ccm Thymolwasser angerieben. Nach dem Filtrieren erhält man eine klare, sehr wirksame Invertinlösung, die sich über eine Woche hält. Man kann ebensogut das trockne Produkt selbst der auf Rohrzucker zu prüfenden, natürlich vorher mit einem geeigneten Antisepticum versetzten Flüssigkeit zusetzen.

Ausführung der Versuche.

Man teilt die Lösung in zwei Teile: den einen A von 50 ccm, der als Vergleichsobjekt dient, den anderen B von 200 ccm.

Die Flüssigkeiten werden in fest verschlossenen kleinen Flaschen in einem Trockenschrank 2 Tage auf 25—30° erhitzt, nachdem man zuvor in B 1 g Hefepulver gegeben hat.

Dann entnimmt man jeder Flasche 20 ccm Flüssigkeit, klärt mit 4 ccm Bleiessiglösung, filtriert und prüft im Polarimeter (im 2-Dezimeterrohr).

Wenn Rohrzucker vorhanden ist, wird er in B hydrolytisch gespalten sein, infolgedessen wird das Polarimeter, im Vergleich zu A, einen Umschlag nach links anzeigen.

b) Spaltungen mittels Maltase.

Maltase wirkt nur auf α-Glucoside, vor allem auf Maltose:
$$C_{12}H_{22}O_{11} + H_2O = 2\,C_6H_{12}O_6.$$

Außerdem vermag die Maltase das α-Methylglucosid zu spalten. Auffallend erscheint es hierbei, daß nur die Maltase der Hefe diese Wirkung zeigt, die Maltase des tierischen Körpers ist auf das Glucosid ohne Wirkung. Man muß daher annehmen, daß die Maltase der Hefe von der tierischen Maltase verschieden ist[1]). Überhaupt zeigen die Maltasen verschiedener Provenienzen recht bemerkbare Unterschiede nicht nur in der Größe ihrer Wirkung, sondern

Champenois, Thèse Paris (1902.) — Bourquelot und Danjon, C. r. soc. Biol. **59**, 18 (1905); **60**, 81 (1906). — Lefèvre, C. r. soc. Biol. **60**, 513 (1906). — Bourquelot, C. r. soc. Biol. **60**, 510 (1906). — Vintilesco, Thèse Paris (1906). — Arch. **245**, 183 (1907). — — Danjon, Thèse Paris (1906). — Arch. **245**, 200 (1907). — Remeaud, C. r. soc. Biol. **61**, 400 (1906). — Bourquelot, Arch. **245**, 164, 172 (1907). — Laurent, J. Pharm. Chim. (6) **25**, 225 (1907). — Bourdier, Arch. **246**, 83 (1908). — Rosenthaler und Meyer, Arch. **247**, 32 (1909). — Bourquelot und Hérissey, Arch. **247**, 56 (1909). — Lesueur, J. Pharm. Chim. (6) **30**, 49 (1909). — Fichtenholz, J. Pharm. Chim. (7) **4**, 441 (1911). — Bourquelot und Bridel, C. r. **154**, 1259 (1912). — Matthes und Streicher, Arch. **251**, 441 (1913). — Bourquelot und Fichtenholz, J. ph. Chim. (7) **11**, 219 (1915). — E. Fischer und Anger, B. **52**, 863, 868 (1919). — Bourquelot und Bridel, J. Pharm. Chim. (7) **24**, 81 (1921).
[1]) E. Fischer und Nickel, Sitzb. Preuß. Akad. d. W. **30**, 1 (1896). — Siehe zum Folgenden: Roscoe - Schorlemmer, Org. Chemie **7**, 366 (1901).

auch in ihrem Verhalten gegen physikalische und chemische Einflüsse; man benennt deshalb das Enzym nach seinem Vorkommen und unterscheidet: Hefenmaltase, Tiermaltase, Aspergillusmaltase usw. Hefenmaltase spaltet ferner Methylfructosid, nicht aber Methylmannosid, Methylsorbosid, α- und β-Methyl-l-glucosid. Ob auch die Melebiose durch Maltase gespalten wird, ist noch nicht sicher nachgewiesen. Sie wird von Unterhefen vergoren, es muß daher in denselben ein hydrolysierendes Enzym vorhanden sein. Scheibler und Mittelmeier[1] hatten gemeint, diese Hydrolyse werde durch das Invertin der Hefe bewirkt, doch ist diese Ansicht von E. Fischer und Lindner[2] widerlegt worden. Wenn man nicht mit Bau[3] ein besonderes Enzym, die „Melebiase", annehmen will, so liegt es nahe, die Spaltung der Melebiose der Maltase zuzuschreiben. Oberhefen vergären die Melebiose nicht, es kann daher schon aus diesem Grunde die Inversion der Melebiose nicht durch Invertin erfolgen, da ja die Oberhefen letzteres Enzym enthalten.

Ein eigenartiges Verhalten zeigt die Maltase gegen Amygdalin. Dieses Glucosid wird nämlich gespalten, es bildet sich dabei aber nicht, wie bei der Einwirkung des Emulsins, Zucker, Bittermandelöl und Blausäure, sondern die Reaktion bleibt bei der Bildung eines intermediären neuen Glucosids stehen. Weder Blausäure noch Bittermandelöl treten auf, und von den zwei im Amygdalin enthaltenen Traubenzuckergruppen wird nur die eine eliminiert. Das neue Glucosid ist „Mandelnitrilglucosid":

$$C_6H_5\text{—}CH\text{—}CN$$
$$|$$
$$O\text{—}CH\text{—}CHOH\text{—}CHOH\text{—}CH\text{—}CHOH\text{—}CH_2OH$$
$$O$$

Emulsin verwandelt es dann weiter in gewöhnlicher Weise[4]. Aus diesem merkwürdigen Verhalten des Amygdalins Maltase gegenüber hat E. Fischer den Schluß gezogen, daß die beiden Traubenzuckergruppen in diesem Glucosid als Maltose vorhanden sind.

Während man bisher zur Isolierung der Maltase die Hefe zuerst sorgfältig getrocknet und dann mit Wasser behandelt hat[5], erhalten neuerdings Willstätter, Oppenheimer und Steibelt starke Maltaselösungen auf folgende Weise[6]:

Da bei der Herstellung von Maltaselösungen die beiden Vorgänge: Diffusion des Enzyms aus der Hefezelle und seine Zerstörung durch zugleich entstehende Säure einander entgegenwirken, so ist die Schädigung entweder durch Alkalizusatz in dem Maß der Säureproduktion oder durch ein im Überschuß zugefügtes unlösliches Neutralisationsmittel zu vermeiden.

88 g gewaschene und abgepreßte untergärige Hefe wurden unter Zusatz von Toluol mit 132 ccm Wasser (entsprechend 20 g Trockenhefe + 200 ccm Wasser) angeschüttelt. Die Flüssigkeit reagierte zunächst neutral, mitunter 50 Minuten, manchmal ist schon nach 5—6 Minuten die Reaktion deutlich sauer. Bei den verschiedenen Hefeproben sind erheblich differierende Alkalimengen erforderlich und auch etwas verschiedene Mengen je nach der Weise und Häufigkeit des Neutralisierens. Am besten ist es, häufig neu-

---

[1] B. **22**, 3121 (1889).   [2] B. **28**, 3034 (1895).   [3] Ch. Zt. **19**, 1873 (1895).
[4] E. Fischer, B. **27**, 2989 (1894).
[5] Lintner, Z. f. d. ges. Brauwesen **1892**, 106. — Lintner und Kröber, B. **28**, 1050 (1895). — E. Fischer, B. **27**, 3479 (1894); **28**, 1429 (1895). — Z. physiol. **26**, 60, 74 (1898). — Hill, Soc. **73**, 634 (1898); **83**, 578 (1903).
[6] Z. physiol. **110**, 236 (1920).

trale Reaktion auf Lackmus durch vorsichtigen Zusatz von verdünntem Ammoniak herzustellen, was bei einer Extraktionsdauer von 6 Stunden z. B.

nach   6   20   55   130'   180   360 Minuten
         0.6 0.3   12.6 10.5   3.6   4.9 ccm 1 proz. Ammoniak, also im

ganzen 32.5, in einem anderen Beispiel 41.8 ccm erforderte. Bei längerer Dauer der Extraktion genügte es, weiter zunächst alle 2—3 Stunden, dann mit größeren Pausen die immer geringere Säureproduktion unschädlich zu machen; in den folgenden 18 Stunden waren z. B. noch 5.8 ccm erforderlich, in weiteren 2 Tagen z. B. je 1 ccm 1 proz. Ammoniak. Bequemer und annähernd ebenso günstig ist es, die Flüssigkeit durch Zusatz von Magnesiumcarbonat od. dgl. konstant bei fast neutraler Reaktion zu erhalten. Dagegen entstehen viel schwächere Enzymlösungen, wenn man die Hefe unter anfänglichem Zusatz bestimmter Mengen von Alkali extrahiert.

Um Maltase aus getrockneter Hefe zu bereiten, werden 20 g lufttrockne Hefe mit 200 ccm Wasser und mit Toluol angeschüttelt; die Flüssigkeit reagiert sauer, und in diesem Fall wird zur Neutralisation sofort ein bedeutender Teil der überhaupt erforderlichen Alkalimenge verbraucht, z. B. war zur neutralen Reaktion auf Lackmus hinzuzufügen:

nach   0   2   5   9   25 Stunden
        16.0 1.2 1.9 2.4 1.6 ccm 1 proz. Ammoniak.

Die Maltaselösung wird am besten nach etwa eintägigem Stehen abfiltriert.

Hinsichtlich ihrer Wirksamkeit werden die Maltaselösungen nach der von Tompson[1]) sowie von H. Euler und seinen Mitarbeitern[2]) gegebenen Saccharasedefinition gekennzeichnet. Die Hefen und die Maltaselösungen werden durch die Zeit in Minuten bestimmt, die 1 g getrocknete Hefe oder die dieser Menge entsprechende Enzymlösung braucht, um bei 30° 2.5 Maltose (Hydrat) zur Hälfte zu hydrolisieren, wenn diese mit 30 mg $Na_2HPO_4 \cdot 2\,H_2O$ und 22.5 mg KH_2PO_4 in 50 cm enthalten sind.

Die Hydrolyse der Maltose verfolgt man mit der polarimetrischen Methode, die genauer ist als die Bestimmung auf Grund des Reduktionsvermögens. Die Maltoselösung wird mit wechselnden Mengen der neutralen Hefeauszüge versetzt unter Einstellung der nach Michaelis und Rona[2]) optimalen spurweise sauren Reaktion (PH = 6.1—6.8); Willstätter, Oppenheimer und Steibelt fanden am günstigsten einen Gehalt von einem Zehntel Phosphatmischung, die aus gleichen Teilen 0.90 proz. KH_2PO_4 und 1.20 proz. $Na_2HPO_4 \cdot 2\,H_2O$-Lösung bestand. Die 10 proz. Lösungen von wasserhaltiger Maltose wurden mit einem Gehalt von 20 % dieses Puffers bei 30° im Meßkolben bereitet und die erforderlichen Proben von 25 ccm mit Enzymlösung und Wasser von derselben Temperatur aufs doppelte Volumen gebracht. Bei Beendigung der Versuche entnimmt man 25 ccm der 30° warmen Versuchslösung und trägt sie unter Berücksichtigung der Auslaufzeit in 2 ccm $^n/_2$-Soda ein.

Die Anfangsdrehung der Versuchslösung nach dem Verdünnen mit jener Sodamenge betrug 10.80°, die Enddrehung bei vollkommener Spaltung würde 4.40° betragen.

c) Nachweis von β - Glucosiden mit Emulsin.

Von natürlichen Glucosiden wird eine große Anzahl durch Emulsin gespalten, z. B.:

[1]) Euler, Lindberg und Melander, Z. physiol. **69**, 152, 157 (1910). — Euler und Kullberg, Z. physiol. **73**, 335 (1911). — Euler und Svanberg, Z. physiol. **107**, 269 (1919).   [2]) Bioch. **57**, 70 (1913). — Michaelis, Die Wasserstoffionenkonzentration. Berlin, Springer (1914), 71.

Salicin in Saligenin und Glucose,
Helicin „ Salicylaldehyd und Glucose,
Äsculin „ Äsculetin und Glucose,
Arbutin „ Hydrochinon und Glucose,
Coniferin „ Coniferylalkohol und Glucose,
Amygdalin „ Benzaldehyd, Blausäure und Glucose.

Wie die Maltase, so greift auch Emulsin nur die Glucoside des Traubenzuckers an; während erstere jedoch das α-Methyl-d-glucosid spaltet, die β-Verbindung aber unverändert läßt, ist es mit Emulsin umgekehrt, man darf daher annehmen, daß auch alle natürlichen Glucoside, welche von Emulsin gespalten werden, der β-Reihe angehören. Gegen α-Methyl-l-glucosid und β-Methyl-l-glucosid verhält es sich indifferent, es liegt hier die analoge Erscheinung vor wie bei den Hefen. β-Methyl-d-galaktosid wird langsam hydrolysiert, die α-Verbindung wird wieder nicht angegriffen, Mannoside, ferner die Derivate der Pentosen, Methylpentosen und Heptosen unterliegen der Spaltung ebenfalls nicht[1]).

Von den Ketosiden wird das Methylsorbosid nicht verändert; es werden sich auch hier ähnliche Verhältnisse wie bei den Aldosiden ergeben, wenn erst mehr Ketoside bekannt sind (E. Fischer).

Bemerkenswert ist die Eigenschaft des Emulsins, auch den Milchzucker zu spalten, wie E. Fischer[2]) nachgewiesen hat.

Darstellung des Emulsins[3]).

100 g süße Mandeln werden ungefähr eine Minute in kochendes Wasser eingetaucht, abgetropft und sorgfältig geschält. Hierauf zerstößt man sie in einem Marmormörser so fein wie möglich und maceriert das erhaltene Produkt mit einem Gemisch von je 100 ccm destilliertem Wasser und gesättigtem Chloroformwasser. Nach 24 Stunden preßt man durch ein angefeuchtetes Tuch, setzt zu dem Filtrat 10 Tropfen Eisessig, um das Casein zu fällen, und filtriert durch ein angefeuchtetes Filter. Das klare Filtrat (120—130 ccm) fügt man zu 500 ccm 95proz. Alkohol, filtriert den Niederschlag auf ein glattes Filter und wäscht mit einem Gemisch gleicher Teile Alkohol und Äther. Man trocknet im Vakuum über Schwefelsäure und erhält so hornartige, durchscheinende Plättchen, die beim Zerreiben ein fast weißes Pulver liefern.

Trocken aufbewahrt, hält sich dieses Emulsinpräparat sehr lange wirksam.

Käufliche Emulsinpräparate reinigt man folgendermaßen. 10 g Emulsin werden mit 100—200 ccm Wasser unter Zusatz einiger Tropfen Toluol zwei Stunden auf der Maschine geschüttelt, dann läßt man 24—36 Stunden stehen und filtriert nach dieser Zeit. Die klare Lösung versetzt man mit dem vierfachen Volumen absoluten Alkohols, sammelt die flockige Ausscheidung nach einer halben Stunde auf einem Filter und wäscht sie mit Alkohol und Äther aus.

Spaltung von Tannin durch Emulsin: Nierenstein, Soc. 121, 26 (1922).

Spaltung der Raffinose in d-Galaktose und Rohrzucker durch Emulsin: Neuberg, Bioch. 3, 523 (1907). — Neuberg und Marx, Bioch. 3, 535 (1907). — Z. Ver. d. Zuck. 57, 453 (1907). — Lefebvre, Arch. 245, 485 (1907).

---

[1]) E. Fischer und Nickel, Sitzb. Berlin. Ak. d. W. 30, 1 (1896). — Bourquelot und Aubry, J. Pharm. Chim. (7) 14, 225 (1916).

[2]) B. 28, 2031, 2985 (1895).

[3]) Hérissey, Thèse Paris (1899), 44. — Bourquelot, Arch. 245, 173 (1907). — Neuberg und Marx, Bioch. 3, 538 (1907). — Neue Darstellungsmethoden: Helferich, Z. physiol. 117, 159 (1921). — Willstätter und Csány, Z. physiol. 117, 172 (1921).

Einwirkung von Emulsin, Hefenmaltase und Kefirlactase auf Stachyose: Neuberg und Lachmann, Bioch. **24**, 171 (1910).

Bestimmung von Raffinose mittels enzymatischer Hydrolyse: Hudson und Harding, Am. soc. **37**, 2193 (1915).

Phaseolunatase: Armstrong und Horton, Proc. Roy. Soc. **82**, 349 (1910). — E. Fischer und Anger, B. **52**, 868 (1919). — Freudenthal, B. **53**, 1734 (1920).

d) Abbau von Gerbstoffen mit Tannase [1] [2]).

Bereitung der Tannase [2]).

Die Lösung von 50 g käuflichem Tannin in 500 ccm Leitungswasser wird zur Entfernung von festgehaltenem Äther und Alkohol $^1/_4$ Stunde lebhaft gekocht, mit Leitungswasser auf 21 verdünnt, mit 50 g krystallisiertem Ammoniumsulfat, 1.5 g Dikaliumphosphat, 0.5 g Magnesiumsulfat und einigen Gramm Viehsalz versetzt und nach der Sterilisation in flachen Schalen mit Aspergillus niger geimpft. Nach etwa 4 tägiger Aufbewahrung im Brutschrank werden die Pilzdecken, die von der beginnenden Sporenbildung nur leicht gefärbt sein dürfen, mit Wasser abgewaschen, mit der Hand ausgepreßt, feucht gewogen, mit dem 4 fachen Gewicht Aceton gründlich verrieben und nach 24 Stunden abgesaugt. Danach wird mit Aceton, dann mit Äther gewaschen und, nachdem der Äther an der Luft verdunstet ist, im Vakuumexsiccator über Phosphorpentoxyd scharf getrocknet.

90 g des mit Aceton extrahierten, getrockneten Aspergillusmycels (aus 500 g Tannin) werden fein zerrieben, mit der doppelten Menge toluolhaltigem Wasser angerührt und nach einigen Stunden abgepreßt. Dieses Verfahren wird noch 4 mal wiederholt. Die vereinigte, im Vakuum auf 90—100 ccm eingeengte wäßrige Lösung wird in kleinen Portionen unter Umschwenken mit dem doppelten Volumen 96 proz. Alkohols versetzt und die flockig ausfallende Tannase abfiltriert. Aus dem Filtrat fällt auf Zusatz von 300 ccm des gleichen Alkohols ein Sirup, der nach Abgießen der überstehenden Flüssigkeit in 50 ccm Wasser gelöst wird. Bei vorsichtigem Zusatz von 100 ccm Alkohol fällt eine zweite Portion des pulvrigen Niederschlages, und aus dem Filtrat kann durch erneute, den obigen Vorschriften entsprechende Verarbeitung eine dritte, kaum mehr lohnende Fraktion, wieder in leichten Flocken gewonnen werden. Die vereinigte Rohtannase wird in 100 ccm Wasser gelöst und in kleinen Portionen unter Schütteln mit 500 ccm Alkohol gefällt. Diese Reinigung wird einmal wiederholt. Die Ausbeute an Tannase beträgt 5—8%. Sie reduziert Fehlingsche Lösung nicht, dagegen tritt Reduktion ein, wenn das Präparat vorher mit verdünnter Salzsäure gekocht war.

Abbau des Hamameli - Tannins mit Tannase.

Die Lösung von 1 Teil wasserfreiem Hamameli-Tannin in wenig heißem Wasser wird rasch abgekühlt und mit Tannaselösung versetzt, die aus $^1/_2$ Gewichtsteil Aspergillusmycel hergestellt ist. Die Flüssigkeit wird mit Wasser auf das 30 fache des Gerbstoffs verdünnt, mit Toluol überschichtet und im Brutschrank aufbewahrt. Der Verlauf der Hydrolyse läßt sich durch Vermischen eines Tropfens der Flüssigkeit mit einem Tropfen einer 1 proz.

---

[1]) Freudenberg, B. **52**, 183 (1919); **53**, 232, 953, 1732 (1920). — Peters, Diss. Kiel (1920).

[2]) Darstellung aus Mirobolanen: Freudenberg und Vollbrecht, Z. physiol. **116**, 277 (1921).

Gelatinelösung verfolgen. Nach 2—3 Tagen ist selbst bei 0° keine Leimfällung mehr wahrzunehmen. Nach weiteren 8 Tagen wird unter vermindertem Druck eingeengt, die fast farblos abgeschiedene Gallussäure abgesaugt und mit wenig kaltem Wasser gewaschen. Das Filtrat wird nach der Konzentration mit Essigäther ausgeschüttelt, der Essigäther unter vermindertem Druck, zuletzt nach Zugabe von wenig Wasser, völlig verjagt und die erneut abgeschiedene Gallussäure abgesaugt. Dem Filtrat läßt sich nach der Konzentration durch Äther eine letzte Fraktion Gallussäure entziehen, die aus sehr wenig Wasser umkrystallisiert wird.

Die vereinigten Filtrate werden aufgekocht und abwechselnd mit einer heißen Lösung von einfach basischem Bleiacetat und mit aufgeschlämmtem Bleicarbonat versetzt, bis die Lösung neutral reagiert und aller Gerbstoff niedergeschlagen ist. Das Filtrat darf mit Eisenchlorid keine Schwarzfärbung geben. Es enthält Zucker, die der Tannase beigemengten Salze und etwas überschüssiges Blei. Letzteres wird durch Schwefelwasserstoff ausgefällt, das Filtrat unter vermindertem Druck zum dünnen Sirup eingeengt und dieser mit kaltem Alkohol aufgenommen. Die alkoholische Zuckerlösung wird von dem ungelösten Rückstand abfiltriert und im Vakuum eingedampft, zuletzt unter Zugabe von etwas Wasser. Der bleihaltige Niederschlag enthält unzerlegten Gerbstoff. Er wird noch feucht in Wasser aufgerührt und in der Kälte mit verdünnter Schwefelsäure in geringem Überschuß versetzt. Der Gerbstoff geht dabei in Lösung und wird vom Bleisulfat abfiltriert. Nach Entfernung der Schwefelsäure mit Baryt wird Tannase zugesetzt und nach 8 Tagen erneut auf Gallussäure und Zucker verarbeitet. Auch hierbei bleibt noch ein sehr geringer Gerbstoffrest. Sämtliche Gallussäurekrystallisationen werden vereinigt und an der Luft getrocknet. Da Gallussäure 1 Mol. Wasser enthält, muß sie auf wasserfreie Säure umgerechnet werden. Von den vereinigten wäßrigen Zuckerlösungen wird ein aliquoter Teil erst bei Zimmertemperatur, dann bei 113° bei 12 mm Druck über Phosphorpentoxyd getrocknet und daraus der Gehalt an Zucker berechnet.

Viertes Kapitel.

Methoxylgruppe und Äthoxylgruppe. — Höhere Alkoxyle. — Methylenoxydgruppe. — Brückensauerstoff.

Erster Abschnitt.

Methoxyl- und Äthoxylgruppe [1]).

1. Qualitative Unterscheidung der Methoxyl- und der Äthoxylgruppe.

Da es bei der allgemein angewendeten quantitativen Bestimmungsmethode der Methoxyl- und Äthoxylgruppen nach Zeisel [2]) unentschieden bleibt, ob die vorliegende Substanz Methyl oder Äthyl enthält, ist es häufig notwendig, eine qualitative Untersuchung vorzunehmen.

Nach Beckmann [3]) erhitzt man zu diesem Zweck die Substanz mit der molekularen Menge Phenylisocyanat im Rohr einige Stunden auf 150° und destilliert das Reaktionsprodukt im Wasserdampfstrom. Das übergehende Öl erstarrt zu einer bei 47° schmelzenden Substanz, dem Methylphenylurethan, oder zu dem bei 51° schmelzenden Äthylphenylurethan.

Das Produkt wird durch Umkrystallisieren aus einem Gemisch von Äther und Petroläther gereinigt und durch die Analyse identifiziert.

$$C_8H_9O_2N\ldots C = 63.6,\ H = 5.9\ \%$$
$$C_9H_{11}O_2N\ldots C = 65.5,\ H = 6.6\ ,,$$

Schwer zerlegbare Äther werden indes nach diesem Verfahren nicht gespalten.

Feist [4]) legt bei der Bestimmung im Zeiselschen Apparat alkoholische Dimethylanilinlösung statt Silbernitrat vor und konstatiert, wenn Methyl abgespalten wurde, die Bildung des bei 211—212° schmelzenden Trimethylphenyliumjodids. Jodäthyl reagiert mit 10 proz. alkoholischer Dimethylanilinlösung zu langsam. Will man auf diese Art Jodäthyl nachweisen, so muß man unverdünntes Dimethylanilin anwenden [5]).

Besser ist es, das Dimethylanilin durch alkoholisches Trimethylamin [6])

---

[1]) Während sich bekanntlich Methoxylderivate in Pflanzenstoffen sehr häufig finden, ist das Auftreten einer Methoxylgruppe in der Tierwelt noch nie beobachtet worden. Ackermann, B. **54**, 1940 (1921).   [2]) S. 892.   [3]) A. **292**, 9, 13 (1896).

[4]) B. **33**, 2094 (1900). — Schüler, Arch. **245**, 264 (1907). — Willstätter, A. **371**, 27 (1910). — Hofmann und Brugge berühren zum Nachweis der Methoxylgruppe im Eisenmethylat die Substanz mit einer glühenden Kupferspirale und weisen gebildeten Formaldehyd nach. B. **40**, 3765 (1907).

[5]) Willstätter und Utzinger, A. **378**, 23 (1911); **382**, 148 (1911). — Willstätter, Z. physiol. **101**, 33 (1917). Das Dimethyläthylphenyliumjodid schmilzt bei 136° und bildet rhombische Tafeln.

[6]) Zu beziehen von Dr. K. H. Schmitz, Breslau, Höfchenstr. 50.

zu ersetzen, dessen Jodmethylat und Jodäthylat rasch und quantitativ entstehen und sich gegebenenfalls gut trennen lassen[1]).

Bestimmung von Jodmethyl und Jodäthyl nebeneinander[2]).

1. Bei Anwendung von Dimethylanilin kann man die Trennung der Jodide auf die verschiedene Reaktionsgeschwindigkeit der Alphyljodide gründen oder auf die verschiedene Löslichkeit der quaternären Jodide in Chloroform, in dem Trimethylphenylammoniumjodid (Smp. 212°) sehr schwer, Dimethyläthylphenylammoniumjodid (Smp. 136°) spielend löslich ist.

2. Mit Trimethylamin ist die Trennung schärfer und leichter auf Grund folgender Löslichkeitsbestimmungen auszuführen:

	Tetramethyl-ammoniumjodid	Trimethyläthylammonium-jodid
Wasser	schwer löslich	äußerst leicht löslich
Aceton	spurenweise löslich	beträchtlich löslich
Chloroform	spurenweise löslich	kalt ziemlich leicht löslich
Absoluter Alkohol	sehr schwer löslich	kalt leicht löslich,
	heiß 1 g in 1060 g	heiß 1 g in 1.23 g

Besonders geeignet ist absoluter Alkohol für die quantitative Trennung. Über die Methode von Kirpal und Bühn siehe S. 903.

Man kann auch, falls größere Substanzmengen zur Verfügung stehen, das Jodalkyl in Substanz isolieren, indem man beim Zeiselschen Apparat ein gut gekühltes Fraktionierkölbchen vorlegt und den Siedepunkt des in geeigneter Weise getrockneten Produkts bestimmt[3]).

Jodmethyl siedet bei 42—43°, Jodäthyl bei 72°.

Gewöhnlich lassen sich übrigens Äther oder Ester mit Alkali oder Schwefelsäure verseifen und der entstandene Alkohol mit der Liebenschen Jodoformreaktion[4]) prüfen.

V. Meyer empfiehlt[5]), die Jodalkyle in die Nitrolsäuren überzuführen. Methylnitrolsäure: Smp. 64°, Äthylnitrolsäure: Smp. 81—82°.

Siehe auch noch Decker, B. **35**, 3073 (1902). — Hofmann, B. **39**, 3188 (1906); **41**, 1626 (1908).

2. Quantitative Bestimmung der Methoxylgruppe.

a) Methode von Zeisel[6]).

Diese überaus elegante und zuverlässige Methode beruht auf der Überführbarkeit des Methyls der CH_3O-Gruppe durch Jodwasserstoffsäure in Jodmethyl und Bestimmung des Jods in der Doppelverbindung von Jodsilber und Silbernitrat bzw. dem daraus mit Wasser entstehenden Jodsilber.

---

[1]) Willstätter und Stoll, A. **378**, 23 (1911). — Willstätter und Utzinger, A. **378**, 149 (1911).

[2]) Willstätter und Stoll, A. **378**, 23, 32 (1911). — Willstätter und Utzinger, A. **382**, 148 (1911). — Willstätter, Chlorophyll (1913), 225. — Küster, Z. physiol. **101**, 33 (1917).   [3]) Z. B. Fromm und Emster, B. **35**, 4355 (1902).

[4]) S. 474. — Siehe Winzheimer, Arch. **246**, 355 (1908).

[5]) M. u. J., 2. Aufl., **1**, 407 (1907).

[6]) M. **6**, 989 (1885); **7**, 406 (1886). — Bericht über den III. intern. Kongreß f. angew. Chemie **2**, 63 (1898). — Über Versuche der Methoxylbestimmung mit Salzsäure: Tröger und Müller, Arch. **252**, 459 (1914). — Tröger und Tiebe, Arch. **258**, 277 (1920).

Sie liefert immer quantitativ richtige Ergebnisse (Fehlergrenze etwa $\pm 0.5\%$ des Gesamtmethoxylgehalts), wenn nicht die Substanz durch Umlagerung unter dem Einfluß der Jodwasserstoffsäure während der Reaktion selbst teilweise in eine C-methylierte Verbindung übergeht[1]) oder einer anderen anormalen Reaktion unterliegt[2]) und wenn es gelingt, die Substanz wenigstens partiell in Lösung zu bringen[3]).

Auch Oximäther lassen sich nach diesem Verfahren analysieren[4]).

In manchen seltenen Fällen wird auch an Stickstoff gebundenes Alkyl schon durch siedende Jodwasserstoffsäure mehr oder weniger weitgehend abgespalten, andererseits kann bei stickstoffhaltigen Substanzen während der Reaktion Alkyl an den Stickstoff wandern und kann dann nur nach der Herzig-Meyer-schen Methode bestimmt werden. Siehe hierüber S. 998.

Der Apparat zu dieser Bestimmung besteht in der ursprünglichen, jetzt kaum mehr benutzten Versuchsanordnung aus einem mit Wasser von etwa 40—50° gespeisten Rückflußkühler K (Fig. 319), an dem

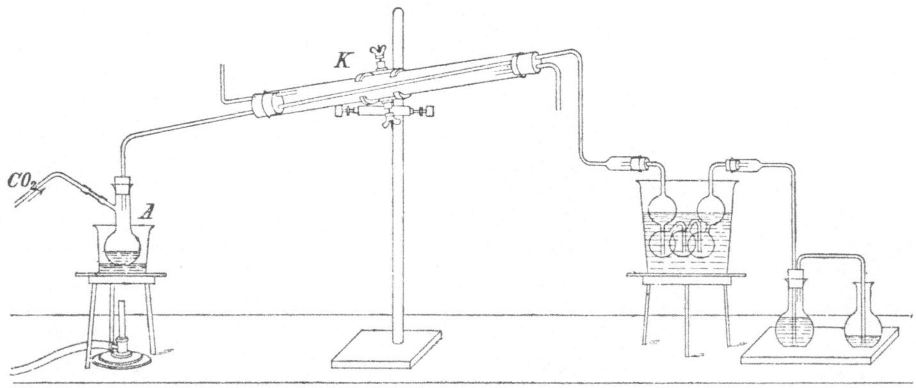

Fig. 319. Methode von Zeisel.

ein Kölbchen A von 30—35 ccm Inhalt mit Korkstopfen befestigt ist, an dessen Hals in der aus der Figur ersichtlichen Weise ein knapp vor der Lötstelle verengtes Seitenrohr zum Zuleiten von Kohlendioxyd angesetzt ist.

Das obere Ende des Kühlrohrs ist erweitert, um einen Geißlerschen Kaliapparat anfügen zu lassen, der mit Wasser, in dem $1/4—1/2$ g amorpher roter Phosphor suspendiert wird, gefüllt ist. Er steht während des Versuchs in einem ca. 50—60° warmen Wasserbad und dient dazu, den durchstreichenden Jodmethyldampf von mitgerissener Jodwasserstoffsäure und von Joddampf zu befreien. An diesem Waschapparat ist ein rechtwinklig gebogenes Glasrohr angesetzt.

Dieses leitet den Dampf des Jodmethyls bis an den Boden eines ca. 80 ccm fassenden Kölbchens, in dem 50 ccm alkoholische Silbernitratlösung enthalten sind, und geht durch die eine Bohrung eines in den Kolben eingesetzten Korks, in dessen zweiter ein doppelt rechtwinklig gebogenes Glasrohr eingefügt ist.

---

[1]) Goldschmiedt und Hemmelmeyr, M. **15**, 325 (1894). — Pollak, M. **18**, 745 (1897). — Herzig und Hauser, M. **21**, 872 (1900). — Vgl. Moldauer, M. **17**, 470 (1896). — Kirpal, B. **41**, 819 (1908).
[2]) Hesse, B. **30**, 1985 (1897). — Bistrzycki und Herbst, B. **35**, 3140 (1902).— v. Schmidt, M. **25**, 295 (1904). [3]) Siehe S. 899. [4]) Kaufler, B. **35**, 753 (1902).

Der kürzere Schenkel mündet unterhalb des Korks, der längere reicht bis auf den Boden eines zweiten kleineren Kölbchens mit 25 ccm Silbernitratlösung.

Man kann auch einfacher ein Destillierkölbchen nehmen, dessen abgebogenes Ansatzrohr in das zweite taucht. In der Regel braucht man übrigens das letztere gar nicht.

Ein Siedegefäß, das die direkte Einwirkung der heißen Jodwasserstoffsäure auf den Kork verhindert, haben Benedikt[1]) und Bamberger[2]) beschrieben (Fig. 320).

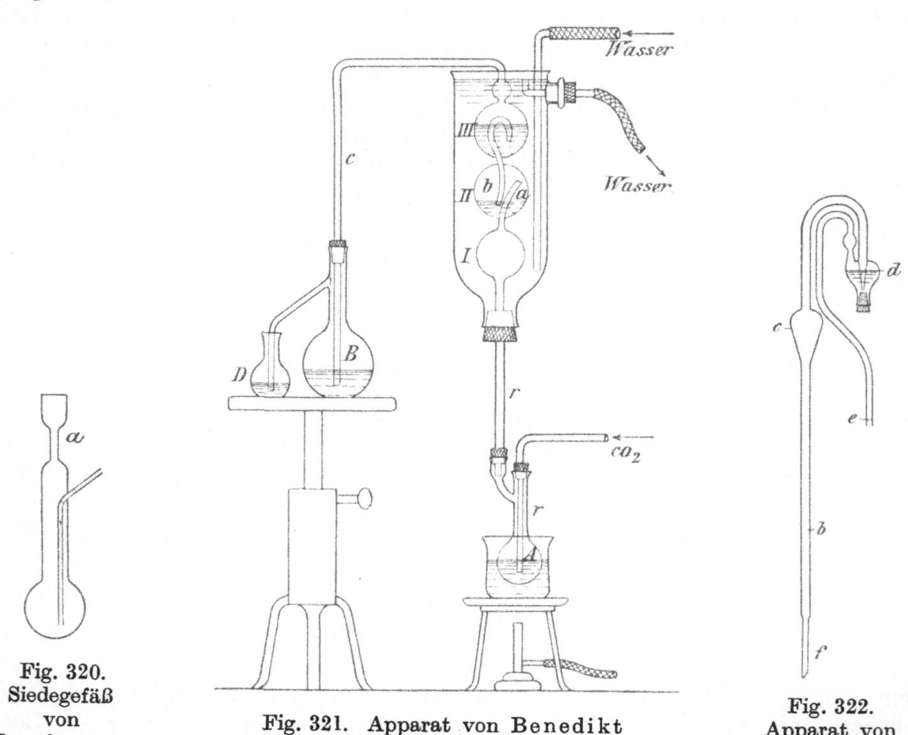

Fig. 320.
Siedegefäß
von
Bamberger.

Fig. 321. Apparat von Benedikt
und Grüßner.

Fig. 322.
Apparat von
Hans Meyer.

Modifikationen des Apparats[3]) haben Benedikt und Grüßner[1]) (Fig. 321) angegeben, die einen Kugelapparat verwenden, der zugleich als Rückflußkühler und Waschapparat dient, sowie Ehmann[4]), Perkin[5]), Cumming[6]), Hesse[7]), Decker[8]), Stritar[9]), Hewitt und Moore[10]), Zeisel und Fanto[11]). Den Apparat von Stritar illustriert Fig. 323a. Für die Untersuchung von flüchtigen Substanzen und für die Methylimidbestimmung (S. 998) wurde er von Herzig in der aus Fig. 323b ersichtlichen Weise modifiziert. B enthält die Waschflüssigkeit.

---

[1]) Ch. Ztg. 13, 872 (1889).   [2]) M. 15, 509 (1894).
[3]) Siehe auch A. 272, 290, Anm. (1893). In manchen Fällen kann man nur mit dem Apparat von Herzig und Hans Meyer (S. 998) auskommen. Moldauer, M. 17, 466 (1896). — Weidel und Pollak, M. 21, 25 (1900). — Hertzka, M. 26, 234, Anm. (1905).
[4]) Ch. Ztg. 14, 1767 (1890); 15, 221 (1891).   [5]) Soc. 83, 1367 (1903).
[6]) Soc. Ind. 41, 20 (1922).
[7]) B. 39, 1142 (1906).   [8]) B. 36, 2895 (1903).   [9]) Z. anal. 42, 579 (1903).
[10]) Soc. 81, 318 (1902).   [11]) Z. anal. 42, 554 (1903).

Der einfachste und zweckmäßigste Apparat ist der von Hans Meyer[1]) angegebene (Fig. 322).

Bei *f* wird das an dieser Stelle ausgezogene Rohr *b* in das Bamberger-sche Kochkölbchen eingesetzt[2]). *b* dient als Luftkühler und trägt zur Sicherheit eine kegelförmige Erweiterung *c*. In *d*, das von unten durch einen Korkstopfen verschlossen wird, füllt man nach dem Umkehren des Apparats etwas Wasser und einige Milligramme roten Phosphor. Bei *e* taucht das Ableitungsrohr in in die alkoholische Silbernitratlösung.

Man kann auch[3]) an das Ableitungsrohr mittels guten Schlauches (Glas an Glas!) ein kurzes Einleitungsrohr ansetzen, behufs leichterer Abspülung des Jodsilbers.

Die Länge von *b* bis zur Biegung beträgt 50 cm, der Durchmesser 10 mm, der Inhalt von *d* 15 ccm.

Der Apparat ist leicht und billig herstellbar, wenig zerbrechlich und leicht zu reinigen. Er kann mit gleich gutem Erfolg auch für die Bestimmung von Alkyl am Stickstoff benutzt werden. Siehe S. 998.

Bei schwefelhaltigen Substanzen ist die Zeiselsche Methode nicht ohne weiteres anwendbar[4]), und ebensowenig darf die Jodwasserstoffsäure mit Schwefelwasserstoff bereitet sein, da sie dann nicht gut von flüchtigen Schwefelverbindungen zu befreien ist, die Anlaß zur Bildung von Mercaptan und Schwefelsilber geben würden[5]).

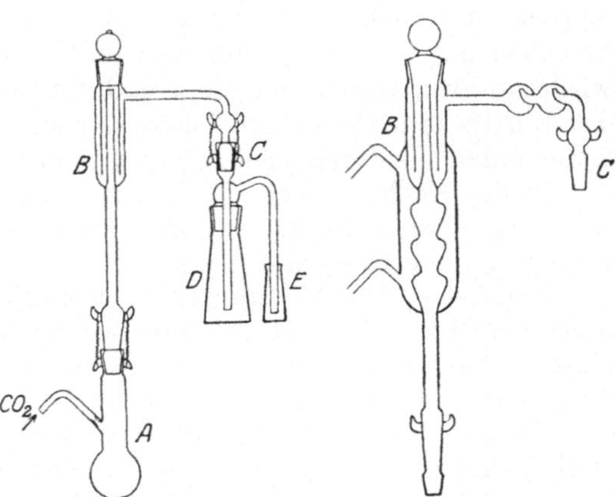

Fig. 323 a.   Fig. 323 b.
Apparat von Stritar.   Apparat von Herzig.

Hat eine Jodwasserstoffsäure (1.7—1.72) bei der blinden Probe einen merkbaren Niederschlag im Silbernitratkölbchen ergeben, so muß man sie durch Destillation reinigen[6]), wobei man das erste und letzte Viertel des Destillats verwirft und nur die Mittelfraktion zu den Bestimmungen benutzt.

Säure vom spez. Gewicht 1.9 wird in solche von 1.7 verwandelt, wenn man auf je 15 ccm der ersteren 5 ccm Wasser zusetzt.

Die benutzte Jodwasserstoffsäure wird gesammelt. Durch Destillieren kann man sie immer von neuem verwendbar machen.

Die Silbernitratlösung wird durch Lösen von je 2 g Salz in je 5 ccm Wasser und Zusatz von je 45 ccm absolutem Alkohol bereitet. Man kocht sie eine halbe Stunde am Rückflußkühler und läßt dann 2 Tage an der Sonne

---

[1]) M. **25**, 1213 (1904). — Zu beziehen von F. Hugershoff, Leipzig, und von S. Grünwald, Prag, Krankenhausgasse.

[2]) Die Verengung des Rohres ist so zu bemessen, daß es ziemlich genau in die Verengung *a* des Kochkölbchens paßt. Dadurch wird vermieden, daß Jodwasserstoffsäure zum Korkstopfen gelangt.   [3]) Kiliani, B. **49**, 709 (1916).

[4]) Über die Methoxylbestimmung in schwefelhaltigen Substanzen siehe S. 902 ff.

[5]) Eine brauchbare „Jodwasserstoffsäure für Methoxylbestimmungen" wird von C. A. F. Kahlbaum in Berlin in den Handel gebracht.

[6]) Kochen am Rückflußkühler, wie es Benedikt empfiehlt, führt selbst bei mehrtägigem Erhitzen nicht zum Ziel. — Die flüchtige Substanz, welche bei Blindversuchen einen Niederschlag veranlaßt, ist wahrscheinlich Jodcyan. Roser und Howard, B. **19**, 1596 (1896). — Cumming, Soc. Ind. **41**, 20 (1922), empfiehlt Destillation über rotem Phosphor.

stehen. Hierauf wird von dem geringen Bodensatz abgegossen. Von der im Dunkeln aufbewahrten Lösung gießt man vor dem Versuch die nötige Menge (evtl. durch ein Filter) in das Kölbchen und setzt ihr schließlich einen Tropfen reine Salpetersäure zu[1]).

Der rote Phosphor wird auf dem siedenden Wasserbad $^1/_2$ Stunde mit verdünntem Ammoniak digeriert, abgesaugt und gründlich mit heißem Wasser gewaschen, dann in weithalsiger Glasflasche unter Wasser aufbewahrt. Vor jeder Bestimmung ist das Wasser zu erneuern und umzuschütteln.

1. Verfahren für nichtflüchtige Substanzen.

Zur Ausführung des Versuchs wird der vollständig zusammengestellte Apparat auf dichten Schluß geprüft, die Silberlösung eingefüllt, das Kochkölbchen mit 0.2—0.3 g Substanz und 10 ccm Jodwasserstoffsäure beschickt, wieder an den Apparat angefügt und durch einen Mikrobrenner bis zum Sieden des Inhalts erhitzt, während gewaschenes Kohlendioxyd — etwa 3 Blasen in 2 Sekunden — durch den Apparat streicht[2]).

In das Kochkölbchen bringt man auch, falls man nicht die Bambergersche oder Benediktsche Modifikation benutzt, zur Vermeidung von Siedeverzug einige erbsengroße Tonstückchen.

Nach etwa 10—15 Minuten, vom Beginn des Siedens der Jodwasserstoffsäure gerechnet, beginnt die Silberlösung sich zu trüben und bald wird der Kolbeninhalt undurchsichtig von der Ausscheidung der weißen Doppelverbindung von Jodsilber und Silbernitrat.

Der Inhalt des zweiten Kölbchens bleibt fast immer klar und nur bei sehr methoxylreichen Substanzen und raschem Gang des Kohlendioxydstroms — wobei es auch (durch mitdestilliertes Wasser) zu Gelbfärbung im ersten Kölbchen kommen kann — zeigt sich manchmal eine schwache Trübung.

Das Ende des Versuchs ist fast immer sehr scharf daran zu erkennen, daß die Flüssigkeit sich vollkommen über dem nunmehr krystallinischen Niederschlag klärt. Zur Sicherheit kocht man aber noch $^1/_2$ Stunde weiter.

Wenn die Methylabspaltung sehr langsam erfolgt, kann die Beendigung des Versuchs nicht auf diese Weise erkannt werden. Es empfiehlt sich daher stets[3]), nach dem Absetzen des Niederschlags, das Vorlegekölbchen gegen ein solches mit frischer Lösung — es genügt dann eine viel kleinere Silbermenge — auszutauschen, oder rasch durch Dekantation die klare Lösung vom Niederschlag in ein anderes Kölbchen zu leeren und letzteres vorzulegen. Man erhitzt dann noch $^1/_2$ Stunde weiter, während deren kein neuerlicher Niederschlag auftreten darf, widrigenfalls man nach Klärung desselben nochmals in der geschilderten Weise vorzugehen hat.

Die Dauer der Bestimmungen beträgt im allgemeinen $1^1/_2$—2 Stunden.

Nun werden die beiden Vorlegekölbchen samt Zuleitungsrohr vom Apparat abgenommen, der Inhalt des zweiten mit der 5fachen Menge Wasser verdünnt und, falls nach mehreren Minuten keine Trübung entsteht, nicht weiter berücksichtigt, sonst mit dem Inhalt des ersten Kölbchens vereinigt und auf etwa 500 ccm mit Wasser verdünnt.

Von den Glasröhren wird der anhaftende Niederschlag mit Federfahne und Spritzflasche entfernt und in das Becherglas gespült.

---

[1]) Zeisel, Ber. üb. d. III. intern. Kongreß f. ang. Chemie, Wien **1898**.
[2]) In die Waschflasche des Kohlensäureapparates gibt man verdünnte wäßrige Silbernitratlösung, um — von einem etwaigen Kiesgehalt des Marmors stammenden — Schwefelwasserstoff zu zerstören.   [3]) Siehe auch Perkin, Soc. **83**, 1370 (1903).

Dieser Teil des Niederschlags ist gewöhnlich [durch Phosphorsilber?[1])] dunkel gefärbt, was jedoch auf das Resultat der Bestimmung ohne Einfluß ist.

Der Inhalt des Becherglases wird auf dem Wasserbad auf die Hälfte eingedampft, mit Wasser und wenigen Tropfen Salpetersäure wieder aufgefüllt, bis zum völligen Absitzen des gelben Jodsilberniederschlags digeriert und dann in üblicher Weise das Jodsilber bestimmt, wobei man den S. 52 beschriebenen Apparat benutzt.

Perkin zieht es vor[2]), die alkoholische Silberlösung langsam in kochendes, mit Salpetersäure versetztes Wasser einzutragen und noch bis zum Vertreiben der Hauptmenge des Alkohols einzudampfen.

2. Modifikation des Verfahrens für leicht flüchtige Substanzen.

Hat man flüchtige Substanzen zu analysieren, so gelangt man auch gewöhnlich zum Ziel, wenn man zu Beginn des Versuchs kaltes Wasser durch den Rückflußkühler schickt[3]), den Kohlendioxydstrom langsam gehen läßt und langsam anheizt.

Für besonders leicht flüchtige Substanzen hat Zeisel[4]) folgendes Verfahren angegeben: 0.1—0.3 g Substanz werden in einem leicht zerbrechlichen, zugeschmolzenen Glaskügelchen abgewogen.

Um das Zertrümmern desselben zu erleichtern, schließt man ein etwa 2 cm langes, scharfkantiges Stückchen Glasrohr mit in die Einschmelzröhre ein, in der die Umsetzung der Substanz mit 10 ccm Jodwasserstoffsäure (1.7) durch 2 stündiges Erhitzen auf 130° bewirkt wird.

Die Röhre soll 30—35 cm lang und 1.2—1.5 cm weit sein. Das eine Ende geht in einen durch Anschmelzen eines zylindrischen Glasrohrs hergestellten Fortsatz von 10 cm Länge und 1—2 mm innerer Weite aus, das andere ist derart capillar verengt, daß ein Kautschukschlauch gut schließend darübergezogen werden kann.

Die beiden Spitzen der Röhre sollen, wenn auch nicht zu fein, so doch so beschaffen sein, daß sie leicht abgebrochen werden können, wenn man sie — nach dem Erhitzen — anfeilt.

Nachdem man das Glaskügelchen durch Schütteln des Rohrs zerbrochen und danach wie angegeben erhitzt hat, wird das Rohr beiderseits angefeilt und mit dem angeschmolzenen Ende in einen 3 fach durchbohrten Kork eingesetzt, der ein weithalsiges Kölbchen mit dem Rückflußkühler verbindet.

In der dritten Bohrung dieses Korks steckt ein 2 fach gebogener, nicht zu schwacher Glasstab von beistehender Form (⌐), durch dessen Drehung die über seinen unteren, horizontalen Arm hinwegragende Spitze des eingesetzten Einschmelzrohrs leicht abgebrochen werden kann.

Ist so das Rohr zuerst unten geöffnet worden, so wird durch seitliches Klopfen mit dem Finger, dann durch vorsichtiges Erhitzen der oberen Spitze die Flüssigkeit aus derselben vertrieben und nach dem Erkalten ein guter Kautschukschlauch darübergezogen, der zu dem bereits in richtigem Gang befindlichen Kohlensäureapparat führt.

Nun wird die obere Spitze innerhalb des Schlauchs abgebrochen.

Die Flüssigkeit, von der schon beim Öffnen der unteren Spitze ein Teil ausgeflossen ist, wird nun ganz ins Siedekölbchen gedrängt. Von da ab wird genau so vorgegangen wie bei der Analyse nichtflüchtiger Methoxylverbindungen.

---

[1]) Siehe Kropatschek, M. **25**, 583 (1904).   [2]) A. a. O.
[3]) Ein solcher läßt sich leicht über das Rohr *b* (Fig. 322) ziehen.
[4]) M. **7**, 406 (1886).

3. Bemerkungen zur Zeiselschen Methode.

Die Methode ist auch bei chlor-[1]) (Zeisel) und bromhaltigen [Pum[2])] sowie Nitroverbindungen anwendbar; unter geeigneten Bedingungen auch bei schwefelhaltigen[3]).

Bei der Analyse von Nitrokörpern[4]) und überhaupt bei Substanzen, die aus der Lösung viel Jod abscheiden, empfiehlt es sich, auch in das Siedekölbchen etwas roten Phosphor zu geben [Benedikt und Bamberger[5])].

Der Waschapparat muß nach je 4—5 Bestimmungen frisch gefüllt werden.

Da manche Substanzen unter dem Einfluß der Jodwasserstoffsäure verharzen, wodurch infolge Einhüllung unangegriffener Substanz die Jodmethylabspaltung verzögert oder teilweise verhindert werden kann, empfiehlt es sich oft, der Jodwasserstoffsäure 6—8 Volumprozente Essigsäureanhydrid hinzuzufügen, wie dies Herzig[6]) beim Methyl- und Acetyläthylquercetin, beim Rhamnetin und Triäthylphloroglucin mit Erfolg versuchte.

In manchen Fällen ist auch viel größerer Essigsäureanhydridzusatz von Vorteil. So hat Wolf im Prager deutschen Univ.-Labor. gefunden, daß der Brassidinsäuremethylester, der nach dem üblichen Verfahren bloß ungefähr die Hälfte (4.5 %) des theoretischen Methoxylgehalts finden läßt, recht befriedigende Resultate liefert, wenn man zur Verseifung eine Mischung gleicher Mengen (je 10 ccm) Jodwasserstoffsäure und Anhydrid verwendet. Ähnliche Erfahrungen machten Goldschmiedt und Knöpfer[7]) bei einem aus Chlorbenzyldibenzylketon erhaltenen Ester $C_{22}H_{19}O(OCH_3)$.

Man mischt die Reagenzien in einem besonderen Gefäß unter Abkühlen[8]) und gibt noch einige Kubikzentimeter Jodwasserstoffsäure (1.96) hinzu, um der Verdünnung der Säure durch das Anhydrid entgegenzuwirken.

Jodwasserstoffsäure 1.85 und Anhydrid: Eder, Arch. **253**, 21 (1915).

Baeyer und Villiger empfehlen einen Zusatz von Eisessig[9]). — Noch viel besser wirkt Phenol[10]), von dem man 1—2 ccm auf je 10 ccm Jodwasserstoffsäure verwendet. Man löst die Substanz in dem geschmolzenen Phenol, läßt erkalten und gibt die Säure hinzu[11]).

Die Behauptung von Manning und Nierenstein, B. **46**, 3983 (1913), daß Essigsäureanhydrid oder Phenolzusatz zu Fehlern Anlaß gebe, ist vollkommen falsch. — Siehe Goldschmiedt, B. **47**, 389 (1914).

---

[1]) Manchmal liefern stark chlorhaltige Substanzen unbefriedigende Resultate. Decker und Solonina, B. **35**, 3223 (1902). — Siehe übrigens S. 899, Anm. 3.

[2]) M. **14**, 498 (1893).   [3]) Siehe S. 902.

[4]) Nitroverbindungen geben leicht etwas zu niedrige Zahlen. Thoms und Drauzburg, B. **44**, 2129, 2131 (1911).

[5]) M. **12**, 1 (1891). — Reinigen des Phosphors: Stritar, Z. anal. **42**, 586 (1903).

[6]) M. **9**, 544 (1898). — Siehe auch Pomeranz, M. **12**, 383 (1891). — Hewitt und Moore, Soc. **81**, 321 (1902). — Perkin, Soc. **83**, 1370 1903). — Oesterle, Arch. **243**, 440 (1905). — Tisza, Diss. Bern (1908), 42. — Finnemore, Soc. **93**, 1516 (1908). — Orndorff und Black, Am. **40**, 376 (1909). — Dimroth, B. **43**, 1394 (1910).

[7]) M. **20**, 743, Anm. (1899). — Siehe auch Grafe, M. **25**, 1019 (1904).

[8]) Siehe dazu Kirpal, B. **47**, 1087 (1914). — Die ψ-Ester von o-Dicarbonsäuren reagieren mit Jodwasserstoffsäure schon in der Kälte unter Abspaltung von Jodalkyl: In solchen Fällen muß die Substanz mit eisgekühlter Säure übergossen und das Siedekölbchen rasch anmontiert werden: Kirpal, M. **35**, 687 (1914). — Siehe auch S. 909.

[9]) B. **35**, 1199 (1902). — Tröger und Müller, Arch. **248**, 7 (1910). — Mannich, Arch. **254**, 357, 363 (1916).

[10]) Weishut, M. **33**, 1165 (1912); **34**, 1549 (1913). — Roslav, M. **34**, 1510, 1511 (1913). — Hans Meyer und Brod, M. **34**, 1152 (1913). — Rebek, M. **34**, 1520 (1913). — Seib, M. **34**, 1569 (1913).

[11]) Hans Meyer und Alice Hofmann, M. **38**, 358 (1917).

Der Zusatz der Essigsäure resp. des Anhydrids oder Phenols bewirkt in solchen Fällen eine Vergrößerung der Löslichkeit der Substanz resp. ihre feinere Verteilung. Zum Gelingen der Operation ist ja, was eigentlich selbstverständlich ist, die an die Lösung geknüpfte innige Berührung der Substanz mit der Jodwasserstoffsäure unerläßlich. So haben Boyd und Pitman gezeigt[1]), daß Trichloranisol und Tribromanisol ohne Zusatz eines Lösungsmittels zur Jodwasserstoffsäure völlig unbefriedigende Zahlen liefern, während sie, mit einem Gemisch aus gleichen Teilen Jodwasserstoffsäure 1.7 und Eisessig gekocht, quantitativ zerlegt werden.

Ebenso konnte Hans Meyer die falschen Resultate[2]) von R. Meyer und Marx bei der Untersuchung der Bromphenolphthaleinester in diesem Sinn rektifizieren[3]).

Es gibt aber immerhin Fälle, in denen die Jodsilberabscheidung, sei es infolge ungenügender Löslichkeit der Substanz, sei es wegen allzu großer Stabilität derselben[4]), unter den normalen Versuchsbedingungen (1—2stündiges Erhitzen, Jodwasserstoffsäure 1.7) nicht vollständig ist[5]).

In solchen Fällen ist der Versuch nach 2 Stunden zu unterbrechen, neue Silberlösung vorzulegen und nach Zusatz von 2—3 ccm Jodwasserstoffsäure 1.96 wieder mehrere Stunden zu kochen. Dieser Vorgang wird wiederholt, bis die Silberlösung auch nach mehrstündigem Erhitzen klar bleibt. Bei der Methoxylbestimmung solcher resistenter Substanzen pflegt sich der Beginn der Jodsilberabscheidung nicht durch milchige Trübung, sondern durch das Ausfallen glänzender Krystallflitter anzuzeigen. — Über den umgekehrten Fall: allzu leichte Abspaltung von Stickstoffalkyl, die das Vorhandensein einer Methoxylgruppe vortäuscht, siehe S. 1002.

In manchen Fällen ist auch Zusatz von amorphem Phosphor anzuraten, oder ausschließliche Anwendung von Säure vom spez. Gewicht 1.96.

Substanzen, die unter dem Einfluß der Jodwasserstoffsäure verharzen, geben leicht zur Verstopfung des Kohlendioxyd-Zuleitungsrohrs Anlaß.

Auch die Bestimmung von Krystallalkohol[6]) kann nach der Zeiselschen Methode mit befriedigendem Resultat erfolgen.

Goldschmiedt schlägt zu diesem Zweck folgende Versuchsanordnung

---

[1]) Soc. **87**, 1255 (1905).   [2]) B. **40**, 1437 (1907).

[3]) B. **40**, 2432 (1907). — R. Meyer und Marx, B. **41**, 2447 (1908). — Ebenso werden sich wohl die ungenügenden Resultate von Decker und Solonina (Anm. 1, S. 898) erklären lassen.

[4]) Siehe auch unter „Äthoxylgruppe". Angeblich nicht entalkylierbar sind: p-Methoxystilben und der Methylenäther des 3.4-Dioxy-4′-Methoxystilbens: Funk, Diss. Bern (1904). — Sulser, Diss. Bern (1905), 36. — Ebenso das Dibromanetholdibromid: Hoering, B. **37**, 1559 (1904).

[5]) Decker und Solonina, B. **36**, 2896 (1903). — Goldschmiedt, M. **26**, 1147 (1905). — Hans Meyer, M. **27**, 262 (1906). — Herzig und Polak, M. **29**, 267 (1908). — Herzig und Kohn, M. **29**, 296 (1908). — Weishut, M. **33**, 1166 (1912). — Klemenc, B. **47**, 1412 (1914). — Majima und Takayama, B. **53**, 1912 (1920). Nach Eckert (Privatmitteilung) erfordert die Verbindung

$$\text{Cl}\diagup\!\!\!\bigcirc\!\!\!\diagdown \overset{\text{HOOC}}{\underset{\text{COH}_3}{\diagup\!\!\!\bigcirc\!\!\!\diagdown}}\!\!-\!\text{NH}\!\bigcirc$$

trotz Phenolzusatzes zu ihrer vollständigen Verseifung 9 stündiges Kochen.

[6]) Herzig und Hans Meyer, M. **17**, 437 (1896). — Chloralalkoholat: Schmidinger, M. **21**, 36 (1900).

vor[1]). Ein U-förmig gebogenes Röhrchen, zur Aufnahme der Substanz, wird an ein Bambergersches Glaskölbchen derart angeschmolzen, daß das in das Kölbchen geleitete Kohlendioxyd zuerst durch das Röhrchen streichen muß, das in einem Flüssigkeitsbad auf 105—110° erhitzt wird. Der Gasstrom führt dann den entweichenden Alkohol in die siedende Jodwasserstoffsäure. Wegen der großen Flüchtigkeit des Methylalkohols versieht man das Kölbchen mit einem Aufsatz, wie ihn Herzig und Hans Meyer für die Bestimmung des Methyls am Stickstoff empfohlen haben[2]), und beschickt diesen gleich bei Beginn der Operation mit so viel Jodwasserstoffsäure, daß die aus dem Kölbchen entweichenden Dämpfe durch die Flüssigkeit glucksen müssen. Nach beendigter Operation läßt man die Jodwasserstoffsäure aus dem Aufsatz in das Kölbchen zurückfließen, erhitzt wiederum und so noch ein drittes Mal.

b) Modifikationen des Verfahrens durch Gregor[3]).

Gregor verwendet nach einem Vorschlag von Glücksmann zum Füllen des Waschapparats statt Phosphor kaliumcarbonathaltige Arsenigsäurelösung (je 1 Teil Kaliumcarbonat und Säure auf 10 Teile Wasser). Dies hat den Nachteil, daß man den Apparat nach jeder Bestimmung frisch füllen muß — während man bei der Anwendung von Phosphor 5—6 Bestimmungen hintereinander machen kann — und beseitigt nur den „Schönheitsfehler", daß das Jodsilber sich ein wenig geschwärzt zeigt, wenn man nicht ganz sorgfältig gereinigten Phosphor anwendet.

Übrigens fand Moll van Charante[4]), der die Gregorsche Methode nachprüfte, daß man mit Kaliumcarbonat und Arsenigsäure immer ein Defizit an Methoxyl erhält (bis zu $30\,^0/_0$ des Methoxylgehalts), das sich durch Zersetzung des Jodmethyls durch das Kaliumarsenit erklärt, was nach den Arbeiten von Klinger und Kreutz[5]), beziehungsweise Rüdorf[6]) erklärlich ist. — Dagegen erhält man nach Přibram[7]) richtige Zahlen, wenn man die Arsenitlösung verdünnter anwendet, als der Gregorschen Vorschrift entspricht, und zwar 1—2 proz.

Die zweite Modifikation besteht in der Verwendung salpetersaurer Silbernitratlösung und Titration des nicht gefällten Silbers nach Volhard.

17 g Silbernitrat werden in 30 ccm Wasser gelöst und mit absolutem Alkohol auf einen Liter verdünnt. Diese Lösung wird mit $^n/_{10}$-Rhodankalium gestellt. Für jede Analyse werden von der Silberlösung 50 ccm in das erste und 25 ccm in das zweite Kölbchen gebracht und mit einigen Tropfen salpetrigsäurefreier Salpetersäure versetzt. Nach Beendigung der Reaktion wird der Inhalt beider Kölbchen in einen 250 ccm fassenden Meßkolben gespült, mit Wasser bis zur Marke aufgefüllt, kräftig umgeschüttelt und durch ein trocknes Faltenfilter in ein trocknes Gefäß abfiltriert.

Je 50 oder 100 ccm werden dann mit reiner Salpetersäure und Ferrisulfatlösung versetzt und nach Volhard[8]) titriert.

Dieses Verfahren verdient nur dann bevorzugt zu werden, wenn man viele Bestimmungen auszuführen hat, da die erforderlichen Normallösungen nur beschränkte Haltbarkeit besitzen[9]).

---

[1]) M. **19**, 325 (1898).   [2]) M. **15**, 613 (1894). — Siehe S. 998.
[3]) M. **19**, 116 (1898).
[4]) Rec. **21**, 38 (1902).   [5]) A. **249**, 147 (1888).   [6]) B. **20**, 2668 (1887).
[7]) Privatmitteilung. — Kropatschek, M. **25**, 583 (1904).
[8]) J. pr. (2) **9**, 217 (1874). — A. **190**, 1 (1877). — Orndorff und Black, Am. **41**, 377 (1909).
[9]) Simon, Laboratoriumsbuch für die Industrie der Riechstoffe, Halle **1908**, 19.

c) Methoxylbestimmung durch Maßanalyse:

Klemenc, M. 34, 901 (1913). — Wohack, Z. Landw. Vers. in Öst. 17, 684 (1914). — Ripper und Wohack, Z. Landw. Vers. in Öst. 19, 372 (1916).

Berechnung[1]) der Methoxylbestimmung.

100 Gewichtsteile Jodsilber entsprechen
13.20 Gewichtsteilen CH_3O und
6.38 „ CH_3.

Faktorentabelle.
CH_3O

1	2	3	4	5	6	7	8	9
132	264	396	528	660	792	924	1056	1188

CH_3

1	2	3	4	5	6	7	8	9
638	1276	1914	2552	3190	3828	4466	5104	5742

3. Quantitative Bestimmung der Äthoxylgruppe.

Die Bestimmung wird nach Zeisel[2]) genau so vorgenommen, wie oben beim Methoxyl angegeben wurde.

In einzelnen Fällen haben sich die Äthylderivate so viel stabiler erwiesen als die zugehörigen Methyläther, daß die Äthoxylbestimmung in Frage gestellt ist, während die Methoxylbestimmung anstandslos verläuft.

Derartige Verhältnisse zeigen die Äther des Kynurins[3]) und des p-Oxychinaldins[4]) und die Äthylderivate der Phloroglucine[5]) und Substanzen der Quercetinreihe[6]).

100 Gewichtsteile Jodsilber entsprechen
19.21 Gewichtsteilen C_2H_5O oder
12.34 „ C_2H_5.

Faktorentabelle.
C_2H_5O

1	2	3	4	5	6	7	8	9
1921	3842	5763	7684	9605	11526	13447	15368	17289

C_2H_5

1	2	3	4	5	6	7	8	9
1234	2468	3702	4936	6320	7404	8638	9872	11106

---

[1]) Unter „Jodsilberzahl" verstehen Willstätter und Stoll [A. 378, 32 (1910)] den Quotienten $100 \cdot \dfrac{\text{gefundenes Jodsilber}}{\text{angewendete Substanz}}$.

[2]) M. 7, 406 (1886).   [3]) Hans Meyer, M. 27, 255 (1906).
[4]) Hans Meyer, M. 27, 992 (1906).
[5]) Pollak, M. 18, 745 (1897). — Herzig und Hauser, M. 21, 872 (1900).
[6]) Herzig, M. 9, 537 (1888).

4. Methoxyl-(Äthoxyl-)Bestimmungen in schwefelhaltigen Substanzen.

Die Zeiselsche Methode ist für schwefelhaltige Substanzen nicht direkt anwendbar, weil der durch die reduzierende Wirkung der Jodwasserstoffsäure entstehende Schwefelwasserstoff zur Bildung von Schwefelsilber Veranlassung gibt. Man kann indes die Methode durch geeignete Vorkehrungen auch diesem Umstand anpassen.

So hat Kaufler[1]) für Carbonsäureester schwefelhaltiger Substanzen und für Sulfosäureester, überhaupt für Substanzen, bei denen die Methoxylgruppen durch Lauge abspaltbar sind, eine passende Modifikation des Zeiselschen Verfahrens angegeben.

Methoxylbestimmung nach Kaufler.

Der Apparat besteht aus einem kleinen, ca. 15 ccm fassenden Fraktionierkölbchen (Verseifungskölbchen) mit rechtwinklig gebogenem Ansatzrohr. In dieses Kölbchen kommt die Substanz und die zur Verseifung dienende Lauge. Das Ansatzrohr ragt in ein U-Rohr, das mit ausgeglühten, mit Kupfersulfat getränkten Bimssteinstücken beschickt ist. An das U-Rohr schließt sich das Absorptionsgefäß an, wozu eine Winklersche Schlange gewählt werden kann, die einen senkrechten, breiten und hohen Ansatz trägt, der so dimensioniert sein soll, daß er mehr als das Doppelte der Jodwasserstoffsäure faßt, die in den Windungen des Apparats enthalten ist. Diese Vorrichtung wird mit dem Zeiselschen Apparat verbunden.

Wegen der Verwendung von Lauge kann man die Bestimmung nicht im Kohlendioxydstrom ausführen. Der Apparat wird vielmehr an die Pumpe angeschaltet und ein langsamer Luftstrom durchgesaugt; aus diesem Grund dient als Vorlage für das Jodmethyl ein Fraktionierkolben, dessen Rohr in einen kleineren, ebenfalls mit Silbernitratlösung gefüllten Fraktionierkolben taucht, der mit seinem Ansatzrohr an die Pumpe angeschlossen wird. Selbstverständlich muß die durchzusaugende Luft zur Befreiung von Säuren zunächst durch eine Waschflasche mit Alkali und dann zur Trocknung durch konzentrierte Schwefelsäure geleitet werden.

Die Ausführung geschieht wie folgt:

Nachdem man sich überzeugt hat, daß durch alle Teile des Apparats ein gleichmäßiger Luftstrom geht, wird die Substanz in den Verseifungskolben gebracht und 3—6 ccm wäßrige Kalilauge (1.27) hinzugefügt. Gleichzeitig wird der mit Jodwasserstoffsäure (1.7) gefüllte Winklerapparat durch eine Eis-Kochsalzmischung gekühlt, während das U-Rohr mit den Kupfersulfatbimssteinen durch ein Wasserbad auf 80—90° erwärmt wird. Der Verseifungskolben wird in einem Öl- oder Glycerinbad langsam erhitzt, so daß schwaches Sieden stattfindet, und dies so lange fortgesetzt, bis der Kolbeninhalt dickflüssig oder fest ist. Hierauf nimmt man das Ölbad ab, läßt unter fortdauerndem Durchsaugen von Luft erkalten und füllt nun wieder etwas Lauge nach, die auf gleiche Weise eingedampft wird. Sobald dies eingetreten ist, wird die Kältemischung fortgenommen, der Winklerapparat abgetrocknet und einige Zeit bei gewöhnlicher Temperatur belassen (ca. $^1/_2$ Stunde). Nachdem nunmehr angenommen werden kann, daß sämtlicher Alkohol durch den kontinuierlichen Luftstrom hinübertransportiert ist, beginnt man das Erhitzen der Jodwasserstoffsäure. Um zu heftiges Stoßen und Spritzen zu vermeiden, empfiehlt es sich, bloß die unterste Windung des Winklerapparats in das

---

[1]) M. **22**, 1105 (1901).

Bad eintauchen zu lassen, das langsam auf 140—150° erwärmt wird. Um Zurückspritzen sicher zu vermeiden, kann man in diesem Stadium das Tempo des Luftstroms etwas beschleunigen. Sobald alles Jodmethyl überdestilliert ist, löscht man die Flamme unter dem Ölbad und läßt während des Abkühlens der Jodwasserstoffsäure den Luftstrom noch eine Zeitlang durchstreichen. Nimmt man die Vorlage zu früh ab, so geschieht es meist, daß die überhitzte Jodwasserstoffsäure plötzlich aufkocht und in das U-Rohr mit den Bimssteinstücken geschleudert wird.

Bis zu diesem Zeitpunkt dauert die Bestimmung 3—4 Stunden; das weitere Verfahren ist dasselbe wie bei einer gewöhnlichen Methoxylbestimmung. Die Jodwasserstoffsäure kann mehrere Male hintereinander gebraucht werden.

Die Methode steht an Genauigkeit nicht viel hinter der Zeiselschen zurück, allein sie ist durch die Untersuchungen von Kirpal und Bühn im allgemeinen entbehrlich geworden. Doch bietet sie den Vorteil, daß man imstande ist, nach diesem Verfahren in Kombination mit der Methoxylbestimmung von Zeisel Methyl am Carboxyl von Methyl in ätherischer Bindung zu differenzieren, was bei der Untersuchung von Ätherestern Anwendung finden kann.

Methode von Kirpal und Bühn[1].

Entgegen den bestimmten Angaben von Zeisel[2], Benedikt und Bamberger[3] haben Kirpal und Bühn konstatiert, daß man auch von schwefelhaltigen Substanzen richtige Methoxylzahlen erhält, wenn man das abgespaltene Jodmethyl durch zwei Waschflaschen mit schwach schwefelsaurer 10proz. Cadmiumsulfatlösung streichen läßt. Der durch Mercaptanbildung verursachte Verlust ist minimal und kommt für das Resultat der Analyse nicht in Betracht.

Die Widersprüche zwischen den Angaben der zitierten Autoren haben sich folgendermaßen aufgeklärt: Jodmethyl reagiert bei Zimmertemperatur mit Schwefelwasserstoff so gut wie gar nicht und auch bei höherer Temperatur nur spurenweise unter Mercaptanbildung. Dagegen bildet Cadmiumsulfid mit Jodmethyl in der Wärme (also in dem von Zeisel und Bamberger benutzten Apparat, bei 60—70°) reichliche Mengen davon.

In der Kälte setzt sich ungelöstes Cadmiumsulfid, wie es bei der Einwirkung von Schwefelwasserstoff auf Cadmiumsulfat entsteht, mit Jodmethyl nur sehr wenig, reichlicher dagegen das bei Benutzung von Cadmiumjodid entstehende kolloide Cadmiumsulfid um. — Man arbeite also, wofern man es nicht vorzieht, die Pyridinmethode[4] anzuwenden, ohne zu erwärmen, im Apparat von Hans Meyer und benutze zum Waschen des Jodmethyls Cadmiumsulfatlösung.

Die Methoxylbestimmung läßt sich übrigens nach Kirpal und Bühn von der Silberlösung als Reagens vollständig unabhängig machen.

Kirpal hat nämlich konstatiert, daß sich Pyridin-Jodmethylat bei Abwesenheit von Pyridin und dessen Salzen mit Silberlösung unter Anwendung von Natriumchromat als Indicator glatt titrieren läßt, sowie, daß Pyridin aus stark verdünnten Gasgemischen Jodmethyl quantitativ unter Bildung von Jodmethylat zu absorbieren vermag.

Bei der Ausführung der Versuche werden die für Methoxylbestimmungen geltenden Vorschriften befolgt. Die Vorlage besteht aus zwei dickwandigen

---

[1] B. 47, 1084 (1914). — Siehe Edlbacher, Z. physiol. 107, 57 (1919). — Hewitt und Jones, Soc. 115, 193 (1919). — Cumming, Soc. ind. 41, 20 (1922).
[2] M. 7, 409 (1886).   [3] M. 12, 1 (1891).   [4] Siehe weiter unten.

Reagensgläsern mit seitlichem, rechtwinklig gebogenem Ansatzrohr, die mit
je 3—4 ccm Pyridin beschickt werden und denen sich noch ein kleines Kölbchen mit etwas Wasser anschließt, um die übelriechenden Pyridindämpfe möglichst zurückzuhalten. Jod konnte in der wäßrigen Lösung der dritten Vorlage nach dem Versuch nur in Spuren nachgewiesen werden.

Bald nach Beginn der Operation wird Gelbfärbung der Flüssigkeit in der
ersten Vorlage bemerkbar, die später auch auf die zweite übergreift; von dem
Zeitpunkt der ersten Färbung an-
gefangen wird gewöhnlich noch
eine Stunde erhitzt und dann im
Wasserstoffstrom erkalten lassen.
Der Inhalt der Vorlagen wird hierauf in eine Glasschale gebracht,
alle Bestandteile der Gefäße sorgfältig mit Wasser nachgespült und
die wäßrige Pyridinlösung auf dem
Wasserbad völlig eingedampft.
Beim Erkalten erstarrt der Inhalt
der Schale strahlenförmig; er wird
in Wasser gelöst und unter Zusatz
von Natriumchromat mit $^n/_{10}$-Sil-
berlösung titriert; nahe der Neu-
tralisationsgrenze verschwindet die
eingetretene Rotfärbung aus leicht
begreiflichen Gründen bald wieder,
es muß daher bis zur bleibenden Färbung titriert werden. Will man scharfen
Farbenumschlag erzielen, so verwendet man einen kleinen Überschuß von
Silberlösung, setzt hierauf eine gemessene Menge $^n/_{10}$-Kochsalzlösung zu und
titriert nach eingetretener Entfärbung mit Silberlösung zurück.

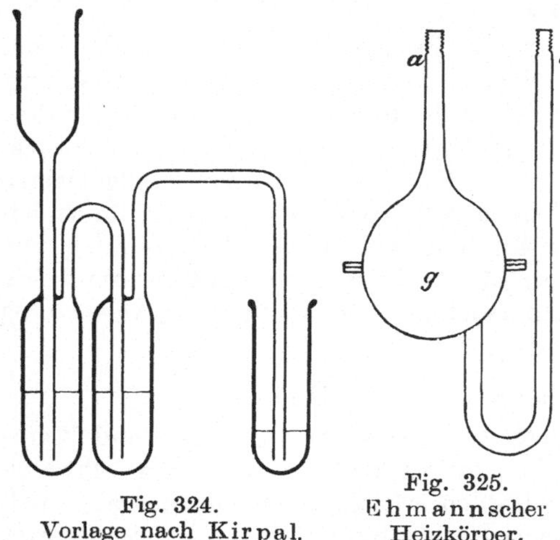

<table>
<tr><td>Fig. 324.
Vorlage nach Kirpal.</td><td>Fig. 325.
Ehmannscher
Heizkörper.</td></tr>
</table>

Zum Auffangen des Jodmethyls benutzt Kirpal ein Doppelkölbchen von
der in Fig. 324 angedeuteten Gestalt.

Die Berechnung der Analyse gestaltet sich überaus einfach, 1 ccm $^n/_{10}$-
Silberlösung entspricht 0.0031 g OCH_3.

Jodäthyl wird von Pyridin nur unvollständig absorbiert, man benutzt
daher bei äthoxylhaltigen Substanzen die Zeiselsche Methode unter Vorlage
von Cadmiumsulfatlösung.

Die Kirpal-Bühnsche Methode hat sich auch für die Analyse schwefel-
freier Methoxylverbindungen außerordentlich bewährt.

5. Bestimmung höhermolekularer Alkyloxyde.

Wie Nencki und Zaleski[1]) bei der Analyse des Acethäminmonoamyl-
äthers gezeigt haben, läßt sich selbst die Bestimmung des Amyljodids im
Zeiselschen Apparat durchführen.

Für die Bestimmung des (Iso-) Propylrests haben Zeisel und Fanto[2])
einen eigenen Apparat konstruiert.

Man wird aber auch hier in jedem Fall mit dem Apparat von Hans
Meyer auskommen, wenn man das Rohr *b* mit einem oben offenen Kühler

[1]) Z. physiol. **30**, 408 (1900).
[2]) Z. f. d. landwirtsch. Versuchswesen in Österreich **1902**, 729.

versieht, durch den 60—80° warmes Wasser geschickt wird, und auch das Waschgefäß in ein mit heißem Wasser gefülltes Becherglas eintauchen läßt.

Zum Erzeugen des Warmwasserstroms ist der **Ehmann**sche Heizkörper[1]) (Fig. 325) sehr geeignet.

Der aus verzinktem Kupfer bestehende Kessel g wird auf einen Dreifuß gesetzt, der Kühler des Methoxylapparats durch Kautschukschläuche mit der Heizvorrichtung so verbunden, daß a mit dem oberen, b mit dem unteren Ansatzrohr korrespondiert, dann wird von oben so viel Wasser eingegossen, daß auch der obere Ablauf des Kühlers davon bedeckt ist. Nun sind auch

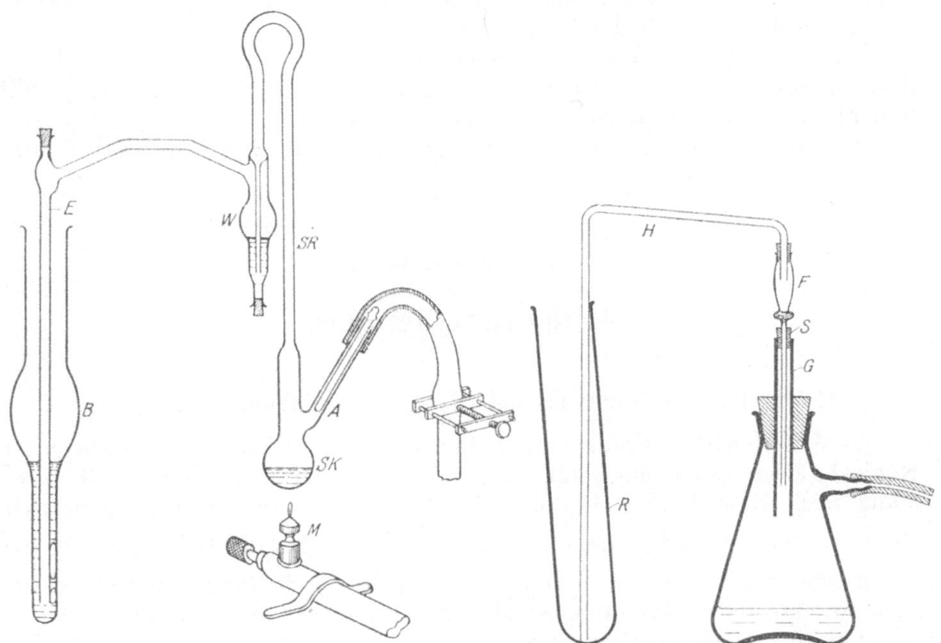

<table>
<tr><td>Fig. 326. Mikro-Methoxylbestimmungsapparat
(¹/₂ natürl. Größe).</td><td>Fig. 327. Das Absaugen von Halogen-
silberniederschlägen (¹/₂ natürl. Größe).</td></tr>
</table>

der Heizkörper und dessen Verbindungen mit dem Kühler mit Wasser gefüllt. Für die richtige Zirkulation des aus dem Heizgefäß kommenden warmen Wassers ist es wichtig, etwaige Luftblasen aus den Kautschukschläuchen herauszuquetschen. Unter den Heizapparat stellt man eine Flamme und reguliert sie so, daß das Wasser während der ganzen Operation im Kühler 60—70° zeigt. Eine zweite Flamme bringt man unter einem mit Wasser gefüllten Becherglas an, in dem sich der Waschapparat befindet. Das Wasser soll hier ungefähr die gleiche Temperatur annehmen wie das im Kühler zirkulierende[2]).

6. Mikromethoxylbestimmung nach Pregl.

Der Apparat ist im wesentlichen ein verkleinerter Methoxylapparat nach **Hans Meyer**[3]) (Fig. 326). Zum Absaugen des Jodsilbers dient die Anordnung

---

[1]) **Benedikt** und **Bamberger**, Ch. Ztg. **15**, 221 (1891). — Zu beziehen von W. J. Rohrbecks Nachf., Wien.

[2]) Bei der Verwendung des **Hans Meyer**schen Apparates hat sich das Erwärmen des Phosphors für Propylbestimmungen als unnötig herausgestellt. H. M.   [3]) Siehe S. 894.

nach Stritar[1]), entsprechend modifiziert (siehe Fig. 327). Man verwendet für den Versuch $1/_2$—1 ccm Jodwasserstoffsäure und 3—4 Tropfen Essigsäureanhydrid, oder besser Phenol[2]).

Pregl wägt die Substanz in Hütchen aus Stanniol, die man bereitet, indem man ein Blättchen reines Stanniol über einem Glasstab zusammendreht (Gewicht nicht über 15 mg!). Nach der Einwage drückt man die Hülse zusammen und wirft sie in das Methoxylkölbchen.

Hans Meyer und Alice Hofmann[2]) erhielten beim Stilben nach diesem Verfahren nahezu negative Resultate. Sie haben deshalb die Stanniolhülse weggelassen, die Substanz in der Preglschen Presse[3]) in Pastillenform gebracht und im Kölbchen in heißem Phenol gelöst.

Dieses Verfahren dürfte sich allgemein empfehlen, da die Stanniolhülse ihren Zweck, das regelmäßige Sieden zu gewährleisten, nur mangelhaft erfüllt und die Jodwasserstoffsäure unnütz verdünnt wird.

Gegen das Stoßen hilft am besten Einführen einiger kleiner Platintetraeder (siehe S. 422).

Zweiter Abschnitt.

Methylenoxydgruppe.

1. Qualitativer Nachweis der Methylenoxydgruppe $CH_2\!<\!{}^{O-}_{O-}$.

1. Methylenäther werden durch konzentrierte Jodwasserstoffsäure unter Kohleabscheidung zersetzt[4]), ihre Gegenwart ist daher bei der Methoxylbestimmung nach Zeisel ohne Einfluß[5]). Bei der Reduktion von ungesättigten Methylenäthern (durch Natriumamalgam) kann Ersatz der $CH_2\!<\!{}^{O-}_{O}$ -Gruppe durch OH eintreten, wenn die Doppelbindung in $\alpha\,\beta$-Stellung zum Kern steht. Das zurückbleibende Hydroxyl steht dann in m-Stellung zur Seitenkette[6]).

2. Löst man einen aromatischen Methylenäther in konzentrierter Schwefelsäure und fügt einige Tropfen 5proz. alkoholische Gallussäurelösung hinzu, so entsteht smaragdgrüne Färbung und die Lösung zeigt einen Absorptionsstreifen in der Mitte des Rot[7]).

3. Alkalien verseifen im allgemeinen die Oxymethylengruppe leichter als die Methoxylgruppe. So erhält man nach Ciamician und Silber[8]) durch 4—5stündiges Erhitzen von Apiolsäure mit der dreifachen Menge Kalilauge und der vierfachen Menge Alkohol auf 180° Dimethylapionol. Piperonylsäure liefert Protocatechusäure.

In einzelnen Fällen ist aber die Aufspaltung nur eine partielle. Das alkoholische Kali wirkt dabei wie Kaliummethylat, und man erhält beispielsweise aus Isosafrol nach der Gleichung:

[1]) Siehe S. 52.   [2]) M. **38**, 358 (1917).

[3]) Zu beziehen von Univ.-Mechaniker F. X. Eigner in Innsbruck.

[4]) Ebenso wirken andere starke Säuren.

[5]) Ciamician und Silber, B. **21**, 2132 (1888); **24**, 2984 (1891); **25**, 1470 (1892). — Semmler, B. **24**, 3819 (1891). — Vgl. Pomeranz, M. **8**, 467 (1887).

[6]) Ciamician und Silber, B. **23**, 1162 (1890). — Thoms, B. **36**, 3449 (1903). — Salway, Soc. **97**, 2413 (1910).

[7]) Labat, Bull. (4) **5**, 745 (1909). — Pictet und Kramers, B. **43**, 1334 (1910).

[8]) B. **22**, 2482 (1889); **25**, 1473 (1902). — DRP. 122 701 (1901); 123 051 (1901).

$$C_6H_3 \begin{cases} O \\ O \\ C_3H_5 \end{cases}\!\!\!\!\!\! >CH_2 + CH_3OK = C_6H_3 \begin{cases} OK \\ OCH_2-OCH_3 \\ C_3H_5 \end{cases}$$

ein methoxylhaltiges Phenol.

4. In den von Descudé dargestellten[1]) Methylenverbindungen der Form:

$$\begin{matrix} R_1COO \\ R_2COO \end{matrix}\!\!\!\!\! >CH_2 .$$

(Methylenestern) läßt sich die Anwesenheit der Methylengruppe leicht dadurch konstatieren, daß man einige Zentigramme der Substanz mit einigen Tropfen konzentrierter Schwefelsäure und hierauf mit einem Tropfen Wasser versetzt, worauf lebhafte Entwicklung von Formaldehyd[2]) zu konstatieren ist.

5. Die von Weber und Tollens aufgefundene[3]), ebenfalls auf Formaldehydabspaltung beruhende, von Tollens und Clowes ausgearbeitete Phloroglucinreaktion, die als quantitative angeführt ist (siehe weiter unten), haben die Entdecker hauptsächlich für die Methylenderivate der Zuckergruppe ausgearbeitet. Sie versagt in dieser Ausführungsweise bei den Methylenäthern aus Zuckersäure und Weinsäure (siehe S. 908).

Dagegen ist sie für aromatische Methylenester (Alkaloide) anwendbar.

Die Reaktion ist folgendermaßen auszuführen[4]): 0.02 g Alkaloid werden in 5 ccm Phloroglucin-Schwefelsäure durch einmaliges schwaches Aufkochen in einer Eprouvette gelöst. Zu der noch heißen Lösung fügt man 2 ccm konzentrierte Schwefelsäure, schwenkt um und stellt für $^1/_4$—$^1/_2$ Stunde in ein siedendes Wasserbad.

Es erfolgt Rotfärbung und dann dicker, flockiger Niederschlag von Phloroglucid.

Die Phloroglucin-Schwefelsäure wird dargestellt, indem man 1.5 g Phloroglucin (ein Diresorcingehalt ist sogar günstig) in einer Mischung von 75 g Wasser und 50 g konzentrierter Schwefelsäure durch Erwärmen löst. Man läßt erkalten und filtriert nach mehrstündigem Stehen. Nach Halberkann ist es vorteilhafter, so viel Alkohol zuzufügen, daß alles Phloroglucin gelöst bleibt[5]).

2. Quantitative Bestimmung der Methylenoxydgruppe.

Methode von Clowes und Tollens[6]).

Die Methode beruht auf der Beobachtung, daß der durch Mineralsäuren aus dem Methylenäther abgespaltene Formaldehyd mit gleichzeitig vorhandenem Phloroglucin nach der Gleichung:

$$C_6H_6O_3 + CH_2O = C_7H_6O_3 + H_2O$$

Formaldehyd-Phloroglucid bildet, das nach der Proportion:

$$C_7H_6O_3 : CH_2 = 9.85 : 1$$

auf Methylen umgerechnet wird.

---

[1]) C. r. **134**, 718 (1902).   [2]) Nachweis nach S. 583.   [3]) A. **299**, 318 (1898).
[4]) Gaebel, Arch. **248**, 225 (1910). — Pictet und Kramers, B. **43**, 1334 (1910). — Dankworth, Arch. **250**, 617 (1912).
[5]) Arch. **254**, 250 (1916).
[6]) B. **32**, 2841 (1899). — Weber und Tollens, A. **299**, 316 (1898). — Lobry de Bruyn und Van Ekenstein, Rec. **20**, 331 (1901); **21**, 310 (1902). — Über die Bestimmung von Dioxymethylengruppen nach diesem Verfahren in Alkaloiden: Gadamer, Arch. **258**, 148 (1920).

a) Verfahren für Formaldehyd leicht abgebende Substanzen.

Darstellung der Phloroglucinlösung. 10 g diresorcinfreies Phloroglucin werden mit 450 ccm Wasser und 450 ccm Salzsäure (1.19) erwärmt und nach dem Erkalten von etwaigen Verunreinigungen abgesaugt.

Die Substanz (0.1—0.2 g) wird in einem mit Kork und Steigrohr versehenen Kölbchen mit 5 ccm Wasser und 30 ccm Phloroglucinlösung 2 Stunden auf 70—80° erwärmt. Tritt nicht schon nach wenigen Minuten Trübung ein, so wird die Reaktion, die dann jedenfalls auf dem Wasserbad vollendet wird, durch kurzes Kochen über freier Flamme eingeleitet. Nach 12stündigem Stehen wird das ausgeschiedene gelbe Phloroglucid in einem mit Asbest versehenen, bei 100° getrockneten und gewogenen Goochtiegel abgesaugt, mit 60 ccm Wasser nachgewaschen, 4 Stunden bei 100° getrocknet und nach 1 Stunde im verschlossenen Wägegläschen gewogen.

Division durch 4.6 gibt die Menge an Formaldehyd CH_2O,

Division durch 9.85 das Methylen CH_2.

Das Filtrat vom ausgeschiedenen Phloroglucid (ohne das Waschwasser) versetzt man mit etwas konzentrierter Schwefelsäure und erhitzt wieder. Wenn jetzt noch Phloroglucid ausfällt, ist die Salzsäuremischung für die Zerlegung des Methylenderivats nicht ausreichend stark gewesen. In derartigen Fällen wendet man das

b) Verfahren für resistentere Methylenäther

an.

3 g Phloroglucin werden mit 100 g konzentrierter Schwefelsäure und 100 bis 150 g Wasser erwärmt. Das nach 1stündigem Stehen erhaltene Filtrat genügt für zehn Bestimmungen. Man verfährt wie oben angegeben, nur wird das Erhitzen auf 80° 3 Stunden fortgesetzt. Eventuell muß noch vor dem Erhitzen ein weiterer Zusatz von Schwefelsäure (10 ccm) erfolgen.

Nach dem Wägen werden die Tiegel in einer Muffel ausgeglüht. Man läßt im Exsiccator erkalten und wägt im Wägeglas.

Prüfung des Phloroglucins auf Diresorcingehalt. Nach Herzig und Zeisel[1]) werden einige Milligramm Probe mit ca. 1 ccm konzentrierter Schwefelsäure übergossen, 1—2 ccm Essigsäureanhydrid zugefügt und 5 bis 10 Minuten im kochenden Wasserbad erwärmt. Reines Phloroglucin zeigt unter diesen Umständen gelbe bis gelbbraune Färbung: der geringste Diresorcingehalt hingegen gibt sich durch das Auftreten von Violettfärbung zu erkennen, die auf Zusatz von Alkali (oder sehr viel Wasser) verschwindet.

Bei den Methylenderivaten der Zuckersäure und Weinsäure versagt diese Reaktion, die quantitative Methylenoxydbestimmung gelingt aber beim Ersatz des Phloroglucins durch Resorcin[2]). Man dampft den Methylenäther mit geringem Überschuß von in konzentrierter Salzsäure gelöstem Resorcin zur Trockne. Das unlösliche Formalresorcin wird ausgewaschen, getrocknet und gewogen.

3. Nachweis der labil gebundenen Methylengruppen nach Votoček und Vesely[3]).

Votoček[4]) hatte gefunden, daß Carbazol mit Verbindungen, die auch sonst leicht Formaldehyd abspalten, unter Entstehung eines weißen, in den

[1]) M. **11**, 422 (1890). — Zeisel, Z. anal. **40**, 554 (1901).

[2]) Lobry de Bruyn und Van Ekenstein, Rec. **21**, 314 (1902). — Gorter, Bull. Jard.-Bot. Buitenzorg (3) **2**, 1 (1919).

[3]) B. **40**, 410 (1907).   [4]) Ch. Ztg. **20**, R. 190 (1896).

gebräuchlichen Lösungsmitteln außer Anilin fast unlöslichen Produkts reagiert. Diese Reaktion haben die Verfasser zum qualitativen Nachweis solcher Methylenverbindungen, welche die Methylengruppe leicht als Formaldehyd abspalten, ausgenutzt. Es stellte sich heraus, daß eine an zwei Sauerstoffatome gebundene Methylengruppe, wenn sie sich nicht in einem fünfgliedrigen aromatischen Ring befindet, leicht abgespalten wird; so z. B. haben alle Methylenderivate der Zuckerarten labile Methylengruppen; im Gegensatz hierzu ist aber im Safrol, Piperonal u. a. die Methylengruppe fest gebunden. Eine an Stickstoff gebundene Methylengruppe ist immer labil, eine an Kohlenstoff sitzende ist in allen Fällen fest gebunden. Mit Hilfe dieser Reaktion kann man sich über die Konstitution solcher Verbindungen orientieren, bei denen es schwierig wäre, über die Bindung der Methylengruppe zu entscheiden.

Das Kondensationsprodukt entspricht der Formel $CH_2(C_{12}H_8N)_2$.

Beispiel: 1 g Dimethylengluconsäure wird in heißer 50proz. Essigsäure gelöst, mit einer Lösung von 2.5 g Carbazol in 12 g Eisessig und einigen Tropfen rauchender Salzsäure versetzt und etwa 10 Minuten gekocht. Das ausgeschiedene, in feinen farblosen Nadeln krystallisierte Kondensationsprodukt wird abgesaugt und aus Anilin umkrystallisiert (Smp. über 280°). Die Substanz färbt konzentrierte Schwefelsäure grünstichig-gelb.

Dritter Abschnitt.

Brückensauerstoff $\genfrac{}{}{0pt}{}{C}{C}{>}O$.

Substanzen, die zwei organische, durch Sauerstoff verbundene Reste enthalten (Äther, Alkylenoxyde usw.), können als Anhydride von Glykolen oder von 2 Molekülen einwertiger Alkohole betrachtet werden.

Dementsprechend gehen sie mehr oder weniger leicht durch Aufspaltung in die ihnen zugrunde liegenden hydroxylhaltigen Substanzen über und zeigen in ihren Additionsreaktionen nur Verkettungen, die durch Sauerstoff- (und evtl. Stickstoff-), nicht aber durch Kohlenstoffbindungen, erfolgen [1]).

1. Aufspaltung der acyclischen Äther.

a) Durch Jodwasserstoffsäure werden die Äther mit acyclischen Radikalen zum Teil schon bei 0° in 1 Molekül Alkohol und 1 Molekül Jodid gespalten [Silva[2]), Lippert[3])]. Wird ein gemischter Äther durch Halogenwasserstoff zu Alkohol und Alkylhaloid gespalten, so vereinigt sich das Halogen mit dem kleineren von beiden Radikalen[4]).

Bei den zwei- und dreiwertigen Äthern findet die Spaltung in dem Sinn statt, daß das Halogen sich stets mit den einwertigen Radikalen verbindet.

Die Zersetzung der Äther ist dann eine leichte und quantitative, wenn die Anzahl der Kohlenstoffatome in den Radikalen gering ist, in dem Maß aber, wie sie zunimmt, wird auch die Zersetzung schwerer und unvollkommener. Auch bei den zweiwertigen Äthern kann deutlich die mit dem Anwachsen der Radikale zunehmende Unvollkommenheit der Zersetzung wahrgenommen werden.

---

[1]) Roithner, M. **15**, 665 (1894).
[2]) A. chim. phys. (5) **7**, 429 (1878).   [3]) A. **276**, 148 (1892).
[4]) Hoffmeister, B. **3**, 747 (1870). — A. **159**, 201 (1871).

Die dreibasischen Orthoameisensäureester werden leichter zersetzt als die Glykoläther. Der dreibasische Triäthylglycerinäther dagegen wird durch Jodwasserstoff nur schwer zerlegt.

Wirkt Jodwasserstoff auf einen gemischten Äther ein, dessen Radikale einander isomer sind, so verbindet sich das Halogen mit dem Radikal, das sich vom normalen Kohlenwasserstoff ableiten läßt. Lassen sich beide Radikale von demselben Kohlenwasserstoff ableiten, so geht, soweit die bisherigen Beobachtungen reichen, das Halogen an jenes, das primäre Struktur besitzt.

Der Propylisopropyläther macht jedoch eine Ausnahme, indem das Halogen nicht an das primäre Radikal Propyl, sondern an das sekundäre Isopropyl tritt.

Fettaromatische Oxyde sind die Phenoläther, die von siedender Jodwasserstoffsäure (127°) gespalten werden. Der rein aromatische Phenyläther C_6H_5—O—C_6H_5 dagegen wird auch bei 250° nicht angegriffen.

b) Aufspaltung durch Schwefelsäure [1]. Durch konzentrierte Schwefelsäure werden die acyclischen Äther in Alkylschwefelsäuren verwandelt. Von sehr verdünnter (1—2 proz.) Schwefelsäure werden gesättigte Äther mit primären Radikalen bei 150° nicht angegriffen, die sekundären, tertiären und ungesättigten Äther aber in Alkohole gespalten [Eltekow[2]]. Bei höherer Temperatur (180°) werden indessen alle aliphatischen Äther gespalten [3]. Aus fettaromatischen und aromatischen Äthern entstehen mit konzentrierter Schwefelsäure Sulfosäuren, verdünnte Säure wirkt nicht ein.

c) Aufspaltung durch Aluminiumchlorid [4]. Bei einer zwischen 60 und 200° gelegenen Reaktionstemperatur werden die meisten fettaromatischen Äther gespalten.

Die Äther der aromatischen Orthooxyketone:

$$\text{Benzolring}\text{—CO—R} \quad \text{(mit } \text{OAlk} \text{ in ortho-Stellung)}$$

werden dabei leichter zerlegt als die analogen m- und p-Verbindungen.

d) Aufspaltung durch Alkali siehe S. 636 f.

2. Verhalten der cyclischen Äther [Alkylenoxyde usw. [5]].

Fuchsinschweflige Säure sowie Bisulfitlösung führen bei aromatischen Oxyden zu den Reaktionen des durch Umlagerung entstehenden Aldehyds:

$$\begin{array}{c}CH_3 \\ C_6H_5\end{array}\hspace{-0.3em}>\hspace{-0.3em}C\overset{O}{\diagdown}CH_2 \rightarrow C_6H_5CHCH_3 \cdot COH.$$

Die größere oder geringere Stabilität des Ringes der cyclischen Äther ist in erster Linie von der Spannung abhängig. Dementsprechend werden die Derivate des Äthylenoxyds:

---

[1] Siehe S. 635.　　[2] B. **10**, 1902 (1877).

[3] Erlenmeyer und Tscheppe, Z. **1868**, 343.

[4] Hartmann und Gattermann, B. **25**, 3531 (1892). — Graebe und Ullmann, B. **29**, 824 (1896). — Behn, Diss. Rostock (1897), 16. — Ullmann und Goldberg, B. **35**, 2811 (1902). — Auwers, B. **36**, 3890, 3093 (1903). — Kauffmann, A. **344**, 46 (1905). — B. **40**, 3516, Anm. (1907). — Auwers und Rietz, B. **40**, 3514 (1907). — Mudrovčič, M. **34**, 1428 (1913). — Siehe auch S. 635.

[5] Siehe auch Klages und Keßler, B. **38**, 1969 (1905); **39**, 1753 (1906). — Tiffeneau und Fourneau, C. r. **140**, 1458 (1905); **141**, 662 (1906). — Paal und Weidenkaff, B. **39**, 2062 (1906). — Störmer und Riebel, B. **39**, 2290 (1906). — Ullmann und Brittner, B. **42**, 2545 (1909).

$$\overset{\displaystyle O}{\overset{\diagup\;\diagdown}{CH_2\!-\!CH_2}}$$

außerordentlich leicht, schon durch Erhitzen mit Wasser aufgespalten. Ebenso werden Säuren direkt addiert[1]) und es entstehen Ester der Glykole, z. B.:

$$\overset{\displaystyle OH\qquad Cl}{\underset{C(CH_3)_2\!-\!CH_2}{\mid\qquad\;\;\mid}}\qquad\qquad\overset{\displaystyle OH\qquad OOCH_3}{\underset{C(CH_3)_2\!-\!CH_2}{\mid\qquad\quad\;\mid}}.$$

Dabei geht im wesentlichen die Hydroxylgruppe an den weniger hydrogenisierten Kohlenstoff.

Daneben bilden die Alkylenoxyde durch Polymerisation Polyglykole und deren Ester. Verdünnte Schwefelsäure führt schon in der Kälte, oft unter Wärmeabgabe, sogar mit explosionsartiger Heftigkeit, Glykolbildung herbei.

Besonders leicht verbinden sich jene Alkylenoxyde schon in der Kälte mit Wasser, die ein tertiär gebundenes Kohlenstoffatom enthalten, z. B. Isobutylenoxyd[2]):

$$\overset{CH_3}{\underset{CH_3}{>}}C\overset{O}{\overset{\diagup\;\diagdown}{}}CH_2\,.$$

Die Derivate des normalen Propylenoxyds:

$$\overset{\displaystyle O}{\overset{\diagup\quad\diagdown}{CH_2\!-\!CH_2\!-\!CH_2}}$$

sind viel beständiger gegen Wasser und Säuren[3]). So ist das β-Epichlorhydrin im Gegensatz zum α-Epichlorhydrin gegen angesäuertes kochendes Wasser beständig[4]).

Noch resistenter sind Tetramethylenoxyd[5]):

$$\overset{\displaystyle O}{\overset{\diagup\;\diagdown}{\underset{\underset{CH_2\!-\!CH_2}{\mid\qquad\mid}}{CH_2\quad CH_2,}}}$$

das sich bei 150° noch nicht mit Wasser verbindet und sogar aus seinem Glykol durch Einwirkung verdünnter Schwefelsäure zurückgebildet wird[6]), Tetramethyloxeton[7]) und Pentamethylenoxyd[8]):

$$\overset{\displaystyle O}{\overset{\diagup\qquad\diagdown}{\underset{\underset{CH_2\!-\!CH_2\!-\!CH_2}{\mid\qquad\qquad\mid}}{CH_2\qquad\quad CH_2,}}}$$

sowie γ-Pentylenoxyd[9]):

$$\overset{\displaystyle O}{\overset{\diagup\;\diagdown}{\underset{\underset{CH_2\!-\!CH_2}{\mid\qquad\mid}}{CH_2\quad CH\!-\!CH_3,}}}$$

die bei 200° gegen Wasser beständig sind.

---

[1]) Wurtz, A. **116**, 249 (1860). — Markownikow, Russ. **8**, 23 (1875). — C. r. **81**, 729 (1875). — Kablukow, B. **21**, R. 179 (1888). — Krassusky, Bull. (3) **24**, 869 (1900). — Michael, J. pr. (2) **64**, 105 (1901). — B. **39**, 2569, 2785 (1906). — Hoering, B. **38**, 3477 (1905). — Michael und Leighton, B. **39**, 2789 (1906). — Henry, C. r. **142**, 493 (1906). — B. **39**, 3678 (1906). — Krassusky, J. pr. (2) **75**, 239 (1907).

[2]) Eltekow, Russ. **14**, 368 (1882). — Weidenkaff, Diss. Erlangen (1907), 10.

[3]) Franke, M. **17**, 89 (1896). — Pogorzelsky, Russ. **30**, 977 (1898).

[4]) Bigot, A. chim. phys. (6) **22**, 468 (1891).

[5]) Demjanow, Russ. **24**, 349 (1892).

[6]) Keßler, Diss. Heidelberg (1906), 10. — Klages und Keßler, B. **39**, 1754 (1906). — Henry, C. r. **144**, 1404 (1907).   [7]) Ström, J. pr. (2) **48**, 216 (1893).

[8]) Demjanow, Russ. **22**, 389 (1890).   [9]) Lipp, B. **22**, 2571 (1889).

Durch Brom- und Jodwasserstoff werden in diesen 4—6 gliedrigen Ringen durch Substitution an Stelle des Sauerstoffs zwei Halogenatome eingeführt [1][2]. Dagegen addiert Cyclopentenoxyd[3]:

$$\begin{array}{c} \diagup\!\!\overset{\displaystyle O}{}\!\!\diagdown \\ CH\!\!-\!\!\!-\!\!\!-\!\!CH, \\ | \qquad\quad | \\ CH_2\!-\!CH_2\!-\!CH_2 \end{array}$$

das die Kombination eines Dreier- und eines Sechserringes enthält, mit größter Leichtigkeit Salzsäure und Wasser.

Ähnlich wie Cyclopentenoxyd verhalten sich die partiell hydrierten Alkylenoxyde, wie Dihydromethylfuran[4]:

$$\begin{array}{c} \diagup\!\!\overset{\displaystyle O}{}\!\!\diagdown \\ CH_3\!-\!C \qquad CH_2, \\ \| \qquad\quad | \\ HC\!\!-\!\!\!-\!\!\!-\!\!CH_2 \end{array}$$

das sich schon bei gewöhnlicher Temperatur mit Wasser vereint, und Trimethyldehydrohexon[5]:

$$(CH_3)_2 = \begin{array}{c} \diagup\!\!\overset{\displaystyle O}{}\!\!\diagdown \\ C \qquad\qquad C\!-\!CH_3, \\ | \qquad\qquad\quad | \\ CH_2\!-\!CH_2\!-\!CH \end{array}$$

das sich mit verdünnter Salzsäure zu 2-Chlor-2-Methylheptanon-6 verbindet.

Ebenso leicht werden auch die substituierten Furane, wie Dimethylfuran[6], Sylvan[7], Furacrylsäure[8] und deren Derivate[9], z. B. Furalaceton[10], durch wäßrige oder besser durch alkoholische Salzsäure gespalten.

Übrigens kann durch methylalkoholische Salzsäure auch Furan selbst zum Tetramethylacetal des Succindialdehyds gespalten werden[11] (Harries).

Diphenylenoxyd dagegen wird selbst von Jodwasserstoffsäure bei 250° nicht angegriffen[12]. Ebensowenig gelingt es, Cumaron durch Säuren zu spalten.

Während so die verschiedenen Gruppen cyclischer Äther durch saure Agenzien mehr oder weniger leicht in die entsprechenden Glykole gespalten werden — die dann ihrerseits sich in Ketonalkohole, Aldehydalkohole oder Dialdehyde umlagern können —, zeigen sie gegen Alkalien zum Teil durchaus verschiedenes Verhalten, indem gerade die durch Säuren angreifbaren Substanzen gegen Alkali resistent sind (aliphatische oder halbaliphatische Verbindungen), während die mehr negativen Charakter besitzenden Substanzen durch Kali Ringsprengung erleiden.

So wird nach Störmer und Grälert 1-Chlorcumaron[13], nach Störmer und Kahlert das Cumaron selbst[14], durch alkoholisches Kali nach dem Schema:

---

[1] Lipp, B. **22**, 2571 (1889).

[2] Wassiliew, Russ. **30**, 977 (1898).   [3] Meiser, B. **32**, 2052 (1899).

[4] Lipp, B. **22**, 1196 (1889).   [5] Verley, Bull. (3) **17**, 188 (1897).

[6] Paal und Dietrich, B. **20**, 1085 (1887). — E. Fischer und Laycock, B. **22**, 101 (1889). — Laycock, A. **258**, 230 (1890).   [7] Harries, B. **31**, 39 (1898).

[8] Marckwald, B. **20**, 2811 (1887); **21**, 1398 (1888).

[9] Kehrer und Hofacker, A. **294**, 165 (1897). — Kehrer, B. **34**, 1263 (1901).

[10] Kehrer und Igler, B. **32**, 1176 (1899).

[11] Ch. Ztg. **24**, 857 (1900). — Vgl. B. **31**, 46 (1898).

[12] Hoffmeister, A. **159**, 212 (1871). — Aufspaltung von Cumaranen durch Jodwasserstoff: Marschalk, B. **43**, 1696 (1910).   [13] A. **313**, 79 (1900).

[14] B. **34**, 1806 (1901). — Stoermer und Kippe, B. **36**, 3992 (1903).

gespalten. Der durch Umlagerung entstehende Aldehyd erleidet die Reaktion von Cannizzaro:

Tetrahydrobiphenylenoxyd wird durch schmelzendes Kali in o-Oxybiphenyl verwandelt[1]), Biphenylenoxyd selbst nach Krämer und Weißgerber, allerdings nicht leicht, zu o-o-Biphenol aufgespalten[2]).

Man vermischt das Biphenylenoxyd mit der 5fachen Menge Phenanthren und erhitzt mit der $2^1/_2$fachen Menge Ätzkali auf 280—300°.

3. Additionsreaktionen der Alkylenoxyde.

Diese sind teils durch die Fähigkeit des Brückensauerstoffs, vierwertig aufzutreten, bedingt: diese Reaktionen bieten vom analytischen Standpunkt geringes Interesse; teils beruhen sie auf der Fähigkeit gewisser Äther, leicht aufgespalten zu werden: diese Reaktionen sind daher großenteils Reaktionen der entstehenden alkoholischen Hydroxyle, zum Teil ähneln auch die Erscheinungen den Aldehydreaktionen.

So vermögen sich die Alkylenoxyde mit Bisulfit (siehe S. 910) zu verbinden, Ammoniak, Blausäure und Phenylhydrazin anzulagern usw. Auch sind sie zum Teil (durch Kalilauge) leicht polymerisierbar und reduzieren die Tollenssche Silberlösung, geben Acetale usw.

Ammoniak wird an asymmetrische α-Oxyde in der Regel so addiert, daß sich die Hydroxylgruppe vornehmlich an dem am wenigsten hydrogenisierten Kohlenstoffatom bildet[3]).

Ausbleiben der Blausäurereaktion: Balbiano, B. 30, 1907 (1897).

4. Zur Unterscheidung dieser Oxyde von den Aldehyden

dienen folgende Reaktionen:

a) Verhalten gegen Nitroparaffine. Mit Aldehyden reagieren die Nitroparaffine unter Bildung von Alkoholen mit der Kohlenstoffkette $NO_2-\overset{|}{C}-\overset{|}{C}-OH$ [Henry[4])]. Äthylenoxyde reagieren dagegen nicht mit Nitroparaffinen[5]).

b) Gegen Hydroxylamin sind sie ebenfalls indifferent[6]) und auch

---

[1]) Hönigschmid, M. 22, 561 (1901).   [2]) B. 34, 1662 (1901).
[3]) Krassusky, Ch. Ztg. 31, 704 (1907). — C. r. 146, 236 (1908).
[4]) Bull. Ac. roy. Belg. (3) 29, 834 (1895); 33, 117 (1897).
[5]) Henry, Bull. Ac. roy. Belg. (3), 33, 412 (1897).
[6]) Demjanow, Russ. 22, 389 (1890). — Löwy und Winterstein, M. 22, 406 (1901). — DRP. 174 279 (1904).

Phenylhydrazin wird nur addiert[1]), aber es tritt keine Kondensation unter Wasserabspaltung ein.

c) Zinkäthyl[2]) reagiert mit den Alkylenoxyden durchaus nicht[3]). Man wird etwa ähnlich wie Löwy und Winterstein verfahren[4]), die einen negativen Versuch folgendermaßen beschreiben:

2 g Substanz wurden in eine Röhre gebracht und hierauf in einem trocknen Kohlendioxydstrom rasch 3 g Zinkäthyl zugefügt. Das Rohr wurde luftdicht an einen mit Kohlendioxyd gefüllten Rückflußkühler geschaltet, der seinerseits durch ein gebogenes Glasrohr, das in Quecksilber tauchte, gegen die äußere Luft abgesperrt war. Die Substanzen zeigten bei ihrer Vereinigung und überhaupt bei längerem Stehen in Zimmertemperatur weder Erwärmung noch sonst irgendeine Veränderung. Es wurde hierauf im Wasserbad durch 2 Stunden und, da auch jetzt keine Reaktion eintrat, im Ölbad durch weitere 2 Stunden auf 180° erhitzt, ohne daß sichtbare Veränderung bemerkbar wurde. Um sich von dem Ausbleiben einer Reaktion zu überzeugen, entfernte man den Quecksilberverschluß und befestigte am oberen Ende des Kühlers einen doppelt gebohrten Kautschukstöpsel mit einem Tropftrichter einerseits und einem gebogenen Glasrohr andererseits. Das Glasrohr führte zu einem mit Wasser gefüllten, volumetrisch eingeteilten Glasballon, der mit der Öffnung nach abwärts unter Wasser tauchte. Hierauf wurde aus dem Tropftrichter langsam Wasser zufließen gelassen. Unter starker Erwärmung und Zinkhydroxydabscheidung fand heftige Entwicklung von Äthan statt, das, im Volumeter unter Wasser aufgefangen, 2150 ccm füllte, was unter Berücksichtigung des Barometerstands sowie der Temperatur und Tension des Wasserdampfs fast quantitativ dem verwendeten Zinkäthyl entspricht, das somit nicht in Reaktion getreten war. Der Inhalt des Rohrs wurde nun in Salzsäure gelöst, mit Äther ausgeschüttelt, der Extrakt getrocknet und nach Abdunsten des Äthers destilliert. Bei 140° wurde das Ausgangsprodukt quantitativ zurückerhalten.

5. Verhalten gegen Magnesiumchlorid[5]).

Die Alkylenoxyde kann man als Pseudobasen betrachten. An sich neutral, gehen sie bei Gegenwart von Säuren unter Änderung ihrer Konstitution in die ebenfalls neutralen Glykoläther über. Die „basischen" Eigenschaften treten namentlich auch bei der Einwirkung auf Salzlösungen hervor.

Mischt man die Alkylenoxyde mit konzentrierter Magnesiumchloridlösung, so scheidet sich, langsam in der Kälte, rasch beim Erhitzen, Magnesia aus:

$$2 \begin{Bmatrix} R—CH_2 \\ R—CH_2 \end{Bmatrix}\!O + 2\,H_2O + MgCl_2 = 2 \begin{Bmatrix} R—CH_2—Cl \\ R—CH_2—OH \end{Bmatrix} + Mg(OH)_2 \,.$$

Wird ein Äthylenoxyd im Wasserbad mit Eisenchloridlösung erwärmt, so scheidet sich Eisenoxydhydrat aus. Unter denselben Umständen fällt Tonerde aus Alaunlösung und basisch-schwefelsaures Kupfer aus Kupfervitriollösung.

[1]) Roithner, M. **15**, 665 (1894). — Japp und Michie, Soc. **83**, 283 (1903). — Japp und Maitland, Soc. **85**, 1490 (1904). — p-Bromphenylhydrazin: Balbiano, B. **30**, 1907 (1897).

[2]) Dagegen reagiert Äthylmagnesiumbromid: Grignard, C. r. **136**, 1260 (1903). — Henry, C. r. **145**, 154 (1907). — Schottmüller, Diss. Berlin (1908), 23.

[3]) Kaschirsky und Pawlinoff, B. **17**, 1968 (1884). — Fischer und Winter, M. **21**, 311 (1900). — Granichstädten und Werner, M. **22**, 315 (1901).

[4]) M. **22**, 406 (1901). — DRP. 174 279 (1904).

[5]) Wurtz, C. r. **50**, 1195 (1860). — A. **116**, 249 (1860). — Eltekow, Russ. **14**, 394 (1882). — Przibytek, B. **18**, 1352 (1885). — Bigot, A. chim. phys. (6) **22**, 447 (1891). — Meiser, B. **32**, 2052 (1899).

Fünftes Kapitel.

Primäre, sekundäre und tertiäre Amingruppen. — Ammoniumbasen. — Nitrilgruppe. — Isonitrilgruppe. — An den Stickstoff gebundenes Alkyl. — Betaingruppe. — Säureamide. — Säureimide.

Erster Abschnitt.

Primäre Amingruppe $C - NH_2$.

A. Qualitative Reaktionen.

1. Isonitril-(Carbylamin-)Reaktion [1].

Einige Zentigramme der Base werden in Alkohol gelöst, die Lösung in einer Eprouvette mit alkoholischer Kali- oder Natronlösung vermischt und alsdann nach Zusatz weniger Tropfen Chloroform gelinde erwärmt. Bald entwickeln sich unter lebhaftem Aufwallen der Flüssigkeit die betäubenden Dämpfe des Isonitrils, die man gleichzeitig in der Nase und auf der Zunge spürt:

$$R \cdot NH_2 + CHCl_3 + 3\,KOH = R \cdot NC + 3\,KCl + 3\,H_2O.$$

Die Reaktion wird nur von primären Aminen geliefert und scheint sehr allgemeine Geltung zu besitzen. Viele Naphthylamine (namentlich α-Naphthylamine) und die Anthramine zeigen aber die Reaktion nur schwer oder gar nicht [2]. Aromatische Säureamide zeigen dagegen, wenn auch viel schwächer, dieselbe Reaktion [3]), ja angeblich selbst nach Stas gereinigter Salmiak [4].

2. Senfölreaktion [5].

Schwefelkohlenstoff [6]) reagiert mit primären und sekundären Aminen der

---

[1]) Hofmann, B. **3**, 767 (1870).

[2]) Bollert, B. **16**, 1639 (1883). — Liebermann, B. **16**, 1640 (1883). — Pissovschi, Diss. Berlin (1909), 14. — Siehe ferner Freund, M. **17**, 397 (1896). — Auch gewisse Aminophenole zeigen die Reaktion nicht, wie ja überhaupt zum Zustandekommen einer Geruchsreaktion Flüchtigkeit der Substanz Vorbedingung ist.

[3]) O. Fischer und Schmidt, B. **27**, 2789 (1894). — Pinnow und Müller, B. **28**, 158 (1895).   [4]) Bonz, Z. phys. **2**, 878 (1888).

[5]) Hofmann, B. **1**, 171 (1868); **3**, 767 (1870); 8, 107 (1875). — Aromatische Amine reagieren dagegen mit Schwefelkohlenstoff — erst in der Hitze — unter Bildung von Dialphylsulfoharnstoffen. — Schwefelkohlenstoff und Aminosäuren: Körner, B. **41**, 1901 (1908).

[6]) Sulfoharnstoffbildung bei aromatischen Aminen: Braun und Beschke, B. **39**, 4369 (1906). — Kauffmann und Franck, B. **40**, 4007 (1907). — Stollé, B. **41**, 1099 (1908). — Die Bildung der aromatischen Thioharnstoffe wird nach Hugershoff, B. **32**, 2245 (1899), durch Zusatz von Schwefel, nach v. Braun, B. **33**, 2726 (1900), durch Wasserstoffsuperoxyd befördert. — Siehe auch Fry, Am. soc. **35**, 1539 (1913).

Fettreihe und hydrocyclischen Aminen[1]) unter Bildung von Aminsalzen der Alkylsulfocarbaminsäuren:

$$1.\quad CS_2 + 2\,R\cdot NH_2 = CS\!\!\begin{array}{l}\diagup NH\cdot R\\[4pt]\diagdown SHNH_2\cdot R\end{array}\quad ;$$

$$2.\quad CS_2 + 2\,R_1\cdot NH\cdot R_2 = CS\!\!\begin{array}{l}\diagup NR_1R_2\\[4pt]\diagdown SH\cdot NHR_1R_2\end{array}\quad .$$

Nur die Derivate der primären Basen werden bei der Einwirkung entschwefelnder Agenzien unter Abspaltung von Schwefelwasserstoff in Senföle verwandelt:

$$CS\!\!\begin{array}{l}\diagup N\,H\,R\\[4pt]\diagdown SH\;NH_2R\end{array} = CS\!\!\begin{array}{l}\diagup\!\!\diagup NR\\[4pt]\end{array} + \quad SH_2 + NH_2R\; .$$

Richtiger ist wahrscheinlich die Formulierung der Gleichung:

$$CS\!\!\begin{array}{l}\diagup NHR\\[4pt]\diagdown SHgCl\end{array} = HgS + SCNR \quad + HCl\; .$$

Siehe Anschütz, A. **371**, 226 (1910).

Zur Ausführung der Reaktion löst man einige Zentigramme des Amins in Alkohol, versetzt die Lösung mit etwa der gleichen Menge Schwefelkohlenstoff und verdampft einen Teil des Alkohols. Hierauf erhitzt man die zurückbleibende Flüssigkeit, welche die sulfocarbaminsaure Base enthält, mit einer wäßrigen Quecksilberchloridlösung. Falls eine primäre Base vorliegt, entsteht augenblicklich der heftige Senfölgeruch.

Man hüte sich davor, einen Überschuß der Sublimatlösung anzuwenden[2]). In diesem Fall wird das Senföl selbst entschwefelt, es entsteht ein Cyansäureäther, der alsbald mit dem Wasser zu geruchlosem Monoalkylharnstoff und Kohlendioxyd zerfällt, oder es wird das primäre Amin regeneriert.

Weith[3]) empfiehlt aus diesem Grund als entschwefelndes Reagens Eisenchlorid anzuwenden; man kann auch Silbernitrat nehmen[4]).

Methode von v. Braun[5]) (Thiuramdisulfid-Methode).

Nichtaromatisch gebundene NH_2-Gruppen [in fettaromatischen, hydroaromatischen und auch kompliziert gebauten aliphatischen[6]) Substanzen] werden am besten nach dieser Methode erkannt.

Dialkylierte Thiuramdisulfide (II), die aus dithiocarbaminsauren Salzen (I) durch Oxydation mit Jod entstehen, gehen mit alkoholischem Natriumäthylat in Natriumverbindungen über, die das Natrium am Schwefel tragen (III), und diese liefern, wenn man sie weiter mit Jod behandelt, unter vorübergehender Bildung unbeständiger cyclischer Sulfide (IV) ein Gemenge von Schwefel und Senföl (V):

[1]) Skita und Levi, Ch. Ztg. **32**, 572 (1908).
[2]) Siehe übrigens Ponzio, G. **26**, I, 323 (1896).   [3]) B. **8**, 461 (1875).
[4]) Hofmann, B. **1**, 170 (1868).
[5]) B. **35**, 817, 830 (1902); **45**, 2188 (1912); **53**, 1588 (1920).
[6]) Erysolin: Schneider und Kaufmann, A. **392**, 15 (1912). — Benzylsenföl: Schneider und Clibbens, B. **47**, 1255 (1914).

$$\begin{matrix} NHR \cdot C{\diagup}^{S}_{\diagdown SH \cdot NH_2 \cdot R} \\ NHR \cdot C{\diagup}^{SH \cdot NH_2 R}_{\diagdown S} \end{matrix} \quad \xrightarrow{+ J_2} \quad \begin{matrix} S \cdot C(:S) \cdot NH \cdot R \\ S \cdot C(:S) \cdot NH \cdot R \end{matrix} \quad \longrightarrow \quad \begin{matrix} S \cdot C(:N \cdot R) \cdot SNa \\ S \cdot C(:N \cdot R) \cdot SNa \end{matrix}$$

$$\text{I.} \qquad\qquad\qquad \text{II.} \qquad\qquad\qquad \text{III.}$$

$$\xrightarrow{J_2} \quad \begin{matrix} S \cdot C(:N \cdot R) \cdot S \\ S \cdot C(:N \cdot R) \cdot S \end{matrix} \quad \longrightarrow \quad \begin{matrix} S : C : N \cdot R + S \\ + S : C : N \cdot R + S \end{matrix}$$

$$\text{IV.} \qquad\qquad\qquad \text{V.}$$

Man verfährt so, daß man sich fünf eiskalte alkoholische Lösungen herstellt: 1. von 2 Mol. Amin, 2. von 1 Mol. Schwefelkohlenstoff, 3. von 1 At. Jod, 4. von 2 At. Natrium, 5. von 1 At. Jod. Erst wird 1 mit 2 vereinigt; nachdem die Salzbildung stattgefunden hat, setzt man 3 zu, dann sofort 4, schließlich 5, gießt die Flüssigkeit, ohne vom Schwefel zu filtrieren, sofort in angesäuertes Wasser, nimmt das abgeschiedene Öl in Äther auf, wäscht zur Entfernung geringer Mengen Jod mit verdünnter Natronlauge und isoliert nun das reine Senföl entweder durch Destillation mit Wasserdampf, durch Rektifizieren unter gewöhnlichem oder vermindertem Druck oder durch Umkrystallisieren.

3. Einwirkung von Thionylchlorid[1]).

Die primären Amine der aliphatischen und aromatischen Reihe sind dadurch charakterisiert, daß sich in ihnen die beiden an Stickstoff gebundenen Wasserstoffatome leicht durch Thionyl ersetzen lassen. Die Thionylamine haben demnach eine ähnliche Bedeutung für die primären Amine wie die Nitrosoverbindungen für die sekundären.

Bei der Untersuchung der Einwirkung des Thionylchlorids auf Amine der verschiedenen Klassen von Kohlenwasserstoffen und auf im Alkyl verschieden substituierte Amine ergaben sich folgende allgemeine Resultate:

a) **Die primären Amine der aliphatischen Reihe** setzen sich in ätherischer Lösung mit Thionylchlorid glatt um nach der Gleichung:

$$SOCl_2 + 3\,Alk \cdot NH_2 = Alk \cdot N : SO + 2\,Alk \cdot NH_3Cl.$$

Auf die salzsauren Salze dieser Amine wirkt Thionylchlorid nicht ein. Die aliphatischen Thionylamine entstehen ferner leicht durch Wechselwirkung eines aliphatischen Amins mit Thionylanilin, z. B.:

$$C_2H_5NH_2 + C_6H_5N : SO = C_2H_5N : SO + C_6H_5NH_2.$$

Diese Thionylamine bilden unzersetzt siedende, an der Luft rauchende, erstickend riechende Flüssigkeiten, die schon von Wasser zu Amin und Schwefeldioxyd zersetzt werden.

b) **Benzylamin** $C_6H_5CH_2NH_2$ bildet mit Thionylchlorid kein Thionylamin, sondern Benzaldehyd und salzsaures Benzylamin, neben einer noch nicht erforschten schwefelhaltigen Verbindung; am einfachsten könnte die Reaktion hierbei nach folgender Gleichung verlaufen:

$$6\,C_6H_5CH_2NH_2 + 2\,SOCl_2 = 2\,C_6H_5CHO + 4\,C_6H_5CH_2NH_2HCl + N_2H_2S_2.$$

Die so gebildete Verbindung $N_2H_2S_2$ (Nitril der Thioschwefelsäure) wird aber ohne Zweifel sofort weiter verändert.

Eine entsprechende, noch glattere Umsetzung erfolgt mit Thionylanilin.

c) **Die Amine der aromatischen Reihe** setzen sich sowohl als solche wie auch als salzsaure Salze mit Thionylchlorid äußerst leicht um[2]), z. B.:

---

[1]) Michaëlis, A. **274**, 179 (1893).

[2]) Man prüft, ob die Thionylaminreaktion eingetreten ist, indem man mit Lauge erhitzt, worauf der Geruch der Base auftritt, während sich nach dem Übersättigen mit verdünnter Schwefelsäure der Geruch nach Schwefeldioxyd bemerkbar macht.

$$C_6H_5NH_2 \cdot HCl + SOCl_2 = C_6H_5N : SO + 3\,HCl.$$

Diese Umsetzung erfolgt, wenn das salzsaure Salz mit Benzol übergossen und dann mit der berechneten Menge Thionylchlorid im Wasserbad erhitzt wird. Ohne Zusatz von Benzol entstehen dagegen blaue, schwerlösliche Farbstoffe. Die einfachen aromatischen Thionylamine sind gelbe Flüssigkeiten, die sich entweder unter gewöhnlichem oder (bei den höheren Gliedern) unter vermindertem Druck unzersetzt destillieren lassen. Sie werden sämtlich durch Alkali leicht und unter Erwärmung in primäres Amin und schwefligsaures Salz übergeführt, z. B.:

$$C_6H_5N : SO + 2\,NaOH = C_6H_5NH_2 + Na_2SO_3.$$

Gegen Wasser sind sie um so beständiger, je mehr Methylgruppen der aromatische Rest enthält. Thionylanilin wird z. B. von Wasser beim Schütteln oder Erhitzen leicht zersetzt; Thionylxylidin:

$$(CH_3)_3C_6H_2 \cdot N : SO$$

ist dagegen fast unzersetzt mit Wasserdämpfen flüchtig.

Auch α- und β-Naphthylamin bilden mit Thionylchlorid leicht Thionylamine, α-Thionylnaphthylamin ist gegen Wasser viel beständiger als die β-Verbindung.

d) Substituiert man in den aromatischen Aminen Wasserstoff durch die elektronegativen Radikale Chlor-, Brom, Jod, Fluor oder die Nitrogruppe, so entstehen ebenso leicht wie mit den einfachen Aminen Thionylamine die zum Teil fest sind und schön krystallisieren. Substituiert man jedoch Wasserstoff durch Hydroxyl oder Carboxyl, so bilden die entstehenden Aminophenole bzw. Aminobenzoesäuren keine Thionylverbindungen. Sobald man jedoch den Wasserstoff des Hydroxyls oder Carboxyls durch Alkyl ersetzt, wirkt das Thionylchlorid aufs leichteste ein. Es läßt sich also ein Thionylanisidin:

$$C_6H_4{\displaystyle{\diagup OCH_3 \atop \diagdown N : SO}}$$

und ein Thionylaminobenzoesäuremethylester:

$$C_6H_4{\displaystyle{\diagup CO \cdot OCH_3 \atop \diagdown N : SO}}$$

leicht erhalten.

e) m - und p - Phenylendiamin bilden schon beim Erhitzen ihrer salzsauren Salze mit Thionylchlorid Thionylamine von der Formel:

$$C_6H_4{\displaystyle{\diagup N : SO \atop \diagdown N : SO}}.$$

Diese sind fest und werden schon durch Wasser in Phenylendiamin und Schwefeldioxyd zersetzt. o - Phenylendiamin bildet sowohl mit Thionylchlorid wie mit Thionylanilin das Piazthiol:

$$C_6H_4{\diagup\diagdown}{\overset{\displaystyle N}{\underset{\displaystyle N}{}}}\,S\,.$$

f) Benzidin, Tolidin, Aminostilben bilden leicht Thionylamine. Dasselbe ist der Fall mit Aminoazobenzol und Diaminoazobenzol (Chrysoidin), indem die ziemlich beständigen Verbindungen:

$$C_6H_5N = N \cdot C_6H_4N : SO$$

bzw.

$$C_6H_5N = N \cdot C_6H_3{\displaystyle{\diagup N : SO \atop \diagdown N : SO}}$$

entstehen.

Durch die Feuchtigkeit der Luft oder durch Zusatz von wenig Wasser werden die Thionylamine in Verbindungen der Amine mit Schwefeldioxyd übergeführt. Im allgemeinen existieren je zwei solcher Verbindungen, von denen die eine aus 1 Molekül Amin und 1 Molekül Schwefeldioxyd, die andere aus 2 Molekülen Amin und 1 Molekül Schwefeldioxyd besteht. Bei den aromatischen Aminen ist die erstere Verbindung unbeständig und geht unter Abgabe von Schwefeldioxyd leicht in die zweite über. Bei den aliphatischen Aminen kann man namentlich bei den Anfangsgliedern nur die erstere Art leicht erhalten, die höheren Glieder bilden beide Verbindungsarten.

Setzt man zu der alkoholischen Lösung des Thionylamins (bei den aromatischen Gliedern unter Zusatz des Amins) Benzaldehyd oder einen anderen aromatischen Aldehyd, so scheiden sich unter Wasseraufnahme sofort feste, meist schön krystallisierende Verbindungen aus, die durch Vereinigung der Sulfide mit den Aldehyden entstehen[1]).

4. Lauthsche Reaktion[2]).

Mit verdünnter Essigsäure und Bleisuperoxyd geben die aromatischen Amine (auch die sekundären und tertiären) charakteristische Farbenreaktionen, die manchmal verschieden sind, wenn man statt Wasser Alkohol als Lösungsmittel anwendet.

5. Acylierung der Aminbasen.

Zur Charakterisierung und Bestimmung der primären und sekundären Amine können dieselben Acylierungsmethoden verwendet werden wie für die Hydroxylderivate (S. 656ff.). Die Besonderheiten der Amingruppe, namentlich ihre größere Reaktionsfähigkeit, lassen indes hier noch einige weitere Methoden der Acylierung zu.

a) Acetylierungsmethoden.

Acetylierung mit Acetylchlorid[3]) wird nicht sehr häufig vorgenommen. Dehn[4]) arbeitet mit Acetylchlorid in ätherischer Lösung.

Eine interessante Verwendungsart des Säurechlorids, bei der außerdem konzentrierte Schwefelsäure benutzt wird, beschreibt ein Patent[5]).

Zu der Lösung von 10 Gewichtsteilen Phenylglycinorthocarbonsäure in 30 Gewichtsteilen Schwefelsäuremonohydrat werden allmählich 20 Volumteile Acetylchlorid hinzugefügt und 2—3 Stunden auf 50° erwärmt. Dann wird die Acetylverbindung durch Aufgießen auf Eis abgeschieden.

Mit Essigsäureanhydrid kann man Basen auch in wäßriger Lösung acetylieren[6]). Die zu acetylierende Base wird in der entsprechenden Menge verdünnter Essigsäure gelöst oder suspendiert oder der Lösung ihres Chlorhydrats Natriumacetat oder Normalkalilauge[7]) zugesetzt und unter Schütteln Essigsäureanhydrid zugefügt. Besonders bewährt sich dies Verfahren bei

---

[1]) Vgl. Schiff, A. **140**, 130 (1866); **210**, 128 (1880).
[2]) C. r. **111**, 975 (1890).
[3]) Siehe S. 659. — Über Diacetylieren mit Acetylchlorid siehe S. 922.
[4]) Am. soc. **34**, 1399 (1912).   [5]) DRP. 147 033 (1904).
[6]) Hinsberg, B. **19**, 1253 (1886). — Pinnow und Wegner, B. **30**, 3110 (1897). — Pinnow, B. **33**, 417 (1900). — Lumière und Barbier, Bull. (3) **33**, 783 (1905). — Grandmougin, B. **39**, 3930 (1906).
[7]) Pschorr und Massaciu, B. **37**, 2787 (1904).

(primären und sekundären) aromatischen Aminosäuren, deren Alkalisalze mit dem Anhydrid geschüttelt werden[1]).

Kühlen ist dabei[2]) im allgemeinen nicht nur nicht nötig, sondern oftmals sogar Erwärmen auf 50—60° vorteilhaft.

In manchen Fällen (z. B. Anilin) lassen sich auf diese Art sogar die Chlorhydrate der Basen — unter Freiwerden von Salzsäure — acetylieren.

Über die vorteilhafte Methode des Acetylierens in Lösungsmitteln siehe S. 662 und Darapsky und Spannagel, J. pr. (2) 92, 294 (1915).

Acetylierung von Salzen und Doppelsalzen: Sie wird ganz ebenso ausgeführt wie die Acetylierung der freien Basen. Beispiele hierfür: Nietzki, B. 16, 468 (1883). — DRP. 71 159 (1893). — Wolff, B. 27, 972 (1894). — Cohn, B. 33, 1567 (1900). — Kehrmann, Oulevay und Regis B. 46, 3715, 3720 (1913) Zinndoppelsalze. — Acetylierung von Phenylhydroxylamin: Bamberger, B. 51, 636 (1918).

Pollak[3]) erhitzt das fein zerriebene Chlorhydrat mit der 10—15fachen Menge Anhydrid 5—6 Stunden am Rückflußkühler, bis der Geruch nach Acetylchlorid verschwunden ist. — Besser ist es, ein Lösungsmittel anzuwenden. Man suspendiert z. B. das Chlorhydrat in Benzol, fügt das Acylierungsmittel (auch Benzoylchlorid) hinzu und kocht am Rückflußkühler bis zum Aufhören der Salzsäureentwicklung[4]).

Bei asymmetrischen Triaminen der Benzolreihe wird von zwei benachbarten Amingruppen nur eine acetyliert. Vgl. Pinnow, J. pr. (2) 62, 517 (1900). — B. 33, 417 (1900).

Aminosulfosäuren lassen sich nur in alkalischer Lösung bzw. als Salze acetylieren[5]).

Andererseits können beim Acetylieren von aromatischen Aminen unter Schwefelsäurezusatz acetylierte Aminosulfosäuren entstehen[6]).

Tertiäre Benzylamine werden durch Essigsäureanhydrid aufgespalten[7]).

Über die Notwendigkeit, reines Essigsäureanhydrid für empfindliche Substanzen zu verwenden, siehe S. 663. — Speziell salzsäurefreies Anhydrid ist für die Acetylierung von Aminobenzaldehyd erforderlich[8]).

Essigsäureanhydrid und Alkohol wirken, wie Nietzki[9]) gefunden hat, unerwarteterweise in der Kälte nicht aufeinander; beim Vermischen beider Substanzen findet sogar Temperaturerniedrigung statt. Setzt man zu dieser Mischung einen Aminokörper, so acetyliert er sich ganz glatt und fast momentan unter Temperaturerhöhung. Diese Methode gestattet, Aminoderivate, die mit Essigsäureanhydrid, wegen ihrer geringen Löslichkeit, schlecht reagieren, wie z. B. Aminoazobenzol, p-Nitroanilin usw., glatt und bequem zu acetylieren.

---

[1]) Houben, B. 42, 3191 (1909). — Houben, Schottmüller und Freund, B. 42, 4489 (1909).

[2]) DRP. 129 000 (1902). — Beim Arbeiten mit größeren Mengen von Aminosäuren empfiehlt sich Eiskühlung.   [3]) M. 14, 407 (1893).

[4]) Franzen, B. 42, 2465 (1909).

[5]) Nietzki und Benkiser, B. 17, 707 (1884). — DRP. 92 796 (1897). — Junghahn, B. 33, 1366 (1900). — DRP. 129 000 (1901). — Gnehm, J. pr. (2) 63, 407 (1901). — Schroeter und Rösing, B. 39, 1559 (1906).

[6]) Söll und Stutzer, B. 42, 4539 (1909).

[7]) Tiffeneau und Fuhrer, Ch. Ztg. 35, 532 (1911).

[8]) Friedländer und Göhring, B. 17, 457 (1884).

[9]) Ch. Ztg. 27, 361 (1903). — Lumière und Barbier, Bull. (3) 35, 625 (1906).

Auch das Acylieren in Pyridinlösung ist hier sehr am Platz[1].

Man kann auf diese Art auch empfindliche Amine, ohne sie isolieren zu müssen, in Form ihrer Salze und Doppelsalze acylieren [Heller und Nötzel[2]].

Benzoylchlorid in Pyridinlösung kann indessen auch Verdrängungsreaktionen verursachen und mit Ester-, Äther-, Malonsäuremethylengruppe usw. reagieren [Freundler[3]].

Über Verwendung von Essigsäureanhydrid und konzentrierter Schwefelsäure oder Salzsäuregas siehe DRP. 147 633 (1904).

Acetylieren unter Zusatz von Chlorzink[4] hat sich in der Carbazolreihe bewährt: Kehrmann, Oulevay und Regis, B. 46, 3713 (1913).

Über die katalytische Beschleunigung der Acetylierung von Basen durch Säuren (Schwefelsäure, Salzsäure, Überchlorsäure, Trichloressigsäure) siehe Smith und Orton, Proc. 24, 148 (1908); Soc. 93, 1242 (1908). — Blanksma, Ch. W. 6, 717 (1909).

Mischungen von Anhydrid mit mehr oder weniger verdünnter Essigsäure[5] oder Eisessig allein[6] werden vielfach benutzt.

Mit selbst stark verdünnter (30—50 proz.) Essigsäure[7] gelingt die Acetylierung der primären aromatischen Amine beim Erhitzen unter Druck auf 150—160°.

Über die (C-)Acetylierung von β-Aminocrotonsäureester und ähnlichen Verbindungen siehe Benary, B. 42, 3912 (1909).

Chloracetylchlorid und Bromacetylchlorid finden ebenfalls gelegentlich Verwendung[8]. — Chloressigsäureanhydrid wirkt weit weniger energisch als Essigsäureanhydrid.

Als bestes Verfahren für die Acetylierung mit Chloracetylchlorid hat sich bei den Aminoverbindungen die Anwendung von verdünnter Essigsäure[9] als Lösungsmittel und von Natriumacetat zur Entfernung der Salzsäure erwiesen. Meist war eine Mischung gleicher Volumina Eisessig und gesättigter Lösung des Natriumsalzes geeignet, zuweilen war infolge der Löslichkeitsverhältnisse des Ausgangsmaterials höhere Konzentration oder Zusatz von Aceton erforderlich. Das Verfahren verlief ebensogut bei Anwendung von Benzoylchlorid und Phenylchloracetylchlorid. Bei substituierten aromatischen Harnstoffen half die Anwendung von Chloressigsäure als Lösungsmittel über die sonst bestehenden Schwierigkeiten hinweg[10].

Acetylierung mit Thioessigsäure[11].

Nach Pawlewsky eignet sich die Thioessigsäure ganz besonders zur Acetylierung aromatischer primärer und sekundärer Amine und Aminsäuren, die meist momentan und bei gewöhnlicher Temperatur nach der Gleichung:

---

[1] Walther, J. pr. (2) 59, 272 (1899). — Doht, M. 25, 958 (1904). — Freundler, C. r. 137, 712 (1904). — Bull. (3) 31, 621 (1904).

[2] J. pr. (2) 76, 59 (1907).   [3] Ch. Ztg. 28, 345 (1904).   [4] Siehe S. 667.

[5] Pinnow, B. 33, 417 (1900). — Rupe und Braun, B. 34, 3523 (1901). — Lumière und Barbier, Bull. (3) 33, 783 (1905). — Thoms und Drauzburg, B. 44, 2132 (1911).   [6] DRP. 92 796 (1897).

[7] DRP. 98 070 (1898); 116 922 (1901). — Anilin läßt sich schon durch 15 proz. Essigsäure acetylieren: Tobias, B. 15, 2868 (1882); Phenylhydrazin durch 7 proz. Essigsäure: Milrath, Z. physiol. 56, 132 (1908). — Siehe S. 785.

[8] DRP. 71 159 (1893). — Bistrzycki und Ulffers, B. 31, 2790 (1898). — Korndörfer, Arch. 241, 449 (1903). — Leuchs und Suzuki, B. 37, 3313 (1904).

[9] Benzol als Verdünnungsmittel: Halberkann, B. 54, 1157 (1921).

[10] Jacobs und Heidelberger, Am. soc. 39, 1439 (1917).

[11] Pawlewski, B. 31, 661 (1898); 35, 110 (1902). — Bamberger, B. 35, 713 (1902).

$$RNH_2 + CH_3COSH = R \cdot NHCOCH_3 + SH_2$$

glatt vonstatten geht und direkt nahezu analysenreine Produkte liefert.

Nach Eibner[1] addieren gewisse sekundäre und tertiäre Aminverbindungen Thioessigsäure unter Bildung von substituierten Aminomercaptanen. — Das Glucosid Morindin wird durch Thioessigsäure hydrolysiert[2], die sog. Bandrowskische Base reduzierend acetyliert[3].

Phenylhydroxylamin wird am Stickstoff acetyliert[4].

Darstellung der Thioessigsäure[5].

1 Gewichtsteil gepulvertes Phosphorpentasulfid wird mit $^1/_2$ Gewichtsteil nicht zu kleiner Glasscherben gemischt und mit 1 Teil Eisessig in einem Glasgefäß, das mit Thermometer und absteigendem Kühler versehen ist, auf dem Drahtnetz vorsichtig angewärmt. Wenn die Temperatur der Dämpfe auf etwa 103° gestiegen ist, bricht man die Operation ab. Das gelbe Destillat wird nochmals rektifiziert und das zwischen 92 und 97° Übergehende als reine Thioessigsäure angesehen.

Diacetylierung[6].

Während im allgemeinen durch die Einwirkung von Acetylierungsmitteln nur eines der beiden typischen Wasserstoffatome primärer Amine substituiert wird:

$$-N\diagdown{}_{OCCH_3}^{\;H},$$

gelingt es in manchen Fällen sowohl mit Acetylchlorid[7]) als auch mit Essigsäureanhydrid[8]) Diacetylierung zu bewirken.

Dabei spielt die Konstitution der Substanzen eine wesentliche Rolle, insofern, als namentlich orthosubstituierte Arylamine (gleichgültig, ob der Substituent positiven oder negativen Charakter besitzt) der Diacetylierung zugänglich sind. — Es kann aber auch die Anwesenheit einer Beimengung im Anhydrid die Diacetylierung begünstigen[9].

In manchen Fällen läßt sich

Acetylierung mit Essigsäureester[10]

erzielen. Anilin gibt beim Erhitzen mit Essigsäureester auf 200—220° Acetanilid, während bei gleicher Behandlung von Anilinchlorhydrat mit dem Ester Alkylanilin entsteht.

Auch sonst kann eine Acylgruppe sowohl intramolekular [durch Umlagerung[11])] oder intermolekular aus ihrer Verbindung mit einem Alkohol (Phenol) an den Stickstoff treten. So entsteht beim Erhitzen der Acetyl- und

[1]) B. **34**, 657 (1901).   [2]) Tisza, Diss. Bern (1908), 26.

[3]) Heiduschka und Goldstein, Arch. **254**, 614 (1916).

[4]) Bamberger, B. **51**, 636 (1918).

[5]) Kekulé und Linnemann, A. **123**, 278 (1862). — Tarugi, G. **25**, I, 271 (1895). — Schiff, B. **28**, 1205 (1895).

[6]) Siehe auch Dubsky, Ch. Ztg. **36**, 677 (1912).

[7]) Kay, B. **26**, 2853 (1893). — Dehn, Am. soc. **34**, 1399 (1912).

[8]) Remmers, B. **7**, 350 (1874). — Ulffers und Janson, B. **27**, 93 (1894). — DRP. 75 611 (1894). — Tassinari, Ch. Ztg. **24**, 548 (1900). — Wisinger, M. **21**, 1011 (1900). — Pechmann und Obermiller, B. **34**, 665 (1901). — Sudborough, Proc. **17**, 45 (1901). — Soc. **79**, 532 (1901). — Orton, Soc. **81**, 496 (1902). — Smith und Orton, Soc. **93**, 1242 (1908). — Franchimont und Dubsky, Rec. **30**, 183 (1911).

[9]) Hinsberg, B. **38**, 2800 (1905). — Kehrmann und Havas, B. **46**, 350 (1913).

[10]) Hjelt, Finska Vetensk. Soc. Öfversigt **29**, 1 (1887). — Niementowski, B. **30**, 3071 (1897). — Wenner, Diss. Basel (1902), 10. — Traube, B. **43**, 3587 (1910). — Auch Chloressigester.   [11]) Siehe S. 925.

Benzoylverbindungen des Resacetophenons mit Phenylhydrazin Acetyl- bzw. Benzoylphenylhydrazin. Torrey und Kipper, Am. soc. **30**, 853 (1908). — Siehe auch S. 925.

Nichtacetylierbare Amine

sind ebenfalls beobachtet worden.

Orthonitrobenzylorthonitroanilin läßt sich auf keinerlei Weise acetylieren [1] und ebensowenig Paranitrobenzylorthonitroanilin [2] und die Imidogruppe des o-Oxybenzylorthonitroanilins [3]. Auch 3.5-Dibromanthranilsäurenitril [4] reagiert nicht und sehr schwer der 2-Aminoresorcindimethyläther [5].

In diesen Fällen ist sterische Reaktionsbehinderung anzunehmen. Sehr interessant ist in dieser Beziehung [6] die Nichtacetylierbarkeit des 8-Nitro-α-naphthylamins:

$$NO_2\ NH_2$$

Unverseifbare Acetylgruppen:

Pschorr, B. **31**, 1289, 1291 (1898).

b) Benzoylierungsmethoden [7].

Die Einwirkung von Benzoylchlorid führt bei empfindlichen Aminen leicht zur Verharzung. Wo das Arbeiten nach der Schotten-Baumann-schen Methode [8] sich auch nicht ausführen läßt, kann man nach Etard und Vila [9] eine wäßrige Lösung der Substanz mit krystallisiertem Baryt-hydrat mischen, das, wenn nun nach und nach Benzoylchlorid zugesetzt wird, durch die bei der Lösung entstehende Temperaturerniedrigung allzu lebhafte Reaktion verhindert.

Willstätter und Parnas benzoylieren in alkoholischer Lösung bei Gegenwart der berechneten Menge Natriumäthylat [10].

In manchen Fällen kommt man bei Verwendung von Kalilauge zu besseren Ausbeuten als mit Natronlauge [11].

Als Verdünnungsmittel empfiehlt sich Benzol [12]. Durch Erhitzen mit Benzoesäure allein werden die Benzoylderivate der Diamin-anthrachinone erhalten [13].

Benzoesäureanhydrid [14] empfiehlt sich namentlich in solchen Fällen, wo eine flüssige Base zur Verwendung gelangt, in der das Anhydrid sich lösen kann [15]. Manchmal ist Erhitzen auf 200° im Einschlußrohr notwendig [16].

Witt und Dedichen [17] empfehlen mit Benzoesäureanhydrid, Natrium-

---

[1] Paal und Kromschröder, J. pr. (2) **54**, 265 (1896).
[2] Paal und Benker, B. **32**, 1251 (1899).
[3] Paal und Härtel, B. **32**, 2057 (1899). — Siehe auch S. 978.
[4] Bogert und Hard, Am. soc. **25**, 938 (1903).
[5] Kauffmann und Franck, B. **40**, 4006 (1907).
[6] Smith, Soc. **89**, 1505 (1905).   [7] Siehe S. 683 ff.
[8] Einwirkung auf tertiäre cyclische Basen: Reißert, B. **38**, 1603 (1905).
[9] C. r. **135**, 699 (1902). — Biehringer und Busch, B. **36**, 139 (1903), verwenden gelöschten Kalk.   [10] B. **40**, 3978 (1907).
[11] Schultze, Z. physiol. **29**, 474 (1900).
[12] Franzen, B. **42**, 2465 (1909).
[13] DPA. W 37 544 (1912); W 24 777, Kl. 22b (1915).
[14] Urano, Beitr. z. chem. Physiol. u. Path. **9**, 183 (1907).
[15] Curtius, B. **17**, 1663 (1884). — Bichler, B. **26**, 1385 (1893).
[16] Likiernik, Z. physiol. **15**, 418 (1891).   [17] B. **29**, 2954 (1896).

acetat und Eisessig zu kochen. Dasselbe Verfahren wenden Scheiber und Brandt zur N-Benzoylierung des 1.2-Aminonaphthols an[1]).

Substanzen, die gegen Mineralsäuren und Alkali empfindlich sind, kocht Heller[2]) mit Benzoesäure, benzoesaurem Natrium und Benzol am Rückflußkühler.

Über die Anwendung von Natriumbicarbonat[3]) siehe S. 685. — Dieses Verfahren empfiehlt sich speziell auch für die Benzoylierung der Eiweißkörper[4]). — Mohr und Geis mußten zur Benzoylierung der Aminoisobuttersäure Kaliumbicarbonat anwenden[5]). — Natriumacetat wird in einem Patent benutzt[6]). Auch Magnesiumoxyd wird empfohlen[4]).

Besonders vorsichtig verfährt Ehrlich[7]):

2 g Adrenalin werden mit 3 g Benzoylchlorid in 10 ccm Äther und 3 ccm Aceton — wodurch einer Ausscheidung des im Äther schwerlöslichen Benzoylderivats vorgebeugt wird — und 30 ccm kaltgesättigter Natriumbicarbonatlösung geschüttelt. Der Überschuß an Benzoylchlorid wird dann durch Alkohol zerstört.

Starke Basen können auch mit Benzoesäureester acyliert werden, indem analog der Umsetzung des Esters mit Ammoniak Säureimidbildung eintritt[8]), oft schon in der Kälte.

So ist es eine allgemeine Eigenschaft der Monoalkylfluorindine, beim Kochen mit Benzoesäureester mehr oder weniger rasch in Benzoylderivate verwandelt zu werden, während sich Diphenylfluorindin aus diesem Lösungsmittel unverändert umkrystallisieren läßt.

Benzoylchlorid und Lauge spalten[9]) die in α- oder β-Stellung substituierten alkylhomologen Imidazole[10]) nach der Gleichung:

$$\begin{matrix} \text{CH—} & \text{N} \\ \| & \\ \text{CH—NH} & \end{matrix}\!\!\!\diagdown\!\!\text{CH} + \begin{matrix} 2\,C_6H_5COCl \\ + 2\,KOH \end{matrix} = \begin{matrix} \text{CH—NH—COC}_6\text{H}_5 \\ \| \\ \text{CH—NH—COC}_6\text{H}_5 \end{matrix} + 2\,KCl + HCOOH\,.$$

Durch einen in α-Stellung befindlichen Alkylrest wird die Aufspaltung sehr erschwert[11]). Tertiäre Imidazole und Imidazolderivate, die in der Seitenkette eine freie Carboxylgruppe tragen, bleiben unverändert[12]).

[1]) J. pr. (2) **78**, 93 (1908).   [2]) B. **37**, 3113 (1904).

[3]) Ferner: Pauly, B. **37**, 1397 (1904). — Dieckmann, B. **38**, 1659 (1905). — E. Fischer, B. **39**, 539 (1906). — Guggenheim, Z. physiol. **88**, 282 (1913).

[4]) Blum und Umbach, Z. physiol. **88**, 285 (1913). Zur Benzoylbestimmung in diesen Produkten verseifen die Autoren durch zweistündiges Kochen mit 5 proz. Lauge, säuern nach dem Erkalten schwach mit verdünnter Schwefelsäure an, schütteln mit Äther aus, waschen die ätherische Benzoesäurelösung wiederholt mit Wasser, nehmen eventuell nochmals in Lauge auf, machen wieder in gleicher Weise frei, verdunsten den Äther und titrieren mit $n/_{10}$-Lauge (a. a. O. S. 307).   [5]) B. **41**, 798 (1908).

[6]) DRP. 240 827 (1912). — Witt und Schmitt verwenden Natriumacetat für die Einführung des Benzolsulfosäurerestes: B. **27**, 2370 (1894).   [7]) B. **37**, 1827 (1904).

[8]) Kehrmann und Bürgin, B. **29**, 1248 (1896). — Siehe auch Torrey und Kipper, Am. soc. **30**, 853 (1908). — Traube, B. **43**, 3589 (1910). Guanidin. Auch m - Nitrobenzoesäureester reagiert in gleicher Weise.

[9]) Man kann aber durch sehr vorsichtiges Arbeiten [Benzoylchlorid in Ligroinlösung: Bamberger und Berlé, oder ätherischer resp. benzolischer Suspension: Gerngroß, B. **46**, 1913 (1908)] Benzoylderivate darstellen. — Siehe auch Wolff, A. **394**, 66 (1912); **399**, 297 (1913).

[10]) Bamberger und Berlé, A. **273**, 342 (1893). — Windaus und Knoop, B. **38**, 1169 (1905). — Windaus und Vogt, B. **40**, 3692 (1907). — Windaus, B. **42**, 761 (1909). — Isovalerylchlorid: Windaus, Dörries und Jensen, B. **54**, 2746 (1921).

[11]) Bamberger und Berlé, A. **273**, 349 (1893). — Kym und Ratner, B. **45**, 3238 (1912).

[12]) Pinner und Schwarz, B. **35**, 2448 (1902). — Fränkel, Beitr. z. chem. Physiol.

Über die analoge Spaltung von 2-Phenylpyrrolin (auch durch Säure-anhydride allein) siehe Gabriel und Colman, B. **41**, 519 (1908).

Verhalten der Gruppe —N—C—N— gegen Acylierungsmittel siehe auch noch Heller, B. **37**, 3112 (1904); **40**, 114 (1907).

Verdrängung von Acetyl durch Benzoyl: Freundler, Bull. (3) **31**, 622 (1904). — Heller und Jacobsohn, B. **54**, 1110 (1921).

p - Nitrobenzoylchlorid[1]) wird speziell für die Acylierung von Histidin empfohlen[2]).

Nicht benzoylierbare Amine. Der Fall[3]), daß sich eine Substanz der Benzoylierung unzugänglich zeigt, ist relativ selten. Wahrscheinlich ist auch hier sterische Behinderung für die Reaktionsunfähigkeit verantwortlich.

Anormale Benzoylierungsprodukte (Eintritt von Pyridin in das Molekül beim Arbeiten nach Schotten - Baumann, Bildung von Anhydriden bei Aminosäuren) Heller und Tischner, B. **43**, 2574 (1910). —

Benzoylchlorid kann auch auf reduzierbare Substanzen anormal einwirken. [Bildung von Tetrabenzoylindigweiß aus Indigo[4]), von Tetrabenzoyltetrahydroindanthren aus Indanthren[5])].

Schmelzpunkte der benzoylierten Aminosäuren. Die Schmelzpunkte mancher Benzoylderivate, wie des Benzoylornithins[6]) und des inaktiven Benzoyllysins[7]), zeigen keine bestimmten Werte. (Siehe hierzu E. Fischer a. a. O.)

Unterscheidung von O- und N-acylierten Substanzen gelingt nach Herzig und Tichatschek[8]) manchmal mit Diazomethan, das O-Acetyl verdrängt, N-Acetyl aber unverändert läßt. Auch pflegen O-acylierte Oxyaminokörper von kalter Schwefelsäure verseift zu werden, die N-Derivate nicht (Titherley). Die meisten N-acylierten Substanzen sind im Gegensatz zu ihren Isomeren kalilöslich und pflegen Eisenchloridreaktion zu zeigen.

Wanderungen des Acyls vom Sauerstoff zum Stickstoff oder auch umgekehrt sind von Auwers[9]) und seinen Schülern bei den Derivaten des o-Oxybenzylamins, des o-Oxybenzylhydrazins, der Phenylhydrazone von o-Oxyaldehyden und o-Oxybenzylketonen, von Salicylamid[10]) usw. in großer Zahl eingehend studiert worden. Auch bei den aliphatischen Aminoalkoholen und Aminoketonen ist die Verschiebung des Acyls von Sauerstoff zu Stickstoff und umgekehrt von Gabriel[11]) systematisch und in Zusammenhang mit der

---

u. Pathol. **8**, 158, 406 (1906). — Windaus und Knoop, Beitr. z. chem. Physiol. u. Pathol. **8**, 407, (1906). — Windaus, B. **43**, 499 (1910). — Über den Mechanismus dieser Spaltung: Gerngroß, B. **46**, 1913 (1913); **52**, 2305 (1919). — Siehe ferner Windaus, Dörries und Jensen, B. **54**, 2745 (1921).   [1]) Curtius, J. pr. (2) **94**, 93, 114 (1917).

[2]) Pauly, Z. physiol. **64**, 75 (1910).

[3]) Salomonson, Rec. **6**, 16 (1887). — Likiernik, Z. physiol. **15**, 418 (1891).

[4]) Heller, B. **36**, 2764 (1903).   [5]) Scholl und Berblinger, B. **40**, 395 (1907).

[6]) Jaffé, B. **11**, 408 (1878). — Schulze und Winterstein, Z. physiol. **26**, 6 (1898). — E. Fischer, B. **34**, 463 (1901).

[7]) E. Fischer und Weigert, B. **35**, 3777 (1902).   [8]) B. **39**, 268, 1557 (1906).

[9]) A. **332**, 159 (1904); **359**, 336, 360 (1908); **364**, 147 (1908); **365**, 278 (1909); **369**, 209 (1909). — B. **37**, 2249, 3903, 3905, 3929 (1904); **38**, 3256 (1905); **40**, 3506 (1907); **41**, 403, 415 (1908); **47**, 1297 (1914). — Vgl. auch Paal und Bodewig, B. **25**, 2961 (1892). — Willstätter und Veraguth, B. **40**, 1432 (1907). — Tschunke, Diss. Breslau (1909). — Löffler und Remmler, B. **43**, 2057 (1910). — E. Fischer, Bergmann und Lipschitz, B. **51**, 52 (1918). — Raiford, Am. soc. **41**, 2068 (1919) Orthoaminophenole.

[10]) Titherley und Mitarbeiter, Soc. **87**, 1207 (1905); **89**, 1318 (1906); **91**, 1419 (1907); **95**, 908 (1909); **97**, 200 (1910); **99**, 866 (1911). — Proc. **21**, 288 (1905).

[11]) B. **22**, 2222 (1889); **23**, 2497 (1890); **24**, 3213 (1891); **32**, 967 (1899). — A. **409**, 305 (1915).

Bildung heterocyclischer Ringe (Oxazol, Oxazolin, Pentoxazol) untersucht worden.

Auch ein Beispiel für die Wanderung von Stickstoff zu Stickstoff ist von Widman[1]) bei dem Acetylderivat des o-Aminobenzylanilins beobachtet worden.

Noch empfehlenswerter als die Benzoylierung ist nach Baum[2]) die

c) Furoylierung

der Amine oder Aminosäuren, weil sich überschüssige Brenzschleimsäure viel leichter als Benzoesäure entfernen läßt, entweder (aus in Alkohol unlöslichen Substanzen) durch Ausziehen mit diesem Lösungsmittel oder geeignetenfalls durch mehrfaches Umkrystallisieren der Verbindung aus Wasser; auch die leichtere Spaltbarkeit der Furoylverbindungen durch Alkali kann von Bedeutung sein und ebenso das Verhalten des Brenzschleimsäurechlorids in Fällen, die dem des Asparagins entsprechen.

Beispiele:

Furoyl-m-toluidin. Die Furoylierung erfolgt nach Schotten-Baumann mittels Kalilauge. Das Reaktionsprodukt scheidet sich zunächst als breiige Masse ab, die beim Reiben und Abkühlen erstarrt. Es krystallisiert aus Alkohol in glänzenden, regulären Prismen und schmilzt bei 87°. Die Ausbeute beträgt 80% der theoretischen.

3 g Alanin werden in 20 ccm Wasser suspendiert und 20 g Natriumcarbonat zugefügt. Unter dauerndem Umschütteln werden allmählich 10 g Brenzschleimsäurechlorid (3 Moleküle) zugegeben und stets erst eine neue Menge zugefügt, wenn der Geruch des Chlorids verschwunden ist. Die Flüssigkeit färbt sich nach und nach schwach gelblich, und unter lebhafter Kohlendioxydentwicklung geht der größte Teil des Bicarbonats in Lösung. Man filtriert und fällt das Reaktionsprodukt durch Zugabe von überschüssiger Salzsäure. Zur vollständigen Fällung kühlt man eine halbe Stunde mit Eiswasser.

Die überschüssige Brenzschleimsäure entfernt man durch wiederholtes Waschen mit kaltem Alkohol, worin Furoylalanin sehr schwer löslich ist. Die Ausbeute an Rohprodukt ist quantitativ.

Es ist übrigens nicht notwendig, den großen Überschuß von 3 Molekülen Säurechlorid anzuwenden; in einem anderen Versuch wurden mit nur $1^3/_4$ Molekülen 95% der theoretischen Ausbeute erhalten.

5 g Asparagin werden mit 25 g Natriumbicarbonat in 40 ccm Wasser suspendiert und nach und nach 12 g Säurechlorid zugegeben.

Die Reaktion verläuft unter starker Kohlendioxydentwicklung und ist in etwa einer Stunde beendet. Man fällt mit überschüssiger Salzsäure und wäscht zur Entfernung der Brenzschleimsäure mehrmals mit kaltem Alkohol. Die Ausbeute beträgt 96% der theoretischen. Das Furoylasparagin krystallisiert aus Wasser in farblosen, schön ausgebildeten, vierkantigen Prismen vom Smp. 172—173°. Es ist unlöslich in Alkohol, Äther und Ligroin.

---

[1]) J. pr. (2) **47**, 343 (1893).   [2]) Siehe S. 700.

d) Benzol-(Toluol-)sulfochlorid[1]).

Auf tertiäre Amine ist Benzolsulfochlorid bei Gegenwart von Alkali ohne Einwirkung. Auf sekundäre Amine reagiert es unter Mitwirkung von Kalilauge, indem in Alkali und Säuren unlösliche, feste oder ölige Benzolsulfonamide entstehen. Mit primären Aminbasen, sowohl der Fettreihe als auch der aromatischen Reihe, reagiert Benzolsulfochlorid stets unter Bildung von Sulfonamiden, die in der überschüssigen Kalilauge sehr leicht löslich sind, da das Wasserstoffatom der Iminogruppe durch die Nähe der Benzolsulfogruppe stark saure Eigenschaften erhält.

Auf dieses Verhalten läßt sich ein einfacher Konstitutionsnachweis für Stickstoffbasen gründen. Man schüttelt das zu untersuchende Produkt (es genügen einige Zentigramme) mit mäßig starker Kalilauge (ca. 12 proz., etwa 4 Moleküle) und mit Benzolsulfochlorid ($1^1/_2$—2 fache theoretische Menge). Nach 2—3 Minuten ist die größte Menge des Sulfochlorids verschwunden. Man erwärmt, bis der Geruch des Chlorids nicht mehr wahrnehmbar ist, wobei man Sorge trägt, daß die Flüssigkeit stets alkalisch bleibt. Tertiäre Basen sind nach vollendeter Reaktion unverändert geblieben; sekundäre Basen geben feste oder dickflüssige Benzolsulfonamide, die in Säuren und Kalilauge unlöslich sind. Primäre Basen dagegen liefern völlig klare Lösung, die beim Versetzen mit Salzsäure das Benzolsulfonamid sofort, meist in fester krystallisierter Form, ausfallen läßt.

Ebenso einfach gestaltet sich die Trennung eines Gemenges primärer, sekundärer und tertiärer Basen[2]). Ist man nicht sicher, beim erstenmal genügend Sulfochlorid zugesetzt zu haben, so wiederholt man die Reaktion, indem man nochmals mit Benzolsulfochlorid und Kalilauge schüttelt. Wenn die tertiäre Base mit Wasserdampf flüchtig ist, kann sie nach Vollendung der Reaktion sofort im Dampfstrom übergetrieben werden, nachdem die überschüssige Kalilauge nahezu neutralisiert worden ist.

Hierbei ist jedoch zu bemerken, daß die einfachsten Benzolsulfonamide, z. B. $C_6H_5SO_2 \cdot N(C_2H_5)_2$, ebenfalls, wenn auch nur in geringem Maß, mit Wasserdampf flüchtig sind. Im Rückstand trennt man das in Kalilauge unlösliche Benzolsulfonamid der sekundären von dem alkalilöslichen der primären Base durch Filtration und fällt schließlich das alkalische Filtrat mit Salzsäure.

Wenn die tertiäre Base nicht mit Wasserdampf flüchtig ist, wird das Reaktionsprodukt zunächst mit Äther ausgeschüttelt und in dem ätherischen Extrakt die tertiäre Base von dem Benzolsulfonamid der sekundären Base durch verdünnte Salzsäure getrennt. Die mit Äther extrahierte alkalische Flüssigkeit läßt nach dem Ansäuern mit Salzsäure das Sulfonamid der primären Base ausfallen.

---

[1]) Hinsberg, B. **23**, 2962 (1890); **33**, 2387, 3526 (1900). — Hinsberg und Kessler, B. **38**, 906 (1905). — Über die Verwendung von p - Toluolsulfochlorid siehe Hedin, B. **23**, 3198 (1890). — Solonina, Russ. **29**, 405 (1897). — Findeisen, J. pr. (2) **65**, 529 (1902). — E. Fischer und Bergmann, A. **398**, 98 (1913), empfehlen die Verwendung des p-Toluolsulfochlorids [B. **51**, 978 (1918)] nicht nur wegen seines geringeren Preises, sondern wegen der Unlöslichkeit der p-Toluolsulfosäure (namentlich bei 0°) in konzentrierter Salzsäure, die nach der Spaltung des Derivats gute Abtrennung ermöglicht. — Über p - Nitrotoluolsulfochlorid: Siegfried, Z. physiol. **43**, 68 (1904). — B. **38**, 3054 (1905); **39**, 540 (1906). — E. Fischer, B. **39**, 539 (1906). — Ellinger und Flamand, Z. physiol. **55**, 22 (1908). — Gabriel, B. **43**, 357 (1910).

[2]) Bei leichtflüchtigen Basen arbeitet man unter Eiskühlung und gibt das Gemisch von Kalilauge und Sulfochlorid zu dem Amin.

Durch Erhitzen mit starker Salzsäure im Rohr auf 150—160°, mit Eis-essig-Schwefelsäure auf 120°[1]) oder mit konzentrierter Schwefelsäure bei tage-langem Stehen in der Kälte[2]) wird aus den Sulfonamiden unter Bildung von Benzolsulfosäure die ursprüngliche Aminbase regeneriert. Am besten aber ge-lingt die Verseifung mit einem Gemisch von 3 Vol. konzentrierter Schwefel-säure und 1 Vol. Wasser (spez. Gewicht 1.725 mit ca. 80% H_2SO_4) bei 135—150° [dreifacher Überschuß an Säure, höchstens halbstündiges Erhitzen[3])]. Als Neben-produkte entstehen Sulfone.

Über die Spaltung von Arylsulfonamiden mit Jodwasserstoff-säure siehe E. Fischer, B. 48, 93 (1915).

Die Hinsbergsche Reaktion wurde bei den Aminbasen der Fettreihe, beim Anilin und seinen Homologen, Phenylendiamin und ähnlichen Substanzen, schließlich bei den Naphthylaminen und den Alkylnaphthylaminen geprüft. Sie ergab stets positives Resultat. Dagegen versagt sie bei Aminen, die be-reits mit einem Säureradikal oder einer anderen stark negativen Gruppe ver-bunden sind, also bei den Säureamiden und den Halogen- und Nitroderivaten der Aminbasen. Auch Diphenylamin und ähnliche schwache Basen reagieren nicht mit Sulfochlorid und Kalilauge.

Die Aminosäuren der aromatischen Reihe reagieren glatt mit Sulfo-chlorid[4]). Man kann diese Benzol-(Toluol)sulfonamide der primären Amine und Aminosäuren für die Methylierung der Basen benutzen, die dann leicht wieder (im Rohr bei 100°) durch Salzsäure verseift werden können[5]).

Nach Solonina[6]) entstehen beim Schütteln einiger primärer Amine mit Benzol- oder Toluolsulfochlorid und Natronlauge — und zwar wenn letzteres Reagens in geringem, ersteres in großem Überschuß angewendet wird — neben den normalen Monobenzolsulfonamiden kleine Mengen anormaler Dibenzol-sulfonamide, die in Alkali unlöslich sind und daher die Anwesenheit sekun-därer Basen vortäuschen können. Als Basen, die geneigt erscheinen, in dieser Weise anormal zu reagieren, führt Solonina Benzylamin, Isobutylamin, n-Butylamin, Isoamylamin, Anilin, m-Xylidin, n-Heptylamin an; von Bam-berger[7]) wurde as-Methylphenylhydrazin hinzugefügt.

Die hier in Frage kommenden Basen geben indes beim Schütteln mit viel konzentrierter Kalilauge (15 ccm 25 proz. Kalilauge auf 1 g Base) und Benzol-sulfochlorid ($1^1/_2$—2 Mol.) entweder gar keine oder nur ganz geringe Mengen alkaliunlösliches Produkt, und weiter gehen die Dibenzolsulfonamide beim Kochen mit starker (25—30 proz.) Kalilauge anscheinend allgemein in die Monobenzolsulfonamide über.

Hinsberg und Kessler kochen daher den aus Benzolsulfonamiden be-stehenden Niederschlag mit Natriumalkoholat (ca. 0.8 g Natrium in 20 ccm 96 proz. Alkohol auf je 1 g Base) eine Viertelstunde am Rückflußkühler.

---

[1]) Ullmann, A. 327, 110 (1903).

[2]) Schroeter und Eisleb, A. 367, 157 (1909).

[3]) Witt und Uerményi, B. 46, 297 (1913).

[4]) Einwirkung auf aliphatische Aminsäuren: Ihrfeld, B. 22, R. 692 (1889). — Hedin, B. 23, 3197 (1890). — E. Fischer, B. 33, 2380 (1900); 34, 448 (1901). — E. Fischer und Bergmann, A. 398, 97 (1913).

[5]) Hinsberg, A. 265, 178 (1891). — Ullmann und Bleier, B. 35, 4274 (1902). — Johnson, Am. 35, 54 (1906). — E. Fischer und Bergmann, A. 398, 118 (1913). — Siehe auch Knoop und Landmann, Z. physiol. 89, 159 (1914).

[6]) Russ. 29, 405 (1897); 31, 640 (1899). — Marckwald, B. 32, 3512 (1899); 33, 765 (1900). — Duden, B. 33, 477 (1900). — Willstätter und Lessing, B. 33, 557 (1900).

[7]) B. 32, 1804 (1899).

Eine zweite Unvollkommenheit der Benzolsulfochloridmethode basiert auf dem Umstand, daß die Benzolsulfonamide der primären fetten sowie der hydrierten cyclischen Basen etwa von C_7 an, in überschüssiger Lauge unlösliche, durch Wasser zerlegbare Alkalisalze geben.

Die Methode verliert durch dieses Verhalten offenbar an praktischem Wert, denn die eben definierten Alkalisalze müssen, da sie nicht ohne weiteres an ihrer Löslichkeit erkannt werden können, in fester Form dargestellt und analysiert werden; eine immerhin zeitraubende und nicht ganz einfache Operation[1]). In solchen Fällen hilft nach Hinsberg das

e) β-Anthrachinonsulfochlorid.

Das dabei einzuschlagende Verfahren ist folgendes:

Etwa 0.1 g der Base (oder eines Salzes) werden mit 5 ccm 5 proz. Natronlauge übergossen. In die kalte Flüssigkeit bringt man $1^1/_2$ Mol. fein verteiltes Anthrachinonsulfochlorid (am besten durch Fällen einer Eisessiglösung des Chlorids mit Wasser erhalten), sorgt durch Verreiben mit einem Glasstab für möglichst gleichmäßige Verteilung des leicht zusammenballenden Chlorids in der Flüssigkeit und schüttelt 2—3 Minuten kräftig durch. Darauf erhitzt man vorsichtig zum Sieden, um das überschüssig zugesetzte Chlorid in anthrachinonsulfosaures Natrium umzuwandeln, kühlt auf Zimmertemperatur ab, übersättigt mit verdünnter Salzsäure und filtriert das Anthrachinonsulfonamid ab. Das Sulfonamid wird auf dem Filter mit warmem Wasser ausgewaschen und, falls es gefärbt ist, was auf Verunreinigungen der Base hindeutet, aus verdünntem Alkohol umkrystallisiert. Ein Teil (etwa 0.05 g) des direkt oder durch Krystallisation erhaltenen Produkts wird, evtl. noch feucht, in der eben zureichenden Menge heißem Alkohol gelöst, wobei eine farblose oder kaum merklich strohgelb gefärbte Flüssigkeit entsteht. Fügt man zu der noch warmen Flüssigkeit einen halben Kubikzentimeter 25 proz. Kalilauge, so bleibt die Färbung unverändert, falls ein sekundäres Amin zur Anwendung kam; beim Abkühlen und Zusatz von mehr Kalilauge wird das Sulfonamid zum Teil krystallinisch ausgefällt. Liegt ein primäres Amin zugrunde, so färbt sich die Flüssigkeit dagegen unter Salzbildung intensiv gelb bis gelbrot. Zuweilen tritt beim Erwärmen der primären und sekundären Anthrachinonsulfonamide mit alkoholischer Kalilauge himbeerrote Färbung auf, die indes beim Umschütteln verschwindet und somit die wesentlichen Färbungen nicht stört. Die Methode ermöglicht also die Unterscheidung der primären und sekundären Basen durch eine Farbenreaktion; die tertiären Basen reagieren nicht mit Anthrachinonsulfochlorid.

Die Anthrachinonsulfochloridmethode wird namentlich da anzuwenden sein, wo das Benzolsulfochlorid Schwierigkeiten bereitet, also bei den fetten und hydrocyclischen Basen von der siebenten Kohlenstoffreihe an. Sie eignet sich nur zum Nachweis, nicht zu einer quantitativen Trennung dieser Amine. Auch zur Kontrolle der mit Benzolsulfochlorid erhaltenen Resultate läßt sie sich verwerten.

Übrigens ist ihre Anwendbarkeit, wie selbstverständlich, ebenfalls beschränkt. So sind gefärbte Basen, Aminosäuren und schwach basische Substan-

---

[1]) Man kann auch den getrockneten Niederschlag in wasserfreiem Äther lösen, nach Zusatz von Natriumstücken 8 Stunden kochen und filtrieren, mit Äther nachwaschen und so eine Trennung des unlöslichen Natriumsalzes des Derivats der primären Base von dem ätherlöslichen Benzolsulfonamid der sekundären Base erzielen.

zen, wie Diphenylamin — mit letzterem reagiert Anthrachinonsulfochlorid nur schwierig —, ausgeschlossen.

Darstellung von β-Anthrachinonsulfochlorid[1]). Technisches anthrachinonsulfosaures Natrium wird durch mehrmaliges Umkrystallisieren aus Wasser gereinigt und ein Gemisch gleicher Moleküle davon und von Phosphorpentachlorid am aufsteigenden Kühler im Ölbad auf 180° erhitzt. Nach einiger Zeit wird die Masse flüssig; dann wird sie noch 3—4 Stunden bei der angegebenen Temperatur erhalten. Man destilliert hierauf das Phosphoroxychlorid ab, kocht die zurückbleibende gelbe Masse mit Wasser aus und krystallisiert den Rückstand mehrmals aus siedendem Toluol. Schwach gelbe Blättchen, Smp. 193°.

f) β-Naphthalinsulfochlorid[2]).

Von außerordentlicher Bedeutung für die Isolierung der **Oxyaminosäuren** und der komplizierteren **Verbindungen vom Typus des Glycylglycins**[3]) und von **einfacheren Aminosäuren**[3])[4]) ist das Naphthalinsulfochlorid, dessen Derivate sich durch Schwerlöslichkeit, gutes Krystallisationsvermögen und konstante Schmelzpunkte auszeichnen.

Die Wechselwirkung zwischen Chlorid und Aminosäure vollzieht sich am besten unter folgenden Bedingungen. Zwei Moleküle Chlorid werden in Äther gelöst, dazu fügt man die Lösung der Aminosäure in der für ein Molekül berechneten Menge Normalnatronlauge und schüttelt mit Hilfe einer Maschine bei gewöhnlicher Temperatur. In Intervallen von $1—1^{1}/_{2}$ Stunden fügt man dann noch dreimal die gleiche Menge Normalalkali hinzu. Der Überschuß an Chlorid ist erfahrungsgemäß für die Ausbeute vorteilhaft. Da es nicht vollständig verbraucht wird, so ist die wäßrige Flüssigkeit zum Schluß noch alkalisch. Sie wird von der ätherischen Schicht getrennt, filtriert und, wenn nötig nach Klärung mit Tierkohle, mit Salzsäure übersättigt. Dabei fällt die schwerlösliche Naphthalinsulfoverbindung aus. Sie kann meist aus viel 20proz. Alkohol umkrystallisiert werden; in Äther und absolutem Alkohol pflegen die Naphthalinsulfoderivate leicht löslich zu sein.

Zur **Darstellung des β-Naphthalinsulfochlorids**[5]) werden auf 1 Molekül naphthalinsulfosaures Natrium $1^{1}/_{2}$ Moleküle Phosphorpentachlorid angewendet und zur Vollendung der Reaktion gelinde erwärmt, nach dem Erkalten das Reaktionsprodukt in kaltes Wasser eingetragen und das darin Unlösliche, nachdem es durch Auswaschen hinreichend gereinigt und an der Luft getrocknet worden ist, aus Benzol umkrystallisiert. Smp. 76°, nach dem Destillieren bei 0.3 mm Druck 78°.

Das **Natriumsalz der β-Naphthalinsulfosäure** kann[6]) bei der Isolierung und Erkennung der Aminosäuren Irrtümer veranlassen, da es wegen

---

[1]) Houl, B. **13**, 692 (1880).

[2]) E. Fischer und Bergell, B. **35**, 3779 (1902). — Abderhalden und Bergell, Z. physiol. **39**, 464 (1903). — Königs, B. **37**, 3250 (1904). — Pauly, Z. physiol. **42**, 371, 508, 524 (1904); **43**, 321 (1904). — E. Fischer, Unters. über Aminosäuren (1906), 16. — B. **39**, 539 (1906); **40**, 3547 (1907). — Kempe, Diss. Berlin (1907), 28. — Ellinger und Flamand, Z. physiol. **55**, 23 (1908). — Hirayama, Z. physiol. **59**, 285 (1909). — Abderhalden und Funk, Z. physiol. **64**, 436 (1910). — Abderhalden und Wybert, B. **49**, 2469, 2470 (1916).

[3]) Einwirkung auf Eiweißkörper: Bergell, Z. physiol. **89**, 465 (1914).

[4]) Abderhalden und Weil, Z. physiol. **88**, 273 (1913). — Knoop und Landmann, Z. physiol. **89**, 159 (1914). — Bergell, Z. physiol **97**, 260 (1916); **104**, 182 (1919).

[5]) Otto, Rösing und Tröger, J. pr. (2) **47**, 95 (1893). — Krafft und Roos, B. **25**, 2255 (1892).   [6]) E. Fischer, B. **39**, 4144 (1906).

seiner Schwerlöslichkeit in Wasser[1]) und Salzsäure (von der es nicht zersetzt wird) aus konzentrierteren Lösungen mit ausfällt.

Von den Verbindungen der Aminosäuren ist es durch den mangelnden Stickstoffgehalt und die Unlöslichkeit in Äther zu unterscheiden.

Die β-Naphthalinsulfoderivate geben öfters bei der Elementaranalyse unbefriedigende Resultate[2]).

Johnson und Ambler[3]) empfehlen an Stelle der aromatischen Sulfochloride die aliphatischen, speziell das

g) Benzylsulfochlorid $C_6H_5CH_2SO_2Cl$.

Die Hydrolyse der Sulfonamide erfolgt hier glatt mit starker Salzsäure bei 130—150°.

h) Phenylisocyanat[4])

reagiert mit primären und sekundären Aminen direkt[5]), ebenso, schon in der Kälte, mit Aminosäureestern[6]). Aminosäuren müssen dagegen nach der Schotten-Baumannschen Methode zur Einwirkung gebracht werden[7]).

Äquimolekulare Mengen der Aminosäure und festen Ätznatrons werden in Wasser gelöst. Man verwendet auf einen Teil Säure 8—10 Teile Wasser. Man gibt 1 Molekül Phenylisocyanat hinzu und schüttelt bis zum Verschwinden des Isocyanatgeruchs, evtl. unter Kühlung.

Nach beendeter Einwirkung erhält man eine klare Lösung des Salzes der Ureidosäure. Zuweilen sind in der Flüssigkeit geringe Mengen Diphenylharnstoff suspendiert, der aber nur bei Anwendung eines Überschusses von Ätzkali in größerer Quantität auftritt.

Aus der, wenn nötig, filtrierten Lösung wird die Ureidosäure durch verdünnte Schwefel- oder Salzsäure frei von Nebenprodukten und in quantitativer Ausbeute gefällt.

Auch Uramil und Aminozucker[8]) lassen sich in gleicher Weise zu einer Phenylpseudoharnsäure kombinieren und ebenso reagieren die Aminophenole leicht in alkalischer Lösung.

Allerdings bleibt die Reaktion hier nicht bei der Bildung des Phenylharnstoffs stehen, es wird vielmehr auch bei einem Teil des Produkts die phenolische Hydroxylgruppe in Mitleidenschaft gezogen[9]).

Auch die Peptone liefern in wäßrig-alkalischer Lösung Phenylureidopeptone[10]).

Herzog[11]) löst 1.46 g Lysinchlorid in Wasser und titriert mit Normalkalilauge. Um schwach alkalische Reaktion zu erzielen, waren 6.5 ccm Lauge

---

[1]) Namentlich bei Gegenwart von Chlornatrium oder Natriumsulfat: Cooke, Soc. ind. **40**, 56 (1921).

[2]) E. Fischer, B. **36**, 2106 (1903); **40**, 3548 (1907).

[3]) Am. soc. **36**, 372 (1914).   [4]) Siehe S. 703.

[5]) Einwirkung auf Diamine: Löwy und Neuberg, Z. physiol. **43**, 355 (1904).

[6]) E. Fischer, B. **36**, 543 (1903).

[7]) Paal, B. **27**, 976 (1894). — Paal und Ganßer, B. **28**, 3227 (1895). — E. Fischer, B. **33**, 2281 (1900). — E. Fischer und Mouneyrat, B. **33**, 2386, 2399 (1900). — Leuchs, Diss. Berlin (1902), 13, 18, 22. — E. Fischer und Leuchs, B. **35**, 3787 (1902). — Paal und Zittelmann, B. **36**, 3337 (1903). — Zittelmann, Diss. Berlin (1903). — Ehrlich, B. **37**, 1829 (1904). — E. Fischer, B. **39**, 540 (1906).

[8]) Steudel, Z. physiol. **33**, 223 (1901); **34**, 353 (1902).

[9]) E. Fischer, B. **33**, 1701 (1900).   [10]) Paal, B. **27**, 970, Anm. (1894).

[11]) Z. physiol. **34**, 525 (1902). — E. Fischer und Weipert, B. **35**, 3777 (1902).

nötig; dann wurden noch 15 ccm Kali hinzugefügt und die Lösung mit 2.38 g Phenylisocyanat geschüttelt. Nach 4—5 Stunden wurde Salzsäure zugesetzt und das Reaktionsprodukt ausgefällt. Die so entstandene Ureidosäure verliert beim kurzen Kochen mit 30 proz. Salzsäure ein Molekül Wasser und geht in ein Hydantoin über.

Zur Darstellung der Verbindung aus Phenylisocyanat und Oxypyrrolidin-α-carbonsäure[1]) wird eine 10 proz. wäßrige Lösung der Oxyaminosäure mit der für $1\frac{1}{4}$ Molekül berechneten Menge Natronlauge versetzt und dann bei $0°$ Phenylisocyanat unter starkem Schütteln zugetropft, bis die Abscheidung von Diphenylharnstoff beginnt. Das Filtrat scheidet beim schwachen Übersättigen mit Salzsäure das Reaktionsprodukt ab. Durch Eindampfen der Mutterlauge wird eine zweite Krystallisation erhalten.

Spaltung von Aminosäuren (namentlich sekundären) in Säureanhydride und Harnstoffderivate: Abati, Gallo und Piutti, Rend. Acc. d. Scienze Fisiche e Mat. di Napoli 1906; vgl. Abati und Piutti, B. **36**, 996 (1903).

i) Naphthylisocyanat[2])

haben Neuberg und Manasse empfohlen[3]).

Es ist flüssig, hat daher im Gegensatz zum Naphthalinsulfochlorid kein Lösungsmittel nötig. Vor dem Phenylisocyanat zeichnet es sich dadurch aus, daß es infolge seines hohen Siedepunkts (270°) keine stechenden, giftigen Dämpfe entwickelt, daß es gegen Wasser viel beständiger ist und ohne jede Kühlung mit der alkalischen Lösung der Aminosäure usw. zusammengebracht werden kann. Es genügt, das Gemisch mehrmals im verschlossenen Gefäß (Stöpsel lüften!) 3—4 Minuten mit der Hand zu schütteln und darauf $\frac{1}{4}$—$\frac{1}{2}$ Stunde ruhig stehen zu lassen. Man filtriert dann vom ganz unlöslichen Dinaphthylharnstoff, in den der Überschuß des Naphthylisocyanats sich vollständig verwandelt, und säuert an.

Die Methode ist gleich gut für Aminosäuren, Aminoaldehyde, Oxyaminosäuren, Diaminosäuren und Peptide verwendbar. — Die Aminosäuren können aus der Isocyanatverbindung durch Erhitzen mit Barytwasser regeneriert werden.

Die Naphthylisocyanatmethode ist in Fällen, wo nur eine Aminosäure zu erwarten ist, angezeigt[4]).

k) Carboxäthylisocyanat

führt aminartige Verbindungen ebenfalls in schwerlösliche, gut krystallisierende Allophansäureester über [Diels und Wolff[5])].

Zur Analyse genügt hier eine Äthoxylbestimmung.

Die Reaktionen mit den verschiedenen aminartigen Verbindungen lassen sich durch folgende Gleichungen wiedergeben:

---

[1]) E. Fischer, B. **35**, 2663 (1902).
[2]) Zu beziehen von C. A. F. Kahlbaum, Berlin.
[3]) B. **38**, 2359 (1905). — Jacoby, Diss. Berlin (1907). — Ellinger und Flamand, Z. physiol. **55**, 24 (1908). — Skita und Levi, Ch. Ztg. **32**, 572 (1908). — Neuberg und Kansky, Bioch. **20**, 445 (1909). — Siehe auch S. 706.
[4]) Neuberg und Rosenberg, Bioch. **5**, 456 (1907).
[5]) B. **39**, 686 (1906). — Diels und Jacoby, B. **41**, 2392 (1908). — Siehe S. 707.

I. $NH_3 + OC : NCO_2C_2H_5 = NH_2—CO—NHCO_2C_2H_5$,

II. $C_2H_5NH_2 + OC : NCO_2C_2H_5 = CO {<} ^{NHC_2H_5}_{NHCO_2C_2H_5}$,

III. $\begin{matrix} NH_2 \\ | \\ NH_2 \end{matrix} + \begin{matrix} OC : NCO_2C_2H_5 \\ \\ OC : NCO_2C_2H_5 \end{matrix} = \begin{matrix} NHCONHCO_2C_2H_5 \\ | \\ NHCONHCO_2C_2H_5 \end{matrix}$,

IV. $NH_2CH_2CO_2C_2H_5 + OC : NCO_2C_2H_5 = CO {<} ^{NHCH_2CO_2C_2H_5}_{NHCO_2C_2H_5}$,

V. $C_6H_4 {<} ^{NH_2}_{COOH} + 2\, OC : NCO_2C_2H_5 = C_6H_4 {<} ^{CH \cdot CO \cdot NH \cdot CO_2C_2H_5}_{CO \cdot NH \cdot CO_2C_2H_5} + CO_2 + N$.

Beispiele:

2.6 g aus Glykokollesterchlorhydrat frisch bereiteter Glykokollester werden mit 2.5 g Carboxäthylisocyanat unter guter Kühlung zusammengebracht. Nach einiger Zeit fällt ein dicker Krystallbrei aus, der auf der Tonplatte abgepreßt wird. Die Rohausbeute beträgt 4.4 g. Zur Reinigung wird dieses Produkt zweimal aus gewöhnlichem Alkohol umkrystallisiert.

1.5 g frisch destilliertes Anilin werden in 2 g Carboxäthylisocyanat unter Kühlung eingetragen. Beide Komponenten werden außerdem, um die Heftigkeit der Reaktion zu mindern, mit trocknem Äther verdünnt. Die entstandene Verbindung wird abfiltriert und zweimal aus absolutem Alkohol umkrystallisiert, aus dem sie sich in Form glänzender Platten abscheidet (Smp. 106°). Die Ausbeute beträgt 2.9 g.

l) 1.2-Naphthochinon - 4 - sulfosäure[1])

ist u. a. auch für primäre Amine ein vorzügliches Reagens: Witt und Kaufmann, B. **24**, 3163 (1891). — Böniger, B. **27**, 95 (1894). — Ehrlich und Herter, Z. physiol. **41**, 379 (1904). — Deutsche med. Wochenschr. 1904, 929. — Sachs und Craveri, B. **38**, 3685 (1905). — Sachs und Berthold, Z. Farb. Ind. 6, 141 (1907).

m) α - Dinitrobrombenzol

hat Van Romburgh[2]) zur Charakterisierung kleiner Mengen primärer und sekundärer Basen empfohlen.

Man löst etwas Bromdinitrobenzol in heißem Alkohol und fügt die alkoholische Aminlösung hinzu. Nach dem Erkalten, evtl. nach Wasserzusatz, fallen die gelben Krystalle des entstandenen Produkts:

$$C_6H_3(NO_2)_2 \cdot NX_2$$

aus. Ammoniak reagiert nicht mit diesem Reagens. Kocht man die Produkte — sofern das Amin der Fettreihe angehört — mit rauchender Salpetersäure, so erhält man charakteristische Trinitronitramine der Formel:

$$C_6H_2(NO_2)_3NXNO_2.$$

n) Dinitrochlorbenzol

haben Nietzki und Ernst[3]) benutzt. Man arbeitet in alkoholischer Lösung unter Zusatz äquivalenter Mengen Natriumacetat. Es ist auch in der Chinolinreihe gut verwendbar[4]).

---

[1]) S. 852.   [2]) Rec. **4**, 189 (1885). — Schöpff, B. **22**, 900 (1889).
[3]) B. **23**, 1852 (1890). — Reitzenstein, J. pr. (2) **68**, 251 (1903). — Küchel, Diss. Gießen (1909), 1.   [4]) Meigen, J. pr. (2) **77**, 472 (1908).

Auch mit

o) Pikrylchlorid[1])

entstehen schwer lösliche Verbindungen. Da das Pikrylchlorid auch in kaltem Alkohol reichlich löslich ist, kann man damit die Reaktion meist schon bei gewöhnlicher Temperatur ausführen. Man läßt es entweder in alkoholischer Lösung auf das freie Amin oder bei Gegenwart von Alkali auf das Chlorhydrat der Base einwirken.

Über die Verwertung von Pikrolonsäure zur Charakterisierung von Basen siehe S. 960.

Über Phosphorylierung und die Einwirkung von Phosphorsulfochlorid auf primäre aromatische Amine siehe: Authenrieth, B. 30, 2368 (1897); 31, 1094 (1898) und ferner: Öst. P. 47/3449 (1897). — Authenrieth und Rudolph, B. 33, 2099, 2112 (1900). — Phosphorylierung von Zuckerarten und Eiweiß siehe: Neuberg und Pollak, Bioch. 23, 515 (1910); 26, 529 (1910). — B. 43, 2060 (1910). — Langheld, B. 43, 1857 (1910); 44, 2076 (1911). — Neuberg und Kretschmer, Bioch. 36, 5 (1911). — DRP. 246 871 (1912). — Neuberg und Oertel, Bioch. 60, 491 (1914).

6. Verhalten gegen Metaphosphorsäure[2]).

Die primären Aminbasen und Diamine der aromatischen und aliphatischen Reihe geben mit Metaphosphorsäure in Wasser schwer lösliche und in Alkohol unlösliche Verbindungen; hingegen bilden Imide und Nitrilbasen in Wasser und Alkohol lösliche Metaphosphate.

Die Metaphosphorsäure ist daher ein spezifisches Fällungsmittel für primäre Aminbasen; sekundäre und tertiäre Amine werden von ihr nicht gefällt. Die zu prüfenden Basen werden in Äther gelöst und die ätherische Lösung mit konzentrierter wäßriger Metaphosphorsäure geschüttelt.

Basen mit zwei Imidgruppen, die durch kohlenstoffhaltige Gruppen getrennt sind, wie Piperazin, Guanin, Adenin, werden ebenfalls von Metaphosphorsäure, zum Teil ölig, gefällt.

Die meisten dieser unlöslichen Metaphosphate werden durch überschüssige Metaphosphorsäure gelöst, deshalb ist Überschuß des Fällungsmittels zu vermeiden. Auf diesem Verhalten der Basen beruht eine technisch verwertbare Trennungsmethode.

Die in irgendeinem Lösungsmittel, z. B. Äther, Alkohol, Benzol, Wasser, enthaltenen Basen werden mit konzentrierter wäßrig-alkalischer Metaphosphorsäure versetzt; die primären Basen, Diamine und die oben bezeichneten Diimide werden als Metaphosphate gefällt, während die anderen Basen in Lösung bleiben. Aus den Metaphosphaten können die Basen nach bekannten Methoden freigemacht werden.

7. Farbenreaktionen mit Nitroprussidnatrium[3]).

Aliphatische Amine geben mit Nitroprussidnatriumlösung nach Zusatz von Brenztraubensäure veilchenblaue Färbung, die auf Essigsäurezusatz in Blau umschlägt und dann rasch verschwindet (Simon).

---

[1]) Turpin, Soc. 59, 714 (1881).
[2]) Schlömann, B. 26, 1023 (1893); Orthophosphorsäure gibt ähnliche, aber nicht so scharfe Resultate. — DRP. 71 328 (1896).
[3]) Simon, C. r. 125, 536 (1898). — Rimini, Annali Farmacoterap. e Ch. (1898), 193.

Mit Aceton und primären Aminen entsteht durch Nitroprussidnatrium rotviolette Färbung, sekundäre und tertiäre Amine färben höchstens orangerot (Rimini). Andere Ketone und Aldehyde geben mit primären Aminen keine Färbung.

8. Verhalten gegen o-Xylylenbromid [1]).

Primäre aliphatische Amine reagieren unter Bildung von am Stickstoff alkylierten Derivaten des Xylylenimins (Dihydroisoindols). Die entstehenden Verbindungen sind destillierbare Flüssigkeiten von basischem Charakter:

$$C_6H_4\big\langle{}^{CH_2Br}_{CH_2Br} + H_2NR = C_6H_4\big\langle{}^{CH_2}_{CH_2}\big\rangle NR + 2\,HBr\ .$$

Primäre aromatische Amine, deren Amingruppe keinen orthoständigen Substituenten besitzt, bilden, wie die primären aliphatischen Amine, Derivate des Xylylenimins, doch zeigen diese Verbindungen keine basischen Eigenschaften. Primäre aromatische Amine mit einem zur Amingruppe orthoständigen Substituenten bilden Derivate des Xylylendiamins:

$$C_6H_4\big\langle{}^{CH_2Br}_{CH_2Br} + 2\,H_2NR = C_6H_4\big\langle{}^{CH_2NH\,\cdot\,R}_{CH_2NH\,\cdot\,R} + 2\,HBr\ .$$

Primäre aromatische Amine mit zwei zur Amingruppe orthoständigen Substituenten reagieren im Gegensatz zu allen bisher angeführten Aminen in der Kälte überhaupt nicht mit o-Xylylenbromid. Bei längerem Erwärmen tritt Zerstörung des Xylylenbromids unter Bildung von bromwasserstoffsaurem Amin ein.

Ein ganz ähnlicher Einfluß der Konstitution auf die Ringbildung, wie er bei der Einwirkung von o-Xylylenbromid auf aromatische Amine zutage tritt, ist von Busch bei der Untersuchung der Einwirkung von o - Aminobenzylamin auf aromatische Aldehyde beobachtet worden. J. pr. (2) **53**, 414 (1896).

Darstellung des o - Xylylenbromids [2]). 50 g reines Orthoxylol werden in eine mit langem Rückflußkühler verbundene geräumige, tubulierte Retorte gebracht und im Ölbad auf 125—130° erwärmt. Durch einen Tropftrichter läßt man sehr langsam 160 g Brom einfließen. Ströme von Bromwasserstoff entweichen, aber die Flüssigkeit soll nahezu farblos bleiben und erst zu Ende der Operation schwach bräunlich gefärbt sein. Es ist notwendig, die Ölbadtemperatur nicht über 130° steigen zu lassen. Sobald die Reaktion vorüber ist, wird das rohe Dibromid in ein enges Becherglas gegossen, mit einem Uhrglas bedeckt und 24 Stunden stehengelassen. Die erstarrte Krystallmasse wird dann auf eine Tonplatte geschmiert und so nahezu farblos und genügend rein für die Verwendung erhalten. Die Ausbeute beträgt 85—90%. Zur vollständigen Reinigung wäscht man mit Chloroform und krystallisiert aus Chloroform oder Äther um. Smp. 93—94°.

Darstellung der Kondensationsprodukte mit Aminen. Die in Chloroform gelöste Base wird allmählich zu der Chloroformlösung des Bromids gegeben. Die Reaktion pflegt sich dann nach kurzer Zeit unter Erwärmung und Ausscheidung von bromwasserstoffsaurem Amin zu vollziehen. Man saugt ab, wäscht die Chloroformlösung mit Wasser, dampft ein und krystallisiert den Rückstand aus Alkohol oder Aceton bzw. reinigt durch Destillation.

---

[1]) Scholtz, B. **31**, 444, 627, 1154, 1700, 1707 (1898). — Scholtz und Wolfrum, B. **43**, 2304 (1910). [2]) Perkin, Soc. **53**, 5 (1888).

9. Verhalten gegen 1.5-Dibrompentan [1].

Primäre Amine liefern, wenn sich am Stickstoff eine offene Kette, ein hydrierter Kohlenstoffring, ein heterocyclischer Ring oder ein nicht in o-Stellung substituierter Benzolring befindet, tertiäre Piperidine:

$$(CH_2)_5Br_2 + 3\,H_2NR = (CH_2)_5NR + 2\,NH_2R \cdot HBr,$$

die basische Eigenschaften besitzen und durch Destillation gereinigt werden können.

Nur wenn der Benzolkern in o - Stellung zur Aminogruppe einen oder zwei Substituenten trägt, erfolgt die Bildung von Pentamethylendiaminderivaten [2]:

$$R \cdot NH(CH_2)_5 \cdot NHR.$$

Einwirkung von Trimethylenbromid und von Dibrom - 1.4-pentan auf primäre und sekundäre Amine: Scholtz und Friemehlt, B. **32**, 848 (1899). — Scholtz, B. **32**, 2251 (1899).

10. Einwirkung von Nitrosylchlorid [3].

Nitrosylchlorid wirkt auf primäre Amine der Fettreihe nach den Gleichungen:

$$NOCl + R \cdot NH_2 = RN : NCl + H_2O$$
$$RN : NCl = R \cdot Cl + N_2.$$

Neben dem als Hauptprodukt entstehenden Alkylchlorid bilden sich noch Salze des reagierenden Amins. Ungesättigte Amine geben keine eindeutigen Resultate. In geringem Maß findet auch (beim Iso- und Pseudobutylamin) Isomerisation statt, die bei den Diaminen [4], welche im übrigen ganz ähnlich wie die Monoamine reagieren, in größerem Maßstab zu konstatieren ist.

Zu der in wasserfreiem Äther, Toluol oder Xylol gelösten, auf —15 bis —20° abgekühlten Base wird eine ebenfalls gekühlte Lösung von Nitrosylchlorid unter Schütteln so lange langsam zugegeben, bis die Flüssigkeit gegen Lackmus sauer reagiert. Dann versetzt man mit Wasser, trennt die wäßrige Schicht, die das Chlorhydrat des Amins enthält, ab, wäscht nochmals aus, trocknet und fraktioniert.

Die Alkylchloride können noch mit Phenolnatrium umgesetzt und so als Phenyläther charakterisiert werden, die durch Wasserdampfdestillation gereinigt werden.

Darstellung von Nitrosylchlorid [5].

Ein Gemisch von 1 Vol. Salpetersäure (1.42) und 4 Vol. Salzsäure (1.16) wird gelinde erwärmt und die entweichenden Gase in konzentrierte Schwefelsäure geleitet. Wenn die Schwefelsäure gesättigt ist, wird sie mit Kochsalz erwärmt, wobei reines Nitrosylchlorid als gelbes Gas frei wird, das man in einer gewogenen Menge von gut gekühltem, trocknem Äther, Toluol od. dgl. auffängt.

---

[1] Braun, B. **41**, 2157 (1908).
[2] Scholtz und Wassermann, B. **40**, 852 (1907).
[3] Solonina, Russ. **30**, 431 (1898).   [4] Solonina, Russ. **30**, 606 (1898).
[5] Tilden, Soc. (2) **12**, 630 (1874). — Girard und Pabst, Bull. (2) **30**. 531 (1878).

11. Einwirkung von salpetriger Säure [1].

Auf primäre Amine [2] der Fettreihe wirkt salpetrige Säure unter Bildung der entsprechenden Alkohole [3]. In der aromatischen Reihe tritt entweder Bildung von Diazokörpern oder unter anderen Versuchsbedingungen von Kohlenwasserstoffen, Phenolen oder Phenoläthern ein (siehe S. 1025 ff.).

Über die Einwirkung von salpetriger Säure auf Amine der Pyridinreihe siehe S. 955.

In manchen Fällen muß man, um Nebenreaktionen zu vermeiden, sehr vorsichtig arbeiten; so mit Bariumnitrit und möglichst wenig Schwefelsäure in schwacher Wärme, oder im Vakuum bei Zimmertemperatur [4]), oder mit Silbernitrit und der berechneten Menge Salzsäure [Chlorhydrat der Base [5])].

Wenn auch die Reaktion in der Regel bei den primären Aminen normal verläuft, so entstehen doch manchmal neben dem primären Alkohol als Nebenoder Hauptprodukt sekundäre [6]) oder tertiäre [7]) Alkohole; auch können bei carbocyclischen Verbindungen Ringerweiterungen eintreten: Cyclopentylmethylamin $C_5H_9 \cdot CH_2 \cdot NH_2$ liefert Cyclohexanol und daraus Cyclohexanon; Hexahydrobenzylamin gibt Suberon, Suberylmethylamin gibt Azelainketon [8]).

Ebenso können aber auch Ringverengungen erfolgen: Cyclobutylamin z. B. geht in Trimethylenalkohol über [9]).

Die am Ringstickstoff heterocyclischer Komplexe haftende Amingruppe wird unter korrespondierenden Bedingungen als Stickoxydul abgespalten und durch ein Wasserstoffatom ersetzt: Bülow und Klemann, B. 40, 4750 (1907).

Bildung von Diazosäureestern aus α-Aminofettsäureester: S. 965.

In Polypeptiden wird durch salpetrige Säure teilweise auch die Iminogruppe, vielleicht nach vorhergehender Hydrolyse, angegriffen [10]).

12. Einwirkung von Zinkäthyl.

Zinkäthyl reagiert mit primären und sekundären Aminen sehr energisch. Man arbeitet mit ätherischen Lösungen unter guter Kühlung. Die Reaktion verläuft nach der Gleichung:

$$2\,NH_2R + Zn(C_2H_5)_2 = (NHR)_2Zn + 2\,C_2H_6, \text{ resp.}$$
$$2\,NHR_2 + Zn(C_2H_5)_2 = (NR_2)_2Zn + 2\,C_2H_6 \text{ [11]}).$$

13. Einwirkung von Schwefeltrioxyd.

Während die aromatischen Basen hierbei Sulfosäuren liefern, nehmen die aliphatischen Amine unter Bildung von alkylierten Sulfaminsäuren Schwefeltrioxyd auf; der Schwefelsäurerest tritt also im ersteren Fall mit Kohlenstoff, im letzteren mit Stickstoff in Bindung. Hierdurch können ali-

---

[1]) Siehe auch Neogi, Ch. News 111, 255 (1915).

[2]) Über Nitrite primärer Basen siehe Wallach, A. 353, 318 (1907).

[3]) A. W. Hofmann, A. 75, 362 (1850). — Linnemann, A. 144, 129 (1867).

[4]) Benzoylornithin: Sörensen, B. 43, 646 (1910).

[5]) Menthylamin: E. Müller, Diss. Leipzig (1908), 16, 18.

[6]) V. Meyer und Forster, B. 9, 535 (1876). — V. Meyer, Barbieri und Forster, B. 10, 132 (1877).

[7]) Freund und Lenze, B. 24, 2050 (1891). — Freund und Schönfeld, B. 24, 3350 (1891). — Henry, C. r. 145, 899 (1907).

[8]) Demjanow, C. 1903, I, 828; 1904, I, 1214. — B. 40, 4393 (1907). — Wallach, A. 353, 318 (1907). — Nachr. K. Ges. Wiss., Göttingen 1907, S. 65. — A. 414, 229 (1917).

[9]) Demjanow, B. 40, 4961 (1907).

[10]) E. Fischer und Kölker, A. 340, 178 (1905). — Siehe auch Curtius und Thompson, B. 39, 3405 (1906).

[11]) Frankland, Phil. Mag. I, 15 (1857). — Gal, Bull. (2) 39, 582 (1883).

phatische und aromatische Amine unterschieden werden [Beilstein und Wiegand[1])].

Analog wirkt Sulfurylchlorid [Behrend[2])].

Überführung der primären Amine in Nitrile: Dumas und Malagutti, Leblanc, 64, 333 (1847). — Michaelis und Siebert, 274, 312 (1893).

Weitere Reaktionen der primären Amine siehe S. 981 ff.

Reaktionen der Diamine siehe S. 955 und 970 ff.

Einwirkung von Dinitrobenzaldehyd: Sachs und Brunetti, B. 40, 3230 (1907).

B. Quantitative Bestimmung der primären Amingruppe.

Bei der Bestimmung der primären Amingruppe hat man im allgemeinen verschiedene Methoden anzuwenden, je nachdem ein aliphatisches oder ein aromatisches Amin vorliegt. — Titration der Amine S. 945.

I. Bestimmung aliphatischer Amingruppen.

a) Mittels salpetriger Säure.

Aliphatische Amine werden durch salpetrige Säure nach der Gleichung:

$$RNH_2 + NO_2Na + HCl = ROH + N_2 + NaCl + H_2O$$

unter Abgabe ihres Stickstoffs in Carbinolderivate verwandelt.

Den entwickelten Stickstoff quantitativ zu bestimmen, haben zuerst Sachße und Kormann[3]) unternommen, welche die Reaktion in einer Stickoxydatmosphäre vornahmen und dieses Gas dann durch Ferrosulfatlösung absorbierten.

Viel bequemer ist folgendes

Verfahren von Hans Meyer[4]).

Die in 15 ccm verdünnter Schwefelsäure oder n-Salzsäure (3 Mol.) gelöste Substanz befindet sich in einem mit dreifach durchbohrtem Kork verschlossenen Kölbchen oder noch besser in einem mit eingeschmolzener Capillare versehenen Fraktionierkolben, dessen Kork einen kleinen Scheidetrichter trägt. Das seitliche Rohr führt durch einen luftdicht schließenden Kork bis nahe an den Boden eines zweiten, mit kalt gesättigter Ferrosulfatlösung gefüllten Kölbchens. Dieses zweite Fraktionierkölbchen wird mittels seines entsprechend gebogenen Ansatzrohrs an einen Liebigschen Kaliapparat angefügt, der mit 3 proz., mit etwa 1 g Soda versetzter Kaliumpermanganatlösung[5]) gefüllt ist.

Der Kaliapparat trägt ein Gasentbindungsrohr, das, unter Quecksilber mündend, dazu bestimmt ist, in das Meßrohr gesteckt zu werden.

Letzteres wird zur Hälfte mit Kalilauge (1.4), zur Hälfte mit Quecksilber gefüllt.

<hr>

[1]) B. 16, 1264 (1883).

[2]) A. 222, 118 (1883). — Franchimont, Rec. 3, 417 (1884).

[3]) Landw. V.-St. 17, 95 321 (1870). — Z. anal. 14, 380 (1875). — Kern, Landw. V.-St. 24, 365 (1877). — Böhmer, Landw. V.-St. 29, 247 (1882). — Z. anal. 21, 212 (1882). — Siehe auch Campani, G. 17, 137 (1887). — Euler, A. 330, 287 (1903). — Brown und Millar, Trans. Guiness. Research. Lab. 1, 29 (1903).

[4]) Anleitung z. quant. Best. d. org. Atomgruppen. Springer, Berlin 1897, 8; 2. Aufl. 1904, 129. — E. Fischer, A. 340, 177 (1905).

[5]) Vielleicht noch besser 10—15 ccm 12 proz. Salpetersäure, in der 10 g Chromsäure gelöst sind. Böhmer, Z. anal. 22, 23 (1883).

Durch den Apparat streicht ein langsamer Kohlendioxydstrom, den man nach Blau[1]) völlig rein und luftrein aus sehr konzentrierter Pottaschelösung (1.45—1.5) durch Eintröpfeln in 50 proz. Schwefelsäure (1.4) erhält.

Nachdem alle Luft aus dem Apparat vertrieben ist, setzt man das Meßrohr auf und läßt aus dem Scheidetrichter etwa 3 Mol. Kaliumnitrit einfließen.

Die Stickstoffentwicklung wird evtl. durch Erwärmen auf dem Wasserbad unterstützt und zur Vollendung der Reaktion schließlich noch mit verdünnter Schwefelsäure und Wasser nachgespült.

Das Rohr des Scheidetrichters ist am Ende ausgezogen und nach aufwärts gebogen. Es reicht bis unter das Niveau der Flüssigkeit und wird vor Beginn des Versuchs mit destilliertem Wasser gefüllt.

Nach Beendigung der Reaktion wird noch eine Stunde über Kalilauge, dann 12 Stunden über Ferrosulfatlösung stehengelassen.

Methode von Staněk[2]).

Die angeführten Verfahren haben den gemeinsamen Nachteil, daß man mit freier salpetriger Säure operieren muß, die schon bei gewöhnlicher Temperatur rasch unter Entwicklung von Stickoxyd zerfällt. Daß sich nun dabei eine ziemlich bedeutende Menge dieses Gases, 200—300 ccm, neben relativ geringen Mengen Stickstoff bildet, macht die Arbeit unbequem. Außerdem verläuft die Reaktion mit der salpetrigen Säure nicht immer vollkommen glatt, denn Staněk machte die Beobachtung, daß manchmal (besonders in Gegenwart starker Säuren) fast ein Drittel aller Aminosäuren der Reaktion entging.

Er benutzt daher zur Zerlegung der Aminosäuren eine Lösung, die durch Einwirkung von salpetrigsaurem Natrium auf rauchende Salzsäure etwa nach der Reaktionsgleichung:

$$2\,HCl + NaNO_2 = NaCl + NOCl + H_2O$$

entsteht und im wesentlichen Nitrosylchlorid enthält.

Zur Darstellung des Reagens geht man folgendermaßen vor: Ein bestimmtes Volumen konzentrierter Salzsäure wird, in einem zylindrischen Glas, mit einem Tropftrichter, dessen Rohr bis an den Boden reicht und zu einer feinen Spitze ausgezogen ist, abgeschlossen. In den Trichter gießt man $1/_5$ Volumen der angewendeten Salzsäure an 40 proz. wäßriger Lösung von salpetrigsaurem Natrium und läßt sie in die Säure tropfen. Es findet energische Gasentwicklung statt und die Lösung färbt sich orangerot. Nach beendigter Reaktion gießt man die Flüssigkeit vom Kochsalz ab und bewahrt sie in einer gut verschließbaren Flasche. Sie entwickelt in der Kälte nur sehr langsam Stickoxyd und läßt sich mehrere Tage aufbewahren; mit kaltem Wasser verdünnt, färbt sie sich grünlich, und das Stickoxyd entweicht. Mit gesättigter Kochsalzlösung läßt sie sich ohne Zersetzung verdünnen, man muß daher dafür sorgen, daß die Reaktionsflüssigkeit mit Kochsalz gesättigt ist.

Durch dieses Reagens werden die Aminosäuren glatt und rasch zerlegt, die Analyse ist sicher in einer halben Stunde beendigt. Bei der Reaktion entstehen nur geringe Mengen Stickoxyd, in keinen Fall mehr als 40—50 ccm. Zur Ausführung der Bestimmung dient folgender Apparat (Fig. 328).

Der Zersetzungskolben a von etwa 80 ccm Inhalt ist mit einem eingeschliffenen Glasstöpsel, in dem zwei Röhren eingeschmolzen sind, verschlossen. Die eine Röhre b am oberen Ende dient zum Ableiten der Gase, die zweite c reicht

---

[1]) Siehe S. 229. — Man kann auch einen nach Pregl vorgerichteten Kippschen Apparat benutzen. Siehe S. 236.   [2]) Z. physiol. **46**, 263 (1905).

bis zu zwei Drittel der Höhe des Kolbens herab und ist mit einem doppelt-
gebohrten Hahn c' versehen, der es ermöglicht, einerseits die Verbindung mit
einem Kippschen Kohlensäureapparat, andererseits mit dem Trichter d herzustellen. b ist mittels eines dickwandigen Kautschukschlauchs mit der
starkwandigen, nach unten gebogenen Röhre e verbunden, die zum Absorber
g führt und mit einem seitlichen Hahn f versehen ist, der in ein mit Wasser
gefülltes Becherglas mündet. In g ist unten eine umgebogene Röhre h so eingeschmolzen, daß eine ringförmige Vertiefung entsteht, die mit Quecksilber
gefüllt wird; ihr Ende reicht in einen mit Lauge gefüllten Kolben g und geht oben

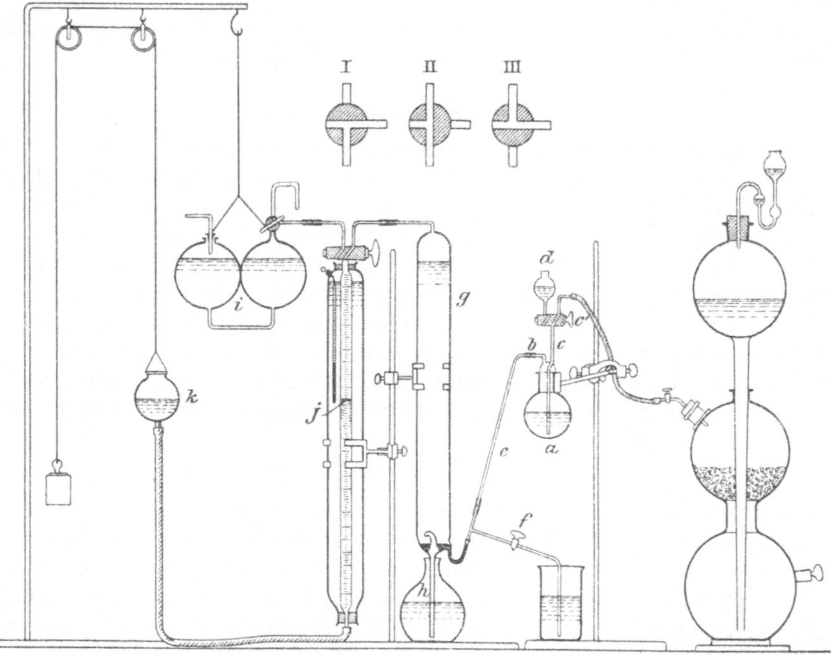

Fig. 328. Apparat von Staněk.

in eine enge Capillare über, die mit der Bürette verbunden ist. Diese ist mit
Wasser gefüllt und unten zum Ausgleich des Drucks durch einen Kautschukschlauch mit dem Gefäß k verbunden; k ist an einer Schnur aufgehängt, die
über Rollen läuft und mit einem Gegengewicht versehen ist. Durch Senken und
Heben des Gefäßes wird das Gas in die Bürette übergeführt. Die Bürette ist mit
einem Wassermantel versehen, in dem ein Thermometer hängt. Der Zweiweghahn der Bürette kommuniziert einerseits mit g, andererseits mit einem zweiten
Absorber i, der mit etwa 300 ccm gesättigter Kaliumpermanganatlösung in ca.
10 proz. Alkalilauge gefüllt ist. Der Doppelweghahn des Absorbers erlaubt
die Verbindung mit der Bürette (I) oder mit der Außenluft (II) oder auch der
Bürette mit der Luft (III).

Die Bestimmung der Aminosäuren wird folgendermaßen ausgeführt:
In a werden ca. 4—5 g Kochsalz und 25 ccm Lösung, die 0.05—0.3 g Aminosäure enthält, eingeführt, der Kolben dann mittels des mit Vaselin ein wenig
geschmierten Glasstöpsels geschlossen und Kohlendioxyd durchgeleitet.

Nach dem Öffnen von c' und f läßt man ca. 5 Minuten Kohlendioxyd hindurchstreichen und prüft dann, ob schon alle Luft verdrängt ist, indem man f schließt und in raschem Strom etwa 30 ccm Gas in den mit Wasser gefüllten Absorber einläßt; wird alles bis auf ein kleines Bläschen absorbiert, so läßt man aus d etwa 40 ccm Nitrosylchloridlösung in den Kolben fließen und unter öfterem Schütteln reagieren. Auf vollständiges Aufhören der Gasentwicklung braucht man nicht zu warten, man läßt vielmehr nach etwa $1/_2$ Stunde aus d gesättigte Kochsalzlösung mit etwas Nitroxylchlorid einfließen, bis das Gas vollkommen verdrängt ist und etwas Flüssigkeit bis zum Absorber gelangt. Dann verbindet man g mit der Bürette, saugt durch Senken der Füllkugel das Gas hinein und leitet es sogleich in den zweiten Absorber, der vorher vollkommen mit Flüssigkeit gefüllt worden war. In diesem schüttelt man das Gas so lange, bis alles Stickoxyd absorbiert ist. Das Ende der Reaktion erkennt man daran, daß die Permanganatlösung an den Glaswänden ihre Farbe in Grün umwandelt, sofern noch eine Spur Stickoxyd vorhanden ist. Eine Füllung des Absorbers reicht für ca. 10 Versuche aus.

Sodann saugt man das Gas wieder in die Bürette und liest das Gasvolumen nach Ausgleich von Temperatur und Druck ab. Da sich der Stickstoff sowohl aus der Aminosäure als auch aus dem Nitrosylchlorid abspaltet, entspricht die Hälfte des abgelesenen Volumens dem Stickstoff der Aminosäure.

Methode von van Slyke[1]).

Der Apparat ist in Fig. 329 dargestellt[2]). Die aus D herausragenden Glasröhren sind sämtlich Capillaren von 6—7 mm äußerem Durchmesser und, mit Ausnahme des nach A leitenden Rohrs, von 1 mm Lumen. Das letztere ist von 2 mm Lumen. Damit die Glasbürette rein bleibt, enthält

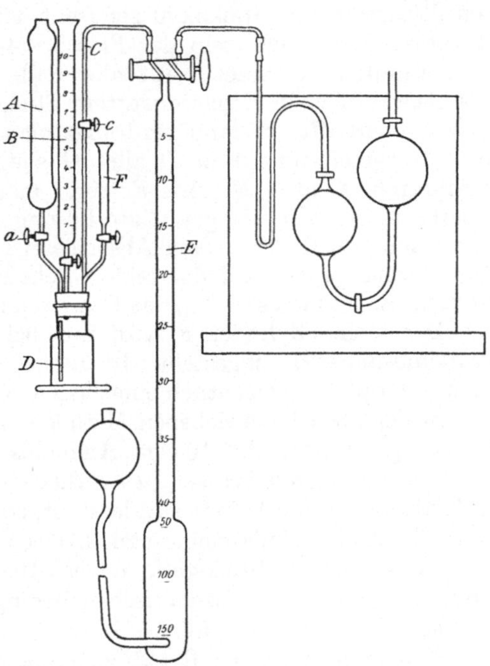

Fig. 329. Apparat von van Slyke.

das Sperrwasser in E ca. 1% Schwefelsäure. Die Reaktion wird in der 35—37 ccm fassenden Flasche D ausgeführt. Zuerst befindet sich die Lösung der Aminoverbindung, die am besten nicht mehr als 20 mg Aminostickstoff enthält, in der Bürette B und ca. 5 ccm Wasser in A. Man gießt in D 28 ccm einer Lösung von 3 Tei-

[1]) Proc. Am. soc. Biol. Ch. **1909**. — J. Biol. Chem. **7**, 34 (1910); **9**, 185 (1911); **10** 15 (1911); **12**, 275 (1912). — B. **43**, 3170 (1910); **44**, 1684 (1911). — Levene und Jacobs, B. **43**, 3160 (1910). — Abderhalden und Wurm, Z. physiol. **82**, 161 (1912). — Trier, Z. physiol. **85**, 384 (1913). Lecithine. — Rosenberg, Bioch. **62**, 157 (1914). — Van Slyke, und Birchard, J. Biol. Ch. **16**, 39 (1914). — Plimmer - Matula, Die chemische Konstitution der Eiweißkörper. Steinkopf, Dresden (1914), 67.

[2]) Der Apparat wird von Robert Götze, Leipzig und von E. Machlett and Son, 143 East 23 St., New York City, geliefert.

len Natriumnitrit in 10 Teilen Wasser und danach 7 ccm Eisessig. Das Stickoxyd entwickelt sich sofort heftig. Jetzt bringt man den A, B und C enthaltenden Stöpsel in den Flaschenhals, bindet ihn mit einem Draht[1]) fest und öffnet den Hahn a. Darauf fließt das Wasser von A nieder und die Luft wird aus D durch C gedrängt. Um auch die in der salpetrigen Säure ge-. löste Luft auszutreiben, schließt man c, öffnet a und schüttelt die Flasche; hierdurch wird starke Stickoxydentwicklung erzeugt und 10—15 ccm Flüssigkeit in A zurückgedrückt. Sodann öffnet man c wieder und drängt das Gas zusammen mit der Luft, die es aus der Flüssigkeit ausgewaschen hat, durch C hinaus. Um die Luft ganz sicher vollständig zu entfernen, wiederholt man die Operation. Danach erzeugt man, durch Schließen von c und Schütteln der Flasche, einen Gasraum von ca. 20 ccm in D, macht a wieder zu, öffnet c und verbindet mit der Glasbürette E. Jetzt läßt man die Aminostickstofflösung aus B in D einfließen und vermischt die Flüssigkeiten in D. Starke Entwicklung von Stickstoff, mit Stickoxyd gemischt, tritt sofort ein. Beschleunigt man die Reaktion durch Schütteln der Flasche (4—5 mal pro Minute), so wird sie in 4—5 Minuten vollendet. Auf alle Fälle führt man die Reaktion fort, bis das Gasvolumen in E das erwartete Stickstoffvolumen um mindestens 30 bis 40 ccm übertrifft. Sodann verdrängt man durch Öffnen von a und Einlassen der Flüssigkeit aus A in D alles Gas aus der Flasche und dem capillaren Ausflußrohr C nach E. Aus E treibt man das Gasgemisch in die Hempelpipette, in der sich eine gesättigte Lösung von Kaliumpermanganat in 2.5 proz. Natronlauge befindet. Nach Absorbieren des Stickoxyds durch Schütteln mit dem Permanganat wird der reine Stickstoff nach E zurückgetrieben und gemessen. Es ist zweckmäßig, das Gas zweimal mit Permanganat auszuschütteln.

Der kleine Zylinder F wird nur bei Analysen zäher Flüssigkeiten, wie Proteinlösungen[2]), eingestellt. In diesem Fall enthält er Amylalkohol, wovon wenige Tropfen, gelegentlich eingelassen, das Schäumen gänzlich verhindern[3]).

In der oben beschriebenen Methode ist die einzige Fehlerquelle die kleine Luftmenge, welche die 10 ccm Aminolösung enthalten können. Wenn man die Aminolösung aus Wasser, das vorher von Luft durch Kochen oder Schütteln im luftleeren Raum befreit ist, darstellt, so kommt auch dieser kleine Fehler in Wegfall. Anderenfalls zieht man 0.16 ccm (entsprechend 0.09 mg Aminostickstoff), das Volumen Stickstoff, welches 10 ccm mit Luft gesättigtes Wasser bei durchschnittlichen, atmosphärischen Bedingungen enthalten, von dem Gesamtvolumen des Stickstoffs ab.

Weil man durch die Reaktion doppelt so viel Stickstoff, als ursprünglich im Aminostickstoff vorhanden war, erhält, bekommt man je nach Druck und Temperatur 1.7—1.9 ccm Stickstoffgas aus jedem Milligramm Aminostickstoff. Dadurch gewinnt das Verfahren an Genauigkeit und Bequemlichkeit.

Leucin, Valin, Alanin, Glycin, Tyrosin, Phenylalanin, Glutaminsäure, Asparaginsäure und Serin geben 1 Molekül, d. h. 100%, Stickstoff ab. Lysin reagiert mit 2 Molekülen, auch 100% seines Stickstoffs. Arginin, Histidin und Tryptophan entwickeln je 1 Molekül Stickstoff, was $^1/_4$, $^1/_3$ resp. $^1/_2$ des Gesamtstickstoffs entspricht. Prolin und Oxyprolin reagieren gar nicht, desgleichen Glycinanhydrid. Leucylglycin und Leucylleucin reagieren quantitativ mit den freien Aminogruppen, nicht

---

[1]) Neuerdings wird der Apparat mit einschraubbarem Stöpsel geliefert.
[2]) Und immer, wenn keine α-Aminosäuren vorliegen.
[3]) Noch besser soll Oktylalkohol wirken. — Siehe auch S. 944.

mit den peptidartig gebundenen Iminogruppen. Dagegen reagieren Glycyl-glycin und Leucylisoserin teilweise mit ihrer peptidgebundenen Imino-gruppe, wie auch E. Fischer und Kölker gefunden haben[1]). Guanidin und Kreatin sind nicht reaktionsfähig. Cytosin und Guanin reagieren mit ihren primären Aminogruppen, aber quantitativ nur nach längerer Zeit, ca. nach 2 Stunden. Asparagin reagiert mit nur einer Aminogruppe, wie Sachße und Kormann auch beobachtet haben. Die Säureamidgruppe ist nicht labil. Ovalbumin reagiert mit nur 3% seines gesamten Stickstoffs, Hetero-fibrinose und Protofibrinose jedes mit 6.4%, die Deuterofibrinose A mit 13.0%, B mit 10.2%, Glucofibrinose mit 12.6%.

Vom Lysin abgesehen, reagieren alle natürlich vorkommenden Amino-säuren in 5 Minuten quantitativ; für Lysin ist eine halbe Stunde erforderlich. Ammoniak und Methylamin benötigen $1^1/_2$—2 Stunden, Purine und Pyr-imidine 2—5 Stunden und Harnstoff 11 Stunden.

Die Vollständigkeit der Reaktion kann durch Wiederholung des Ver-fahrens geprüft werden, wobei man nachsieht, ob sich noch mehr Gas entwickelt.

Glykokoll und Cystin ent-wickeln mehr Gas, als theoretisch er-wartet werden sollte; zur Korrektion der Werte für Cystin kann der Fak-tor 0.926 verwendet werden; beim Glykokoll müssen 3% des gesamten Gasvolumens abgerechnet werden.

Klein[2]) hat für diese Bestim-mung einen noch einfacheren und solideren Apparat angegeben, der in Fig. 330 dargestellt ist. Dieser Appa-rat wurde in der Folge auch von van Slyke verwendet und in vielen Punkten verbessert.

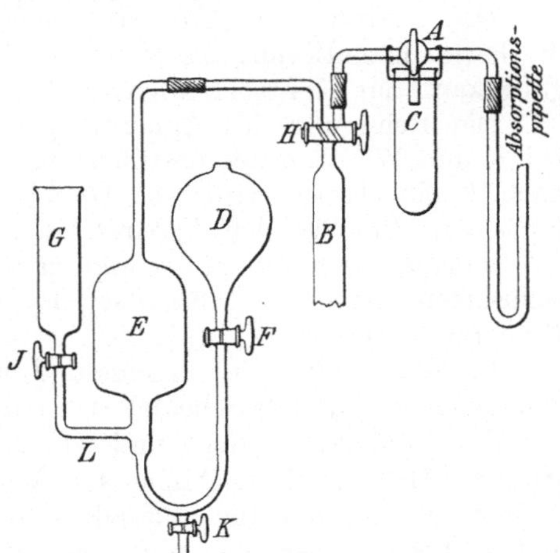

Fig. 330. Apparat von Klein.

Alle Glasröhren haben das Lumen mittlerer Capillaren. Die Handhabung ist folgende:

Die Flüssigkeit wird von der Absorptionspipette durch den Dreiweg-hahn A gesaugt, der dann so eingestellt wird, daß er mit der Bürette B und der Luft bei C in Verbindung steht.

Das Reservoir D wird mit 28 ccm Nitritlösung gefüllt und durch Senken der Niveaukugel von B nach E gebracht, so daß noch ein wenig Flüssigkeit über dem Hahn F stehenbleibt.

Die Luft in B wird durch A hinausgeleitet; es ist nicht nötig, die Capillare mit Flüssigkeit zu füllen.

Die zu analysierende Flüssigkeit wird in G eingefüllt. Nun werden 7 ccm Eisessig in D eingegossen und durch Senken der Niveaukugel nach E ge-bracht. Etwas Säure muß über F zurückbleiben. Das entwickelte Gas verdrängt die Luft in E. Haben sich ca. 45—50 ccm Gas in der Bürette gesammelt, so wird H geschlossen und F geöffnet. Es bildet sich dann bald ein Gasraum von genügender Größe in E.

---

[1]) A. **340**, 177 (1905). — Siehe S. 937.   [2]) J. Biol. Ch. **10**, 287 (1911).

Unterdessen treibt man das Gas aus der Bürette durch A aus, füllt die Capillare mit Flüssigkeit und läßt den Überschuß in die Eprouvette C ablaufen. H wird geschlossen und A so gedreht, daß Verbindung zwischen der Absorptionspipette und B entsteht.

Man schließt nun F und läßt die Flüssigkeit von G nach E ein, wobei sorgfältig darauf zu achten ist, daß nichts davon unterhalb des Hahns J austritt.

Nun wird J geschlossen, G mit ein wenig Wasser ausgespült, das wieder nach E abgelassen wird. Dies wird zwei- bis dreimal wiederholt.

Hat die Reaktion 5 Minuten gedauert, so wird aus D so viel Flüssigkeit nach E getrieben, bis sie H erreicht. Man treibt nun das Gas aus B in die Absorptionspipette, bis die Säurelösung die Capillaren der Pipette erfüllt. Die zur Absorption des Stickoxyds erforderliche Zeit kann abgekürzt werden, wenn die Pipette während der Durchleitung des Gases geschüttelt wird.

Das unabsorbierte Gas wird nach der Bürette zurückgetrieben, so daß die Permanganatlösung bis H reicht. Das Gas wird dann gemessen; der Vorgang kann zur Kontrolle wiederholt werden.

Die Reinigung des Apparats geschieht durch Ablassen der Flüssigkeit bei K und Waschen mit destilliertem Wasser, das bei G und D eingefüllt und nach E eingelassen wird; die Gefäße werden zwei- bis dreimal gewaschen. Es ist zweckmäßig, den Apparat bei L mit einer Korkrinne zu unterstützen.

Falls es sich als notwendig erweisen sollte, Amyl- oder Oktylalkohol zuzusetzen, kann er vor Einlassen der Nitritlösung durch D oder durch G nach E gebracht werden.

Bei der Analyse des Caseins und besonders des Gliadins tritt sehr heftiges Schäumen ein, und es scheidet sich ein gelber grobkörniger Niederschlag aus, der die Capillaren verlegt und so das Ablesen unmöglich macht. In derartigen Fällen wird, nachdem aus E die Luft verdrängt ist, der Hahn nach D geöffnet, wodurch die Flüssigkeit nach D steigt. Man läßt die Flüssigkeit in D so hoch steigen, daß nur mehr etwa 20 ccm in E bleiben, schließt dann den Hahn und saugt die Lösung nach E. Die Reaktion ist ebenso heftig wie sonst, da sie jedoch in E ziemlich weit unten vor sich geht, wird der Niederschlag nicht bis zu den Capillaren getrieben und diese werden daher nicht verstopft. Schließlich läßt man die Flüssigkeit langsam nach E fließen[1]).

Beispiel. Quantitative Bestimmung des Prolins bei der Estermethode der Proteinhydrolyse. Prolingehalt des Caseins.

Gewöhnlich bestimmt man das Prolin bei der Esterhydrolyse durch alkoholisches Ausziehen der Aminosäuren, die aus den unter 90° bei weniger als 1 mm Druck siedenden Estern stammen. Berechnet man den Prolingehalt aus den gesamten Auszügen, so fallen die Resultate zu hoch aus, weil das Prolin immer Teile der anderen Aminosäuren mitnimmt. Auch wenn man das Prolin racemisiert und in Form des d, l-Prolinkupfersalzes umkrystallisiert, ist die Trennung sehr unvollständig, wegen der Fähigkeit der Kupfersalze der anderen Säuren, zusammen mit dem des Prolins zu krystallisieren.

Durch Bestimmung des Gesamt- und Aminostickstoffs kann man diese Schwierigkeiten leicht umgehen und den Prolingehalt des Gemisches genau feststellen. Jede der Aminosäuren, deren Ester zusammen mit dem des Prolins destillieren und die daher dem Prolin beigemengt auftreten können, gibt bei der Aminostickstoffbestimmung ihren ganzen Stickstoff ab. Dagegen reagiert

---

[1]) Herzig und Lieb, Z. physiol. **117**, 9 (1921).

Prolin gar nicht. Darum kann man durch Abziehen des Aminostickstoffs vom Gesamtstickstoff den Prolingehalt des Gemisches quantitativ berechnen.

464 g Casein wurden hydrolysiert, esterifiziert, die Ester dreimal durch Baryt nach Levene und van Slyke freigemacht[1]), sodann destilliert. Die gesamte Ausbeute an destillierten Estern betrug 347 g. Die Aminosäuren aus den unterhalb 90° bei 0.5 mm Druck siedenden Estern wurden mit Alkohol ausgezogen. . Danach wurden die Auszüge wiederholt eingedampft und mit kaltem absolutem Alkohol aufgenommen, bis alles klar löslich war. Der gesamte Stickstoffgehalt des Auszugs nach Kjeldahl war 5.441 g, der Aminstickstoffgehalt 1.666 g. Daher betrug der Prolinstickstoff 3.775 g, entsprechend 31.10 g Prolin, was 6.70% des Caseins ausmacht.

Ein Teil des Gemisches, enthaltend 3.44 g Stickstoff, wurde in das d, l-Kupfersalz umgewandelt. Ausbeute 38.6 g wasserfreies Kupfersalz. Beim Umkrystallisieren aus Wasser wurden 19.0 g beinahe reines d, l-Prolinkupfer, entsprechend 61.5% des berechneten Prolingehaltes, erhalten.

b) Analyse von Salzen und Doppelsalzen, Acylierungsverfahren, siehe S. 919 und 956.

II. Bestimmung aromatischer Amingruppen.

Zur quantitativen Bestimmung der primären aromatischen Amingruppe dienen folgende Methoden:

1. Titration,
2. Diazotierungsmethoden:
    a) Methode von Reverdin und De la Harpe,
    b) Indirekte Methode,
    c) Azoimidmethode,
    d) Sandmeyer-Gattermannsche Reaktion,
3. Analyse von Salzen und Doppelsalzen,
4. Acylierungsverfahren.

1. Titration.

Nach Menschutkin[2]) lassen sich die Salze der Aminbasen mit Mineralsäuren in wäßriger oder alkoholischer Lösung mit wäßriger Kalilauge oder Barythydrat und Rosolsäure oder Phenolphthalein (Hantzsch: Aminoazokörper) als Indicator ebenso titrieren, als ob freie Säure vorhanden wäre.

Amine der Fettreihe[3]) titriert man in alkoholischer Lösung mit alkoholischer Lauge.

Andererseits lassen sich auch viele Basen direkt mit Salzsäure titrieren, wenn man Methylorange oder Kongorot[4]) als Indicator benutzt.

Aminosäureester der Fettreihe, Biuretbase usw. werden am besten mit Cochenille, dann mit Tropäolin, weniger gut mit Äthylorange oder Lackmus titriert[5]).

Über Titration der Aminosäuren siehe S. 716ff. und 968.

---

[1]) J. Biol. Ch. **6**, 419 (1909).

[2]) B. **16**, 316 (1883). — Léger, J. pharm. chim. (5) **6**, 425 (1882). — Lunge, Dingl. **251**, 40 (1884). — Müller, Bull. (3) **3**, 605 (1890). — v. Pechmann, B. **27**, 1693, Anm. (1894). — Fulda, M. **23**, 919 (1902). — Hantzsch, B. **41**, 1177 (1908). — Ehrlich, B. **45**, 2412 (1912).

[3]) Menschutkin und Dybowski, Russ. **29**, 240 (1897).

[4]) Julius, Die chemische Industrie **9**, 109 (1888). — Strache und Iritzer, M. **14**, 37 (1893). — Astruc, C. r. **129**, 1021 (1899). — Grimaldi, Staz. sperim. agrar. ital. **35**, 738 (1902). — Lidholm, B. **46**, 157 (1913).   [5]) Curtius, B. **37**, 1286 (1904).

Titration aliphatischer Diamine: Berthelot, C. r. **129**, 694 (1899). — Schück, Diss. Münster (1906), 13. — Siehe auch S. 1051.

2. Methoden, die auf Diazotierung der Amingruppe beruhen.

a) Überführung der Base in einen Azofarbstoff[1] [Reverdin und De la Harpe[2]].

Zur Bestimmung der Base, z. B. Anilin, löst man 0.7—0.8 g in 3 ccm Salzsäure und verdünnt mit Wasser unter Zusatz von etwas Eis auf 100 ccm.

Andererseits bereitet man eine titrierte Lösung von R - Salz (dem Natriumsalz der 2.3.6-Naphtholdisulfosäure), die davon in 1 l eine ungefähr 10 g Naphthol äquivalente Menge enthält. Man fügt zu der Lösung der Base, die auf 0° gehalten wird, so viel Natriumnitrit, als dem Anilin entspricht, und gießt nach und nach das Reaktionsprodukt in abgemessene, mit überschüssigem Natriumcarbonat versetzte R-Salzlösung.

Der Farbstoff wird mit Kochsalz gefällt, filtriert und das Filtrat durch Hinzufügen von Diazobenzollösung resp. R-Salz auf einen Überschuß des einen oder anderen dieser Stoffe geprüft.

Durch wiederholte Versuche stellt man das Volumen R-Salzlösung fest, das nötig ist, um das Diazobenzol zu binden.

Die Resultate sind ein wenig zu hoch, da durch die Kochsalzlösung auch etwas R-Salz ausgefällt wird.

Hirsch[3] hat Anilin, Ortho- und Paratoluidin, Metaxylidin und Sulfanilsäure mit Schäfferschem Salz (2-naphthol-6-sulfosaurem Natrium) in der Art kombiniert, daß er zu der mit einigen Tropfen Ammoniak und Kochsalz versetzten gemessenen Naphthollösung so lange frisch bereitete Diazolösung zufließen ließ, als noch Vermehrung des sofort ausfallenden Farbstoffs eintrat.

Man läßt von Zeit zu Zeit einen Tropfen Naphthollösung auf Fließpapier gegen einen Tropfen Diazoverbindung auslaufen und beobachtet, ob an der Berührungsstelle Rotfärbung erfolgt; aus der Intensität derselben ist ein Schluß auf die Menge des noch unverbundenen Naphthols zulässig. Ist diese sehr gering, so tritt die Rotfärbung nicht mehr am Rand, sondern im Innern des ausgelaufenen Tropfens auf. Wird eine leicht lösliche Verbindung gebildet, z. B. das aus Sulfanilsäure entstehende Produkt, so bringt man auf das Filtrierpapier, das zur Tüpfelprobe dient, ein Häufchen Kochsalz, auf das man die Lösung auftropfen läßt.

b) Indirekte Methode.

Diese in der Fabrikspraxis viel geübte Methode bildet eine Umkehrung der volumetrischen Methode zur Bestimmung der salpetrigen Säure nach Green und Rideal[4].

Die Base wird mit ihrem dreifachen Gewicht Salzsäure[5] übergossen und

---

[1] Siehe hierzu auch S. 822ff. — Dynamik der Bildung der Azofarbstoffe: Goldschmidt und Merz, B. **30**, 670 (1897). — Goldschmidt und Buß, B. **30**, 2075 (1897). — Goldschmidt und Bürkle, B. **32**, 355 (1899). — Goldschmidt und Keppeler, B. **33**, 893 (1900). — Goldschmidt und Keller, B. **35**, 3534 (1902).

[2] Ch. Ztg. **13**, 387, 407 (1889). — B. **22**, 1004 (1889).

[3] B. **24**, 324 (1891). — Titration von Aminonaphtholsulfosäuren: Levi, Giorn. chim. ind. **3**, 97, 297 (1921).

[4] Ch. News **49**, 173 (1884). — Sabalitschka und Schrader, Z. ang. **34**, 45 (1921).

[5] Anwendung von alkoholischer Salzsäure zur Titration von p-Aminoazobenzol: Neitzel, Ch. Ztg. **43**, 476 (1919).

mit so viel Wasser in Lösung gebracht, daß die Flüssigkeit etwa $1/100$—$1/10$ Grammäquivalent der Base enthält.

Diese durch einige Eisstückchen auf 0° gehaltene Lösung wird nun durch eine ca. $n/10$-Nitritlösung, die man langsam zufließen läßt, diazotiert und von Zeit zu Zeit eine Tüpfelprobe mit Jodkaliumstärkekleisterpapier gemacht.

An der bleibenden Blaufärbung des Papiers wird das Ende der Titration erkannt.

Zur Titerstellung der Nitritlösung lösen Kinnicutt und Nef[1]) das Nitrit in 300 Teilen kaltem Wasser und fügen zu dieser Lösung nach und nach $n/10$-Chamäleonlösung, bis die Flüssigkeit deutliche, bleibende Rotfärbung zeigt.

Man versetzt dann mit 2—3 Tropfen verdünnter Schwefelsäure und hierauf sogleich mit einem Überschuß an übermangansaurem Kalium. Die tiefrote Flüssigkeit wird nun mit Schwefelsäure stark angesäuert, zum Kochen erhitzt und der Überschuß an Chamäleonlösung mit $n/10$-Oxalsäure zurücktitriert.

Ebensogut kann man die Nitritlösung auf reines sulfanilsaures Natrium, Anthranilsäure[2]), Paranitroanilin[3]) oder Paratoluidin einstellen.

Das sulfanilsaure Natrium enthält 2 Mol. Krystallwasser.

Nach diesem Verfahren lassen sich auch Mono- und Diaminodiarylarsinsäuren titrieren[4]).

c) Azoimidmethode [Meldola und Hawkins[5])].

Die Autoren empfehlen zur Bestimmung der Anzahl der NH_2-Gruppen in organischen Basen, namentlich wenn die Amingruppen sich in verschiedenen Kernen befinden, die Darstellung der Azoimide nach der Grießschen Methode[6]) (Einwirkung von Ammoniak auf Diazoperbromide).

Der hohe Stickstoffgehalt dieser Derivate ist sehr geeignet, die Zahl der diazotierbaren Gruppen erkennen zu lassen.

Über Darstellung von Azoimiden nach Grieß siehe Noelting, Grandmougin und Michel[7]), sowie Curtius und Dedichen.[8])

d) Sandmeyer[9]) - Gattermannsche[10]) Reaktion[11]).

Die Überführung der primären Amingruppe in die Diazogruppe und der Ersatz des Stickstoffs durch Chlor empfiehlt sich oft zur quantitativen Bestimmung des Amins.

Zur Darstellung der Chlorprodukte werden in der Regel die Diazoverbindungen gar nicht isoliert, sondern es wird die Reaktion in einem Zug durchgeführt.

Beispielsweise werden 4 g Metanitroanilin[12]) mit 7 g konzentrierter Salzsäure (1.17) in 100 g Wasser gelöst und mit 20 g 10proz. Kupferchlorürlösung in einem Kölbchen mit Rückflußrohr fast zum Sieden erhitzt und unter starkem Schütteln eine Lösung von 2.5 g Natriumnitrit in 20 g Wasser tropfenweise zugesetzt. Jeder Tropfen verursacht starke Stickstoffentwicklung, und zugleich

[1]) Am. **5**, 388 (1886). — Z. anal. **25**, 223 (1886).
[2]) Bell, Ch. Met. Eng. **22**, 1173 (1920). — Levi, Giorn. chim. ind. 3, 297 (1921).
[3]) Muhlert, Z. ang. **34**, 448 (1921).
[4]) Benda, B. **41**, 2368, Anm. (1908).   [5]) Ch. News **66**, 33 (1892).
[6]) A. **137**, 65 (1886).   [7]) B. **25**, 3328 (1892).   [8]) J. pr. (2) **50**, 250 (1894).
[9]) B. **17**, 1633 (1884); **23**, 1880 (1890).   [10]) B. **23**, 1218 (1890); **25**, 1091, Anm. (1892).
[11]) Zur Kinetik der Sandmeyerschen Reaktion: Heller, Z. ang. **23**, 389 (1910). — Heller und Tischner, B. **44**, 250 (1911). — Waentig und Thomas, B. **46**, 3923 (1913).
[12]) Sandmeyer, B. **17**, 2650 (1884).

scheidet sich ein schweres braunes Öl ab, das durch Eis zum Erstarren gebracht wird. Man reinigt es durch Destillation.

Gewöhnlich lassen sich die entstandenen Produkte mit Wasserdampf übertreiben, sonst reinigt man sie aus Äther oder Benzol.

Mittels dieser ursprünglichen Sandmeyerschen Methode[1] lassen sich auch Diamine, die gar nicht normal diazotierbar sind, leicht in die Chlorprodukte verwandeln.

Zur

Darstellung der Kupferchlorürlösung

werden 25 Teile krystallisiertes Kupfersulfat mit 12 Teilen Kochsalz und 50 Teilen Wasser zum Sieden erhitzt, bis sich alles umgesetzt hat (etwas Glaubersalz scheidet sich als Pulver ab), dann 100 Teile konzentrierte Salzsäure und 13 Teile Kupferspäne zugesetzt und in einem Kolben mit lose aufgesetztem Pfropfen so lange gekocht, bis Entfärbung der Lösung eintritt. Nun setzt man noch so viel konzentrierte Salzsäure zu, daß alles zusammen 203.6 Gewichtsteile ausmacht. Da vom Kupfer nur 6.4 Teile in Lösung gehen, hat man also im ganzen 197 Teile einer Lösung, die $^1/_{10}$ Molekulargewicht wasserfreies Kupferchlorür enthält.

In einer mit Kohlendioxyd gefüllten, verschlossenen Flasche ist die filtrierte Lösung sehr lange haltbar [Feitler[2]].

Gattermann[3] empfiehlt, statt des Oxydulsalzes Kupferpulver anzuwenden, wodurch die Reaktion schon in der Kälte verläuft und die Ausbeuten sich zum Teil günstiger gestalten.

Darstellung des Kupferpulvers.

In kalt gesättigte Kupfersulfatlösung wird durch ein feines Sieb Zinkstaub eingestreut, bis die Flüssigkeit nur mehr schwach blau gefärbt ist.

Nach wiederholtem Dekantieren mit großen Wassermengen entfernt man die letzten Spuren Zink durch Digestion mit sehr verdünnter Salzsäure, saugt das Kupferpulver ab und wäscht bis zur neutralen Reaktion mit Wasser aus.

Man hebt das Kupferpulver als feuchte Paste in einem gut schließenden Gefäß auf.

Statt dieses Kupferpulvers wird wohl stets die von Ullmann empfohlene käufliche Kupferbronze[4] verwendet werden können.

Beispielsweise diazotiert man 3.1 g Anilin, das mit 30 g 40proz. Salzsäure und 15 ccm Wasser angerührt ist, mit der gesättigten wäßrigen Lösung von 2.3 g Natriumnitrit, das in die durch Eis auf 0° gebrachte Lösung, am besten unter Anwendung einer Turbine, rasch einfließen gelassen wird. Die Diazotierung ist in einer Minute beendet.

Die Diazolösung wird unter Rühren allmählich mit 4 g Kupferpulver versetzt. Nach $^1/_4$—$^1/_2$ Stunde ist die Reaktion zu Ende, was man daran erkennt, daß das fein verteilte Metall nicht mehr durch die Stickstoffblasen an die Oberfläche der Flüssigkeit geführt wird. Das entstandene Chlorbenzol wird mit Wasserdampf übergetrieben.

Votoček und Ženišek haben[5] eine von Vesely[6] sehr empfohlene Modi-

---

[1] Siehe auch Erdmann, A. **272**, 144 (1893).

[2] J. pr. (2) **4**, 68 (1871).   [3] B. **23**, 1218 (1890).

[4] A. **332**, 38 (1904). — Das käufliche Produkt muß im allgemeinen noch durch Waschen mit Äther oder Ligroin entfettet werden.

[5] Z. El. **5**, 485 (1899). — Votoček und Šebor, Sitzb. böhm. Ges. d. Wiss., Prag **1901**.

[6] B. **38**, 137 (1905).

fikation der Sandmeyer-Gattermannschen Reaktion angegeben, die aus folgendem Beispiel ersichtlich wird.

5 g pulverisiertes Nitronaphthylamin wurden in einem Becherglas mit 20 ccm Salzsäure (1.18) versetzt, mit 50 ccm Wasser verdünnt und unter Eiskühlung mit einer Lösung von 1.7 g Natriumnitrit behandelt. Hierauf wurden der klaren Diazolösung 5 g Kupferchlorid, gelöst in 10 ccm Wasser, zugesetzt und mit Hilfe von zwei Kupferplatten, die als Elektroden dienten, ein Strom von 4—5 Amp. und 2—3 Volt 25 Minuten hindurchgeleitet. Die ausgeschiedene hellgelbe Krystallmasse wurde mit Wasserdampf überdestilliert, das Destillat mit Äther extrahiert und der Äther abgedunstet.

Da nach Cavazzi[1]) Kupferchlorid durch unterphosphorige Säure zu Chlorür reduziert wird, kann man auch den Ersatz der Amingruppe durch Chlor unter Anwendung einer salzsauren Kupfersulfatlösung, die mit Natriumhypophosphit versetzt wird, mit gutem Erfolg durchführen. Das Verfahren rührt von Angeli[2]) her.

Tobias[3]) verwendet Kupferoxydul und Salzsäure, und nach Prudhomme und Rabaut[4]) kann man sogar die Darstellung der Diazokörper ganz umgehen, indem man die Nitrate der Basen in wäßriger Lösung in eine kochende, salzsaure, 25proz. Kupferchlorürlösung einfließen läßt[5]).

<h3 align="center">Bemerkungen zur vorstehenden Methode.</h3>

Im allgemeinen lassen sich die aromatischen primären Monoaminbasen, deren Salze in Wasser leicht löslich sind, in stark saurer Lösung durch Zugabe der molekularen Menge in Wasser gelösten Natriumnitrits fast momentan diazotieren[6]).

Schwer lösliche Salze, wie Benzidinsulfat, Aminosäuren usw., erfordern mehrstündige Einwirkungsdauer, das gleiche gilt von den in Wasser meist sehr schwer löslichen Aminosulfosäuren, wie Sulfanilsäure und Naphthionsäure.

Behufs feinerer Verteilung in Wasser werden diese Verbindungen stets aus ihrer alkalischen Lösung durch Säuren abgeschieden und dann direkt der Einwirkung der molekularen Menge Natriumnitrit bei Gegenwart von $2^1/_2$ bis 3 Äquivalenten verdünnter Salzsäure (3 Teile 30proz. Salzsäure und 8 Teile Wasser) ausgesetzt. Nach mehrstündigem Stehen in der Kälte ist auch hier die Umsetzung vollständig und quantitativ.

Man kann auch öfters mit überschüssigem Nitrit diazotieren und den Überschuß an salpetriger Säure durch einen Luftstrom austreiben[7]) oder durch Harnstoff zerstören[8]). Dies ist namentlich zum Bisdiazotieren von Diaminen notwendig[9]).

Diazotieren mit Amylnitrit und Salzsäure: Zincke und Schütz, B. 45, 639 (1912). Amylnitrit und Eisessig: Hantzsch und Jochem, B. 34, 3338 (1901). — Kaufler, B. 37, 60 (1904). — Mit Nitrosylschwefelsäure: Gattermann, A. 393, 133 (1912). — Siehe S. 651.

Natriumnitrit wird gegenwärtig fast chemisch rein (98%) in den Handel gebracht. Man kann den Gehalt desselben bestimmen (S. 947) oder während

<hr>

[1]) G. 16, 167 (1886).　　[2]) G. 21, II, 258 (1891).
[3]) B. 23, 1630 (1890).　　[4]) Bull. (3) 7, 223 (1892).
[5]) Möglicherweise wird die Anwendung von Ferrichlorid noch günstigere Resultate geben. Korczynski, Bull. (4) 29, 287 (1921).
[6]) Friedländer, Fortschr. I, 542. — M. u. J. II, 279. — Nietzki, B. 17, 1350 (1884).
[7]) Gomberg und Cone, B. 39, 3281 (1906).
[8]) Kurt Meyer und Tochtermann, B. 54, 2284 (1921).
[9]) Grandmougin und Smirous, B. 46, 3428 (1913).

der Diazotierung selbst den Reaktionsverlauf durch Tüpfelproben mit Jod-kaliumstärkepapier, das den geringsten Überschuß an freier salpetriger Säure durch Blaufärbung anzeigt, verfolgen. In der Regel reicht man aus, wenn man bei der Berechnung des erforderlichen Nitrits an Stelle des richtigen Molekulargewichts für $NaNO_2$ (69) die Zahl 72 benutzt.

Will man genau berechnete Mengen salpetrige Säure anwenden, so benutzt man gewogene Mengen Bariumnitrit[1]) und Normalschwefelsäure. Siehe Neuberg und Ascher, Bioch. 5, 451 (1907).

Sehr wichtig ist es, die Säuremenge beim Diazotieren nicht zu gering zu bemessen (mindestens $2^1/_2$ Äquivalente Salzsäure pro Amingruppe) und die Temperatur nicht zu hoch (nicht über 10°) steigen zu lassen, falls nicht besondere Umstände erfordern, bei etwas erhöhter Temperatur zu arbeiten. Für die Diazotierung des p-Dichloranilins ist die Anwendung von mindestens 7 Mol. Salzsäure erforderlich[2]).

Schwach basische Aminokörper[3]), die keine wasserbeständigen Salze bilden, erfordern auch sonst eine etwas andere Art des Arbeitens. Zur Diazotierung von Aminoazobenzol z. B. verreibt man es mit Wasser zu einem dünnen Brei, in den man die äquivalente Menge Natriumnitrit einrührt, und kühlt durch Zusatz von wenig Eis etwas ab; fügt man nun auf einmal $2^1/_2$ Mol. wäßrige Salzsäure hinzu, so erhält man eine klare Lösung des Benzolazo-Diazobenzolchlorids.

Über Diazotieren von Dinitroanisidin und verwandten Verbindungen (wobei öfters eine Nitrogruppe abgespalten wird) siehe Meldola und Stephans, Soc. 89, 923 (1906); 91, 1474 (1907). — Trinitroanisidine: Meldola und Reverdin, Soc. 97, 1204 (1910). — Trinitroaminophenol: Meldola und Hay, Soc. 95, 1387 (1909).

Paraamino-ana-Bromchinolin geht bei der Sandmeyerschen Reaktion durch Halogenaustausch in Para-ana-Dichlorchinolin über[4]).

Chinonbildung nach dem Schema:

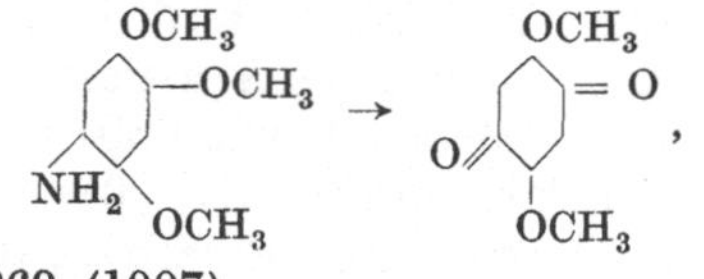

$$\text{Schema der Chinonbildung}$$

Schüler, Arch. 245, 269 (1907).

Bei der Chrysanissäure ist die Diazotierung nur in der Siedehitze durchführbar[5]). Andere Substanzen erfordern die Einwirkung des Sonnenlichts[6]) oder Diazotieren unter Druck[7]).

Diazotierung der Verbindung:

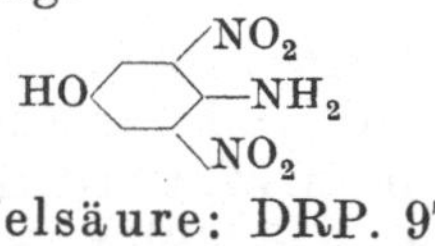

$$\text{Verbindung}$$

mit konzentrierter Schwefelsäure: DRP. 97 933 (1898). — Noelting und Kopp, B. 38, 3507 (1905). — Reverdin und Dresel, B. 38, 1595 (1905).

---

[1]) Darstellung: Witt und Ludwig, B. 36, 4387 (1903).

[2]) Noelting und Kopp, B. 38, 3507 (1905).

[3]) Z. B. Anthramine: Pisovschi, Diss. Berlin (1909), 15.

[4]) Schweisthal, Diss. Freiburg (1905), 8.

[5]) Jackson und Ittner, Am. 19, 17 (1897).

[6]) Orton, Coates und Burdett, Proc. 21, 168 (1905). — Soc. 91, 35 (1907). — Cain, Coulthard und Micklethwait, Soc. 103, 2076 (1913). Die Reaktion kann zu ihrer Vollendung mehrere Wochen brauchen.

[7]) DRP. 143 450 (1903). — Tröger und Lange, Arch. 255, 1 (1917). — Tröger und Piotrowski, Arch. 255, 161 (1917).

— Meldola und Hay, Soc. **95**, 1387 (1909). — Morgan und Micklethwait, Soc. **97**, 2557 (1910). — Benda, B. **45**, 55 (1912).

Diazotieren mit konzentrierter Salpetersäure[1]).

Die Diazotierung schwach basischer Amine in starker Schwefelsäure leidet an dem Umstand, daß Säuren mit Konzentrationen von 65% und darüber die salpetrige Säure als Nitrosylschwefelsäure binden, die unter diesen Bedingungen nicht zu diazotieren vermag[2]), Säuren geringerer Konzentration aber nur schwaches Lösungsvermögen für die betreffenden Basen besitzen. Konzentrierte Salpetersäure (1.48—1.5) löst diese Basen sehr viel leichter als konzentrierte Schwefelsäure. Um in diesen Lösungen zu diazotieren, erzeugt man die salpetrige Säure durch Reduktion der berechneten Menge Salpetersäure. Besonders schweflige Säure ist als Reduktionsmittel zu empfehlen; man kann durch Einleiten von Schwefeldioxyd bis zur erforderlichen Gewichtszunahme Reduktion unter Vermeidung einer Verdünnung durch Wasser erzielen. Eine andere Form der Reaktion liegt in der Verwendung des sog. Kaliummetabisulfits (Kaliumpyrosulfits), das man mit dem Amin zu einem homogenen Gemisch zusammenmahlt; dieses trägt man dann in die Salpetersäure ein. Weitere Vorteile der salpetersauren Lösungen bestehen in der bequemen Verdünnung mit Eis, das bekanntlich mit Salpetersäure eine Kältemischung liefert, und in der großen Beständigkeit der Diazoniumsalze in diesen Lösungen. Auf diesem Weg konnten Dinitroanilin und 2.6-Dichlor-4-Anilin glatt diazotiert werden.

Weiteres über Diazotierungen in konzentrierter Salpetersäure: Limpricht, B. **7**, 452 (1874). — Heyduck, A. **172**, 217 (1874). — Weckwarth, A. **172**, 202 (1874). — v. Pechmann, A. **173**, 214 (1874). — Ellenberger, Diss. Marburg (1901). — Malkomenius, Diss. Marburg (1902). — Maué, Diss. Marburg (1902). — Zincke, A. **339**, 202 (1905).

Über nichtaromatische Diazoniumsalze (Antipyrindiazoniumsalze usw.) siehe Forster und Müller, Soc. **95**, 2072 (1910). — Morgan und Reilly, Soc. **103**, 808 (1913); **107**, 1291 (1915); **109**, 155 (1916). — Chattaway, Morgan, Bayly und Sidgwick, Ch. News **112**, 153 (1916). — Siehe auch Thiele und Manchot, A. **303**, 41 (1898). — Mohr, J. pr. (2) **90**, 509 (1914). — Busch und Bichler, J. pr. (2) **43**, 357 (1916) (Aminothiobiazole). — Chattaway, Morgan, Sedgwick und Bayly, Ch. Age, **5**, 365 (1921). Amino-Thiophen, -Furan und -Pyrrole sind nicht diazotierbar. — Morgan und Burgess, Soc. **119**, 1546 (1921).

Unter Umständen tritt die Diazogruppe mit anderen im Molekül vorhandenen Resten in Wechselwirkung.

Man kann dabei folgende Arten von Verbindungen unterscheiden[3]):

1. Innere Diazoniumsalze.

Hierher gehören namentlich die **Diazoarylsulfosäuren**, z. B. p-**Diazobenzolsulfosäure**[4]):

$$\begin{array}{c} \text{—N}_2 \\ \bigcirc \\ \text{—O} \\ | \\ \text{SO}_2 \end{array}\text{,}$$

p-**Diazoanisolsulfosäure**[5]):

---

[1]) Witt, B. **42**, 2953 (1909). — Fuchs, M. **36**, 123, 131, 134 (1915). — Sonn, B. **49**, 633 (1916).   [2]) Siehe übrigens Gattermann, A. **393**, 133 (1912).

[3]) Siehe hierzu auch Morgan u. Micklethwait, Soc. **93**, 602 (1908); **103**, 71, 1391 (1913).

[4]) Richtiger wäre für derartige Verbindungen nach Armstrong und Robertson, Soc. **87**, 1282 (1905), die Bezeichnung Benzoldiazoniumsulfonat.

[5]) Bauer, B. **42**, 2106 (1909).

$$\text{OCH}$$
$$\text{Ring}-SO_2,\ -N_2-O$$

und die analogen Verbindungen aus diazotierten Aminosäuren, z. B. die **Diazo-
benzoesäuren**. Auch die aus negativ substituierten (o- und p-) Aminophenolen hervorgehenden **Diazooxyde**, z. B.:

$$NO_2\text{-Ring}-N_2,\ -O,\ NO_2 \qquad\text{und}\qquad NO_2\text{-Ring}-NO_2,\ -NO_2,\ O,\ N_2 \quad [1]$$

sind hier anzureihen.

Basen sprengen diese Ringe und es entsteht namentlich in alkoholisch-
alkalischer Lösung ein normal reagierender, aber meist sehr alkaliempfindlicher
Diazokörper:

$$\text{Ring}-N_2-OH,\ SO_3Na\ .$$

Weiteres über Diazoanhydride: **Benda**, B. **47**, 995 (1914). — **Klemenc**,
B. **47**, 1407 (1914). — **Morgan** und **Porter**, Scc. **107**, 645 (1915); **115**, 1126
(1920). — **Giemsa** und **Halberkann**, B. **54**, 1167 (1921).

2. **Ringbildung mit Ortho- und Perisubstituenten: Anhydroverbindungen.**

Beispiele:

a) **Aziminoverbindungen**, z. B.:

$$\text{Ring}-N\!:\!N,\ -NH\ .$$

Diese Substanzen gleichen in ihrem Verhalten den Diazokörpern durchaus nicht, können z. B. unzersetzt (bei weit über 300° liegenden Temperaturen) destilliert werden[2]) und lassen nicht die Diazogruppe unter Stickstoff-
austritt durch andere Reste ersetzen.

b) **Diazosulfide**, z. B. **Diazothiodimethylanilin**:

$$(CH_3)_2N\text{-Ring}-N,\ -S-N\ .$$

Die Diazosulfide entstehen allgemein bei der Einwirkung von salpetriger
Säure auf o-Aminomercaptane[3]).

Sie entwickeln beim Kochen mit Säuren oder Alkalien keinen Stickstoff,
selbst nicht beim Erhitzen unter Druck bis gegen 200°, können im Vakuum
unzersetzt destilliert werden und sind z. T. mit Wasserdämpfen flüchtig.

c) **Indazole.**

Orthomethylierte Amine, die im Kern noch Nitrogruppen oder Brom
enthalten, gehen nach **Noelting**[4]) beim Verkochen in saurer Lösung in **Indazole** über:

---

[1]) **Meldola** und **Hay**, Soc. **95**, 1383 (1909).
[2]) **Ladenburg**, B. **9**, 220 (1876).   [3]) **Jacobson**, A. **277**, 214 (1893).
[4]) B. **37**, 2556 (1904). — **Weber**, Diss. Basel (1908).

$$\underset{\text{N}_2}{\overset{\text{NO}_2}{\underset{|}{\overset{|}{\bigcirc}}}}\text{--CH}_3 \;\rightarrow\; \bigcirc\text{--CH}_2 + \text{H}_2\text{O} \;.$$

Über Indazolbildung auch aus nicht weiter substituierten, o-methylierten Anilinen (in neutraler oder alkalischer Lösung) siehe Bamberger, A. 305, 289 (1899). — Jacobson und Huber, B. 41, 660 (1908).

d) Phentriazone.

Diese Substanzen entstehen beim Diazotieren von in Orthostellung amidierten primären oder sekundären Säureamiden. Die einfachsten Phentriazone [1]), wie das o-Benzazimid und seine N-Alphylderivate, zerfallen beim Erhitzen mit Alkalien unter Bildung von Anthranilsäure; beim Erhitzen mit konzentrierter Salzsäure auf 110—120° entsteht neben Stickstoff und Ammoniak (Methylamin) im wesentlichen Chlorsalicylsäure. Die aus der Diazotierung von N-arylierten o-Aminobenzamiden hervorgehenden Triazone, wie das N-Phenylphentriazon:

und seine Homologen [2]), werden durch konzentrierte Salzsäure bei höherer Temperatur in gleichem Sinn (unter Bildung von Chlorsalicylsäure) zersetzt; beim Erhitzen mit Alkalien aber entsteht diazoaminobenzol-o-carbonsaures Salz:

Es ist nun sehr interessant, zu beobachten [3]), wie der Eintritt des Carboxyls in Orthostellung die Stabilitätsverhältnisse des Triazonrings beeinflußt: die Festigkeit der Carbonyl-Stickstoffbindung wird erhöht und der Zusammenhalt zwischen dem doppelt und dem einfach gebundenen Stickstoff gelockert, so daß nunmehr bei der Ringsprengung durch Säuren Bildung einer Diazoverbindung erfolgt:

Diese Aufspaltung erfolgt rasch beim Kochen des Triazonderivats mit verdünnter Mineralsäure. Erhitzt man weiter, so wird elementarer Stickstoff abgespalten und es entsteht ein Salicylsäurederivat:

das mit Essigsäureanhydrid eine Substanz der Formel:

liefert.

[1]) Weddige, J. pr. (2) 35, 262 (1887). — Finger, J. pr. (2) 37, 432, 438 (1888).
[2]) Mehner, J. pr. (2) 63, 269 (1901).
[3]) Hans Meyer, Festschr. f. Ad. Lieben (1906), 471. — A. 351, 271 (1907).

Kocht man aber das Triazon bei Gegenwart eines Reduktionsmittels (Titanchlorür), so wird Benzoylanthranilsäure gebildet.

Erhitzt man das Triazon bei Gegenwart eines Amins (α-Naphthylamin) oder Phenols (β-Naphthol, Schäffersche oder R-Säure), so wird der Diazorest im Status nascens fixiert und es tritt Bildung eines Farbstoffs ein.

Wir haben hier das sehr merkwürdige und bisher ohne Analogie dastehende Phänomen der Kupplung von Phenolen mit einem Diazokörper in stark mineralsaurer, heißer Lösung.

Wie nicht anders zu erwarten, kann natürlich diese Azofarbstoffbildung nur mit rasch kuppelnden Phenolen erfolgen, da Entstehungs- und Zersetzungstemperatur des Diazokörpers zusammenfallen. Kocht man also z. B. das Triazon bei Gegenwart von G-Säure, so tritt durchaus keine Färbung auf und der gesamte Diazostickstoff entweicht.

Die Aufsprengung des Triazonrings findet übrigens auch bei schwächerer Konzentration der Wasserstoffionen statt, denn beim Kochen mit Eisessig und β-Naphthol kuppelt die Substanz ebenfalls, nur viel langsamer.

Ganz anders als das Derivat der Anthranoylanthranilsäure verhält sich das Produkt der Einwirkung salpetriger Säure auf Dianthranoylanthranilsäure. Man sieht hierbei deutlich, daß die unmittelbare Nähe des Carboxyls in dem N-(Phenylorthocarbonsäure-)phen-β-triazon die leichte Aufspaltbarkeit des Triazonrings bedingt. Die Verbindung:

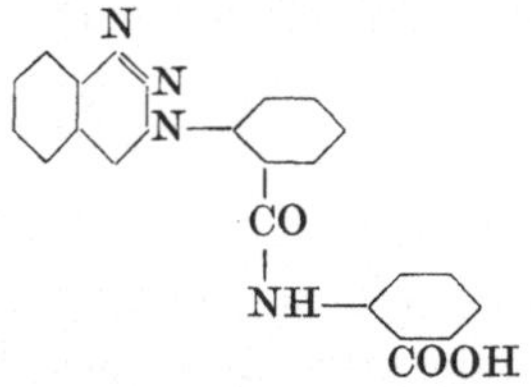

ähnelt in ihrem Verhalten vielmehr dem nicht substituierten Triazon, indem sie beim Kochen mit Säuren nicht angegriffen wird und auch mit β-Naphthol nur sehr träge reagiert.

In manchen seltenen Fällen läßt sich angeblich überhaupt keine Diazotierung erzwingen, so bei den o-Nitroanilinen[1]), nitrierten Diaminen[2]), Dibromanthranilsäure[3]):

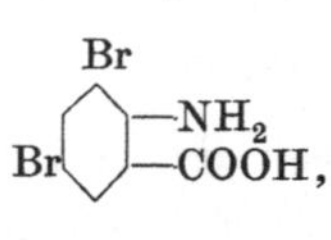

, dem Trinitroanilin
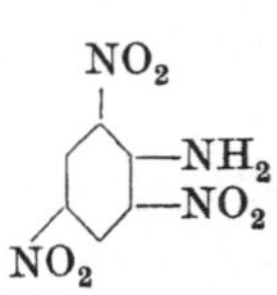

und Aminodinitrophenylarsinsäure:

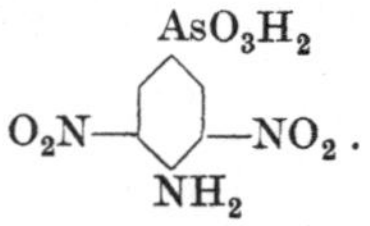

.

Da von 2.4.6-Trisubstitutionsprodukten ferner die Dibromsulfanilsäure und das Tribromanilin sehr leicht, Bromdinitroanilin (in Nitrose) nur träge und unvollständig diazotierbar sind, schließt Benda[4]), daß zwei Nitrogruppen in

[1]) Claus und Beysen, A. **266**, 224 (1891). — Dinitroaniline, in denen die para-Stellung — wie im 2.6-Dinitroanilin — oder eine der Orthostellungen — wie im 2.4-Dinitroanilin — unbesetzt ist, sind mit Nitrose diazotierbar. Gleiches dürfte wohl auch von den Orthonitroanilinen gelten. [2]) Bülow, B. **29**, 2284 (1896).

[3]) Bogert und Hard, Am. soc. **25**, 935 (1903). [4]) B. **45**, 55 (1912).

2.6 die Diazotierbarkeit zwar beeinträchtigen, letztere aber erst dann völlig verschwindet, wenn sich in para-Stellung zur Aminogruppe die Gruppe $-NO_2$ oder $-AsO_3H_2$ befindet. Voraussichtlich wird sich ebenso die Sulfogruppe verhalten[1]).

Weiteres über sterische Behinderung der Diazotierung siehe Schmidt und Schall, B. **38**, 3769 (1905).

Verhalten der Diamine gegen salpetrige Säure.

Von den drei Klassen aromatischer Diamine:

$$\underset{\text{Ortho}}{\overset{NH_2}{\underset{NH_2}{\bigcirc}}} \qquad \underset{\text{Meta}}{\overset{NH_2}{\underset{NH_2}{\bigcirc}}} \qquad \underset{\text{Para}}{\overset{NH_2}{\underset{NH_2}{\bigcirc}}}$$

liefern mit salpetriger Säure nur die **Paraverbindungen** normale Diazotierungsprodukte[2]).

Die **Orthodiamine**[2])[3]) kondensieren sich nach der Gleichung:

$$\overset{NH_2}{\underset{NH_2}{\bigcirc}} + HO \cdot NO = \overset{NH}{\underset{N}{\bigcirc}} + 2\,H_2O$$

zu Azimiden.

Die **Metadiamine**[4]) endlich können zwar, namentlich in Form ihrer Sulfosäuren [DRP. 152 879 (1904). — Ch. Ztschr. **3**, 753 (1904)] auch in Bi-Diazoverbindungen übergeführt werden, wenn man darauf sieht, daß die salpetrige Säure stets in sehr großem Überschuß und in Gegenwart von sehr viel Salzsäure mit sehr kleinen Mengen Diamin zusammentrifft [Caro, Grieß[5])], wenn man aber in üblicher Weise diazotiert, entstehen braune Farbstoffe (Aminoazokörper) durch Zusammentritt mehrerer Moleküle des Metadiamins[6]) (**Vesuvinreaktion**).

Diese Reaktion versagt bei p-substituierten Metadiaminen [Witt[7])].

Verhalten der Amine der Pyridinreihe gegen salpetrige Säure[8]).

Die α- und γ-Aminopyridine (Chinoline) lassen sich, in verdünnten Säuren gelöst, überhaupt nicht diazotieren. Vielmehr wirkt salpetrige Säure in solchen Lösungen gar nicht ein. Dagegen lassen sich alle bisher untersuchten Verbindungen der genannten Art in **konzentrierter Schwefelsäure** glatt diazotieren. Nur läßt sich die Diazoverbindung nicht fassen. Gießt man die schwefelsaure Lösung auf Eis, so entwickelt sich sofort Stickstoff und

---

[1]) Nach Misslin, Hel. **3**, 626 (1920) sind Di- und Trinitroaniline vom Typus des Pikramids glatt diazotierbar, wenn man sie in Eisessiglösung in der Kälte vorsichtig mit Nitrosylschwefelsäure bzw. einer Lösung von Natriumnitrit in Monohydrat versetzt. Dagegen ließ sich 2. 3. 4. 6.-Tetranitroanilin nicht diazotieren.

[2]) Nietzki, B. **12**, 2238 (1879); **17**, 1350 (1884). — Grieß, B. **17**, 607 (1884); **19**, 319 (1886).   [3]) Ladenburg, B. **9**, 219 (1876); **17**, 147 (1884).

[4]) Direkte Nitrosierung von m - Phenylendiamin: Täubner und Walden, B. **33**, 2116 (1900).

[5]) B. **19**, 317 (1886). — Lees und Thorpe, Soc. **91**, 1288 (1907).

[6]) Grieß und Caro, Z. **1867**, 278. — Ladenburg, B. **9**, 222 (1876). — Grieß, B. **11**, 624 (1878). — Preuße und Tiemann, B. **11**, 627 (1878). — Williams, B. **14**, 1015 (1881). — Thoms und Drauzburg, B. **44**, 2133 (1911).

[7]) B. **21**, 2420 (1888). — Solche Diamine sind dafür leicht diazotierbar. Heller, Diss. Marburg (1904), 25, 58. — Reißert und Heller, B. **37**, 4367 (1904).

[8]) Marckwald, B. **27**, 1317 (1894). — Wenzel, M. **15**, 458 (1894). — Claus und Howitz, J. pr. (2) **50**, 238 (1894). — Mohr, B. **31**, 2495 (1898).

man erhält quantitativ die entsprechende Oxyverbindung. In einzelnen Fällen wurde festgestellt, daß sich beim Eingießen der Diazolösung in Äthylalkohol ganz analog die Äthoxyverbindung, beim Eingießen in konzentrierte Salzsäurelösung die Chlorverbindung bildet. Einige der untersuchten Aminopyridine reagieren auch in konzentriert salzsaurer Lösung mit Nitriten. Es wird dann bei Zusatz des Nitrits sofort Stickstoff entwickelt und die Aminogruppe glatt durch Chlor ersetzt.

Die Diazoverbindungen aus den α- und γ-Aminopyridinen zeigen sonach schon in der Kälte die Reaktionen, welche die aromatischen Diazoverbindungen erst beim Kochen der Lösungen eingehen. Nur verlaufen die Umsetzungen ganz glatt, während sie in der aromatischen Reihe häufig nur als Nebenreaktionen auftreten.

Gegen Amylnitrit verhalten sich die Aminopyridine auch bei Siede-hitze völlig indifferent.

Die β-Aminopyridine dagegen lassen sich auch bei Anwendung verdünnter Mineralsäure ganz glatt diazotieren und in Azofarbstoffe verwandeln, und ebenso verhält sich $\beta\beta'$-Diamino-$\alpha\alpha'$-lutidin[1]).

Über das Verhalten der Aminopyridincarbonsäuren siehe S. 969.

Obigen Angaben widersprechen zum Teil neue Untersuchungen von Tschitschibahin und Rjasanzew[2]). Danach reagiert α-Aminopyridin auch in verdünnter Salzsäure mit salpetriger Säure unter Bildung von Pyridon (Hauptprodukt); die Reaktion verläuft jedoch langsamer als mit aromatischen Aminen. — Bei Anwendung der Methode von Bamberger[3]) zur Darstellung von Antidiazotaten auf α-Aminopyridin wurde ein wirkliches Diazotat erhalten; besonders gute Resultate erhielten Verfasser bei Anwendung der Natriumverbindung des Aminopyridins an Stelle des Amins und des Alkoholats:

$$C_5H_4N \cdot NHNa + C_5H_{11}ONO = C_5H_4 \cdot N \cdot N : NONa + C_5H_{11}OH.$$

Das ziemlich beständige Diazotat kann in das unbeständige Diazohydrat übergeführt werden. Das Pyridindiazotat zeigt nur geringe Fähigkeit zur Bildung von Azofarbstoffen. In alkoholischer Lösung läßt es sich aber mit Aminen und Phenolen kuppeln. In Abwesenheit von anderen Säuren ist die wäßrige Lösung von salpetriger Säure und α-Aminopyridin befähigt, Diazoreaktionsprodukt zu liefern.

3. Analyse von Salzen und Doppelsalzen.

Unter den einfachen Salzen der organischen Basen sind, außer den vielfach verwendeten Chlor-, Brom- und Jodhydraten, Nitraten und Sulfaten, namentlich die ferrocyanwasserstoffsauren Salze, die Chromate, Oxalate[4]), Rhodanate[5]), Phosphate[6]), Pikrate und Pikrolonate für die Analyse von Wichtigkeit.

Von den Basen der Pyridinreihe, die außer dem Stickstoffatom des Pyridinrings noch eine weitere basische Gruppe enthalten, geben nur jene zweisäurige Salze, die den Ammoniakrest in β-Stellung enthalten.

Man fällt die Salze der Basen mit den Halogenwasserstoffsäuren oftmals[7]) durch Einleiten der betreffenden gasförmigen Säure in die Lösung der Base

[1]) Mohr, B. **33**, 1120 (1900).
[2]) Russ. **47**, 1571 (1915).   [3]) B. **33**, 3511 (1900).
[4]) Z. B. Herzog, Diss. Berlin (1909), 24,
[5]) Müller, Apoth.-Ztg. **1895**, 450. — DRP. 80 768 (1895); 86 251 (1896). — Bergh, Arch. **242**, 424 (1904). [6]) Schroeter, A. **426**, 51 (1922). [7]) Hofmann, B. **7**, 527 (1874).

in trocknem Äther, Alkohol, Chloroform oder Benzol[1]). Analog kann man Nitrate[2]) und Sulfate[3]) isolieren.

Die gut krystallisierenden Nitrate[4]) lassen sich auch oftmals durch doppelte Umsetzung aus den Chlorhydraten mit Silbernitrat gewinnen.

Analyse der Nitrate mit Nitron[5]).

$$C_6H_5 \cdot N \underset{C}{\overset{CH}{\diamond}} N \cdot C_6H_5 \quad \underset{N}{\overset{N \cdot C_6H_5}{|}} .$$

Man löst die ca. 0.1 g Salpetersäure enthaltende Substanz in 80—100 ccm Wasser, fügt 10 Tropfen verdünnte Schwefelsäure hinzu, erwärmt nahe zum Sieden und versetzt mit 10—12 ccm 10 proz. Nitronlösung in 5 proz. Essigsäure. Man läßt 2 Stunden in Eiswasser stehen, saugt ab, spült mit dem Filtrat und dann mit 10—12 ccm Eiswasser nach. Man trocknet 1 Stunde bei 110°. Das gefundene Gewicht an Nitronnitrat $\times \dfrac{63}{375}$ ergibt die Menge der vorhandenen Salpetersäure.

Collins fand[6]) die Löslichkeit des Nitronnitrats gleich 0.45%, entsprechend 0.064% N_2O_5, beim Auswaschen mit eiskaltem Wasser (10 ccm); bei 20° war sie doppelt so groß. Ebenso ist die Zeitdauer, während der das Waschwasser mit dem Niederschlag in Berührung steht, von großem Einfluß. Das Auswaschen ist deshalb stets im Goochtiegel vorzunehmen.

Aus dem Nitrat läßt sich das Nitron regenerieren, indem man das Salz mit Ammoniak schüttelt und mit Chloroform aufnimmt.

Bestimmung von Pikrinsäure mit Nitron: Utz, Z. anal. **47**, 142 (1908).

Das Präparat wird von E. Merck, Darmstadt, geliefert.

Durch

Pikrinsäure[7])

werden nicht nur Basen, sondern auch Phenole, Kohlenwasserstoffe usw. gefällt.

Mit Alkohol kann man ca. 6 proz. Pikrinsäurelösungen machen. Essigester nimmt viel mehr auf. Die Pikrate pflegen dagegen in Essigester schwerer löslich zu sein als in Alkohol[8]).

F. W. Küster hat eine quantitative Bestimmungsmethode für so isolierbare Substanzen angegeben[9]).

Die zu untersuchende, in möglichst wenig Wasser oder Alkohol gelöste

[1]) Grünhagen, A. **256**, 290 (1890).
[2]) Liebermann und Cybulski, B. **28**, 579 (1895).
[3]) Bernthsen, B. **16**, 2235 (1883).
[4]) Nachweis von Nitraten durch die umgekehrte Bülowsche Reaktion: Bülow, B. **42**, 2213, 2490, 2493 (1909).
[5]) Busch, B. **38**, 861 (1905). — Gutbier, Z. ang. **18**, 499 (1905). — E. Fischer und Suzuki, B. **38**, 4173 (1905); Unters. üb. Aminosäuren 456 (1906). — Tschugaeff und Surenjanz, B. **40**, 185 (1907). — Feist, Habil.-Schrift, Breslau (1907), 87.
[6]) Analyst **32**, 349 (1907).
[7]) Delépine, Bull. (3) **15**, 53 (1896). — E. Fischer, B. **34**, 454 (1901). — Baeyer und Villiger, B. **37**, 2872 (1904).
[8]) Happe, Diss. München (1903), 13.
[9]) B. **27**, 1101 (1894). — Hier ist diese Methode bloß in der für die Analyse von Basen geeigneten Form wiedergegeben.

Substanz kommt mit einer abgemessenen Menge überschüssiger Pikrinsäure von bekanntem Gehalt (eine bei Zimmertemperatur gesättigte Lösung ist ungefähr $^1/_{20}$ normal) in eine Stöpselflasche. Man läßt zur Vollendung der alsbald eintretenden Fällung unter zeitweisem Umschütteln längere Zeit stehen, filtriert und titriert im Filtrat die überschüssige Pikrinsäure mit Lacmoid (von Kahlbaum) aus Indicator und Barythydrat. Der Farbenumschlag von Bräunlichgelb in Grün ist sehr augenfällig.

Man kann die Pikrinsäure in Pikraten auch durch Titration mit Titanchlorür bestimmen [Sinnat[1])].

Extraktionsmethode von Willstätter und Schudel[2]).

Die in Wasser leicht, aber in Äther und anderen mit Wasser nicht mischbaren Lösungsmitteln unlöslichen Farbstoffe lassen sich mit Hilfe von Pikrinsäure aus wäßriger Lösung in organische Solvenzien überführen. Dieses Verfahren ist zur Isolierung von Anthocyanen und auch von anderen basischen Farbstoffen aus verschiedenen Klassen anwendbar. Fuchsin geht beim Versetzen der wäßrigen Lösung mit Pikrinsäure und Schütteln mit Äther vollständig in die ätherische Schicht über; ähnlich verhält sich Parafuchsin, dessen Pikrat aber aus der ätherischen Lösung rasch zum großen Teil auskrystallisiert. Die Farbstoffe der Anthocyangruppe unterscheiden sich bei Zusatz von Pikrinsäure zur Lösung der Chloride folgendermaßen in ihrer Verteilung:

Anthocyanidine (z. B. Cyanidin) gehen aus wäßriger Lösung mit Pikrinsäure quantitativ in Äther über.

Monoglucoside (wie Chrysanthemin) und Diglucoside (wie Cyanin) gehen auch mit Pikrinsäure gar nicht in alkoholfreien Äther über. Mit geeigneten organischen Lösungsmitteln kann man aber auch die Pikrate der glucosidischen Farbstoffe ihrer wäßrigen Lösung entziehen. Das Verhalten wird durch die Verteilungszahl[3]) gekennzeichnet, die den aus wäßriger Lösung durch Amylalkohol oder allgemeiner von einem organischen Lösungsmittel aufgenommenen Bruchteil eines Farbstoffes in Prozenten angibt.

Verteilungszahlen der Pikrate.

Lösungsmittel	Monoglucosidpikrat	Diglucosidpikrat
Diäthylketon	ca. 50	0
Amylalkohol	80—90	ca. 30
Amylalkohol (2 Teile) +		
Acetophenon (1 Teil)	100	70—80

Mit Hilfe von Pikrinsäure und Diäthylketon lassen sich also Anthocyane mit einem und mit zwei Zuckerresten gut analytisch unterscheiden; es gelingt auch, sie in präparativem Maßstab zu trennen mit Hilfe eines anderen Ketons, des Carvons, dessen Lösungsvermögen für die Pikrate größer ist. Endlich lassen sich mit Acetophenon, das zweckmäßig mit Amylalkohol verdünnt wird, sogar die Farbstoffe von der Art des Cyanins aus wäßriger Flüssigkeit, z. B. aus dem Safte von Früchten, extrahieren. Für die praktische Anwendung bietet Dichlorpikrinsäure den Vorteil, daß ihre Verbindungen mit den basischen Farbstoffen in organischen Solvenzien viel leichter löslich sind. Die wäßrige Lösung von Fuchsin und Parafuchsin gibt beim Versetzen mit viel Dichlorpikrinsäure den Farbstoff vollständig an Äther ab und

[1]) Proc. **21**, 297 (1905). — Knecht und Hibbert, B. **40**, 3819 (1907). — Weil, M. **29**, 901 (1908). — Siehe S. 1083.
[2]) B. **51**, 782 (1918).　　[3]) A. **412**, 200, 208 (1916).

er bleibt in diesem gelöst. Auch Safranin wird bei Gegenwart von Dichlorpikrinsäure durch Diäthylketon mit gelbroter Farbe extrahiert. Methylenblau wird von Äther vollständig als Dichlorpikrat extrahiert, das aber rasch in bronzeglänzenden Prismen auskrystallisiert. Die Überlegenheit der Dichlorpikrinsäure bei der Isolierung der Anthocyane zeigt die nachfolgende Tabelle.

Verteilungszahlen der Dichlorpikrate.

Lösungsmittel	Monoglucoside	Diglucoside
Äther	40	ungefähr 3
Diäthylketon	fast 100	ca. 60
Amylalkohol	100	ca. 90
Acetophenon (1 Teil) + Amylalkohol (2 Teile)	100	100

Darstellung der Dichlorpikrinsäure.

1-Amino-4-nitro-2.6-dichlorbenzol. Darstellung am besten nach Flürscheim[1]) durch Einleiten von Chlor bei 0° in die Lösung von Nitroanilin (100 g) in Eisessig (300 g) und konzentrierte Salzsäure (600 g) bis zur Gewichtszunahme von 101 g; Ausbeute fast theoretisch.

1-Nitro-3.5-dichlorbenzol. Im wesentlichen nach Holleman[2]). Dichlornitroanilin (103 g) wird fein gepulvert in Alkohol (570 ccm) suspendiert und unter Schütteln mit konzentrierter Schwefelsäure (100 g) vermischt; das in feiner Verteilung abgeschiedene Sulfat verrührt man $1^1/_2$ Stunden bei 20° mit dem gepulvertem Nitrit. Die Zersetzung der Diazoverbindung verläuft am glattesten, wenn man die Flüssigkeit auf dem Wasserbad bis zum Eintritt der Stickstoffentwicklung erwärmt und die Temperatur nie über 50° steigen läßt. Nach $1^1/_2$ Stunden wird die Zersetzung im siedenden Wasserbad vervollständigt. Das Produkt wird durch Destillation mit Wasserdampf und Umkrystallisieren aus Alkohol von ein wenig Phenoläther befreit. Ausbeute 78—79 g (82—83% der Theorie).

Den Nitrokörper reduziert man mit Eisenfeile und Salzsäure[3]).

Das 3.5-Dichloranilin (54 g) verrührt man mit Schwefelsäure (150 ccm H_2SO_4 + 660 ccm H_2O) zu einem feinen Brei und trägt unter fortgesetztem Rühren das gepulverte Natriumnitrit (23 g) ein. Wenn die Flüssigkeit, in der sich das Dichloranilinsulfat vollständig auflöst, keine Salpetrigsäurereaktion mehr gibt, wird sie von bald auftretenden ockergelben Flocken abfiltriert und in das lebhaft siedende Gemisch von 900 g Schwefelsäure, 500 g Wasser und 600 g Natriumsulfat (wasserfrei) eingetropft, das sich im Kolben mit abwärts gerichtetem Kühler befindet. Die Destillationstemperatur bewegt sich zwischen 145° und 155°. Zufließen und Abdampfen wird so geregelt, daß das Flüssigkeitsvolumen ungefähr konstant bleibt. Aus dem Destillat isoliert man das Phenol unter Aussalzen mit Äther; die Hauptmenge krystallisiert beim Einengen der ätherischen Lösung, die letzten Anteile werden durch Destillation unter vermindertem Druck (Sdp. 122—124° unter 8 mm) gewonnen. Die Ausbeute betrug 39.6 g, d. i. 73% der Theorie. Smp. 68°.

Zur Nitrierung trägt man die Lösung von 3.5-Dichlorphenol (81.5 g) in der vierfachen Menge Eisessig allmählich in rote rauchende Salpetersäure (326 g) ein und erwärmt $^3/_4$ Stunden im Wasserbad bis auf 70°. Dann wird die Flüssigkeit mäßig verdünnt und mit Kaliumhydroxyd alkalisch gemacht;

---

[1]) Soc. **93**, 1772 (1908).   [2]) Rec. **23**, 357, 366 (1904).
[3]) Holleman, Rec. **23**, 367 (1904); **25**, 186 (1906).

das schwer lösliche Kaliumsalz saugt man ab und wäscht es aus. Das Salz wird durch Schütteln mit 2_n-Schwefelsäure und Äther zersetzt und die ätherische Lösung wiederholt mit Schwefelsäure gewaschen, so daß sie keine Kaliumverbindung mehr enthält. Ausbeute etwa 90 g (ca. 60% der Theorie).

Das Dichlortrinitrophenol krystallisiert aus Eisessig in blaßgelben Prismen vom Schmelzpunkt 139—140° (korr.).

Pikrolonsäure (1 - p - Nitrophenyl - 3 - methyl - 4 - isonitro - 5 - pyrazolon[1])

$$\mathrm{CH_3-C} \underset{\mathrm{N}}{\overset{\mathrm{CO}}{\cdots}} \mathrm{C = N} \overset{\mathrm{O}}{\underset{\mathrm{OH}}{\diagup}}$$

wird zur Charakterisierung von Basen (namentlich der Fettreihe) und von Alkaloiden[2] empfohlen[3]. Die Pikrolonate sind schwer lösliche, gut krystallisierende, gelbe bis rote Salze, die beim Erhitzen verpuffen oder sich stürmisch zersetzen. — Das Pikrolonat des Papaverins ist fast farblos[4].

Man erhält sie gewöhnlich durch Zusammengießen der alkoholischen, seltener von wäßrigen (Guanidin und dessen Derivate) Lösungen der Komponenten[5].

Aminosäuren reagieren unter Umständen so, daß zwei Moleküle der Säure sich mit einem Molekül Pikrolonsäure verbinden[6].

Darstellung der Pikrolonsäure[7].

Je 90 ccm reine Salpetersäure von 99.5%, sog. Valentiner Säure, werden durch Wasser unter guter Kühlung auf 100 ccm verdünnt. Es resultiert eine Säure von ca. 90% und dem spez. Gewicht 1.495. — Von dieser 90proz. Salpetersäure werden 600 ccm in einen großen Erlenmeyerkolben von 2—3 l Inhalt gefüllt und von außen gut durch Eiswasser gekühlt. In diese Säure trägt man 200 g wiederholt aus Alkohol umkrystallisiertes Phenylmethylpyrazolon nach und nach in Portionen von ca. 1 g ein. Das Phenylmethylpyrazolon löst sich in der Säure mit dunkelbrauner Farbe, und das jedesmalige Eintragen von Substanz ist von einer kräftigen Reaktion begleitet, deren

---

[1]) Vgl. Zeine, Diss. Jena (1906), 8, 12.

[2]) Matthes, a. a. O., und Warren und Weiß, J. Biol. Chem. **3**, 327 (1907). — Pictet und Spengler, B. **44**, 2034 (1911). — Spallino, G. **43**, II, 482 (1913). — Levene und West, J. Bioch. Chem. **24**, 63 (1916). — O. Fischer und Chur, J. pr. (2) **93**, 368 (1916). Methylpyridon.

[3]) Bertram, Diss. Jena (1892). — Knorr, B. **30**, 914 (1897). — Duden und Macentyne, B. **31**, 1902 (1898). — Knorr, B. **32**, 732, 754 (1899). — A. **301**, 1 (1898); **307**, 171 (1899); **315**, 104 (1901). — Bran, Diss. Jena (1899). — Matthes, A. **316**, 311 (1901). — Steuer, Diss. Jena (1902). — Knorr und Brownsdon, B. **35**, 4473 (1902). — Steudel; Z. physiol. **37**, 219 (1903). — Knorr und Connan, B. **37**, 3527 (1904). — Otori, Z. physiol. **43**, 305 (1904). — Knorr und Meyer, B. **38**, 3130 (1905). — Knorr, Hörlein und Roth, B. **38**, 3141 (1905). — Zeine, Diss. Jena (1906). — Matthes und Rammstedt, Arch. **245**, 112 (1907). — Z. anal. **46**, 565 (1907). — Windaus und Vogt, B. **40**, 3693, 3695 (1907). — Pictet und Court, B. **40**, 3775 (1907). — Levene, Bioch. **4**, 320 (1907). — Schmidt und Stützel, B. **41**, 1249 (1908). — Weidel, Diss. Jena (1909), 35. — Brigl, Z. physiol. **64**, 337 (1910). [4]) Pictet und Gams, B. **42**, 2952 (1909).

[5]) Schenk, Z. physiol. **44**, 427 (1905). — Wheeler und Jamieson, J. Biol. Chem. **4**, 111 (1908).

[6]) Abderhalden und Weil, Z. physiol. **78**, 150 (1912).

[7]) Zeine, Diss. Jena (1906), 12. — Rammstedt, Diss. Jena (1907), 56.

Verlauf man unter tüchtigem Umschütteln abwartet, ehe man frische Substanz zugibt. Auf diese Weise kann man die Temperatur leicht zwischen 10—15° halten.

Ist die Säure mit Phenylmethylpyrazolon gesättigt, nach Zusatz von ca. 100 g, dann beginnt reichliche Krystallisation, doch kann man bei häufigem Umschütteln unbeschadet weiter Phenylmethylpyrazolon zugeben und so mit 600 ccm Salpetersäure von 90% ca. 200 g Phenylmethylpyrazolon nitrieren.

Die Krystallmasse wird von der Mutterlauge durch Absaugen über Glaswolle befreit, zuerst mit schwächerer Salpetersäure und dann mit Wasser nachgewaschen, bis das Waschwasser keine saure Reaktion mehr zeigt. Man läßt die lufttrockne Substanz noch 24 Stunden über Ätzkali stehen. Man erhält so das Trinitrophenylmethylpyrazolon (Salpetersäureester des 1-p-Nitrophenyl-3-methyl-4-isonitro-5-pyrazolons) in groben, würfelartigen Krystallen von gelbbrauner Farbe.

Das fein zerriebene Rohprodukt wird zur Verseifung mit der sechsfachen Menge 33 proz. Essigsäure auf dem Wasserbad unter fortwährendem Umschütteln bis auf 60° erwärmt. Die in der Flüssigkeit suspendierten Krystalle färben sich nach und nach gelblichgrünlich und das Rohprodukt verschwindet, während eine flockige Krystallmasse die ganze Flüssigkeit erfüllt. Nach 20—40 Minuten ist die Verseifung vollendet. Man läßt erkalten, saugt scharf ab und wäscht mit Wasser aus. Die Reinigung der erhaltenen rohen Pikrolonsäure geschieht über das Natriumsalz. Das Verseifungsprodukt wird in Sodalösung zerrieben. Die Pikrolonsäure verwandelt sich unter Entwicklung von Kohlensäure sehr rasch in das gelbe Natriumsalz. Ist alles umgesetzt, so preßt man die Mutterlauge von den Krystallen ab. Aus verdünntem Alkohol (1 : 3) läßt sich das Salz gut umkrystallisieren. Man erhält es in feinen, gelben Nädelchen, die konzentrisch gruppiert sind.

Das Natriumsalz läßt sich leicht zerlegen, wenn man es mit starker (etwa 20 proz.) Salzsäure erwärmt. Die Pikrolonsäure scheidet sich als gelbes, mehliges Pulver ab, das man nach dem Absaugen tüchtig mit Wasser wäscht.

Pikrolonsäure zersetzt sich bei raschem Erhitzen unter Dunkelfärbung bei ca. 124°.

1 g Pikrolonsäure löst sich in 21 g Äthylalkohol, 110 g Wasser, 160 g Methylalkohol, 200 g Äther bei 17°, sowie in 12 ccm kochendem Äthylalkohol, 108 ccm siedendem Wasser, 37 ccm kochendem Methylalkohol und 158 ccm siedendem Äther.

Über Verbindungen der Basen mit Ferrocyanwasserstoffsäure siehe S. 980, mit Metaphosphorsäure S. 934.

Verwendung von Cadmiumchlorid zur Cholinbestimmung: Schmidt, Z. physiol. **53**, 428 (1907). — Siehe ferner Winterstein und Hiestand, Z. physiol. **54**, 294 (1908). — Emde, B. **42**, 2593 (1909). — Zur Fällung von Phosphatiden überhaupt: Mc Lean, Z. physiol. **55**, 360 (1908); **57**, 296 (1908); **59**, 223 (1909). — Trier, Z. physiol. **86**, 148 (1913). — Eppler, Z. physiol. **87**, 233 (1913).

Cadmiumbromiddoppelsalze: Decker und v. Fellenberg, A. **356**, 300, 303 (1907).

Perchlorate: Hofmann, Metzler und Höbold, B. **43**, 1080 (1910). — Spallino, A. chim. appl. **1**, 435 (1914). — Freund und Speyer, J. pr. (2) **94**, 148, 178 (1917).

Die normalen

Goldchloriddoppelsalze[1])

haben die Zusammensetzung:

$$R \cdot HCl \cdot AuCl_3$$

und werden gewöhnlich wasserfrei erhalten[2]).

Beim Umkrystallisieren verlieren sie leicht Salzsäure und gehen in die „modifizierten' Salze $RAuCl_3$ über[3]).

Man setze daher beim Lösen der Goldchloriddoppelsalze dem als Lösungsmittel verwendeten Wasser oder Alkohol etwas konzentrierte Salzsäure zu[4])[7]). Auch Umkrystallisieren aus absolutem Alkohol[5]) oder Essigester[6]) ist gelegentlich von Vorteil.

Manche Goldsalze vertragen überhaupt kein Umkrystallisieren oder Erwärmen.

In gewissen Fällen zeigen die Chloraurate auch Dimorphie. So existiert das Betaingoldchlorid in einer rhombischen Form und in einer 40—50° niedriger schmelzenden oktaedrischen Form. Außerdem existieren Salze mit niedrigerem Goldgehalt[7]).

Platinchloriddoppelsalze[8]).

Gewöhnlich entfallen in diesen Salzen auf ein Atom Platin zwei stickstoffhaltige Gruppen, die Aminopyridine geben indessen nach der Formel $2 (C_5H_6N_2HCl) \cdot PtCl_4$ zusammengesetzte Platinverbindungen[9]).

Während viele Chloroplatinate wasserfrei erhalten werden, hat man auch Salze mit 1, 2, $2^1/_2$, 3, 5 und 6 Molekülen Krystallwasser erhalten; das Salz des Benzoyloxyacanthins[10]) enthält sogar 8 Moleküle.

Über wechselnden Krystallwassergehalt der Chloroplatinate von Betain und Trigonellin: Trier, Z. physiol. 85, 381 (1913). Hier auch weitere Literaturangaben.

Krystallalkohol hat man bei dem Doppelsalz des Aminoacetaldehyds[11]) (2 Mol.) und dem der 4.6-Dimethylnicotinsäure[12]) (4 Mol.) konstatiert.

Über Dimorphie bei Platindoppelsalzen siehe Willstätter, B. 35, 2702 (1902).

Über die Analyse der Platindoppelsalze siehe S. 254, 259, 266, 337 und 355, ferner Mylius und Förster, B. 24, 2429 (1891).

Manche platinchlorwasserstoffsauren Salze erleiden beim Erhitzen mit Wasser die Andersonsche Reaktion[13]), indem sie unter Verlust von 2 Molekülen Salzsäure in Verbindungen vom Typus $R \cdot PtCl_4$ übergehen, die schwach gelb und in Wasser unlöslich zu sein pflegen.

Besonders leicht erfolgt diese Reaktion beim Thiazolchloroplatinat[14]).

[1]) Siehe auch S. 259, 337.

[2]) Krystallwasserhaltige Salze: Biedermann, Arch. 221, 182 (1883). — Brandes und Stöhr, J. pr. (2) 53, 504 (1896). — Willstätter, B. 35, 2700 (1902).

[3]) Siehe Anm. 5 auf S. 338.

[4]) Fenner und Tafel, B. 32, 3220 (1899). — Paal und Ubber, B. 36, 505 (1903). — Stoermer und Fincke, B. 42, 3126 (1909). — Trowbridge, Soc. Ind. 28, 230 (1909).

[5]) Bergh, Arch. 242, 425 (1904).   [6]) Koenigs, B. 37, 3249 (1904).

[7]) E. Fischer, B. 27, 167 (1894); 35, 1593 (1902). — Willstätter, B. 35, 597, 2700 (1902). — Willstätter und Ettlinger, A. 326, 125 (1903).

[8]) Siehe auch S. 355.   [9]) Hans Meyer, M. 15, 176 (1894).

[10]) Pommerehne, Arch. 233, 150 (1895).

[11]) E. Fischer, B. 26, 94 (1893).   [12]) Altar, A. 237, 185 (1887).

[13]) A. 96, 199 (1855). — Werner und Fassbender, Z. an. 15, 123 (1897).

[14]) Willstätter und Wirth, B. 42, 1919 (1909).

Sowohl sauerstoff- als auch schwefelhaltige Substanzen sind unter Umständen befähigt, die Rolle von Basen zu spielen und mit Mineralsäuren Salze und u. a., mit Platinchlorid und Goldchlorid Doppelsalze zu liefern, die sich vom vierwertigen Sauerstoff bzw. Schwefel ableiten lassen.

Zur Charakterisierung solcher Substanzen sind namentlich die

Eisenchloriddoppelsalze

geeignet[1]), die aus Eisessig (evtl. unter Zusatz von Salzsäure oder Eisenchlorid) umkrystallisiert werden können.

Doppelsalze von Alkaloiden mit Salzsäure und Ferrichlorid hat Scholtz[2]) dargestellt. Diese Verbindungen sind leicht rein und meist in gut krystallisiertem Zustand zu erhalten, wenn man die Lösung des salzsauren Alkaloids mit Ferrichlorid und hierauf mit konzentrierter Salzsäure versetzt, wodurch sie sämtlich ausgefällt werden. Es verbindet sich stets 1 Mol. des salzsauren Alkaloids mit 1 Mol. Ferrichlorid; die Farbe der Salze schwankt von hellgelb bis dunkelbraunrot.

Fällung von Aminosäuren mit Phosphorwolframsäure: Schulze und Winterstein, Z. physiol. **35**, 210 (1902). — Skraup, M. **25**, 1351 (1904). — Levene und Beatte, Z. physiol. **47**, 149 (1906). — Barber, M. **27**, 379 (1906). — E. Fischer, Unters. üb. Aminos. (1906), 18. — Winterstein und Hiestand, Z. physiol. **54**, 307, 311, 315 (1908). — E. Fischer und Bergmann, A. **398**, 99 (1913). — Im allgemeinen sind die Phosphorwolframate der Diaminosäuren von jenen der Monoaminosäuren durch geringere Löslichkeit unterschieden. Doch sind auch die Derivate der δ-Aminovaleriansäure (Ackermann), der γ-Aminobuttersäure (Abderhalden) und der δ-Methylaminovaleriansäure in Wasser sehr schwer löslich.

Trennung von Cystin und Tyrosin mittels Phosphorwolframsäure: Plimmer, Bioch. J. **7**, 311 (1913). Siehe S. 382, 566.

Phosphormolybdänsäure: Seiler und Verda, Ch. Ztg. **27**, 1121 (1903). — Drummond, Bioch. J. **12**, 5 (1918).

Silicowolframsäure: Spallino, G. **43**, II, 482 (1913). Nicotin.

4. Über Acylierung von Basen siehe S. 919.

C. Reaktionen der Aminosäuren.

Nach Hofmeister[3]) zeigen die aliphatischen Aminosäuren folgende Reaktionen:

1. Ihre Lösung färbt sich mit wenig Ferrichlorid blutrot.

2. Ebenso mit wenigen Tropfen Kupfersulfat oder Kupferchlorid intensiv blau; diese beiden Reaktionen sind auch in stark verdünnten Lösungen wahrnehmbar, wenn man sie mit der durch gleich viel Eisenchlorid oder Kupfersulfat in destilliertem Wasser (ceteris paribus) erzielten Färbung vergleicht[4]).

3. Sie besitzen ausgesprochenes Lösungsvermögen für Kupferoxyd in alkalischer Flüssigkeit[4]).

4. Sie reduzieren Mercuronitratlösungen, langsam in der Kälte, rascher in der Wärme.

---

[1]) Decker und v. Fellenberg, A. **356**, 290 (1907). — Scholtz, Arch. **247**, 534 (1909). — Siehe auch S. 259, 332 über die Analyse dieser Salze.

[2]) Ber. pharm. Ges. **18**, 44 (1908).   [3]) A. **189**, 121 (1877).

[4]) Siehe dazu aber S. 966.

5. Sie werden durch Mercurisalze aus neutraler Lösung nicht gefällt, wohl aber

6. durch Mercurinitrat und Mercurisulfat bei gleichzeitigem Zusatz von Natriumcarbonat.

Perbromide: E. Fischer, B. **40**, 500, 502 (1907). — E. Fischer und Raske, B. **40**, 1056 (1907). — E. Fischer und Mechel, B. **49**, 1365 (1916).

Der Geschmack der Aminosäuren[1] steht in einer gewissen Abhängigkeit von ihrer Struktur.

Süß schmecken fast alle einfachen α-Aminosäuren der aliphatischen Reihe. Von den beiden aktiven Leucinen schmeckt aber die l-Verbindung fade und ganz schwach bitter, die d-Verbindung ausgesprochen süß, das racemische Leucin schwach süß[2].

Einen ähnlichen Unterschied, wenn auch nicht so ausgeprägt, zeigen die beiden Valine[3].

Über verschiedenen Geschmack bei optischen Isomeren siehe auch Piutti, B. **19**, 1691 (1886): d- und l-Asparagine, und Menozzi und Appiani, Atti Linc. (5) **2**, 421 (1893): d- und l-Glutamin.

Bei den β-Aminosäuren tritt der süße Geschmack zurück; β-Aminobuttersäure ist fast geschmacklos und β-Aminoisovaleriansäure schmeckt sehr schwach süß und hinterher schwach bitter.

γ-Aminobuttersäure ist gar nicht mehr süß, sondern hat nur einen schwachen, faden Geschmack.

Ähnlich liegen die Verhältnisse bei den Oxyaminosäuren, denn Serin (α-Amino-β-oxypropionsäure) und α-Amino-γ-oxyvaleriansäure sind recht süß, während dem Isoserin (β-Amino-α-oxypropionsäure) diese Eigenschaft gänzlich fehlt.

α-Pyrrolidincarbonsäure schließt sich den aliphatischen Verbindungen an, denn sie schmeckt stark süß. Die Pyrrolidin-β-carbonsäuren sind geschmacklos oder schwach bitter[4].

Anders liegen die Verhältnisse in der fettaromatischen Gruppe. Phenylaminoessigsäure ($C_6H_5CHNH_2COOH$) und Tyrosin sind nahezu geschmacklos, sie schmecken ganz schwach fad, etwa wie Kreide. Im Gegensatz dazu steht das Phenylalanin ($C_6H_5CH_2CHNH_2COOH$), das süß ist. γ-Phenyl-α-aminobuttersäure dagegen hat unangenehmen, ins Bittere gehenden Geschmack[5].

Bei den zweibasischen Aminosäuren zeigen sich ebenfalls Unterschiede.

So schmeckt Glutaminsäure schwach sauer und hinterher fade, während Asparaginsäure stark sauer ist, ungefähr wie Weinsäure.

Von den aromatischen Aminosäuren schmeckt o-Aminobenzoesäure (Anthranilsäure) intensiv süß[6] und ebenso 6-Nitro-2-Aminobenzoesäure, die mindestens 50 mal so süß ist als Rohrzucker[7]. Sehr süß schmeckt auch 2-Nitro-

---

[1] Sternberg, Arch. Anat. Phys. (His - Engelmann), Physiol. Abt. **1898**, 451; **1899**, 367. — E. Fischer, B. **35**, 2662 (1902). — Levene, Z. physiol. **41**, 100 (1904). — Hültenschmitt, Diss. Bonn (1904), 9, 81. — Sternberg, B. d. pharm. Ges. **1905**, H. 2. — E. Fischer und Blumenthal, B. **40**, 106 (1907). — Ehrlich, B. **40**, 2555 (1907). — Gauchmann, Diss. Berlin (1909). — Siehe auch S. 180.

[2] E. Fischer und Warburg, B. **38**, 3997 (1905).

[3] E. Fischer, B. **39**, 2328 (1906).

[4] Pauly und Hültenschmitt, B. **36**, 3362 (1903).

[5] E. Fischer und Schmitz, B. **39**, 356 (1906).

[6] Fritzsche, A. **39**, 84 (1841).   [7] Kahn, B. **35**, 3863 (1902).

4-Aminobenzoesäure[1]).   Auch m-Aminobenzoesäure besitzt noch säuerlich-süßen Geschmack[2]).

Geschmack hydroaromatischer Aminosäuren: Skita und Levi, B. 41, 2927 (1908).

Die Überführung von fetten α-Aminosäuren in ihre diazotierten Ester gibt nach Curtius[3]) ein bequemes Mittel an die Hand, um in sehr charakteristischer Weise zu erkennen, ob gegebenenfalls ein Stoff vom Verhalten einer Aminosäure die Amingruppe im nicht substituierten Zustand enthält. Im kleinen lassen sich nämlich die Diazoverbindungen der Fettsäureester leicht und einfach auf folgende Weise darstellen:

Man bringt etwas von der Substanz — wenige Zentigramme genügen in der Regel — in ein Reagensrohr, fügt absoluten Alkohol hinzu und leitet Salzsäuregas bis zur Sättigung ein. Hierauf verjagt man den Alkohol in einem Uhrglas auf dem Wasserbad, fügt wieder einige Tropfen Alkohol hinzu und verdampft nochmals möglichst vollständig, um überschüssige Salzsäure zu entfernen.

In allen Fällen bleibt ein dicker, in Alkohol und Wasser leicht löslicher Sirup zurück, der das Chlorhydrat der esterifizierten Aminosäure repräsentiert.

Man löst, um den salzsauren Aminosäureester in die Diazoverbindung überzuführen, den beim Verdunsten des Alkohols gebliebenen Rückstand im Reagensrohr in möglichst wenig kaltem Wasser, schichtet reichlich Äther darüber und setzt dann einige Tropfen konzentrierte wäßrige Natriumnitritlösung zu. Die wäßrige Flüssigkeit wird alsbald gelb und trüb; zugleich tritt geringe Stickstoffentwicklung auf, da immer noch etwas freie Salzsäure vorhanden ist. Man schüttelt daher sofort mit Äther aus, um die Diazoverbindung weitergehender Zersetzung zu entziehen. Wird jetzt die abgegossene ätherische Lösung verdunstet, so erhält man den Ester der diazotierten Fettsäure in meist sehr eigentümlich riechenden, gelben Öltröpfchen.

Diese geben auf Zusatz von Salzsäure unter heftigem Aufbrausen ihren Stickstoff ab. Die Verbindung wird zugleich farblos und besteht nun aus dem Ester der gechlorten Säure, der sich durch den gänzlich veränderten, intensiven Geruch bemerkbar macht.

Jochem[4]) empfiehlt zum qualitativen Nachweis der aliphatischen Aminosäuren (sowie von aromatischen Säuren, welche die Aminogruppe in der Seitenkette tragen) ihre glatte Überführbarkeit in Chlorfettsäuren

Man löst oder suspendiert die Substanz in der zehnfachen Menge konzentrierter Salzsäure und behandelt mit der molekularen Menge Natriumnitritlösung, die man tropfenweise zusetzt, wobei das gechlorte, mit Äther extrahierbare Produkt entsteht. Der Verdunstungsrückstand des Äthers wird mit Salpetersäure angesäuert und mit Silbernitratlösung im Überschuß versetzt, wobei anhaftende Salzsäure niedergeschlagen wird. Das Filtrat liefert, mit konzentrierter Salpetersäure gekocht, von neuem reichlichen Chlorsilberniederschlag. Die Entstehung von chlorsubstituierten Fettsäuren vom Glykokoll aufwärts macht sich überdies schon durch das Auftreten öliger Tropfen bemerkbar.

Herzog[5]) führt die Chlorhydrate der α-Aminosäuren in der Kälte vor-

---

[1]) Bogert und Kropff, Am. soc. **31**, 841 (1909).

[2]) Salkowski, A. **173**, 70 (1874). — Kekulé, Benzolderivate II, 331 (1882).

[3]) B. **17**, 959 (1884). — Die übrigen Aminosäuren zeigen diese Reaktion nicht, sondern gehen glatt in Oxysäuren über. Curtius und Müller, B. **37**, 1261 (1904).

[4]) Z. physiol. **31**, 119 (1900).

[5]) Festschr. f. Adolf Lieben (1906), 441. — A. **351**, 264 (1907).

sichtig mit Silbernitrit[1]) in die α-Oxysäuren über und behandelt deren Silbersalze mit Jod, wie beim Nachweis der Milchsäure[2]).

Zur Charakterisierung von Aminosäureestern sind besonders die Pikrate geeignet[3]).

Durch Kochen von Tyrosin oder Asparaginsäure mit Bleioxyd und Wasser werden fast unlösliche Bleisalze dieser Säuren erhalten; eine Tatsache, die zu berücksichtigen ist, wenn man Gemische von Aminosäuren mit Bleioxyd von Schwefelsäure oder Salzsäure befreien will[4]).

Über Trennung und Bestimmung der Aminosäuren siehe S. 551ff.

Die aliphatischen α- und β-Aminosäuren (auch die in diesen Stellungen hydroxylierten) geben beim Kochen ihrer wäßrigen Lösungen mit Kupferoxyd tiefblaue Lösungen (Kupfersalze). Die γ-, δ- und ε-Aminosäuren sind dagegen nicht befähigt, Kupfersalze zu liefern[5]).

Kober und Sugiura[6]) haben hierauf eine mikrochemische Methode für den Nachweis von Substanzen gegründet, die eine der in den folgenden Formeln wiedergegebene Struktur besitzen:

$$
\begin{array}{cccc}
\text{R} & \text{R} & \text{R} & \text{R} \\
| \quad \diagup\text{H} & | \quad \diagup\text{H} & | \quad \diagup\text{H} & | \quad \diagup\text{H} \\
\text{C}\diagdown \quad & \text{C}\diagdown \quad & \text{C}\diagdown \quad \diagup\text{R} & \text{C}\diagdown \quad \diagup\text{R} \\
| \quad \diagdown\text{NH}_2 & | \quad \diagdown\text{NH}_2 & | \quad \text{N}\diagdown & | \quad \text{N}\diagdown \\
\text{COOH} & \text{CH}_2 & \text{COOH} \quad \text{H} & \text{CH}_2 \quad \diagdown\text{H} \\
 & | & & | \\
 & \text{COOH} & & \text{COOH}
\end{array} \; .
$$

Dabei bedeutet R irgendeinen positivierenden Rest, wie Wasserstoff, $CH_3C_2H_5$, eine Aminosäure oder eine Kombination von Aminosäuren; also alle Polypeptide und Peptone.

Mit Natriumhypobromit lassen sich die α-Aminosäuren zu den nächstniederen Aldehyden abbauen[7]).

Über die sog. Ninhydrinreaktion (Farbenreaktion mit Triketohydrindenhydrat) der α-Aminosäuren: Ruhemann, Soc. 97, 1438 (1910); 99, 792 (1911); 101, 780 (1912). — Abderhalden, Abwehrfermente des tierischen Organismus 1913. — Halle, Loewenstein und Přibram, Bioch. 55, 357 (1913). — Neuberg, Bioch. 56, 500 (1913). — Herzfeld, Bioch. 59, 249 (1914). — Oppler, Bioch. 75, 218, 235, 302 (1916). — Harding und Warneford, J. Biol. Chem. 25, 319 (1916). — Harding und Lean, J. Biol. Chem. 25, 337 (1916).

Carbaminoreaktion von Siegfried[8]).

Bei Gegenwart von Alkalien oder Erdalkalien werden aliphatische[9]) Aminosäuren durch CO_2 in Salze der Carbaminocarbonsäuren übergeführt, z. B.:

[1]) E. Fischer und Skita, Z. physiol. 33, 190 (1901).
[2]) Herzog und Leiser, M. 22, 357 (1901).
[3]) E. Fischer, B. 34, 454 (1901).
[4]) Levene und van Slyke, J. Biol. Ch. 8, 285 (1910).
[5]) H. und E. Salkowski, B. 16, 1193 (1883). — E. Fischer und Zemplén, B. 42, 4883 (1909).
[6]) Am. soc. 35, 1548 (1913). — Siehe auch Kober und Sugiura, J. Biol. Ch. 13, 1 (1912). — Am. 48, 383 (1912).   [7]) Langheld, B. 42, 392, 2360 (1909).
[8]) Z. physiol. 44, 85 (1905); 46, 402 (1906); 50, 171 (1907). — B. 39, 397 (1906). — DRP. 188 005 (1906). — Hammarsten, Lehrb. d. physiol. Ch., Wiesbaden (1907), 53. — Siegfried und Neumann, Z. physiol. 54, 423 (1908). — Liebermann, Z. physiol. 58, 84 (1908). — Birchard, Diss. Leipzig (1909), 22. — Schutt, Diss. Leipzig (1912). — Siegfried und Schutt, Z. physiol. 81, 260 (1912).
[9]) Die an den aromatischen Kern gebundene NH_2-Gruppe ist ebenfalls imstande, quantitativ ein Molekül CO_2 zu binden, wenn eine zu ihr in p-Stellung befindliche OH-Gruppe vorhanden ist. Auch p-Phenylendiamin bindet ziemlich viel CO_2, mehr als einer NH_2-Gruppe entspricht. Sulze, Arch. Physiol. 136, 792 (1911).

$$CH_2NH_2 + Ca(OH)_2 + CO_2 = CH_2NHCOO + 2\,H_2O$$
$$\text{|} \qquad\qquad\qquad\qquad\qquad \text{|} \quad\quad \text{|}$$
$$COOH \qquad\qquad\qquad\qquad COO\text{——}Ca$$

Diese „Carbaminoreaktion" liefern auch andere amphotere Aminokörper, wie Peptone und Albumosen. Die Reaktion gestattet zweierlei Anwendungen, erstens die Bestimmung der Quotienten $\dfrac{CO_2}{N}$, zweitens die Abscheidung und Trennung der Aminokörper. Der Quotient $\dfrac{CO_2}{N} = \dfrac{1}{x}$ gibt an, wieviel Kohlendioxyd, als Molekül berechnet, die N-Atome der Verbindungen addieren. Er wurde bei Monoaminosäuren und der Diaminosäure Lysin als $\dfrac{1}{1}$ gefunden, d. h. die NH_2-Gruppen dieser Verbindungen reagieren quantitativ bei der Carbaminoreaktion. Von anderen Spaltungsprodukten der Eiweißkörper liefern Arginin den Quotienten $\dfrac{1}{4}$, Histidin $\dfrac{1}{3}$, d. h. von den vier N-Atomen des Arginins reagiert eines, ebenso eines von den dreien des Histidins. Harnstoff und Guanidin reagieren gar nicht.

Die NH_2-Gruppen der Polypeptide reagieren quantitativ, die NH-Gruppen bis zu einem gewissen Grad. Einen ähnlichen Quotienten wie Tripeptide liefern die Trypsinfibrinpeptone.

Die Abscheidung und Trennung von Aminokörpern wird durch die relative Schwerlöslichkeit der Bariumsalze der Carbaminosäuren und die leichte Regenerierbarkeit der Aminokörper aus diesen ermöglicht. So läßt sich Glykokoll fast quantitativ von Alanin trennen. Auf diesem Weg gelingt auch die Darstellung aschefreier Albumosen und Peptone aus salzhaltigen Verdauungsgemischen.

Beispielsweise werden in der wäßrigen Lösung von 75 g Glykokoll in 6 l Wasser 0.3 kg Bariumhydroxyd gelöst. In die auf 6° abgekühlte Lösung wird bis zur Entfärbung von Phenolphthalein Kohlendioxyd geleitet, nochmals Barytwasser bis zur stark alkalischen Reaktion zugefügt, der Niederschlag abgesaugt und mit kaltem, barytalkalischem Wasser gewaschen. Hierauf wird der Niederschlag auf dem Wasserbad mit Wasser unter Zusatz von etwas Kohlensäure oder Ammoniumcarbonat zersetzt, filtriert und das Filtrat eingedampft.

Die Bestimmung des Quotienten $\dfrac{CO_2}{N}$ erfolgt derart, daß man beim Zersetzen des carbaminocarbonsauren Salzes einerseits das abgeschiedene Calcium-(Barium)-Carbonat, andererseits im Filtrat den Stickstoff bestimmt.

Gegenwart von Alkohol, der beim späteren Aufkochen des Filtrats die Abscheidung von Calciumcarbonat verursacht, bewirkt einen den Quotienten vergrößernden Fehler. Daher ist eine Lösung von Phenolphthalein in Kalkwasser anzuwenden [1]).

Ausführung der Reaktion [2]).

Die verdünnte Lösung der Substanz wird in Eiswasser gut gekühlt, einige Kubikzentimeter Kalkmilch zugefügt und unter öfterem Umschwenken Kohlendioxyd eingeleitet, bis einige Tropfen Phenolphthalein neutrale Reaktion anzeigen. Nach zweimaliger Wiederholung dieses Zufügens von Kalkmilch und Einleiten von Kohlendioxyd bis zum Neutralisationspunkt wird ein größerer

---

[1]) Siegfried, Z. physiol. **52**, 506 (1907).
[2]) Hitschmann, Diss. Leipzig (1907), 57.

Überschuß von Kalkmilch zugegeben, umgeschüttelt und rasch auf der Nutsche, ohne nachzuwaschen, abgesaugt. Das Filtrat wird mit etwa dem doppelten Volumen ausgekochten Wassers versetzt und in einem mit abwärts gebogenem Natronkalkrohr verschlossenen Kölbchen aufgekocht. Die Lösung muß immer alkalisch bleiben. Von dem Calciumcarbonat wird nach dem Erkalten auf gewogenem Goochtiegel abgesaugt. Nach dem Waschen mit kaltem Wasser wird der Niederschlag im Trockenschrank bei 120° bis zu konstantem Gewicht getrocknet und gewogen. Filtrat und Waschwasser werden im Kjeldahl-kolben mit einem Teil der zum Aufschluß verwendeten 20 ccm Schwefelsäure angesäuert, eingedampft und die Stickstoffbestimmung unter Zusatz der restlichen Schwefelsäure und von Kaliumsulfat, zuletzt von Kaliumpermanganat, vorgenommen.

Der Zusatz des doppelten Volumens abgekochten Wassers zu der Lösung des Carbaminosalzes geschieht aus dem Grund, weil sich in konzentrierter Lösung beim Aufkochen ein kleiner Teil des überschüssig zugesetzten Kalk-hydrats, das in heißem Wasser weniger löslich ist als in kaltem, neben dem Calciumcarbonat absetzt und dadurch einen Fehler bei der Wägung bedingen kann. Dieser Fehler kann zwar bei sehr vorsichtigem Arbeiten vermieden werden, ist aber bei Verdünnung der Lösung a priori ausgeschlossen.

Über die Bildung von Uramidosäuren mit Harnstoff und Barytwasser: Baumann und Hoppe-Seyler, B. **34**, 1874 (1901). — Lippich, B. **39**, 2953 (1906); **41**, 2953, 2974 (1908).

Titration der Aminosäuren und Peptide nach Willstätter und Waldschmidt-Leitz[1]).

Einfacher als mittels des Formolverfahrens (S. 717) läßt sich die Bildung von Hydroxylionen bei Aminosäuren und ähnlichen Substanzen verhindern, wenn man statt in wäßriger oder wäßrig-alkoholischer in nahezu rein alkoho-lischer Lösung arbeitet.

Es wird dann (mit mindestens 97 proz. Alkohol) das Carboxyl fast voll-ständig austitriert, wenn man viel Phenolphthalein (1 ccm 1 proz. alkoholische Lösung auf 100 ccm Flüssigkeit) als Indicator verwendet.

Man arbeitet mit n-Kalilauge und titriert bis zur Rosafärbung.

Schwerlösliche Aminosäuren (Tyrosin) übersättigt man mit der alkoho-lischen Lauge und titriert mit Essigsäure zurück.

Polypeptide lassen sich ebenso alkalimetrisch titrieren. Man findet für sie, sowie auch für Peptone und Eiweißkörper, unter diesen Bedingungen die wahren Äquivalentgewichte, ja sie verhalten sich schon in 40 proz. Alkohol wie gewöhnliche Carbonsäuren.

Der Äthylalkohol läßt sich fast vollständig durch Propylalkohol, nicht aber durch Methylalkohol ersetzen, auch nicht durch Glycerin[2]).

Um in Gemischen von Aminosäuren und Polypeptiden die Menge der einzelnen Bestandteile zu bestimmen, ermittelt man die zur Neutralisation in 50 proz. (a) und in 97 proz. (b) alkoholischer Lösung erforderliche Alkalimenge.

Der Alkalianteil (x) für Aminosäuren ist dann, da die Mehrzahl derselben, und zwar die im allgemeinen überwiegenden (Glykokoll, Alanin, Leucin), in 50 proz. Alkohol 28°/₀ der zu ihrer völligen Absättigung erforderlichen Alkali-menge verbrauchen,

$$x = \frac{100 \cdot (b-a)}{72}$$

---

[1]) B. **54**, 2988 (1921). [2]) Löffler und Spiro, Hel. **2**, 540 (1919).

und der Alkalianteil (y) für Polypeptide

$$y = b - x.$$

Zu beachten ist, daß auch Ammoniumsalze (Oxalat, Rhodanid) in 97 proz. Alkohol wie freie Säuren titriert werden können.

Biochemischer Abbau der Aminosäuren.

α-Aminosäuren werden durch Hefe zu den um ein C-Atom ärmeren Alkoholen abgebaut, während Oidium lactis und andere Schimmelpilze daraus Oxysäuren von gleicher C-Anzahl bereiten[1]). Ebenso verhalten sich die methylierten Aminosäuren vom Typus des Betains[2]).

Aromatische Aminosäuren.

Die aromatischen Aminosäuren lassen sich, auch in Form ihrer Ester, mittels Azofarbstoffbildung bestimmen.

So verfährt Erdmann[3]) zur quantitativen Bestimmung des Anthranilsäuremethylesters folgendermaßen:

0.7473 g Ester wurden in 20 ccm Salzsäure gelöst und mit 7.5 ccm Nitritlösung von 5% diazotiert, so daß noch nach 10 Minuten freie salpetrige Säure mit Jodkaliumstärkepapier nachweisbar war. Eiskühlung ist nicht erforderlich, da die Diazoverbindung verhältnismäßig beständig ist. Die Lösung wurde mit Wasser auf genau 100 ccm verdünnt.

Ferner wurden 0.5 g β-Naphthol (durch Destillation im Vakuum gereinigt, Siedepunkt 157° bei 11 mm) in 0.5 ccm Natronlauge und 150 ccm Wasser unter Zusatz von 15 g kohlensaurem Natrium gelöst. Diese Lösung wurde mit der Diazolösung titriert.

Es zeigte sich bei Zusatz von

69.9 ccm noch schwache Reaktion mit der Diazoverbindung,

70.4 ,, keine Reaktion, weder mit der Diazoverbindung noch mit der Naphthollösung,

70.9 ,, schwache Gegenreaktion mit der Naphthollösung.

Der Verbrauch war also 70.4 ccm Diazoverbindung auf 0.5 g Naphthol. Es berechnet sich hieraus für die gesamte Diazoverbindung 0.7102 g Naphthol, entsprechend 0.7449 g Anthranilsäuremethylester = 99.7% der angewendeten Menge.

Titration der Arsanilsäuren: Benda, B. 41, 2368 (1908); 42, 3620 (1909).

Bei der Acylierung aromatischer o-Aminosäuren entstehen leicht Anhydride[4]).

Verhalten von Aminosäuren der Pyridinreihe.

Die Aminosäuren der Pyridinreihe verhalten sich beim Diazotieren je nach der Stellung der Aminogruppe verschieden.

α-Aminonicotinsäure läßt sich nach Philips[5]) in verdünnter Schwefelsäure leicht diazotieren, liefert aber mit alkalischer β-Naphthollösung keine

---

[1]) Ehrlich, Bioch. 1, 8 (1906); 2, 52 (1906); 8, 438 (1908); 18, 391 (1909); 36, 477 (1911); 63, 379 (1914); 75, 417 (1916). — B. 39, 4072 (1906); 40, 1027, 2538 (1907); 44, 139 (1911); 45, 883 (1912).   [2]) Ehrlich und Jacobsen, B. 44, 888 (1911).
[3]) B. 35, 24 (1902).
[4]) Hans Meyer, Mohr und Köhler, B. 40, 997 (1907). — Bogert und Seil, Am. soc. 29, 529 (1907).   [5]) A. 288, 254 (1895).

Spur von Farbstoff. Ebenso verhält sich β-Aminopicolinsäure[1]) und β-Aminoisonicotinsäure[2]).

α'-Aminonicotinsäure dagegen[3]) läßt sich weder in verdünnt schwefelsaurer noch in konzentriert salzsaurer Lösung, wohl aber in konzentriert schwefelsaurer Lösung diazotieren. Ebenso verhält sich α'-Amino-β'-Nitronicotinsäure, die selbst in konzentrierter Schwefelsäure nur teilweise umgesetzt wird[4]), ferner γ-Amino-$\alpha\alpha'$-Lutidindicarbonsäure[5]) und γ-Aminonicotinsäure[6]).

D. Reaktionen der aromatischen Diamine.

Die drei Klassen der Diamine zeigen in vielen Reaktionen durchaus verschiedenes Verhalten.

a) Reaktionen der Orthodiamine.

1. **Einwirkung organischer Säuren**[7]). Beim Erhitzen von Orthodiaminen mit organischen Säuren bilden sich Imidazole, „Anhydrobasen“, nach der Gleichung:

$$\text{Diamin}\ (\text{NH}_2,\text{NH}_2) + R \cdot COOH = \text{Anhydrobase}\ (\text{NH},\ CR,\ N) + 2\,H_2O\,.$$

Zu ihrer Darstellung kocht man das Diamin mit reiner Ameisensäure, Eisessig oder Propionsäure 5—6 Stunden am Rückflußkühler, oder das Chlorhydrat der Base mit dem Natriumsalz der Fettsäure[8]), destilliert den größten Teil der überschüssigen Säure ab und gießt in Wasser. Die entstandene Base bleibt gelöst und wird erst durch Alkalizusatz gefällt.

Die Anhydrobasen sind bei hoher Temperatur unzersetzt flüchtig, lassen sich aus saurer Lösung nicht mit Äther ausschütteln und geben schön krystallisierende Platin- und Golddoppelsalze und schwerlösliche Pikrate.

Mit Säureanhydriden[9]) und Benzoylchlorid[10]) entstehen **Diacylderivate**, die aber leicht durch Erhitzen über den Schmelzpunkt in Anhydrobasen übergeführt werden können.

2. **Verhalten gegen salpetrige Säure** siehe S. 955.

3. **Einwirkung von Aldehyden** [Ladenburg[11])].

Aldehyde wirken auf Orthodiamine nach dem Schema:

[1]) Kirpal, M. **29**, 230 (1908).
[2]) Kirpal, M. **23**, 929 (1902).   [3]) Marckwald, B. **27**, 1323 (1894).
[4]) Marckwald, B. **27**, 1335 (1894).   [5]) Marckwald, B. **27**, 1325 (1894).
[6]) Kirpal, M. **23**, 246 (1902).
[7]) Hobrecker, B. **5**, 920 (1872). — Ladenburg, B. 8, 677 (1875); **10**, 1123 (1877). — Wundt, B. **11**, 826 (1878). — Hübner, A. **208**, 278 (1881); **209**, 339 (1881); **210**, 328 (1881). — Bamberger und Lorenzen, A. **273**, 272 (1893). — Paulus, Diss. Freiburg (1909), 73. — Verhalten gegen Orthodicarbonsäuren: R. Meyer, A. **327**, 1 (1903).
[8]) Paulus, Diss. Freiburg (1909).
[9]) Ladenburg, B. **17**, 150 (1884). — Bistrzycki und Hartmann, B. **23**, 1045, 1049 (1890). — Bistrzycki und Ulffers, B. **23**, 1876 (1890); **25**, 1991 (1892). — Paulus, Diss. Freiburg (1909), 79.
[10]) Hinsberg und Udránsky, A. **254**, 254 (1889). — Paulus, Diss. Freiburg (1909), 82.
[11]) B. **11**, 590, 600, 1648, 1653 (1878). — Hinsberg, B. **19**, 2025 (1886); **20**, 1585 (1887). — O. Fischer und Wreszinski, B. **25**, 2711 (1892). — Hinsberg und Funcke, B. **26**, 3092 (1893); **27**, 2187 (1894).

$$\begin{array}{c} \text{NH}_2 \\ \bigcirc \\ \text{NH}_2 \end{array} + 2\,\text{RC}\!\!\begin{array}{c} \text{H} \\ \diagup \\ \diagdown \\ \text{O} \end{array} = \begin{array}{c} \text{N} = \text{CHR} \\ \bigcirc \\ \text{N} = \text{CHR} \end{array} + 2\,\text{H}_2\text{O};$$

(Zwischenprodukt.)

$$\begin{array}{c} \text{N} = \text{CHR} \\ \bigcirc \\ \text{N} = \text{CHR} \end{array} = \begin{array}{c} \text{N} \\ \bigcirc\!\!\diagdown\text{CR} \\ \text{N} \\ | \\ \text{CH}_2\text{R} \end{array}$$

Aldehydin.

Die entstehenden Substanzen sind starke Basen und werden durch Kochen mit verdünnten Säuren nicht gespalten.

Ihre Chlorhydrate bilden sich, wenn man salzsaures Diamin mit Aldehyd digeriert, unter Freiwerden eines Moleküls Salzsäure.

Man kann daher in der Regel die Orthodiamine von den Isomeren unterscheiden, indem man ein Pröbchen des Chlorhydrats mit einigen Tropfen Benzaldehyd einige Minuten auf 110—120° erwärmt. Orthoverbindungen geben dann zu reichlicher Salzsäureentwicklung Anlaß:

$$\text{R(NH}_2)_2 \cdot 2\,\text{HCl} + 2\,\text{C}_6\text{H}_5\text{CHO} = \text{RN}_2\text{CC}_6\text{H}_5\text{CH}_2\text{C}_6\text{H}_5 \cdot \text{HCl} + 2\,\text{H}_2\text{O} + \text{HCl}.$$

In einzelnen Fällen läßt indessen diese Methode im Stich.

4. **Verhalten gegen Rhodanammonium: Lellmann**[1].

Orthodiamine sind von ihren Isomeren auch dadurch zu unterscheiden, daß ihre Dirhodanate beim Erhitzen auf 120—130° Thioharnstoffe der allgemeinen Formel $\text{CxHy}\!\!\begin{array}{c}\diagup\text{NH}\\ \diagdown\text{NH}\end{array}\!\!\text{CS}$ bilden, die durch heiße alkoholische Bleilösung nicht entschwefelt werden, zum Unterschied von den unter denselben Operationsbedingungen entstehenden Verbindungen $\text{CxHy(NHCSNH}_2)_2$ der Meta- und Parareihe, die eine solche Lösung sofort schwärzen. Man braucht daher keine Analyse auszuführen, sondern versetzt nur ein Salz des Diamins in wäßriger Lösung mit Rhodanammonium, dampft zur Trockne, erhitzt 1 Stunde auf ca. 120°, wäscht das Produkt sehr gut mit Wasser aus und behandelt sodann den Rückstand mit alkoholischer Bleilösung. War ein Orthodiamin vorhanden, so bleibt selbst die siedende Lösung wasserhell, während bei Meta- und Paraderivaten momentan Schwärzung eintritt.

5. **Verhalten gegen Allylsenföl: Lellmann**[2].

6. **Chinoxalinreaktion: Hinsberg**[3].

Mit 1.2-Diketoverbindungen reagieren die Orthodiamine nach der Gleichung:

$$\begin{array}{c} \text{NH}_2 \\ \bigcirc \\ \text{NH}_2 \end{array} + \begin{array}{c} \text{OC}\diagup \\ | \\ \text{OC}\diagdown \end{array} = \begin{array}{c} \text{N} \diagup \\ \bigcirc\!\!\diagdown\!\!\begin{array}{c}\text{C}\\ \text{C}\end{array} \\ \text{N} \diagdown \end{array} + 2\,\text{H}_2\text{O}$$

unter Bildung von Chinoxalin- bzw. Azinderivaten.

Am glattesten erfolgt die Reaktion mit **Phenanthrenchinon**[4]. Man versetzt eine konzentrierte alkoholische Lösung der Substanz mit einem

---

[1] A. **228**, 249, 253 (1885).

[2] A. **221**, 1 (1883); **228**, 199, 249 (1885). — Würthner, Diss. Tübingen (1884).

[3] A. **237**, 327, 342 (1886). — B. **16**, 1531 (1883); **17**, 318 (1884); **18**, 1228, 2870 (1885), **19**, 483, 1253 (1886). — Lawson, B. **18**, 2422 (1885). — Brunner und Witt B. **20**, 1026 (1887). [4] Mit Diacetyl: Paulus, Diss. Freiburg (1909), 88.

Tropfen konzentrierter heißer Lösung von Phenanthrenchinon in Eisessig und kocht kurze Zeit auf. Ist ein Orthodiamin vorhanden, so entsteht schon während des Kochens ein voluminöser, aus gelben Nädelchen bestehender Niederschlag, dessen Menge sich beim Erkalten der Flüssigkeit noch vermehrt.

Die Reaktion gelingt schon bei Anwendung sehr kleiner Mengen (ca. $^1/_2$ mg) Substanz. Die Phenanthrazine färben sich mit konzentrierter Salzsäure tiefrot, sofern sie nicht eine negative Gruppe enthalten.

Mit großer Leichtigkeit findet auch die Kondensation der Diamine mit Glyoxal statt. Statt des freien Glyoxals wendet man zweckmäßig seine leicht darzustellende Mononatriumsulfitverbindung an, die mit derselben Leichtigkeit reagiert wie der freie Aldehyd.

Behufs Darstellung der Base trägt man die fein gepulverte Sulfitverbindung in geringem Überschuß in eine auf 50—60° erwärmte Lösung von Orthodiamin ein und schüttelt, bis alles in Lösung gegangen ist; die Chinoxalinbildung ist dann — innerhalb weniger Minuten — vollendet. Der Überschuß von Glyoxalmononatriumsulfit wird angewendet, um die Überführung des Orthodiamins in Chinoxalin sicher zu bewirken, da unverändertes Phenylendiamin und Chinoxalin sich nur schwer trennen lassen.

Zur Isolierung der Base übersättigt man die Lösung mit Kali, hebt das Chinoxalin ab, trocknet über festem Kali und destilliert.

Die Chinoxaline geben meist schwer lösliche Oxalate, Platin- und Quecksilberdoppelsalze und Fällungen mit Ferrocyankalium.

Nietzki hat das krokonsaure Kalium als Diaminreagens empfohlen[1]). Eine Lösung desselben erzeugt beim Vermischen mit den Salzen der Orthodiamine eine meist dunkelfarbige Fällung des Krokonchinoxalins.

Über andere Kondensationsreaktionen der Orthodiamine: Sandmeyer, B. **19**, 2650 (1886). — Billeter und Steiner, B. **20**, 229 (1887). — Grieß und Harrow, B. **20**, 281, 2205, 3111 (1887). — Hinsberg, B. **20**, 495 (1887) **22**, 862 (1889); **27**, 2178 (1894). — Autenrieth und Hinsberg, B. **25**, 604 (1892). — O. Fischer und Harris, B. **26**, 192 (1893).

b) Reaktionen der Metadiamine.

1. Bei der Einwirkung organischer Säuren entstehen in Wasser schwer lösliche, durch Äther aus der sauren Flüssigkeit extrahierbare Säureamide.

2. Verhalten gegen salpetrige Säure siehe S. 955.

3. Chrysoidinreaktion[2]).

Metadiamine lassen sich in neutraler und schwach mineralsaurer Lösung direkt mit diazotiertem Anilin zu Diaminoazoverbindungen, den Chrysoidinen, kuppeln.

Die Darstellung derselben geschieht durch Vermischen einer 1 proz. Lösung des Diazobenzolsalzes mit 10 proz. Diaminlösung, wobei ein roter Niederschlag entsteht. Durch Auflösen des so entstandenen Chrysoidinsalzes in kochendem Wasser, Fällen der auf 50° erkalteten, etwa 10 proz. Lösung mit Ammoniak, Krystallisation aus 30 proz. Alkohol und wieder aus siedendem Wasser erhält man die Base rein. Die beständigen Salze mit einem Äquivalent Säure sind

---

[1]) B. **19**, 2727 (1886). — Nietzki und Benkiser, B. **19**, 776 (1886).

[2]) Hofmann, B. **10**, 213 (1877). — Grieß und Hofmann, B. **10**, 388 (1877). — Witt, B. **10**, 350, 654 (1877); **21**, 2420 (1888). — Grieß, B. **15**, 2196 (1882). — Caro, B. **25**, R. 1088 (1892). — Trillat, Bull. (3) **9**, 567 (1893). — Siehe S. 642.

mit intensiv gelber Farbe in Wasser löslich, auf Zusatz von viel Säure entstehen die in festem Zustand nicht beständigen, carminroten, zweifach sauren Salze. Sie färben Seide und Wolle schön gelb und um so röter, je höher ihr Molekulargewicht ist.

Die Chrysoidinreaktion bleibt bei parasubstituierten Metadiaminen aus.

4. **Einwirkung von Aldehyden**[1]). Hierbei entstehen, wie bei den Monoaminen (S. 982), leicht spaltbare indifferente Körper.

5. **Verhalten gegen Rhodanammonium**[2]). Bei der wie für die Orthodiamine angegebenen Behandlung scheidet sich reichlich schwarzes Schwefelblei ab (siehe S. 971).

6. **Verhalten gegen Senföle: Lellmann**[3]), **gegen Thiocarbonylchlorid: Billeter und Steiner**[4]).

c) Reaktionen der Paradiamine.

Punkt 1, 2, 4, 5, 6 über die Reaktionen der Metadiamine gelten auch für die Paraverbindungen.

Eigentümlich sind den p-Diaminen dagegen folgende Reaktionen:

1. **Verhalten bei der Oxydation.**

Beim Kochen mit Oxydationsmitteln gehen die Paradiamine in Chinone über, die an ihrem stechenden Geruch erkannt werden können. Die Reaktion wird meist durch Kochen mit Braunstein und Schwefelsäure ausgeführt. Quantitativ verläuft sie nach **Meldola und Evans**[5]) beim Behandeln des Paraphenylendiamins mit Kaliumpyrochromat in der Kälte.

Übrigens zeigt das m-Mesitylendiamin dasselbe Verhalten wie die Paraverbindungen.

2. **Farbenreaktionen.**

a) Wenn man Paradiamine in verdünnt saurer Lösung mit **Schwefelwasserstoff und Eisenchlorid** digeriert, entstehen blaue bis violette, oder karmoisinrote, schwefelhaltige Farbstoffe [**Bamberger**[6]), **Lauth**[7]), **Bernthsen**[8])].

b) **Indaminreaktion**[9]).

Paradiamine geben mit ein wenig primärem Monoamin (Anilin) gemischt auf Zusatz von neutraler Eisenchloridlösung intensiv grüne bis blaue Färbung. Beim Kochen mit Wasser schlägt die Farbe in Rot um.

c) **Indophenolreaktion**[10]).

Gemische von Paradiaminen mit Phenolen (α-Naphthol) in alkalischer Lösung mit Oxydationsmitteln (unterchlorigsaurem Natrium) versetzt geben dunkelblaue Färbung.

Man kann auch das Diamin mit alkalischer α-Naphthollösung und Kaliumpyrochromat oxydieren und dann mit Essigsäure fällen.

---

[1]) Schiff und Vanni, A. **253**, 319 (1889). — Lassar-Cohn, B. **22**, 2724 (1889). — v. Miller, Gerdeißen u. Niederländer, B. **24**, 1729 (1891). — Schiff, B. **24**, 2127 (1891).   [2]) Lellmann, A. **228**, 248 (1885).
[3]) A. a. O.   [4]) B. **20**, 229 (1887).
[5]) Proc. **5**, 116 (1891). — Ebenso mit Hypochlorit: Callan und Henderson, Soc. Ind. **38**, 408 (1919).   [6]) B. **24**, 1646 (1891).   [7]) C. r. **82**, 1442 (1876).
[8]) A. **230**, 73, 211 (1885); **251**, 1 (1889).
[9]) Witt, B. **10**, 874 (1877); **12**, 931 (1879). — Nietzki, B. **10**, 1157 (1877); **16**, 464 (1883).
[10]) DRP. 15 915 (1881). — Köchlin und Witt, Dingl. **243**, 162 (1882). — Möhlau, B. **16**, 2843 (1883). — Noelting und Thesmar, B. **35**, 650 (1902).

Über die Verwertung der Indophenolreaktion für die quantitative technische Analyse von Paradiaminen teilt Walter[1]) folgendes mit:

Das Titrieren der Reduktionsflüssigkeit geschieht durch einen Laboratoriumsburschen. Der Arbeiter bringt ihm das Muster von der auf 350 l gestellten Lösung, er mißt 100 ccm davon ab, gibt sie in eine 2 l fassende Porzellanschale, fügt zwei Hände voll zerschlagenes Eis, 50 ccm 40 proz. Essigsäure sowie Wasser bis zu halber Füllung hinzu und nachher auf einmal unter Rühren 100 ccm 10 proz. Kaliumpyrochromatlösung. Von der Flüssigkeit bringt man nun mit dem Glasstab einen Tropfen auf Filtrierpapier; um die blaue Färbung des Indamins herum bildet sich ein schwach bis ungefärbter Flüssigkeitsring, etwas außerhalb desselben tupft man Pyrochromatlösung auf; solange von letzterer nicht genug zugesetzt war, bildet sich an der Berührungsstelle der beiden Tupfen ein blauer Streifen. Ist das der Fall, so fügt man dem Schaleninhalt immer je 5 ccm Pyrochromatlösung unter Rühren zu und probiert in gleicher Weise, bis jene Zone verschwindet. 100 ccm Pyrochromat entsprechen 18 kg Anilin und jede weiteren 5 ccm davon 500 g mehr, also 120 ccm 20 kg Anilin, die als Chlorhydrat in Wasser gelöst, nach der Indaminbildung im Kochkessel, dessen Inhalt zuzufügen waren.

Diese technische Titrierung läßt sich auch für p-Phenylendiamin und andere p-Diamine benutzen, wenn diese gleich in Lösung weiter verarbeitet werden sollen. Man versetzt einen bestimmten Teil davon mit 1 Molekül Anilin als Chlorhydrat — berechnet vom Herstellungsmaterial, z. B. p-Nitroanilin ausgehend auf den höchsten möglichen Gehalt an p-Diamin —, fügt bei stark mineralsauren Lösungen essigsaures Natrium, sonst einen Überschuß an Essigsäure hinzu und verfährt wie oben; manchmal ist auch ein Zusatz von Chlorzinklösung nützlich. Von Lösungen, deren Gehalt sich nicht schätzen läßt, werden zwei oder drei Proben mit verschiedenen Anilinmengen ausgeführt. Das Wirkungsverhältnis der Pyrochromatlösung ist immer mit demselben, rein dargestellten Diamin zu ermitteln; die Bedingungen sind in bezug auf Verdünnung, Säuregehalt sowie Temperatur bei der Einstellung und den Versuchen gleich zu halten. Für p-Phenylendiamin speziell eignet sich das Monoacetylderivat ganz besonders als Grundsubstanz wegen seiner leichten Reindarstellung — Nietzki, B. 17, 343 (1884) — und Haltbarkeit; man verseift eine abgewogene Menge mit kochender verdünnter Schwefelsäure, fügt Wasser, essigsaures Natrium sowie Essigsäure hinzu (eine größere Menge der letzteren ist immer eine wesentliche Bedingung) und benutzt die ganze Menge oder einen aliquoten Teil. Die Bestimmungen der p-Diamine auf diese Art sind ausführbar, weil die Indaminbildung rascher erfolgt als die Einwirkung des Chromats bzw. der Chromsäure auf das Anilin und Diamin allein.

d) Safraninreaktion[2]).

Beim Kochen eines p-Diamins mit 2 Molekülen Monoamin (Anilin, o-Toluidin), Salzsäure und Kaliumpyrochromat oder Braunstein und Oxalsäure entstehen die intensiv gefärbten Safranine. Die einsäurigen Salze sind meist rot. Ihre Lösungen in konzentrierter Schwefel- oder Salzsäure sind grün und werden beim Verdünnen erst blau, dann rot, der umgekehrte Farbenwechsel tritt auf

---

[1]) Aus der Praxis der Anilinfarbenfabrikation, Gebr. Jänecke, Hannover (1903), 24.
[2]) Witt, B. 12, 931 (1879); 28, 1579 (1895); 29, 1442 (1896); 33, 315, 1212 (1900). — Bindschedler, B. 13, 207 (1880); 16, 865 (1883). — Nietzki, B. 16, 464 (883). — Noelting und Thesmar, B. 35, 649 (1902).

Säurezusatz zu den verdünnten Lösungen ein. Die alkoholischen Lösungen fluorescieren stark gelbrot. Charakteristisch sind die schwerlöslichen Nitrate. Beispielsweise werden die Xylosafranine folgendermaßen dargestellt:

4.5 g Xylylendiamin (1 Mol.), 6.2 g Anilin (2 Mol.), 10 g konzentrierte Salzsäure (3 Mol.) und 5 g Oxalsäure (1 Mol.) werden in 500 g Wasser gelöst und in der Kälte auf 20 g aus Permanganat hergestelltes, in 150 g Wasser aufgeschlämmtes Mangandioxyd gegossen. Es bildet sich sofort das dunkelblaue Indamin. Nach zweistündigem Erhitzen auf dem Wasserbad ist die Safraninbildung beendigt. Man filtriert die dunkelrote Lösung und erhitzt sie während einiger Minuten unter Zusatz von Calciumcarbonat zum Sieden, um die sekundär gebildeten blauen Farbstoffe zu fällen. Nach dem Erkalten wird die filtrierte Lösung mit etwas Salzsäure und konzentrierter Kochsalzlösung versetzt, wobei das Chlorhydrat des Safranins in mikroskopischen Nadeln ausfällt. Man reinigt durch nochmaliges Lösen in Wasser und Fällen mit Kochsalzlösung.

Zweiter Abschnitt.

Imidgruppe.

A. Qualitative Reaktionen der sekundären Amine.

1. Verhalten gegen Schwefelkohlenstoff siehe S. 915.
2. Acylierung der Imidbasen siehe S. 919, 977.
3. Reaktion von Hinsberg S. 927.
4. Verhalten gegen o - Xylylenbromid[1]).

Sekundäre aliphatische Amine führen zur Bildung von Ammoniumbromiden, indem molekulare Mengen der beiden Reagenzien aufeinander wirken:

$$C_6H_4{<}^{CH_2Br}_{CH_2Br} + HN{<}^{R_1}_{R} = C_6H_4{<}^{CH_2}_{CH_2}{>}\underset{\underset{Br}{|}}{N}{<}^{R_1}_{R} + HBr\,.$$

Diese Ammoniumverbindungen sind meist gut krystallisierende Stoffe, die aus der Lösung in Chloroform durch Äther sofort krystallinisch gefällt werden. In einzelnen Fällen entstehen allerdings sirupartige Ammoniumbromide, die aber dann nach Überführung in das Chlorid als Platin- oder Golddoppelsalze in gut charakterisierten Verbindungen erhalten werden können.

Sekundäre aromatische Amine (ebenso wie gemischt aromatisch-aliphatische, z. B. Monomethylanilin) bilden Derivate des Xylylendiamins:

$$C_6H_4{<}^{CH_2Br}_{CH_2Br} + 2\,HN{<}^{R_1}_{R} = C_6H_4{<}^{CH_2\cdot N{<}^{R_1}_{R}}_{CH_2\cdot N{<}^{R_1}_{R}} + 2\,HBr\,.$$

Siehe auch S. 935.

5. Verhalten gegen 1.5-Dibrompentan[2]).

Sekundäre Amine der Fettreihe, Piperidin usw., liefern ausschließlich quartäre, leicht zu fassende Piperidiniumverbindungen:

$$(CH_2)_5Br_2 + 2\,NHR_2 = (CH_2)_5 : NR_2Br + R_2NHHBr,$$

die auch bei den aromatischen Basen das Hauptreaktionsprodukt bilden,

---

[1]) Scholtz, B. **31**, 1707 (1898); **47**, 2166 (1914).
[2]) v. Braun, B. **41**, 2158 (1908).

neben kleinen Mengen tertiärer Pentamethylendiaminbasen $R_2N \cdot (CH_2)_5NR_2$, die nur dann als einziges Produkt auftreten, wenn der Benzolkern in o-Stellung zum Stickstoff substituiert ist.

6. **Verhalten gegen Thionylchlorid**[1]).

Während die primären Amine Thionylamine bilden, in denen beide Wasserstoffatome der NH_2-Gruppe durch Thionyl ersetzt sind und die leicht durch Wasser und Alkali zerstört werden, liefern die aliphatischen sekundären Amine (auch Piperidin) usw. den Harnstoffen ähnlich zusammengesetzte Substanzen von schwach basischem Charakter, die gegen Alkali und Wasser recht beständig sind, von Säuren aber momentan zersetzt werden.

Auf aromatische und fettaromatische sekundäre Amine wirkt dagegen Thionylchlorid überhaupt nicht ein.

7. **Verhalten gegen Phosphortrichlorid**[2]).

Mit Phosphortrichlorid geben die aliphatischen sekundären Amine N-Chlorphosphine $R_2N \cdot PCl_2$, die leicht erhalten werden, wenn man auf 2 Moleküle Amin 1 Molekül Phosphortrichlorid einwirken läßt:

$$2\,R_2NH + PCl_3 = R_2N \cdot PCl_2 + R_2NH_2Cl.$$

Man wendet nicht zu große Aminmengen an, etwa 10 g, und läßt diese unter zeitweiliger Abkühlung zu etwas mehr als der berechneten Menge Phosphortrichlorid tropfen. Die breiige Masse wird mit einem Glasstab so lange durchgearbeitet, bis sie vollständig gleichförmig geworden ist, und dann mit trocknem Äther in ein Kölbchen gespült. Man filtriert nach 1—2 stündigem Stehen möglichst rasch, oder gießt klar ab, wäscht mit Äther nach und entfernt diesen vom meist trüben Filtrat durch Destillation auf dem Wasserbad. Die hinterbleibende Flüssigkeit wird dann im luftverdünnten Raum fraktioniert.

Die Chlorphosphine bilden im allgemeinen an der Luft rauchende, stechend riechende, farblose Flüssigkeiten, die in Wasser untersinken und allmählich von diesem zersetzt werden.

Ähnliche Derivate werden mit Phosphoroxychlorid, Phosphorsulfochlorid, Arsenchlorür, Siliciumchlorid und Borchlorid erhalten.

8. **Einwirkung von Nitrosylchlorid [Solonina**[3])].

Die Reaktion geht nach den Gleichungen:

$$RR_1NH + NOCl = RR_1N \cdot NO + HCl$$
$$RR_1NH + HCl = RR_1NH \cdot HCl$$

unter Bildung von Nitrosaminen und Chlorhydraten der Amine vor sich. Über die Ausführung der Reaktion siehe S. 936.

9. **Einwirkung von salpetriger Säure [Bildung von Nitrosaminen**[4])].

Sekundäre Amine werden von salpetriger Säure nach der Gleichung:

$$RR_1NH + NO \cdot OH = RR_1N \cdot NO + H_2O$$

in Nitrosamine verwandelt.

Zu ihrer Darstellung versetzt man die konzentrierte, wäßrige Lösung des salzsauren Amins mit konzentrierter Kaliumnitritlösung. Das Nitros-

---

[1]) Michaëlis und Godchaux, B. **23**, 553 (1890); **24**, 763 (1891). — Michaëlis, A. **274**, 178 (1893). — B. **28**, 1012 (1895).
[2]) Michaëlis und Luxembourg, B. **29**, 711 (1896).
[3]) Russ. **30**, 449 (1898).
[4]) Hofmann, A. **75**, 362 (1850). — Geuther, A. **128**, 151 (1863). — Heintz, A. **138**, 319 (1866). — E. Fischer, B. **9**, 114 (1876). — Siehe auch S. 937.

amin scheidet sich als dunkles Öl ab oder wird durch Ausschütteln mit Äther isoliert und durch Destillieren mit Wasserdampf gereinigt; manchmal empfiehlt es sich auch, nitrose Gase in die ätherische Lösung des Imins einzuleiten.

Durch Kochen mit konzentrierter Salzsäure werden die Imine aus den Nitrosaminen regeneriert:

$$RR_1N \cdot NO + 2\,HCl = RR_1NH \cdot HCl + NOCl.$$

Die Nitrosamine bilden indifferente gelbe bis gelbrote Öle, in der aromatischen Reihe auch oftmals kryställisierbar, die in Wasser unlöslich und meist mit Wasserdämpfen unzersetzt flüchtig sind. Mit Phenol und Schwefelsäure geben sie die Nitrosoreaktion [1]).

Über die Umlagerung aromatischer Nitrosamine durch alkoholische Salzsäure zu kernnitrosierten Aminen: O. Fischer und Hepp, B. 19, 2991 (1886); 20, 1247 (1887).

Imide, deren basischer Charakter durch negative Substituenten aufgehoben ist, geben keine Nitrosamine (Fischer); alkylierte Harnstoffe reagieren nur mit 1 Molekül NO · OH.

Dagegen werden nach Bannow [2]) auch tertiäre aliphatische und ebenso tertiäre aromatische [3]) Amine zum Teil in Nitrosamine verwandelt, indem eine Alkylgruppe in Form von Aldehyd abgespalten wird, ja sie können sogar bis zum Ammoniak abgebaut werden [4]).

10. Einwirkung von Zinkäthyl, Schwefeltrioxyd und Sulfurylchlorid siehe S. 937, 938.

Weitere Reaktionen siehe S. 712 und 981.

B. Quantitative Bestimmung der Imidgruppe.

Zur Bestimmung der Imidgruppe wird die Substanz nach einer der folgenden Methoden untersucht:

1. Acylierungsverfahren.
2. Analyse von Salzen.
3. Abspaltung des Ammoniakrests.
4. Darstellung von Nitrosoderivat.
5. Methode von Zerewitinoff.

a) Acylierung von Imiden (sekundären Aminen).

Hierzu können alle S. 656ff. und 919ff. angeführten Methoden dienen.

Da speziell die Acetylierung von Imiden in der Regel leicht ausführbar ist, kann man auch eine von Reverdin und De la Harpe [5]) angegebene, indirekte Methode benutzen.

Man wägt in einem Kölbchen, das mit Rückflußkühler verbunden und auf dem Wasserbad erhitzt werden kann, ca. 1 g der Substanz und fügt so rasch wie möglich eine bekannte, etwa 2 g betragende Menge Essigsäureanhydrid hinzu.

Am besten hält man das Anhydrid in einem Tropffläschchen vorrätig, das zurückgewogen wird.

---

[1]) Liebermann, B. 7, 248 (1874). — V. Meyer und Janny, B. 15, 1529 (1882).
[2]) M. u. J. 1, 345. — Meisenheimer, B. 46, 1154 (1913).
[3]) O. Fischer und Diepolder, A. 286, 163 (1895). Hier auch ältere Literatur. — Baudisch, B. 39, 4293 (1906). — Houben und Schottmüller, B. 42, 3735 (1909). — Houben und Freund, B. 42, 4823 (1909).   [4]) Schmidt, A. 267, 260 (1892).
[5]) B. 22, 1005 (1889). — Giraud, Ch. Ztg. Rep. 13, 241 (1889).

Man verbindet das Kölbchen mit dem Kühler und überläßt das Gemisch etwa $^1/_2$ Stunde bei Zimmertemperatur sich selbst. (Das Verfahren ist speziell für Monomethylanilin ausgearbeitet, daher bei resistenteren Imiden entsprechend Einwirkungsdauer und Temperatur zu modifizieren, evtl. ist die Reaktion im Rohr auszuführen.)

Nach beendigter Reaktion fügt man ungefähr 50 ccm Wasser zu und erhitzt dann $^3/_4$ Stunden auf dem Wasserbad, damit sich der Überschuß des Essigsäureanhydrids vollständig zersetzt.

Man kühlt ab, bringt die Flüssigkeit auf ein bekanntes Volumen und titriert die Essigsäure. Als Indicator dient Phenolphthalein.

Giraud[1]) empfiehlt, das Essigsäureanhydrid mit dem zehnfachen Volumen Dimethylanilin zu verdünnen und die Digestion in einer trocknen Stöpselflasche unter Umschütteln vorzunehmen. Vaubel[2]) verwendet als Verdünnungsmittel Xylol (7 Teile Anhydrid auf 100 Teile Xylol). Eine genau abgewogene Menge der Probe (1—2 g) wird mittels Hahnpipette in eine trockne Literflasche eingefüllt und mit 50 ccm Anhydrid - Xylollösung versetzt. Die Flasche (Fig. 331) ist mit einem doppelt durchbohrten Kork versehen, in den ein Hahntrichter und ein mit diesem durch Gummischlauch verbundenes Glasrohr eingefügt sind. In den Hahntrichter werden 300 ccm Wasser gefüllt, die nach 1 Stunde einlaufen gelassen werden. Hierbei muß die durch das Wasser verdrängte Luft erst dieses passieren, wobei mitgerissene Anhydriddämpfe absorbiert werden. Es wird hierauf mit $^n/_3$-Barytlösung und (nicht zu wenig) Phenolphthalein titriert und in analoger Weise der Titer des Anhydrid-Xylolgemisches gestellt. Die Methode ist auf 0.5—1% genau.

Auch die bei der Reaktion eintretende Temperatursteigerung kann zu quantitativen Messungen verwertet werden[3]).

Wenn eine Imidogruppe zwischen zwei Carbonylgruppen steht, so ist ihre basische Natur so weit abgeschwächt, daß Acetylierung entweder nicht mehr möglich oder das Acetylderivat unbeständig ist. So läßt sich Parabansäure nicht acetylieren, Styrylhydantoin gibt nur ein Monoderivat, in dem die nicht zwischen den beiden Carbonylgruppen befindliche Imidgruppe substituiert ist[4]). Das Diacetylhydantoin wird schon durch Wasser zum Monoderivat verseift[5]).

Möglicherweise liegen beim Anthranil[6]) die Verhältnisse ähnlich, wie sich ja auch Isatin und Indigo[7]) nur schwer acetylieren lassen, denn auch das negativierende Phenyl setzt die Acetylierbarkeit herab oder hebt sie völlig auf (Triphenylglyoxalin):

$$\begin{array}{c} C_6H_5-C-NH \\ \quad\quad\ \ \| \qquad\qquad\ \ \diagdown \\ \qquad\qquad\qquad\qquad C-C_6H_5 \ . \\ \quad\quad\ \ \diagup \\ C_6H_5-C-N \end{array}$$

Ganz wesentlich kommen hier allerdings auch sterische Hinderungen in Betracht, wie sie Biltz[8]) namentlich auch bei den Diureinen fand.

Über analoge Verhältnisse bei der Nitrierung (Nitriminbildung) siehe Franchimont und Klobbie, Rec. 7, 236 (1888); 8, 307 (1889).

---

[1]) Bull. (3) 7, 142 (1892). — Reverdin und de la Harpe, Bull. (3) 7, 121 (1892).
[2]) Ch. Ztg. 17, 27 (1893).
[3]) Vaubel, Ch. Ztg. 17, 465 (1893).
[4]) Biltz, B. 40, 4799 (1907). — Vgl. Pinner und Spilker, B. 22, 691 (1889).
[5]) Siemonson, A. 333, 129 (1904).
[6]) Anschütz und Schmidt, B. 35, 3473 (1902).
[7]) Heller, B. 36, 2763 (1903). — Siehe auch S. 925.
[8]) B. 40, 4806 (1907).

b) Analyse von Salzen.

Über Analyse von Salzen resp. Doppelsalzen der Imide gilt das S. 956 ff. von der primären Amingruppe Gesagte.

c) Abspaltung des Ammoniakrests.

Die Zerlegung der Imide gelingt zumeist durch mehrstündiges Kochen mit konzentrierter Salzsäure, evtl. Erhitzen im Einschmelzrohr.

Die alkalisch gemachte Flüssigkeit wird dann in üblicher Weise zur Bestimmung des Ammoniaks (resp. äquivalenter Amine) destilliert und der Überschuß der vorgelegten titrierten Salzsäure bestimmt.

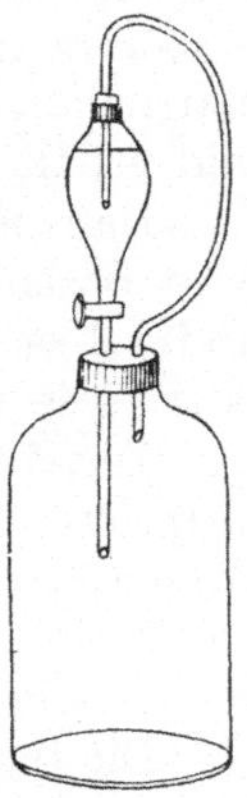

d) Darstellung der Nitrosamine.

In manchen Fällen lassen sich die sekundären Amine mit salpetriger Säure nach der Gleichung:

$$R \cdot NH + NHO_2 = RN \cdot NO + H_2O$$

bestimmen [1]). Orthocyanbenzylamine bilden keine Nitrosamine [2]).

Zur Nitrosaminbildung dient die S. 946 beschriebene Methode.

Dieses Verfahren wird in der Praxis vielfach angewendet. In einzelnen Fällen wird auch das Nitrosamin selbst isoliert und gewogen [3]).

Fig. 331.
Apparat von
Vaubel.

e) Methode von Zerewitinoff.

Siehe S. 708.

Dritter Abschnitt.

Tertiäre Amine.

A. Qualitative Reaktionen der tertiären Amine.

Bei den tertiären Aminen versagen die meisten Reaktionen der primären und sekundären Amine, die auf der Substitution des typischen Wasserstoffs beruhen, oder nehmen einen anderen Verlauf.

1. Einwirkung von salpetriger Säure.

Auf Nitrilbasen der Fettreihe wirkt salpetrige Säure entweder gar nicht ein, oder sie wirkt zersetzend (siehe S. 977).

Fettaromatische tertiäre Amine reagieren dagegen nach der Gleichung:

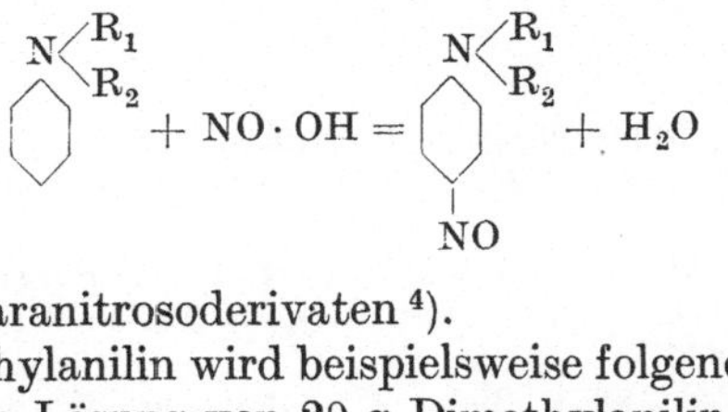

unter Bildung von Paranitrosoderivaten [4]).

Das Nitrosodimethylanilin wird beispielsweise folgendermaßen dargestellt [5]). Zu einer gut gekühlten Lösung von 20 g Dimethylanilin in 100 g 20 proz. Salz-

---

[1]) Gaßmann, C. r. **123**, 133 (1897).

[2]) O. Fischer und Walter, J. pr. (2) **80**, 102 (1909).

[3]) Noelting und Boasson, B. **10**, 795 (1877). — Reverdin und De la Harpe, Ch. Ztg. **12**, 787 (1888).   [4]) Baeyer und Caro, B. **7**, 963 (1874).

[5]) Stoermer, B. **31**, 2523 (1898). — Haeußermann und Bauer, B. **31**, 2987 (1898); **32**, 1912 (1899).

säure fügt man unter Umrühren langsam eine konzentrierte Lösung der berechneten Menge Natriumnitrit; nach etwa einstündigem Stehen saugt man das abgeschiedene, salzsaure Nitrosodimethylanilin ab, wäscht mit verdünnter Salzsäure nach, suspendiert darauf in Wasser und zersetzt in der Kälte mit Natronlauge. Man schüttelt das freie Nitrosodimethylanilin mit Äther aus und erhält es nach dem Einengen in gelbgrünen Krystallblättern.

Daneben wirkt salpetrige Säure auf aromatische Nitrilbasen (und sekundäre Basen) nitrierend unter Bildung von Nitronitroso- oder einfachen Nitro- und selbst Dinitroverbindungen [1]. Die Nitrogruppe geht in Parastellung [2], falls diese unbesetzt ist, sonst in Ortho- [3], seltener in Meta [4]-Stellung.

Tertiäre aromatische Basen mit besetzter Parastellung lassen sich nicht nitrosieren [5], aber ebensowenig — letzteres offenbar infolge einer sterischen Hinderung — mono- und diorthosubstituierte Basen [5] [6].

2. Einwirkung von Schwefelsäureanhydrid siehe S. 937.

3. Verhalten gegen Ferrocyanwasserstoffsäure [7].

Die tertiären Basen der Fett-, Benzol- und Pyridinreihe [8] geben mit Ferrocyanwasserstoffsäure schwer lösliche Niederschläge von sauren Salzen der Formel:

$$(R_1R_2R_3N)_2 \cdot Fe(CN)_6H_4,$$

die farblos sind, aber sich beim Umkrystallisieren aus Wasser durch Bildung von Berlinerblau grünblau färben.

Dieses Verhalten kommt ausschließlich den tertiären Aminen zu, da die primären und sekundären Amine der Fettreihe und die primären Amine der Benzolreihe mit Blutlaugensalz sehr leicht lösliche Verbindungen geben, während die sekundären fettaromatischen Basen auch nur aus konzentrierten Lösungen gefällt werden.

Zur Darstellung dieser Salze [9] wird eine Ferrocyankaliumlösung in die ungefähr äquivalente Menge einer verdünnten Lösung des Chlorhydrats der tertiären Base eingetropft und der Niederschlag mit Wasser so lange gewaschen, bis das Filtrat keine Chlorreaktion mehr zeigt und der Niederschlag kalifrei ist. Zuletzt wird dreimal mit Alkohol nachgewaschen.

Aus viel Alkohol sind diese Salze unzersetzt umkrystallisierbar.

Zur Analyse glüht man im Platintiegel und wägt das zurückbleibende Eisenoxyd.

4. Verhalten gegen o - Xylylenbromid [10].

Tertiäre aliphatische Amine bilden Diammoniumbromide unter direkter Vereinigung von 2 Mol. Amin mit 1 Mol. Xylylenbromid:

---

[1] Anm. 5, vorige Seite.

[2] Hübner, A. **210**, 371 (1881). — Grimaux und Lefèvre, C. r. **112**, 727—730 (1891). — Pinnow, B. **30**, 2857 (1897). — Hierher gehört wohl auch Niementowski, B. **20**, 1890 (1887).

[3] Michler und Pattinson, B. **17**, 118 (1884). — Rügheimer und Hoffmann, B. **18**, 2982 (1885). — Wurster und Schubig, B. **20**, 1811 (1887). — Pinnow, B. **27**, 3161 (1894); **28**, 3041 (1895).

[4] Koch, B. **20**, 2460 (1887). Siehe Wurster und Sendtner, B. **12**, 1804 (1879).

[5] Bauer und Suck, B. **12**, 1796 (1879).

[6] Menton, A, **263**, 332 (1891). — Weinberg, B. **25**, 1610 (1892). — Friedländer, M. **19**, 627 (1898). [7] E. Fischer, A. **190**, 184 (1878).

[8] E. Fischer und Raske, B. **43**, 1752 (1910). — Mohler, B. **21**, 1011 (1888). — Diss. Zürich (1888), 38ff.

[9] Eisenberg, A. **205**, 266 (1880). — Motylewski, B. **41**, 801 (1908).

[10] Scholtz, B. **31**, 1708 (1898). — Siehe auch S. 935.

$$C_6H_4 \Big\langle{}^{CH_2Br}_{CH_2Br} + 2\,N{\Big\langle}^{R_1}_{R_3}{-}R_2 = C_6H_4 \Big\langle{}^{CH_2-N\langle{}^{R_1}_{R_3}{-}R_2\;(Br)}_{CH_2-N\langle{}^{R_1}_{R_3}{-}R_2\;(Br)}$$

Tertiäre aromatische Amine, auch gemischt fettaromatische, reagieren nicht mit Xylylenbromid.

Pyridin dagegen bildet ein Xylylendiammoniumbromid.

5. **Verhalten gegen 1.5-Dibrompentan**[1]).

Es entstehen in allen Fällen ausschließlich Diammoniumbromide:

$$(CH_2)_5Br_2 + 2\,NR_3 = BrR_3N \cdot (CH_2)_5 \cdot NR_3Br,$$

die sich jedoch zur Charakteristik nur dann eignen, wenn eine tertiäre, cyclische Base vorliegt, denn die Derivate der Fettreihe sind im allgemeinen sehr hygroskopisch, die der aromatischen Reihe entstehen nur langsam.

6. **Verhalten gegen unterchlorige Säure** (Bildung von Dialkylchloraminen): Willstätter und Iglauer, B. **33**, 1636 (1900). — Hantzsch und Graf, B. **38**, 2156 (1905). — Meisenheimer, B. **46**, 1148 (1913).

7. **Verhalten gegen Trinitroanisol**[2]).

Trinitroanisol wird von tertiären Basen glatt addiert, wobei nach der Gleichung:

$$O_2N{-}\underset{NO_2}{\overset{OCH_3}{\bigcirc}}{-}NO_2 + N{\Big\langle}^{X}_{Z}{-}Y = O_2N{-}\underset{NO_2}{\overset{O-N\langle^{X}_{Z}{-}Y\;|\;CH_3}{\bigcirc}}{-}NO_2$$

die Pikrate der am Stickstoff methylierten quaternären Basen gebildet werden. Diese Reaktion dürfte sich in vielen Fällen zur Charakterisierung tertiärer Basen eignen.

8. **Einwirkung von Bromcyan:** v. Braun, B. **33**, 1438 (1900).

9. **Einwirkung von Säureanhydriden und Säurechloriden.**

Acetyl- und Benzoylbromid wirken[3]) auf Dimethylanilin nach der Gleichung:

$$C_6H_5N(CH_3)_2 + CH_3COBr = C_6H_5N{\Big\langle}^{COCH_3}_{CH_3} + CH_3Br\,.$$

Tertiäre Benzylamine $Ar{-}CH_2 \cdot N{\big\langle}^{R}_{R_1}$ werden von Essigsäureanhydrid oder Säurechloriden gespalten, z. B. nach dem Schema:

$$CH_3OC_6H_4{-}CH_2{-}N(CH_3)_2 + O{\Big\langle}^{COCH_3}_{COCH_3} = CH_3OC_6H_4{-}CH_2{-}OCOCH_3 + CH_3CON(CH_3)_2.$$

Ähnlich scheinen sich die analog konstituierten cyclischen Verbindungen (Derivate des Tetrahydroisochinolins, Dihydro-α-arylchinoline usw.) zu verhalten.

B. Trennungsmethoden primärer, sekundärer und tertiärer Basen.

1. Trennung der aromatischen primären von den sekundären und tertiären Aminen mit Citraconsäure: Michaël, B. **19**, 1390 (1886).

---

[1]) v. Braun, B. **41**, 2164 (1908).   [2]) Kohn und Grauer, **34**, 1751 (1913).
[3]) Tiffeneau und Fuhrer, Bull. (4) **15**, 162 (1914).

2. Der sekundären von den tertiären Aminen mit salpetriger Säure: Heintz, A. **138**, 319 (1866).

3. Der primären, sekundären und tertiären Amine mit Benzaldehyd-bisulfit und Formaldehydbisulfit: DRP. 181 723 (1907).

4. Der primären, sekundären und tertiären Amine mit Benzolsulfochlorid S. 927.

5. Der primären, sekundären und tertiären Amine mit Oxalsäureäthylester: Hofmann, B. **3**, 776 (1870). — Siehe Knudsen, B. **42**, 4000 (1909) (Methylamine). — Thomas, Soc. **111**, 562 (1917).

6. Der tertiären von den primären und sekundären Aminen mit Ferrocyankalium: E. Fischer, A. **190**, 183 (1878). — Mohler, B. **21**, 1011 (1888).

7. Der primären, sekundären und tertiären Basen mit Schwefelkohlenstoff: Hofmann, B. **8**, 105, 461 (1875). — Grodzki, B. **14**, 2754 (1881). — Jahn, B. **15**, 1290 (1892).

8. Der primären von den sekundären und tertiären Basen mit Metaphosphorsäure: Schlömann, B. **26**, 1023 (1893). — DRP. 71 328 (1893). Siehe S. 934.

9. Der primären von sekundären und aromatischen Aminen mit 96 proz. Schwefelsäure: Gnehm und Blumer, Soc. ind. **18**, 129 (1899). — Price, Soc. ind. **37**, 82 (1918).

Siehe ferner: Lea, Sill. (2) **32**, 26 (1861). — Franchimont, Rec. **2**, 121, 343 (1883). — Hofmann, B. **16**, 559 (1883). — E. Fischer, B. **19**, 1929 (1886). — Delépine, C. r. **122**, 1064 (1896). — Gaßmann, C. r. **123**, 133 (1897). — Menschutkin, Russ. **32**, 40 (1900). — DRP. 125 573 (1901). — Potozki und Gwosdow, Russ. **35**, 339 (1903). — Sudborough und Hibbert, Proc. **20**, 165 (1904). — Ostromisslensky, B. **41**, 3024 (1908). — Freundler und Juillard, C. r. **148**, 289 (1909). — Hibbert und Wise, Proc. **25**, 119 (1909).

C. Quantitative Bestimmung des typischen Wasserstoffs der Amine.

1. Titrimetrische Methode von Schiff[1]).

Primäre und sekundäre Amine reagieren schon bei gewöhnlicher Temperatur auf Aldehyde, wobei unter Wasseraustritt indifferente Körper entstehen.

Durch ein Molekül Aldehyd wird daher aus einem Molekül Aminbase ein Molekül, aus einer Iminbase ein halbes Molekül Wasser abgespalten. Als besonders geeignet zu diesen Umsetzungen hat sich der Önanthaldehyd erwiesen. 139 Volume desselben scheiden nach der Gleichung:

$$R \cdot NH_2 + C_7H_{14}O = C_7H_{14}NR + H_2O$$

2 Atome Wasserstoff als Wasser ab, 0.7 ccm entsprechen also 0.01 g H.

Wägt man das Molekulargewicht einer Base oder dessen Multiplum in Zentigrammen ab, so geben je 0.7 ccm der zur vollständigen Reaktion verbrauchten Önantholmenge 1 Atom Wasserstoff an. Löst man 69.5 ccm Önanthol in Benzol zu 100 ccm, so entspricht jeder Kubikzentimeter einem Zentigramm Wasserstoff.

Ausführung des Versuchs:

In einem kleinen Reagenscylinder wägt man 2—4 g Base ab, löst sie im zwei- bis dreifachen Volum Benzol, fügt einige Gramme geschmolzenes Chlorcalcium in erbsengroßen Stückchen zu und läßt das Önanthol oder dessen Lösung in Benzol tropfenweise zufließen. Jeder Tropfen bringt durch Wasser-

---

[1]) Spl. **3**, 370 (1864). — A. **159**, 158 (1871).

ausscheidung starke Trübung hervor, die durch das Chlorcalcium beim schwachen Schütteln sogleich beseitigt wird. Sobald das Önanthol keine Trübung mehr bewirkt, ist der Versuch beendet.

Man setzt am besten zuerst einige Tropfen Önanthol zu, so daß Wasserausscheidung erfolgt, und bringt erst dann das geschmolzene Chlorcalcium in die Flüssigkeit, es umkleidet sich dann sogleich mit einer Wasserschicht, und die weitere Wasserabsorption erfolgt dann mit Leichtigkeit, sobald man die Masse in schwache, rotierende Bewegung versetzt. Läßt man aus der Bürette einige Tropfen Önanthol auf die Benzollösung fallen, so bildet sich immer eine trübe Schicht, selbst dann, wenn Önanthol im Überschuß in der Flüssigkeit vorhanden ist. Man darf sich durch diese Erscheinung nicht irreleiten lassen und darf die durch Wasserabscheidung hervorgebrachte Trübung erst beurteilen, wenn sich das Önanthol nach schwachem Schütteln mit dem oberen Teil der Benzollösung gemischt hat.

2. Methode der erschöpfenden Methylierung von Hofmann[1]).

Primäre, sekundäre und tertiäre Basen sind befähigt, Jodmethyl zu addieren, und zwar werden bei erschöpfender Behandlung mit Jodmethyl und Kali von den primären Basen drei, von den sekundären zwei Methylgruppen, von den tertiären eine Methylgruppe aufgenommen unter Bildung eines quaternären Jodids. Analysiert man daher sowohl die ursprüngliche Base als auch das nicht mehr durch kalte Kalilauge veränderliche Endprodukt, am einfachsten durch die Bestimmung des Metalls der Platindoppelsalze oder Chloraurate, so erhält man Aufschluß über die Zahl der eingetretenen CH_3-Gruppen.

Noch verläßlicher ist in diesem Fall die Bestimmung der an den Stickstoff gebundenen Alkylgruppen nach Herzig und Hans Meyer (S. 998). Die quaternären Jodide führt man entweder durch Schütteln ihrer wäßrigen Lösung mit frisch gefälltem Silberchlorid oder durch Behandeln mit Silberoxyd und Ansäuern des Filtrats mit Salzsäure in die Chloride über[2]). Statt Jodmethyl wird in neuerer Zeit meist Dimethylsulfat verwendet[3]).

Die Hofmannsche Methode hat, namentlich für die Erforschung der Pflanzenstoffe, sehr großen Wert[4]).

Ihre Anwendung ist indessen durch die Unfähigkeit mancher, namentlich fettaromatischer und aromatischer Amine, sowie Chinolinbasen[5]), Halogenammoniumverbindungen zu liefern, beschränkt[6]).

Manchmal[7]) reagiert allerdings Dimethylsulfat in Fällen, wo Jodmethyl versagt. Man pflegt dann wohl auch die Base mit Dimethylsulfat, Benzol und Magnesiumoxyd zu kochen[8]) (siehe S. 986).

---

[1]) B. **3**, 767 (1870). — v. Braun, B. **42**, 2532 (1909). — Engeland, B. **42**, 2963 (1909); **43**, 2662 (1910). — Dankworth, Arch. **250**, 632 (1912). — Siehe auch die Zitate Anm. 4.

[2]) Direkte Addition von $ClCH_3$: Traube und Dudley, B. **46**, 3840 (1913).

[3]) Literatur Johnson und Guest, Am. soc. **32**, 761 (1910). — Siehe ferner Novák, B. **45**, 834 (1912).

[4]) Siehe z. B. Miller, Arch. **240**, 494 (1902). — Willstätter und Veraguth, B. **38**, 1975 (1905). — Emde, Arch. **244**, 250 (1906). — Willstätter und Heubner, B. **40**, 3870 (1907). — Willstätter und Bruce, B. **40**, 3980 (1907). — Gaebel, Arch. **248**, 215 (1910). — Knorr und Roth, B. **44**, 254 (1911). — Mc David, Perkin und Robinson, Soc. **101**, 1218 (1912). — O. Fischer, B. **47**, 104 (1914). — Polonowski, Bull. (4) **23**, 335 (1918). Braun. — B. **52**, 2018 (1919). — Braun und Kirschbaum, B. **52**, 2265 (1919). — Abnormaler Verlauf der Reaktion beim γ-Conicein: Hofmann, B. **18**, 109 (1885).

[5]) Decker, B. **24**, 1984 (1891); **33**, 2275 (1900); **36**, 261 (1903).

[6]) Claus und Hirzel, B. **19**, 2790 (1886). — Wedekind, B. **32**, 511 (1899). — Häussermann, B. **34**, 38 (1901). — A. **318**, 90 (1901). — Morgan, Proc. **18**, 87 (1902).

[7]) Gadomska und Decker, B. **36**, 2487 (1903). — Decker, B. **38**, 1144 (1905)

[8]) Berger, Diss. Leipzig (1904), 20.

Daß sich hierbei auch sterische Einflüsse geltend machen können, zeigen die Untersuchungen von E. Fischer und Windaus[1]), Pinnow[2]) und Decker[3]). Danach verhindern bei aromatischen Aminen zwei in den Orthostellungen zur Aminogruppe befindliche Substituenten (Alkyl, Phenyl, Brom, NO_2, $NHCOCH_3$) die Bildung der quaternären Base; einfach substituierte Orthostellung erschwert die Alkylierung ebenfalls oder verhindert sie vollständig[4]). Durch Besetzung der Orthostellung wird übrigens selbst die Bildung der sekundären und tertiären Basen sehr erschwert[5]) (vgl. übrigens Pinnow a. a. O.).

Sehr merkwürdige Beobachtungen haben v. Braun und Kruber[6]) an den Diphenylmethanbasen:

$$(CH_3)_2N\langle\rangle{-}CH_2{-}\langle\rangle N(CH_3)_2$$
1

$$(CH_3)_2N\langle\rangle{-}CH_2{-}\langle\rangle N(CH_3)_2 \quad\text{(}CH_3\text{)}$$
2

$$(CH_3)_2N\langle\rangle{-}CH_2{-}\langle\rangle{-}N(CH_3)_2 \quad (CH_3, N(CH_3)_2)$$
3

$$(CH_3)_2N\langle\rangle{-}CH_2{-}\langle\rangle \quad (CH_3, CH_3, N(CH_3)_2)$$
4

$$(CH_3)_2N\langle\rangle{-}CH_2{-}\langle\rangle N(CH_3)_2 \quad (CH_3, CH_3)$$
5

$$\langle\rangle{-}CH_2{-}\langle\rangle \quad (CH_3, CH_3, N(CH_3)_2, N(CH_3)_2)$$
6

$$(CH_3)_2N\langle\rangle{-}CH_2{-}\langle\rangle \quad (CH_3, CH_3, N(CH_3)_2)$$
7

$$(CH_3)_2N\langle\rangle{-}CH_2{-}\langle\rangle N(CH_3)_2 \quad (Cl)$$
8

$$(CH_3)_2N\langle\rangle{-}CH_2{-}\langle\rangle \quad (Cl, N(CH_3)_2)$$
9

gemacht.

Die in beiden Kernen orthosubstituierten Amine (5, 6, 7) nehmen an keinem der beiden Stickstoffe weiteres Jodmethyl (Bromcyan, Jodacetonitril) auf, während die nur in einem Kern orthosubstituierten (1, 2, 3, 4, 8, 9) ebenso leicht wie die sterisch gar nicht behinderten, und zwar in beiden Hälften des Moleküls reagieren (chemische Fernwirkung).

Ein weiteres Paar[7]), bei denen sich die oben erwähnten Erscheinungen wiederholen, sind das N-Tetramethyl-o-tolidin (I) und N-Tetramethyl-o-methylbenzidin (II):

[1]) B. **33**, 345, 1967 (1900). — Siehe auch Hofmann, B. **5**, 718 (1872); **18**, 1824 (1885).
[2]) B. **32**, 1401 (1899).
[3]) Siehe hierzu auch Bischoff, Jahrbuch der Chemie (1903), 172.
[4]) Pinnow, B. **34**, 1129 (1901). — Fries, A. **346**, 190 (1906). — Jackson und Clarke, Am. **36**, 412 (1906).
[5]) Effront, B. **17**, 2347 (1884). — Friedländer, M. **19**, 624 (1898). — Schliom, J. pr. (2) **65**, 252 (1902).   [6]) B. **46**, 3470 (1913).
[7]) Braun und Mintz, B. **50**, 1651 (1917).

$$(CH_3)_2N\langle\ \rangle\!-\!\langle\ \rangle N(CH_3)_2 \qquad (CH_3)_2N\langle\ \rangle\!-\!\langle\ \rangle N(CH_3)_2$$
$$\underset{CH_3}{}\qquad\underset{CH_3}{}\qquad\qquad\qquad \underset{CH_3}{}$$
$$\text{I}\qquad\qquad\qquad\qquad\qquad\qquad \text{II}$$

Während sich I in bezug auf die geringe Reaktionsfähigkeit des Stickstoffs ganz dem Dimethyl-o-toluidin anschließt — es ist insbesondere kaum imstande, mit den zwei besonders charakteristischen Reagenzien: Jodacetonitril und Bromcyan eine Umsetzung einzugehen —, führt die Entfernung einer einzigen von den zwei in den Kernen befindlichen Methylgruppen dazu, daß in der Base II nicht nur ein N-Atom, sondern beide N-Atome die normale Reaktionsfähigkeit eines tertiären Anilinderivats zeigen.

Nach dem DRP. 180 203 (1907) lassen sich die Verbindungen:

$$\underset{\underset{\text{I}}{NH_2}}{\underset{Cl\bigcirc Cl}{\overset{Cl}{\bigcirc}}} \quad\text{und}\quad \underset{\underset{\text{II}}{NHAc}}{\underset{Cl\bigcirc Cl}{\overset{Cl}{\overset{\bigcirc}{Cl}}}},$$

also primäre diorthohalogenisierte oder einfach orthosubstituierte, acylierte Imine, in üblicher Weise gar nicht (I) oder nur sehr schwer (II) alkylieren.

Die Alkylierung gelingt aber mit größter Leichtigkeit, wenn man an Stelle der Amine deren **Natriumverbindungen** mit Halogenalkyl zur Reaktion bringt.

a) **Darstellung von Natrium- bzw. Natriumkaliuminverbindungen der primären und sekundären aromatischen Amine**[1]).

Diese entstehen leicht beim Erhitzen der Basen mit metallischem Natrium und Ätzkali, wie aus folgendem Beispiel ersichtlich ist.

50 g trocknes, pulverisiertes Ätzkali werden in einem eisernen Kessel im Salpeterbad auf 200° (im Bad gemessen) gebracht, unter Umrühren 11.5 g metallisches Natrium eingetragen und langsam unter Benutzung eines Rückflußkühlers 47.5 g Anilin zufließen gelassen. Das Anilin wird rasch und vollständig aufgenommen. Das Reaktionsprodukt besteht aus einer rotbraunen, krystallinischen Masse. Metallisches Natrium ist nicht mehr vorhanden.

Je mehr Ätzkali angewendet wird und je höher die Temperatur der erhitzten Mischung von Alkali und metallischem Natrium ist, um so rascher reagiert das Amin.

b) **Verfahren von Titherley**[2]). Dasselbe fußt auf der Reaktion zwischen Aminen und Natriumamid und dürfte für die Laboratoriumspraxis vorteilhafter sein als das oben beschriebene.

Es reagieren nur aromatische Amine (Imine), deren Stickstoffrest also durch den negativierenden cyclischen Rest substituiert ist, aber aus dem gleichen Grund auch aliphatische Säureamide:

$$R \cdot CONH_2 + NaNH_2 = R \cdot CO \cdot NHNa + NH_3.$$

Beispiel: **Natriumdiphenylamin.**

Ein inniges Gemisch von 10 g Diphenylamin (1 Mol.) und 2 g Natriumamid (1 Mol.) wird im Leuchtgasstrom erhitzt. Die Reaktion beginnt beim Schmelzpunkt des Diphenylamins (55°) und wird durch Erhitzen auf 200° beendet. Eventuell überschüssiges Diphenylamin verflüchtigt sich und das Reaktionsprodukt hinterbleibt als in der Kälte rasch krystallisierende, seidenglänzende Nadeln vom Smp. 265°.

[1]) DPA. 42 760 (1906). — Zusatz von Katalysatoren: E. P. 11 335 (1908).
[2]) Soc. **71**, 464 (1897). — Meunier und Desparmet, C. r. **144**, 273 (1907). — Siehe auch Wohl und Lange, B. **40**, 4728 (1907).

Die Reaktion ist in wenigen Minuten beendet.

Säureamide reagieren schon in Lösungen, etwa von Benzol. Man kocht 2—4 Stunden mit dem fein gepulverten Natriumamid am Rückflußkühler.

Zur erschöpfenden Methylierung der aromatischen Basen empfiehlt sich das Verfahren von Noelting[1]), nämlich Kochen mit Sodalösung ($3^1/_2$ Mol.) und Jodmethyl in 25 Teilen Wasser ($3^1/_2$ Mol.) am Rückflußkühler. Die Reaktion dauert gewöhnlich ziemlich lange (20—30 Stunden). Basen der Fettreihe pflegt man unter Druck (auf 100—150°) zu erhitzen. Um die Reaktion zu beendigen, erhitzen E. Fischer und Windaus das nach Noelting erhaltene Reaktionsprodukt, das durch Ausäthern und Abdampfen des Äthers gewonnen wurde, mit 1.1 Teilen Jodmethyl und 0.3 Teilen Magnesiumoxyd im geschlossenen Rohr 20 Stunden auf 100°[2]).

Der Zusatz des Oxyds, das frei werdende Säure bindet, hat sich als sehr vorteilhaft erwiesen, weil namentlich freier Jodwasserstoff hier sehr störende Nebenwirkungen haben kann.

Das Reaktionsprodukt wird zunächst mit Äther gewaschen und dann zur Lösung des quaternären Jodids mit Wasser oder Alkohol ausgekocht. Zur Reinigung wird evtl. noch aus wäßriger Lösung mit starker Natronlauge ausgefällt oder aus Chloroform umkrystallisiert, wodurch die Magnesiumsalze leicht entfernt werden.

Gegenseitige Verdrängung von Alkylen: Wedekind, B. **35**, 766 (1902). — Scholtz, B. **37**, 3633 (1904). — Jones und Hill, Proc. **23**, 290 (1907). — Soc. **91**, 2083 (1907).

Jodhydrate statt Alkylaten: Wedekind, B. **36**, 3797 (1903). — Schwenk, Diss. Freiburg (1903).

Sehr beachtenswert ist noch eine Beobachtung von Freund[3]) und von Freund und Becker[4]), wonach mit der Anlagerung von Methyl an Stickstoff eine Abspaltung von Methyl, das an Sauerstoff gebunden war, verknüpft sein kann.

Ähnliche Beobachtungen haben schon früher Roser und Heimann gemacht[5]), vor allem aber Knorr[6]).

Die Reaktion verläuft nach dem Schema:

$$\begin{cases} OCH_3 \\ N \end{cases} + JCH_3 = \begin{cases} OCH_3 \\ \diagup J \\ NCH_3 \end{cases} = \begin{cases} O \\ \\ NCH_3 \end{cases} + \begin{matrix} CH_3 \\ | \\ J \end{matrix} \ .$$

Alkylierung von Basen mit Dimethylsulfat: Claesson und Lundvall, B. **13**, 1700 (1880). — DRP. 79 703 (1895); 102 634 (1899). — Ullmann und Naef, B. **33**, 4307 (1900). — Ullmann und Wenner, B. **33**, 2476 (1900). — Ullmann und Marié, B. **34**, 4307 (1901). — Pinner, B. **35**, 4141 (1902). — Ullmann, A. **327**, 104 (1903). — Decker, B. **38**, 1147 (1905). — Feuerlein, Diss. Zürich (1907).

Siehe auch S. 983.

Verhalten der Schiffschen Basen gegen Jodmethyl: Hantzsch und Schwab, B. **34**, 822 (1901).

---

[1]) B. **24**, 563 (1891).

[2]) B. **33**, 1968 (1900). — DRP. 180 203 (1907). — Vgl. Harries und Klamt, B. **28**, 504 (1895).   [3]) B. **36**, 1523 (1903).   [4]) B. **36**, 1538 (1903).

[5]) Heimann, Diss. Marburg (1892). — Siehe auch Wheeler und Johnson, Am. **21**, 185 (1881); **23**, 150 (1882). — B. **32**, 41 (1899). — Roscoe-Schorlemmer, Lehrbuch **8**, 314, 317 (1901).

[6]) A. **327**, 81 (1903). — B. **36**, 1272 (1903). — Über Pseudojodalkylate siehe Knorr und Rabe, A. **293**, 27, 42 (1896). — B. **30**, 927, 929 (1897). — Knorr, B. **30**, 922, 933 (1897). — A. **328**, 78 (1903).

Vierter Abschnitt.

Reaktionen der Ammoniumbasen.

Die echten Ammoniumbasen reagieren sehr stark alkalisch, ziehen Kohlendioxyd aus der Luft an und lassen sich aus ihren Salzen in der Regel nicht durch Kali oder Natron, sondern bloß durch feuchtes Silberoxyd abscheiden[1]). In der Chinolinreihe und auch bei gewissen betainartigen Verbindungen der aromatischen Reihe ist übrigens der Ersatz von Halogen bzw. Schwefelsäurerest durch Hydroxyl auch durch Alkali, Bleioxyd und Baryt, selbst durch Ammoniak und Soda ausführbar[2]), wobei indes dann oft statt der primär entstehenden Ammoniumhydroxyde unter Wasserabspaltung tertiäre Basen oder Alkylidenverbindungen entstehen[3]).

Hantzsch und Kalb[4]) teilen die Ammoniumhydrate nach dem Grad ihrer Beständigkeit und der Art ihres Zerfalls in drei Klassen ein:

1. Stabile Ammoniumhydrate, auch im undissoziierten, festen Zustand beständig, also nicht freiwillig zerfallend; in Lösung völlige Analoga des Kaliumhydroxyds; Tetraalkylammoniumhydrate.

2. Labile Ammoniumhydrate mit Tendenz zum Übergang in Anhydride vom Ammoniaktypus. Ammoniumhydrate mit (ein bis vier) Ammoniumwasserstoffatomen. Tri-, Di-, Monoalkylammoniumhydrate, einschließlich des Ammoniumhydrats selbst. Schwache Basen.

3. Labile Ammoniumhydrate mit der Tendenz zur Bildung von Pseudoammoniumhydraten[5]). Nur in völlig dissoziiertem Zustand als labile Phase aus den echten Ammoniumsalzen primär entstehend, aber selbst in wäßriger Lösung mehr oder minder rasch in die in fester Form stabilen, isomeren Pseudobasen übergehend. Hierher gehören die meisten Ammoniumhydrate mit ringförmiger oder auch doppelter, namentlich chinoider Bindung zwischen Ammoniumstickstoff und Kohlenstoff. Pseudoammoniumhydrate sind also die meisten (wenn nicht alle) festen Basen, die aus den Jodalkylaten pyridinähnlicher Basen, namentlich der Chinolin- und Acridinreihe, aber auch die, welche aus vielen Farbstoffsalzen von chinoider Natur entstehen. Überhaupt gehört die ganze Gruppe der sog. ätherlöslichen Ammoniumbasen, also die angeblichen Ammoniumhydrate mit abnormen Eigenschaften (neutraler Reaktion, Unlöslichkeit in Wasser, Löslichkeit in organischen Lösungsmitteln), vielmehr den Pseudoammoniumbasen zu, die nur deshalb starke Basen sind, weil sie scheinbar direkt, tatsächlich aber unter Konstitutionsveränderung, wieder mit Säuren in echte Ammoniumsalze übergehen, etwa nach dem Schema:

$$\mathrm{HO \cdot R : N + HCl = \left[HO \cdot R : N\begin{smallmatrix} H \\ Cl \end{smallmatrix}\right] = H_2O + R : N \cdot Cl}\,.$$

---

[1]) Abscheidung durch Kali in alkoholischer Lösung: Walker und Johnston, Soc. **87**, 955 (1905).

[2]) Feer und Königs, B. **18**, 2397 (1885). — Fischer und Kohn, B. **19**, 1040 (1886).— Conrad und Eckhardt, B. **22**, 76 (1889). — Claus und Howitz, J. pr. (2) **43**, 528 (1891).

[3]) Claus, J. pr. (2) **46**, 107 (1892).   [4]) B. **32**, 3109 (1898).

[5]) Literatur über Pseudoammoniumbasen: Roser, A. **272**, 221 (1892). — Hantzsch, B. **32**, 595 (1899). — Kehrmann, B. **32**, 1043 (1899). — Hantzsch und Kalb, B. **32**, 3109 (1899). — Baillie und Tafel, B. **32**, 3207 (1899). — Hantzsch und Sebaldt, Z. phys. **30**, 258 (1899). — Hantzsch und Osswald, B. **33**, 278 (1900). — Kehrmann, B. **33**, 400 (1900). — Hantzsch, B. **33**, 752, 3685 (1900). — Decker, B. **33**, 1715, 2273 (1900). — Pseudooxoniumbasen: Willstätter und Weil, A. **412**, 234 (1916).

Diese Umwandlung der echten, primär gebildeten Ammoniumhydrate in die Pseudoammoniumhydrate erfolgt dadurch, daß sich das ursprünglich am Ammoniumstickstoff befindliche, abdissoziierte basische Hydroxyl an einem Kohlenstoffatom des mehrwertigen Radikals festsetzt. Man kann sagen, daß sich hierbei ein zusammengesetztes, organisches Alkali in ein indifferentes, organisches Hydrat verwandelt; oder mit anderen Worten: die Pseudoammoniumbasen sind (meistens) Carbinole. Die Umwandlung läßt sich also so darstellen:

$$\left(C \gtrless \overset{\text{v}}{N} \cdot + OH \right) \rightarrow HO—C : \overset{\text{iii}}{N} \, .$$

Diese Isomeration eines „zusammengesetzten Alkalihydrats" in eine echte organische Verbindung läßt sich, ganz wie die Bildung von Pseudosäuren aus den Salzen echter Säuren, durch das Vorhandensein sog. „zeitlicher oder abnormer Neutralisationsphänomene"[1]) — und zwar bisweilen mit quantitativer Schärfe — nachweisen. Aus echten (ringförmigen oder chinoiden) Ammoniumchloriden wird also durch Natron oder Silberoxyd primär eine Lösung einer äußerst starken Base vom Dissoziationsgrad des Kalis erzeugt:

$$R : N \cdot Cl + NaOH(AgOH) = R : N \cdot OH + NaCl(AgCl) \, .$$

Die Ionen dieser echten Ammoniumbase treten aber allmählich zu der undissoziierten Pseudobase zusammen und verschwinden schließlich vollkommen, da die anfangs sehr stark alkalische Lösung unter Ausscheidung der kaum löslichen Pseudobase neutral wird:

$$\begin{array}{ccc} \text{Ionisierte echte Ammoniumbase} & & \text{Pseudoammoniumbase} \\ R : N + OH' & \longrightarrow & HO \cdot R : N \, . \end{array}$$

So stellt sich der stationäre Endzustand in dem oben formulierten System nicht augenblicklich, sondern erst nach einer gewissen Zeit langsam her (zeitliche oder langsame Neutralisation). Quantitativ verfolgen lassen sich diese Phänomene hier natürlich auch durch Leitfähigkeitsbestimmungen. Die meisten Umwandlungen echter Ammoniumbasen in Pseudoammoniumbasen vollziehen sich aber so rasch, daß man sie elektrisch gerade noch in ihren letzten Stadien, manchmal sogar gar nicht mehr nachweisen kann. Aber auch in diesen Fällen läßt sich (wie bei Pseudosäuren) die konstitutive Verschiedenheit zwischen den echten Ammoniumsalzen und den Pseudoammoniumhydraten durch die „abnormen Neutralisationsphänomene" nachweisen, denn wird aus einem neutral reagierenden Ammoniumchlorid ein ebenfalls neutral reagierendes (nicht leitendes) Hydrat erhalten, so ist letzteres nicht ein echtes Ammoniumhydrat, sondern ein Pseudoammoniumhydrat. Oder umgekehrt: wenn eine solche neutral reagierende Base nicht der Erwartung gemäß, wie z. B. die Anilinbasen, ein sauer reagierendes, hydrolytisch gespaltenes Chlorid, sondern ein Neutralsalz erzeugt, so sind die ursprüngliche Base und das gebildete Salz konstitutiv verschieden; erstere ist also eine Pseudoammoniumbase. Die Bezeichnung dieser Vorgänge als „abnorme" Neutralisationsphänomene rechtfertigt sich am deutlichsten dadurch, daß man die Bildung von Pseudobasen (wie die von Pseudosäuren) einfach durch Titration nachweisen kann; versetzt man z. B. ein Neutralsalz, dessen echte Ammoniumbase sich äußerst rasch zur Pseudoammoniumbase isomerisiert, mit Natron, so bleibt die ursprünglich neutrale Lösung trotz Zufügen des Alkalis so lange neutral, bis alles Ammoniumsalz zersetzt, d. i. in Alkalichlorid und indifferente Pseudobase verwandelt ist. Es wird also das Alkali, die stärkste Base, nicht durch eine saure Flüssigkeit, sondern (wenigstens scheinbar) durch ein Neutralsalz neutralisiert. Oder

---

¹) Hantzsch, B. **32**, 578 (1899).

umgekehrt: wenn die stärksten Säuren nicht durch basische, sondern durch indifferente Stoffe unter Bildung von Neutralsalzen neutralisiert werden, so sind die betreffenden indifferenten Stoffe keine echten Basen, sondern Pseudobasen.

Diese abnormen Neutralisationserscheinungen lassen sich — unter Nichtberücksichtigung der häufig kaum oder gar nicht mehr nachzuweisenden echten Ammoniumbase — folgendermaßen darstellen:

$$\overset{\text{neutral}}{R : N \cdot Cl} + \overset{\text{alkalisch}}{NaOH} = NaCl + \overset{\text{neutral}}{HO \cdot R : N}$$

und umgekehrt:

$$\overset{\text{neutral}}{HO \cdot R : N} + \overset{\text{sauer}}{HCl} = H_2O + \overset{\text{neutral}}{R : N \cdot Cl} \,,$$

wobei im letzteren Fall aus der Pseudobase wohl nicht direkt das Chlorid der echten Ammoniumbase, sondern zuerst ein Additionsprodukt:

$$HO \cdot R : N\!\!<\!\!\begin{smallmatrix} H \\ Cl \end{smallmatrix}$$

entstehen dürfte, das erst unter Abspaltung von Wasser das quaternäre Chlorid $R : N \cdot Cl$ liefert.

Auch gewisse rein chemische Reaktionen können gelegentlich zur Diagnose von Pseudobasen dienen. Sie beruhen, wie die entsprechenden Reaktionen von Pseudosäuren, auf ihrer Indifferenz, sind also mehr negativer Art. Wie z. B. manche Pseudosäuren (echtes Phenylnitromethan, $C_6H_5 \cdot CH_2 \cdot NO_2$, echte primäre Nitrosamine, $R \cdot NH \cdot NO$) nur mit wäßrigem, nicht aber mit trocknem Ammoniak Ammoniumsalze der echten Säuren (z. B. $C_6H_5 \cdot CH : NO \cdot ONH_4$, $R \cdot N : ONH_4$) bilden, so erzeugen auch gewisse Pseudoammoniumbasen mit trocknen Säureanhydriden (z. B. CO_2, HCN) keine Salze; in beiden Fällen aus demselben Grund: weil die Salzbildung der Pseudoverbindung nicht direkt, sondern nur indirekt erfolgt und zur Umlagerung in die salzbildende Form vielfach bei Pseudosäuren Hydroxylionen, bei Pseudobasen Wasserstoffionen erforderlich sind.

Dem Verhalten der Hydrate entspricht das Verhalten der Cyanide. Aus solchen Ammoniumsalzen, die durch Alkalien in Pseudoammoniumbasen übergehen, bilden sich durch Alkalicyanide häufig zuerst die ionisierten echten Ammoniumcyanide $R : N \cdot CN$, die dem $K \cdot CN$ ganz analog sind; aber wie sich das echte Ammoniumhydrat zum nicht dissoziierten Pseudoammoniumhydrat isomerisiert, so geht auch das echte Ammoniumcyanid allmählich in das nicht dissoziierte Pseudoammoniumcyanid über, das sich durch seine Säurestabilität, Unlöslichkeit in Wasser, Löslichkeit in indifferenten Flüssigkeiten, ebenso als echte organische Verbindung von dem isomeren, ionisierten Salz unterscheidet wie die Pseudobase von der echten Base.

Andere „abnorme“ Reaktionen der labilen, in Pseudobasen übergehenden (ringförmigen oder chinoiden) Ammoniumhydrate.

Aus gewissen echten, ionisierten, labilen Ammoniumhydraten entstehen statt der isomeren Pseudobasen Anhydride und bei Anwesenheit von Alkohol Alkoholate. Diese den Pseudobasen in jeder Hinsicht ähnlichen Verbindungen besitzen auch die Konstitution von Pseudo-, also Carbinolderivaten; sie sind ätherartige Verbindungen von der Formel:

$$N : R \cdot O \cdot R : N \quad \text{und} \quad N : R \cdot OC_2H_5 \,.$$

Endlich ist die auffallende Reaktionsfähigkeit der hier besprochenen Verbindungen hervorzuheben. So bilden sich aus vielen Pseudobasen, die doch Carbinole und sogar bisweilen tertiäre Alkohole sind, mit überraschender

Leichtigkeit durch Berührung mit Äthylalkohol quantitativ die betreffenden Alkoholate; noch größer aber ist die Reaktionsfähigkeit der ionisierten echten Basen, während sie sich in Pseudobasen umwandeln. So entstehen die erwähnten Pseudoammoniumcyanide, $CN \cdot R \vdots N$, meist überhaupt nicht aus den Pseudobasen, $HO \cdot R \vdots N$, durch Blausäure, sondern nur aus den echten Basen, so daß gerade die in Umwandlung begriffene, labile Form ganz besonders reaktionsfähig ist.

Unter den Farbbasen kann man ebenfalls zwischen umlagerungsfähigen und nicht umlagerungsfähigen unterscheiden. Zu den ersteren gehören die Basen der Di- und Triphenylmethanreihe, dann gewisse Azoniumfarbstoffe, wie die Rosindone, Rosinduline und das Flavindulin. Nicht umlagerungsfähig sind die Basen der Safranine und Thiazime (Gruppe des Methylenblaus), weil sie sich in keine isomere Form mit anderer Stellung des Hydroxyls umwandeln können.

Die Tendenz zur Isomerisation ringförmiger Ammoniumhydrate in Pseudobasen verhält sich im allgemeinen umgekehrt wie die Festigkeit des Rings, dem der Ammoniumstickstoff eingefügt ist; sie ist im übrigen durch die Neigung des Hydroxylsauerstoffs bedingt, sich an ein positiveres Element, namentlich Kohlenstoff zu legen. So sind die Alkylpyridiniumhydrate am stabilsten und erzeugen überhaupt nur tief eingreifend veränderte Umwandlungsprodukte. Alkylchinoliniumhydrate und Isochinoliniumhydrate gehen langsam in Verbindungen vom Pseudotypus über; Alkylacridiniumhydrate isomerisieren sich in der Regel so rasch, daß nur besonders schwerfällige Moleküle, wie z. B. die Basen aus Phenylacridin, vorübergehend in der Form der echten Ammoniumhydrate bestehen.

Ausführung der Leitfähigkeitsbestimmungen bei Ammoniumhydraten.

Da alle echten Ammoniumhydrate die Stärke des Kalis besitzen, so macht sich auch bei den Leitfähigkeitsbestimmungen der „Kohlensäurefehler" mehr oder minder geltend, demzufolge wegen der Absorption des Kohlendioxyds aus der Luft, ja schon wegen des Kohlensäuregehalts des Wassers die Bildung von Carbonat und damit Rückgang der Leitfähigkeit, namentlich bei stärkeren Verdünnungen kaum zu vermeiden ist. Zur tunlichsten Ausschließung dieser Fehlerquelle empfiehlt es sich, alles Operieren mit den Lösungen der freien Basen dadurch auf ein Minimum zu reduzieren, daß man entweder die Lösungen ihrer Sulfate in kohlensäurefreiem Leitfähigkeitswasser durch die genau berechnete Menge Baryt oder die ihrer Haloidsalze durch Silberoxyd direkt im Leitfähigkeitsgefäß zersetzt und die so erhaltenen Flüssigkeiten ohne Rücksicht auf das in ihnen suspendierte Bariumsulfat bzw. Silberhaloid unfiltriert möglichst rasch mißt.

Die „Barytmethode" verdient an sich deshalb den Vorzug vor der „Silbermethode", weil letztere stets einen geringen Überschuß von Silberoxyd erfordert, wodurch leichter Verunreinigungen möglich sind und auch leicht etwas Base fixiert wird. Für exakte Messungen wäre natürlich die Leitfähigkeit des Bariumsulfats bzw. Silberoxyds in Abzug zu bringen; doch ist dies bei mittleren Verdünnungen meist nicht nötig.

Quantitative Bestimmung der quaternären Basen.

Die quaternären Basen werden in Form ihrer Salze (Jodide, Chloride oder Sulfate) oder als Doppelverbindungen mit Quecksilberchlorid, Platinchlorid oder Goldchlorid analysiert.

Besonders geeignet zur Isolierung und Reinigung sind die schwerlöslichen Verbindungen mit Ferrocyanwasserstoffsäure [1]), die zwar selbst im allgemeinen nicht leicht analysenrein zu erhalten sind, aber durch einfache Reaktionen die freien Hydroxyde oder Salze gewinnen lassen. Die Entfernung der Ferrocyanwasserstoffsäure gelingt am besten durch Zersetzung der in Wasser suspendierten Salze mit einem geringen Überschuß an Kupfersulfat in gelinder Wärme. Aus der vom Ferrocyankupfer abfiltrierten Lösung fällt man das überschüssige Kupfer und die Schwefelsäure mit Barythydrat, entfernt den Überschuß des letzteren entweder durch Kohlensäure oder durch die äquivalente Menge Schwefelsäure und erhält durch Verdunsten des Filtrats die freien Ammoniumhydroxyde resp. die Carbonate, aus denen nach Belieben alle anderen Salze dargestellt werden können.

Fünfter Abschnitt.

Bestimmung der Nitrilgruppe.

Qualitative Reaktionen der Nitrilgruppe.

1. Verseifbarkeit zu Säureamid und Säure siehe unter „Quantitative Bestimmung".

2. Überführbarkeit in Amidoxime.

Mit Hydroxylamin vereinigen sich die Nitrile nach der Gleichung [2]):

$$R \cdot C : N + H_2N \cdot OH = R \cdot C\!\!\ll^{NOH}_{NH_2}$$

zu Amidoximen, die sowohl mit Mineralsäuren als auch mit Basen Salze bilden. Erstere sind beständig, letztere zerfallen leicht bei Gegenwart von Wasser:

$$R \cdot C\!\!\ll^{NOH}_{NH_2} + H_2O = R \cdot C\!\!\ll^{O}_{NH_2} + H_2NOH \ .$$

Besonders charakteristisch sind die basischen Kupfersalze:

$$R \cdot C\!\!\ll^{N \cdot O \cdot Cu \cdot OH}_{NH_2},$$

die beim Vermischen von Amidoximlösungen mit Fehlingscher Lösung entstehen [3]). Einwirkung von salpetriger Säure führt die Amidoxime ebenfalls in Säureamide über.

Beispiel: Überführung von Bisbenzoylcyanid in das Amidoxim $C_{16}H_{13}O_3N_3$ [4]).

Eine Lösung von 14 g Bisbenzoylcyanid in etwa 50 ccm Methylalkohol wird sehr vorsichtig auf 3° unterkühlt und mit einer ebenfalls stark gekühlten Lösung von freiem Hydroxylamin in Methylalkohol (aus 5.2 g salzsaurem Hydroxylamin und 1.6 g Natrium) versetzt. Die Flüssigkeit bleibt noch kurze

---

[1]) E. Fischer, A. **190**, 188 (1878).

[2]) Lossen, Spl. **6**, 234 (1868). — Lossen und Schifferdecker, A. **166**, 295 (1873). — Tiemann und Krüger, B. **17**, 1685 (1884). — Nordmann, B. **17**, 2746 (1884). — Tiemann, B. **17**, 126 (1884); **18**, 1060 (1885); **22**, 2391 (1889); **24**, 435, 3420, 3648 (1891). — Jacoby, B. **19**, 1500 (1886). — Freund und Lenze, B. **24**, 2154 (1891). — Forselles und Wahlforß, B. **25**, R. 636 (1892). — Norstedt und Wahlforß, B. **25**, R. 637 (1892). — Eitner und Wetz, B. **26**, 2844 (1893). — Ley, B. **31**, 240 (1898). — Freund und Schönfeld, B. **34**, 3355 (1901). — Tröger und Volkmer, J. pr. (2) **71**, 236 (1905). — Tröger und Lindner, J. pr. (2) **78**, I, (1908). — Wilhelmi, Diss. Berlin (1908), 33, 45. — Diels und Pillow, B. **41**, 1899 (1908). — Steinkopf, J. pr. (2) **81**, 102, 103, 110 (1910).

[3]) Schiff, A. **321**, 365 (1902).   [4]) Diels und Pillow, B. **41**, 1899 (1908).

Zeit klar, dann scheidet sich das Reaktionsprodukt in kleinen Krystallen ab. Man läßt 2 Stunden in Eiswasser stehen, filtriert ab, wäscht mit Methylalkohol, dann mit Äther aus und trocknet im Vakuum über Schwefelsäure. Ausbeute 14 g. Zur Analyse wurde das Produkt sehr vorsichtig aus warmem Methylalkohol umkrystallisiert und mit Äther ausgewaschen. Die Verbindung ist in Alkalien mit gelber Farbe löslich, die wäßrige Lösung gibt die Eisenchloridreaktion.

Die Amidoxime geben Methyl- und Benzyläther.

Über die Darstellung derselben: Tröger und Lindner, J. pr. (2) 78, 8 (1908).

Reduktion der Nitrile zu primären Aminen: Mendius, A. 121, 129 (1862). — Ladenburg, B. 18, 2957 (1885); 19, 782 (1886). — Krafft und Moye, B. 22, 811 (1889). — Freund und Schönfeld, B. 24, 3355 (1891). — Sabatier und Senderens, C. r. 140, 482 (1905). — Lasch, M. 34, 1658 (1913), Phenylpropylamin aus Chlorphenyl-propionsäurenitril. — Rabe, B. 46, 1024 (1913), Pyridinderivate.

Überführung in Ester: Pfeiffer, B. 51, 805 (1918).

Zur

quantitativen Bestimmung der Gruppe — C $\equiv$ N

verseift man die Substanz und bestimmt entweder das gebildete Ammoniak oder die entstandenen Carboxylgruppen.

Die Verseifung der Nitrilgruppe[1]) gelingt gewöhnlich durch mehrstündiges Kochen der Substanz mit Salzsäure[2]) oder sogar durch Stehenlassen in der Kälte[3]). In diesem Fall destilliert man einfach die mit Lauge übersättigte verseifte Substanzlösung zum größten Teil ab und fängt das übergehende Ammoniak in titrierter und gemessener Salzsäure auf.

Oftmals erhält man gute Resultate beim Stehenlassen des Nitrils (evtl. in Kältemischung) mit der homogenen Flüssigkeit, die aus 100 ccm Äther und 60 ccm rauchender Salzsäure entsteht[4]); diese Mischung bewährt sich auch sonst, z. B. zum Verseifen von Estern. Sie läßt sich stundenlang im Sieden erhalten, ohne von ihrer Stärke wesentlich einzubüßen und besitzt so niederen Siedepunkt, daß man unter der Zersetzungstemperatur auch sehr empfindlicher Substanzen bleiben kann.

Zur Verseifung des Chloroximidoessigesters z. B. werden[5]) 40 g Ester im Rundkolben mit eingeschliffenem Rückflußkühler mit 200 ccm rauchender Salzsäure und sodann unter Kühlung langsam mit 120 ccm Äther versetzt, wobei vollständige Lösung eintritt. Man läßt 5—6 Stunden am Rückflußkühler sieden, wobei die Temperatur sich zwischen 40 und 50° hält und nur äußerst wenig Chlorwasserstoff entweicht. Nach dem Erkalten wird 5—6 mal mit viel Äther ausgeschüttelt, ohne Wasser zuzusetzen, der Extrakt mit Natriumsulfat getrocknet, vom Lösungsmittel befreit, getrocknet, unveränderter Ester mit Benzol entfernt und die zurückbleibende Säure aus siedendem Benzol gereinigt.

---

[1]) Siehe hierzu auch Rabaut, Bull. (3) 21, 1075 (1899).

[2]) Claisen, B. 10, 430, 845 (1877); 27, 1295 (1894); 31, 1898 (1898). — A. 194, 261 (1878); 266, 187 (1891). — Frank, Diss. Berlin (1909), 23, 38. — Alkoholische Salzsäure kann das entsprechende Carboxäthylderivat liefern: Diels und Pillow, B. 41, 1894 (1908).

[3]) Tiemann und Friedländer, B. 14, 1967 (1881).

[4]) Fittig, A. 299, 25 (1898); 353, 11 (1907). — Über das Verhalten des „Chlorwasserstoffäthers". Hermer, Diss. Königsberg (1908). — Siehe auch S. 24.

[5]) Houben und Kauffmann, B. 46, 2835 (1913).

Außer Salzsäure werden zur Verseifung von Nitrilen noch Bromwasserstoffsäure[1]), Jodwasserstoffsäure[2]) und starke Schwefelsäure[3]) benutzt.

Oft führt in letzterem Falle die Reaktion nur bis zum Säureamid.

Man läßt 5 g Phenylcyanpropionsäure, gelöst in 15 g konzentrierter Schwefelsäure, 12 Stunden bei gewöhnlicher Temperatur stehen, gießt die dickflüssige Masse in Eiswasser und krystallisiert die ausgeschiedene Phenylbernstein-α-amid-β-säure aus heißem Wasser um[4]).

Eisessig und 50proz. Schwefelsäure verwendet Schlenk[5]). Auch dreistündiges Erhitzen mit 50proz. wäßriger Schwefelsäure auf 150° wird empfohlen[6]).

Läßt sich die Verseifung nur[7]) durch wäßrige oder alkoholische[8]) Lauge erzielen, so wird man zur Absorption des Ammoniaks eine Versuchsanordnung ähnlich dem Zeiselschen Methoxylapparat verwenden und kohlensäurefreie Luft durch den Apparat schicken. In den Waschapparat kommt konzentrierte Lauge.

Im Kolbenrückstand findet sich dann das Alkalisalz der Säure, das nach einer der beschriebenen Methoden analysiert wird.

Das Ammoniak wird in diesem Fall am besten als Platinsalmiak bestimmt.

Sehr geeignet für derartige Verseifungen resistenter Nitrile ist Erhitzen (z. B. von 1.5 g) mit Ätznatron (2.1 g) und 15 ccm Alkohol im Rohr auf 160 bis 190°[9]) oder Kochen mit Natriumalkoholat.

Zur Verseifung der Cyanpyrene schmelzen Goldschmiedt und Wegscheider mit Ätzkali[10]).

Auch der Verseifung der Nitrilgruppe[11]) können sich sterische Hinderungen in den Weg stellen, wie dies bei ortho-[12]) und diorthosubstituierten Nitrilen namentlich Hofmann[13]), Küster und Stallburg[14]), Cain[15]) und V. Meyer und Erb[16]), sowie Sudborough[17]) gefunden haben[18]).

---

[1]) Gabriel und Posner, B. **27**, 2493 (1894). — Gabriel und Eschenbach, B. **30**, 3019 (1897). — Diels und Seib, B. **42**, 4064, 4070 (1909).

[2]) Janssen, A. **250**, 138 (1889). — Diels und Pillow, B. **41**, 1898 (1908).

[3]) Siehe nächste Seite, ferner Bogert und Hard, Am. soc. **25**, 935 (1903). — Matton, Diss. Zürich (1909), 44.   [4]) Anschütz, A. **354**, 123 (1907).

[5]) A. **368**, 295 (1909). — Siehe auch Matton, Diss. Zürich (1909), 49.

[6]) Guillemard, A. ch. phys. (8) **14**, 333 (1908).

[7]) Die Cyanacridane geben beim Erhitzen mit Säuren Blausäure unter Regeneration der quaternären Ausgangsbasen; das 9.10-Dimethyl-9-cyanacridan ließ sich aber mit alkoholischer Lauge im Druckrohr bei 130—140° verseifen. Kaufmann und Albertini, B. **44**, 2057 (1911).

[8]) Z. B. Pschorr, B. **33**, 166 (1900). — Amylalkoholische Lauge: Ebert und Merz, B. **9**, 606 (1876).

[9]) Bamberger und Philipp, B. **20**, 242 (1887). — Seer und Scholl, A. **398**, 88 (1913).

[10]) M. **5**, 256, 259 (1884). — Friedländer und Littner, B. **48**, 331 (1915).

[11]) Siehe S. 1011; ferner: Paulus, Diss. Freiburg (1909), 62 o-Methoxymandelsäurenitril. — Biltz, A. **296**, 253 (1897). — Steinkopf, J. pr. (2) **81**, 193 (1910) (α-Nitronitrile). — Troeger und Lux, Arch. **247**, 618 (1910). — Hinsberg, B. **43**, 136 (1910). — Kaufmann und Albertini, B. **44**, 2056 (1911).

[12]) Hans Meyer, M. **23**, 905 (1902). — Leichte Verseifbarkeit von o-substituierten Nitrilen: Fischer und Wolter, J. pr. (2) **80**, 104 (1909).

[13]) B. **17**, 1914 (1884); **18**, 1825 (1885). — J. pr. (2) **52**, 431 (1895).

[14]) A. **278**, 209 (1893).   [15]) B. **28**, 969 (1895).

[16]) B. **29**, 834, Anm. (1896).   [17]) Soc. **67**, 601 (1895).

[18]) Siehe ferner: Jacobsen, B. **22**, 1222 (1889). — Claus und Herbabny, A. **265**, 370 (1891). — Kerschbaum, B. **28**, 2800 (1895). — Bogert und Hard, Am. soc. **25**, 935 (1903). — Flaecher, Diss. Heidelberg (1903), 14.

Während bei derartigen Nitrilen selbst andauerndes Erhitzen mit Salzsäure im Rohr und bei hoher Temperatur ohne Einwirkung bleibt, läßt sich durch andauerndes Kochen mit alkoholischem Kali oder mit Barytwasser[1]) fast immer Überführung in das Säureamid erzielen, das dann nach Bouveault[2]) verseift wird [Hantzsch und Lucas[3]), V. Meyer[4]), V. Meyer und Erb[5])].

Zur Verseifung von Cyanmesitylen ist 72stündiges Kochen[5]), zur Bildung der Triphenylessigsäure[3])[6]) 50stündiges Erhitzen des Nitrils mit alkoholischem Kali am Rückflußkühler erforderlich.

Sudborough[7]) führt resistente Nitrile durch 1stündiges Erhitzen mit der 20—30fachen Menge 90proz. Schwefelsäure auf 120—130° in das Säureamid über, das dann mit salpetriger Säure[8]) in das Carboxylderivat verwandelt wird. — Ähnliche Verhältnisse zeigt das 1.2.3-Nitrotolunitril[9]).

Versuche, das Nitronitril direkt zur Säure zu verseifen, waren erfolglos. Beim Erhitzen mit einem Gemisch von Salzsäure und Eisessig bis auf 140° blieb das Nitril unverändert; nach 3stündigem Erhitzen auf 170° bildete sich das weiter unten beschriebene Amid vom Smp. 158°. Durch Kochen mit Kalilauge fand Zerfall unter Schwärzung statt. Bequem vollzieht sich der Übergang in das Nitrotoluylamid, $C_6H_3(CH_3)^1)(CONH_2)^2(NO_2)^3$, Smp. 158°, wenn man das Nitril (24 g) mit 100 ccm englischer Schwefelsäure und 50 ccm Wasser durch Erwärmen auf etwa 140° unter Umschwenken schnell löst, dann bis auf 115—120° abkühlt und auf dieser Temperatur $1^1/_2$ Stunden erhält. Diese Lösung wird mit 500 ccm heißem Wasser verdünnt (A). Es scheidet sich beim Erkalten in zarten Nadeln vom Smp. 158° das Amid (ca. 19 g) aus.

Das Amid bleibt selbst nach 4stündigem Kochen mit 20proz. Salzsäure unverändert und wird mit Salzsäure im Rohr bei 250° unter Schwärzung zersetzt. Dagegen gelingt die Verseifung zur Nitrotoluylsäure, $C_6H_3(CH_3)^1$-$(CO_2H)^2(NO_2)^3$, Smp. 151—152°, glatt nach Bouveaults Verfahren, indem man in die heiße, schwefelsaure Lösung (A, s. o.) des Amids auf dem Wasserbad eine Lösung von 18 g Kaliumnitrit durch eine bis auf den Boden des Gefäßes reichende Capillare im Verlauf von $^1/_2$—$^3/_4$ Stunden einfließen läßt. Hat man rohes Nitril benutzt, so muß die Flüssigkeit siedend heiß von etwas Harz abfiltriert werden. Beim Erkalten krystallisiert die gewünschte Säure (21 g) in langen, farblosen Nadeln und derben, kurzen Säulen aus, die einen Stich ins Gelbe zeigen und bei 151—152° schmelzen.

Hydroxycyancampher ist gegen Alkalien unbeständig, widersteht aber kochender Salzsäure. Durch Eintragen in kalte, rauchende Schwefelsäure bei gewöhnlicher Temperatur und nachfolgendes Verdünnen mit Wasser geht diese Substanz in das zugehörige Säureamid über, das durch andauerndes Kochen mit rauchender Bromwasserstoffsäure verseift werden kann[10]).

Über Darstellung von Säureamiden mit konzentrierter Schwefelsäure aus dem zugehörigen Nitril siehe auch Münch[11]).

Gewisse diorthosubstituierte Nitrile, wie das vizin. Tetrabrombenzonitril, das asymmetrische Tetrabrombenzonitril [Claus und Wallbaum[12])] und das

---

[1]) Friedländer und Weisberg, B. **28**, 1841 (1895).
[2]) S. 1011.   [3]) B. **28**, 748 (1895).   [4]) B. **28**, 2782 (1895).
[5]) B. **29**, 834 (1896).   [6]) A. **278**, 209 (1893).   [7]) Soc. **67**, 601 (1895).
[8]) S. 1011.   [9]) Gabriel und Thieme, B. **52**, 1083 (1919).
[10]) Friedländer und Weisberg, B. **28**, 1841 (1895).
[11]) B. **29**, 64 (1896). — Bogert und Hard, Am. soc. **25**, 935 (1903). — Feibelmann, Diss. München (1907), 27.   [12]) J. pr. (2) **56**, 52 (1897).

6-Nitrosalicylsäurenitril[1]), lassen sich auf keinerlei Weise verseifen[1]). Siehe Knoevenagel und Mercklin, B. **37**, 4092 (1904).

Man kann auch nach Radziszewsky[2]) das Nitril durch Behandeln mit alkalischer Wasserstoffsuperoxydlösung bei 40—50° in Amid überführen und dieses untersuchen. Gewöhnlich nimmt man 3 proz Superoxyd, manchmal muß man aber stärkere (6—20 proz.) Lösungen anwenden[3]). Auf diese Art gelang es auch Friedländer und Weisberg, das sehr resistente Nitronaphthonitril in sein Amid überzuführen[3]). Indes ist diese Methode nach Versuchen von Deinert[5]) nicht allgemein ausführbar, da sich auch hier sterische Behinderungen geltend machen können. Siehe übrigens Master und Langreck a. a. O.

Bei der Verseifung ungesättigter Nitrile (mit alkoholischer Lauge) kann durch Anlagerung von Wasser an die der Nitrilgruppe benachbarte Doppelbindung abnormaler Reaktionsverlauf eintreten[6]).

Verseifung acylierter Cyanhydrine: Albert, B. **49**, 1383 (1916).

Sechster Abschnitt.

Isonitrilgruppe.

Qualitative Reaktionen der Carbylamine (Isonitrile) RN : C[7]).

1. Durch Mineralsäuren werden sie in Ameisensäure und primäre Amine gespalten, ebenso beim Erhitzen mit Wasser auf 180°:

$$R \cdot N : C + 2\,H_2O = R \cdot NH_2 + HCOOH.$$

2. Fettsäuren verwandeln in substituierte Fettsäureamide.

3. Im Gegensatz zu den Nitrilen addieren die Carbylamine Jodalkyl.

4. Quecksilberoxyd wird unter Bildung von Isocyansäureäthern zu Metall reduziert.

5. Die Carbylamine addieren Salzsäure und Brom.

6. Beim Erhitzen werden sie zumeist in die zugehörigen Nitrile umgewandelt.

7. Die Carbylamine sind alle durch einen höchst widerwärtigen Geruch ausgezeichnet.

[1]) Auwers und Walker, B. **31**, 3044 (1898).

[2]) B. **18**, 355 (1885). — Rupe und Majewski, B. **33**, 343 (1900). — Bogert und Hand, Am. soc. **24**, 1034 (1902). — Kattwinkel und Wolffenstein, B. **37**, 3224 (1904). — Wislicenus und Silberstein, B. **43**, 1831 (1910). — Wislicenus und Fischer, B. **43**, 2242 (1910). — Keiser und McMaster, Am. **49**, 81 (1913). — Dubsky, J. pr. (2) **93** (1915). — West, Am. soc. **42**, 1656 (1920).

[3]) Master und Langreck, Am. soc. **39**, 104 (1917).

[4]) Lapworth und Chapman, Soc. **79**, 382 (1901). — Peski, B. **42**, 2763 (1909).

[5]) J. pr. (2) **52**, 431 (1895). — Siehe auch Kaufmann und Albertini, B. **44**, 2057 (1911).

[6]) Geraniumnitril: Tiemann, B. **31**, 824 (1898). — Farnesensäurenitril: Kerschbaum, B. **46**, 1735 (1913).

[7]) Licke, A. **112**, 316 (1859). — Hofmann, A. **144**, 114 (1867). — Gautier, A. chim. phys. (4) **17**, 203 (1868). — A. **145**, 119 (1868); **146**, 107 (1868); **149**, 29, 155 (1869); **151**, 239 (1869); **152**, 222 (1869). — B. **3**, 766 (1870). — Weith, B. **6**, 210 (1873). — Tscherniak, Bull. (2) **30**, 185 (1878). — Calmels, J. pr. (2) **30**, 319 (1884). — Bull. (2) **43**, 82 (1885). — Liubawin, Russ. **17**, 194 (1885). — Senf, J. pr. (2) **35**, 516 (1887). — Nef, A. **270**, 267 (1892); **280**, 291 (1894); **309**, 154 (1899). — Grassi - Cristaldi und Lambardi, G. **25**, 224 (1895). — Kaufler, B. **34**, 1577 (1901). — M. **22**, 1073 (1901). — Kaufler und Pomeranz, M. **22**, 492 (1901). — Guillemard, C. r. **143**, 1158 (1906).

8. Zur Unterscheidung der Nitrile von den Isonitrilen kann auch ihr Verhalten gegen Cyansilber dienen, das sich in den flüssigen Isonitrilen unter Wärmeentwicklung löst (Doppelsalzbildung), während es von den Nitrilen unangegriffen bleibt [1]).

Bestimmung von Isonitrilen neben Nitrilen Wade a. a. O., S. 1598.

9. Verhalten von Nitrilen und Isonitrilen gegen Metallsalze: Hofmann und Bugge, B. 40, 1772, 3759 (1907). — Ramberg, B. 40, 2578 (1907). — Guillemard, Bull. (4) 1, 530 (1907). — A. Ch. Ph. (8) 14, 314 (1908). — Bugge, Diss. München (1908). — Tschugaeff und Teearn, B. 47, 568 (1914).

10. Bemerkenswert ist die Beobachtung von Kaufler, daß der Eintritt von Isonitrilgruppen in das Phenolmolekül Kaliunlöslichkeit bedingen kann, wie die Untersuchung des 1.3.5-Trimethyl-2-Oxy-4.6-Diisocyanbenzols:

$$\begin{array}{c} \text{CH}_3 \\ \text{CN}\diagup\diagdown\text{OH} \\ \text{H}_3\text{C}\diagdown\diagup\text{CH}_3 \\ \text{NC} \end{array}$$

ergab [2]).

Quantitative Bestimmung der Isonitrilgruppe [3]).

1. Durch Alkalihypobromite (oder durch Brom in Gegenwart von Wasser) werden die Carbylamine in der Kälte vollständig zerstört, wobei der zweiwertige Kohlenstoff als Kohlendioxyd abgespalten wird.

2. Oxalsäurelösung wird in der Kälte unter Entwicklung eines aus gleichen Volumen Kohlenoxyd und -dioxyd bestehenden Gasgemisches zersetzt.

So entwickeln 4 Moleküle Äthylcarbylamin in Gegenwart konzentrierter Oxalsäurelösung 3 Moleküle Kohlendioxyd.

Siebenter Abschnitt.

Nachweis von an Stickstoff gebundenem Alkyl
(CH$_3$N und C$_2$H$_5$N).

Ob überhaupt Methyl oder Äthyl an den Stickstoff gebunden ist, läßt sich nach der weiter unten beschriebenen Methode von Herzig und Hans Meyer bestimmen. Welches oder welche Alkyle vorhanden waren, ist dagegen durch dieses Verfahren im allgemeinen nicht zu erkennen.

Man wird [4]), falls eine diesbezügliche Entscheidung zu treffen ist, entweder aus einer größeren Menge Substanz das Jodalkyl als solches zu gewinnen trachten, indem man das Jodhydrat der Base destilliert [5]), oder man destilliert die Base mit Kalilauge oder Baryt [6]) und untersucht die Pikrate oder Platindoppelsalze der übergehenden Amine, nachdem man ihre Chlorhydrate durch absoluten Alkohol von Salmiak getrennt, evtl. in Chloroform gelöst hat.

Die nach letzterer Methode gewonnenen Resultate sind indessen mit Vorsicht aufzunehmen [7]), da bei der durch die Kalilauge bewirkten Spaltung öfters Alkylgruppen entstehen, die in der Substanz nicht präformiert waren.

---

[1]) E. Meyer, J. pr. (1) **68**, 285 (1856). — Wade, Soc. **81**, 1613 (1902).
[2]) M. **22**, 1032 (1901).   [3]) Guillemard, C. r. **143**, 1158 (1906).
[4]) Siehe auch S. 891.   [5]) Ciamician und Boeris, B. **29**, 2474 (1896).
[6]) Ackermann und Kutscher, Z. physiol. **49**, 47 (1906); **56**, 220 (1908).
[7]) Herzig und Hans Meyer, M. **18**, 382 (1897).

Base	NH_2CH_3	$NH(CH_3)_2$	$N(CH_3)_3$	$NH_2(C_2H_5)$	$NH(C_2H_5)_2$	$NHCH_3C_2H_5$	$N(CH_3)_2C_2H_5$	$N(C_2H_5)_3$
Chlor-hydrat	Smp. 225—225° Kp_{15} 225—230° in Chloroform unlöslich	Smp. 171° in Chloroform löslich	Smp. 271—275°	Smp. 100° Kp. 315—320°	Smp. 224° Kp.320—330° löslich in Chloroform	Smp. 126—130°		Smp. 248—250°
Nitrat	100°	73—74°	153°		99—100°			98—99°
Pikrat	215° (orangerot) Pikrat löslich in 75 T. Wasser von 11°	165—166°[1] (orangegelb) Pikrat löslich in 56 T. Wasser von 11°	210° u. Zers. (citronengelb) löslich in 77 T. Wasser von 11°	170° (gelb) löslich in 67 T. Wasser von 11°		1. Mod. 98° (gelbgrün), 2. Mod. 144 bis 148° (goldgelb)[1]	206—208° (gelb)[1]	173° (hochgelb)
Styphnat	191°	208°	Zers. über 200°	138°				170° Schwer löslich in kalt. Wasser
Chlor-aurat	235°	195—198° (200—203°) ohne Zers.	Smp. 250°[2] u. Zers.	Smp. 194—196° ohne Zers.		179—180°	Smp. 208° Zers. 220—222°	
Chlor-platinat	217—220°	über 265° un-geschmolzen	242—243° u. Zers.[3]	218° u. Zers.		207—208°	Zers. gegen 240°	
An-merkung	Bitartrat Smp. 175°. Saures Salz Smp. 188°	Salz mit 1 HgCl₂ Smp. 197—198° mit 2 HgCl₂ 233°	Pikrolonat Smp. 252°. Salz mit 2 HgCl₂ Smp. 112°	Dioxalat Smp. 113—114° Saures traubensaures Salz Smp. 142—143°		Dioxalat Smp. 154—155°		Bromhydrat Smp. 248—250° Tetraäthyl-ammonium-pikrat: Smp. 254°. Tetraäthylammoniumstyphnat explodiert bei ca. 210°.

[1] Ries, Z. Kryst. **55**, 454 (1920).
[2] Nach Straus, A. **401**, 374 (1913), 242—243°, nach Schmidt, Arch. **252**, 108 (1914), 235°.
[3] Nach Schmidt, a. a. O. 215°.

So hat Oechsner de Koning beim Cinchonin, das keine an den Stickstoff gebundene Alkylgruppe besitzen kann, Methylamin gefunden[1]); Merck[2]) erhielt aus Pilocarpidin mit 50 proz. Kalilauge bei 200° Dimethylamin, obwohl auch dieses Alkaloid nach Herzig und Hans Meyer am Stickstoff nicht alkyliert ist[3]); weiter wurde bei einzelnen Substanzen die Abspaltung von Mono-, Di- und Trimethylamin konstatiert, oder die Resultate waren je nach den Versuchsbedingungen verschieden.

So spaltet nach Skraup und Wigmann[4]) Morphin Methyläthylamin ab, Methylmorphimetin Trimethylamin und Äthyldimethylamin, nach Knorr[5]) aber Dimethylamin.

Arecain:

$$\begin{array}{c} CO \\ CO \diagdown \ \diagup CHCH_3 \\ H_2C \diagup \ \diagdown CH_2, \\ N \\ CH_3 \end{array}$$

dessen Konstitution durch seine Bildung aus Guvacin vollkommen sicher gestellt ist, liefert beim Erhitzen mit Wasser unter Druck Trimethylamin[6]).

Daß auch beim Erhitzen der Jod(Chlor-)hydrate selbst, unter besonderen Umständen, Alkylgruppen an den Stickstoff treten können, wird S. 1001 näher erläutert werden.

Die Tabelle auf S. 997 gibt die bekannten Konstanten der Alkylamine, soweit sie für die Untersuchung von Wichtigkeit sind.

1. Quantitative Bestimmung der Methylimidgruppe.

Methode von Herzig und Hans Meyer[7]).

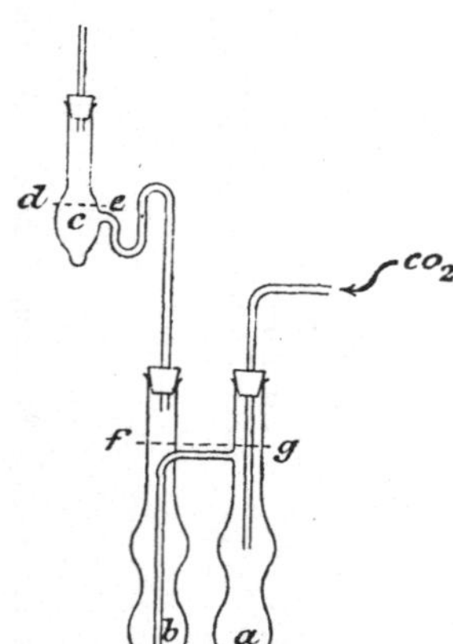

Fig. 332. Apparat zur Methylimidbestimmung.

Die Jodhydrate am Stickstoff methylierter Basen spalten beim Erhitzen auf 200—300° nach der Gleichung:

$$R : N \diagup^{CH_3}_{\diagdown H} J = R : NH + \begin{matrix} CH_3 \\ | \\ J \end{matrix}$$

Jodmethyl ab, das nach der Zeiselschen[8]) Methode bestimmt wird.

Der Apparat[9]) unterscheidet sich von dem für die Methoxylbestimmung benutzten nur durch die Form des Gefäßes, in dem die Substanz erhitzt wird. Es besteht, wie Fig. 332 zeigt, aus zwei Kölbchen, a und b, die miteinander verbunden sind, und einem mittels Korkstopfens[10]) angesetzten Aufsatz c.

---

[1]) A. chim. phys. (5) **27**, 454 (1881).   [2]) Bericht über das Jahr 1896, 11.
[3]) M. **18**, 381 (1897).   [4]) M. **10**, 732 (1889).
[5]) B. **22**, 1813 (1889).   [6]) Jahns, Arch. **229**, 703 (1891).
[7]) B. **27**, 319 (1894). — M. **15**, 613 (1894); **16**, 599 (1895); **18**, 379 (1897).
[8]) Siehe S. 892.
[9]) Sehr gut haben sich Quarzkölbchen bewährt. (Herzig, Privatmitteilung.) Muß man in Glasgefäßen arbeiten, so füllt man b locker mit langfaserigem Asbest, um Springen durch herabfallende Tropfen zu vermeiden.
[10]) Der nach Herzig (Privatmitteilung) durch schwaches Bestreichen mit Vaselin sehr geschont wird.

a) Ausführung der Bestimmung, wenn nur ein Alkyl am Stickstoff vorhanden ist.

0.15—0.3 g Substanz werden in a eingewogen und mit so viel Jodwasserstoffsäure übergossen, daß diese, aus dem Doppelkölbchen vertrieben und im Aufsatzrohr angesammelt, bis zur Linie $d-e$ reichen soll, so daß das abströmende Kohlendioxyd durch die Jodwasserstoffsäure streichen muß, wodurch evtl. mitgerissene basische Produkte zurückgehalten werden.

Außerdem wird zur Beschleunigung der Reaktion noch in a die etwa fünf- bis sechsfache Menge der Substanz an festem reinem Jodammonium gegeben[1]).

c wird unmittelbar an dem Rohr b des Hans Meyerschen Apparats (Fig. 322) angebracht und mittels des in a hineinragenden Röhrchens Kohlendioxyd durchgeleitet[2]). b trägt stets einen Kühler (Herzig).

Den Kohlendioxydstrom läßt man etwas rascher[3]) durchstreichen, als bei der Methoxylbestimmung üblich ist, um das Jodalkyl rasch zu entfernen und so eine etwaige Wanderung des Alkyls in den Kern zu vermeiden.

Man muß daher bei dieser Bestimmungsmethode stets auch das zweite Silbernitratkölbchen vorlegen.

Das Erhitzen wird in einem Sandbad aus Kupfer mit Boden aus Eisenblech vorgenommen, das derart gebaut ist, daß das Doppelkölbchen bis zur Linie $f-g$ im Sand stecken kann.

Zuerst wird die Seite des Sandbads, in der sich a befindet, durch einen starken Brenner erhitzt, während durch den Apparat ein Strom von Kohlendioxyd streicht.

Die in a befindliche, überschüssige Jodwasserstoffsäure destilliert nach b, zum Teil aber gleich nach c. Allmählich wird dann auch b durch Verschieben des Brenners direkt erhitzt.

Die Jodwasserstoffsäure sammelt sich sehr bald ganz im Aufsatzrohr an, so daß das Kohlendioxyd hindurchglucksen muß; in a bleibt das Jodhydrat der Norbase zurück.

Kurze Zeit, nachdem die Jodwasserstoffsäure das Doppelkölbchen verlassen hat, beginnt die Zersetzung und die Silberlösung fängt an sich zu trüben.

Von da an ist die Manipulation genau dieselbe wie bei der Methoxylbestimmung nach Zeisel.

Enthält die Substanz

b) mehrere Alkylgruppen,

so wird, nachdem der ganze Apparat im Kohlendioxydstrom erkaltet ist, der Stöpsel zwischen Aufsatzrohr und Kühler gelüftet und so der Doppelkolben samt Aufsatzrohr abgenommen.

Durch vorsichtiges Neigen kann man die im Aufsatz befindliche Jodwasserstoffsäure nach b zurückleeren und von da wird sie direkt nach a zurückgesaugt.

Nun befindet sich der ganze Apparat, wenn man außerdem frische Silberlösung vorlegt, genau in dem Zustand wie vor Beginn des Versuchs, man kann daher die Zersetzung zum zweitenmal vor sich gehen lassen.

---

[1]) Blinde Probe! Hat man kein reines Jodammonium zur Verfügung, so kann man dieses Reagens weglassen, nur muß man bei alkylreichen Substanzen die Erhitzung öfter wiederholen (siehe S. 1000).

[2]) Bei der Analyse von Substanzen, die starke Jodausscheidung verursachen (Nitrate), wird in das Aufsatzrohr c auch etwas roter Phosphor eingetragen.

[3]) Siehe dazu Troeger und Müller, Arch. **252**, 477 (1914).

Ist die zweite Zersetzung fertig, so kann man das Verfahren wiederholen, und zwar so lange, bis die Menge des gebildeten Jodsilbers so gering ist, daß das daraus berechnete Alkyl weniger als $1/2\%$ der Substanz ausmacht.

Es ist sehr wichtig, die Zersetzung bei möglichst niederer Temperatur[1]) vor sich gehen zu lassen. Man steckt deshalb in das Sandbad ein Thermometer und geht im Maximum 60° über den Punkt (150—300°), bei dem sich die erste Trübung gezeigt hat.

Sind in der Substanz mehrere Alkyle vorhanden, empfiehlt es sich auch, etwas mehr Jodammonium anzuwenden, also in a etwa 5 g, in b 2—3 g einzubringen.

Jede einzelne Zersetzung dauert etwa 2 Stunden, und es sind fast nie (siehe aber S. 1003) mehr als 3 Operationen nötig, auch wenn 3 oder 4 Alkyle in der Substanz vorhanden waren.

c) Bestimmung der Alkylgruppen nacheinander.

Bei schwach basischen Substanzen (Kaffein, Theobromin) gelingt es öfter, die Alkylgruppen einzeln abzuspalten, wenn man statt des Doppelkölbchens ein Gefäß von beistehend gezeichneter (Fig. 333) Form anwendet, das nur bis über die zweite Kugel (a—b) in den Sand gesteckt wird.

Man läßt die Jodwasserstoffsäure nach jeder Operation zurückfließen und setzt beim zweiten- bzw. — bei 3 Alkylen — drittenmal etwas Jodammonium zu[2]).

Handelt es sich um die

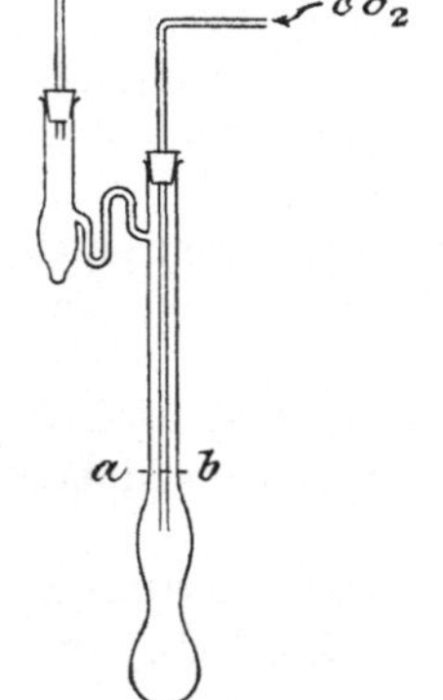

Fig. 333. Bestimmung der Alkylgruppen nacheinander.

d) Methyl[3])bestimmung bei einer Substanz, die zugleich Methoxylgruppen enthält,

so kann man, wenn das Hydrojodid der Base zur Verfügung steht, dieses direkt im Doppelkölbchen ohne jeden Zusatz im Sandbad erhitzen.

Besser und allgemein anwendbar ist folgendes Verfahren, wobei in derselben Substanz Methoxyl und N-Methyl bestimmt werden.

Man überschichtet die Substanz in a mit der bei der Methoxylbestimmung üblichen Menge (10 ccm) Jodwasserstoffsäure.

a wird mit einem Mikrobrenner vorsichtig zum schwachen Sieden erhitzt, und zwar derart, daß fast keine Jodwasserstoffsäure wegdestilliert.

Ist die Operation beendet und hat sich die vorgelegte Silberlösung ganz geklärt, dann destilliert man die Jodwasserstoffsäure ab, und zwar so weit, daß genau so viel in a zurückbleibt, als man sonst bei der Methylbestimmung anwenden soll.

Die Silberlösung bleibt während des Abdestillierens ganz klar und in diesem Stadium ist die Methoxylbestimmung beendet.

Man läßt erkalten, leert die Silberlösung quantitativ in ein Becherglas, die überdestillierte Jodwasserstoffsäure wird aus c und b entfernt, und nun kann die Methylbestimmung beginnen.

---

[1]) Bei der Analyse von Substanzen, die starke Jodausscheidung verursachen (Nitrate), wird in das Aufsatzrohr c auch etwas roter Phosphor eingetragen.

[2]) Nach neueren Versuchen von Herzig und Schleiffer (Privatmitteilung) kann man auch im Doppelkölbchen arbeiten. Man setzt dann kein Jodammonium zu.

[3]) Von der ursprünglichen Bezeichnung Zeisels abgehend, spricht man jetzt öfters von der Methylbestimmung und der „Methylzahl". Es empfiehlt sich, zum alten Namen zurückzukehren und den Terminus „Methyl" für das Alkyl am Stickstoff anzuwenden.

Jodammonium und Jodwasserstoffsäure sind selbstverständlich vorher durch eine blinde Probe auf Reinheit zu prüfen.

e) Weitere Bemerkungen zu dieser Methode[1]).

Die Methode ist bei allen Substanzen anwendbar, die imstande sind, ein — wenn auch nicht isolierbares — Jodhydrat zu bilden, sie liefert ebenso bei Chlor- und Bromhydraten wie bei Nitraten vollkommen stimmende Resultate.

Auch in Verbindungen, die keiner Salzbildung fähig sind (N-Äthylpyrrol, Methylcarbazol, Cholestrophan usw.), läßt sich wohl immer qualitativ die Anwesenheit von Alkyl am Stickstoff mit Sicherheit nachweisen.

Nach Baeyer und Villiger können bei Substanzen, deren Jodhydrate sich erst gegen 300° zersetzen (o-Methylaminotriphenylmethan), die Resultate zu niedrig ausfallen[2]).

Nach Edlbacher[3]) soll Goldchlorid die Jodalkylabspaltung katalytisch beschleunigen.

Thiazine geben beim Kochen mit Jodwasserstoffsäure die Hauptmenge ihres Schwefels in Form von Schwefelwasserstoff ab. Das Jodmethyl wird erst in einem späteren Stadium frei. Kocht man daher längere Zeit, bevor man die Jodwasserstoffsäure abdestilliert, und behandelt man schließlich das Jodsilber mehrmals mit verdünnter heißer Salpetersäure, so erhält man relativ gute Werte[4]). Auch sonst kann man bei schwefelhaltigen Substanzen wenigstens annähernd richtige Werte erhalten. Dadurch, daß ein Teil des Methyls durch Mercaptanbildung verlorengeht, müssen zwar die Resultate immer zu niedrig ausfallen[5]), es macht dies aber nach Kirpal nur sehr wenig aus.

Die Fehlergrenze des Verfahrens liegt zwischen $+ 3\%$ und $- 15\%$ des gesamten Alkyls.

Man kann daher die Anwesenheit oder Abwesenheit je eines Alkyls mit Sicherheit nur dann diagnostizieren, wenn die Differenz in den theoretisch geforderten Zahlen für je eine Alkylgruppe mehr als 2% ausmacht oder mit anderen Worten, wenn das Molekulargewicht der zur Untersuchung gelangenden methylhaltenden Verbindung nicht größer ist als ungefähr 650.

Bei der Beurteilung der Resultate wird man berücksichtigen müssen, ob das Jodsilber rein gelb oder aber ob es dunkel (grau) gefärbt ist, weil in letzterem Fall der Fehler fast immer anstatt negativ positiv wird.

Auch höher molekulare Alkylgruppen werden natürlich beim Erhitzen mit Jodwasserstoffsäure und Jodammonium abgespalten und durch den heißen Gasstrom als Jodalkyl in die Silberlösung übergeführt: So liefern nach Milrath[6]) α-Benzylbenzopyrazolon und ähnlich konstituierte Verbindungen infolge Abspaltung von Benzyljodid reichliche Mengen Jodsilberniederschlag.

Es können ferner während der Operation Alkylgruppen am Stickstoff entstehen, welche die ursprüngliche Substanz nicht enthalten hat, wodurch Irrtümer möglich werden.

Einen derartigen Fall haben Decker und Solonina[7]) schon vor längerer Zeit beschrieben und nachher hat Kirpal[8]) ähnliche Beobachtungen gemacht:

---

[1]) Siehe auch S. 898. [2]) B. **37**, 3207 (1904).

[3]) Die Naturwissenschaften **6**, 330 (1918). — Z. physiol. **101**, 278 (1918); **107**, 57 (1919). — Herzig, Z. physiol. **117**, 16 (1921). — Siehe S. 1005.

[4]) Kaufler, Privatmitteilung. — Gnehm, J. pr. (2) **76**, 424 (1907). — Herzig und Landsteiner, Bioch. **61**, 462 (1914).

[5]) Gnehm und Kaufler, B. **37**, 2621 (1904). — Siehe dazu S. 903.

[6]) M. **29**, 928 (1908). [7]) B. **35**, 3222 (1902).

[8]) B. **41**, 820 (1908). — M. **29**, 474 (1908).

Ein Teil des an den Sauerstoff gebundenen Alkyls wandert unter dem Einfluß der hohen Temperatur an den Stickstoff, bevor Verseifung durch die Jodwasserstoffsäure eingetreten ist.

Das N-Alkyl kann aber, außer durch Umlagerung, auch durch Zerfall einer bereits am Stickstoff befindlich gewesenen, anderen Atomgruppe entstehen. So hat von Gerichten gezeigt[1]), daß salzsaures Pyridinbetain bei 202—206° nach dem Schema:

$$
\underset{\substack{| \ | \\ O-CO}}{\underset{N-CH_2}{\bigcirc}} + HCl = \underset{\substack{/ \\ Cl}}{\underset{N-CH_2COOH}{\bigcirc}} = \underset{\substack{\diagup\diagdown \\ Cl \ CH_3}}{\underset{N}{\bigcirc}} + CO_2 = \underset{N}{\bigcirc} + ClCH_3 + CO_2
$$

zerfällt, und analog liefert nach Kirpal[2]) β-Oxypyridinbetain:

$$
\underset{\substack{| \ | \\ O-CO}}{\underset{N-CH_2}{\overset{\bigcirc-OH}{}}}
$$

bei der Bestimmung nach Herzig-Meyer die einer Methylgruppe entsprechende Menge Jodsilber:

$$
\underset{J-N-CH_2COOH}{\overset{\bigcirc-OH}{}} = \underset{J-N-CH_2}{\overset{\bigcirc-OH}{}} + CO_2 = \underset{N}{\overset{\bigcirc-OH}{}} + JCH_3 + CO_2 \ .
$$

Ähnlich gibt Leucin beim Erhitzen auf 310—350° die 1.45% Methyl entsprechende Jodsilbermenge, Glykokoll 1.56%, Tyrosin 1.52% und Glutaminsäure 1.12% CH_3[3]). — Dieser partielle Zerfall der Aminsäuren bedingt, daß auch die Eiweißstoffe Methylzahlen dieser Größenordnung liefern (Herzig).

Über das eigentümliche Verhalten des Eserins siehe Straus, A. 401, 350 (1914); 406, 332 (1915). — Herzig und Lieb, M. 39, 285 (1918). — Über Schwierigkeiten bei der Methylimidbestimmung von Derivaten der Ureide und des Purins siehe Herzig, Z. physiol. 117, 15 (1921).

Schon Johanny und Zeisel haben festgestellt[4]), daß das Jodmethylat des Trimethylcolchidimethinsäuremethylesters in Lösung (von Eisessig und Essigsäureanhydrid) auf die Siedetemperatur (127°) der Jodwasserstoffsäure erhitzt, partiell unter Abspaltung von Jodmethyl zerlegt wird.

Später haben Busch[5]), Goldschmiedt und Hönigschmid[6]), Keller[7]) und dann in umfassender Weise Goldschmiedt[8]) gezeigt, daß unter besonderen Umständen — durch dem Stickstoff benachbarte Gruppen — eine derartige Schwächung der Haftintensität des Alkyls am Stickstoff eintritt, daß das N-Methyl mehr oder weniger vollständig schon durch prolongierte „Methoxylbestimmung" ermittelt werden kann.

---

[1]) B. 15, 1251 (1882).
[2]) Siehe Anm. 8, vorige Seite.
[3]) Skraup und Krause, M. 30, 453 (1909). — Skraup und Böttcher, M. 31, 1035 (1910). — Herzig, Landsteiner und Schuster, Bioch. 61, 460 (1914). — Burn, Bioch. J. 8, 154 (1914).   [4]) M. 9, 878 (1888).
[5]) B. 35, 1565 (1902).   [6]) B. 36, 1850 (1903). — M. 24, 707 (1903).
[7]) Arch. 242, 323 (1904). — Siehe auch Pommerehne, Arch. 237, 480 (1899). — Arch. 238, 546 (1900). — Apoth.-Ztg. 1903, 684. — Willstätter, B. 35, 584 (1902); 37, 401 (1904). — Haars, Arch. 243, 163 (1905). — Küster, Z. physiol. 82, 126 (1912.)
[8]) M. 27, 849 (1906); 28, 1063 (1907).

Die angeführten Tatsachen sind zwar im allgemeinen durchaus nicht geeignet, die Brauchbarkeit der Zeiselschen resp. Herzig-Meyerschen Methode einzuschränken. Immerhin mögen die nachfolgenden Worte Herzigs[1] hier Platz finden:

„Bedenkt man, daß Methyldiphenylamin in 2 Stunden mit kochender Jodwasserstoffsäure 45.7% des geforderten CH_3 anzeigt, während in derselben Zeit die eine Gruppe in den Methyloellagsäurederivaten gar kein OCH_3 indiziert und die methylierten Bromphloroglucide nur die Hälfte des vorhandenen OCH_3 liefern, so wird man in zweifelhaften Fällen in bezug auf die Unterscheidung von OCH_3 und NCH_3 zur Vorsicht gemahnt.

Wir werden daher in Zukunft bei stickstoffhaltigen Verbindungen nur dann sicher auf die Anwesenheit von — OCH_3-Gruppen im Gegensatz zu $= NCH_3$-Resten schließen können, wenn bei normalem Verlauf der Reaktion nach Zeisel sehr bald nach dem Beginn des Siedens Trübung der Silberlösung eintritt, die Lösung sich in kurzer Zeit klärt und außerdem innerhalb dieses Intervalles fast die ganze theoretisch geforderte Menge des Jodmethyls abgespalten wird."

Endlich ist noch auf das Folgende aufmerksam zu machen.

Die Methode von Herzig und Hans Meyer beruht auf der Zerlegung von nach der Gleichung:

$$RR_1 : NCH_3 + HJ = RR_1 : \overset{NH}{\underset{J}{CH_3}}$$

entstandenem quaternären Salz durch Hitze:

$$RR_1 : N{\underset{\diagdown H}{\overset{\diagup CH_3}{-J}}} = RR_1 : NH + CH_3J.$$

Wenn nun an Stelle von R und R_1 sich Wasserstoff in der Substanz befindet, d. h. wenn die Substanz während der Reaktion Methylamin abspaltet, so ist ein glatter Reaktionsverlauf dadurch in Frage gestellt, daß das Methylaminjodhydrat mit den Dämpfen der Jodwasserstoffsäure merklich flüchtig ist.

Es wird daher die Umsetzung des Methylaminsalzes zu Jodmethyl und Ammoniumjodid nur unvollkommen erfolgen, und man ist genötigt, den Versuch mehrmals[2] zu wiederholen (die Jodwasserstoffsäure wiederholt in das Doppelkölbchen zurückzubringen und zu erhitzen), wenn man leidlich gute Resultate haben will.

Solchen Substanzen, die leicht durch Jodwasserstoffsäure zu Methylamin und Carbonsäure verseift werden, sind Hans Meyer und Steiner[3] in den Methylimiden der Benzolpolycarbonsäuren begegnet; sie haben gefunden, daß auch Benzoesäuremethylamid sich gleichartig verhält.

Je saurer der Rest, an dem die Methylamingruppe sich befindet, desto leichter findet die Verseifung statt.

In derartigen Fällen wird man also am besten auf die Stickstoffmethylbestimmung nach Herzig und Meyer verzichten und an ihre Stelle die Verseifung mit Kalilauge treten lassen[4]. Das Methylamin wird in titrierter Säure aufgefangen und volumetrisch bestimmt.

Es entsprechen 100 Gewichtsteile Jodsilber:

6.38 Gewichtsteilen CH_3.

---

[1] M. **29**, 297 (1908).   [2] Sechs- bis zwölfmal.   [3] M. **35**, 160 (1914).
[4] In methoxylhaltigen Substanzen wird nach Beendigung der Methoxylbestimmung die Jodwasserstoffsäure mit Lauge übersättigt und destilliert.

Faktorentabelle.

1	2	3	4	5	6	7	8	9
638	1276	1914	2552	3190	3828	4466	5104	5742

2. Quantitative Bestimmung der Äthylimidgruppe.

Methode von Herzig und Hans Meyer[1]).

Die Bestimmung erfolgt genau so, wie bei der quantitativen Ermittlung der Methylimidgruppe angegeben wurde.

100 Gewichtsteile Jodsilber entsprechen

$$12.34 \text{ Gewichtsteilen } C_2H_5 .$$

Faktorentabelle.

1	2	3	4	5	6	7	8	9
1234	2468	3702	4936	6320	7404	8638	9872	11 106

3. Mikro-Methylimidbestimmung[2]).

Ein quadratisches Stück Stanniol von etwa 16 mm Seite wird durch Abschneiden der Ecken in die Form eines regelmäßigen Achteckes gebracht und über dem Ende eines Glasstabes von 5 mm Durchmesser zu einem Näpfchen geformt.

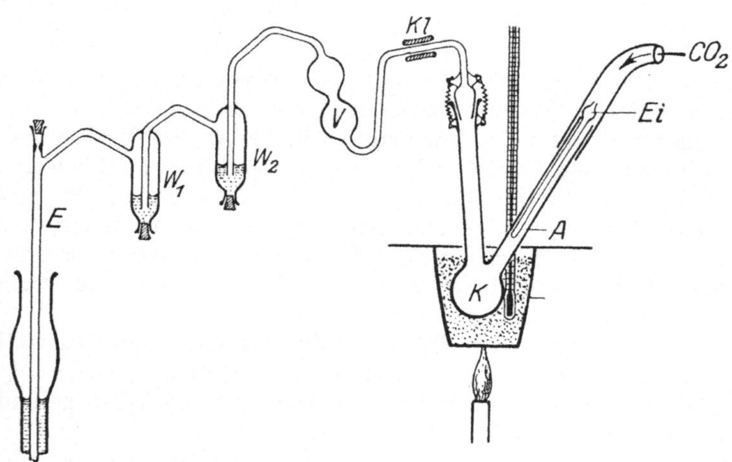

Fig. 334. Apparat von Pregl und Edlbacher.

In dieses gewogene Hütchen bringt man 3—6 mg Substanz und verschließt es durch Zukrempeln mittels zweier Pinzetten[3]). Nun werden zunächst das Quarzkölbchen und der Glasschliff des Apparats mittels etwas Vaseline gedichtet und durch Spiralklemmen fest verbunden. Mit Hilfe einer kleinen Pipette füllt man bei horizontal gehaltenem Apparate die beiden Waschgefäße W_1 und W_2 mit 5 proz. Cadmiumsulfatlösung, wobei man Sorge trägt, daß keine Flüssigkeit in das Verbindungsrohr Vr gelangt. W_1 und W_2 werden durch kleine Korke

[1]) B. **27**, 319 (1894). — M. **15**, 613 (1894); **16**, 599 (1895); **18**, 382 (1897).
[2]) Edlbacher, Z. physiol. **101**, 283 (1918).　　[3]) Siehe dazu S. 906.

verschlossen. Der Apparat wird in die Klemme Kl gespannt und das Kölbchen K mit anlehnendem Thermometer Th in den Tiegel Tg getaucht, dieser mit Sand gefüllt und darüber eine Asbestplatte Pl gelegt, die einen Ausschnitt besitzt, so daß sie bequem von der Seite über den Tiegel geschoben werden kann. Das Einleitungsrohr E hat man schon vorher mit Schwefelchromsäure sorgfältigst gereinigt. Man läßt es nun in das bauchige Reagierglas tauchen, welches mit 4 proz. alkoholischer Silbernitratlösung gefüllt ist. In K bringt man nun 2—3 Messerspitzen Ammoniumjodid, 2—3 Tonsplitterchen und ein Stückchen Platindraht und endlich 1.5 ccm Jodwasserstoffsäure (1.95). Nun wirft man durch das Ansatzröhrchen A die Pille mit der Substanz in das Kölbchen, setzt das Verschlußrohr Ei hinein und verbindet A mit dem Kohlendioxyd-Entwicklungsapparat, dessen Strom man mittels eines Schraubenquetschhahnes so regelt, daß nur immer eine Blase in der Silberlösung aufsteigt. Unter den Tiegel setzt man nun einen Bunsenbrenner mit voller Flamme. Sobald nach einigen Minuten das Thermometer 40°

zeigt, entfernt man den Brenner, und die Temperatur steigt nun von selbst innerhalb einiger Minuten auf 100—110°. Erst wenn diese Temperatur erreicht ist, setzt man mit ganz kleinem Flämmchen das Erhitzen fort, indem man die Temperatur innerhalb der folgenden 30 Minuten nur bis 160° steigen läßt. In dieser Sphäre geht alles an Sauerstoff gebundene Alkyl über. Nun wird evtl. die Vorlage gewechselt und man vergrößert das Flämmchen allmählich, bis das Thermometer 200° zeigt; im Laufe von etwa 20 Minuten destilliert aller Jodwasserstoff in die Vorlage V. Erst wenn dieser Zeitpunkt eingetreten ist, steigert man die Temperatur evtl. bis zu 350°. Nach einer Stunde senkt man das Reagensglas Rg, lüftet den Kork über dem Einleitungsrohr und spült abwechselnd mit Alkohol und Wasser das anhaftende Jodsilber in das Glas hinunter.

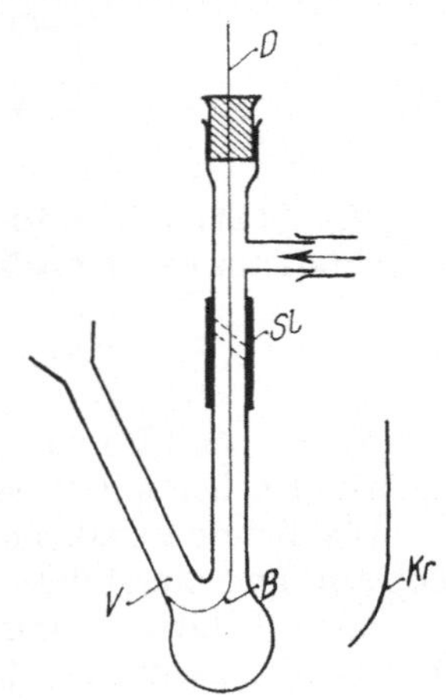

Fig. 335.   Mikro-Methylimidbestimmung.

Sobald die Temperatur unter 120° gesunken ist, lüftet man den Schlauch, der A mit dem Kohlensäureapparat verbindet, und saugt vorsichtig die Jodwasserstoffsäure von V nach K zurück. Dann legt man neue Silberlösung vor und das Erhitzen beginnt von neuem, wobei sich meistens noch bedeutende Mengen Jodsilber abscheiden. In den meisten Fällen wird eine zweimalige Destillation ausreichen, doch kann als Kriterium für die Beendigung der Reaktion nur das gelten, daß die Zunahme an Alkyl zwischen zwei folgenden Destillationen kleiner als 0.5% ist.

Setzt man dem Reaktionsgemisch im Quarzkölbchen 1—2 Tropfen einer mit Salzsäure angesäuerten Lösung von Goldchlorid zu und hält die Temperatur nach dem Abdestillieren der Jodwasserstoffsäure (1.7) ca. 30 Minuten auf 300—360°, so wird alles Alkyl mit einer einmaligen Destillation abgespalten.

Manchmal kommt es, bei schwer zersetzlichen, hochmolekularen Stoffen (Eiweißkörpern), gegen Ende der Reaktion zu einer Verstopfung des Kölbchens. In derartigen Fällen benutzt man nur zirka 20 mg Jodammonium und setzt auf das Kölbchen ein T-Rohr mittels Schlauchstücks Sl (Fig. 335). Durch den Verschlußkork wird ein Kupferdraht D geführt, an den bei B ein schwach gekrümmter Platindraht Kr angelötet wird. Nach Einführung von D drückt man gegen den Boden des Kölbchens. Der nunmehr stark gekrümmte

Draht wird wieder so weit heraufgezogen, daß er die gezeichnete Stellung erreicht. Verstopfung tritt immer bei V ein. Ist dies der Fall, so reißt man die angebackenen Massen los, indem man D fest nach oben zieht[1]).

Achter Abschnitt.

Betaingruppe.

Die Betaine sind cyclische Salze, bei denen das Carboxyl eine Valenz des fünfwertigen Stickstoffatoms absättigt, an dem noch mindestens ein Alkyl haftet. Durch Salzsäure (Brom-, Jodwasserstoffsäure) werden sie in die Chlor- (Brom-, Jod-)Alkylate der freien Säuren verwandelt.

Thionylchlorid bildet die entsprechenden Chloride, die durch Alkoholzusatz in die Ester übergehen [Hans Meyer[2])]:

$$\underset{\underset{\displaystyle CH_3}{|}}{\underset{\displaystyle N-O}{\overset{\displaystyle -CO}{\bigcirc}}} \rightarrow \underset{\underset{\displaystyle CH_3 \;\; Cl}{N}}{\overset{\displaystyle -CO-Cl}{\bigcirc}} \rightarrow \underset{\underset{\displaystyle CH_3 \;\; Cl}{N}}{\overset{\displaystyle -COOCH_3}{\bigcirc}}\;.$$

Mit Platinchlorid (Goldchlorid) und Salzsäure geben die Betaine charakteristische Doppelsalze der Formel:

$$(B \cdot HCl)_2 PtCl_4$$

und

$$(B \cdot HCl)AuCl_3\,.$$

Ferro- und Ferricyanwasserstoffsäure geben schwerlösliche Salze[3]), die beim Kochen mit Wasser unter Entwicklung von Blausäure zersetzt werden.

Die Betaine sind, namentlich im nicht ganz reinen Zustand, sehr hygroskopisch und krystallisieren oftmals als Hydrate, die luftbeständiger sind.

Beim Erhitzen werden sie, indem der Stickstoff die Fähigkeit verliert, fünfwertig aufzutreten, je nach der Festigkeit, mit der die Carboxylgruppe am Kohlenstoff haftet, entweder (gewöhnlich unter Kohlendioxydabspaltung) zersetzt oder sie erleiden Umlagerung zu den isomeren Säureestern:

$$(CH_3)_3 N - CH_2 - COO = (CH_3)_2 N - CH_2 - COOCH_3\,.$$

Das Verhalten der Betaine ist in dieser Beziehung je nach der Stellung der Aminogruppe verschieden[4]).

Verhalten der α-Betaine. Alle α-Betaine lassen sich durch Erhitzen in die entsprechenden Ester umlagern.

Verhalten der β-Betaine. Diese Klasse der Betaine läßt sich nicht in Aminosäureester umlagern. So geht Trimethylpropiobetain nach der Gleichung:

$$\underset{\displaystyle O\!-\!\!-\!\!-\!\!-\!CO}{\overset{\displaystyle CH_3}{\underset{\displaystyle CH_3}{\overset{\displaystyle CH_3}{>}}}N\!-\!CH_2\!-\!CH_2} = \underset{\displaystyle O\!-\!\!-\!\!-\!\!-\!CO}{\overset{\displaystyle CH_3}{\underset{\displaystyle CH_3}{\overset{\displaystyle CH_3}{>}}}N\!-\!H} \quad \overset{\displaystyle CH_2}{\underset{\displaystyle CO}{\overset{\displaystyle \|}{CH}}}$$

in acrylsaures Trimethylamin über (bei Temperaturen unter 126°). Das Methylbetain des Arecaidins und Arecaidin selbst[5]), sowie Trigonellin und Picolinsäurebetain werden in der Hitze unter Kohlendioxydabspaltung zersetzt[4]).

[1]) Edlbacher, Z. physiol. 112, 84 (1921).
[2]) Siehe die erste Auflage dieses Buches, S. 573. — Kirpal, M. 23, 770 (1902).
[3]) Roeder, B. 46, 3724 (1913).
[4]) Willstätter, B. 35, 585 (1902). — Willstätter und Kahn, B. 35, 2757 (1902); 37, 401, 1853, 1858 (1904). — Siehe auch Hans Meyer, M. 15, 164 (1894). — Schulze und Trier, B. 42, 4657 (1909).   [5]) Jahns, Arch. 229, 669 (1891).

Verhalten der γ-Betaine. Die aromatischen γ-Betaine gehen durch Erhitzen glatt in Aminosäureester über[1]), während γ-Trimethylbutyrobetain in Trimethylamin und Butyrolacton zerfällt[2]).

Die geringere Beständigkeit der β-Betaine im Vergleich zu den α- und γ-Verbindungen tritt noch weit deutlicher im Verhalten gegen Alkali zutage. Sowohl das Jodmethylat des β-Dimethylaminopropionsäureesters wie das Trimethylpropiobetain werden beim Erwärmen mit wäßrigen Alkalien glatt in Trimethylamin und Acrylsäure gespalten. Die alkylierte Amingruppe ist also in der β-Stellung außerordentlich locker gebunden[3]). Auch unter den Ammoniumjodiden sind die unbeständigen — die durch Alkalien in ungesättigte, stickstofffreie Säuren (und Amine) gespalten werden — als der β-Reihe zugehörig erkannt worden[4]).

Einzelne Ester lassen sich nun umgekehrt in Betaine umwandeln, so Dimethylaminoessigsäuremethylester, β-Dimethylaminopropionsäuremethylester, γ-Dimethylaminobuttersäuremethylester, Isonicotinsäureester und endlich der saure Cinchomeronsäure-γ-methylester, welch letzterer nach Kirpal[5]) bei seinem Schmelzpunkt in Apophyllensäure umgelagert wird. Siehe Kirpal, M. 24, 521 (1903).

Theoretisches über die Betainbildung: Werner, B. 36, 157 (1903). — Hans Meyer, M. 24, 195 (1903).

Phenolbetaine[6]).

Während die weiter oben beschriebenen „eigentlichen" Betaine Carboxylderivate sind, leiten sich die Phenolbetaine von Hydroxylverbindungen ab. So entsteht z. B. das 4-Oxy-N-methylpyridiniumbetain aus dem Jodmethylat des 4-Oxypyridins:

$$\underset{\underset{\text{CH}_3 \quad \text{J}}{|}}{\overset{\text{OH}}{\bighexagon}}\text{N} \quad \longrightarrow \quad \underset{\underset{\text{CH}_3}{|}}{\overset{\text{O}}{\bighexagon}}\text{N}$$

Die Phenolbetaine sind in Wasser (meist sehr leicht) löslich und schmecken rein bitter wie alle quaternären Ammoniumsalze. In Äther, Benzol und Petroläther sind sie äußerst schwer löslich und aus ihrer wäßrigen Lösung durch diese Mittel nicht extrahierbar.

Die Phenolbetaine und ihre Salze sind farbig, wenn ihr Stickstoff sich in einem nicht hydrierten Ring befindet. Die Phenolbetaine der Morphinreihe dagegen oder des Tetrahydrooxychinolins sowie die Grießschen Benzbetaine[7]) sind farblos.

Die cyclischen Phenolbetaine krystallisieren mit mehreren Molekülen Wasser, von dem ein Teil nur schwer ausgetrieben werden kann. Mit dem

---

[1]) Grieß, B. 6, 585 (1873); 13, 246 (1880).   [2]) Willstätter, B. 35, 618 (1902).

[3]) Grieß, B. 12, 2117 (1879). — Körner und Menozzi, G. 11, 258 (1881); 13, 350 (1883). — Michael und Wing, Am. 6, 419 (1885). — Willstätter, B. 35, 591 (1902).

[4]) Einhorn und Tahara, B. 26, 324 (1893). — Einhorn und Friedländer, B. 26, 1482 (1893). — Willstätter, B. 28, 3271 (1895); 31, 1534 (1898). — Lipp, A. 295, 135, 162 (1897). — Piccinini, Atti Linc. (8) 2, 135 (1899). — Willstätter, B. 35, 592 (1902). — Willstätter und Lessing, B. 35, 2065 (1902). — Willstätter und Ettlinger, A. 326, 127 (1903).   [5]) M. 23, 239, 765 (1902). — Siehe auch Kaas, M. 23, 681 (1902).

[6]) Siehe namentlich Decker, J. pr. (2) 62, 266 (1900). — Decker und Engler, B. 36, 1170 (1903). — Decker und Durant, A. 358, 288 (1908).

[7]) B. 13, 246, 649 (1880).

Verlust von Wasser ist stets sehr bemerkbare Vertiefung der Farbe verbunden. Zu gleicher Zeit werden die Verbindungen in Benzol und Äther löslicher.

Auch die meisten Salze enthalten Krystallwasser.

Konzentrierte Lauge fällt die Phenolbetaine aus der wäßrigen Lösung quantitativ aus: Durch die innere Bindung mit der Phenolgruppe wird die typische Unbeständigkeit der Cyclammoniumhydroxyde[1]), die in der Wanderung der am fünfwertigen Stickstoff stehenden Hydroxylgruppe an ein benachbartes Kohlenstoffatom unter Lösung einer Stickstoff-Kohlenstoffbindung ihren Grund hat und zu Carbinolen (Cyclaminolen) oder ungesättigten Verbindungen (Cyclaminenen) führt, aufgehoben; die Phenolbetaine sind infolgedessen gegen Alkalien und oxydierende Einwirkungen verhältnismäßig beständig. Durch Alkalien tritt also (im Gegensatz zu den Carboxylbetainen) keine Aufspaltung und Salzbildung ein, wohl aber mit größter Leichtigkeit durch Säuren.

Über das N-Methylnorpapaveriniumbetain machen Decker und Durant Bemerkungen, die allgemeineres Interesse besitzen.

Dieses Phenolbetain[2]) ist mit dem Papaverin isomer:

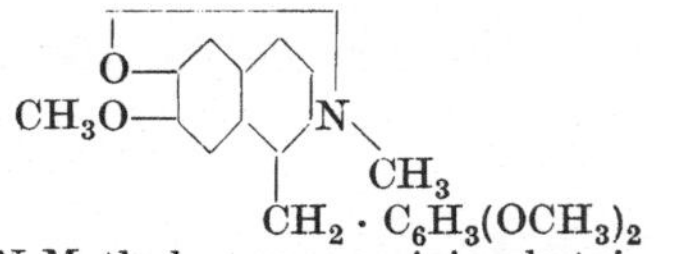

O—⌉
CH₃O—⟨Ring⟩N—⌋
| \CH₃
CH₂ · C₆H₃(OCH₃)₂
N-Methylnorpapaveriniumbetain.

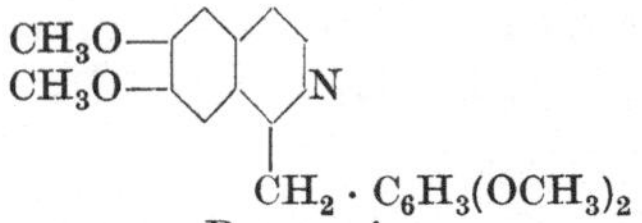

CH₃O—
CH₃O—⟨Ring⟩N
|
CH₂ · C₆H₃(OCH₃)₂
Papaverin.

Ebenso die Salze der beiden: aus beiden Isomeren entsteht aber mit Jodmethyl dasselbe Papaverinjodmethylat.

Würde ein derartiges Betain in der Natur vorkommen oder durch irgendeine Reaktion aus einem natürlichen Betain entstehen, so würde man es seinem ganzen Verhalten nach zu den tertiären Basen rechnen und ihm die Formel des isomeren Papaverins zuschreiben. Es entsteht ja auch bei der andauernden Einwirkung von Alkalien auf Jodmethylate, d. h. bei einer Reaktion, die gewöhnlich zu tertiären Basen führt, unter den Bedingungen der sog. Hofmannschen erschöpfenden Methylierung[3]).

Die Salze bilden sich ebenfalls, wie bei tertiären Aminen, ohne Wasserabspaltung, während die quaternären Salze aus einem Ammoniumhydroxyd unter Abspaltung von Wasser entstehen. Die Salze verhalten sich auch wie die tertiärer Basen, sind durch Natriumcarbonat fällbar und besitzen schwach saure Reaktion.

Eine Verwechslung eines cyclischen Phenolbetains mit einer tertiären isomeren Base könnte demnach sehr leicht erfolgen, wenn wir nicht in der Methoxylbestimmung bzw. der Herzig - Meyerschen Methode ein absolut sicheres Unterscheidungsmerkmal der beiden Substanzgruppen hätten.

Über Pseudobetaine siehe Hans Meyer, M. 25, 490 (1904).

---

[1]) Decker, J. pr. (2) 47, 28 (1893).

[2]) Die Stellung des Hydroxyls ist unsicher, das Betain kann daher auch die Formel:

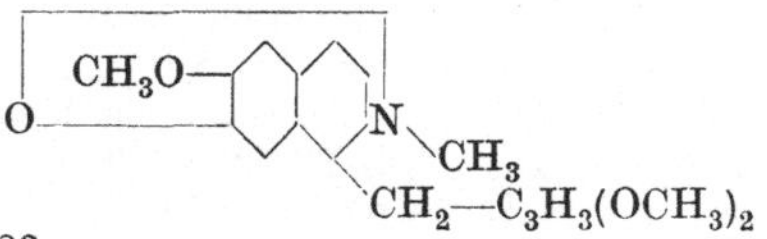

⌈CH₃O—⟨Ring⟩—⌉
O——————N
  \CH₃
CH₂—C₃H₃(OCH₃)₂

besitzen.   [3]) Siehe S. 983.

Neunter Abschnitt.

Säureamidgruppe.

A. Qualitativer Nachweis der Amidgruppe.

Der qualitative Nachweis vom Vorhandensein einer $-CONH_2$-Gruppe kann durch die im nachfolgenden beschriebene Verseifung und den Hofmannschen Abbau, oftmals außerdem durch die von Rose entdeckte[1]) Biuretreaktion[2]) geführt werden, falls nämlich die Substanz zwei $CONH_2$-Gruppen an einem Kohlenstoff- oder Stickstoffatom oder direkt miteinander vereinigt besitzt, also einem der drei Typen:

$$H_2C\begin{array}{l}\diagup CONH_2\\ \diagdown CONH_2\end{array}\ \text{Malonamid,}$$

$$HN\begin{array}{l}\diagup CONH_2\\ \diagdown CONH_2\end{array}\ \text{Biuret,}$$

$$\begin{array}{l}CONH_2\\ |\\ CONH_2\end{array}\ \text{Oxamid}$$

angehört. Da die Eiweißkörper derartige Gruppen [wahrscheinlich sogar zweimal[3])] enthalten, zeigen sie durchgängig die Biuretreaktion[4]). Daher wird sie allgemein zur Abgrenzung des Eiweißes gegen seine einfacheren Spaltungsprodukte benutzt. Wenn man Eiweiß durch Säuren oder Trypsin spaltet, ist mit dem Augenblick, wo die Biuretreaktion aufhört, das letzte Pepton in Aminosäuren usw. zerlegt[5]).

Im Gegensatz zur Ninhydrinprobe versagt nämlich die Biuretreaktion mit sämtlichen Aminosäuren und einer Anzahl von Polypeptiden. Die Grenze liegt etwa bei den Tripeptiden. Nicht nur alle praktisch in Betracht kommenden löslichen Eiweißkörper, Albumosen und Peptone geben Biuretreaktion, sondern auch alle bisher bekannten Tetrapeptide, ein großer Teil der Tripeptide und eine Reihe von Dipeptiden. Es läßt sich feststellen, daß der Eintritt der Reaktion von der Art und Reihenfolge in der Verkettung der das Polypeptid aufbauenden Aminosäuren abhängig ist. Die beherrschenden Gesetze sind nur teilweise bekannt[6]).

Werden in den erwähnten drei Verbindungsformen zwei Wasserstoffatome der beiden NH_2-Gruppen symmetrisch oder asymmetrisch entsprechend den Formeln:

$$\begin{array}{llll}NHR & NH_2 & NR^{II} & NH\diagdown\\ NHR & NRR' & NH_2 & NH\diagup\end{array}R^{II}$$

---

[1]) Pogg. **28**, 132 (1833). — Werner, Diss. Leipzig (1908), 18, 90 (Salze des Biurets).

[2]) Wiedemann, J. pr. (1) **42**, 255 (1847). — Piotrowski, Wien. Sitzb. **24**, 335 (1857). — Gorup-Besanez, B. **8**, 1511 (1875). — Brücke, M. **4**, 203 (1883). — Wien. Sitzb. **61**, 250 (1884). — Loew, J. pr. (2) **31**, 134 (1885). — Neumeister, Z. anal. **30**, 110 (1891). — Schiff, B. **29**, 298 (1896). — A. **299**, 236 (1897); **310**, 37 (1900); **319**, 300 (1901); **352**, 73 (1907). — Schaer, Z. anal. **42**, 1 (1903). — Lidof, Z. anal. **43**, 713 (1904). — Fischer, Unters. üb. Aminosäuren **50**, 301 (1906).

[3]) Paal, B. **29**, 1084 (1896). — Schiff, B. **29**, 1354 (1896). — Blum und Vaubel, J. pr. (2) **57**, 365 (1898). — Pick, Z. physiol. **28**, 219 (1899).

[4]) Siehe dagegen Krukenberg, Verh. d. physik.-med. Ges. zu Würzburg **18**, 179 (1884).

[5]) Cohnheim, Eiweißkörper (1901), 30. — Über die Natur der bei der Biuretreaktion entstehenden Körper siehe Tschugaeff, B. **40**, 1975 (1907).

[6]) Oppler, Bioch. **75**, 219 (1916).

substituiert, so verliert die Verbindung die Befähigung zur Biuretreaktion, beim Malonamid schon nach Substitution eines Wasserstoffatoms.

In der Gruppe:

$$-C\underset{NH_2}{\overset{O}{\diagdown}}$$

kann aber der Sauerstoff in mannigfacher Weise durch andere Elemente oder Gruppen ersetzt sein (z. B. durch S, NH, H_2, COOH), ohne daß die Reaktion versagt.

Verbindungen vom Typus des Glycinamids:

$$\begin{matrix} COHN_2 \\ | \\ CH_2NH_2 \end{matrix}$$

geben also die Reaktion [1]), falls keine Substitution einer NH_2-Gruppe durch einen sauren Rest erfolgt [2]).

Ausführung der Biuretreaktion.

Fügt man zu der gelösten oder fein gepulverten Substanz zuerst überschüssige Natronlauge, darauf tropfenweise sehr verdünnte Kupfersulfatlösung und schüttelt nach jedesmaligem Zusatz des Kupfersalzes um, so wird die Flüssigkeit erst rosa, dann violett, schließlich blauviolett, während das Kupferoxydhydrat in Lösung geht.

Man kann auch die alkalische Lösung der Substanz mit fast farbloser Kupfersulfatlösung überschichten, worauf die Färbung an der Trennungsfläche der Flüssigkeiten auftritt [3]).

Ebenso kann man ammoniakalische Kupferlösung oder Fehlings Flüssigkeit anwenden [2])[4]).

Das beste Reagens wird nach Gies dargestellt, indem man zu 1 proz. Kalilauge so viel 3 proz. Kupfersulfat gibt, bis schwach blaue, klare Lösung entsteht [5]).

Auch mit Nickel- und Kobaltsalzen entsteht eine ähnliche Biuretreaktion [6]), und ebenso kann man das Alkali durch verschiedene andere, basisch reagierende Substanzen ersetzen [7]).

Über eine weitere Reaktion der Harnstoffderivate siehe Fenton, Proc. 18, 243 (1903). — Soc. 83, 187 (1903).

B. Quantitative Bestimmung der Amidgruppe.

1. Verseifung der Säureamide.

Die quantitative Bestimmung der Amidgruppe erfolgt durch Verseifen [8]) der Substanz, ebenso wie für die Nitrilgruppe [9]) angegeben wurde.

So erhitzten z. B. Willstätter und Ettlinger [10]) das Diamid der Pyrrolidincarbonsäure mit überschüssigem Barytwasser im Destillationsapparat

[1]) Schiff, A. 310, 37 (1900); 352, 73 (1907).
[2]) E. Fischer, B. 35, 1105 (1902).
[3]) Krukenberg, Verh. d. physikal.-med. Ges. zu Würzburg 18, 202 (1884). — Posner, Du Bois' Archiv 1887, 497.   [4]) Gnesda, Proc. Royal Soc. 47, 202 (1889).
[5]) J. Biol. Chem. 7, 60 (1910).
[6]) Pickering, J. of Physiol. 14, 354 (1893). — Schiff, A. 299, 261 (1898).
[7]) Schaer, Z. anal. 42, 3 (1903).
[8]) Über Verseifung der Säureamide siehe auch Reid, Am. 21, 284 (1899); 24, 397 (1900). — Lutz, B. 35, 4375 (1902).
[9]) Siehe S. 992. — Ferner Neugebauer, A. 227, 106 (1887).
[10]) A. 326, 103 (1903).

12—15 Stunden, wobei das abdestillierende Wasser kontinuierlich durch zutropfendes ersetzt wurde; das Ammoniak wurde aus dem Destillat in Form von Platinsalmiak abgeschieden und als Platin gewogen.

Beim Verseifen mit Alkalien werden übrigens manche Säureamide in Nitril zurückverwandelt [Flaecher[1])].

Schwer zersetzbare Säureamide werden nach Bouveault[2]) verseift, wobei man analog vorgeht, wie V. Meyer bei der Darstellung der Triphenylessigsäure[3]).

Je 0.2 g fein gepulvertes Amid werden durch gelindes Erwärmen in 1 g konzentrierter Schwefelsäure gelöst. In die durch Eiswasser gekühlte Flüssigkeit läßt man eine eiskalte Lösung von 0.2 g Natriumnitrit in 1 g Wasser mittels eines Capillarhebers ganz langsam einfließen.

Sobald alles Nitrit zugeflossen ist, stellt man das Reagensglas in ein Becherglas mit Wasser und wärmt langsam an. Bei 60—70° beginnt heftige Stickstoffentwicklung, die bei 80—90° beendet ist. Zuletzt wird noch 3—4 Minuten (nicht länger!) im kochenden Wasserbad erhitzt.

Nach dem Abkühlen fügt man Eisstückchen zu und sammelt den dadurch abgeschiedenen gelben Niederschlag auf dem Filter.

Zur Reinigung wird die Säure in verdünnter Natronlauge gerade gelöst und mit Schwefelsäure vorsichtig herausgefällt.

Nach Sudborough[4]) ist es wichtig, die genau berechnete Menge Nitrit, in möglichst wenig Wasser gelöst, anzuwenden.

Gattermann[5]) hat das Bouveaultsche Verfahren folgendermaßen abgeändert: Man erhitzt das Amid mit so viel verdünnter Schwefelsäure von etwa 20—30% zum beginnenden Sieden, bis eben Lösung eingetreten ist. Dann läßt man mit Hilfe einer Pipette, die man bis zum Boden des Gefäßes in die Flüssigkeit eintaucht, allmählich das Anderthalbfache bis Doppelte der theoretisch erforderlichen Menge 5—10 proz. Natriumnitritlösung einfließen, wobei sich unter Entweichen von Stickstoff und Stickoxyden die Säure in fester Form oder auch zuweilen ölig abscheidet. Nach dem Erkalten filtriert man ab und äthert bei leicht löslichen Säuren noch das Filtrat aus. Um die so erhaltene Rohsäure von etwa beigemengtem Amid zu trennen, behandelt man sie mit Sodalösung oder Alkali und filtriert dann die reine Carbonsäure ab.

Es gibt indes auch Säureamide, die selbst nach dem Bouveault-Gattermannschen Verfahren nicht verseift werden können, wie z. B. die von Graebe und Hönigsberger untersuchten beiden Amidosäuren der Phenylnaphthalindicarbonsäure[6]) oder das Dibenzylmethylacetamid[7]).

In solchen Fällen kann aber manchmal Kochen mit Barytwasser zum Ziel führen[8]).

Unverseifbar sind auch die Alkyl-α-Carbonamidobenzylaniline:

$$\begin{array}{l} C_6H_5 \\ \diagdown \\ C_6H_5N\diagdown_R \end{array} CHCONH_2,$$

während sich ihre Stammsubstanz:

---

[1]) Diss. Heidelberg (1903). — Siehe auch S. 1015.
[2]) Bull. (3) **9**, 370 (1893). — Tafel und Thompson, B. **40**, 4493 (1907).
[3]) B. **28**, 2783 (1895). — Gabriel und Thieme, B. **52**, 1084 (1919).
[4]) Soc. **67**, 604 (1895). — Siehe dagegen Goessling, Diss. Heidelberg (1903), 23.
[5]) B. **32**, 1118 (1899). — Biltz und Kammann, B. **34**, 4127 (1901).
[6]) A. **311**, 274 (1900).   [7]) Haller und Bauer, C. r. **149**, 5 (1909).
[8]) Friedländer und Weisberg, B. **28**, 1841 (1895).

$$\begin{array}{l} C_6H_5 \diagdown \\ C_6H_5N \diagdown \end{array} \!\!\! \begin{array}{l} CHCONH_2 \\ H \end{array}$$

leicht verseifen läßt[1]).

Auch Diäthylaminophenylessigsäureamid:

$$\begin{array}{l} C_2H_5 \diagdown \\ C_2H_5 \diagup \end{array} \!\!\! N\!-\!CH\!-\!CONH_2 \!\!\! \begin{array}{l} \\ \diagdown C_6H_5 \end{array}$$

läßt sich nicht verseifen[2]).

Über sterische Behinderung der Verseifung von Säureamiden siehe ferner:

Jacobsen, B. **22**, 1719 (1889).
Sudborough, Soc. **67**, 587, 601 (1895).
Sudborough, Jackson und Lloyd, Soc. **71**, 229 (1897).
E. Fischer, B. **31**, 3261 (1898).
Ornstein, Diss. Berlin (1904), 14, 16.

2. Bestimmung des Verlaufs der Hydrolyse von aromatischen Säureamiden[3]).

Während durch die vorerwähnten Untersuchungen die sterische Behinderung der Hydrolyse von Säureamiden nur qualitativ ermittelt wurde, haben Remsen und Reid eine Methode ausgearbeitet, die den Grad der Beeinflussung der Verseifbarkeit durch Substituenten zu messen gestattet.

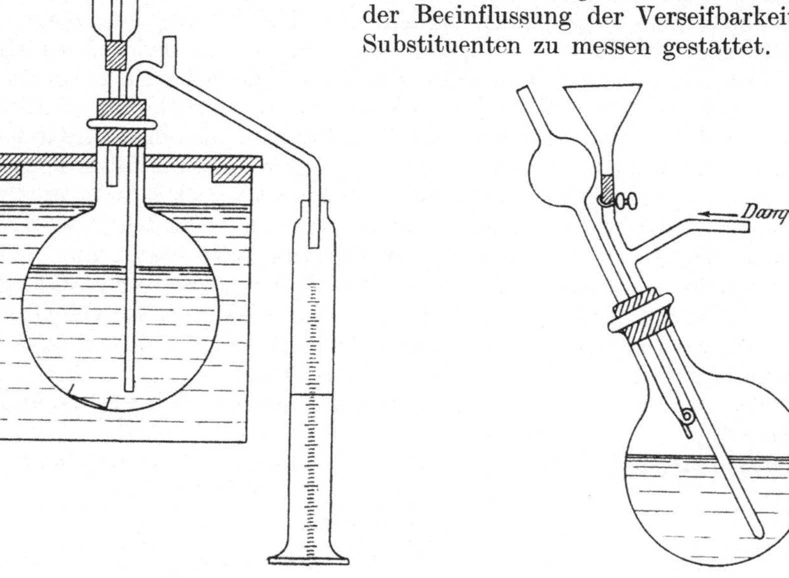

Fig. 336.   Fig. 337.

Apparat von Remsen und Reid.

---

[1]) Sachs und Goldmann, B. **35**, 3325, 3359 (1902).

[2]) Klages und Margolinsky, B. **36**, 4192 (1903). — Siehe auch Knoevenagel und Mercklin, B. **37**, 4091 (1904).

[3]) Remsen und Reid, Am. **21**, 281 (1899). — Acree und Nirdlinger, Am. **38**, 489 (1907). — Reid, Am. **45**, 327 (1911). — Aliphatische Amide werden von Magnesia verseift: Lutz, B. **35**, 4375 (1902). — Müller, Z. physiol. **38**, 286 (1903). — Kinetik der Hydrolyse von Säureamiden: v. Peskoff und Meyer, Z. phys. **82**, 129 (1913).

Sie beruht auf der Beobachtung, daß Ammoniumsalze durch Kochen mit frisch gefälltem Magnesiumoxyd unter Ammoniakabgabe vollständig zersetzt werden, während die Säureamide unverändert bleiben.

Man unterwirft also gewogene Mengen Amid der Einwirkung verdünnter Säuren oder Alkalien von bekannter Stärke bei bestimmter Temperatur und ermittelt nach gemessenen Zeiträumen die Menge des abspaltbaren Stickstoffs.

In der durch Fig. 336 ersichtlichen Weise wird ein Kolben mit 600 ccm verdünnter Säure auf die, durch das umgebende Bad regulierbare, gewünschte Temperatur (gewöhnlich 100°) gebracht und nach Erreichung derselben das Amid hineingeworfen. Man erhitzt eine bestimmte Zeit und treibt dann durch Einblasen von Luft in den Kühler ein gemessenes Quantum (ca. 75 ccm) Lösung in den vorgelegten graduierten Standzylinder.

Die Probe wird durch den Trichter des in Fig. 337 wiedergegebenen Apparats in den ca. 750 ccm fassenden Kolben gebracht und nachgewaschen. Dann werden 10 ccm 50 proz. Magnesiumsulfatlösung eingefüllt und Natronlauge in kleinen Mengen zugegeben, bis nach dem Umschütteln ein schwacher Niederschlag von Magnesiumhydroxyd bestehen bleibt. Endlich werden noch 2 bis 2.5 ccm 25 proz. Natronlauge zugefügt, die genügen, um ungefähr $^1/_3$ des Magnesiums als Oxydhydrat auszufällen.

Nun wird das in Freiheit gesetzte Ammoniak durch einen Dampfstrom übergetrieben und in titrierter Säure aufgefangen.

In vielen Fällen kann man dann noch, nachdem alles Ammoniak übergegangen ist, durch Zusatz von starker Lauge das zurückgebliebene Säureamid verseifen und in analoger Weise bestimmen.

3. Abbau der Säureamide nach A. W. Hofmann[1].

Beim Behandeln mit Chlor oder Brom und Alkalien werden die Säureamide in Chlor-(Brom-)Amide verwandelt und durch weitere Einwirkung von Alkali in primäre Amine übergeführt, die um ein Kohlenstoffatom ärmer sind als die Ausgangssubstanz:

$$\text{I. } R\text{—}CONH_2 + Br_2 + KOH = R\text{—}CONHBr + KBr + H_2O,$$
$$\text{II. } R\text{—}CONHBr + 3\,KOH = R\text{—}NH_2 + KBr + K_2CO_3 + H_2O.$$

Man führt die Reaktion jetzt wohl allgemein in etwas modifizierter Weise so aus, daß man Kaliumhypobromit (Chlorit) und überschüssiges Kali auf das Säureamid einwirken läßt (Hoogewerff und van Dorp). Unlösliche Säureamide müssen möglichst fein verteilt werden[2].

Für den Verlauf der Reaktion geben Hoogewerff und van Dorp folgende Erklärung:

Das nach der Gleichung:

$$R\text{—}CONH_2 + KOBr = \underset{\underset{\textstyle Br\text{—}N\text{—}K}{|}}{R\text{—}C} = O + H_2O$$

gebildete Bromamid:

[1] B. **14**, 2725 (1881); **15**, 407, 752 (1882); **17**, 1407 (1884); **18**, 2734 (1885); **19**, 1822 (1886). — Hoogewerff und van Dorp, Rec. **5**, 252 (1886); **6**, 373 (1887); **8**, 173 (1889); **9**, 33 (1890); **10**, 4 (1891); **11**, 88 (1892); **15**, 108 (1896). — Van Bren-Kelleren, Rec. **13**, 34 (1894). — Van Dam, Rec. **15**, 101 (1896); **18**, 408 (1899). — Weidel und Roithner, M. **17**, 172 (1896). — Van Dam und Aberson, Rec. **19**, 318 (1900). — Hantzsch, B. **35**, 3579 (1902). — Lapworth und Nicholls, Ch. Ztg. **27**, 123 (1903). — Mohr, J. pr. (2) **72**, 297 (1905); **73**, 228 (1906); **79**, 281 (1909); **80**, 1 (1909). — Reif, B. **42**, 3036 (1909). — Mauguin, A. Chim. Phys. (8) **22**, 297 (1911).   [2] Terres, B. **46**, 1641 (1913).

$$\begin{array}{c} R\!-\!C = O \\ | \\ Br\!-\!N\!-\!K \end{array}$$

ist infolge der geringen Affinität des Halogens zum Stickstoff labil und geht, indem Br und R ihren Platz tauschen, in:

$$\begin{array}{c} Br\!-\!C = O \\ | \\ K\!-\!N\!-\!R \end{array}$$

über.

Letztere Substanz verwandelt sich dann unter Abspaltung von Bromkalium in das Isocyanat:

$$\begin{array}{c} C = O \\ \| \\ N\!-\!R \end{array} ,$$

das von überschüssiger Kalilauge in Amin und Carbonat zerlegt wird:

$$R\!-\!N : C : O + 2\,KOH = R\!-\!N : H_2 + K_2CO_3.$$

Eine andere Erklärung der Reaktion[1]) gibt **Freundler**, Bull. (3) **17**, 420 (1897).

Diese Methode liefert in der Ausführung nach **Hoogewerff** und **van Dorp** in der Fettreihe bei Carbonsäuren mit nicht mehr als 7 C-Atomen, sowie in der **Pyridinreihe**[2]) gute Resultate. Sie hat mehrfach zur **Konstitutionsbestimmung von Estersäuren der Pyridinreihe** gedient (**Kirpal**).

In der aromatischen Reihe zeigt sich die bemerkenswerte Erscheinung, daß gewöhnlich in jenen Fällen, wo man mit Brom schlechte Resultate erhält, die Reaktion mit Chlor glatter durchführbar ist[3]). Nach **Weerman**[4]) ist Hypochlorit in **allen** Fällen vorzuziehen. Manche Säureamide werden übrigens in alkalischer Lösung auch im Kern bromiert[5]).

Manchmal erhält man aber gute Resultate bei Anwendung **sehr verdünnter Bromlauge**[6]).

Als Beispiel eines Abbaus nach **Hoogewerff** und **van Dorp** sei die Darstellung des α - **Aminopyridins** beschrieben[7]).

Mit einer Lösung von 10 g Brom in einem Liter 3.5 proz. wäßriger Kalilauge wird das in einem Kolben befindliche feingepulverte Picolinsäureamid (5 g) so lange unter Umschwenken übergossen, bis es sich vollständig gelöst hat. (Dazu werden ca. 800 ccm Bromlösung verbraucht.) Die gelbliche Flüssigkeit wird nun aufs Wasserbad gebracht und unter stetem Umschütteln so viel Bromlösung in kleinen Mengen zugesetzt, bis Rotfärbung eintritt. Man erhitzt nun weiter, bis sich die Flüssigkeit wieder entfärbt hat, filtriert evtl. und versetzt die noch heiße Lösung mit Essigsäure, bis sie schwach saure Reaktion

---

[1]) Siehe auch **Hantzsch**, B. **35**, 3579 (1902). — **Lapworth** und **Nicholls**, Ch. Ztg. **27**, 123 (1903). — **Wieland**, B. **42**, 803 (1909).

[2]) **Hoogewerff** und **van Dorp**, Rec. **10**, 144 (1891). — **Hans Meyer**, M. **15**, 164 (1894). — **Wenzel**, M. **15**, 453 (1894). — **Philips**, B. **27**, 839 (1894). — **Claus** und **Howitz**, J. pr. (2) **50**, 232 (1894). — **Pollak**, M. **16**, 45 (1895). — **Blumenfeld**, M. **16**, 693 (1895). — **Philips**, A. **288**, 253 (1895). — **Bertelsmann**, Diss. Basel (1895), 5, 46. — **Hirsch**, M. **17**, 327 (1896). — **Hans Meyer**, M. **22**, 109 (1901); **28**, 52 (1907). — **Kirpal**, M. **20**, 766 (1899); **21**, 957 (1900); **23**, 239, 929 (1902); **27**, 363 (1906); **28**, 439 (1907); **29**, 227 (1908).

[3]) DRP. 55 988 (1891). — **Jeffreys**, B. **30**, 899 (1897). — **Graebe**, B. **34**, 2111 (1901). — **Graebe** und **Rostovzef**, B. **35**, 2748 (1902). — Siehe **De Conink**, C. r. **121**, 893 (1895).

[4]) A. **401**, 2 (1913).   [5]) **Marckwald**, B. **20**, 2813 (1887).

[6]) **Kirpal**, M. **27**, 375 (1906). — **Hans Meyer**, M. **28**, 52 (1907).

[7]) **Hans Meyer**, M. **15**, 164 (1894).

zeigt. Nach dem Erkalten schüttelt man mit Äther aus. Hierdurch wird der Flüssigkeit eine minimale Menge eines Nebenprodukts entzogen.

Wenn der Äther der sauren Flüssigkeit nichts mehr entzieht, wird sie mit kohlensaurem Kalium stark alkalisch gemacht und sehr oft mit Äther extrahiert. Nach dem Verjagen des letzteren hinterbleibt das Aminopyridin.

Als Beispiel einer etwas anderen Ausführungsweise sei die Darstellung von o - Aminobenzophenon nach Graebe und Ullmann[1]) angeführt.

Zur Überführung des Benzoylbenzoesäureamids in Aminobenzophenon ist es vorteilhaft, einen Überschuß von Natriumhypobromit anzuwenden. Das Amid benutzt man in feuchtem Zustand, wie man es beim Krystallisieren erhält. Man preßt es nur aus und bestimmt in einer Probe den Gehalt. Vorher getrocknetes Amid muß mit Wasser sehr gut verrieben werden, eignet sich aber weniger gut und liefert wesentlich schlechtere Ausbeuten. Man kann auch die Menge des Amids nach der angewendeten o-Benzoylbenzoesäure berechnen.

10 g Amid werden mit 30 ccm 10 proz. Natronlauge gut verrieben und dieses Gemisch in das Hypobromit eingetragen, das man aus 15 g Ätznatron, 15 g Brom und 100 ccm Wasser dargestellt hat. Man fügt ein Stückchen Eis zu, damit die Temperatur nicht über 8° steigt. Das Amid löst sich auf; bleibt etwas ungelöst, so filtriert man und behandelt den Rückstand mit einer neuen Menge Hypobromit. Das Filtrat wird nach Zusatz von 5 ccm Alkohol zum Sieden erhitzt, wobei sich gelbe Tropfen ausscheiden, die nach dem Erkalten fest werden. Das erhaltene Aminobenzophenon ist meist sofort rein. Zum Filtrat vom Aminobenzophenon setzt man konzentrierte Bisulfitlösung (etwa 20 ccm) und dampft ein. Von nach dem Erkalten ausgeschiedenem, unangegriffenem Amid wird abfiltriert und durch Ansäuern regenerierte Benzoylbenzoesäure gefällt.

In vielen Fällen lassen sich auch die Amine durch Wasserdampfdestillation isolieren oder aus der alkalischen Flüssigkeit durch Einleiten von Schwefeldioxyd ausfällen. Namentlich bei Aminosäuren hat sich letzteres Verfahren bewährt.

Für Säuren der Fettreihe mit höherem Molekulargewicht ist die Hooge-werff - van Dorpsche Methode nicht besonders zu empfehlen, weil hierbei, und zwar oftmals als Hauptprodukte, Nitrile erhalten werden.

Für solche Säuren wird vorgeschlagen, das Bromamid zu isolieren und mit Kalk zu destillieren[2]) oder den bei ungenügendem Alkalizusatz nach der Gleichung:

$$R-CONH_2 + 2\,Br + 2\,NaOH = R-NH-CONHCOR + 2\,BrNa + 2\,H_2O$$

entstehenden Harnstoff zu verarbeiten. Auch hier wird die Zerlegung am besten durch Destillieren mit Kalk bewirkt, dabei geht aber natürlich die eine Hälfte der Substanz verloren und erschwert die Reinigung des Amins[3]).

Weit vorteilhafter ist das von Jeffreys ausgearbeitete Verfahren[4]). Diese Methode basiert auf der Beobachtung von Lengfeld und Stieglitz[5]), daß die Säurebromamide auch in methylalkoholischer Lösung durch Natriummethylat die „Beckmannsche Umlagerung" erfahren und Urethane bilden:

---

[1]) A. **291**, 12 (1896).
[2]) Hoogewerff und van Dorp, Rec. **6**, 376 (1887). Ausbeute an Octylamin: 45%.
[3]) Turpin, B. **21**, 2487 (1888).
[4]) B. **30**, 898 (1897). — Am. **22**, 14 (1899). — Gutt, B. **40**, 2061 (1907). — Lipp und Padberg, B. **54**, 1318 (1921).
[5]) Am. **15**, 215, 504 (1893); **16**, 370 (1894). — Stieglitz, Am. **18**, 751 (1896). — McCoy, Am. **21**, 116 (1899).

$$R\text{---}CON{\Large\langle}{}^{H}_{Br} + NaOCH_3 = R\text{---}NH\text{---}COOCH_3 + NaBr.$$

Es ist dabei nicht nötig, die oft schwierig erhältlichen Brom-(Chlor-)Amide zu isolieren, man verfährt vielmehr so, wie Jeffreys zur Gewinnung des Pentadecylamins.

25.5 g (1 Mol.) Palmitinsäureamid werden in 65 g Methylalkohol durch schwaches Erwärmen gelöst, mit einer Lösung von 4.6 g Natrium (2 Atome) in 115 g Methylalkohol gemischt und sofort mit Brom (16 g = 1 Mol.) tropfenweise versetzt. Zur Vollendung der Reaktion wird die Mischung 10 Minuten auf dem Wasserbad erwärmt. Man kann mit gleichem Erfolg zuerst das Brom und dann das Natriummethylat [1]) anwenden. Nachdem mit Essigsäure neutralisiert worden ist, wird der Alkohol abdestilliert und der Rückstand durch Waschen mit kaltem Wasser von Natriumsalzen befreit. Um das Urethan von wenig unverändertem Palmitinsäureamid zu trennen, wird es in warmem Ligroin (Sdp. 70—80°) aufgenommen. Etwas Palmitinsäureamid (Smp. 104°) bleibt ungelöst und kann zu weiteren Versuchen verwendet werden. Die Ausbeute an Urethan (Smp. 60—62°) beträgt 83—94% der theoretischen.

Zur Darstellung von Pentadecylamin aus dem Urethan kann man dieses durch Erhitzen mit konzentrierter Salzsäure (5 Stunden im Rohr auf 200°) oder mit konzentrierter Schwefelsäure (1 Stunde auf 110—120° in offenem Kolben) verseifen und das Amin aus seinen Salzen durch Eindampfen mit alkoholischem Kali und Destillieren gewinnen. Viel bequemer und unter direkter Bildung des freien Amins destilliert man das Urethan, gemengt mit seinem drei- bis vierfachen Gewicht an gelöschtem Kalk [2]). Das Amin wird dann öfters quantitativ nach folgender Gleichung gebildet:

$$C_{15}H_{31}NHCOOCH_3 + Ca(OH)_2 = C_{15}H_{31}NH_2 + CaCO_3 + CH_3OH.$$

Das auf letzterem Weg erhaltene Amin wird in Ligroin gelöst, mit festem Ätzkali möglichst getrocknet und dann, nach Entfernung des Ligroins, durch einstündiges Erhitzen auf dem Wasserbad über Natrium und darauffolgendes Destillieren völlig von Wasser befreit.

Mit Kalk hat übrigens Blau (a. a. O. S. 101) sehr schlechte Resultate erhalten, dagegen sehr gute, als statt dessen nach Lutz [2]) festes Ätzkali verwendet wurde. Auch zur Verseifung des Apotricyclylurethylmethans muß mit Ätzkali bei 160° verschmolzen werden [3]).

Um das schwer auf diesem Wege erhältliche [4]) o-Fluoranilin zu erhalten, verfährt Rinkes [5]) folgendermaßen:

2.78 g o-Fluorbenzamid unter Eiskühlung mit 25.8 ccm Natriumhypochloritlösung (1 Mol. in 1290 ccm) versetzt gaben nach Zufügen von 25 ccm Schwefelsäure (25 proz.) o-Fluorchlorylbenzamid $C_6H_4FCONHCl$. Farblose Prismen, Smp. 87°. Hiervon 2.15 g mit 4 g Bariumhydroxyd auf 35° erwärmt, gaben o-fluorcarbaminsaures Barium; unterm Rückflußkühler entstand neben Kohlenoxyd o-Fluoranilin. Ebenso bei der Wasserdampfdestillation eines Gemenges von o-Fluorchlorylbenzamid und Bariumhydroxyd.

Diamide von Orthodicarbonsäuren zu Diaminen abzubauen ge-

---

[1]) Letzteres muß auf einmal, nicht portionenweise, zugegeben werden. Blau, M. **26**, 99 (1905).

[2]) B. **19**, 1436 (1886).   [3]) Lipp und Padberg, B. **54**, 1323 (1921).

[4]) Hans Meyer und Hub, M. **31**, 933 (1910). — Weerman, Rec. **37**, 1 (1917).

[5]) Ch. W. **16**, 206 (1919).

lingt nicht, ebensowenig Pyridindicarbonsäureamide[1]); auch das p-Xyloyl-o-benzamid ließ sich nur sehr unvollkommen abbauen[2]).

Ungesättigte Säuren lassen sich im allgemeinen auch nicht abbauen, können aber in die um ein C-Atom ärmeren Aldehyde, Zimtsäure, z. B. in Phenylacetaldehyd[3]) verwandelt werden [Freundler[4]), Hofmann[3])[5])]; doch ist es Willstätter[6]) gelungen, das Amid der Δ^2-Cycloheptencarbonsäure, allerdings in schlechter Ausbeute (ca. 20%), in Δ^2-Aminocyclohepten zu verwandeln.

Das Amid der Tetramethylpyrrolincarbonsäure:

$$CH = CCONH_3$$
$$(CH_3)_2C—NH—C(CH_3)_2$$

liefert, unter Ersatz der primär eintretenden NH_2-Gruppe durch Hydroxyl und Umlagerung Ketotetramethylpyrrolidin[7]):

$$CH_2—CO$$
$$(CH_3)_2C—NH—C(CH_3)_2.$$

Phenylpropiolsäureamid liefert Benzylcyanid[8]).

Hypojodite scheinen unwirksam zu sein, wenigstens wird aus Phthalimid mit Jod und Kalilauge keine Anthranilsäure erhalten. Dagegen gelingt die Hofmannsche Reaktion mit Jodosobenzol[9]).

Über Abbau der Säureimide siehe S. 1019.

Über Amidchloride und Imidchloride: Wallach, A. 184, 1 (1876).

Über Imidoäther: Pinner, B. 16, 353, 1654 (1883); 17, 184, 2002 (1884); 23, 3820 (1890); 26, 2126 (1893); 27, 984 (1894). — Lossen, B. 17, 176, 1587 (1884). — A. 252, 211 (1889). — Tafel und Enoch, B. 23, 105 (1890). — Bushong, Am. 18, 490 (1896).

Über elektrolytische Reduktion der Säureamide zu Alkylaminen: Baillie und Tafel, B. 32, 68 (1899). — Guerbet, Bull. (3) 21, 778 (1899).

Kryoskopische Untersuchungen über Säureamide: Auwers, Z. phys. 30, 529 (1899). — Meldrum und Turner, Proc. 24, 98 (1908). — Soc. 93, 876 (1908).

Einwirkung von Alkohol (Alkoholyse) siehe S. 722.

Zehnter Abschnitt.

Säureimidgruppe.

Über die Konstitution der Säureimide, ob sie tautomer sind und je nach den Umständen in der symmetrischen und der asymmetrischen Form auftreten:

---

[1]) Hans Meyer und Mally, M. 33, 393 (1912).

[2]) Schaarschmidt und Herzenberg, B. 53, 1389, 1393 (1920).

[3]) Weerman, A. 401, 1 (1913). — Ähnlich reagieren α-Oxysäureamide und Diamide: Bergmann, B. 54, 1362, 2651 (1921).

[4]) Bull. (3) 17, 420 (1897). — Rinkes, Rec. 39, 200 (1920).

[5]) B. 21, 2695 (1888). — Siehe auch van Linge, Rec. 17, 54 (1898). — Jeffreys, Am. 22, 43 (1899). — Baucke, Rec. 15, 123 (1896) (Propiolsäure). — Weerman, Rec. 26, 203 (1907); 37, 1 (1917).   [6]) A. 317, 243 (1901).

[7]) Pauly, A. 322, 85 (1902). — Weitere Fälle, in denen die Methode versagt: Freund und Gudemann, B. 21, 2692 (1888). — Stoermer und König, B. 39, 496 (1906).

[8]) Rinkes, Rec. 39, 704 (1920).   [9]) Tscherniak, B. 36, 218 (1903).

$$\begin{array}{cc} CO & CO \\ \diagdown\!NH \underset{\rightarrow}{\leftarrow} \diagdown\!O \\ CO & C \\ & \diagdown\!NH \end{array}$$

oder ob manchen von ihnen eine der beiden Formen ausschließlich zukommt, ist noch nichts mit Sicherheit erkannt.

Literatur:

Kuhara, Am. **3**, 26 (1881).

Auger, Bull. (2) **49**, 345 (1888). — A. chim. phys. (6) **22**, 289 (1891).

Allendorf, B. **24**, 2348 (1891).

Tiemann, B. **24**, 3424 (1891).

Hoogewerff und van Dorp, Rec. **11**, 84 (1892); **12**, 12 (1893); **13**, 93 (1894); **14**, 272 (1895).

Castellaneta, L'Orosi **16**, 289 (1893).

Anschütz, B. **28**, 59 (1895). — A. **295**, 27 (1897).

Van der Meulen, Rec. **15**, 282, 323 (1896).

Kieseritzki, Z. phys. **28**, 408 (1899).

Piutti und Abati, B. **36**, 996 (1903).

Kuhara und Fukui, Am. **26**, 454 (1901).

Kuhara und Komatsu, Mem. Coll. Sc. and Eng. Kyoto **1**, 391 (1909); **2**, 365 (1910).

Pummerer und Dorfmüller, B. **45**, 292 (1912).

Hans Meyer und Steiner, M. **35**, 391 (1914).

Wahrscheinlich ist die symmetrische Form die stabile.

1. Gegen Alkali erweisen sich die Säureimide als „Pseudosäuren", indem sie sich nur „verzögert" titrieren lassen [1]), unter Übergang in die Salze der Amidosäuren [Hans Meyer [2])]:

$$\begin{Bmatrix} CO \\ CO \end{Bmatrix}\!\!>\!\!NH + KOH = \begin{Bmatrix} COOK \\ CONH_2 \end{Bmatrix}.$$

Diese Reaktion läßt sich zur quantitativen Bestimmung der Säureimide und vor allem zu ihrer Unterscheidung von Aminosäuren verwerten [3]) [4]).

Verhalten gegen Ammoniak: Mit konzentriertem Ammoniak (evtl. alkoholischem) gehen die Imide schon in der Kälte in die schwerlöslichen Diamide über.

Aschan, B. **19**, 1399 (1886).

Graebe und Aubin, A. **247**, 276 (1889).

Wegerhoff, A. **252**, 23 (1889).

Gabriel und Colman, B. **35**, 2842 (1902).

Hans Meyer und Steiner, M. **35**, 398 (1914).

Mumm und Hüneke, B. **50**, 1582 (1917).

Der Wasserstoff der Säureimide läßt sich sowohl durch positive als auch durch negative Reste vertreten, aber die Säureimide geben im Gegensatz zu den Amiden keine Salze mit Mineralsäuren.

2. Reaktion von Gabriel [5]). Die Fähigkeit der Säureimide, speziell des Phthalimids, beständige Kaliumsalze zu liefern, die glatt mit Halogen-

---

[1]) Siehe dazu Kirpal und Reimann, M. **38**, 263 (1917).   [2]) M. **21**, 913 (1900).
[3]) M. **21**, 913 (1900).   [4]) Hans Meyer, M. **21**, 965 (1900).
[5]) B. **20**, 2224 (1887); **24**, 3104 (1891). Hier noch weitere Literaturangaben.

alkylen usw. reagieren und dann durch rauchende Salzsäure oder Lauge leicht in Phthalsäure und primäre Amine oder deren Derivate gespalten werden:

$$C_6H_4\langle^{CO}_{CO}\rangle NH + KOH = C_6H_4\langle^{CO}_{CO}\rangle NK + H_2O;$$

$$C_6H_4\langle^{CO}_{CO}\rangle NK + J\cdot AlK = C_6H_4\langle^{CO}_{CO}\rangle NAlk + JK,$$

$$C_6H_4\langle^{CO}_{CO}\rangle NAlk + 2\,H_2O = C_6H_4\langle^{COOH}_{COOH} + H_2N{-}Alk,$$

findet vielfache Anwendung und ist auch zur Diagnose von Säureimiden verwertbar.

3. **Aufspaltung der Säureimide nach Hoogewerff und van Dorp.** Durch Erhitzen mit Methylalkohol unter Druck lassen sich die Säureimide der Fettreihe zu Estern der Amidosäuren aufspalten:

$$\begin{matrix} CH_2{-}CO \\ | \\ CH_2{-}CO \end{matrix}\!\!\rangle NH + \begin{matrix} CH_3 \\ | \\ OH \end{matrix} = \begin{matrix} CH_2{-}CONH_2 \\ | \\ CH_2{-}COOCH_3 \end{matrix}.$$

Man erhitzt im Einschmelzrohr 3 Stunden mit der achtfachen Menge absolutem Alkohol auf 170°. Das Reaktionsprodukt wird aus Aceton umkrystallisiert[1]).

Die **Amidosäuren der Pyridinreihe** gehen dagegen merkwürdigerweise unter dem Einfluß von Methylalkohol schon bei 100° unter Abspaltung der Amidogruppe in Estersäuren über [Kirpal[2])].

Zur Bildung der Amidosäureester aromatischer Substanzen ist das Verfahren auch nicht zu verwenden, doch kann man diese Derivate auf einem Umweg erhalten [Nachenius[3])].

Sehr leicht reagieren indessen die Isoimide [van der Meulen[4])].

Über Aufspaltung der Säureimide durch Phenole: Van Benkeleveen, Rec. **19**, 32 (1900).

4. **Abbau der Säureimide nach Hofmann.**

Die Säureimide lassen sich ebenso leicht wie die Säureamide mit alkalischer Brom-(Chlor-)Lösung abbauen (siehe S. 1013 ff.).

Nach Seidel und Bittner[5]) ist es zum Gelingen der Reaktion notwendig, die Säureimide zuerst einige Zeit mit der Lauge reagieren zu lassen (eine Stunde lang rühren), da der Abbau erst nach der Aufspaltung zur Amidosäure stattfinden kann.

Es zeigt sich dabei oftmals, daß unterchlorigsaures Alkali bessere Resultate gibt als Hypobromit[6]).

Zur Darstellung von Anthranilsäure z. B. verfährt man nach dem DRP. 55 988 (1891) folgendermaßen:

Ein Gewichtsteil fein verteiltes Phthalimid wird gleichzeitig mit 2 Gewichtsteilen festem Natriumhydroxyd unter Kühlung in 7 Gewichtsteilen Wasser aufgelöst, dann gibt man unter beständigem Rühren 10 Gewichtsteile auf 5.06% NaOCl-Gehalt eingestellte Hypochloritlösung hinzu

---

[1]) Rec. **18**, 358 (1899).   [2]) M. **21**, 959 (1900). — Siehe S. 722.
[3]) Rec. **18**, 364 (1899).
[4]) Rec. **15**, 323 (1896).   [5]) M. **23**, 422 (1902).
[6]) Graebe, B. **34**, 2111 (1910).

und erwärmt die Mischung einige Minuten auf etwa 80°, bei welcher Temperatur sich die Umsetzung rasch vollzieht. Nach dem Abkühlen der Flüssigkeit neutralisiert man mit Salzsäure oder Schwefelsäure und gibt einen genügenden Überschuß von Essigsäure zu, wodurch sich ein großer Teil der Anthranilsäure krystallinisch abscheidet. Man filtriert und wäscht mit kaltem Wasser aus. Die vereinigten Laugen versetzt man mit Kupferacetat, wodurch sich aus ihnen schwer lösliches anthranilsaures Kupfer abscheidet, das nach bekannten Methoden in die freie Säure übergeführt wird.

Manche Säureimide können Krystallwasser binden, so das Succinimid [1] und das Lutidintricarbonsäureimid [2].

---

[1] Fehling, A. **49**, 196 (1844).
[2] Kirpal und Reimann, M. **38**, 263 (1917).

Sechstes Kapitel.

Diazogruppe. — Azogruppe. — Hydrazingruppe. — Hydrazogruppe.

Erster Abschnitt.

Reaktionen der Diazogruppe.

A. Diazoderivate der Fettreihe.

a) Qualitative Reaktionen.

Die Diazoverbindungen der Fettreihe besitzen eine etwas andere Struktur [1] als die der aromatischen Reihe, indem bei ihnen beide Stickstoffatome an denselben Kohlenstoff gebunden sind; streng genommen müßte man sie daher als „innere Azoverbindungen" bezeichnen [2].

Als echte Diazoverbindung der Fettreihe ist das diazoäthansulfosaure Kalium [3] zu betrachten.

Als Unterschiede im Verhalten zwischen aliphatischen und aromatischen Diazoverbindungen sind hauptsächlich anzuführen:

1. Die Unfähigkeit der ersteren, Diazoaminoverbindungen zu bilden.

2. Das Bestreben, wenn irgend möglich an Stelle der beiden austretenden Stickstoffatome z w e i einwertige Atome oder Radikale zu substituieren.

So entstehen:

a) beim Kochen (der Diazofettsäureester) mit Wasser oder verdünnten Säuren Oxysäuren,

b) mit Alkoholen und Phenolen Äther,

c) mit Halogenwasserstoffsäuren [4] die gesättigten Monohalogenverbindungen (Chlormethyl aus Diazomethan, Chloressigsäure aus Diazoessigester),

d) mit Halogenen Disubstitutionsprodukte,

e) mit organischen Säuren Ester,

f) mit aromatischen Aminen die sekundären Basen,

g) mit negativ substituierten Aldehyden β-Ketonsäureester [5].

---

[1] Über eine andere Auffassung der Konstitution dieser Verbindungen siehe Thiele, B. **44**, 2522 (1911). — Angeli, R. A. L. **20**, I, 626 (1911). — Staudinger und Kupfer, B. **45**, 502 (1912). — Darapsky und Prabhakar, B. **45**, 1657, 2619 (1912). — Forster und Cardwell, Soc. **103**, 86 (1913). — Zerner, M. **34**, 1609 (1913). — Danach wären die aliphatischen Diazoverbindungen z. B. $CH_2 = N \equiv N$ oder $C_2H_5O_2CCH = N \equiv N$ zu formulieren. — Siehe auch Gutmann, B. **48**, 60 (1915). — Staudinger, B. **49**, 1891, 1896 (1916).

[2] Curtius, J. pr. (2) **39**, 114 (1888). — B. **23**, 3036 (1890). — Hantzsch und Lifschitz, B. **45**, 3022 (1912).

[3] E. Fischer, A. **199**, 302 (1879). — Hantzsch, B. **35**, 897 (1902).

[4] Einwirkung von Flußsäure: Curtius, J. pr. (2) **38**, 429 (1887).

[5] Schlotterbeck, B. **40**, 3000 (1907); **42**, 2565 (1909).

3. Mit Acetylenderivaten und den Estern ungesättigter Säuren entstehen Pyrazol- bzw. Pyrazolinderivate. Letztere gehen beim Erhitzen unter Stickstoffabspaltung in Trimethylencarbonsäureester über [1]:

$$
\begin{array}{cccc}
CH_2 & CH & CH & CH \\
\overbrace{\qquad} & + \ \|\| & = \ \| & \| \\
N = N & CH & N\text{---}NH\text{---}CH
\end{array}
\ ; \quad
\begin{array}{cc}
& CHCOOCH_3 \quad CH\text{---}COOCH_3 \\
\overbrace{\qquad} & \quad + \ \| \\
N = N & CH\text{---}COOCH_3
\end{array}
$$

$$
= \quad
\begin{array}{c}
CH_3OOC\text{---}C\text{--------}CHCOOCH_3 \\
\| \qquad\qquad | \\
N\text{---}NH\text{---}CHCOOCH_3
\end{array}
$$

$$
\begin{array}{c}
CH_3COO\text{---}C\text{--------}CHCOOCH_3 \\
\| \qquad\qquad | \\
N\text{---}NH\text{---}CHCOOCH_3
\end{array}
\quad = \quad
\begin{array}{c}
CH_3COO\text{---}CH\text{---}CHCOOCH_3 \\
\diagdown\diagup \\
CHCOOCH_3
\end{array}
\ + \ N_2 \ .
$$

Über den Nachweis von Doppelbindungen in Terpenen und deren Stellungsbestimmung durch diese Reaktion siehe Loose, J. pr. (2) **79**, 505 (1909). — Buchner und Weigand, B. **46**, 759, 2108 (1913).

4. Einwirkung auf Cyan: Peratoner und Azzarello, G. **38**, I, 76 (1908) — auf Blausäure: Peratoner und Palazzo, G. **38**, I, 102 (1908).

5. Unter dem Einfluß konzentrierter Laugen werden Diazofettsäureester verseift und zugleich zu dimolekularen Verbindungen [2] polymerisiert. Die entstehenden Derivate zeigen mit konzentrierter Salpetersäure schöne purpurrote, blaue und grüne Färbungen.

6. Bildung von Pseudophenylessigsäure: Buchner, B. **29**, 108 (1896); **32**, 705 (1899).

7. Perchlorate: Hofmann und Roth, B. **43**, 682 (1910).

b) **Quantitative Bestimmung der aliphatischen Diazogruppe** [3].

Die aliphatische Diazogruppe kann nach Curtius [4] auf folgende Arten bestimmt werden:

1. Durch Titration des Stickstoffs mit Jod,
2. durch Analyse des Jodderivats der Verbindung,
3. durch Bestimmung des Stickstoffs auf nassem Weg.

1. Bestimmung des Stickstoffs durch Titrieren mit Jod [5].

Der Prozeß vollzieht sich nach der Gleichung:

$$CHN_2CO_2R + J_2 = CHJ_2COOR + N_2 \ .$$

Etwas mehr als die berechnete Menge Jod wird genau abgewogen, in absolutem Äther gelöst und zu einer Auflösung des Diazoesters in Äther aus einer Bürette zufließen gelassen, bis die citronengelbe Farbe in Rot umschlägt.

Man erwärmt die zu titrierende Flüssigkeit gegen Ende der Reaktion auf dem Wasserbad. Der Farbenumschlag läßt sich scharf erkennen.

Die übrigbleibende Jodlösung wird in einem Kölbchen von bekanntem Gewicht vorsichtig abgedampft und das zurückbleibende Jod gewogen.

---

[1] Buchner, B. **22**, 2165 (1889). — A. **273**, 214 (1893). — Pechmann, B. **27**, 1888, 3247 (1894); **31**, 2950 (1898); **32**, 2299 (1899); **33**, 3594 (1900).
[2] Curtius und Lang, J. pr. (2) **38**, 582 (1887). — Hantzsch und Silberrad, B. **33**, 58 (1900).   [3] Siehe auch S. 755.
[4] B. **18**, 1285 (1885). — J. pr. (2) **38**, 421 (1887). — v. Pechmann, B. **27**, 1889 (1894).
[5] Curtius, J. pr. (2) **38**, 423 (1887).

2. Analyse des durch Verdrängung des Stickstoffs entstehenden Jodprodukts [1].

In dem Jodderivat des Esters kann man entweder eine Jodbestimmung machen oder noch einfacher so vorgehen wie Curtius bei der Untersuchung des Diazoacetamids.

Die Substanz wird in einem Becherglas von bekanntem Gewicht in wenig absolutem Alkohol gelöst und mit Jod bis zur dauernden Rotfärbung versetzt. Nach dem Verdunsten der Flüssigkeit auf dem Wasserbad wird der geringe Jodüberschuß durch anhaltendes, gelindes Erwärmen entfernt und der homogene, schön krystallisierende Rückstand gewogen.

Diese beiden Verfahren, den Stickstoffgehalt einer aliphatischen Diazoverbindung mit Jod zu bestimmen, lassen sich nur bei ganz reinen Substanzen mit Erfolg anwenden.

Gei Gegenwart von Verunreinigungen tritt der Farbenumschlag von Gelb in Rot viel eher ein, als bis aller Stickstoff durch Jod ersetzt ist [2].

3. Bestimmung des Diazostickstoffs auf nassem Weg.

Wegen der großen Flüchtigkeit der aliphatischen Diazosäureester ist eine der S. 1031 ff. geschilderten Methode analoge Stickstoffbestimmung nicht zu empfehlen.

Man verfährt vielmehr wie folgt [1]:

In den mit Wasser gefüllten geräumigen Zylinder A (Fig. 338) ist ein U-förmig gebogenes, dünnes Capillarrohr r in der Weise eingesenkt, daß es das Niveau der Flüssigkeit ein Stück überragt. Über den einen Schenkel wird ein Meßrohr E gestülpt, während der andere mit einem kleinen, vertikal stehenden Kühler B verbunden ist, an dessen unteres Ende ein sehr kleines Kölbchen c mit einem Gummistopfen, durch den ein löffelförmig gebogener Platindraht luftdicht geführt ist, angeschlossen werden kann.

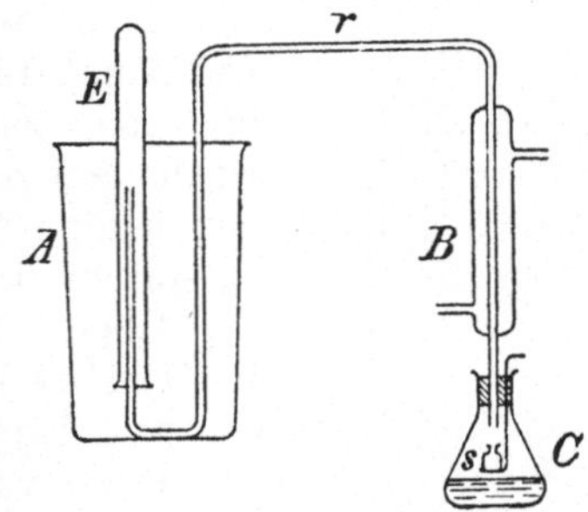

Fig. 338. Apparat von Curtius.

Dieses Kölbchen wird zum Teil mit ausgekochter, sehr verdünnter Schwefelsäure gefüllt, die abgewogene Substanz (ca. 0.2 g) in dem kleinen Fläschchen s mit Glaskugelverschluß auf das löffelförmige Ende des Platindrahts gebracht und das Kölbchen hierauf durch den Gummistopfen mit dem Kühler luftdicht verbunden. Sobald das Luftvolumen in dem Eudiometerrohr keine Veränderung mehr erleidet, was man in sehr empfindlicher Weise durch den Stillstand eines in der Capillarröhre befindlichen kleinen Wassertropfens beobachten kann, liest man das Anfangsvolumen und die Temperatur ab, schleudert das Eimerchen mit der Substanz durch Schütteln des Platindrahts in die Flüssigkeit und erhitzt letztere allmählich zum Sieden.

Nach wenigen Minuten ist die Zersetzung zu Ende, worauf man vollständig erkalten läßt, das Meßrohr so weit in die Höhe schiebt, bis das Niveau der

---

[1] Curtius, J. pr. (2) **38**, 417 (1887).

[2] Siehe auch Wegscheider und Gehringer, M. **24**, 364 (1903); **29**, 525 (1908). — Eine Erklärung für derartige Resultate, die weniger Diazokörper anzeigen, als faktisch vorhanden sind, gibt Greulich, Diss. Jena (1905), 25, für den Fall des Diazoacetons. — Eine ähnliche Deutung: Staudinger und Kupfer, B. **45**, 505 (1912). — Siehe übrigens Nirdlinger und Acree, Am. **43**, 373, Anm. (1910).

Flüssigkeit darin mit dem des großen Zylinders übereinstimmt und nun das vergrößerte Volumen unter annähernd denselben Druck- und Temperaturverhältnissen abliest.

Die Differenz der Volumina entspricht dem Volumen des ausgetriebenen Diazostickstoffs.

Will man den Stickstoffgehalt einer Verbindung bestimmen, die neben der Diazogruppe noch Amid enthält, z. B. des Diazoacetamids, so verwendet man als Zersetzungsflüssigkeit verdünnte Salzsäure und kann dann das Ammoniak im Rückstand durch Platinchlorid ermitteln, demnach Diazo- und Amidstickstoff in einer Operation gleichzeitig nebeneinander bestimmen.

E. Müller[1]) hat den Apparat folgendermaßen recht zweckmäßig modifiziert:

In dem kleinen Becherglas a (Fig. 339) wird der Diazoester abgewogen und in das Kölbchen b, in dem sich etwas verdünnte Schwefelsäure c befindet, gebracht. Hierauf wird b durch einen Stopfen mit der Röhre e, über die das Eudiometer f gestülpt ist, verbunden. Kölbchen wie Eudiometer werden durch die Kühlgefäße g und h auf gleiche, konstante Temperatur gebracht. Nun wird an f das Volumen v_1 abgelesen und nach dem Entfernen von g, durch Klopfen an b, a umgeworfen. Durch die Schwefelsäure wird der Diazoester unter Aufbrausen zersetzt. Um allen Stickstoff auszutreiben, wird noch b am Schluß des Versuchs erwärmt, wobei natürlich das Eudiometer gehoben werden muß, damit in b kein zu großer Druck entsteht. Nachdem b mittels g wieder auf die frühere Temperatur gebracht worden ist, wird das jetzige Volumen v_2 am Eudiometer abgelesen; v_2-v_1 entspricht dem Volumen des Stickstoffs.

Über eine weitere Verbesserung dieses Verfahrens: E. Müller B. 41, 3129 (1908). — E. Müller und Herrdegen, J. pr. (2) 102, 131 (1921).

Diese volumetrische Methode pflegt etwa 1—$1\frac{1}{2}\%$ zu niedrige Werte zu liefern.

Einen Apparat, in dem man auch bei höheren Temperaturen arbeiten kann, haben Staudinger und Gaule angegeben[2]).

Die Lösungen der Diazoverbindungen werden in einem Reagensglase von etwa 30 ccm Inhalt zur Zersetzung gebracht. Mit diesem ist ein Aufsatz mit 3 Ansatzrohren und Tropftrichter durch Schliff verbunden. Die Hähne an den Ansätzen, welche zur Verbindung mit 2 Azotometern führen, erlauben, die Stickstoffabspaltung nach bestimmten Intervallen zu messen, indem die Azotometer ausgewechselt werden. Zur Erhaltung konstanter Temperaturen taucht das Reagensglas in Eis oder in ein Bad von siedendem Wasser oder Chlorbenzol (132°).

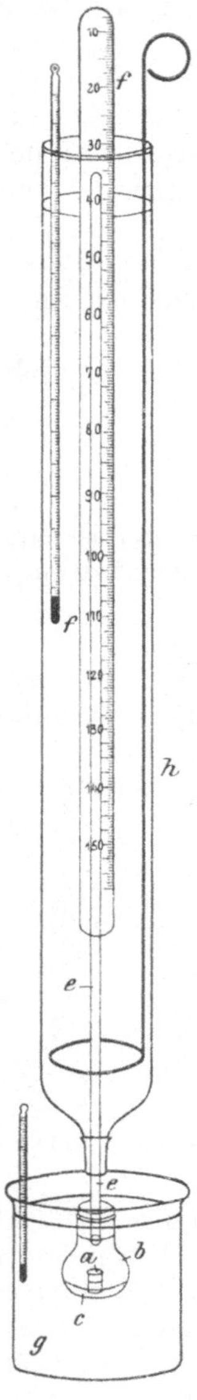

Fig. 339.
Apparat von
E. Müller.

Analyse von Triazopropionsäureester: Richmond, Forster und Fierz, Soc. 93, 673 (1908). — Richmond, Analyst 33, 179 (1908). — Carbonsäureazide: Schroeter, A. 426, 132, 156 (1922).

Im Diazomethylbenzoesäureester

---

[1]) Diss. Heidelberg (1904), 48.   [2]) B. 49, 1903 (1916).

$$\underset{\text{COOCH}_3}{\overset{\text{N}}{\underset{\text{N}}{\text{CH}}}}$$

konnte Oppé[1]) den Stickstoff folgendermaßen bestimmen (Fig. 340):

Man wägt die Substanz in ein etwa 50 ccm fassendes Destillierkölbchen ein, dessen Ansatzrohr dann durch einen doppelt durchbohrten Stopfen in die obere Öffnung eines Schiffschen Eudiometers eingeführt wird. Die andere Bohrung dieses Stopfens gibt einem Glasröhrchen mit aufgesetztem Gummischlauch und Quetschhahn Durchgang, das zur Einstellung des Atmosphärendrucks nötig ist. In das Zersetzungsgefäß ist durch den Stopfen ein beiderseitig offenes Glasrohr von etwa 5 mm lichter Weite eingeführt. In sein unteres Ende wird ein Pfropf aus Phenol eingeschmolzen, darauf ein Glasstäbchen gebracht und über das obere Ende ein Stück Gummischlauch mit Quetschhahn gezogen.

Zu Beginn der Analyse läßt man die Sperrflüssigkeit (Wasser) im Eudiometer unter Atmosphärendruck bis an den O-Punkt der Teilung treten, schließt dann die Quetschhähne und drückt mit dem Stab den Phenolpfropf in das Zersetzungsgefäß. Die durch die Reaktion bewirkte Temperatursteigerung gleicht sich in dem kleinen Gefäß sehr schnell aus.

Gemessen wird die Zunahme des Gasvolumens, die dem entwickelten Stickstoff entspricht.

Gelegentlich empfiehlt sich auch die Anwendung eines Katalysators.

0.1—0.2 g des analysenreinen Diazokörpers wurden in 5 ccm Xylol mit einem Platinschnitzel erhitzt. Als Zersetzungsgefäß diente ein Reagensglas mit seitlichem, nach aufwärts gerichtetem, 50 cm langem Ansatz, der — unter Zwischenschaltung einer mit Kohlendioxyd-Äther gekühlten Vorlage — mit einem Azotometer verbunden war; die Vorlage hatte die Aufgabe, mitgerissenen Xyloldampf zurückzuhalten. Durch die Apparatur wurde während des Versuchs ein schwacher Kohlendioxydstrom geleitet. Um gleichmäßige Temperatur zu erhalten, wurde das Reagensglas nicht direkt, sondern mit Xyloldampf erhitzt[2]).

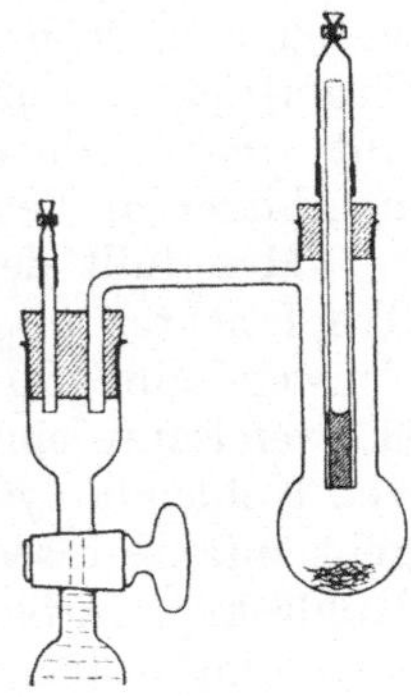

Fig. 340.
Apparat von Oppé.

B. Aromatische Diazogruppe.

a) Reaktionen, die unter Stickstoffabspaltung verlaufen.

1. Ersatz der Diazogruppe durch Hydroxyl[3]). Erfolgt beim Kochen der Diazoniumsulfate (Chloride) mit Wasser. Nitrate geben dabei als Nebenprodukte Nitrophenole.

---

[1]) B. **46**, 1097 (1913).

[2]) Staudinger und Hirzel, B. **49**, 2525 (1916).

[3]) Grieß, A. **137**, 67 (1866). — Hirsch, B. **24**, 325 (1891). — Müller und Haußer, C. r. **114**, 549, 669, 760, 1438 (1892). — Bull. (3) **9**, 353 (1893). — Über Fälle, in denen die Reaktion versagt, siehe S. 954 und Tritsch, Diss. Zürich (1907), 47. — Borsche und Bothe, B. **41**, 1942 (1908). — Kaufmann-Khotinsky und Jacopson-Jacopmann, B. **42**, 3097 (1909). 4-Amino-3-methoxybenzaldehyd:

$$\underset{\text{NH}_2}{\overset{\text{COH}}{\bigcirc}}\text{—OCH}_3 \text{ läßt sich nicht in Vanillin überführen.}$$

Diese Reaktion verläuft durchaus nicht immer glatt[1]), was durch verschiedene Umstände bedingt sein kann.

So stieß[2]) die Darstellung des Naphthols:

$$\text{OH} \quad \text{CH}_3$$

aus der Diazoverbindung auf sehr große Schwierigkeiten, indem unter den verschiedensten Bedingungen vollständige Verharzung eintrat. Erst nachdem die Ursache dieses Verhaltens, die leichte Oxydierbarkeit des Naphthols, erkannt war, gelang die Reaktion durch Verkochen in einem indifferenten Gasstrom.

In einem 1-1-Rundkolben, der mit dreifach durchbohrtem Stopfen versehen ist, erhitzt man 200 g 70 proz. Schwefelsäure zum Sieden. Der Kolben ist einerseits mit einem Kühler, der luftdicht an die Vorlage angeschlossen ist, verbunden, während andererseits durch die zweite Öffnung des Stopfens ein Tropftrichter, durch die dritte ein Einleitungsrohr führt, das durch ein T-Stück mit einer Kohlendioxydbombe und einem Dampfentwickler nebst Dampfüberhitzer in Verbindung steht.

Man füllt den Apparat mit Kohlendioxyd, läßt dann langsam aus dem Tropftrichter die diazotierte Lösung — 4.8 g Base in 5.5 g konzentrierter Schwefelsäure, 80 g Wasser und die erforderliche Nitritmenge — in die siedende Schwefelsäure einfließen und leitet gleichzeitig unter weiterem Durchstreichen von Kohlendioxyd auf 140—150° überhitzten Wasserdampf ein. Das Naphthol geht anfangs rasch, später langsamer über und scheidet sich zum Teil schon im Kühlrohr in farblosen, bald rötlich werdenden Nadeln ab. — Als Nebenprodukt bleibt im Kolben ein Dinaphthol:

$$\text{CH}_3 \quad \text{CH}_3$$
$$\text{OH} \qquad \text{OH}$$

zurück.

Ähnliche Schwierigkeiten fanden Bedzik und Friedländer[3]) beim Verkochen des diazotierten Aminonaphtholmethyläthers:

$$\text{NH}_2 \quad -\text{OCH}_3 \, ,$$

und allgemein zeigt es sich, daß ortho- und parasubstituierte Phenole und Phenoläther, z. B. die Derivate der Guajacolreihe, auch wenn die entstehenden Phenole nicht unbeständig sind, durch die Grießsche Reaktion schwer erhältlich sind.

Für solche Fälle ist vorgeschlagen worden, die Zersetzungstemperatur durch Zusatz erheblich über 100° siedender Flüssigkeiten[4]) oder durch den Siedepunkt erhöhende Salze (Glaubersalz) zu steigern und zugleich, wie dies

---

[1]) Tetrachloraminofluoran gibt Tetrachlorfluoran an Stelle der erwarteten Hydroxylverbindung. Arndorff und Kennedy, Am. soc. **39**, 88 (1917).

[2]) Lesser, A. **402**, 42 (1913). — Siehe auch Schroeter, A. **426**, 70 (1922).

[3]) M. **30**, 282 (1909).

[4]) Heinichen, A. **253**, 281 (1889). — Fr. P. 228 539 (1893). — Cain und Norman, Proc. **21**, 206 (1905). — Cain, Soc. **89**, 19 (1906). — Starke Schwefelsäure stabilisiert die Diazoniumgruppe: Orton, Soc. **87**, 99 (1905).

später wieder Lesser gemacht hat, das entstandene Phenol der weiteren Einwirkung der Diazolösung zu entziehen [1]).

Besser als diese Mittel wirkt[2]) der Zusatz von Kupfersulfat[3]).

Beispiele: 5 Teile Orthoanisidin werden diazotiert und die Lösung in eine siedende Lösung von je 6 Teilen Kupfersulfat und 6 Teilen Wasser gegossen. Das gebildete Guajacol wird mit Wasserdampf abdestilliert.

5 Teile Orthoaminophenol werden diazotiert und in die siedende[4]) Lösung von 1 Teil Kupfersulfat in 10 Teilen Wasser gegossen. Das entstandene Brenzcatechin wird mit Äther extrahiert.

In ähnlicher Weise verwendet man für 21.6 Teile p-Aminophenol 100 Teile Kupfersulfat und 100 Teile Wasser, für 21.4 Teile o-Toluidin ebenfalls 100 Teile Kupfersulfat und 100 Teile Wasser.

Es empfiehlt sich, die Diazolösung nicht auf die Oberfläche der Zersetzungsflüssigkeit, sondern — durch einen Tropftrichter mit ausgezogenem und umgebogenem Hals — unter diese zu bringen und im Kohlendioxydstrom zu arbeiten.

In manchen Fällen erfolgt die Verkochung nur leicht unter der Einwirkung des Lichts[5]).

Auch bei Diazoaminoverbindungen findet sich schwere Zerlegbarkeit: Zettel, B. **26**, 2471 (1893). — Herschmann, B. **27**, 767 (1894).

2. Ersatz der Diazogruppe durch Halogene. Bezüglich des Ersatzes durch Chlor siehe S. 947. Brom wird leichter und noch leichter Jod eingeführt. Zur Einführung von Brom eignen sich besonders die Perbromide, die beim Kochen mit Alkohol nach der Gleichung:

$$ArN_2Br_2 + 2\,CH_3CH_2OH = ArBr + 2\,BrH + N_2 + 2\,CH_3CHO$$

zerfallen.

Einführung von Fluor: Grieß, B. **18**, 961 (1885). — Wallach, **243**, 739 (1888). — Ekbom und Manzelius, B. **22**, 1846 (1889).

3. Ersatz der Diazogruppe durch Wasserstoff[6]).

a) Alkoholmethode. Beim Kochen der Diazolösungen mit absolutem Methyl- oder Äthylalkohol [unter Zusatz geringer Mengen eines Kupfersalzes[7])] oder von Zinkstaub, Alkoholaten oder Alkalicarbonat [Hydroxyd[8])] wird gewöhnlich die Diazogruppe unter Eintritt von Wasserstoff eliminiert, während der Alkohol zu Aldehyd oxydiert wird.

Man kann daher direkt die NH_2-Gruppe durch Wasserstoff ersetzen, wenn man mit Amylnitrit und konzentrierter Schwefelsäure in alkoholischer Lösung diazotiert und kocht[9]).

Zur Reduktion nitrierter Amine diazotiert Staedel[10]) in stark salpetersaurer Lösung und behandelt dann mit siedendem Alkohol.

Es sind indessen zahlreiche Fälle bekannt geworden, wo die Reaktion nicht nach der Gleichung:

$$\text{I.}\quad ArN_2 \cdot OSO_3H + CH_3CH_2OH = ArH + N_2 + H_2SO_4 + CH_3CHO$$

<hr>

[1]) DRP. 95 339 (1897).

[2]) Siehe dazu Hantzsch und Blagden, B. **33**, 2547 (1900). — Giemsa und Halberkann, B. **54**, 1179 (1921).   [3]) DRP. 167 211 (1905).

[4]) In anderen Fällen arbeitet man bei 60—65° (Giemsa und Halberkann, a. a. O.).

[5]) Andersen, Photographische Korrespondenz 1895. — Orton, Coates und Burdett, Soc. **91**, 35 (1907).

[6]) Grieß, A. **137**, 67 (1866). — E. und O. Fischer, A. **194**, 270 (1878). — Remsen und Graham, Am. **11**, 319 (1889). — Schroeter, A. **426**, 70 (1922).

[7]) Witt und Merménys, B. **46**, 306 (1913). — Am besten Kupferoxydul: Ullmann und Engi, B. **37**, 2373 (1904).   [8]) Winston, Soc. **85**, 169 (1905).

[9]) E. Müller, Diss. Berlin (1908), 39.   [10]) A. **217**, 190 (1883).

allein, sondern mehr oder weniger auch unter Eintritt von Alkyloxyden (Phenolätherbildung) verläuft[1]:

$$\text{II.} \quad ArN_2 \cdot OSO_3H + CH_3OH = ArOCH_3 + H_2SO_4 + N_2.$$

Der Verlauf der Reaktion hängt von der Natur des Alkohols, des Diazokörpers, der Säure, vom Druck und der Temperatur ab. Zunehmendes Molekulargewicht des Alkohols und Anwesenheit negativer Gruppen im Benzolkern begünstigen die Kohlenwasserstoffbildung. Die Wirkung des Substituenten ist am größten aus der o-, am geringsten aus der p-Stellung.

In der **Pyridinreihe** scheint die Reaktion ausschließlich nach Gleichung II zu erfolgen.

b) **Verfahren von Mai**[2]. Die Reduktion wird mit unterphosphoriger Säure bewirkt. Man verwendet entweder die käufliche Säure (1.15) oder das Calcium- oder Natriumsalz, das durch die berechnete Menge Schwefelsäure oder Salzsäure zerlegt wird.

Die Methode ist sehr empfehlenswert. Bei der **p-Aminophenylarsinsäure** führt sie allein zum Ziel[3], ebenso bei den **Aminozimtsäuren**[4].

217 g p-Aminophenylarsinsäure werden in einem Liter Wasser und 260 ccm Salzsäure (1.12) gelöst und unter Turbinieren und Kühlen mit 350 ccm 3 n-Nitritlösung diazotiert. Die filtrierte Diazolösung wird in eine Lösung von 530 g technischem Natriumhypophosphit und 650 ccm Salzsäure (1.12) in einem Liter Wasser eingetragen, wobei die Temperatur nicht über $+2°$ steigen soll.

Die Stickstoffentwicklung beginnt alsbald und ist nach ca. 18 stündigem Digerieren bei $+2$ bis $+5°$ vollständig beendet. Man filtriert von einem geringfügigen Niederschlag in 1250 ccm 25 proz. Ammoniak und schlägt durch Zusatz von 500 g Bariumchlorid, in $1^1/_2$ l Wasser gelöst, Phosphorsäure und phosphorige Säure nieder. Das Filtrat wird mit Essigsäure neutralisiert und das phenylarsinsaure Zink mit überschüssigem Zinkacetat gefällt. Ausbeute an reiner Säure ca. 50% der Theorie.

c) **Überführung in Hydrazin und Oxydation.** Durch Zinnchlorür in salzsaurer Lösung[5] oder durch Verwandlung in diazosulfosaure Salze und deren Reduktion mit überschüssigem Alkalisulfit[6] oder besser Zinkstaub und

---

[1] Wroblewski, Z. **1870**, 164. — B. **3**, 98 (1870); **17**, 2703 (1884). — Fittica, B. **6**, 1209 (1873). — Hayduck, A. **172**, 215 (1874). — Zander, A. **198**, 1 (1879). — Balentine, A. **202**, 351 (1880). — Mohr, A. **221**, 220 (1883). — Heffter, A. **221**, 352 (1883). — Paysan, A. **221**, 510 (1883). — Brown, Am. **4**, 374 (1883). — Schulz, B. **17**, 468 (1884). — Haller, B. **17**, 1887 (1884). — Hofmann, B. **17**, 1917 (1884). — Remsen, B. **18**, 65 (1885). — Widmann, B. **18**, 151 (1885). — Limpricht, B. **18**, 2176, 2185 (1885). — Remsen und Palmer, Am. **8**, 243 (1886). — Remsen und Orndorff, Am. **9**, 387 (1887). — Remsen und Graham, Am. **11**, 319 (1889). — Orndorff und Kortright, Am. **13**, 153 (1891). — Orndorff und Cauffman, Am. **14**, 45 (1892). — Remsen und Dashiell, Am. **15**, 105 (1893). — Metcalf, Am. **15**, 301 (1893). — Parks, Am. **15**, 320 (1893). — Shober, Am. **15**, 379 (1893). — Beeson, Am. **16**, 235 (1894). — Marckwald, B. **27**, 1318 (1894). — Griffin, Am. **19**, 163 (1897). — Chamberlein, Am. **19**, 531 (1897). — Cameron, Am. **20**, 229 (1898). — Moale, Am. **20**, 298 (1898). — Franklin, Am. **20**, 455 (1898). — Hantzsch und Jochem, B. **34**, 3337 (1901). — Hantzsch und Vock, B. **36**, 2061 (1903). — Winston, Soc. **85**, 169 (1904).
[2] B. **35**, 162 (1902).   [3] Bertheim, B. **41**, 1855 (1908).
[4] Stoermer und Heymann, B. **45**, 3099 (1912).
[5] V. Meyer und Lecco, B. **16**, 2976 (1883).
[6] Escales, B. **19**, 893 (1886). — DRP. 68 708 (1893). — Limpricht und Ulatowski, B. **20**, 1238 (1887). — Fritsch, B. **29**, 2294 (1896).

Essigsäure[1]) werden die Diazokörper in Hydrazine resp. durch kochende Salzsäure spaltbare hydrazinsulfosaure Salze verwandelt.

Oxydationsmittel liefern[2]) nach dem Schema:

$$R \cdot NH \cdot NH_2 \rightarrow R \cdot NH \cdot N \Big\langle {}^H_{OH} \rightarrow R \cdot H + N_2 + H_2O$$

Kohlenwasserstoffe. Am besten arbeitet man mit Kaliumchromat[3]).

d) **Andere Methoden, die Diazogruppe durch Wasserstoff zu ersetzen.**

Reduktion mit Zinnchlorür: **Effront** und **Merz**, B. **17**, 2329, 2341 (1884). — **Culmann** und **Gasiorowsky**, J. pr. (2) **40**, 97 (1889). — Mit Zinnoxydulnatron: **Friedländer**, B. **22**, 587 (1889). — **Königs** und **Carl**, B. **23**, 2672, Anm. (1890). — **Eibner**, B. **36**, 813 (1903). — **Hantzsch** und **Vock**, B. **36**, 2065 (1903). — **Auwers**, **Borsche** und **Weller**, B. **54**, 1310 (1921). — Mit Kupferpulver und Ameisensäure: **Tobias**, B. **23**, 1632 (1890). — Kupferwasserstoff: v. **Pechmann** und **Nold**, B. **31**, 560 (1898). — **Vorländer** und **Mayer**, A. **320**, 122 (1902). — Natriumhydrosulfit: **Grandmougin**, B. **40**, 422, 858 (1907).

Einwirkung von Phenol auf Diazokörper: **Hirsch**, B. **23**, 3705 (1890); **25**, 1973 (1892), — von Eisessig: **Orndorff**, Am. **10**, 368 (1881), — von Essigsäureanhydrid: **Wallach**, **235**, 233 (1886).

4. **Ersatz der Diazogruppe durch andere Reste**: Sulfhydratgruppe: **Klason**, B. **20**, 349 (1887). — Bildung von Xanthogensäureestern und Thiophenolen: DRP. 45120 (1887). — **Leukart**, J. pr. (2) **41**, 184 (1890). — Sulfinsäuren[4]): **Gattermann**, B. **32**, 1136 (1899). — Nitrilbildung: **Sandmeyer**, B. **17**, 2653 (1884); **18**, 1492 (1885). — Rhodanide: **Gattermann** und **Hausknecht**, B. **23**, 738 (1890). — **Thurnauer**, B. **23**, 770 (1890) usw.

b) **Reaktionen, bei denen die Diazogruppe erhalten bleibt.**
(Kupplungsreaktionen.)

1. Bildung von Perbromid.

Die Lösung des Diazoniumsalzes wird mit einer Lösung von Brom in Bromwasserstoff oder Bromkalium versetzt, worauf das Perbromid auszukrystallisieren pflegt[5]). Aus diesen Perbromiden werden leicht die Azoimide gewonnen. Siehe S. 947.

2. Bildung von Diazoaminoverbindungen.

Diese entstehen aus Diazokörpern und primären und sekundären Aminen der Fett-, Benzol- und Pyridinreihe, wenn man äquimolekulare Mengen der Komponenten in gekühlter, wäßriger Lösung zusammenbringt. Das betreffende Amin wird in Form eines Mineralsäuresalzes angewendet und durch die entsprechende Menge Natriumacetatlösung freigemacht. Die in Wasser und verdünnten Säuren und Alkalien unlöslichen Diazoaminokörper können aus alkalihaltigem Alkohol[6]) umkrystallisiert oder durch Digerieren mit alkoholischer

---

[1]) E. **Fischer**, A. **190**, 71 (1877). — **Reychler**, B. **20**, 2463 (1887).
[2]) **Baeyer** und **Haller**, B. **18**, 90, 92 (1885). — **Zincke**, B. **18**, 786 (1885). — **Armstrong** und **Wynne**, Proc. **6**, 11, 75, 127 (1890); **7**, 27 (1891). — DRP. 57910 (1890); 77596 (1894). — Siehe auch S. 1046.
[3]) **Chattaway**, Proc. **24**, 10 (1908). — Soc. **93**, 271 (1908).
[4]) Isolierung als Ferrisalze: **Thomas**, Soc. **95**, 342 (1909).
[5]) **Zincke**, A. **339**, 223 (1905).   [6]) **Schraube**, B. **30**, 1399 (1897).

Schwefelammoniumlösung gereinigt werden[1]). Sie sind im allgemeinen gelb; das Diazoaminohydroisochinolin dagegen ist farblos[2]).

Reaktionen der Diazoaminokörper: Ar—N = N — NHR.
(R)

Das Wasserstoffatom der Iminogruppe zeigt die typischen Reaktionen eines sekundären Aminwasserstoffs, es ist auch durch Metall vertretbar.

Bei aromatischen Diazoaminokörpern, bei denen Desmotropie vorliegt, hat sich Phenylisocyanat als diagnostisch wertvolles Reagens erwiesen[3]).

Unterschiedlich von den Diazokörpern färben sich die Diazoaminokörper in alkoholischer Lösung nicht auf Zusatz von m-Phenylendiamin. Nach dem Ansäuern mit Essigsäure entsteht aber tieforangerote Färbung [Chrysoidinreaktion[4])].

Aromatische Diazoaminoverbindungen mit unbesetzter Parastellung[5]) gehen beim Stehen ihrer alkoholischen Lösungen (mit etwas salzsaurem Anilin usw.) in Paraaminoazoverbindungen über[6]):

$$\langle\!\!\langle \;\;\rangle\!\!\rangle\text{—N} = \text{N—NH—}\langle\!\!\langle \;\;\rangle\!\!\rangle = \langle\!\!\langle \;\;\rangle\!\!\rangle\text{—N} = \text{N—}\langle\!\!\langle \;\;\rangle\!\!\rangle\text{—NH}_2 .$$

Bei besetzter Parastellung entstehen Orthoaminoazokörper.

Die Geschwindigkeit der Umlagerung ist der Stärke der Säure des Anilinsalzes proportional: vgl. Goldschmidt und Reinders, B. **29**, 1369, 1899 (1896).

Die Diazoaminokörper zeigen im übrigen alle Reaktionen der Diazoverbindungen, nur sind sie viel beständiger und werden erst bei höheren Temperaturen und weniger explosionsartig zersetzt.

Über ihre quantitative Bestimmung siehe S. 1031 ff.

3. Bildung von Azofarbstoffen.

Siehe hierüber S. 946. Weiter ist noch folgendes zu bemerken:

Sterische Behinderung der Kupplungsfähigkeit. Zur Bildung von Aminoazoverbindungen sind von den tertiären Aminen nur jene befähigt, die entweder die Parastellung oder beide Orthostellungen unbesetzt enthalten. Im ersteren Fall entstehen Para-, im letzteren Orthoaminoazoverbindungen.

Ist die Parastellung frei, aber eine oder beide Orthostellungen besetzt, so läßt sich die Kupplung im allgemeinen gar nicht oder doch nur sehr schwierig und nur mit den reaktionsfähigsten Diazokörpern (p-Nitroanilin) erzwingen[7]). Sekundäre Amine hingegen lassen sich unter diesen Umständen ganz normal kombinieren[8]).

Das gleiche gilt von den Oxyazoverbindungen[9]), nur tritt bei Phenolen

---

[1]) Bernthsen und Goske, B. **20**, 928 (1887).

[2]) Bamberger und Dieckmann, B. **26**, 1210 (1893). — Bamberger, B. **27**, 2933 (1894).

[3]) Goldschmidt und Holm, B. **21**, 1016 (1888). — Goldschmidt und Molinari, B. **21**, 2557 (1888). — Goldschmidt und Bardach, B. **25**, 1359 (1892). — v. Pechmann, B. **28**, 874 (1895). — Schraube und Fritsch, B. **29**, 288 (1896).

[4]) Witt, B. **10**, 1309 (1877). — Friswell und Green, Soc. **47**, 923 (1885).

[5]) In gewissen Fällen läßt sich auch bei besetzter Parastellung Umlagerung erzwingen. Noelting und Witt, B. **17**, 77 (1884).

[6]) Kekulé, Z. **1866**, 689. — Goldschmidt und Bardach, B. **25**, 1347 (1892).

[7]) Weinberg, B. **25**, 1612 (1892). — Friedländer, M. **19**, 627 (1898).

[8]) Die entgegengesetzten Resultate von Heidelberg, B. **20**, 150 (1887), sind nach Friedländer falsch.

[9]) Limpricht, A. **263**, 236 (1891). — Kostanecki und Zibel, B. **24**, 1695 (1891).

mit besetzter Parastellung manchmal dadurch Azofarbstoffbildung ein, daß der Substituent (namentlich Carboxyl: Paraoxybenzoesäure) abgespalten wird[1]).

Unterscheidung von Para- und Orthooxyazokörpern: Liebermann und Kostanecki, B. 17, 885 (1884). — Goldschmidt und Rosell, B. 23, 487 (1890). — Lagodzinski und Mateesen, B. 27, 961 (1894).

Über einen Fall der Bildung des Orthooxyazokörpers bei unbesetzter Parastellung: Michel und Grandmougin, B. 26, 2353 (1893).

c) Quantitative Bestimmung der Diazogruppe aromatischer Verbindungen.

Die Bestimmung der aromatischen Diazogruppe[2]) erfolgt gewöhnlich ähnlich der S. 1023 angeführten Methode, am besten jedoch im Lungeschen Nitrometer unter Benutzung 40proz. Schwefelsäure[3]).

Wird die Bestimmung im Kohlendioxydstrom ausgeführt, so ist die Luft vorher bei $0°$ auszutreiben [Hantzsch[4])], wenn die Verbindungen leicht zersetzlich sind.

Bei der Bestimmung mit dem Nitrometer ist die Tension der zur Zersetzung benutzten Schwefelsäure 1.306 $(15°)$ mit 9.4 mm in Rechnung zu bringen.

Den Diazostickstoff normaler Diazotate bestimmt Hantzsch[5]) durch Lösen des Salzes in Eiswasser, Zusatz von Salzsäure, Verdrängen der Luft burch Kohlendioxyd im Kältegemisch, nachheriges Zufließenlassen von Kupferchlorürlösung und schließliches Erhitzen bis zum Sieden, wobei von allen Lösungen gemessene Volumina genommen und die in ihnen enthaltene Luftmenge durch Kochen ermittelt und vom Volumen des Diazostickstoffs abgezogen wird.

Zur Stickstoffbestimmung in dem Zinnchloriddoppelsalz des m-Diazobenzaldehydchlorids übergossen Tiemann und Ludwig[6]) die Substanz in einem Kölbchen mit ausgekochtem Wasser und verbanden einerseits mit einem Kohlensäureentwicklungsapparat, andererseits mit einem Gasableitungsrohr. Nach der Verdrängung aller Luft aus dem Apparat wurde das Gasableitungsrohr unter ein mit Kalilauge gefülltes Eudiometer gebracht und die im Kolben befindliche Flüssigkeit langsam zum Sieden erhitzt, schließlich aller Stickstoff durch erneutes Einleiten von Kohlendioxyd in die Meßröhre übergetrieben.

Häufiger als die eigentlichen Diazokörper werden Diazoaminokörper untersucht. Man geht dabei ganz ähnlich vor[7]). Natürlich werden nur $2/3$ des vorhandenen Stickstoffs ausgetrieben. Goldschmidt und Reinders[8])[9]) sind zu diesem Zweck zuerst so verfahren, daß sie die Substanz in ein Kölbchen spülten und dieses nach Zusatz von verdünnter Schwefelsäure mit einer Hempelschen Bürette in Verbindung brachten. Dann wurde das Kölbchen erwärmt, solange noch Gasentwicklung wahrzunehmen war. Nach dem Auskühlen des Kölbchens wurde die dem Diazostickstoff entsprechende Volumzunahme gemessen. So einfach dieses Verfahren war, so bot es doch

---

[1]) Siehe S. 622, Anm. 3.

[2]) Knoevenagel, B. 23, 2997 (1890). — Pechmann zund Frobenius, B. 27, 706 (1894).

[3]) Bamberger, B. 27, 2598 (1894). — Hantzsch, B. 33, 2528 (1900).

[4]) B. 28, 1741 (1895).   [5]) B. 33, 2159, Anm. (1900).   [6]) B. 15, 2045 (1882).

[7]) Grieß, A. 117, 19 (1861). — Heussler, Am. 260, 230 (1890).

[8]) Vaubel, Z. ang. 15, 1210 (1902).   [9]) B. 29, 1369 (1896).

einen großen Übelstand. Es war nämlich schwierig, Kölbchen und Bürette
auf die gleiche Temperatur zu bringen, und bei dem relativ großen Volumen
des im Kölbchen enthaltenen Gases konnten so recht erhebliche Fehler
gemacht werden.

Besser ist folgendes Verfahren derselben Autoren[1][2]: Das Kölbchen, in
das die Substanz gebracht worden ist, wird nach Beschickung mit 50 ccm
33 proz. Schwefelsäure mit einem doppelt durchbohrten Kautschukstopfen
verschlossen, in dessen einer Öffnung sich ein Gaszuleitungsrohr befindet,
während in der anderen ein kurzer Rückflußkühler steckt. Das obere Ende
des Kühlers ist mit einem mit Kalilauge gefüllten Stickstoffbestimmungsapparat
verbunden. Durch das Zuleitungsrohr wird so lange luftfreies Kohlendioxyd
(aus gekochtem Marmor und Salzsäure entwickelt) durch das kalt gehaltene
Kölbchen getrieben, bis das Gas von der Kali-
lauge vollständig absorbiert wird. Dann wird
das Kölbchen rasch erhitzt und das entwickelte
Gas aufgefangen. Nach Beendigung der Gasentwicklung wird wieder Kohlendioxyd durch
den Apparat geführt. Nachdem das Gas eine
Zeitlang über der Kalilauge gestanden ist, wird
es zur Messung des Volumens in ein Eudiometer übergefüllt. Die Berechnung des Prozent-
gehalts an Diazostickstoff erfolgt nach Ablesung der Temperatur und des Barometerstands
nach der gewöhnlichen Formel.

Da übrigens geraume Zeit erforderlich ist,
um die Luft vollständig aus dem Apparat zu
vertreiben, während deren die Säure umlagernd
gewirkt haben kann[3], haften auch dieser Methode kleine Fehler an, die Mehner[4] vermeidet.

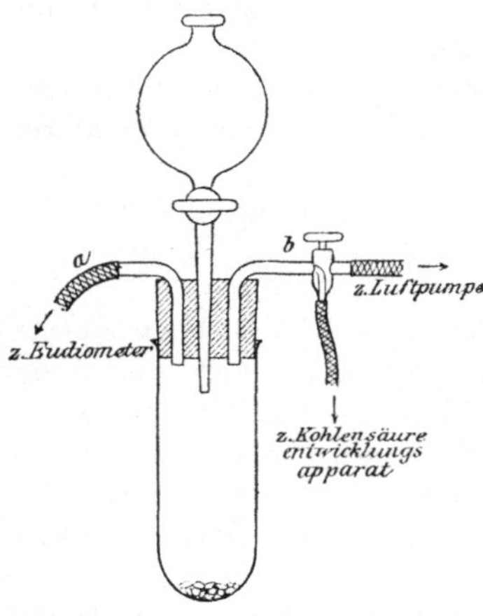

Fig. 341. Apparat von Mehner.

Sein Apparat, der es gestattet, die Substanz erst dann mit der Säure in
Berührung zu bringen, wenn die Entwicklung beginnen soll, besitzt die aus
Fig. 341 ersichtliche Einrichtung.

Ein nicht zu dünnwandiges Reagensrohr von ca. 10—12 cm Länge und
3 cm Durchmesser ist mit einem dreifach durchbohrten Gummistopfen dicht
verschlossen. Durch diesen führen zwei Glasröhren, die eine *a*, die dicht unter
dem Gummistopfen abgeschnitten ist, leitet zum Eudiometer, die andere *b*
besitzt am Ende einen Dreiweghahn, dessen einer Weg zum Kippschen Kohlensäureentwicklungsapparat, dessen anderer zu einer Wasserstrahlluftpumpe
führt. *b* ist ebenfalls direkt unter dem Gummistopfen abgeschnitten. Durch
die dritte Bohrung ragt das zu einer feinen Spitze ausgezogene Ansatzrohr eines
mit gut schließendem Hahn versehenen Tropftrichters in das Innere des Gefäßes
hinein. Vor Beginn der Analyse bringt man die Substanz auf den Boden des
Entwicklungsgefäßes, füllt das Ansatzrohr des Tropftrichters bis wenig über
den Hahn mit ausgekochtem Wasser (um sicher zu sein, daß am Hahn luft-
dichter Schluß vorhanden ist), setzt unmittelbar an dem Ende von *a* auf den

---

[1] B. **29**, 1369 (1896).
[2] Goldschmidt und Merz, B. **30**, 671 (1897).
[3] Friswell und Green, B. **19**, 2034 (1886).
[4] J. pr. (2) **63**, 305 (1901).

zum Eudiometer führenden Gummischlauch einen Quetschhahn und pumpt durch *b* die Luft aus, so gut als es eine Wasserstrahlluftpumpe in kurzer Zeit zu leisten vermag. Dann stellt man den Doppelhahn um und läßt Kohlendioxyd in den Apparat treten; hierauf pumpt man wieder luftleer und läßt abermals Kohlendioxyd eintreten. Nach nochmaligem Wiederholen dieser Operationen ist nur noch in dem zum Eudiometer führenden Schlauch Luft vorhanden. Diese treibt man nach dem Öffnen des Quetschhahns durch einen raschen Kohlendioxydstrom aus und überzeugt sich schließlich, daß das entweichende Gas von Alkalilauge vollständig absorbiert wird. Nunmehr schließt man den Hahn an *b*, beschickt den Tropftrichter mit starker Salzsäure und läßt von dieser so viel in den Apparat eintreten, daß sie ihn zu ungefähr $^1/_5$ seines Volumens erfüllt. Man erhitzt nun rasch zum Sieden; die Stickstoffentwicklung ist bald beendet. Um das Gas aus dem Entwicklungsgefäß in das Eudiometer überzutreiben, läßt man am besten ausgekochtes Wasser aus dem Tropftrichter zulaufen, bis der Apparat fast vollständig damit erfüllt ist. Den Gasrest treibt man noch durch einen Kohlendioxydstrom über, was in wenigen Augenblicken geschehen ist. Nach dem Auswaschen mit Wasser ist der Apparat sofort zu neuem Gebrauch fertig.

Bei sorgfältigem Arbeiten läßt die Methode die Genauigkeit einer Dumas - schen Stickstoffbestimmung leicht erreichen, wenn nicht übertreffen. Die Zeitdauer einer Bestimmung ist äußerst gering.

Über ähnliche Bestimmungen siehe noch: Curtius, Darapsky und Müller, B. **39**, 3427 (1906). — Dimroth, B. **39**, 3911 (1906). — Giemsa und Halberkann, B. **54**, 1183 (1921).

Tröger und Ewers [1]) kochen die arylthiosulfosauren und arylsulfinsauren Diazosalze mit Nitrobenzol oder Anilin und messen den entwickelten Stickstoff.

Für noch beständigere Diazokörper empfiehlt Schmidt [2]) folgendes Verfahren:

Ein kleines Kölbchen wird mit einem Gemisch der abgewogenen Substanz und grober Glasperlen beschickt; dann wird es mit einem doppelt durchbohrten Gummistopfen verschlossen, der ein bis auf den Boden reichendes Gaszuleitungsrohr und ein mit dem unteren Teil des Stopfens abschneidendes Ableitungsrohr trägt; aus dem Kölbchen wird zunächst die Luft durch Kohlendioxyd verdrängt, wobei man zweckmäßig wie bei der Stickstoffbestimmung (siehe S. 230) evakuiert; dann verbindet man das Gasableitungsrohr mit einem mit Kalilauge beschickten Schiffschen Azotometer und senkt dann das Kölbchen in ein Ölbad, das man langsam auf 150—160° erwärmt; die Substanz zersetzt sich ganz langsam und regelmäßig, ohne zu verpuffen, unter Stickstoffentwicklung; nach ca. 10 Minuten ist die Zersetzung beendet und man treibt den Rest des im Kölbchen befindlichen Stickstoffs durch einen kräftigen Kohlendioxydstrom in das Azotometer. Der Stickstoff ist jedoch noch nicht rein, er muß von den verunreinigenden Gasen durch eine Verbrennung nach Dumas befreit werden. Zu diesem Zweck schaltet man zwischen den Kohlensäureentwicklungsapparat und das Verbrennungsrohr ein T-Stück ein und verbindet das obere Ende des Azotometers mit einem Schenkel des T-Stücks, entfernt durch Evakuieren alle Luft aus dem System, läßt Kohlendioxyd nachströmen und wiederholt diese Operation mehrfach. Dann wird das Verbrennungsrohr erhitzt, der unreine Stickstoff

---

[1]) J. pr. (2) **62**, 372 (1900). — Siehe auch Tröger und Piotrowski, Arch. **255**, 162 (1917).   [2]) B. **39**, 614 (1906).

langsam, mit Kohlendioxyd gemischt, durchgeleitet und nunmehr endgültig gemessen.

Zur Analyse des o-Nitro-p-diazoniumphenols geht Klemenc[1]) folgendermaßen vor:

Da eine Verbrennung des o-Nitro-p-diazoniumphenols wegen der ungemein starken Explosibilität unausführbar war, wurde die Substanz nur auf ihren Stickstoffgehalt hin analysiert. Da aber eine direkte Bestimmung nach Dumas ebenfalls zur Explosion Veranlassung gab, wurde zuerst der beim Behandeln der Substanz mit Kalilauge freiwerdende Stickstoff bestimmt und dann in einer anderen Probe nach dem Zersetzen mit Kalilauge die Lösung eingedampft und davon die Stickstoffbestimmung in der gewöhnlichen Weise nach Dumas ausgeführt. Die Summe der gefundenen Prozentgehalte gibt den Gesamtprozentgehalt an Stickstoff.

1. Bestimmung des Diazostickstoffs. Der Apparat besteht aus einem Rundkolben mit einem seitlichen Ansatz zur Aufnahme des Diazoniumphenols, einem Tropftrichter und einem capillaren Gasentbindungsrohr, das mit dem unteren Teil des T-Stücks in ein Gläschen, das mit Quecksilber gefüllt ist, eintaucht. Der obere Teil ragt unter das Eudiometerrohr und trägt einen Stopfen, an den letzteres angesetzt wird. Zur Kühlung muß beständig kaltes Wasser in die Wanne einfließen.

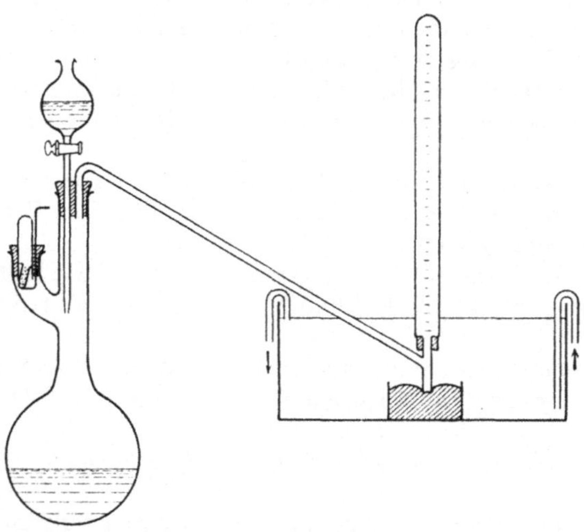

Fig. 342. Apparat von Klemenc.

In den Rundkolben werden etwa 150 ccm Wasser gegeben; man setzt den oberen Stopfen mit dem Tropftrichter, dessen Stiel ganz mit Wasser gefüllt ist, und der Gasentbindungsröhre auf.

In den seitlichen Ansatz wird das Gläschen mit dem Diazoniumphenol in der aus der Abbildung zu ersehenden Weise eingeführt.

Nun wird das Wasser im Kolben zum Sieden erhitzt, bis die ganze Luft vertrieben ist, was man mit einem Probierröhrchen leicht entscheiden kann. Ist dies der Fall, wird das Gläschen mit der Substanz durch Wegdrehen des Kupferdrahts in das siedende Wasser fallen gelassen. Es beginnt sofort eine schwache Stickstoffentwicklung. Man läßt dann durch den Tropftrichter ganz langsam 10 proz. Kalilauge zufließen. Gleich beim Einfallen der ersten Tropfen Lauge zersetzt sich das Diazoniumsalz fast momentan; nach wenigen Minuten ist die Gasentwicklung beendet.

Es wird bis auf etwa 2% der ganze Diazostickstoff mit Kalilauge in Freiheit gesetzt.

2. Bestimmung des durch Kalilauge nicht in Freiheit gesetzten Stickstoffs. Eine abgewogene Menge Substanz wird mit wäßriger Natron-

---

[1]) B. **47**, 1414 (1914).

lauge in einem Becherglas vom Diazostickstoff befreit und die blutrote, alkalische Lösung unter beständigem Darüberleiten von Kohlendioxyd eingedampft. Der Rückstand wird hierauf in wenig Wasser gelöst und von ausgeglühtem Kupferoxyd aufsaugen gelassen. Dann wird im Vakuum über Schwefelsäure getrocknet, die Masse hierauf unter entsprechenden Vorsichtsmaßregeln gepulvert und quantitativ in die Stickstoffröhre gebracht.

Titration der Diazoaminoverbindungen nach Vaubel[1]).

Wie schon Kekulé gefunden hat, wird Diazoaminobenzol durch Brom nach der Gleichung:

$$C_6H_5N : NNHC_6H_5 + 6\,Br = C_6H_5N : NBr + C_6H_2Br_3NH_2 + 2\,HBr$$

in Diazobenzolbromid und Tribromanilin zerlegt.

Diese Reaktion läßt sich zur titrimetrischen Bestimmung der Diazoaminoverbindungen überhaupt verwenden.

Man löst die Substanz in Eisessig, versetzt mit Salzsäure und Bromkaliumlösung und titriert mit Bromatlösung bis zur bleibenden Reaktion auf Jodkaliumstärkepapier.

Es wird gerade so viel Brom verbraucht, als zur Bildung z. B. von Tribromanilin neben der äquivalenten Menge der Diazoverbindung erforderlich ist.

Der Endpunkt ist sehr gut erkennbar.

Zweiter Abschnitt.

Azogruppe.

1. Qualitative Reaktionen der Azogruppe[2]).

Die aromatischen Azokörper unterscheiden sich von den Diazokörpern durch ihre weit größere Stabilität; sie werden beim Kochen mit Säuren und Alkalien nicht verändert, die Azokohlenwasserstoffe lassen sich sogar bei hoher Temperatur unzersetzt destillieren.

Reduktionsmittel greifen dagegen sehr leicht an. Die primären Reduktionsprodukte sind die Hydrazokörper, die sich leicht weiter unter Umlagerung verändern (siehe unter „quantitative Bestimmung‘ S. 1040).

Bei energischer Reduktion[3]) findet, je nach Art des Azokörpers, mehr oder weniger glatt vollkommene Spaltung in Amine statt:

$$ArN = NR + 4\,H = ArNH_2 + NH_2R.$$

Diese Reaktion kann nach Witt zur Ermittlung der Konstitution des Farbstoffs verwertet werden. Die speziellen Reaktionsbedingungen müssen

---

[1]) Z. ang. **15**, 1210 (1902).

[2]) Über aliphatische Azokörper siehe Thiele, A. **270**, 40,·43 (1892); **271**, 132 (1893). — Thiele und Heuser, A. **290**, 5, 30 (1896). — Gomberg, B. **30**, 2045 (1897). — Wieland, B. **38**, 1454 (1905). — A. **353**, 69 (1907). — Thiele, B. **42**, 2575 (1909). — Holzapfel, Diss. Heidelberg (1909).

[3]) Oxyazokörper können schon durch Phenylhydrazin zu Aminophenolen reduziert werden: Oddo und Puxeddu, B. **38**, 2752 (1905). — Puxeddu, G. **46**, I, **71**, 211 (1916).

zwar für jeden Fall ausgearbeitet werden, im allgemeinen können aber die Angaben von Witt als Paradigma gelten[1]).

Die Reduktion wird in salzsaurer Lösung mit Zinnsalz oder mit Zinn und Salzsäure[2]) vorgenommen. Die Reduktion mit Zinkstaub und Ammoniak oder Lauge empfiehlt sich nicht, führt vielmehr nach Witt „regelmäßig zu hoffnungsloser Schmierenbildung' [3]).

Bei der Untersuchung eines Farbstoffs unbekannter Konstitution hat also zuerst die Bestimmung des in Form von Diazoverbindung angewendeten Amins nach bekannten Methoden zu geschehen, dann folgt die Bestimmung der Naphthylamin- oder Naphtholsulfosäure, wenn nötig, unter Rücksichtnahme auf die Natur des bereits gefundenen Monoamins, in einem besonderen Versuch. Als passende Menge benutzt man 1 g vorher durch Krystallisation oder anderweitig gereinigten, von Dextrin, Glaubersalz usw. befreiten Farbstoff.

Als zweckmäßigstes Reduktionsmittel dient Zinnsalz in salzsaurer Lösung. Wenn es nur in mäßigem Überschuß verwendet wird, so daß nach beendigter Reaktion wesentlich nur Zinnchlorid in mäßig saurer Lösung vorliegt, wird Ausscheidung schwer löslicher Zinndoppelsalze nur selten erfolgen und Befreiung der Produkte von Zinn keine Schwierigkeiten bereiten. Als passende Zinnsalzmenge benutzt man 2 g krystallisiertes Salz. Dies ist bei den kleinstmolekularen dieser Farbstoffe gerade noch ausreichend, während für Farbstoffe mit größerem Molekül schon ein kleiner Überschuß vorliegt. Auch die Salzsäure ist auf das nötige Maß zu beschränken. Am besten benutzt man eine fertig bereitete Auflösung von 40 g Zinnsalz in 100 ccm chemisch reiner Salzsäure (1.19), die Zinn und Salzsäure im erfahrungsgemäß besten Verhältnis enthält; 6 ccm dieser Lösung entsprechen 2 g Zinnsalz.

Die Reduktion wird am besten so vorgenommen, daß man 1 g Farbstoff in der gerade ausreichenden Menge siedendem Wasser löst. Die meisten der in Betracht kommenden Farbstoffe lösen sich in 10 Teilen siedendem Wasser, man wird daher fast immer mit 10 ccm ausreichen. Einige wenige Farbstoffe erfordern mehr Wasser, keiner mehr als 20 Teile.

Sobald der Farbstoff klar gelöst ist, entfernt man das Kölbchen vom Feuer und fügt auf einmal die vorher abgemessenen 6 ccm Reduktionsflüssigkeit hinzu. Fast immer erfolgt dann die Reduktion innerhalb weniger Augenblicke, oft unter stürmischem Aufsieden.

Je nach der Natur der Substanz erfolgt die Ausscheidung der gesuchten Aminonaphthol- oder Naphthylendiaminsulfosäure schon in der Wärme, oder beim Erkalten, oder auch gar nicht. Im letzteren Fall wird man durch Versetzen kleiner Proben der Reduktionsflüssigkeit mit Fällungsmitteln untersuchen müssen, welches derselben dem vorliegenden Fall entspricht. Unter allen Umständen führt schon das Verhalten des Farbstoffs bei der in angegebener Weise ausgeführten Reduktion zur Sonderung in Gruppen, innerhalb deren die einzelnen Reduktionsprodukte durch wenige nach ihrer Reinabscheidung anzustellende Proben unterschieden werden können.

---

[1]) B. **21**, 3471 (1888). — Weitere Beispiele: Jacobson und Hönigsberger, B. **36**, 4098, 4117 (1903). — Hesse, J. Ind. and Eng. Ch. **7**, 674 (1915).

[2]) Grandmougin und Michel, B. **25**, 981 (1892).

[3]) Vergleiche dagegen DRP. 82 426 (1895) und Stülcken, Diss. Kiel (1906), 41, der gerade mit Zinkstaub (und Schwefelsäure) die besten Resultate erzielt. — Über die Reduktion mit Zink und Lauge und Schwefel-Schwefelkalium siehe auch Cobenzl, Ch. Ztg. **39**, 859 (1915).

Grandmougin und Michel[1]) ziehen es vor, bei jeder Reduktion die nötige Menge Zinn in Salzsäure aufzulösen, anstatt Zinnsalz zu nehmen.

Als Beispiel einer Spaltung nach dieser Methode sei die Darstellung des 2.1-Aminonaphthols angeführt.

Man löst 100 g Orange II in 1 l siedendem Wasser auf und fügt unter Umschwenken zur warmen Lösung eine ebenfalls heiße Lösung von 130 g Zinn in $^1/_4$ l technischer Salzsäure. (Es ist gut, zum Auflösen des Zinns diese Salzsäuremenge nicht auf einmal zu nehmen, sondern zuerst nur $^1/_4$ l. Wenn sich die Auflösung des Zinns verlangsamt, wird wieder $^1/_4$ l zugegeben usf. bis zur vollständigen Auflösung. Zum Schluß sind einige Tropfen Platinchloridlösung vorteilhaft.)

Die Reaktion ist sehr heftig, ein intermediär gebildeter roter Niederschlag löst sich wieder auf und nach Zugabe des ganzen Zinnchlorürs ist die Flüssigkeit meistens entfärbt; wenn nicht, so genügt kurzes Erwärmen auf dem Wasserbad. Sollten in der entfärbten Lösung Unreinigkeiten sein, so kann man davon abfiltrieren, muß aber rasch arbeiten, um Auskrystallisieren auf dem Filter zu verhindern.

Beim Abkühlen erstarrt die Lösung vollständig zu einem Brei glänzender Krystalle des salzsauren Aminonaphthols. Sie sind fast rein, speziell zinn- und sulfanilsäurefrei: Man filtriert ab und wäscht mit etwas verdünnter Salzsäure nach. So erhalten bildet das salzsaure Aminonaphthol glänzende, weiße Krystalle, die sich aber bald violett färben.

Das Umkrystallisieren erfolgt wie bei allen anderen Aminonaphtholen durch Auflösen in wenig siedendem Wasser (unter Zusatz von etwas schwefliger Säure) und Wiederausfällen mit konzentrierter Salzsäure.

Wenn die Zinnchlorürmethode auch in vielen Fällen gute Resultate gibt, so hat sie doch den Übelstand, daß das Zinn mitunter stören kann und seine Eliminierung etwas umständlich ist. — Grandmougin empfiehlt daher[2]) das feste Natriumhydrosulfit der B. A. S.

Der Azofarbstoff wird in wäßriger oder alkoholischer Lösung bei Siedehitze mit der zur Entfärbung notwendigen Menge konzentrierter Natriumhydrosulfitlösung versetzt, worauf man die Reaktionsprodukte in entsprechender Weise isoliert. Zusatz einer kleinen Menge Zinkstaub beschleunigt die Reaktion katalytisch, wodurch an Hydrosulfit gespart wird.

Beispiel: Reduktion des Benzolazonaphthols.

Die Substanz wird in Alkohol gelöst und zur kochenden Lösung gesättigte, wäßrige Hydrosulfitlösung bis zur Entfärbung gegeben. Man bläst nach vollendeter Reduktion Wasserdampf ein. Anilin und Alkohol gehen über und aus dem Rückstand krystallisiert das Aminophenol in vorzüglicher Ausbeute.

Nitrierte Azokörper werden im allgemeinen zu den entsprechenden Diaminen reduziert, aus den Orthonitroazokörpern werden aber unter partieller Reduktion und Ringschließung Azimidoxyde oder durch weitergehende Reduktion Triazolverbindungen[3]) gebildet.

---

[1]) B. **25**, 981 (1892). — Schaar und Rosenberg, B. **32**, 81 (1899).

[2]) B. **39**, 2494, 3929 (1906). — O. Fischer, Fritzen und Eilles, J. pr. (2) **79**, 562 (1909). — Khotinsky und Soloweitschik, B. **42**, 2513 (1909). — R. Meyer, B. **53**, 1265 (1920).

[3]) Grandmougin, B. **39**, 2494, 3561 (1906). — J. pr. (2) **76**, 124 (1907). — Grandmougin und Guisan, B. **40**, 4205 (1907). — Grandmougin und Havas, Ch. Ztg. **36**, 1167 (1912). — Reduzieren von Nitrokörpern mit Hydrosulfit s. a. Brass und Ferber, B. **55**, 548 (1922).

Wertbestimmung des Hydrosulfits[1]).

Nötig sind folgende Lösungen: eine Ferrisalzlösung von genau bekanntem Gehalt, eine Natriumhydrosulfitlösung, die gegen erstere eingestellt wird, eine etwa 10 proz. Rhodankaliumlösung und eine Indigolösung. Letztere muß so verdünnt werden, daß 1 ccm ungefähr 0.1 ccm Natriumhydrosulfitlösung äquivalent ist; ein oder zwei Tropfen, die der Ferrilösung zugesetzt werden, verursachen dann nur einen minimalen Mehrverbrauch an Natriumhydrosulfit, der vollständig vernachlässigt werden kann. (Natürlich kann man auch stärkere Indigolösungen benutzen, wenn man stets das der angewendeten Indigomenge entsprechende Natriumhydrosulfit in Abzug bringt.) Das krystallisierte Natriumhydrosulfit der Badischen Anilin- und Soda - Fabrik ist nicht vollständig rein. Es kann aber ohne weiteres zu Titrationen benutzt

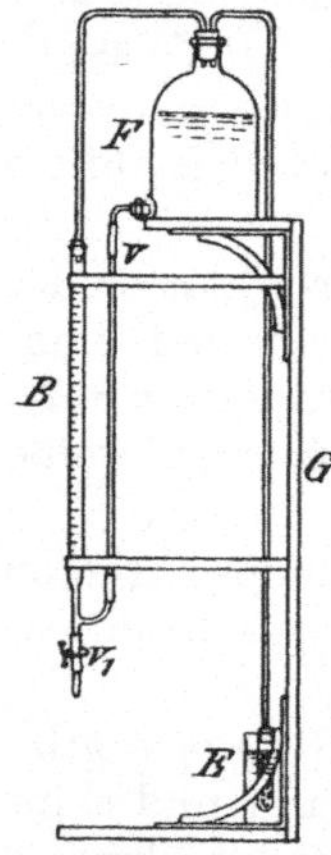

Fig. 343.
Apparat von
Grand-mougin.

werden, da es doch erst gegen eine Eisenoxydlösung eingestellt werden muß. Man bereitet sich eine Lösung, indem man einige Gramme auf der Handwage abwägt, in eine etwa 500 ccm fassende Stöpselflasche bringt, mit einigen Kubikzentimetern konzentrierter Sodalösung übergießt, mit Wasser auffüllt und ordentlich umschüttelt. Nach kurzer Zeit haben sich die Verunreinigungen zu Boden gesetzt und die Lösung kann abgegossen werden. Sie muß unter Luftabschluß aufbewahrt werden. Man gibt sie daher in eine Klärflasche F, aus der die Flüssigkeit nach Öffnung des Bunsenverschlusses oder Quetschhahns V in die Bürette B fließen kann (Fig. 343). Das obere Ende der Bürette ist wieder luftdicht mit der oberen Öffnung der Klärflasche verbunden, aus der eine zweite Röhre zu einem Kohlensäure- oder Wasserstoffapparat E oder zur Leuchtgasleitung führt. Um das Gas vollständig von Sauerstoff zu befreien, läßt man es eine Waschflasche mit konzentrierter Natriumhydrosulfitlösung passieren, die den Sauerstoff quantitativ wegnimmt.

Zur Einstellung der Natriumhydrosulfitlösungen verwendet man Mohrsches Salz $FeSO_4 \cdot (NH_4)_2SO_4 \cdot 6 H_2O$ oder Eisenammoniumalaun $Fe_2(SO_4)_3 \cdot (NH_4)_2SO_4 \cdot 24 H_2O$ von Kahlbaum. Das Mohrsche Salz wird in schwefelsaurer Lösung durch Kaliumpermanganat oxydiert und die schwach violette Färbung durch Kochen mit einem Tropfen Alkohol (meist genügt einfaches Aufkochen ohne Alkohol) oder Oxalsäure wieder zerstört. Die Eisenalaunlösung wird natürlich direkt benutzt. Im Liter sollen die Eisenlösungen 1—10 g Fe_2O_3 enthalten. Von einer derartigen Lösung werden 20 ccm in ein Becherglas gebracht, mit einigen Kubikzentimetern Schwefelsäure angesäuert und einige Tropfen Rhodankaliumlösung zugegeben. Aus der Bürette läßt man stets die geringe Menge Natriumhydrosulfit, welche mit der äußeren Luft in Berührung gestanden war, in ein anderes Gläschen oder Schälchen ausfließen, taucht die Spitze der Bürette 1 mm tief in die Eisenlösung ein und gibt nach dem Ablesen des Meniscus unter Umrühren so lange Natriumhydrosulfitlösung zu, bis die rote Farbe fast verschwunden ist. Dann fügt man einen oder zwei Tropfen Indigolösung hinzu und titriert vorsichtig weiter bis zum Verschwinden der blauen Farbe. (Die Indigolösung darf nicht schon zu Anfang zugesetzt werden, da sie von größeren Eisenmengen durch Oxydation entfärbt wird.)

[1]) Stieldorf, Diss. Heidelberg (1907), 20. — Franzen und Stieldorf, J. pr. (2) 76, 467 (1908). — Bollenbach, Ch. Ztg. 32, 146 (1908). — Siehe auch Bruhns, Z. ang. 33, 92 (1920).

Zwei Versuche mit denselben Eisenmengen müssen das gleiche Resultat geben. Wie bei allen Reduktionsmethoden muß man natürlich auch hier zum etwaigen Verdünnen der Lösungen destilliertes Wasser nehmen, das durch Auskochen von Sauerstoff befreit und dann wieder rasch abgekühlt worden ist. Die Flüssigkeitsmengen beim Einstellen der Lösung und beim Titrieren unbekannter Lösungen wählt man immer gleich groß. Hat man also 100 ccm zu titrieren, so füllt man die Ferrilösung, die zum Einstellen dient, ebenfalls auf dieses Volumen auf, das man am besten auch nicht sehr überschreitet. Die Natriumhydrosulfitlösung ist, unter Luftabschluß aufbewahrt, ziemlich lange haltbar. Sie muß aber immer erst kurz vor dem Gebrauch eingestellt werden. Vorher wird sie umgeschüttelt.

Spaltung mit Jodwasserstoff[1]).

Die Anwendung der Jodwasserstoffsäure bietet gegenüber anderen Reduktionsmitteln den Vorteil, daß durch sie keine anorganischen Salze in die Flüssigkeit gebracht werden; das bei der Reduktion abgeschiedene freie Jod kann leicht durch schweflige Säure entfernt werden, die Jodwasserstoffsäure durch Abrauchen mit Salzsäure.

Beispiele:

1. **Alizarin-Direktviolett R**: 6 g Farbstoff werden mit 50 ccm Eisessig zum Kochen erhitzt und der siedenden Flüssigkeit so lange Jodwasserstoffsäure (1.7) zugesetzt, bis eine Probe durch wäßrige schweflige Säure entfärbt wird und ein rotbrauner Niederschlag fällt. Dann wird die ganze Flüssigkeit abgekühlt und Schwefeldioxydlösung bis zur Entfernung des freien Jods zugesetzt. Der rotbraune Niederschlag besteht aus Leukochinizarin.

Das Filtrat wird zur Trockne verdampft und zweimal mit konzentrierter Salzsäure abgeraucht. Der Rückstand wird unter Zusatz von Tierkohle aus heißem Wasser umkrystallisiert. Es fallen kleine, farblose, regelmäßig ausgebildete rhombische Tafeln. Das ist die charakteristische Krystallform der 1.2.4-p-Toluidinsulfosäure.

2. **20 g Methylorange** werden in einer Porzellanschale mit so viel rauchender Jodwasserstoffsäure vermischt, daß sich der Brei noch gut rühren läßt, darauf unter Rühren zum Kochen erhitzt. Nach einigen Minuten wird er dünnflüssig und die Spaltung ist beendet. Nun wird wäßrige, schweflige Säure bis zur Entfärbung zugesetzt. Schon in der Lösung läßt sich die Anwesenheit von N-Dimethyl-p-phenylendiamin durch die Methylenblaureaktion nachweisen. Die Lösung wird nun mit Ätznatron alkalisch gemacht und das ölig ausgeschiedene N-Dimethyl-p-Phenylendiamin als Acetylderivat identifiziert.

Die nach dem Ausschütteln der Base mit Benzol bleibende Flüssigkeit liefert die Sulfanilsäure in farblosen Blättchen.

3. **Diphenylaminorange**, $SO_3Na \cdot C_6H_4N : N \cdot C_6H_4NH \cdot C_6H_5$. Die Spaltung durch Jodwasserstoff läßt sich in wäßriger Lösung nicht durchführen, da sich eine violettbraune, grünlich schillernde Masse bildet, die in den meisten Lösungsmitteln unlöslich ist. Vermutlich wirkt das bei der Reduktion frei werdende Jod auf das Aminodiphenylamin oxydierend und bildet indulinartige Produkte. Dagegen gelingt die Spaltung glatt in alkoholischer Lösung.

20 g Farbstoff werden in möglichst wenig Alkohol gelöst und am Rückflußkühler zum Sieden erhitzt, darauf etwas mehr als die berechnete Menge rauchende Jodwasserstoffsäure in kleinen Anteilen zugesetzt. Die anfangs rotgelbe Lösung

---

[1]) R. Meyer, B. **53**, 1265 (1920).

wird zunächst durch die frei werdende Farbsäure tiefrot gefärbt, nimmt aber nach etwa 10 Minuten durch das frei werdende Jod die Farbe der Jodtinktur an. Nun wird wäßrige, schweflige Säure bis zur Entfärbung zugesetzt, der Alkohol abdestilliert und die Lösung durch Natron neutralisiert. Beim Erkalten krystallisiert p-Aminodiphenylamin in seideglänzenden Nadeln. Es wird durch Umkrystallisieren aus Alkohol rein erhalten (Smp. 66°). Aus der von der Base befreiten Lösung kann die Sulfanilsäure leicht rein gewonnen werden.

Weiteres über Reduktion und Spaltung von Azokörpern siehe S. 1054 und 1060. — Spaltung der Azokörper mit Salpetersäure, Chromsäure oder Übermangansäure: Schmidt, B. 38, 3201, 4022 (1905). — Durch elektrolytische Reduktion: Puxeddu, G. 48, II, 557 (1918); 50, 149 (1920).

Über Unterscheidung von Azo- und Hydrazoverbindungen durch Brom: Armstrong, Proc. 15, 243 (1899).

Viele Azokörper verbinden sich[1]) mit Natriumbisulfit zu Additionsprodukten der Formel:

$$R_1\!-\!N\!-\!N\!-\!R_2$$
$$\;\;\;\;\;\;|\;\;\;\;|$$
$$\;\;\;\;\;\;H\;\;\;SO_3Na.$$

Bisulfitverbindungen geben nur Azofarbstoffe mit einer Naphthalin-Azokomponente und — weniger ausgeprägt — solche mit einer Benzolazokomponente mit zwei m-ständigen Auxochromen.

Farbreaktionen von Azo-, Disazo- und Trisazokörpern: Grandmougin (mit Freimann und Guisan), B. 40, 2662, 3451 (1907).

2. Quantitative Bestimmung der Azogruppe.

A. Diese kann nach dem

Limprichtschen Verfahren[2])

vorgenommen werden. Man erhitzt die Substanz entweder mit der sauren Zinnchlorürlösung oder, nachdem man die letztere mit der Seignettesalz-Sodalösung bis zum Verschwinden des anfangs entstandenen Niederschlags versetzt hatte, mehrere Stunden auf 100°. Es werden zwei Atome Wasserstoff aufgenommen nach der Gleichung:

$$R \cdot N_2 + SnCl_2 + 2\,HCl = RN_2H_2 + SnCl_4.$$

B. Methode von Knecht und Hibbert[3]).

Bei der Einwirkung von Titantrichlorid werden Azokörper in saurer Lösung leicht unter Entfärbung reduziert, wobei auf eine Azogruppe vier Moleküle Trichlorid in Reaktion treten.

Die Methode setzt voraus, daß der Azokörper in Wasser oder Alkohol löslich ist (wie dies bei den meisten Azofarben der Fall ist) oder sich

---

[1]) DRP. 29 067 (1883); 30 080 (1884); 30 598 (1884). — Spiegel, B. 18, 1481 (1885). — Prudhomme, Mon. sc. 1886, 319. — DRP. 141 497 (1903) (Kaliumbisulfit). — DRP. 165 575 (1905). — Stieldorf, Diss. Heidelberg (1907), 22. — Bucherer, J. pr. (2) 79, 385 (1909). — Woroshzow, J. pr. (2) 84, 514 (1911). — A. Ch. (9) 6, 389 (1916); 7, 50 (1917).

[2]) Siehe Bestimmung der Nitrogruppe S. 1079. — Siehe auch Schultz, B. 15, 1539 (1882); 17, 464 (1884).

[3]) B. 36, 166, 1549 (1903). — J. Soc. Dyers and Col. 21, 3 (1915). — Sichel, Diss. Berlin (1904), 42. — Sirker, Soc. Ind. 34, 598 (1915). — Siehe auch S. 1083.

durch Sulfonieren ohne Zersetzung in eine wasserlösliche Verbindung verwandeln läßt. Wenn der Azokörper mit Salzsäure keinen Niederschlag gibt, ist der Gang der Analyse ein sehr einfacher, indem der Farbstoff als sein eigener Indicator wirkt. Es empfiehlt sich Zusatz von 25 ccm 20proz. Seignettesalzlösung zu der zu titrierenden Probe[1]).

Man titriert die kochend heiße, stark salzsäurehaltige Lösung unter Einleiten von Kohlendioxyd mit der eingestellten Titanlösung, bis die Farbe verschwindet. Bei vielen Azokörpern, besonders aber solchen, die sich vom Benzidin und ähnlich konstituierten Basen ableiten, wird die Reduktion infolge Unlöslichkeit des Farbstoffs in Säuren bedeutend verlangsamt und der Endpunkt ist nicht leicht zu erkennen. In solchen Fällen empfiehlt es sich, unter Einleiten von Kohlendioxyd einen Überschuß der Trichloridlösung in die kochende Lösung des Azokörpers einfließen zu lassen und nach dem Abkühlen mit Eisenalaunlösung zurückzutitrieren[2]).

Zur Titerstellung der Titanchloridlösung benutzt man eine Eisenoxydsalzlösung von bekanntem Gehalt. Ein abgemessenes Volumen dieser Lösung wird ohne besondere Vorsichtsmaßregeln mit der Titanlösung titriert unter Verwendung einer Lösung von Rhodankalium als Indicator, die dem Kolbeninhalt in reichlicher Menge zugegeben wird.

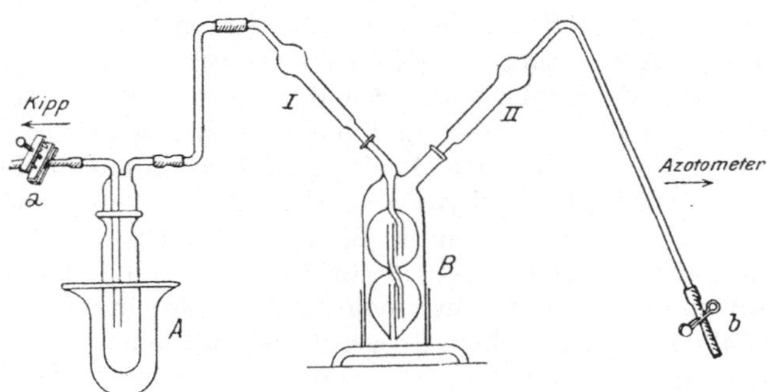

Fig. 344. Bestimmung von chinoiden und Azogruppen.

Als Urtiter verwendet man Mohrsches Salz, wovon 14 g in verdünnter Schwefelsäure aufgelöst werden. Diese Lösung wird auf 1 l eingestellt. Zu 50 ccm dieser Lösung (= 0.1 g Fe) wird ca. $^n/_{50}$-Permanganat bis zur schwachen Rosafärbung zugegeben, dann Rhodankalium zugefügt und bis zur Entfärbung mit Titanchlorid titriert. Die Eisenlösung ist fast unbegrenzt haltbar.

Die Titanlösung[3]) selbst wird durch Auflösen von reinem, granuliertem Zinn in wäßriger, stark salzsäurehaltiger Titantetrachloridlösung erhalten. Sobald die Tiefe der Violettfärbung nicht mehr zunimmt, wird die Flüssigkeit vom Zinn abgegossen, mit Wasser verdünnt und das gelöste Zinn mit Schwefelwasserstoff entfernt. Falls es sich nicht um ein reines Produkt handelt, kann man die wäßrige Lösung des Tetrachlorids mit Zinkstaub reduzieren und die Lösung direkt verwenden. Zur Darstellung des Reagens verwendet man frisch ausgekochtes destilliertes Wasser.

Die Titerflüssigkeit wird in einer 1—2 l fassenden, mit unten angebrachtem Tubus versehenen Flasche F aufbewahrt. Der Tubus V ist mit einer Füllbürette B in Verbindung und das Ganze steht, auf bekannte Art, unter konstantem Wasserstoffdruck (Fig. 343, S. 1038).

Die Titanlösung soll ungefähr 1proz. sein.

---

[1]) Knecht und Hibbert, B. **38**, 3319 (1905).   [2]) Siehe S. 1084.
[3]) Zirka 20proz. Titantrichloridlösungen sind jetzt auch im Handel zu haben.

C. Methode der quantitativen Bestimmung von chinoiden und Azogruppen mit Phenylhydrazincarbamat (Fig. 344).

Eine Modifikation des Verfahrens von Clauser[1]) durch Willstätter und Cramer[2]) gestattet die quantitative Bestimmung von Nitroso-, Chinon- und Azogruppen. Dabei lassen sich die Reduktionsphasen bei verschiedenen Temperaturen studieren.

Als Reduktionsmittel dient das von E. Fischer[3]) beschriebene Carbamat des Phenylhydrazins (phenylcarbazinsaures Phenylhydrazin). Während es an der Luft zersetzlich ist, hält es sich wochenlang in gut verschlossenem, mit Kohlendioxyd gefülltem Gefäß, wenn man jedesmal nach dem Öffnen der Flasche wieder die Luft verdrängt. Das Carbamat sintert und schmilzt bei ungefähr 78° unter Kohlendioxydentwicklung. Es ist schon bei Temperaturen weit unter dem Schmelzpunkt (z. B. 35—40°) anwendbar, da es im Gemisch mit festen Stoffen reduzierend zu wirken vermag. Vor dem Phenylhydrazin, dessen Anwendung im Kohlendioxydstrom mit Schwierigkeiten[4]) verknüpft ist, hat die Kohlensäureverbindung den Vorzug, daß die Reaktion im allgemeinen nicht zu früh und nicht zu heftig erfolgt. Die Reduktion wird in einem 25-ccm-Gläschen A mit gut aufgeschliffenem Helm ausgeführt. Man füllt zuerst ca. 1 g Phenylhydrazincarbamat ein, darauf die Substanz, sodann wieder ca. 1 g Carbamat. Durch Bewegen des Glases wird die Substanz mit dem Reagens vermengt, endlich schüttet man noch mehr Phenylhydrazinverbindung auf und stampft sie mit einem Glasstopfen ein wenig fester. Darauf verbindet man das Helmgläschen, dessen Schliff mit einer Spur Phenylhydrazin gedichtet werden kann, auf der einen Seite mit einem Kohlendioxydentwickler, auf der anderen mit dem Absorptionsgefäß B. Dieses ist einem der bei der Elementaranalyse gebräuchlichen Kaliapparate ähnlich, nur trägt es auf beiden Seiten Ansatzröhrchen. Das Ansatzrohr I ist mit wasserfreier Oxalsäure beschickt, um Phenylhydrazindämpfe zu binden, das Röhrchen am Ende II wird locker mit einem Absorptionsmittel für saure Dämpfe, z. B. mit einem Gemisch von Eisenoxyd und Glaswolle, gefüllt. Der Absorptionsapparat selbst dient zum Zurückhalten von Benzol, er enthält konzentrierte Schwefelsäure mit einem Gehalt von 2.5 Vol.-Prozent Salpetersäure. An diesen Apparat wird ein Azotometer angeschlossen.

Man verdrängt in 3—4 Minuten die Luft, schließt den Quetschhahn b und läßt Lauge in das Azotometer. Dann wird a geschlossen und b geöffnet.

Durch Anheizen von A bringt man auf die Reaktionstemperatur. Nach Beendigung der Gasentwicklung wird Kohlendioxyd durchgeschickt.

Die Bestimmung dauert nur wenige Minuten.

Besonders gut sind die Reaktionen über dem Schmelzpunkt des Carbamats zu verfolgen; das Kohlendioxyd aus der Verbindung drängt den Stickstoff bis ins Azotometer; in der Schmelze beobachtet man leicht die Gasentwicklung.

Die Methode war in allen untersuchten Fällen bis 150—160° brauchbar, nur manchmal darüber hinaus bis 180—200° (Azoanilin, Stilbenchinon). Im allgemeinen beginnt bei 160° in erheblichem Maß die Selbstzersetzung des Phenylhydrazins[5]). Sie scheint in den Ausnahmefällen, welche noch bei höheren

---

[1]) S. 1063.　　[2]) B. **43**, 2979 (1910).　　[3]) A. **190**, 123 (1877).
[4]) Nur bei Chinoiden, die zu leicht, nämlich schon beim Vermischen mit Carbamat, reagieren, wird mit Phenylhydrazin selbst reduziert. Man läßt es nach dem Füllen der Apparatur mit Kohlendioxyd durch einen in den Helm von A eingesetzten Tropftrichter zufließen, dessen Rohr vom Hahn abwärts mit Xylol gefüllt ist.　　[5]) Siehe S. 786.

Temperaturen scharfe Endwerte ergeben, katalytisch verlangsamt, in anderen Fällen aber katalytisch beschleunigt zu werden. Dies ist sehr deutlich der Fall beim Erhitzen von Phenylhydrazin mit Aminophenol auf 150°; Azophenol, das bei 150° Aminophenol bildet, kann daher nicht mit dieser Methode bestimmt werden.

Für Versuche über 100° führt man eine Korrektur ein, indem man von dem abgelesenen Stickstoffvolumen 0.6 ccm subtrahiert.

Berechnung. Ein Molekül verbrauchter Wasserstoff entspricht einem Molekül Stickstoff. Eine chinoide Gruppe liefert 1 Molekül, eine Azogruppe 2 Moleküle Stickstoff. Man gibt als Resultat den Stickstoff in Gewichtsprozenten der Substanz:

$$\frac{\text{Stickstoff in g}}{\text{Substanz in g}} \cdot 100$$

an und bezeichnet den Wert als „Stickstoffzahl“.

Die Methode ist hauptsächlich für die Bestimmung chinoider Gruppen anwendbar, außerdem für die Analyse mancher Azoverbindungen. Eine besonders nützliche Anwendung findet sie zur Beobachtung stufenweiser Reduktion. Manche Chinone geben mit Phenylhydrazin in einer ersten Phase Chinhydrone, gewisse stickstoffhaltige chinoide Verbindungen liefern zuerst Azokörper, andere Hydrazoverbindungen, dann deren Spaltungsprodukte. In mehrfach chinoiden Verbindungen läßt sich ein chinoider Kern nach dem anderen quantitativ bestimmen.

Beispiele.

1. Stilbenchinon. Bei 70—80° tritt Reduktion zum Chinhydron ein, die Schmelze ist dunkelbraun. Die zweite Phase, Reduktion zum Dioxystilben, beginnt erst über 150°.

2. Chinonazin, O : ⟨◯⟩ : N · N : ⟨◯⟩ : O . Da die Substanz zu leicht mit dem Carbamat reagiert, wurde sie mit Xylol vermischt und durch Zugabe von Phenylhydrazin im geschlossenen Apparat reduziert. Die Reduktion bis zum p-Azophenol war bei 120° beendigt.

3. p-Azoanilin. Die Reduktion erfolgt erst bei 180—200°.

Über die Titration von Azofarbstoffen mit Hydrosulfit siehe S. 1037.

Dritter Abschnitt.

Reaktionen der Hydrazingruppe [1]).

1. Hydrazinverbindungen der Fettreihe.

a) Primäre Basen RNH — NH₂.

Im allgemeinen zeigen die primären aliphatischen Hydrazine große Ähnlichkeit mit den entsprechenden aromatischen Verbindungen (siehe S. 1046).

Verschiedenheiten treten nur dort zutage, wo die stärkere Basizität der ersteren und die größere Unbeständigkeit ihrer Stickstoffgruppe gegen oxydierende Agenzien zur Geltung kommt. Besonders ist in dieser Beziehung

---

[1]) E. Fischer, B. **8**, 589 (1875); **9**, 111 (1876); **11**, 2206 (1878). — A. **190**, 67 (1877); **199**, 281 (1879). — Renouf, B. **13**, 2171 (1880). — v. Brüning, A. **253**, 9 (1889). — Curtius, J. pr. (2) **39**, 47 (1889). — Harries, B. **27**, 696, 2276 (1894).

das Verhalten der primären Basen gegen Diazobenzol und salpetrige Säure hervorzuheben.

Verhalten gegen Diazobenzol. Trägt man ein Salz des Diazobenzols in eine kalte wäßrige Lösung der Base ein, so findet momentan ohne jede Gasentwicklung Abscheidung eines ätherlöslichen, schwach gelben Öls statt, das im wesentlichen aus dem Diazobenzolazid:

$$C_6H_5 \cdot N = N\text{---}NHNHR$$

besteht. Dieses sehr zersetzliche Produkt zeigt alle Reaktionen des Diazobenzols und des Alkylhydrazins und wird beim Behandeln mit Zinkstaub und Eisessig in alkoholischer Lösung analog den Diazoaminokörpern quantitativ nach der Gleichung:

$$C_6H_5N : NHNHR + 4\,H = C_6H_5NHNH_2 + RNHNH_2$$

gespalten.

Verhalten gegen salpetrige Säure [1]. Während salpetrige Säure mit Phenylhydrazin glatt Diazobenzolimid liefert, ist der Vorgang in der Fettreihe sehr kompliziert, das Hydrazin wird unter starker Gasentwicklung vollständig zersetzt.

Die **Carbylaminreaktion** zeigen die primären Hydrazine in intensiver Weise.

Neutrale Kupferchloridlösung wird sofort entfärbt, die schwach gelbe Lösung scheidet erst beim Erwärmen Kupferoxydul ab.

Von Säurechloriden werden die Basen leicht in amidartige Derivate verwandelt, von denen die **Paranitrobenzoylderivate** besonders schön krystallisieren.

Jodalkyl reagiert in der für primäre Amine normalen Weise.

In Äther sind diese Basen unlöslich; sie liefern schwer lösliche Chlorhydrate. Auch die Oxalylverbindungen und die Pikrylverbindungen sind charakteristisch.

Aldehyde reagieren glatt unter Wasserabspaltung.

b) **Asymmetrische (primär - tertiäre) Basen** $RR_1N - NH_2$.

Diese zeigen im allgemeinen keine wesentliche Verschiedenheit von den aromatischen Basen.

Mit Säurechloriden, Aldehyden, Senfölen und Schwefelkohlenstoff tritt schon in der Kälte lebhafte Wechselwirkung ein.

Als typische Reaktionen sind das Verhalten gegen salpetrige Säure, Jodäthyl und oxydierende Agenzien hervorzuheben.

Durch **salpetrige Säure** werden die Basen unter Entwicklung von Stickoxydul in die entsprechenden Nitrosamine verwandelt. Dabei entsteht intermediär die sekundäre Aminbase, die erst in einer zweiten Phase der Reaktion in Nitrosamin verwandelt wird:

$$\frac{R_1}{R_2}{>}N\text{---}NH_2 + HNO_2 = \frac{R_1}{R_2}{>}NH + N_2O + H_2O$$

$$\frac{R_1}{R_2}{>}NH + HNO_2 = \frac{R_1}{R_2}{>}N \cdot NO + H_2O \,.$$

Thionylchlorid wirkt in glatter Reaktion auf die primäre Amingruppe [2].

Jodäthyl vereinigt sich mit dem Hydrazin zu einer quaternären Ammoniumverbindung

---

[1] Reaktion mit Nitrit und Eisenchlorid: **Thiele**, B. **42**, 2580 (1909).
[2] **Michaelis** und **Storbeck**, B. **26**, 310 (1893).

$$\begin{array}{c} R_1 \\ {\displaystyle \searrow}\!N\!-\!NH_2 \\ R_2 \\ \mid \\ C_2H_5J \end{array}$$

Fehlingsche **Lösung** wird erst in der Wärme oder selbst dann nur schwer reduziert nach der Gleichung:

$$2\,R_1R_2N\!-\!NH_2 + O = 2\,R_1R_2NH + H_2O + N_2.$$

Stärker wirkende Oxydationsmittel (Quecksilberoxyd) wandeln die Basen in Tetrazone um, die in Form der (explosiven) Platindoppelsalze analysiert werden können.

Verläßlicher ist **quantitative Bestimmung des Dialkylhydrazins durch Oxydation**[1]).

Das Hydrazin wird in verdünnter wäßriger oder ätherischer Lösung durch allmählichen Zusatz von **gelbem** Quecksilberoxyd zersetzt. Dabei darf keine Gasentwicklung stattfinden.

Nach Beendigung der Oxydation werden die Quecksilberverbindungen filtriert, zur Entfernung des Tetrazons sorgfältig mit Alkohol und Wasser gewaschen, dann in kalter verdünnter Salpetersäure gelöst und das durch Salzsäure abgeschiedene Kalomel bei 130° getrocknet und gewogen. Die Reaktion verläuft nach der Gleichung:

$$2\,R_1R_2N\cdot NH_2 + 4\,HgO = R_1R_2N\!-\!N = N\!-\!NR_1R_2 + 2\,Hg_2O + 2\,H_2O.$$

Nach **Backer**[2]) erfordert das **Fischer**sche Verfahren viel Zeit und ist sehr mühselig.

Rasch und einfach dagegen ist folgendes titrimetrische Verfahren.

Die Lösung des Hydrazins wird stark alkalisch gemacht und bei 0° mit einer Sublimatlösung[3]) von bekanntem Titer versetzt. Das ausfallende Quecksilberoxyd wird sofort zu schwarzem Oxydul reduziert.

Um den Endpunkt genau zu erkennen, setzt man etwas weniger Sublimatlösung zu, als nach einem Vorversuch notwendig ist. Dann wird filtriert und vorsichtig weitertitriert, bis das gelbe Oxyd nicht mehr reduziert wird. Wenn das Tetrazon in Wasser unlöslich ist, kann man es auch mit Äther aus dem Gemisch mit den Quecksilberoxyden extrahieren und gravimetrisch bestimmen.

c) **Symmetrische (bisekundäre) Basen RNH—NHR**[4])
zeigen in ihrem Verhalten große Ähnlichkeit mit den primären Basen.

Fehlingsche Lösung und **Silbernitrat** werden sehr leicht reduziert.

Die Chlorhydrate sind schwer löslich.

Die Basen zeigen die **Carbylaminreaktion.**

Von den asymmetrischen Basen unterscheiden sie sich hauptsächlich im **Verhalten gegen Quecksilberoxyd.**

Trägt man in eine eisgekühlte wäßrige Lösung der Base vorsichtig **rotes**

---

[1]) E. **Fischer**, A. **199**, 322 (1879). — **Renouf**, B. **13**, 2173 (1880). — **Franchimont und van Erp**, Rec. **14**, 321 (1895).   [2]) Rec. **31**, 153, 157 (1912).
[3]) Der man zur Erhöhung der Löslichkeit in Wasser Kochsalz zufügen kann.
[4]) **Harries**, B. **27**, 2279 (1894). — **Harries und Klamt**, B. **28**, 504 (1895). — **Franke**, M. **19**, 530 (1898). — **Harries und Haga**, B. **31**, 63 (1898). — **Knorr und Köhler**, B. **39**, 3261 (1906). — **Thiele**, B. **42**, 2575 (1909). — **Hydrazotriphenylmethan: Wieland**, B. **42**, 3021 (1909). — **Hydrazophenylmethyl: Knorr und Weidel**, B. **42**, 3523 (1909).

Quecksilberoxyd (gelbes wirkt zu stürmisch) ein, so wird es schnell reduziert, es entwickeln sich Blasen und nach der Gleichung:

$$RNH—HNR + HgO = HgR_2 + 2 N + H_2O$$

wird giftiges Quecksilberalkyl gebildet, das sich durch seinen intensiven Geruch bemerkbar macht.

Salpetrige Säure bildet in ziemlich glatter Reaktion Alkylnitrit.

d) Quaternäre Basen

werden in Form ihrer Salze bei der Reduktion mit Zinkstaub und Schwefeloder Essigsäure nach der Gleichung:

$$\begin{matrix} R_1 \\ R_2 \\ R_3 \end{matrix}\!\!\!\Big\rangle N—NH_2 + H_2 = \begin{matrix} R_1 \\ R_2 \\ R_3 \end{matrix}\!\!\!\Big\rangle N + (NH_4Cl)$$
$$\;\;\;\;\;\;\;\;\; \overset{|}{Cl}$$

in Trialkylamin und Ammoniumsalz gespalten.

Die durch Silberoxyd aus den Salzen abscheidbare freie Base zerfällt dagegen bei höherer Temperatur in Wasser, Alkylen und sekundäres Hydrazin.

Die quaternären Basen reduzieren **Fehling**sche Lösung nicht.

2. Aromatische Hydrazinverbindungen.

a) Primäre Hydrazine.

1. Durch **O x y d a t i o n s m i t t e l** wie Kupfersulfat [1]), Eisenchlorid [2]), Wasserstoffsuperoxyd [3]) oder — noch besser — Chromsäure [4]) werden die Hydrazine zu Kohlenwasserstoffen oxydiert (siehe auch quantitative Bestimmung).

Schüttelt man die Hydrazinlösung mit **Q u e c k s i l b e r o x y d**, so entsteht **D i a z o n i u m s a l z**, das im Filtrat gelöst bleibt und beim Eintragen in eine wäßrig-alkalische R-Salzlösung mit blutroter Farbe kuppelt [5]).

2. Kräftig wirkende **R e d u k t i o n s m i t t e l** (andauerndes Kochen mit Zinkstaub und Salzsäure) führen zu einer Spaltung:

$$ArNH—NH_2 + 2 H = ArNH_2 + NH_3 \,^6).$$

3. Mit **s a l p e t r i g e r Säure** entstehen labile Nitroderivate, die leicht durch Erwärmen mit Alkali in Diazoimide übergehen [7]).

$$Ar—\overset{|}{N}—NH_2 = Ar—\overset{|}{N}—N + H_2O \, .$$
$$\;\;\;\;\;\; NO \;\;\;\;\;\;\;\;\;\; N\!\!\!/\!\!\!/$$

4. **Einwirkung von Diazobenzol** [8]) führt in mineralsaurer Lösung ebenfalls zur Diazoimidbildung.

Fügt man verdünnte Natriumnitritlösung zur Lösung eines Phenylhydrazinsalzes, so tritt, namentlich beim Erwärmen, der Geruch nach Benzazimid auf [5]). — Siehe S. 785.

5. **Einwirkung von Aldehyden und Ketonen** (Hydrazonbildung) siehe S. 784.

Nicht auf alle die Gruppe C—CO—C enthaltende Körper wirken die Hydrazine in gleicher Weise ein.

[1]) **Baeyer** und **Haller**, B. **18**, 90, 92 (1885).   [2]) **Zinke**, B. **18**, 786 (1885).
[3]) **Wurster**, B. **20**, 2633 (1887).   [4]) **Chattaway**, Soc. **93**, 876 (1908).
[5]) **Suchannek**, Diss. Zürich (1907), 25.   [6]) E. **Fischer**, A. **190**, 156 (1877).
[7]) E. **Fischer**, A. **190**, 89, 93, 158, 181 (1877).
[8]) **Grieß**, B. **9**, 1657 (1876). — E. **Fischer**, A. **190**, 94 (1877). — **Wohl**, B. **26**, 1587 (1893).

So reagieren die Säurecyanide R—CO—CN auf Phenylhydrazin nicht wie Ketone, sondern wie Säurechloride[1]:

$$C_6H_5NHNH_2 + CH_3COCN = C_6H_5NHNH \cdot COCH_3 + HCN.$$

Auf Körper mit der Atomgruppierung CO—CHOH (Ketonalkohole, Zuckerarten) wirkt Phenylhydrazin unter Oxydation[2], wobei Orthodiketone entstehen, die mit 2 Molekülen der Base reagieren (Osazonbildung S. 857).

Auf Lactone wirken nur die freien Hydrazine. Über das Verhalten der verschiedenen Klassen von Lactonen siehe S. 778.

Salzsaures Phenylhydrazin reagiert im allgemeinen nur mit Aldehyden, nicht mit Monoketonen: mit α-Diketonen erhält man aber Mono- und Dihydrazone [Petrenko - Kritschenko und Eltschaninoff[3]].

Messung der Geschwindigkeit der Hydrazonbildung[3][4].

Man löst die Carbonylverbindung in 50—80 proz. Alkohol. Dann wird eine ebensolche Lösung von Phenylhydrazin hergestellt, das durch Krystallisation aus dem doppelten Volumen Äther bei ca. — 10° gereinigt wurde. Das Gewicht der Substanz wird so gewählt, daß nach Mischung mit der berechneten Menge Phenylhydrazin eine ca. $^n/_{10}$-Lösung erhalten wird. Nach einstündigem Stehen bei Zimmertemperatur (15—17°) wird das unverändert gebliebene Phenylhydrazin nach E. v. Meyer[5] oder Strache[6] bestimmt. Unter den Bedingungen der Titration wirkt nach Petrenko - Kritschenko und Eltschaninoff das Jod auf das Hydrazon nicht ein.

Da der Alkohol selbst nach sorgfältiger Reinigung gewisse Mengen Aldehyd enthält, ist stets eine blinde Probe auszuführen.

Messung der Geschwindigkeit der Hydrazonbildung aus der Abnahme des Wertes für das Molekulargewicht bei der kryoskopischen Untersuchung in Phenylhydrazin als Lösungsmittel: Oddo, G. 43, II, 354 (1913).

6. Säurechloride, Anhydride und Ester organischer Säuren reagieren mit den primären Hydrazinen wie mit primären Aminen unter Bildung von säureamidartigen Verbindungen; als Nebenprodukte (namentlich bei der Reaktion mit Säurechloriden) entstehen Derivate, in denen beide Wasserstoffatome der Amingruppe acyliert sind.

Auch die Amidogruppe der Säureamide kann durch den Hydrazinrest verdrängt werden [Pellizari[7], Just[8]].

Über Umwandlung von Oximen in Hydrazone siehe S. 1074.

Die Säurephenylhydrazide gehen beim Kochen mit Kupfersulfat und Ammoniak in Diarylhydrazide über. Beim Erhitzen mit Ätzkalk auf 200° geben sie Indolinone.

Quantitative Bestimmung der Säurehydrazide S. 1052.

---

[1]) Pechmann und Wehsarg, B. 21, 2999 (1888). — Siehe S. 784.
[2]) E. Fischer, B. 17, 579 (1884). — E. Fischer und Tafel, B. 20, 3386 (1887).
[3]) B. 34, 1699 (1901). — Einfluß von Katalysatoren: Grassi, G. 40, II, 139 (1910).
[4]) Petrenko - Kritschenko und Lordkipanidze, B. 34, 1702 (1901).
[5]) Siehe S. 846 und 1051.   [6]) Siehe S. 841.   [7]) G. 16, 200 (1886).
[8]) B. 19, 1202 (1886).

Bülowsche Reaktion[1]).

Die Lösung der α-Säurehydrazide in konzentrierter Schwefelsäure wird durch Zusatz einer Spur eines Oxydationsmittels (Eisenchlorid, Chromsäure, Salpetersäure, Amylnitrit, Natriumnitrit, Bleisuperoxyd) stark rot- bis blauviolett oder rein blau[2]) gefärbt. Beim Verdünnen verschwindet die Farbe. Manchmal tritt sie erst beim Erwärmen auf[3]). Diese Reaktion wird vielfach benutzt, um Hydrazide von Hydrazonen zu unterscheiden.

Die Reaktion ist aber nicht durchaus verläßlich. So gibt es eine Anzahl echter Hydrazone, die ebensolche Färbungen zeigen [Phenylacetonphenylhydrazon[4]), α- und β-Benzaldehydphenylhydrazon[5]), Mesoxalsäurephenylhydrazon, sog. Benzolazoaceton[6])]: ja nach Neufville und v. Pechmann ist sie den Phenylhydrazonen(?)[7]), Osazonen und den entsprechenden Derivaten des Methylphenylhydrazins allgemein eigentümlich[8]). Nach v. Pechmann und Runge[9]) dagegen ist die Bülowsche Reaktion „ein äußerst bequemes und sicheres Hilfsmittel zur Unterscheidung von Hydraziden und Hydrazonen der Phenyl- und der Paratolylreihe, weil erstere dabei rot, violett oder blau, letztere dagegen gar nicht gefärbt werden".

Nach einer neueren Angabe von Bülow[10]) geben sämtliche nicht parasubstituierte Hydrazone die Reaktion, nur o-Methoxy- und o-Nitrogruppe verhindert sie, ebenso wie m-Methyl-, Nitro- oder Carboxylgruppe.

Übrigens wird die Reaktion nach Tafel[11]) (mit Kaliumpyrochromat oder Bleisuperoxyd als Oxydationsmittel) auch von allen einfachen Aniliden[12]) mit unbesetzter Parastellung[13]) und den Phenylcarbamiden, von Äthyltetrahydrochinolin, Dibenzoyl-m-Phenylendiamin usw., dann auch von Alkaloiden [Strychnin[14])] gezeigt.

Andererseits tritt nach Widmann[15]) bei den Acylphenylhydraziden der α-Reihe (α-Acetyl-, α-Isobutyl-, α-Cuminoyl-, α-Phenylglycylphenylhydrazid) keine Färbung ein, während die entsprechenden β-Acyl- und α-β-Diacylverbindungen die Reaktion zeigen.

Nach Gläsel[16]) geben fast alle Abkömmlinge — auch die parasubstituierten — des Phenylhydrazins, Hydrazine, Hydrazone und Hydrazide eine Farbreaktion, deren Gelingen aber zum Teil derart von den Versuchsbedingungen abhängig ist und so kurz dauert, daß sie meist übersehen wird.

Die sicherste Ausführungsform der Reaktion ist nach Gläsel folgende: Ein Pröbchen der Substanz wird in Essigsäureanhydrid aufgelöst,

---

[1]) A. **236**, 195 (1886). — E. Fischer und Passmore, B. **22**, 2730 (1889). — Schiff, A. **303**, 200 (1898). — Wedel, Diss. Freiburg (1900), 73. — Lungwitz, Diss. Leipzig (1910), 14, 37.

[2]) Dehydracetsäurephenylhydrazon: Bülow, B. **41**, 4164 (1908).

[3]) Bülow, B. **35**, 3684 (1902). — Die Nuance der Färbung hängt auch von der Stärke der Schwefelsäure ab und ebenso von der Natur des Oxydationsmittels. Bülow, B. **41**, 4166 (1908).

[4]) Miller und Rhode, B. **23**, 1074 (1890).

[5]) v. Pechmann, B. **26**, 1045 (1893). — Thiele und Pickard, B. **31**, 1250 (1898).

[6]) Japp und Klingemann, A. **247**, 190 (1888).

[7]) Auch Rassow und Bauer nennen sie eine „für Hydrazone charakteristische Reaktion". J. pr. (2) **80**, 91 (1909).

[8]) B. **23**, 3384 (1890).   [9]) B. **27**, 1697 (1894).   [10]) B. **37**, 4170 (1904).

[11]) B. **25**, 412 (1892). — Siehe auch R. Meyer, B. **26**, 1272 (1893). — R. und W. Meyer, B. **51**, 1585 (1918). Die Reaktion gelingt nur in sehr verdünnter Lösung.

[12]) Hans Meyer, M. **28**, 1225 (1907).   [13]) Leuchs und Geiger, B. **42**, 3070 (1909).

[14]) Schaer, Arch. **232**, 251 (1894).   [15]) B. **27**, 2964 (1894).

[16]) Diss. Jena (1909), 5.

mit einem Tropfen wäßriger Pyrochromatlösung durchgeschüttelt und dann ein Tropfen konzentrierter Schwefelsäure zugegeben. Weniger gut sind Äther oder Benzol an Stelle des Anhydrids anwendbar.

7. Beim Eintragen in kaltes Vitriolöl gehen Hydrazine mit unbesetzter Parastellung in p-substituierte Sulfosäuren über [Gallinek und Richter[1])].

8. Einwirkung von Thionylchlorid: Michaëlis, B. 22, 2228 (1889).

9. Mit Diacetbernsteinsäureester in essigsaurer Lösung vereinigen sich die Säurehydrazide zu Säureabkömmlingen, in denen an Stelle des Hydroxyls der COOH-Gruppe der 1-N-Imido-2.5-Dimethylpyrrol-3.4-Dicarbonsäurediäthylester-Rest steht[2]).

b) Sekundäre Hydrazine.

I. Unsymmetrische primär - tertiäre Hydrazine $\frac{R}{R_1}\!\!>\!\!N\!-\!NH_2$ [3]).

1. Die Hydrochloride der aliphatisch substituierten „sekundären" Hydrazine sind in Chloroform, Äther und Benzol löslich [Michaëlis[4]), Philips[5])]. (Trennung von den primären Hydrazinen und sekundären Anilinen.)

2. Fehlingsche Lösung wird in der Wärme reduziert. Siehe auch unter quantitativer Bestimmung.

3. Tetrazonbildung[6]). Die gesättigten fettaromatischen Hydrazine werden (in Chloroformlösung) durch Quecksilberoxyd oder Eisenchlorid zu Tetrazonen oxydiert (siehe S. 857). Die ungesättigten Hydrazine (Allylphenylhydrazin) liefern nur bei der Oxydation mit Eisenchlorid Tetrazone, während Quecksilberoxyd sie in anderer Weise verändert [Michaëlis und Claessen[7])].

Diese Tetrazone lösen sich in Säuren unter Stickstoffentwicklung und unter Auftreten einer prachtvollen Rotfärbung[8]).

4. Salpetrige Säure führt zur Bildung von Nitrosaminen, wobei Stickoxydul entweicht:

$$(C_6H_5)_2N \cdot NH_2 + 2\,NO \cdot OH = (C_6H_5)_2N \cdot NO + N_2O + 2\,H_2O.$$

Das Nitrosamin wird durch den Geruch, die Liebermannsche Reaktion und die Wiederüberführbarkeit in Hydrazin charakterisiert.

Zur Ausführung der empfindlichen Hydrazinprobe[9]) wird die wäßrige Lösung des Nitrosamins mit Zinkstaub und Essigsäure langsam bis fast zum Sieden erhitzt, filtriert und nach dem Übersättigen mit Alkali durch Fehlingsche Lösung geprüft. Die geringste Menge Hydrazin gibt sich beim Erwärmen durch Abscheidung von Kupferoxydul zu erkennen. Die Probe ist natürlich nur dann zuverlässig, wenn die ursprüngliche, auf Nitrosamin zu prüfende Lösung keine anderen Substanzen enthält, die entweder für sich oder nach der Reduktion mit Zinkstaub Fehlingsche Lösung verändern. Hierher gehören vor allem die Hydrazinbasen, das Hydroxylamin und die verschiedenen Säuren des Stickstoffs, die sämtlich bei der Reduktion mit Zinkstaub Hydroxylamin bilden. In allen Fällen, wo die Anwesenheit dieser Produkte zu vermuten ist, destilliert man zu ihrer Entfernung die Flüssigkeit zuvor mit Säuren resp. Alkalien, welche auf die Nitrosamine ohne Einfluß sind.

---

[1]) B. **18**, 3173 (1885).
[2]) Bülow und Weidlich, B. **40**, 4326 (1907).
[3]) Verhalten gegen Aldehyde und Ketone S. 794.
[4]) B. **30**, 2809 (1897).   [5]) B. **20**, 2485 (1887).
[6]) E. Fischer, A. **190**, 182 (1877); **199**, 322 (1879). — Franzen und Zimmermann, B. **39**, 2566 (1906).   [7]) B. **22**, 2235 (1889); **26**, 2174 (1893).
[8]) v. Braun, B. **41**, 2174 (1908).   [9]) E. Fischer, A. **199**, 315, Anm. (1878).

5. Einwirkung von Brenztraubensäure in saurer Lösung führt zur Bildung von Alkylindolcarbonsäuren[1]).

Auch die N-amidierten heterocyclischen Verbindungen, die sekundäre asymmetrische Hydrazine sind, wie Piperidylhydrazin[2]) oder Morpholylhydrazin[3]), geben die gleichen Reaktionen; dagegen sind μ-Phenyl-N-Amino-2.3-Naphthoglyoxalin[4]) und μ-p-Isopropylphenyl-N-Amino-2.3-Naphthoglyoxalin[5]):

$$C_{10}H_6 \underset{N}{\overset{N}{<}} \hspace{-0.3em} \rangle C-C_6H_4-C_3H_7$$
$$|$$
$$NH_2$$

gegen salpetrige Säure indifferent und lassen sich auch nicht zu Tetrazonen oxydieren, reduzieren selbst in der Wärme nicht Fehlingsche Lösung und verbinden sich weder mit carbonylhaltigen Substanzen zu Hydrazonen noch mit Jodalkylen zu quaternären Azoniumverbindungen.

Die acyl-primären Hydrazine[6]):

$$\underset{R \cdot CO}{\overset{R}{>}} N-NH_2$$

gehen durch salpetrige Säure in Amine über, reagieren mit Aldehyden und Ketonen, reduzieren beim Erwärmen Fehlingsche Lösung, lassen sich aber nicht zu Tetrazonen oxydieren.

II. Symmetrische bisekundäre Hydrazine siehe unter Hydrazokörper (S. 1054).

c) Tertiär-sekundäre und ditertiäre Basen[7]).

Zur Reinigung der tertiären und quaternären Basen werden die ferrocyanwasserstoffsauren Salze benutzt, zur Trennung von tertiären Anilinen dienen die leichtlöslichen Oxalate.

Die tertiären Basen geben Nitrosoverbindungen, welche die Liebermannsche Reaktion zeigen; durch starke Säuren wird die Nitrosogruppe abgespalten. Mit Zinkstaub und Essigsäure tritt Spaltung ein im Sinn der Gleichung:

$$C_6H_5-N-N-NO + 6\,H = C_6H_5-NH + NH-NH_2 + H_2O\,.$$
$$\hspace{0.5em}|\hspace{0.5em}|\hspace{5em}|\hspace{2em}|$$
$$CH_3\,CH_3 \hspace{5em} CH_3 \hspace{1em} CH_3$$

Auch beim weiteren Alkylieren tritt teilweise Spaltung in fettes und aromatisches, tertiäres Amin ein.

Die Azoniumbasen können nur durch feuchtes Silberoxyd freigemacht werden und geben mit Silbernitrat, Platinchlorid und Pikrinsäure schwerlösliche Salze.

Ditertiäre Basen[8]), wie:

$$\underset{C_6H_5}{\overset{C_6H_5}{>}} N-N \underset{C_6H_5}{\overset{C_6H_5}{<}}$$

---

[1]) E. Fischer und Kuzel, B. **16**, 2245 (1883). — E. Fischer und Heß, B. **17**, 567 (1884).   [2]) Knorr, B. **15**, 859 (1882). — A. **221**, 297 (1883).

[3]) Knorr und Brownsdon, B. **35**, 4474 (1902).

[4]) Franzen, J. pr. (2) **73**, 545 (1906).

[5]) Franzen und Scheuermann, J. pr. (2) **77**, 193 (1908).

[6]) Michaelis und Schmidt, B. **20**, 43 (1887). — Pechmann und Runge, B. **27**, 1693 (1894). — Widman, B. **27**, 2964 (1894).

[7]) E. Fischer, A. **239**, 251 (1887). — Harries, B. **27**, 696 (1894).

[8]) Nach Franzen und Zimmermann, „Quaternäre" Hydrazine, B. **39**, 2566 (1906).

geben mit wasserfreien Säuren charakteristische, tiefviolette [1]) Salze:

$$(R)_2N \cdot N{-}R$$

$$Cl \quad {-}H(R) .$$

Diese Basen werden sehr leicht unter Lösung der N—N-Bindung gespalten oder erleiden die Benzidinumlagerung.

3. Quantitative Bestimmung der Hydrazingruppe.

a) Durch Titration.

Die aliphatischen Hydrazine lassen sich durch Titration mit Salzsäure unter Benutzung von Methylorange als Indicator als zweibasische Säuren titrieren. Die aromatischen Hydrazine werden dagegen schon durch ein Äquivalent Säure neutralisiert [Strache[2])].

b) Jodometrische Methode von E. v. Meyer[3]).

In stark verdünnten Lösungen und bei Anwendung überschüssigen Jods wird Phenylhydrazin quantitativ nach der Gleichung:

$$C_6H_5NH \cdot NH_2 + 2 J_2 = 3 HJ + N_2 + C_6H_5J$$

oxydiert, so daß man es titrimetrisch bestimmen kann.

Man wendet zu diesem Zweck ein abgemessenes Volum $^n/_{10}$-Jodlösung (im Überschuß) an, fügt dazu, nach Zusatz von Wasser, die stark verdünnte Lösung der Base oder ihres salzsauren Salzes und titriert das unangegriffene Jod mit schwefliger Säure oder unterschwefligsaurem Natrium.

Auch mit Jodsäure, die das Phenylhydrazin bei Gegenwart verdünnter Schwefelsäure leicht oxydiert, läßt es sich titrimetrisch bestimmen; man hat nur überschüssige Jodsäurelösung, deren Wirkungswert gegenüber schwefliger Säure von bekanntem Titer feststeht, mit Phenylhydrazin und Schwefelsäure in starker Verdünnung zusammenzubringen und sodann zu ermitteln, wieviel von der schwefligen Säure bis zum Verschwinden des Jods erforderlich ist.

Kaufler und Suchannek[4]) fangen den nach obiger Gleichung entwickelten Stickstoff auf und bringen ihn zur Messung.

Die Hydrazinlösung wird in ein weithalsiges Glaskölbchen gebracht und das letztere mit einem dreifach durchbohrten Kautschukpfropfen verschlossen, durch dessen eine Öffnung ein kleiner Tropftrichter gesteckt wird, während die anderen Gaseinleitungs- und -ableitungsröhren tragen. Die in den Kolben hineinragende Ausflußröhre des Tropftrichters wird mit Wasser gefüllt und so lange luftfreies, gewaschenes Kohlendioxyd durch den Apparat geleitet, bis die Blasen in dem mit der Gasableitungsröhre verbundenen, mit Kalilauge 2 : 3 gefüllten Azotometer ganz minimal sind, was etwa $^3/_4$ Stunden beansprucht. Nun kann man den Gasstrom abstellen und saugt durch Senken des Niveaugefäßes des Azotometers eine konzentrierte Jodjodkaliumlösung (ca. 2.5 g Jod in 2.5 g Kaliumjodid in konzentrierter wäßriger Lösung) in den Kolben. Man

[1]) Chattaway und Ingle, Soc. **67**, 1090 (1895). — Wieland und Gambarjan, B. **39**, 1499, 3036 (1906). — Wieland, B. **40**, 4260 (1907). — Ch. Ztg. **32**, 932 (1908). — B. **41**, 3478, 3498 (1908).   [2]) M. **12**, 525 (1891). — Siehe auch S. 945.
[3]) J. pr. (2) **36**, 115 (1887). — Stollé, J. pr. (2) **66**, 332 (1902). — Siehe S. 846.
[4]) B. **40**, 524 (1907). — Suchannek, Diss. Zürich (1907), 25.

stellt nun das Kölbchen in heißes Wasser, worauf sehr bald die Gasentwicklung beginnt. Das Erwärmen wird so lange fortgesetzt, bis die Entwicklung ganz träge geworden ist; dann treibt man den Stickstoff mittels eines langsamen Kohlendioxydstroms ins Azotometer, bis wieder die Blasen bis auf einen minimalen Rest von der Lauge absorbiert werden.

Diese Methode — die auch zur Bestimmung anderer aromatischer Hydrazine[1]) und zur indirekten Bestimmung von Hydrazonen (siehe S. 846, 1047) Verwendung finden kann — setzt natürlich die Abwesenheit von Stoffen voraus, die auf Jod resp. Jodsäure und schweflige Säure einwirken.

So ist sie nach Strache[2]) für ein Gemisch von salzsaurem Hydrazin und essigsaurem Natrium — wie es nach der E. Fischerschen Vorschrift zur Hydrazonbereitung Verwendung findet — nicht anwendbar.

c) Methode von Strache, Kitt und Iritzer[2])[3]).

Mit derselben lassen sich die aromatischen Hydrazine und Säurehydrazide bestimmen. Das Verfahren ist als indirekte Methode der Bestimmung von Hydrazonen auf S. 841 ff. beschrieben.

Zur Ausführung ist folgendes zu bemerken:

Die Substanz wird, wenn möglich, in Wasser oder Alkohol gelöst und die Lösung nach dem Vertreiben der Luft aus dem Apparat durch den Trichter einfließen gelassen. Bei Verwendung von alkoholischen Lösungen können die S. 844 geschilderten Übelstände eintreten, weshalb man die Lösung in der dort beschriebenen Weise unter erhöhten Druck bringt oder Amylalkohol zusetzt.

Bei schwerlöslichen Hydraziden ersetzt man den Hahntrichter durch ein in das Loch des Stopfens von unten eingestecktes, gebogenes Glaslöffelchen, das die Substanz enthält. Durch Eindrücken eines gleichkalibrigen Glasstabs von oben kann es dann in die siedende Flüssigkeit geworfen werden, wobei die Zersetzung ebenfalls sofort beginnt und bald beendigt ist.

Bei unlöslichen Substanzen verfährt man nach Hans Meyer[4]) folgendermaßen:

In einem Kolben von $^1/_2$ l Inhalt wird eine Mischung von 100 ccm Fehlingscher Lösung und 150 ccm Alkohol zum Sieden erhitzt. Um Stoßen der Flüssigkeit zu verhindern, gibt man noch einige Porzellanschrote in das Siedegefäß.

Der Kolben ist durch einen doppelt durchbohrten Kautschukstopfen einerseits mit einem schräg gestellten Kühler luftdicht verbunden, während die zweite Bohrung das feingepulverte Untersuchungsobjekt in einem oben offenen Substanzröhrchen trägt. Über dem Röhrchen steckt in der Bohrung ein Glasstab von gleichem Kaliber.

Wenn sich im Kühlrohr ein konstanter Siedering gebildet hat, verbindet man das Kühlerende mit einem vertikalstehenden, unten umgebogenen Glasrohr, dessen kurzer Schenkel unter Wasser mündet.

Sobald keine Luftblasen mehr ausgetrieben werden, wird ein mit Wasser gefülltes Meßrohr übergestülpt.

Nun drückt man den Glasstab so weit im Stopfen herab, daß das Substanzröhrchen herunterfällt. Die Reaktion beginnt sofort, und nach der Gleichung:

$$R \cdot CONHNHC_6H_5 + O = R \cdot COOH + N_2 + C_6H_6$$

[1]) Siehe auch Gorr, Diss. Gießen (1908), 4.   [2]) M. **12**, 526 (1891). [3]) De Vries und Holleman, Rec. **10**, 229 (1891). — Strache, M. **13**, 316 (1892); **14**, 37 (1893). — Petersen, Z. an. **5**, 2 (1894). — De Vries, B. **27**, 1521 (1894); **28**, 2611 (1895).   [4]) M. **18**, 404 (1897).

wird sämtlicher Stickstoff ausgetrieben und verdrängt in der Meßröhre das gleiche Volumen Wasser.

Nach kurzem Kochen ist die Bestimmung zu Ende.

Handelt es sich bloß um die Analyse von Säurehydraziden, so kann man die Substanz auch durch mehrstündiges Kochen mit konzentrierter Salzsäure verseifen, auf 100 ccm verdünnen, die eventuell ausgeschiedene Säure durch ein trocknes Filter entfernen — wobei man die ersten Tropfen des Filtrats verwirft — und 50 ccm klare Lösung in den Apparat bringen. Zur Unterscheidung der Säurehydrazide von den Hydrazonen ist dieses Verfahren jedoch nicht anwendbar, da letztere gewöhnlich ebenfalls durch Salzsäure spaltbar sind.

Das vorhergehende Verseifen wird nur dann von Vorteil sein, wenn die freie Säure in Wasser resp. Salzsäure unlöslich ist, so daß sie — bei kostbaren Substanzen — wiedergewonnen, oder, wie die Stearinsäure, deren Kaliumsalz durch starkes Schäumen jede genaue Bestimmung unmöglich macht, entfernt werden kann.

Über Oxydation mit Kupfersalzen in saurer Lösung siehe Gallinek und von Richter, B. **18**, 3177 (1885).

d) Methode von Causse[1].

Arsensäure wird von Phenylhydrazin nach der Gleichung:

$$As_2O_5 + C_6H_5NHNH_2 = N_2 + H_2O + C_6H_5OH + As_2O_3$$

reduziert.

Die arsenige Säure wird entweder so bestimmt, daß man ein abgemessenes Quantum mit Uran eingestellter Arsensäurelösung verwendet und nach der Reaktion den Überschuß an Arsensäure zurücktitriert, oder indem man die arsenige Säure mit Jod in Gegenwart von Bicarbonat bestimmt.

Nach der Gleichung:

$$As_2O_3 + 2 J_2 + 2 H_2O = 4 HJ + As_2O_5$$

entspricht ein Teil Jod 0.3897 Teilen As_2O_3.

Erfordernisse:

1. Arsensäurelösung: 125 g As_2O_5 werden auf dem Wasserbad in 450 g Wasser und 150 g konzentrierter Salzsäure gelöst. Nach dem Lösen und Erkalten filtriert man und füllt mit Eisessig auf einen Liter auf.

2. $n/_{10}$-Jodlösung, von der also 1 ccm = 0.0127 g Jod ist.

3. Ätznatronlösung, 200 g NaOH im Liter enthaltend. Sie muß schwefelfrei sein.

4. Kaltgesättigte Natriumbicarbonatlösung.

5. Frische Stärkelösung.

Ausführung des Versuchs.

0.2 g freie Base oder Chlorhydrat werden in einem $1/_2$-Literkolben mit 60 ccm Arsensäurelösung versetzt und gegen Siedeverzug Platinschnitzel oder dergleichen zugefügt. Man erwärmt gelinde unter Rückflußkühlung, um die Reaktion einzuleiten, und nach Beendigung derselben erhitzt man zum Sieden. Nach 40 Minuten läßt man erkalten, setzt 200 ccm Wasser und so viel Sodalösung zu, bis mit Phenolphthalein deutliche Violettfärbung eingetreten ist, säuert mit Salzsäure wieder an, fügt zur kalten Lösung erst 60 ccm Bicarbonatlösung, dann 3—4 Tropfen Stärkelösung und titriert mit Jod.

---

[1] C. r. **125**, 712 (1897). — Bull. (3) **19**, 147 (1898).

Da ein Teil As_2O_3 0.5454 Teilen Phenylhydrazin entspricht, ist die gefundene Hydrazinmenge

$$Ph = 0.5454 + 0.00495 \, V,$$

wobei V die Anzahl Kubikzentimeter der verbrauchten Jodlösung bedeutet.

Die Methode kann ebenso für durch Kochen mit Säure spaltbare Hydrazone verwendet werden, soweit die abgespaltenen Carbonylverbindungen nicht (wie die Aldehyde der Fettreihe) reduzierend auf Arsensäure einwirken.

e) Methode von Denigès[1].

Man kocht die mit Ammoniak und Natronlauge versetzte Probe mit einer gemessenen Menge Silbernitrat und titriert das nicht reduzierte Silber mit Cyankaliumlösung.

Bestimmung von Hydrazin und von Hydrazinsalzen: Curtius, J. pr. (2) **39**, 37 (1889). — Petersen, Z. an. **5**, 3 (1894). — Hofmann und Küspert, B. **31**, 64 (1898). — Bamberger und Szolayski, B. **33**, 3197 (1900). — Petrenko - Kritschenko und Lordkipanidze, B. **34**, 1702 (1901). — Stollé, J. pr. (2) **66**, 332 (1902). — Rimini, G. **29** (1), 265 (1899); **34** (1) 224 (1904). — Atti Linc. **1**, 386 (1905). — Ebler, Analytische Operationen mit Hydroxylamin und Hydrazinsalzen, Heidelberg 1905. — Liebermann und Lindenbaum, B. **41**, 1618 (1908).

Vierter Abschnitt.

Reaktionen der Hydrazogruppe.

1. Aliphatische Hydrazoverbindungen

sind die symmetrischen sekundären Hydrazine der Fettreihe[2]. Über diese siehe S. 1050.

2. Fettaromatische Hydrazoverbindungen[3].

ArNH—NH · Alph.

Diese reduzieren Fehlingsche Lösung sowie ammoniakalische Silberlösung schon in der Kälte. Sie bilden farblose, leicht veränderliche Öle oder niedrig schmelzende Krystalle (β-Benzylphenylhydrazin).

Quecksilberoxyd oxydiert zu den entsprechenden Azoverbindungen, die durch Flüchtigkeit und Indifferenz gegen Säuren ausgezeichnet sind. Bei der Reduktion mit Natriumamalgam wird die Hydrazoverbindung zurückgewonnen, aus ätherischer Lösung mit alkoholischer Oxalsäurelösung als saures Oxalat gefällt und durch Umkrystallisieren aus heißem Alkohol gereinigt.

Salpetrige Säure liefert ebenfalls die Azoverbindung[4].

Bei der Reduktion mit Zinkstaub und 50proz. Essigsäure[5] oder mit Natriumamalgam und Eisessig[6] tritt Spaltung in aromatisches und aliphatisches primäres Amin ein.

---

[1] A. chim. phys. (7) **6**, 427 (1895).
[2] Harries, B. **27**, 2279 (1894). — Harries und Klamt, B. **28**, 504 (1895). — Harries und Haga, B. **31**, 63 (1898). — Franke, M. **19**, 530 (1898).
[3] Fischer und Ehrhard, B. **11**, 613 (1878). — A. **199**, 325 (1879). — Tafel, B. **18**, 1741 (1885). — Fischer und Knoevenagel, A. **239**, 204 (1887).
[4] β-Benzylphenylhydrazin gibt bei der Oxydation keinen Azokörper, sondern Benzaldehydphenylhydrazon.
[5] E. Fischer, A. **199**, 325 (1879).   [6] Schlenk, J. pr. (2) **78**, 52 (1908).

3. Aromatische Hydrazoverbindungen.

a) Verhalten beim Erhitzen[1]).

Beim Destillieren werden die Hydrazokörper derart verändert, daß ein Teil auf Kosten des anderen reduziert und in zwei Moleküle primäres Amin gespalten wird, während der andere Teil durch Oxydation in den stark farbigen Azokörper übergeht:

$$2 \, \mathrm{ArNHNHAr} = \mathrm{ArN{-}N} = \mathrm{Ar} + 2 \, \mathrm{ArNH_2}.$$

Über eine analoge Spaltung durch Erhitzen mit Schwefelkohlenstoff: Hugershoff, Diss. Heidelberg (1894).

b) Die Wasserstoffatome

der beiden Imidgruppen sind durch den Acetylrest vertretbar[2]), Phenyl-isocyanat[3]) und Phenylsenföl[4]) werden unter Harnstoffbildung addiert.

Dagegen ist die Benzoylierung von Hydrazokörpern eine sehr heikle Operation, da sehr leicht Umlagerung resp. Spaltung eintritt. Am besten arbeitet man nach der Methode von Biehringer und Busch[5]) mit Benzoyl-chlorid und gelöschtem Kalk, indes gelingt es auch so nur eine Benzoylgruppe in das Hydrazobenzol einzuführen.

c) Verhalten gegen Carbonylverbindungen:

v. Perger, M. 7, 191 (1886). — Müller, B. 19, 1771 (1886). — Cornelius und Homolka, B. 19, 2239 (1886). — DRP. 39 944 (1886).

d) Salpetrige Säure

oxydiert in der Wärme zu Azokörpern[6]).

e) Umlagerungsreaktionen.

α) *Diphenyl-(Benzidin-) Umlagerung*[7]).

Aromatische Hydrazokörper mit freien Parastellungen verwandeln sich leicht unter dem Einfluß von Säuren, Säurechloriden, Anhydriden, Benzaldehyd und Chlorzink usw.[8]) in Diphenylderivate:

$$\langle\!\!\!\bigcirc\!\!\!\rangle{-}\mathrm{NH{-}NH}{-}\langle\!\!\!\bigcirc\!\!\!\rangle = \mathrm{NH_2}\langle\!\!\!\bigcirc\!\!\!\rangle{-}\langle\!\!\!\bigcirc\!\!\!\rangle\mathrm{NH_2}.$$

Das häufigst angewendete Umlagerungsmittel ist salzsaure Zinnchlorürlösung[9]).

Beispiel: Darstellung von Benzidin[10]).

Hydrazobenzol wird mit konzentrierter Salzsäure übergossen und ca. 5 Minuten sich selbst überlassen. Man versetzt dann mit Wasser, macht mit

---

[1]) Melms, B. 3, 554 (1870). — Lermontow, B. 5, 235 (1872). — Stern, B. 17, 380 (1884).

[2]) Schmidt und Schultz, A. 207, 327 (1881). — Stern, B. 17, 380 (1884).

[3]) Goldschmidt und Rosell, B. 23, 490 (1890).

[4]) Marckwald, B. 25, 3115 (1892).

[5]) B. 36, 139 (1903). — Siehe übrigens Freundler, C. r. 134, 1510 (1902).

[6]) Baeyer, B. 2, 683 (1869). — E. Fischer, A. 190, 181 (1877).

[7]) Zinin, J. pr. (1) 36, 93 (1845). — A. 85, 328 (1853). — Fittig, A. 124, 280 (1862). — Hofmann, Ch. News 8, 29 (1863). — Fittig, A. 137, 376 (1866). — Werigo, A. 165, 202 (1873).

[8]) Stern, B. 17, 379 (1884). — Bandrowski, B. 17, 1181 (1884). — Cleve, Bull. (2) 45, 188 (1886). — Elektrolytische Umlagerung: Löb, B. 33, 2329 (1900). — Siehe auch Gintl, Z. ang. 15, 1329 (1902).

[9]) Schmidt und Schultz, A. 207, 330 (1881). — Schultz, B. 17, 463 (1884). — Jacobson und Fischer, B. 25, 994 (1892). — Witt und Schmidt, B. 25, 1013 (1892). — Täuber, B. 25, 1022 (1892). — Witt und von Helmont, B. 27, 2352 (1894). — Witt und Buntrock, B. 27, 2366 (1894). — Umlagerung in alkoholischer Lösung: Witte, Diss. Berlin (1904), 15.   [10]) M. u. J. 2, 36.

Natronlauge alkalisch, äthert das Benzidin aus und krystallisiert es aus viel Wasser um, oder man versetzt die wäßrige Lösung des Chlorhydrats mit verdünnter Schwefelsäure, wodurch das Benzidin als schwer lösliches Sulfat abgeschieden wird.

Als Nebenreaktion findet Umlagerung in Ortho-Parastellung[1]:

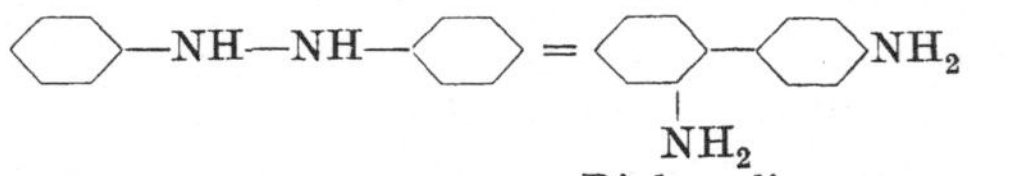

$$\langle\ \rangle\!-\!NH\!-\!NH\!-\!\langle\ \rangle \;=\; \langle\ \rangle\!-\!\langle\ \rangle NH_2$$

NH_2
Diphenylin

(Diphenylinumlagerung) statt.

β) *Semidinumlagerung.*

Ist eine der Parastellungen im Hydrazobenzol substituiert, so tritt entweder auch Diphenylinumlagerung als Hauptreaktion ein, oder es erfolgt Spaltung (und Azokörperbildung), oder es erfolgt die von Jacobson so benannte Semidinumlagerung[2], oder alle diese Reaktionen treten nebeneinander auf.

Für die Umlagerungsart der Hydrazokörper ist nicht nur die Stellung der Substituenten (auch der nicht in Parastellung befindlichen), sondern auch ihre Natur von bestimmendem Einfluß.

Die diesbezüglichen Untersuchungen von Jacobson und seinen Schülern sind ausschließlich mit salzsaurer Zinnchlorürlösung durchgeführt worden.

Wenn ein p-Monosubstitutionsprodukt eines Hydrazokörpers mit salzsaurer Zinnchlorürlösung zusammengebracht wird, erfolgen in mehr oder weniger großem Ausmaß folgende Reaktionen:

1. Unter Abspaltung des Substituenten tritt Umlagerung zu einem Paradiphenylderivat ein (Umlagerung unter Abspaltung).

2. Durch einfache Umlagerung (ohne Abspaltung der Substituenten) entsteht aus dem

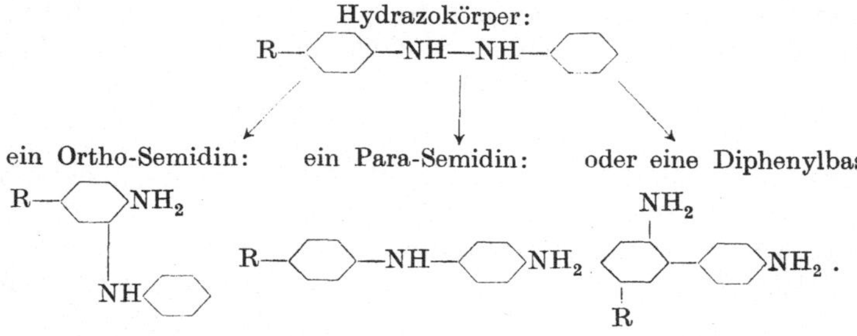

Hydrazokörper:
R—⟨ ⟩—NH—NH—⟨ ⟩

ein Ortho-Semidin: ein Para-Semidin: oder eine Diphenylbase:

$$R\!-\!\langle\ \rangle NH_2 \qquad R\!-\!\langle\ \rangle\!-\!NH\!-\!\langle\ \rangle NH_2 \qquad \langle\ \rangle\!-\!\langle\ \rangle NH_2$$

ein Ortho-Semidin mit $NH\langle\ \rangle$; die Diphenylbase mit NH_2 oben und R unten.

Diese vier Umlagerungen können sämtlich nebeneinander verlaufen und außerdem kann noch Spaltung eintreten:

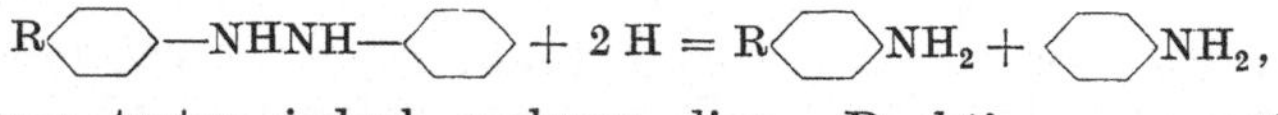

$$R\langle\ \rangle\!-\!NHNH\!-\!\langle\ \rangle + 2\,H \;=\; R\langle\ \rangle NH_2 + \langle\ \rangle NH_2,$$

im allgemeinen treten jedoch mehrere dieser Reaktionen quantitativ stark zurück.

---

[1] Schultz, A. **207**, 311 (1881).

[2] Jacobson (mit Düsterbehn, Fischer, Fertsch, Große, Heber, Henrich, Heubach, Jaenicke, Klein, Kunz, Lischke, Marsden, Meyer, Schkolnik, Schwarz, Steinbrenk, Strübe, Tiges), B. **25**, 992 (1892); **26**, 681, 688 (1893); **28**, 2557 (1895); **29**, 2680 (1896). — Witt und Schmidt, B. **25**, 1013 (1892). — Täuber, B. **25**, 1019 (1892). — Witt und Helmolt, B. **27**, 2700 (1894). — Witt und Buntrock, B. **27**, 2358 (1894). — A. **287**, 97, 145 (1895); **303**, 290 (1898). — Jacobson, Franz und Hönigsberger, B. **36**, 4069 (1903).

In der folgenden Tabelle nach Jacobson[1]) bedeuten:

III Hauptreaktion.

II Nebenreaktion (5—15 %).

I Spuren.

Substituenten	Umlagerung unter Abspaltung	Orthosemidin-bildung	Parasemidin-bildung	Bildung von Diphenylbase
Cl	II	III	I	III
Br	I	III	I	III
J	?	II	0	III
OC_2H_5	0	III	II	0
$OCOCH_3$	II	0	0	III
$N(CH_3)_2$	0	I	0	III
$NHCOCH_3$ . . .	0	0	III	0
CH_3	0	III	?	?
COOH	III	?	0	0

Paraoxyhydrazo- und Aminohydrazokörper werden fast ausschließlich gespalten.

Abspaltung von Methoxyl aus der Parastellung findet nur beim Benzolhydrazoveratrol statt[2]). (Einfluß der Orthostellung!)

Reaktionen der Umlagerungsbasen[3]). Unterscheidung von Ortho- und Parasemidinen.

1. Verhalten gegen salpetrige Säure.

Orthosemidine geben, in sehr verdünnter Salzsäure oder alkoholischer Essigsäure gelöst[4]), beim Eintropfen von Natrium- oder Amyl[5])nitritlösung, meist unter vorübergehendem Auftreten einer schmutzigen Rot- und Rotviolettfärbung, einen Niederschlag, der in der Regel zunächst harzig ausfällt, nach einiger Zeit aber hart und krystallinisch wird (Azimidbildung):

$$\text{>—NH}_2 + \text{NOOH} = 2\,H_2O +\; \text{(Azimid)}$$

Parasemidine[5]) dagegen geben beim Zusatz des ersten Tropfens Natriumnitritlösung äußerst intensive, blauviolette oder rein blaue Färbung, die aber unbeständig ist; beim weiteren Nitritzusatz verschwindet sie nach kurzer Zeit und macht — häufig unter vorübergehendem Auftreten von roter — rotgelber oder goldgelber Färbung Platz, während die Lösung klar bleibt:

$$\text{>—NH—}\langle\rangle\text{—NH}_2HCl + NOOH = H_2O +$$
$$+\; \text{>—N—}\langle\rangle\text{—NH}_2 \cdot HCl = 2\,H_2O +\; \text{>—N—}\langle\rangle\text{—N} \cdot HCl .$$

Die so entstehenden Diazoverbindungen haben ähnliche Konstitution und Beständigkeit wie die Diazobenzolsulfosäuren.

---

[1]) A. **303**, 296 (1898).
[2]) Jacobson, Jaenicke und Meyer, B. **29**, 2688 (1896).
[3]) Jacobson, A. **287**, 129 (1895).
[4]) Witt und Schmidt, B. **25**, 1017 (1892).
[5]) Vgl. Ikuta, A. **243**, 281 (1887). — B. **27**, 2707 (1894).

2. Verhalten beim Erhitzen mit organischen Säuren.

Orthosemidine liefern beim Kochen mit wasserfreier Ameisen- oder Essigsäure Anhydroverbindungen von basischer Natur (in verdünnten Säuren löslich):

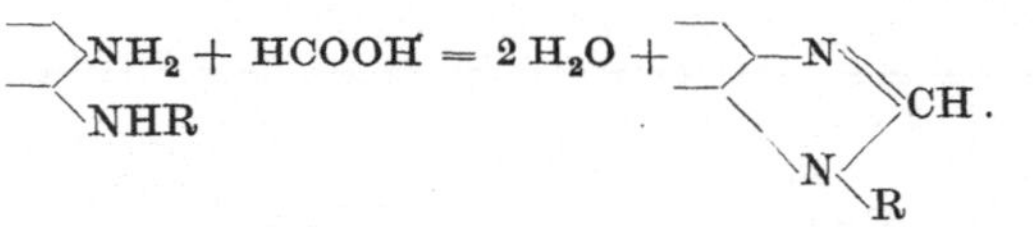

$$\text{>}NH_2 + HCOOH = 2\,H_2O + \text{>}-N\text{\textbackslash}C H \ldots$$

Parasemidine dagegen liefern unter Abspaltung von nur einem Molekül Wasser Produkte, die keinen Basencharakter besitzen:

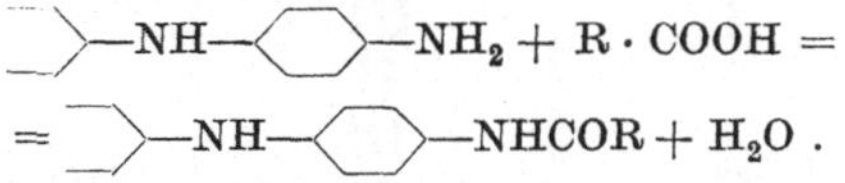

$$\text{>}-NH-\langle\ \rangle-NH_2 + R \cdot COOH =$$

$$= \text{>}-NH-\langle\ \rangle-NHCOR + H_2O\ .$$

In diesen Substanzen ist die Imidogruppe noch acylierbar.

3. Verhalten gegen Schwefelkohlenstoff[1]).

Durch längeres Kochen der freien Basen in alkoholischer Lösung mit Schwefelkohlenstoff bilden die Orthosemidine aus gleichen Molekülen Base und Schwefelkohlenstoff unter Austritt von einem Molekül Schwefelwasserstoff Produkte, die in verdünnten Alkalien leicht löslich und meist äußerst krystallisationsfähig sind:

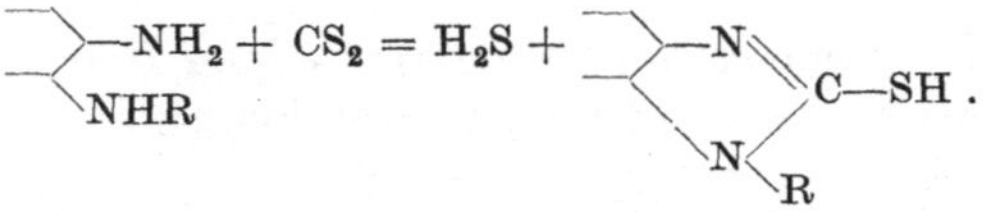

$$\text{>}-NH_2 + CS_2 = H_2S + \text{>}-N\text{\textbackslash}C-SH\ .$$

Parasemidine dagegen werden in Sulfoharnstoffe übergeführt, indem zwei Moleküle Base mit einem Molekül Schwefelkohlenstoff unter Schwefelwasserstoffentwicklung reagieren:

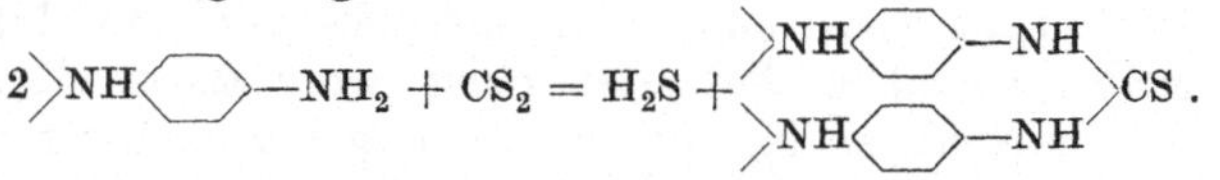

$$2\,\text{>}NH\langle\ \rangle-NH_2 + CS_2 = H_2S + \text{>}NH\langle\ \rangle-NH\text{\textbackslash}CS\ .$$

Die Entscheidung wird leicht durch eine Schwefelbestimmung erbracht.

4. Verhalten gegen Salicylaldehyd[2]).

Bringt man die Basen in alkoholischer Lösung mit Salicylaldehyd zusammen und erwärmt einige Zeit auf dem Wasserbad — zweckmäßig im Kohlendioxydstrom zur Verhütung von Oxydation —, so reagieren die Orthosemidine nach der Gleichung:

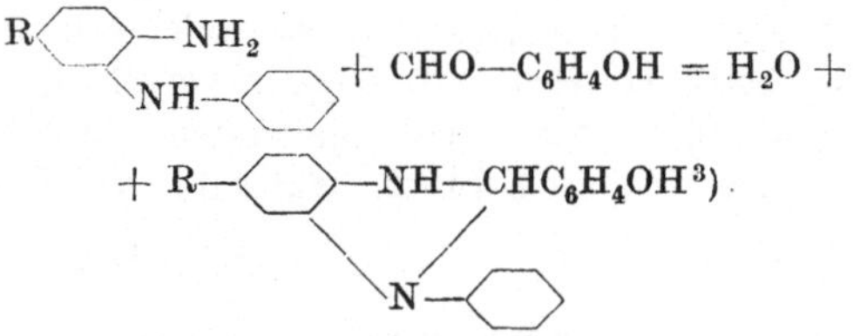

$$R\langle\ \rangle-NH_2\ /\ NH- + CHO-C_6H_4OH = H_2O +$$

$$+ R-\langle\ \rangle-NH-CHC_6H_4OH[3])\ .$$

Parasemidine dagegen nach dem Schema:

---

[1]) O. Fischer und Sieder, B. **23**, 3799 (1890). — Hencke, A. **255**, 192 (1889). — O. Fischer, B. **25**, 2832 (1892); **26**, 196, 200 (1893).

[2]) Jacobson, A. **303**, 303 (1898). — Vgl. Hencke, A. **255**, 189 (1889). — Traube und Hoffa, B. **29**, 2629 (1896).

[3]) Oder $C_6H_4ONCH = N$

$$\text{>}C_6H_3R\ .$$

C_6H_5-NH

Vgl. O. Fischer, B. **25**, 2826 (1892); **26**, 202 (1893).

$$R\langle\;\rangle-NH-\langle\;\rangle-NH_2 + CHOC_6H_4OH =$$

$$= R\langle\;\rangle-NH-\langle\;\rangle-N = CHC_6H_4OH + H_2O \, .$$

Um das Derivat eines Orthosemidins von dem eines Parasemidins zu unterscheiden, braucht man nur eine Probe durch Kochen mit verdünnter Schwefelsäure zu spalten, den Salicylaldehyd fortzukochen und die schwefelsaure Lösung mit Nitrit zu prüfen.

Die o-Semidinderivate kann man ferner zuweilen noch dadurch charakterisieren, daß sie die Fähigkeit besitzen, Quecksilberoxyd beim Kochen in alkoholischer Lösung zu schwärzen, indem sie in Salicylsäurederivate übergehen, die im Gegensatz zu den gelben bis roten Aldehydderivaten farblos sind und durch Kochen mit Säuren nicht gespalten werden (O. Fischer).

5. Verhalten bei der Oxydation.

Die verdünnten salzsauren Lösungen der Semidine liefern mit Eisenchlorid intensive Farbenreaktionen. Bei den Orthosemidinen ändert sich die Farbennuance häufig durch Zusatz von konzentrierter Salzsäure in charakteristischer Weise [1]), während die Färbungen der Parasemidine dadurch meist verschwinden [2]).

6. Speziell zur Charakteristik der Orthosemidine geeignet ist die Bildung von Stilbazoniumbasen[3]) durch Kondensation mit Benzil:

$$-\langle\;\rangle\genfrac{}{}{0pt}{}{NH_2}{NH} \underset{R}{|} \;+\; \genfrac{}{}{0pt}{}{CO-C_6H_5}{CO-C_6H_5} = H_2O + \;-\langle\;\rangle\genfrac{}{}{0pt}{}{N=C-C_6H_5}{N=C-C_6H_5}\underset{R\;\;OH}{} \, .$$

Diese Produkte sind meist außerordentlich krystallisationsfähig, lösen sich leicht in verdünnten wäßrigen Säuren mit goldgelber Farbe, zeigen in alkoholischer Lösung gelbgrüne Fluorescenz, die auf Säurezusatz verschwindet, und geben mit konzentrierter Salz- oder Schwefelsäure intensive, orange- bis himbeerrote Färbungen, die auf Wasserzusatz in Goldgelb umschlagen.

Unterscheidung der Semidine von den Diphenylbasen[4]).

Von den beiden in Betracht kommenden Typen:

$$\langle\;\rangle-\langle\;\rangle\genfrac{}{}{0pt}{}{NH_2}{}-NH_2 \quad\text{und}\quad \genfrac{}{}{0pt}{}{\langle\;\rangle-\langle\;\rangle}{NH_2 \;\; NH_2}$$

Diphenylin   Peridiaminodiphenyl,

liefert mit salpetriger Säure keine ein Azimid. Eisessig führt zu Diacetylverbindungen (nicht zu Anhydroverbindungen), und mit Benzil entsteht aus den Peridiaminen ein sauerstofffreies Produkt der Form

$$\begin{aligned} C_6H_4-N &= C-C_6H_5 \\ C_6H_4-N &= C-C_6H_5 \, . \end{aligned}$$

Ebenso zeigen die Diphenylbasen nicht die Farbenreaktionen der Semidine, und mit Salicylsäurealdehyd reagieren sie unter Bildung einer Di-Oxy-

---

[1]) Jacobson und Fischer, B. **25**, 996 (1892).
[2]) Jacobson, Henrich und Klein, B. **26**, 690 (1893).
[3]) Witt, B. **25**, 1017, Anm. (1892).
[4]) Schultz, Schmidt und Strasser, A. **207**, 348 (1881). — Reuland, B. **22**, 3011 (1889). — Täuber, B. **24**, 198 (1891); **25**, 3287 (1892); **26**, 1703 (1893).

benzylidenverbindung, die durch Stickstoffbestimmung leicht von den entsprechenden Semidinderivaten unterschieden werden kann.

Über sterische Einflüsse bei der Semidinbildung: M. u. J. 2, I, 404.

Beiderseits parasubstituierte Hydrazoverbindungen [1] werden beim Kochen mit Mineralsäuren sehr glatt durch gleichzeitige Oxydation und Reduktion in Azokörper und Amin gespalten: Hydrazodiäthylphthalid z. B. in Amino- und Azo-Diäthylphthalid [2].

---

[1] Melms, B. 3, 554 (1870). — Calm und Heumann, B. 13, 1180 (1880). — Schultz, A. 207, 315 (1881).   [2] Bauer, B. 41, 504 (1908).

Siebentes Kapitel.

Nitroso- und Isonitrosogruppe. — Nitrogruppe. — Jodo- und Jodosogruppe. — Peroxyde und Persäuren.

Erster Abschnitt.

Nitrosogruppe.

1. Qualitative Reaktionen.

1. Wahre Nitrosoverbindungen enthalten die NO-Gruppe gewöhnlich an tertiären Kohlenstoff gebunden [Piloty[1])].

2. Die Nitrosokörper der Fettreihe ebenso wie die Nitrosobenzole sind gewöhnlich gut krystallisierbar, farblos oder schwach gelb, in geschmolzenem Zustand bilden sie ebenso wie in Lösung[2]) intensiv blaue oder grüne Flüssigkeiten. Manche sind auch schon im festen Zustand blau[3]). Die farblosen Substanzen sind bimolekulare, die farbigen monomolekulare Modifikationen derselben Verbindung [Piloty[4])]. Sie sind im allgemeinen unzersetzt flüchtig und besitzen stechenden Geruch. Die sekundären Nitrosocarbonsäureester sind flüssig und nicht unzersetzt destillierbar.

3. Aus angesäuerter Jodkaliumlösung machen sie augenblicklich Jod frei, aus Schwefelwasserstofflösung Schwefel[5]).

4. Mit aromatischen Aminen kondensieren sie sich zu Azokörpern[5]):

$$\text{Ar} \cdot \text{NO} + \text{NH}_2 \cdot \text{C}_6\text{H}_5 = \text{Ar}—\text{N} = \text{N}—\text{C}_6\text{H}_5 + \text{H}_2\text{O}.$$

Sie geben daher mit Anilin (in alkoholischer oder essigsaurer) oder mit salzsaurem Anilin in wäßriger Lösung erwärmt eine Farbenreaktion [Azofarbstoffbildung[6])].

---

[1]) B. **29**, 1559 (1896); **31**, 218, 456, 1878 (1898); **34**, 1863 (1901); **35**, 3090, 3093, 3101 (1902). — Piloty und v. Schwerin, B. **34**, 1870, 2354 (1901). — Piloty und Vogel, B. **36**, 1283 (1903). — Über sekundäre Nitrosoverbindungen: Piloty und Steinbock, B. **35**, 3101 (1902). — Schmidt, B. **35**, 2323, 2336, 3727, 3737 (1902); **36**, 1765, 1768, 3721 (1903); **37**, 532, 545 (1904). — Schmidt und Widmann, B. **42**, 497, 1886 (1909). — Auch die aromatischen Nitroso-Arsenverbindungen zeigen alle typischen Nitrosoreaktionen. Karrer, B. **45**, 2066 (1912).

[2]) Piloty und Ruff, B. **31**, 221 (1898). — Bamberger und Rising, B. **33**, 3634 (1900); **34**, 3877 (1901).

[3]) Baeyer, B. **28**, 650 (1895). — Bamberger und Rising, A. **316**, 285 (1901).

[4]) B. **31**, 456 (1898); **35**, 3090, 3098, 3101 (1902). — Harries und Jablonski, B. **31**, 1379 (1898). — Bamberger und Seligman, B. **36**, 695 (1903). — Harries, B. **36**, 1069 (1903).

[5]) Piloty und v. Schwerin, B. **34**, 1874 (1901). — Wieland, B. **38**, 1459 (1905). — A. **353**, 65 (1907).

[6]) Walder, Diss. Zürich. (1907), 22. — Bauer, Diss. München (1907), 47. — Karrer, a. a. O.

5. Mit Schwefelsäure und Ferrosulfat geben sie die Salpetersäurereaktion [1]).

6. Die Nitrosoverbindungen der Fett- und der aromatischen Reihe liefern die **Liebermann**sche Reaktion [2])[3])[4]), die Nitrosochloride des Tetramethyläthylens [5]) und des Δ [4]([8])-Terpenolacetats [6]) dagegen nicht.

Zur Ausführung der **Liebermann**schen Reaktion [7]) erwärmt man gewöhnlich ein Pröbchen der Substanz mit Phenol und konzentrierter Schwefelsäure, gießt in Wasser und übersättigt mit Lauge, worauf blaue bis violette Färbung auftritt.

Angeli und **Castellana** [8]) empfehlen zur Anstellung der **Liebermann**schen Reaktion, die nach ihnen auf der Bildung von Stickoxyden beruht, statt Phenol $+$ Schwefelsäure eine schwefelsaure Lösung von Diphenylamin anzuwenden, die dann Blaufärbung gibt [9]).

7. Mit **Hydroxylamin** entstehen aus den aromatischen Nitrosobenzolen Isodiazohydrate, die als Oxime der Nitrosoverbindungen aufzufassen sind [10]):

$$\text{Ar} \cdot \text{NO} + \text{NH}_2\text{OH} = \text{H}_2\text{O} + \text{Ar} \cdot \text{N} : \text{NOH}.$$

Da die Isodiazohydrate als solche nicht isolierbar sind, kuppelt man sie sofort mit Naphthol.

Man versetzt eine alkoholische Nitrosolösung mit α- oder β-Naphthol und wäßriger Hydroxylaminchlorhydratlösung und fügt tropfenweise verdünnte Sodalösung zu. Der Farbenumschlag (von Grün durch Braun in Rot) tritt in kürzester Zeit ein, und auf Zusatz von Wasser scheidet sich der Azofarbstoff in voluminösen Flocken ab und kann aus Benzol umkrystallisiert werden. Hydroxylamin und p-Dinitrosobenzol, **Mehne**, B. **21**, 734, 3319 (1888).

8. Mit **Phenylhydrazin** reagieren die Nitrosoverbindungen je nach den Versuchsbedingungen (siehe unter quantitative Bestimmung). Niemals aber tritt Verdrängung der Nitrosogruppe unter Hydrazonbildung ein (Unterschied von den Isonitrosoverbindungen).

Literatur:
Ziegler, B. **21**, 864 (1888).
O. Fischer und Wacker, B. **21**, 2609 (1888); **22**, 622 (1889).
Walther, J. pr. (2) **52**, 141 (1895).
Mills, Soc. **67**, 925 (1895).
Bamberger, B. **29**, 103 (1896).
Bamberger und Stiegelmann, B. **32**, 3554 (1899).
Spitzer, Öst. Ch. Ztg. **3**, 489 (1900).

---

[1]) **Keller**, Arch. **242**, 321 (1904). — **Karrer**, a. a. O.
[2]) Siehe Anm. 2 auf S. 1061.   [3]) **Baeyer**, B. **7**, 1638 (1874).
[4]) Diese Reaktion ist auch gewissen Nitroverbindungen der Fettreihe (Nitraminen) eigen, die sich leicht unter Abspaltung von salpetriger Säure oder Bildung von Nitrosaminen zersetzen. **Reverdin**, J. pr. (2) **83**, 167, 170 (1911). Daselbst auch Literaturangaben. — **Bamberger** und **Suzuki**, B. **45**, 2741 (1912).
[5]) **Thiele**, B. **27**, 454 (1894).   [6]) **Baeyer**, B. **27**, 445 (1894).
[7]) B. **3**, 457 (1870); **7**, 247, 287, 806, 1098 (1874). — V. **Meyer** und **Janny**, B. **15**, 1529 (1882).
[8]) Atti Linc. (5) **14**, I, 669 (1905). — **Cusmano**, G. **40**, I, 602 (1910); **40**, II, 122 (1910). Hydroxylaminoxime.
[9]) Die Ursache dieser Blaufärbung ist nach **Kehrmann** und **Micewicz**, B. **45**, 2652 (1912), die Bildung von Imoniumsalzen des Diphenylbenzidins. — Siehe hierzu **Wieland**, B. **46**, 3296 (1913). — **Marqueyrol** und **Muraour**, Bull. (4) **15**, 186 (1914).
[10]) **Bamberger**, B. **28**, 1218 (1895). — **Karrer**, a. a. O.

Bamberger, B. **33**, 3508 (1900).

Clauser, B. **34**, 889 (1901).

Clauser und Schweizer, B. **35**, 4280 (1902).

9. Diazomethan in ätherischer Lösung führt zur Bildung von N-Äthern des Glyoxims [1]:

$$ArN—CHCH—NAr,$$

die in goldgelben Nadeln krystallisieren.

10. Konzentrierte Schwefelsäure polymerisiert aldolartig zu Nitrosodiarylhydroxylaminen, die intensiv gelb sind und sich in Alkalien mit roter Farbe lösen [2]:

$$C_6H_5NO + C_6H_5NO = C_6H_5—N—C_6H_4NO .$$
$$OH$$

Die Kupplung tritt in Parastellung ein. Parasubstituierte Nitrosobenzole werden nicht in analoger Weise polymerisiert, oder der Substituent (Brom) wird abgespalten.

Über die Einwirkung konzentrierter Halogenwasserstoffsäuren: Bamberger, Büsdorf und Szolayski, B. **32**, 210 (1899).

Über Nitrosophenole siehe S. 619.

o-Dinitrosobenzol: Zincke und Schwarz, Ann. **307**, 28 (1899). — Tetranitrosobenzol: Nietzki und Geese, B. **32**, 505 (1899).

2. Quantitative Bestimmung der Nitrosogruppe.

a) Methode von Clauser [3].

Phenylhydrazin reagiert mit wahren Nitrosokörpern unter geeigneten Reaktionsbedingungen glatt nach der Gleichung:

$$R \cdot NO + C_6H_5NH \cdot NH_2 = R \cdot N : \; + C_6H_6 + H_2O + N_2.$$

Der Rest $R \cdot N$: dürfte sich wahrscheinlich zu $R \cdot N = N \cdot R$ verdoppeln.

Zur quantitativen Bestimmung der Nitrosogruppe wird das Volum des mit Benzol und Wassertropfen völlig gesättigten Stickstoffs gemessen, der sich bei der Reaktion entwickelt.

Die Konstruktion des hierzu ursprünglich benutzten Apparats ist aus Fig. 345 zu ersehen. Ein 30 ccm fassender Reaktionskolben R ist mit einem dreifach durchbohrten Pfropfen versehen. Durch die eine Bohrung ragt der Tropftrichter in den Kolben hinein, die zweite trägt das Zuleitungsrohr für das Kohlendioxyd, in der dritten steckt ein aufsteigender Kühler, dem noch ein mit Wasser gefüllter Liebigscher Kaliapparat angefügt wird, sodann folgt einer der bei volumetrischen Stickstoffbestimmungen üblichen Absorptionsapparate.

0.1—0.2 g Substanz werden in den Kolben eingewogen und in 20—30 ccm Eisessig gelöst. Sodann wird der Apparat zusammengefügt und daraus die Luft durch mehrstündiges Einleiten eines langsamen Kohlendioxydstroms [aus

---

[1] v. Pechmann, B. **28**, 860 (1895); **30**, 2461, 2791 (1897).

[2] Stiegelmann, Diss. Straßburg (1896). — Bamberger, Büsdorf und Sand, B. **31**, 1513 (1898).

[3] B. **34**, 889 (1901). — Clauser und Schweizer, B **35**, 4280 (1902).

einem Kippschen Apparat[1])] verdrängt. Dabei schaltet man den Absorptionsapparat noch nicht ein. Wenn die Luft zum größten Teil aus dem Apparat
entfernt ist, verschließt man den Quetschhahn Q und öffnet den Hahn des
Tropftrichters. Das eintretende Kohlendioxyd verdrängt die Luft aus dem
Tropftrichter. Man schaltet nun den Absorptionsapparat ein, der mit Kalilauge 1 : 3 gefüllt ist. Er besitzt die übliche Form, nur an Stelle eines gewöhnlichen Glashahns ist ein Dreiweghahn angebracht, der es gestattet, das im
Rohr aufgefangene Gas durch die zentrale Bohrung austreten zu lassen. Unter
fortwährendem Zuleiten von Kohlendioxyd beobachtet man, ob sich während

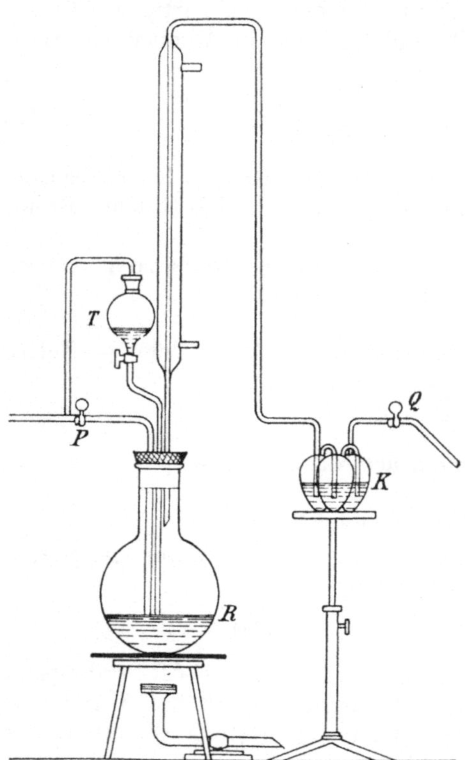

Fig. 345. Apparat von Clauser.

10—15 Minuten außer einer leichten
Schaumdecke, die nicht mehr als
0.1 ccm betragen soll, noch merkliche
Gasblasen ansammeln.

Wenn dies nicht der Fall ist,
sperrt man den Absorptionsraum
durch passende Einstellung des Dreiweghahns ab.

Sodann wird durch den Trichter
ein 4—5facher Überschuß an Phenylhydrazin, in 30—40 ccm konzentrierter Essigsäure gelöst, eingetragen und
der Kolben schwach erwärmt, wobei
nunmehr das Durchleiten von Kohlendioxyd unterbrochen wird.

Da im Innern des Apparats Überdruck herrscht, würde die Flüssigkeit
aus dem Tropftrichter nicht in den
Kolben treten. Um diesen Übelstand
zu beseitigen, wendet man unter Benutzung eines Gabelrohrs, wie aus
Fig. 345 ersichtlich ist, eine Zweig-
leitung an, die Ausgleich des Drucks
und somit die unbehinderte Entlee-
rung des Trichterinhalts ermöglicht.

Alsbald beginnt lebhafte Gasentwicklung, und die Farbe der Flüssigkeit schlägt in Rot um.

In der Regel ist die Reaktion
nach wenigen (längstens 10) Minuten beendet. Nur bei der Analyse von Substanzen, die in Eisessig sehr schwer löslich sind, wie beim α_1-Nitroso-α_2-Naphthol
oder dem Chinondioxim, ist zur Erzielung brauchbarer Resultate längeres Erhitzen unerläßlich.

Nach Beendigung der Reaktion läßt man im Kohlendioxydstrom erkalten,
um abermals den Stickstoff durch Kohlendioxyd zu verdrängen.

Sobald bei 5 Minuten langem Durchleiten keine Zunahme des Gasvolumens
im Absorptionsapparat zu konstatieren ist, kann man die Zuleitung des Kohlendioxyds abstellen. Man läßt noch 1—2 Stunden stehen.

---

[1]) Man wähle einen recht großen Kipp, aus dem man kurz vor dem Gebrauch einen
starken Kohlendioxydstrom entnimmt, wodurch die in der Salzsäure absorbierte und die
den Marmorstückchen anhaftende Luft rasch völlig verdrängt wird. Siehe auch S. 236.

Um nun den Stickstoff aus dem Apparat in ein Meßrohr überzuführen, setzt man an die Austrittsstelle der zentralen Bohrung des Dreiweghahns ein passend gebogenes Glasrohr mit engem Lumen an und bringt den Hahn in solche Stellung, daß die Flüssigkeit (Kalilauge, Wasser) im Behälter oberhalb des Hahns den Hohlraum und das Rohr erfüllt. Sobald dies erreicht ist, stellt man den Hahn in der Weise ein, daß durch die Erzeugung eines kleinen Überdrucks (hervorgebracht durch Heben des Niveaugefäßes) das Gas durch die zentrale Hahnbohrung und das angefügte Glasrohr in das Eudiometerrohr entweicht.

Das so erhaltene Gas wird nach den bei der Carbonylbestimmung angeführten Methoden zur Messung gebracht.

In seiner letzten Publikation beschreibt Clauser einen vereinfachten Apparat, den Fig. 346 wiedergibt.

Um die Anwendung des immerhin lästigen, dreifach gebohrten Stopfens zu vermeiden, ist sowohl das Gaszuleitungsrohr als auch der Tropftrichter direkt in den Kolben eingeschmolzen. Ferner empfiehlt sich zum Eindrücken der essigsauren Phenylhydrazinlösung in den Kolben die Anwendung eines kleinen Gummiballons. Zum Auffangen und Sammeln des Stickstoffs dient ein Absorptionsapparat, der statt mit einem Dreiweghahn durch einen Hahn mit zwei Parallelbohrungen verschließbar ist, da hierdurch die Überführung des Stickstoffs in das Eudiometerrohr leichter vorgenommen werden kann (Fig. 347). Sehr wichtig ist die Verwendung eines sehr gut funktionierenden Kühlers, da anderenfalls nicht unerhebliche Mengen Essigsäure in die vorgelegte Kalilauge gelangen und die Absorption des Kohlendioxyds verzögern.

Andere oxydierend wirkende Gruppen (Nitrogruppe) bewirken unter den Versuchsbedingungen keinerlei Störung. So wurden Nitrobenzol, Azoxybenzol, Dinitronaphthalin und Pikrinsäure auf Phenylhydrazin einwirken gelassen, ohne daß hierbei eine Stickstoffentwicklung bemerkbar geworden wäre. (Siehe aber die folgende Seite.)

Der Reaktionsverlauf verbleibt auch dann quantitativ, wenn Substitutionsderivate von aromatischen Nitrosokörpern, wie Nitrososäuren, Nitrosoaldehyde und Polynitrosoderivate, in Anwendung kommen.

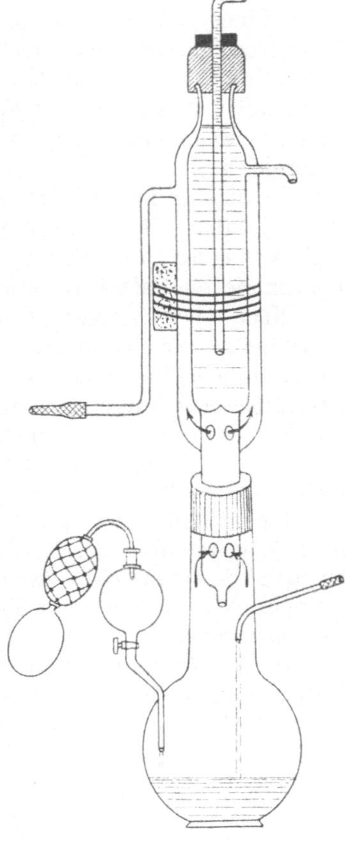

Fig. 346. Modifizierter Apparat von Clauser.

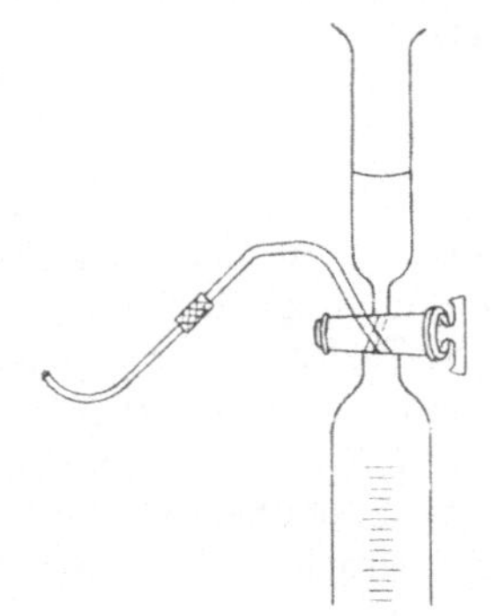

Fig. 347. Hahn mit Parallelbohrungen.

Die Salpetrigsäureester gestatten die quantitative Bestimmung der Nitrosogruppe nicht ohne weiteres. Dennoch wird deren quantitative Bestimmung dadurch ermöglicht, daß man dem Reaktionssystem (Salpetrigsäureester, Phenylhydrazin, Eisessig) solche Substanzen zufügt, die leicht und völlig in Nitrosoderivate überzugehen vermögen. .

Mit Vorteil werden Phenol oder Dimethylanilin verwendet. Da das quantitativ entstehende Nitrosoderivat seinerseits die quantitative Bestimmung dieser Gruppe zuläßt, ist ein Hindernis bei deren Gehaltsermittlung nicht zu befürchten.

In diesem Fall wird folgendermaßen gearbeitet:

0.1—0.3 g in Eisessig gelöster Salpetrigsäureester werden vorsichtig mit 3 g einer essigsauren Lösung von Dimethylanilin und sodann mit 10—20 ccm konzentrierter Salzsäure versetzt.

Nach vierstündigem Erhitzen im Wasserbad ist der Geruch des Esters vollständig verschwunden. Der nunmehr salzsaures Nitrosodimethylanilin enthaltenden Flüssigkeit wird zur Abstumpfung der Salzsäure die nötige Menge krystallisiertes Natriumacetat zugesetzt und nach Verdrängung der Luft durch Kohlendioxyd die Bestimmung durchgeführt.

Für die Analyse sehr flüchtiger Nitrite (Äthylnitrit) ist dieses Verfahren nicht verwendbar.

Eigentümlich ist das Verhalten der Nitrosamine; weder aliphatische noch gewisse aromatische Nitrosamine (Nitrosodiäthylamin, Nitrosotrimethyldiaminobenzophenon) gestatten den Nachweis der Nitrosogruppe. Nitrosamine vom Typus des Diphenylnitrosamins lassen dagegen die Bestimmung zu.

Dieses Verhalten wird erklärlich, wenn man die von O. Fischer und Hepp[1]) gemachten Angaben berücksichtigt. Danach ist Diphenylnitrosamin befähigt, in sauren Lösungen tautomer zu reagieren, und zwar nach dem Schema:

$$\underset{C_6H_5}{\overset{C_6H_5}{\Large{>}}}N \cdot NO \rightarrow N\underset{C_6H_5}{\overset{C_6H_4 : NOH}{\Large{<}}} \qquad \text{bzw.} \qquad HN\underset{C_6H_5}{\overset{C_6H_4 \cdot NO}{\Large{<}}} \; .$$

Um nun zu ermitteln, ob auch Nitrosogruppen, die an einem heterocyclischen Kern hängen, quantitativ bestimmt werden können, wurde Nitrosoantipyrin in Untersuchung gezogen, dem nach Knorr die Konstitutionsformel:

$$\begin{array}{l} H_3C \cdot C\!-\!N(CH_3) \\[-2pt] \qquad \;\; \| \qquad\qquad\qquad\; \Large{>}\!N \cdot C_6H_5 \\[-2pt] ON \cdot C\!-\!CO\!-\!\!-\!\!- \end{array}$$

zukommt, und gefunden, daß auch in diesem Fall glatte quantitative Bestimmung möglich ist.

Die Reaktion versagt jedoch völlig bei Isonitrosoverbindungen (Oximen), die nicht tautomer reagieren können. Sie ist auch bei gleichzeitiger Gegenwart von Nitroverbindungen nicht immer anwendbar[2]).

Zusammenfassend läßt sich sagen, daß die quantitative Bestimmung der Nitrosogruppe nach der gekennzeichneten Methode nur bei Verbindungen vom allgemeinen Typus $NO \cdot C\underset{CR_2}{\overset{CR_1}{\Large{<}}}$ möglich ist, wobei R_1 und R_2 beliebige Radikale oder Molekularkomplexe bedeuten.

---

[1]) B. **19**, 2994 (1886).
[2]) Nitrobenzaldehyd: Weigert und Kummerer, B. **46**, 1209 (1913).

Demnach läßt sich unter Hinzuziehung der Liebermannschen Reaktion jede Nitrosoverbindung genau charakterisieren:

Bindungsart der Nitrosogruppe	Reaktionen	
$NO \cdot C{<}^{R_1}_{R_2}$	Unmittelbare quantitative N-Entwicklung	Liebermannsche Reaktion
Salpetrigsäureester, $NO \cdot O$-Alkyl	Mittelbare quantitative N-Entwicklung (nach Hinzufügen von Dimethylanilin)	Liebermannsche Reaktion
Nitrosamine, $NO \cdot N{<}^{R_1}_{R_2}$	Keine N-Entwicklung	Liebermannsche Reaktion
Echte Isonitrosoverbindungen, $HO \cdot N : C{<}^{R_1}_{R_2}$	Keine N-Entwicklung	Keine Liebermannsche Reaktion
Aliphatische Nitrosokohlenwasserstoffe	(Nicht untersucht)	Meist Liebermannsche Reaktion

Es mag erwähnt werden, daß es noch einer Überprüfung bedarf, ob gewisse der recht schwierig zugänglichen, aliphatischen Nitrosoverbindungen sich diesem Schema anpassen.

Berechnung der Analysen.

Bedeutet:

P die Prozente NO in der untersuchten Substanz,

V das abgelesene Volumen Stickstoff in Kubikzentimetern,

w die Summe der Tensionen von Benzol- und Wasserdampf in Millimetern für die Temperatur t (Tabelle S. 843),

g das Gewicht der analysierten Substanz in Grammen, so ist:

$$P = K \frac{V \cdot (b - w)}{g \cdot (1 + \alpha t)}$$

und die konstante Größe

$$K = \frac{3000 \cdot s}{760 \times 28},$$

wobei s das Gewicht in Grammen von 1 ccm Stickstoff bei $0°$ und 760 mm repräsentiert,

$$K = 0.00017709; \log K = 0.24821 - 4.$$

Die Fehlergrenzen betragen bei in Eisessig löslichen Substanzen kaum mehr als 0.5% von P. Nur bei in Eisessig unlöslichen Substanzen geht die Reaktion schließlich sehr langsam vor sich, weshalb ein Fehler bis 2% beobachtet wurde.

Wahrscheinlich läßt er sich noch durch Anwendung eines beträchtlichen Überschusses an Phenylhydrazin verkleinern.

Über die Abänderung dieses Verfahrens durch Willstätter und Cramer siehe S. 1042.

b) Methode von Knecht und Hibbert.

Die S. 1040 beschriebene Methode zur Bestimmung von Azokörpern läßt sich auch für die Bestimmung der Nitrosogruppe verwerten.

In den meisten Fällen läßt sich die Titration direkt ausführen, die Lösung soll dabei auf 40—50° erwärmt werden.

c) Methode von Grandmougin[1].

Die Reduktion der Nitrosokörper mit Hydrosulfit gelingt gleichermaßen gut. Z. B. wird α-Nitroso-β-Naphthol in der nötigen Menge Alkali gelöst und die siedende Lösung mit Natriumhydrosulfit versetzt. Nach vollendeter Reduktion säuert man mit Essigsäure an, wobei sich die Amino-β-Naphtholsulfosäure abscheidet.

Über quantitative Reduktion von Nitrosothymolfarbstoffen mit Zinnchlorür siehe Decker und Solonina, B. **38**, 66 (1905).

d) Verfahren von Kaufler: S. 1086.

Zweiter Abschnitt.

Isonitrosogruppe.

1. Qualitative Reaktionen.

Die Isonitrosoverbindungen (Oxime) zeigen im allgemeinen, je nach ihrer Konstitution, verschiedenartiges Verhalten.

Man kann sie, indem man sie von Aldehyden (Aldehydsäuren usw.) oder Ketonen (Ketonsäuren, Chinonen usw.) ableitet, als Aldoxime und Ketoxime[2] unterscheiden.

$$\begin{array}{cc} \mathrm{H-C-R} & \mathrm{R_1-C-R_2} \\ \| & \| \\ \mathrm{N} & \mathrm{N} \\ | & | \\ \mathrm{OH} & \mathrm{OH} \\ \text{Aldoxim.} & \text{Ketoxim.} \end{array}$$

In jeder der beiden Gruppen hat man zahlreiche Fälle von Isomerie konstatiert, die wahrscheinlicher in räumlicher Verschiedenheit (Hantzsch und Werner) als in verschiedenartiger Konstitution der Isonitrosogruppe ihren Grund hat.

Bei Monoximen sind demnach — analog der Isomerie stereoisomerer Äthylenderivate — zwei Reihen von Derivaten:

$$\begin{array}{ccc} \mathrm{R_1-C-R_2} & & \mathrm{R_1-C-R_2}^{[3]} \\ \| & \text{und} & \| \\ \mathrm{XO-N} & & \mathrm{N-OX} \end{array}, $$

bei Dioximen der Form:

$$\begin{array}{c} \mathrm{R_1-C-C-R_2} \\ \| \quad \| \\ \mathrm{N} \;\; \mathrm{N} \\ | \quad | \\ \mathrm{O} \;\; \mathrm{O} \\ | \quad | \\ \mathrm{H} \;\; \mathrm{H} \end{array}$$

---

[1] Siehe S. 1037.

[2] v. Pechmann und Wehsarg nennen B. **21**, 2994 (1888) speziell die Monoxime der Diketone „Ketoxime".

[3] Über eine dritte Form von Aldoximen: Beckmann, B. **37**, 3042 (1904). — Beck und Hase, A. **355**, 29 (1907). — Hase, Diss. Leipzig (1907).

dreierlei isomere Formen denkbar:

$$\begin{array}{ccc}
\text{R}_1\!-\!\text{C}\!\!-\!\!-\!\!-\!\!-\!\!\text{C}\!-\!\text{R}_2 & \text{R}_1\!-\!\text{C}\!-\!\text{C}\!-\!\text{R}_2 & \text{R}_1\!-\!\text{C}\!\!-\!\!-\!\!\text{C}\!-\!\text{R}_2 \\
\text{N}\!-\!\text{OXXO}\!-\!\text{N} & \text{XO}\!-\!\text{N}\quad\text{N}\!-\!\text{OX} & \text{XO}\!-\!\text{NXO}\!-\!\text{N} \\
\text{I} & \text{II} & \text{III}
\end{array}$$

Nach Hantzsch unterscheidet man im ersteren Fall Syn- und Antiformen, im letzteren Syn- (I), Anti- (II) und Amphi- (III) Ketoxime.

Bei den Monoximen wird bei der Auswahl der Präfixe der Grundsatz befolgt, daß das Präfix die räumliche Stellung des an den Stickstoff gebundenen Radikals zu dem unmittelbar nach dem Präfix genannten, an den Kohlenstoff gebundenen Rest angibt, wobei, falls eines der beiden Radikale R_1 und R_2 mit dem an Stickstoff gebundenen Radikal intramolekular zu reagieren vermag, als Synverbindung jene bezeichnet wird, welche die beiden reaktionsfähigen Radikale genähert (maleinoid) enthält.

Die Oxime sind in Lauge löslich, doch ist diese Löslichkeit bei manchen Ketoximen sehr gering, oder sie erfordern zur Lösung einen sehr großen Überschuß an Alkali [1]).

Konfigurationsbestimmung bei Aldoximen.

Um bei Aldoximen zu entscheiden, ob ein Derivat der Syn- oder der Antireihe angehört — Synderivate sind hier immer die dem Aldehydwasserstoff zugewandten Formen —, untersucht man das Verhalten seines Acetylderivats gegen kohlensaures Alkali [2]) [3]).

Die Synaldoximacetate zerfallen dabei nach der Gleichung:

$$\begin{array}{ccc}
\text{R}\!-\!\text{C}\!-\!\text{H} & & \text{R}\!-\!\text{C}\quad\text{H} \\
\text{N}\!-\!\text{OCOCH}_3 & = & \text{N}\quad\text{O}\!-\!\text{COCH}_3
\end{array}$$

unter Nitrilbildung, während die Antialdoximacetate zum freien Oxim verseift werden.

Darstellung der Oximacetate.

Zur Acetylierung müssen die Oxime in reinster Form angewendet werden, als Krystallisationsmittel empfiehlt sich Benzol bzw. Fällung der Benzollösung mit Ligroin.

Kleine Mengen (nicht über 1 g) reines Oxim werden fein gepulvert in möglichst wenig (einigen Tropfen) Essigsäureanhydrid, nötigenfalls unter ganz gelindem Erwärmen, so lange eingetragen, bis sich nichts mehr löst, und dann im Natronkalkexsiccator bis zum Festwerden stehengelassen, eventuell in Eiswasser gegossen oder ins Kältegemisch gestellt. Hierbei muß sich das Acetat rasch krystallinisch abscheiden, widrigenfalls die Operation meist mißglückt ist und bereits zum Säurenitril geführt hat. Vor allem hat man darauf zu achten, daß die Atmosphäre des Arbeitsraums auch nicht Spuren von Säure

---

[1]) Kühling und Frank, B. **42**, 3953 (1909).
[2]) Gabriel, B. **14**, 2338 (1881). — Westenberger, B. **16**, 2991 (1883). — Lach, B. **17**, 1571 (1884). — V. Meyer und Warrington, B. **20**, 500 (1887). — Hantzsch, B. **25**, 2164 (1892).
[3]) Hantzsch, Z. phys. **13**, 509 (1894). — Ley, Z. phys. **18**, 376 (1895).

oder Halogendämpfen enthält. Die Reinigung der Acetate wird in der Regel am besten durch Ausfällen ihrer Benzollösung mit Petroläther erreicht. Man bewahrt sie über Phosphorpentoxyd und Ätzkali im Exsiccator auf. Durch Erwärmen mit Alkohol werden die Oximacetate meist schon verseift[1]), das Diisonitrosocumarandiacetat ließ sich aber aus Alkohol umkrystallisieren[2]).

Synaldoxime werden schneller esterifiziert als Antialdoxime[3]).

Bestimmung der Umwandlungsgeschwindigkeit der Synaldoximacetate in Nitril und Essigsäure:

Hantzsch, Z. phys. 13, 509 (1894).

Ley, Z. phys. 18, 376 (1895).

Kommt es nur auf einen qualitativen Versuch an, so kocht man das in absolutem Alkohol gelöste Acetat mit ein wenig Natriumacetatlösung oder mit wäßrigem Bicarbonat.

Viele Oximacetate werden auch schon beim bloßen Erwärmen mit Essigsäure gespalten.

Orthosubstituierte Aldoxime sind am schwersten, parasubstituierte dagegen am leichtesten in Acetylderivate überführbar.

Leichter noch als durch Essigsäureanhydrid oder Eisessig gehen Synaldoxime durch Acetylchlorid in Nitrile über[4])[5])[6]).

Orthonitrobenzaldoxim wird mit schwachen Alkalien in Lösungs- oder Verdünnungsmitteln in Nitril (und Amid) verwandelt[7]).

Ob die Syn- oder die Antiform eines Aldoxims die stabilere bzw. allein existenzfähige ist, hängt vom Charakter des Radikals R ab, das mit dem Kohlenstoffatom des Aldehydrests verbunden ist (siehe unten). Über Alkali- bzw. Säurestabilität der Aldoxime siehe S. 1073.

Synaldoximessigsäure bildet ein Acetat, das weder durch Soda noch durch Natronlauge in Cyanessigsäure zu spalten ist, sondern einfach zur Aldoximsäure verseift wird[5]).

Die alkoholische Lösung der Synaldoxime gibt mit alkoholischer Eisenchloridlösung tief blutrote Färbung[8]), die auf Zusatz von Spuren Säure verschwindet.

Alkoholische Kupferacetatlösung gibt gelbgrüne bis olivengrüne Färbung, beim Eindunsten dunkelrote oder dunkelgrüne Krusten. Spuren von Säure bringen auch diese Färbung zum Verschwinden.

Alkoholische Silbernitratlösung läßt weiße, krystallisierte Niederschläge der Formel 2 Oxim + 1 $AgNO_3$ entstehen; ähnliche, ungefähr nach der Formel 1 Oxim + 1 $HgNO_3$ zusammengesetzte Fällungen veranlaßt alkoholisches Mercuronitrat.

Die Antioxime zeigen diese Reaktionen nicht[9]).

Mit Chloral und Bromal reagieren die Synaldoxime sofort, die Antialdoxime langsam[10]).

---

[1]) Werner und Detscheff, B. 38, 77 (1905).
[2]) Hugo, Diss. Rostock (1906), 23.   [3]) H. Goldschmidt, B. 37, 184 (1904).
[4]) V. Meyer und Warrington, B. 19, 1613 (1886).
[5]) Hantzsch, B. 25, 2179 (1892).
[6]) Phosphorpentachlorid in Phenetollösung: Hess und Eichel, B. 50, 1194 (1917).
[7]) DRP. 204 477 (1908).
[8]) Die entsprechenden Carbanilidoverbindungen geben Blaufärbung.
[9]) Beck und Hase, A. 355, 29 (1907). — Ende, Diss. Leipzig (1909), 39, 53. — Über das analoge Verhalten der Syndioxime siehe S. 857, 1073.
[10]) Beck und Hase, A. 355, 27 (1907). — Ende, Diss. Leipzig (1909), 40, 47, 68.

Verhalten gegen Phenylisocyanat: Goldschmidt, B. **22**, 3112 (1889). — Ende, Diss. Leipzig (1909), 42, 48.

Konfigurationsbestimmung bei Ketoximen [Beckmannsche Umlagerung[1])[2])].

Die Ketoxime:

$$R_1-C-R_2$$
$$\|$$
$$N$$
$$|$$
$$OH$$

werden unter dem Einfluß gewisser, umlagernder Agenzien derart umgewandelt, daß die Hydroxylgruppe mit einem der beiden Radikale (und zwar natürlich mit demjenigen, zu dem sie in Synstellung steht) Platz tauscht:

$$R_1-C-R_2 \quad R_1-C-OH$$
$$\| \quad\to\quad \|$$
$$N-OH \quad\quad NR_2$$

worauf dann Bindungswechsel eintritt, so daß das Oxim in ein Säureamid übergeht:

$$R_1-C-OH \quad R_1-C=O$$
$$\| \quad\to\quad |$$
$$NR_2 \quad\quad NHR_2$$

Aus der Natur des bei der Verseifung dieses Säureamids entstehenden primären Amins kann man auf die Konfiguration des untersuchten Ketoxims schließen. Die stabile Form pflegt dabei in glatter Reaktion umgesetzt zu werden, während die labile infolge von, der Umlagerung vorhergehender, partieller Isomerisierung als Nebenprodukt auch das der stabilen Form entsprechende Amin liefert. Die Umlagerung wird zum Teil durch Arbeiten bei sehr niedriger Temperatur (bis — 20°, Hantzsch) vermieden.

Umlagerung von Oximen der Diketone: Beckmann und Köster, A. **274**, 4 (1893).

Die Umlagerung der Oxime cyclischer Ketone durch Schwefelsäure und Eisessig führt zu den sogenannten Isoximen (Lactamen), die unter Ringsprengung in Aminosäuren übergeführt werden können[3]).

Als umlagernde Medien werden hauptsächlich Phosphorpentachlorid, konzentrierte Schwefelsäure, wasserfreie Salzsäure, Acetylchlorid, Eisessig und Essigsäureanhydrid, in seltenen Fällen auch Alkalien, verwendet.

Umlagerung mit Phosphorpentachlorid. Die stark verdünnte ätherische Lösung des Oxims wird mit Phosphorchlorid in kleinen Portionen

---

[1]) B. **20**, 500 (1887).

[2]) B. **19**, 988 (1886); **20**, 1507, 2580 (1887). — Mit Weyerhoff, A. **252**, 1 (1889). — Mit Günther, A. **252**, 44 (1889). — Mit Köster, A. **274**, 1 (1893). — B. **22**, 443 (1889); **23**, 1690, 3319 (1890); **27**, 300 (1894). — Hantzsch, B. **24**, 51, 4018 (1891). — Sluiter, Rec. **24**, 372 (1905). — Bosshard, Diss. Zürich (1907). — Nicolay, Diss. Zürich (1908). — Schroeter, B. **42**, 2336 (1909). — Siehe dazu Meisenheimer, B. **54**, 3206 (1921).

[3]) Wallach, A. **309**, 5 (1896); **312**, 173 (1900). — Mitt. Kgl. Ges. d. W. Göttingen **1904**, 15. — Vgl. Bredt, A. **289**, 15 (1896). — Beckmann, A. **289**, 390 (1896).

unter Umschütteln und starker Kühlung versetzt, bis schließlich ein erheb-
licher Überschuß am Boden bleibt. Die dekantierte Flüssigkeit wird zur Zersetzung des primär gebildeten Imidchlorids mit Eiswasser durchgeschüttelt
und hinterläßt nach dem Trocknen mit Pottasche beim Verdampfen das
substituierte Amid. Die hydrolytische Spaltung des letzteren wird durch Erhitzen mit konzentrierter Salzsäure auf etwa 160° vollzogen.

Umlagerung mit konzentrierter Schwefelsäure[1]). Sie erfolgt
durch einstündiges Erwärmen des Oxims mit 10 Teilen Schwefelsäure oder
Eisessig-Schwefelsäure auf dem Wasserbad.

Die erkaltete Lösung gießt man auf Eis.

Umlagerung mit Salzsäure (Beckmannscher Mischung). Die
Substanz wird in ihrem 10fachen Gewicht Eisessig, der mit 20 % Essigsäureanhydrid versetzt ist, gelöst, unter Kühlung trocknes Salzsäuregas bis zur
Sättigung eingeleitet, dann die Flüssigkeit im Einschmelzrohr 3 Stunden auf
100° erhitzt oder mehrere Tage stehengelassen.

Umlagerung durch Acetylchlorid, Benzoylchlorid, Eisessig
und Anhydrid ist im allgemeinen weniger leicht zu erzielen. Man erhitzt
im Einschlußrohr mehrere Stunden auf 100—180°.

Umlagerung durch Benzolsulfosäurechlorid, Phthalylchlorid
und Pikrylchlorid:

Tiemann und Pinnow, B. 24, 4162 (1891).
Beckmann, B. 37, 4136 (1904).

Umlagerung durch Hydroxylaminchlorhydrat oder freies
Hydroxylamin:

Beckmann, B. 20, 2584 (1887).
Auwers und v. Meyenburg, B. 24, 2370 (1891).
Davies und Feith, B. 24, 2388 (1891).
Smith, B. 24, 1662 (1891).
Thorp, B. 26, 1261 (1893).
Posner, B. 30, 1697 (1897).
Hans Meyer, M. 20, 337 (1899).

Umlagerung durch Alkali oder Pyridin, bei Gegenwart von
Benzolsulfosäurechlorid: Tiemann und Pinnow, B. 24, 4162 (1891),
Posner a. a. O. — Werner und Piguet, B. 37, 4295 (1904). — Natrium
und Alkohol: Goldschmidt, B. 26, 2086 (1893). — Skita, Habil.-Schrift
Karlsruhe (1906), 35. — Wäßrige Salzsäure oder Schwefelsäure:
Thorp, Hans Meyer, a. a. O. — Harries, A. 330, 190 (1903) (unge-
sättigte Ketone). — Bosshard, Diss. Zürich (1907). — Auwers, Borsche
und Weller, B. 54, 1313 (1921).

Über die Wahrscheinlichkeit, mit der stereoisomere Oxime zu erwarten
sind, hat hauptsächlich Hantzsch[2]) Betrachtungen angestellt.

Man kann danach eine Skala der Wirksamkeit der Radikale R_1 und R_2
hinsichtlich ihrer Anziehung auf das Hydroxyl aufstellen und somit die Beständigkeit bzw. Existenzfähigkeit der beiden Stereoisomeren aus dem vereinten
Einfluß dieser beiden Radikale herleiten.

---

[1]) Siehe auch Wallach, A. 312, 174, Anm. (1900). — Sluiter, Rec. 24, 372 (1905).
[2]) B. 25, 2164 (1892).

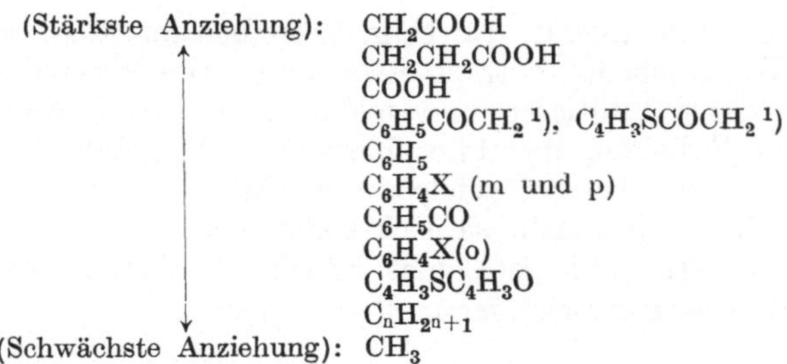

Die Rolle des Wasserstoffs (Aldoxime) ist wechselnd, die fetten Aldoxime[2]), Thiophenaldoxim[3]), Benzoylformoxim[4]) u. a. sind ausschließlich als Synaldoxime bekannt; für die Oximidoessigsäure[5]) und für die aromatischen Aldoxime ist die Antikonfiguration stets begünstigt bzw. einzig stabil.

Die Beständigkeitsverhältnisse der Oxime werden natürlich auch durch Veränderungen der Isonitrosogruppe verändert: Oxime, die in saurer Lösung bzw. in Form negativer Derivate (Säuresalze, Acetate) stabil sind, werden in alkoholischer Lösung resp. in Form von Metallsalzen mehr oder weniger labil.

Über Säure- und Alkalistabilität stereoisomerer Oxime: Abegg, B. **32**, 291 (1899).

Umwandlung durch Licht: Goldschmidt, B. **37**, 180 (1904). — Ciamician und Silber, Atti Linc. [5] **12**, II, 528 (1904). — Ciusa, Atti Linc. [5] **15**, II, 130, 721 (1906).

Von den α-Dioximen geben nur die Synformen farbige Niederschläge mit Schwermetallsalzen [Tschugaeff[6])].

Das Hydroxyl der NOH-Gruppe kann nicht nur durch den Acetylrest, sondern auch durch andere Säurereste[7]), durch Alphyl[8])[9]), Benzyl[10]) usw. substituiert werden. Man acyliert am besten in alkalischer Lösung nach der Schotten-Baumannschen Methode (S. 684).

Phenylisocyanat[11]) und Blausäure[12]) werden direkt addiert (siehe auch S. 808).

Über Solvate der Oxime siehe S. 808.

Einwirkung von Carboxäthylisocyanat[13]).

Dieses Reagens wurde vorläufig erst an einem Beispiel erprobt, erscheint aber vielversprechend.

3.2 g Isonitrosomethylpropylketon werden in Äther gelöst und mit 3.5 g Carboxäthylisocyanat versetzt. Die Reaktion wird durch schwaches Erwärmen auf dem Wasserbad zu Ende geführt. Sodann wird der Äther abgedunstet,

---

¹) Salvatori, G. **21**, II, 268 (1891).
²) Dollfus, B. **25**, 1906 (1892).   ³) Hantzsch, B. **24**, 47, 51 (1891).
⁴) Söderbaum, B. **24**, 1318 (1891).
⁵) Hantzsch und Miolatti, Z. phys. **11**, 737 (1892).
⁶) B. **41**, 1678 (1908). — Siehe auch S. 857.
⁷) Wege, B. **24**, 3537 (1891). — Borsche und Bothe, B. **41**, 1944 (1908). Benzoylierung.
⁸) Petraczek, B. **16**, 823 (1883). — Spiegler, M. **5**, 204 (1884). — Trapesonzjanz, B. **26**, 1427 (1893). — Ponzio und Charrier, G. **37**, I, 504 (1907). — Trennung von d- und l-Carvoxim durch die verschiedene Löslichkeit der Benzoylverbindungen in Ligroin: Deussen und Hahn, Z. Riech- u. Geschmackstoffe **1**, 25 (1909).
⁹) Semper und Lichtenstadt, B. **51**, 928 (1918).
¹⁰) Janny, B. **16**, 170 (1883).   ¹¹) Goldschmidt, B. **22**, 3101 (1889).
¹²) Miller und Plöchl, B. **26**, 1545 (1893). — Münch, B. **29**, 62 (1896).
¹³) Siehe S. 707.

wobei ein helles Öl zurückbleibt, das beim Verreiben mit Eiswasser krystallinisch erstarrt. Die Ausbeute beträgt etwa 6.2 g. Die Verbindung läßt sich aus Petroläther umkrystallisieren und bildet dann kleine Nädelchen. Zur Analyse wurde die Substanz über Phosphorpentoxyd im Vakuum getrocknet, da schon bloßes Stehen über Schwefelsäure genügt, sie zu zersetzen.

Im Capillarrohr erhitzt, zieht sie sich zusammen und schmilzt unter Gasentwicklung bei 44—46°. Sie ist leicht lsslich in Alkohol, Äther, Aceton, Essigester, Benzol, etwas schwieriger in Petroläther:

$$OC : N \cdot CO_2C_2H_5 + CH_3COCCH_2CH_3 = CH_3 \cdot CO \cdot C \cdot CH_2 \cdot CH_3$$
$$\underset{NOH}{\|} \qquad\qquad\qquad \underset{NOCONHCO_2C_2H_5}{\|} \cdot$$

Einwirkung von Hydrazinhydrat. Die Oximgruppe wird dabei durch die Hydrazidgruppe ersetzt: Rothenburg, B. **26**, 2056 (1893). — Bollenbach, Diss. Heidelberg (1902). — Curtius, J. pr. (2) **76**, 233 (1907).

Einwirkung von Phenylhydrazin[1]) führt zur Verdrängung des Isonitrosorests und zu Hydrazonbildung. Man kann diese Reaktion in vielen Fällen zur Unterscheidung der Nitroso- und der Isonitrosogruppe verwenden.

Man erhitzt das Oxim in alkoholischer Lösung mit freiem Phenylhydrazin am Rückflußkühler, evtl. auch ohne Lösungsmittel bis auf 150°.

Die Reduktion der Oxime führt zu primären Aminen [Goldschmidt[2])]. Im allgemeinen sind die Oxime gegen alkalische Reduktionsmittel beständig, doch gelingt meist die Reduktion des in absolutem Alkohol[3]) gelösten Oxims mit metallischem Natrium. Das Benzildioxim[4]) kann· nur auf diese Weise in Diphenyläthylendiamin übergeführt werden[5]). Das häufigst angewendete Reduktionsmittel ist Natriumamalgam und Eisessig[2]). Neuberg und Marx reduzieren das Glucosoxim in wäßriger Lösung mit metallischem Calcium[6]).

Mit Zinkstaub und Eisessig hat Wallach[7]) das Nitrosopinen zu Pinylamin reduziert. Mit Zinn und Salzsäure lassen sich die α-Isonitrososäuren und auch solche Stoffe in Aminoderivate überführen, die wie das Isatoxim

---

[1]) Just, B. **19**, 1205 (1886). — v. Pechmann, B. **20**, 2543 (1887). — Ciamician und Zanetti, B. **22**, 1969 (1889); **23**, 1784 (1890). — Minunni und Caberti, G. **21**, 136 (1891). — Minunni und Corselli, G. **22**, II, 149 (1892). — Auwers und Siegfeld, B. **25**, 2898 (1892). — Minunni und Ortoleva, G. **22**, II, 183 (1892). — Auwers, B. **26**, 790 (1893). — Kolb, A. **291**, 288 (1896). — Minunni, G. **29**, II, 397 (1899). — Zink, M. **22**, 831 (1901). — Fulda, M. **23**, 907 (1902). — Meister, B. **40**, 3436 (1907). — Halberkann, Diss. Rostock (1908), 69.

[2]) B. **19**, 1854 (1886); **20**, 728 (1887). — Kohn, M. **23**, 15 (1902). — Willstätter und Heubner, B. **40**, 3872 (1907).

[3]) Anwendung von Amylalkohol: Pauly, A. **322**, 120 (1902).

[4]) Feist, B. **27**, 214 (1894).

[5]) Diese Methode wird in neuerer Zeit viel benutzt: Angeli, B. **23**, 1358 (1890). — Kerp und Müller, A. **299**, 221 (1897). — Harries, B. **34**, 300 (1901). — Kohn, M. **23**, 14 (1902). — Ihssen, Diss. Leipzig (1903), 48. — Knoevenagel und Schwartz, B. **39** 3450 (1906). — Semmler und Hoffmann, B. **40**, 3527 (1907). — Skita, B. **40**, 4167 (1907). — Monosson, Diss. Berlin (1907), 23. — Rabe, A. **360**, 286 (1908). — Kohn und Morgenstern, M. **29**, 520 (1908). — Müller, Diss. Leipzig (1908), 14.

[6]) Bioch. **3**, 542 (1907).

[7]) A. **268**, 199 (1886). — Franzen, B. **38**, 1415 (1905). — Harries und Johnson, B. **38**, 1834 (1905). — Schmidt und Stützel, B. **41**, 1246 (1908). — Siehe dagegen Harries und Majima, B. **41**, 2523 (1908). Carvenonoxim gibt Carvenylimin.

Hydroxyl und Oximid an benachbarten Kohlenstoffatomen enthalten [1]). Auch elektrolytisch, an einer Bleikathode in 60 proz. Schwefelsäure, läßt sich die Reaktion durchführen [2]), ebenso mit Aluminiumamalgam in ätherischer Lösung [3]).

Fluorenonoxim gibt mit Zinn und rauchender Salzsäure Fluorenäther, mit Zinnchlorür und Salzsäure Fluorenon [4]).

Über Beckmannsche Umlagerung bei der Reduktion mit Natrium und Alkohol siehe Goldschmidt, B. 26, 2086 (1893).

Verbindungen, bei denen sich in α-Stellung zur NOH-Gruppe Ketoncarbonyl befindet (Isonitrosoacetone, Isonitrosoacetessigester usw.), werden bei der Reduktion meist in Ketine übergeführt [5])[6]), wenn man in alkalischer Lösung arbeitet, in saurer Lösung entstehen Salze der normalen Aminokörper, die aber äußerst leicht durch Alkalien in Ketine übergehen [7])[8]). Am aromatischen Kern sitzende NOH-Gruppen lassen sich immer glatt zur primären Amingruppe reduzieren [1]).

Die Liebermannsche Reaktion zeigen die Isonitrosoverbindungen der Fettreihe nicht [9]), wohl aber die Nitrosamine und die meisten aromatischen Isonitrosokörper.

Über Hydroxamsäuren: S. 768, 834 ff.

Nachweis von Hydroxylamin [10]). Die (meist mineralsaure) Probe wird mit überschüssigem Natriumacetat vermischt und mit einer Spur Benzoylchlorid, das man mit einem feinen Glasstab einführt, bis zum Verschwinden des stechenden Geruchs, d. h. etwa eine Minute, geschüttelt; darauf setzt man etwas, nicht zu viel, verdünnte Salzsäure und einige Tropfen Ferrichloridlösung hinzu. Enthielt die Flüssigkeit Hydroxylamin, so erscheint violettrote Färbung (Benzhydroxamsäure) besonders deutlich erkennbar, wenn man durch den Inhalt des Reagensglases von oben nach unten auf eine weiße Unterlage blickt.

Ein negatives Ergebnis spricht nicht unbedingt für die Abwesenheit von Hydroxylamin, da durch Anwesenheit gewisser Substanzen (Anilin) die Reaktion verhindert werden kann.

Gewöhnlich wird man gut daran tun, die zu prüfende Flüssigkeit mit Alkali zu übersättigen und das Hydroxylamin abzudestillieren. Das Destillat gibt dann mit Salzsäure Nebelbildung und reduziert Fehlingsche Lösung und ammoniakalische Silberlösung.

2. Quantitative Bestimmung der Isonitrosogruppe.

S. 846 und 1086.

---

[1]) Grandmougin und Michel, B. 25, 974 (1892).
[2]) DRP. 166 267 (1906).   [3]) Harries und Majima, B. 41, 2525 (1908).
[4]) Schmidt und Stützel, A. 370, 1 (1909).
[5]) V. Meyer, B. 15, 1047 (1882). — Ceresole und Koeckert, B. 17, 819 (1884).
[6]) Treadwell, B. 14, 1461 (1881). — Wleügel, B. 15, 1051 (1882). — V. Meyer und Braun, B. 21, 19 (1888). — Goldschmidt und Polonowska, B. 21, 489 (1888). — Auwers und V. Meyer, B. 21, 1269, 3525 (1888). — Thal, B. 25, 1722 (1892).
[7]) Kolb, A. 291, 293 (1896). — Kakothelinoxim: Leuchs, Osterburg und Kaehrn, B. 55, 570 (1922).
[8]) Gabriel und Pinkus, B. 26, 2197 (1893); 27, 1037 (1894). — Gabriel und Posner, B. 27, 1140 (1894).
[9]) V. Meyer und Janny, B. 15, 1529 (1882).
[10]) Bamberger, B. 32, 1805 (1899). — Meister, B. 40, 3446 (1907). — Pauly, Gilmour und Will, A. 403, 142 (1914).

Dritter Abschnitt.

Nitrogruppe [1].

1. Qualitative Reaktionen.

Reaktionen zum Nachweis der Nitrogruppen: Mulliken und Barka, Am. **21**, 271 (1898).

Man kann unter den Nitroverbindungen

$$\text{primäre} \quad -CH_2-NO_2,$$
$$\text{sekundäre} \quad \underset{R_2}{-CH}-NO_2$$
$$\text{und tertiäre} \quad \underset{R_1}{\overset{R}{-C}}-NO_2 \quad \text{sowie} \quad -C=NO_2$$

unterscheiden.

Nitro- und Isonitroverbindungen [2][3].

Die neutralen, indifferenten, primären und sekundären echten Nitrokörper gehen durch Alkalien in Salze der Isonitroverbindungen über, die das Metall am Sauerstoff tragen; durch Mineralsäuren werden aus ihnen die freien Isonitrokörper erhalten; echte Säuren, die aber leicht wieder in die wahren Nitrokörper rückverwandelt werden:

$$R \cdot CH_2N \overset{O}{\underset{O}{\lessgtr}} \; R \cdot CH = N \overset{O}{\underset{OH}{\diagdown}} .$$

Ähnlich können auch gewisse Dinitro- und die symmetrischen Trinitroverbindungen der aromatischen Reihe reagieren [4], indem sie unter Addition von Natriumhydroxyd oder Alkoholat in die intensiv roten Salze der Nitrosäuren oder Nitroestersäuren übergehen:

$$O_2N-\!\!\bigcirc\!\!-NO_2 \;+\; CH_3OK \;=\; O_2N-\!\!\bigcirc\!\!-NO_2$$

---

[1] Konstitution: Brühl, Z. phys. **25**, 629 (1898) und die beiden folgenden Anmerkungen. — Siehe auch Nametkin, Russ. **45**, 1414 (1913).

[2] Nef, A. **280**, 266 (1894). — Holleman, Rec. **14**, 129 (1895); **15**, 362 (1896); **16**, 162 (1897). — Hantzsch und Schultze, B. **29**, 699, 2251 (1896). — Konowalow, B. **29**, 2196 (1896). — Hantzsch, B. **32**, 575 (1899). — Lucas, B. **32**, 600 (1899). — Hantzsch und Veit, B. **32**, 607 (1899). — Hantzsch und Rinckenberger, B. **32**, 628 (1899). — Flürscheim, J. pr. (2) **66**, 16, 328 (1902).

[3] Hantzsch und Kissel, B. **32**, 3137 (1899). — Meisenheimer, A. **323**, 219 (1902).

[4] V. Meyer, B. **27**, 3154 (1894). — Lobry de Bruyn, Rec. **14**, 89, 151 (1895). — Lorin und Jackson, Am. **20**, 444 (1898). — Hantzsch und Kissel, B. **32**, 3137 (1899). — Meisenheimer, A. **323**, 219 (1902). — B. **36**, 434 (1903). — Schwarz, Diss. Berlin (1906). — Meisenheimer und Schwarz, B. **39**, 2543 (1906). — Über den Chromophor der Salze aus Polynitrobenzolderivaten siehe ferner: Hantzsch und Picton, B. **42**, 2119 (1909).

Alle typischen Reaktionen der Nitrokörper, die auf der Beweglichkeit von der NO_2-Gruppe benachbarten Wasserstoffatomen beruhen, kommen tatsächlich den Isonitrokörpern zu.

Es sind dies die folgenden, zur Charakterisierung der primären und sekundären Verbindungen geeigneten Reaktionen.

a) Verhalten gegen Brom [oder Chlor[1])].

Beim Behandeln mit Alkalien und Brom (Chlor) entstehen Substitutionsprodukte der Nitrocarbüre: das Produkt eines sekundären Nitrokörpers ist ein indifferenter Stoff, des primären eine starke Säure, die ein weiteres Halogenatom aufzunehmen imstande ist.

Tertiäre Nitrokörper geben natürlich kein Bromderivat.

Man arbeitet nach Scholl am besten bei Ausschluß von Wasser.

Beispiel: Darstellung von Monobromnitromethan.

Das durch Vermischen der Lösungen von 10 g Nitromethan in 50 g absolutem Alkohol und von 3.5 g Natrium in 70 g absolutem Alkohol erhaltene, mit Äther gewaschene und getrocknete, Krystallalkohol haltende Natriumisonitromethan wird auf Fließpapier zu Pulver zerdrückt und allmählich unter Eiskühlung in eine Lösung von 22 g Brom in 100 g Schwefelkohlenstoff eingetragen, das ausgeschiedene Bromnatrium durch Wasserzusatz gelöst, überschüssiges Brom durch schweflige Säure entfernt, die Schichten im Scheidetrichter getrennt und der Schwefelkohlenstoff abdestilliert. Das zurückbleibende Bromnitromethan ist dann schon fast rein.

Zur Darstellung des Dibromnitromethans werden 20 g Monobromnitromethan in 50 g Alkohol gelöst und mit 1.6 g Natrium in 32 g Alkohol versetzt. Das ausgeschiedene Salz wird wie oben angegeben mit 9.2 g Brom in 50 g Schwefelkohlenstoff behandelt und das Endprodukt fraktioniert.

b) Einwirkung von salpetriger Säure.

Aus primären Nitrokörpern entstehen nach dem Versetzen mit Lauge (Isomerisation) und Alkalinitrit auf Schwefelsäurezusatz die farblosen Nitrolsäuren:

$$R \cdot C {\overset{\displaystyle N\!-\!OH}{\underset{\displaystyle NO_2}{\big\langle}}} \, ,$$

die intensiv blutrote Alkalisalze geben, Erythronitrolate[2]):

$$R \cdot C {\overset{\displaystyle NOONa}{\underset{\displaystyle NO}{\big\langle}}} \, .$$

Manchmal kann die Reaktion nur in wäßriger Acetonlösung ausgeführt werden[3]).

Sekundäre Nitrokörper geben nach der Isomerisation mit nascierender salpetriger Säure die Pseudonitrole, wahre Nitrosoverbindungen, die dement-

[1]) V. Meyer, B. 7, 1313 (1874). — V. Meyer und Tscherniak, A. 180, 114 (1875). — Tscherniak, B. 8, 608 (1875). — A. 180, 128 (1875). — Ter Meer, A. 181, 15 (1876). — Züblin, B. 10, 2085 (1877). — Konowalow, Russ. 25, 483 (1893). — Scholl, B. 29, 1824 (1896). — Henry, Bull. Ac. roy. Belg. (3) 34, 547 (1898). — Pauwels, Bull. Ac. roy. Belg. (3) 34, 645 (1898). — Scholl und Brenneisen, B. 31, 649 (1898). — Worstall, Am. 21, 224 (1899).
[2]) Graul und Hantzsch, B. 31, 2854 (1898). — Meister, B. 40, 3436, 3444 (1907). — Steinkopf, J. pr. (2) 81, 110 (1910).   [3]) Meister, B. 40, 3446, 3447 (1907).

sprechend in geschmolzenem oder gelöstem Zustand blaue oder blaugrüne Farbe zeigen [Piloty[1])].

Darstellung von Pseudonitrolen aus Ketoximen:

Scholl, B. 21, 508 (1888).

Born, B. 29, 93 (1896).

Tertiäre Nitrokörper reagieren nicht mit salpetriger Säure.

Über die Salpetrigsäurereaktion siehe auch S. 601 und 606.

c) **Kupplung mit Diazoniumsalzen (Phenyldiazoniumsulfat).**

Hierbei entstehen aus den primären Nitrokörpern nach den Untersuchungen von V. Meyer und seinen Schülern[2]) „Nitroazoparaffine", die richtiger als „Nitroaldehydrazone" zu bezeichnen sind[3]):

$$R \cdot CH = NOOH + C_6H_5N_2OH = R{-}C \underset{N_2HC_6H_5}{\overset{NO_2}{\big<}} + H_2O \ .$$

In ätherischer Lösung oder Suspension geben alle Isonitrokörper mit trockner Salzsäure oder Acetylchlorid namentlich beim Erwärmen hervortretende himmelblaue Färbung [Hantzsch und Schultze[4])].

Die Nitroaldehydrazone sind in wäßrigen Laugen mit roter Farbe löslich, leiten aber selbst den Strom nicht (Pseudosäuren). Mit konzentrierter Schwefelsäure geben sie eine der Bülowschen ähnliche Reaktion. Die Abkömmlinge der sekundären Nitrokörper sind als Azokörper zu betrachten, z. B.:

$$\underset{CH_3}{\overset{CH_3}{\big>}}C\underset{N\,=\,NC_6H_5}{\overset{NO_2}{\big<}} \ .$$

d) **Reaktion von Konowalow[5]).** Durch Schütteln und Erwärmen mit wenig konzentrierter Kalilauge wird der Nitrokörper in sein Kaliumsalz verwandelt, das in Wasser gelöst und mit Äther überschichtet wird. Tröpfelt man nun Eisenchlorid zu und schüttelt, so färbt sich bei Gegenwart einer primären oder sekundären Nitroverbindung der Äther rot bis rotbraun.

e) Alle aromatischen Nitrokörper, welche in Orthostellung die Gruppe —CH$\big<$ enthalten, sind lichtempfindlich[6]).

f) **Weitere Reaktionen der Nitrokörper:**

Preibisch, J. pr. (2) 7, 480 (1873); 8, 316 (1874).

V. Meyer und Locher, 180, 163 (1875).

Nef, 280, 267 (1894).

Traube, A. 300, 95, 106 (1898).

Scholl, B. 34, 862 (1901).

[1]) B. 31, 452 (1898).

[2]) V. Meyer und Ambühl, B. 8, 751, 1073 (1875). — Friese, B. 8, 1078 (1875).

[3]) Barbieri, B. 9, 386 (1876). — Halbmann, B. 9, 389 (1876). — Wald, B. 9, 393 (1876). — V. Meyer, B. 9, 384 (1876); 21, 11 (1888). — Askenasy und V. Meyer, B. 25, 1704 (1892). — Keppler und V. Meyer, B. 25, 1712 (1892). — Russanow, B. 25, 2637 (1892). — v. Pechmann, B. 25, 3197 (1892). — Duden, B. 26, 3010 (1893). — Holleman, Rec. 13, 408 (1894). — Konowalow, B. 27, 155 (1894). — Bamberger, B. 31, 2626 (1898). — Hantzsch und Kissel, B. 32, 3146 (1899). — Bamberger, Schmidt und Levinstein, B. 33, 2043 (1900). — Meister, B. 40, 3436 (1907). — Steinkopf und Bohrmann, B. 41, 1045 (1908). — Steinkopf, J. pr. (2) 81, 110 (1910).

[4]) B. 29, 2252 (1896).

[5]) B. 28, 1851 (1895). — Bamberger und Demuth, B. 35, 1793 (1902). — Meister, B. 40, 3442 (1907). — Steinkopf und Bohrmann, B. 41, 1045 (1908). — Ahrens und Mozdzenski, Z. ang. 21, 1411 (1908). — Steinkopf, J. pr. (2) 81, 110 (1910).

[6]) Sachs und Hilpert, B. 37, 3425 (1904). — Hans Meyer, A. 351, 274, 275 (1907).

Über Nitramine $R \cdot NH \cdot NO_2$ und Nitrimine $R_1R_2N \cdot NO_2$ siehe **Thiele und Lachmann**, A. **188**, 269 (1895). — **Scholl**, B. **37**, 4430 (1904). — A. **338**, 23 (1905); **345**, 363 (1906).

2. Quantitative Bestimmung der Nitrogruppe.

A. Methode von Limpricht[1].

Wird eine gewogene Menge aromatischer Nitroverbindung mit einem bestimmten Volumen Zinnchlorürlösung[2]) von bekanntem Gehalt erwärmt, so erfolgt die Umwandlung von NO_2 in NH_2 nach der Gleichung:

$$RNO_2 + 3\,SnCl_2 + 6\,HCl = RNH_2 + 3\,SnCl_4 + 2\,H_2O .$$

Aus der nicht verbrauchten Zinnchlorürlösung, deren Menge durch Titrieren zu bestimmen ist, läßt sich der Gehalt an NO_2 ermitteln.

Zum Titrieren der Zinnchlorürlösung wird am besten nach **Jenssen**[3]) Jodlösung, eventuell Chamäleonlösung angewendet.

Erforderliche Reagenzien.

1. Zinnchlorürlösung. Etwa 150 g Zinn löst man in konzentrierter Salzsäure, gießt vom Bodensatz klar ab und verdünnt nach Zusatz von etwa 50 ccm konzentrierter Salzsäure auf einen Liter.

2. Sodalösung. 90 g Natriumcarbonat und 120 g Seignettesalz im Liter.

3. Jodlösung. 12.7 g Jod werden unter Anwendung von Jodkalium zu einem Liter gelöst. Von dieser $^n/_{10}$-Jodlösung entspricht

$$1\,ccm = 0.0059\,g\,Sn = 0.0007655\,g\,NO_2 .$$

4. Stärkelösung: Sie muß verdünnt und filtriert sein.

5. Chamäleonlösung. Diese kann statt der Jodlösung dienen. Sie soll $^1/_{10}$ normal sein. Ihr Titer muß auf Eisen gestellt werden.

Ausführung der Bestimmung.

1. Verfahren bei nicht flüchtigen Verbindungen.

Nach der Titerstellung der Zinnchlorürlösung werden ca. 0.2 g der Nitroverbindung abgewogen und in einem mit eingeriebenem Glasstopfen verschlossenen 100-ccm-Fläschchen mit 10 ccm Zinnchlorürlösung übergossen und mindestens 2 Stunden erwärmt. Nach dem Erkalten füllt man das Fläschchen bis zur Marke, schüttelt um und hebt 10 ccm mit der Pipette heraus.

Diese werden in einem Becherglas mit etwas Wasser verdünnt, dann mit Sodalösung bis zur vollständigen Auflösung des zuerst entstandenen Niederschlags vermischt und nach dem Verdünnen mit etwas Wasser und nach Zugabe von Stärkelösung bis zum Eintreten bleibender Violettfärbung mit $^n/_{10}$-Jodlösung versetzt.

---

[1]) B. **11**, 35 (1878). — **Claus** und **Glassner**, B. **14**, 778 (1881). — **Spindler**, A. **224**, 288 (1884). — **Young** und **Swain** haben diese Methode neu „entdeckt". Am. soc. **19**, 812 (1897). — **Altmann**, J. pr. (2) **63**, 370 (1901). — **Schmidt** und **Junghans**, B. **37**, 3575, Anm. (1904). — **Goldschmidt** und **Ingebrechtsen**, Z. phys. **48**, 435 (1904). — **Martinsen**, Z. phys. **50**, 390 (1904). — **Sunde**, Diss. Freiburg (1906).

[2]) Über Fälle, wo bei der Reduktion Chlor eintritt, siehe S. 1081.

[3]) J. pr. (1) **78**, 193 (1859). — Eine andere Titrationsmethode beschreiben **Berry** und **Colwell**, Ch. News **112**, 1 (1915).

Die Berechnung der Analyse erfolgt nach der Gleichung:

$$NO_2 = (a—b) \cdot 0.007655\,g,$$

wobei

a die Anzahl Kubikzentimeter Jodlösung, die 1 ccm der Zinnchlorürlösung verbraucht,

b die Menge Jodlösung in Kubikzentimetern, die zum Titrieren des nicht verbrauchten Zinnchlorürs nötig war,

0.007 655 die einem Kubikzentimeter Jodlösung äquivalente Menge NO_2 in Grammen bedeutet.

2. Modifikation des Verfahrens für flüchtige Verbindungen.

Bei flüchtigen Nitroverbindungen wird die Substanz in einem Reagensröhrchen von ca. 30 mm Länge und 8 mm Weite, das mit einem Kork verschlossen ist, abgewogen und darauf das Röhrchen nach Entfernen des Korks in ein Einschmelzrohr von 13—15 mm Weite und 20 cm Länge hineinfallen gelassen. Nachdem noch 10 ccm der titrierten Zinnchlorürlösung hinzugelassen sind, wird das offene Ende des größeren Rohrs vor der Lampe zugeschmolzen.

Da das Rohr später keinen Druck auszuhalten hat, kann es aus leicht schmelzbarem Glas bestehen.

Man erhitzt im Wasserbad, wobei von Zeit zu Zeit umgeschüttelt wird, um die in dem leeren Teil des Rohrs abgesetzte Nitroverbindung mit dem Zinnchlorür in Berührung zu bringen.

Nach beendigter Reduktion — 1—2 Stunden — läßt man erkalten, öffnet das eine Ende des Rohrs, bringt den Inhalt quantitativ in ein 100-ccm-Fläschchen und füllt bis zur Marke mit dem Wasser, mit dem das Rohr ausgespült wird.

Von diesen 100 ccm werden nach dem Umschütteln mit einer Pipette 10 ccm herausgenommen und in ihnen, wie schon früher beschrieben, das Zinnchlorür bestimmt.

Diese Modifikation des Verfahrens empfiehlt sich auch für nicht flüchtige Substanzen, bei denen man beim Erhitzen im verstöpselten Kölbchen oft zu niedrige Resultate erhält.

Nicht alle Substanzen lassen sich mit Jodlösung titrieren, so besonders nicht die Nitrophenole und Naphthole, da sich bei ihnen die Flüssigkeit während der Reaktion stark färbt und somit eine Endreaktion nicht erkennen läßt. In solchen Fällen kann man entweder direkt titrieren — wobei man den Titer der Zinnlösung auf Chamäleon stellen muß — oder man kocht das Reaktionsgemisch mit Eisenchlorid und bestimmt das gebildete Ferrosalz mit Permanganatlösung.

Bei Pikrinsäure, α-Nitronaphthalin und solchen Verbindungen, in denen sich außer der NO_2-Gruppe noch andere, leicht reduzierbare Elemente[1]) oder Atomgruppen befinden, sowie wenn in Orthostellung zum NO_2 tertiäre Amino-, Alkoxy- oder Alkylgruppen sich finden[2]), versagt die Methode.

Spindler[3]) empfiehlt, statt das Zinn in Salzsäure zu lösen, die Reduktionsflüssigkeit aus einem Gewichtsteil umkrystallisierten Zinnchlorürs und einem

---

[1]) Hierzu können auch unter Umständen die Halogene gehören. Schmidt und Ladner, B. **37**, 3575 (1904).

[2]) Pinnow, J. pr. (2) **63**, 352 (1901).　　[3]) A. **224**, 291 (1884).

Volumteil reiner Salzsäure anzuwenden. Bei leicht reduzierbaren Substanzen benutzt er eine schwächere Lösung (290 g Zinnchlorür und 700 ccm 25 proz. Salzsäure).

Bemerkungen zur Methode von Limpricht.

In allen Fällen dürfte an zu niedrigen Resultaten die Bildung von chlorierten Aminen schuld sein, die ja bekanntlich als Nebenreaktion oftmals beobachtet wird[1]). Da bei der Chlorierung nach den Gleichungen[2])

$$NO_2RH + 4 H = HNOHRH + H_2O$$
$$HONH \cdot RH + HCl = NH_2RCl + H_2O$$

nur vier Wasserstoffe verbraucht werden, während die Reduktion

$$NO_2R + 6 H = NH_2R + 2 HO$$

deren sechs verbraucht, kann die aus dem Wasserstoff verbrauchte Wasserstoffmenge bis auf $^2/_3$ des erwarteten Werts herabgehen und so im Grenzfall 66% statt 100% gefunden werden. Ersatz des Zinnchlorürs durch Sulfat ist nicht angängig, da das Arbeiten mit dieser Substanz große Schwierigkeiten bietet[3]).

Pinnow[1]) gibt an, die Bildung der chlorierten Amine durch Zusatz von Graphit verhindert zu haben; doch hat die Nachprüfung im Prager deutschen Universitätslaboratorium dies nicht bestätigen können[4]).

Was die Titration mit Jod anbelangt, so empfehlen Florentin und Vandenberghe[5]) an Stelle von Sodalösung Calciumcarbonat und statt des Seignettesalzes saures citronensaures Ammonium für die Analyse von Mononitroderivaten zu verwenden. Auch wird das Überschichten der Lösung mit Petroläther empfohlen.

Das von Druce[6]) befürwortete Arbeiten in alkoholischer Lösung ist aus dem Seite 1085 angegebenen Grunde meist nicht angebracht.

B. Methode von Green und Wahl[7]).

Diese Methode besteht darin, die Substanz mit einem gewogenen Überschuß an Zinkstaub von bekanntem Gehalt zusammen mit Salmiak zu reduzieren und das übriggebliebene metallische Zink mit Ferrisulfat und Permanganat nach der von Wahl[8]) vorgeschlagenen Zinkstaubbestimmungsmethode zu titrieren.

2 g (oder mehr) Salmiak und etwas Wasser werden in eine kleine, mit Gummistopfen und Bunsenventil versehene Flasche gegeben, dann setzt man eine abgewogene Menge Zinkstaub, etwa 4 g (86 proz.), dessen Gehalt vorher nach Wahls Methode bestimmt wurde, und 3—4 g Nitroverbindung hinzu,

---

[1]) Fittig, B. 8, 15 (1875). — Seidler, B. 11, 1201 (1878). — Herold, B. 15, 1685 (1882). — Bamberger, B. 28, 251 (1895). — Gabriel und Stelzner, B. 29, 306 (1896). — Störmer und Franke, B. 31, 752 (1898). — Pinnow, J. pr. (2) 63, 352 (1901). — De Vries, Konink. Ak. van Wetensch. Amsterdam (1909), 247. — Holleman, Rec. 25, 185 (1906). — Blanksma, Rec. 25, 365 (1906); 28, 395 (1909). — Lesser, A. 402, 5 (1913). — Hurst und Thorpe, Soc. 107, 934 (1915). — Réverdin und Ekhard, B. 32, 2624 (1899). — Callan, Henderson und Strafford, Soc. Ind. 39, 86 (1920).

[2]) Koch, B. 20, 1567 (1887). — Stelzner und Gabriel, B. 29, 306 (1896). — Bamberger, B. 28, 251 (1895). — Bamberger und Lagutt, B. 31, 1504 (1898).

[3]) Callan, Soc. Ind. 39, 88 (1920).

[4]) Zu dem gleichen negativen Resultat kommen neuerdings auch Florentin und Vandenberghe, Bull. (4) 27, 162 (1920).

[5]) A. a. O. 159.   [6]) Ch. News 118, 133 (1919).

[7]) B. 31, 1080 (1898).   [8]) Chem. Ind. 16, 15 (1897).

schließt die Flasche und schüttelt kalt etwa eine halbe Stunde, erwärmt dann zum Sieden und kocht bis zur vollendeten Reduktion.

Die Flüssigkeit gießt man nach dem Absetzen von übriggebliebenem Zink und Zinkoxyd ab und wäscht letztere durch Dekantieren aus. Darauf setzt man 10 g Ferrisulfat und etwas Wasser zum Rückstand; die Mischung erwärmt sich und das Zink löst sich unter gleichzeitiger Umwandlung eines Teils des Ferrisulfats in Ferrosulfat auf. Nach dem Ansäuern mit Schwefelsäure füllt man mit Wasser auf 500 ccm auf und titriert einen Teil der Lösung mit $n/_{10}$-Kaliumpermanganatlösung. Durch Subtraktion des im Rückstand gefundenen Zinks von dem angewendeten erhält man die zur Reduktion verbrauchte Zinkmenge.

Wertbestimmung des Zinkstaubs[1]). Ein halbes Gramm Zinkstaub wird in 25 ccm Wasser suspendiert und dazu 7 g festes Ferrisulfat gegeben. Das Zink wird unter Umschütteln in Lösung gebracht und nach einer Viertelstunde 25 ccm konzentrierte Schwefelsäure zugesetzt, mit Wasser auf 250 ccm verdünnt und davon 50 ccm mit Permanganat titriert.

Zur Darstellung des Ferrisulfats löst man 500 g Eisenvitriol in möglichst wenig Wasser und setzt 100 g Schwefelsäure und 210 g Salpetersäure von 60% hinzu, dampft zur Trockne, verreibt die gepulverte Masse mit Alkohol und wäscht damit alle Säure aus. Dann trocknet man abermals.

C. Methode von Walther[2]).

Diese beruht auf der reduzierenden Wirkung des Phenylhydrazins, das aromatische Nitrokörper nach der Gleichung:

$$R \cdot NO_2 + 3\,C_6H_5NHNH_2 = R \cdot NH_2 + 3\,C_6H_6 + 2\,H_2O + 6\,N$$

unter Stickstoffentwicklung in Amine verwandelt.

Man arbeitet in passenden Autoklaven (Pfungstsche Röhre) und mißt den entwickelten Stickstoff.

Über die Reduktion von Acylazoarylen nach diesem Verfahren: Ponzio, G. **39**, I, 596 (1909). — Über Nitroazoderivate: Gastaldi, G. **41**, II, 319 (1911).

D. Verfahren von Gattermann.

Wenn die angeführten Methoden im Stich lassen, muß man den Aminokörper aus dem Nitroprodukt darzustellen trachten und, wie weiter oben[3]) angegeben, auf Aminogruppen prüfen.

So kann man z. B. nach Gattermann[4]) aus Metanitrobenzaldehyd durch eine einzige Operation Metachlorbenzaldehyd darstellen, indem man den Nitrokörper mit der sechsfachen Menge konzentrierter Salzsäure und $4^1/_2$ Teilen Zinnchlorür reduziert, ohne das Zinn zu fällen, mit der berechneten Menge Nitrit diazotiert und das gleiche Gewicht Kupferpulver einträgt.

Es ist wichtig, daß die Darstellung der freien Aminoverbindungen für die Durchführung der Gattermannschen Reaktion nicht notwendig ist.

So kann man das dem 3-Nitrosalicylaldehyd entsprechende Aminoprodukt auf keine Weise erhalten[5]). Dagegen ist die Zinndoppelverbindung des Aminosalicylaldehyds darstellbar, läßt sich ohne Schwierigkeit diazotieren und ganz glatt in 3-Bromsalicylaldehyd überführen[6]).

---

[1]) Siehe dazu auch Clenell, Eng. Min. J. **106**, 672 (1918).

[2]) J. pr. (2) **53**, 436 (1896). — Ruggli, A. **412**, 3, 8 (1916).

[3]) S. 915 ff.   [4]) B. **23**, 1222 (1890). — Siehe Erdmann, A. **272**, 141 (1893).

[5]) Taege, B. **20**, 2109 (1887).   [6]) Müller, B. **42**, 3700 (1909).

In anderen Fällen scheint es wieder vorteilhaft, die Aminoverbindung selbst von Spuren anhängenden Zinnchlorürs zu befreien. Siehe v. Hemmelmayr, M. **35**, 4 (1914).

Callan, Henderson und Strafford[1]) empfehlen mit titrierter Nitritlösung zu arbeiten[2]).

Nach ihnen ist die Methode dort von großem Wert, wo der Nitrokörper glatt reduzierbar und diazotierbar ist.

Ungefähr $1/_{20}$ Gramm-Mol. der Substanz wird in überschüssiger verdünnter Salzsäure gelöst oder suspendiert und Zinkstaub in großem Überschuß nach und nach zugefügt, wobei die Reaktion durch entsprechendes Erwärmen in lebhaftem Gang erhalten wird.

Nach etwa einer Stunde wird filtriert, verdünnt, mit Eis gekühlt und mit $n/_2$-Nitritlösung titriert.

Bei dieser Methode ist die Bildung von chlorierten Aminen bedeutungslos, falls diese, wie dies meist der Fall ist, diazotierbar sind.

Man muß sich vergewissern, daß Säure und Zinkstaub eisenfrei sind, oder durch eine blinde Probe den Einfluß nach der Reduktion vorhandenen Ferrosalzes ermitteln.

2000 ccm $n/_2$-Natriumnitritlösung entsprechen einem Gramm-Molekül einer Mononitroverbindung.

E. Methode von Knecht und Hibbert[3]).

Wie bei den Azokörpern (S. 1040) verläuft auch bei den Nitrokörpern die Reduktion zu primären Aminen in saurer Lösung mit Titantrichlorid glatt und quantitativ; dabei treten auf eine Nitrogruppe sechs Moleküle Trichlorid in Reaktion. Obschon einige Nitrokörper intensiv farbig sind, können sie bei der Titrierung nicht als ihre eigenen Indicatoren dienen, da die Farbe vor Vollendung der Reduktion verschwindet. Indolgedessen muß für diese Bestimmungen die indirekte Methode angewendet werden.

Zur Bestimmung von wasserunlöslichen Nitrokörpern hat Hans Meyer[4]) das Arbeiten in alkoholischer Lösung empfohlen.

Knecht und Hibbert[5]) gehen gleichermaßen vor, so daß ein bestimmtes Gewicht des Nitrokörpers in Alkohol gelöst und langsam in ein bekanntes Volumen eingestellter heißer Titantrichloridlösung eingetragen wird. Das Gemenge wird dann während 5 Minuten im Kohlendioxydstrom gekocht, abgekühlt und der Überschuß an Titanlösung mit Eisenalaunlösung zurücktitriert. Es empfiehlt sich, zu diesen Bestimmungen erheblichen Überschuß an Titanlösung zu verwenden. Da in der Regel beträchtliche Mengen Alkohol zur Lösung des Nitrokörpers nötig sind und diese Flüssigkeit größere Mengen Sauer-

---

[1]) Soc. ind. **39**, 88 (1920).

[2]) Wenn die Autoren schreiben: „We have been unable to find any direct reference in the literature to this method" (i. e. Reduction of the nitro group to the amino group and subsequent determination of the latter), so liegt die Schuld an ihnen.

[3]) B. **36**, 166, 1554 (1903); **38**, 3318 (1905); **39**, 3482 (1906); **40**, 3820 (1907). — J. Ind. Eng. Ch. **9**, 694 (1917). — Sinnat, J. of Gas Lighting **18**, 288 (1905). — Proc. **21**, 297 (1905). — Knecht, J. Soc. Dyers and Col. **1903**, 169; **1905**, 111, 292. — Stähler, B. **42**, 2696 (1909). — van Duin, Ch. W. **16**, 1111 (1919). — Florentin und Vanden berghe, Bull. (4) **27**, 162 (1920). — English, J. Ind. Eng. Ch. **12**, 994 (1920). — Rathsburg, B. **54**, 3183 (1921).

[4]) Festschrift f. Adolf Lieben (1906), 469. — A. **351**, 269 (1907).

[5]) B. **40**, 3819 (1907). — Weil, M. **29**, 901 (1908).

stoff in Lösung hält, muß bei jeder genauen Bestimmung ein Kontrollversuch ausgeführt werden, um den daraus resultierenden Fehler zu eliminieren.

Trinitrokresol und Trinitroxylenol setzen der vollständigen Reduktion, wohl aus sterischen Gründen, einen, immerhin überwindlichen, Widerstand entgegen.

Will man nicht in stark mineralsaurer Lösung arbeiten, so setzt man genügende Mengen weinsaures Kalium zu[1]). — Siehe hierzu S. 1086.

Beispiel: 0.1 g Metadinitrobenzol wurden in 100 ccm Alkohol kalt gelöst. Von dieser Lösung wurden 25 ccm zu einer heißen Lösung von 50 ccm Titantrichlorid (1 ccm = 0.004 219 g Fe) und 50 ccm konzentrierter Salzsäure gegeben, 5 Minuten im Kohlendioxydstrom gekocht, abkühlen gelassen und unter Zusatz von Rhodankalium mit Eisenalaun zurücktitriert. Der Überschuß an Titanchlorid wurde zu 25.29 ccm befunden, so daß 50—25.29 = 24.41 ccm für die Reaktion verbraucht wurden. Von dieser Ziffer ist die Menge Titanchlorid, welche nach dem Kontrollversuch von 25 ccm Alkohol und 25 ccm Salzsäure verbraucht wurde, die 0.98 ccm Salzsäure ausmachte, in Abzug zu bringen.

Zur eigentlichen Reaktion wurden daher 23.73 ccm Titanchlorid verwendet, und da 168 g Dinitrobenzol 672 g Eisen entsprechen, so ergibt sich ein Gehalt an Dinitrobenzol von 100.11%.

Salvaterra hat gelegentlich[2]) Schwierigkeiten bei der Anwendung der Knechtschen Methode gefunden. Bei gewissen Nitrofarbstoffen ist der Umschlag beim Zurücktitrieren nicht scharf, sondern geht langsam von Braungelb in Rotbraun über; auch wenn man das Rhodanammonium nicht direkt zusetzt, sondern tüpfelt, erhält man keine besonders guten Resultate, so daß es nur bei sehr großer Übung gelingt, brauchbare Ergebnisse zu erreichen. Ferner ist es unangenehm, die zu untersuchende Lösung erst abkühlen zu müssen, was immerhin einige Zeit dauert. Salvaterra[3]) konnte nun diese Übelstände auf folgende Weise vermeiden und dabei leicht vorzügliche Resultate erzielen. Man versetzt die kochend heiße Lösung des Nitro- oder Nitrosokörpers unter Kohlendioxydatmosphäre mit einem gemessenen Überschuß von Titantrichlorid und läßt kurze Zeit einwirken. Dann läßt man eine gemessene Menge Methylenblaulösung, deren Wirkungswert gegen die Titanlösung bekannt ist, zufließen und titriert in der Hitze mit Titantrichlorid zu Ende. Der Umschlag ist sehr scharf von Grün in ein helles Gelbbraun oder Gelb. Man vermeidet dadurch das Warten beim Abkühlenlassen und spart das zweite Titriergestell, das bei der für Titantrichlorid notwendigen Apparatur immerhin etwas umständlich ist. Man verwende bei der Quetschhahnbürette keine gerade Auslaufspitze, sondern an deren Stelle ein zweimal rechtwinklig gebogenes Rohr[4]). Dieses ist mit dem einen Ende mit der Bürette verbunden, am anderen nach abwärts gerichteten Ende ist es verengt, worauf ein etwa 1 cm langes Stück wieder normale Weite hat und dann in eine Spitze ausgezogen ist. Durch die rechtwinklige Biegung wird erreicht, daß der zu erhitzende Titrierkolben nicht unterhalb der Bürette zu stehen kommt und dadurch Erhitzung und damit verbundene Volumveränderung vermieden wird; andererseits wird durch die Verengung das bei einem so langen Rohr lästige Nachtropfen beseitigt.

Beispiel: Es wurden 25 ccm Pikrinsäurelösung von bekanntem Gehalt mit 12 ccm Titantrichloridlösung (1 ccm = 0.003 968 g Eisen) versetzt und

---

[1]) Knecht, Soc. Dyers and Col. **1905**, 111. (Triphenylmethanfarbstoffe.)
[2]) M. **34**, 258 (1913).   [3]) Ch. Ztg. **38**, 90 (1914).   [4]) De Koninck, Z. ang. **1888**, 187.

kurze Zeit einwirken gelassen; dann 5 ccm Methylenblaulösung (5 ccm derselben = 5.15 ccm obiger Titantrichloridlösung) dazu pipettiert und zu Ende
titriert.

	I	II
Gesamtmenge Titanlösung	12.80 ccm	12.82 ccm
Davon für das Methylenblau verbraucht	5.15 „	5.15 „
Daher Verbrauch zur Reduktion der Pikrinsäure	7.65 ccm	7.67 ccm
Gefunden I	0.006895 g Pikrinsäure	
Gefunden II	0.006913 „　　„	
Berechnet	0.006900 „　　„	

Bemerkungen zur Methode von Knecht und Hibbert.

Die Methode erfordert eine verhältnismäßig kleine Einwage und ist daher
für die Untersuchung von Farbstoffen in Pastenform od. dgl. nicht wohl
anwendbar.

Ähnlich wie beim Limprichtschen Verfahren geben auch Nitro-
naphthaline, o-Nitroanisol, Nitrokresylmethyläther usw. zu niedrige Zahlen.

Nach Knecht[1]) soll beim Nitronaphthalin die Salzsäuremenge so weit
eingeschränkt werden, daß das Titanchlorür eben noch in Lösung gehalten
wird, aber auch so erhält man sehr schwankende und immer ungenügende
Resultate.

Der Grund für derartige Mißerfolge liegt hier, wie bei der Limprichtschen Methode, in der als Nebenreaktion stattfindenden Bildung chlorierter
Amine. Alle Momente, die in letzterer Richtung wirken, verschlechtern das
Resultat der Analyse. Hierher gehört das Vorhandensein größerer Mengen
von Salzsäure oder die Anwesenheit von Alkohol. Für derartige Fälle empfehlen
Callan, Henderson und Strafford[2]) und ebenso Duin[3]) die Anwendung
von Titanosulfat. Eine geeignete Lösung stellt man dar, indem man zu der
käuflichen ca. 12proz. Titanosulfatlösung (400 ccm) 1 : 4 verdünnte Schwefelsäure (500 ccm) fügt, einige Minuten kocht und abkühlen läßt.

Zur Titerstellung bringt man die Lösung in einen mit zweifach durchbohrtem Stopfen versehenen Kolben mit engen Zu- und Ableitungsröhren für
Kohlendioxyd, kocht im Kohlendioxydstrom, läßt unter dem Gas erkalten
und kann nunmehr mit Eisenalaunlösung titrieren.

Die Anwendung des Sulfats hat den großen Vorteil[4]), daß man in ziemlich
konzentrierter Lösung (nicht unter 5%) arbeiten und daher größere Einwagen
machen kann. Auch ist hier natürlich die Anwendung von Alkohol ohne Nachteil.

Eine andere Verbesserung der Methode findet Radcliffe[5]) in gewissen
Fällen im Zumischen von Acetanilid zur Analysensubstanz (künstliche
Moschusarten).

Will man flüchtige Substanzen im offenen Gefäß untersuchen, so führt
man sie in Sulfosäuren über, doch kann dieses Verfahren zur Verkohlung führen
(o-Nitrokresylmethyläther). Knecht empfiehlt auch[5]) die Anwendung von
Titanofluorid.

---

[1]) New Reduction Methods in Volumetric Analysis (1918), 130.
[2]) Soc. Ind. **39**, 87 (1920).
[3]) Ch. W. **16**, 1111 (1919). — Rec. **39**, 578 (1920).
[4]) Dagegen ist das Sulfat viel luftempfindlicher (namentlich in der Hitze) als das
Chlorid.　　[5]) Soc. Ind. **39**, 88 (1920).

Nach den Untersuchungen von Piccard[1]) beschleunigt der Zusatz von Weinsäure (wie ihn schon Knecht vorgeschlagen hat) und gewisser anderer Säuren die Reaktionsgeschwindigkeit bei den Titrationen mit Titanchlorid katalytisch. Im allgemeinen sind die mehrwertigen Säuren (und Phenole) wirksam, die einwertigen nicht.

Sehr stark wirksam sind: Flußsäure, Oxalsäure, Glykolsäure, Milchsäure, Brenztraubensäure, Weinsäure, Äpfelsäure, Citronensäure, Brenzcatechin, Pyrogallol — unwirksam Salzsäure, Brom- und Jodwasserstoffsäure, die Fettsäuren, Benzoesäure usw. Schwefelsäure[2]) ist schwach wirksam. Oxalsäure kann zu Fehlbestimmungen Veranlassung geben[3]), während Flußsäure sehr

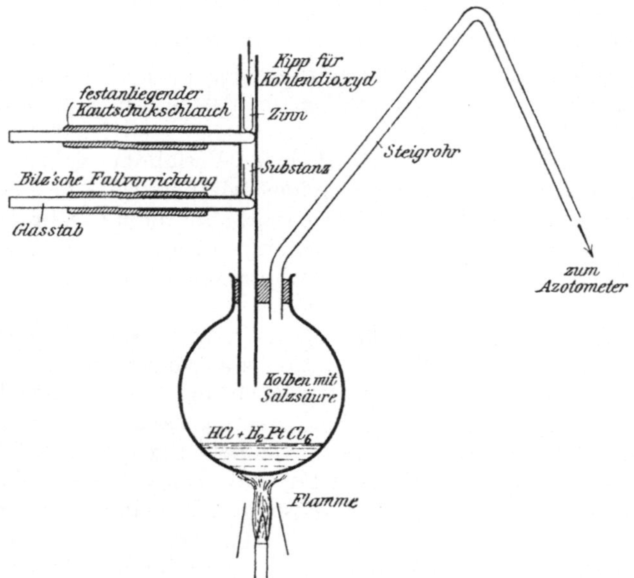

Fig. 348. Apparat nach Kaufler.

geeignet ist. Es empfiehlt sich allgemein, bei der titrimetrischen Reduktion mit Titantrichlorid der Lösung ca. 1% Flußsäure zuzufügen[3])[4]).

Man arbeitet z. B. in Eisessiglösung, die man mit der entsprechenden Menge verdünnter Flußsäure versetzt.

F. Methode von Kaufler[5]).

Dieses Verfahren, das ganz allgemein für die Bestimmung reduzierbarer Gruppen (NO$_2$-, NO-, NOH-) und Doppelbindungen anwendbar ist, hat Gnehm speziell auch für die quantitative Bestimmung von Nitrogruppen verwertet.

Die Substanz wird mit Salzsäure und Zinn, dessen Reduktionswert vorher genau bestimmt worden war und das in solchem Überschuß angewendet wird, daß nur die Gleichung:

---

[1]) B. **42**, 4341 (1909).
[2]) Entgegen den Angaben von Stähler, B. **38**, 2619 (1905).
[3]) Pummerer, Eckert und Gassner, B. **47**, 1501, 1505 (1914).
[4]) Piccard, B. **42**, 4341 (1909).
[5]) Privatmitteilung. — Schindler, Diss. Zürich (1906), 18. — Gnehm, J. pr. (2) **76**, 412 (1907).

$$Sn + 2\,HCl = SnCl_2 + H_2$$

realisiert wird, reduziert. Zur leichteren Lösung des Zinns wird bei allen Versuchen die gleiche Menge ganz verdünnter Platinchloridlösung zugegeben. Aus der Differenz des bei der Titerstellung gemessenen und des beim Reduktionsversuch entwickelten Wasserstoffs wird der zur Reduktion verbrauchte ermittelt. Der Apparat, der zu diesen Versuchen dient, ist in Fig. 348 skizziert, die Operation wird folgendermaßen ausgeführt:

Aus dem ganzen Apparat wird zunächst mit reinem Kohlendioxyd die Luft verdrängt und dann durch die Fallvorrichtung die Substanz und nach ihrer Auflösung das Zinn in das mit 20 ccm 15—20 proz. Salzsäure und 1 ccm Platinchloridlösung beschickte Kölbchen einfallen gelassen. Der nicht verbrauchte Wasserstoff geht in das Azotometer, das mit 40 proz. Kalilauge beschickt ist. Zum Schluß wird mit Kohlendioxyd nachgespült.

Dauer des ganzen Versuchs ca. 2 Stunden.

Die Anwendbarkeit der Methode ist an die Löslichkeit der Substanz in Salzsäure von 15—20% oder in Essigsäure genügender Stärke gebunden.

Über ähnliche Bestimmungen siehe: Willstätter und Piccard, B. 41, 1471 (1908). — Wieland und Wecker, B. 43, 3268 (1910).

Vierter Abschnitt.

Jodoso- und Jodogruppe.

1. Qualitative Reaktionen [1]).

Die Jodosoverbindungen sind mit wenigen Ausnahmen (o-Jodosobenzoesäure) gelbe, amorphe Substanzen, die sich leicht (beim Erhitzen oder längeren Aufbewahren) in Jodderivate und Jodoverbindungen umsetzen. Sie scheiden aus Jodkaliumlösung Jod ab, besitzen basischen Charakter und bilden gut krystallisierende Salze, die von den hypothetischen Hydroxyden $RJ\!\!<^{OH}_{OH}$ ableitbar sind.

Die Jodoverbindungen sind krystallisierbar, farblos, beim Erhitzen explosiv und haben keinen basischen, vielmehr Superoxydcharakter.

Die Jodoniumbasen $^{Ar}_{Ar}\!\!>\!J\!-\!OH$ sind in Wasser leicht lösliche, stark alkalische Stoffe, die in ihrem Verhalten vollkommene Analogie mit den Ammonium- (Sulfonium-, Arsonium-) Basen zeigen.

2. Quantitative Bestimmung der Jodosogruppe JO und der Jodogruppe JO_2.

Jodoverbindungen sowie Jodosoverbindungen scheiden, wenn sie in Jodkaliumlösung bei Anwesenheit von Eisessig, Salzsäure oder verdünnter Schwefel-

---

[1]) Willgerodt, J. pr. (2) 33, 154 (1886); 49, 466 (1894). — B. 25, 3494 (1892); 26, 357, 1307, 1532, 1802, 1947 (1893); 27, 590, 1790, 1826, 1903, 2328 (1894); 29, 1568 (1896); 31, 915 (1898); 33, 841, 853 (1900). — DRP. 68 574 (1892). — V. Meyer und Wachter, B. 25, 2632 (1892). — Otto, B. 26, 305 (1893). — Askenasy und V. Meyer, B. 26, 1354 (1893). — Töhl, B. 26, 1354 (1893). — Allen, B. 26, 1730 (1893). — Kloeppel, B. 26, 1735 (1893). — V. Meyer, B. 26, 2118 (1893). — Gümbel, B. 26, 2473 (1893). — Abbes, B. 26, 2953 (1893). — Hartmann und V. Meyer, B. 26, 1727 (1893); 27, 426, 502, 1592 (1894). — Grahl, B. 28, 89 (1895). — Langmuir, B. 28, 96 (1895). — Mc Crae, B. 28, 97 (1895). — Patterson, Soc. 69, 1007 (1896). — Bamberger und Hill, B. 33, 533 (1900). — Willgerodt und Schlösser, B. 33, 692 (1900). — Kipping und Peters, Proc. 16, 62 (1900).

säure umgesetzt werden, eine dem Sauerstoff äquivalente Menge Jod aus, so daß also

von Jodoverbindungen　　4 Atome Jod,
von Jodosoverbindungen 2　　,,　　　,,

freigemacht werden.

Zur quantitativen Bestimmung des aktiven Sauerstoffs wird die Substanz im zugeschmolzenen Rohr 4 Stunden mit angesäuerter Jodkaliumlösung, die durch Auskochen von Luft befreit war, auf dem Wasserbad erwärmt. Das Rohr ist mit Kohlendioxyd zu füllen [V. Meyer und Wachter[1])].

Oder man digeriert die Substanz in konzentrierter Jodkaliumlösung mit nicht zu wenig Eisessig und etwas verdünnter Schwefelsäure auf dem Wasserbad [Willgerodt[2])].

Nach beendigter Reaktion läßt man, ohne einen Indicator zu benötigen, $n/_{10}$-Natriumthiosulfatlösung so lange hinzutröpfeln, bis die Jodlösung vollständig entfärbt ist.

Wird Jod von den durch Reduktion der Sauerstoffverbindungen entstehenden Jodiden in Lösung gehalten, was immer dann der Fall ist, wenn man mit Hilfe von Salz- oder Schwefelsäure arbeitet, so hat man beim Titrieren so lange umzurühren und zu erwärmen, bis das gelöste Jod vollständig abgegeben ist.

Bezeichnet man mit s das Gewicht des zu titrierenden Stoffs, mit c die Zahl der Kubikzentimeter der $n/_{10}$-Thiosulfatlösung, die beim Titrieren des Jods verbraucht wird, so berechnet sich der Sauerstoffgehalt der Jodo- und Jodosoverbindungen in Prozenten nach der Gleichung:

$$O = \frac{0.8 \cdot c \cdot 100}{1000\,s} = 0.08\,\frac{c}{s}\,\% .$$

Auf diese Weise lassen sich auch Jodoso- und Jodophenylarsinsäuren analysieren[3]).

Fünfter Abschnitt.

Peroxyde und Persäuren[4]).

Nomenklatur: Baeyer und Villiger, B. **33**, 2479 (1900).

1. Qualitative Reaktionen.

Die Peroxyde R—O—O—R und Peroxydsäuren

R—CO—O—O—CO—R
  | |
COOH　　　　HOOC

entsprechen in ihrem Verhalten der gewöhnlichen Überschwefelsäure, die Persäuren R · CO—O—OH dem Caroschen Reagens.

---

[1]) B. **25**, 2632 (1892).　　[2]) B. **25**, 3495 (1892).　　[3]) Karrer, B. **47**, 98 (1914).
[4]) Brodie, Spl. **3**, 217 (1864). — Legler, B. **14**, 602 (1881); **18**, 3343 (1885). — A. **217**, 383 (1883). — Pechmann und Vanino, B. **27**, 1510 (1894). — Wolffenstein, B. **28**, 2265 (1895). — Vanino und Thiele, B. **29**, 1724 (1896). — Nef, A. **298**, 292, 328 (1897). — Baeyer und Villiger, B. **32**, 3625 (1899); **33**, 125, 858, 1569, 2479, 3387 (1900); **34**, 738, 762 (1901). — Willstätter und Hauenstein, B. **42**, 1846 (1909).

Die Peroxyde und Peroxydsäuren reduzieren Goldchloridlösungen[1]), scheiden[2]) aus angesäuerter Jodkaliumlösung langsam[3]) Jod aus, sind auf Chromsäure, Molybdänsäure und Titansäure ohne Einwirkung und reagieren nicht mit Guajac- oder Indigotinktur. Sie sind in reinem Zustand geruchlos, nur das Acetylsuperoxyd besitzt stechenden Geruch.

Durch Hydrolyse gehen die Peroxydsäuren mehr oder weniger leicht in die sehr reaktionsfähigen Persäuren über, die chlorkalkähnlich riechen, aus Jodkaliumlösung selbst bei Gegenwart von Bicarbonat momentan schwarzes Jod ausscheiden und aus Anilinwasser krystallisiertes Nitrosobenzol zur Abscheidung bringen. Sie sind explosiv, verpuffen oft auch in Berührung mit konzentrierter Schwefelsäure[4]), bilden beim Kochen mit verdünnten Säuren oder Laugen Wasserstoffsuperoxyd, werden in wäßriger Lösung rascher als in fester Form zerstört, bläuen Indigotinktur, oxydieren Salzsäure zu Chlor, Ferroacetat zum Ferrisalz und bräunen die Lösung des Manganoacetats. Sie geben geruchlose, unbeständige Alkalisalze.

Mit **Diphenylamin** und **konzentrierter Schwefelsäure**[5]) geben die organischen Superoxyde die bekannte „Salpetersäurereaktion" (Blaufärbung, die jedoch meist bald mißfarbig wird).

Über **Diperoxyde** siehe **Engler** und **Frankenstein**, B. **34**, 2940 (1901).

Die Persäuren sind in Wasser löslich, die Peroxyde (mit Ausnahme des Acetylperoxyds) nicht. Durch Schütteln der wäßrigen Lösung einer Persäure mit Säureanhydriden oder Chloriden (am besten Benzoylchlorid) entsteht das entsprechende Peroxyd[6]). (Unterscheidung von Wasserstoffsuperoxyd.)

Über **Sulfopersäuren**: RSO_2—O—OSO_3H **Willstätter** und **Hauenstein**, B. **42**, 1848 (1909).

Reduktion der Peroxyde mit Platin und Wasserstoff: **Willstätter** und **Hauenstein**, B. **42**, 1850 (1909). — Siehe **Pictet** und **Jenny**, B. **40**, 1174 (1907). — **Looser**, Diss. Göttingen (1914), 40.

2. Quantitative Bestimmung des aktiven Sauerstoffs.

a) Verfahren von Pechmann und Vanino[7]).

Eine bekannte Menge Superoxyd wird mit einem bekannten Volumen titrierter, saurer Stannochloridlösung in Kohlendioxydatmosphäre erwärmt, bis — nach etwa 5 Minuten — alles in Lösung gegangen ist.

Nach dem Abkühlen wird mit $^n/_{10}$-Jodlösung zurücktitriert.

b) Verfahren von Baeyer und Villiger[8]).

In einem Kölbchen von bekanntem Inhalt, das mit Gaszuleitungsrohr und Tropftrichter versehen ist, wird eine gewisse Menge reiner Zinkfeile abgewogen, das Kölbchen mit einem mit Wasser gefüllten Meßrohr in Verbindung gebracht, Eisessig und darauf verdünnte Salzsäure einfließen gelassen und so

---

[1]) **Vanino** und **Herzer**, Arch. **253**, 436 (1915).

[2]) **Cross** und **Bevan**, Z. ang. **20**, 570 (1907). — **Zimmermann**, Z. ang. **20**, 1280 (1907). — **Ditz**, Ch. Ztg. **31**, 834 (1907).

[3]) Durch Zusatz von Eisessig oder Alkohol wird die Reaktion beschleunigt. **Clover** und **Richmond**, Am. **29**, 198 (1903).

[4]) **Vanino** und **Uhlfelder**, B. **37**, 3624 (1904).

[5]) **Vanino** und **Uhlfelder**, B. **33**, 1048 (1900).

[6]) **Clover** und **Richmond**, Am. **29**, 181 (1903).

[7]) B. **27**, 1512 (1894).   [8]) B. **33**, 3390 (1900).

lange erwärmt, bis das Zink vollständig gelöst ist. Schließlich wird das im Kolben befindliche Gas durch Füllen mit Wasser übergetrieben. Das abgelesene Gasvolumen weniger Kolbeninhalt ist dann gleich dem des entwickelten Wasserstoffs.

Bei einem zweiten Versuch wird die Substanz mit Eisessig verdünnt, Salzsäure zugegeben und abgekühlt. Nach Beendigung der Reaktion, die man an einer beginnenden Gasentwicklung erkennt, wird wie oben beschrieben weiter verfahren.

Baeyer und Villiger haben[1]) noch ein zweites Verfahren angegeben:

Man vermischt die Substanz mit überschüssiger angesäuerter Jodkaliumlösung, läßt 24 Stunden stehen und titriert das ausgeschiedene Jod mit Thiosulfat.

Daneben wird in gleicher Weise ein blinder Versuch gemacht und das freiwillig ausgeschiedene Jod in Rechnung gestellt.

Dieses Verfahren haben auch Clover, Richmond und Houghton mit Erfolg angewendet[2]), und ebenso D'Ans und Frey[3]).

<h3 align="center">c) Verfahren von Pictet[4]).</h3>

Diese Methode wurde zur Bestimmung des aktiven Sauerstoffs in Aminperoxyden benutzt.

In die warme, salzsaure und mit Bariumchlorid versetzte wäßrige Lösung z. B. von Brucin- oder Strychninperoxyd wird Schwefeldioxyd eingeleitet. Dann wird gekocht, um das Schwefeldioxyd zu verjagen, und das entstandene Bariumsulfat gewogen.

<h3 align="center">3. Quantitative Bestimmung des Chinonsauerstoffs[5]).</h3>

1. Viele Chinone, vor allem die Benzochinone, auch Naphthochinon[6]) und Anthradichinon[7]) und parachinoide Stoffe überhaupt werden durch Jodwasserstoffsäure glatt nach der Gleichung:

$$C_6H_4O_2 + 2\,HJ = C_6H_4(OH)_2 + J_2$$

reduziert.

Das frei werdende Jod kann, wie bei der Analyse der Peroxyde angegeben, bestimmt werden.

Valeur[8]) verfährt folgendermaßen:

Man wägt so viel Chinon ab, daß die Menge des zu erwartenden Jods 0.2—0.5 g beträgt (gewöhnlich ca. 0.2 g Chinon), und löst es in wenig 95proz. Alkohol. Andererseits werden 20 ccm konzentrierte Salzsäure mit dem gleichen Volum Alkohol von 95% unter Kühlung vermischt. Dann fügt man zur Salzsäure noch 20 ccm 10proz. Jodkaliumlösung und gießt diese Mischung sofort

---

[1]) B. **34**, 740 (1901). — Siehe dazu Vanino und Herzer, Arch. **253**, 437 (1915).

[2]) Am. **29**, 184 (1903); **32**, 43 (1904).   [3]) Z. an. **84**, 146 (1913).

[4]) Pictet und Matthisson, B. **38**, 2784 (1905). — Pictet und Jenny, B. **40**, 1174 (1907). — Mossler, M. **31**, 335 (1910).

[5]) Qualitativ läßt sich Chinon durch die Violettfärbung seiner indifferenten Lösungen mit Dimethylanilin nachweisen. Pummerer, B. **46**, 3883 (1913).

[6]) Kurt H. Meyer, B. **42**, 1153 (1909).

[7]) Dimroth und Schultze, A. **411**, 347 (1916).

[8]) C. r. **129**, 552 (1899). — Casolari, G. **39**, I, 589 (1909). — Kurt H. Meyer, B. **42**, 1151 (1909). — Siegmund, J. pr. (2) **82**, 411 (1910). — Wieland, B. **43**, 716 (1910). — Pummerer und Cherbuliez, B. **52**, 1401, 1412 (1919). — Meyer und Billroth, B. **52**, 1482 (1919). — Mörner, Z. physiol. **117**, 69 (1921).

zur alkoholischen Chinonlösung. Das in Freiheit gesetzte Jod wird nunmehr mit $^n/_{10}$-Thiosulfatlösung titriert.

Ebenso kann man Chinhydrone analysieren. In dieser Form ist das Valeursche Verfahren nur für reine Chinonlösungen oder für Chinone (Chinhydrone), die in Substanz vorliegen, zu verwenden. Stärke ist nicht anwendbar, daher der Endpunkt nicht zu erkennen, wenn gefärbte Verunreinigungen zugegen sind.

Für solche Fälle haben Willstätter und Dorogi folgendes modifizierte Verfahren angegeben: Man fügt in einem Scheidetrichter zur ätherischen Chinonlösung für ca. 0.2 g Chinon 2 ccm 30 proz. Jodkaliumlösung und 1 ccm 30 proz. Schwefelsäure und versetzt eventuell mit konzentrierter Bicarbonatlösung[1]. Dann wird überschüssiges $^n/_{10}$-Thiosulfat zugegeben und die wäßrige Schicht mit dem Rest von Thiosulfat abgelassen. Nun kann unter Anwendung von Stärke zurücktitriert werden[2].

2. α- und β-Naphthochinon können mit Zinnchlorür quantitativ reduziert werden[3].

a) Bestimmung von α-Naphthochinon. In eine alkoholische Lösung des Chinons wird eine $^n/_{10}$-Lösung von Zinnchlorür in 2 proz. Salzsäure einfließen gelassen, bis die gelbe Färbung fast verschwunden ist. Dann wird mit einem Gemisch gleicher Teile Phenylhydrazin und Alkohol getüpfelt, bis keine Rotfärbung mehr auftritt.

Man kann auch die alkoholische Chinonlösung mit 3—4 Tropfen reinem Anilin zum Sieden erhitzen und die nunmehr hellrote Lösung mit Zinnchlorür siedend bis zur Entfärbung titrieren. Ist der Endpunkt überschritten, so kann man mit Chinonlösung zurücktitrieren.

1 Mol. Chinon erfordert 2 Mol. $SnCl_2$.

b) Zur Bestimmung des β-Naphthochinons wird die ätherische Lösung mit $^n/_{10}$-Zinnchlorür titriert. Wahrscheinlich infolge von Chinhydronbildung entsteht zunächst eine schwarzgrüne, opake Lösung, bis bei weiterem Zinnchlorürzusatz plötzlich Aufhellung und Entfärbung eintritt.

1 Mol. Chinon erfordert 1 Mol. $SnCl_2$.

Die Reaktion verläuft bei höher molekularen Chinonen (Xylo- und Thymochinon) nicht mehr vollständig. Man muß hier den Überschuß an Jodwasserstoffsäure vergrößern (6 ccm 30 proz. Jodkaliumlösung und 3 ccm 30 proz. Schwefelsäure) und arbeitet zur Verhütung der sonst beträchtlichen Oxydation der ätherischen Jodwasserstoffsäure mit kohlendioxydgesättigtem Äther und in Kohlendioxydatmosphäre. Auch bei den einfacheren Chinonen bietet diese Arbeitsweise Vorteile.

Wieland[4] reduziert das in mineralsaurer Lösung befindliche Chinon mit wenig Zinkstaub, filtriert die farblose Lösung, setzt einen kleinen Überschuß an Bicarbonat zu und titriert das Hydrochinon mit $^n/_{10}$-Jodlösung unter Anwendung von Stärke als Indicator.

Über Chinonbestimmung mit schwefliger Säure siehe: Nietzki,

---

[1] Nicht durchschütteln! Die Reaktion muß sauer bleiben. Willstätter und Majima, B. **43**, 1173 (1910). — Vielleicht ist es noch besser, das Bicarbonat ganz wegzulassen und die Thioschwefelsäure genügend zu verdünnen. Man gibt in den Scheidetrichter nach dem Freimachen des Jods ohne zu schütteln 60 ccm Wasser und portionenweise je 10 ccm $^n/_{10}$-Thiosulfat und schüttelt jedesmal kurz um. Ist die Ätherschicht hellrotbraun geworden, so wird vorsichtig zu Ende titriert.

[2] B. **42**, 2165 (1909). — Willstätter und Majima, B. **43**, 1171 (1910).

[3] Boswell, Am. soc. **29**, 230 (1907).   [4] B. **43**, 715 (1910).

A. **215**, 128 (1882). — Müller, Diss. München (1908), 60 und dazu Willstätter und Dorogi, B. **42**, 2165, Anm. (1909).

Methode von Knecht und Hibbert[1]).

Titantrichlorid reduziert die Chinone nach der Gleichung:

$$R \genfrac{}{}{0pt}{}{=O}{=O} + 2\,TiCl_3 + 2\,HCl \;=\; R \genfrac{}{}{0pt}{}{-OH}{-OH} + 2\,TiCl_4 \,.$$

Die Bestimmung kann einerseits dadurch geschehen, daß das in kaltem
Wasser gelöste Chinon[2]) mit einem Überschuß eingestellter Titantrichloridlösung versetzt wird und das unverbrauchte Titantrichlorid mit Eisenalaun
unter Verwendung von Rhodankalium als Indicator zurücktitriert wird. (Indirekte Methode.) Andererseits kann die Titration direkt geschehen unter
Verwendung einer Spur Methylenblau als Indicator. Es zeigt sich nämlich
bei der Titration die interessante Erscheinung, daß das Chinon selektiv und
quantitativ reduziert wird, bevor Reduktion und folglich Entfärbung des
Methylenblaus eintritt[3]).

Beispiele:

Benzochinon nach der indirekten Methode. 0.1109 g Benzochinon
wurden in Wasser gelöst und auf 100 ccm eingestellt. 25 ccm davon 'wurden
mit 50 ccm Titantrichloridlösung versetzt und der Überschuß unter Zusatz
von Rhodankalium mit Eisenalaunlösung zurücktitriert.

Verbraucht wurden 20.4 ccm $TiCl_3$,

1 ccm $TiCl_3$ = 0.001 408 g Fe,

woraus sich berechnet 99.84%.

Benzochinon nach der direkten Methode. 0.1055 g Benzochinon
wurden in Wasser gelöst und die Lösung.auf 100 ccm eingestellt. 25 ccm davon
wurden unter Zusatz einiger Tropfen sehr verdünnter Methylenblaulösung[4])
mit eingestellter Titantrichloridlösung bis zur Entfärbung titriert.

Verbraucht wurden 19.4 ccm $TiCl_3$,

1 ccm $TiCl_3$ = 0.001 357 g Fe,

woraus sich berechnet 99.84%.

Methode von Willstätter und Cramer siehe S. 1042.

---

[1]) B. **43**, 3455 (1910). — H. und W. Suida, A. **416**, 119 (1918). — Siehe S. 1040, 1083.

[2]) Das relativ wenig lösliche o-Naphthochinon wird zuerst in Eisessig gelöst und die
Lösung dann in Wasser gegossen.

[3]) Methylenblau läßt sich auch bei der Titration von Ferrisalzen als Indicator
an Stelle von Rhodankalium verwenden. Es findet nämlich hier ebenfalls eine selektive
Wirkung statt, indem bei Zusatz der Titantrichloridlösung das Ferrisalz quantitativ zum
Ferrosalz reduziert wird, bevor das Methylenblau Entfärbung erleidet. Für rasches Arbeiten
empfiehlt es sich, die Lösung des Ferrisalzes auf 35—40° zu erwärmen. Siehe auch S. 1084.

[4]) Die Menge des als Indicator verwendeten Methylenblaus wird so gewählt, daß
sie von einem Tropfen Titantrichloridlösung entfärbt wird.

Achtes Kapitel.

Schwefelhaltige Atomgruppen.

Erster Abschnitt.

Mercaptane R·SH, Thiosäuren R·COSH und Thioäther RSCH$_3$.

1. Qualitative Reaktionen.

a) Die Mercaptane geben mit den Schwermetallen charakteristische Salze.
Die Blei- und Kupfersalze sind meist gelb; die Quecksilbersalze
sind farblos und oftmals gut (aus Alkohol) umkrystallisierbar[1]). Sie zerfallen
beim Erhitzen in Quecksilber und Dialkylsulfid[2]):

$$\begin{matrix} R\cdot S\diagdown \\ R\cdot S\diagup \end{matrix} Hg = Hg + R\cdot S\cdot SR,$$

während die übrigen Mercaptide zumeist neben Dialkylsulfid das entsprechende
Metallsulfid liefern[3]):

$$\begin{matrix} R\cdot S\diagdown \\ R\cdot S\diagup \end{matrix} Pb = \begin{matrix} R\diagdown \\ R\diagup \end{matrix} S + PbS.$$

Die Mercaptide der Edelmetalle[4]) (Gold, Platin, Iridium, Palladium)
werden durch Salzsäure nicht angegriffen[5]).

b) Schwache Oxydationsmittel, selbst Hydroxylamin[6]), oxydieren zu
Disulfiden[7]). Ebenso wirkt verdünnte Salpetersäure[8]), während starke Oxydationsmittel in Sulfosäuren überführen[9]).

c) Die Thiophenole geben mit Vitriolöl erhitzt (rote bis) blaue Färbungen[10]).

d) Die ebenfalls schwer löslichen Metallsalze der Thiosäuren zerfallen
sehr leicht unter Abscheidung von Metallsulfid, und analog verhalten sich die
freien Säuren.

Über Thioessigsäure siehe S. 921 f.

e) Mercaptane und Alkoholate bilden die charakteristischen Dithiourethane[11]).

f) Anlagerung von Mercaptanen an Doppelbindungen: S. 1121.

[1]) Bertram, B. **25**, 63 (1892).   [2]) Otto, B. **13**, 1289 (1880).
[3]) Klason, B. **20**, 3412 (1887).
[4]) Hofmann und Rabe, Z. an. **14**, 293 (1897). — Herrmann, B. **38**, 2813 (1905).
[5]) Klason, J. pr. (2) **67**, 3 (1903).   [6]) Fasbender, B. **21**, 1471 (1888).
[7]) Luftsauerstoff und Ammoniak: Vogt, A. **119**, 150 (1861). — Vitriolöl: Erlenmeyer und Lisenko, Z. **1861**, 660.
[8]) Stenhouse, A. **149**, 250 (1869).   [9]) Autenrieth, A. **259**, 363 (1890).
[10]) Baumann und Preusse, Z. physiol. **5**, 321 (1881). — Taboury, A. Chim. Phys.
(8) **15**, 5 (1908).   [11]) Roshdestwensky, Russ. **41**, 1438 (1909).

g) In alkalischer Lösung lassen sich die Mercaptane mit Dimethylsulfat methylieren. Diese Derivate können durch Wasserstoffsuperoxyd in Sulfoxyde und Sulfone übergeführt werden[1]).

2. Volumetrische Bestimmung von Mercaptanen und Thiosäuren[2]).

Die Reaktion zwischen diesen Substanzen und Jod verläuft, wenn man die verdünnten alkoholischen Lösungen mit $^n/_{10}$-Jodlösung titriert, quantitativ nach der Gleichung:

$$2\,R \cdot SH + J_2 = RS \cdot SR + 2\,HJ.$$

Die Anwesenheit von Bicarbonat ist hierbei nicht nur überflüssig, sondern kann sogar Veranlassung zu weitergehender Oxydation geben.

Bei der Analyse aliphatischer Mercaptane muß durch starkes Verdünnen dafür gesorgt werden, daß die Konzentration der Jodwasserstoffsäure nicht zu hoch wird[3]).

Die aromatischen Sulfhydrate sind so starke Säuren, daß sie in alkoholischer Lösung mit Alkali und Phenolphthalein als Indicator titriert werden können.

Rhodanwasserstoff ist indifferent gegen Jod.

3. Verfahren von Zerewitinoff[4]).

Mit Methylmagnesiumjodid reagieren die Mercaptane nach der Gleichung:

$$R \cdot SH + CH_3 \cdot Mg \cdot J = CH_4 + R \cdot S \cdot MgJ.$$

Als Lösungsmittel kann Amyläther oder Pyridin verwendet werden. Man arbeitet nach der S. 708 gegebenen Vorschrift.

Die niedrig siedenden, leicht flüchtigen Mercaptane geben oftmals etwas zu niedrige Resultate.

4. Thioäther $RSCH_3$.

Die Gruppe SCH_3 liefert nach Kirpal[5]) mit siedender Jodwasserstoffsäure im Methoxylapparat reichliche Mengen Jodmethyl.

Zur annähernd quantitativen Bestimmung dieser Gruppe in methylierten Mercaptobenzolen machen Pollak und Spitzer[6]) eine Methoxylbestimmung mit phenolhaltiger Jodwasserstoffsäure 1.7 unter Vorlage von in 20 proz. Cadmiumsulfatlösung aufgeschwemmtem Phosphor. — Das in der alkoholischen Silberlösung ausgeschiedene Gemisch von Jodsilber und Silbermercaptid wird mit Jodwasserstoffsäure abgedampft und so ganz in Jodsilber verwandelt.

Zweiter Abschnitt.

Senföle $CSN \cdot R$.

1. Qualitative Reaktionen[7]).

a) Die Senföle (Alkylthiocarbimide) besitzen stechenden Geruch und sind in Wasser nahezu unlöslich.

b) Beim Erhitzen mit Wasser auf 200° oder mit konzentrierter Salzsäure auf 100° werden sie nach der Gleichung:

[1]) Dereser, Diss. Marburg (1915), 11, 14, 28.
[2]) Klason und Carlson, Arch. Kemi **2**, 31 (1906). — B. **39**, 738 (1906); **40**, 4185 (1907).
[3]) Kimbal, Kramer und Reid, Am. soc. **43**, 1199 (1921).   [4]) B. **41**, 2233 (1908).
[5]) 3. Aufl. dieses Buches, S. 932.   [6]) Herzig, Privatmitteilung.
[7]) Hofmann, B. **1**, 177 (1868); **2**, 116 (1869).

$$CNSR + 2\,H_2O = RNH_2 + CO_2 + H_2S$$

verseift[1]).

c) Ähnlich wirkt schwach verdünnte Schwefelsäure:

$$CNSR + H_2O = RNH_2 + COS.$$

d) Organische Säuren liefern neben COS alkylierte Säureamide, mit Thiobenzoesäure entsteht Benzamid und Schwefelkohlenstoff[2]). Säureanhydride geben alkylierte Säureimide und COS[3]).

e) Mit Alkoholen oder alkoholischer Lauge bei 100—110° entstehen Sulfurethanderivate (Alkylthiocarbaminsäureester), Mercaptane liefern Dithiocarbaminsäureester.

f) Ammoniak, Amine, Schwefelwasserstoff[4]) und Triäthylphosphin werden unter Bildung substituierter Thioharnstoffe addiert[5]).

g) Nascierender Wasserstoff (Zink und Salzsäure) reduziert zu Thioformaldehyd CH_2S und primärem Amin; nebenher entsteht Schwefelwasserstoff und sekundäres Amin.

h) Beim Kochen der alkoholischen Lösung mit Quecksilberoxyd oder Chlorid tritt Ersatz des Schwefels durch Sauerstoff ein. Die entstandenen Isocyansäureester werden durch Wasser momentan in Dialkylharnstoffe verwandelt.

Über die Einwirkung von Halogen auf Senföle: Freund, A. **285**, 154 (1895). Einwirkung von Hydroxylamin: Kjellin und Kuylenstjerna, A. **298**, 117 (1897).

Alkylhydrazine: Busch, Opfermann und Walther, B. **37**, 2319 (1904).

Aldehydammoniake: Dixon, Soc. **61**, 509 (1892).

Alkylmagnesiumhaloide: Sachs und Lövy, B. **37**, 874 (1904).

2. Quantitative Bestimmung[6]).

Die Substanz wird mit 50 ccm wäßrigem Ammoniak und 20 ccm Alkohol sowie 5 ccm 10 proz. Silbernitratlösung auf dem Wasserbad am Rückflußkühler erhitzt, bis sich das Schwefelsilber abgesetzt hat (eine Stunde) und die darüber stehende Flüssigkeit klar geworden ist. Die noch heiße Flüssigkeit wird nunmehr durch ein Filter von 5—8 cm Durchmesser filtriert, mit warmem Wasser, dann Alkohol, endlich Äther nachgewaschen und bei 80° zur Gewichtskonstanz getrocknet.

Man kann auch nach Gadamer[7]) das Senföl titrimetrisch bestimmen.

---

[1]) Als primäres Produkt entsteht Dialkylthioharnstoff: Gadamer, Arch. **237**, 103 (1899).

[2]) Wheeler und Merriam, Am. soc. **23**, 283 (1901). — Rhodanide liefern dagegen N-Acyldithiocarbamidsäureester: Wheeler und Johnson, Am. soc. **24**, 684 (1902). — Wheeler und Jamieson, Am. soc. **24**, 753 (1902).

[3]) Kay, B. **26**, 2848 (1893).

[4]) Ponzio, G. **26**, I, 326 (1896). — Anschütz, A. **371**, 216 (1909).

[5]) Hildebrand, Am. soc. **29**, 447 (1907).

[6]) Vuillemin, Ph. C.-H. **45**, 384 (1905). — Vgl. Dieterich, Helf. A. **1900**, 182; **1901**, 116. — Hartwich und Vuillemin, Apoth. Ztg. **20**, 199 (1905). — Über das Verhalten von Senfölen siehe noch Schneider, A. **392**, 1 (1912).

[7]) Arch. **237**, 105, 110, 374 (1899). — Grützner, Arch. **237**, 185 (1899). — Roeser, J. Pharm. Chim. (6) **15**, 361 (1903). — Kuntze, Arch. **246**, 58 (1908).

Das im Alkohol gelöste Senföl wird mit $^n/_{10}$-Silberlösung (dreifachem Überschuß) und Ammoniak in verschlossener Flasche 24 Stunden stehengelassen, mit Salpetersäure angesäuert und nach Zusatz von einigen Tropfen Ferrisalzlösung mit $^n/_{10}$-Rhodanammoniumlösung bis zur Rotfärbung titriert.

Nach der Gleichung:

$$R \cdot NCS + 3\,NH_3 + 2\,AgNO_3 = Ag_2S + RNHCN + 2\,NH_4NO_3$$

entsprechen einem Molekül Senföl zwei Moleküle Silbernitrat.

Senföle reagieren mit Alkoholaten unter Bildung der charakteristischen Thiourethane [1]).

Dritter Abschnitt.

Analyse der Thioamide und Thioharnstoffe.

Reaktion von Tschugaeff [2]).

Verbindungen, welche die Gruppe $CSNH_2$ oder $CSNHR$ enthalten, zeigen beim Erwärmen [3]) mit Benzophenonchlorid [4]) intensiv blaue Färbung. Die Schmelze ist in Chloroform oder Benzol mit gleicher Farbe löslich.

Zur

volumetrischen Bestimmung von Thioharnstoffen

haben Vollhard [5]), Reynolds und Werner [6]) sowie Salkowsky [7]) Methoden angegeben, die aber nach V. J. Meyer [8]) nicht vollkommen befriedigen. Meyer geht folgendermaßen vor, wobei er auch eine Trennung von Thioharnstoff und Rhodanammonium erzielt.

Die Probe wird in Wasser gelöst und Ammoniak und überschüssige $^n/_{10}$-Silbernitratlösung zugefügt. Dann wird gekocht, bis sich die violette Lösung geklärt und der aus Schwefelsilber, Cyanamidsilber und Rhodansilber bestehende Niederschlag gut abgesetzt hat. Nun wird abfiltriert, aber die Hauptmenge des Niederschlags im Becherglas gelassen und, um das Rhodansilber in Lösung zu bringen, nochmals mit Ammoniak ca. 5 Minuten gekocht und dieses noch ein zweites Mal wiederholt. Der schließlich abfiltrierte Niederschlag wird dann auf dem Filter noch so lange weiter mit heißem Ammoniak ausgewaschen, bis einige Tropfen des Filtrats beim Ansäuern mit Salpetersäure keinen Niederschlag mehr zeigen. — Jetzt wird einige Male mit heißem Wasser nachgewaschen und nun zur Entfernung des noch im Schwefelsilberniederschlag enthaltenen Cyanamidsilbers so lange lauwarme, sehr verdünnte Salpetersäure (1 Teil der verdünnten Salpetersäure auf 9 Teile Wasser) aufgetröpfelt, bis im Filtrat durch einige Tropfen Rhodanammonium kein Niederschlag mehr hervorgerufen wird. — Nachdem zum Schluß noch mit Wasser nachgewaschen ist, wird der Schwefelsilberniederschlag getrocknet, verbrannt, im Wasserstoffstrom ungefähr eine Stunde reduziert und im Sauerstoffgebläse

---

[1]) Roshdestwensky, Russ. **41**, 1438 (1909).

[2]) B. **35**, 2482 (1902). — Willstätter und Wirth, B. **42**, 1915 (1909). — Warunis, B. **43**, 2974 (1910). — Albert, B. **48**, 471 (1915).

[3]) Manchmal schon in der Kälte (Thioformamid).

[4]) Darstellung: Kekulé und Franchimont, B. **5**, 908 (1872). — Maecklenburg, Diss. Königsberg (1914), 15.

[5]) B. **7**, 102 (1874).   [6]) Soc. **83**, 1 (1903).   [7]) B. **26**, 2496 (1893).

[8]) Diss. Berlin (1905), 52.

gerade bis zum Schmelzen des Silbers erhitzt[1]). Aus der gefundenen Menge Silber berechnet sich der Gehalt an Thioharnstoff. (2 Atome Silber = 1 Mol. Harnstoff.)

Das ammoniakalische Filtrat wird mit Salpetersäure sauer gemacht, wobei das Rhodansilber ausfällt, und dann mit Rhodanammonium zurücktitriert. Somit ist einerseits bekannt, wieviel Silber im ganzen für die Titration verbraucht ist, andererseits wieviel auf den Thioharnstoff kommt. Die Differenz ergibt die dem Rhodanammonium entsprechende Menge.

Zur Bestimmung von Phenylthioharnstoff verfährt man einfacher nach Rothmund[2]).

Die Lösung wird mit 5 ccm 10 proz. Ammoniak und 20 ccm $^n/_{25}$-Silberlösung versetzt, gut geschüttelt, 20 Minuten stehengelassen, 10 ccm 25 proz. Salpetersäure zugegeben, das Schwefelsilber abfiltriert und im Filtrat das Silber nach Volhard bestimmt.

Die Schwefelbestimmung nach Carius bereitet bei den Thioharnstoffen Schwierigkeiten[3]).

Nach Großmann[4]) ist diese Methode aber auch gar nicht notwendig. Man gibt zu der Substanz, die sich in einer großen, etwa einen Liter fassenden bedeckten Porzellanschale befindet, tropfenweise konzentrierte Salpetersäure von der erweiterten Ausgußöffnung aus mit einer Pipette hinzu. Dann tritt schon in der Kälte bald eine heftige Reaktion ein, die man, ohne zu erwärmen, ruhig zu Ende gehen läßt. Hierauf gibt man noch einige Tropfen konzentrierte Salpetersäure und konzentrierte Salzsäure zu, erhitzt zuerst mit aufgelegtem Uhrglas einige Zeit auf dem Wasserbad, bis jede lebhafte Gasentwicklung aufgehört hat, und dampft schließlich, nach Entfernung des Uhrglases, zur Trockne. Der Rückstand wird noch ein- oder zweimal mit konzentrierter Salzsäure eingedampft und aus der salpetersäurefreien Lösung schließlich die Schwefelsäure als Bariumsulfat gefällt.

Noch bequemer ist das Verfahren von Gasparini (S. 302).

Additionsprodukte von Thioharnstoffen mit Metallsalzen: Claus, B. 9, 226 (1876). — Rathke, B. 17, 307 (1884). — Kurnakow, B. 24, 3956 (1891). — Reynolds, Soc. 61, 251 (1892). — Rosenheim und Löwenstamm, Z. an. 34, 62 (1903). — Kohlschütter, B. 36, 1151 (1903). — Rosenheim und Meyer, Z. an. 49, 9 (1906). — A. 349, 232 (1906). — Plenkers, Diss. Straßburg (1906).

Die Thiourethane liefern mit ammoniakalischer Silberlösung gut krystallisierende Silbersalze ihrer Pseudoformen, z. B.:

$$R \cdot NH \cdot CS(OC_6H_5) \rightarrow R \cdot N : C(SAg)(OC_6H_5),$$

die zu ihrer Isolierung und Reinigung dienen können. Die Silbersalze pflegen in organischen Lösungsmitteln (Chloroform, Xylol) löslich zu sein[5]).

---

[1]) Hierbei werden, wie auch Salkowsky angibt, die letzten Reste von noch etwa vorhandenem Schwefel durch den vom schmelzenden Silber aufgenommenen Sauerstoff oxydiert.

[2]) Z. phys. 33, 401 (1900). — Freundlich und Rona, Bioch. 81, 96 (1917).

[3]) Siehe S. 300.   [4]) Ch. Ztg. 31, 1196 (1907).

[5]) Schneider und Wrede, B. 47, 2039 (1914). — Schneider und Clibben, B. 47, 2220 (1914).

Vierter Abschnitt.

Analyse der Sulfosäuren.

Hierzu wird man im allgemeinen nach den S. 284 ff. angegebenen Methoden verfahren.

Bei der Kalischmelze der Sulfosäuren werden diese unter Abgabe von schwefliger Säure zersetzt [1]).

Dieses Verhalten wird in der Technik dazu benutzt, den Verlauf der Schmelze durch Titration von Proben mit Jod zu verfolgen.

Ähnlich zerfallen auch aliphatische Sulfosäuren [2]), etwa nach der Gleichung:
$$C_2H_5SO_2OK + KOH = C_2H_4 + K_2SO_3 + H_2O$$
oder
$$CH_3SO_2OK + 3\,KOH = K_2SO_3 + K_2CO_3 + 3\,H_2\,.$$

Nach Hönig und Fuchs [3]) wird zur Bestimmung des abgespaltenen Schwefels die Schmelze in Wasser gelöst und auf ein bestimmtes Volum aufgefüllt. Aus einem aliquoten Teile der Lösung wird das Schwefeldioxyd durch Destillation mit Phosphorsäure verjagt, in Natriumcarbonatlösung aufgefangen, mit Bromwasser oxydiert und schließlich als Bariumsulfat gewogen.

Ortho- und paraständige Sulfogruppen werden bei der Bromierung von Phenolsulfosäuren als Schwefelsäure eliminiert und durch Brom ersetzt. Durch Fällen mit Bariumchlorid ist quantitative Bestimmung dieser Sulfogruppen möglich, wenn zu großer Bromüberschuß vermieden wird. Man kocht zu diesem Behuf die Sulfosäure mit Brom-Salzsäure [4]).

Über den Ersatz der Sulfogruppe durch Chlor siehe S. 511.

Über Methoxylbestimmung resp. Methylimidbestimmung in schwefelhaltigen Substanzen siehe S. 902 ff. resp. S. 1001.

Analyse von Sulfosäurechloriden:

Neitzel, Ch. Ztg. **43**, 500 (1919).

---

[1]) Siehe S. 509.   [2]) Berthelot, C. r. **69**, 563 (1869).
[3]) M. **40**, 346 (1919).
[4]) Hübener, Ch. Ztg. **32**, 485 (1908). — Obermiller, B. **42**, 4361 (1909). — Siehe auch Marqueyrol und Carré, Bull. (4) **27**, 133, 135, 137 (1920). — Datta und Bhoumik, Am. soc. **43**, 303 (1921).

Neuntes Kapitel.

Doppelte und dreifache Bindungen. — Gesetzmäßigkeiten bei Substitutionen.

Erster Abschnitt.

Doppelte Bindung[1].

1. Qualitativer Nachweis von doppelten Bindungen.

a) Die Permanganatreaktion von Baeyer[2].

Nach A. von Baeyer hat man in alkalischer Permanganatlösung ein ausgezeichnetes Mittel, um offene oder ringförmig geschlossene ungesättigte Säuren von offenen oder ringförmig geschlossenen gesättigten, sowie von den Carbonsäuren des Benzols und ähnlichen Gebilden zu unterscheiden. Auch sonst läßt sich diese Reaktion vielfach zur Entdeckung ungesättigter Verbindungen benutzen.

Man prüft entweder in wäßriger Lösung unter Zusatz von ein wenig Soda oder Bicarbonat, indem man zu der Lösung einen Tropfen verdünnter Permanganatlösung fügt: Es tritt momentaner Farbenumschlag in Kaffeebraun und Abscheidung von Manganhydroxyd ein; oder man verwendet alkoholische Lösungen und fügt der Permanganatlösung ein wenig Soda zu. Man muß im letzteren Fall als Vergleichsflüssigkeit eine reine Alkoholprobe mit der gleichen Permanganatmenge versetzen. Auch Lösen in Aceton[3] oder feuchtem Essigester[4] oder Pyridin[5] kann von Vorteil sein.

Über die katalytische Beschleunigung der Reaktion durch Braunstein siehe Wieland, B. 40, 4271 (1907).

Wie Willstätter fand, zeigen oftmals basische Substanzen, obwohl sie keine Doppelbindung enthalten, sofortige Entfärbung von alkalischer oder neutraler Permanganatlösung, während sie in saurer Lösung beständig sind[6].

Er empfiehlt daher, Basen stets in schwach schwefelsaurer Lösung zu prüfen.

---

[1] Die „Doppelbindungen" der gesättigten Ringsysteme sind hier nicht mit einbegriffen.

[2] A. 245, 146 (1888). — Willstätter, B. 28, 2277, 2880, 3282 (1895); 30, 724 (1897); 33, 1167 (1900). — Vorländer, B. 34, 1637 (1901). — Thoms und Vogelsang, A. 357, 154 (1907).

[3] Sachs, B. 34, 497 (1901). — Eibner und Löbering, B. 39, 2218 (1906). Wieland, B. 40, 4271 (1907).   [4] Ginsberg, B. 36, 2708 (1903).

[5] Green, Davis und Horsfall, Soc. 91, 2083 (1907). — Pummerer und Dorfmüller, B. 46, 2387 (1913).

[6] Siehe hierzu auch Pauly und Hültenschmidt, B. 36, 3355, Anm. (1903).

Den gleichen Erfolg erzielt Ginsberg, indem er die Benzolsulfo-derivate der Basen untersucht[1]).

Vorländer hat dann die Erklärung für dieses Verhalten der Basen gefunden:

Soweit stickstoffhaltige Verbindungen basische Eigenschaften zeigen und sich mit Säuren zu Additionsprodukten, d. h. Salzen, verbinden, sind sie als Basen ungesättigt und daher in alkalischer Lösung leicht oxydierbar. Verwandelt man die Basen aber durch Zusatz starker Mineralsäuren in Salze, so werden sie gesättigt und gegen Permanganat beständig, indem der ungesättigte dreiwertige Stickstoff der Ammoniakverbindung in den gesättigten fünfwertigen des Ammoniums übergeht. Der Grad dieser Sättigung wird bei den einzelnen Basen von der Stärke der Base und der Säure beeinflußt werden. Vereinigt sich der Stickstoff in indifferenten Substanzen überhaupt nicht mit Säuren, so ist er dreiwertig gesättigt.

Der Dihydrolutidindicarbonsäureester wird von Permanganat für sich nicht, aber in Gegenwart von Soda oder verdünnter Schwefelsäure angegriffen[2]).

Erucasäure und Erucylalkohol entfärben Permanganat in Eisessiglösung momentan, in Sodalösung nur träge[3]).

Übrigens zeigen natürlich auch andere als ungesättigte Verbindungen[4]), wenn sie leicht oxydabel sind, die Permanganatreaktion, so z. B. Malonsäure-ester[5]), und andererseits wurden auch Fälle beobachtet[6]), wo die Reaktion bei ungesättigten Verbindungen nicht eintrat.

Verwendung der Baeyerschen Reaktion für die Unterscheidung von Keto-Enolisomeren: Wohl, B. **40**, 2284 (1907).

b) Osmiumtetroxydreaktion von Neubauer[7]).

Substanzen mit Doppelbindung oder dreifacher Bindung geben mit diesem Reagens sehr rasch Schwarzfärbung, während gesättigte Substanzen lange Zeit unverändert bleiben.

Die mehrwertigen Phenole verhalten sich wie ungesättigte Substanzen. Die schwarze Ausscheidung besteht aus metallischem Osmium[8]).

c) Ozonidbildung.

Siehe hierzu S. 495.

Durch die Ozonidbildung verraten sich manchmal Doppelbindungen, die weder durch Permanganat noch durch Brom (siehe unten) nachweisbar sind: Langheld, B. **41**, 1024 (1908).

Ozon und Enole: S. 650.

---

[1]) B. **36**, 2703 (1903).   [2]) Knoevenagel und Fuchs, B. **35**, 1798 (1902).

[3]) Willstätter, Mayer und Hüni, A. **378**, 102 (1911).

[4]) Königs und Schönewald, B. **35**, 2981, 2988 (1902).

[5]) Auch sonst erweisen sich Ester leichter angreifbar als die freien Säuren: Skraup, M. **21**, 897 (1900).

[6]) Lipp, A. **294**, 135, 150 (1897). — Errera, G. **27**, II, 395 (1897). — Brühl, B. **35**, 4033 (1902). — Scholl, A. **338**, 5 (1904). — Wallach, A. **350**, 172 (1906). — Willstätter und Hocheder, A. **354**, 256 (1907). — Langheld, B. **41**, 2024 (1908). .

[7]) Z. ang. **15**, 1036 (1902). — Ch. Ztg. **26**, 944 (1902). — Vers. Ges. deutsch. Naturf. u. Ärzte **74**, II, 1, 89 (1902/03). — Golodetz, Ch. Rev. **17**, 72 (1910). — Schultze, Z. wiss. Mikroskopie **27**, 465 (1910). — Hofmann, B. **45**, 3329 (1912). — Lehmann, Arch. **251**, 152 (1913).

[8]) Normann und Schick, Arch. **252**, 209 (1914). — Siehe dagegen Paal, B. **49**, 550 (1916).

Über Farbenreaktionen ungesättigter Verbindungen mit Tetranitromethan siehe Ostromisslensky, B. **43**, 197 (1910). — J. pr. (2) **84**, 489 (1911).—Ferner Werner, B. **42**, 4324 (1909).—Fomin und Sochanski, B. **46**, 246 (1913).

Oxydation (Oxydbildung) ungesättigter Verbindungen mit organischen Superoxyden: Prileschajew, B. **42**, 4811 (1909). — Russ. **43**, 609 (1911); **44**, 613 (1912). — Mit Caroscher Säure: Simowski, Russ. **47**, 2121 (1916). — Afanassjewski, Russ. **47**, 2124 (1916).

d) Additionsreaktionen[1]).

1. Addition von Halogenen.

Ungesättigte Verbindungen addieren mehr oder weniger leicht ein Molekül Halogen, namentlich Brom, an die Doppelbindung. Ebenso wird Chlorjod[2]) addiert (siehe S. 1127). Besonders leicht addieren Kohlenwasserstoffe. Dabei darf nicht vergessen werden, daß auch nicht eigentlich ungesättigte Verbindungen, wie gewisse Ketone, infolge Bildung von Enolform zur Bromaddition befähigt werden können[3]):

$$-\overset{\|}{\underset{O}{C}}-CH \overset{/}{\underset{\backslash}{}} \rightarrow -\overset{|}{\underset{OH}{C}}=C\overset{/}{\underset{\backslash}{}} + Br_2 = -\overset{|}{\underset{OH}{C}}\overset{/\backslash}{\underset{Br}{}}\overset{/}{\underset{Br}{C}}\overset{/}{\backslash} \cdot$$

Sekundär wird dann Bromwasserstoff abgespalten:

$$-\overset{|}{\underset{OH}{C}}\overset{/\backslash}{\underset{Br}{}}\overset{/}{\underset{Br}{C}}\overset{/}{\backslash} = HBr + -\overset{\|}{\underset{O}{C}}-\overset{/}{\underset{\backslash}{C}}Br \cdot$$

Andererseits gibt es eine Reihe von Substanzen, die trotz vorhandener Doppelbindung kein Brom addieren[4]).

Diese Inaktivität kann zweierlei Gründe haben: Es tritt nämlich gewöhnlich keine Bromaddition ein, wenn schon andere stark negative Radikale an die Äthylenkohlenstoffatome gebunden sind.

---

[1]) Allgemeines über Additionsvorgänge: Nef, A. **298**, 208 (1897). — Hinrichsen, A. **336**, 182 (1904). — Vorländer, A. **341**, 1 (1905); **345**, 155 (1906). — Bauer, J. pr. (2) **72**, 201 (1905). — Michael und Brunel, Am. **41**, 118 (1909).

[2]) Addition von Chlorbrom: Michael, J. pr. (2) **60**, 448 (1899). — Chlorjod: ebenda, S. 450 und Istomin, Russ. **36**, 1199 (1904).

[3]) Willstätter, Mayer und Hüni, A. **378**, 80, 122 (1910). — Hier auch Literatur. — Reich und Koehler, B. **46**, 3727 (1913). — Kurt H. Meyer, A. **380**, 212 (1911); **398**, 51 (1913). — B. **44**, 2718 (1911); **45**, 2843 (1912); **47**, 826 (1914). Siehe S. 648.

[4]) Drewsen, A. **212**, 1651 (1882). — Claisen und Crismer, A. **218**, 140 (1883). Fittig und Buri, A. **216**, 176 (1883). — Cabella, G. **14**, 115 (1884). — Frost, A. **250**, 157 (1889). — Rupe, A. **256**, 21 (1890). — Carrick, J. pr. (2) **45**, 500 (1892). — Fiquet, A. chim. phys. (6) **29**, 433 (1893). — Müller, B. **26**, 659 (1893). — Bechert, J. pr. (2) **50**, 16 (1894). — Liebermann, B. **28**, 143 (1895). — Reformatzky und Plesconossoff, B. **28**, 2841 (1895). — Riedel, J. pr. (2) **54**, 542 (1896). — Biltz, A. **296**, 231, 263 (1897). — Auwers, A. **296**, 234 (1897). — Stelling, Diss. Freiburg (1898), 29—35. — Fulda, M. **20**, 712 (1899). — Goldschmiedt und Knöpfer, M. **20**, 734 (1899). — Wrotnowski, Diss. Freiburg (1900). — Bistrzycki und Stelling, B. **34**, 3081 (1901). — Autenrieth und Rudolph, B. **34**, 3467 (1901). — Goldschmiedt und Krczmar, M. **22**, 668 (1901). — Brühl, B. **35**, 4033 (1902). — Flürscheim, J. pr. (2) **66**, 22 (1902). — Eibner und Merkel, B. **35**, 1662 (1902). — Eibner und Hofmann, B. **37**, 3021 (1904). — Bauer, B. **37**, 3317 (1904). — J. pr. (2) **72**, 201 (1905). — Wallach, A. **336**, 17 (1904); **350**, 172 (1906). — Thoms und Vogelsang, A. **357**, 153 (1907). — Langheld, B. **41**, 1024 (1908). — Staudinger, B. **41**, 1498 (1908). — Straus und Ackermann, B. **42**, 1806 (1909). — Maecklenburg, Diss. Königsberg (1914), 11.

Wird die abstoßende Wirkung solcher negativer Reste paralysiert, z. B. indem man die Gruppe COOH in $COOCH_3$ verwandelt, so ist wieder Addition möglich. Daher geben vielfach die Ester ungesättigter Säuren Dibromide, während die freien Säuren kein Brom addieren (Liebermann, Autenrieth).

Es gibt indessen auch Fälle, wo anscheinend die sterischen Verhältnisse eine Rolle spielen, indem die relativ große Raumerfüllung der an die Äthylenkohlenstoffatome gebundenen Radikale die Anlagerung der Bromatome verhindert (Biltz, Bistrzycki, Staudinger). — So addiert Fumarsäure Brom, Dimethylfumarsäure dagegen nicht[1]).

Verbindungen, die eine Sulfogruppe an doppelt gebundenem C-Atom tragen, addieren weder Brom noch Wasserstoff (Autenrieth, Rudolph), während sonst gewöhnlich gerade jene Verbindungen, die dem Eintritt von Brom Widerstand entgegensetzen, nascierenden Wasserstoff mit Leichtigkeit aufnehmen.

Verbindungen, welche die Gruppierung:

$$R \cdot CH = C\begin{smallmatrix} CN \\ CONH_2 \end{smallmatrix} \quad \text{oder} \quad R \cdot CH = C\begin{smallmatrix} CN \\ COOCH_3 \end{smallmatrix}$$

enthalten, werden von Brom nur substituiert, während die Doppelbindung erhalten bleibt[2]).

Man läßt gewöhnlich das Brom in einem indifferenten Lösungsmittel [Eisessig, Chloroform, Tetrachlorkohlenstoff[3]), Alkohol[4]), Äther, Ätheralkohol, Nitrobenzol[3]), Schwefelkohlenstoff] gelöst, zu der ebenfalls gelösten oder suspendierten Substanz (die evtl. gekühlt wird) zufließen.

Amylalkohol, namentlich auch im Gemisch mit Äther, hat sich in der Terpenreihe als Lösungsmittel sehr bewährt[5]).

In Eisessig[6]) geht im allgemeinen[7]) die Bromierung leichter und glatter vor sich als in den anderen Lösungsmitteln. Doch scheint er im Verein mit der meist alsbald entstehenden Bromwasserstoffsäure die Fähigkeit zu besitzen, in polycyclischen Systemen leicht Ringe, besonders Drei- und Vierringe, aufzusprengen, so daß die resultierenden Produkte keinen Einblick mehr in die Konstitution der Ausgangsmoleküle gestatten[8]).

Titration von Nerol und Geraniol mit Brom in Chloroformlösung: v. Soden und Zeitschel, B. **36**, 266 (1903). — v. Soden und Treff, B. **39**, 911 (1906).

Einfluß der Wahl des Lösungsmittels: Pinner, B. **28**, 1877 (1895). — Herz und Mylius, B. **39**, 3816 (1906); **40**, 2898 (1907). — Herz und Dick, B. **41**, 2645 (1908). — Dorée und Orange, Soc. **109**, 46 (1916).

Oft tritt sofortige Entfärbung ein und man kann das Ende der Bromaufnahme leicht erkennen. Manchmal[9]) ist Erhitzen, selbst im Einschlußrohr, erforderlich; im allgemeinen trachtet man indes, um sekundäre Abspaltung von Bromwasserstoff zu verhindern, bei möglichst niedriger Temperatur zu bromieren.

---

[1]) Fittig und Kettner, A. **304**, 171 (1899).
[2]) Piccinini, Atti Acc. di Torino **1905**, 40.
[3]) Bruner und Fischler, Z. El. **20**, 84 (1914).
[4]) Wallach, A. **227**, 280 (1885).   [5]) Godlewski, B. **32**, 3204, Anm. (1899).
[6]) Wallach, A. **239**, 3 (1887).
[7]) Siehe dagegen Dorée und Orange, Soc. **109**, 46 (1916).
[8]) Semmler, Die ätherischen Öle **1**, 96 (1905).   [9]) Friedländer, B. **13**, 2257 (1880).

Als beste **Katalysatoren** der **Bromaddition** haben sich **Chlorjod** und **Antimontribromid** erwiesen[1]).

Allgemeine Bemerkungen über die Ausführung von Bromadditionen: Michael, J. pr. (2) **52**, 291 (1895). — B. **34**, 3640, 4215 (1901).

Über Bromaddition überhaupt: Bauer, B. **37**, 3317 (1904). — J. pr. (2) **72**, 201 (1905). — Bauer und Moser, B. **40**, 918 (1907). — Pauly und Neukam, B. **41**, 4153 (1908). — Sudborough und Thomas, Soc. **97**, 715, 2450 (1910).

Um den bei der Reaktion entstehenden **Bromwasserstoff zu binden**, setzt man Natrium- oder besser Ammoniumacetat zu[2]).

Großen Einfluß auf den Verlauf der Reaktion übt das **Sonnenlicht**, das im allgemeinen[3])[4]) die Addition sehr begünstigt, manchmal aber auch zu verhindern imstande ist[5]). Auch ganz geringe **Verunreinigungen** können die Addition sehr beschleunigen[4]).

Umlagerungen: Liebermann, B. **24**, 1108 (1891). — Michael, B. **34**, 3540 (1901). — Dampfförmiges Brom: Elbs und Bauer, J. pr. (2) **34**, 344 (1886).

Bromaddition an konjugierte Doppelbindungen: Thiele, **306**, 96, 97, 176, 201 (1899); **308**, 333 (1899); **314**, 296 (1901); **342**, 205 (1905). — Thiele und Jehl, B. **35**, 2320 (1902). — Lohse, Diss. Berlin (1904). — Hinrichsen, B. **37**, 1121 (1904). — Straus, B. **42**, 2866 (1909). — A. **393**, 242 (1912). — Die Bromaddition erfolgt in dem System C = C — C = C vielfach an den Stellen 1

$$1 \quad 2 \quad 3 \quad 4$$

und 4; aber durchaus nicht immer, oft erfolgt auch daneben oder ausschließlich Addition in 1.2-Stellung.

Die Dihydroterephthalsäuren gestatten nur dann die Addition von vier Atomen Brom, wenn die beiden ungesättigten Kohlenstoffpaare durch andere Kohlenstoffatome getrennt sind[6]). Sonst entsteht nur ungesättigtes Dibromid.

2. Addition von Nitrosylchlorid[7]).

Die ungesättigten Kohlenwasserstoffe und Ester ungesättigter Alkohole usw. verbinden sich mit Nitrosylchlorid zu Derivaten, die in vielen Fällen (namentlich in der Terpenreihe) zu ihrer Charakterisierung geeignet sind.

Die Reaktionsprodukte sind verschieden, je nachdem, ob die beiden doppelt gebundenen C-Atome tertiär sind oder nicht.

---

[1]) Bruner und Fischler, Z. El. **20**, 84 (1914).
[2]) Fries, A. **346**, 172 (1906). — Fuchs, M. **36**, 116 (1915).
[3]) Michael, J. pr. (2) **52**, 291 (1895). — B. **34**, 3640 (1901). — Pinner, B. **28**, 1877 (1895). — Wislicenus, A. **272**, 98 (1893).
[4]) Herz und Rathmann, B. **46**, 2588 (1913).
[5]) Friedländer, B. **13**, 2257 (1880).
[6]) Baeyer und Herb, A. **258**, 2 (1890).
[7]) Tilden, Soc. **28**, 514 (1875). — Tilden und Shenstone, Soc. **31**, 554 (1877). — Tönnies, B. **12**, 169 (1879); **20**, 2987 (1887). — Wallach, A. **245**, 245 (1888); **252**, 109 (1889); **253**, 251 (1889); **270**, 174 (1892); **277**, 153 (1893); **332**, 305 (1904); **336**, 12 (1905). — Tilden und Sudborough, Soc. **63**, 479 (1893). — Baeyer, B. **27**, 442 (1894); **28**, 641, 650, 1586 (1895); **29**, 1078 (1896). — Thiele, B. **27**, 454 (1894). — Tilden und Forster, Soc. **65**, 324 (1894). — Scholl und Matthaiopoulus, B. **29**, 1550 (1896). — Ipatjew, Russ. **31**, 426 (1899). — Ipatjew und Ssolonina, Russ. **33**, 496 (1901). — Schmidt, B. **35**, 3737 (1902); **36**, 1765 (1903); **37**, 532, 545 (1904). — Wallach und Sieverts, A. **306**, 279 (1898); **332**, 309 (1904). — Wallach, A. **343**, 49 (1905); **345**, 127, 152 (1906); **353**, 308 (1907); **360**, 37 (1908). — Francesconi und Sernagiotto, G. **43**, I, 315 (1913).

a) Verbindungen $\diagup C = C\diagdown$
liefern wahre Nitrosoderivate:

$$\begin{array}{cc} \diagup C\!\!-\!\!C\diagdown \\ {\scriptstyle |} \quad {\scriptstyle |} \\ Cl \quad N = O \end{array},$$

blaue oder grüne, schwere Flüssigkeiten oder Krystalle von stechendem Geruch, die durch Erwärmen mit Alkohol oder Wasser in ihre Komponenten zerfallen. Sie fällen aus Silbernitrat in alkoholischer Lösung rasch Chlorsilber und scheiden aus Jodkaliumlösung sofort Jod ab.

b) Verbindungen $\diagup C = C\!-\!\overset{H}{}$
bilden krystallisierte Derivate nach der Formel:

$$\begin{array}{cc} \diagup C\!\!-\!\!C\!- \\ {\scriptstyle |} \quad {\scriptstyle \|} \\ Cl \quad NOH \end{array},$$

also Isonitrosoverbindungen, die farblos sind und alle Eigenschaften der Oxime besitzen. Intermediär entstehen die labilen wahren Nitrosokörper.

c) Substanzen der Formeln:

$$\diagup C = CH_2, \quad -CH = CH \quad \text{und} \quad -CH = CH_2$$

geben keine festen Reaktionsprodukte.

Darstellung der Additionsprodukte mit Nitrosylchlorid.

Zur Darstellung dieser Verbindungen verwendet man freies Nitrosylchlorid nur sehr selten; bequemer löst man den Kohlenwasserstoff in überschüssiger stark alkoholischer Salzsäure, kühlt gut ab und fügt konzentriertes Natriumnitrit in geringem Überschuß unter guter Kühlung tropfenweise hinzu (Thiele), worauf durch Verdünnen mit Wasser das Reaktionsprodukt auszufallen pflegt, oder man verwendet, was meist vorteilhafter ist[1]), nach Wallach Amyl- oder Äthylnitrit und Salzsäure.

Man schüttelt dann einfach ein kalt gehaltenes Gemisch von Kohlenwasserstoff und Amylnitrit mit konzentrierter Salzsäure durch und fügt Alkohol oder nach Umständen zweckmäßiger Eisessig zu der Flüssigkeit, worauf das Reaktionsprodukt sich abscheidet.

Als Beispiel der Verwendung von Äthylnitrit sei die Darstellung von Limonen-Nitrosochlorid angeführt.

5 ccm Limonen werden mit 11 ccm Äthylnitrit und 12 ccm Eisessig versetzt und in das sehr gut abgekühlte Gemenge ein Gemisch von 6 ccm roher Salzsäure und 6 ccm Eisessig in kleinen Partien eingetragen. Schließlich werden noch 5 ccm Alkohol hinzugefügt. Auf diese Weise konnten aus 120 ccm Kohlenwasserstoff bis zu 100 g Additionsprodukt erhalten werden.

Das für diese Zwecke nötige Äthylnitrit wird nach Wallach und Otto[2]) sehr bequem in folgender Weise bereitet:

In einen geräumigen Kolben bringt man eine Auflösung von 250 g Natriumnitrit in einem Liter Wasser und 100 g Alkohol. Der Kolben steht auf der einen Seite in Verbindung mit einer sehr guten Kühlvorrichtung (langes Kühlrohr und mit Eis gekühlte Vorlage), auf der anderen mit einem höher stehenden Gefäß, das ein Gemisch von 200 g konzentrierter Schwefelsäure, 1.5 l Wasser und 100 g Alkohol enthält. Läßt man nun in geeigneter Weise die verdünnte Schwefelsäure in dünnem Strahl zu dem Natriumnitrit hinzutreten, so liefert

---

[1]) Semmler, Ätherische Öle 1, 118.   [2]) A. 253, 251, Anm. (1889).

die salpetrige Säure mit dem Alkohol sofort Äthylnitrit, das regelmäßig abdestilliert. Bei gut geleiteten Operationen erhält man etwa 100% des angewendeten Alkohols an rohem Äthylnitrit, das für obige Zwecke ohne weiteres verwertbar ist.

Als Krystallisationsmittel der Nitrosylchloridverbindungen dienen Chloroform, Methylalkohol und Essigester. Am besten bewährt sich Aceton[1]).

Wendet man an Stelle der Salzsäure bei der Darstellung der Nitrosylchloride Bromwasserstoff oder Salpetersäure an, so erhält man analog Nitrosylbromide bzw. Nitrosate[2]).

Letztere entstehen auch durch direkte Einwirkung von N_2O_4 auf die Kohlenwasserstoffe.

3. Addition von Halogenwasserstoff[3]).

Die Anlagerung von Jodwasserstoffsäure an ungesättigte Kohlenwasserstoffe und Alkohole gelingt am leichtesten, leicht auch die Bromwasserstoffanlagerung, während Salzsäure oft nur träge reagiert[4]). Die Anlagerung erfolgt stets in der Weise, daß das Halogenatom vorwiegend an das Kohlenstoffatom tritt, mit dem die geringere Zahl von Wasserstoffatomen verbunden ist[5]) (Regel von Markownikoff). Als Nebenreaktion kann auch die umgekehrte Anlagerung erfolgen[6]).

Salzsäure wird um so leichter angelagert, je weniger Wasserstoffatome sich an den doppelt gebundenen Kohlenstoffatomen befinden; die Substanzen vom Typus:

$$CH_2 = C\!\!< \quad \text{und} \quad -CH = C\!\!<$$

addieren Salzsäure schon in der Kälte, solche vom Typus $CH_2 = CH-$ erst bei höherer Temperatur[7]).

Gesättigte bicyclisch-hydrierte Kohlenwasserstoffe können durch Halogenwasserstoff aufgespalten werden[8]). So gehen α- und β-Tanaceten $C_{10}H_{16}$, dem Trioceantypus angehörig, durch Anlagerung von 2 HCl in Limonendichlorhydrat über; Pinen, das zum Tetroceantypus gehört, liefert unter denselben Bedingungen dasselbe Produkt. In analoger Weise konnte Kondakow vom Pentoceantypus gewisser Fenchene aus unter Aufsprengung eines Fünfrings zum Carvestrendibromhydrat gelangen; dieses Dibromhydrat gibt Carvestren, nach Baeyer ein Tetracymolderivat.

Häufig ist zum Zustandekommen einer Anlagerung von Halogenwasserstoff an Doppelbindungen das Vorhandensein geringer Mengen von Wasser notwendig. So lagert Limonenmonochlorhydrat nur bei sehr langer Einwirkung von Salzsäure und bei Gegenwart von etwas Wasser ein zweites Molekül Salzsäure an.

---

[1]) Wallach, A. **336**, 43 (1904).

[2]) Literatur über Nitrosate: Wallach, Terpene und Campher (1909), 69.

[3]) Berthelot, A. **104**, 184 (1857); **115**, 114 (1860). — Schorlemmer, A. **166**, 177 (1873); **199**, 139 (1879). — Morgan, A. **177**, 304 (1875). — Le Bel, C. r. **85**, 852 (1877).

[4]) Erlenmeyer, A. **139**, 228 (1866). — Butlerow, A. **145**, 274 (1868). — Markownikoff, A. **153**, 256 (1869). — B. **2**, 660 (1869). — Saytzeff, A. **179**, 296 (1875).

[5]) Le Bel, C. r. **85**, 852 (1877). — Stolz, B. **19**, 538 (1886).

[6]) Michael, J. pr. (2) **60**, 445 (1899). — B. **39**, 2140 (1906). — Ipatjew und Ogonowsky, B. **36**, 1988 (1903). — Ipatjew und Dechanow, Russ. **36**, 659 (1904).

[7]) Guthrie, A. **116**, 248 (1860); **119**, 83 (1861); **121**, 116 (1862). — Wallach, A. **241**, 288 (1887); **248**, 161 (1888). — Ipatjew und Ssolonina, Russ. **33**, 496 (1901). — Schmidt, B. **35**, 2336 (1902).

[8]) Semmler, Die ätherischen Öle **1**, 95 (1905).

Wegen der Möglichkeit einer Ringsprengung, die namentlich bei Drei-, Vier- und Fünfringen in bicyclischen Systemen leichter erfolgen kann als die Addition an die Doppelbindung, darf in derartigen Fällen die Addition von Halogenwasserstoff allein nicht als Beweis für das Vorliegen einer Doppelbindung angesehen werden. Siehe Marsh, Proc. 15, 54 (1899).

Bei der Addition von Halogenwasserstoff an $\alpha\beta$- und $\beta\gamma$-ungesättigte Säuren lagert sich das Halogenatom an das von der Carboxylgruppe entferntere Kohlenstoffatom an[1]), $\Delta\gamma\delta$-Säuren verhalten sich umgekehrt[2]).

Indessen gibt die Atropasäure:

$$CH_2 = C-COOH$$
$$\diagdown$$
$$C_6H_5$$

mit konzentrierter Bromwasserstoffsäure bei gewöhnlicher Temperatur sowohl α- als auch β-Bromhydratropasäure; bei 100° nur β-Säure[3]).

4. Addition von Wasserstoff.

Die Reduktion ungesättigter Kohlenwasserstoffe mit nur einer Doppelbindung durch Natriumamalgam[4]) oder Natrium und Alkohol gelingt im allgemeinen[5]) nicht, wohl aber die der $\alpha\beta$-ungesättigten Säuren[6])[7]). Ist mit dem doppelt gebundenen Kohlenstoff eine negative Gruppe in Verbindung, wie z. B. in der Zimtsäure, so erfolgt die Wasserstoffanlagerung sehr glatt; einen positiven Rest enthaltende Säuren, z. B. Methylacrylsäure, werden viel langsamer und nur in der Wärme reduziert. Anwesenheit einer zweiten Carboxylgruppe wirkt natürlich auch auf die Reduktion erleichternd.

Bequemer und ökonomischer als mit fertigem Natriumamalgam arbeitet man nach Hans Meyer, Beer und Lasch[8]) mit elektrolytisch an einer Quecksilberkathode abgeschiedenem Natrium. Zur Darstellung der Chlorhydrozimtsäure wird z. B. folgendermaßen vorgegangen:

In einen breiten, dickwandigen Glaszylinder A (Fig. 349) wird eine 3 cm hohe Quecksilberschicht gebracht, in die nahe am Rand des Gefäßes ein Lampenzylinder 1 cm tief eintaucht. In den Zylinder C wird 25 proz. Natronlauge gefüllt. Als positive Elektrode dient ein dicker Nickeldraht D, der an seinem unteren Ende eine Nickelscheibe trägt; die negative Elektrode B wird durch ein Glasrohr isoliert bis nahe an den Boden des Gefäßes A geführt und besteht aus einem 2 mm dicken, unten spiralig gewundenen Eisendraht.

In das Gefäß A werden 60 g Chlorzimtsäure, gelöst in 120 ccm Natronlauge von 25 % und 1200 ccm Wasser, gebracht. Der Rührer E, der zwei fixe, senkrecht zueinander stehende Glasflügel trägt, taucht mit dem einen Flügel

---

[1]) Erlenmeyer, B. 13, 304 (1880). — Fittig, B. 27, 2661 (1894). — Eckert und Halla, M. 34, 1816 (1913).

[2]) Messerschmidt, A. 208, 100 (1881). — Fittig und Fränkel, A. 255, 32 (1889).

[3]) Fittig und Wurster, A. 195, 152 (1879).

[4]) Über die Notwendigkeit, zu derlei Reduktionen reines Amalgam zu verwenden, siehe Aschan, B. 24, 1865, Anm. (1891). — E. Fischer und Hertz, B. 25, 1255, Anm. (1892). — Haworth und Perkin, Soc. 93, 584 (1908). — Zur Theorie der Hydrierung mit Natriumamalgam: Willstätter und Waldschmidt, B. 54, 120 (1921).

[5]) Die Vinyl- und die Propenylgruppe in Styrolen und Phenoläthern werden glatt reduziert, die Allylgruppe nicht. Ciamician und Silber, B. 23, 1162, 1165, 2285 (1890). — Klages, B. 32, 1440 (1899); 36, 3586 (1903); 37, 1721 (1904).

[6]) Baeyer, A. 251, 258 (1889); 269, 171 (1892).

[7]) Thiele, A. 306, 101 (1899). — Semmler, B. 34, 3126 (1901); 35, 2048 (1902). — Bouveault und Blanc, Bull. (3) 31, 1206 (1904). — Courtot, Thiele und Iehl, B. 35, 2320 (1902). — Bull. (3) 35, 121 (1906).   [8]) M. 34, 1677 (1913).

vollkommen unter das Quecksilber, während der andere die Lösung der Chlorzimtsäure durchzumischen bestimmt ist. Man läßt einen Strom von 2 Ampere
pro 10 cm² Kathodenoberfläche und von 20 · 5 Volt hindurchgehen, während
der Rührer sich in dauernder, nicht zu langsamer Bewegung befindet. Nachdem
sehr wenig mehr als die berechnete Strommenge verbraucht worden ist, beginnt
lebhafte Wasserstoffentwicklung an der Kathode, während vorher gar kein
molekularer Wasserstoff sichtbar war.

Säuren, welche die Doppelbindung entfernter von der Carboxylgruppe tragen, lassen sich durch Natriumamalgam oder metallisches
Natrium nicht[1]) oder nur schwer und in der Hitze[2]), wohl aber durch saure
Mittel [Zink und Salzsäure + Eisessig, Jod-
wasserstoffsäure und Phosphor[3])] reduzieren.

Quartäre ungesättigte Ammoniumsalze können bei der Reduktion mit Natriumamalgam gespalten werden, ohne daß es gelingt, Wasserstoff an die Doppelbindung anzulagern[4]).

Ungesättigte Ketone lassen sich (mit
Natrium und feuchtem Äther) nur dann redu-
zieren, wenn sich die Doppelbindung in $\alpha\beta$-
Stellung befindet[5]).

Auch ungesättigte Alkohole lassen sich,
wenn auch oft nur langsam und unvollständig,
durch Natriumamalgam reduzieren[6]), besser in
alkalischer Lösung mit Aluminiumspänen[7])

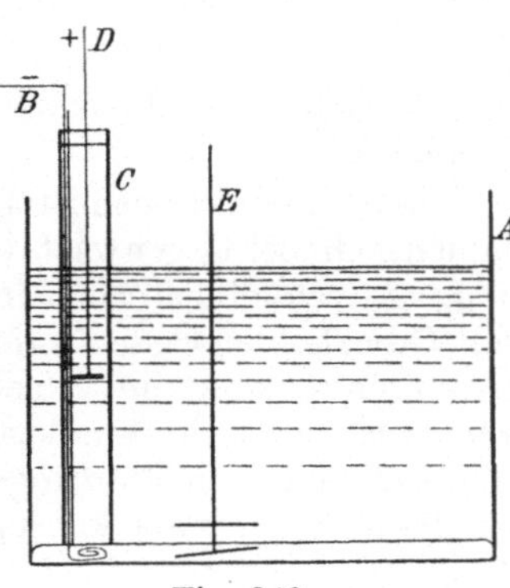

Fig. 349.

oder nach der Sabatierschen Methode[8]), oder elektrolytisch an Platinkathoden[9]), am besten in ätherischer oder alkoholischer Lösung mit Platinschwarz[10]) oder Palladium[11]).

Dagegen lassen sich Kohlenwasserstoffe mit konjugierten Doppelbindungen
durch Natrium und Alkohol, namentlich Amylalkohol, reduzieren. So konnte
Semmler[12]) das Myrcen in Dihydromyrcen überführen. Letzteres ist dann
natürlich nicht durch alkalische Reduktionsmittel weiter angreifbar:

$$
\begin{array}{ccc}
\overset{\displaystyle CH_3 \quad CH_2}{\diagdown C\diagup\diagup} & & \overset{\displaystyle CH_3 \quad CH_2}{\diagdown C\diagup\diagup} \\
| & & | \\
CH_2 \quad CH_2 & \longrightarrow & CH_2 \\
\| \diagdown & & \diagdown \\
CH \quad CH_2 & & CH_3 \quad CH_2 \\
\diagdown \quad | & & \quad | \quad | \\
H_2C = C - CH_2 & & CH \quad CH_2 \\
& & \diagdown C \diagup \\
& & | \\
& & CH_3
\end{array}
$$

---

[1]) Holt, B. **24**, 412 (1891); **25**, 963 (1892). — Fichter und Bauer, B. **31**, 2003
(1898). — Kunz-Krause und Schelle, Arch. **242**, 286 (1904).
[2]) Jayne, A. **216**, 97 (1882). — Sudborough und Gittins, Soc. **95**, 318 (1909).
$\beta\gamma$-Phenylcrotonsäure.   [3]) Goldschmiedt, Sitzb. Wien. Ak. (II) **72**, 366 (1876).
[4]) Emde, B. **42**, 2590 (1909). — Wedekind, B. **42**, 3939 (1909).
[5]) Blumann und Zeitschel, B. **46**, 1181 (1913).
[6]) Linnemann, B. **7**, 866 (1874). — Rügheimer, A. **172**, 123 (1874). — Hatton
und Hodkinson, Soc. **39**, 319 (1881). — Perkin, B. **15**, 2811 (1882).
[7]) Speranski, C. r. **2**, 181 (1899).   [8]) C. r. **144**, 880 (1907). — Siehe S. 1132ff.
[9]) Willstätter, Mayer und Hüni, A. **378**, 91 (1910). — Majima, B. **45**, 2728 (1912).
[10]) Siehe S. 1109.   [11]) Wieland, B. **45**, 2617 (1912).
[12]) B. **34**, 3126 (1901); **36**, 1035 (1903); **42**, 526 (1909). — Rupe und Liechtenhan,
B. **39**, 1121 (1906). — Siehe hierzu Auwers, B. **42**, 4895 (1909).

Hierher gehört auch die scheinbare Ausnahme der oben gegebenen Regel,
daß Kohlenwasserstoffe mit nur einer Doppelbindung nicht reduzierbar sein
sollen: Kohlenwasserstoffe vom Styroltypus sind nämlich reduzierbar. Dies
ist nach Semmler dahin zu erklären, daß in derartigen Verbindungen kein
Benzolring, sondern ein Chinonring anzunehmen ist. Folgendes Beispiel illustriert diesen Gedankengang:

$$CH = CH_2 \quad\longrightarrow\quad CH{-}CH_3 \quad\longrightarrow\quad CH{-}CH_3 \quad\longrightarrow\quad CH_2{-}CH_3$$

Styrol   H H   Äthylbenzol.

Danach wäre also auch hier ein Paar konjugierter Doppelbindungen vorhanden [1]).

Saure Reduktionsmittel, von denen am energischsten Jodwasserstoffsäure,
namentlich bei Gegenwart von Phosphor, wirkt, bewirken vollständige Reduktion, die schließlich bei Ringgebilden zur Sprengung der Kerne und Bildung
von Grenzkohlenwasserstoffen führen kann. Doch sind derartige Reduktionen
in saurer Lösung im allgemeinen zur Konstitutionsbestimmung nicht verwendbar, da Methylwanderungen und Kernverschiebung, z. B. Verwandlung
von Sechsringen in Fünfringe, häufig beobachtet werden. Siehe S. 515 und 530.

Säuren mit zwei konjugierten Doppelbindungen [2]):

$$C = C{-}C = C{-}COOH$$

addieren bei der Reduktion mit Natriumamalgam ebenfalls zwei Wasserstoffatome in die Stellungen 1 und 4, unter Bildung einer nicht direkt weiter reduzierbaren $\beta\gamma$-ungesättigten Säure (siehe S. 1106).

Reduktion ungesättigter Ketone: Wallach, A. **275**, 171 (1893); **279**, 379
(1894). — Harries, A. **296**, 295 (1897). — B. **29**, 380 (1896); **32**, 1315 (1899). —
A. **330**, 212 (1904). — Thiele, A. **306, 99** (1899). — Semmler, B. **34**, 3125
(1901); **35**, 2048 (1902). — Darzens, C. r. **140**, 152 (1905). — Skita, B. **41**,
2938 (1908).

Von ungesättigten Aldehyden: Lieben u. Zeisel, M. **1**, 825 (1880);
4, 22 (1883) — Vgl. Spl. **3**, 257 (1864). — B. **15**, 2808 (1882) — Charon,
A. ch. (7), **17**, 215 (1899) — Harries u. Haga, A. **330**, 226 (1904) (Aluminiumamalgam). — Siehe auch S. 1114.

Von ungesättigten Phenolen: Klages, B. **37**, 3987 (1904).

Von ungesättigten Säureestern und Kohlenwasserstoffen mit
Aluminiumamalgam: Harries, B. **29**, 380 (1896). — Thiele, A. **347**, 249,
290 (1906); **348**, 1 (1906). — Henle, A. **348**, 16 (1906). — Staudinger, B. **41**,
1495 (1908).

Reduktionen mit Wasserstoff unter Verwendung eines Katalysators.

Nachdem schon Debus im Jahre 1863 Blausäure mit Platin als Überträger durch Wasserstoff in Methylamin übergeführt hatte [3]), haben Sabatier

---

[1]) B. **36**, 1033 (1903). — Siehe hierzu Klages, B. **36**, 3585 (1903). — Voigt, Diss.
Rostock (1908).

[2]) Thiele, A. **306**, 101 (1899). — Semmler, B. **34**, 3126 (1901); **35**, 2048 (1902).
— Bouveault und Blanc, Bull. (3) **31**, 1206 (1904). — Courtot, Thiele und Iehl,
B. **35**, 2320 (1902). — Bull. (3) **35**, 121 (1906).   [3]) A. **128**, 200 (1863).

und Senderens die Wirkungsweise des Nickels, Kupfers und Platins als Wasserstoffüberträger erprobt[1]).

Nach dem Patent von Leprince und Siveke[2]) wird die Hydrierung ungesättigter Fettsäuren mit Hilfe fein verteilter Metalle auch durch Einleiten von Wasserstoff in das erhitzte Gemisch der Substanz und des Katalysators bewirkt.

Fokin fand dann[3]), daß man bei Verwendung von Platin und Palladium[4]) die Reduktion schon bei gewöhnlicher Temperatur ausführen kann. Er erhielt durch Einleiten von Wasserstoff in ätherische Ölsäurelösung bei Gegenwart von Platinschwarz nach $^1/_2$ Stunde 24%, nach 5 Stunden 90% Stearinsäure.

Auf der gleichen Reaktion dürfte die elektrolytische Reduktion von ungesättigten Fettsäuren und deren Estern an platinierten Platinkathoden beruhen[5]).

Methode von Willstätter.

Willstätter und Mayer[6]) haben die Reduktionsmethode mit Platin und Wasserstoff bei gewöhnlicher Temperatur zu einer allgemein verwertbaren ausgestaltet. Nicht nur die Reduktion von ungesättigten Säuren, Estern, Alkoholen und Kohlenwasserstoffen (Terpenen), sondern auch sogar die Perhydrierung von Benzolderivaten gelingt nach diesem Verfahren.

Nach Willstätter[7]) beruht die Wasserstoffübertragung auf einem Spiel zwischen zwei Valenzstufen des Platins:

$$\text{I.} \quad Pt + O_2 \rightleftarrows Pt\!\!\begin{array}{c} O \\ | \\ O \end{array} \qquad Pt\!\!\begin{array}{c} O \\ | \\ O \end{array} + H_2O = Pt\!\!\begin{array}{c} O\!-\!OH \\ \\ OH \end{array} \qquad Pt\!\!\begin{array}{c} O \\ | \\ O \end{array} + CH_3COOH = Pt\!\!\begin{array}{c} O \cdot OH \\ \\ OCOCH_3 \end{array}$$

$$\text{II.} \quad Pt\!\!\begin{array}{c} O \\ | \\ O \end{array} \text{ (oder Hydrat bzw. Acetat)} + H_2 \rightleftarrows \begin{array}{c} H \\ \\ H \end{array}\!\!\!H\!\!\begin{array}{c} O \\ | \\ O \end{array} \text{ (oder Hydrat bzw. Acetat).}$$

Neben der Wasserstoffübertragung durch die Platinsauerstoffverbindung geht ihre Desoxygenierung einher, wodurch der Katalysator verbraucht wird. Es wirkt also nur sauerstoffhaltiges Platin als Hydrierungsmittel.

Das erforderliche Platinschwarz wird folgendermaßen[8]) dargestellt:

80 ccm einer etwas salzsäurehaltigen Lösung von Platinchlorwasserstoffsäure aus 20 g Platin werden mit 150 ccm 33 proz. Formaldehyd vermischt und bei —10° unter kräftigem Rühren tropfenweise mit 420 g 50 proz. Kalilauge versetzt, so daß die Temperatur nie über 4—6° steigt. Dann wird unter fortgesetztem lebhaften Rühren $^1/_2$ Stunde auf 55—60° erwärmt. Das klar abgesetzte Platinschwarz wird durch Dekantation (in einem hohen Zylinder) gut gewaschen, bis zum Verschwinden der Alkali- und Chlorreaktion. Man saugt

[1]) A. chim. phys. (8) **4**, 344, 355, 367, 415 (1905). — Siehe unter „Methode von Bedford", S. 1132. — Katalyse im Vakuum: Zelinsky, B. **44**, 2779 (1911). Siehe ferner Sabatier, Die Katalyse, Akad. Verlagsges. (1914), 44ff.

[2]) DRP. 141 029 (1903); 189 322 (1907). — Windaus, B. **49**, 1728 (1916).

[3]) Russ. **38**, 419 (1906); **39**, 607 (1907). — Ch. Ztg. **32**, 922 (1908).

[4]) Roth, Diss. Erlangen (1909), 40. — B. **42**, 1541 (1909). — Paal und Hartmann, B. **42**, 2239 (1909). — Wallach, A. **381**, 51 (1910). — Borsche, B. **44**, 2942 (1911); **45**, 46 (1912). Konjugierte Doppelbindungen. — Paal, B. **45**, 2221 (1912). — Dankworth, Arch. **250**, 620 (1912). — Siehe auch S. 1111.

[5]) DRP. 187 788 (1907).

[6]) B. **41**, 1475, 2200 (1908). — Schmidt und Fischer, B. **41**, 4225 (1908). — Grün und Woldenberg, Am. soc. **31**, 504 (1909). — Vavon, C. r. **149**, 997 (1909); **153**, 68 (1911). — Fournier, Bull. (4) **7**, 23 (1910). — Majima, B. **45**, 2727 (1912).

[7]) B. **45**, 1471 (1912); **46**, 527 (1913); **51**, 767 (1918); **54**, 113 (1921).

[8]) Löw, B. **23**, 289 (1890). — Willstätter und Hatt, B. **45**, 1472 (1912). — Siehe auch Boeseken, Rec. **35**, 260 (1915). — Gutbier und Maisch, B. **52**, 1370 (1919). — Willstätter und Waldschmidt, B. **54**, 122 (1921) und S. 1110, Anm. 1.

schwach ab, wobei das Platin stets unter Wasser bleibt, dann wird rasch
zwischen Filtrierpapier abgepreßt und im Exsiccator getrocknet. Man evakuiert
im Hochvakuum während 10 Stunden und läßt noch einige Tage im Exsiccator,
der vor dem Öffnen mit Kohlendioxyd gefüllt wird. Um das Präparat oder
inaktiv gewordenen Katalysator aufzuladen, wird es in der Schüttelbirne
unter Flüssigkeit suspendiert, evakuiert, einige Minuten unter Schütteln Sauerstoff (Luft) einströmen gelassen, wieder kurze Zeit evakuiert und mit dem
Wasserstoffbehälter verbunden [1]).

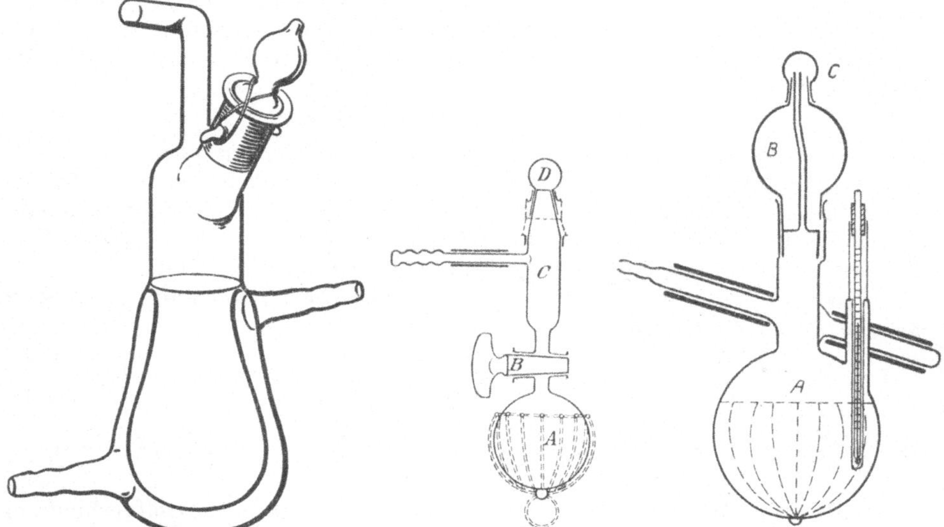

Fig. 350. Mantelkolben nach   Fig. 351 und 352. Schüttelbirnen nach Hess.
Willstätter und Sonnenfeld.

Der Wasserstoff muß sorgfältig gereinigt werden, damit der
Katalysator nicht vergiftet werde. Man leitet ihn zunächst durch drei Waschflaschen, deren erste Kalilauge (2 : 1), die nächste gesättigte Permanganatlösung, die dritte konzentrierte Schwefelsäure enthält, dann durch ein Trocken-
rohr mit Phosphorpentoxyd, dann ein solches mit stark geglühtem Asbest und
endlich über ein erhitztes Rohr, das eine reduzierte Kupferdrahtspirale enthält.
(Grün und Woldenberg a. a. O.) Semmler und Rosenberg [2]) reinigen den
Wasserstoff durch Silbernitrat, Kaliumpermanganat, glühendes Platin und
Schwefelsäure. Skita empfiehlt Permanganat, Kalilauge, Schwefelsäure und
ein Glasrohr mit erwärmtem Palladiumasbest.

Hess [3]) benutzt die in Fig. 351 und 352 abgebildeten Schüttelbirnen, deren
Gebrauch aus den Zeichnungen ersichtlich ist.

Man reaktiviert den Katalysator, sooft die abnehmende Hydrierungs-
geschwindigkeit es wünschenswert macht; Vergiftung wird durch Vermehrung
des Platins und durch Behandlung mit Sauerstoff überwunden. Palladiummohr bietet nach Willstätter und Waldschmidt keinen Vorteil, seine

[1]) Andere Darstellungsarten: Mc Dermotte, Am. soc. **32**, 336 (1910). — Siehe auch
Grün und Woldenberg, Am. soc. **31**, 504 (1909). — Houben und Pfau, B. **49**,
2294 (1916). — Feulgen, B. **54**, 360 (1921). — Hess und Anselm, B. **54**, 2320
(1921).   [2]) B. **46**, 769 (1913). — Semmler und Risse, B. **46**, 2303 (1913).
[3]) B. **46**, 3120 (1913). — Einen ähnlichen Apparat beschreiben Willstätter, Sonnenfeld und Waser, B. **46**, 2952, 2955 (1913); **47**, 2801, 2808 (1914). — Siehe auch
B. **43**, 1176, 1179 (1910).

starke Wasserstoffabsorption bedingt vielmehr, daß er schwerer durch Sauerstoff aktiviert und daß das Verfahren entweder gefährlich oder umständlich wird.

Für die Beschickung des Schüttelkölbchens (5—10 g Substanz) verwendet man meist 0.1—0.2 g Platin, das bei olefinen selten, bei aromatischen Stoffen alle Stunden durch kurzes Schütteln mit Luft aktiviert wird. Nach Beendigung der Wasserstoffaufnahme wird die Lösung vom Platinmohr dekantiert und dieser von neuem verwendet.

Schwierig hydrierbare Stoffe werden bei 60° bearbeitet.

Zum Erwärmen dient der von Willstätter und Sonnenfeld beschriebene Schüttelkolben mit eingesetzter Glühbirne, oder man umwickelt den Kolben mit Nichromdraht und heizt mit einem Strom von 2.5 Amp. Um konstante Wärme zu erzielen, benutzt man den Mantelkolben von Willstätter und Sonnenfeld und heizt z. B. mit Chloroformdampf.

Erheblichen Überdruck (über $\frac{1}{2}$—1 Atm.) von Wasserstoff braucht man nicht anzuwenden.

Bei aromatischen Verbindungen, die träger als Benzol hydriert werden, (o - Benzylbenzoesäure), beobachtet man Vergiftungen, die nur durch starke Vermehrung der Katalysatormenge und Einleiten der Reaktion durch Zufügen von Benzol überwunden werden können[1]). Als bestes Lösungsmittel für die Hydrierung dient Eisessig (Willstätter und Hatt); aber auch Äther u. dgl. sind oftmals gut anwendbar.

Methode von Paal[2]).

Paal arbeitet mit kolloidem Platin und namentlich Palladium[3]), dem er als Schutzkolloid protalbinsaures Natrium beigesellt. Die Versuche werden meist in dem in der Fig. 353 skizzierten Schüttelapparat ausgeführt. Die „Liebigsche Ente" wird mit einer durch Quecksilber abgesperrten, mit Wasserstoff gefüllten Gasbürette in Verbindung gebracht und die in der Bürette enthaltene Lösung mit Schüttelanordnungen beliebiger Art durchgemischt. Die beschriebene Versuchsanordnung leidet an zwei Mißständen: der Luftsauerstoff ist nicht vollständig ausgeschlossen und es besteht die Gefahr, daß spurenweise Quecksilber in die Lösungen gelangt und somit den Überträger vergiftet. Beides wird durch die Versuchsanordnung von Stark[4]) (Fig. 354) vermieden. (Die Umkonstruktion der Liebigschen Ente ist aus der Abbildung ohne weiteres ersichtlich.)

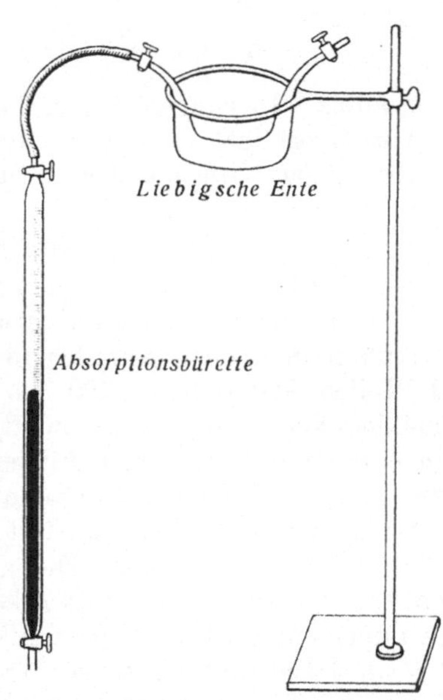

Fig. 353. Apparat von Paal.

[1]) Willstätter und Waldschmidt, a. a. O. 128.

[2]) B. **38**, 1398, 2414 (1905); **40**, 1392, 2201 (1907); **41**, 805, 818, 2273, 2282 (1908); **42**, 1541, 1553, 2239, 2930 (1909). — Wallach, A. **381**, 52 (1911). — Kötz und Rosenbusch, B. **44**, 464 (1911). — Oldenberg, B. **44**, 1829 (1911). — Borsche, B. **44**, 1829 (1911). — Heber, Diss. Leipzig (1915), 18. — Kelber, B. **49**, 55 (1916). — Paal und Hartmann, B. **51**, 711 (1918). — Willstätter und Jaquet, B. **51**, 767 (1918).

[3]) Auf ungesättigte Glykole wirkt kolloides Palladium wasserabspaltend: Wallach, A. **414**, 197 (1917).

[4]) B. **46**, 2335 (1913). — Einen ähnlichen Apparat beschreiben Hinrichsen und Kempf, B. **45**, 2110 (1912). — Siehe auch Albright, Am. soc. **36**, 2189 (1914).

Bei geöffneten Hähnen A und B wird, während C gechlossen bleibt, reiner trockner Wasserstoff bei A eingeleitet und durch die ganze Apparatur geschickt. Er entweicht bei Z. Weder in der geeichten Gasbürette noch in dem Quecksilberreservoir befindet sich Quecksilber. In der Ente befindet sich die zu reduzierende Lösung. Nachdem bei Z reiner Wasserstoff nachweisbar ist, sperrt man durch Einfüllen von Quecksilber bei Z das Wasserstoffvolumen ab, schließt A, erreicht durch Heben des Quecksilberreservoirs bei Z Überdruck und läßt jetzt bei A den unter Überdruck stehenden Wasserstoff durch Öffnen von A entweichen, bis nahezu Niveauausgleich des Quecksilbers im Reservoir und in der Gasbürette erzielt ist. Jetzt bringt man die Platin- oder Palladiumlösung in den bei C angeschmolzenen Trichter, senkt das Quecksilberreservoir und öffnet vorsichtig C, wobei man die Platin- oder Palladiumlösung nur unvollständig einsaugt. Nach Schluß von C ist jetzt die Apparatur einwandfrei gefüllt. — In weitaus den meisten Fällen wird die Absorption, wenn sie überhaupt erst einmal eintritt, sogar bei Unterdruck weiter

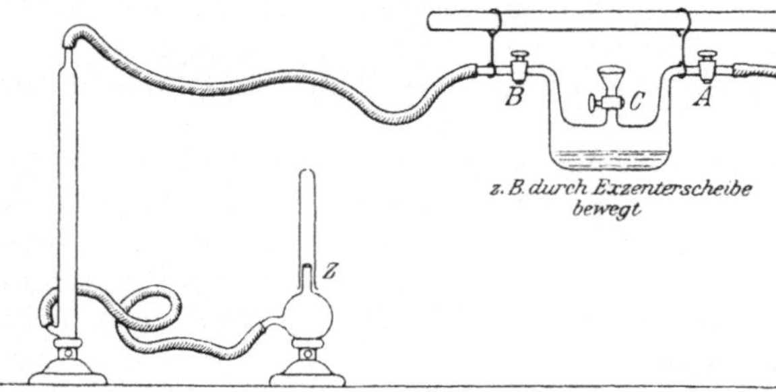

Fig. 354. Apparat von Stark.

verlaufen. In einigen Fällen ist dies sogar ein Kriterium, ob überhaupt Absorption erfolgte. Als Verbindung verwendet man Capillarschlauch, der erst selbst, ebenso wie die Apparatur, auf seine Dichtheit geprüft worden ist.

Zur

Darstellung des kolloiden Palladiums

geht man nach Paal und Amberger[1]) folgendermaßen vor:

Um zunächst das protalbinsaure Natrium zu erhalten, trägt man[2]) 100 Teile Albumin in kleinen Anteilen in die in einem Kolben befindliche Lösung von 15 Teilen Ätznatron in 500 ccm Wasser und sorgt durch Schütteln für gleichmäßige Verteilung. Dann wird eine Stunde auf dem Wasserbad erhitzt und in eine geräumige Schale filtriert. Man setzt so lange verdünnte Essigsäure zu, als ein Niederschlag entsteht, und läßt 12 Stunden stehen. Man filtriert, wäscht mit wenig Wasser, löst die rohe Protalbinsäure in Natronlauge und dialysiert gegen Wasser. Die gereinigte Lösung wird eingeengt und das Salz entweder durch Fällen mit Alkohol oder durch Verdunsten des Wassers im evakuierten Exsiccator als weißes amorphes Pulver erhalten.

Je 1 Teil protalbinsaures Natrium wird in 75 Teilen Wasser gelöst, Natronlauge in geringem Überschuß und dann 2 Gewichtsteile Palladium[3]) (in Form von in 25 Teilen Wasser gelöstem $PdCl_2$) langsam zugegeben. Die klare, rotbraune Lösung wird tropfenweise mit Hydrazinhydrat versetzt. Die Reduktion tritt sofort unter Aufschäumen ein. Nach dreistündigem Stehen wird die schwarze Lösung in den Dialysator gebracht und so lange gegen Wasser dialysiert, bis im Außenwasser keine Reaktion auf Hydrazin oder Chlornatrium mehr auftritt.

Die so gereinigte Lösung wird bei 60—70° eingeengt und zuletzt über Schwefelsäure in vacuo eingetrocknet. Es resultieren schwarze, glänzende Lamellen, die sich in Wasser ohne Rückstand lösen. Das Präparat ist jahrelang haltbar.

[1]) B. 37, 134 (1904). — Siehe auch Tausz und Putnoky, B. 54, 1576 (1921) und S. 489.   [2]) Paal, B. 35, 2197 (1902).   [3]) 1.6 g $PdCl_2$ = 1 g Pd.

Regenerierung des Palladiums.

Die Rückstände werden eingedampft und mehrmals geglüht; dann wird mit Wasser ausgelaugt. Die ausgelaugten Rückstände werden einige Male mit Königswasser abgeraucht, sodann in Wasser gelöst und evtl. von Ungelöstem abfiltriert.

In das Filtrat wird Wasserstoff eingeleitet, bis alles Palladium ausgefällt ist. Das abfiltrierte Palladium wird nochmals in Königswasser aufgelöst, zur Trockne gedampft, in Wasser gelöst und wieder mit Wasserstoff behandelt.

Das so erhaltene Palladium ist rein und wird nach dem Lösen in Königswasser zur Trockne eingedampft, wobei es als Palladiumchlorür wiedergewonnen wird[1].

Man arbeitet entweder ohne Lösungsmittel oder in Lösung, z. B. alkoholisch-wäßriger oder rein wäßriger. In neutralen und alkalischen Lösungen ist das Palladiumhydrosol beständig, durch Säuren wird es ausgeflockt.

Um in Wasser und Alkohol unlösliche Substanzen zu reduzieren (wie Olivenöl oder Lebertran), haben Paal und Roth[2] das Fett mit Wasser emulsioniert, dem Gummi arabicum zugesetzt war. Dann haben Paal und Skita ein Patent genommen[3], dadurch gekennzeichnet, daß zu Lösungen der zu reduzierenden Stoffe kleine Mengen Palladiumchlorür und ein Schutzkolloid zugesetzt wird, das, wie z. B. Gummi arabicum, die Einwirkung des Wasserstoffs in saurer Lösung gestattet.

Läßt man unter gelindem Druck, in der Regel $^1/_2$—1 Atm., Wasserstoff auf eine derartige Lösung einwirken, so findet zuerst die Reduktion des Palladiumchlorürs statt, worauf die pechschwarze Flüssigkeit, die kolloides Palladiumhydrosol enthält, intensive Wasserstoffaufnahme zeigt, die so lange anhält, als noch ungesättigte Substanz vorhanden ist. Die Reduktion erstreckt sich nicht nur auf die aliphatischen Kohlenstoffdoppelbindungen C = C, sondern auch auf andere doppelte und mehrfache Bindungen.

Methode von Skita.

Skita hat dann in Gemeinschaft mit v. Bergen und Schoßberger[4] näher ausgeführt, daß sich unter Verwendung von kolloidem Palladium eine sehr einfache Reduktionsmethode ergibt, wenn man zu der wäßrigen oder wäßrig-alkoholischen Lösung kleine Mengen Palladiumchlorür und Gummi arabicum (als Schutzkolloid) hinzufügt und unter geringem Überdruck Wasserstoff einwirken läßt.

Auf diese Art kann man bei Gegenwart von kolloidem Palladium unter Verwendung eines Schutzkolloids, das die Reduktion im Gegensatz zu den Paalschen Schutzkolloiden auch in saurer Lösung gestattet, die Hydrierung ausführen.

Die Herstellung und Isolierung der wasserlöslichen Verbindung des Palladiums mit dem Schutzkolloid ist also hierbei nicht nötig.

Die Einwirkung des Wasserstoffs auf die oben beschriebene Lösung von Palladiumchlorür, Gummi arabicum und Substanz geht fast immer bis zur quantitativen Aufhebung der Doppelbindungen vor sich.

---

[1] Weiteres über die Darstellung von Palladiummohr und seine Anwendung: Wieland, B. **45**, 484, 489 (1912). — Willstätter und Waldschmidt, B. **54**, 123 (1921).   [2] B. **41**, 2288 (1908).   [3] DRP. 230 724 (1909).
[4] B. **42**, 1627 (1909). — Siehe zum folgenden: Skita, Über katalytische Reduktionen organischer Verbindungen. Stuttgart, F. Enke (1912). — Skita und Brunner, B. **49**, 1597 (1916).

Andere Schutzmittel, wie z. B. Tragant, haben für Gummi arabicum keinen gleichwertigen Ersatz geboten.

Die Reduktion von ungesättigten Aldehyden und Ketonen erfolgt nach diesem Verfahren sehr gut und um so leichter, je näher die Doppelbindung dem Carbonyl liegt[1]).

Chinon geht glatt in Hydrochinon über. Dem Chinoncharakter entsprechend findet also hier keine Aufhebung der Doppelbindung — C = C — vor der Hydrierung der CO-Gruppe statt. Eine solche Ausnahme wurde noch beim Acrolein beobachtet, das wohl zum größten Teil in Propionaldehyd überging, zum kleinen Teil aber auch Allylalkohol lieferte.

Bei Ausführung dieser Reaktionen wurde beobachtet, daß die Hydrierung innerhalb gewisser Druckgrenzen stattfindet, die für jedes chemische Individuum eine konstante Größe vorstellen. Wird die Druckgrenze nicht erreicht, so fällt die Ausbeute an Reduktionsprodukt, wird sie überschritten, so können weitergehende Reduktionen eintreten. Dadurch, daß leicht lösbare Doppelbindungen rasch, schwer lösbare viel langsamer abgesättigt werden, ist in vielen Fällen die Möglichkeit zu Partialreduktionen geboten. Außer bei Phoron wurde eine solche noch bei α- und β-Jonon sowie bei den Strychnosalkaloiden ausgeführt.

α- und β-Jonon ergaben zuerst zwei verschiedene Dihydrojonone, ein Beweis, daß die Aufhebung der Doppelbindung nicht im Kern, sondern in der Seitenkette erfolgt war. Bei weiterer Reduktion entstand sowohl aus dem α- wie aus dem β-Dihydrojonon dasselbe Tetrahydrojonon.

Eine andere Partialreduktion betraf das Strychnin und das Brucin, bei welchen Tafel durch elektrolytische Reduktion zu den tetrahydrierten Alkaloiden gelangt war. Durch die Palladiumreduktion wurde aus Strychnin ein Dihydrostrychnin und aus Brucin ein Dihydrobrucin erhalten[2]), aus denen durch weitere Hydrierung unter höherem Wasserstoffüberdruck die tetrahydrierten Alkaloide entstanden.

Es gibt indes Fälle (namentlich carbonylfreie Substanzen), bei denen der Katalysator nicht kolloid ausgefällt wird. In solchen Fällen empfiehlt es sich, mit kolloider Platin- oder Palladiumlösung zu impfen, worauf dann beim Behandeln mit Wasserstoff unter Druck das Metallchlorür zu kolloidem Metall reduziert wird.

Die kolloide Platin- oder Palladiumlösung erhält man, indem man in eine siedende Palladiumchlorür-Gummilösung Wasserstoff leitet und dabei allmählich durch die umgebende Luft abkühlen läßt, oder indem man einige Kubikzentimeter verdünnter, mit Gummi arabicum versetzter Platinchloridlösung mit einigen Tropfen Formaldehyd und Lauge versetzt.

Hydrierung nach der Impfmethode. Eine Lösung von Platinchlorid und gleichen Mengen Gummi arabicum versetzt man mit Spuren kolloider Platin- oder Palladiumlösung in Gegenwart der zu reduzierenden Substanz. Leitet man Wasserstoff ein, so wird die Metallverbindung in kurzer Zeit in kolloides Metall übergeführt, und die kolloide Lösung überträgt sehr rasch den Wasserstoff auf die ungesättigte Substanz. Bloß in Fällen, in denen anzunehmen ist, daß Palladiumchlorid mit der ungesättigten Substanz eine unlösliche Doppelverbindung eingehen könnte, wie dies beispielsweise bei vielen Alkaloiden der Fall ist, tut man besser, die Lösung von Platinchlorid nach dem Impfen zuerst zu reduzieren und dann erst den ungesättigten Stoff der Lösung hinzuzufügen.

<hr>

[1]) Skita, B. **45**, 3313 (1912).   [2]) Skita und Franck, B. **44**, 2862 (1911).

Beispiele:

1. **Reduktion von Heptylaldehyd (Önanthaldehyd).** Eine Lösung von 1 g Platinchlorid, 1 g Gummi arabicum und 100 ccm Wasser wurde mit 10 ccm kolloider Platinlösung, enthaltend 0.01 g Platin, versetzt und mit Wasserstoff geschüttelt. Zu der so erhaltenen kolloiden Lösung wurden 5.7 g Heptylaldehyd sowie 150 ccm Eisessig gefügt. Beim Schütteln mit Wasserstoff unter 1 Atm. Überdruck wurden in 55 Minuten 1.17 l (0° und 760 mm) absorbiert. Die theoretische Menge für die Aufnahme von 1 Mol. Wasserstoff beträgt 1.12 l.

Das Reduktionsprodukt zeigte keine Aldehydreaktion mehr und erwies sich als Heptylalkohol vom Sdp. 177°. Die Ausbeute ist quantitativ.

2. **Reduktion von Dihydroisophoron.** Eine Lösung von 4.6 g Dihydroisophoron, 1 g Platinchlorid, 1 g Gummi arabicum, 100 ccm Wasser und 125 ccm Eisessig wurde mit 10 ccm kolloider Platinlösung, enthaltend 0.02 g Platin, versetzt und mit Wasserstoff unter 1 Atm. Überdruck geschüttelt. Während $^1/_2$ Stunde wurden 0.70 l Wasserstoff (0° und 760 mm) absorbiert; die theoretische Menge betrug 0.73 l.

3. **Hydrierung von Zimtsäure.** Eine wäßrig-alkoholische Lösung von 7.4 g Zimtsäure, 0.2 g Platinchlorwasserstoffsäure und 0.2 g Gummi arabicum wurde mit kolloider Platinlösung (enthaltend 0.005 g Platin) versetzt und mit Wasserstoff unter 1 Atm. Überdruck geschüttelt. Nach $^1/_4$ Stunde war die theoretische Menge Wasserstoff zur Absättigung der Doppelbindung aufgenommen.

4. **Reduktion von Chinin.** Eine Lösung von 0.06 g Platinchlorwasserstoffsäure und 0.06 g Gummi arabicum wurde mit einer geringen Menge kolloider Palladiumlösung versetzt und mit Wasserstoff geschüttelt.

Die kolloide Palladiumlösung wurde durch Einleiten von Wasserstoff in eine heiße Lösung von 0.001 g Palladiumchlorür und 0.001 g Gummi arabicum in 5 ccm Wasser dargestellt. Die durch Keimwirkung erzielte, kolloide Platinlösung wurde mit einer noch basisch reagierenden Lösung von 10.5 g salzsaurem Chinin in 150 ccm Wasser versetzt und die Mischung mit Wasserstoff bei 1 Atm. Überdruck geschüttelt. Die Absorption betrug in 20 Minuten 0.63 l. Theoretische Menge = 0.60 l bei 0° und 760 mm.

Das durch Fällen mit Ammoniak, Trocknen und Umkrystallisieren aus Benzol erhaltene Produkt war mit Dihydrochinin identisch (Smp. 169°).

Aromatische Doppelbindungen können nicht in wäßrig-alkoholischer, sondern nur in Eisessiglösung gelöst werden[1]).

Man stellt sich eine homogene essigsaure Lösung von Platinchlorwasserstoffsäure, Gummi arabicum und der zu hydrierenden Substanz dar, fügt eine geringe Menge kolloider Platin- oder Palladiumlösung hinzu und schüttelt mit Wasserstoff, bis die theoretisch erforderliche Menge Gas absorbiert ist.

Der von Skita benutzte Apparat[2]) ist in Fig. 355 skizziert.

Als Gasbehälter dient ein ungefähr 8 l fassender Messingzylinder. Ein daran befindliches Wasserstandsglas ermöglicht die Bestimmung des jeweils vorhandenen Gasinhalts. Die Druckreglung erfolgt durch ein Manometer und bei Versuchen bis zu 1 Atm. Überdruck durch eine besondere Reguliervorrichtung. Diese ist in der Weise tätig, daß beim Ersetzen des verbrauchten

---

[1]) Willstätter und Hatt, B. **45**, 1471 (1912). — Skita und Meyer, B. **45**, 3589 (1912).

[2]) Dieser Hydrierungsapparat wird vom Mechaniker des Physikalisch-chemischen Instituts in Karlsruhe, F. Kirchenbauer, hergestellt.

Wasserstoffs durch Wasser der Überschuß des in den Gasbehälter einströmenden Wassers erst nach Überwindung einer Quecksilbersäule, die entsprechend dem erwünschten Überdruck auf 760 mm Höhe oder weniger gehalten wird, abfließen kann. Zur Ausschaltung der durch Niveaudifferenzen entstehenden Fehler ist die Reguliervorrichtung in ihrer Längsachse verschiebbar.

Als Reaktionsgefäß dient eine starkwandige Flasche (Sektflasche). Das mit einem Hahn versehene Gaszuleitungsrohr ist an einer Stelle erweitert und in den Hals der Flasche eingeschliffen; es ist somit gleichzeitig ein gasdichter und kautschukfreier Verschluß geschaffen. Die Verbindung mit dem Zylinder erfolgt durch eine Kupfercapillare.

Der zur Füllung des Gasbehälters erforderliche Wasserstoff wird aus Stahlbomben entnommen. Vorherige Reinigung ist in der Regel nicht erforderlich. Die durch den Sauerstoffgehalt und die Tension der Alkoholdämpfe bedingten Fehler sind sehr gering und auf die Versuche ohne Einfluß.

Nach dem Einfüllen der Lösung wird das Reaktionsgefäß evakuiert, mit dem Gaszylin-

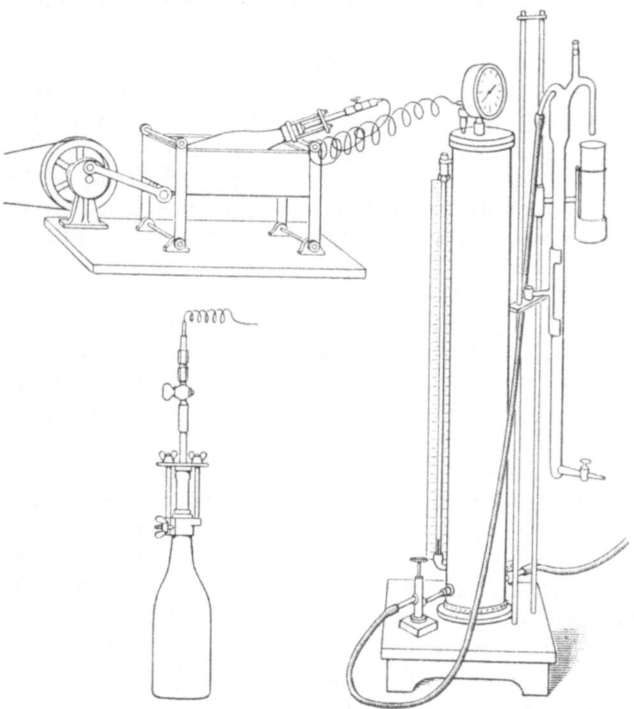

Fig. 355. Apparat von Skita.

der verbunden und auf einer Schüttelmaschine geschüttelt.

Einen einfacheren Apparat zum Hydrieren nach Skita hat Franck[1]) angegeben (Fig. 356):

Ein an beiden Seiten mit Schliföffnung versehener, 75—100 cm langer Meßzylinder A von ungefähr 1000 ccm Inhalt wird senkrecht mit zwei Klammern an einem Stativ befestigt. Durch einen oben mit Drahtverschnürung druckdicht eingepreßten Gummistopfen geht das Gaszuleitungsrohr für das Schüttelgefäß, am einfachsten eine Sektflasche oder eine Schüttelente mit Innenheizung nach Kempf[2]), während unten ebenfalls durch einen doppeltdurchbohrten Gummistopfen ein druckdichter Verschluß erreicht wird. Die eine Bohrung ist durch den Schlauch d an die Wasserleitung angeschlossen, die andere steht durch Q mit Quecksilberregulator B in Verbindung. Dieser besteht aus einer unten zugeschmolzenen weiteren Röhre, in die durch einen zweifach durchbohrten Stopfen eine engere bis auf den Boden eingeführt ist.

[1]) Ch. Ztg. **37**, 958 (1913). — Andere Konstruktionen des Apparates: Franck, Z. ang. **26**, 315 (1913). — Voswinkel, Ch. Ztg. **37**, 489 (1913).
[2]) Ch. Ztg. **37**, 58 (1913).

Man füllt den Zwischenraum zwischen äußerem und innerem Rohr von dessen unterem Ende ab 76 cm hoch mit Quecksilber und führt in die zweite Öffnung des Stopfens ein Abflußrohr ein. Sodann verschließt man Q (Quetschhahn oder Schliffhahn) und drückt mit Hilfe der Wasserleitung alle Luft aus A heraus, so daß es bis obenhin mit Wasser gefüllt ist. Nunmehr verbindet man den Schlauch b mit dem Le Rossignol-Ventil der Wasserstoff-bombe, öffnet die Zuleitung d, indem man sie abschraubt, und drückt mit dem Wasserstoff das Wasser hinaus, bis der Gaszylinder fast frei von Wasser ist. Man unterbricht die Gaszufuhr, schraubt die Leitung bei d wieder an, öffnet Q und drückt noch aus der Bombe so lange Wasserstoff nach, bis die ersten Wasserblasen durch das Quecksilber in B emporsteigen, d. h. bis der Druck 1 Atm. beträgt. Man schließt Q, entfernt die Bombe, verbindet mit dem Schüttelgefäß, öffnet Q wieder, drückt durch d vorsichtig Wasser nach, bis wieder Blasen durch das Quecksilber emporsteigen, und kann nun die Schüttelmaschine in Bewegung setzen. Durch zeitweiliges Nachdrücken von Wasser bei d gleicht man die Absorption aus und erhält konstanten Druck.

Streng genommen müßte man mit steigendem Wasserspiegel in A auch den Quecksilberregulator heben, da ja der Druck nur vom Wasserspiegel ab 76 cm beträgt, doch verändert sich das Volumen dadurch bei der geringen Höhe des Zylinders nur um einige Kubikzentimeter und auch für diese läßt sich leicht in Gestalt einer empirisch aufzustellenden Kurve, die den bei Zimmertemperatur steigenden Wasserspiegel in A und den feststehenden Regulator in Beziehung setzt, eine Korrektur anbringen. Diese einfache Apparatur ist druckdicht für 4—5 Atm., leicht und bequem auf einen anderen Platz zu stellen und seine im Verhältnis zum Gasvolumen relativ große Länge erlaubt genaues Ablesen auch kleiner Absorptionen, so daß man mit wenigen Grammen zur Bestimmung der Zahl der aufgehobenen Doppelbindungen, der „Wasserstoffzahl"[1]), auskommt.

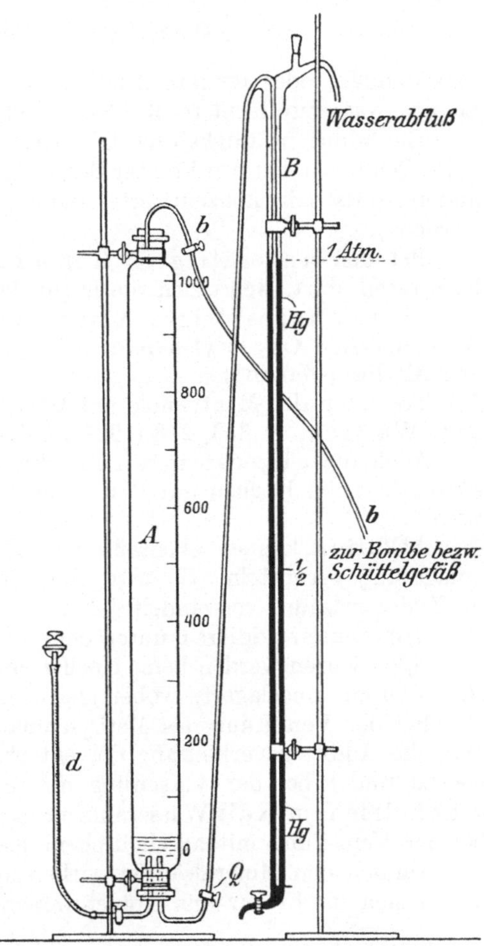

Fig. 356. Apparat von Franck.

Hydrierung mit Calciumhydrid bei Gegenwart von Palladium- oder Platinchlorid: Nivière, Bull. (4) **29**, 217 (1921).

---

[1]) Siehe S. 1136.

5. Addition von Wasser.

Direkte Anlagerung von Wasser wird selten beobachtet[1]).

Olefine werden durch aufeinanderfolgende Behandlung mit Schwefelsäure[2]) und Wasser nach dem Schema:

$$\overset{|}{CH} = \overset{|}{CH} - + \; H_2SO_4 \rightarrow \overset{|}{CH_2} - \overset{|}{CH} - OSO_4 + H_2O \rightarrow \overset{|}{CH_2} - \overset{|}{CH}OH + H_2SO_4$$

in sekundäre oder tertiäre Alkohole verwandelt[3]), indem sich das Hydroxyl an das wasserstoffärmere Kohlenstoffatom anlagert.

Die Additionsfähigkeit der Olefine ist verschieden, manche reagieren schon beim Schütteln mit verdünnter Schwefelsäure[4]) (1 Vol. H_2SO_4 + 2 Vol. H_2O), andere müssen in konzentrierter Säure gelöst und dann mit Wasser gekocht werden[5]).

Bei den ungesättigten Terpenalkoholen findet die Addition am leichtesten statt, wenn sich die Doppelbindung in der Seitenkette befindet[6]).

Gewisse ungesättigte Amine werden in gleicher Weise hydratisiert. So bildet sich Oxydecylenamin aus Menthonylamin[7]) und Oxydipropylamin aus Allylpropylamin[8]).

Trennung der Menthenole auf Grund ihrer verschiedenen Additionsfähigkeit: Wallach, A. **356**, 218 (1907); **360**, 101 (1908).

Auch die ungesättigten aliphatischen Säuren addieren Schwefelsäure, die beim Kochen mit Wasser unter Bildung der Oxysäuren abgespalten wird[9]).

Alkalien können ebenfalls bei manchen ungesättigten Säuren Wasseranlagerung vermitteln. So wird Acrylsäure beim Erhitzen mit Natronlauge in Hydracrylsäure verwandelt[10]).

$\Delta\gamma\delta$-Säuren addieren unter dem Einfluß von Lauge kein Wasser.

$\Delta\beta\gamma$-Säuren werden beim Kochen mit 10proz. Natronlauge großenteils zu $\Delta\alpha\beta$-Säuren umgelagert, wobei gleichzeitig β-Oxysäuren gebildet werden[11]).

Bei der Verseifung des Methylenmalonsäureesters mit Kalilauge erhält man die Additionsverbindung der entsprechenden Säure mit Wasser[12]), und ebenso findet bei der Verseifung des Benzalmalonsäureesters mit methylalkoholischem Kali Wasseranlagerung statt[13]), während in anderen Fällen bei der Verseifung mit alkoholischem Kali Alkohol addiert wird[14]).

Ähnlich den Mineralsäuren wirken auch die organischen Säuren. Es bilden sich, und zwar aus Kohlenwasserstoffen, die eine tertiärprimäre oder

---

[1]) Nef, A. **335**, 219 (1904).

[2]) Oder Salpetersäure: Butlerow, A. **180**, 245 (1876).

[3]) Berthelot, A. chim. phys. (3) **43**, 391 (1855). — Butlerow und Goriainow, A. **169**, 147 (1873).

[4]) Butlerow, A. **180**, 247 (1876).

[5]) Trennung der Amylene auf Grund ihrer verschiedenen Additionsfähigkeit: Wischnegradsky, A. **190**, 354 (1878).   [6]) Wallach, A. **360**, 102 (1908).

[7]) Wallach, A. **278**, 315 (1894).   [8]) Liebermann und Paal, B. **16**, 531 (1883).

[9]) Sabanejew, B. **19**, R. 239 (1886). — Saytzew, J. pr. (2) **35**, 369 (1887). — Saytzew und Tscherbakow, J. pr. (2) **57**, 29 (1898).

[10]) Linnemann, B. **8**, 1095 (1875). — Erlenmeyer, A. **191**, 281 (1878).

[11]) Fittig, A. **283**, 51 (1894). — B. **27**, 2677 (1894).

[12]) Zelinsky, B. **22**, 3294 (1889). — Wallach, Terpene und Campher (1909), 56.

[13]) Blank, B. **28**, 145 (1895).

[14]) Purdie, B. **14**, 2238 (1881); **18**, R. 536 (1885). — Claisen und Crismer, A. **218**, 141 (1883). — Zelinsky, B. **22**, 3295 (1889). — Purdie und Marshall, B. **24**, R. 855 (1891).

tertiärsekundäre Doppelbindung besitzen, Ester, die dann in üblicher Weise verseift werden können: Miklaschewsky, B. **24**, R. 269 (1891). — Béhal und Desgrez, C. r. **114**, 676 (1892). — Reychler, B. **29**, 696 (1896). — Wagner und Ertschikowsky, B. **32**, 2306 (1899). — DRP. 134 553 (1902).

Diese Veresterung findet namentlich leicht bei Gegenwart von Katalysatoren statt, so von Chlorzink [Kondakow[1])] oder von anorganischen Säuren (Bertram).

Verfahren von Bertram[2]).

Dieses vielfach angewendete Verfahren beruht auf der Bildung von Essigsäureestern durch Einwirkung von Eisessig auf Olefine bei Gegenwart von 50 proz. Schwefelsäure.

Beispiel: Hydratation des Caryophyllens[3]).

Zu einem Gemisch von 1000 g Eisessig, 20 g konzentrierter Schwefelsäure und 40 g Wasser werden 25 g des zu hydratisierenden Kohlenwasserstoffs gegeben und 12 Stunden im Wasserbad erhitzt. Bei Operationen im größeren Maßstab kann man so viel Kohlenwasserstoff eintragen, als in Lösung gehalten wird, und auch die Erhitzungsdauer abkürzen. Es wird nunmehr fraktioniert im Dampfstrom destilliert, das entstandene Hydrat durch Ausfrieren und Abpressen isoliert, aus einer Retorte destilliert und aus Alkohol umkrystallisiert.

Die nach Bertram erhältlichen Terpenalkohole dienen öfters zur Charakterisierung der ungesättigten Kohlenwasserstoffe, aus denen sie hervorgegangen sind, da sie gut krystallisieren und scharfe Schmelz- und Siedepunkte zeigen.

Ringsprengungen bei der Wasseranlagerung: Wallach, A. **360**, 84 (1908).

6. Addition von Alkohol[4]).

Additionen von Alkohol finden nur bei solchen Substanzen statt, die zwei konjugierte Doppelbindungen besitzen, nämlich eine Äthylenbindung und eine Carbonyl-[5]) oder tertiäre Nitro- oder Isonitrogruppe[6]).

Eine hierhergehörige Substanz, das Cyanallyl[7]), enthält an Stelle des ungesättigten Sauerstoffs dreifach gebundenen Stickstoff.

Der RO-Rest des Alkohols nimmt in allen Fällen die β-Stellung zum sauerstoffhaltigen Substituenten ein.

Auch sterische Behinderungen spielen bei der Additionsfähigkeit für Alkohol eine Rolle.

So addieren Acrylsäureester und seine beiden strukturisomeren Monomethylderivate und ebenso Fumarsäureester und Maleinsäureester Alkohol, dagegen nicht mehr das Dimethylderivat (Angelicasäure), ebensowenig das Phenylderivat (Zimtsäure).

Die Anlagerung wird zumeist mit Natriumalkoholat bewirkt, selten durch Alkohol allein[5]). Besonders glatt addieren die ungesättigten Malon-

---

[1]) J. pr. (2) **48**, 467 (1894). — Transier, Diss. Heidelberg (1907).

[2]) DRP. 67 255 (1893). — Bertram und Walbaum, J. pr. (2) **49**, 7 (1894). — Aschan, B. **40**, 2752 (1907).   [3]) Wallach, A. **271**, 288 (1892).

[4]) Siehe auch S. 1118. — Addition an Enole: Wislicenus, A. **413**, 211 (1917).

[5]) Newbury und Chamot, Am. **12**, 523 (1890). — Claisen, B. **31**, 1014 (1898).

[6]) Thiele und Häckel, A. **325**, 1 (1902). — Meisenheimer, A. **323**, 205 (1902); **355**, 249 (1907). — Biltz, Heyn und Hamburger, B. **49**, 662 (1916). Hydurilsäuren.

[7]) Pinner, B. **12**, 2053 (1879).

säureester der allgemeinen Formel:

$$\mathord{>}C : C\mathord{<}^{COOR}_{COOR}$$

ein Molekül Natriumäthylat in ätherischer Lösung[1]). Durch Wasserzusatz werden aus den entstandenen Alkoholaten die Ester:

$$\mathord{>}C\mathord{-\!\!-}C\mathord{<}^{COOR}_{COOR}$$
$$\hspace{2em}\underset{OC_2H_5}{|}\hspace{1em}\underset{H}{|}$$

erhalten.

Allylessigsäure, welche die Doppelbindungen nicht in Nachbarstellung enthält, addiert auch keinen Alkohol[2]).

Stärkere Tendenz, das Wasserstoffatom des Alkohols anzulagern, als die Carbonylgruppe, besitzt die tertiäre Nitrogruppe, denn α-Nitro-p-Nitrozimtsäureester[3]) und α-Nitro-m-Nitrozimtsäureester addieren glatt[4]).

Addition von Alkohol unter dem Einfluß von Mineralsäuren: Reychler, Bull. Soc. Chim. Belg. 21, 71 (1907).

7. Addition anderer Substanzen.

Verbindungen mit einer reaktionsfähigen CH_2-Gruppe lassen sich nach dem Schema:

$$CH : CH \cdot + CH_2\mathord{<} = CH\mathord{<}^{CH}_{CH_2}\mathord{<}$$

an ungesättigte Säureester anlagern[5]).

Äthylidenmalonsäureester vereinigt sich bei Siedehitze mit einem Molekül Malonsäureester[6]).

Allgemeines über das Verhalten ungesättigter Verbindungen gegen Malonsäureester: Herrmann und Vorländer, Abhdl. Naturf. Ges. Halle 21, 251 (1899). — Vorländer, A. 293, 298 (1906). — Merwein, A. 360, 323 (1908).

Ebenso glatt gelingt die Addition von Anilin[7]) und Phenylhydrazin an Benzalmalonsäureester, Maleinsäure[8]) und Fumarsäure[9]).

Anilin wird auch leicht an ungesättigte einbasische Fettsäuren addiert (beim Erhitzen auf den Siedepunkt der Base). Die entstehenden Anilinofett-

---

[1]) Claisen und Crismer, A. 218, 143 (1883). — Liebermann, B. 26, 1876 (1893). — Hinrichsen, A. 336, 202 (1904).

[2]) Purdie, Soc. 47, 855 (1885). — Newbury und Chamot, Am. 12, 521 (1890). — Purdie und Marshall, Soc. 59, 468 (1891). — Flürscheim, J. pr. (2) 66, 16 (1902).

[3]) Friedländer und Mähly, A. 229, 210 (1885).

[4]) Friedländer und Lazarus, A. 229, 233 (1885).

[5]) Komnenos, A. 218, 161 (1883). — Michael, J. pr. (2) 35, 349 (1887). — Claisen, J. pr. (2) 35, 413 (1887). — Auwers, B. 24, 307 (1891). — Bredt, B. 24, 603 (1891). — Knoevenagel und Weißgerber, B. 26, 436 (1893). — Vorländer, B. 27, 2053 (1894). — Walther und Schickler, J. pr. (2) 55, 347 (1897). — Henze, B. 33, 966 (1900). — Erlenmeyer, B. 33, 2006 (1900).

[6]) Komnenos, A. 218, 159 (1883). — Addition von Phenylessigester: Borsche, B. 42, 4496 (1909).

[7]) Siehe auch Autenrieth und Pretzell, B. 36, 1262 (1903). — Autenrieth, B. 38, 240 (1905). — Blaise und Luttringer, Bull. (3) 33, 770, 776 (1905).

[8]) Anschütz, A. 239, 150 (1887).   [9]) Duden, B. 26, 121 (1893).

säureanilide können zur Unterscheidung und Charakterisierung der Säuren benutzt werden [1]).

Aus Citraconsäure [2]), Crotonsäure [3]), Isocrotonsäure [4]), Zimtsäure [4]), Malein- und Fumarsäure [5]) können durch Kondensation mit Phenylhydrazin Pyrazolidone erhalten werden. Analog reagieren $\Delta\alpha\beta$-Aldehyde und Ketone [6]). — Addition von Hydrazin: Blaise und Maire, C. r. 142, 215 (1906). — Riedel und Schultz, A. 367, 22 (1909).

Addition von Mercaptanen an ungesättigte Verbindungen: Posner, B. 34, 1395 (1901); 35, 799 (1902); 37, 502 (1904). — Posner und Tscharno, B. 38, 646 (1905). — Ruhemann, Soc. 87, 17, 461 (1905). — Posner, B. 40, 4788 (1907). — Baumgarth, Diss. Greifswald (1907).

Addition von Blausäure: Claus, A. 191, 33 (1878). — Bredt und Kallen, A. 293, 338 (1896). — Thiele und Meisenheimer, A. 306, 247 (1899). — Lapworth, Soc. 85, 1214 (1904). — Knoevenagel, B. 37, 4065 (1904). — Lapworth, Soc. 89, 945 (1906). — Clarke und Lapworth, Soc. 89, 1869 (1906). — Bougault, C. r. 146, 936 (1908).

Hydroxylamin [7]) wird an $\alpha\beta$-ungesättigte Säuren derart addiert, daß der Wasserstoff an das α-, der Rest NHOH an das β-Kohlenstoffatom geht [8]). Über die Konstitution des Derivats aus Zimtsäureester siehe Posner, B. 40, 218, 227 (1907).

Über die Addition von Hydroxylamin an ungesättigte Säuren und ungesättigte Carbonylverbindungen überhaupt siehe auch Semmler, Ätherische Öle 1, 110 (1905). — Addition an Säuren mit konjugierten Doppelbindungen: Riedel und Schultz, A. 367, 17 (1909). — Posner und Rohde, B. 42, 2785 (1909).

Bei allen derartigen Reaktionen tritt der Wasserstoff an das α-Kohlenstoffatom, während der übrige Rest an das β-Kohlenstoffatom wandert. Siehe Reinicke, Diss. Halle a. S. (1902).

Addition von Stickoxyden an ungesättigte Verbindungen: Wallach, A. 241, 288 (1887); 248, 161 (1888); 332, 305 (1904). — Schmidt, B. 33, 3241, 3251 (1900); 34, 619, 623, 3536 (1901); 35, 2323 (1902); 36, 1765, 1775 (1903). — Hantzsch, B. 35, 2978, 4120 (1902). — Ssidorenko, Russ. 38, 955 (1906). — Demjanow, B. 40, 245 (1907). — Wieland und Stenzl, A. 360, 299 (1908). — Wallach, Terpene und Campher (1909), 71. — Wieland, A. 328, 154 (1903); 329, 225 (1903); 340, 63 (1905); 424, 71 (1921).

Addition von unterchloriger Säure: Carius, A. 126, 197 (1863). — Glaser, A. 147, 79 (1868). — Markownikow, A. 153, 255 (1870). — Erlenmeyer und Lipp, A. 219, 185 (1883). — Kablukow, B. 21, R. 179 (1888). — Michael, J. pr. (2) 60, 463 (1899). — B. 39, 2157 (1906). — Reformatzky, J. pr. (2) 40, 389 (1889). — Prentice, A. 292, 276 (1896). — Albitzky, J. pr. (2) 61, 67 (1900). — Melikoff, J. pr. (2) 61, 556 (1900). — Krassuski, Russ. 33, 1 (1901). — Wohl und Schweitzer, B. 40, 94 (1907). — Henry, Rec. 26, 127 (1907). — Pauly und Neukam, B. 41, 4154, 4156 (1908).

---

[1]) Blaise und Luttringer, Bull. (3) 33, 760 (1905).
[2]) Fichter und Füeg, J. pr. (2) 74, 307 (1906).
[3]) Knorr und Duden, B. 25, 759 (1892).
[4]) Knorr und Duden, B. 26, 103, 108, 117 (1893). — Cinnamenylacrylsäure: Riedel und Schultz, A. 367, 30 (1909).   [5]) Knorr und Duden, B. 20, 1107 (1887).
[6]) E. Fischer und Knoevenagel, A. 239, 194 (1887). — Auwers und Müller, B. 41, 4230 (1908).   [7]) Siehe S. 808.
[8]) Posner, B. 36, 4305 (1903); 38, 2316 (1905); 39, 3515, 3705 (1906). — Harries und Haarmann, B. 37, 252 (1904). — Posner und Oppermann, B. 39, 3705 (1906). — Riedel und Schulz, A. 367, 31 (1909). — Posner und Rohde, B. 43, 2663 (1910).

Unterbromige Säure: Michael, B. **39**, 2158 (1906).

Unterjodige Säure: Bougault, C. r. **131**, 528 (1900); **139**, 864 (1904); **143**, 398 (1906). — A. Chim. phys. (8) **14**, 145 (1908).

Nur $\Delta\beta\gamma$- und $\Delta\gamma\delta$-Säuren addieren unterjodige Säure, unter Bildung von Jodlactonen, aus denen man mit Zink und Essigsäure die ungesättigten Säuren regenerieren kann.

Addition von Bisulfit: Kohler, Am. **31**, 243 (1904). — Knoevenagel, B. **37**, 4038 (1904). — Dupont und Labaune, Roure - Bertrand Fils, B. (3) **7**, 3 (1913). — Fuchs und Eisner, B. **53**, 889 (1920). Viele ungesättigte Säuren verbinden sich mit Natriumbisulfit nach der Gleichung:

$$R \cdot CH : CHCHR' + SO_3HNa = RCH_2 \cdot CHCH(SO_3Na) \cdot R'.$$

Die Vereinigung erfolgt um so leichter, je elektronegativer die Säure ist. Daher reagieren aromatische Säuren und Dicarbonsäuren vom Fumar- und Maleinsäuretypus leicht, Ölsäuren fast gar nicht. Neutralsalze ($NaCl$, KNO_3 usw.) vergrößern die Reaktionsgeschwindigkeit. Die entstehenden Sulfosäuren sind sehr leicht in Wasser löslich und schwer (durch Lauge bei 160°) wieder spaltbar[1]).

Addition von Ammoniak (aliphatischen Aminen): Sokoloff und Latschinoff, B. **7**, 1387 (1874). — Engel, C. r. **104**, 1621, 1805 (1887); **106**, 1677 (1888). — Körner und Menozzi, G. **17**, 226 (1887); **19**, 422 (1889). — Wender, G. **19**, 437 (1889). — Guareschi, B. **28**, R. 160 (1895). — DRP. 98 705 (1898). — E. Fischer und Röder, B. **34**, 3755 (1901). — Koehl und Dinter, B. **36**, 172 (1903). — Hochstetter und Kohn, M. **24**, 773 (1903). — E. Fischer und Schlotterbeck, B. **37**, 2357 (1904). — Kohn, M. **25**, 135 (1904). — Hinrichsen und Triepel, A. **336**, 213 (1904). — E. Fischer und Raske, B. **38**, 3607 (1905). — Blaise und Maire, C. r. **142**, 215 (1906). — Riedel, A. **361**, 96 (1908). — Riedel und Schultz, A. **367**, 15 (1909).

Addition von Schwefelwasserstoff: Varrentrapp, B. **9**, 469 (1876). — Wallach, A. **279**, 385, 388 (1894); **343**, 32 (1905). — Terpene und Campher (1909), 62. — Schweflige Säure: Königs und Schönewald, B. **35**, 2980 (1902). — DRP. 236 386 (1911).

Aufspaltung $\beta\gamma$-ungesättigter cyclischer Basen durch Bromcyan: Braun, B. **43**, 1353 (1910). — Braun und Aust, B. **47**, 3023 (1914).

e) Umlagerungen der ungesättigten Verbindungen.

$\beta\gamma$ - ungesättigte Säuren lagern sich beim andauernden (10—20 stündigen) Kochen mit 10—15 proz. wäßriger oder alkoholischer Lauge unter Verschiebung der Doppelbindung in $\alpha\beta$-ungesättigte Säuren um[2]).

Dieser Prozeß ist indessen umkehrbar, so daß nie mehr als 80% $\alpha\beta$-un-

---

[1]) Strecker, A. **154**, 63 (1870). — Messel, A. **157**, 15 (1871). — Wieland, A. **157**, 34 (1871). — Labbé, Bull. (3) **21**, 1077 (1899). — Bougault, A. chim. phys. (8) **15**, 499 (1909). — Bougault und Mouchel - la - Fosse, C. r. **156**, 396 (1913). — J. Pharm. Chim. (7) **7**, 473 (1913).

[2]) Baeyer, A. **251**, 268 (1889). — Rupe, A. **256**, 22 (1889). — Ruhemann und Dufton, Soc. **57**, 373 (1890); **59**, 750 (1891). — Fittig, B. **24**, 82 (1891); **26**, 40, 2079 (1893); **27**, 2658 (1894). — A. **283**, 47, 269 (1894); **299**, 10 (1898). — Aschan, B. **24**, 2617 (1891). — A. **271**, 231 (1892). — Einhorn und Willstätter, B. **27**, 2827 (1894). — A. **280**, 111 (1894). — Buchner und Lingg, B. **31**, 2249 (1898). — Buchner, B. **31**, 2242 (1898). — Hans Meyer, M. **23**, 24 (1902).

gesättigte Säure gebildet werden[1]). Als Nebenprodukte entstehen β-Oxysäuren.

Auch beim Erhitzen mit Chinolin werden die $\alpha\beta$-ungesättigten Säuren zum Teil in $\beta\gamma$-ungesättigte umgewandelt[2]).

Dagegen ist Kalilauge auf Säuren, deren Doppelbindung noch weiter vom Carboxyl entfernt ist, selbst bei 180° ohne Einwirkung[3]).

Die Spaltung ungesättigter Säuren durch die Kalischmelze ist natürlich nicht zu Konstitutionsbestimmungen verwertbar[4]).

Theorie der Umlagerung von $\beta\gamma$-ungesättigten Säuren in $\alpha\beta$-ungesättigte: Thiele, A. 306, 119 (1899). — Knoevenagel, A. 311, 219 (1900). — Erlenmeyer jun., A. 316, 79 (1901).

Ungesättigte labile Säuren (Maleinsäure, Angelicasäure, Isocrotonsäure) werden durch Spuren von Brom im Sonnenlicht sehr schnell in die beständigen Isomeren umgelagert. Fittig, B. 26, 46 (1893). — Wislicenus, Kgl. sächs. Ges. d. Wiss. 1895, 489.

Von Jod und gelbem Phosphor werden $\alpha\beta$-ungesättigte Säuren nicht verändert, $\beta\gamma$- und $\gamma\delta$-ungesättigte addieren JOH und bilden Jodlactone[5]), ebenso bei Einwirkung von Jod auf die in wäßriger gesättigter Natriumcarbonatlösung gelösten Säuren. Ist Natriumcarbonat in sehr großem Überschuß vorhanden, so verläuft die Reaktion anders; es entsteht dann z. B. aus Phenylisocrotonsäure quantitativ Benzoylacrylsäure[6]).

$\alpha\beta$-ungesättigte Säuren addieren (im Dunkeln) Brom viel langsamer als die anderen, die in wenig Minuten fast quantitativ reagieren[7]).

Bei 5 Minuten langem Kochen mit 5 Teilen verdünnter Schwefelsäure (1 : 1, D = 1.84) gehen die $\Delta\beta\gamma$-Säuren in isomere γ-Lactone über, die $\Delta\alpha\beta$-Säuren dagegen nicht. Letztere sind durch Soda aus der ätherischen Lösung extrahierbar, während die Lactone gelöst bleiben [Fittig[8])].

Fichter[9]) hat allgemein mit Gisiger und Kiefer festgestellt, daß die von Fittig zur Trennung von $\alpha\beta$- und $\beta\gamma$-ungesättigten Säuren angewendete heiße verdünnte Schwefelsäure in einzelnen Fällen die $\alpha\beta$-ungesättigten Säuren umlagert. Die von Fittig und seinen Mitarbeitern untersuchten Säuren mit gerader Kette verändern sich nicht unter diesen Umständen, wohl aber die am β-Kohlenstoffatom alkylierten Acrylsäuren, indem sie eine Verschiebung der doppelten Bindung nach rückwärts erleiden. Es entstehen erst $\beta\gamma$-ungesättigte Säuren, und diese werden dann durch die heiße Schwefelsäure in γ-Lactone umgewandelt. So wurden β-Methyl-β-äthylacrylsäure und β-Diäthylacrylsäure speziell untersucht; die hier eintretenden Umlagerungen sind folgende:

---

[1]) Fittig, B. 24, 82 (1891); 26, 40 (1893); 27, 267 (1894). — A. 283, 51, 279 (1894). — Nach Bougault, C. r. 152, 196 (1911), geht die Phenyl-$\alpha\beta$-pentensäure nicht in $\beta\gamma$-, sondern in $\gamma\delta$-Phenylpentensäure über (zu höchstens 50%). — Bougault, C. r. 164, 633 (1917).

[2]) Rupe, Ronus und Lotz, B. 35, 4265 (1902). — Rupe und Pfeiffer, B. 40, 2813 (1907). — Siehe auch S. 1124.

[3]) Holt, B. 24, 4124 (1891). — Fittig, A. 283, 80 (1893).

[4]) Siehe hierzu S. 506.

[5]) Bougault, C. r. 139, 864 (1905). — A. chim. phys. (8) 14, 145 (1908).

[6]) Bougault, Ch. Ztg. 32, 258 (1908).

[7]) Sudborough und Thomas, Proc. 23, 147 (1907).

[8]) B. 27, 2667 (1894). — A. 283, 51 (1894). — Willstätter, Mayer und Hüni, A. 378, 106 (1910). — Bougault, C. r. 157, 403 (1913).

[9]) Ch. Ztg. 31, 802 (1907). — Gisiger, Diss. Basel (1905). — Bernouilli, Diss. Basel (1908), 49. — Fichter, Kiefer und Bernouilli, B. 42, 4710 (1909). — Willstätter, Schuppli und Mayer, A. 418, 125 (1919). — Willstätter und Katt, A. 418, 150 (1919).

$$\left\{\begin{array}{l} \dfrac{CH_3}{CH_3-CH_2}\!\!\Big\rangle C = CH-COOH \\[2mm] \dfrac{CH_3}{CH_3-CH}\!\!\Big\rangle\!\!\!\diagup C-CH_2-COOH \\[2mm] \underset{\underset{O \overline{\hspace{2.2cm}} CO}{\mid \hspace{2.0cm} \mid}}{CH_3-CH-\overset{\overset{CH_3}{\mid}}{CH}-CH_2} \end{array}\right.$$

$$\left\{\begin{array}{l} \dfrac{CH_3-CH_2}{CH_3-CH_2}\!\!\Big\rangle C = CH-COOH \\[2mm] \dfrac{CH_3-CH_2}{CH_3-CH}\!\!\Big\rangle\!\!\!\diagup C-CH_2-COOH \\[2mm] \underset{\underset{O \overline{\hspace{2.2cm}} CO}{\mid \hspace{2.5cm} \mid}}{CH_3-CH-CH_2-CH_2} \end{array}\right.\;.$$

Rupe beobachtete bei gewissen geradkettigen, $\alpha\beta$-ungesättigten Säuren auch beim Kochen mit Pyridin oder Chinolin Verschiebung der doppelten Bindung; diese Säuren sind aber gegen heiße Schwefelsäure beständig. Die β-alkylierten Acrylsäuren dagegen repräsentieren eine Klasse von $\alpha\beta$-ungesättigten Säuren, die gegen Pyridin oder Chinolin beständig sind, sich aber mit heißer (62 proz.) Schwefelsäure in γ-Lactone umsetzen.

Nach Blaise und Luttringer[1]) bewirkt 80—100 proz. Schwefelsäure beim längeren Erhitzen unter Umständen diese Wanderung der Doppelbindung auch bei α-Alkylacrylsäuren.

Im Gegensatz zu den übrigen $\varDelta\beta\gamma$-Säuren gehen Säuren vom Typus der Vinylessigsäure, z. B. $CH_2 : CR \cdot\cdot C(CH_3)_2COOH$, bei denen sich also die Doppelbindung am Ende der Kette befindet, unter Wasseranlagerung in β-Oxysäuren über, die dann weiter im Sinn der Gleichung:

$$CH_3 \cdot CROH \cdot C(CH_3)_2 \cdot COOH = CH_3 \cdot CR : C(CH_3)_2 + CO_2 + H_2O$$

zerfallen.

Vinylessigsäure selbst geht in Crotonsäure über[2]):

$$CH_2 : CH \cdot CH_2COOH = CH_3 \cdot CH : CH \cdot COOH.$$

Die $\varDelta\alpha\beta$-Säuren schmelzen höher und sieden um $8°$ höher als die isomeren $\varDelta\beta\gamma$-Säuren.

Zur Unterscheidung von Propenylgruppe ($-CH : CH \cdot CH_3$) und Allylgruppe ($-CH : CH_2$) in aromatischen Verbindungen dienen folgende Reaktionen:

1. Das Verhalten gegen Alkalien und Säuren.

Durch Kochen mit Alkalien[3]) oder Baryt, am besten alkoholischem[4]) Kali oder trocknem Natriumäthylat[5]), resp. durch Kochen über metallischem Natrium, werden die Allyl- in Propenylverbindungen umgewandelt.

Noch leichter (mit Halogenwasserstoffsäuren schon bei $80°$) erfolgt diese Umlagerung durch Säuren[6]).

Bei Terpenkohlenwasserstoffen und -ketonen wandert dabei die Doppel-

[1]) C. r. 140, 148 (1905). — Bull. (3) 33, 816 (1905). — Kondakow, B. 24, R. 668 (1891). — Blaise und Köhler, C. r. 148, 1772 (1909).

[2]) Fichter und Sonneborn, B. 35, 940 (1902). — Blaise und Courtot, Bull. (3) 35, 580 (1906).

[3]) Ciamician und Silber, B. 21, 1621 (1888); 23, 1160 (1890). — Ginsberg, B. 21, 1192 (1888). — Eijkman, B. 23, 859 (1890). — Tiemann, B. 24, 2871 (1891). — Einhorn und Frey, B. 27, 2455 (1894). — Tiemann und Schmidt, B. 30, 29 (1897). — Harries und Roeder, B. 32, 3371 (1899). — Thoms, B. 36, 3447 (1903). — Arch. 242, 334 (1904). — Semmler, B. 41, 2184 (1908). — Hoering und Baum, B. 42, 3076 (1909).

[4]) Eventuell amylalkoholischem Kali: Tiemann, B. 24, 2870 (1891).

[5]) Angeli, G. 23, II, 101 (1893).

[6]) Blaise, C. r. 138, 636 (1904). — Wallach, A. 359, 278 (1908). — Auwers und Hessenland, B. 41, 1808 (1908).

bindung in den Kern[1]), einerlei ob die Doppelbindung semicyclisch war, wie im Terpinolen: , oder sich in der Seitenkette befand, wie im Dipenten:

$$C(CH_4)_2$$

$$C_3H—C = CH_2 \, .$$

2. Die Tatsache, daß sich nur die Propenylderivate mit Pikrinsäure verbinden[2]).

3. Die leichte Verharzung der Allylderivate beim Kochen mit konzentrierter Ameisensäure[3]) oder anderen sauren Reagenzien[4]).

4. Das Verhalten bei der Reduktion: Siehe S. 1107, Anm. 5.

5. Der Siedepunkt der „Iso"verbindungen (Propenylverbindungen) liegt höher, sie haben auch ein höheres spez. Gewicht. Die Molekularrefraktion zeigt bedeutende Exaltation, die Verbrennungswärme ist geringer[5]).

6. Die Allylverbindungen geben mit Mercuriacetat das Acetomercuriadditionsprodukt:

$$RC_3H_5{<}^{HgC_2H_3O_2}_{OH} \, ,$$

während die Propenylverbindungen unter Reduktion des Quecksilbersalzes die entsprechenden Glykole $R{\cdot}C_3H_5(OH)_2$ liefern.

Die Acetomercuriverbindungen sind in Äther unlöslich und mit Wasserdampf nicht flüchtig. Läßt man nun auf ein Gemisch von Allyl- und Propenylverbindung eine zur völligen Umsetzung nicht ausreichende Menge Mercuriacetat einwirken, so entsteht zunächst das Derivat der Allylverbindung, worauf man die Propenylverbindung durch Wasserdampfdestillation oder Ätherextraktion entfernen kann. Aus der Acetomercuriverbindung läßt sich die Allylverbindung durch Einwirkung von Zink und Natronlauge regenerieren[6]). — Das Verfahren dient zur Isolierung von Terpenen.

7. Verhalten gegen Ozon: Semmler und Bartelt, B. 41, 2751 (1908).

Wanderung der Doppelbindung ungesättigter Kohlenwasserstoffe beim Leiten über auf 270—290° erhitztes Aluminiumsulfat oder beim Erhitzen mit anderen sauren Katalysatoren (Phosphorpentoxyd, Phosphorsäure), Gillet, Bull. soc. ch. Belg. 29, 192 (1920).

2. Quantitative Bestimmung der doppelten Bindung.

Bei der quantitativen Bestimmung der Additionsfähigkeit ungesättigter Verbindungen wird man auf den Charakter der Substanz Rücksicht nehmen.

---

[1]) Wallach, A. 239, 24, 33 (1887); 286, 130 (1895); 360, 29 (1908).

[2]) Bruni und Tornani, Atti Linc. (5) 13, II, 184 (1904). — Rimini, G. 34, II, 281 (1904). — Thoms, B. 41, 2760 (1908). Siehe auch S. 45.

[3]) Weitere Methoden zur Unterscheidung dieser Atomgruppen siehe: Eijkman, B. 23, 862 (1890). — Angeli und Rimini, G. 23, II, 124 (1893); 25, II, 188 (1895). — Balbiano und Paolini, Rend. Linc. 11, II, 65 (1902); 12, II, 285 (1903). — Balbiano und Müller, B. 35, 114 (1902). — Auwers und Paolini, B. 35, 2994 (1902). — Rimini, G. 34, II, 283 (1904). — Vorländer, A. 341, 1 (1905). — Semmler, B. 41, 2185 (1908). — Kobert, Z. anal. 47, 711 (1908). — Thoms, B. 41, 2760 (1908).

[4]) Hoering und Baum, B. 41, 1915 (1908).

[5]) Eijkman, B. 23, 855 (1890). — Brühl, B. 40, 885, 889 (1907).

[6]) Balbiano, B. 36, 3575 (1903). — G. 36, I, 237, 268, 276, 281, 286 (1906). — B. 42, 1502 (1909); 48, 394 (1915). — Siehe auch Leys, Bull. (4) 1, 262, 543 (1907). — Tausz, Diss. Karlsruhe (1911). — Grimaldi und Prussia, A. ch. appl. 1, 324 (1914).

Befinden sich in der Nähe der Doppelbindung positive Reste, so wird man negative Addenden (Brom, Chlorjod) anlagern; im entgegengesetzten Fall studiert man das Verhalten der Substanz gegen nascierenden Wasserstoff.

a) Addition von Brom an Doppelbindungen[1]).

Von den zahlreichen für diesen Zweck vorgeschlagenen Methoden erscheint die von McIlhiney[2]) als die verwertbarste, da sie gestattet, neben dem addierten auch das gleichzeitig substituierte bzw. das als Bromwasserstoff wieder abgespaltene Brom zu bestimmen. Es werden folgende Lösungen verwendet:

$n/_3$-Brom in Tetrachlorkohlenstofflösung,

$n/_{10}$-Thiosulfatlösung,

2 proz. Kaliumjodatlösung,

10 proz. Jodkaliumlösung.

0.25—1 g Substanz werden in einer 500 ccm fassenden Flasche mit gut eingeriebenem Glasstopfen in 10 ccm Tetrachlorkohlenstoff gelöst oder suspendiert, überschüssige Bromlösung (20 ccm) zugefügt, die Flasche verschlossen und ins Dunkel gestellt. Nach 18 Stunden wird die Flasche in eine Kältemischung gebracht, um partielles Vakuum zu erzeugen. In den Stopfen ist ein Geißlerhahn mit Ansatzrohr eingeschmolzen, das man in Wasser tauchen läßt. Öffnet man den Hahn, so wird Wasser in die Flasche eingesaugt, das die Bromwasserstoffsäure löst[3]). Man saugt etwa 25 ccm Wasser ein, verschließt den Hahn und schüttelt gut um.

Nun werden 20—30 ccm Jodkaliumlösung zugefügt und das in Freiheit gesetzte Jod nach Zusatz weiterer 75 ccm Wasser mit Thiosulfatlösung und Stärke titriert. Der gesamte Bromverbrauch entspricht dann der Differenz zwischen der dem Jod äquivalenten Menge Brom und der in der ursprünglich zugefügten Bromlösung enthaltenen, die durch eine blinde Probe gleichzeitig bestimmt wird.

Nach Beendigung der Titration setzt man 5 ccm Kaliumjodatlösung zu, wodurch die der Bromwasserstoffsäure äquivalente Menge Jod in Freiheit gesetzt wird.

Man titriert diese Jodmenge und findet so die Menge Brom, welche substituiert hat.

Alle benutzten Reagenzien müssen neutral reagieren.

Crossley und Renouf[4]) empfehlen den nachfolgend beschriebenen Apparat (Fig. 357).

[1]) Allen, Analyst 6, 177 (1881). — Commerc. org. Analysis, Second edit. 2, 383. — Mills und Snodgrass, Soc. Ind. 2, 436 (1883). — Mills und Akitt, Soc. Ind. 3, 65 (1884). — Levallois, C. r. 99, 977 (1884). — J. Pharm. Chim. 1, 334 (1887). — Halphen, J. Pharm. Chim. 20, 247 (1889). — Schlagdenhaufen und Braun, Mon. sc. 1891, 591. — Obermüller, Z. physiol. 16, 143 (1892). — McIlhiney, Am. soc. 16, 275 (1894). — Klimont, Ch. Ztg. 18, 641, 672 (1894). — Ch. Rev. 2, 2 (1894). — Hehner, Ch. Ztg. 19, 254 (1895). — Analyst 20, 40 (1895). — Z. ang. 8, 300 (1895). — Haselhoff, Z. Unters. Nahr. Gen. 1897, 235. — Evers, Pharm. Ztg. 43, 578 (1898). — Schreiber und Zelsche, Ch. Ztg. 23, 686 (1899). — Weger, Ch. Ind. 28, 24 (1905). — Petroleum 2, 101 (1906). — Telle, J. Pharm. Chim. (6) 21, 111 (1905). — Moßler, Z. Öst. Apoth.-Ver. 45, 267, 283 (1907). — Scheibe, B. 54, 793 (1921). — Reich, van Wijck und Waelle, Hel. 4, 242 (1921). — Siehe auch S. 648.
[2]) Am. soc. 21, 1087 (1899). — Bedford, Diss. Halle (1906), 24. — Remington und Lancaster, Pharm. (4) 29, 146 (1909). — Erdmann und Bedford, B. 42, 1393 (1909). — Vaubel, Ch. Ztg. 34, 978 (1910). — Z. ang. 23, 2078 (1910). — Klimont und Neumann, Pharm. Post 44, 587 (1911). — Wolff, Pharm. Ztg. 58, 470 (1913).
[3]) Dieses Verfahren, das ein etwas unbequemeres Vorgehen nach McIlhiney ersetzt, ist recht praktisch.   [4]) Soc. 93, 648 (1908).

In den Kolben A wird die Substanz (1—1.5 g) in ca. 30 ccm trocknem Chloroform oder einem anderen passenden Lösungsmittel gebracht und der Kolben mit einem gewöhnlichen Kork ver-schlossen.

Der Scheidetrichter C wird mit dem angeschmolzenen, eingeschliffenen Stopfen b an B gesteckt und ca. 25—30 g trocknes Chloroform und 3—4 g Brom genau hinein-gewogen.

Dann wird B gegen A, das mittels a angesetzt wird, ausgetauscht, die Bromab-sorption durchgeführt, dann wieder A gegen B ausgetauscht und die unverbrauchte Brom-lösung zurückgewogen.

Methode von Klimont und Neumann[1]).

Wenn man auf hydroaromatische, un-gesättigte Verbindungen Brom nach der Gleichung:

$$5 \text{ KBr} + \text{KBrO}_3 + 3 \text{ H}_2\text{SO}_4 = 3 \text{ K}_2\text{SO}_4$$
$$+ 3 \text{ H}_2\text{O} + 3 \text{ Br}_2$$

einwirken läßt, so erhält man in der Terpen-reihe quantitative Addition an die Doppel-bindung. Der Zusatz von Schwefelsäure ver-

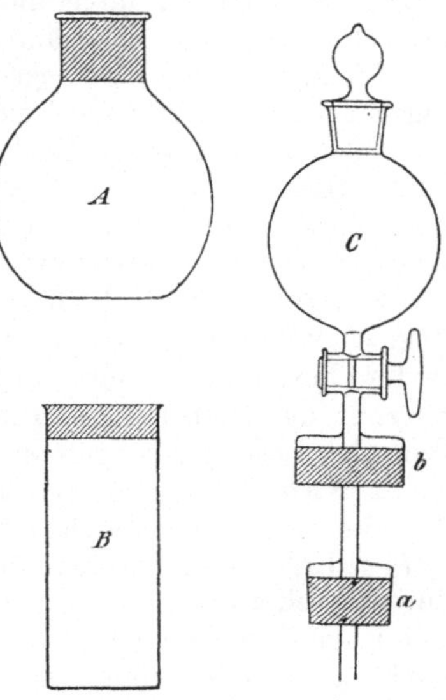

Fig. 357. Apparat von Crossley und Renouf.

hindert die Bildung von Bromoxylverbindungen. Man löst einige Zehntel-gramme Terpen in Chloroform, versetzt mit einer gemessenen Menge einer wäßrigen Lösung von Kaliumbromid und Bromat nach obiger Gleichung, setzt Schwefelsäure (1 : 2) zu und schüttelt um. Nach Zusatz von Jodkalium im Überschuß wird das in Freiheit gesetzte Jod titriert.

b) Addition von Chlorjod (Bromjod).

v. Hübl[2]) hat die Fähigkeit einer alkoholischen Jodlösung, bei Gegen-wart von Quecksilberchlorid schon bei gewöhnlicher Temperatur mit den un-

---

[1]) Pharm. Post 44, 587 (1911).

[2]) Dingl. 253, 281 (1884). — Morawski und Demski, Dingl. 258, 51 (1885). — Benedikt, Z. f. chem. Ind. 1887, Heft 8. — Lewkowitsch, B. 25, 66 (1892). — Wel-mans, Pharm. Ztg. 38, 219 (1893). — Ephraim, Z. ang. 1895, 254. — Wijs, Z. ang. 1898, 291. — B. 31, 750 (1898). — Ch. Rev. 1898, 137; 1899, 5. — Z. Unters. Nahr. Gen. 5, 497 (1902). — Henriques und Künne, B. 32, 387 (1899). — Fulda, M. 20, 711 (1899). — Kitt, Die Jodzahl. Springer, Berlin (1901). — Ch. Rev. 10, 98 (1903). — Hanuš, Z. Unters. Nahr. Gen. 4, 913 (1901). (Mit Bromjod.) — Gomberg, B. 35, 1840 (1902). — Tolman und Munson, Am. soc. 25, 244, 954 (1903). — Sanglè - Ferriere und Cu-niasse, J. Pharm. Chim. (6) 17, 169 (1903). — Teychené, J. Pharm. Chim. (6) 17, 371 (1903). — Millian, Seifens.-Ztg. 31, 77 (1904). — Archbutt, Ch. ind. 23, 306 (1904). — Panchaud, Schweizer Wochenschr. f. Pharm. 42, 113 (1904). — Hudson-Cox und Simmons, Analyst 29, 175 (1904). — Harvey, Ch. ind. 23, 306 (1904). — Ingle, Ch. ind. 23, 422 (1904). — Semmler, Die ätherischen Öle 1, 98 (1905). — Van Leent, Z. anal. 43, 661 (1905). — Deiter, Apoth.-Ztg. 20, 409 (1905). — Graefe, Petro-leum 1, 631 (1906). — Popow, Russ. 38, 1114 (1907). — Mascarelli und Blasi, G. 37, I, 113 (1907). — Leys, Bull. (4) 1, 633 (1907). — Richter, Z. ang. 20, 1610 (1907). — Benedikt - Ulzer, Analyse der Fette, 5. Aufl., Jul. Springer (1908), 145. — Reming-ton und Lancaster, Pharm. J. (4) 29, 146 (1909). — Willstätter, Mayer und Hüni, A. 378, 84, 106 (1910). — Müller, Bull. (4) 21, 1008 (1912). — Meigen und Wino-gradow, Z. ang. 27, 241 (1914). — Marcille, A. chim. an. appl. 20, 52 (1915). — Bauer, Ch. Umschau 28, 163 (1921). — Margosches und Baru, Ch. Ztg. 45, 898 (1921). — Ch. Umschau 28, Heft 18 (1921). — MacLean und Thomas, Bioch. J. 15, 319 (1921).

gesättigten Fettsäuren und deren Glyceriden unter Bildung von Chlorjod-
additionsprodukten zu reagieren — wobei gleichzeitig anwesende gesättigte
Säuren vollkommen unverändert bleiben —, dazu benutzt, die Anzahl der
Doppelbindungen in Fettsäuren zu ermitteln.

Die absorbierte Jodmenge wird in Prozenten der angewendeten Fettmenge
angegeben; diese Zahl wird als Jodzahl bezeichnet.

Diese „quantitative Reaktion" bietet in der Analyse der Fette, Wachsarten, Harze und ätherischen Öle sowie des Kautschuks usw. ein wertvolles
analytisches Hilfsmittel. Sie kann sich gelegentlich auch für wissenschaft-
liche Zwecke verwendbar erweisen.

Reagenzien. 1. Jodlösung. Es werden einerseits 25 g Jod, andererseits
30 g Quecksilberchlorid in je 500 ccm 95 proz. fuselfreiem Alkohol gelöst,
letztere Lösung, wenn nötig, filtriert und diese beiden Lösungen wohlverschlossen
getrennt aufgehoben. 24 Stunden vor Beginn des Versuchs werden gleiche
Teile der Lösungen vermischt.

2. Natriumhyposulfitlösung. Sie enthält im Liter ca. 24 g Salz.
Ihr Titer wird nach Volhard in folgender Weise auf Jod gestellt: Man löst
3.874 g Kaliumpyrochromat in 1 l Wasser auf und läßt davon 20 ccm in
eine Stöpselflasche fließen, in die man vorher 10 ccm 10 proz. Jodkaliumlösung
und 5 ccm Salzsäure gebracht hat. Jeder Kubikzentimeter Pyrochromatlösung
macht genau 0.01 g Jod frei. Man läßt von der Hyposulfitlösung so viel zufließen, daß die Flüssigkeit nur noch schwach gelb gefärbt ist, setzt etwas
Stärkelösung hinzu und läßt unter kräftigem Umschütteln vorsichtig noch so
lange Hyposulfitlösung zutropfen, bis der letzte Tropfen die Blaufärbung der
Flüssigkeit eben zum Verschwinden bringt.

3. Chloroform, das durch eine blinde Probe auf Reinheit zu prüfen
ist, oder vielleicht besser Tetrachlorkohlenstoff[1]).

4. Jodkaliumlösung. Sie enthält 1 Teil Salz in 10 Teilen Wasser.

5. Stärkelösung, frisch bereitet.

Ausführung der Bestimmung. Man bringt die Substanz — 0.5 bis
1 g — in eine 500—800 ccm fassende, gut schließende Stöpselflasche, löst in
ca. 10 ccm Chloroform und läßt 25 ccm Jodlösung zufließen, wobei man die
Pipette bei jedem Versuch in genau gleicher Weise entleert, d. h. stets dieselbe
Tropfenzahl nachfließen läßt. Sollte die Flüssigkeit nach dem Umschwenken
nicht völlig klar sein, so wird noch etwas Chloroform hinzugefügt. Tritt binnen
kurzer Zeit fast vollständige Entfärbung der Flüssigkeit ein, so muß man noch
25 ccm Jodlösung zufließen lassen. Die Jodmenge muß so groß sein, daß die
Flüssigkeit nach 2 Stunden noch stark braungefärbt erscheint.

Man läßt 12 Stunden im Dunkeln[2]) bei Zimmertemperatur stehen, versetzt
mit mindestens 20 ccm Jodkaliumlösung, schwenkt um und fügt 300—500 ccm
Wasser hinzu. Scheidet sich hierbei ein roter Niederschlag von Quecksilber-
jodid aus, so war die zugesetzte Jodkaliummenge ungenügend. Man kann jedoch
diesen Fehler durch nachträglichen Zusatz von Jodkalium korrigieren. Man
läßt nun unter oftmaligem Umschwenken so lange Natriumhyposulfitlösung
zufließen, bis die wäßrige Schicht und die Chloroformlösung nur mehr schwach
gefärbt sind. Nun wird etwas Stärkelösung zugesetzt und zu Ende titriert.

---

[1]) Levi und Manuel, Collegium (1909), 34. — Siehe auch Margosches und
Baru, Z. ang. **34**, 454 (1921). — Man reinigt den Tetrachlorkohlenstoff mit Natrium-
thiosulfat- oder Jodlösung. — Siehe auch S. 27.

[2]) Marcille führt die ganze Bestimmung in der Dunkelkammer durch. A. falsif. **9**,
6 (1916).

Gleichzeitig mit der Ausführung der Bestimmung wird zur Titerstellung der Jodlösung eine blinde Probe mit 25 ccm derselben vollkommen konform der eigentlichen Bestimmung ausgeführt und die Titerstellung unmittelbar vor oder nach der Bestimmung der Jodzahl vorgenommen.

Die zahlreichen Modifikationen, die für die Ausführung der Hüblschen Methode vorgeschlagen sind[1]) (siehe die Literaturzusammenstellung auf S. 1127), haben zu keinen wesentlichen Verbesserungen geführt; die Methode gibt nur dort quantitativ befriedigende Resultate, wo sich (wie bei den Säuren der Fettreihe, dem Cholesterin usw.) stark positive Reste in der Nähe der Doppelbindung befinden; sie ist aber auch in fast allen anderen Fällen wenigstens qualitativ sehr wohl zu verwerten.

Am besten[2]) hat sich noch die

Modifikation von Wijs

bewährt: 13 g Jod werden in 1 l Essigsäure gelöst, filtriert und langsam so viel Chlor eingeleitet, bis der Titer verdoppelt ist, was sich auch am Farbenumschlag erkennen läßt[3]).

Mit dieser Lösung arbeitet man ganz wie mit der Hüblschen, nur ist die Reaktion in sehr viel kürzerer Zeit (meist schon nach einigen Minuten) beendet. — Oftmals empfiehlt es sich, zum Lösen der Substanz an Stelle von Chloroform Tetrachlorkohlenstoff zu nehmen[4]).

Die

Jodzahlbestimmung nach Winkler[5])

ist die offizielle Methode der Ung. Pharmakopöe, doch bietet sie in dieser Form einige Schwierigkeiten, wogegen sie mit nachfolgenden kleinen Abänderungen den weitestgehenden Ansprüchen der Fabrikpraxis bestens entspricht (Dubovitz). Man bereitet eine $n/_5$-Kaliumbromatlösung, von der 1 l auch 40 g Bromkalium in Lösung hält. In diesem Fall ist sowohl die abzuwägende Fettmenge als die Flüssigkeitsmenge gleich mit denen der Methoden von Wijs oder Hübl. Die Fettmenge wird in 10 ccm Tetrachlorkohlenstoff gelöst, wozu 25 ccm der oben angegebenen Bromatlösung und 10 ccm verdünnte Salzsäure gegeben werden, wobei gut durchgeschüttelt wird. Nach 2 stündigem Stehen gibt man zu jeder Flasche 150 ccm Wasser, das 1 g Jodkalium gelöst enthält. Das freiwerdende Jod wird mit Thiosulfat zurücktitriert. Die Vorteile dieser Methode sind Einfachheit, Beständigkeit und Billigkeit der Lösung und Schnelligkeit des Verfahrens.

---

[1]) Erwähnt sei nur noch, daß die offizielle französische Methode der Fettanalyse die Anwendung von mit Jodwasserstoffsäure angesäuerter Jodlösung vorschreibt, die folgendermaßen dargestellt wird: 50 g resublimiertes Jod werden in 800 ccm 95 proz. Alkohol gelöst, 10 ccm Jodwasserstoffsäure (30 Bé) zugegeben und mit 95 proz. Alkohol auf 1 l aufgefüllt. Man filtriert und bewahrt in gut verschlossenen Flaschen in der Kälte und im Dunkeln auf. Knapp vor Gebrauch wird die gleiche Menge Sublimatlösung zugemischt. Auguet, A. falsif. **5**, 459 (1912).

[2]) Siehe auch Remington und Lancaster, Pharm. J. (4) **29**, 146 (1909). — Marcille, A. falsif. **3**, 417 (1910). — Auguet, A. falsif. **5**, 459 (1912). — Kelber und Rheinheimer, Arch. **255**, 417 (1917).

[3]) Dubovitz empfiehlt, im Liter 7.8 g Jodtrichlorid und 8.5 g Jod aufzulösen. Ch. Ztg. **38**, 1111 (1914). — Siehe dazu Niegemann und Kayser, Ch. Ztg. **39**, 491 (1915). — Z. anal. **55**, 487 (1916).

[4]) Siehe Anm. 1, S. 1128.

[5]) Z. Unters. Nahr. Gen. **28**, 65 (1914); **32**, 358 (1916). — Dubovitz, Ch. Ztg. **39**, 744 (1915). — Arnold, Z. Unters. Nahr. Gen. **31**, 382 (1916).

Da auch die

Methode von Hanuš

in letzterer Zeit viele Anhänger gefunden hat[1]), sei sie im folgenden nach der Vorschrift der schweizerischen Pharmakopöe mitgeteilt:

6.35 g zerriebenes Jod werden in ein 50 ccm fassendes Erlenmeyer-kölbchen gebracht und dazu 4.0 g Brom gewogen. Es wird nun unter beständigem Umschwenken vorsichtig erwärmt, bis die Masse flüssig ist. Dann wird unter fortgesetztem Umschwenken rasch abgekühlt und nach vollständigem Erkalten das entstandene Bromjod in Eisessig gelöst. Nun wird die Lösung mit Eisessig auf 500 ccm ergänzt.

Zur Bestimmung der Jodzahl wird die Substanz in eine 200 ccm fassende Flasche (mit eingeschliffenem Glasstopfen) eingewogen, in 15 ccm Chloroform gelöst und 25 ccm Bromjodlösung zugegeben. Es wird tüchtig durchgeschüttelt und 15 Minuten stehengelassen. Nach dieser Zeit gibt man 15 ccm 10 proz. Kaliumjodidlösung hinzu und titriert unter tüchtigem Schütteln mit $^n/_{10}$-Natriumthiosulfat, bis die wäßrige Lösung farblos ist.

Zu gleicher Zeit wird ein blinder Versuch ausgeführt, um den Titer der Jodlösung zu ermitteln.

25 ccm BrJ verbrauchen . . . . T ccm Natriumhyposulfit

25 ccm BrJ + p g Substanz verbrauchen. . . t ,,   ,,

p g Substanz verbrauchen also . . . . . (T—t) ,,   ,,

1 ccm $Na_2S_2O_3 = 0.0127$ J

$$\text{Jodzahl} = \frac{100 \times (T—t) — 0.0127}{p}.$$

An Stelle der Zahl 0.0127 ist der jeweilige Titer der Thiosulfatlösung, berechnet auf Jod, zu setzen.

Fumar- und Maleinsäure addieren gar kein Jod[2]), Crotonsäure 8%[3]), Zimtsäure 33%[4]), Styracin 43%, Allylalkohol 85%[3]).

Von den isomeren Ölsäuren geben:

	die Jodzahl
2.3-Ölsäure	9
3.4-Ölsäure	16.3
4.5-Ölsäure	27
Die gewöhnliche Ölsäure	89.4

Die Jodabsorption steigt also in dem Maß, als die Doppelbindung vom Carboxyl wegrückt[5]). — Siehe dazu Ponzio, G. **42**, II, **92** (1912).

Mikrojodzahlbestimmung: Ernst, Seife **6**, 462 (1921). — Gill und Simms, J. Ind. Eng. Ch. **13**, 547 (1921).

Chlorzahl.

Zlatarow[6]) benutzt als Chlorüberträger Phenyljodidchlorid. Es werden z. B. 0.25 g Triolein mit 60 ccm mit Phenyljodidchlorid bei gewöhnlicher Temperatur gesättigtem Tetrachlorkohlenstoff 4 Stunden stehengelassen,

---

[1]) Sie ist z. B. für die Pharm. helvetica Edit. IV vorgeschrieben. — Siehe auch Haller, Diss. Bern (1907), 25. — Mascarelli und Blasi, G. **37**, I, 113 (1907). — Tschirch und Gauchmann, Arch. **246**, 555 (1908). — Bohrisch und Kürschner, Apoth. Ztg. **33**, 247, 251, 257, 262, 266, 272 (1918). — Olszewski, Ph. C. H. **61**, 641 (1920). — Devrient, B. d. ph. G. **30**, 361 (1920).

[2]) Lewkowitsch, Analysis of Oils and Fats. II. Edit., S. 176.

[3]) Gomberg, B. **35**, 1840 (1902).

[4]) Fulda, M. **20**, 711 (1899). Dort auch weitere Angaben.

[5]) Eckert und Halla, M. **34**, 1817 (1913).

[6]) Z. Unters. Nahr. Gen. **26**, 348 (1913).

dann 40 ccm Rhodankaliumlösung (1 ccm = 0.05 g Ag) und Eisenalaun als Indicator zugesetzt und mit Silbernitratlösung (1 ccm = 0.01 g Ag) titriert. Gleichzeitig wird eine blinde Probe gemacht. Der Unterschied beider Versuche ergibt die Menge des addierten Chlors.

Die Nachprüfung im Prager Deutschen Universitäts-Laboratorium ergab ziemlich schwankende Werte. Das Verfahren muß jedenfalls noch weiter ausgearbeitet werden.

c) Addition von Wasserstoff[1]).

Um die Menge des Wasserstoffs zu messen, der von dem Reduktionsmittel (Zink, Magnesium usw.) entwickelt wird, kann man sich eines von Morse und Keißer[2]) angegebenen Apparats bedienen, den man nach Bedarf entsprechend modifiziert.

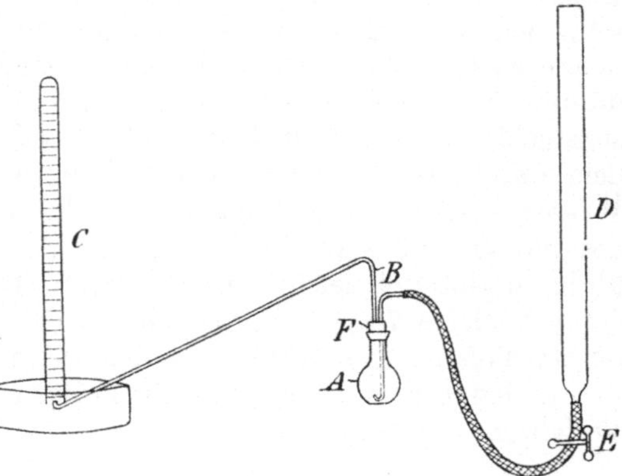

Fig. 358. Apparat von Morse und Keißer.

Das von der Flasche A kommende Rohr (Fig. 358) ist bei B ausgezogen, und unterhalb der Verengerung ist ein Stopfen von Glaswolle eingeführt. Die übrigen Teile des Apparats bedürfen keiner Beschreibung.

Zuerst wird das Reduktionsmittel in die Flasche gebracht. Dann wird der Quetschhahn E geöffnet und der ganze Apparat mit Wasser gefüllt. Nun überzeugt man sich davon, ob unter dem Stopfen F oder in der Glaswolle Gasblasen sitzen. Falls sie sich nicht in anderer Weise entfernen lassen, so verschwinden sie vollständig, wenn das Wasser in der Flasche einige Augenblicke zum Sieden erhitzt wird. Dann bringt man das Eudiometer über die Mündung des Gasleitungsrohrs und läßt den größeren Teil des Wassers, der in D zurückbleibt, durch den Apparat fließen. Schwefelsäure (1 : 4) wird in D gegossen, bis es nahezu voll ist. Dann wird E geöffnet und das Wasser durch Schwefelsäure verdrängt. Die Einwirkung der Säure auf das Metall läßt sich durch Erwärmen, Zufügen einer Spur Platinchloridlösung usw. befördern.

Wenn statt Schwefelsäure Salzsäure verwendet wird, empfiehlt es sich, dem Wasser in der Meßröhre etwas Ätznatron zuzusetzen.

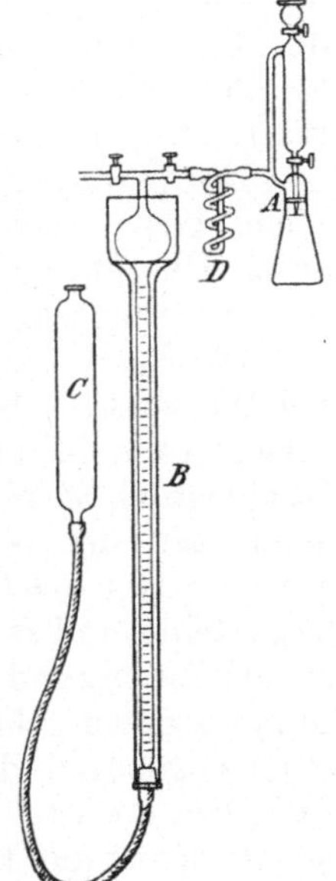

Fig. 359. Apparat von De Koninck.

Wenn die Reaktion beendigt ist, öffnet man E und entfernt den Inhalt der Flasche durch das Gasleitungsrohr. Schließlich wird die Meßröhre in einen Zylinder mit Wasser gebracht und das Volum des Gases abgelesen.

---

[1]) Siehe hierzu vor allem auch S. 1109ff.

[2]) Am. **6**, 349 (1885). — Über die Wertbestimmung von Zinkstaub siehe auch S. 1082. — Verschiedene Wirkungsweise der einzelnen Zinkstaubsorten: Bamberger, B. **27**, 1549 (1894). — Harries und Haarmann, B. **48**, 37 (1915). — Schroeter, A. **426**, 50 (1922).

Über den Apparat von Kaufler siehe S. 1086.

De Koninck[1]) hat ebenfalls einen Apparat konstruiert, der analogen Zwecken dienen kann. Die Substanz wird in den Kolben A gebracht, man setzt den Aufsatz auf den Kolben und füllt bei geschlossenem unteren Hahn in die weitere Aufsatzröhre das die Zersetzung bewirkende Reagens, z. B. verdünnte Säure, ein und schließt den oberen Hahn. Die Hähne an der Bürette B sind geöffnet; man füllt B mit Hilfe des Gefäßes C bis zur Nullmarke, die an dem Capillarrohr oberhalb der Erweiterung der Bürette angebracht ist, mit Wasser, schließt die Verbindung mit der äußeren Luft und läßt durch Öffnen des unteren Hahns am Aufsatzrohr das Reagens in den Kolben einlaufen. Alles übrige ergibt sich leicht aus der Figur. Der erweiterte Teil von B faßt 125, der graduierte 75 ccm. D ist ein durch kleine Messingfedern festgehaltenes Spiralgefäß, das als Kühler für das entwickelte Gas dient. (Fig. 359).

In den meisten Fällen wird man übrigens auch mit dem S. 1089 beschriebenen Verfahren von Bayer und Villiger auskommen[2]).

Methode von Bedford[3]).

Es ist dies eine Modifikation des von Sabatier und Senderens[4]) angegebenen Verfahrens, nach dem organische Substanzen in Dampf- oder Gasform zusammen mit Wasserstoff über fein verteiltes Nickel geleitet werden.

Dieses Verfahren läßt sich, wie Bedford fand, auch auf sehr schwerflüchtige Substanzen anwenden, wenn man sie auf Bimssteinstücke, die mit metallischem Nickel präpariert sind, allmählich auftropfen läßt und gleichzeitig Wasserstoff überleitet.

Die quantitative Bestimmung wird dadurch ermöglicht, daß man von einem genau gemessenen Volumen reinen Wasserstoffs ausgeht, dessen Überschuß durch Überführung in Wasser bestimmt wird.

Der benutzte Apparat ist in Fig. 360 dargestellt.

Die Gasflasche F von ca. 18 l Inhalt ist zur Aufnahme und zum Messen des Wasserstoffs bestimmt. Sie ist mit einem zweifach durchbohrten Kork s verschlossen, der die Kupferröhren r^1 und r^2 hindurchläßt, und ferner mit einem Blechmantel M umgeben, der Wasser enthält. Dieses F umgebende Wasser dient dazu, den Wasserstoff auf gleichmäßige Temperatur zu bringen. F ruht mit dem Hals nach unten auf einem Dreifuß, der in das weite, aus Zinkblech hergestellte und mit Wasser gefüllte Gefäß G hineingestellt ist. Letzteres trägt in der Seitenwand den mit Gummistopfen verschlossenen Tubus t. Durch den Gummistopfen geht das Glasrohr r^4, das unter Wasser mit r^1 verbunden wird. r^1 ist so gebogen, daß sein oberes, ein Stückchen Kautschukschlauch tragendes Ende den höchsten Punkt im Innern der ein wenig schräg gestellten Gasflasche bildet. Es ist auf diese Art möglich, das Gas aus F bis auf die letzte Blase durch Wasser herauszudrücken, das aus der Wasserleitung r^1 zufließt.

Der Wasserstoff geht durch das zylinderförmige Glasgefäß E, das vier Rohransätze α, β, γ, δ, trägt. α ist eine eingeschmolzene Röhre, die sich nach innen mit rechtwinkliger Biegung fortsetzt, bis etwa 6 cm vom Boden des Zylinders; außen wird α mit r^4 durch einen Kautschukschlauch verbunden.

---

[1]) Bull. Ass. Belge des chim. **17**, 112 (1903). — Siehe hierzu Wohl, B. **37**, 451 (1904).
[2]) Für die Messung des bei elektrolytischen Reduktionen verbrauchten Wasserstoffs hat Tafel, B. **33**, 2218 (1900), einen Apparat angegeben.   [3]) Diss. Halle (1906).
[4]) Eine Zusammenstellung der Literatur befindet sich in A. chim. phys. (8) **4**, 319 (1905).

γ dient zur Füllung von F mit Wasserstoff, β ist die Austrittsöffnung, während δ durch einen längeren Kautschukschlauch mit dem Wassertrichter H verbunden wird.

W ist eine mit konzentrierter Schwefelsäure beschickte Trockenflasche, die auch dazu dient, die Stärke des durchgehenden Gasstroms zu kontrollieren. Zwischen W und E befindet sich ein Dreiwegstück aus Glasrohr mit den Hähnen h^1, h^2, h^3. h^1 dient zur Verbindung mit einem Stickstoff enthaltenden Gasbehälter, h^2 zur Verbindung mit einer, den käuflichen elektrolytischen Wasserstoff enthaltenden, eisernen Flasche.

S ist eine durch flüssige Luft kühlbare Glasschlange, die zur Entfernung der letzten Spuren Feuchtigkeit aus den Gasen dient.

In K, dem Katalysator, erfolgt die Anlagerung des Wasserstoffs an die durch T langsam eintropfende, ungesättigte Verbindung. Zu diesem Zweck sind die beiden zu einem Stück zusammengeblasenen Röhren des Katalysators, das weite Rohr k^1 (25 mm Durchmesser) und das engere k^2 (10 mm Durchmesser) mit präpariertem Bimsstein beschickt. Diesen mit Nickel präparierten Bimsstein stellt man folgendermaßen dar:

Reines Nickelcarbonat wird in einem Nickeltiegel durch starkes Glühen in Oxyd übergeführt, das Nickeloxyd mit wenig destilliertem (chlorfreiem!) Wasser zu einem Brei angerührt und ausgeglühter Bimsstein in erbsengroßen Stücken in diese Masse eingetragen. Nach gutem Durchrühren werden die einzelnen Bimssteinstücke herausgenommen und auf großen Uhrgläsern im Trockenschrank bei 95° getrocknet. Der Nickeloxyd-Bimsstein wird dann in k^1 und k^2 gefüllt, so daß die Schicht in jedem Rohr 11 cm Länge

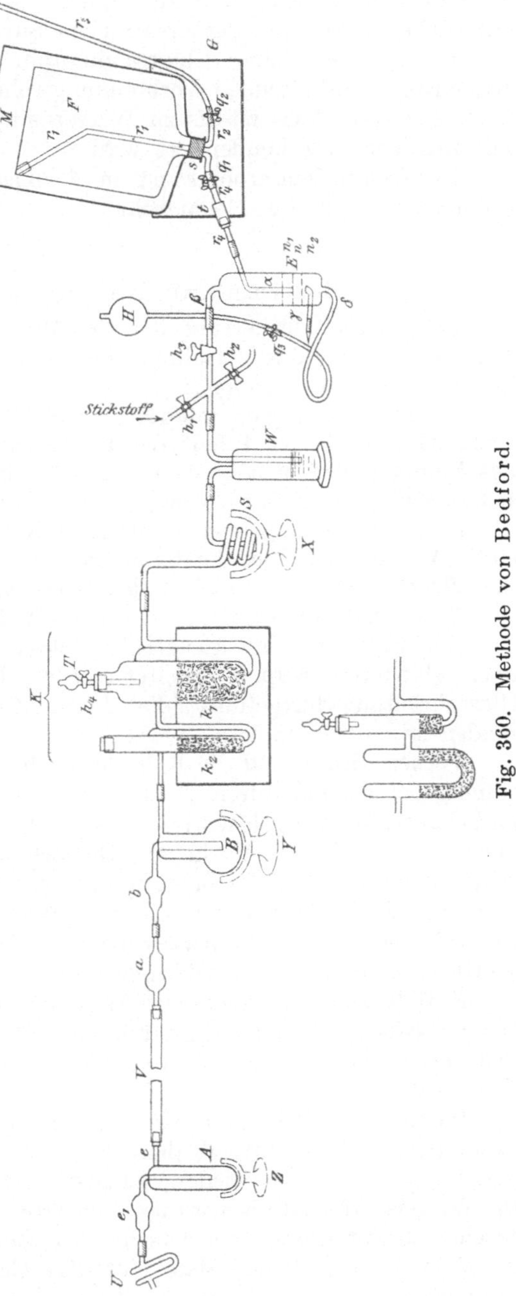

Fig. 360. Methode von Bedford.

hat. Die Reduktion des Oxyds zu metallischem Nickel findet im Apparat selbst
statt. Die Erhitzung des Katalysators erfolgt durch ein Ölbad.

Das Glasgefäß B mit dem angeschmolzenen Chlorcalciumröhrchen b ist
ebenfalls mit flüssiger Luft zu kühlen und dient dazu, aus dem Katalysator
entweichende Dämpfe der organischen Substanz zu kondensieren.

Ein zweites kleines Chlorcalciumrohr a steht in Verbindung mit dem
Kupferoxyd enthaltenden Verbrennungsrohr V. Hier findet die Verbrennung
überschüssigen Wasserstoffs zu Wasserdampf statt, der in A durch Kühlung
mit flüssiger Luft kondensiert wird.

Das Chlorcalciumrohr e^1 ist an A angeschmolzen, U ist ein ebenfalls mit
Chlorcalcium gefülltes Schutzrohr.

Bestimmung des Inhalts der Meßflasche.

Die genaue Ausmessung der zur Aufnahme des Wasserstoffs bestimmten
Flasche F ist für das Verfahren von ausschlaggebender Bedeutung. Sie kann
in doppelter Weise erfolgen:

a) durch Auswägung mit destilliertem Wasser von bestimmter Temperatur,
wozu dann noch der Inhalt der Rohrleitung $r^4 + \alpha$ zu zählen ist, während
das Volumen der Masse des in der Flasche befindlichen Rohrs r^1 und des
Korks s abgezogen werden muß, oder

b) durch Füllung von F inklusive Rohrleitung bis Ende α mit Wasserstoff, Verbrennung des letzteren zu Wasser und Berechnung des Volumens
der Flasche aus dem Gewicht des Wassers.

Man erhält auf beide Arten für das Volumen fast identische Zahlen.

Zur Füllung dient käuflicher elektrolytischer Wasserstoff, der vorher
über glühendes Kupfer geleitet wurde. Dieser Wasserstoff wird in einer
Glasrohrleitung fortgeführt, die durch Kautschukschlauch mit γ zu verbinden ist.

Vorher wird F und die Rohrleitung bis α mit ausgekochtem Wasser vollständig gefüllt und durch q^1 abgeschlossen, während die Verbindung von r^2
und r^3 unter Wasser gelöst wird. Das durch den Trichter H regulierbare Wasserniveau in E stehe bei Marke n^1. Quetschhahn q^3 sei geschlossen, h^3 zunächst
geöffnet und durch h^2 Verbindung mit der äußeren Luft hergestellt. Wenn die
in E befindliche Luft von γ aus vollständig durch Wasserstoff verdrängt ist,
wird h^3 geschlossen, das Wasserniveau in E bis zur Marke n^2 gesenkt und q^1
geöffnet. q^3 muß jetzt geschlossen sein.

F füllt sich nunmehr mit Wasserstoff, indem das verdrängte Wasser
aus r^2 ausfließt. Während der Füllung kühlt man F von außen durch kaltes
Leitungswasser, dessen Abfluß aus dem Blechmantel durch einen Heber reguliert wird.

Wenn F gefüllt ist und daher Gasblasen aus r^2 austreten, wird der Wasser-
stoffzutritt verlangsamt, q^2, dann q^1 geschlossen, q^3 geöffnet, h^3 langsam geöffnet und durch das wieder steigende Wasserniveau α eben abgeschlossen.
Die Wasserstoffzuleitung wird bei γ unterbrochen, γ durch ein Stückchen Gummischlauch mit Glasstöpsel verschlossen; Zufluß und Abfluß des Kühlwassers
in M wird abgestellt. Man läßt das Gas über Nacht stehen und kann
dann sicher sein, daß es die Temperatur des umgebenden Wassers angenommen hat. Man mißt nun diese Temperatur mit einem in Zehntelgrade
geteilten Thermometer, notiert den Barometerstand und öffnet q^1. Da der
Wasserstoff in F unter geringem Überdruck steht, so entweichen Gasblasen

durch α nach E, dessen Raum durch h^2 mit der Atmosphäre in Verbindung steht. Demnach steht jetzt das Gas in F unter Atmosphärendruck, vermehrt um die kleine Wassersäule $n\,n^1$ (diese beträgt gewöhnlich 4 mm = 0.3 mm Quecksilber).

Nach dem Ausgleich des Drucks wird q^1 wieder geschlossen. E wird mit Stickstoff ausgespült, der durch h^1 zugeleitet werden kann.

Um den Wasserstoff quantitativ zu verbrennen, wird die Schlange S mit einem kleinen Chlorcalciumrohr, dieses mit dem zuvor gewogenen Chlorcalciumrohr a durch ein Glasrohr verbunden. a hat den Zweck, Wasserdämpfe zu absorbieren, die zuweilen, wenn flüssige Luft in X frisch eingefüllt wird, aus dem Verbrennungsrohr V zurücktreten.

Die Verbrennung findet wie bei einer Elementaranalyse statt, indem der Wasserstoff über das in V befindliche glühende Kupferoxyd (in Drahtform) geleitet und der Wasserdampf in dem gewogenen Rohr A aufgefangen wird. Bei der großen Menge des Wassers hat sich das mit flüssiger Luft gekühlte Absorptionsrohr A als praktisch bewährt, während Chlorcalcium als Absorptionsmittel schnell zerfließen würde.

Das Herausdrücken des Wasserstoffs aus F erfolgt nach Herstellung der Verbindung $r^2\,r^3$ durch den Druck einer ca. 2 m betragenden Wassersäule. Die letzten Gasblasen sind aus der Flasche evtl. durch leichtes Drehen des Rohrs r^1 ohne Schwierigkeit zu entfernen. Man läßt schließlich das Wasser nach E übertreten, bis auch dieses Gefäß mit Wasser gefüllt ist. Dann wird q^1 geschlossen und der Wasserstoff durch Stickstoff verdrängt.

Der Gasstrom wird so reguliert, daß in der Stunde 6—7 l Wasserstoff zur Verbrennung gelangen. Letztere nimmt also $2^1/_2$—3 Stunden in Anspruch. Während dieser Zeit ist die verdampfende flüssige Luft in X und Z durch Nachfüllen zu ersetzen. Nach Beendigung der Verbrennung wird A abgenommen und bei e verschlossen, während man U bis zur Wägung verbunden läßt; letztere kann nach 2 Stunden, wenn das Eis aufgetaut ist, vorgenommen werden. a wird ebenfalls gewogen und ein etwaiges Mehrgewicht dem Wasser zugezählt.

Von der flüssigen Substanz werden 5—10 g in T gegeben und mit diesem gewogen. T wird dann auf K aufgesetzt, nachdem zuvor der Nickelbimsstein reduziert war.

Die Reduktion wird durch Erhitzen von K im Ölbad auf 275—285° und Durchleiten von Wasserstoff, der durch h^2 direkt aus einer Wasserstoffbombe zugeführt wird, bewerkstelligt. Während dieser Operation ist die Verbindung von K und B gelöst und K am Ausgangsende mit einem kurzen Capillarrohr verbunden. Das Überleiten von Wasserstoff muß so lange erfolgen, als sich in dem Capillarrohr noch kondensiertes Wasser bemerkbar macht. Es ist ziemlich lange Zeit — ca. 8 Stunden — zur Reduktion erforderlich.

Ist der Nickelbimsstein in der Weise reduziert, so läßt man das Ölbad, ohne den Wasserstoffstrom zu unterbrechen, auf 180—170° abkühlen, setzt Trichter T auf, kühlt S mit flüssiger Luft, schließt h_2, erhitzt das mit Kupferoxyd beschickte Verbrennungsrohr und verdrängt den im Apparatensystem noch vorhandenen Wasserstoff durch Stickstoff, den man durch h^1 20—25 Minuten lang einströmen läßt[1]). Nunmehr wird K mit B und dadurch mit der anderen Hälfte des Apparats verbunden, flüssige Luft in Y und Z gebracht, h^1 ge-

---

[1]) Der Stickstoff, der vollständig sauerstofffrei sein muß, wird, falls man keine Bombe besitzt, nach der Methode von Berthelot, Bull. (2) **13**, 314 (1870), dargestellt und schließlich über glühendes Kupfer geleitet.

schlossen und jetzt der gemessene Wasserstoff in F durch h^1 zugeleitet. Nach einigen Minuten wird h^4 so weit geöffnet, daß etwa vier Tropfen in der Minute aus T auf den Nickelbimsstein fallen. Der Wasserstoffstrom wird dabei so reguliert, daß, wenn alles Öl eingetropft ist, noch $^1/_2$ Stunde Wasserstoff durch die Apparate streicht. Die Entfernung der letzten Reste Wasserstoff aus F und aus dem ganzen System erfolgt in der schon früher beschriebenen Weise.

Das Wasser ergibt sich auch hier aus der Gewichtszunahme von $A + a$; die des Röhrchens a überstieg niemals 0.01 g. Durch Wägung von T nach der Analyse ergibt sich die Menge des angewendeten Öls als Differenz.

Zur Gewinnung des Reaktionsprodukts, das sich in den Nickelbimsstein eingezogen hat, läßt man den Katalysator nach Entfernung des Ölbads im Wasserstoffstrom erkalten, schüttet den Inhalt in einen Soxhletapparat und extrahiert ihn mit Äther. Der Nickelbimsstein ist dann für neue Versuche brauchbar, wenn er nur kurz vorher eine Stunde bei 250° im Katalysator mit Wasserstoff behandelt wird.

Es wurde beobachtet, daß mit bereits gebrauchtem Nickelbimsstein genauere Werte erhalten werden, während sie mit neu reduziertem Nickeloxyd etwas zu hoch ausfallen. Es liegt dies daran, daß Nickeloxyd unter den angegebenen Verhältnissen durch Wasserstoff bei 280° nicht ganz vollständig reduziert wird, so daß bei dem späteren Versuch noch etwas von dem gemessenen Wasserstoff zur Wasserbildung verbraucht war; diese geringe Menge Wasser wird in B zurückgehalten. Das einmal bei Gegenwart organischer Dämpfe durch Wasserstoff reduzierte Nickel ist von diesem Übelstand frei. Bei der Reduktion nichtflüchtiger Substanzen wie Ölsäure oder Leinölsäuren, soll die Gewichtszunahme von B nicht mehr als einige Zentigramme betragen.

Die Reduktion des Crotonsäureesters mit Wasserstoff z. B. wurde bei 165—170° ausgeführt. Da der Siedepunkt der Substanz niedriger liegt, so wurde die Form des Katalysators modifiziert, wie es die untere Skizze auf Fig. 360 darstellt.

Die Substanz tropft auf den erhitzten Nickelbimsstein im Rohr k^1, wird hier in Dampfform verwandelt und mit Wasserstoff gemischt über den in beiden Schenkeln des angeschmolzenen U-Rohrs befindlichen Nickelbimsstein geleitet, um dann in der abgekühlten Glaskugel B kondensiert zu werden. Die Abänderung des Katalysators besteht also nur in einer Verlängerung der Nickelbimssteinschicht.

Nach Beendigung des Reduktionsversuchs mit Crotonsäureester befand sich fast die ganze Menge des Reaktionsprodukts in B, eine geringe Menge wird jedoch im Nickelbimsstein zurückgehalten, aus dem sich durch Extraktion ca. 0.2 g Öl gewinnen ließ. Dieses Reaktionsprodukt hatte den ausgesprochenen Geruch des Buttersäureäthylesters, siedete bei 120° und addierte keine Spur Brom. Die Reduktion zu Buttersäureäthylester war also quantitativ verlaufen.

Die Prozente Wasserstoff, die eine ungesättigte Verbindung aufnimmt, bezeichnet Bedford als „Wasserstoffzahl" in demselben Sinn, in dem v. Hübl den Ausdruck Jodzahl gebraucht. Die Wasserstoffzahl ist freilich viel umständlicher zu bestimmen als die Jodzahl, einen großen Vorzug kann man aber bei dieser Konstante darin erblicken, daß ihr eine wirklich glatt verlaufende und zu einem wohldefinierten Endprodukt führende chemische Reaktion zugrunde liegt, was bei Hübls Jodadditionsmethode keineswegs der Fall ist. Wie verschieden sich ungesättigte Säuren gegen Jod verhalten, wie wenig einfach der chemische Prozeß bei Hübls

Methode ist, und wie schlecht definiert die Endprodukte dabei sind, haben besonders Liebermann und Sachse, B. **24**, 4117 (1891) betont.

Wenn daher die zur Fettanalyse so häufig benutzte Jodzahl bei Ölsäure und ihren Glyceriden einen der Theorie nahekommenden Wert ergeben mag, so ist man doch keineswegs berechtigt, ohne weiteres bei Säuren mit mehreren doppelten Bindungen, die im reinen Zustand noch unbekannt sind, wie es z. B. bei der Linolensäure des Leinöls der Fall ist, auf ein Gleiches zu schließen.

Über

3. Ketene

siehe Staudinger „Die Ketene", Enke, Stuttgart (1912).

Zweiter Abschnitt.

Dreifache Bindung.

1. Qualitative Reaktionen.

a) Charakteristisch für das Acetylen und seine einfach alkylierten Homologen und ebenso für die Acetylenalkohole[1]), Aldehyde und Säuren[2]) ist die Fähigkeit, mit ammoniakalischen Kupferoxydul-[3]) oder Silberlösungen[4]) feste krystallinische Fällungen zu geben, aus welchen beim Erwärmen mit Salzsäure die Kohlenwasserstoffe usw. regeneriert werden können. Die zweifach alkylierten Acetylene zeigen diese Reaktion nicht, ebensowenig die Di-Acetylene.

b) Mit Halogenen und Halogenwasserstoffsäuren verbinden sich diese Substanzen leicht, wobei 1 oder 2 Moleküle addiert werden. Lagern sich 2 Moleküle Säure an, so gehen beide Halogenatome an denselben Kohlenstoff. Um an Säuren mit dreifacher Bindung Jod zu addieren (wobei immer Dijodide $R \cdot CJ : JCR^1$ entstehen[5])[7]), löst man sie in der 2—3fachen Menge Eisessig und erwärmt kurze Zeit[6]) mit der berechneten Menge Jod oder läßt in der Kälte 10 Stunden stehen.

Man kann auch im Dunkeln in Schwefelkohlenstofflösung unter Zusatz von sehr wenig Eisenjodür lange Zeit stehenlassen[7]).

c) Tertiäre Acetylenalkohole werden durch wäßrige Kalilauge in ihre Komponenten, Kohlenwasserstoff und Keton, zerlegt (Favorsky), bei sekundären und primären tritt diese Reaktion im allgemeinen nicht ein[8]).

---

[1]) Darum der Name Propargylalkohol. Liebermann, A. **135**, 278 (1865).

[2]) Propiolsäureester: Baeyer, B. **18**, 678 (1885). — Propargylsäure: Baeyer, B. **18**, 2270 (1885).

[3]) Siehe Manchot, A. **387**, 257 (1912). — Darstellung der Kupferoxydullösung: Siehe S. 1139. Die Lösung ist mehrere Tage haltbar. Ilosvay v. Nagy Ilosva, B. **32**, 2698 (1899).

[4]) Alkoholische Silberlösung: Béhal, A. ch. (6) **15**, 423 (1888). — Krafft und Reuter, B. **25**, 2244 (1892).

[5]) Liebermann und Sachse, B. **24**, 2588, 4112 (1891). — Bruck, B. **24**, 4118 (1891) — James und Sudborough, Proc. **23**, 136 (1907). — Soc. **91**, 1037 (1907). — Arnaud und Posternak, C. r. **149**, 220 (1909).

[6]) Nicht über 40°, Mühle, a. a. O. — Diss. Berlin (1914), 12.

[7]) Mühle, B. **46**, 2092 (1913).   [8]) Moureu, Bull. (3) **33**, 151 (1905).

d) Mit wäßrigen (selbst sauren) Lösungen von Quecksilbersalzen[1]) entstehen nichtexplosive Niederschläge, aus welchen durch Säuren Wasser-additionsprodukte der Acetylene (Aldehyd aus Acetylen, Ketone aus den Homologen) abgeschieden werden[2]). Weiteres über Wasseranlagerung: Berthelot, C. r. **50**, 805 (1862). — Schrohe, B. **8**, 367 (1875). — Lagermarck und Eltekow, B. **10**, 637 (1877). — Zeisel, A. **191**, 366 (1878). — Baeyer, B. **15**, 2705 (1882). — Baeyer und Perkin, B. **16**, 2128 (1883). — DRP. 45 371 (1888). — Béhal und Desgrez, C. r. **114**, 1074 (1892). — Fritsch und Buttenberg, A. **279**, 335 (1894). — Nef, A. **308**, 277, 294 (1899). — Berthelot, C. r. **128**, 333 (1899). — Moureau und Delange, C. r. **131**, 710 (1900); **132**, 1121 (1901); **136**, 753 (1903). — Zincke und Fries, A. **325**, 74 (1902).

e) Mit Essigsäure entstehen beim Erhitzen auf 280° oder mit Wasser bei 325° dieselben Ketone[3]). Die gleiche Reaktion tritt unter Kohlendioxyd-verlust mit den entsprechenden Säuren ein[4]).

f) Über die Addition von Wasserstoff siehe namentlich: Baeyer, B. **18**, 680 (1885). — Holleman und Aronstein, B. **21**, 2833 (1888); **22**, 1181 (1889). — Fittig, A. **268**, 98 (1892). — Moureu nud Delange, C. r. **132**, 989 (1901); **136**, 554 (1903). — Straus, A. **342**, 201, 238, 249, 260 (1905). — Klages, B. **39**, 2587 (1906). — Paal und Hartmann, B. **42**, 3930 (1909). — Lespieau, C. r. **150**, 1761 (1910).

g) Umlagerungen: Die Homologen des Acetylens von der Formel $R \cdot C \equiv CH$, in der R ein primäres oder sekundäres Radikal bedeutet, werden durch alkoholisches Kali bei 170° in isomere Kohlenwasserstoffe mit zwei benachbarten Doppelbindungen verwandelt, wenn R sekundär ist, und in isomere Kohlenwasserstoffe, in denen die dreifache Bindung erhalten bleibt, aber gegen die Mitte des Moleküls zu wandert, wenn R primär ist[5]).

Eine Reaktion in entgegengesetzter Richtung tritt beim Erhitzen zweifach alkylierter Acetylene mit metallischem Natrium ein[6]), z. B.:

$$C_2H_5 \cdot C \vdots C \cdot CH_3 \rightarrow C_2H_5 \cdot CH_2 \cdot C \vdots CH .$$

h) Über die Einwirkung von Ozon siehe S. 500.

Einwirkung von Hydroxylamin: Claisen, B. **36**, 3665 (1903). — Moureu und Lazennec, C. r. **144**, 1281 (1907). — Von Hydrazin: v. Rothenburg, B. **26**, 1719 (1893); **27**, 783 (1894). — Moureu und Lazennec, C. r. **143**, 1239 (1906).

Addition von Alkalibisulfiten an Acetylensäuren: Lasausse, C. r. **156**, 147 (1913). — Bull. (4) **13**, 894 (1913).

Phenylhydrazin: Buchner, B. **22**, 2929 (1889). — Claisen, B. **36**, 3666 (1903).

---

[1]) Fällungen mit Nesslers Reagens: Keiser, Am. **15**, 535 (1893) — Nef, A. **308**, 299 (1899). — Lossen und Dorno, A. **342**, 189 (1905).

[2]) Kutscherow, B. **14**, 1540 (1881); **17**, 13 (1884). — Faworsky, B. **21**, 177 (1888). — Griner, A. chim. phys. (6) **26**, 305 (1892). — Keiser, Am. **15**, 537 (1893). — Erdmann und Köthner, Z. an. **18**, 54 (1898). — Hofmann, B. **31**, 2217, 2785 (1898); **32**, 874 (1899); **37**, 4459 (1904). — Biltz und Mumm, B. **37**, 4417 (1904); **38**, 133 (1905). — Lossen und Dorno, A. **342**, 184, 189 (1905). — Makowka, B. **41**, 824 (1908). — Haas, Diss. Würzburg (1913).

[3]) Béhal und Desgrez, C. r. **114**, 1074 (1892). — Desgrez, A. chim. (7) **3**, 209 (1894).

[4]) Desgrez, Bull. (3) **11**, 392 (1894).

[5]) Faworsky, Russ. **19**, 427 (1887). — J. pr. (2) **37**, 382 (1888); **44**, 208 (1891). — Krafft und Reuter, a. a. O. — Krafft, B. **29**, 2236 (1896).

[6]) Faworsky, Russ. **19**, 553 (1887). — Béhal, Bull. (2) **50**, 629 (1888). — J. pr. (2) **44**, 236 (1891).

Hypochlorit: Faworsky, J. pr. (2) **51**, 533 (1895). — Hypobromit: Wittorf, Russ. **32**, 88 (1900).

Alkohol: Moureu, C. r. **137**, 259 (1903). — Claisen, B. **36**, 3668 (1903). — Moureu und Lazennec, C. r. **142**, 338 (1906). — Gauthier, A. Ch. Ph. (8) **16**, 289 (1909).

Über Säuren der Formel $R \cdot C \vdots C \cdot COOH$ siehe Moureu und Delange, C. r. **132**, 989 (1901); **136**, 554, 753 (1903). — Moureu, Bull. (3) **31**, 1193 (1904). — Moureu und Lazennec, C. r. **143**, 553, 596, 1239 (1906). — Bull. (3) **35**, 843 (1906). — Feist, A. **345**, 100 (1906). — James und Sudborough, Soc. **91**, 1041 (1907).

Über Säuren mit größerem Abstand zwischen dreifacher Bindung und Carboxyl siehe: Krafft, B. **11**, 1414 (1878); **29**, 2232 (1896); **33**, 3571 (1900). — Hazura, M. **9**, 469, 952 (1888). — Liebermann und Sachse, B. **24**, 4116 (1891). — Holt und Baruch, B. **26**, 838 (1893). — Baruch, B. **27**, 172 (1894). — Arnaud, Bull. (3) **27**, 484, 489 (1902). — Haase und Stutzer, B. **36**, 3601 (1903). — Perkin und Simonson, Soc. **91**, 820, 835 (1907). — Gardner und Perkin, Soc. **91**, 849, 854 (1907).

2. Quantitative Bestimmung der dreifachen Bindung.

a) Fällung als Cuprosalz[1].

Das Acetylenkupfer löst sich in einer sauren Ferrisalzlösung leicht auf.

$$C_2Cu_2 + Fe_2(SO_4)_3 + H_2SO_4 = 2\,FeSO_4 + 2\,CuSO_4 + C_2H_2.$$

Das entstandene Ferrosalz wird mit Kaliumpermanganat titriert, wobei 1 Mol. Acetylen 2 Permanganatäquivalente erfordert. Das entbundene Acetylen stört dabei nicht.

Ausführung. Das Gas oder die Acetylenlösung läßt man einige Minuten unter Schütteln auf das Reagens von Ilosvay einwirken. Dann saugt man das Kupfersalz z. B. auf einer mit gut ausgewaschenem, langfaserigem Asbest beschickten Nutsche ab und wäscht es sehr sorgfältig aus, so daß anhaftendes Hydroxylamin entfernt, aber Oxydation durch Luftsauerstoff vermieden wird. Um keine zähe Haut, die sich schwer auswaschen läßt und träge löslich ist, zu bilden, vermeidet man das Trockensaugen des Niederschlages. Wenn das Waschwasser von einem Tropfen $^n/_{10}$-Permanganat bleibend gerötet wird, löst man den Niederschlag von der Nutsche mit beispielsweise 25 ccm saurer Ferrisalzlösung, die aus 100 g Ferrisulfat mit 200 g konzentrierter Schwefelsäure durch Auffüllen zu einem Liter bereitet ist. Das Filter ist nach dem Absaugen und Waschen mit Wasser für weitere Bestimmungen wieder bereit. Das schön grüne Filtrat wird mit $^n/_{10}$-Permanganat titriert.

Darstellung des Reagens.

Für je 50 ccm Lösung sind zu nehmen:

1. 0.75 g Cuprichlorid ($CuCl_2$, $3\,H_2O$), $1 \cdot 5$ g Ammoniumchlorid. 3 ccm Ammoniumhydroxyd (20—21 % $\cdot$ NH_3), $2 \cdot 5$ g Hydroxylaminchlorhydrat.

2. 1 g Cuprinitrat ($Cu[NO_3]_2$, $5\,H_2O$), 4 ccm Ammoniumhydroxyd (20 bis 21 % NH_3), 3 g Hydroxylaminchlorhydrat.

---

[1] Holleman, B. **20**, 3081 (1887). — Ilosvay, B. **32**, 2698 (1899). — Hempel, Gasanalytische Methoden. 4. Aufl. (1913), 208. — Willstätter und Maschmann, B. **53**, 939 (1920). — Bestimmung von Acetylen in Leuchtgas und Luftgemischen: Arnold, Möllney und Zimmermann, B. **53**, 1034 (1920).

3. 1 g krystallisiertes Cuprisulfat, 4 ccm Ammoniumhydroxyd (20—21 %
NH_3), 3 g Hydroxylaminchlorhydrat.

Man löst das Cuprisalz in einem 50-ccm-Kölbchen in wenig Wasser, tröpfelt
das Ammoniumhydroxyd ein und fügt alsdann das salzsaure Hydroxylamin hinzu,
schüttelt durch und füllt sofort mit Wasser auf 50 ccm auf. Nach wenigen
Augenblicken ist die Lösung entfärbt. Die mit Kupferchlorid bereiteten Lösungen sind ein wenig trübe, im übrigen aber ganz farblos; ohne Ammoniumchlorid
sind sie noch trüber.

b) Nach Arth[1]) läßt sich in den Silberverbindungen der Acetylene das
Metall leicht durch Elektrolyse bestimmen. Man löst die Salze zu diesem Zweck
in genügend konzentrierter Cyankaliumlösung.

Bequemer ist noch die Methode von Dupont und Freundler[2]), wonach
die Substanz mit Königswasser eingedampft und so das Silber in Chlorsilber
übergeführt wird. — Siehe auch Krafft, B. 29, 2238 (1896).

Dritter Abschnitt.

Einfluß von neu eintretenden Atomen und Atomgruppen auf die Reaktionsfähigkeit substituierter Ringsysteme.

1. Die sog. „negativen" Gruppen, nämlich die Halogene, die Nitrogruppe[3]),
Sulfo- und Carboxylgruppe, ferner die ungesättigten Gruppen CN, $COCH_3$-
COC_6H_5 usf.[4]) wirken auf im Kern befindliche Halogenatome lockernd, d. h.
die Halogenatome werden leicht gegen andere Reste austauschbar, sobald die
negativen Gruppen in Ortho- oder Parastellung treten[5]), namentlich aber, wenn
zwei derartige Stellen besetzt sind.

Ähnliche Verhältnisse zeigt der Pyridinkern insofern, als nur in α-
oder in γ-Stellung zum Stickstoff befindliches Halogen leicht vertretbar ist[6]).

Nach Marckwald ist das Halogen in den α- und γ-Chlorpyridinen besonders dann leicht beweglich, wenn sich zu ihm in Ortho- oder Parastellung
noch andere negative Substituenten, wie Carboxylgruppen, befinden.

---

[1]) C. r. **124**, 1534 (1897).

[2]) Manuel opératoire de chimie organique (1898), 80.

[3]) Auch Fluor kann so austauschbar werden: Swarts, Bull. Belg. **1913**, 241.

[4]) Schöpf, B. **22**, 3281 (1889). — Siehe auch Borsche, Stackmann und Makaroff,
B. **49**, 222 (1916).

[5]) v. Richter, B. **4**, 460 (1871). — Walter und Zincke B. **5**, 114 (1872). — Körner, G. **4**, 305 (1874). — Jacobson, B. **4**, 2114 (1881). — Leymann, B. **15**, 1233
(1882). — Lellmann, B. **17**, 2719 (1884). — Jackson und Bancroft, B. **22**, 604 (1889);
23, R. 458 (1890). — Bentley und Warren, B. **23**, R. 346 (1890). — Schöpf und Fischer,
B. **22**, 903, 3281 (1889); **23**, 1889, 3440 (1890); **24**, 3771, 3785, 3818 (1891). — Lellmann
und Just, B. **24**, 2101 (1891). — Nietzki und Rehe, B. **25**, 3006 (1892). — Schraube
und Ronig, B. **26**, 580, 682 (1893). — Jackson und Bentley, B. **26**, R. 12 (1893). —
Klages und Storp, J. pr. (2) **65**, 564 (1902). — Ullmann und Gschwind, B. **41**, 2291
(1908).

[6]) Friedländer und Ostermaier, B. **15**, 332 (1882). — Knorr und Antrick,
B. **17**, 2870 (1884). — Lieben und Haitinger, M. **6**, 315 (1885). — Friedländer und
Weinberg, B. **18**, 1530 (1885). — Conrad und Limbach, B. **20**, 952 (1887); **21**, 1982
(1888). — Ephraim, B. **24**, 2817 (1891); **25**, 2706 (1892); **26**, 2227 (1893). — Marckwald,
B. **26**, 2187 (1893); **27**, 1317 (1894); **31**, 2496 (1898); **33**, 1556 (1900). — Sell und Doot-
son, Soc. **71**, 1083 (1897); **73**, 777 (1898); **75**, 980 (1899). — Proc. **16**, 111 (1900). — Soc.
77, 236, 771 (1900). — O. Fischer, B. **31**, 609 (1898); **32**, 1297 (1899). — O. Fischer und
Demeles, B. **32**, 1307 (1899). — Marckwald und Meyer, B. **33**, 1885 (1900). — Marckwald und Chain, B. **33**, 1895 (1900). — Bittner, B. **35**, 2933 (1902).

Eintritt von Aminogruppen in den Pyridinkern macht indes α-ständiges Halogen wieder resistenter. Hans Meyer und v. Beck, M. 36, 733 (1915).

Ersatz von Chlor durch OH in α-Chlornitrochinolinen durch Kochen mit konz. Salzsäure: Guthmann, Diss. Erlangen (1915), 25. — Fischer und Guthmann, J. pr. (2) 93, 382 (1916).

Auch in α-Stellung zum Benzolkern befindliches Halogen ist leicht beweglich und zum Teil schon beim Kochen mit Alkoholen durch Alkoxyl vertretbar[1]). Oxyalkylgruppen in o- oder p-Stellung scheinen hierfür besonders zu prädisponieren.

2. E. Fischer hat in der Puringruppe entgegengesetzten Einfluß der Hydroxylgruppe auf die Beweglichkeit von Halogenatomen konstatiert: die hydroxylhaltigen Halogenpurine sind gegen Alkali und Basen beständiger als die neutralen[2]).

Auch bei den Halogencarbostyrilen ist die Stabilität des Halogens dem Hydroxylgehalt der Substanzen zuzuschreiben; verestert man die OH-Gruppe oder ersetzt sie durch Chlor, so reagiert das entstehende Derivat wieder leicht mit Basen[3]). Ortho- oder parahydroxylierte Benzylarylnitrosokörper, z. B.:

$$OH \quad\quad \text{oder} \quad\quad OH$$

verlieren dagegen schon bei gewöhnlicher Temperatur durch ganz verdünnte Ätzlaugen das Oxybenzylradikal unter Zerfall in Isodiazotate und Oxybenzylalkohol:

$$ArN \cdot CH_2C_6H_4OH + KOH = ArN_2OK + OHCH_2C_6H_4OH,$$
$$\mid$$
$$NO$$

während die entsprechenden Metaverbindungen beständig sind[4]).

3. Durch die Anwesenheit von Methylgruppen in Ortho- und Parastellung wird die Abspaltbarkeit von Halogen befördert, durch Anwesenheit ihrer Homologen aber verzögert[5]).

Ebenso verlieren diorthomethylierte Carbonsäuren, Ketone und Sulfosäuren leicht beim Erwärmen mit Schwefelsäure, Halogenwasserstoff oder Phosphorsäure die zwischenstehende Gruppe[6]).

Umgekehrt werden Methylgruppen durch in o- oder p-Stellung befindliche negativierende Gruppen oder Atome reaktionsfähiger. So lassen sich die in α- oder γ-Stellung methylierten Pyridin-(Chinolin)-derivate mit Aldehyden aldolartig kondensieren[7]). Die entstehenden Alkine gehen leicht unter Wasser-

---

[1]) Hertzka, M. 26, 227 (1905). — Kliegl, B. 38, 284 (1905). — Jüngermann, B. 38, 2868 (1905). — Werner, Ch. Ztg. 29, 1008 (1905). — Schimetschek, M. 27, 1 (1906). — v. Braun, B. 43, 1350 (1910). — Weishut, M. 33, 1547 (1912). Hier auch weitere Literaturangaben.   [2]) B. 32, 458 (1899).

[3]) Friedländer und Müller, B. 20, 2013 (1887). — Ephraim, B. 26, 2227 (1893).

[4]) Bamberger und Müller, A. 313, 102 (1900).

[5]) Klages und Liecke, J. pr. (2) 61, 307 (1900). — Klages und Storp, J. pr. (2) 65, 564 (1902).

[6]) Louise, A. chim. phys. (6) 6, 206 (1885). — Elbs, J. pr. (2) 35, 465 (1887). — V. Meyer und Muhr, B. 28, 1270, 3215 (1895). — Klages, B. 32, 1555 (1899) — Weiler, B. 32, 1908 (1899). — Habil.-Schrift Heidelberg (1900). — Hoogewerff und van Dorp, Koninklijke Akad. van Wetenschappen te Amsterdam 1901, 173. — J. pr. (2) 65, 394 (1902). — Siehe auch S. 535.

[7]) In Nachbarstellung zu diesem Methyl befindliche positivierende Reste heben diese Reaktionsfähigkeit wieder auf. So ist α-Methyl-β-Aminochinolin

abspaltung in Stilbazole über. Ähnlich wirkt Phthalsäureanhydrid[1]). Auch die in o- und p- negativ substituierten Toluole zeigen gegen Benzaldehyd eine derartige Reaktionsfähigkeit [Stilbenbildung[2])].

4. Ähnliche Erhöhung der Reaktionsfähigkeit, wie bei Halogenen, wird bei von negativen Orthosubstituenten umgebenen Hydroxylgruppen in betreff ihrer Austauschbarkeit gegen Amine beobachtet[3]).

5. Über die Beweglichkeit der Amingruppen siehe: Piccinini, B. 42, 3219 (1909).

Weitere einschlägige Beobachtungen siehe: Schmidt, Über den Einfluß der Kernsubstitution auf die Reaktionsfähigkeit aromatischer Verbindungen. Stuttgart (1902), Ferd. Enke. — Siehe auch S. 537.

Vierter Abschnitt.

Substitutionsregeln bei aromatischen Verbindungen.

1. Eintritt eines Substituenten an Stelle von Wasserstoff in ein Monosubstitutionsprodukt des Benzols[4]).

Alle Gruppen, in welchen die Affinität des direkt am Benzolkern haftenden Atoms stark in Anspruch genommen ist, orientie-

$$\text{(Struktur)}\quad \begin{array}{l}-NH_2\\-CH_3\end{array}\quad N$$

nicht mit Aldehyden kondensierbar, reagiert vielmehr z. B. mit Formaldehyd zu der Verbindung:

$$\text{(Struktur)}\quad \begin{array}{l}-N : CH_2\\-CH_3\end{array}\quad N\;.$$

Hoffmann, Diss. Kiel (1910). — Stark und Hoffmann, B. 46, 2698 (1913).

[1]) Jacobsen und Reimer, B. 16, 1082, 2602 (1883). — Doebner und Miller, B. 18, 1646 (1885). — Miller und Spady, B. 18, 3404 (1885); 19, 134 (1886). — Ladenburg, B. 21, 3099 (1888); 22, 2583 (1889). — Matzdorff, B. 23, 2709 (1890). — Ladenburg und Adam, B. 24, 1671 (1891). — Koenigs, B. 31, 2364 (1898); 32, 223, 3599 (1899). — Ladenburg, A. 301, 117 (1898). — Bach, B. 34, 2223 (1901). — Koenigs und Happe, B. 35, 1343 (1902); 36, 2904 (1903). — Lipp und Richard, B. 37, 737 (1904). — Koenigs und Mengel, B. 37, 1322 (1904).

[2]) Ullmann und Gschwind, B. 41, 2291 (1908).

[3]) Cahours, A. chim. phys. (3) 27, 439 (1850). — Beilstein und Kellner, A. 128, 168 (1863). — Salkowski, A. 163, 1 (1872). — Hübner, A. 195, 21 (1879). — Graebe, B. 13, 1850 (1880). — DRP. 22 547 (1882); 27 378 (1883); 43 740 (1886); 46 711 (1888). — Thieme, J. pr. (2) 43, 461 (1891).

[4]) Siehe vor allem Flürscheim, J. pr. (2) 66, 324 (1902). — Ferner: Bertagnini, A. 78, 106 (1851). — Gericke, A. 100, 209 (1856). — Glaser und Buchanau, Z. 1869, 193. — Nagel, Diss. Marburg (1880). — A. 216, 326 (1882). — Erlenmeyer und Lipp, A. 219, 228 (1883). — Rapp, A. 224, 159 (1884). — Plöchl und Loë, B. 18, 1179 (1885). — Erdmann, B. 18, 2742 (1885). — Amsel und Hofmann, B. 19, 1286 (1886). — Otto, B. 19, 2417 (1886). — Morley, Soc. 54, 579 (1887). — Armstrong, Soc. 51, 258, 583 (1887). — Fittig und Leoni, A. 256, 86 (1889). — Crum-Brown und Gibson, Soc. 61, 367 (1892). — Vaubel, J. pr. (2) 48, 75, 315 (1893); 52, 417 (1895). — Pinnow, B. 27, 605, 3163 (1894); 28, 3043 (1895); 30, 2858 (1897). — Kehrmann und Baur, B. 29, 2364 (1896). — Swarts, Bull. Ac. roy. Belg. (3) 35, 375 (1898). — Thiele, A. 306, 138 (1899). — Holleman, Rec. 15, 267 (1899); 19, 79, 188, 363 (1900); 20, 206 (1901). — Proc. 15, 176 (1899); 17, 246 (1901). — Kaufler und Wenzel, B. 34, 2238 (1901). — Vorländer und Meyer, A. 320, 122 (1901). — Schultz und Bosch, B. 35, 1292 (1902).

ren nach m-; diejenigen dagegen, in welchen das direkt am Benzolkern haftende Atom noch freie Affinität aufweist (ungesättigt ist), orientieren nach o- und p- (Flürscheim).

Für das gegenseitige Verhältnis der gebildeten Mengen der o- und p-Verbindung ist in erster Linie die Molekulargröße des ersten Substituenten maßgebend [Kehrmann[1])]. — Es dirigieren demnach ausschließlich oder hauptsächlich nach m-:

$-SO_3H$	$-CN$	$-CH_2N(C_2H_5) \cdot C_6H_5$
$-SO_2C_5H_6$	$-CFl_3$	$-CHO$
$-NO_2$	$-COCH_2Br$	$-COOH$
$-NH_3 \cdot OSO_2OH$	$-CH(NH_2)COOH$	$-COCH_3$
$-NH_3 \cdot ONO_2$	$-CO \cdot NH \cdot CH_2 \cdot COOH$	$-CH{-}NOH$
(fünfwertiger Stickstoff)		$\diagdown\!O\!\diagup$

Nach o- und p- dirigieren (ausschließlich oder hauptsächlich):

—Cl	$-NHNO_2$	$-CH_3$ und seine Homologen
—Br	$-N{=}N-$	$-CH_2Cl$
—J	$-N{-}N-$	$-CH_2COOH$
	$\diagdown\!O\!\diagup$	$-C : C \cdot COOH$
—Fl	$-NHCOCH_3$	$-CH_2CH_2COOH$
$-S \cdot R$	$-NHCONH_2$	$-CH_2CHOHCOOH$
—OH	$-CH{-}CH(COOH){-}CH_2$	
	$\diagdown\!O \qquad CO\!\diagup$	
$-NH_2$		
(dreiwertiger Stickstoff)		

$-CH_2 \cdot OR$	$-CH_2CN$
$-CH_2CH(NH_2)COOH$	$-CH_2NHCOCH_3$
$-CH(SCN)CH_2 \cdot SCN$	$-OCH_3$
$-CH = CRR_1$	
$-C_6H_5$	

$$-OPO\begin{smallmatrix} OH \\ \\ OH(R) \end{smallmatrix}$$

Auf Grund der Wernerschen Anschauungen[2]) erklärt Flürscheim diese Verhältnisse folgendermaßen: Haftet ein Substituent, z. B. Halogen, stark an einem Benzolkohlenstoffatom, d. h. stärker als Wasserstoff, so kann dieses an die beiden Ortho-C-Atome weniger Affinität abgeben, als wenn es mit Wasserstoff verbunden wäre; die o-Atome werden daher mehr freie Affinität besitzen und mit einem Teil derselben die m-Atome fester binden, die dadurch weniger Affinität für das p-Atom übrig behalten; letzteres muß demzufolge auch freie Affinität aufweisen.

Tritt nun ein neuer Substituent an das Molekül heran, so wird er von den Stellen größter freier Affinität, d. h. von den o-Atomen und dem p-Atom,

— Friedländer, M. **23**, 544 (1902). — Blanksma, Rec. **21**, 327 (1902). — Montagne, Rec. **21**, 376 (1902). — Kauffmann, J. pr. (2) **67**, 334 (1903). — Blanksma, Rec. **23**, 202 (1904). — Cohen und Hartley, Soc. **87**, 320, 1360 (1905). — Holleman, Ch. W. **3**, 1 (1906). — J. pr. (2) **74**, 157 (1906). — Flürscheim, J. pr. (2) **71**, 497 (1907); **76**, 175, 185 (1907). — Holleman, Die direkte Einführung von Substituenten in den Benzolkern. Leipzig, Veit & Co. 1910. — Obermiller, J. pr. (2) **75**, 1 (1907); **82**, 462 (1910). — Obermiller, Die orientierenden Einflüsse und der Benzolkern. Leipzig (1909). — Holleman, Bull. (4) **9**, 1 (1911). — Obermiller, Z. ang. **27**, 37, 483 (1914). — Wibaut, Rec. **34**, 241 (1915). — Holleman, Rec. **34**, 259 (1915).

[1]) B. **21**, 3315 (1888); **23**, 130 (1890). — J. pr. (2) **40**, 257 (1889); **42**, 134 (1890).

[2]) Beiträge zur Theorie der Affinität und Valenz. Zürich (1891).

angezogen werden; es erfolgt dort zunächst Addition, sofort darauf Abspaltung von Wasser resp. Halogenwasserstoff und Bildung eines o- resp. p-Disubstitutionsprodukts. Haftet dagegen ein Substituent, z. B. die Sulfogruppe, schwach am Benzolkohlenstoff, so wird dieser die o-Atome stark binden. Letztere binden dann die m-Atome schwach, diese dagegen das p-Atom stärker: die Reaktion erfolgt in m-.

Im allgemeinen ist die Stellung des eintretenden zweiten Substituenten von der größeren oder geringeren Negativität desselben (und des ersten Substituenten) abhängig; es werden aber die Gruppen:

$$-CHCl_2 \quad \text{und} \quad -CCl_3$$

in m- nitriert und in p- chloriert.

Einfluß von Katalysatoren auf die Sulfonierung: Behrend und Mertelsmann, A. **378**, 352 (1911). — Siehe auch Dimroth, B. **40**, 2411 (1907). — Rây und Dey, Soc. **117**, 1405 (1921). — Auger und Vary, C. r. **173**, 239 (1921) und S. 1147.

2. Eintritt weiterer Substituenten in den mehrfach substituierten Benzolkern [1].

Beim weiteren Chlorieren, Nitrieren usw. von 1.2- und 1.4-Verbindungen entstehen dieselben 1.2.4-Verbindungen. Aus 1.3-Verbindungen werden 1.3.4- und 1.2.3-Derivate. Sind beide Substituenten Gruppen von stark saurem Charakter (wie im m-Dinitrobenzol), so entstehen 1.2.5-Derivate.

Wird ein 1.2.4-Derivat weiter substituiert, so werden gewöhnlich unsymmetrische Tetraderivate 1.2.4.6- gebildet.

Nach Vaubel [2] begünstigt OH und NH_2 den Eintritt von nascierendem Brom in o- und p-. Stehen zwei derartige Gruppen in m-, so wirken sie vereint zugunsten der Bromaufnahme in diese Stellungen, verhindern sie aber, wenn sie sich in o- oder p-Stellung zueinander befinden. Sie wirken also schützend auf die zu ihnen in m-Stellung befindlichen Kohlenstoffatome.

Ähnlich erleichtern [3] zwei in m- stehende CH_3-Gruppen den Eintritt von NO_2 und Br.

Die Alkyl- und Acetylderivate der genannten Gruppen NH_2 und OH üben einen geringeren orientierenden Einfluß aus. Die Substituenten CH_3, NO_2, Halogen, SO_3H, COOH, $N = N \cdot R$, $N = N \cdot Cl$ verhindern den Eintritt des Broms nicht, falls sie in o- und p-Stellung zur NH_2- oder OH-Gruppe stehen.

Dabei sind in den letzteren Fällen COOH- oder SO_3H-Gruppen selbst durch Brom oder NO_2 ersetzbar.

Holleman [4] gibt die allgemeine Regel: „Der dirigierende Einfluß, den jede allein im Benzolring befindliche Gruppe ausübt, wird durch den Hinzutritt einer zweiten verändert."

Um für eine Verbindung C_6H_3ABC das prozentuelle Verhältnis der durch den Eintritt von C in die Verbindung C_6H_4AB entstehenden Isomeren zu bestimmen,

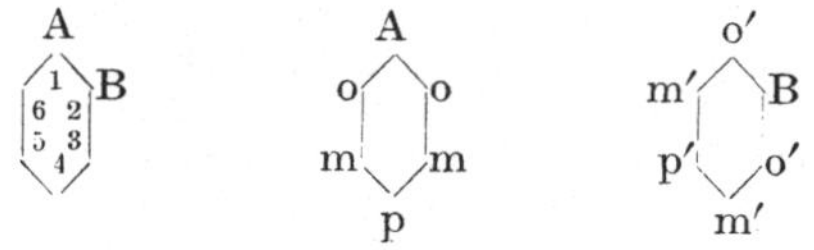

---

[1] Siehe namentlich: Jul. Schmidt, Einfluß der Kernsubstitution auf die Reaktionsfähigkeit aromatischer Verbindungen, S. 286, 357, 363.

[2] J. pr. (2) **48**, 75, 315 (1893); **52**, 417 (1895).

[3] Blanksma, Rec. **21**, 327 (1902).

[4] Rec. **18**, 267 (1899); **19**, 79, 188, 364 (1900); **20**, 206 (1901).

ermittelt man die Mengen der durch den Eintritt von C in C_6H_5A und in C_6H_5B entstehenden Isomeren.

Ist das Verhältnis bei der Verbindung C_6H_5A

$$o\ \text{Ortho : m Meta : p Para,}$$

und bei C_6H_5B:

$$o'\ \text{Ortho : m' Meta : p' Para,}$$

so wird z. B. die Tendenz zum Eintritt von C in (3) durch das Produkt

$$mo'$$

ausgedrückt; allgemein nimmt die neue Gruppe stets den Platz ein, für den dieses Produkt den größten Wert hat.

Tritt z. B. in ein o- oder p-Nitrophenol[1]) eine weitere Nitrogruppe ein, so werden OH und NO_2 ihre Wirkungen verstärken, bei den m-Nitrophenolen aber wirken sie in entgegengesetztem Sinn und es überwiegt der Einfluß der Hydroxylgruppe, so daß trotz des sonst bemerkbaren Widerstands gegen die Bildung von Orthodinitroderivaten die Substitution in o- und p-Stellung zur NO_2-Gruppe erfolgt.

Einfluß des Lösungsmittels auf den Verlauf der Nitrierung: Schwalbe, B. **35**, 3301 (1902).

Vorländer[2]) gibt folgende Tabelle:

Vorhanden sind: + (1) —		1.2	1.3	1.4
		\multicolumn{3}{c}{dritter Substituent geht nach:}		
NO_2	Cl	3.5	6.2	3
NO_2	Br	3.5	6	3
NO_2	J	3.5	6 (?)	3
NO_2	CH_3	5.3	4.6.2	3
NO_2	NH_2	5.3	6.4.2	3
NO_2	OH	5.3	4.2.6	3
SO_3H	Br	5	6.4	3
SO_3H	CH_3	5	4	3
SO_3H	NH_2	5	4.6	3
SO_3H	OH	5	—	3
CO_2H	Cl	5.3	4.6.2	3
CO_2H	Br	5.3	4.6.2	3
CO_2H	CH_3	5.3	4.6.2	3
CO_2H	NH_2	5	2.4.6	3
CO_2H	OH	5.3	4.2	3
CHO	Cl	5	4.6	3
CHO	OH	5.3	—	3
CN	CH_3	5	6	3
CN	Br	5	—	3
$N(CH_3)_3X$	CH_3	5	4	3
$N(CH_3)_3X$	Br	—	4	—

3. Eintritt von Substituenten in den Naphthalinkern.

Beim Naphthalin hat jedes der C-Atome, die beiden Kernen gemeinsam sind, drei Ortho-C-Atome abzusättigen; von den übrigen hat jedoch jedes nur zwei Ortho-C-Atome zu binden: die α-Atome müssen daher freie Affinität

---

[1]) Oder einen Nitrophenoläther: Kaufler und Wenzel, B. **34**, 2238 (1901).
[2]) B. **53**, 283 (1920).

besitzen und jede Substitution in α-Stellung erfolgen[1]), wenigstens bei gewöhnlicher Temperatur.

Im besonderen ist das Folgende zu beachten[2]):

a) Eintritt von Sulfogruppen[3]).

Niedrige Temperatur führt zu α-Sulfosäuren, höhere zu β-Sulfosäuren. Anwendung von rauchender Schwefelsäure ermöglicht den Eintritt der Reaktion bei niedrigerer Temperatur[4]).

Tritt eine zweite Sulfogruppe ein, so geht sie nicht in Ortho-, Para- oder Peristellung zur ersten Sulfogruppe [Regel von Armstrong und Wynne[5])]. Analog sind die Verhältnisse bei den Chlor-, Amino- und Oxyderivaten des Naphthalins sowie bei den Aminonaphtholen und Oxynaphthoesäuren:

α-Chlornaphthalin gibt bei niedriger Temperatur 1.4- und 1.5-, α-Chlornaphthalinsulfosäure bei 160—170° 1.6- und 1.7- und α-Chlornaphthalindisulfosäure bei 180—190° 1.2.7- und 1.4.7-Sulfosäure.

β-Chlornaphthalin liefert 2-Chlornaphthalin-8-sulfosäure als Haupt- und 2-Chlornaphthalin-6-sulfosäure als Nebenprodukt.

α-Nitronaphthalin gibt bei 100° neben etwas 1.6- und 1.7-Sulfosäure 1.5-Nitronaphthalinsulfosäure als Hauptprodukt. α-Naphthol und α-Naphtholsulfosäuren werden zuerst in α_2, dann in β_1, schließlich in β_4 sulfoniert: α-Naphthylamin und dessen Sulfosäuren geben zuerst α_2, dann α_3, endlich β_3, β_4 und β_1 substituierte Derivate.

β-Naphthol und seine Sulfosäuren werden bei niederer Temperatur in α_1 und α_4, bei höherer in β_3 und β_4 sulfoniert[5]).

β-Naphthylamin und seine Sulfosäuren liefern bei niederer Temperatur α_3 und α_4, bei höherer Temperatur β_3 und β_4-Sulfosäuren. Di- und Polysulfosäuren dirigieren auch nach α_1, α_2 und β_2.

Bei den α-hydroxylierten Naphthylaminen (Aminonaphtholen) und den α-Naphtholsulfosäuren gilt auch die Regel von Armstrong und Wynne; aus der 2.1.3.7-β-Naphthylaminosulfosäure entstehen aber neben 2.3.5.7-Trisulfosäure 2.3.6.7- und 2.1.3.6.7-Tetrasulfosäure[6]), aus β-Naphthol- ϑ-monooder -disulfosäure F. 2.1.3.6.7-β-Naphtholtetrasulfosäure[7]) und aus 1-Naphthylamin-3.6.8-Trisulfosäure eine Naphthsultamtrisulfosäure 1.8.3.4 (?).6[8]).

Die scheinbare Wanderung der Sulfogruppe ist so zu erklären, daß die durch den Sulfonierungsprozeß verdünnte Schwefelsäure imstande ist[9]), α-ständige Sulfogruppen bei höherer Temperatur wieder abzuspalten, während die bei höherer Temperatur entstehenden β-Sulfosäuren auch weit widerstandsfähiger sind und daher nicht zurückzerlegt werden können.

---

[1]) Flürscheim, J. pr. (2) **66**, 328 (1902). — Vgl. Thiele, A. **306**, 138 (1899).

[2]) Siehe namentlich Winther, Patente der organ. Chemie, Gießen, Töpelmann, **1**, 736 (1908).

[3]) Sulfierungsregeln für die Naphthalinreihe: Armstrong und Wynne, Proc. **6**, 130 (1890). — Cleve, Ch. Ztg. **1**, 785 (1893). — Erdmann, A. **275**, 194 (1893). — Julius, Ch. Ztg. **1**, 180 (1894). — Dressel und Kothe, B. **27**, 1193, 2137 (1894).

[4]) Merz und Weith, B. **3**, 195 (1870). — Ebert und Merz, B. **9**, 592 (1876). — Palmaer, B. **21**, 3260 (1888). — DRP. 45 229 (1889); 50 411 (1889). — Houlding, Proc. **7**, 74 (1891). — DRP. 63 015 (1892); 75 432 (1894); 76 396 (1894); 74 744 (1894).

[5]) Di- und Polysulfosäuren auch in β_2.   [6]) DRP. 81 762 (1895).

[7]) DRP. 78 569 (1894).   [8]) DRP. 84 139 (1895).   [9]) Siehe S. 535.

b) Eintritt von Nitrogruppen.

Naphthalin und seine Sulfosäuren werden vorwiegend in α-Stellung nitriert. Bei der weiteren Nitrierung entsteht aus 1-Nitronaphthalin 1.5- und (wenig) 1.8-Dinitro- und weiterhin ein Gemisch von Tri- und Tetranitronaphthalinen. Bei sehr vorsichtiger Nitrierung und starker Kühlung kann man auch 1.3-Dinitronaphthalin erhalten[1]).

Die Nitrogruppe sucht beim Eintritt in 1-Sulfosäuren zuerst die Stelle 8, dann 5[2]), bei 2-Sulfosäuren ebenfalls die Stellen 8 und 5, neben Stelle 4. Sie vermeidet die Orthostellen zur Sulfogruppe[3]). Eine zweite neueintretende Nitrogruppe geht nicht in Parastellung zur ersten[4]).

In vereinzelten Fällen tritt (meist als Nebenreaktion) auch Substitution in β-Stellung ein.

So entsteht aus $\alpha_1\beta_3$-Naphthalindisulfosäure etwas β-Nitronaphthalin-$\alpha_2\beta_4$-disulfosäure[5]), aus $\alpha_1\alpha_3$-Disulfosäure β_1-Nitronaphthalin-$\alpha_2\alpha_4$-disulfosäure[6]) aus α_1-Nitro-β_2-α_4-disulfosäure $\alpha_1\beta_3$-Dinitro-$\beta_2\alpha_4$-disulfosäure[7]).

Über die Nitrierung von Naphthylaminen und Naphthylaminsulfosäuren siehe: Winther, Patente der organischen Chemie 1, 742 (1908).

c) Eintritt von Chlor.

Über die Chlorierung von Naphthalinsulfosäuren siehe DRP. 101349 (1898); 103983 (1899) und Friedländer, Karamessinis und Schenk, B. 55, 45 (1922).

4. Eintritt von Substituenten in den Anthrachinonkern.

Die Sulfogruppe tritt hier fast ausnahmslos[8]) in die β-Stellung; läßt man aber die Sulfurierung bei Gegenwart von Quecksilber[9]) vor sich gehen, so findet der Eintritt der Sulfogruppe in α-Stellung statt, unter intermediärer Bildung von α-Mercuroanthrachinon[10]).

Siehe hierüber: Iljinsky, B. 36, 4194 (1903). — Schmidt, B. 37, 66 (1904). — DRP. 149801 (1904); 157123 (1904); 170329 (1906). — DPA. W. 24756 (1905); 23785 (1906); 23786 (1906).

Nach Roux und Martinet[11]) erhält man ohne Katalysator (fast) keine α-Säure, weil bei der erforderlichen hohen Temperatur Sulfurierung und Umlagerung mit gleicher Geschwindigkeit verlaufen. Das Quecksilber setzt die Sulfurierungstemperatur herab, ohne die Umlagerungsgeschwindigkeit zu beeinflussen. Bei hoher Temperatur erhält man daher auch bei Gegenwart von Quecksilber reichlich β-Sulfosäure.

Die übrigen Substituenten treten fast nur in die α-Stellungen[12]).

Erleichterung der Abspaltung von Sulfogruppen durch Quecksilberzusatz: DRP. 160104 (1905).

---

[1]) DRP. 100417 (1899).   [2]) DRP. 40571 (1885).

[3]) Cleve, B. 19, 2179 (1886); 21, 3264, 3271 (1888). — DRP. 27346 (1883); 45776 (1888); 56058 (1891); 61174 (1892); 70857 (1893); 75432 (1894); 82563 (1895).

[4]) DRP. 67017 (1893); 70019 (1893); 85058 (1895).

[5]) DRP. 45776 (1888). — Schultz, B. 23, 77 (1890).   [6]) DRP. 65997 (1892).

[7]) Friedländer und Kielbasinski, B. 29, 1982 (1896).

[8]) α-Oxyanthrachinon liefert eine $\alpha\beta$-Disulfosäure, Anthrarufin eine $\alpha\alpha\beta\beta$-Tetrasulfosäure DRP. 141296 (1903). — Geringe Mengen von α-Sulfosäuren entstehen übrigens auch sonst nebenher. Perger, J. pr. (2) 18, 174 (1878). — Dünschmann, B. 37, 331 (1904). — Liebermann und Pleus, B. 37, 646 (1904).

[9]) Über den Einfluß von Borsäure siehe Holdermann, B. 39, 1250 (1906).

[10]) Dimroth und Schmaedel, B. 40, 2411 (1907).   [11]) C. r. 172, 385 (1921).

[12]) Roemer, B. 15, 1787 (1882). — Liebermann, B. 16, 54 (1883).

Sachverzeichnis.

Ac. = Acylierung. — Acet. = Acetylierung. — Alk. = Alkylierung. — An. = Analyse.
— B. = Bildung. — Best. = Bestimmung. — D. = Darstellung. — El.-An. = Elementaranalyse. — Entf. = Entfernung. — Gefr. = Gefrierpunktsbestimmung. — K. = Konstante. — Kal. = Kalischmelze. — Kr. = Krystallisationsmittel. — Lös. = Lösungsmittel. — Lösl. = Löslichkeit. — Nachw. = Nachweis. — Ox. = Oxydation. — Red = Reduktion. — Rein. = Reinigung. — Tr. = Trocknungsmittel. — Z. = Zinkstaubdestillation.

Ein Sternchen * nach einer Seitenzahl weist darauf hin, daß das Zitat unter den Anmerkungen zu suchen ist.

Sublimieren 59; — z. Kr. 50.
Substituenten, Einfl. a. Reaktionsfäh. 1140ff.
Substitutionsregeln 1142ff.
Succindialdehyd 912.
Succinimid 526, 1020.
Sulfaminbenzoesäure 181.
Sulfaminsäuren 937.
Sulfanilsäure 622, 947; — Best. 946; — Diaz. 949; — Na-Salz 947.
Sulhydrate u. Diaz. 1029.
Sulfidquecksilberdisalicylsäureester 358.
Sulfinsäuren 1029.
Sulfobenzid 40.
Sulfobenzoesäure 511.
Sulfoessigsäure 665.
Sulfogruppe, Absp. 535,1146f. — Best. 1098; — Einführ. 1144, 1146f.; — Wander. 1146; — Ers. d. OH 509; — CN 509; — COOH 511; — NH_2 511; — Cl 511ff.; — Aryl 536.
Sulfoharnstoff 250, 915*.
Sulfoharnstoffe 971, 1058; — Best. 1096; — a. Senföl 1095.   [1174.
Sulfonierung, Einfl. a. d. Kat.
Sulfone 300f., 303, 928, 1094.
Sulfopersäuren 1089.
Sulfopropionsäure 138.
Sulfosäuren, An. 266, 284, 299, 319; — Kal. 505; — Lösl.-Z. d. Salze 168; — Umkr. 16f., 20; — Zers. d. Wasserd. 535; — f. Acyl. 666; — Benzoyl. 689; — z. Vers. 677; — u. Dimethylsulfat 632; — u. $SOCl_2$ 512; — u. H_2O 123; — s. a. Sulfogruppe.
Sulfosäuren-Alkalisalze, Beständ. 44; — Amide 927ff.; — Anhydride 512; — Chloride, An. 1098; — Ester 746*; — Methox.-Best. 902.
Sulfoxyde 1094.
Sulfozimtsäure 535.
Sulfurylchlorid 938.
Superoxyde in Äther 24; — u. ung. Subst. 1101; — s. a. Peroxyde.
Suspensionen 10f.
Sylvan 534, 912.
Sylvestren 479.
Sylvinsäure 18.

Tabelle z. Dd.-Best. nach Bleier u. Kohn 405; — n. V. Mexyer 399ff. — d. Gefrierpunktskonstanten 416, 417*.

Tabelle d. Konstanten d. Alkyl-amine 997. — d. korrig. Smpe. 139. — n. Obach 760f. — n. Rimbach 149ff. — n. Schoorl 873. — d. Smpe. d. Hydrazone v. Monosacch. 589. — d. Siedekonstanten 456. — z. Stickstoffbest. n. Dumas 232f. — d. Tens. v. Wasser-Benzoldampf 843. — d. Tens. v. gesätt. NaCl-Lös. 210. — v. Vorländer über Substit. 1145. — über Wasserlöslichkeit v. Extrakt.-Mitt. n. Herz 65. — z. Wasserstoffbest. nach Baumann 744f.
Talk 7.
Talose 800.
Tanaceten 1105.
Tannase 889f.
Tannine, acet. 674, 681, 683, 888ff.; — Lösungen, Klär. 12, 890.
Taririnsäure 501.
Tartrazin 857.
Taurin 178.
Teilungskoeffizient 63.
Tellur, Best. 375.
Tellurmethyljodid 375.
Tellurplatinvbdg. 376.
Tellurtriäthyljodid 376.
Terephthalaldehyd 465.
Terephthalsäure 29, 40, 510, 594f.
Terpenalkohole 17, 602*, 606, 609f., 662, 704; — Äther. 629; — Löslichk. 17; — a. ung. Kw. 1119; — unges. 1118.
Terpene, Add. Hydroxyl 492; — Best. 1127; — Dehydr. 478; — Isol. 1125; — Nachweis d. Doppelbind. 1022; — Ox. 476.
Terpenisoxime 51*.
Terpenketone 516, 809, 1124f.
Terpenkohlenwasserstoffe 1124f.
Terpenolacetat 1062.
Terpentinöl 36, 662.
Terpindiacetat 665*.
Terpineole 481, 492, 602*, 706.
Terpine 51*.
Terpinenderivate 58.
Terpineol 662, 667, 706; — Acetat 665*; — Naphthylurethan 706.
Terpinhydrat 29.

Terpinole 1125.
Tetraacetylglucosepyridiniumbromid 51.
Tetraäthyldiaminobenzophenon 516.
Tetraäthyltetrazon Pt-Salz 355.
Tetrabenzoylindigweiß 925.
Tetrabromanthrachinon 507.
Tetrabrombenzonitril 994.
Tetrabrombenzoylchlorid751.
Tetrabrombiresorcin 684.
Tetrabromdimethylcumaron 479.
Tetrabromkohlenstoff 476.
Tetrabromkresol 479.
Tetrabrommorinäther 629.
Tetrabromphenoltetrachlorphthalein 254*.
Tetrabromphenylhydrazin 801.
Tetrabromxylol 468.
Tetrachloräthan 28.
Tetrachlorfluoran 1026*.
Tetrachlorhydrodiphenazin 33.
Tetrachlorisocymol 468.
Tetrachlorkohlenstoff 27,63*, 67, 73, 269*, 497, 501, 512, 652*, 701, 808; — Rein. 1128*.
Tetrachlorxylol 468.
Tetrahydroacridon 482, 488.
Tetrahydroanthracen 46.
Tetrahydrobenzol 489.
Tetrahydroberberin 483.
Tetrahydrobiphenylenoxyd 913.
Tetrahydrobrucin 1114.
Tetrahydrocarbazole 485.
Tetrahydrochinaldin 485.
Tetrahydrochinolin 482, 485, 489.
Tetrahydrochinolincarbonsäure 485.
Tetrahydrofuralkohol 155.
Tetrahydrogeraniumsäure 493.
Tetrahydrojonon 1114.
Tetrahydronaphthalin = Tetralin.
Tetrahydronaphthochinolin 485.
Tetrahydronaphthocinchoninsäuren 836*.
Tetrahydrooxychinolin 1007.
Tetrahydropapaverin 21.
Tetrahydropiperinsäure 720*.
Tetrahydropyronoxime 808.
Tetrahydrostrychnin 1114.
Tetrajoddiphenylenoxyd 594.
Tetrajodhistidinanhydrid 15.
Tetralin 34, 36, 484.

Anleitung zur quantitativen Bestimmung der organischen Atomgruppen. Von Dr. **Hans Meyer,** o. ö. Professor der Chemie an der Deutschen Universität zu Prag. Zweite, vermehrte und umgearbeitete Auflage. Mit Textfiguren. 1904. Gebunden Preis M. 400.—

Beilsteins Handbuch der organischen Chemie. Vierte Auflage, die Literatur bis 1. Januar 1910 umfassend. Herausgegeben von der **Deutschen Chemischen Gesellschaft.** Bearbeitet von Bernhard Prager und Paul Jacobson. Unter ständiger Mitwirkung von Paul Schmidt und Dora Stern.
Erster Band: Leitsätze für die systematische Anordnung. — Acyclische Kohlenwasserstoffe, Oxy- und Oxo-Verbindungen. 1918. Preis $ 6; gebunden $ 10
Zweiter Band: Acyclische Monocarbonsäuren und Polycarbonsäuren. 1920. Preis $ 6; gebunden $ 10
Dritter Band: Acyclische Oxy-Carbonsäuren und Oxo-Carbonsäuren. 1921. Preis $ 24; gebunden $ 27
Vierter Band: Acyclische Sulfinsäuren. — Acyclische Amine, Hydroxylamine, Hydrazine und weitere Verbindungen mit Stickstoff-Funktionen. — Acyclische C-Phosphor-, C-Arsen-, C-Antimon-, C-Wismut-, C-Silicium-Verbindungen und metallorganische Verbindungen. 1922. Preis $ 25; gebunden $ 28
Fünfter Band: Cyclische Kohlenwasserstoffe. Erscheint Ende 1922.
Über die Inlandspreise gibt der Verlag auf Verlangen Auskunft.

Literatur-Register der Organischen Chemie, geordnet nach M. M. Richters Formelsystem. Herausgegeben von der **Deutschen Chemischen Gesellschaft,** redigiert von Robert Stelzner. Dritter Band, umfassend die Literatur der Jahre 1914 und 1915. 1921. Preis $ 28; gebunden $ 30
Über den Inlandspreis gibt der Verlag auf Verlangen Auskunft.

Zeittafeln zur Geschichte der organischen Chemie. Ein Versuch. Von Professor Dr. **Edmund O. von Lippmann,** Dr.-Ing. e. h. der Technischen Hochschule zu Dresden, Direktor der „Zuckerraffinerie Halle" zu Halle a. S. 1921. Preis M. 160.—

Geschichte der organischen Chemie. Erster Band von **Carl Graebe.** 1920. Preis M. 800.—; gebunden M. 1200.—

Biochemie. Ein Lehrbuch für Mediziner, Zoologen und Botaniker. Von Dr. **F. Röhmann,** a. o. Professor an der Universität und Vorsteher der Chemischen Abteilung des Physiologischen Instituts zu Breslau. Mit 43 Textfiguren und 1 Tafel. 1908. Gebunden Preis M. 1600.—

Grundriß der Fermentmethoden. Ein Lehrbuch für Mediziner, Chemiker und Botaniker. Von Professor Dr. **Julius Wohlgemuth,** Assistent am Pathologischen Institut der Universität Berlin. 1913. Preis M. 800.—

Biochemisches Handlexikon. Unter Mitarbeit hervorragender Fachgenossen herausgegeben von Professor Dr. **E. Abderhalden** in Halle a. S. In 10 Bänden, Einzeln: I. Band, 1. Hälfte, 1911, M. 3520.—; geb. M. 3720.— 2. Hälfte, 1911, M. 3840.—; geb. M. 4040.—. — II. Band, 1911, M. 3520.—; geb. M. 3720.—. — III. Band, 1911, M. 1600.—; geb. M. 1800.—. — IV. Band, 1. Hälfte, 1910, M. 1120.—. 2. Hälfte, 1911, M. 4220.—. — IV. Band, komplett geb. M. 5680.—. — V. Band, 1911, M. 3040.—; geb. M. 3240.— — VI. Band, 1911, M. 1760.—; geb. M. 1960.— — VII. Band, 1. Hälfte, 1910, M. 1760.—. 2. Hälfte, 1912, M. 1440.—. — VII. Band, komplett gebunden M. 3440.—. — VIII. Band (1. Ergänzungsband), Neudruck 1920, geb. M. 2920.—. — IX. Band (2. Ergänzungsband), Neudruck 1922, geb. M. 2440.—. — X. Band (3. Ergänzungsband). Erscheint im Herbst 1922

Die Abderhaldensche Reaktion. Ein Beitrag zur Kenntnis von Substraten mit zellspezifischem Bau und der auf diese eingestellten Fermente und zur Methodik des Nachweises von auf Proteine und ihre Abkömmlinge zusammengesetzter Natur eingestellten Fermente. Von Professor Dr. med. et phil. h. c. **Emil Abderhalden,** Direktor des Physiologischen Instituts der Universität Halle a. S. (Fünfte Auflage der „Abwehrfermente".) Mit 80 Textabbildungen und 1 Tafel. 1922.
Preis M. 880.—

Physiologisches Praktikum. Chemische, physikalisch-chemische, physikalische und physiologische Methoden. Von Professor Dr. **Emil Abderhalden,** Geheimer Medizinalrat, Direktor des Physiologischen Instituts der Universität zu Halle a. S. Dritte, neubearbeitete und vermehrte Auflage. Mit 310 Textfiguren. 1922.
Preis M. 880.—

Untersuchungen über Kohlenhydrate und Fermente I. (1884 bis 1908.) Von **Emil Fischer.** 1909.   Preis M. 1760.—; gebunden M. 2080.—

Untersuchungen über Kohlenhydrate und Fermente II. (1908—1919). Von **Emil Fischer.** (Emil Fischer, **Gesammelte Werke.** Herausgegeben von **M. Bergmann.**) 1922.   Preis M. 1360.—; gebunden M. 1680.—

Untersuchungen über Aminosäuren, Polypeptide und Proteine I. (1899—1905.) Von **Emil Fischer.** 1906. Preis M. 1280.—; gebunden M. 1600.—

Untersuchungen über Depside und Gerbstoffe. (1908—1919). Von **Emil Fischer.** 1919.   Preis M. 1280.—; gebunden M. 1600.—

Untersuchungen in der Puringruppe. (1882—1906.) Von **Emil Fischer.** 1907.   Preis M. 1200.—; gebunden M. 1520.—

Organische Synthese und Biologie. Von **Emil Fischer.** Zweite, unveränderte Auflage. 1912.   Preis M. 80.—

Aus meinem Leben. Von **Emil Fischer.** (Emil Fischer, **Gesammelte Werke.** Herausgegeben von **M. Bergmann.**) Mit 3 Bildnissen. 1922.
Gebunden Preis M. 736.—; in Geschenkband M. 576.—

Die physikalisch-chemischen Grundlagen der Biologie. Mit einer Einführung in die Grundbegriffe der höheren Mathematik. Von Dr. phil. **E. Eichwald,** ehemaliger Assistent, und Dr. phil. **A. Fodor,** erster Assistent am Physiologischen Institut der Universität Halle a. S. Mit 119 Abbildungen und 2 Tafeln. 1919.
Preis M. 1440.—; gebunden M. 1680.—

P_H-Tabellen, enthaltend ausgerechnet die Wasserstoffexponentwerte, die sich aus gemessenen Millivoltzahlen bei bestimmten Temperaturen ergeben. Gültig für die gesättigte Kalomel-Elektrode. Von Dr. **Arvo Ylppö.** Zweite, unveränderte Auflage. Erscheint im November 1922.

Der Gebrauch von Farbenindicatoren. Ihre Anwendung in der Neutralisationsanalyse und bei der kolorimetrischen Bestimmung der Wasserstoffionenkonzentration. Von Dr. **J. M. Kolthoff,** Konservator am Pharmazeutischen Laboratorium der Reichs-Universität Utrecht. Mit 7 Textabbildungen u. 1 Tafel. 1921. Preis M. 480.—

Die Wasserstoffionenkonzentration, ihre Bedeutung für die Biologie und die Methoden ihrer Messung. Von Dr. **Leonor Michaelis,** a. o. Professor an der Universität Berlin. Zweite, völlig umgearbeitete Auflage. In drei Teilen. Teil I: **Die theoretischen Grundlagen.** Mit 32 Textabbildungen. (Monographien aus dem Gesamtgebiete der Physiologie der Pflanzen und der Tiere, Bd. 1.) 1922.
Preis M. 704.—; gebunden M. 904.—

Fachausdrücke der physikalischen Chemie. Ein Wörterbuch von Dr. **Bruno Kisch,** Privatdozent an der Universität Köln a. Rh. 1919. Preis M. 288.—

Einführung in die physikalische Chemie für Biochemiker, Mediziner, Pharmazeuten und Naturwissenschaftler. Von Dr. **Walther Dietrich.** Zweite, verbesserte Auflage. In Vorbereitung.

Praktikum der physikalischen Chemie insbesondere der Kolloidchemie für Mediziner und Biologen. Von Professor Dr. med. **Leonor Michaelis** in Berlin. Zweite Auflage. Mit 32 Textabbildungen. Erscheint im Herbst 1922.

Einführung in die Chemie. Ein Lehr- und Experimentierbuch. Von **Rudolf Ochs.** Zweite, vermehrte und verbesserte Auflage. Mit 244 Textfiguren und 1 Spektraltafel. 1921. Gebunden Preis M. 800.—

Einführung in die Mathematik für Biologen und Chemiker. Von Dr. **Leonor Michaelis,** a. o. Professor an der Universität Berlin. Zweite, erweiterte und verbesserte Auflage. Mit 117 Textabbildungen. 1922. Preis M. 720.—

Grundriß der anorganischen Chemie. Von **E. Swarts,** Professor an der Universität Gent. Autorisierte deutsche Ausgabe von Dr. **Walter Cronheim,** Privatdozent an der Landwirtschaftlichen Hochschule zu Berlin. Mit 82 Textfiguren. 1911. Preis M. 1120.—; gebunden M. 1200.—

Grundzüge der Elektrochemie auf experimenteller Basis. Von Dr. **Robert Lüpke.** Fünfte, neu bearbeitete Auflage. Von Professor Dr. **E. Bose,** Dozent für physikalische Chemie und Elektrochemie an der Technischen Hochschule in Danzig. Mit 80 Textfiguren und 24 Tabellen. 1907. Gebunden Preis M. 480.—

Der Gang der qualitativen Analyse. Für Chemiker und Pharmazeuten bearbeitet von Dr. **Ferdinand Henrich,** Professor an der Universität Erlangen. Mit 4 Textfiguren. 1919. Preis M. 168.—

Ernst Schmidt, Anleitung zur qualitativen Analyse. Herausgegeben und bearbeitet von Dr. **J. Gadamer,** o. Professor der pharmazeutischen Chemie und Direktor des Pharmazeutisch-chemichen Instituts der Universität Marburg. Neunte, verbesserte Auflage. 1922. Preis M. 200.—

Qualitative Analyse auf präparativer Grundlage. Von Professor Dr. **W. Strecker** in Greifswald. Mit 16 Textfiguren. 1913. Preis M. 400.—; gebunden M. 448.—

Praktikum der quantitativen anorganischen Analyse. Von **Alfred Stock** und **Arthur Stähler.** Dritte, durchgesehene Auflage. Mit 36 Textfiguren. 1920. Preis M. 480.—

Einfaches pharmakologisches Praktikum für Mediziner. Von **R. Magnus,** Professor der Pharmakologie in Utrecht. Mit 14 Abbildungen. 1921. Mit Schreibpapier durchschossen Preis M. 208.—

Grundzüge der pharmazeutischen und medizinischen Chemie. Für Studierende der Pharmazie und Medizin. Bearbeitet von Professor Dr. **Hermann Thoms,** Geheimer Regierungsrat und Direktor des Pharmazeutischen Instituts der Universität Berlin. Siebente, verbesserte und erweiterte Auflage der „Schule der Pharmazie, Chemischer Teil". Mit 108 Textabbildungen. 1921. Gebunden Preis M. 800.—